建筑施工手册

（第六版）

4

《建筑施工手册》（第六版）编委会

中国建筑工业出版社

图书在版编目（CIP）数据

建筑施工手册. 4 /《建筑施工手册》(第六版)编
委会编著. -- 北京 ：中国建筑工业出版社，2024. 10.
ISBN 978-7-112-30304-5

Ⅰ. TU7-62

中国国家版本馆 CIP 数据核字第 20247MY511 号

《建筑施工手册》（第六版）在第五版的基础上进行了全面革新，遵循最新的标准规范，广泛吸纳建筑施工领域最新成果，重点展示行业广泛推广的新技术、新工艺、新材料及新设备。《建筑施工手册》（第六版）共 6 个分册，本册为第 4 分册。本册共分 8 章，主要内容包括：索膜结构工程；钢-混凝土组合结构工程；砌体工程；木结构工程；幕墙工程；门窗工程；建筑装饰装修工程；建筑地面工程。

本手册内容全面系统、条理清晰、信息丰富且新颖独特，充分彰显了其权威性、科学性、前沿性、实用性和便捷性，是建筑施工技术人员和管理人员不可或缺的得力助手，也可作为相关专业师生的学习参考资料。

责任编辑：杨　杰　王砾瑶　张伯熙　徐仲莉　高　悦　王　治
责任校对：赵　力

建筑施工手册
（第六版）
4
《建筑施工手册》（第六版）编委会
*
中国建筑工业出版社出版、发行（北京海淀三里河路 9 号）
各地新华书店、建筑书店经销
北京红光制版公司制版
河北京平诚乾印刷有限公司印刷
*
开本：787 毫米×1092 毫米　1/16　印张：58¼　字数：1452 千字
2025 年 5 月第一版　　2025 年 5 月第一次印刷
定价：**198.00** 元
ISBN 978-7-112-30304-5
（43173）

第六版出版说明

《建筑施工手册》自 1980 年问世，1988 年出版了第二版，1997 年出版了第三版，2003 年出版了第四版，2012 年出版了第五版，作为建筑施工人员的常备工具书，长期以来在工程技术人员心中有着较高的地位，为促进工程技术进步和工程建设发展作出了重要的贡献。

近年来，建筑工程领域新技术、新工艺的应用和发展日新月异，数字建造、智能建造、绿色建造等理念深入人心，建筑施工行业的整体面貌正在发生深刻的变化。同时，我国加大了建筑标准领域的改革，多部全文强制性标准陆续发布实施。为使手册紧密结合现行规范，充分体现权威性、科学性、先进性、实用性、便捷性，内容更全面、更系统、更丰富、更新颖，我们对《建筑施工手册》（第五版）进行了全面修订。

第六版分为 6 册，全书共 41 章，与第五版相比在结构和内容上有较大变化，主要为：

（1）根据行业发展需要，在编写过程中强化了信息化建造、绿色建造、工业化建造的内容，新增了 3 个章节："3 数字化施工""4 绿色建造""19 装配式混凝土工程"。

（2）根据广大人民群众对于美好生活环境的需求，增加"园林工程"内容，与原来的"31 古建筑工程"放在一起，组成新的"35 古建筑与园林工程"。

为发扬中华传统建筑文化，满足低碳、环保的行业需求，增加"25 木结构工程"一章。

同时，为切实满足一线工程技术人员需求，充分体现作者的权威性和广泛性，本次修订工作在组织模式等方面相比第五版有了进一步创新，主要表现在以下几个方面：

（1）在第五版编写单位的基础上，本次修订增加了山西建设投资集团有限公司、浙江省建设投资集团股份有限公司、湖南建设投资集团有限责任公司、广西建工集团有限责任公司、河北建设集团股份有限公司等多家参编单位，使手册内容更能覆盖全国，更加具有广泛性。

（2）相比过去五版手册，本次修订大大增加了审查专家的数量，每一章都由多位相关专业的顶尖专家进行审核，参与审核的专家接近两百人。

手册本轮修订自 2017 年启动以来经过全国数百位专家近 10 年不断打磨，终于定稿出版。本手册在修订、审稿过程中，得到了各编写单位及专家的大力支持和帮助，在此我们表示衷心的感谢；同时感谢第一版至第五版所有参与编写工作的专家对我们的支持，希望手册第六版能继续成为建筑施工技术人员的好参谋、好助手。

中国建筑工业出版社

2025 年 4 月

《建筑施工手册》（第六版）编委会

河北建设集团股份有限公司
广西建工集团有限责任公司
中国建筑第六工程局有限公司
中国建筑第七工程局有限公司
中建科技集团有限公司
中建钢构股份有限公司
中国建筑第二工程局有限公司
陕西建工集团股份有限公司
南京工业大学
浙江亚厦装饰股份有限公司
山西建设投资集团有限公司
四川华西集团有限公司
江苏省工业设备安装集团有限公司
上海市安装工程集团有限公司
河南省第二建设集团有限公司
北京市园林古建工程有限公司

编写分工

1 施工项目管理

主编单位： 中国建筑第五工程局有限公司

参编单位： 中建三局集团有限公司
上海建工二建集团有限公司

执 笔 人： 谭立新 王贵君 何昌杰 许 宁 钟 伟 邹友清 姚付猛 蒋运高
刘湘兰 蒋 婧 赵新宇 刘鹏昆 邓 维 龙岳甫 孙金桥 王 辉
叶 建 洪 健 王 伟 尤伟军 汪 浩 王 洁 刘 恒 许国伟
付 国 席金虎 富秋实 曹美英 姜 涛 吴旭欢

审稿专家： 王要武 张守健 尤 完

2 施工项目科技管理

主编单位： 中建三局集团有限公司

参编单位： 中建三局工程总承包公司
中建三局第一建设工程有限公司
中建三局第二建设工程有限公司

执 笔 人： 黄晨光 周鹏华 余地华 刘 波 戴小松 文江涛 饶 亮 范 巍
程 剑 陈 骏 饶 淇 叶 建 王树峰 叶亦盛

审稿专家： 景 万 张晶波

3 数字化施工

主编单位： 中国建筑股份有限公司技术中心

参编单位： 广州优比建筑咨询有限公司
中国建筑科学研究院有限公司
浙江省建工集团有限责任公司
广联达信息技术有限公司
杭州品茗安控信息技术股份有限公司
中国建筑一局（集团）有限公司
中国建筑第三工程局有限公司
中国建筑第八工程局有限公司
中建三局第一建设工程有限责任公司

执 笔 人： 邱奎宁 何关培 金 睿 刘 刚 楼跃清 王 静 陈津滨 赵 欣
李自可 方海存 孙克平 姜月菊 赛 菡 汪小东

审稿专家： 李久林 杨晓毅 苏亚武

4 绿色建造

主编单位： 中国建筑业协会绿色建造与智能建筑分会

参编单位： 中国建筑服务有限公司技术中心
湖南建设投资集团有限责任公司
中国建筑第八工程局有限公司

中亿丰建设集团股份有限公司

执笔人： 肖绪文 于震平 黄宁 陈浩 王磊 李国建 赵静 刘星 彭琳娜 刘鹏 宋敏 卢海陆 阳凡 胡伟 楚洪亮 马杰

审稿专家： 汪道金 王爱勋

5 施工常用数据

主编单位： 中国建筑股份有限公司技术中心
中国建筑第四工程局有限公司

参编单位： 哈尔滨工业大学
中国建筑标准设计研究院有限公司
浙江省建设投资集团股份有限公司
湖南建设投资集团有限责任公司
河北建设集团安装工程有限公司

执笔人： 李景芳 于光 王军 黄晨光 陈凯 董艺 王要武 钱宏亮 王化杰 高志强 武子斌 王力 叶启军 曲侃 李亚 陈浩 张明亮 彭琳娜 汤明雷 李青 汪超

审稿专家： 彭明祥 王玉岭

6 施工常用结构计算

主编单位： 中国建筑股份有限公司技术中心
中国建筑第四工程局有限公司

参编单位： 哈尔滨工业大学
中国建筑标准设计研究院有限公司

执笔人： 李景芳 于光 王军 黄晨光 陈凯 董艺 王要武 钱宏亮 王化杰 高志强 王力 武子斌

审稿专家： 高秋利

7 试验与检验

主编单位： 北京城建集团有限责任公司

参编单位： 北京城建二建设工程有限公司
北京经纬建元建筑工程检测有限公司
北京博大经开建设有限公司

执笔人： 张晋勋 李鸿飞 钟生平 董伟 邓有冠 孙殿文 孙冰 王浩 崔颜伟 温美娟 沙雨亭 刘宏黎 秦小芳 王付亮 姜依茹

审稿专家： 马洪晔 杨秀云 张先群 李翀 刘继伟

8 施工机械与设备

主编单位： 上海建工集团股份有限公司

参编单位： 上海建工五建集团有限公司
上海建工二建集团有限公司
上海华东建筑机械厂有限公司
中联重科股份有限公司
抚顺永茂建筑机械有限公司

执笔人： 陈晓明 王美华 吕达 龙莉波 潘峰 汪思满 徐大为 富秋实 李增辉 陈敏 黄大为 才冰 雍有军 陈泽 王宝强

审稿专家：吴学松　张　珂　周贤彪

9　建筑施工测量

主编单位：北京城建集团有限责任公司
参编单位：北京城建二建设工程有限公司
北京城建安装工程有限公司
北京城建勘测设计研究院有限责任公司
北京城建中南土木工程集团有限公司
北京城建深港装饰工程有限公司
北京城建建设工程有限公司
执 笔 人：张晋勋　秦长利　陈大勇　李北超　刘　建　马全明　王荣权　任润德
汤发树　耿长良　熊琦智　宋　超　余永明　侯进峰
审稿专家：杨伯钢　张胜良

10　季节性施工

主编单位：中国建筑第八工程局有限公司
参编单位：中国建筑第八工程局有限公司东北分公司
执 笔 人：白　羽　潘东旭　姜　尚　刘文斗　郑　洪
审稿专家：朱广祥　霍小妹

11　土石方及爆破工程

主编单位：湖南建设投资集团有限责任公司
参编单位：湖南省第四工程有限公司
湖南建工集团有限公司
湖南省第三工程有限公司
湖南省第五工程有限公司
湖南省第六工程有限公司
湖南省第一工程有限公司
中南大学
国防科技大学
执 笔 人：陈　浩　陈维超　张明亮　孙志勇　龙新乐　王江营　李　杰　张可能
李必红　李　芳　易　谦　刘令良　朱文峰　曾庆国　李　晓
审稿专家：康景文　张继春

12　基坑工程

主编单位：上海建工集团股份有限公司
参编单位：上海建工一建集团有限公司
上海市基础工程集团有限公司
同济大学
上海交通大学
执 笔 人：龚　剑　王美华　朱毅敏　周　涛　李耀良　罗云峰　李伟强　黄泽涛
李增辉　袁　勇　周生华　沈水龙　李明广
审稿专家：侯伟生　王卫东　陈云彬

13　地基与桩基工程

主编单位：北京城建集团有限责任公司

参编单位： 北京城建勘测设计研究院有限责任公司
中国建筑科学研究院有限公司
北京市轨道交通设计研究院有限公司
北京城建中南土木工程集团有限公司
中建一局集团建设发展有限公司
天津市勘察设计院集团有限公司
天津市建筑科学研究院有限公司
天津大学
天津建城基业集团有限公司
执 笔 人： 张晋勋 高文新 金 淮 刘金波 郑 刚 周玉明 杨浩军 刘卫未
于海亮 徐 燕 娄志会 刘朋辉 刘永超 李克鹏
审稿专家： 李耀良 高文生

14 脚手架及支撑架工程
主编单位： 上海建工集团股份有限公司
参编单位： 上海建工七建集团有限公司
中国建筑科学研究院有限公司
上海建工四建集团有限公司
北京卓良模板有限公司
执 笔 人： 龚 剑 王美华 汪思满 尤雪春 李增辉 刘 群 曹文根 陈洪帅
吴炜程 吴仍辉
审稿专家： 姜传库 张有闻

15 吊装工程
主编单位： 河北建设集团股份有限公司
参编单位： 河北大学建筑工程学院
河北省安装工程有限公司
中建钢构股份有限公司
河北建设集团安装工程有限公司
河北治平建筑设备租赁有限公司
执 笔 人： 史东库 李战体 陈宗学 高瑞国 陈振明 郭红星 杨三强 宋喜艳
审稿专家： 刘洪亮 陈晓明

16 模板工程
主编单位： 广西建工集团有限责任公司
参编单位： 中国建筑第六工程局有限公司
广西建工第一建筑工程集团有限公司
中建三局集团有限公司
广西建工第五建筑工程集团有限公司
海螺（安徽）节能环保新材料股份有限公司
执 笔 人： 肖玉明 黄克起 焦 莹 谢鸿卫 唐长东 余 流 袁 波 谢江美
张绮雯 刘晓敏 张 倩 徐 皓 杨 渊 刘 威 李福昆 李书文
刘正江
审稿专家： 胡铁毅 姜传库

17 钢筋工程

主编单位：中国建筑第七工程局有限公司

参编单位：重庆大学中建七局第四建筑有限公司

天津市银丰机械系统工程有限公司

哈尔滨工业大学

南通四建集团有限公司

执 笔 人：黄延铮 张中善 冯大阔 闫亚召 叶雨山 刘红军 魏金桥 梅晓彬

严佳川 季 豪

审稿专家：赵正嘉 徐瑞榕 钱冠龙

18 现浇混凝土工程

主编单位：上海建工集团股份有限公司

参编单位：上海建工建材科技集团股份有限公司

上海建工一建集团有限公司

大连理工大学

执 笔 人：龚 剑 王美华 吴 杰 朱敏涛 陈逸群 瞿 威 吕计委 徐 磊

张忆州 李增辉 贾金青 张丽华 金自清 张小雪

审稿专家：王巧莉 胡德均

19 装配式混凝土工程

主编单位：中建科技集团有限公司

参编单位：北京住总集团有限责任公司

北京住总第三开发建设有限公司

执 笔 人：叶浩文 刘若南 杨健康 胡延红 张海波 田春雨 刘治国 郑 义

陈 杭 白 松 刘 兮 苏衍江

审稿专家：李晨光 彭其兵 孙岩波

20 预应力工程

主编单位：北京市建筑工程研究院有限责任公司

参编单位：北京中建建筑科学研究院有限公司

天津大学

执 笔 人：李晨光 王泽强 张开臣 尤德清 张 喆 刘 航 司 波 胡 洋

王长军 芦 燕 李 铭 高晋栋 孙岩波

审稿专家：曾 滨 郭正兴 李东彬

21 钢结构工程

主编单位：中建钢构股份有限公司

参编单位：同济大学

华中科技大学

中建科工集团有限公司

执 笔 人：陈振明 周军红 赖永强 罗永峰 高 飞 霍宗诚 黄世涛 费新华

黎 健 李龙海 冉旭勇 宋利鹏 刘传印 周创佳 姚 钊 国贤慧

审稿专家：侯兆新 尹卫泽

22 索膜结构工程

主编单位：浙江省建工集团有限责任公司

参编单位： 浙江大学
天津大学
绍兴文理学院
浙江科技大学
浙江省建设投资集团股份有限公司

执 笔 人： 金 睿 赵 阳 刘红波 程 骥 肖 锋 胡雪雅 冷新中 戚珈峰 徐能彬

审稿专家： 张其林 张毅刚

23 钢-混凝土组合结构工程

主编单位： 中国建筑第二工程局有限公司

参编单位： 中建二局安装工程有限公司
中国建筑第二工程局有限公司华南分公司
中国建筑第二工程局有限公司西南分公司

执 笔 人： 翟 雷 张志明 孙顺利 石立国 范玉峰 王冬雁 张智勇 陈 峰 郝海龙 刘 培 张 茅

审稿专家： 李景芳 时 炜 李 峰

24 砌体工程

主编单位： 陕西建工集团股份有限公司

参编单位： 陕西省建筑科学研究院有限公司
陕西建工第二建设集团有限公司
陕西建工第三建设集团有限公司
陕西建工第五建设集团有限公司
中建八局西北建设有限公司

执 笔 人： 刘明生 时 炜 张昌叙 吴 洁 宋瑞琨 郭钦涛 杨 斌 王奇维 孙永民 刘建明 刘瑞牛 董红刚 王永红 夏 巍 梁保真 柏 海 袁 博 李列娟 李 磊

审稿专家： 林文修 吴 体

25 木结构工程

主编单位： 南京工业大学

参编单位： 哈尔滨工业大学（威海）
中国建筑西南设计研究院有限公司
中国林业科学研究院木材工业研究所
同济大学
加拿大木业协会
北京林业大学
苏州昆仑绿建木结构科技股份有限公司
大连双华木结构建筑工程有限公司

执 笔 人： 杨会峰 陆伟东 祝恩淳 杨学兵 任海青 宋晓滨 倪 竣 岳 孔 朱亚鼎 高 颖 陈志坚 史本凯 陶昊天 欧加加 王 璐 牛 爽 张聪聪

审稿专家： 张 晋 何敏娟

26 幕墙工程

主编单位：中建不二幕墙装饰有限公司
参编单位：中国建筑第五工程局有限公司
执 笔 人：李水生 郭 琳 刘国军 谭 卡 李基顺 贺雄英 谭 乐 蔡燕君
涂战红 唐 安 陈 杰
审稿专家：鲁开明 刘长龙

27 门窗工程

主编单位：中国建筑装饰集团有限公司
参编单位：中建深圳装饰有限公司
中建装饰总承包工程有限公司
执 笔 人：刘凌峰 郑 春 彭中要 周 昕
审稿专家：刘清泉 胡本国 杲晓东

28 建筑装饰装修工程

主编单位：浙江亚厦装饰股份有限公司
参编单位：北京中铁装饰工程有限公司
深圳广田集团股份有限公司
中建东方装饰有限公司
深圳海外装饰工程有限公司
执 笔 人：何静姿 丁泽成 张长庆 余国潮 陈继云 王伟光 徐 立 安 峣
彭中飞 陈汉成
审稿专家：胡本国 武利平

29 建筑地面工程

主编单位：中国建筑第八工程局有限公司
参编单位：中建八局第二建设有限公司
执 笔 人：潘玉珀 韩 璐 王 堃 郑 垒 邓程来 董福永 郑 洪 吕家玉
杨 林 毕研超 李垤辉 张玉良 周 锋 汲 东 申庆赟 史 越
金传东
审稿专家：朱学农 邓学才 佟贵森

30 屋面工程

主编单位：山西建设投资集团有限公司
参编单位：山西三建集团有限公司
北京建工集团有限责任公司
执 笔 人：张太清 李卫俊 霍瑞琴 吴晓兵 郝永利 唐永讯 闫永茂 胡 俊
徐 震 谢 群
审稿专家：曹征富 张文华

31 防水工程

主编单位：北京建工集团有限责任公司
参编单位：北京市建筑工程研究院有限责任公司
北京六建集团有限责任公司
北京建工博海建设有限公司
山西建设投资集团有限公司

执 笔 人： 张显来　唐永讯　刘迎红　尹　硕　赵　武　延汝萍　李雁鸣　李玉屏
王荣香　王　昕　王雪飞　岳晓东　刘玉彬　刘文凭

审稿专家： 叶林标　曲　慧　张文华

32　建筑防腐蚀工程

主编单位： 中建三局集团有限公司

参编单位： 东方雨虹防水技术股份有限公司
中建三局数字工程有限公司
中建三局第三建设工程有限公司
中建三局集团北京有限公司

执 笔 人： 黄晨光　卢　松　丁红梅　裴以军　孙克平　丁伟祥　李庆达　伍荣刚
王银斌　卢长林　邱成祥　单红波

审稿专家： 陆士平　刘福云

33　建筑节能与保温隔热工程

主编单位： 北京中建建筑科学研究院有限公司

参编单位： 中国建筑一局（集团）有限公司
中建一局集团第二建筑有限公司
中建一局集团第三建筑有限公司
中建一局集团建设发展有限公司
中建一局集团安装工程有限公司
北京市建设工程质量第六检测所有限公司
北京住总集团有限责任公司
北京科尔建筑节能技术有限公司

执 笔 人： 王长军　唐一文　唐葆华　任　静　张金花　孟繁军　姚　丽　梅晓丽
郭建军　詹必雄　董润萍　周大伟　蒋建云　鲍宇清　吴亚洲

审稿专家： 金鸿祥　杨玉忠　宋　波

34　建筑工程鉴定、加固与改造

主编单位： 四川华西集团有限公司

参编单位： 四川省建筑科学研究院有限公司
西南交通大学
四川省第四建筑有限公司
中建一局集团第五建筑有限公司

执 笔 人： 陈跃熙　罗苓隆　徐　帅　黎红兵　刘汉昆　薛伶俐　潘　毅　黄喜兵
唐忠茂　游锐涵　刘嘉茵　刘东超

审稿专家： 张　鑫　雷宏刚　卜良桃

35　古建筑与园林工程

主编单位： 北京市园林古建工程有限公司

参编单位： 中外园林建设有限公司

执 笔 人：

古建筑工程编写人员： 张峰亮　张莹雪　张宇鹏　李辉坚
刘大可　马炳坚　路化林　蒋广全

园林工程编写人员： 温志平　刘忠坤　李　楠　吴　凡　张慧秀　郭剑楠　段成林

审稿专家： 刘大可（古建）　向星政（园林）

36　机电工程施工通则

主编单位： 江苏省工业设备安装集团有限公司

参编单位： 中国建筑土木建设有限公司
河海大学
中建八局第一建设有限公司
中国核工业华兴建设有限公司
北京市设备安装工程集团有限公司
中亿丰建设集团股份有限公司

执 笔 人： 马　记　季华卫　马致远　刘益安　陈固定　王元祥　王　毅　王　鑫
柏万林　刘　玮

审稿专家： 徐义明　李本勇

37　建筑给水排水及供暖工程

主编单位： 中建一局集团安装工程有限公司

参编单位： 中国建筑一局（集团）有限公司
北京中建建筑科学研究院有限公司
北京市设备安装工程集团有限公司
中建一局集团建设发展有限公司
北京建工集团有限责任公司
北京住总建设安装工程有限责任公司
长安大学
北京城建集团安装公司
北京住总第三开发建设有限公司

执 笔 人： 孟庆礼　赵　艳　周大伟　王　毅　张　军　王长军　吴　余　唐葆华
张项宁　王志伟　高惠润　吕　莉　杨利伟　李志勇　田春城

审稿专家： 徐义明　杜伟国

38　通风与空调工程

主编单位： 上海市安装工程集团有限公司

参编单位： 上海理工大学
上海新晃空调设备股份有限公司

执 笔 人： 张　勤　张宁波　陈晓文　潘　健　邹志军　许光明　卢佳华　汤　毅
许　骏　王坚安　金　华　葛兰英　王晓波　王　非　姜慧娜　徐一堃
陆丹丹

审稿专家： 马　记　王　毅

39　建筑电气安装工程

主编单位： 河南省第二建设集团有限公司

参编单位： 南通安装集团股份有限公司
河南省安装集团有限责任公司

执 笔 人： 苏群山　刘利强　董新红　杨利剑　胡永光　李　明　白　克　谷永哲
耿玉博　丁建华　唐仁明　陆桂龙　蔡春磊　黄克政　刘杰亮　廖红盈
张　华　付永锋　王宝沣

审稿专家：王五奇　陈洪兴　史均社

40　智能建筑工程

主编单位：中建安装集团有限公司

参编单位：中建电子信息技术有限公司

执 笔 人：刘　森　毕　林　温　馨　王　婕　刘　迪　何连祥　胡江稳　汪远辰

审稿专家：洪劲飞　董玉安　吴悦明

41　电梯安装工程

主编单位：中建安装集团有限公司

参编单位：通力电梯有限公司
　　　　　江苏维阳机电工程科技有限公司

执 笔 人：刘长沙　项海巍　于济生　王　学　白咸学　唐春园　纪宝松　刘　杰
　　　　　魏晓斌　余　雷

审稿专家：陈凤旺　蔡金泉

出版社审编人员

岳建光　范业庶　张　磊　张伯熙　万　李　王砾瑶　杨　杰　王华月　曹丹丹
高　悦　沈文帅　徐仲莉　王　治　边　琨　张建文

第五版出版说明

《建筑施工手册》自 1980 年问世，1988 年出版了第二版，1997 年出版了第三版，2003 年出版了第四版，作为建筑施工人员的常备工具书，长期以来在工程技术人员心中有着较高的地位，对促进工程技术进步和工程建设发展作出了重要的贡献。

近年来，建筑工程领域新技术、新工艺、新材料的应用和发展日新月异，我国先后对建筑材料、建筑结构设计、建筑技术、建筑施工质量验收等标准、规范进行了全面的修订，并陆续颁布出版。为使手册紧密结合现行规范，符合新规范要求，充分体现权威性、科学性、先进性、实用性、便捷性，内容更全面、更系统、更丰富、更新颖，我们对《建筑施工手册》(第四版) 进行了全面修订。

第五版分 5 册，全书共 37 章，与第四版相比在结构和内容上有很大变化，主要为：

(1) 根据建筑施工技术人员的实际需要，取消建筑施工管理分册，将第四版中"31 施工项目管理"、"32 建筑工程造价"、"33 工程施工招标与投标"、"34 施工组织设计"、"35 建筑施工安全技术与管理"、"36 建设工程监理" 共计 6 章内容改为 "1 施工项目管理"、"2 施工项目技术管理" 两章。

(2) 将第四版中 "6 土方与基坑工程" 拆分为 "8 土石方及爆破工程"、"9 基坑工程" 两章；将第四版中 "17 地下防水工程" 扩充为 "27 防水工程"；将第四版中 "19 建筑装饰装修工程" 拆分为 "22 幕墙工程"、"23 门窗工程"、"24 建筑装饰装修工程"；将第四版中 "22 冬期施工" 扩充为 "21 季节性施工"。

(3) 取消第四版中 "15 滑动模板施工"、"21 构筑物工程"、"25 设备安装常用数据与基本要求"。在本版中增加 "6 通用施工机械与设备"、"18 索膜结构工程"、"19 钢—混凝土组合结构工程"、"30 既有建筑鉴定与加固"、"32 机电工程施工通则"。

同时，为了切实满足一线工程技术人员需要，充分体现作者的权威性和广泛性，本次修订工作在组织模式、表现形式等方面也进行了创新，主要有以下几个方面：

(1) 本次修订采用由我社组织、单位参编的模式，以中国建筑工程总公司（中国建筑股份有限公司）为主编单位，以上海建工集团股份有限公司、北京城建集团有限责任公司、北京建工集团有限责任公司等单位为副主编单位，以同济大学等单位为参编单位。

(2) 书后贴有网上增值服务标，凭 ID、SN 号可享受网络增值服务。增值服务内容由我社和编写单位提供，包括：标准规范更新信息以及手册中相应内容的更新；新工艺、新工法、新材料、新设备等内容的介绍；施工技术、质量、安全、管理等方面的案例；施工类相关图书的简介；读者反馈及问题解答等。

本手册修订、审稿过程中，得到了各编写单位及专家的大力支持和帮助，我们表示衷心地感谢；同时也感谢第一版至第四版所有参与编写工作的专家对我们出版工作的热情支持，希望手册第五版能继续成为建筑施工技术人员的好参谋、好助手。

中国建筑工业出版社

2012 年 12 月

《建筑施工手册》(第五版) 编委会

主　　　任： 王珮云　肖绪文

委　　　员：（按姓氏笔画排序）

马荣全　马福玲　王玉岭　王存贵　邓明胜
冉志伟　冯　跃　李景芳　杨健康　吴月华
张　琨　张志明　张学助　张晋勋　欧亚明
赵志缙　赵福明　胡永旭　侯君伟　龚　剑
蒋立红　焦安亮　谭立新　虢明跃

主编单位： 中国建筑股份有限公司

副主编单位： 上海建工集团股份有限公司
北京城建集团有限责任公司
北京建工集团有限责任公司
北京住总集团有限责任公司
中国建筑一局（集团）有限公司
中国建筑第二工程局有限公司
中国建筑第三工程局有限公司
中国建筑第八工程局有限公司
中建国际建设有限公司
中国建筑发展有限公司

参编单位

同济大学
哈尔滨工业大学
东南大学
华东理工大学
上海建工一建集团有限公司
上海建工二建集团有限公司
上海建工四建集团有限公司
上海建工五建集团有限公司
上海建工七建集团有限公司
上海市机械施工有限公司
上海市基础工程有限公司
上海建工材料工程有限公司
上海市建筑构件制品有限公司
上海华东建筑机械厂有限公司
北京城建二建设工程有限公司
北京城建安装工程有限公司
北京城建勘测设计研究院有限责任公司
北京城建中南土木工程集团有限公司
北京市第三建筑工程有限公司
北京市建筑工程研究院有限责任公司
北京建工集团有限责任公司总承包部
北京建工博海建设有限公司
北京中建建筑科学研究院有限公司
全国化工施工标准化管理中心站
中建二局土木工程有限公司
中建钢构有限公司
中国建筑第四工程局有限公司
贵州中建建筑科研设计院有限公司
中国建筑第五工程局有限公司
中建五局装饰幕墙有限公司
中建（长沙）不二幕墙装饰有限公司
中国建筑第六工程局有限公司
中国建筑第七工程局有限公司
中建八局第一建设有限公司
中建八局第二建设有限公司
中建八局第三建设有限公司
中建八局第四建设有限公司
上海中建八局装饰装修有限公司
中建八局工业设备安装有限责任公司
中建土木工程有限公司
中建城市建设发展有限公司
中外园林建设有限公司
中国建筑装饰工程有限公司
深圳海外装饰工程有限公司
北京房地集团有限公司
中建电子工程有限公司
江苏扬安机电设备工程有限公司

第五版执笔人

1

1	施工项目管理	赵福明 田金信 刘 杨 周爱民 姜 旭 张守健 李忠富 李晓东 尉家鑫 王 锋
2	施工项目技术管理	邓明胜 王建英 冯爱民 杨 峰 肖绪文 黄会华 唐 晓 王立营 陈文刚 尹文斌 李江涛
3	施工常用数据	王要武 赵福明 彭明祥 刘 杨 关 柯 宋福渊 刘长滨 罗兆烈
4	施工常用结构计算	肖绪文 王要武 赵福明 刘 杨 原长庆 耿冬青 张连一 赵志缙 赵 帆
5	试验与检验	李鸿飞 宫远贵 宗兆民 秦国平 邓有冠 付伟杰 曹旭明 温美娟 韩军旺 陈 洁 孟凡辉 李海军 王志伟 张 青
6	通用施工机械与设备	龚 剑 王正平 黄跃申 汪思满 姜向红 龚满哗 章尚驰

2

7	建筑施工测量	张晋勋 秦长利 李北超 刘 建 马全明 王荣权 罗华丽 纪学文 张志刚 李 剑 许彦特 任润德 吴来瑞 邓学才 陈云祥
8	土石方及爆破工程	李景芳 沙友德 张巧芬 黄兆利 江正荣
9	基坑工程	龚 剑 朱毅敏 李耀良 姜 峰 袁 芬 袁 勇 葛兆源 赵志缙 赵 帆
10	地基与桩基工程	张晋勋 金 淮 高文新 李 玲 刘金波 庞 炜 马 健 高志刚 江正荣
11	脚手架工程	龚 剑 王美华 邱锡宏 刘 群 尤雪春 张 铭 徐 伟 葛兆源 杜荣军 姜传库
12	吊装工程	张 琨 周 明 高 杰 梁建智 叶映辉
13	模板工程	张显来 侯君伟 毛凤林 汪亚东 胡裕新 王京生 安兰慧 崔桂兰 任海波 阎明伟 邵 畅

3

14	钢筋工程	秦家顺 沈兴东 赵海峰 王士群 刘广文 程建军 杨宗放

15	混凝土工程	龚　剑　吴德龙　吴　杰　冯为民　朱毅敏　汤洪家　陈尧亮　王庆生
16	预应力工程	李晨光　王　丰　仝为民　徐瑞龙　钱英欣　刘　航　周黎光　宋慧杰　杨宗放
17	钢结构工程	王　宏　黄　刚　戴立先　陈华周　刘　曙　李　迪　郑伟盛　赵志缙　赵　帆　王　辉
18	索膜结构工程	龚　剑　朱　骏　张其林　吴明儿　郝晨均
19	钢-混凝土组合结构工程	陈成林　丁志强　肖绪文　马荣全　赵锡玉　刘玉法
20	砌体工程	谭　青　黄延铮　朱维益
21	季节性施工	万利民　蔡庆军　刘桂新　赵亚军　王桂玲　项翥行
22	幕墙工程	李水生　贺雄英　李群生　李基顺　张　权　侯君伟
23	门窗工程	张晓勇　戈祥林　葛乃剑　黄　贵　朱帷财　唐际宇　王寿华

4

24	建筑装饰装修工程	赵福明　高　岗　王　伟　谷晓峰　徐　立　刘　杨　邓　力　王文胜　陈智坚　罗春雄　曲彦斌　白　洁　宓文喆　李世伟　侯君伟
25	建筑地面工程	李忠卫　韩兴争　王　涛　金传东　赵　俭　王　杰　熊杰民
26	屋面工程	杨秉钧　朱文键　董　曦　谢　群　葛　磊　杨　东　张文华　项桦太
27	防水工程	李雁鸣　刘迎红　张　建　刘爱玲　杨玉苹　谢　婧　薛振东　邹爱玲　吴　明　王　天
28	建筑防腐蚀工程	侯锐钢　王瑞堂　芦　天　修良军
29	建筑节能与保温隔热工程	费慧慧　张　军　刘　强　肖文凤　孟庆礼　梅晓丽　鲍宇清　金鸿祥　杨善勤
30	既有建筑鉴定与加固改造	薛　刚　吴学军　邓美龙　陈　娣　李金元　张立敏　王林枫
31	古建筑工程	赵福明　马福玲　刘大可　马炳坚　路化林　蒋广全　王金满　安大庆　刘　杨　林其浩　谭　放　梁　军

5

32	机电工程施工通则	刘　青　韦　薇　鞠　东

33	建筑给水排水及采暖工程	纪宝松 张成林 曹丹桂 陈 静 孙 勇 赵民生 王建鹏 邵 娜 刘 涛 苗冬梅 赵培森 王树英 田会杰 王志伟
34	通风与空调工程	孔祥建 向金梅 王 安 王 宇 李耀峰 吕善志 鞠硕华 刘长庚 张学助 孟昭荣
35	建筑电气安装工程	王世强 谢刚奎 张希峰 陈国科 章小燕 王建军 张玉年 李显煜 王文学 万金林 高克送 陈御平
36	智能建筑工程	苗 地 邓明胜 崔春明 薛居明 庞 晖 刘 森 郎云涛 陈文晖 刘亚红 霍冬伟 张 伟 孙述璞 张青虎
37	电梯安装工程	李爱武 刘长沙 李本勇 秦 宾 史美鹤 纪学文

手册第五版审编组成员（按姓氏笔画排列）

卜一德 马荣华 叶林标 任俊和 刘国琦 李清江 杨嗣信 汪仲琦 张学助 张金序 张婀娜 陆文华 陈秀中 赵志缙 侯君伟 施锦飞 唐九如 韩东林

出版社审编人员

胡永旭 余永祯 刘 江 郦锁林 周世明 曲汝铎 郭 栋 岳建光 范业庶 曾 威 张伯熙 赵晓菲 张 磊 万 李 王砾瑶

第四版出版说明

《建筑施工手册》自1980年出版问世，1988年出版了第二版，1997年出版了第三版。由于近年来我国建筑工程勘察设计、施工质量验收、材料等标准规范的全面修订，新技术、新工艺、新材料的应用和发展，以及为了适应我国加入WTO以后建筑业与国际接轨的形势，我们对《建筑施工手册》（第三版）进行了全面修订。此次修订遵循以下原则：

1. 继承发扬前三版的优点，充分体现出手册的权威性、科学性、先进性、实用性，同时反映我国加入WTO后，建筑施工管理与国际接轨，把国外先进的施工技术、管理方法吸收进来。精心修订，使手册成为名副其实的精品图书，畅销不衰。

2. 近年来，我国先后对建筑材料、建筑结构设计、建筑工程施工质量验收规范进行了全面修订并实施，手册修订内容紧密结合相应规范，符合新规范要求，既作为一本资料齐全、查找方便的工具书，也可作为规范实施的技术性工具书。

3. 根据国家施工质量验收规范要求，增加建筑安装技术内容，使建筑安装施工技术更完整、全面，进一步扩大了手册实用性，满足全国广大建筑安装施工技术人员的需要。

4. 增加补充建设部重点推广的新技术、新工艺、新材料，删除已经落后的、不常用的施工工艺和方法。

第四版仍分5册，全书共36章。与第三版相比，在结构和内容上有很大变化，第四版第1、2、3册主要介绍建筑施工技术，第4册主要介绍建筑安装技术，第5册主要介绍建筑施工管理。与第三版相比，构架不同点在于：（1）建筑施工管理部分内容集中单独成册；（2）根据国家新编建筑工程施工质量验收规范要求，增加建筑安装技术内容，使建筑施工技术更完整、全面；（3）将第三版其中22装配式大板与升板法施工、23滑动模板施工、24大模板施工精简压缩成滑动模板施工一章；15木结构工程、27门窗工程、28装饰工程合并为建筑装饰装修工程一章；根据需要，增加古建筑施工一章。

第四版由中国建筑工业出版社组织修订，来自全国各施工单位、科研院校、建筑工程施工质量验收规范编制组等专家、教授共61人组成手册编写组。同时成立了《建筑施工手册》（第四版）审编组，在中国建筑工业出版社主持下，负责各章的审稿和部分章节的修改工作。

本手册修订、审稿过程中，得到了很多单位及个人的大力支持和帮助，我们表示衷心地感谢。

第四版总目（主要执笔人）

1

1 施工常用数据　关　柯　刘长滨　罗兆烈
2 常用结构计算　赵志缙　赵　帆
3 材料试验与结构检验　张　青
4 施工测量　吴来瑞　邓学才　陈云祥
5 脚手架工程和垂直运输设施　杜荣军　姜传库
6 土方与基坑工程　江正荣　赵志缙　赵　帆
7 地基处理与桩基工程　江正荣

2

8 模板工程　侯君伟
9 钢筋工程　杨宗放
10 混凝土工程　王庆生
11 预应力工程　杨宗放
12 钢结构工程　赵志缙　赵　帆　王　辉
13 砌体工程　朱维益
14 起重设备与混凝土结构吊装工程　梁建智　叶映辉
15 滑动模板施工　毛凤林

3

16 屋面工程　张文华　项桦太
17 地下防水工程　薛振东　邹爱玲　吴　明　王　天
18 建筑地面工程　熊杰民
19 建筑装饰装修工程　侯君伟　王寿华
20 建筑防腐蚀工程　侯锐钢　芦　天
21 构筑物工程　王寿华　温　刚
22 冬期施工　项翥行
23 建筑节能与保温隔热工程　金鸿祥　杨善勤
24 古建筑施工　刘大可　马炳坚　路化林　蒋广全

4

25 设备安装常用数据与基本要求　陈御平　田会杰
26 建筑给水排水及采暖工程　赵培森　王树瑛　田会杰　王志伟
27 建筑电气安装工程　杨南方　尹　辉　陈御平
28 智能建筑工程　孙述璞　张青虎
29 通风与空调工程　张学助　孟昭荣
30 电梯安装工程　纪学文

5

31 施工项目管理　田金信　周爱民

32 建筑工程造价 丛培经
33 工程施工招标与投标 张 琰 郝小兵
34 施工组织设计 关 柯 王长林 董玉学 刘志才
35 建筑施工安全技术与管理 杜荣军
36 建设工程监理 张 莹 张稚麟

手册第四版审编组成员（按姓氏笔画排列）

王寿华 王家隽 朱维益 吴之昕 张学助 张 琰 张惠宗
林贤光 陈御平 杨嗣信 侯君伟 赵志缙 黄崇国 彭圣浩

出版社审编人员

胡永旭 余永祯 周世明 林婉华 刘 江 时咏梅 郦锁林

第三版出版说明

《建筑施工手册》自1980年出版问世，1988年出版了第二版。从手册出版、二版至今已16年，发行了200余万册，施工企业技术人员几乎人手一册，成为常备工具书。这套手册对于我国施工技术水平的提高，施工队伍素质的培养，起了巨大的推动作用。手册第一版荣获1971～1981年度全国优秀科技图书奖。第二版荣获1990年建设部首届全国优秀建筑科技图书部级奖一等奖。在1991年8月5日的新闻出版报上，这套手册被誉为“推动着我国科技进步的十部著作”之一。同时，在港、澳地区和日本、前苏联等国，这套手册也有相当的影响，享有一定的声誉。

近十年来，随着我国经济的振兴和改革的深入，建筑业的发展十分迅速，各地陆续兴建了一批对国计民生有重大影响的重点工程，高层和超高层建筑如雨后春笋，拔地而起。通过长期的工程实践和技术交流，我国建筑施工技术和管理经验有了长足的进步，积累了丰富的经验。与此同时，许多新的施工验收规范、技术规程、建筑工程质量验评标准及有关基础定额均已颁布执行。这一切为修订《建筑施工手册》第三版创造了条件。

现在，我们奉献给读者的是《建筑施工手册》(第三版)。第三版是跨世纪的版本，修订的宗旨是：要全面总结改革开放以来我国在建筑工程施工中的最新成果，最先进的建筑施工技术，以及在建筑业管理等软科学方面的改革成果，使我国在建筑业管理方面逐步与国际接轨，以适应跨世纪的要求。

新推出的手册第三版，在结构上作了调整，将手册第二版上、中、下3册分为5个分册，共32章。第1、2分册为施工准备阶段和建筑业管理等各项内容，分10章介绍；除保留第二版中的各章外，增加了建设监理和建筑施工安全技术两章。3～5册为各分部工程的施工技术，分22章介绍；将第二版各章在顺序上作了调整，对工程中应用较少的技术，作了合并或简化，如将砌块工程并入砌体工程，预应力板柱并入预应力工程，装配式大板与升板工程合并；同时，根据工程技术的发展和国家的技术政策，补充了门窗工程和建筑节能两部分。各章中着重补充近十年采用的新结构、新技术、新材料、新设备、新工艺，对建设部颁发的建筑业“九五”期间重点推广的10项新技术，在有关各章中均作了重点补充。这次修订，还将前一版中存在的问题作了订正。各章内容均符合国家新颁规范、标准的要求，内容范围进一步扩大，突出了资料齐全、查找方便的特点。

我们衷心地感谢广大读者对我们的热情支持。我们希望手册第三版继续成为建筑施工技术人员工作中的好参谋、好帮手。

1997年4月

手册第三版主要执笔人

第1册

1 常用数据　　关 柯　刘长滨　罗兆烈

2	施工常用结构计算	赵志缙 赵 帆
3	材料试验与结构检验	项翥行
4	施工测量	吴来瑞 陈云祥
5	脚手架工程和垂直运输设施	杜荣军 姜传库
6	建筑施工安全技术和管理	杜荣军

第2册

7	施工组织设计和项目管理	关 柯 王长林 田金信 刘志才 董玉学 周爱民
8	建筑工程造价	唐连珏
9	工程施工的招标与投标	张 琰
10	建设监理	张稚麟

第3册

11	土方与爆破工程	江正荣 赵志缙 赵 帆
12	地基与基础工程	江正荣
13	地下防水工程	薛振东
14	砌体工程	朱维益
15	木结构工程	王寿华
16	钢结构工程	赵志缙 赵 帆 范懋达 王 辉

第4册

17	模板工程	侯君伟 赵志缙
18	钢筋工程	杨宗放
19	混凝土工程	徐 帆
20	预应力混凝土工程	杨宗放 杜荣军
21	混凝土结构吊装工程	梁建智 叶映辉 赵志缙
22	装配式大板与升板法施工	侯君伟 戎 贤 朱维益 张晋元 孙 克
23	滑动模板施工	毛凤林
24	大模板施工	侯君伟 赵志缙

第5册

25	屋面工程	杨 扬 项桦太
26	建筑地面工程	熊杰民
27	门窗工程	王寿华
28	装饰工程	侯君伟
29	防腐蚀工程	芦 天 侯锐钢 白 月 陆士平
30	工程构筑物	王寿华
31	冬季施工	项翥行
32	隔热保温工程与建筑节能	张竹荪

第二版出版说明

《建筑施工手册》（第一版）自 1980 年出版以来，先后重印七次，累计印数达 150 万册左右，受到广大读者的欢迎和社会的好评，曾荣获 1971～1981 年度全国优秀科技图书奖。不少读者还对第一版的内容提出了许多宝贵的意见和建议，在此我们向广大读者表示深深的谢意。

近几年，我国执行改革、开放政策，建筑业蓬勃发展，高层建筑日益增多，其平面布局、结构类型复杂、多样，各种新的建筑材料的应用，使得建筑施工技术有了很大的进步。同时，新的施工规范、标准、定额等已颁布执行，这就使得第一版的内容远远不能满足当前施工的需要。因此，我们对手册进行了全面的修订。

手册第二版仍分上、中、下三册，以量大面广的一般工业与民用建筑，包括相应的附属构筑物的施工技术为主。但是，内容范围较第一版略有扩大。第一版全书共 29 个项目，第二版扩大为 31 个项目，增加了"砌块工程施工"和"预应力板柱工程施工"两章。并将原第 3 章改名为"施工组织与管理"、原第 4 章改名为"建筑工程招标投标及工程概预算"、原第 9 章改名为"脚手架工程和垂直运输设施"、原第 17 章改名为"钢筋混凝土结构吊装"、原第 18 章改名为"装配式大板工程施工"。除第 17 章外，其他各章均增加了很多新内容，以更适应当前施工的需要。其余各章均作了全面修订，删去了陈旧的和不常用的资料，补充了不少新工艺、新技术、新材料，特别是施工常用结构计算、地基与基础工程、地下防水工程、装饰工程等章，修改补充后，内容更为丰富。

手册第二版根据新的国家规范、标准、定额进行修订，采用国家颁布的法定计量单位，单位均用符号表示。但是，对个别计算公式采用法定计量单位计算数值有困难时，仍用非法定单位计算，计算结果取近似值换算为法定单位。

对于手册第一版中存在的各种问题，这次修订时，我们均尽可能一一作了订正。

在手册第二版的修订、审稿过程中，得到了许多单位和个人的大力支持和帮助，我们衷心地表示感谢。

手册第二版主要执笔人

上　册

项目名称	修订者
1. 常用数据	关　柯　刘长滨
2. 施工常用结构计算	赵志缙　应惠清　陈　杰
3. 施工组织与管理	关　柯　王长林　董五学　田金信
4. 建筑工程招标投标及工程概预算	侯君伟
5. 材料试验与结构检验	项翥行
6. 施工测量	吴来瑞　陈云祥

7. 土方与爆破工程	江正荣
8. 地基与基础工程	江正荣 朱国梁
9. 脚手架工程和垂直运输设施	杜荣军

中 册

10. 砖石工程	朱维益
11. 木结构工程	王寿华
12. 钢结构工程	赵志缙 范懋达 王 辉
13. 模板工程	王壮飞
14. 钢筋工程	杨宗放
15. 混凝土工程	徐 帆
16. 预应力混凝土工程	杨宗放
17. 钢筋混凝土结构吊装	朱维益
18. 装配式大板工程施工	侯君伟

下 册

19. 砌块工程施工	张稚麟
20. 预应力板柱工程施工	杜荣军
21. 滑升模板施工	王壮飞
22. 大模板施工	侯君伟
23. 升板法施工	朱维益
24. 屋面工程	项桦太
25. 地下防水工程	薛振东
26. 隔热保温工程	韦延年
27. 地面与楼面工程	熊杰民
28. 装饰工程	侯君伟 徐小洪
29. 防腐蚀工程	侯君伟
30. 工程构筑物	王寿华
31. 冬期施工	项翥行

1988 年 12 月

第一版出版说明

《建筑施工手册》分上、中、下三册，全书共二十九个项目。内容以量大面广的一般工业与民用建筑，包括相应的附属构筑物的施工技术为主，同时适当介绍了各工种工程的常用材料和施工机具。

手册在总结我国建筑施工经验的基础上，系统地介绍了各工种工程传统的基本施工方法和施工要点，同时介绍了近年来应用日广的新技术和新工艺。目的是给广大施工人员，特别是基层施工技术人员提供一本资料齐全、查找方便的工具书。但是，就这个本子看来，有的项目新资料收入不多，有的项目写法上欠简练，名词术语也不尽统一；某些规范、定额，因为正在修订中，有的数据规定仍取用旧的。这些均有待再版时，改进提高。

本手册由国家建筑工程总局组织编写，共十三个单位组成手册编写组。北京市建筑工程局主持了编写过程的编辑审稿工作。

本手册编写和审查过程中，得到各省市基建单位的大力支持和帮助，我们表示衷心的感谢。

手册第一版主要执笔人

上　册

1. 常用数据	哈尔滨建筑工程学院	关　柯　陈德蔚
2. 施工常用结构计算	同济大学	赵志缙　周士富 潘宝根
	上海市建筑工程局	黄进生
3. 施工组织设计	哈尔滨建筑工程学院	关　柯　陈德蔚 王长林
4. 工程概预算	镇江市城建局	左鹏高
5. 材料试验与结构检验	国家建筑工程总局第一工程局	杜荣军
6. 施工测量	国家建筑工程总局第一工程局	严必达
7. 土方与爆破工程	四川省第一机械化施工公司	郭瑞田
	四川省土石方公司	杨洪福
8. 地基与基础工程	广东省第一建筑工程公司	梁　润
	广东省建筑工程局	郭汝铭
9. 脚手架工程	河南省第四建筑工程公司	张肇贤

中　册

10. 砌体工程	广州市建筑工程局	余福荫
	广东省第一建筑工程公司	伍于聪
	上海市第七建筑工程公司	方　枚

11. 木结构工程	山西省建筑工程局	王寿华
12. 钢结构工程	同济大学	赵志缙　胡学仁
	上海市华东建筑机械厂	郑正国
	北京市建筑机械厂	范懋达
13. 模板工程	河南省第三建筑工程公司	王壮飞
14. 钢筋工程	南京工学院	杨宗放
15. 混凝土工程	江苏省建筑工程局	熊杰民
16. 预应力混凝土工程	陕西省建筑科学研究院	徐汉康　濮小龙
	中国建筑科学研究院	
	建筑结构研究所	裴　骕　黄金城
17. 结构吊装	陕西省机械施工公司	梁建智　于近安
18. 墙板工程	北京市建筑工程研究所	侯君伟
	北京市第二住宅建筑工程公司	方志刚

下　册

19. 滑升模板施工	河南省第三建筑工程公司	王壮飞
	山西省建筑工程局	赵全龙
20. 大模板施工	北京市第一建筑工程公司	万嗣诠　戴振国
21. 升板法施工	陕西省机械施工公司	梁建智
	陕西省建筑工程局	朱维益
22. 屋面工程	四川省建筑工程局建筑工程学校	刘占罴
23. 地下防水工程	天津市建筑工程局	叶祖涵　邹连华
24. 隔热保温工程	四川省建筑科学研究所	韦延年
	四川省建筑勘测设计院	侯远贵
25. 地面工程	北京市第五建筑工程公司	白金铭　阎崇贵
26. 装饰工程	北京市第一建筑工程公司	凌关荣
	北京市建筑工程研究所	张兴大　徐晓洪
27. 防腐蚀工程	北京市第一建筑工程公司	王伯龙
28. 工程构筑物	国家建筑工程总局第一工程局二公司	陆仁元
	山西省建筑工程局	王寿华　赵全龙
29. 冬季施工	哈尔滨市第一建筑工程公司	吕元骐
	哈尔滨建筑工程学院	刘宗仁
	大庆建筑公司	黄可荣

手册编写组组长单位　北京市建筑工程局（主持人：徐仁祥　梅　璋　张悦勤）

手册编写组副组长单位　国家建筑工程总局第一工程局（主持人：俞佾文）

同济大学（主持人：赵志缙　黄进生）

手册审编组成员　王壮飞　王寿华　朱维益　张悦勤　项翥行　侯君伟　赵志缙

出版社审编人员　夏行时　包瑞麟　曲士蕴　李伯宁　陈淑英　周　谊　林婉华　胡凤仪　徐竞达　徐焰珍　蔡秉乾

1980 年 12 月

目　　录

22 索膜结构工程

22.1 膜结构的特点、类型及材料

膜结构自诞生至今只有短短50年左右的时间，但以其丰富多变的建筑造型、晶莹通透的结构特性迅速发展成大跨度空间结构领域重要的组成部分。膜结构是用多种高强薄膜材料（常见的有PVC、PTFE、ETFE等）及辅助结构（常见的有钢索、钢桁架或钢柱等）通过一定的方式，使其内部产生一定的预张应力，并形成应力控制下的某种空间形态，具有足够的刚度，以抵抗外部荷载作用的一种空间结构形式，可作为建筑物的围护结构或主体结构。它集建筑学、结构力学、精细化工与材料科学、计算机技术等为一体，具有很高的技术含量。其曲面可以随着建筑师的设计需要任意变化，结合整体环境，建造出标志性的形象工程。

膜结构起源于古代，人类采用天然材料搭建帐篷，作为居住场所。后来，随着现代精细化科技的进步与发展，膜结构摆脱了古老的帐篷形象，以全新丰富的建筑形态重新走进了人们的视野，并迅速发展。膜结构从20世纪90年代以来在我国也得到了飞速的发展，目前已经建设了数十个大型膜结构体育建筑、文化娱乐建筑、商业建筑、交通运输建筑和标志性建筑。图22-1是国内已建的代表性膜结构工程。

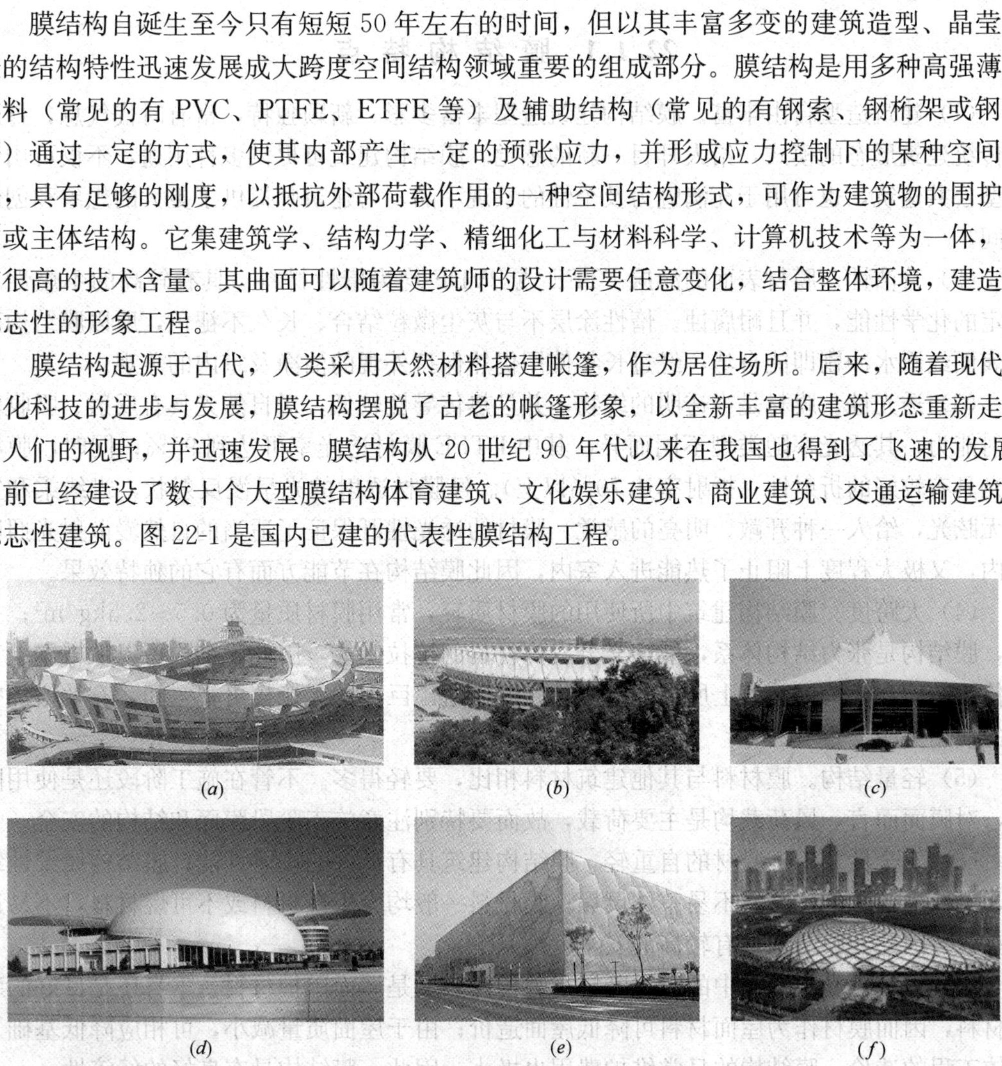

(*a*) (*b*) (*c*)

(*d*) (*e*) (*f*)

图22-1　国内膜结构工程

(*a*) 上海八万人体育场；(*b*) 青岛颐中体育场；(*c*) 郑州杂技馆；

(*d*) 大连金石滩影视艺术中心；(*e*) 国家游泳馆；(*f*) 天津于家堡交通枢纽站房

(g)

图 22-1　国内膜结构工程（续）

(g) 乐清市体育中心

22.1.1 膜结构特点

（1）建筑造型自由丰富。膜结构建筑造型丰富多彩、新颖独特，富有时代气息，打破了传统建筑形态的模式，给人耳目一新的感觉。膜结构建筑可提供多种用途，不仅可用于大型公共建筑，也可用于充满魅力及个性的景观小品，为建筑师提供了更大的想象和创作空间。

（2）自洁性。膜材表面的涂层 PTFE 或 PVDF 均为惰性材料，具有较高的不燃性和稳定的化学性能，并且耐腐蚀。惰性涂层不与灰尘微粒结合、长久不褪色，所以膜结构建筑表面经雨水冲刷即能自洁，经过长年使用仍然保持外观的洁净及室内的美观。

（3）透光性。膜材是半透明的织物，并且热传导性较低，对自然光具有反射、吸收和透射能力，其透光率随类型不同而异，其中 ETFE 膜材透光率可达到 95%；同时，膜材对光具有较好的折射性（折射率达 70%以上）。经膜材透射的光呈漫反射状，光线柔和宜人无眩光，给人一种开敞、明亮的感觉。膜材的透光性既保证了适当的自然漫散射光照明室内，又极大程度上阻止了热能进入室内，因此膜结构在节能方面有它的独特效果。

（4）大跨度。膜结构建筑中所使用的膜材质轻，常用膜材质量为 $0.5\sim2.5kg/m^2$；并且，膜结构是张力结构体系，能够充分发挥材料的抗拉性能，因此膜结构可以从根本上克服传统结构在大跨度建筑上所遇到的困难，可创造出巨大的无遮挡可视空间，有效增加空间的使用面积。

（5）轻量结构。膜材料与其他建筑材料相比，要轻得多。不管在施工阶段还是使用阶段，对膜面而言，风荷载均是主要荷载，故而要特别注意施工阶段膜面和结构的安全。

（6）安全性。由于膜材的自重轻，膜结构建筑具有良好的抗震性能；膜结构属柔性结构，可承受较大的位移，不易整体倒塌；膜材料一般均为阻燃材料或不可燃材料，不易造成火灾。因此，膜结构具有较高的安全度。

（7）经济性。膜结构中的膜材既是承载构件，又是屋面围护材料，本身还是良好的装饰材料，因而膜材作为屋面材料可降低屋面造价；由于屋面质量减小，可相应降低基础及主体工程的造价；膜结构的日常维护费用也极小。因此，膜结构具有良好的经济性。

以上是膜结构的主要优点。当然，膜结构也存在一定的缺点，主要表现在以下几个方面：

（1）膜材的使用寿命一般为 15～35 年，虽然有些采用玻璃纤维膜材的实际工程使用超过 25 年仍保持良好性能，但与传统的混凝土或钢材相比仍有相当差距，与通常“百年大计”的设计理念不符。当然针对这一点，我们在观念上应有所改变，膜材在建筑物的整个使用寿命期内是可以更换的，况且十几、二十年后肯定会有性能更优越、价格更便宜的膜材料出现。

（2）膜结构抵抗局部荷载作用的能力较弱，屋面在局部荷载作用下会形成局部凹陷，造成雨水和雪的淤积，即产生所谓的“袋状效应”。严重时，可导致膜材的撕裂破坏。

（3）空气支承式膜结构使用过程中的维护费用较高，需要充气系统和控制系统时刻运转维持。

（4）膜面常与拉索结合，通过施加应力，形成结构刚度。合理施加预应力是涉及膜结构安全的关键要素。其安装工效较高，只需投入较简便的施工机械，且较少影响屋顶以下分部工程的施工，但由于多为悬空作业，安全操作设施须要因工程的不同特点而作特殊考虑。

22.1.2　膜结构类型

膜结构的形式千变万化，分类方法与标准也各不相同，通常根据膜结构的支承方式进行分类。在中国工程建设标准化协会标准《膜结构技术规程》CECS 158—2015 中，根据膜材及相关构件的受力方式，将膜结构分成四种形式：空气支承式膜结构、整体张拉式膜结构、索系支承式膜结构和骨架支承式膜结构。

22.1.2.1　空气支承式膜结构

空气支承式膜结构分为气承式膜结构和气肋式膜结构两种（图 22-2），气承式膜结构由室内外压力差（室内气压＞室外气压）形成和维持稳定膜面形态，并承受外荷载作用，可由其他建筑物支承或自成独立建筑。气承式膜结构适合建造平面为圆形、椭圆形（长短轴比小于 2）、正多边形的穹顶结构。气肋式膜结构是向特定形状的封闭气囊内充入一定压力的气体，以形成具有一定刚度和形状的构件；再由这些构件相互连接，形成建筑空间。

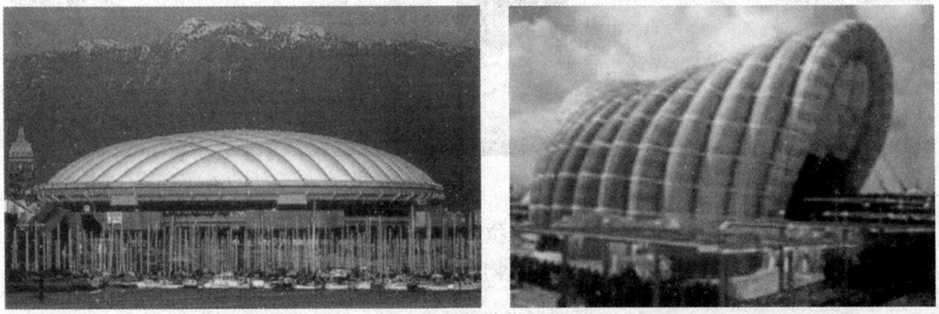

(a)　　(b)

图 22-2　空气支承式膜结构的基本形式

(a) 气承式；(b) 气肋式

空气支承式膜结构需要不间断地充气，运行与维护费用高，空压机与新风机的自动控制系统和融雪热气系统的隐含事故率高。此外，气承式膜结构中室内的超压也会使人略感不适。这些缺点使人们对空气支承式膜结构的前途产生怀疑。因此美国自 1985 年以来，在建造大跨度建筑时，再也没有使用这种膜结构形式。

气枕式膜结构起源于气胀式膜结构。气肋式膜结构不需要保持不变的室内外气压，舒适度好，但结构受力不如气承式膜结构合理，跨度相对较小，发展初期应用较少。凭借着透明、轻盈且具有高性能的 ETFE 薄膜材料研发成功，气枕式膜结构逐渐兴起并迅速发展。它将多层 ETFE 膜材周边热合并用夹具封闭固定在骨架上，内部充气使其形成气枕并具有一定刚度以抵抗外部荷载，自身仅起到围护结构的作用。气枕式膜结构属于气肋式膜结构和骨架式膜结构的结合，具有轻质、透光、隔热、抗腐、自洁等良好性能。力学性能也极佳，被广泛应用于大型公共建筑中。

22.1.2.2　整体张拉式膜结构

整体张拉式膜结构以钢索、钢结构构件等为边界，通过张拉边界或顶升飞柱等手段给膜面施加张力、维持设计的形状并承受荷载。整体张拉式膜结构的基本外形有马鞍形、圆锥形（伞形）、拱支承形、脊谷式等，见图 22-3。应用于实际工程的整体张拉式膜结构常常是这些基本外形的组合。

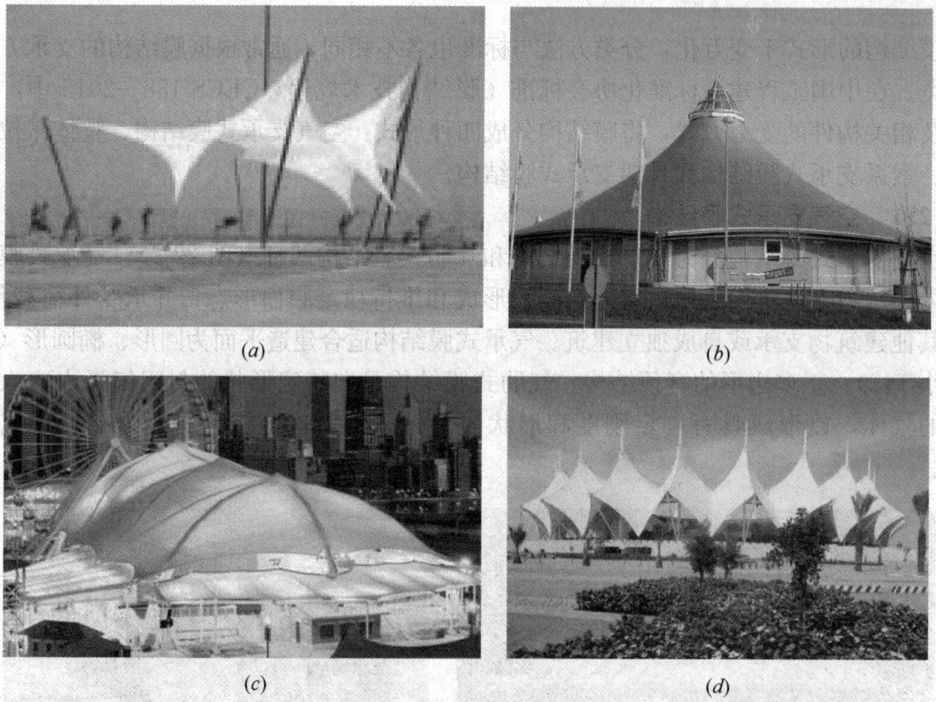

图 22-3　整体张拉式膜结构的基本形式

（*a*）马鞍形；（*b*）圆锥形（伞形）；（*c*）拱支承形；（*d*）脊谷式

22.1.2.3　索系支承式膜结构

由空间索系作为主要承重结构，在索系上敷设张紧的膜材。此时，膜材主要起围护作用，主要是指索穹顶结构。目前，世界建造的最大的索穹顶结构是美国的佐治亚穹顶，跨度 240m×192m，PTFE 膜材覆面，屋盖用钢量仅 30kg/m^2，如图 22-4(*a*) 所示。我国已经建造多座索穹顶结构，目前国内最大的索穹顶是天津理工大学索穹顶，跨度 101m×82m，如图 22-4(*b*) 所示。

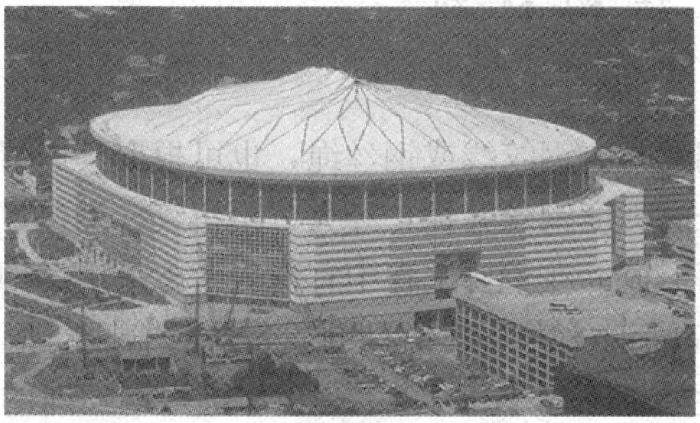
(a)

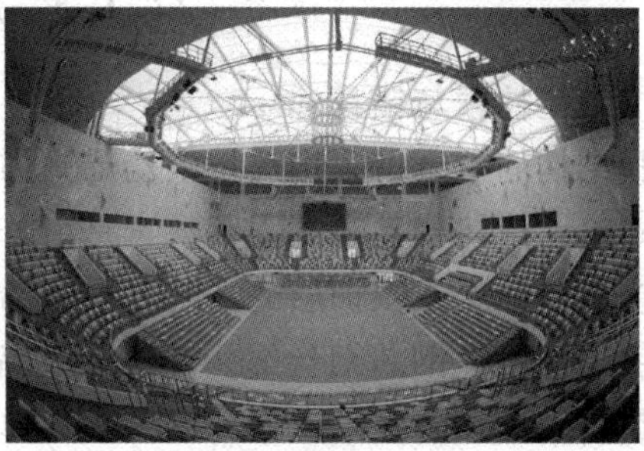
(b)

图 22-4 索系支承式膜结构工程
(a) 美国佐治亚穹顶；(b) 天津理工大学体育馆索穹顶结构

22.1.2.4 骨架支承式膜结构

骨架支承式膜结构是在一般的钢桁架体系或网架结构等骨架上覆盖张紧的膜材，与常规结构相似，膜材仅仅起到围护结构的作用，骨架可独立形成受力体系，易于被工程界理解和接受，并广泛使用于大型体育场馆、展览中心、交通枢纽等。常见的刚性骨架结构包括桁架、网架、网壳、拱等。骨架支承式膜结构中刚性骨架是主要受力体系，膜材仅作为围护材料，计算分析中一般不考虑膜材对支承结构的影响。因此，骨架支承式膜结构与常规结构比较接近，设计、制作都比较简单，易于被工程界理解和接受，工程造价也相对较低。

2008 年，北京奥运会国家体育场“鸟巢”是一座典型的骨架支承式膜结构(图 22-5)。

图 22-5 国家体育场“鸟巢”

随着 ETFE 薄膜的兴起，由多层 ETFE 膜组成的气枕式膜结构越来越多地应用于工程中，例如国家游泳中心“水立方”、天津于家堡站交通枢纽等。这种气枕结合了空气支承式膜结构中的气胀式膜结构的形式，但仍须骨架支承，属于骨架式膜结构的一种。

22.1.3　膜结构材料

22.1.3.1　拉索与锚具

膜结构的拉索可采用热挤聚乙烯高强钢丝索、钢绞线或钢丝绳，也可根据具体情况采用钢棒等。热挤聚乙烯高强钢丝索是由若干高强度钢丝并拢，经大节距扭绞、绕包，且在外皮挤包单护层或双护层的高密度聚乙烯而形成，在重要工程中宜优先考虑采用。钢丝绳宜采用无油镀锌钢芯钢丝绳。热挤聚乙烯高强钢丝索及其锚具的质量应符合现行国家标准。热挤聚乙烯高强钢丝索、钢绞线的弹性模量不应小于 1.90×10^5 MPa，钢丝绳的弹性模量不应小于 1.20×10^5 MPa。

拉索的锚接可采用浇铸式（冷铸锚、热铸锚）、压接式或机械式锚具。锚具表面应做镀锌、镀铬等防腐处理。当锚具采用锻造成形时，其材料应采用优质碳素结构钢或合金结构钢，优质碳素结构钢的技术性能应符合现行国家标准。

锚具与索连接的抗拉强度，浇铸式不得小于索抗拉强度的95%，压接式不得小于索抗拉强度的90%。

对组成热挤聚乙烯高强钢丝拉索、钢绞线、钢丝绳的钢丝，应进行镀锌或其他防腐镀层处理。对碳素钢或低合金钢棒应进行镀锌、镀铬等防腐处理。对外露的钢绞线、钢丝绳，可采用高密度聚乙烯护套或其他方式防护。锚具与有防护层的索的连接处应进行防水密封。

22.1.3.2　膜材

膜材可分为两大类：无基材薄膜材料和基材涂层类织物。前者是一种以 ETFE 为主要原料的高分子薄膜材料。后者（图 22-6）中交叉编织的基材材料决定了其力学性能，如抗拉强度、抗撕裂强度等；而涂层、面层的种类决定了其物理性能，如耐久性、耐火性、防水性、自洁性、粘合度、颜色等。常用基材涂层类织物中，基材与涂层的种类见表 22-1。

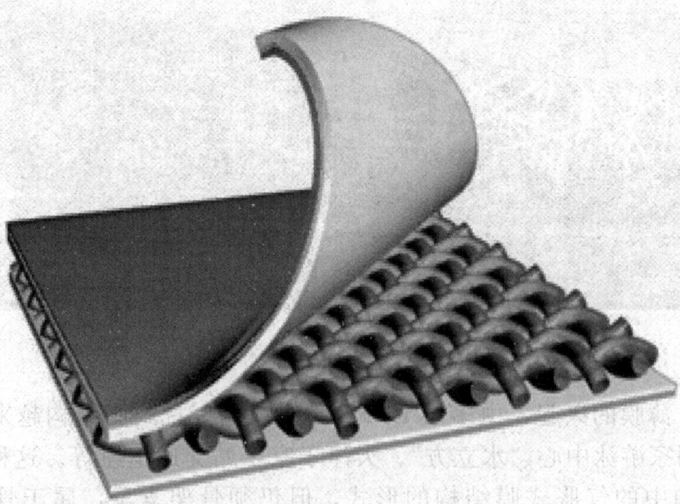

图 22-6　膜材结构

常用基材与涂层种类 表 22-1

	名称	代号		名称	代号
基材	玻璃纤维	FG	涂层	聚四氟乙烯	PTFE
	聚酰胺合成纤维	PA		聚氯乙烯	PVC
	聚酯合成纤维	PET		聚乙烯	CSM
	聚乙烯醇合成纤维	PVA		氟树脂	PVDF

目前膜结构建筑中最常用的膜材主要为 PVC 膜材和 PTFE 膜材（俗称特富龙）。PVC 膜材是由聚酯纤维织物表面涂以聚氯乙烯涂层（PVC）而成。PVC 膜材在材料及加工费用上都比 PTFE 膜便宜，且具有质地柔软、易施工的优点。但在强度、耐久性、防火性等性能上较 PTFE 膜材差，所以只能作为一般临时性建筑的膜材。近年来，已研发出在 PVC 膜材表面再加涂聚氟乙烯（PVF）涂层或聚偏氟乙烯（PVDF）涂层来提高其耐久性和自洁性的新技术，从而使聚酯织物的使用寿命延长到 15 年以上，得以在永久性建筑中使用。PTFE 膜材是在超细玻璃纤维织物上涂以聚四氟乙烯树脂涂层（PTFE）而成，具有强度高、徐变小、弹性模量大、耐久性好、防火性与自洁性高等特点。但 PTFE 膜材与 PVC 膜材相比，材料与加工费用高，且柔软性低。施工时，为避免玻璃纤维被折断，须采用专用施工工具和技术。该类膜材使用寿命在 30 年以上，在永久性膜结构建筑得到大量应用。

此外，随着非织物类膜材的发展，ETFE 膜材渐渐进入人们的视线。ETFE 是乙烯-四氟乙烯共聚物，具有高透光率，最高可达 96%，有良好的抗老化性、耐火性、自洁性等优良性能，易加工，于 20 世纪 70 年代初在美国、日本投产，已在国内外一些体育场馆、温室中得到应用。2008 年，北京奥运会主体育场“鸟巢”和国家游泳中心“水立方”均采用了这种膜材；之后，广泛应用于大型公共场馆中，如广州南站、天津于家堡站、大连体育中心体育场、天津华侨城欢乐谷水公园等。目前，仅德国、美国、日本等国少数几个公司可生产 ETFE 膜材。尽管越来越多的国内公司可以对 ETFE 进行加工、安装，但是 ETFE 膜材仍依赖进口。

22.2 膜结构的深化设计

膜结构与传统结构有很大区别，作为一种柔性结构，索和膜材本身在自然状态下不具有保持固有形状和承载的能力，由这些材料组成的结构体系初始时也是一个机构。只有对膜材和索施加了一定的预应力后，结构体系才获得承载所必需的刚度和形状。因此，膜结构的建筑设计与传统结构的设计过程有很大差别，传统建筑的设计过程是“先建筑，后结构”；而膜结构建筑物的设计过程首先要求建筑设计和与结构设计紧密结合，寻求满足建筑功能要求的理想几何外形和合理的应力状态，所以，结构的形体并非仅由建筑设计决定，亦受受力状态的制约。

膜结构的设计包括初始形态确定（俗称找形）、荷载分析和裁剪分析。对于结构工程师而言，初始形态设计和荷载分析是其关注的焦点，裁剪分析是一项更为专业的工作，不属于传统结构工程师的工作范畴。膜结构的设计流程见图 22-7。

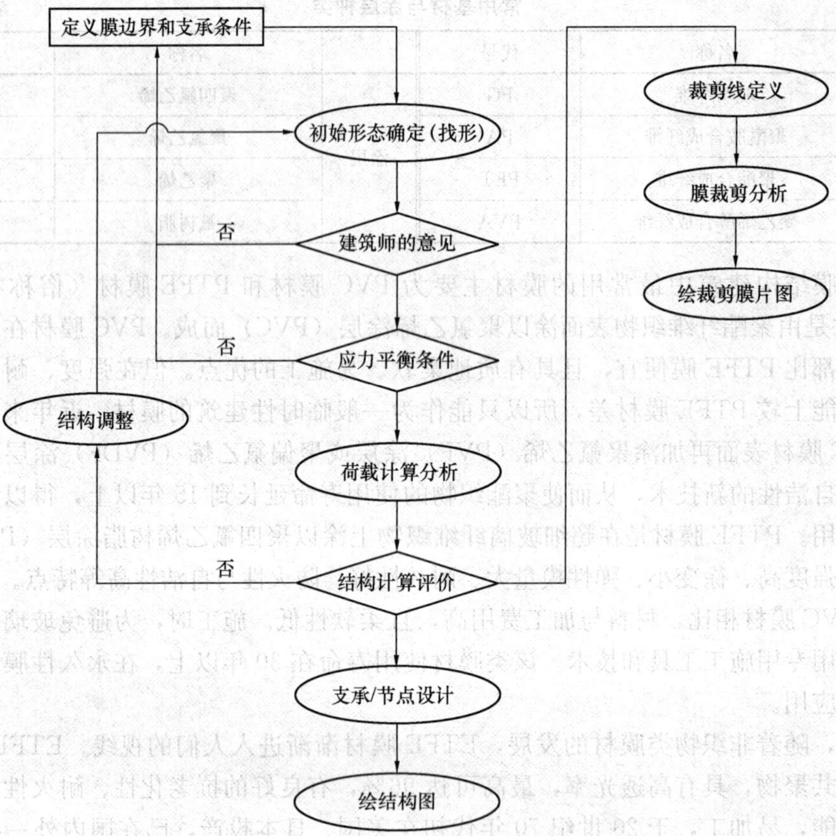

图 22-7　膜结构设计流程图

22.2.1　初始形态确定

膜结构初始形态的确定包含了几何（形）和合理的应力状态（态）两个方面，主要是确定结构中预拉力的大小和分布过程。其方法总体上来说可分为两类：物理模型法和数值分析法。20 世纪 70 年代以前，物理模型法是人们研究膜结构初始形态的重要方法，包括丝网模型法和皂泡模型法。1967 年加拿大蒙特利尔展览会的德国大帐篷（German Pavilion）和 1972 年慕尼黑奥林匹克体育场（图 22-8、图 22-9），均采用物理模型法设计。

图 22-8　德国大帐篷

图 22-9　慕尼黑奥林匹克体育场

但物理模型法的模型制作要花费大量的人力、物力，并且需要一套复杂仪器设备和高超的近景摄影测量技术。由于测量手段存在着较大的随机因素，测量精度难以保证。因此，人们更加关注力学方法的研究，美国、英国、德国和日本等国学者相继提出并发展了以计算机技术为手段的张力结构的初始形态判定，并逐步取代了早期的模型法。物理模型法在工程实践和科学研究中已经很少单独使用，主要是同数值方法配合使用以及用于方案阶段的概念设计。

20 世纪 70 年代以后，随着计算机数值分析技术的日益发展，各种用于膜结构的计算机数值分析方法也应运而生。经过近几十年的研究和实践，力密度法、动力松弛法和非线性有限单元法已经取代物理模型法，成为目前膜结构初始形态确定的主要方法。力密度法可以针对膜面的离散索网模型快速得到其平衡曲面。动力松弛法不建立结构平衡方程因而对计算机的内存要求极低，通过反复假定和迭代，计算得到平衡的内力分布和相应的几何曲面。有限元法通过建立结构的平衡方程进行求解迭代计算结构的平衡曲面，迭代次数少但须存储和求解结构刚度矩阵。随着计算机软硬件技术的快速发展，有限单元法已经成为结构分析包括索膜结构初始形态分析的主流方法。

初始形态确定分析中，可以将支承结构视作相对刚度极大的结构而只进行膜与索部分的找形计算，然后再将连接处反力施加给支承结构，从而完成整个结构初始形态的分析；也可以考虑膜与索及支承结构的共同作用，直接分析计算得到整个体系的初始形态。需要根据具体的结构构成，确定结构分析方法。

膜曲面可以是应力分布均匀的最小曲面，也可以是应力分布不均匀的平衡曲面。最小曲面具有刚度均匀、曲面光滑的优点。所以，初始形态确定分析应首先寻找最小曲面。但由于实际工程中，不一定可以找到最小曲面或者最小曲面不是设计者所希望得到的曲面，这时也可改找平衡曲面。

膜面初始形态分析的目标是得到一个预应力自相平衡的曲面，而膜材弹性模量的数值并不影响膜面的平衡性质，所以分析计算时可以取小弹性模量，以加快计算收敛速度。找形分析得到的膜面应力分布乘以任意倍数后，仍然是自相平衡的，所以可以通过同时放大或缩小膜面预应力及其支承结构内力，以得到希望的膜结构初始形态。

22.2.2 膜结构荷载效应分析

膜结构的初始形态一旦确定之后，需要进一步作荷载效应分析，以得到膜面在外部荷载作用下的应力状态；同时，判断膜面是否会出现松弛、褶皱、应力集中等不利情况。膜结构在外荷载作用下，通过膜面曲率的变化和膜面应力重分布，以达到新的平衡状态。这一过程具有明显的大位移几何非线性特点，所以对该类柔性结构的有限元计算需要考虑结构的几何非线性，其工作状态的荷载效应分析要采用非线性有限单元法。就结构计算理论方面来说，膜结构与其他非线性结构的分析计算相比，并无本质上的区别。

膜结构荷载效应分析是结构在自重、风荷载、活荷载（雪荷载）作用下索与膜的内力和变形，因为非线性效应不具叠加性，所以必须首先进行各种荷载的组合，求解组合荷载下结构的变形和内力，判断是否满足强度与挠度等要求。当计算结果不能满足要求时，应重新调整初始形态，再进行荷载效应分析，直到计算结果满足设计要求。

膜结构自重较小，属风敏感结构，在风荷载作用下易产生较大的变形和振动。因此，在计算索、膜的内力和位移时，应考虑风荷载的动力效应。对于形状较为简单的膜结构，可采用乘以风振系数的方法考虑结构的风动力效应；对于跨度较大、风荷载影响较大或重要的膜结构，应通过风洞试验或风振分析，确定风荷载的动力效应。

22.2.3　膜结构裁剪分析

膜结构的膜面是应力状态下的光滑空间曲面，膜结构裁剪分析的目的是在空间曲面上确定膜片间的裁剪线，获得与空间曲线最接近的平面异形膜片。将空间曲面展开为无应力、平面且有幅宽限制的下料图，且膜面热合缝符合建筑美观要求，膜材用料经济。膜结构裁剪分析的内容和步骤如下：

(1) 裁剪线布置；

(2) 空间膜曲面展开成平面膜面：将空间膜曲面的三维数据转化成相应的二维数据，采用几何方法，简单可行。但如果空间膜曲面本身是个不可展曲面，就得将空间膜曲面再剖分成多个单元，采用适当的方法将其展开。此展开过程是近似的，为保证相邻单元拼接协调，展开时要使单元边长的变化为极小；

(3) 应变补偿：对平面裁剪片进行应变补偿，处理膜片接缝处及边角处的补偿量；

(4) 根据以上结果，得到裁剪片的施工图纸。

裁剪分析时，要注意膜面裁剪线的布置，裁剪线的布置应遵循以下原则：

(1) 视觉美观：膜结构是通过结构来表现造型，空间膜曲面在布置裁剪线时，要充分考虑裁剪线即热合缝对美观的影响；

(2) 受力性能良好：膜材是正交异性材料，为使其受力性能最佳，应保证织物的经、纬方向与曲面上的主受力方向尽可能一致；

(3) 便于加工，避免裁剪线过于集中；

(4) 经济性：膜材用料最省、热合缝线总长最短。

膜片裁剪线的确定方法一般有两类：测地线法和平面相交法。对可展曲面，空间曲面上的测地线在曲面展开后是直线；对不可展曲面，测地线在曲面展开后最接近直线。所以，取测地线为裁剪线时，通过控制测地线两端间距可以得到均匀幅宽的裁剪片，减小废料，达到经济、节约的目的。平面相交法是用一组平面（通常是一组竖向平面）去截找形所得的曲面，将膜面分割成一个个膜片，以平面与空间曲面的交线作为裁剪线。平面相交裁剪线法常用于对称膜面的裁剪，所得到的裁剪线比较整齐、美观，易于符合设计者的意图。

可展曲面是指可以精确展开为平面的曲面，膜结构曲面一般为不可展曲面，只能近似展开为平面。展开的原则是平面弯成曲面后，与其展开前的曲面最为接近。对于狭长裁剪曲面片，可以在其宽度方向取为一个三角形网格，沿其长度向划分为单三角形网格，以三角形板代替三角形曲面，逐个展开得到近似平面。对于宽幅裁剪片，这样的展开会带来较大误差，可以采用数值方法，按误差最小原则求解近似展开平面。

膜结构是在预张力作用下工作的，而膜材的裁剪下料是在无应力状态下进行的。因此，在确定裁剪式样时，有一个对膜材释放预应力、进行应变补偿的问题。影响膜材应变补偿率的因素，可以归纳为以下几个方面：

（1）膜面的预应力值及膜材的弹性模量和泊松比，这是影响应变补偿率的最直接因素；

（2）裁剪片主应力方向与膜材经向、纬向纤维间的夹角，因为膜材是正交异性材料；

（3）热合缝及补强层，热合缝及补强层的性能不同于单层膜，其应变补偿应区别对待；

（4）环境温度及材料的热应变性能，尤其是双层膜结构环境温度相差较大时，要特别注意。

应变补偿常以补偿率的形式实施。严格说来，须根据膜材在特定应力比及应力水平下的双轴拉伸试验结果，结合上述因素综合考虑。

22.2.4 膜结构连接构造

膜结构的连接构造设计应考虑施加预张力的方式、支承结构安装允许偏差，以及进行第二次张拉的可能性。膜结构的连接构造应符合计算的假定，采取可靠措施防止膜材的磨损和撕裂，并应保证连接的安全、合理和美观。

膜结构的连接件应传力可靠，具有足够的强度和耐久性，不应先于所连接的膜材、拉索或钢构件破坏，并不得产生影响结构受力性能的变形。膜结构中的金属连接件直接与膜材相连，易受外界影响而锈蚀，不但易污染膜材，影响美观，而且往往会引起截面削弱而产生安全隐患。因此，全部金属连接均应进行防腐处理。对重要的工程，应采用铝合金或不锈钢夹板、夹具和不锈钢紧固螺栓；其他工程可采用钢制夹板、夹具和镀锌紧固螺栓。当采用铝合金夹板、夹具时，应做电化学阳极氧化处理；当采用钢板夹板、夹具时，应进行热镀锌防腐处理。膜结构的角板一般外露，宜采用热镀锌防腐处理。

膜结构的连接包括膜材连接节点和膜面与支承结构连接节点。根据支承体系的不同，可分为膜面与刚性边界的连接、膜面与柔性边界的连接。

22.2.4.1 膜材的连接

（1）膜结构的空间曲面由许多经裁剪设计的平面膜片拼接而成。膜材幅宽较小，因此膜片间须经接缝连接。膜材接缝的连接应根据不同膜材，选用不同的方式。膜片之间连接主要采用热合连接、缝合连接和机械连接。连接方式中，缝合和机械连接方式易造成截面削弱，因此对于主要受力缝应采用热合连接，其他连接缝可采用缝合和机械连接。

（2）膜片的热合连接一般由工厂制作，为永久节点。热合连接可采用搭接或对接方式。搭接连接时，应使上部膜材覆盖在下部膜材上（图 22-10）。热合连接的搭接缝宽度，应根据膜材类别、厚度和连接强度的要求确定。膜材的热合部位由于存在应力集中现象，不可能达到 100%的母材强度，热合缝应通过工厂对热合温度、压力条件等对热合进行严格的质量管理，以达到热合的强度要求。

（3）膜片的缝合连接一般用于不能采用热合连接的膜材中，如棉织物或氟塑料织物；或膜面荷载较小的膜结构中。根据缝线类型、缝线列数和缝脚形式决定了缝合节点的类型。缝合节点分为平缝、折缝和双层折缝三种（图 22-11）。

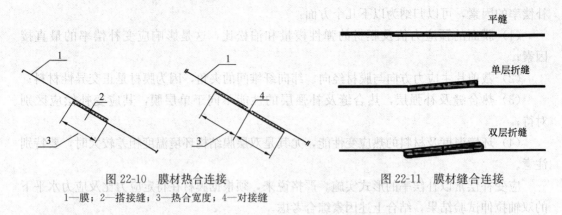

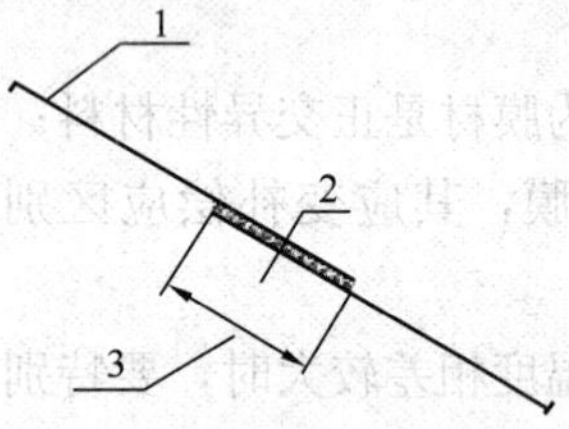

图 22-10　膜材热合连接

1—膜；2—搭接缝；3—热合宽度；4—对接缝

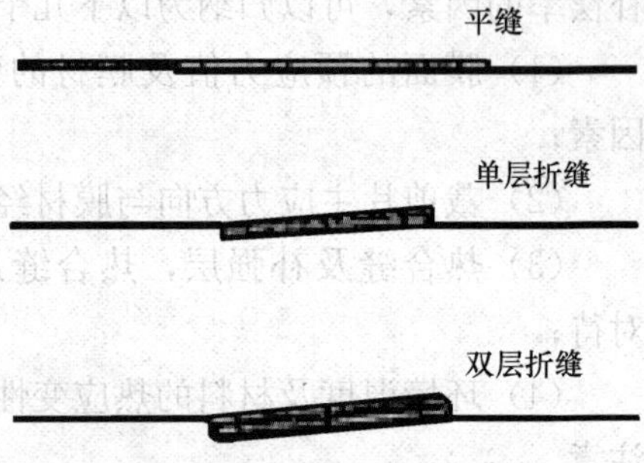

图 22-11　膜材缝合连接

(4) 膜片的机械连接是一种现场连接节点。当因为运输等原因须将膜材分为几个部分在现场拼接时，往往采用机械连接。机械连接可采用夹具连接，见图 22-12(*a*)；夹板连接见图 22-12(*b*)。

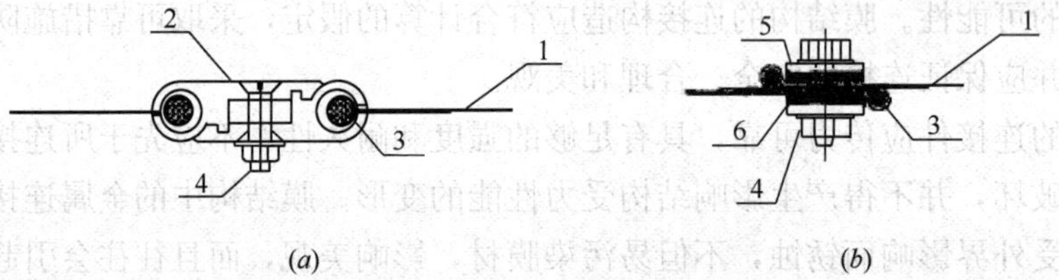

图 22-12　膜材机械连接

(*a*) 夹具连接；(*b*) 夹板连接

1—膜材；2—夹具；3—绳边；4—螺栓；5—夹板；6—衬垫

22.2.4.2　膜与刚性边界的连接

根据连接节点位置的不同，分为膜脊、膜谷、膜边界。当膜材直接连接于刚性边界上时，应尽量避免出现直角或锐角的边界形状，以减少安装难度并避免产生应力集中。

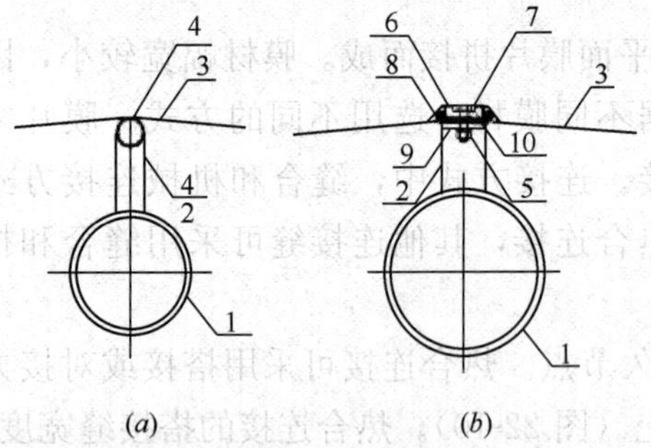

图 22-13　膜在刚性膜脊处不设分片的连接

(*a*) 不需要固定时；(*b*) 需要固定时

1—主结构钢管；2—加劲板；3—主膜；4—小钢管；5—螺栓；6—衬垫；7—防水膜；8—绳边；9—底板；10—压板

1. 膜在刚性膜脊处的连接

(1) 膜在刚性膜脊处不设分片时，可采用图 22-13所示的构造。不需要固定于支承钢结构时，可将主膜搁置于支承的钢管上（图 22-13*a*）；需要固定于支承钢结构时，可采用压板与固定底板将主膜夹紧，并采用热合防水膜的方式（图 22-13*b*）。

(2) 膜在刚性膜脊处设分片时，可采用图 22-14 所示构造。在压板与防水膜片之间充填高弹发泡材料，以避免螺栓对防水膜的损伤（图 22-14*a*）；采用中间凹进的压板，使固定螺栓的螺母不突出压板表面（图 22-14*b*）；利用固定底板上焊接圆钢将主膜抬高，使防水膜与主膜的高度平齐（图 22-14*c*）；采用铝合金型材，以避免在膜材上开孔（图 22-14*d*）。

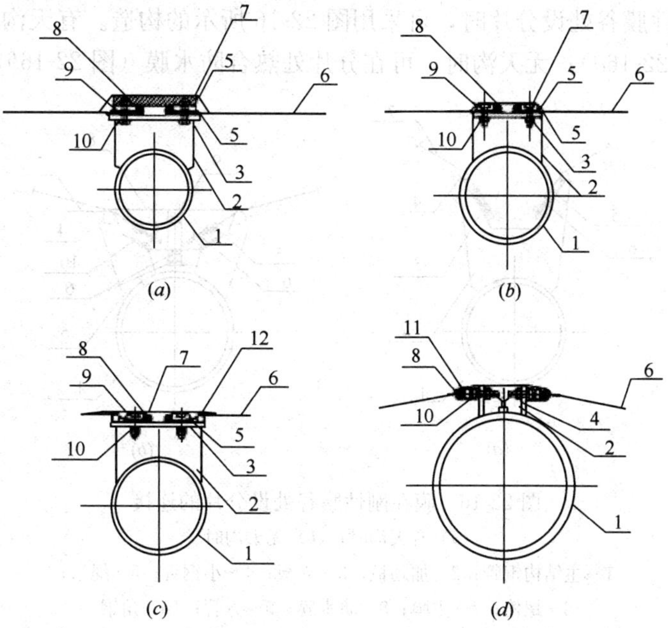

图 22-14 膜在刚性膜脊处设分片的连接

（*a*）填充高弹发泡材料；（*b*）采用中间凹进的压板；

（*c*）焊接圆钢；（*d*）采用铝合金型材

1—主结构钢管；2—加劲板；3—底板；4—立板；5—高弹性发泡材衬垫；6—主膜；

7—防水膜；8—绳边；9—压板；10—螺栓（可工厂点焊接）；11—铝合金型材；12—圆钢

2. 膜在刚性膜谷处的连接

（1）膜在刚性膜谷处不设分片时，可采用图 22-15 所示的构造。膜谷的两侧受力基本相等时，可采用单排螺栓与底板进行固定（图 22-15*a*）；膜谷的两侧受力差异大时，宜采用双排螺栓与底板进行固定（图 22-15*b*）。

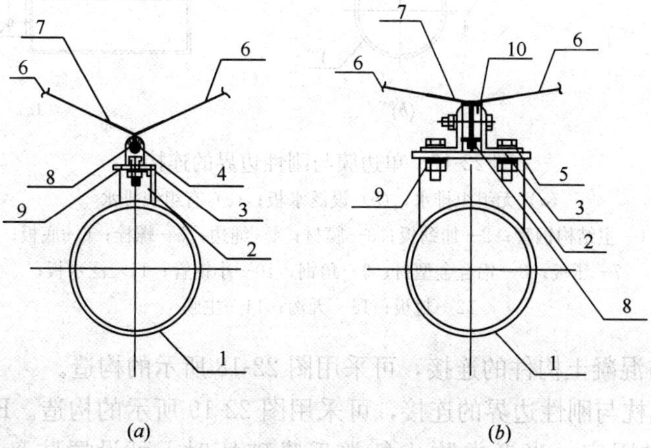

图 22-15 膜在刚性膜谷处不设分片的连接

（*a*）两侧受力基本相等时；（*b*）两侧受力差异大时

1—主结构钢管；2—加劲板；3—底板；4—铝合金型材；5—角钢；

6—主膜；7—加强膜；8—绳边；9—螺栓；10—压板

（2）膜在刚性膜谷处设分片时，可采用图 22-16 所示的构造。有天沟时，可将分片设在天沟两侧（图 22-16*a*）；无天沟时，可在分片处热合防水膜（图 22-16*b*）。

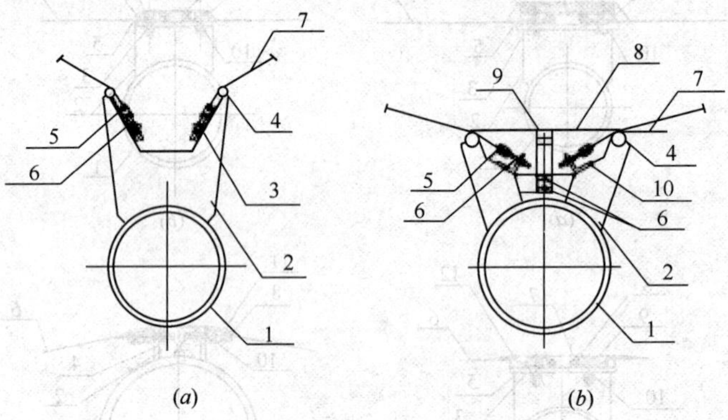

图 22-16　膜在刚性膜谷处设分片的连接

（*a*）有天沟时；（*b*）无天沟时

1—主结构钢管；2—加劲板；3—立板；4—小钢管；5—绳边；6—螺栓；7—主膜；8—防水膜；9—方管；10—角钢

3. 膜边界处的连接

（1）单边膜与刚性边界的连接，可采用图 22-17 所示的构造。刚性边界的高点及两侧可无组织排水，不设天沟（图 22-17*a*）；主结构钢管侧面可设泛水板避免雨水沿钢管流下（图 22-17*b*）；刚性边界的低点宜采取有组织排水，设置天沟（图 22-17*c*）。

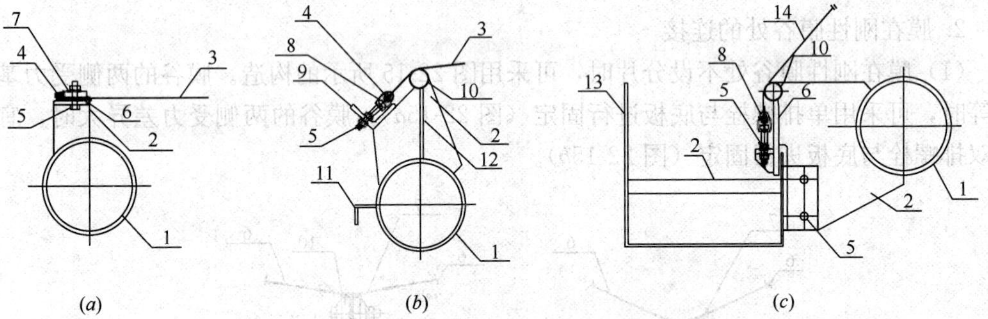

图 22-17　单边膜与刚性边界的连接

（*a*）无组织排水；（*b*）设泛水板；（*c*）有组织排水

1—主结构钢管；2—加劲板；3—膜材；4—绳边；5—螺栓；6—底板；7—压板；8—铝合金型材；9—角钢；10—小钢管；11—泛水板；12—封板；13—天沟；14—主膜

（2）单边膜与混凝土构件的连接，可采用图 22-18 所示的构造。

（3）ETFE 气枕与刚性边界的连接，可采用图 22-19 所示的构造。ETFE 气枕的外周边界宜采用铝型材固定。当考虑防止鸟类爪喙破坏时，可设置防鸟支架及防鸟钢丝（图 22-19*a*）；当考虑防结露措施时，可采用带有冷凝水槽的节点（图 22-19*b*）。

（4）气承式膜结构的周边连接可采用图 22-20 所示的构造。气承式膜结构气密室出入口与主膜间应加设膜过渡区（图 22-21）。

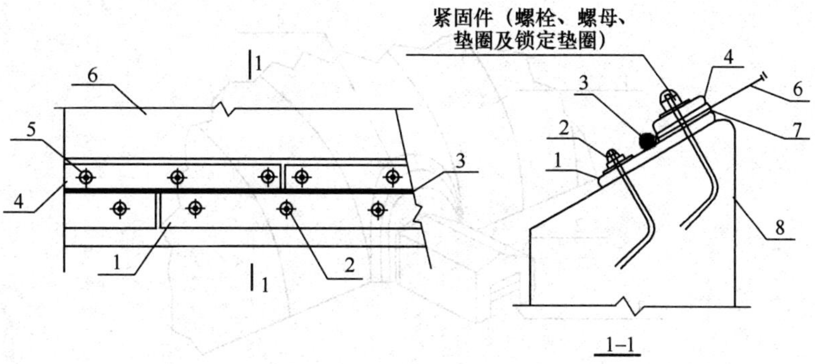

图 22-18 单边膜与混凝土构件的连接

1—底板；2—螺栓；3—绳边；4—夹板；5—紧固件；6—膜材；7—衬垫；8—墙体

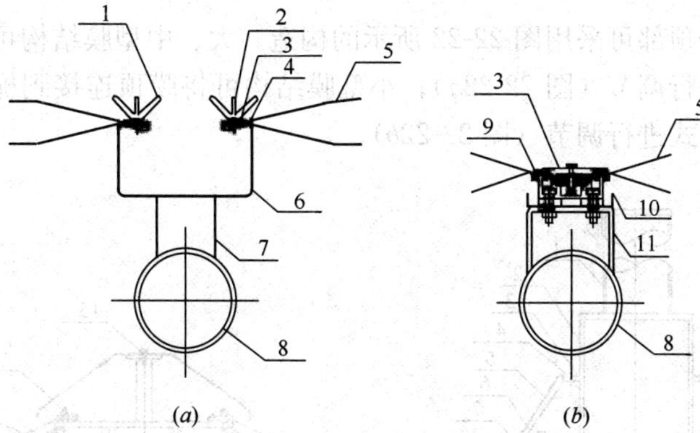

图 22-19 ETFE 气枕与刚性边界的连接

（a）设置防鸟支架及防鸟钢丝；（b）采用冷凝水槽

1—防鸟钢丝；2—防鸟支架；3—铝型材；4—垫片；5—ETFE 气枕；6—天沟；7—加劲板；8—主结构钢管；9—橡胶垫；10—冷凝水槽；11—支座板

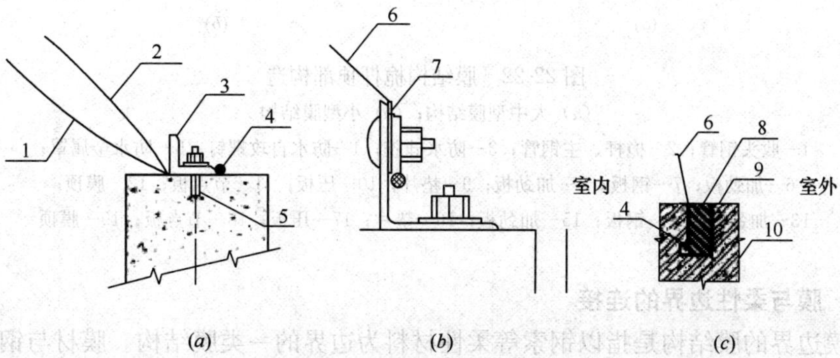

图 22-20 气承式膜结构的周边连接

（a）直接压接；（b）连接到钢构件；（c）采用木楔

1—内膜；2—外膜；3—角钢；4—绳边；5—锚栓；6—膜；7—橡胶垫；8—油浸木楔；9—铝合金铸件；10—混凝土

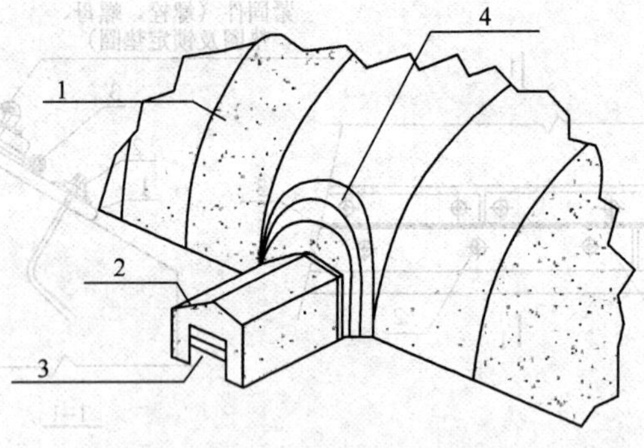

图 22-21　气密室出入口处理

1—气承式膜结构；2—气密室；3—气密室出入口；4—膜过渡区

（5）膜结构桅杆顶部可采用图 22-22 所示的构造。大、中型膜结构可将膜顶与套管连接，通过螺杆张拉进行调节（图 22-22*a*）；小型膜结构可将膜顶连接到桅杆顶板上，采用调整螺栓孔位置的方式进行调节（图 22-22*b*）。

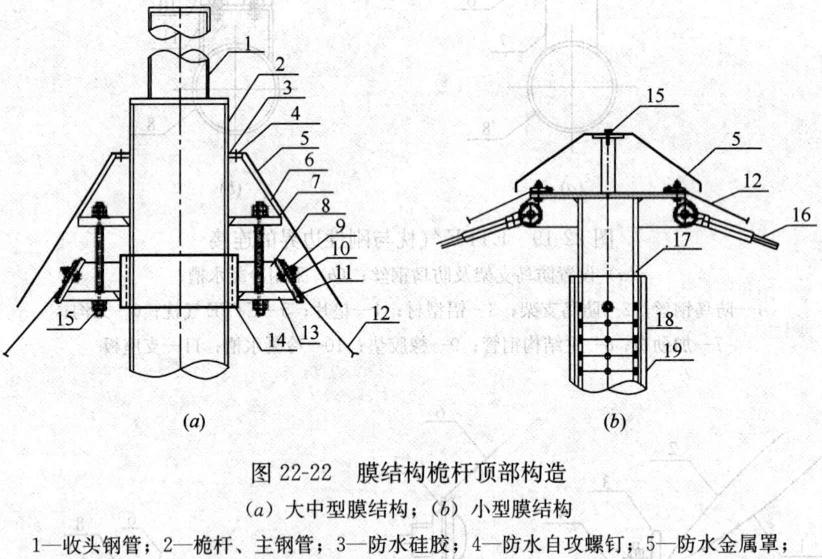

图 22-22　膜结构桅杆顶部构造

（*a*）大中型膜结构；（*b*）小型膜结构

1—收头钢管；2—桅杆、主钢管；3—防水硅胶；4—防水自攻螺钉；5—防水金属罩；6—加劲板；7—钢板；8—加劲板；9—垫片；10—压板；11—节点板；12—膜顶；13—加劲板；14—钢板；15—加劲板；16—垫片；17—压板；18—节点板；19—膜顶

22.2.4.3　膜与柔性边界的连接

柔性膜边界的膜结构是指以钢索等柔性材料为边界的一类膜结构。膜材与钢索可以单边或双边连接。膜与柔性边界的连接，可采用图 22-23 所示的构造。钢索直径较小时，可采用膜套连接（图 22-23*a*）；钢索直径较大时，可通过 U 形夹将固定膜的压板与钢索连接（图 22-23*b*）。

当膜结构对排水要求较高时，可采用内套软塑料、聚酯等填充材料的膜带形成挡水、导水带（图 22-23*c*）；也可在挡板上固定导水膜（图 22-23*d*）。

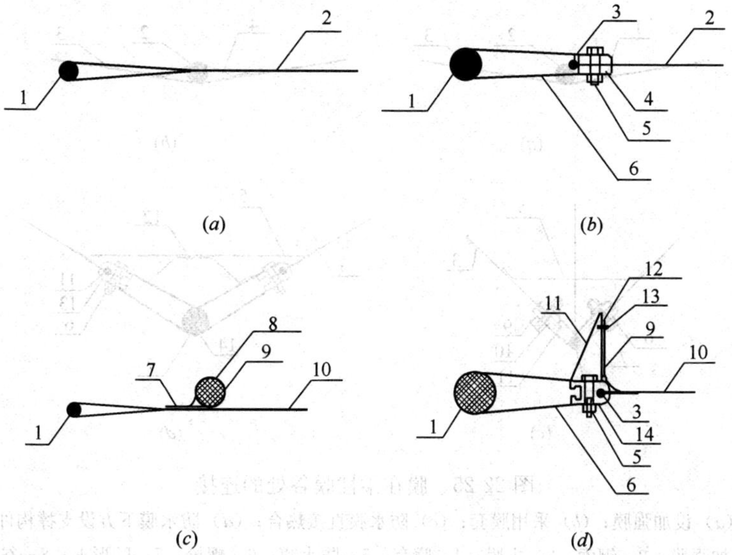

图 22-23 膜与柔性边界的连接

(a) 采用膜套；(b) 采用 U 形夹；(c) 热合导水膜带；(d) 在挡板上固定导水膜

1—边索；2—膜材；3—绳边；4—夹板；5—螺栓；6—U 形夹；7—热合；8—填充材料；9—导水膜；10—主膜；11—铝挡板；12—铝合金压板；13—自攻螺钉；14—铝合金型材

1. 膜在柔性膜脊处的连接

膜在柔性膜脊处不设分片时，可直接将膜铺在钢索上（图 22-24a）。

膜在柔性膜脊处设分片时，可通过 U 形夹将固定膜材的夹板与钢索连接，并在现场热合防水膜（图 22-24b）。

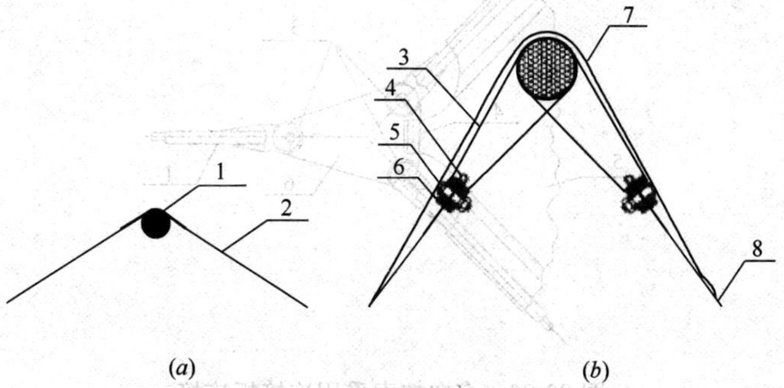

图 22-24 膜在柔性膜脊处的连接

(a) 不设分片时；(b) 设分片时

1—钢索；2—膜；3—U 形夹；4—绳边；5—螺栓；6—夹板；7—防水膜；8—主膜

2. 膜在柔性膜谷处的连接

(1) 膜在柔性膜谷处不设分片时，可将钢索压在膜上方，膜面与钢索直接接触，可设加强膜对主膜进行局部加强（图 22-25a）；为了防止钢索发生横向位移造成膜的磨损，可采用膜套对钢索进行限位（图 22-25b）。

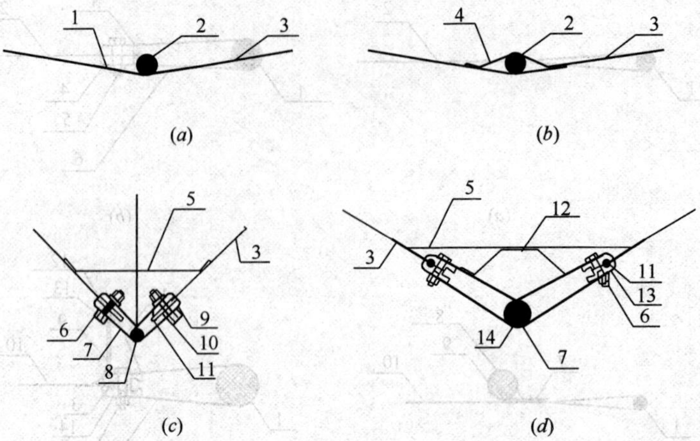

图 22-25　膜在柔性膜谷处的连接

(*a*) 设加强膜；(*b*) 采用膜套；(*c*) 防水膜直接热合；(*d*) 防水膜下方设支撑构件

1—加强膜；2—钢索；3—主膜；4—膜套；5—防水膜；6—螺栓；7—U形夹；8—谷索；

9—夹板；10—衬垫；11—绳边；12—支撑构件；13—铝合金型材；14—钢索

(2) 膜在柔性膜谷处设分片时，当防水膜宽度较小，可将防水膜直接热合在相邻主膜上（图 22-25*c*）；当防水膜宽度较大，可在防水膜的下方设支撑构件，以防止螺栓对防水膜的损伤，并增加防水膜的平整度（图 22-25*d*）。

3. 多向钢索之间可采用连接板连接（图 22-26）。钢索轴线应汇交于一点，避免连接板偏心受力。

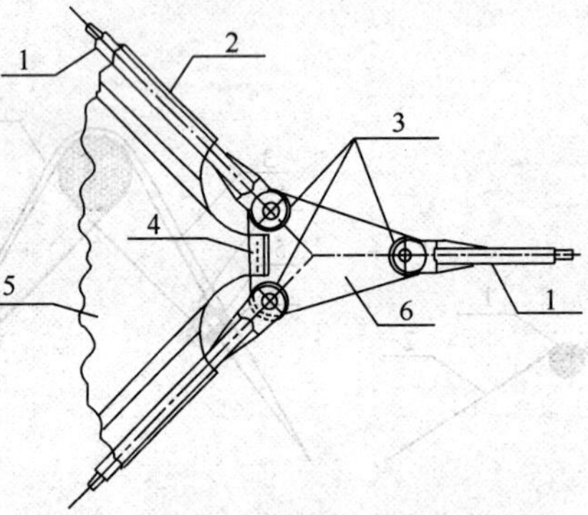

图 22-26　多向拉索采用连接板连接

1—钢索；2—钢索套；3—加强板；4—膜压板；5—膜；6—连接板

22.3　膜 结 构 的 制 作

22.3.1　技术准备及场地要求

22.3.1.1　技术准备

膜材加工制作，应严格按照设计图纸和工艺文件的规定进行。专业操作人员应持证上岗。制作前操作人员应熟悉图纸和技术要求，了解工艺特点和关键环节。膜材的裁剪、热合等制作过程应采用专用设备，相关计量仪器应经计量标定合格。

膜结构制作前应准备好经过计量标定的标准尺，制作过程及检查过程中使用的钢制卷尺应以标准尺为最终基准。

22.3.1.2 场地要求

膜材应储存在干燥通风处，且不宜与其他物品混放。不应接触易褪色的物品，或对其性能有危害的化学溶剂。

加工制作场地应平整，加工环境应满足一定温度、湿度的要求。存放膜材的工作平台应干燥、无污物，整个加工制作过程应保持膜材的清洁。

22.3.2 膜材原匹检查

膜材在入库前，根据厂商提供的不同批号，对膜材的物理性能进行测试。测试合格的材料方可入库。测试数据全部进入电脑存档。

同一膜结构工程宜使用同一企业生产的同一批号膜材。每批膜材均应具有产品质量保证书和检测报告，并应进行各项技术指标的进货抽检。膜材表面应无针孔、明显褶皱和污渍，不应出现断丝、裂缝和破损等，色泽应无明显差异。在工厂内，若膜材上有污垢时，应用布、吸滚轮及溶剂等仔细清扫。

所有原匹在使用前，均有操作人员使用灯光装置全面积进行外观检查，见图 22-27。

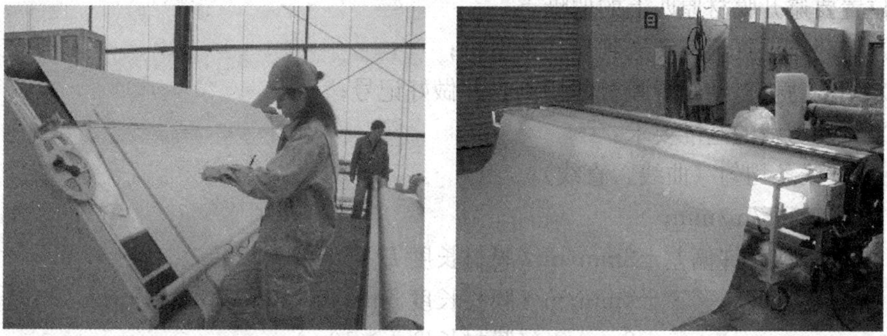

(*a*)　　(*b*)

图 22-27 外观检查

(*a*) 坐标定位；(*b*) 灯箱检查

22.3.3 膜材的保护

为了避免在工程中搬运及工程中移动时所发生的折痕、折纹等损伤，应依照以下要求操作：

人员在膜材上作业时：

(1) 确认膜材与地面之间无异物后，方可进行下步作业；

(2) 不可在膜材有松弛、浮起处作业。

搬运及移动膜材时：

(1) 在作业场地面上进行膜材搬运及移动时，应由两人或两人以上来进行，且用干净的工作手套托住膜材两端；

（2）膜材经过的地面上若有障碍物时，应事先将其去除，同时用拖把清扫干净；

（3）应使用起重机等吊高、移动膜材，并吊挂在膜材芯管上，同时避免让钢索等接触到膜材。起重作业应由具有相应操作证的人员进行。

22.3.4　裁　　剪

通过与设计系统的数据共享，实现膜片配置的全自动化，配置结果传送到数控裁剪装置执行自动裁剪。裁断完成后，应有操作人员核对尺寸。所有裁断工序都留取原匹样片备案。

裁剪应按以下要求操作：

1. 作业内容

以设计部制作的裁剪资料（裁剪图）为基准，标出在膜单元加工时必要的记号（折叠宽度、熔接宽度等），切割膜材。

2. 使用设备

（1）自动裁剪机；

（2）电脑主机。

3. 使用设备的作业顺序

（1）裁剪资料及膜材外观检查综合后确认的瑕疵点位置，决定剪取材料的位置，且注意切割位置要避开膜材原匹上的瑕疵点；

（2）将裁剪位置资料转送到自动裁剪机；

（3）用裁剪机自动进行膜材的切割，并做好记号；

（4）自动剪裁的基准要求：

1）剪裁线条均匀（曲线、直线）；

2）裁剪速度 7m/min；

3）自动裁剪允许偏差±2mm/m（膜材长度 $L\leqslant5$m）

±4mm/m（膜材长度 5m$<L\leqslant10$m）

±8mm/m（膜材长度 $L>10$m）。

22.3.5　研磨（打磨）

对带有不同焊面层的膜材焊接前，应进行焊缝的研磨。通过反复试验，调整打磨砂轮的间隙，得到最佳高度，并在研磨前后使用微分卡控制研磨深度。在确保自洁涂层打磨干净的情况下，尽量保证涂层的厚度，不允许打磨带基布。对打磨焊缝宽度进行控制，结果形成记录文件。研磨见图 22-28。

22.3.6　热　　合

当日使用的所有热合机均实行开机试验，根据当日所加工的膜材特性，通过调控机械的温度压力和操作时间，实现膜片的均匀熔接，提高膜片的剥离试验强度。根据试样控制当日热合工艺的稳定性。每道热合工序完成以后，均有专人进行检查。热合见图 22-29。

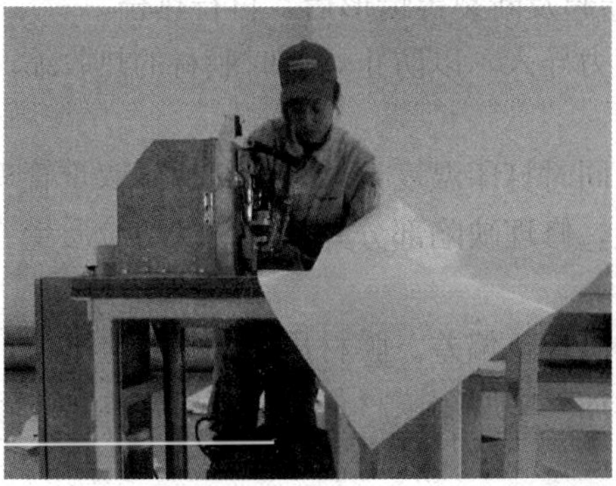

图 22-28 研磨

图 22-29 热合

23.3.6.1 膜材的热合准备

1. 使用设备

热合使用的设备包括热合加工机、张力装置、FEP 胶粘贴机。

热熔合设备必需具有将温度、压力、熔接时间控制在要求范围内的性能，条件则依膜材的种类而定。

2. 热合基准

从事热合加工作业人员应具有相应操作技能合格证，并依热合基准表 22-2，确认热合缝是否合格。

热合基准 **表 22-2**

项目	判定标准
接合部位张拉强度	母材强度的 80%以上
剥离强度	2.0kg/cm 以上
外观	焦痕在 2.5cm 以内曲面部分的胶卷没有不吻合的情形

3. 试验

热合加工制作前，应根据膜材的特点，对连接方式、搭接或对接宽度等进行试验。膜材热合处的拉伸强度应不低于母材强度的 80%，符合要求后方可正式进行热合加工。在热合过程中，应严格按照试验参数进行作业，并做好热合加工记录。

4. 热合设备开始作业前的检查

热合作业者应在开始作业时，先确认熔接设备的温度、压力、熔接时间并且记录下来。

22.3.6.2 作业顺序

热合作业人员依照加工顺序，确认膜单元编号、扣件编号及转角编号，准备热合的裁剪片。

(1) 确认膜材重叠方向及熔接宽度，使用 FEP 胶卷粘贴机将 FEP 胶卷暂时固定住。重叠粘合部分至少要 20mm 以上。

(2) 热合部位曲率很大或是形状很复杂时，粘点的间距视形状而定。

（3）确认热合部分没有 FEP 胶卷溢出、卷起及断裂等情形后，再行热合。

（4）在热合膜材两端安装张力装置，将张力导入，以防止熔接时膜材的热收缩。

22.3.6.3　热合温度管理

（1）进行熔接时，应由温度表确认温度，同时打印温度记录，以便达到双重管理。

（2）温度设定不适合时，应立即中止作业，修理缺陷部分并立刻确认熔接质量。

22.3.6.4　热合质量确认

热合缝应均匀饱满、线条清晰，宽度不得出现负偏差。膜材周边加强处应平整，热合后不得有污渍、划伤、破损现象。同时，应将加工中所用膜材料做成试验样本，进行破坏检查并且确认。

22.3.6.5　FEP 胶卷的处理

FEP 胶卷上如沾有灰尘、污垢等，将造成热熔合品质不良，务必清扫干净。用湿布擦拭 FEP 胶卷上的灰尘、污垢等，接着再用干布擦拭干净。FEP 胶卷上的伤痕是造成热合中胶卷断裂的原因，应避开有伤痕的部分。将 FEP 胶卷保管于密闭箱内，以防止灰尘及污垢等落于其上。开始作业时，取出一卷（约 150m）使用。作业结束时，再将剩下的 FEP 胶卷用套子套起来保管好。

22.3.7　收　边

膜材通过热熔合边缘加工收边，收边后的尺寸根据图纸要求进行确认。膜边缘索曲率误差不大于 3%，使索套发生扭曲变形膜片裁剪后应全部进行检验。10m 以下膜片各向尺寸偏差应控制在±3mm 之内；10m 以上膜片各向尺寸偏差应控制在±6mm 内。热合后的膜单元，周边尺寸与设计尺寸的偏差不应大 1%。收边见图 22-30。

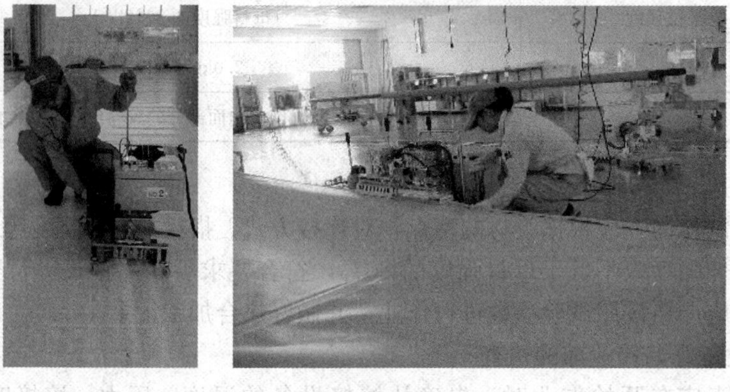

图 22-30　收边

22.3.8　打　孔

（1）根据加工图，以油性笔在所定的位置上标出螺栓孔的位置。

（2）进行作业前应先核对孔径要求，同时必须进行试打，以确认无缺陷或变形等问题。

（3）利用打孔工具进行打孔，见图 22-31。

(4) 为了确保打孔加工后螺栓孔距离为正确尺寸，应以螺栓定位图为依据，使用标尺确定。

22.3.9 成　　品

成品在捆包前应实行全面检查，见图 22-32。通过检查结束后的膜单元在捆包前，事先清除污垢附着物，进而卷在钢管等芯材上进行捆包。

图 22-31 打孔

图 22-32 成品捆包

22.3.9.1 捆包要求

(1) 捆包使用的工具有：捆卷台、制品台车、钢管或纸管。

(2) 如卷在钢管上，将两端设定在制品台车上，以施工时的展开顺序为基础，确定卷起方向，以胶带固定卷妥。

(3) 不能以钢管卷曲时，为了防止膜单元发生严重折痕、折纹等，应在各折叠部分适当地放入缓冲材料（聚乙烯的管状气囊）后，再进行捆包。

22.3.9.2 包装与运输

(1) 膜单元的包装方式，应根据膜材的特性、具体工程的特点确定。包装袋应结实、平滑、清洁，其内表面应无色或不褪色，与膜成品之间不得有异物，且应严密封口。在包装的醒目位置上应有标识，标明膜单元的编号、包装方式和展开方向。

(2) 膜单元的运输工具上应铺垫层并采取措施，确保膜单元与运输工具间不发生相对移动和撞击。

22.4 膜结构的安装

现场施工安装，是保证实现膜结构设计阶段所预期的结构功能及外观等目标的关键步骤。现场安装的成功与否所涉及的方面和因素又十分复杂，因此需要工程各方倍加重视。

22.4.1 工 艺 流 程

工艺流程见图 22-33。

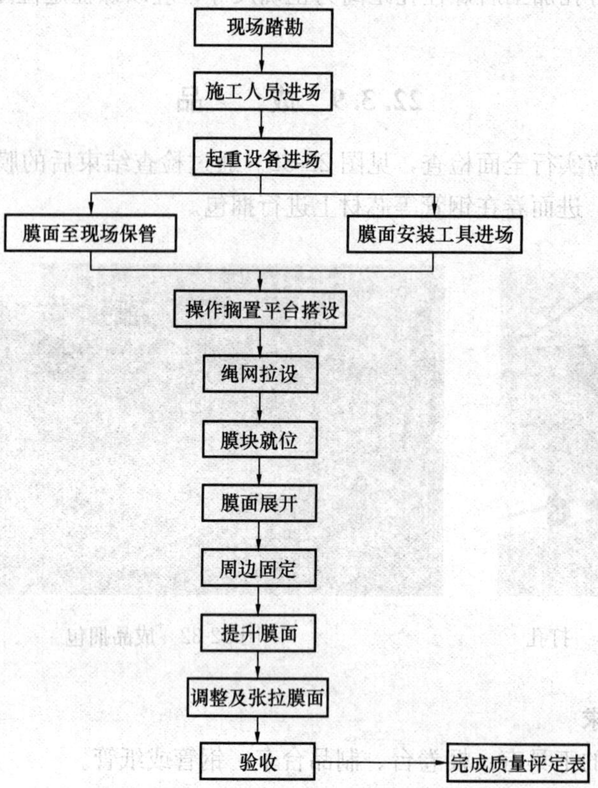

图 22-33　工艺流程

22.4.2　钢构件、拉索安装

钢构件、拉索在整个膜结构体系中主要起到支承作用，其安装质量的好坏直接影响了整个膜结构的工程质量。

钢构件、拉索进行安装前应具备下列条件：

(1) 相关的前期工程经验收合格；

(2) 钢构件、拉索及其配件验收合格；

(3) 现场具备安装条件：支承结构完成施工、混凝土达到强度要求、齿条构件堆放和组装场地，具备起重机出入通道和支吊场地；

(4) 钢构件、拉索安装前，应有经施工单位技术负责人审批的施工组织设计、与其配套的专项施工方案等技术文件，并按有关规定报送监理工程师或业主代表。对于重要工程的施工技术方案和安全应急预案，应组织专家评审。

22.4.2.1　安装准备工作

(1) 根据施工组织设计，项目经理应细化具体安装步骤，在施工前应向现场施工人员进行安装技术交底。

(2) 安装前应检查支座、钢构件、拉索间相互连接部位的各项尺寸。支承面预埋件的允许偏差为±5mm，同一支座地脚螺栓相对位置的允许偏差为±2mm。

(3) 吊装前应清除钢构件表面上的油污、冰雪、泥砂和灰尘等杂物，并做好轴线和标高的标记。

（4）拉索安装前，应对耳板的方向、尺寸、销孔等进行检查，确保耳板与拉索锚具匹配。

（5）做好安装准备工作，安装现场严禁无关人员进入，并做好对其他建筑物的保护措施。

22.4.2.2 吊装定位

（1）严格按照施工设计中的吊装方案执行。吊装方案的各个环节落实到人或班级，统一调配、指挥。

（2）钢构件安装应根据结构特点、运输方式、吊装设备性能、安装场地条件等因素，按照合理顺序进行，并形成稳定的空间刚度单元。必要时，增加临时支承结构或临时措施。

（3）对于暂时不能按施工图进行正式连接的部位，临时连接部位必须采取安全可靠、便于拆卸的固定措施。

（4）应在吊装过程中防止钢构件产生变形，钢构件安装后应及时进行垂直度、标高和轴线的位置校正。

（5）与膜接触的钢板、钢管、连接板（件）等钢构件，应保持顺直、平滑，不得有错位。

（6）对地脚螺栓、螺母，应进行防锈及防碰撞保护。

（7）张拉拉索前，应由专业施工单位进行施工过程模拟验算，并应确定索力控制或结构变形的原则。对于大型复杂膜结构，应进行索力和结构变形双控制。张拉力偏差不宜大于设计值的10%，结构变形的偏差应按设计要求确定。拉索安装时应进行索力和结构变形监测，并形成监测报告。

（8）钢构件安装应符合现行国家标准《钢结构工程施工质量验收标准》GB 50205的有关规定。拉索的安装应按现行行业标准《索结构技术规程》JGJ 257的规定执行。

22.4.3 膜结构安装

22.4.3.1 安装前的复测

（1）膜结构工程安装前，必须进行现场踏勘。踏勘主要包括观察施工机械开行路线、现场高空线敷设情况、施工现场可利用空地以及施工现场实际施工情况。最后，根据踏勘情况结合施工图纸，编制切实可行的施工方案。

（2）膜结构安装宜在相关土建和外装饰工程完工后进行，对安装现场可能伤及膜材的物件应进行安全防护。

（3）安装前应对膜结构所依附的钢构件、拉索及其配件进行复测，复测应包括轴线、标高等内容。安装前，应检查支座、钢构件、拉索间相互连接部位的各项尺寸，以确认满足膜的安装要求。

22.4.3.2 搁置平台搭设

膜面施工前应搭设搁置平台，其位置由膜面展开方向决定：若膜面由中间向两边铺展，平台应搭设在单元结构的中心（适用于小型膜结构工程）；若膜面由结构外侧向内侧铺展，则平台应搭设在结构的外环处（较适用于体育场）。

平台搭设高度应低于膜面安装高度1m左右，待搭设到所需标高后顶部用九夹板满铺。搁置平台平面尺寸：宽度2.4m，长度为膜面展开时的宽度。平台搭设完毕后，外露的脚手管、扣件及尖锐部位应用棉布包裹，以免在膜展开时划伤膜面。

22.4.3.3　膜单元的保管

供货商将膜单元包装箱运输至现场后，根据膜面安装单位要求，摆放在与施工相对应的区域内。包装箱卸车后应随施工进度开启箱盖，以免造成膜面的损坏。

在现场打开膜单元的包装前，应先检查包装在运输过程中有无损坏。打开包装后，膜单元成品应经安装单位验收合格。

22.4.3.4　绳网拉设

膜面铺设前须安装绳网，作为膜面展开时的依托。绳网采用ϕ14的腈纶绳。绳网安装时，平行于膜面展开方向每隔2.5m拉设一道绳索，绳索一端直接与结构相连接，另一端通过绳索紧绳机与结构相连，使绳网张紧，减少绳网垂度。

22.4.3.5　膜面展开

1. 膜面展开的前提条件

（1）先复核支承结构的各个尺寸，使每个控制点的安装误差均在设计和规范允许的范围内；

（2）对膜体及配件的出厂证明、产品质量保证书、检测报告及品种、规格、数量进行验收；

（3）检查膜体外观是否有破损、褶皱，热熔合缝是否有脱落，螺栓、铝合金压条、不锈钢压条有无拉伤或锈蚀，索和锚具涂层是否破坏，相关区域内构件的涂装工作必须结束；

（4）膜面安装技术指导人员抵达现场，必须进行两级技术交底；

（5）当风力达到四级或气温低于4℃时，不宜进行膜单元安装；当风力达到五级及以上时，严禁进行膜单元的安装。

2. 根据膜面安装要求，分散放置膜面安装固定材料以及临时张拉工具。吊装膜单元前，应先确定膜单元的准确安装位置。膜单元展开前，应采取必要措施，防止膜材受到污染或损伤。展开和吊装膜单元时，可使用临时夹板，但安装过程中应避免膜单元与临时夹板连接处产生撕裂。在平台上展开膜体后，用夹板将膜材与索连接固定。夹板的规格及夹板间的间距，均应严格按设计要求安装。对一次性吊装到位的膜体，也必须一次性将夹板螺栓、螺母拧紧到位。

3. 膜布展开前，应再一次对搁置平台表面上进行检查，应保证清洁、无污物，并保证无尖锐毛刺，以免造成膜面的损坏或污染。所有参加膜面展开工作的人员，必须穿软底胶鞋。

4. 当膜面被搁置在临时平台上以后，首先将膜面端部记号找出，用人力将膜面牵引展开。最后，操作工人通过紧绳机牵引膜面，两侧工人用绳索拉紧灰色夹具，抖动膜面，辅助膜面的牵引。牵引时，应有专人负责牵引的统一指挥。

5. 膜面牵引过程中应注意：

（1）应由专人负责统一指挥；

（2）保证操作工人的牵引速度同步；

（3）有专门技术人员跟踪监督。

膜布展开时，随时观测膜布外观质量，发现因制作引起的破损、钩丝及不可清楚的污迹，及时通报。

22.4.3.6 周边固定（张拉式）

将膜面拉至离安装位置80cm左右，膜面固定时，先用紧绳机拉紧膜的四只角，使膜角尽量接近固定的位置，再进行膜边的固定。松开所有绳网，调整膜面边缘，进行钢索与膜单元的固定。

22.4.3.7 提升膜面

膜体展开与索连接固定，并将夹板螺栓、螺母拧紧到位后，应即刻提升膜面。提升的目的是，防止天气突然变化（工作风力超过五级或下雨雪）而可能造成膜面的损坏和施工的不安全。提升完成后，要求膜面周边受力基本均匀，膜面上无集水点。

1. 多点整体提升法：利用多点约束对单元进行提升，该工艺要求整个过程必须同步。起吊过程中，控制各吊点的上升速度和距离，确保膜面的传力均匀。

2. 分块吊装法：将膜体按平面位置分为若干作业块，每块膜体同样采用多点整体吊装技术，整体吊装到位。若采用整体提升技术，要求投入的设备和人员较多，施工准备期较长。采用分块吊装法将整个膜体分为5个作业块，第1片和第2片、第3片和第4片、第5片和第6片、第7片和第8片、第9片和第10片，每个作业块膜体的7个吊点同时提升。待所有膜体均到达设计高度后，再在空中将各个作业块连接到一起，其优越性相当明显。整个安装过程中，要特别注意防止膜体在风荷载作用下产生过大的晃动。

22.4.4 整体安装调试及施加预拉力

22.4.4.1 张拉前的检查

（1）结构张拉前应由进行全过程施工仿真计算分析，掌握施工过程的结构状态和结构特性，为施工监测提供理论参考值，以确保施工安全。

（2）张拉前支承结构应全部安装完成，构件之间及支座连接就位，应由监理或相关单位对钢结构进行阶段验收。验收通过后，方可允许施工单位进行张拉。

（3）张拉前应检查拉索节点的空间坐标位置及耳板的方向是否精准，阻碍结构张拉变形的非结构构件是否与主结构脱离，以免影响拉索施工和结构受力。

（4）对于通过集中点施加预张力的膜结构，施加预拉力前应按照施工图，将支座连接板和所有安装的可调部件调节到位。

（5）应严格检查临时通道及安全维护设施是否到位，保证施工安全。

22.4.4.2 施加预拉力

（1）整体张拉式膜结构中，膜材的张拉预应力是靠索提供的，整个张拉过程实际就是将各种索按照预定的应力张拉到位。

（2）施力位置、位移量、施力值应符合设计规定。

（3）张拉时应确定分批张拉的顺序、量值，控制张拉速度，并根据材料的特性确定超张拉值。

（4）施加预张力应采用专用施力机具。每一施力位置使用的施力机具，其施力标定值不宜小于设计施力值的两倍。

(5) 施力机具的测力仪表均应事先标定。测力仪表的测力误差不得大于5%。

(6) 张拉过程中可以分批、分级调整索的预应力，逐步张拉达到设计值；也可以对整体实施同步张拉。采用分步施加预张力时，各步的间隔时间宜大于24h。工程竣工两年后，宜第二次施加预张力。

(7) 施加预张力时应以施力点位移达到设计值为控制标准，位移允许偏差为±10%。对有代表性的施力点还应进行力值抽检，力值允许偏差为±10%。应由设计单位与施工单位共同选定有代表性的施力点。对有控制要求的张力值应作施工记录，对无控制要求的也要作张拉行程记录。

22.5 施工设备

22.5.1 制作设备、检测试验设备

制作设备、检测试验设备见表22-3。

制作设备、检测试验设备表　　表22-3

序号	设备名称	序号	设备名称
1	移动电源系统	14	端部热熔机
2	膜材外观检查装置	15	上下移动式热熔机
3	拉力试验机	16	周边热熔机
4	自动膜片配图系统	17	点焊机
5	全自动画线装置	18	行走式热板热熔机
6	全自动切割装置	19	行走式热风热熔机
7	双针工业缝纫机	20	手动式热风热熔机
8	单针工业缝纫机	21	高频热熔机
9	表面打磨机	22	35kW高频热熔机
10	手动表面打磨机	23	打孔机
11	张力装置	24	移动台车
12	上下分离式热熔机	25	捆包卷绕机
13	定位热熔机		

22.5.2 安装工具和设备

以30m×30m的Sheer fill（圣戈班）膜面为例，所需安装工具和设备见表22-4。

安装工具和设备　　表22-4

序号	设备名称	用途	最小用量	备注
1	起重机	安装膜面索、就位膜面	1辆	根据起吊要求配置
2	绳索紧绳机	固定绳网；牵引膜面	30只	
3	钢丝绳紧绳机	安装膜面	100只	

续表

序号	设备名称	用途	最小用量	备注
4	灰色夹具	膜面牵引时夹紧膜面并能与紧绳机相连接	30只	
5	白色夹具	膜面安装时夹紧膜面并能与紧绳机相连接	80只	
6	手拉葫芦	提升膜面		根据所安装膜面对张拉的要求配置规格及数量
7	绳圈	大绳圈作为膜块起吊时的索具；小绳圈可将紧绳机与钢结构连接	大：4只 小：110只	
8	4磅榔头		4把	
9	羊角榔头		12把	
10	套筒扳手	安装压板螺栓	20把	
11	腈纶绳	拉设绳网；牵引膜面	1000m	
12	电熨斗	当膜面上有拼缝或者当膜面出现破损时使用	2把	
13	大力钳	固定压板螺栓	5把	
14	方口钳	安装膜面与钢索连接节点专用工具	5把	
15	工具包	放置螺栓、螺帽及小工具	20只	
16	安全带	保证高空操作人员的人身安全	20副	
17	美工刀		4把	
18	质量检测设备	应力测试仪	一套	

22.6 质量检验

22.6.1 制品质量基准

制品质量基准见表22-5。

制品质量基准 **表22-5**

部位	项目	基准值
1. 外观	1）污垢	没有非常明显的污垢
	2）焦黑	依合格品样本限度
2. 加工部位	1）周边规格	依图面规格指示
	2）热熔合部、折叠方向（水流向）	重叠方向依照图面指示，零件的安装依照图面指示
	3）零件	
3. 完成尺寸	1）反粘部分尺寸、完成加工尺寸	设计值±0.2%、±10mm
	2）螺栓孔间距	不能超出误差范围

22.6.2　工厂内质量标准

工厂内质量标准见表 22-6。

工厂内质量标准　　表 22-6

工程名	项目	基准值
1. 原寸图工程	1）记号的尺寸（1点）	±1mm
	2）记号的尺寸（1边）	±2mm
	3）伸展	±2mm
2. 裁剪工程	1）膜面表、里	按照指示书
	2）裁剪曲折	避免曲折（±2mm）
	3）膜布的方向性	依照指示书
3. 熔接加工工程	1）流向	依照指示书
	2）熔接部残余	不要发生
	3）熔接部焦黑	限度范本
	4）熔接部刮痕	限度范本
	5）熔接幅宽	±4mm
4. 修饰工程	1）忘记开孔	不要发生
	2）孔位置位移（1点）	±2mm
	3）孔位置位移（5点）	±5mm
5. 包装工程	1）膜单元编号表示	须正确
	2）展开方向表示	须正确
	3）相合号码表示	须正确

22.6.3　膜材的检验分类

膜材的检验分类见表 22-7。

膜材的检验分类　　表 22-7

检验名称	检验定义	详细记述	检验区分	
			作业人员	检验负责人
膜材物性检验	确认膜体制作使用的膜材是否和特性标准一致所进行的检验			
膜材外观检验	确认膜体制作使用的膜材外观上是否有缺点，同时为了确定缺点位置所进行的检验			
熔接质量检验	确认熔接加工过程中，熔接设备是否可使熔接质量保持在基准值内完成加工的检验			
工程内自主检验	确认各工程内施工质量是否为标准内可加工状态所进行的检验，分成以下三类：裁剪工程、熔接工程和完工工程			
制品检验	为了全部制作工程结束后，制品质量是否和标准值一致所进行的检验			

膜材的检验分类见图 22-34。

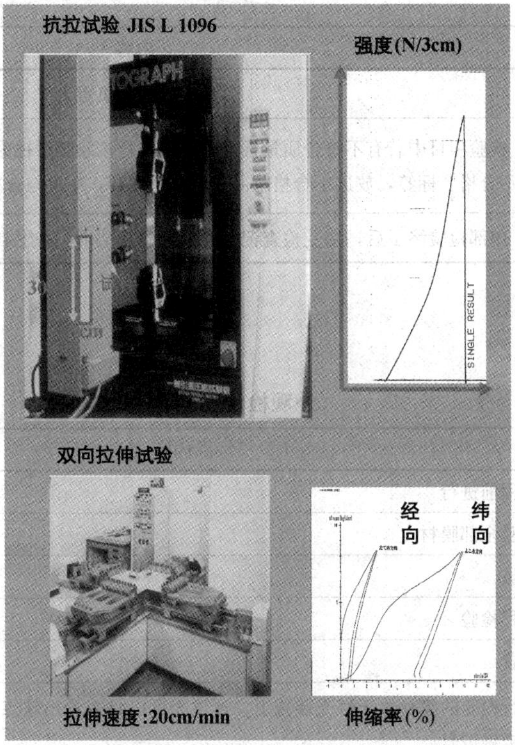

图 22-34 膜材的检验

22.6.4 膜材进货检查

22.6.4.1 物性检验

物性检验见表 22-8。

物性检验表 **表 22-8**

项目	内容		
时间	膜材进货时		
抽样	待全部膜材卷完后抽取试验片		
检验项目	检验项目	样本数量	试验方法
	重量	纵、横各 $n=3$	
	厚度	纵、横各 $n=3$	
	宽度	$n=1$	
	拉伸强度	纵、横各 $n=5$	
	抗拉伸度	纵、横各 $n=5$	
	线密度	纵、横各 $n=5$	
	抗撕裂强度	纵、横各 $n=5$	
	剥离强度	只有纵向 $n=5$	
	弧度	$n=1$	
	斜度	$n=1$	

续表

项目	内容		
负责人		检验负责人	
不合格的处理	检验项目中若有不符合质量标准的结果时，该卷膜材视为不合格品。不合格品须贴上［不合格］标签，放进不合格物品放置场中保存，不可与合格品混合		
记录报告	内部检验终了后，接受检查记录书中记载其结果，并附制品检验成绩书		

22.6.4.2　外观检验

外观检验见表 22-9。

外观检验表　　表 22-9

项目	内容
时间	裁剪工程前进行
抽样	全面检验全部膜材
负责人	作业人员
判断标准	裁剪工程检验
使用机器	灯光装置
顺序	将要进行检验的膜材置于灯光装置上，透过光可以目视看出缺点部分。被判定为缺点的部分用黏着胶带做记号
记录报告	在记录书上写入缺点位置及种类，同时提出报告
缺点部分的处理	为避免制品当中有瑕疵，裁剪时应避开缺点处

22.6.5　热合质量检验要领

热合质量检验要领见表 22-10。

热合质量检验要领表　　表 22-10

项目	质量判定标准	样本数	负责人
剥离强度	2.5kg/cm	自试验体中抽取 3 个样本	检验负责人
剥离状态	剥离的任一面露出玻璃纤维（依限度样品）	抽取 1 个样本	作业负责人

22.6.6　工 程 自 检 要 领

22.6.6.1　裁剪工程检验

裁剪工程检验见表 22-11。

裁剪工程检验表　　表 22-11

项目	内容
时间	裁剪工程结束后进行
抽样	作业开始时的起始产品 $n=1$
负责人	作业人员

续表

项目	内容
图纸依据	依裁剪图制成的解析资料及尺寸图
判定标准	判定项目　　标准值 转角点间距　　a. 小于 10m 时，±3mm　　b. 大于等于 10mm 时，±6mm
使用工具	钢制卷尺
不合格之处理	1. 比标准值大时，进行修正作业　　2. 比标准值小时，须废弃，重新做裁剪
记录报告	作业人员在检验结果结束后，将结果记录在裁剪片确认卡，同时在作业结束时向检验负责人提出报告

22.6.6.2 熔接工程自主检验

熔接工程自主检验见表 22-12。

熔接工程自主检验表　　表 22-12

项目	内容
时间	作业结束后进行
抽样	熔接部分尺寸、外观等全数做检验
负责人	作业人员
图纸依据	膜加工图
判定标准	以表 22-5 为准
使用工具	钢制卷尺
不合格时的处理	熔接部分尺寸若是超过标准值不合适时，原则上做废弃处理
记录报告	作业人员在检验结束后，须将结果记载在熔接工程自主检验书中，同时在作业结束后向检查负责人提出报告

22.6.6.3 修饰工程自主检验

修饰工程自主检验见表 22-13。

修饰工程自主检验表　　表 22-13

项目	内容
时间	螺栓孔打孔作业后进行
抽样	针对全部螺栓孔进行检验
负责人	作业人员
图纸依据	膜加工图
判定标准	工厂内质量标准
记录报告	作业人员在检验结束后，须将结果记载在熔接工程自主检验书中，同时在作业结束后向检验负责人提出报告

22.6.6.4 制作检验要领

制作检验要领见表 22-14。

制作检验要领表　**表 22-14**

项目	内容
时间	全部制作工程结束后进行
抽样	尺寸、外观全数检验
负责人	检验负责人
图纸依据	裁剪图及膜加工图
判定标准	以表 22-5 为准
使用工具	钢制卷尺
不合格时的处理	外观上有破损或严重焦痕时，原则上视为取消处理
合格表示	合格的制品，附上记载下列事项的检验合格书
	检验年月日
	检验负责人姓名
	有“合格”记号
	其他（若有其他特别指示时则依其指示）
记录报告	作业人员在检验结束后，须将结果记载在检验书；之后，与制品检验书一同交给相关人员。制品检验书的检验结果须包含以下两种：膜材物性检验和制品检验

22.6.7　膜面安装验收单

膜面安装验收单见表 22-15。

膜面安装验收单　**表 22-15**

工程名称：　　　　施工单位：

序号	验收项目	验收标准	检查结果	示意图
1	周边螺栓安装情况	无缺失、漏拧		
2	径向索、边索、悬索安装情况	位置正确调节完好		
3	膜面外观	无破损、污损和明显折痕		
4	油泵顶升距离	按膜面应力值控制		
5	膜面平均应力			
验收意见：		施工单位签证：	技术支持单位签证：	监理单位签证：

施工负责人：　　温度：　　填表人：　　验收日期：

22.7　保修及维护保养

22.7.1　维　护　要　求

1. PTFE 织物的成分性能提供了很好的对空气传媒的抵抗力，如风、阳光、雨、微生物、灰尘和各种污染。维护要求局限在以下操作：定时或专门检查和清洁。

维护要求的时间和内容主要决定于：膜织物的位置（垂直位置比水平位置污物积累少）；膜织物暴露于不同的气候条件（雨、冰雹、风）和有机物沉淀（叶子、花粉、灰尘、污染物）；积污物的性质及程度。两次维修操作的间隔见表 22-16。

两次维修操作的间隔表 **表 22-16**

膜织物位置	轻沉淀物		重沉淀物	
	轻度积污	重度积污	轻度积污	重度积污
垂直	36 个月	24 个月	24 个月	12 个月
水平	24 个月	12 个月	12 个月	12 个月

注：经历污染严重或被其他媒介粘污的膜织物，需要比上表更多的定期维护。

2. PVC 膜是多层功能复合材料，它们的基层由纤维织物构成，故具有较高抗徐变的能力。在保持期内具有稳定的抗腐蚀、抗紫外线侵蚀的能力，表面具有自洁性能。每年雨季、冬季前，应对膜面检查、清理，保持膜面排水系统的畅通。PVC 膜面及涂层应根据《膜结构技术规程》CECS 158—2015 的内容进行维护及保养。

3. ETFE 膜是透明建筑结构中品质优越的替代材料，其特有抗黏着表面使其具有高抗污、易清洗的特点。

ETFE 膜材表面非常光滑，灰尘不易附着，表面灰尘、污垢依靠雨水自然冲刷即可除去，清洁周期为 5 年一次。

22.7.2 维 护 检 查

22.7.2.1 定期检查

定期检查包括对膜的视觉检查以确定它的情况。包括下列检查项目：

（1）膜块周边及中间的裂缝；

（2）焊接部分剥落；

（3）断线和缝制点的裂缝；

（4）膜和索的磨损；

（5）表面的重度积污（树叶、昆虫等）；

（6）气枕形态；

（7）自动充气相关设备的运行状态；

（8）当严重异常现象出现时，应当通知承包商并由他们指导采取措施。

22.7.2.2 专门检查

专门检查包括在一个非正常的事件后立即进行检查。非正常情况包括：（1）风暴中风速超过 70km/h，但是不大于设计荷载；（2）大雪或冰雹；（3）被重物击中可能割伤或磨损织物；（4）暴雨形成的膜上积水；（5）闪电击中；（6）地震。

22.7.2.3 清洁程序

（1）人员

除非注明，膜材能够安全支持清洁及检查人员。应当谨慎保护人员和膜织物。清洁人员应在工作时穿上安全带，并使用安全绳。膜材在湿或积灰时会很滑。清洁人员应穿软橡皮白色鞋底的鞋，而且不能随身携带锋利的物品（例如：装饰性皮带或鞋带扣等）。

(2) 清洁

在下列的一种或一种以上情况下，膜材需要清洁：膜材出现不能接受的肮脏或各种影响美感的污物聚集；超过表 22-16 规定的维护间隔时间；发生了 22.7.2.2 节中提到的非正常事件。

如果清洁是必需的，则应遵照以下程序进行直到得到令人满意的结果：如果有松弛或污物的重度积污，首先刷膜材，再用清水冲洗膜材的两面。先刷洗暴露较多的一面。

膜材中的张拉力由于结构的不同而不同，但是不能出现“松弛”——当用张开的手击打膜面时，张拉力应像“鼓面”。

某些积污用前面提到的清洗方法很难去除，这些积污可能含有矿物质、植物和动物积污，如油脂、柏油、石灰、叶子、花粉、树脂、鸟排泄物和死昆虫等，可以在操作前评价其必要性，并咨询承包商。

以下程序和产品不能使用：

1）各种磨料：如粉、流体、海绵等，压力水流喷口。

2）有机化学物：丙酮，汽油，苯，燃料，煤油，全氯乙烯，松脂，甲苯。

3）无机化学物：阿摩尼亚，氮酸，硫磺，乙酸，盐酸，苏打，腐蚀性苏打，滤剂。

4）含酒精的清洁产品会引起膜材涂层损坏，从而造成膜材使用寿命的缩短。

5）附属结构件维护

有各种附属结构的清洁办法。除了日常常规清洁，附属结构必须按下述每一项做结构整体性的检查：膜固定件、支承构件、基座。

参 考 文 献

[1] 刘锡良．空间结构在 2016 年巴西奥运会场馆中的应用[N]. 建筑时报，2016-08-15(003).

[2] 谢雅琪．某工程索膜-钢结构分析[J]. 低温建筑技术，2013，35(9)：54-55.

[3] 陈志华．索结构在建筑领域的应用与发展[N]. 建筑时报，2013-07-08(004).

[4] 卢旦，楼文娟，杨毅．索膜结构风致流固耦合气动阻尼效应研究[J]. 振动与冲击，2013，32(6)：47-53.

[5] 乐云，李立新，单明．上海世博会场馆建设中的绿色科技理念应用[J]. 科技进步与对策，2010，27(19)：127-129.

[6] 董石麟．中国空间结构的发展与展望[J]. 建筑结构学报，2010，31(6)：38-51.

[7] 陈志华，楼舒阳，闫翔宇，等．天津理工大学体育馆新型复合式索穹顶结构风振效应分析[J]. 空间结构，2017，23(3)：21-29，35.

[8] 向新岸，田伟，赵阳，等．考虑膜面二维变形的改进非线性力密度法[J]. 工程力学，2010，27(4)：251-256.

[9] 夏劲松，丁成云，关富玲．一种结合找形和找力的索膜结构设计方法[J]. 空间结构，2008(2)：48-52.

[10] 陈务军，吕子正，何艳丽，等．台州大学风雨操场索网膜结构设计研究[J]. 空间结构，2008(2)：53-56.

[11] 张铁，关富玲，马燕红．脊谷式索膜屋盖的风洞试验研究[J]．建筑结构，2006(12)：92-95.
[12] 姜玮东，方韬．充气式索膜结构工程及优化设计[J]．低温建筑技术，2006(5)：81-82.
[13] 夏劲松，李建宏，关富玲．混合法实现张拉膜结构的快速分析[J]．空间结构，2006(2)：49-55.
[14] 刘海卿，王玥，李忠献．基于Burgers四元件模型的索膜结构蠕变性能分析[J]．哈尔滨工程大学学报，2006(2)：204-207.
[15] 关富玲，徐彦．索膜结构在风载作用下的曲率变化规律[J]．空间结构，2006(1)：37-42.
[16] 蔡文琦，沈国辉，孙炳楠，等．索膜结构的二次找形法[J]．空间结构，2005(4)：28-31.
[17] 夏劲松，关富玲，李刚．考虑面力密度的力法找形和预应力精确确定[J]．应用力学学报，2005(3)：414-418，508.
[18] 石卫华，关富玲．浙江体育训练中心田径场看台膜结构分析[J]．工业建筑，2005(6)：71-75.
[19] 李博，刘红波，周婷．膜下索穹顶太阳辐射非均匀温度效应研究[J]．工业建筑，2016，46(11)：13-18.
[20] 向新岸，董石麟，赵阳，等．上海世博轴复杂张拉索膜结构的找形及静力风载分析[J]．空间结构，2013，19(2)：75-82.
[21] 李刚，关富玲．基于节点力平衡的膜、索膜混合结构形态分析方法的一种新形式[J]．建筑结构学报，2004(6)：112-116.
[22] 毛国栋，孙炳楠．索膜结构初始形状确定的综合设计法[J]．建筑结构学报，2004(4)：87-93.
[23] 董石麟，邢栋，赵阳．现代大跨空间结构在中国的应用与发展[J]．空间结构，2012，18(1)：3-16.
[24] 赵阳，田伟，苏亮，等．世博轴阳光谷钢结构稳定性分析[J]．建筑结构学报，2010，31(5)：27-33.
[25] 董石麟，赵阳．论空间结构的形式和分类[J]．土木工程学报，2004，37(1)：7-12.
[26] 沈世钊．悬索结构设计[M]．2版．北京：中国建筑工业出版社，2006.
[27] 张其林．索和膜结构[M]．上海：同济大学出版社，2022.
[28] 董石麟．新型空间结构分析、设计与施工[M]．北京：人民交通出版社，2006.
[29] 陈务军．膜结构工程设计[M]．北京：中国建筑工业出版社，2005.
[30] 杨庆山，姜忆南．张拉索—膜结构分析与设计[M]．北京：科学出版社，2004.
[31] 刘锡良．现代空间结构[M]．天津：天津大学出版社，2003.
[32] 董石麟．空间结构[M]．北京：中国计划出版社，2003.

23 钢-混凝土组合结构工程

钢-混凝土组合结构，是指用型钢或钢板焊成钢截面，在其上、四周或内部浇灌混凝土，使混凝土与型钢形成整体共同受力的一种结构。即通过采用某种构造或施工措施，使钢构件和混凝土两种材料能够很好地结合在一起，并发挥各自的材料优势和特性，共同工作以承担荷载作用，实现结构使用功能的一种结构形式。

自20世纪80年代以来，随着我国经济建设的快速发展、钢产量的大幅提高、钢材品种的多样化、科技研究的深入、应用实践的积累，钢-混凝土组合结构在我国得到了迅速发展和广泛应用，其应用范围已涉及房屋建筑、桥梁结构、高耸结构、地下结构及结构加固等领域。实践证明，组合结构综合了钢结构和钢筋混凝土结构的优点，经济效益和社会效益显著，是具有广阔前景的结构体系之一。

23.1 钢-混凝土组合结构的特点和分类

23.1.1 钢-混凝土组合结构的特点

(1) 与混凝土结构相比，组合结构可以减轻结构自重、减小地震作用、增加使用空间、降低基础造价及缩短施工周期等。

(2) 与钢结构相比，组合结构可以减小用钢量、增大刚度、增加稳定性和整体性、提高结构抗火性及耐久性等。

(3) 同时钢-混凝土组合结构也有相应缺点，如：压型钢板组合板的连接性能不好，焊接质量不易保证且还存在焊接栓钉在镀锌板上焊接的可焊性很差等施工问题；组合梁耐火性能较差；钢管混凝土柱与梁的节点连接方式是设计与施工时的难点；外包钢结构由于外包外露容易腐蚀；同时钢构件制作安装的技术含量高，对从业人员的准入度要求高。其在复杂受力状态下的性能及设计方法，温度、徐变和收缩效应及残余应力的影响以及耐火性能等方面还需进一步研究。

23.1.1.1 钢-混凝土组合梁的特点及应用

(1) 钢-混凝土组合梁是将钢梁放置于钢筋混凝土板的下部，两者用剪切连接件进行连接。其主要包括了钢梁、混凝土翼缘板和剪切连接件等组件，为了增大截面，有时还会设置板托。混凝土板主要包括了现浇混凝土板、预制混凝土板、预应力混凝土板和压型钢板混凝土组合板等类型。钢梁一般采用焊接或轧制的钢梁。钢梁的截面形式主要有槽形、工字形或箱形等。

在钢-混凝土组合梁中，钢梁在下部，主要受拉；混凝土板在上部，主要受压，充分利用了混凝土抗压强度高和钢材抗拉性能好的优势，增强了梁结构的整体稳定性和局部稳定性，动力性能得到提高；缩小了结构截面，增加了结构使用空间；减少了湿作业量，降低了扰民程度，提高了施工效率，降低了施工成本。

(2) 组合梁目前广泛应用于多层、高层、超高层房屋建筑及多层工业厂房的楼盖结构，工业厂房的吊车梁、工作平台，桥梁、机场、车站结构的加固与修复。在跨度比较大、荷载比较重及对结构高度要求较高等情况下，采用组合梁作为横向承重构件通常能够产生显著的技术、经济和社会效益（图 23-1、图 23-2）。

图 23-1 北京丽泽商务区

图 23-2 北京好未来昌平教育园区

23.1.1.2 钢-混凝土组合柱的特点及应用

(1) 钢-混凝土组合柱中钢材与混凝土之间性能相互协调，共同受力，增加了结构刚度和综合承载力，同时提高了结构防火性能兼顾抗震及延展性的优点。制作和安装方便，为混凝土支模浇筑提供支撑，缩短施工周期。

(2) 钢-混凝土组合柱目前主要用于高层建筑、工业厂房、大跨度桥梁、大型设备及构筑物的支柱、地下结构等领域（图 23-3、图 23-4）。

图 23-3 中国中化总部大厦

图 23-4 中电建科技创新产业园项目

23.1.1.3 钢-混凝土组合剪力墙的特点及应用

(1) 在钢筋混凝土剪力墙中两端设置型钢暗柱、中部设置钢板，形成钢-混凝土组合剪力墙结构，其能充分发挥钢-混凝土组合结构优势，提高剪力墙承载力，减小截面厚度，改善结构的抗震性能。作为最新型的抵抗侧向力的构件，该墙体承载力大、刚度大、延性和耗能能力强、结构整体抗震性能好，同时还具有构造简单、施工方便、避免裂缝外露及可实现工厂化生产和装配式施工等优势。

（2）钢-混凝土组合剪力墙在国外发展起步较早，美国、加拿大及日本等地区的抗震区已经得到应用，但其多用于特种结构、防护结构、核电站、结构加固及快速建造的结构等，应用于高层和超高层建筑较少。这种重要的抗侧力构件，是我国主要用于超高层混合结构体系抗震设计的关键构件（图 23-5、图 23-6）。

图 23-5　春之眼商业中心项目

图 23-6　武汉精武路项目

23. 1. 1. 4　钢-混凝土组合楼板的特点及应用

（1）典型的是压型钢板与混凝土组合板，即在带有凹凸肋和槽纹的压型钢板或钢筋桁架楼承板上浇筑混凝土而制成的组合板，依靠凹凸肋和槽纹使混凝土与钢板（钢筋）紧密地结合在一起。根据压型钢板是否与混凝土共同工作分为组合楼板和非组合楼板。组合楼板利用混凝土抗压强度高、压型钢板受拉性能好的特点，使得材料合理受力，发挥各自的优点。另外，压型钢板在施工时可作为浇筑混凝土的模板及施工平台，加快施工进度。

（2）钢-混凝土组合楼板目前已于高层、超高层建筑、工业厂房、大跨度结构，以及大型桥梁结构等诸多领域中得到了广泛应用（图 23-7、图 23-8）。

图 23-7　涿州经济开发区基础设施项目

图 23-8　海淀区西三旗华润万象汇项目

23. 1. 2　钢-混凝土组合结构的分类

钢-混凝土组合结构按照不同的分类方式可划分为多种类型，常用的分类方式有如下几种。

1. 按组合结构体系分类（表 23-1）。

组合结构分类（一） 表 23-1

结构体系类型	组合结构分类
框架-剪力墙结构	型钢（钢管）混凝土框架-钢筋混凝土剪力墙
部分框支剪力墙结构	型钢（钢管）混凝土转换柱-钢筋混凝土剪力墙
框架-核心筒结构	钢框架-钢筋混凝土核心筒
	型钢（钢管）混凝土框架-钢筋混凝土核心筒
筒中筒结构	钢外筒-钢筋混凝土核心筒
	型钢（钢管）混凝土外筒-钢筋混凝土核心筒

2. 按组合构件分类

按组合构件分类，可分为组合梁、组合柱、组合剪力墙、组合支撑、组合楼板等，见表 23-2。

组合结构分类（二） 表 23-2

组合构件	构件分类
组合梁	型钢混凝土梁
	钢-混凝土组合梁
组合柱	型钢混凝土柱
	钢管混凝土柱
组合剪力墙	型钢混凝土剪力墙
	钢板混凝土剪力墙
组合支撑	桁架组合支撑
	巨柱组合斜支撑
	屈曲组合支撑
组合楼板	压型钢板组合板
	钢筋桁架组合板

23.2 钢-混凝土组合结构深化设计

钢-混凝土组合结构深化设计的主要任务是钢结构深化设计，钢结构深化设计需要在设计施工图的基础上，结合制作工艺和安装方法进行初步深化。同时，在综合考虑钢筋排布、支模方法，以及其他相关专业需要的预留、预埋等因素后，完成最终深化图纸。

钢结构深化过程中充分考虑施工工艺、结构构造等相关要求，以及混凝土浇筑施工过程中的排气、穿筋及浇筑等构造要求，钢结构深化设计流程见图 23-9（具体深化工作可参照钢结构工程部分）。

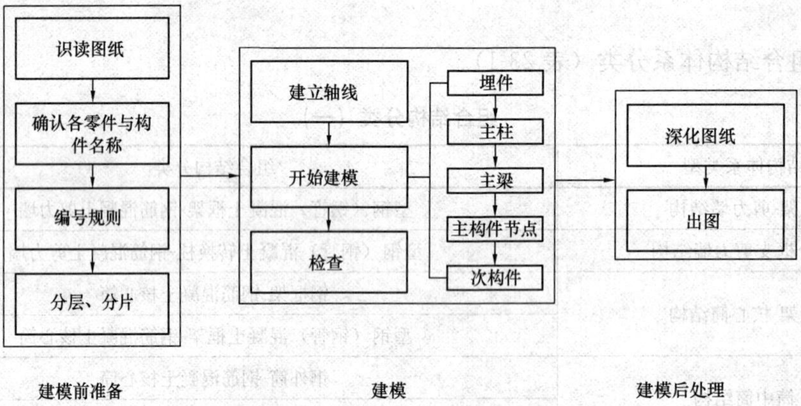

图 23-9　钢结构深化设计流程

23.2.1　型钢混凝土梁柱节点要求

常规组合结构中，钢-混凝土组合节点的深化设计主要是对钢筋排布、钢筋连接方式及支模方法的确定，并把深化成果体现到钢结构深化设计中，在同一个模型中对钢筋排布和各专业碰撞校核等信息进行汇总检查。

混凝土梁内纵筋不宜穿过柱内型钢翼缘，也不得与柱内型钢直接焊接，当梁内部分纵筋无法避开柱内型钢翼缘时，可采用以下四种连接形式：

（1）柱型钢设置钢牛腿（搭筋板）与梁纵筋焊接。

（2）柱型钢采用套筒与梁纵筋连接。

（3）柱型钢设置短钢梁与梁纵筋搭接。

（4）柱型钢腹板开孔，梁纵筋绕过柱型钢翼缘贯穿节点。

各截面形式组合节点的连接方式，见表 23-3。

型钢连接形式分类　　表 23-3

柱截面类型	梁截面类型	连接方式
十字形钢混凝土柱	钢筋混凝土梁	(1)、(2)、(3)、(4)
	型钢混凝土梁	(1)、(2)、(4)
	工字钢梁	(3)
	箱形钢梁	(3)
箱形钢骨混凝土柱	钢筋混凝土梁	(1)、(2)、(3)
	型钢混凝土梁	(1)、(2)
圆管钢骨混凝土柱	钢筋混凝土梁	(1)、(2)、(3)
	型钢混凝土梁	(1)、(2)
T形型钢混凝土柱	钢筋混凝土梁	(1)、(2)、(3)
	型钢混凝土梁	(1)、(2)
L形型钢混凝土柱	钢筋混凝土梁	(1)、(2)、(3)
	型钢混凝土梁	(1)、(2)

23.2.2　型钢混凝土柱节点要求

（1）型钢柱包括箱形柱、十字柱、圆管柱等多种形式，当型钢柱周围的竖向纵筋和钢牛腿（搭筋板）有碰撞时，通常采用开孔的形式，见图 23-10。

（2）型钢混凝土柱的纵向钢筋尽量设置在柱角部，但每个角部不宜多于 5 根。纵向受力钢筋直径不宜小于 16mm。当柱纵向钢筋无法避开梁型钢翼缘或柱型钢牛腿翼缘，造成柱纵筋净距大于 300mm 时，可附加配置直径不小于 14mm 的纵向构造钢筋。构造钢筋与翼缘采用套筒连接，见图 23-11。

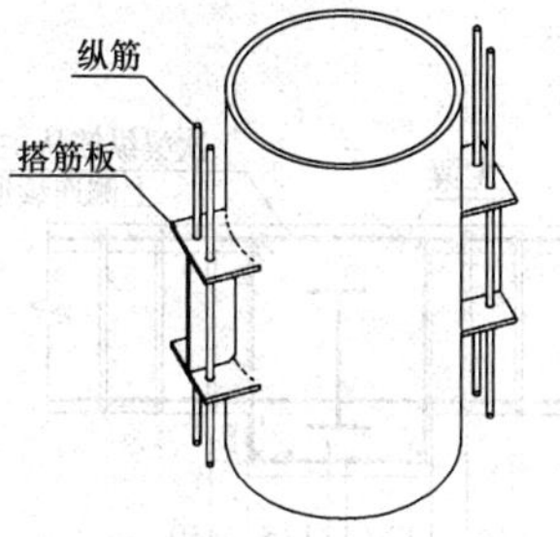

图 23-10 竖向纵筋穿搭筋板

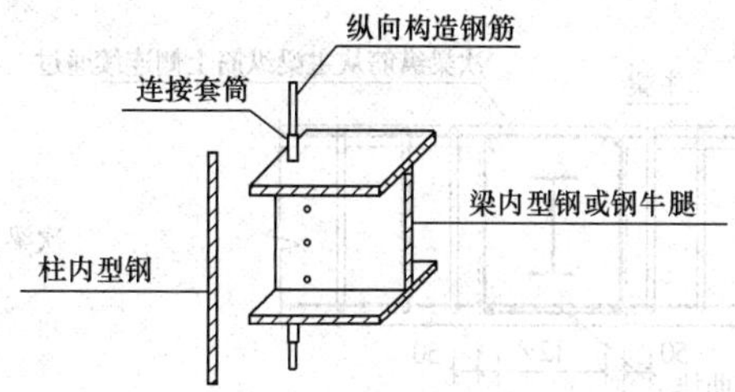

图 23-11 纵向构造钢筋采用套筒与翼缘连接

（3）纵筋箍筋的构造要求，箍筋穿过柱内型钢或柱内型钢相连的钢构件的腹板时，应在腹板相应位置于工厂制作时预留孔洞；当箍筋穿过柱内型钢或与柱内型钢相连的钢构件施工较为困难时，可将箍筋分割成 U 形和 L 形等形式，现场穿过型钢后再焊接成封闭箍筋。为避免箍筋穿型钢柱开孔，通常采用钩筋板进行作业，见图 23-12。

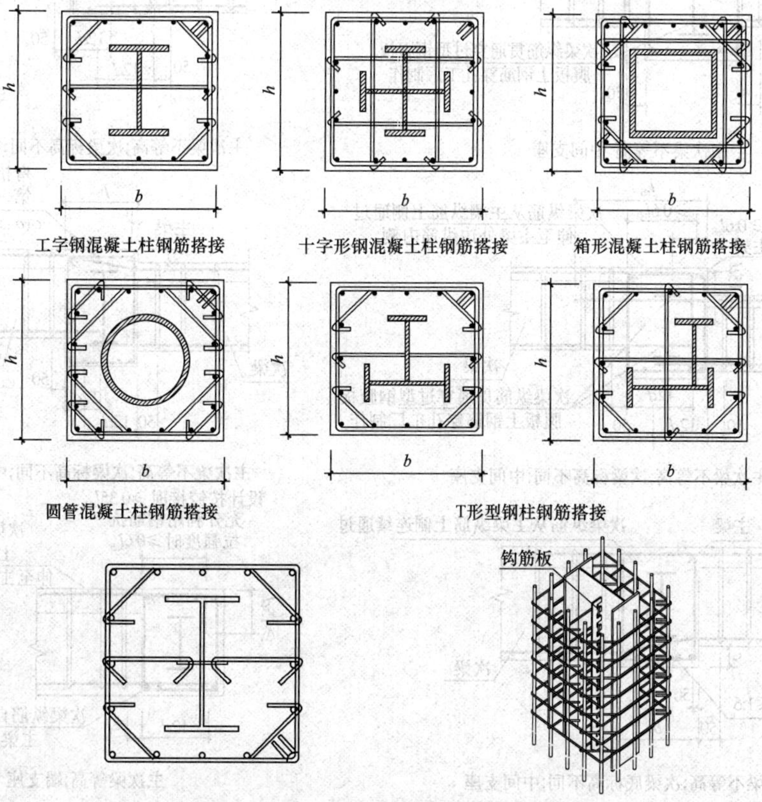

钩筋板（在腹板不穿孔的情况下，可采用搭筋板的形式）

图 23-12 型钢混凝土柱纵筋箍筋的构造

23.2.3　型钢混凝土主次梁节点构造要求

当主次梁底部标高相同时，次梁下部纵筋应置于主梁下部纵筋之上；当纵筋采用弯锚时，弯锚纵筋宜靠近型钢腹板；次梁上部钢筋标注长度为充分利用钢筋抗拉强度时的直段长度；当主梁两侧次梁高差较小时，允许次梁纵筋以小于 1/6 的坡度连续通过主梁；梁中纵筋采用光面钢筋时，图 23-13 中 $12d$ 应改为 $15d$。

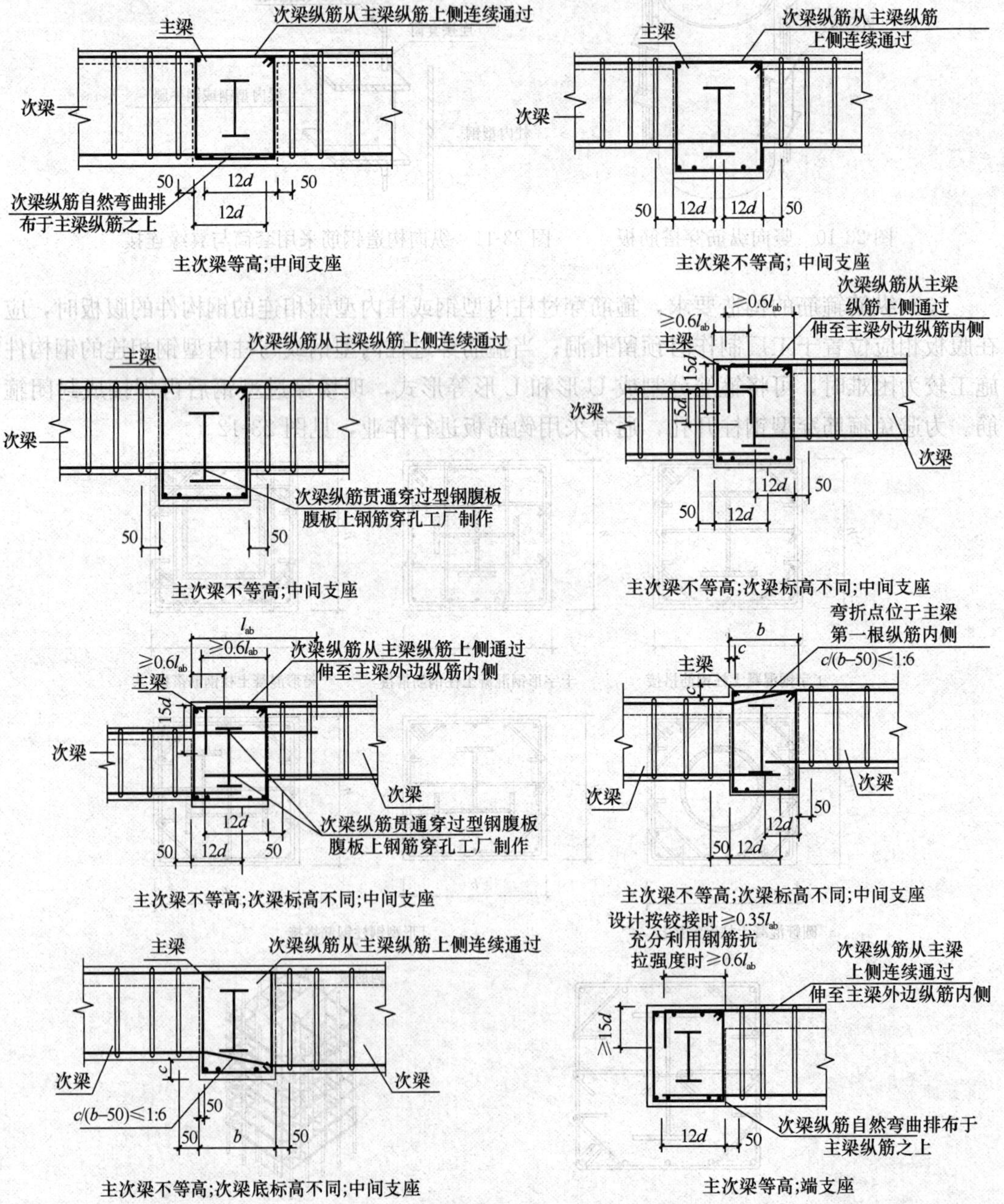

图 23-13　型钢混凝土主次梁节点构造

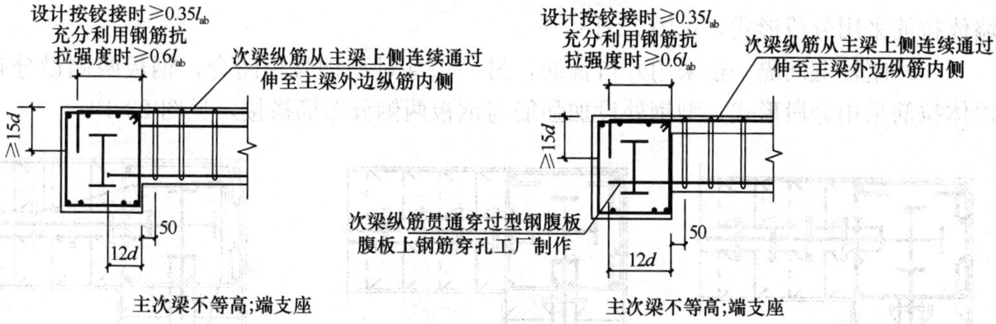

图 23-13 型钢混凝土主次梁节点构造（续）

23.2.4 钢板剪力墙构造要求

钢板混凝土剪力墙钢筋锚固构造可分为以下几类：

（1）钢板预留孔洞，暗柱箍筋穿过钢板（U形焊接），钢板两侧设分布筋，墙体拉筋采用分段形式，见图 23-14。

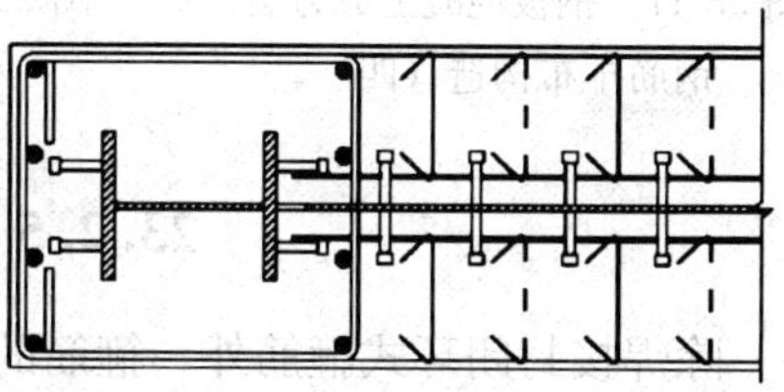

图 23-14 钢板混凝土剪力墙钢筋排布构造（一）

（2）暗柱箍筋隔一根采用开口箍筋，另一根穿过型钢腹板闭合，钢板两侧设分布筋，墙体拉筋采用分段形式，见图 23-15。

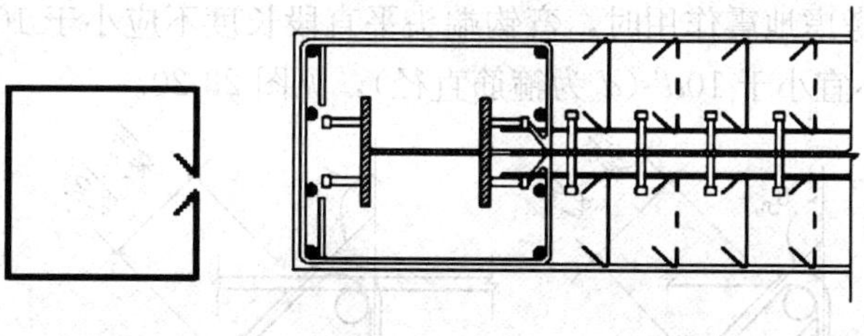

图 23-15 钢板混凝土剪力墙钢筋排布构造（二）

（3）暗柱箍筋隔一根采用开口箍筋，另一根穿过型钢腹板闭合，钢板两侧设分布筋，墙体拉筋采用分段形式，型钢处设加强筋与钢板两侧分布筋搭接，见图 23-16。

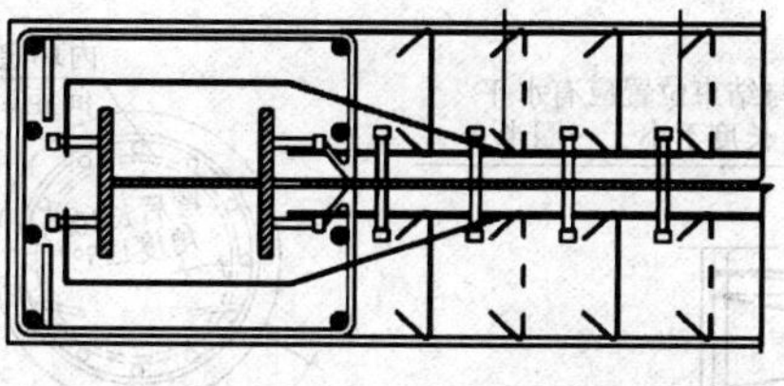

图 23-16 钢板混凝土剪力墙钢筋排布构造（三）

（4）钢板预留孔洞，暗柱箍筋穿过钢板（L形焊接），钢板两侧设分布筋，墙体拉筋采用分段形式，见图 23-17。

（5）暗柱箍筋隔一根采用分段箍筋，另一根穿过型钢腹板闭合，钢板两侧设分布筋，墙体拉筋采用分段形式，见图 23-18。

（6）暗柱箍筋隔一根采用开口箍筋，另一根穿过型钢腹板闭合，钢板两侧设分布筋，墙体拉筋采用分段形式，型钢处设加强筋与钢板两侧分布筋搭接，见图 23-19。

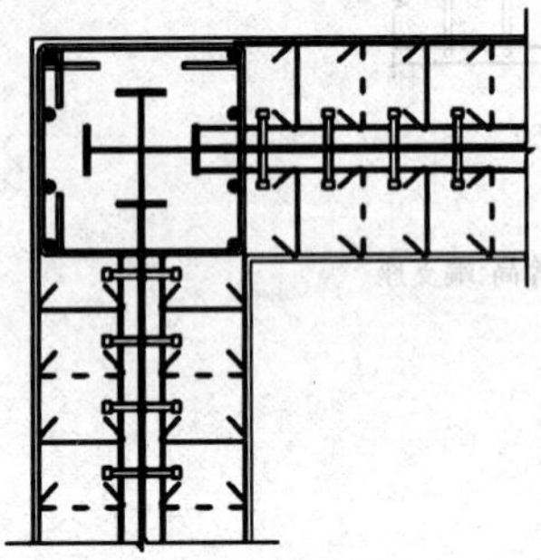

图 23-17　钢板混凝土剪力墙钢筋排布构造（四）

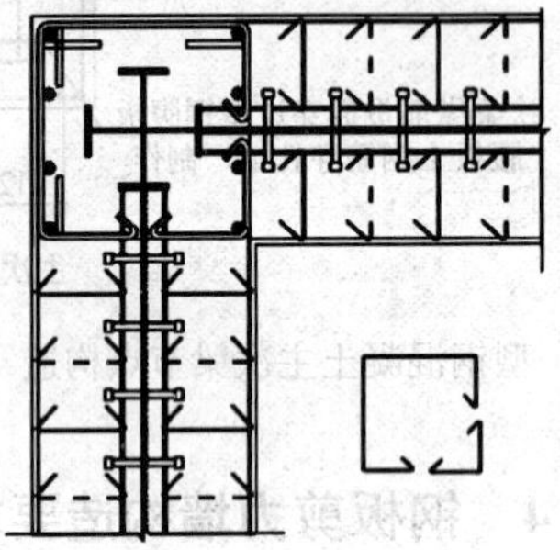

图 23-18　钢板混凝土剪力墙钢筋排布构造（五）

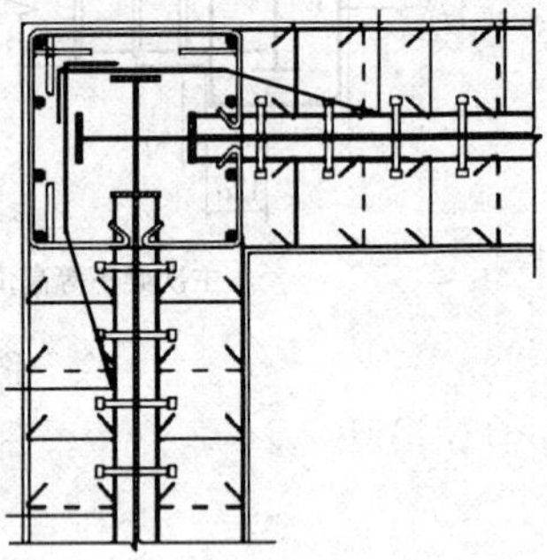

图 23-19　钢板混凝土剪力墙钢筋排布构造（六）

23.2.5　箍筋、拉筋弯钩构造

除焊接封闭环式箍筋外，箍筋的末端应做弯钩，弯钩形式通常应符合以下规定：

（1）箍筋弯钩的弯弧直径不应小于钢筋直径的 4 倍，且不小于受力钢筋直径。

（2）箍筋弯钩的弯折角度为 135°。

（3）箍筋弯钩弯后平直部分长度：对型钢混凝土柱，不应小于 $10d$；对型钢混凝土梁，不应小于 $8d$（考虑地震作用时，弯钩端头平直段长度不应小于 $10d$）。螺旋箍筋弯钩弯后平直部分长度不宜小于 $10d$（d 为箍筋直径），见图 23-20。

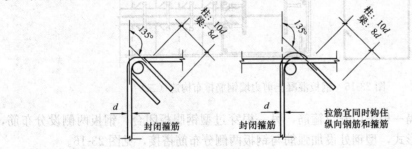

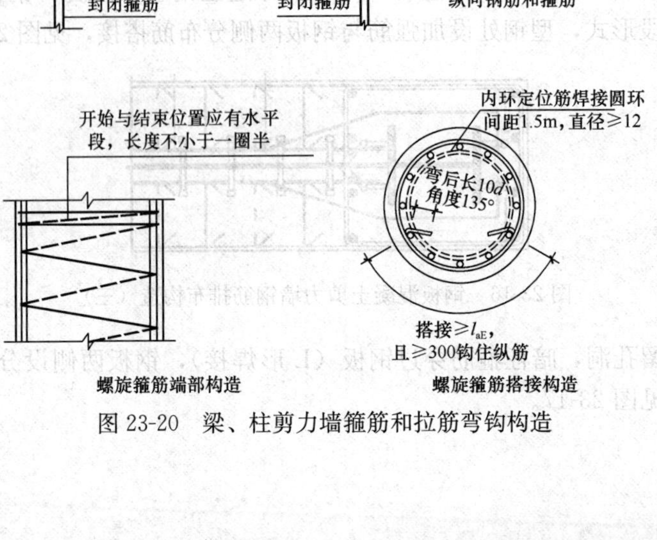

图 23-20　梁、柱剪力墙箍筋和拉筋弯钩构造

23.2.6 型钢穿孔要求

孔洞边距离型钢不宜小于 30mm，型钢腹板截面损失率不宜大于腹板面积的 25%，当超过 25%时应采用补强板进行补强，见图 23-21。

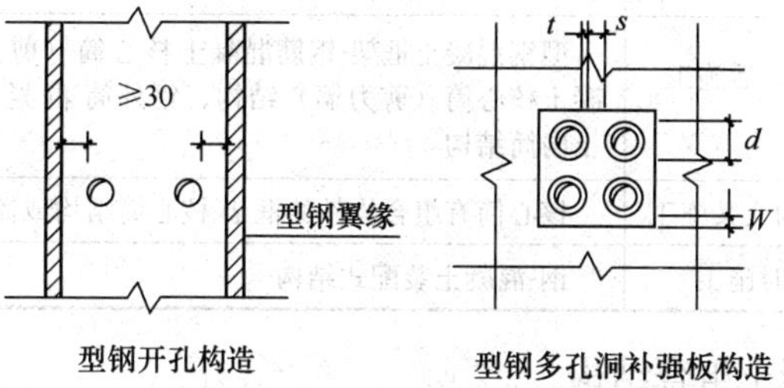

图 23-21 型钢穿孔构造

23.2.7 混凝土浇筑

为保证混凝土顺利浇筑，混凝土中型钢或钢板上应设置混凝土灌浆孔、透气孔、流淌孔及排水孔等。应符合下列规定：

（1）孔的尺寸和位置应在施工深化设计阶段完成，并应征得设计单位同意，必要时应采取相应的加强措施。

（2）对型钢混凝土剪力墙和带钢斜撑混凝土剪力墙，内置型钢的水平隔板上应开设混凝土灌浆孔和排气孔。

（3）对单层钢板混凝土剪力墙，当两侧混凝土不同步浇筑时，可在内置钢板上开设流淌孔，必要时应在开孔部位采取加强措施。

（4）对双层钢板混凝土剪力墙，双层钢板之间的水平隔板应开设灌浆孔，并宜在双层钢板的侧面适当位置开设排气孔和排水孔。

（5）灌浆孔的孔径不宜小于 150mm，流淌孔的孔径不宜小于 200mm，排气孔及排水孔的孔径不宜小于 10mm。

（6）钢板制孔时，应由制作厂进行机械制孔，严禁用火焰切割制孔。

23.2.8 结构预埋件

型钢混凝土中的预埋件主要分为六类：轴心受拉预埋件、受剪预埋件、拉弯剪预埋件、压弯剪预埋件、构造预埋件及吊筋预埋件。在深化设计时，应根据预埋件的受力情况、锚筋形式和使用部位，判断构造方式，从而保证结构受力的安全性。

23.3 钢-混凝土组合结构现场施工部署

23.3.1 组合结构施工流程

钢-混凝土组合结构的施工流程，根据体系或构件组成不同分为以下几种，每种都有特定的施工特点，见表 23-4。

组合结构施工流程　表 23-4

编号	流程特点	适用结构体系
A 型	先施工钢结构，后施工混凝土结构	型钢混凝土框架结构、型钢混凝土框架-型钢混凝土核心筒（剪力墙）结构、钢框架组合楼板结构、钢框架-型钢混凝土核心筒（剪力墙）结构、型钢混凝土筒中筒结构、钢外筒-型钢混凝土内筒结构等
B 型	先施工混凝土结构，后施工钢结构	型钢混凝土框架-钢筋混凝土核心筒（剪力墙）结构、钢框架-钢筋混凝土核心筒（剪力墙）结构、钢外筒-混凝土内筒结构、型钢外筒-混凝土内筒结构
C 型	钢结构与混凝土结构交叉施工	核心筒有组合构件的框架-核心筒结构或筒中筒结构
D 型	根据预制构件同时施工	钢-混凝土装配式结构

1. "A 型"钢-混凝土组合结构

施工流程特点是施工速度快，简单易管理。当施工面积较大时，可以分区组织施工，以便矫正、焊接等钢结构工序提前插入。该流程适合型钢混凝土框架（剪力墙）和钢框架-组合楼板等组合结构施工，见图 23-22。

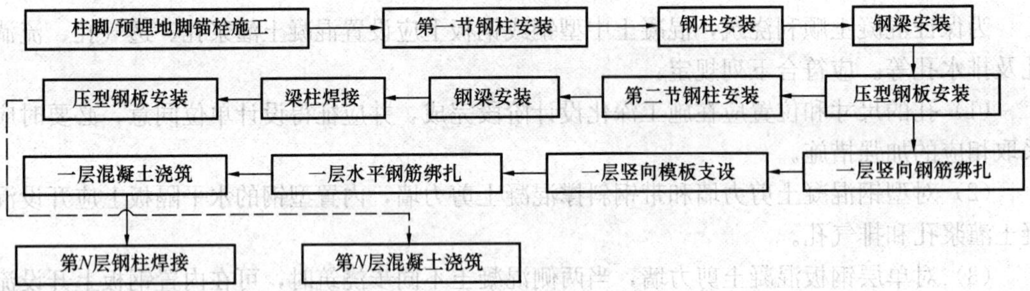

图 23-22　A 型组合结构施工流程

2. "B 型"钢-混凝土组合结构

施工流程特点是核心筒施工相对独立，技术成熟。该流程适合型钢混凝土框架-钢筋混凝土核心筒（剪力墙）、钢框架-钢筋混凝土核心筒（剪力墙）、型钢外筒-钢筋混凝土内筒及钢外筒-钢筋混凝土内筒等组合结构施工，见图 23-23。

3. "C 型"钢-混凝土组合结构

施工流程与"B 型"有相似之处，均为先施工核心筒，达到一定高度（一般为第五或第六层）后，开始外框架结构施工，是框架-核心筒结构及筒中筒结构的典型施工流程，两者主要区别在于核心筒是否有组合构件。"C 型"施工流程的主要特点是钢构件与混凝土结构交叉施工，作业层次较为复杂。该流程适合核心筒有组合构件的框架-核心筒结构、筒中筒结构等组合结构施工，见图 23-24。

4. "D 型"钢-混凝土装配式结构

钢-混凝土装配式结构是用型钢和钢筋混凝土在工厂预制成定型构件，运输至现场后，直接装配而成的新型结构形式。装配式结构与传统结构相比，具有诸多优势，由于大部分构件采取工业化生产，不但有效提高施工精度，改善质量通病，现场直接装配的施工方法，更是可以减少现场施工作业量，大幅缩短工期。常见钢-混凝土装配式结构的施工流程，见图 23-25。

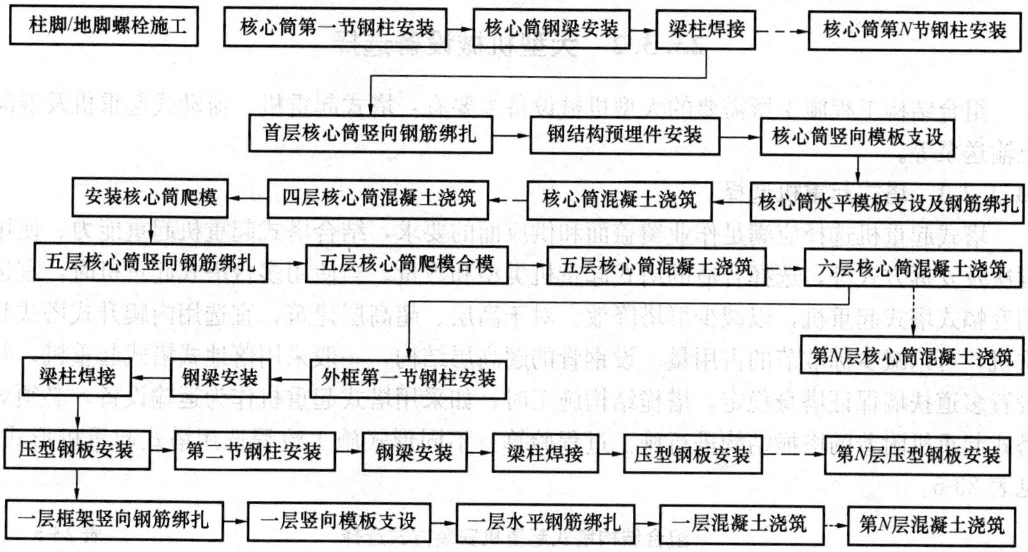

图 23-23 B 型组合结构施工流程

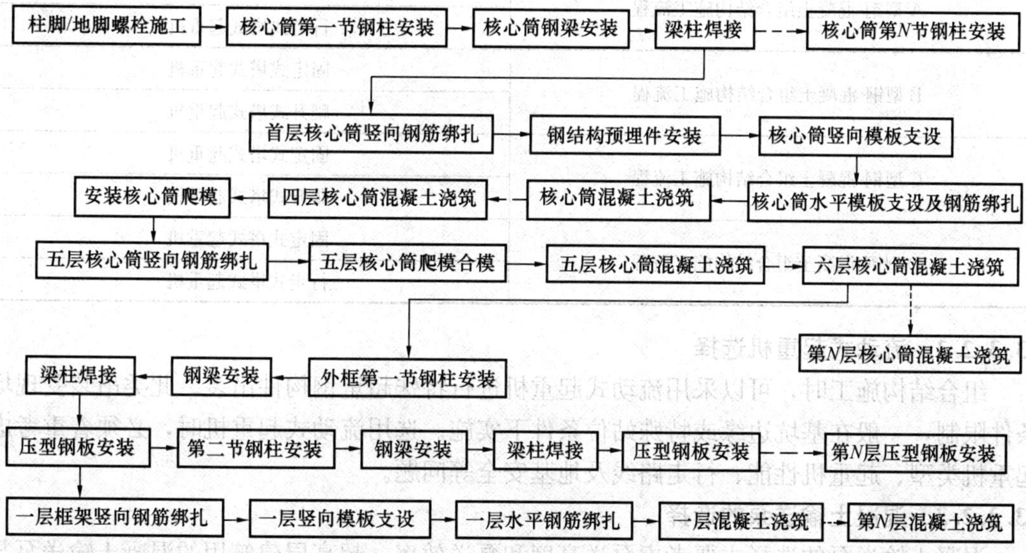

图 23-24 C 型组合结构施工流程

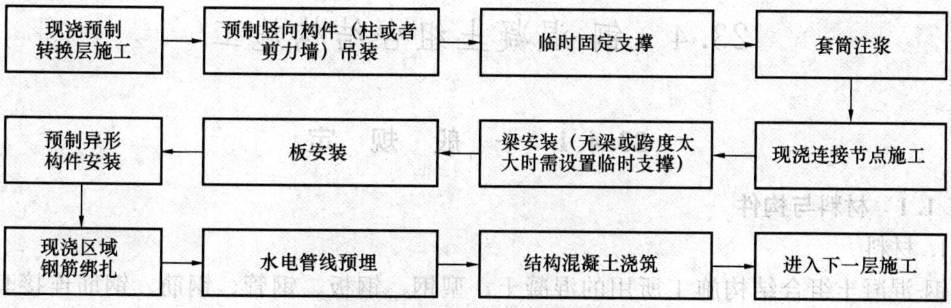

图 23-25 D 型组合结构施工流程

23.3.2　大型机械设备选择

组合结构工程施工所需要的大型机械设备主要有：塔式起重机、流动式起重机及混凝土输送泵等。

23.3.2.1　塔式起重机选择

塔式起重机选择应满足作业覆盖面和供应面的要求，结合塔式起重机起重能力、使用频次及安拆方式等，选择合适的塔式起重机类型和数量。当使用多台塔式起重机时，宜选用变幅式塔式起重机，以减少群塔降效。对于高层、超高层建筑，宜选用内爬升式塔式起重机，可以减少标准节的占用量。设钢骨的超高层结构，一般采用落地式塔式起重机，并设置多道扶墙保证塔身稳定。塔桅结构施工时，如采用塔式起重机作为运输设备，必须对塔式起重机附着的塔桅结构进行施工过程验算。不同形式施工流程选用塔式起重机形式，见表 23-5。

组合结构塔式起重机安装方式选择　　**表 23-5**

施工流程类型	起重机械类型
A 型钢-混凝土组合结构施工流程	固定式塔式起重机
	行走式塔式起重机
B 型钢-混凝土组合结构施工流程	固定式塔式起重机
	爬升式塔式起重机
C 型钢-混凝土组合结构施工流程	固定式塔式起重机
	爬升式塔式起重机
D 型钢-混凝土组合结构施工流程	固定式塔式起重机
	行走式塔式起重机

23.3.2.2　流动式起重机选择

组合结构施工时，可以采用流动式起重机进行特殊超重钢构件吊装。此类吊装受现场条件限制，一般在基坑边缘或特殊站位条件下实施。选用流动式起重机时，必须着重考虑起重机类型、起重机性能、行走路线及地基安全等问题。

23.3.2.3　混凝土输送泵的选择

混凝土输送泵的选择主要考虑泵送高度和泵送效率。超高层建筑用的混凝土输送泵与混凝土强度等级匹配。具体参见混凝土结构施工章节。

23.4　钢-混凝土组合结构施工

23.4.1　一　般　规　定

23.4.1.1　材料与构件

1. 材料

钢-混凝土组合结构施工所用的混凝土、型钢、钢板、钢管、钢筋、钢筋连接套筒、焊接填充材料及连接与紧固标准件等材料的选用应符合设计文件的要求和国家现行有关标准的规定，并应具有厂家出具的质量证明书、中文标志及检验报告、抽样复检试验报告。

2. 构件

(1) 钢构件

钢构件所选用钢材的牌号、技术条件、性能指标均应符合国家现行有关标准的规定。

工程用钢材与连接材料应规范管理，钢材与连接材料应按设计文件的选材要求订货。

钢构件需由具备相应资质的钢结构生产企业进行加工并出具质量证明文件。钢构件宜按安装顺序、进度计划，配套加工、运输和进场。

钢构件工厂加工制作应采用机械化与自动化等工业化方式，并应采用信息化管理。

螺栓孔加工精度、高强度螺栓施加的预拉力、高强度螺栓摩擦型连接的连接板摩擦面处理工艺应保证螺栓连接的可靠性；已施加过预拉力的高强度螺栓拆卸后不应作为受力螺栓循环使用。

构件运输到安装现场后，安装单位应组织各责任方进行构件的验收，不合格构件需修复合格并验收通过后，进行安装。

运输到安装现场的构件，应按施工组织设计的平面布置进行有效码放，高度和堆载限量应符合现场及安全规范要求。

钢结构安装方法和顺序应根据结构特点、施工现场情况等确定，安装时应形成稳固的空间刚度单元。测量、校正时应考虑温度、日照和焊接变形等对结构变形的影响。

钢结构吊装作业必须在起重设备的额定起重量范围内进行。用于吊装的钢丝绳、吊装带、卸扣、吊钩等吊具应经检验合格，并应在其额定许用荷载范围内使用。

钢构件在施工现场，不得随意施焊，如焊接连接螺栓、连接板，不得随意开孔。如需焊接或开孔，应明确施工工艺及要求。

(2) 混凝土

钢-混凝土组合结构的混凝土性能，应根据设计要求和所选择的浇筑方法进行试配确定。

组合结构用混凝土应具有强度等级及性能的合格保证。

组合结构用混凝土的强度等级不应低于C30。

混凝土用粗骨料最大粒径及泵送混凝土坍落度控制，应符合《钢-混凝土组合结构施工规范》GB 50901的相关规定。

对不易保证混凝土浇筑质量的节点和部位，应采用自密实混凝土。

(3) 连接材料

连接材料应符合相应现行国家和行业标准要求，同时需满足工程设计及现场施工工艺要求。

23.4.1.2 一般构造要求

1. 钢-混凝土组合梁构造要求

(1) 钢-混凝土组合结构梁

1) 组合梁截面总高度不宜超过钢梁截面高度的2倍；混凝土板托高度不宜超过翼缘板厚度的1.5倍。

2）组合梁边缘翼板有板托时，伸出长度不宜小于板托高度；无板托时伸出钢梁中心线不应小于150mm，伸出钢梁翼缘边不应小于50mm，见图23-26。

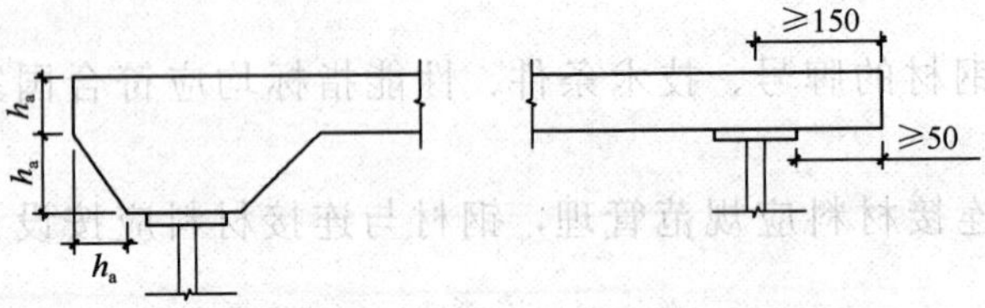

图23-26　边梁构造

3）连续组合梁在中间支座负弯矩区的上部纵向钢筋及分布钢筋，应按现行国家标准《混凝土结构设计规范》GB 50010的规定设置。

4）板托的构造要求：

① 板托顶部的宽度与板托的高度之比应大于1.5，且板托的高度不大于1.5倍混凝土板的厚度，见图23-27。

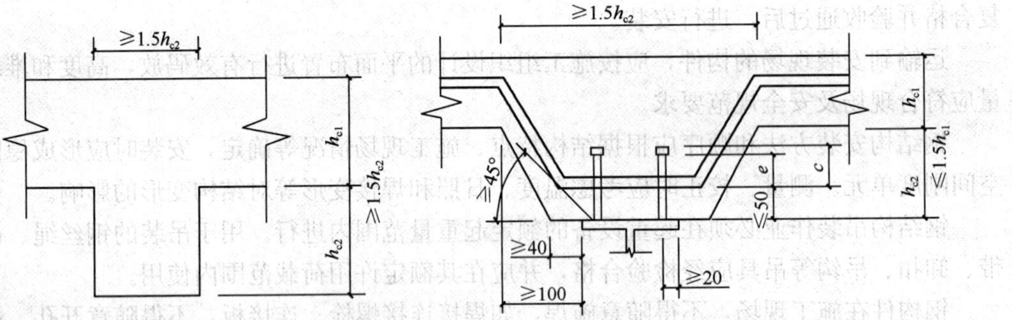

图23-27　板托构造示意图

② 板边缘距连接件外侧的距离不得小于40mm，板外轮廓应自连接件根部算起的45°仰角之外。

③ 板托中加强筋及横向钢筋布置应符合《组合结构设计规范》JGJ 138的相关规定。

5）抗剪连接件设置：

组合梁中的抗剪连接件宜采用栓钉，也可采用槽钢、弯筋等其他类型连接件。

① 圆柱头焊钉连接件钉头下表面，或槽钢连接件上翼缘下表面，高出翼缘板底部钢筋顶面的距离不宜小于30mm。

② 连接件沿梁跨度方向的最大间距，不应大于混凝土翼缘板及板托厚度的3倍，且不应大于300mm。

③ 连接件顶面的混凝土保护层厚度不应小于15mm。

④ 连接件外侧边缘与钢梁翼缘边缘之间的距离不应小于20mm，与混凝土翼板边缘间的距离不应小于100mm。

⑤ 对于承受负弯矩的箱形截面组合梁，可在钢箱梁地板上方或腹板内侧设置抗剪连接件并浇筑混凝土。

⑥ 圆柱头焊钉连接件、槽钢连接件选择应符合《组合结构设计规范》JGJ 138和《电

弧螺柱焊用圆柱头焊钉》GB/T 10433 的相关规定。

⑦ 弯起钢筋连接件的构造要求，见图 23-28。

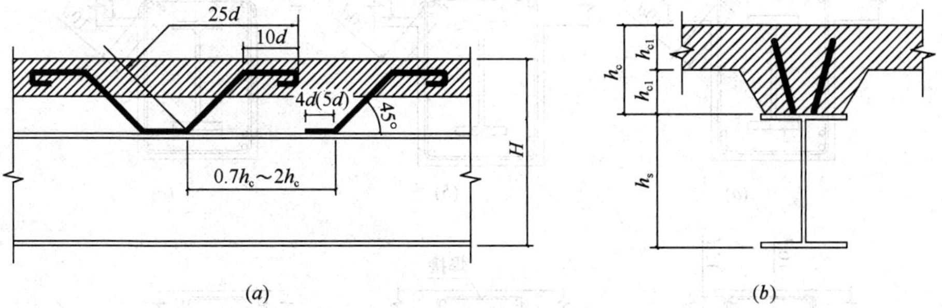

图 23-28 组合梁的弯起钢筋连接件

(a) 组合梁纵剖面；(b) 组合梁的横截面

a. 弯起钢筋连接件一般采用直径不小于 12mm 的 HPB300 级或 HRB335 级钢筋，弯起角度通常为 45°。

b. 连接件的弯折方向应与板中纵向水平剪力的方向一致，并宜在钢梁上成对布置。

c. 每个弯起钢筋从弯起点算起的总长度不小于 $25d$，其中水平段长度不应小于 $10d$，当采用 HPB300 级钢筋时端头设 180°弯钩；弯起连接件与钢梁连接的双侧焊缝长度为 $4d$（HPB300 或 HRB335 级钢筋）。

(2) 型钢混凝土梁

1) 型钢混凝土框架梁的截面宽度不宜小于 300mm，截面高度和宽度比值不宜大于 4。

2) 型钢混凝土框架梁和转换梁最外层钢筋的混凝土保护层，最小厚度应符合现行国家标准《混凝土结构设计规范》GB 50010 的规定。型钢的混凝土保护层最小厚度不宜小于 100mm，且梁内型钢翼缘与两侧边距离（b_1、b_2）之和不宜小于截面宽度的 1/3，见图 23-29。

3) 型钢混凝土框架梁和转换梁中的型钢钢板厚度不宜小于 6mm，其钢板宽厚比应符合《组合结构设计规范》JGJ 138 的相关规定。

4) 梁中纵向受拉钢筋不宜超过两排，其配筋率宜大于 0.3%，直径宜取 16～25mm，净距不宜小于 30mm 和 1.5d（d 为钢筋的最大直径）。

5) 型钢混凝土框架梁和转换梁的腹板高度大于或等于 450mm 时，在梁的两侧沿高度方向每隔 200mm 应设置一根纵向腰筋，且每侧腰筋截面面积不宜小于梁腹板截面面积的0.1%。

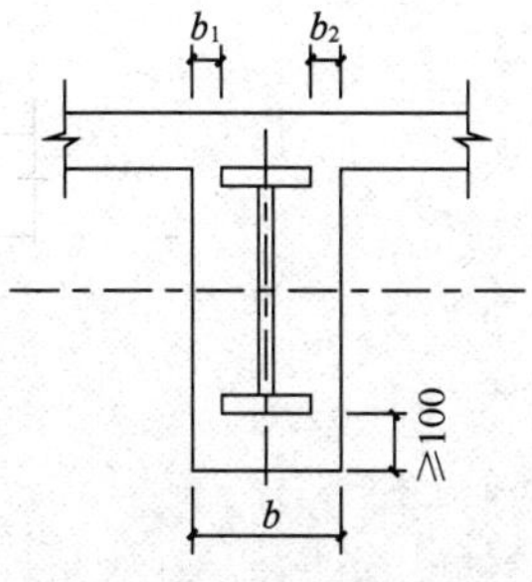

图 23-29 型钢混凝土梁中型钢的混凝土保护层最小厚度

6) 型钢混凝土梁的箍筋：

① 型钢混凝土梁应沿全长设置箍筋，箍筋的直径不应小于 8mm，最大间距不得超过 300mm，同时箍筋的间距也不应大于梁高的 1/2。为便于施工现场管理，箍筋形式宜统一。

框架梁重点区域箍筋形式，见图 23-30；非重点区域箍筋形式，见图 23-31。

② 考虑地震作用组合的型钢混凝土框架梁和转换梁应采用封闭箍筋，其末端应有

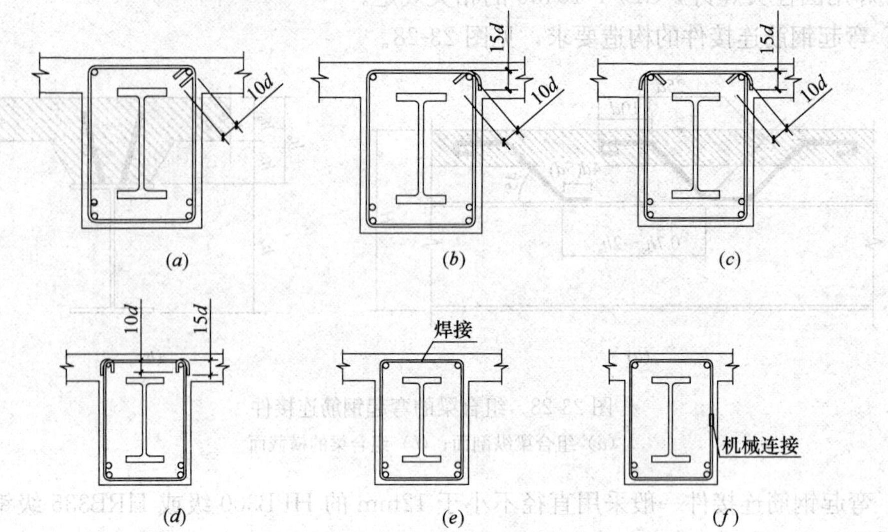

图 23-30 重点区域箍筋的形式

(*a*) 弯折 135°封闭箍筋；(*b*) 一端弯折 135°，一端弯折 90°封闭箍筋；
(*c*) 端部直钩和弯折 135°的 U 形筋组合箍筋；(*d*) 端部直钩和弯折 180°的 U 形筋组合箍筋；
(*e*) 焊接封闭箍筋；(*f*) 机械连接封闭箍筋

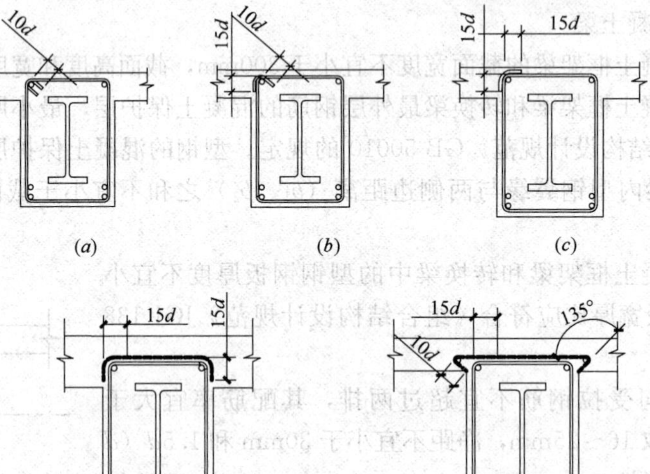

图 23-31 非重点区域箍筋的形式

(*a*) 弯折 135°封闭箍筋；(*b*) 一端弯折 135°，一端弯折 90°封闭箍筋；
(*c*) 弯折 90°封闭箍筋；(*d*) 90°U 形筋组合箍筋；(*e*) 在混凝土板内加 U 形箍筋

135°弯钩，弯钩端头平直段长度不应小于 10 倍箍筋直径。

③ 考虑地震作用组合的型钢混凝土梁，箍筋应设置加密区和非加密区，具体需符合《组合结构设计规范》JGJ 138 的相关规定。

④ 型钢混凝土框架柱端和梁端应设置箍筋加密区，抗震等级一级时加密区长度不应

小于 $2h_0$，其他情况加密区长度不应小于 $1.5h_0$（h_0 为柱截面高度或梁高）。

7）型钢混凝土梁上开洞构造措施：

实腹式钢梁上开洞时，宜采用圆形孔，其位置、大小及加强措施应符合：

① $h<400$mm 的梁上不允许开洞；开洞位置宜设置在剪力较小截面区域，同时建议开洞设置在梁跨中 l_0-2h 的范围内，见图 23-32。

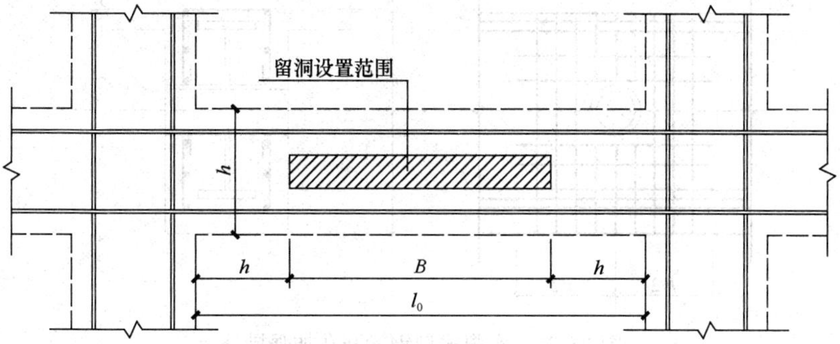

图 23-32　型钢混凝土梁上开孔位置

② 当孔洞位置离支座 1/4 跨度以外时，圆形孔的直径不宜大于 0.4 倍梁高，且不宜大于型钢截面高度的 0.7 倍，见图 23-33；当孔洞位于离支座 1/4 跨度以内时，圆形孔的直径不宜大于 0.3 倍梁高，且不宜大于型钢截面高度的 0.5 倍。

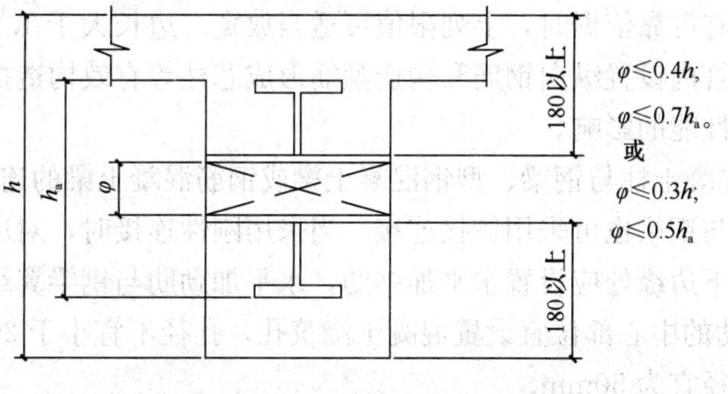

图 23-33　实腹式型钢混凝土梁上开洞大小要求

③ 同一根梁上设置多个孔洞时，各孔洞之间的距离 l 应满足 $l\geqslant 1.5(\varphi_1+\varphi_2)$ 的要求，见图 23-34。

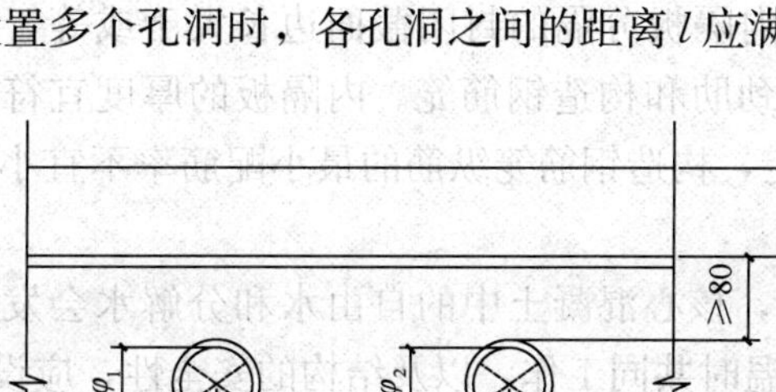

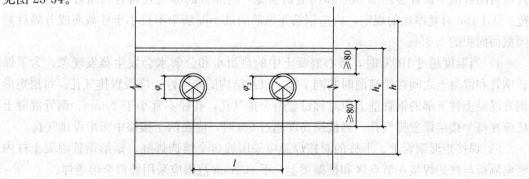

图 23-34　实腹式钢梁开多个孔的要求

④ 当梁上开洞时，宜设置钢套管进行补强，套管壁厚度不宜小于梁型钢腹板厚度，套管与型钢梁腹板连接的角焊缝高度宜取 0.7 倍腹板厚度；或采用腹板孔周围两侧各焊上厚度稍小于腹板厚度的外环补强板，其环形板宽度应取 75～125mm；且孔边应设置构造箍筋和水平筋，见图 23-35。

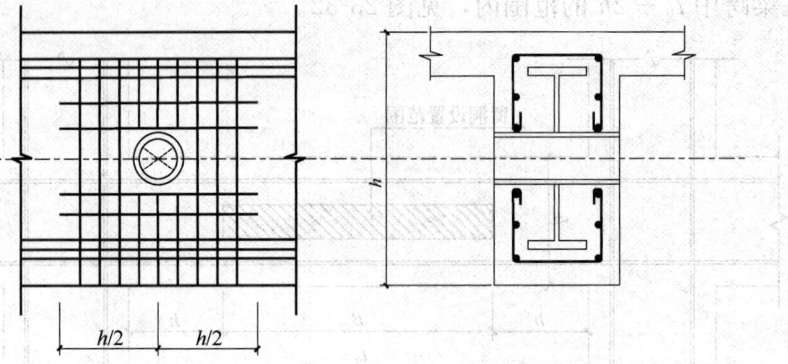

图 23-35　实腹式型钢梁开孔加强措施

2. 钢-混凝土组合柱构造要求

(1) 矩形钢管混凝土柱

1）矩形钢管混凝土构件的截面最小边尺寸不宜小于 400mm，钢管壁厚不宜小于 8mm，截面的高宽比 h/b 不宜大于 2。矩形管截面边长大于等于 1000mm 时，应在钢管内壁设置加劲肋。当有可靠依据时，上列限值可适当放宽。边长大于 1.5m 的矩形钢管混凝土柱，宜采取在钢管内设置纵向钢筋和构造箍筋形成芯柱等有效构造措施，减少钢管内混凝土收缩对其受力性能的影响。

2）矩形钢管混凝土柱与钢梁、型钢混凝土梁或钢筋混凝土梁的连接宜采用刚性连接，矩形钢管混凝土柱与钢梁也可采用铰接连接。当采用刚性连接时，对应钢梁上、下翼缘或钢筋混凝土梁上、下边缘处应设置水平加劲肋，水平加劲肋与钢梁翼缘等厚，且不宜小于 12mm；水平加劲肋的中心部位宜设置混凝土浇筑孔，孔径不宜小于 200mm；加劲肋周边宜设置排气孔，孔径宜为 50mm。

3）矩形钢管混凝土柱边长大于等于 2000mm 时，应设置内隔板形成多个封闭截面；矩形钢管混凝土柱边长或由内隔板分隔的封闭截面边长大于或等于 1500mm 时，应在柱内或封闭截面中设置竖向加劲肋和构造钢筋笼。内隔板的厚度宜符合《组合结构设计规范》JGJ 138 对宽厚比的规定，构造钢筋笼纵筋的最小配筋率不宜小于柱截面或分隔后封闭截面面积的 0.3%。

4）当温度超过 100℃时，核心混凝土中的自由水和分解水会发生蒸发现象。为了保证钢管和混凝土之间在受高温时共同工作，以及结构的安全性，应设置排气孔。每层矩形钢管混凝土柱下部的钢管壁上应对称设置两个排气孔，孔径不宜小于 20mm。钢管混凝土柱应在每个楼层设置排气孔，当楼层高度超过 6m 时，应在两个楼层中间增设排气孔。

5）焊接矩形钢管上、下柱的对接焊缝应采用坡口全熔透焊缝。矩形钢管混凝土柱内竖向隔板与柱的焊接在节点区和框架梁上、下 600mm 范围应采用坡口全熔透焊。

6）矩形钢管混凝土柱与框架梁或转换梁形成的框架梁柱节点，其框架梁或转换梁宜采用钢梁、型钢混凝土梁，也可采用钢筋混凝土梁。

7）矩形钢管混凝土柱内隔板厚度应符合板件的宽厚比限值，且不应小于钢梁翼缘厚度。钢管外隔板厚度不应小于钢梁翼缘厚度。

（2）圆形钢管混凝土柱

1）圆形钢管外径不宜小于 300mm，壁厚不小于 6mm（框架柱和转换柱的钢管外径不宜小于 400mm，壁厚不宜小于 8mm）。

2）直径大于或等于 2000mm 的圆形钢管混凝土柱，宜采取在钢管内设置纵向钢筋和构造箍筋形成芯柱等有效构造措施，减少钢管内混凝土收缩对其受力性能的影响。

3）钢管混凝土柱容许长细比参见《钢管混凝土结构技术规范》GB 50936。

4）钢管混凝土用混凝土强度等级不宜小于 C30，同时宜选用微膨胀混凝土，收缩率不大于万分之二。

5）钢管对接焊口，应高出混凝土施工缝不少于 500mm，避免焊接高温影响混凝土质量；特殊位置如无法避免混凝土区域焊接，方案需经过设计方确认，必要时进行专家评审。

6）圆形钢管混凝土柱与钢梁、型钢混凝土梁或钢筋混凝土梁的连接宜采用刚性连接，圆形钢管混凝土柱与钢梁也可采用铰接连接。对于刚性连接，柱内或柱外应设置与梁上、下翼缘位置对应的水平加劲肋，设置在柱内的水平加劲肋应留有混凝土浇筑孔；设置在柱外的水平加劲肋应形成加劲环肋。加劲肋的厚度与钢梁翼缘等厚，且不宜小于 12mm。

7）圆形钢管混凝土柱的直径大于或等于 2000mm 时，宜采取在钢管内设置纵向钢筋和构造箍筋形成芯柱等有效构造措施，减少钢管内混凝土收缩对其受力性能的影响。

8）焊接圆形钢管的焊缝应采用坡口全熔透焊缝。

（3）型钢混凝土柱

1）型钢混凝土保护层厚度不宜小于 200mm，见图 23-36。

2）型钢混凝土框架柱和转换柱受力型钢的含钢率不宜小于 4%，且不宜大于 15%。当含钢率大于 15%时，应增加箍筋和纵向钢筋的配筋量，并宜通过试验进行专门研究。

3）柱内竖向钢筋的净距不宜小于 50mm，且不宜大于 250mm；竖向钢筋与型钢的最小净距不应小于 30mm。

4）型钢混凝土柱中型钢钢板厚度不宜小于 8mm，其钢板宽厚比应符合《组合结构设计规范》JGJ 138 的基本要求。

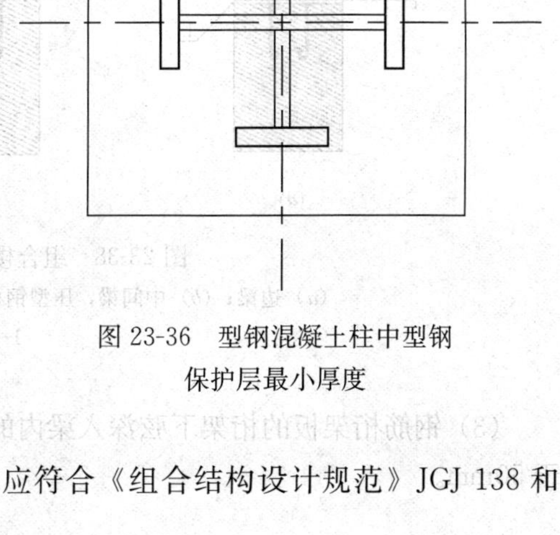

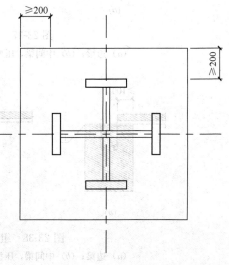

图 23-36 型钢混凝土柱中型钢保护层最小厚度

3. 钢-混凝土组合剪力墙构造要求

（1）钢板混凝土墙，其钢板厚度不宜小于 10mm，且钢板与墙体厚度之比不宜大于 1/15。

（2）钢-混凝土组合剪力墙中钢筋的布置，应符合《组合结构设计规范》JGJ 138 和

《混凝土结构设计规范》GB 50010 的要求。

（3）钢-混凝土组合剪力墙中型钢和钢板上设置的混凝土灌浆孔不宜小于 150mm，流淌孔的孔径不宜小于 200mm，排气孔及排水孔的孔径不宜小于 10mm（斜撑与墙内暗柱、暗梁相交位置横向加劲板上排气孔孔径不宜小于 20mm）。

（4）钢-混凝土组合剪力墙端部型钢的混凝土保护层，厚度不宜小于 150mm；带钢斜撑混凝土剪力墙，钢斜撑每侧混凝土厚度不宜小于墙厚的 1/4，且不宜小于 100mm。

4. 钢-混凝土组合楼板构造要求

（1）组合楼板用压型钢板基板的净厚度不应小于 0.75mm，作为永久模板使用的压型钢板基板的净厚度不宜小于 0.5mm；钢筋桁架板底模，施工完成后需永久保留的，底模钢板厚度不应小于 0.5mm，底模施工完成后需拆除的，可采用非镀锌钢板，其净厚度不宜小于 0.4mm。钢-混凝土组合楼板总厚度不应小于 90mm，压型钢板基板厚度不应小于 0.7mm。

（2）组合楼板支承于钢梁上时，其支承长度对边梁不应小于 75mm；对中间梁，当压型钢板不连续时不应小于 50mm，当压型钢板连续时不应小于 75mm，见图 23-37；组合楼板支承在混凝土梁上时，对边梁不应小于 100mm，当压型钢板不连续时不应小于 75mm，当压型钢板连续时不应小于 100mm，见图 23-38。

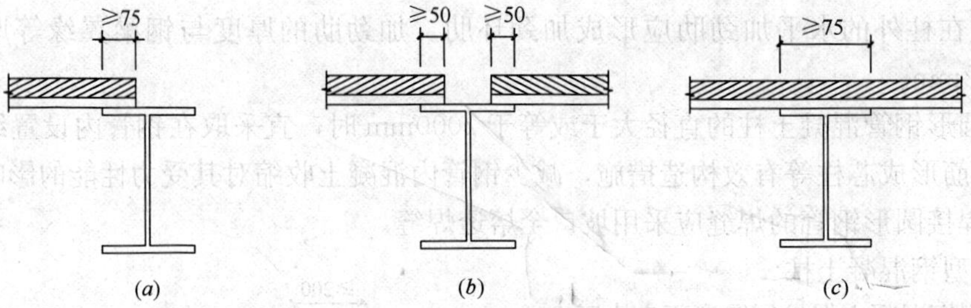

图 23-37 组合楼板支承于钢梁上

（a）边梁；（b）中间梁，压型钢板不连续；（c）中间梁，压型钢板连续

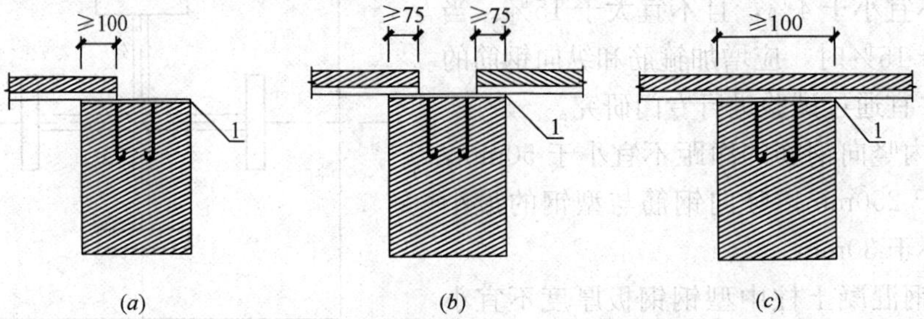

图 23-38 组合楼板支承于混凝土梁上

（a）边梁；（b）中间梁，压型钢板不连续；（c）中间梁，压型钢板连续

1—预埋件

（3）钢筋桁架板的桁架下弦深入梁内的锚固长度不应小于钢筋直径的 5 倍，且不应小于 50mm。

（4）组合楼板总厚度不应小于 90mm，压型钢板顶面以上的混凝土厚度不应小于 50mm，且应符合楼板防火层厚度的要求，以及电气管线等的铺设要求。组合楼板的形状应满足相关要求，见图 23-39。

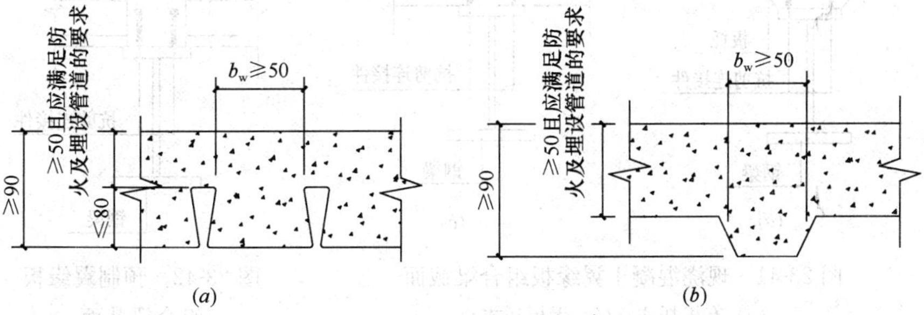

图 23-39 组合楼板形状示意图

（a）缩口或闭口形板；（b）开口形板

（5）栓钉顶面保护层厚度及栓钉高度：栓钉顶面的混凝土保护层厚度不应小于 15mm；栓钉焊后高度应超过压型钢板总高度 30mm。

（6）栓钉直径 d 的要求，见表 23-6。

1）当栓钉焊于钢梁受拉翼缘时，$d \leqslant 1.5t$。

2）当栓钉焊于无拉应力翼缘时，$d \leqslant 2.5t$（d 为栓钉直径，t 为梁翼缘板厚度）。

组合楼板栓钉的直径 **表 23-6**

板的跨度（m）	栓钉直径（mm）
＜3	13
3～6	16 或 19
＞6	19

23.4.2 钢-混凝土组合梁施工

23.4.2.1 钢-混凝土组合梁的组成

钢-混凝土组合梁是指钢梁与混凝土翼缘板通过抗剪连接件等多种形式，组合成整体共同受力的横向承重结构；组合梁按照截面形式可以分为外包混凝土的型钢混凝土组合梁和 T 形钢-混凝土组合梁。

1. T 形钢-混凝土组合梁的组成

T 形钢-混凝土组合梁由混凝土翼缘板（楼板）或板托、钢梁以及抗剪连接件等部分组成，见图 23-40。

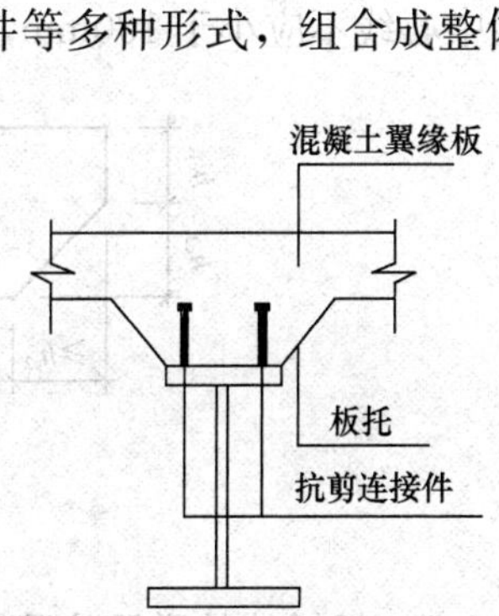

图 23-40 钢-混凝土组合梁组成

（1）混凝土翼缘板

混凝土翼缘板形式共有以下几种：

1）现浇钢筋混凝土翼缘板，分为有板托和无板托两种，见图 23-41。

2）预制钢筋混凝土翼缘板，见图 23-42。

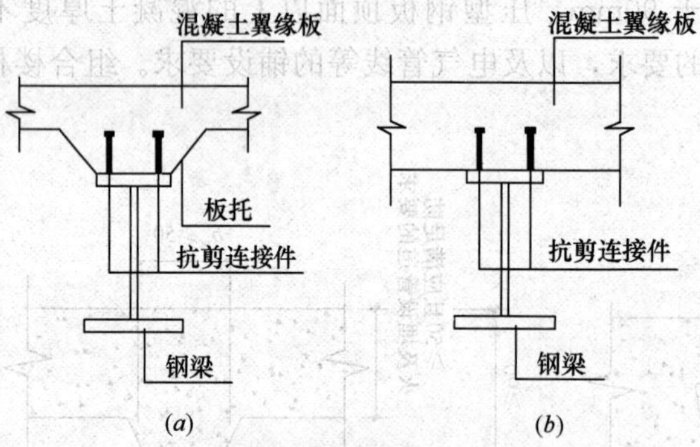

图 23-41 现浇混凝土翼缘板组合梁截面

(*a*) 有板托式；(*b*) 无板托式

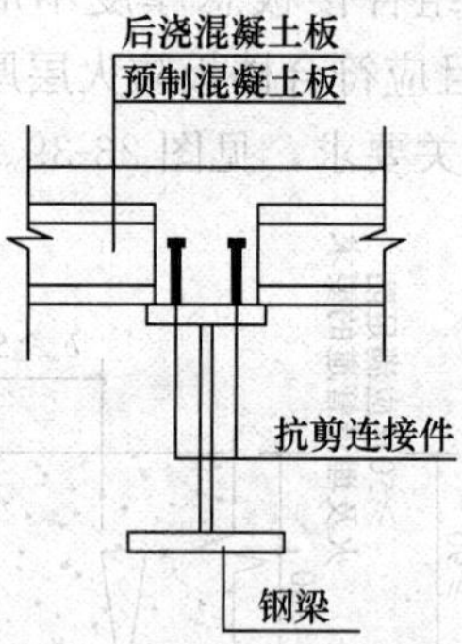

图 23-42 预制翼缘板组合梁截面

3）压型钢板翼缘板，见图 23-43。

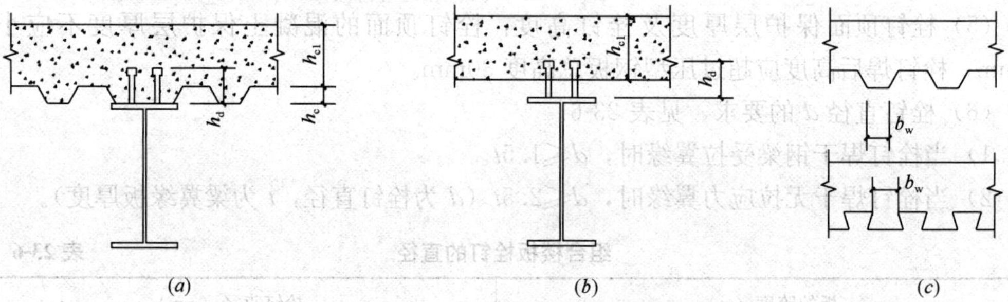

图 23-43 压型钢板组合梁截面

(*a*) 肋与钢梁平行的组合梁截面；(*b*) 肋与钢梁垂直的组合梁截面；(*c*) 压型钢板作底模的楼板剖面

(2) 板托

板托通过构造，增加楼板承载力，降低楼板承载集中荷载。

1）T 形钢-混凝土组合梁截面高度不宜超过钢梁截面高度的 2 倍；混凝土板托高度不宜超过翼板厚度的 1.5 倍。

2）有板托的组合梁边梁混凝土翼板伸出长度不宜小于板托高度；无板托时，伸出钢梁中心线不应小于 150mm，伸出钢梁翼缘边不应小于 50mm，见图 23-44。

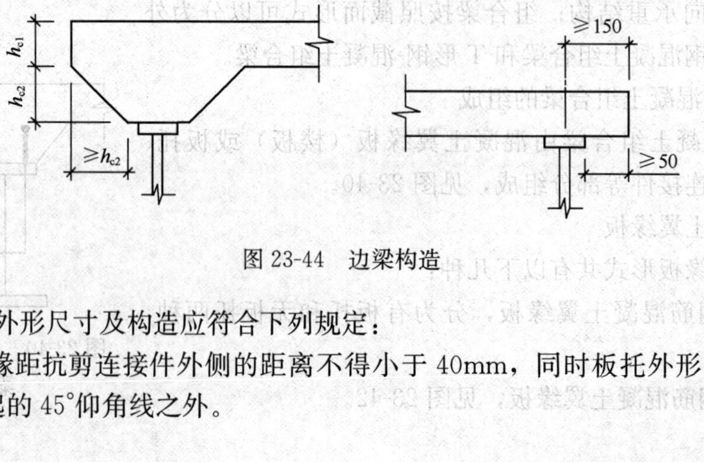

图 23-44 边梁构造

3）板托的外形尺寸及构造应符合下列规定：

① 板托边缘距抗剪连接件外侧的距离不得小于 40mm，同时板托外形轮廓应在抗剪连接件根部算起的 45°仰角线之外。

② 板托中邻近钢梁上翼缘的部分混凝土应配加强筋，板托中横向钢筋的下部水平段应该设置在距钢梁上翼缘 50mm 的范围内。

③ 横向钢筋的间距不应大于 $4h_{e0}$（栓钉长度）且不应大于 200mm，见图 23-45。

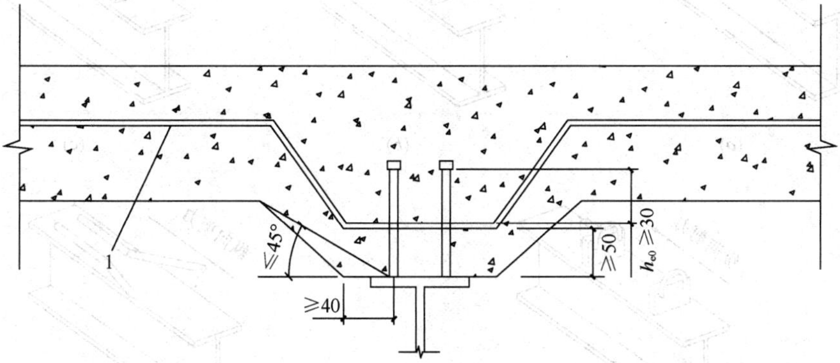

图 23-45 板托的构造规定

1—弯筋

(3) 钢梁

T 形钢-混凝土组合梁中的钢梁，其截面形式如图 23-46 所示，钢梁形式有工字钢梁、箱形钢梁、钢桁架梁及蜂窝式梁等。

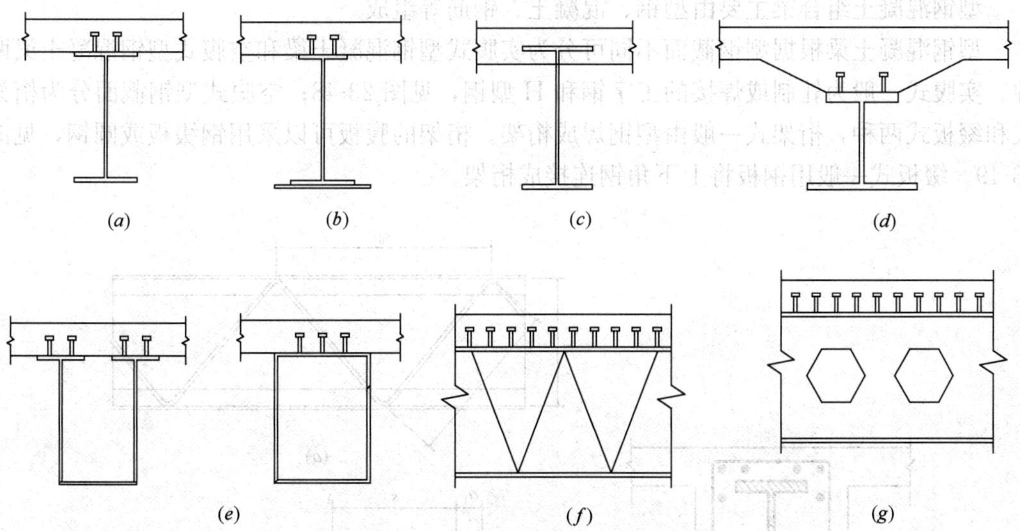

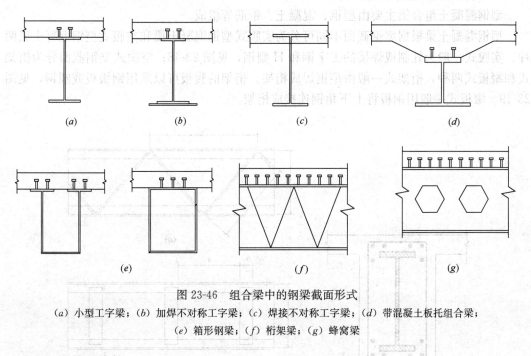

图 23-46 组合梁中的钢梁截面形式

(a) 小型工字梁；(b) 加焊不对称工字梁；(c) 焊接不对称工字梁；(d) 带混凝土板托组合梁；(e) 箱形钢梁；(f) 桁架梁；(g) 蜂窝梁

(4) 抗剪连接件

一般，实际工程中常用的抗剪连接件主要有栓钉、槽钢、弯筋及 T 形钢连接件等，见图 23-47。

抗剪连接件应符合《组合结构设计规范》JGJ 138 的规定。

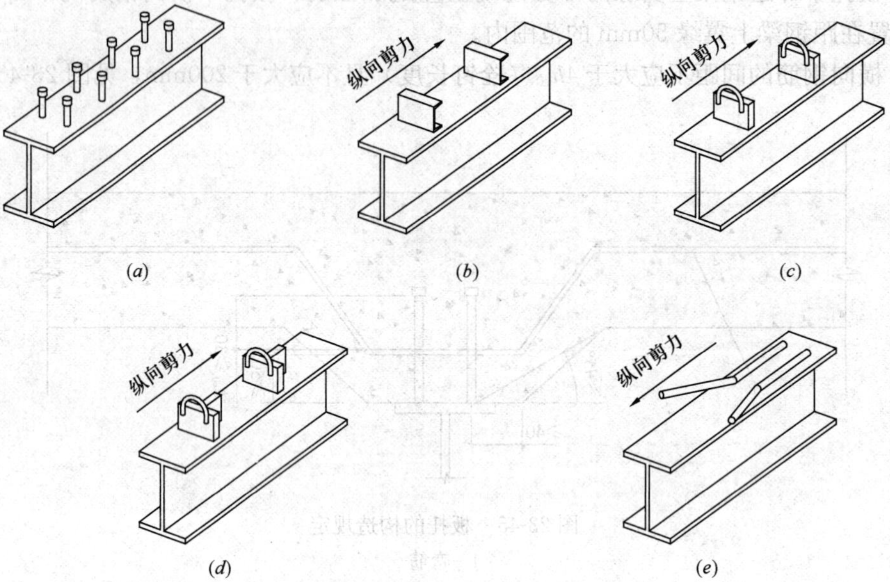

图 23-47　抗剪连接件形式

(a) 栓钉连接件；(b) 槽钢连接件；(c) 方钢连接件；(d) T形钢连接件；(e) 弯筋连接件

2. 型钢混凝土组合梁的组成

型钢混凝土组合梁主要由型钢、混凝土、钢筋等组成。

型钢混凝土梁根据型钢截面不同可分为实腹式型钢混凝土梁和空腹式型钢混凝土梁两种。实腹式一般为轧制或焊接的工字钢和 H 型钢，见图 23-48；空腹式型钢截面分为桁架式和缀板式两种，桁架式一般由型钢焊成桁架。桁架的腹板可以采用钢缀板或圆钢，见图 23-49。缀板式一般用钢板将上下角钢连接成桁架。

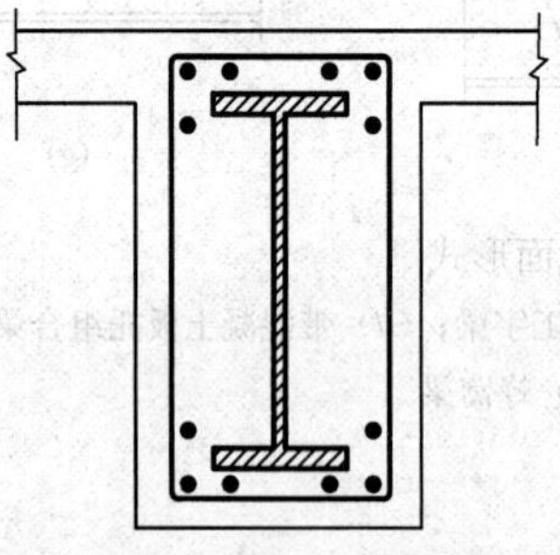

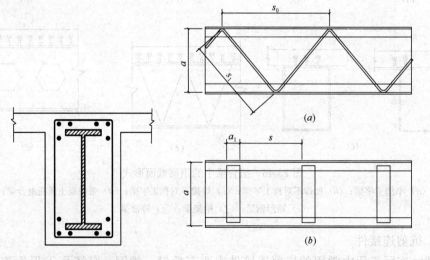

图 23-48　实腹式型钢混凝土梁截面形式示意图

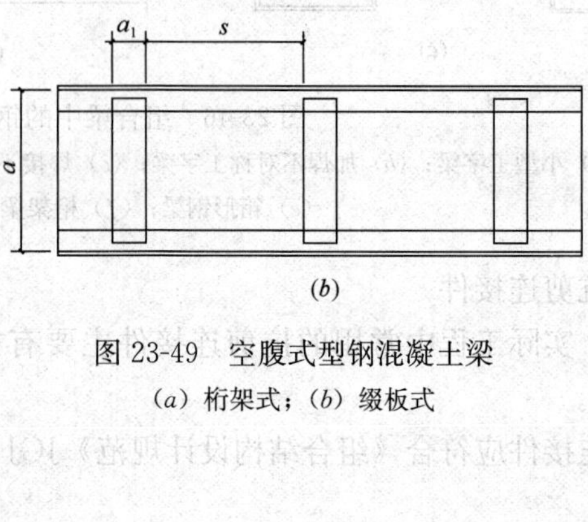

图 23-49　空腹式型钢混凝土梁

(a) 桁架式；(b) 缀板式

23.4.2.2 钢-混凝土组合梁的节点形式

1. T形钢-混凝土组合梁的节点形式

(1) 主次梁连接节点

对于组合结构的主梁和次梁的连接，一般通过在主梁上设置连接板，采用高强螺栓进行连接。组合梁主次梁的连接节点，见图 23-50。

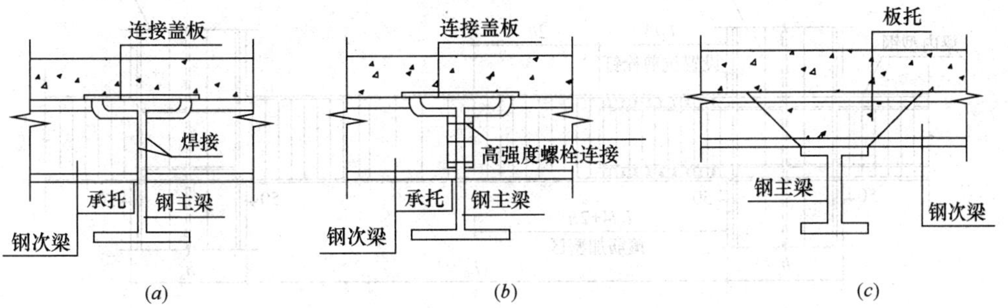

图 23-50 组合梁主次梁的连接节点

(a) 连续次梁与主梁平接；(b) 简支次梁与主梁平接；(c) 连续次梁与主梁上下叠接

(2) T形钢-混凝土组合梁与钢筋混凝土墙（柱）的连接节点

组合梁垂直于钢筋混凝土墙（柱）的连接，一般为铰接节点。铰接连接时，可在钢筋混凝土墙中设置预埋件，预埋件上焊连接板，连接板与组合梁中的钢梁腹板用高强螺栓连接，见图 23-51。也可在预埋件上焊支撑钢梁的钢牛腿来连接钢梁。

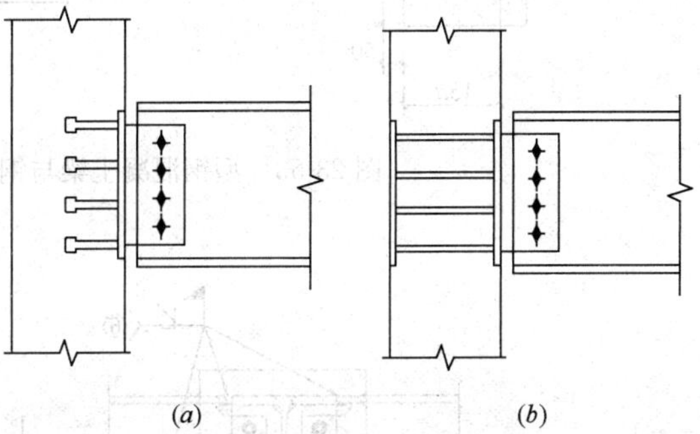

图 23-51 预埋件铰接节点

(a) 铰接（一）；(b) 铰接（二）

(3) T形钢-混凝土组合梁与型钢混凝土墙（柱）的连接节点

当组合梁中的钢梁与和钢-混凝土墙（柱）连接时，连接节点形式有三种：焊接、螺栓连接及栓焊连接。

(4) T形钢-混凝土组合梁与钢柱或钢管柱的连接节点

钢-混凝土组合梁和钢柱的连接节点分为焊接、螺栓连接及栓焊连接三种形式，其构造要求与组合梁和型钢混凝土墙（柱）的节点形式相同。

2. 型钢-混凝土组合梁的节点形式

(1) 梁的上部和下部纵向钢筋伸入节点的锚固构造，应符合《混凝土结构设计规范》GB 50010 的要求。

(2) 梁主筋与型钢柱相交时，应有不少于 50% 的主筋通长设置；其余主筋连接形式满足《钢-混凝土组合结构施工规范》GB 50901 的要求。

(3) 型钢-混凝土组合梁与混凝土墙、钢柱或钢管柱连接形式，同 T 形钢-混凝土组合梁连接节点。

（4）型钢混凝土梁转换为钢筋混凝土梁的连接构造、型钢混凝土梁与钢筋混凝土梁的连接构造、型钢混凝土梁与型钢混凝土梁的刚性连接、型钢混凝土梁与钢次梁的简支连接典型做法，见图 23-52～图 23-55，具体构造要求应符合图集《型钢混凝土组合结构构造》23G523-1 的规定。

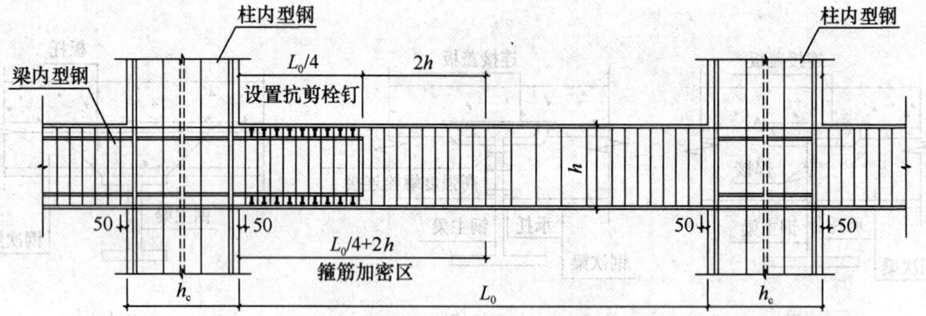

图 23-52　型钢混凝土梁转换为钢筋混凝土梁的连接构造

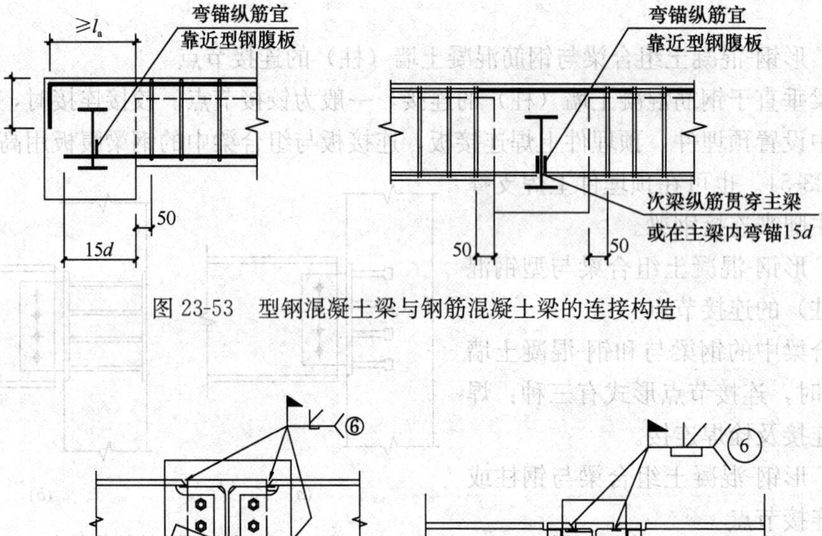

图 23-53　型钢混凝土梁与钢筋混凝土梁的连接构造

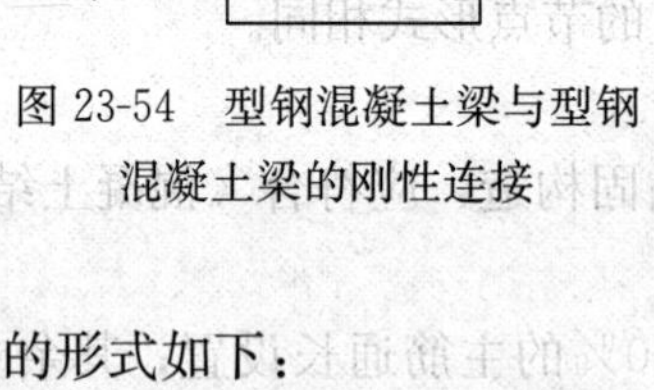

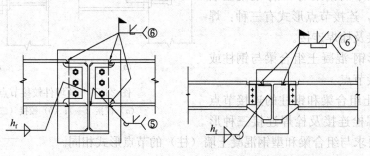

图 23-54　型钢混凝土梁与型钢混凝土梁的刚性连接

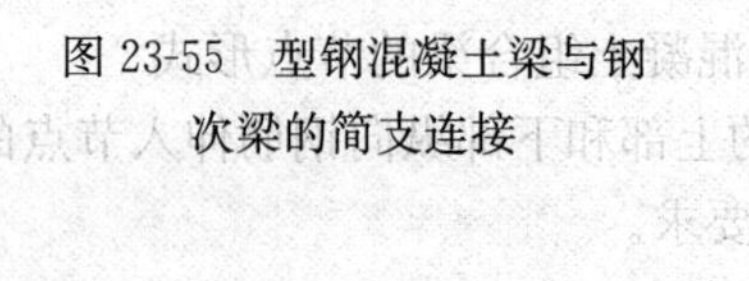

图 23-55　型钢混凝土梁与钢次梁的简支连接

（5）主要的形式如下：

1）实腹式型钢截面梁柱节点的形式，见图 23-56。

2）十字形空腹式型钢柱与空腹式型钢梁的节点形式，见图 23-57。

3）型钢混凝土梁、柱节点钢筋布置示意，见图 23-58。

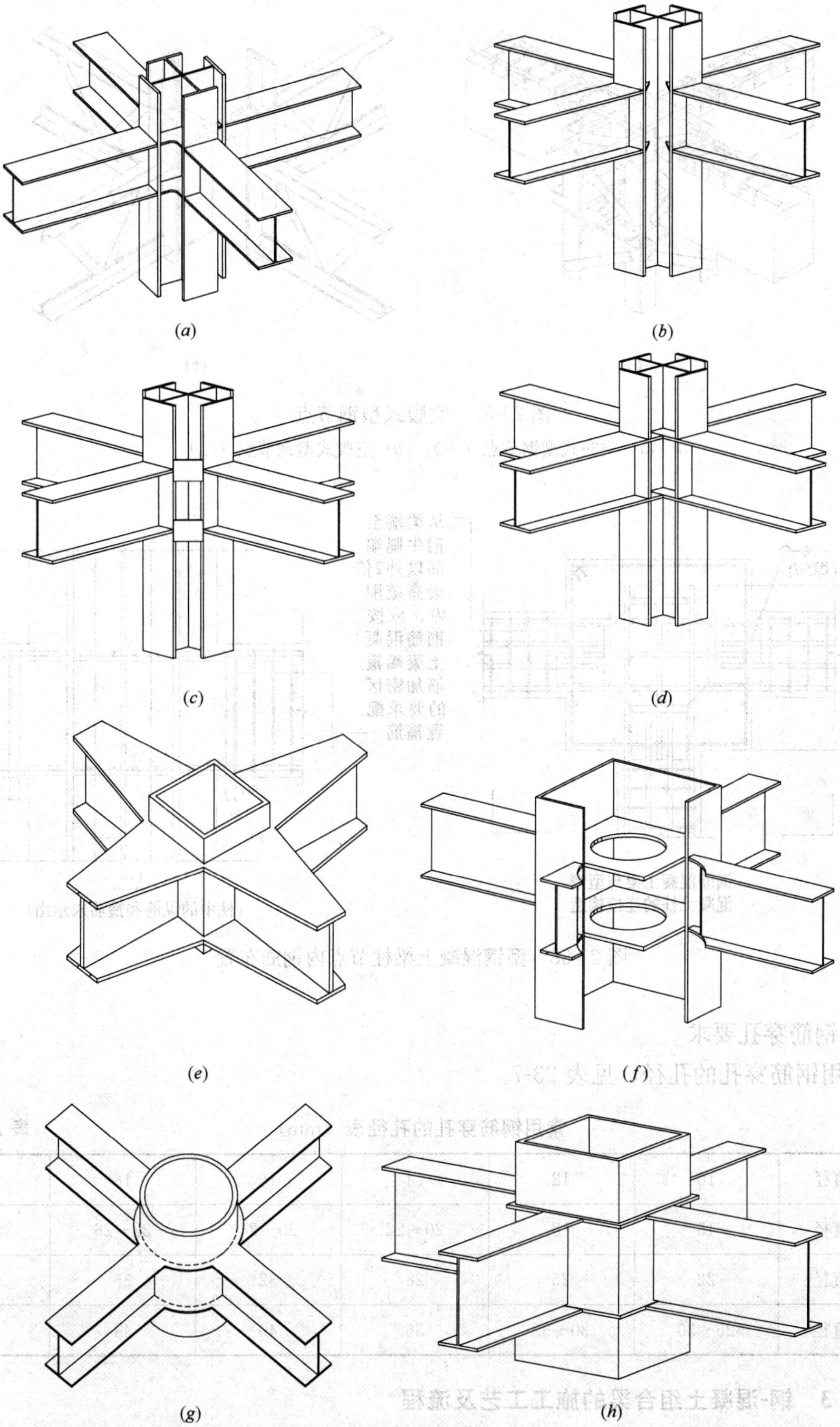

图 23-56　实腹式型钢节点

(*a*) 水平加劲板式；(*b*) 水平三角加劲板式；(*c*) 垂直加劲板式；(*d*) 梁翼缘贯通式；(*e*) 梁外隔板式；(*f*) 内隔板式；(*g*) 加劲环式；(*h*) 贯通隔板式

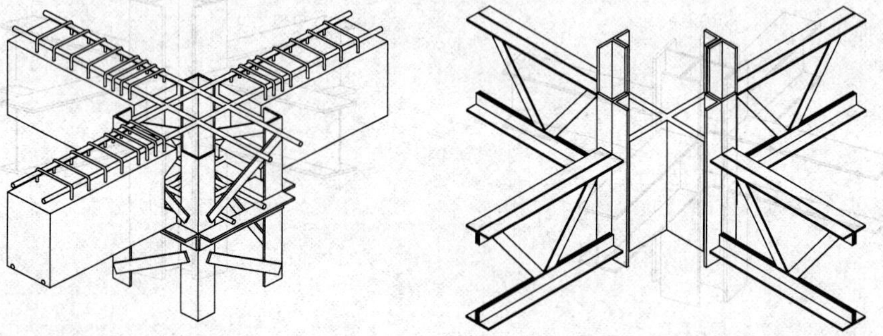

(a)　　　　(b)

图 23-57　空腹式型钢节点

(a) 空腹式型钢节点（一）；(b) 空腹式型钢节点（二）

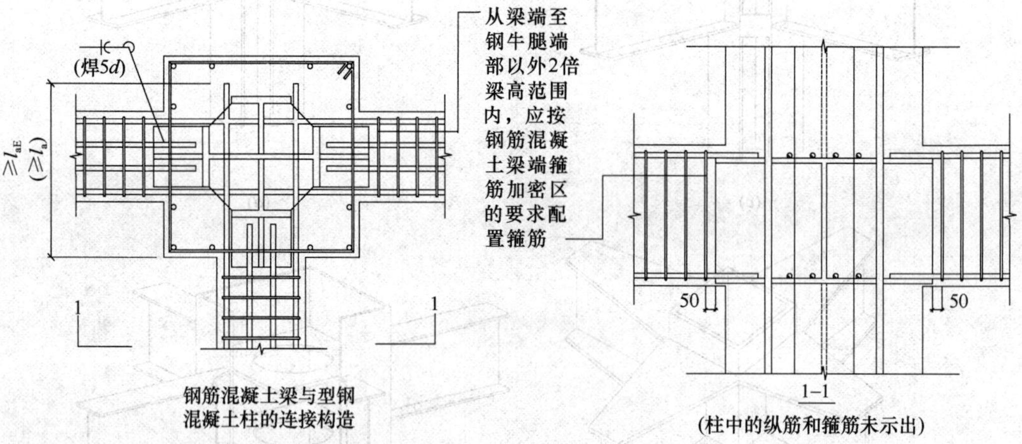

图 23-58　型钢混凝土梁柱节点内钢筋布置

3. 钢筋穿孔要求

常用钢筋穿孔的孔径，见表 23-7。

常用钢筋穿孔的孔径表（mm）　　表 23-7

钢筋直径	10	12	14	16	18	20
穿孔直径	15	18	20～22	20～24	22～26	25～28
钢筋直径	22	25	28	32	36	40
穿孔直径	26～30	30～32	36	40	44	48

23.4.2.3　钢-混凝土组合梁的施工工艺及流程

钢-混凝土组合梁的施工必须遵照《组合结构通用规范》GB 55004、《钢结构工程施工质量验收标准》GB 50205 及《混凝土结构工程施工质量验收规范》GB 50204 等规范以及有关行业技术规程的规定。

1. T形钢-混凝土组合梁

(1) 施工方法

T形钢-混凝土组合梁的常见施工方法主要有，梁下不设置临时支撑和梁下设置临时支撑两种。

混凝土自重不大的压型钢板组合楼板（盖）结构，一般采用不设置临时支撑的方法进行施工。对于混凝土自重较大的组合梁或者对变形要求较高的组合梁，需要在梁下设置支撑。

(2) 工艺流程

施工准备→钢梁吊装与现场焊接→临时支撑→清除钢梁污物→混凝土翼缘板施工→组合钢梁涂料施工。

2. 型钢-混凝土组合梁

(1) 施工方法

型钢混凝土组合梁施工方法，主要为钢梁安装完成后进行钢筋绑扎、支模和混凝土浇筑；可采用常规脚手架支模或利用钢梁作为模板悬挂支撑。当使用钢梁作为模板悬挂支撑时，需经过设计单位确认。

(2) 工艺流程

型钢梁安装→钢筋绑扎→模板支设→混凝土浇筑→混凝土养护。

23.4.2.4 钢-混凝土组合梁的施工要点

1. T形钢-混凝土组合梁

(1) 钢梁进场及安装

钢梁安装、校正及焊接参见本手册钢结构工程施工内容。

(2) 临时支撑设置

当根据设计要求，钢-混凝土组合梁需要临时支撑时，应在钢梁安装完成后，按照设计图纸要求设置，直到翼缘板混凝土强度等级达到设计要求时，方可拆除。

(3) 清理基层

钢梁顶面不得涂刷涂料，在浇筑混凝土板之前应清除铁锈、焊渣、冰层、积雪、泥土及其他杂物。

(4) 钢梁涂料施工

外露钢梁的防腐涂装工程应在组合钢梁工厂组装，或现场安装并经质量验收合格后进行。钢梁的防火涂料涂装，应在安装工程检验批和构件表面除锈及防腐底漆涂装检验批质量验收合格后进行。

2. 型钢-混凝土组合梁

(1) 梁与柱节点处钢筋的锚固长度，应满足设计要求；不能满足设计要求时，应采用绕开法、穿孔法及连接法处理。

(2) 箍筋套入主梁后绑扎固定，其弯钩锚固长度不能满足要求时，应进行焊接；梁顶多排纵向钢筋之间，可采用短钢筋支垫来控制排距。

(3) 耳板设置与腹板开孔应经设计单位认可，并应在加工厂制作完成。

(4) 型钢混凝土梁一般采用常规脚手架支模，当利用型钢梁作为模板的悬挂支撑时，应经设计单位同意。

（5）混凝土浇筑

1）大跨度型钢混凝土组合梁应分层连续浇筑混凝土，分层投料高度控制在500mm以内；对钢筋密集部位宜采用小直径振动器浇筑混凝土，或选用自密实混凝土进行浇筑。

2）在型钢组合转换梁的上部立柱处，宜采用分层赶浆和间歇法浇筑混凝土。

3）型钢翼缘板处应预留排气孔，在型钢梁柱节点处应预留混凝土浇筑孔。

4）节点区域内的钢筋较为密集时应采取以下措施：在与型钢梁相连的型钢柱内留设穿筋孔，梁纵向钢筋连接方式采用机械连接，下排钢筋贯通，不在节点处锚固；采用高强度、大直径钢筋，减少钢筋根数；在梁柱接头处和梁的型钢翼缘下部，预留排除空气的孔洞和混凝土浇筑孔，见图23-59。

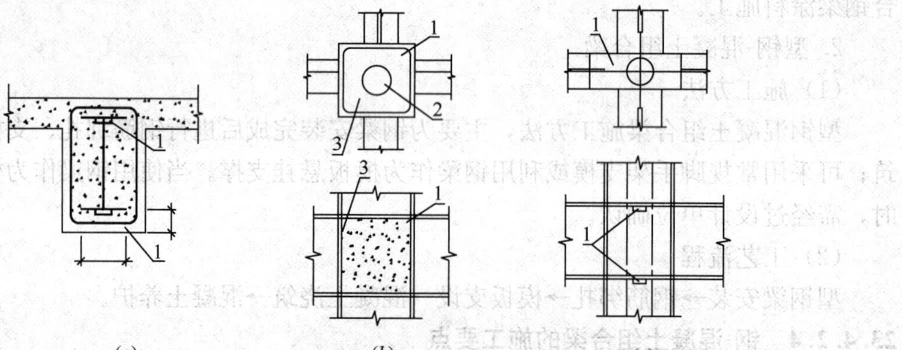

图23-59　混凝土不易充分填满的部分

（a）型钢翼缘；（b）钢柱内腔；（c）梁柱节点

1—混凝土不易充分填满部位；2—混凝土浇筑孔；3—柱内加劲肋板

23.4.3　钢-混凝土组合柱施工

23.4.3.1　钢-混凝土组合柱的组成

钢-混凝土组合柱根据截面划分主要包含钢管混凝土柱和外包混凝土的型钢混凝土柱。钢管混凝土柱由圆形、矩形或其他截面钢管及内填混凝土所构成；型钢混凝土柱为在型钢周围配置钢筋，并浇筑混凝土所形成的结构。

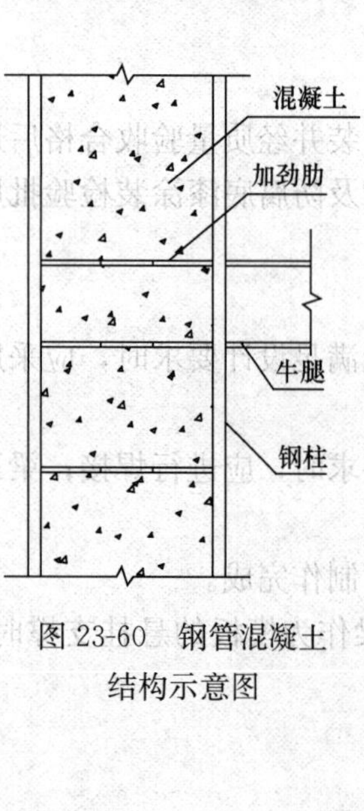

图23-60　钢管混凝土结构示意图

1. 钢管混凝土柱组成

钢管混凝土柱主要由钢管外壁、柱底板、加劲肋、外环板、牛腿、混凝土等组成，见图23-60。

钢管混凝土柱与钢梁、型钢混凝土梁或钢筋混凝土梁宜采用刚性连接，钢管混凝土柱与钢梁也可采用铰接连接。对于刚性连接，柱内或柱外应设置与梁上、下翼缘位置对应的水平加劲肋，设置在柱内的水平加劲肋应留有混凝土浇筑孔；设置在柱外的水平加劲肋应形成加劲环肋。加劲肋的厚度与钢梁翼缘等厚，且不宜小于12mm。水平加劲肋的中心部位宜设置混凝土浇筑孔，孔径不宜小于200mm，加劲肋周边宜设置排气孔，孔径宜为 50mm。

钢管上开孔和焊接临时结构时，应经过设计许可，且应采取结构补强措施。当割除施工用临时钢件时，严禁损伤钢管柱。

2. 型钢混凝土柱组成

型钢混凝土柱内型钢的截面形式可分为实腹式和格构式两大类。

实腹式型钢可采用 H 形轧制型钢和各种截面形式的焊接型钢，常见的截面形式有 I 形、H 形、箱形等，见图 23-61。

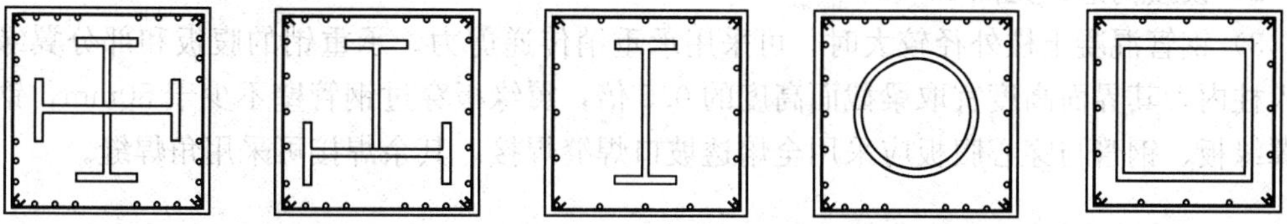

(a) (b) (c) (d) (e)

图 23-61 实腹式型钢混凝土柱主要截面示意图

格构式型钢构件一般是由小型型钢通过缀板连接而成的钢格构柱。常见的截面形式有箱形、十字形、T 字形等，见图 23-62。

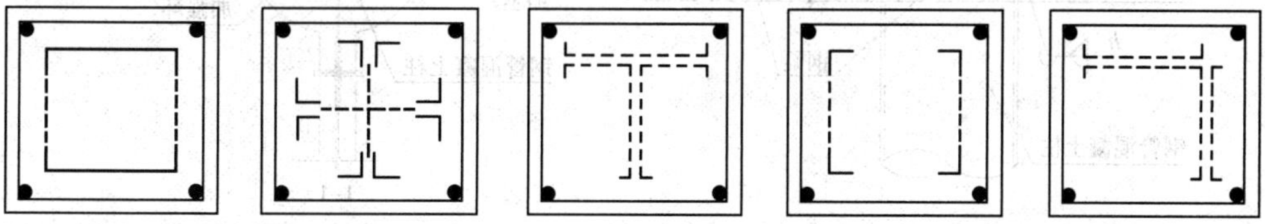

(a) (b) (c) (d) (e)

图 23-62 格构式型钢混凝土柱主要截面形式

型钢混凝土框架柱中箍筋的配置应符合《混凝土结构设计规范》GB 50010 的规定；考虑地震作用组合的型钢混凝土框架柱，柱端箍筋加密区的构造要求，见表 23-8。

框架柱端箍筋加密区的构造要求 **表 23-8**

抗震等级	箍筋最大间距（mm）	箍筋最小直径（mm）
一级	100	12
二级		10
三、四级	150（柱根 100）	8

3. 考虑地震作用组合的型钢混凝土框架柱，其箍筋加密区的范围

（1）柱上、下两端，取截面长边尺寸、柱净高的 1/6 和 500mm 中的最大值。

（2）底层柱下端不小于 1/3 柱净高的范围。

（3）刚性地面上、下各 500mm 的范围。

（4）一、二级框架角柱的全高范围。

23.4.3.2　钢-混凝土组合柱的节点形式

1. 钢管混凝土节点形式

钢管混凝土柱的节点种类根据钢管柱与各种构件的连接可分为钢管柱与钢梁的连接、钢管柱与混凝土梁的连接、钢管柱之间的连接，根据节点的受力性能不同，又可分为刚接节点、铰接节点和半刚接节点。

（1）钢管柱与钢梁连接节点

1）刚性连接构造，见图 23-63。

2）铰接构造，见图 23-64。

3）钢管混凝土柱外径较大时，可采用承重销传递剪力。承重销的腹板和部分翼缘应深入柱内，其界面高度宜取梁截面高度的 0.5 倍，翼缘板穿过钢管壁不少于 50mm，钢管与翼缘板、钢管与穿心腹板应采用全熔透坡口焊缝焊接，其余焊接可采用角焊缝。

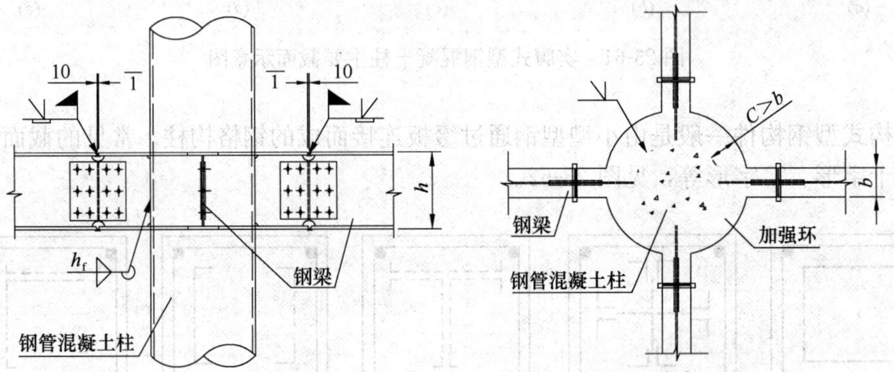

图 23-63　钢梁与圆钢管混凝土柱的刚性连接

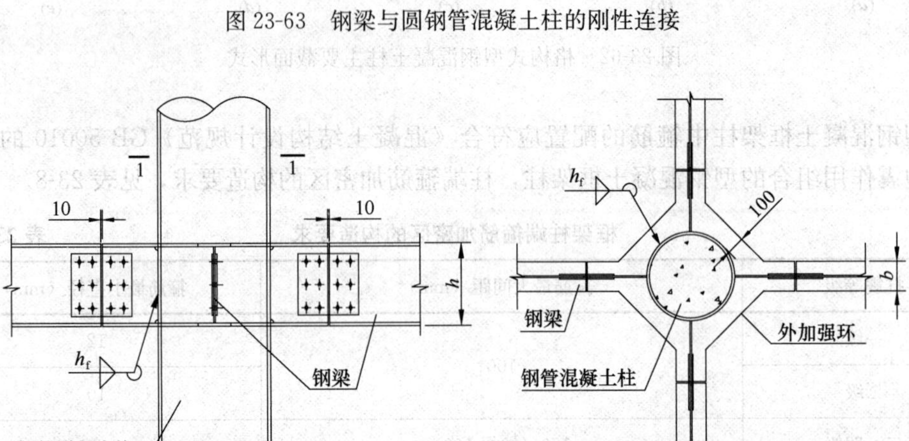

图 23-64　外加强环板式的梁柱铰接连接

（2）钢管柱与混凝土梁连接节点

1）剪力传递构造，见图 23-65。

2）弯矩传递构造：对于预制混凝土梁，和钢梁相同，也可采用钢加强环与钢梁上

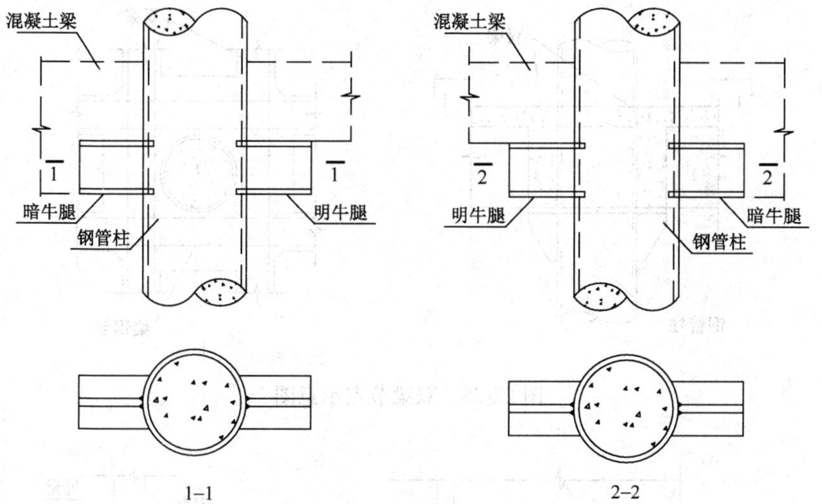

图 23-65 混凝土梁与钢管柱传递剪力的连接节点

下翼板或与混凝土梁纵筋焊接的构造形式来实现。混凝土梁端与钢管之间的空隙用细石混凝土填实，见图 23-66。对于有抗震要求的框架结构，在梁的上下沿均需设置加强环。

3）对于现浇混凝土梁，可采用连续双梁或者将梁端局部加宽，使纵向钢筋连续绕过钢管的构造形式来实现，见图 23-67。梁端加宽的斜度不小于 1/6，在开始加宽处须增设附加箍筋将纵向钢筋包住。如设置环梁，环梁构造设置的箍筋直径不宜小于 10mm，外侧间距不宜大于 150mm，见图 23-68。

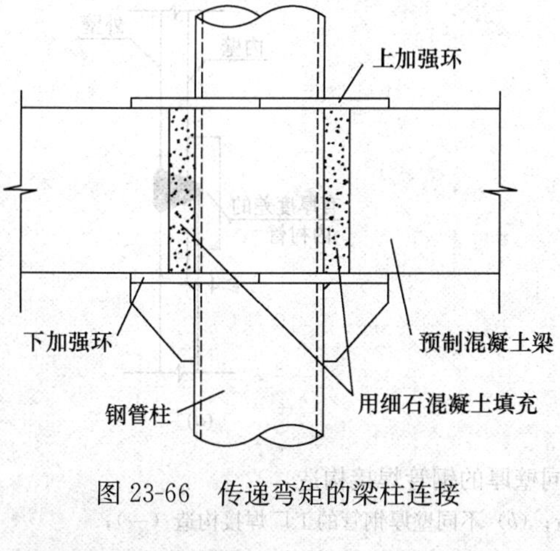

图 23-66 传递弯矩的梁柱连接

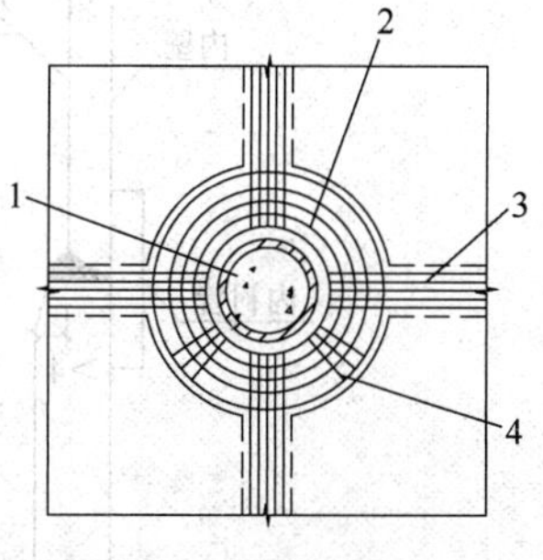

图 23-67 混凝土环梁构造示意图

1—钢管混凝土柱；2—主梁环筋；
3—框架梁纵筋；4—环梁箍筋

（3）钢管柱变截面连接方式

1）不同壁厚的钢管连接方式，见图 23-69。

2）不同直径钢管对接时，宜采用一段变径钢管连接。变径钢管的上下两端均宜设置环形隔板，变径钢管的壁厚不应小于所连接的钢管壁厚，斜度不宜小于 1∶6，变径段宜设置在楼盖结构高度范围内，具体构造形式见图 23-70。

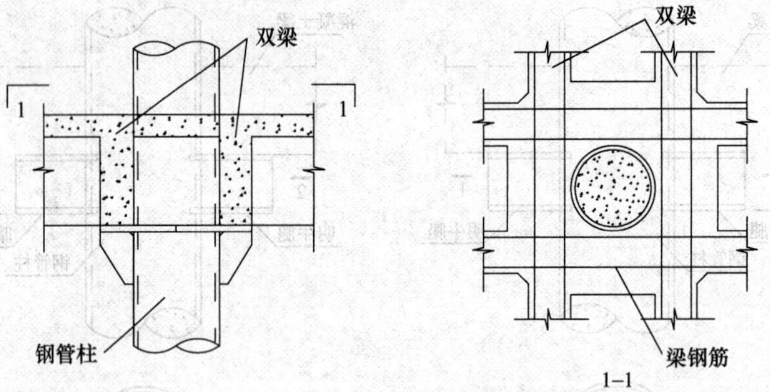

图 23-68　双梁节点示意图

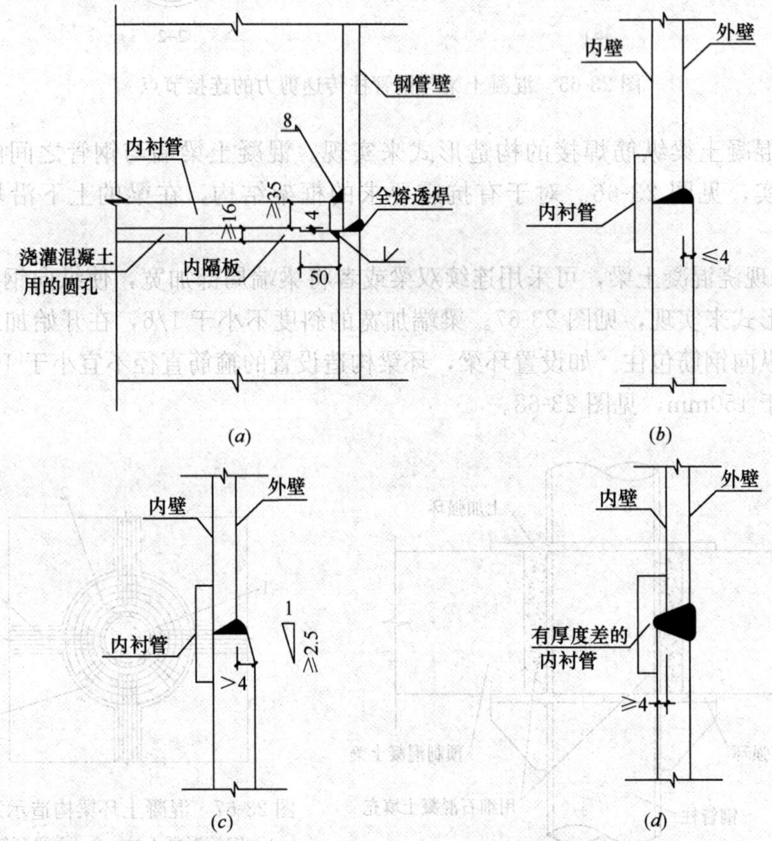

图 23-69　不同壁厚的钢管焊接构造

(*a*) 不同壁厚钢管的工地焊接构造；(*b*) 不同壁厚钢管的工厂焊接构造（一）；
(*c*) 不同壁厚钢管的工厂焊接构造（二）；(*d*) 不同壁厚钢管的工厂焊接构造（三）

2. 型钢混凝土节点形式

(1) 型钢混凝土柱与混凝土柱的连接：

当结构下部采用型钢混凝土柱，上部采用混凝土柱时，其间应设过渡层。过渡层全高范围内应按照混凝土柱箍筋加密区的要求配置箍筋。型钢混凝土柱内的型钢应伸至过渡层

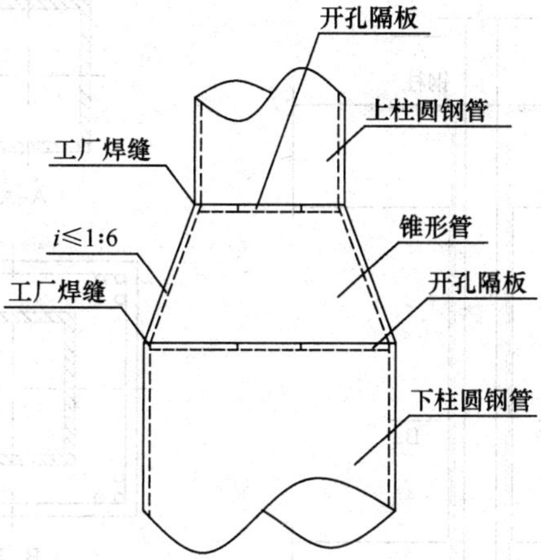

图 23-70 不同直径的钢管焊接构造

顶部梁高范围，见图 23-71。

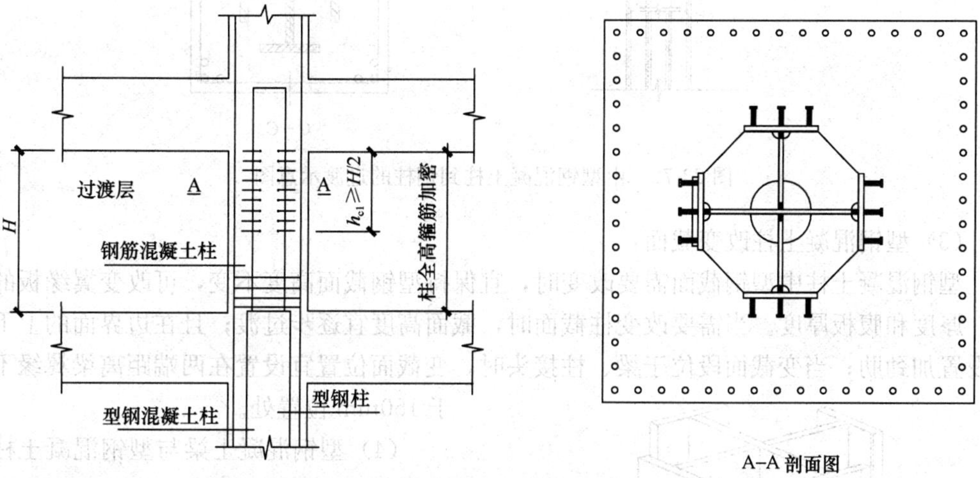

图 23-71 型钢混凝土柱过渡层剪力连接件（栓钉）示意图

（2）型钢混凝土柱与钢柱的连接：

当结构下部为型钢混凝土柱，上部为钢柱时，应设置过渡层。过渡层应满足以下要求：

1）下部型钢混凝土柱应向上延伸一层作为过渡层，过渡层中的型钢截面应按照上部钢结构设计要求的截面配置，且向下延伸至梁下部 2 倍型钢柱截面高度位置，见图 23-72。

2）结构过渡层至过渡层以下 2 倍型钢柱截面高度范围内，应设置栓钉，栓钉的水平及竖向间距不宜大于 200mm，栓钉至型钢钢板边缘距离不宜小于 50mm，箍筋应按照柱全高进行加密。

3）十字形柱与箱形柱连接处，十字形柱腹板宜伸入箱形柱内，其伸入长度不宜小于型钢柱截面高度，且型钢柱对接接头不宜设置在过渡层范围内。

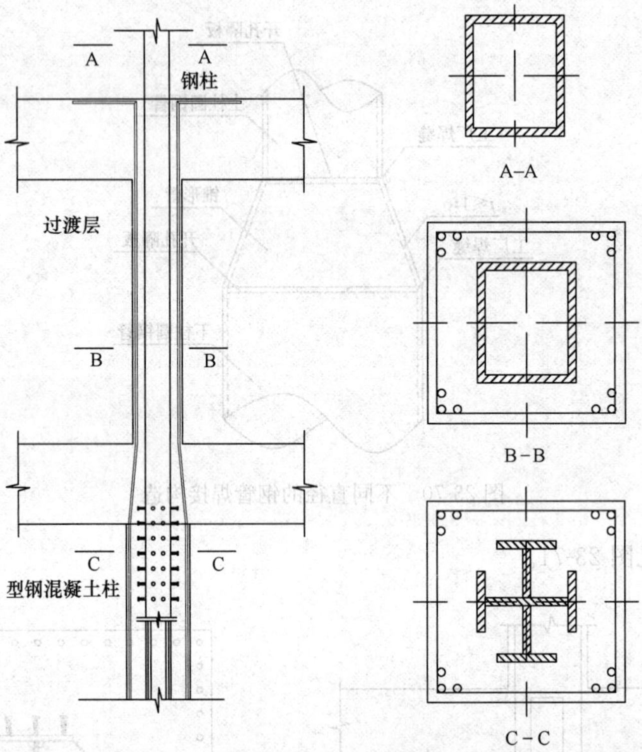

图 23-72　由型钢混凝土柱到钢柱的过渡示意图

(3) 型钢混凝土柱改变截面：

型钢混凝土柱中型钢截面需要改变时，宜保持型钢截面高度不变，可改变翼缘板的宽度、厚度和腹板厚度。当需要改变柱截面时，截面高度宜逐步过渡；且在边界面的上下端应设置加劲肋；当变截面段位于梁、柱接头时，变截面位置宜设置在两端距离梁翼缘不小于 150mm 位置处。

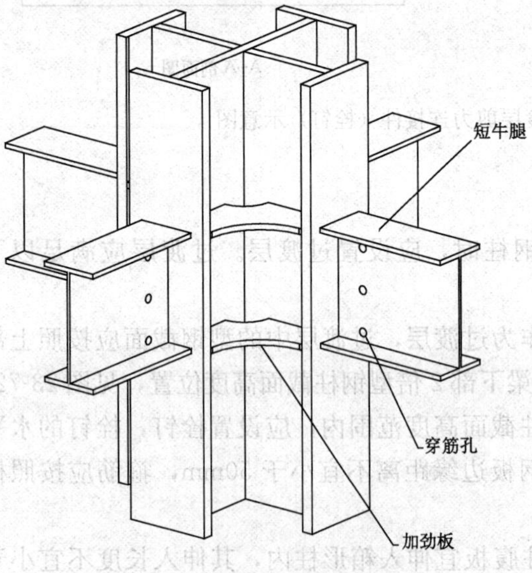

图 23-73　梁柱节点示意图

(4) 型钢混凝土梁与型钢混凝土柱连接节点：

节点处型钢柱与型钢梁正交时，型钢梁断开，焊接于型钢柱翼缘板上。为保证型钢梁内力传递流畅，需在型钢柱翼缘内部焊接水平加劲板（做法同钢结构）。

型钢混凝土梁与型钢混凝土柱节点区域，要保持型钢柱箍筋闭合，需要在钢梁上预留箍筋穿筋孔，见图 23-73。

(5) 型钢混凝土柱与混凝土梁的连接：

1) 型钢混凝土柱与混凝土梁相连接时，一般采用在型钢上留置穿筋孔、在型钢上设置钢筋连接板或短牛腿，见图 23-74。

或在型钢上焊接直螺纹套筒（钢筋连接器）。

2）钢筋穿过型钢时，要尽量避开翼缘板，在腹板上留置穿筋孔，腹板截面损失率不宜大于25%，见图23-75。当必须在翼缘板上穿孔时，应对承载力进行验算，验算截面按照最小截面进行。

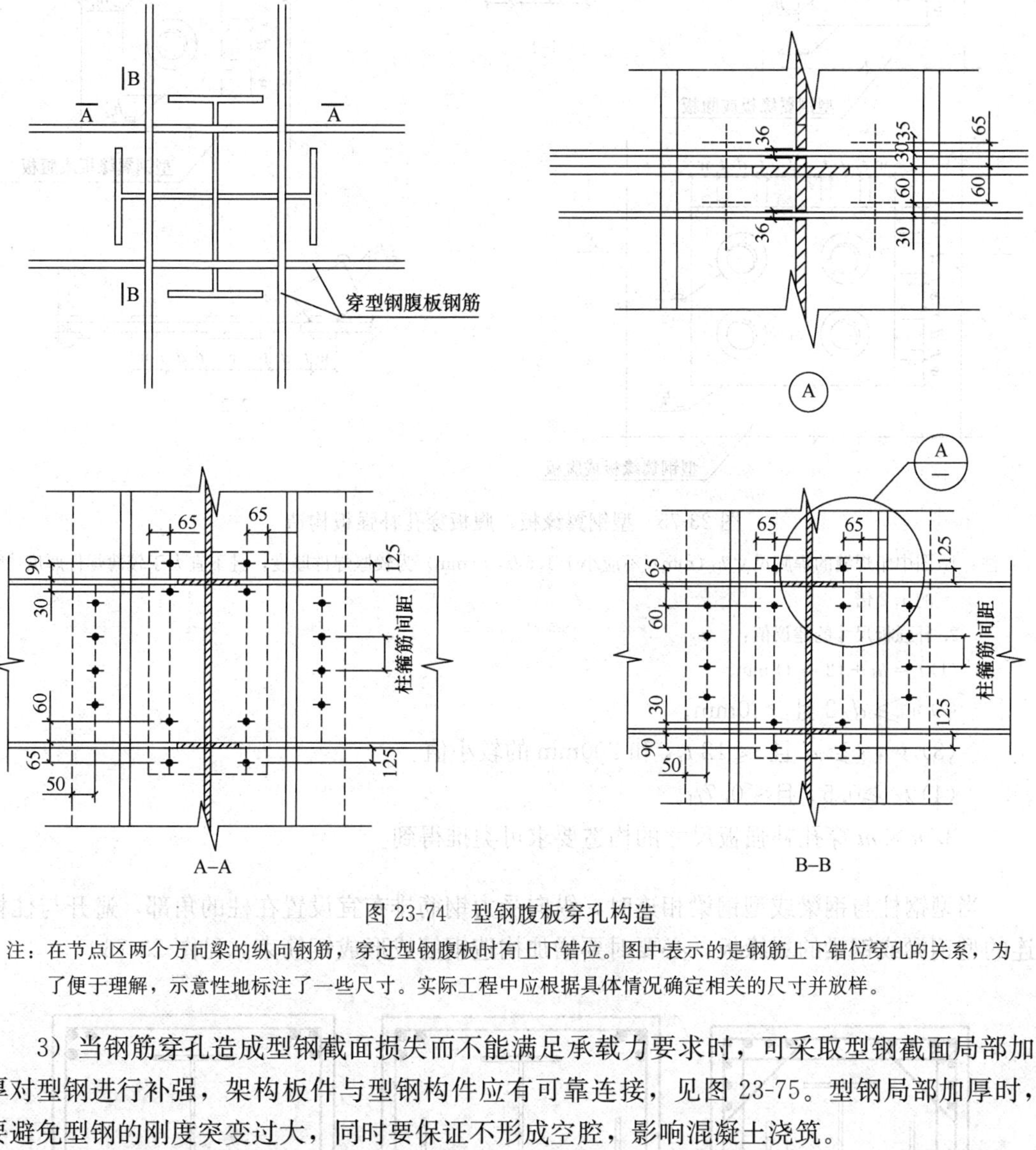

图23-74 型钢腹板穿孔构造

注：在节点区两个方向梁的纵向钢筋，穿过型钢腹板时有上下错位。图中表示的是钢筋上下错位穿孔的关系，为了便于理解，示意性地标注了一些尺寸。实际工程中应根据具体情况确定相关的尺寸并放样。

3）当钢筋穿孔造成型钢截面损失而不能满足承载力要求时，可采取型钢截面局部加厚对型钢进行补强，架构板件与型钢构件应有可靠连接，见图23-75。型钢局部加厚时，要避免型钢的刚度突变过大，同时要保证不形成空腔，影响混凝土浇筑。

4）在型钢上设置钢筋连接板或短牛腿，梁纵向受力钢筋与连接板或短牛腿进行焊接，焊接长度不小于双面焊5d（d为钢筋直径）。

（6）型钢混凝土柱纵向受力钢筋排布形式：

型钢柱纵向受力钢筋宜采用HRB400级、HRB500级热轧钢筋，最小直径不宜小于16mm，最小净距不小于50mm。柱纵向受力钢筋接头宜采用机械连接或焊接，且宜与型钢接头位置错开。接头面积不宜超过50%，相邻接头间距不得小于500mm，接头最低点距柱端不宜小于柱截面边长，且宜设置在楼板面以上700mm处。

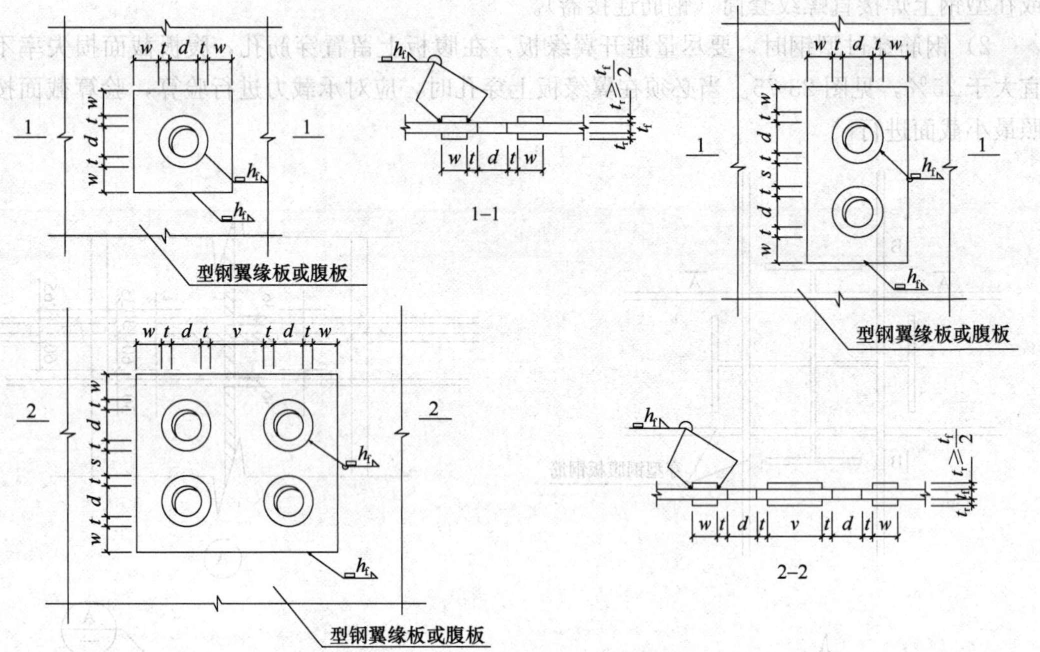

图 23-75　型钢翼缘板、腹板穿孔补强板构造

注：1. 图中角焊缝的焊脚尺寸 h_f（mm）不应小于 $1.5\sqrt{t}$，t（mm）为较厚焊件厚度，且不宜大于较薄焊件厚度的 1.2 倍。

2. 补强板尺寸的建议值：

(1) $t = h_f + (2\sim4)$ mm。

(2) $w \geqslant d/2$ 且 $\geqslant$ 20mm。

(3) v，$s \geqslant d$ 且 $\leqslant 12t_r$，和 200mm 的较小值。

(4) $t_r \geqslant 0.5t_f$ 且 $\leqslant 0.7t_f$。

3. $n \times m$ 穿孔补强板尺寸的构造要求可类推得到。

当型钢柱与钢梁或型钢梁相连时，纵向受力钢筋排布宜设置在柱的角部，避开与柱相连的型钢梁或钢梁的翼缘板，必要时要增加构造钢筋或形成钢筋束，见图 23-76。

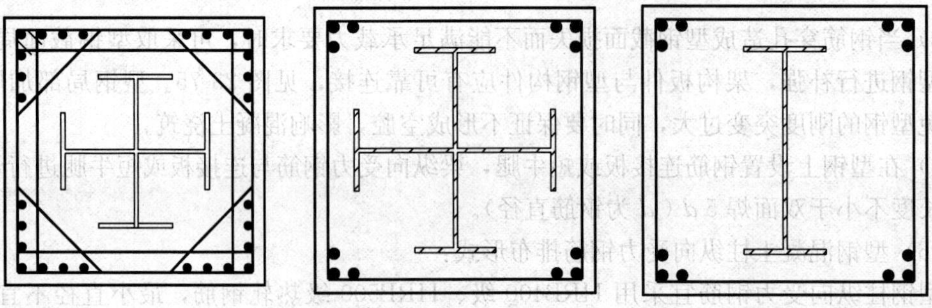

(a)　　　　　(b)

图 23-76　型钢混凝土柱内钢筋排布

(a) 型钢混凝土柱截面纵向钢筋排布；(b) 型钢混凝土柱内角部纵向钢筋配置形式

（7）当柱内竖向钢筋与梁内型钢采用钢筋绕开法或连接件法连接时，应符合下列规定：

1）采用钢筋绕开法时，钢筋应按不小于 1∶6 的角度折弯绕过型钢。

2）采用连接件法时，钢筋下端宜采用钢筋连接套筒连接，上端宜采用连接板连接，并应在梁内型钢相应位置设置加劲肋，见图 23-77。

3）当竖向钢筋较密时，部分可代换成架立钢筋，伸至梁内型钢后断开，两侧钢筋相应加大，代换钢筋应满足设计要求。

（8）当钢筋与型钢采用钢筋连接套筒连接时（图 23-78），应符合《钢-混凝土组合结构施工规范》GB 50901 的规定：

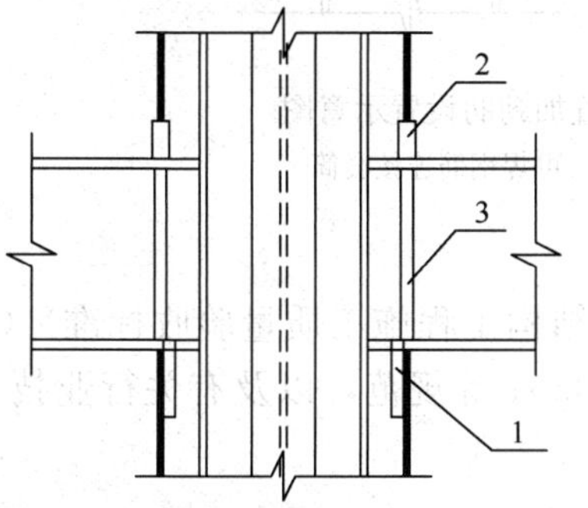

图 23-77 梁柱节点竖向钢筋连接方式

1—连接板；2—钢筋连接套筒；3—加劲肋

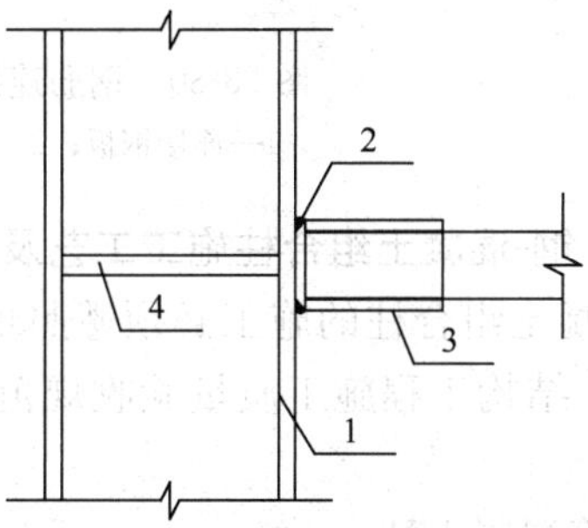

图 23-78 型钢柱与钢筋套筒的连接方式

1—柱内型钢；2—角焊缝；3—可焊钢筋连接套筒；4—辅助加劲板

1）当钢筋垂直于钢板时，可将钢筋连接套筒直接焊接于钢板表面；当钢筋与钢板成一定角度时，可加工成一定角度的连接板辅助连接（图 23-79）。

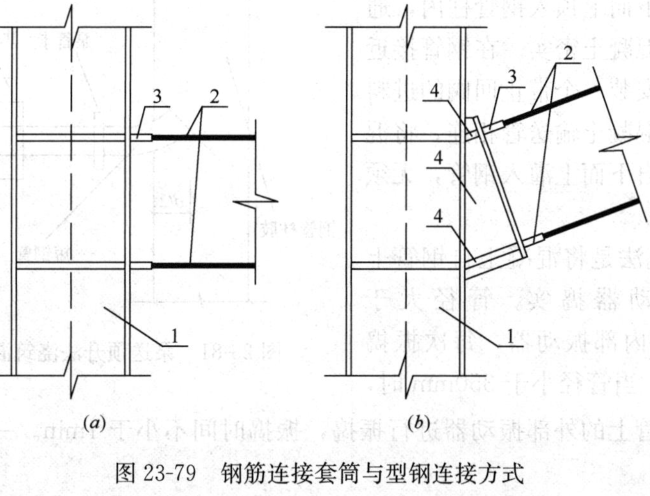

图 23-79 钢筋连接套筒与型钢连接方式

（*a*）钢筋与钢板垂直；（*b*）钢筋与钢板成角度

1—钢柱；2—钢筋；3—套筒；4—连接钢板

2）焊接于型钢上的钢筋连接套筒，应在对应于钢筋接头位置的型钢内设置加劲肋，加劲肋应正对连接套筒，见图 23-80。并应按现行国家标准《钢结构设计标准》GB 50017 的规定验算加劲肋、腹板及焊缝的承载力。

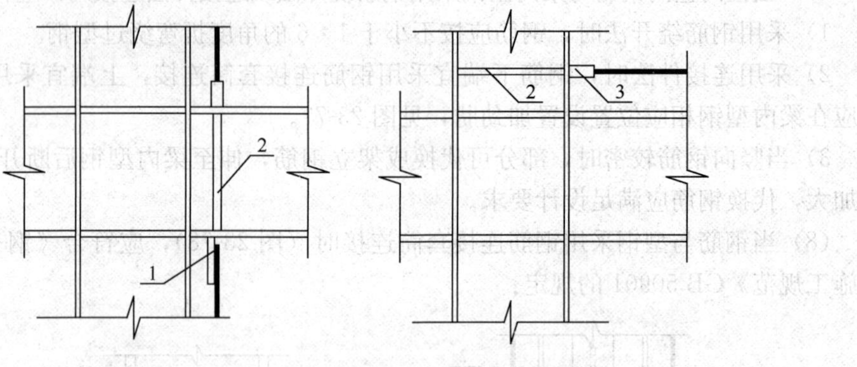

图 23-80　钢筋连接套筒位置加劲肋设置示意图

1—连接钢板；2—加劲肋；3—可焊钢筋连接套筒

23.4.3.3　钢-混凝土组合柱施工工艺及流程

钢-混凝土组合柱的施工必须遵照现行《钢结构工程施工质量验收标准》GB 50205 和《混凝土结构工程施工质量验收规范》GB 50204 等规范，以及有关行业技术规程的规定。

1. 钢管混凝土柱

(1) 施工方法

钢管柱安装完成后，进行焊接检查，完成混凝土浇筑。钢管混凝土可采用泵送顶升浇筑法、振捣浇筑法、高位抛落无振捣法进行浇筑。

1) 泵送顶升浇筑法是指利用混凝土输送泵将混凝土从钢管柱下部预留的进料孔连续不断地自下而上顶入钢管柱内，通过泵送压力使得混凝土密实。在钢管接近地面的适当位置安装一个带止回阀的进料短钢管，直接与混凝土输送管相连，将混凝土连续不断地自下而上灌入钢管，无须振捣（图 23-81）。

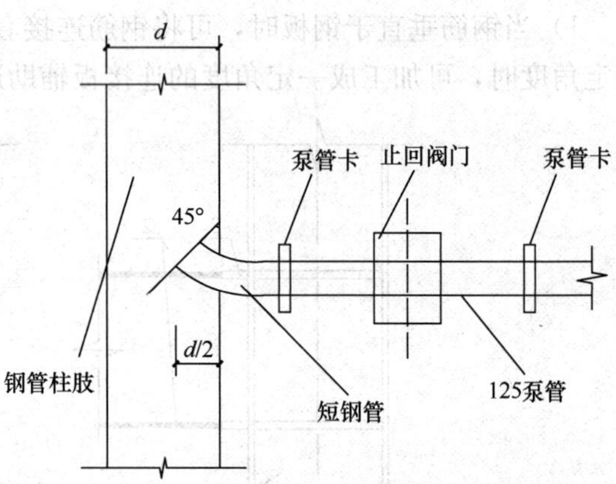

图 23-81　泵送顶升法浇筑混凝土示意图

2) 振捣浇筑法是将混凝土自钢管上口灌入，用振动器捣实。管径大于 350mm 时，采用内部振动器，每次振捣时间不少于 30s。当管径小于 350mm 时，可采用附着在钢管上的外部振动器进行振捣，振捣时间不小于 1min。一次浇灌高度不宜大于 2m。

3) 高位抛落无振捣法是钢管内混凝土的浇筑在拼接完一段或几段钢管柱后，利用混凝土本身的流动性，通过浇筑过程中从高空下落时的动能，使混凝土充满钢管柱，达到密实的目的。

(2) 工艺流程

钢管柱安装焊接（详见钢结构施工章节）→钢管混凝土浇筑→混凝土养护。

2. 型钢混凝土柱

（1）施工方法

型钢混凝土柱施工，主要包含钢柱安装、钢筋绑扎、模板支设、混凝土浇筑及养护等工序。钢柱施工完成后，对外部钢筋进行绑扎固定；模板支设可充分利用型钢钢骨柱作为定位支撑，混凝土浇筑过程中随时关注模板情况及钢柱垂直度。

（2）工艺流程

钢柱制作、安装、焊接→型钢混凝土柱钢筋绑扎→模板支设→混凝土浇筑→养护。

23.4.3.4 钢-混凝土组合柱的施工要点

1. 钢管混凝土柱

（1）泵送顶升浇筑法的施工要点：

1）当钢管直径小于 350mm 或选用半熔透直缝焊接钢管时不宜采用泵送顶升法。

2）为了防止混凝土回流，在短钢管与输送泵之间安装止回阀。

3）插入钢管柱内的短钢管直径与混凝土输送泵管直径相同，壁厚不小于 5mm，内端向上倾斜 45°，与钢管柱密封焊接。

4）钢管柱顶部要设溢流孔或排气孔，孔径不小于混凝土输送泵管直径。

5）混凝土强度达到设计强度的 50％后，割除短钢管，补焊封堵板。

6）浇筑孔和溢流孔应在加工场内开设，不得后开。

（2）采用高位抛落无振捣法浇筑混凝土应注意以下几点要求：

1）抛落高度限于 4m 及以上；小于 4m 高度，抛落动能难以保证混凝土密实，需要振捣。

2）适用管径大于 350mm 钢管内的混凝土浇筑。

3）一次抛落混凝土量宜不少于 0.5m^3，用料斗装填，料斗的下口尺寸应比钢管内径小 100～200mm，以便混凝土下落时，管内空气能够排出。

（3）钢管柱混凝土密实度控制：

1）钢管柱混凝土配合比：

钢管柱混凝土的配合比设计是为了避免混凝土与钢管柱产生“剥离”现象，钢管柱混凝土内掺适量减水剂、微膨胀剂，掺量通过现场试验确定。除满足强度指标外，尚应注意混凝土坍落度不小于 150mm，水灰比不大于 0.45，粗骨料粒径可采用 5～30mm。对于立式手工浇筑法，粗骨料粒径可采用 10～40mm，水灰比不大于 0.4。当有穿心部件时，粗骨料粒径宜减小为 5～20mm，坍落度宜不小于 150mm。为满足上述坍落度的要求，应掺适量减水剂。

2）钢管柱浇筑：

钢管内的混凝土浇筑工作，宜连续进行。必须间歇时，间歇时间不应超过混凝土的初凝时间。需留施工缝时，应将管封闭，防止水油和异物等落入。

每次浇筑混凝土前（包括施工缝），宜先浇筑一层厚度为 50～100mm、与混凝土相同配合比的水泥砂浆。

（4）钢筋直接穿入梁柱节点时，宜采用双筋并股穿孔，钢管开孔的区段应采用内衬管段或外套管段与钢管壁紧贴焊接，衬（套）管的壁厚不应小于钢管的壁厚，穿筋孔的环向净距 s 不应小于孔的长径 b，衬（套）管端面至孔边的净距 w 不应小于孔长径 b 的 2.5 倍，见图 23-82。

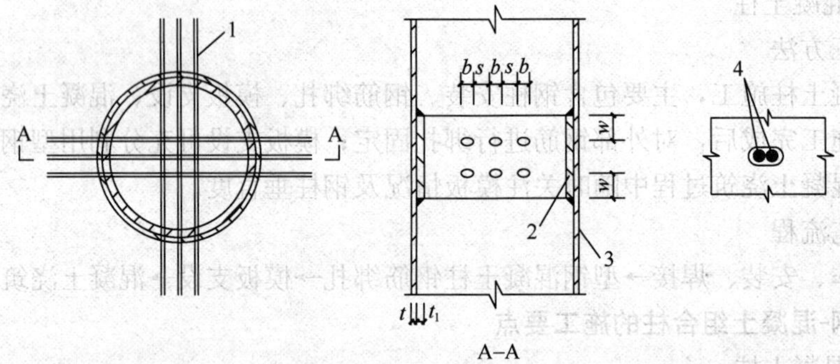

图 23-82　钢筋直接穿入梁柱节点构造示意图

1—双钢筋；2—内衬钢段；3—柱钢管；4—双筋并股穿孔

（5）钢管混凝土应进行浇灌混凝土的施工工艺评定，主体结构管内混凝土的浇灌质量应全数检测。管内混凝土的浇筑质量，可采用敲击钢管的方法进行初步检查，当有异常时，可采用超声波进行检测。对浇筑不密实的部位，可采用钻孔压浆法进行补强，然后将钻孔进行补焊封固。

2. 型钢混凝土柱

（1）对首次使用的钢筋连接套筒、钢材、焊接材料、焊接方法、焊后热处理等应进行焊接工艺评定，并根据评定报告确定焊接工艺。

（2）隐蔽施工前，应完成柱内型钢的焊缝、螺栓和栓钉的质量验收工作。

（3）安装完成的箱形或圆形截面柱顶部应采取相应措施进行临时覆盖封闭，避免杂物及雨水灌入。

（4）型钢混凝土柱模板支设：

当型钢混凝土柱内的型钢截面较大时，型钢会影响普通对拉螺栓的贯通。对于单边长度超过 1200mm 的型钢混凝土柱，一般采用在型钢上焊接 T 形对拉螺栓的方式固定模板。T 形对拉螺栓形式，见图 23-83。

（5）对于边长小于 1200mm 的型钢柱，一般采用槽钢固定模板，见图 23-84。

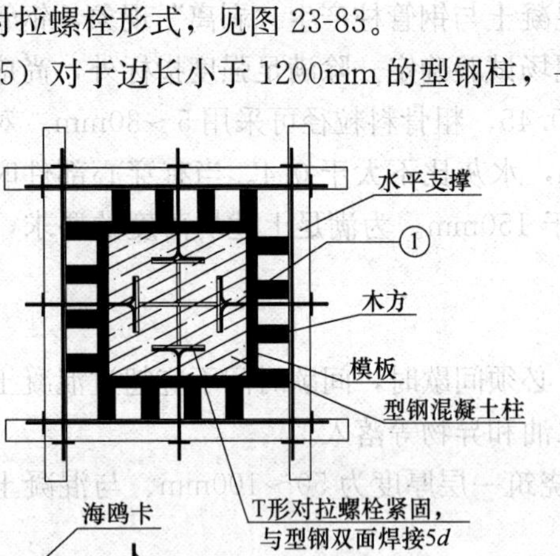

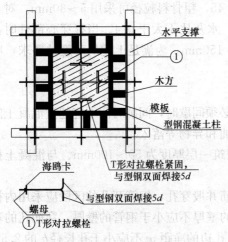

图 23-83　T 形对拉螺栓示意图

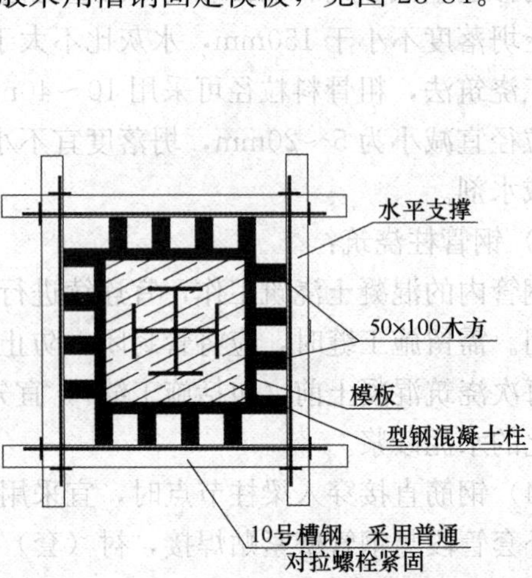

图 23-84　采用槽钢固定模板形式示意图

）型钢和钢筋较密的混凝土柱，应在绑扎过程中留好浇筑点并在钢筋上作出标记，选用小棒振捣，确保不出现漏振现象。梁柱接头处要预留排气孔，保障混凝土浇筑质量，见图 23-85。

（7）混凝土浇筑完毕后，可采取浇水、覆膜或涂刷养护剂的方式进行养护。

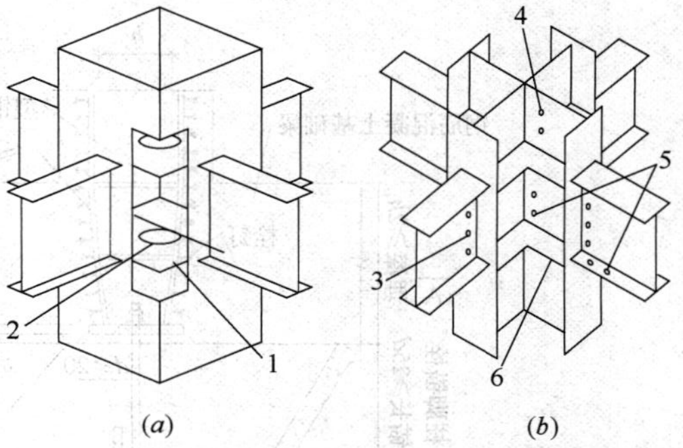

图 23-85 梁柱接头处预留排气孔位置
1—柱内加劲肋；2—混凝土浇筑孔；3—箍筋通过孔；4—梁主筋通过孔；5—排气孔；6—柱腹板加劲肋

23.4.3.5 钢-混凝土组合柱柱脚施工

1. 柱脚节点形式与构造

常用的型钢-混凝土柱脚形式分为非埋入式和埋入式两种。

（1）埋入式柱脚

埋入式柱脚的型钢伸入基础内部。有抗震设防时，型钢混凝土柱宜采用埋入式柱脚。根据型钢钢柱的形式，埋入式柱脚大样见图 23-86～图 23-88。无地下室或仅有一层地下室的钢-混凝土组合柱埋入式柱脚的埋入深度通过计算确定，但不宜小于型钢柱截面高度的 2 倍（圆形钢管直径 2.5 倍）。柱脚底板厚度不宜小于钢柱较厚板件厚度，且不宜小于 25mm。锚栓直径一般为 20～42mm，不宜小于 20mm。

采用埋入式柱脚时，在柱脚部位和柱脚向上延伸一层的范围内宜设置栓钉，栓钉的直径一般为 19mm 和 22mm，其竖向及水平间距不宜大于 200mm；当有可靠依据时，可通过计算确定栓钉数量。

对埋入式柱脚，其型钢外侧混凝土保护层厚度不宜小于 180mm，埋入部分型钢翼缘应设置栓钉；柱脚顶面的加劲肋应设置混凝土灌浆孔和排气孔，灌浆孔孔径不宜小于 150mm，排气孔孔径不宜小于 20mm，见图 23-89。

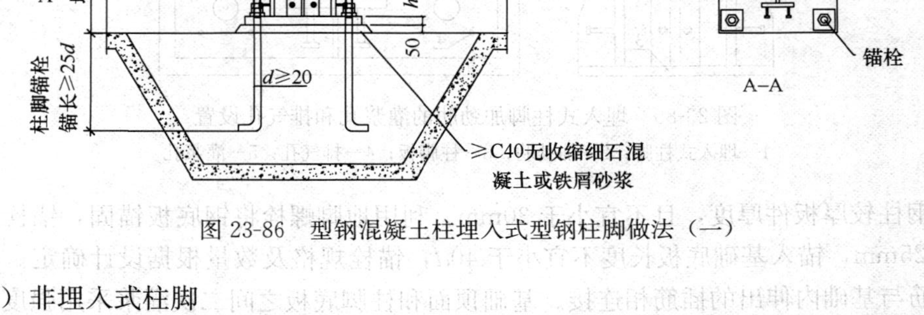

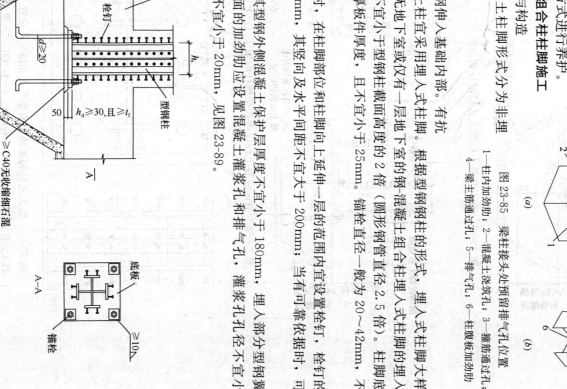

图 23-86 型钢混凝土柱埋入式型钢柱脚做法（一）

（2）非埋入式柱脚

1）非埋入式柱脚的型钢不埋入基础内部。型钢柱下端设有钢底板，钢柱底板厚度不

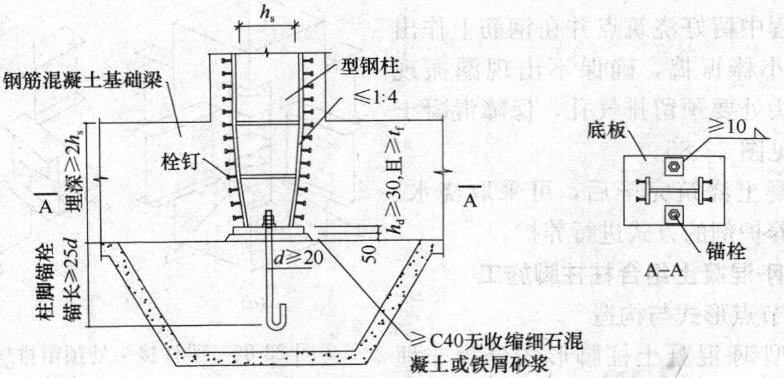

图 23-87　型钢混凝土柱埋入式型钢柱脚做法（二）

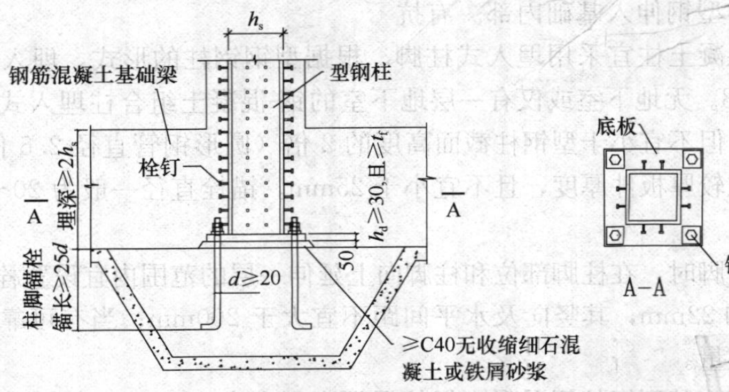

图 23-88　型钢混凝土柱埋入式型钢柱脚做法（三）

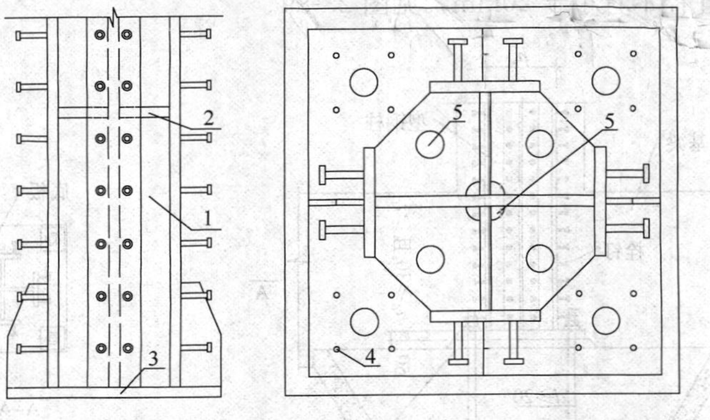

图 23-89　埋入式柱脚加劲肋的灌浆孔和排气孔设置

1—埋入式柱脚；2—加劲肋；3—柱脚板；4—排气孔；5—灌浆孔

宜小于钢柱较厚板件厚度，且不宜小于 30mm。利用地脚螺栓将钢底板锚固，锚栓直径不宜小于 25mm，锚入基础底板长度不宜小于 40d，锚栓规格及数量根据设计确定。柱内的纵向钢筋与基础内伸出的插筋相连接。基础顶面和柱脚底板之间二次灌浆采用强度等级不小于 C40 的无收缩细石混凝土或铁屑砂浆。非埋入式柱脚锚栓不承受底部剪力，当底板与下部混凝土之间的摩擦力不能抵抗底板剪力时，可设置抗剪键或柱脚外包钢筋混凝土。安装 H 形型钢柱、箱形柱及十字形钢柱的形式，其非埋入式柱脚大样见图 23-90～图 23-92。

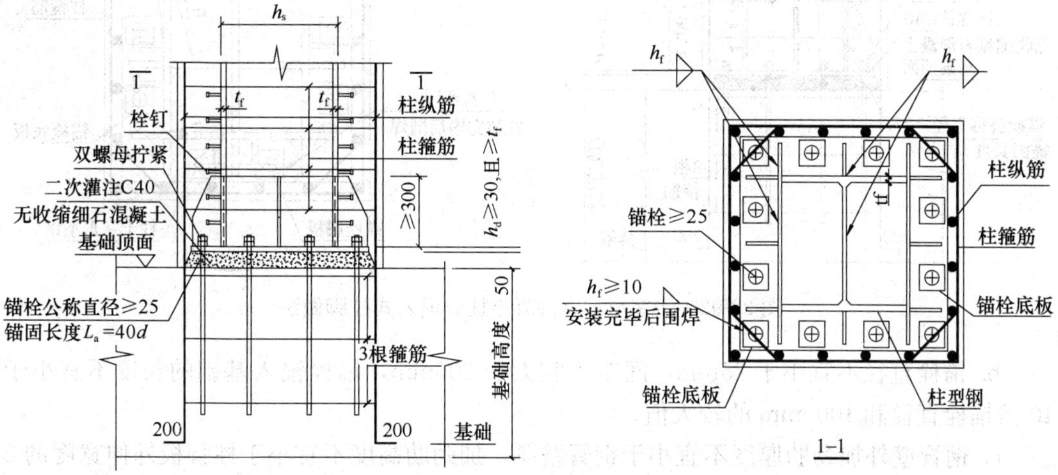

图 23-90 H 形型钢混凝土柱非埋入式柱脚做法

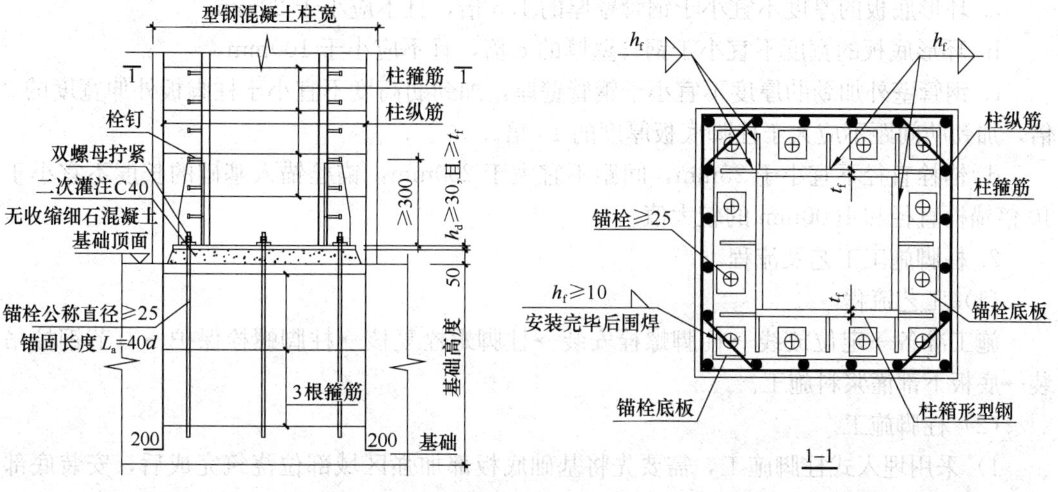

图 23-91 箱形型钢混凝土柱非埋入式柱脚做法

2）刚接柱脚的底板均采用抗弯连接，锚栓埋入长度不应小于其直径的 40 倍，锚栓底部应设锚板或弯钩，锚板厚度宜不大于 1.3 倍锚栓直径，且锚栓与四周及底部的混凝土具有足够的厚度，避免基础冲切破坏。

3）钢管柱非埋入式柱脚，在其埋入部分的顶面位置，应设置水平加劲肋，加劲肋的厚度不宜小于 25mm，且加劲肋应留有混凝土浇筑孔，同时柱脚构造满足以下要求：

① 矩形钢管混凝土偏心受压柱，采用矩形环板的非埋入式柱脚构造应符合下列规定：

a. 矩形环板的厚度不宜小于钢管壁厚的 1.5 倍，宽度不宜小于钢管壁厚的 6 倍。

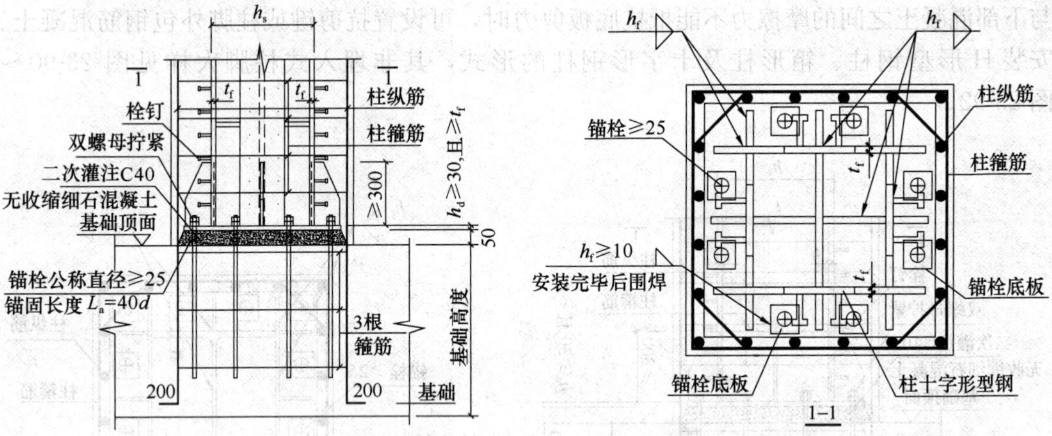

图 23-92　十字形型钢混凝土柱非埋入式柱脚做法

b. 锚栓直径不宜小于 25mm，间距不宜大于 200mm，锚栓锚入基础的长度不宜小于 40 倍锚栓直径和 1000mm 的较大值。

c. 钢管壁外加劲肋厚度不宜小于钢管壁厚，加劲肋高度不宜小于柱脚板外伸宽度的 2 倍，加劲肋间距不应大于柱脚底板厚度的 10 倍。

② 圆形钢管混凝土偏心受压柱，采用环形底板的非埋入式柱脚构造宜符合下列规定：

a. 环形底板的厚度不宜小于钢管壁厚的 1.5 倍，且不应小于 20mm。

b. 环形底板的宽度不宜小于钢管壁厚的 6 倍，且不应小于 100mm。

c. 钢管壁外加劲肋厚度不宜小于钢管壁厚，加劲肋高度不宜小于柱脚板外伸宽度的 2 倍，加劲肋间距不应大于柱脚底板厚度的 10 倍。

d. 锚栓直径不宜小于 25mm，间距不宜大于 200mm，锚栓锚入基础的长度不宜小于 40 倍锚栓直径和 1000mm 的较大值。

2. 柱脚施工工艺及流程

(1) 工艺流程

施工准备→定位放线→柱脚螺栓安装→柱脚螺栓复核→柱脚螺栓保护→首节钢柱吊装→底板下部灌浆料施工。

(2) 柱脚施工

1) 采用埋入式柱脚施工，需要先将基础底板部加强区域部位浇筑完成后，安装底部钢柱后浇筑基础混凝土。在基础底部加强区钢筋绑扎中，需要进行柱脚的预埋施工。非埋入式柱脚底部钢筋已绑扎完成，上部钢筋已开始绑扎。

2) 柱脚二次灌浆料：

柱脚底板下混凝土浇筑后，需要将柱脚底板下的混凝土面细致抹平压实，并在劲性钢柱安装前要对预埋螺栓处进行清理凿毛。待首节钢柱吊装结束并校核完成后，在柱脚底部支设模板，按照设计要求进行二次灌浆。

23.4.3.6　钢-混凝土组合柱中混凝土施工

1. 混凝土搅拌

采用分次投料搅拌方法时，应通过试验确定投料顺序、数量及分段搅拌的时间等工艺参数。掺合料宜与水泥同步投料，液体外加剂宜滞后于水和水泥投料；粉状外加剂宜溶解后再投料。

混凝土宜采用强制式搅拌机搅拌，并应搅拌均匀。当能保证搅拌均匀时可适当缩短搅拌时间。高强混凝土（强度大于等于 60MPa）搅拌时间应适当延长。当掺有外加剂与矿物掺合料时，搅拌时间应适当延长。

2. 混凝土浇筑

（1）钢管构件制作完毕后应仔细清除钢管内的杂物，钢管内表面必须保持干净，不得有油渍等污物，应采取适当措施保持管内清洁；并应采取适当保护措施，防止钢管内表面严重锈蚀。

（2）采用从管顶向下浇筑时，应加强底部管壁排气孔的观察。确认浆体流出和浇捣密实后封堵排气孔。

（3）当钢管混凝土采用自密实混凝土时宜连续浇筑，若有间歇，时间不应超过自密实混凝土的终凝时间，需留施工缝时，应将管口封闭，防止水、油和异物等落入。

（4）浇筑时管内不得有杂物和积水，先浇筑一层 100～200mm 厚、与自密实混凝土强度等级相同的水泥砂浆，以防止自由下落的混凝土粗骨料产生弹跳。

（5）泵管出料口需伸入钢管内，利用混凝土下落产生的动能来达到混凝土的密实。

（6）当抛落的高度不足 4m 时，用插入式振动棒密插短振，逐层振捣。振动棒垂直插入混凝土内，要快插慢拔，振动棒应插入下一层混凝土中 5～10cm。振动棒插点按梅花形均匀布置，逐点移动，按顺序进行，不得漏振，每点振捣时间不少于 60s。管外配合人工以木槌敲击，根据声音判断混凝土是否密实，每层振捣至混凝土表面平齐不再明显下降，不再出现气泡，表面泛出灰浆为止。

（7）除最后一节钢管柱外，每段钢管柱的混凝土只浇筑到离钢管顶端 600mm 处，以防焊接高温影响混凝土的质量。

（8）钢管内混凝土浇灌接近顶面时，应测定混凝土浮浆厚度，计算与原混凝土相同级配的石子量，并投入和振捣密实。

（9）除最后一节钢管柱外，每节钢管柱浇筑完，应清除掉上面的浮浆，待自密实混凝土初凝后灌水养护，用塑料布将管口封住，并防止异物掉入。安装上一节钢柱前应将管内的积水、浮浆、松动的石子及杂物清除干净。

（10）管内混凝土的浇灌质量，可用管外敲击法、超声波检测法及钻芯取样法检测。对不密实的部位，应采用钻孔压浆法进行补强。

3. 养护

（1）养护条件

在自然气温条件下（日平均气温高于+5℃），对于一般混凝土应在浇筑后 10～12h 内（炎夏时可缩短至 2～3h）、对高强度混凝土应在浇筑后 1～2h 内，即用麻袋、草帘或塑料薄膜进行覆盖，并及时浇水养护，以保持混凝土具有足够的润湿状态。混凝土浇水养护时间参照表 23-9。

混凝土浇水养护时间　　表 23-9

分类		浇水养护时间（d）
拌制混凝土的水泥品种	硅酸盐水泥、普通硅酸盐水泥	不小于 7
抗渗混凝土、混凝土中掺缓凝型外加剂		不小于 14

注：如平均气温低于 5℃时，不得浇水养护。

(2) 养护方法

覆盖浇水养护：利用平均气温高于5℃的自然条件，用适当的材料对混凝土表面加以覆盖并浇水，使混凝土在一定的时间内保持水泥水化作用所需要的适当温度和湿度条件。覆盖浇水养护按下列要求进行：

覆盖浇水养护应在混凝土浇筑完毕后的12h内进行，浇水次数应根据能保持混凝土处于湿润的状态来决定，混凝土的养护用水宜用饮用水。混凝土终凝后，可注入清水养护，水深不宜少于200mm。消防水池可于拆除内模混凝土达到一定强度后注水养护。

当最后一节浇筑完毕后，应喷涂自密实混凝土养护液，用塑料布将管口封住，待管内自密实混凝土强度达到要求后，用与自密实混凝土强度相等的水泥砂浆抹平，盖上端板并焊好。

4. 混凝土裂缝控制

选择良好级配的粗集料，严格控制其含泥量，加强混凝土的振捣，提高混凝土密实度和抗拉强度，减小收缩变形，保证施工质量。采取二次投料法和二次振捣法，浇筑后及时排除表面积水，加强早期养护，提高混凝土早期或相应龄期的抗拉强度和弹性模量。

5. 其他控制措施

(1) 混凝土浇筑过程中，要保证混凝土保护层厚度及钢筋位置的正确性。不得踩踏钢筋，不得移动预埋件和预留孔洞的原来位置，如发现偏差和位移，应及时校正。

(2) 混凝土浇筑的防雨措施：混凝土结构施工期间，每一次浇筑混凝土时应掌握3d的天气预报；如有大雨，不得安排混凝土浇筑。为预防天气突然变化，现场应备有足够的覆盖用塑料布用于覆盖新浇筑的混凝土结构面；在下料的作业面应搭设简易防雨棚，保证混凝土接槎质量。

(3) 混凝土浇筑完并振捣密实后，表面用铝合金刮杆将混凝土表面的脚印、振捣接槎不平处整体刮平，且使混凝土表面的虚铺高度略高于其实际高度。待混凝土初凝前，再用平板振动器振一遍，进行此遍振捣时，应保证振捣后的混凝土面标高比实际标高稍高。在平板振动器进行振捣时，其移动间距应能保证振动器的平板覆盖已振捣部分边缘；前后位置搭接3～5cm，在每一个位置上连续振动时间一般保持25～40s，以混凝土表面均匀出现泛浆为准。

23.4.4 钢-混凝土组合剪力墙施工

钢-混凝土组合剪力墙作为一种有效的抗侧力构件，其类型包括型钢混凝土剪力墙、带钢斜撑型钢混凝土剪力墙、钢板混凝土剪力墙及双钢板混凝土剪力墙等。

23.4.4.1 钢-混凝土组合剪力墙的组成

钢-混凝土组合剪力墙主要由钢骨结构、钢筋、混凝土和抗剪连接件组成，一般分为型钢混凝土剪力墙、带钢斜撑型钢混凝土剪力墙、钢板混凝土剪力墙及双钢板混凝土剪力墙。常见的构件组成形式由两端配型钢、周边配型钢钢柱和梁、墙内钢板支撑或型钢支撑及墙板内配钢板（单层、双层两种）的多种组合方式组成，见图23-93。

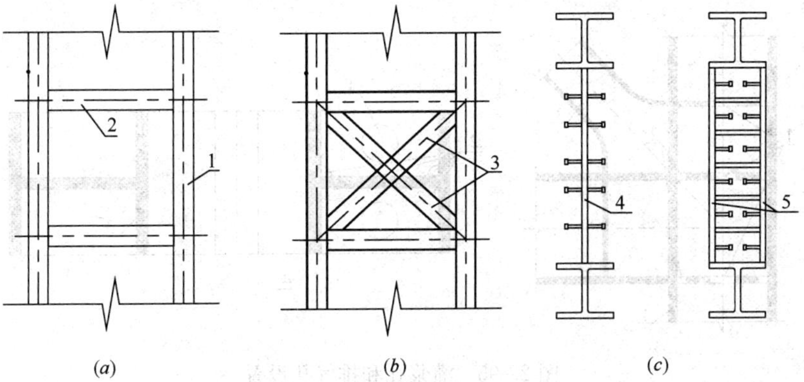

图 23-93 常见钢-混凝土组合剪力墙

(a) 型钢混凝土剪力墙；(b) 带钢斜撑型钢混凝土剪力墙；(c) 钢板混凝土剪力墙

1—型钢柱；2—型钢梁；3—钢斜撑；4—单层钢板剪力墙；5—双层钢板剪力墙

23.4.4.2 钢-混凝土组合剪力墙的构造及节点形式

1. 一般构造要求

(1) 钢板混凝土剪力墙中钢板厚度不宜小于 10mm，钢板表面应设置抗剪件连接，抗剪件可采用焊接栓钉，栓钉直径不宜小于 16mm，间距不宜大于 300mm，见图 23-94。

(2) 当墙肢中有钢骨柱，且钢骨柱表面距离墙边缘的距离不大于 1.5 倍的连梁截面高度时，剪力墙钢板应与钢骨柱刚性连接。

(3) 斜撑等构件与墙内暗柱、暗梁相交位置应在横向加劲板上留设混凝土灌浆孔、流淌孔、排水孔、排气孔等，见图 23-95。灌浆孔的孔径不宜小于 150mm，流淌孔的孔径不宜小于 200mm，排气孔及排水孔的孔径不宜小于 10mm。

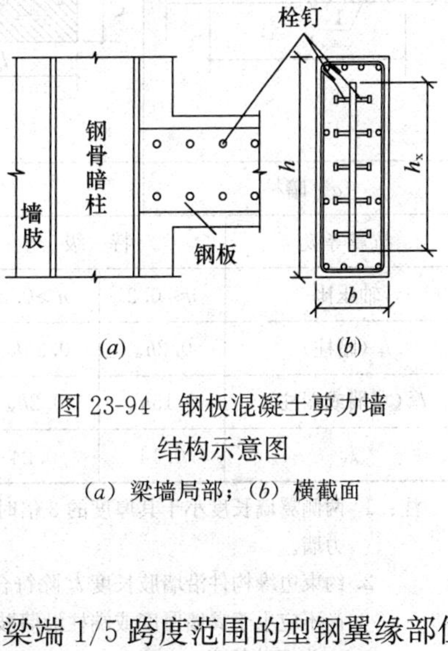

图 23-94 钢板混凝土剪力墙结构示意图

(a) 梁墙局部；(b) 横截面

(4) 带钢斜撑混凝土剪力墙在楼层标高处应设置型钢梁，其钢斜撑与周边型钢采用刚性连接；其端部型钢的混凝土保护层不宜小于 150mm，钢斜撑每侧混凝土厚度不宜小于墙厚的 1/4，且不宜小于 100mm。

(5) 钢斜撑倾斜角宜取 40°～60°；其全长范围和横梁端 1/5 跨度范围的型钢翼缘部位应设置栓钉，直径不宜小于 16mm，间距不宜大于 200mm。

(6) 钢板混凝土剪力墙在楼层标高处应设置型钢暗梁，钢板混凝土剪力墙内钢板与四周型钢板宜采用焊接连接。

2. 配筋及构造要求

(1) 一、二、三级抗震设计时，在剪力墙底部高度为 1 倍墙截面高度的塑性铰区域范围内，水平钢筋应加密。二、三级抗震设计时，加密范围内水平分布钢筋的间距不大于 150mm；一级抗震设计时，加密范围内水平分布钢筋的间距不大于 100mm。

(2) 钢-混凝土组合剪力墙中型钢柱受力钢筋的配筋，见表 23-10、表 23-11。

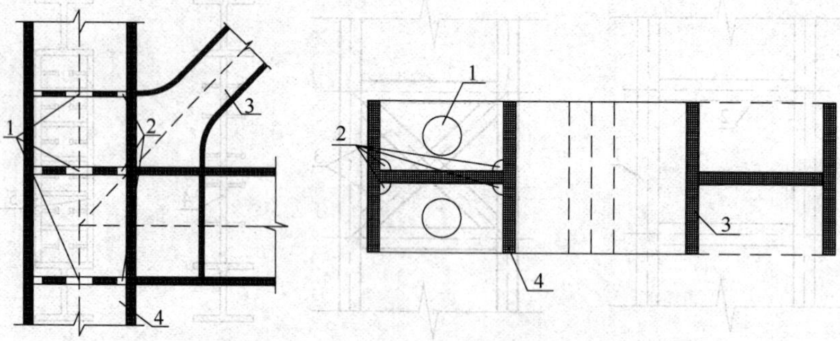

图 23-95　灌浆孔和排气孔设置

1—灌浆孔；2—排气孔；3—斜撑；4—型钢钢柱

钢-混凝土组合剪力墙中型钢柱受力钢筋的配筋　　**表 23-10**

型钢混凝土剪力墙约束边缘构件沿墙肢长度 l_c 及配箍特征值 λ_v

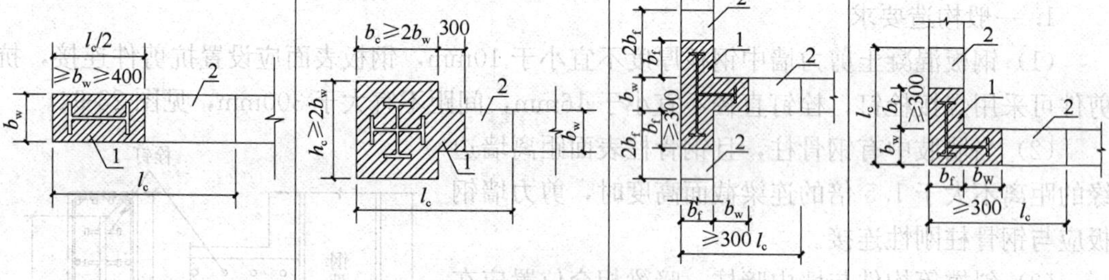

(*a*) 暗柱　(*b*) 端柱　(*c*) 翼墙　(*d*) 转角墙

抗震等级	特一级		一级（9 度）		一级（6、7、8 度）		二、三级	
轴压比	$n \leqslant 0.2$	$n > 0.2$	$n \leqslant 0.2$	$n > 0.2$	$n \leqslant 0.3$	$n > 0.3$	$n \leqslant 0.4$	$n \geqslant 0.4$
l_c（暗柱）	$0.2h_w$	$0.25h_w$	$0.2h_w$	$0.25h_w$	$0.15h_w$	$0.2h_w$	$0.15h_w$	$0.2h_w$
l_c（翼墙或端柱）	$0.15h_w$	$0.2h_w$	$0.15h_w$	$0.2h_w$	$0.1h_w$	$0.15h_w$	$0.1h_w$	$0.15h_w$
λ_v	0.14	0.24	0.12	0.2	0.12	0.2	0.12	0.2

注：1. 两侧翼墙长度小于其厚度的 3 倍时，视为无翼墙剪力墙；端柱截面边长小于墙厚的 2 倍时，视为无端柱剪力墙。

2. 约束边缘构件沿墙肢长度 l_c 除符合本表规定外，且不宜小于墙厚和 400mm；当有端柱、翼墙或转角墙时，尚不应小于翼墙厚度或端柱沿墙肢方向截面高度加 300mm。

3. h_w 为墙肢长度。

型钢混凝土剪力墙构造边缘构件的最小配筋　　**表 23-11**

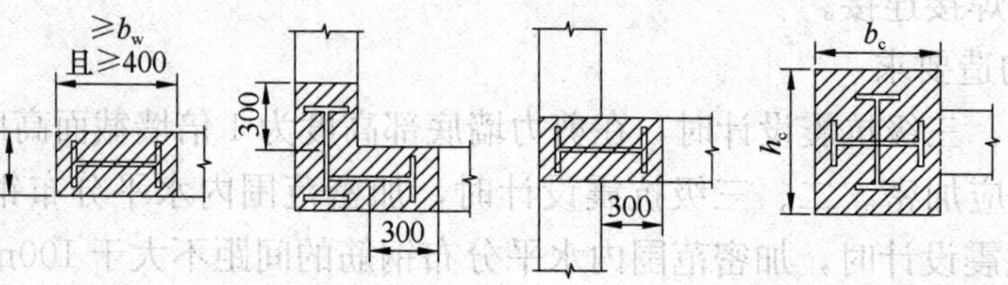

续表

型钢混凝土剪力墙构造边缘构件						
抗震等级	底部加强部位			其他部位		
	竖向钢筋最小量（取较大值）	箍筋		竖向钢筋最小量（取较大值）	拉筋	
		最小直径（mm）	沿竖向最大间距（mm）		最小直径（mm）	沿竖向最大间距（mm）
一	$0.010A_c$，$6\phi16$	8	100	$0.008A_c$，$6\phi14$	8	150
二	$0.008A_c$，$6\phi14$	8	150	$0.006A_c$，$6\phi12$	8	200
三	$0.006A_c$，$6\phi12$	6	150	$0.005A_c$，$4\phi12$	6	200
四	$0.005A_c$，$4\phi12$	6	200	$0.004A_c$，$4\phi12$	6	200

注：1. A_c 为构造边缘构件的截面面积，即图中剪力墙截面的阴影部分。
2. 符号 ϕ 表示钢筋直径。
3. 其他部位的转角处宜采用箍筋。

（3）钢板混凝土剪力墙的水平、竖向分布钢筋的最小配筋率应符合表 23-12 的规定，分布钢筋的间距不宜大于 200mm，拉结钢筋的间距不宜大于 400mm，分布钢筋及拉结钢筋与钢板间应有可靠连接。

钢板混凝土剪力墙分布钢筋最小配筋　　**表 23-12**

抗震等级	特一级	一级、二级、三级	四级
水平和竖向分布钢筋	0.45%	0.4%	0.3%

（4）当剪力墙竖向受力钢筋遇到型钢构件无法正常通长时，可按 1：6 的角度绕开型钢位置；当无法绕开时，可采取钢筋连接器或连接件焊接的方式连接，见图 23-96。

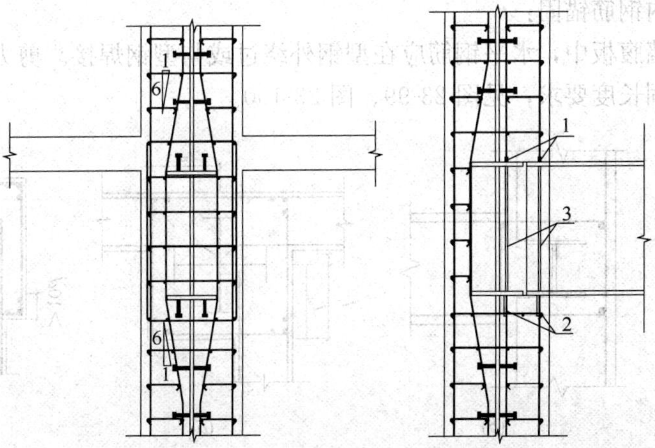

图 23-96　墙体竖向钢筋遇型钢梁做法
1—钢筋连接套筒；2—连接板；3—加劲板

（5）型钢混凝土梁与钢板混凝土剪力墙相交部位，梁的纵向钢筋可直接顶到钢板后弯锚；当梁的纵向钢筋锚固长度不足时，可采用连接件连接，连接件对应位置应设置加劲肋，见图 23-97。施工穿墙拉杆做法，见图 23-98。

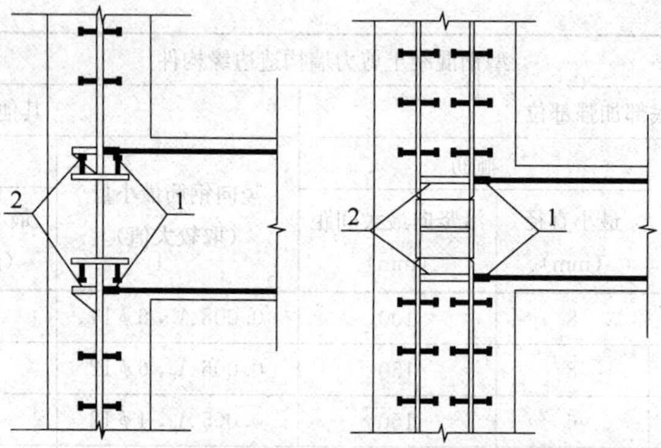

图 23-97　钢筋与钢板墙的钢筋套筒连接方式

1—钢筋连接套筒；2—加劲板

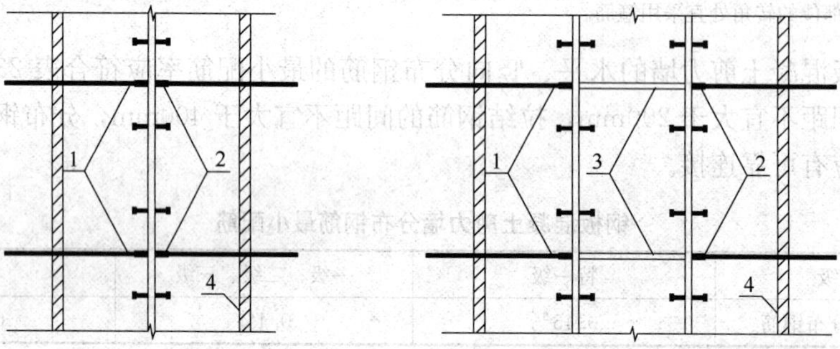

图 23-98　穿墙螺杆与钢板墙连接做法

1—穿墙螺杆；2—钢筋连接套筒；3—加劲板；4—模板

（6）剪力墙内钢筋锚固：

无边框剪力墙腹板中，水平钢筋应在型钢外绕过或与型钢焊接。剪力墙水平钢筋在柱中锚固应保证锚固长度要求，见图 23-99、图 23-100。

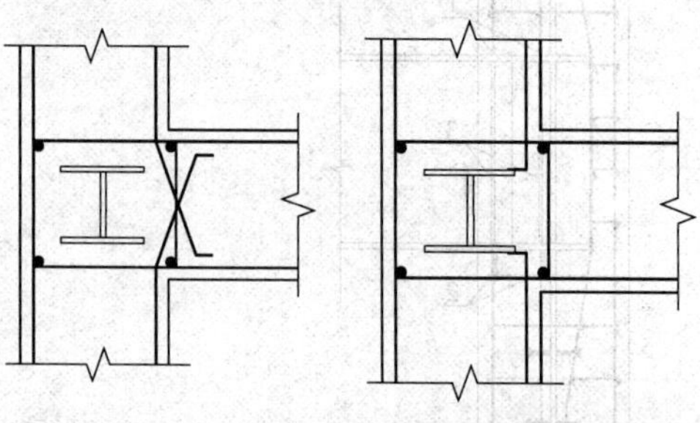

(a)　　(b)

图 23-99　剪力墙竖向钢筋在边框梁内的锚固

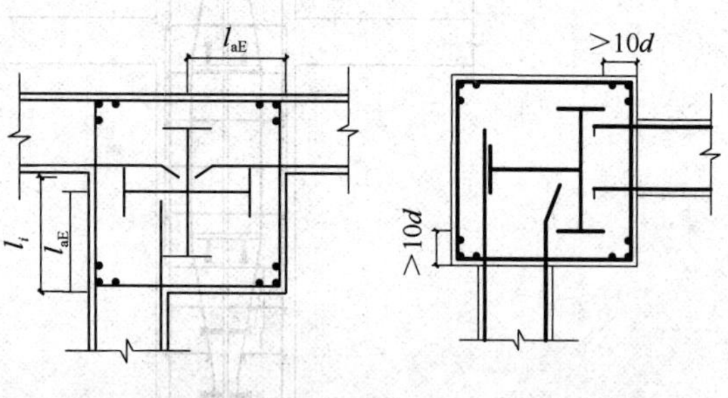

(a)　　(b)

图 23-100　剪力墙水平钢筋在型钢混凝土柱中的锚固

周边有型钢混凝土柱和梁的现浇混凝土剪力墙，其水平钢筋应绕过或穿过周边型钢柱，且满足钢筋的锚固长度要求，见图 23-101。

（7）钢板混凝土剪力墙角部 1/5 板跨且不小于 1000mm 范围内的墙体，分布钢筋和抗剪栓钉宜适当加密。

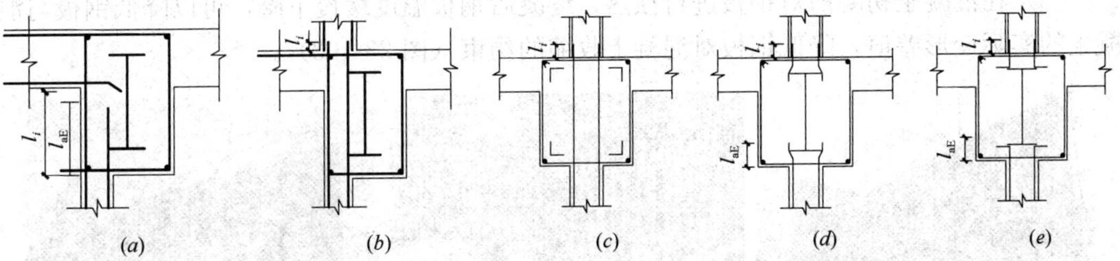

图 23-101　剪力墙竖向钢筋在边框梁内的锚固

注：l_i 表示搭接长度，l_{aE} 表示锚固长度。

（8）当墙体钢筋遇到斜撑型钢无法贯通时，可采取钢筋绕开法；当钢筋无法绕开时，可采用连接件法连接；箍筋可通过腹板开孔穿过或采用带状连接板焊接。墙体的拉结钢筋和模板使用的穿墙螺杆位置，应根据墙内斜撑的位置进行调节，宜避开斜撑型钢；当无法避开时，可采用在斜撑型钢上焊接套筒的方式连接。

（9）钢-混凝土组合剪力墙中型钢梁跨内应设置加劲板，当梁高度大于 650mm 时，腹板两侧均应设置加劲肋，加劲肋的厚度不应小于 10mm，也不应小于腹板厚度的 0.75 倍。

（10）钢板混凝土剪力墙在楼层标高处应设置型钢暗梁。钢板混凝土剪力墙内钢板与四周型钢宜采用焊接连接。

（11）钢板剪力墙与周边型钢采用连接板过渡连接时，可采用安装螺栓或高强螺栓固定，高强螺栓宜不少于两排两列，连接板厚度需满足设计要求，见图 23-102。

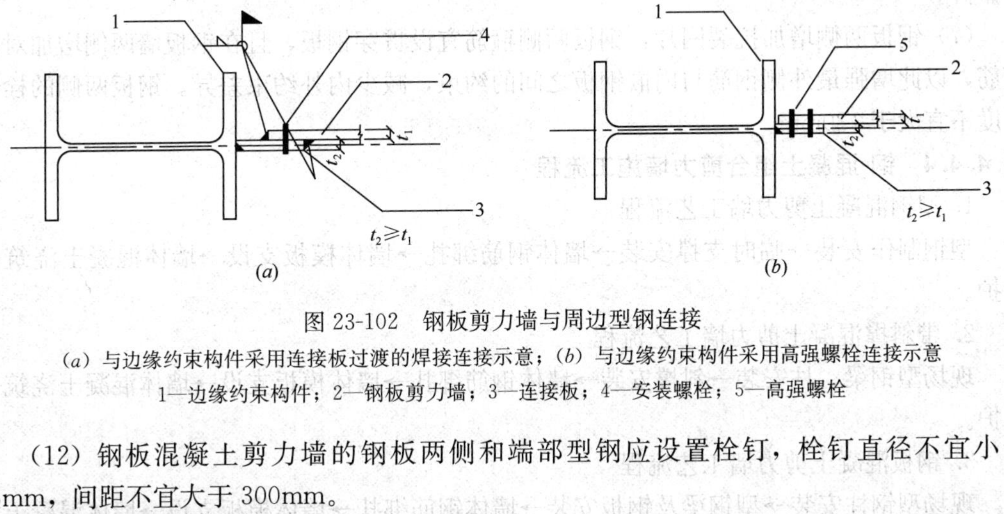

图 23-102　钢板剪力墙与周边型钢连接

（a）与边缘约束构件采用连接板过渡的焊接连接示意；（b）与边缘约束构件采用高强螺栓连接示意

1—边缘约束构件；2—钢板剪力墙；3—连接板；4—安装螺栓；5—高强螺栓

（12）钢板混凝土剪力墙的钢板两侧和端部型钢应设置栓钉，栓钉直径不宜小于 16mm，间距不宜大于 300mm。

（13）钢板剪力墙上开设洞口边长或直径大于 300mm 时，需进行补强，且开设洞口的边长或直径不宜大于 700mm。

23.4.4.3　钢-混凝土组合剪力墙抗裂工艺

钢板混凝土剪力墙抗裂宜采用以下方式：

（1）优化混凝土配合比，合理配筋，加强保温养护，降低水化热和混凝土收缩。

（2）调整不同温度下的养护方法，通过自动喷淋等技术实现定时养护，通过保温措施实现低温环境养护。

(3) 在混凝土初凝前对钢板进行预热，终凝后钢板温度缓慢下降，可以降低钢板与混凝土的实际变形差值，降低钢板对混凝土收缩的约束（图 23-103）。

图 23-103 钢-混凝土钢板剪力墙组合结构施工预热

(4) 采用正交试验法优化混凝土配合比，加强保温保湿养护。除常规施工性能外，适当降低水胶比，混凝土自收缩值控制在万分之一，水化温升值较基准配合比温升降低 10℃。

(5) 地下室部分宜采用木模施工，延长混凝土带模养护时间，带模养护时间不宜少于 10d；采用模架施工后宜结合模架特点，沿墙体设置两层喷淋养护管，墙体表面保持 10d 以上的连续温润状态，养护用水温度不低于 5℃，且不能用地下水。

(6) 深化设计阶段，在钢板墙上设置 159mm 直径流淌孔，间距 1500mm，梅花形布置。采用布料机进行浇筑时，下料点间距不宜大于 1.5m。分层浇筑，加强暗柱及特殊部位振捣。

(7) 钢板两侧增加抗裂网片，钢板两侧箍筋宜设贯穿钢板，且在钢板墙两侧增加对拉钢筋，以此增强最外侧钢筋与内嵌钢板之间的约束，减少内外约束差异。钢板两侧的栓钉高度不宜大于 120mm。

23.4.4.4 钢-混凝土组合剪力墙施工流程

1. 型钢混凝土剪力墙工艺流程

型钢制作安装→临时支撑安装→墙体钢筋绑扎→墙体模板支设→墙体混凝土浇筑→养护。

2. 带斜撑混凝土剪力墙工艺流程

现场型钢梁、柱安装→斜撑安装→墙体钢筋绑扎→墙体模板支设→墙体混凝土浇筑→养护。

3. 钢板混凝土剪力墙工艺流程

现场型钢柱安装→型钢梁及钢板安装→墙体钢筋绑扎→墙体模板支设→墙体混凝土浇筑→养护。

4. 双钢板混凝土剪力墙工艺流程

现场型钢柱安装→墙体钢筋绑扎→双钢板安装→墙体混凝土浇筑→养护。

23.4.4.5 钢-混凝土组合剪力墙的施工要点

(1) 墙体纵向受力钢筋与型钢的净间距应大于 30mm，纵向受力钢筋的锚固长度、搭接长度应符合现行国家标准《混凝土结构设计规范》GB 50010 的要求。

(2) 钢筋与墙体内型钢采用穿孔时，钢筋孔的直径宜为 $d+4$mm（d 为钢筋公称直径）；当开孔设置在翼缘上时，应采取补强措施，当开孔在腹板上时，截面损失率应小于腹板面积的25%，且满足设计要求。钢筋预留孔应在深化设计阶段完成，并应由构件加工厂进行机械制孔，严禁采用现场火焰切割制孔。

（3）钢筋与墙体内型钢连接采用套筒连接时，套筒需保证其可焊性及焊缝质量；当采用连接件焊接时，焊缝长度需满足规范要求，具体如下：

1）连接接头抗拉强度应等于被连接钢筋的实际拉断强度或不小于1.1倍的钢筋抗拉强度标准值，残余变形小，并应具有高延性及反复拉压性能。同一区段内焊接于钢构件上的钢筋面积率不宜超过30%。

2）连接套筒接头应在构件制作期间完成焊接，焊缝连接强度不应低于对应钢筋的抗拉强度。

3）钢筋连接套筒与型钢的焊接应采用贴角焊缝，焊缝高度应按计算确定。

4）当钢筋垂直于钢板时，可将钢筋连接套筒直接焊接于钢板表面；当钢筋与钢板成一定角度时，可加工成具有一定角度的连接板辅助连接。

5）焊接于型钢上的钢筋连接套筒，应在对应于钢筋接头位置的型钢内设置加劲肋，加劲肋应正对连接套筒，并应按现行国家标准《钢结构设计标准》GB 50017的相关规定验算加劲肋、腹板及焊缝的承载力。

6）当在型钢上焊接多个钢筋连接套筒时，套筒间净距不应小于30mm，且不应小于套筒外直径。

7）钢筋与钢板焊接时，宜采用双面焊。当不能进行双面焊时，方可采用单面焊。双面焊时，钢筋与钢板的搭接长度不应小于$5d$（d为钢筋直径），单面焊时，搭接长度不应小于$10d$。

8）钢筋与钢板的焊缝宽度不得小于钢筋直径的0.6倍，焊缝厚度不得小于钢筋直径的0.35倍。

（4）安装完成的箱形钢柱和双钢板墙顶部应采取相应措施进行覆盖封闭。

（5）钢-混凝土组合剪力墙体宜采用骨料较小、流动性较好的高性能混凝土，且分层浇筑，墙体浇筑完毕后，可采取浇水或涂刷养护剂的方式进行养护。

（6）钢板混凝土剪力墙的墙体矫正宜采用下列方式：

1）单层钢板混凝土剪力墙，钢板两侧的混凝土宜同步浇筑。

2）双层钢板混凝土剪力墙，混凝土宜同步浇筑；也可对钢板内部的混凝土先行浇筑，对钢板外部的混凝土同步浇筑。

3）当钢板内部及两侧混凝土无法同步浇筑时，浇筑前应进行混凝土侧压力对钢板墙造成的变形计算和分析，并应经设计单位同意，必要时应采取相应的加强措施。

23.4.5 压型钢板与混凝土组合楼板施工

23.4.5.1 压型钢板与混凝土组合楼板的组成、节点形式

（1）组合和非组合楼板中主要采用的压型钢板的形式有开口型板、缩口型板、闭口型板以及钢筋桁架楼承板，见图23-104。

（2）压型钢板材质符合现行国家标准《碳素结构钢》GB/T 700以及《低合金高强度结构钢》GB/T 1591的规定。压型钢板应采用热镀锌钢板，合金化镀锌薄钢板和镀锌薄

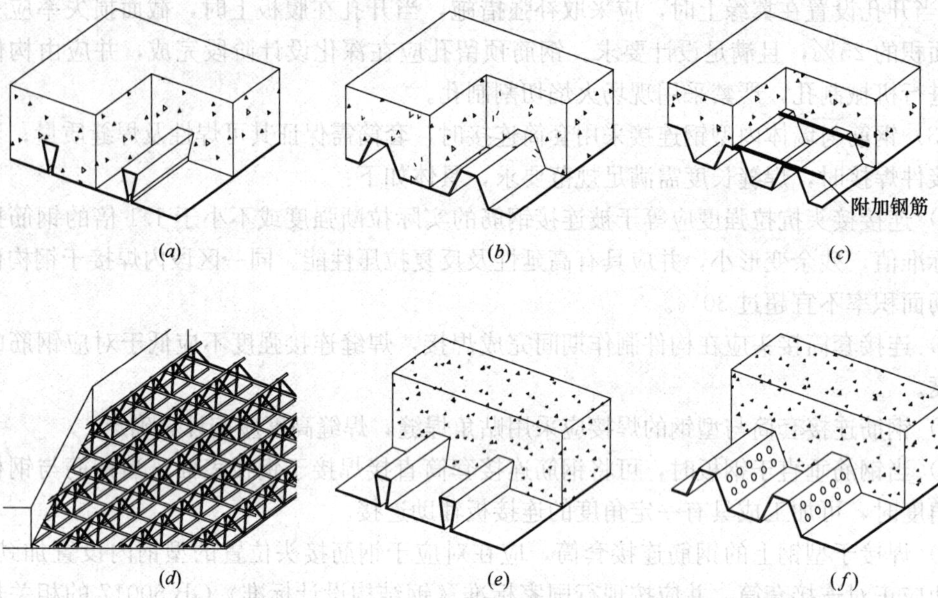

图 23-104　压型钢板与混凝土组合板的基本形式

(a) 闭口型槽口的压型钢板；(b) 轮齿槽口的压型钢板；(c) 加焊钢筋的压型钢板；
(d) 钢筋桁架楼承板；(e) 缩口型槽口的压型钢板；(f) 带压痕开口板

钢板两种分别应符合国家标准《连续热镀锌和锌合金镀层钢板及钢带》GB/T 2518 的要求；压型钢板双面镀锌总含量应满足在使用期间不致锈蚀的要求，建议采用 120～275g/m^2。压型钢板板型应符合《建筑用压型钢板》GB/T 12755 及《钢筋桁架楼承板》JG/T 368 的要求。

(3) 组合楼板用压型钢板应根据腐蚀环境选择镀锌量，可选择两面镀锌量为 275g/m^2 的基板。组合楼板不宜采用钢板表面无压痕的光面开口型压型钢板，且基板净厚度不应小于 0.75mm，作为永久模板使用的压型钢板基板的净厚度不宜小于 0.5mm。

(4) 组合楼板用压型钢板的波高、波距应满足承重强度、稳定与刚度的要求。其板宽宜有较大的覆盖宽度并符合建筑模数的要求。屋面及墙面用压型钢板板型设计应满足防水、承载、抗风及整体连接等功能要求，其浇筑混凝土平均槽宽不应小于 50mm。开口式压型钢板以板中和轴位置计，缩口板、闭口板以上槽口计，见图 23-105。当槽内放置栓

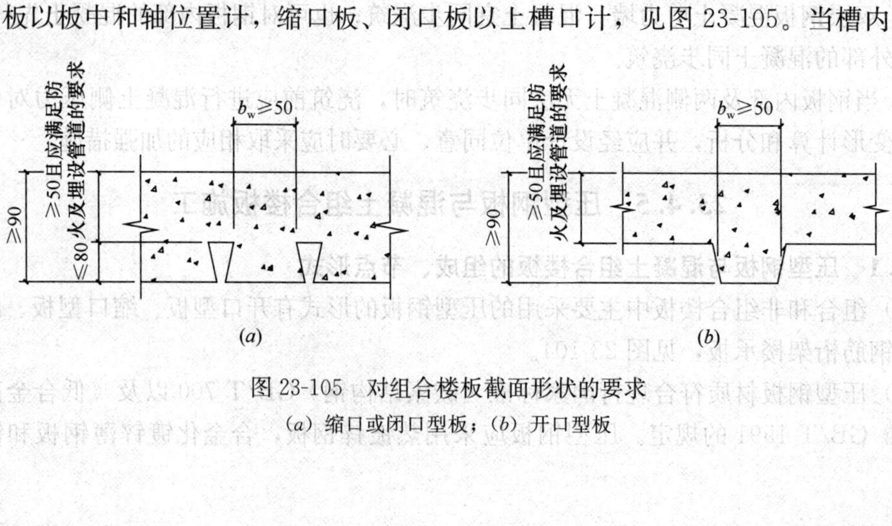

图 23-105　对组合楼板截面形状的要求

(a) 缩口或闭口型板；(b) 开口型板

钉时，压型钢板总高 h（包括压痕）不应超过 80mm。在使用压型钢板时，还应该符合其他相关要求，见表 23-13。

压型板使用要求 **表 23-13**

项目		允许偏差
波高	截面高度≤70	±1.5
	截面高度>70	±2.0
覆盖宽度	截面高度≤70	+10.0 −2.0
	截面高度>70	+6.0 −2.0
板长		+9.0 −0.0
波距		±2.0
横向剪切偏差（沿截面全宽）		1/100 或 6.0
侧向弯曲	在测量长度 L_1 范围内	20.0

注：L_1 为测量长度，指板长扣除两端各 0.5m 后的实际长度（小于 10m）或扣除后任选的 10m 长度。

（5）组合楼板支承剪力墙侧面时，宜支承在剪力墙侧面设置的预埋件上，剪力墙内宜预留钢筋并与组合楼板负弯矩钢筋连接，埋件设置以及预留钢筋的锚固长度应符合现行国家标准《混凝土结构设计规范》GB 50010 的规定，见图 23-106。

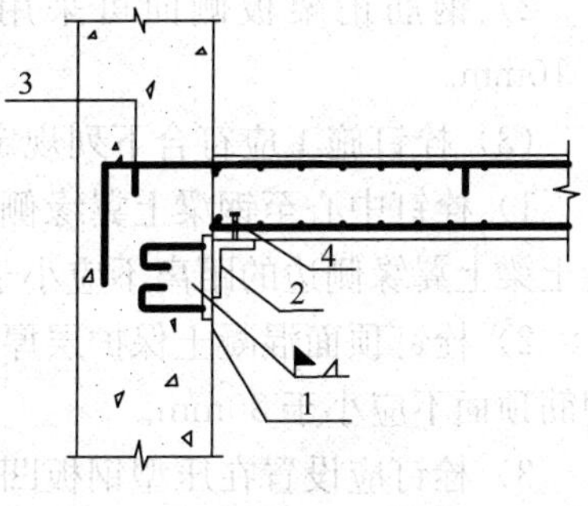

图 23-106 组合楼板与剪力墙连接构造

1—预埋件；2—角钢或槽钢；3—剪力墙内预留钢筋；4—栓钉

（6）与压型钢板同时使用的连接件有栓钉、螺钉和铆钉等，其连接的有关性能和要求，须符合相关规定。

（7）压型钢板不宜用于会受到强烈侵蚀性作用的建筑物，否则应进行有针对性的防腐处理。

（8）组合楼板受力钢筋的保护层厚度，见表 23-14。

组合楼板受力钢筋保护层厚度 **表 23-14**

环境等级	保护层厚度（mm）	
	受力钢筋	非受力钢筋
一类环境	15	10
二 a 类环境	20	10

（9）组合楼板正截面承载力不足时，可在板底顺肋方向配置纵向抗拉钢筋，钢筋保护层净厚度不应小于 15mm，板底纵向钢筋与上部纵向钢筋间应设置拉筋。

（10）组合楼板开孔时应符合设计要求或《钢与混凝土组合楼（屋）盖结构构造》05SG522 的要求。

23.4.5.2 压型钢板与混凝土组合楼板施工流程

压型钢板或钢筋桁架板加固制作→在铺板区复测梁标高，弹出钢梁中心线→压型钢板或钢筋桁架板安装→栓钉焊接→（搭设支撑）→钢筋绑扎→混凝土浇筑→养护。

23.4.5.3　压型钢板与混凝土组合楼板施工要点

（1）压型钢板或钢筋桁架板的安装，应符合下列规定：

1）安装前，应根据工程特点编制安装施工专项方案。

2）安装前，应先按排版图在梁顶测量、划分压型钢板或钢筋桁架板安装线。

3）铺设前，应割除影响安装的钢梁吊耳，清扫支承面杂物、锈皮及油污。

4）压型钢板或钢筋桁架板与混凝土墙（柱）应采用预埋件的方式进行连接，不得采用膨胀螺栓固定；当遗漏预埋件时，应采用化学锚栓或植筋的方法进行处理。

5）宜先安装、焊接柱梁节点处的支托构件，再安装压型钢板或钢筋桁架板。

6）预留孔洞应在压型钢板或钢筋桁架板锚固后进行切割开孔。

7）施工阶段钢-混凝土组合楼板的挠度应按施工荷载计算，其计算值和实测值不应大于板跨度的 1/180，且不应大于 20mm。

（2）压型钢板或钢筋桁架板的锚固与连接，应符合下列规定：

1）穿透压型钢板或钢筋桁架板的栓钉与钢梁或混凝土梁上预埋件应采用焊接锚固，压型钢板或钢筋桁架板之间、其端部和边缘与钢梁之间均应采用间断焊或塞焊进行连接固定。

2）钢筋桁架板侧向可采用扣接方式，板侧边应设连接拉钩，搭接宽度不应小于 10mm。

（3）栓钉施工应符合下列规定：

1）栓钉中心至钢梁上翼缘侧边或预埋件的距离不应小于 20mm，至设有预埋件的混凝土梁上翼缘侧边的距离不应小于 60mm。

2）栓钉顶面混凝土保护层厚度不应小于 15mm，栓钉钉头下表面高出压型钢板底部钢筋顶面不应小于 30mm。

3）栓钉应设置在压型钢板凹肋处，穿透压型钢板并将栓钉焊牢于钢梁或混凝土预埋件上。

4）栓钉的焊接宜使用独立电源，电源变压器的容量应在 100～250kVA。

5）栓钉施焊应在压型钢板焊接固定后进行。

6）环境温度在 0℃以下时，不宜进行栓钉焊接。

（4）压型钢板预留孔洞开孔处、组合楼面集中荷载作用处，应按深化设计要求采取措施进行补强。

（5）钢筋桁架板的钢筋施工应符合下列规定：

1）钢筋桁架板同一方向的两块钢筋桁架板连接处，应设置上下弦连接钢筋。上弦钢筋按计算确定，下弦钢筋按构造配置。

2）钢筋桁架板的下弦钢筋伸入梁内的锚固长度不应小于钢筋直径的 5 倍，且不应小 50mm。

（6）临时支撑应符合下列规定：

1）应验算压型钢板在工程施工阶段的强度和挠度。当不满足要求时，应增设临时支撑，应对临时支撑体系再进行安全性验算。临时支撑应按施工方案进行搭设。

2）临时支撑底部、顶部应设置宽度不小于 100mm 的水平带状支撑。

（7）混凝土施工应符合下列规定：

1）混凝土浇筑应均匀布料，下落高度不宜过大，堆料不得过于集中。

2）混凝土不宜在5℃以下浇筑，当需施工时应采取综合保温措施。

23.4.6 钢-混凝土组合结构验收

23.4.6.1 钢-混凝土组合结构验收要求

（1）钢-混凝土组合结构验收应同时覆盖钢构件、钢筋和混凝土等各部分，针对隐蔽工序应采用分段验收的方式。

（2）主体结构及其钢构件中设计要求全焊透的一、二级焊缝内部缺陷检验应采用无损探伤方法，一级焊缝应采用100％的内部缺陷检验，二级焊缝检验比例不应低于20％。

（3）钢-混凝土组合构件施工中，隐蔽工序验收应符合下列规定：

1）钢筋、模板安装前，应检验钢构件施工质量。

2）混凝土浇筑前，应检验连接件、栓钉和钢筋的施工质量。

3）混凝土浇筑后，应检验组合构件的施工质量。

（4）管内混凝土与管外混凝土要求不同，要考虑钢管与混凝土的共同作用，对混凝土的强度、工艺性、收缩性均有要求。通常混凝土的强度等级不应低于C30，并随着钢管钢材级别的提高而提高。钢管混凝土应进行浇灌混凝土的施工工艺评定，主体结构管内混凝土的浇筑质量应全数检测。

（5）钢-混凝土组合构件中钢筋与钢构件的连接质量验收应符合下列规定：

1）采用绕开法连接时，应检验钢筋锚固长度。

2）采用开孔法连接时，应检验钢构件上孔洞质量和钢筋锚固长度。

3）采用套筒或连接件时，应检验钢筋与套筒或连接件的连接质量。

4）钢筋与钢构件直接焊接时，应检验焊接质量。

钢-混凝土组合构件中钢筋与钢构件、抗剪件的连接是施工质量控制的重要环节，同时又是隐蔽工程。由于钢筋与型钢的材质存在差异，特别是纵向受力钢筋一般都是热轧带肋钢筋，如果不得已采用焊接，应重点检验焊接质量。

23.4.6.2 钢-混凝土组合结构验收内容

1. 钢-混凝土组合结构子分部工程、分项工程：

（1）钢-混凝土组合结构子分部工程、分项工程划分：

钢-混凝土组合结构子分部工程划分为型钢（钢管）焊接、螺栓连接、型钢（钢管）与钢筋连接、型钢（钢管）制作、型钢（钢管）安装、混凝土六个分项工程。

钢结构的型钢（钢管）焊接、螺栓连接、型钢（钢管）制作、型钢（钢管）安装等四个分项工程应按现行国家标准《钢结构工程施工质量验收标准》GB 50205和《钢管混凝土工程施工质量验收规范》GB 50628的相关规定进行施工质量验收；混凝土分项工程应按现行国家标准《混凝土结构工程施工质量验收规范》GB 50204的相关规定进行施工质量验收；型钢（钢管）与钢筋连接分项工程应按《钢管混凝土工程施工质量验收规范》GB 50628进行施工质量验收。

（2）型钢（钢管）与钢筋连接分项工程检验批的合格质量标准应符合下列规定：

① 主控项目应符合规范合格质量标准的要求。

② 一般项目的质量经抽样检验合格，当采用计数检验时，除有专门要求外，一般项目的合格点率应达到80%及以上，且不得有严重缺陷。

③ 质量验收记录、质量证明文件等资料应完整。

2. 钢-混凝土组合结构子分部工程合格质量标准

(1) 各分项工程施工质量验收合格。

(2) 质量控制资料和文件应完整。

(3) 观感质量验收合格。

(4) 结构实体检验结果满足设计和本规范的要求。

3. 钢-混凝土组合结构子分部工程质量验收要求

(1) 深化设计文件。

(2) 施工现场质量管理检查记录。

(3) 有关安全及功能的检验和见证检测项目检查记录。

(4) 有关观感质量检验项目检查记录。

(5) 所含各分项工程质量验收记录。

(6) 分项工程所含各检验批质量验收记录。

(7) 强制性条文检验项目检查记录及证明文件。

(8) 隐蔽工程检验项目检查验收记录。

(9) 原材料、成品质量合格证明文件、中文标志及性能检测报告。

(10) 不合格项的处理记录及验收记录。

(11) 重大质量、技术问题实施方案及验收记录。

(12) 其他有关文件和记录。

23.5　绿 色 建 造

绿色施工即在保证质量、安全等基本要求的前提下，通过科学管理和技术进步，最大限度地节约资源，减少对环境的负面影响，实现节能、节材、节水、节地和环境保护（“四节一环保”）的建筑工程施工活动。绿色施工必须依托相应的技术和组织管理手段来实现。

23.5.1　绿色施工组织与管理

(1) 施工单位是建筑工程绿色施工的实施主体，应组织绿色施工的全面实施，并对绿色施工负责。

(2) 施工单位应建立以项目经理为第一责任人的绿色施工管理体系，制定绿色施工管理制度，负责绿色施工的组织实施，进行绿色施工教育培训，定期开展自检、联检和评价工作。

(3) 绿色施工组织设计、绿色施工方案或绿色施工专项方案编制前，应进行绿色施工影响因素分析，并据此制订实施对策和绿色施工评价方案。

(4) 应积极推进建筑工业化、信息化施工，建筑工业化宜重点推进结构构件预制化和建筑配件整体装配化。

（5）施工现场应建立机械设备保养、限额领料、建筑垃圾再利用的台账和清单。工程材料和机械设备的存放、运输应制订保护措施。

（6）施工单位应强化技术管理，绿色施工过程技术资料应收集和归档。

（7）施工单位应根据绿色施工要求，对传统施工工艺进行改进，并对不符合绿色施工要求的工艺、设备和材料建立限制或淘汰等制度。

（8）应按现行国家标准《建筑工程绿色施工评价标准》GB/T 50640 的规定对施工现场的绿色施工实施情况进行评价，并根据绿色施工评价情况，采取改进措施。

（9）施工单位应按照国家法律、法规的有关要求，制订施工现场环境保护和人员安全等突发事件的应急预案，并设专人负责。

23.5.2 绿 色 建 造

绿色建造主要包括环境保护、资源节约、健康与安全、品质保障、技术适应性等方面（图 23-107）。

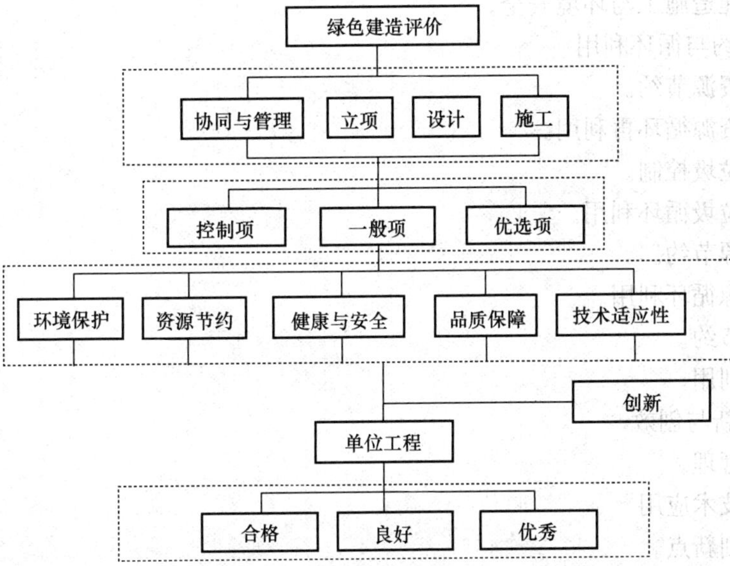

图 23-107 绿色建造管理框架体系图

绿色建造需在绿色建造施工管理、生态环境保护与安全、资源节约与循环利用、技术创新与创效、可持续发展等各方面进行。

1. 绿色建造施工管理

（1）建立绿色建造施工过程管理体系，并制定相应的管理制度，明确各级人员责任。

（2）专业分包合同中应有绿色施工要求。

（3）编制绿色建造策划实施方案，细化提出具体绿色施工目标。

（4）结合工程特点，建立绿色建造施工过程交底、培训制度。

（5）根据绿色建造施工过程要求进行图纸会审、深化设计，提出合理化建议，制订优化设计、方案优化措施。

（6）立项开展绿色施工技术创新及应用。

(7) 建立应有人员健康应急预案，制订职业病预防、传染病疫情防范措施；制订项目切实可行的绿色建造施工过程管控措施。

(8) 项目应根据绿色建造施工过程目标，结合工程特点，合理划分阶段，组织对绿色建造过程施工的完成情况进行评价和对比分析。

(9) 绿色建造施工过程中，对相关绿色施工现场的图片及影像资料进行收集、分类、存档。

2. 生态环境保护与安全

(1) 扬尘控制。

(2) 有害气体排放控制。

(3) 水土污染控制。

(4) 光污染控制。

(5) 噪声与振动控制。

(6) 施工用地以及设施保护。

(7) 绿色建造施工与环境安全。

3. 资源节约与循环利用

(1) 材料资源节约。

(2) 材料资源循环再利用。

(3) 建筑垃圾控制。

(4) 建筑垃圾循环利用。

(5) 水资源节约。

(6) 水资源循环利用。

(7) 能源节约。

(8) 能源利用。

4. 技术创新与创效

(1) 科研管理。

(2) 推广技术应用。

(3) 技术创新点。

5. 可持续发展

(1) 绿色建造过程施工成效。

(2) 优化设计绿色发展。

(3) 建造过程绿色发展。

(4) 从业人员的健康与持续发展。

23.5.3 绿色施工措施

钢-混凝土组合结构绿色施工主要包括以下几点。

1. 节地与土地利用

(1) 合理布置场地，尽量减少施工用地。

(2) 不使用黏土实心砖，减少土地资源消耗。

2. 节能与能源利用

(1) 对施工现场大型能耗设备（塔式起重机、电焊机及其他施工机具和现场照明）设有用电控制指标。

(2) 不使用国家、行业、地方政府明令淘汰的施工设备、机具和产品。

(3) 现场临电设备、中小型机具、照明灯具采用带有国家能源效率标识的产品。

(4) 选择功率与负载相匹配的施工机械设备，机电设备的配置可采用节电型；机械设备宜使用节能型油料添加剂，在可能的情况下，考虑回收利用，节约油量。

(5) 在施工组织设计中，合理安排施工顺序、工作面，以减少作业区域的机具数量，相邻作业区充分利用共有的机具资源。

(6) 避免施工现场施工机械空载运行的现象，为了更好地进行施工设备管理，应给每台设备建立技术档案，便于维修保养人员尽快准确地对设备的整机性能作出判断，以便出现故障及时修复；对于机型老、效率低、能耗高的陈旧设备要及时淘汰，代之以结构先进、技术完善、效率高、性能好及能耗低的设备；应建立设备管理制度，定期进行维护、保养，确保设备性能可靠、能源高效利用。

(7) 钢结构加工、钢材、水泥等大宗材料选择距施工现场 500km 以内的供应商，自行选购材料的采购和运输，应因地制宜并遵照就地取材的原则，以减少运输距离，降低能源消耗。

(8) 夜间作业不仅施工效率低，而且需要大量的人工照明，用电量大，应根据施工工艺特点，合理安排施工作业时间，如白天进行混凝土浇捣，晚上养护等。同样，应尽量减少冬期施工的时间。

(9) 施工现场合理布置临时用电线路，做到线路最短，且照明照度宜按最低照度设计，减少不必要的电能耗损。

(10) 根据施工当地气候和自然资源条件，合理利用太阳能或其他可再生能源。照明采用声控、光控等自动照明控制，同时使用国家、行业推荐的节能、高效、环保的施工设备和机具。

3. 节水与水资源利用

(1) 施工时，优先选择利于节水的施工工艺，如使用混凝土养护剂，减少施工用水。在雨水充沛地区，建立雨水收集装置，可用于降尘、混凝土养护等。

(2) 施工现场尽量避免现场搅拌，优先采用商品混凝土和预拌砂浆，必须现场搅拌时，要设置水计量检测和循环水利用装置。混凝土养护采取薄膜包裹覆盖、喷涂养护液等技术手段，杜绝无措施浇水养护。

4. 节材与绿色建材

(1) 材料采购时，应在满足性能要求的前提下，使用能耗少的绿色材料。

(2) 应根据施工进度、材料使用时点、库存情况等制订材料的采购和使用计划。

(3) 现场材料应堆放有序，并满足材料储存及质量保证的要求。

(4) 现场尽量采用电子文档，减少纸质文件，减少木材消耗。

(5) 使用专用软件优化钢筋配料，能合理确定钢筋的定尺长度，充分利用短钢筋，使剩余的钢筋头最少。钢筋采用工厂化加工并按需要直接配送及应用钢筋网片、钢筋骨架，是建筑业实现工业化的一项重要措施，能节约材料。

(6) 钢筋绑扎安装过程中，绑扎丝、电渣压力焊焊渣容易撒落，应采取措施减少撒落，及时收集利用，减少材料浪费。

(7) 制订模板及支撑体系方案时，应贯彻“以钢代木”和应用新型材料的原则，尽量减少木材的使用，保护森林资源。

(8) 模板拆除时，模板和支撑应采用适当的工具、按规定的程序进行，不应乱拆硬撬；应随拆随用，防止交叉、叠压、碰撞等造成损坏。不慎损坏的应及时修复；暂时不使用的应采取保护措施。

(9) 模板及脚手架施工，应采取措施防止小型材料配件丢失或散落，节约材料和保证施工安全；对不慎散落的铁钉、钢丝、扣件、螺栓等小型材料配件应及时回收利用。

(10) 板材、块材等下脚料和散落的混凝土及砂浆应回收利用。

(11) 混凝土中宜添加粉煤灰、磨细矿渣粉等工业废料和高效减水剂，以减少水泥用量，节约资源。

(12) 浇筑剩余的混凝土，应制成小型预制件，用于临时工程或在不影响工程质量安全的前提下作别用，不得随意倒掉或当作建筑垃圾处理。

(13) 钢结构加工应制订废料减量计划，优化下料，综合利用余料，废料应分类收集、集中堆放、定期回收处理，吊耳和连接板的设置要合理，避免浪费，同时，在制作时适当增大吊耳，达到重复利用、节省材料的效果。

(14) 钢结构现场防火涂料施工时，应采取防止涂料外泄的专项措施。

(15) 钢结构吊耳和钢柱临时连接板，在深化设计时设置应合理。

5. 施工环境保护

(1) 扬尘控制

1) 易扬尘材料应封闭堆放、存储和运输。

2) 现场可采取洒水清扫措施，进行扬尘控制，但应尽量不使用自来水；在拆除混凝土临时支撑作业时，应采取降尘措施。

(2) 光污染控制

1) 合理安排作业时间，尽量避免夜间作业。必要时，夜间施工应对照射的方向、角度进行严格规定，防止强光外泄。

2) 焊接作业应有遮光措施或设置遮光棚，避免弧光外泄。

(3) 噪声污染控制

现场应根据《建筑施工场界环境噪声排放标准》GB 12523 的要求制订降噪措施，除设置隔声设施外，还应对噪声实施动态监测，以防噪声超标。合理地规划施工作业时间，使夜间施工噪声符合国家规定，除特殊情况外每晚 22：00 至次日早 6：00 严格控制强噪声作业。

1) 材料进出场要采用吊装设备成捆吊装，严禁抛掷。

2) 优先采用先进机械、低噪声设备进行施工，并定期保养维护。

3) 产生噪声的机械设备，尽量远离施工现场办公区、生活区和周边住宅区。

4) 混凝土输送泵有吸声降噪屏罩，混凝土浇筑振捣时不得触动钢筋和钢模板。

(4) 施工现场垃圾处理

1) 垃圾应分类存放，按时处理。

2) 施工现场废弃的油料和化学溶剂应集中处理，不得随意倾倒。

3）应制订建筑垃圾减量计划，建筑垃圾的回收利用应符合现行国家标准《工程施工废弃物再生利用技术规范》GB/T 50743 的规定。

4）现场垃圾清理时，应采用封闭式运输。

6. 职业健康

（1）对新工人、技术人员、管理人员以及临时工等进行 100%的职业安全健康教育，对入场未经三级教育或考试不合格者，不准参加生产或单独操作。

（2）从业人员必须按照安全生产规章制度和安全防护用品使用规则，正确佩戴和使用安全防护用品；未按规定佩戴和使用安全防护用品的，不得上岗作业。

（3）施焊和涂装场地应具有良好的通风条件，以排除烟尘和有害气体，且场地周围应清除易燃易爆物品，或进行覆盖、隔离。

（4）焊工的工作服、手套、绝缘鞋应保持干燥，以防触电。

参 考 文 献

[1] 建筑施工手册(第五版)编委会. 建筑施工手册[M]. 5 版. 北京：中国建筑工业出版社，2012.

[2] 聂建国. 钢-混凝土组合结构桥梁[M]. 北京：人民交通出版社，2011.

[3] 聂建国. 钢-混凝土组合结构[M]. 北京：中国建筑工业出版社，2005.

24 砌体工程

24.1 砌体结构特征

24.1.1 砌体结构材料和应用范围

24.1.1.1 块材

砌体结构块材包括天然的石材和人工制造的砖及砌块。目前，常用的块材有烧结普通砖、烧结多孔砖、烧结多孔砌块、烧结空心砖、蒸压灰砂砖、蒸压粉煤灰砖、混凝土实心砖、混凝土多孔砖、普通混凝土小型空心砌块、轻集料混凝土小型空心砌块、蒸压加气混凝土砌块、毛石、料石等。

24.1.1.2 砂浆

1. 常用砂浆

砌体结构常用的砌筑砂浆按材料分为水泥砂浆、混合砂浆、石灰砂浆、石膏砂浆等。水泥砂浆硬化快，一般多用于含水量较大的地下砌体和砂浆强度高的砌体中；混合砂浆较好改善中低强度砂浆的和易性，常用于地上砌体砌筑；石灰砂浆，强度小，属气硬性材料，一般只用于地上砌体。

2. 专用砌筑砂浆

专用砌筑砂浆是专门用于某种非烧结块体材料砌体，并能有效提高其工作性及砌体结构力学性能的砂浆。包括混凝土小型空心砌块和混凝土砖专用砌筑砂浆、蒸压加气混凝土砌块砌筑砂浆和蒸压硅酸盐砖专用砌筑砂浆等。

3. 预拌砌筑砂浆

预拌砌筑砂浆是预拌砂浆中的一种砂浆。预拌砂浆是由专业生产厂生产的砂浆，有湿拌砂浆和干混砂浆之分。其中，湿拌砂浆是由水泥、细集料、外加剂和水以及根据性能确定的多种组分，按一定比例，经计量、拌制后，采用搅拌运输车运至使用地点，放入专用容器储存，并在规定时间内使用完毕的湿拌混合物；干混砂浆是经干燥筛分处理的集料与水泥以及根据性能确定的各种组分，按一定比例混合而成的干混拌合物，在使用地点按规定比例加水拌和使用。在砌体结构工程中大量采用干混砌筑砂浆。

24.1.1.3 砌体材料的强度等级及要求

1. 块材强度等级及要求

（1）烧结普通砖、烧结多孔砖的强度等级为：MU30、MU25、MU20、MU15 和 MU10。

（2）混凝土普通砖和混凝土多孔砖砌体的强度等级为：MU30、MU25、MU20 和

MU15。

(3) 蒸压灰砂普通砖、蒸压粉煤灰普通砖的强度等级为：MU25、MU20 和 MU15。

(4) 单排孔混凝土砌块的强度等级为：MU20、MU15、MU10、MU7.5 和 MU5。

(5) 双排孔或多排孔轻集料混凝土砌块的强度等级为：MU10、MU7.5、MU5 和 MU3.5。

(6) 石材的强度等级为：MU100、MU80、MU60、MU50、MU40、MU30 和MU20。

(7) 蒸压加气混凝土砌块强度等级为：A10、A7.5、A5、A3.5 和 A2.5。

(8) 对用于承重墙体的多孔砖和普通砖尚应满足抗折指标的要求。

(9) 选用的非烧结含孔块材应满足最小壁厚及最小肋厚的要求，选用承重多孔砖和小砌块时尚应满足孔洞率的上限要求。

(10) 应根据环境类别、安全等级、设计使用年限选择砌体材料的强度等级、抗渗、耐酸、耐碱性指标。环境分类参见现行国家标准《砌体结构通用规范》GB 55007。

(11) 承重墙体使用的小砌块应完整、无破损、无裂缝。

(12) 砌体结构不应采用非蒸压硅酸盐砖、非蒸压硅酸盐砌块及非蒸压加气混凝土制品。

(13) 长期处于 200℃以上或急热急冷的部位，以及有酸性介质的部位，不得采用非烧结墙体材料。

(14) 夹心墙的外叶墙的砖及混凝土砌块的强度等级不应低于 MU10。

2. 砂浆的强度等级及要求

(1) 普通砂浆符号表示为“M”。其强度等级分为 M20、M15、M10、M7.5、M5 和 M2.5。

(2) 专用砌筑砂浆符号表示为：蒸压加气混凝土砌体专用砂浆为“Ma”；混凝土小型空心砌块和混凝土砖砌体专用砂浆为“Mb”；蒸压硅酸盐砖砌体专用砂浆为“Ms”。

(3) 普通干混砌筑砂浆符号为“DM”。其强度等级分为 DM30、DM25、DM20、DM15、DM10、DM7.5 和 DM5。

(4) 砌筑砂浆的最低强度等级应符合下列规定：

1) 设计工作年限大于和等于 25 年的烧结普通砖和烧结多孔砖砌体应为 M5，设计工作年限小于 25 年的烧结普通砖和烧结多孔砖砌体应为 M2.5；

2) 蒸压加气混凝土砌块砌体应为 Ma5，蒸压灰砂普通砖和蒸压粉煤灰普通砖砌体应为 Ms5；

3) 混凝土普通砖、混凝土多孔砖砌体应为 Mb5；

4) 混凝土砌块、煤矸石混凝土砌块应为 Mb7.5；

5) 配筋砌块砌体应为 Mb10；

6) 毛料石、毛石砌体应为 M5。

(5) 砌筑砂浆应进行配合比设计和试配。

(6) 砌筑砂浆用水泥、预拌砂浆及其他专用砂浆，应考虑其储存期限对材料强度的影响。

(7) 现场拌制砂浆时，各组分材料应采用质量计量。砂筑砂浆拌制后在使用中不得随意放入其他胶粘剂、骨料、混合物。

（8）冬期施工所用的石灰膏、石膏、砂、砂浆等应不冻结。

24.1.2　影响砌体结构强度的主要因素

24.1.2.1　块材和砂浆的强度

块材和砂浆的强度是决定砌体抗压强度的主要因素，在正常施工条件下，砌体的抗压强度直接与块材和砂浆的强度等级相关。以烧结普通砖和烧结多孔砖砌体为例，当砂浆强度为M10时，砖强度等级提高一级，砌体抗压强度提高9%～15%；当砖强度等级为MU15时，砂浆强度等级提高一级，砌体抗压强度提高12%～20%。

此外，砌体沿灰缝截面破坏时，砌体轴心抗拉强度、弯曲抗拉强度和抗剪强度直接与砂浆的强度相关，砂浆强度高则高，砂浆强度低则低。

24.1.2.2　砂浆的性能

砂浆的变形性能、砂浆的流动性（即和易性）和保水性对砌体抗压强度均有影响。砂浆强度等级越低，变形越大，砌体强度也越低。砂浆的流动性和保水性好，易使铺砌成厚度和密实性都较均匀的水平灰缝，从而提高砌体强度。但是，砂浆流动性过大（如采用过多塑化剂），砂浆在硬化后的变形加大，并导致砌体强度降低；砂浆的保水性差，不仅影响砌筑质量，还会导致砂浆失水快和降低砂浆后期强度。

24.1.2.3　块材种类和形状

1. 块材种类对砌体强度的影响

（1）不同块材种类的砖砌体在块材强度等级和砂浆强度等级分别相同时，砌体的抗压强度均相同。但是砌体沿灰缝截面破坏时，砌体轴心抗拉强度、弯曲抗拉强度和抗剪强度则不完全相同。

（2）普通混凝土小型空心砌块，轻集料混凝土小型空心砌块砌体在相同块材强度和砂浆强度下的砌体强度高于砖砌体的抗压强度。但是砌体沿灰缝截面破坏时，砌体轴心抗拉强度、弯曲抗拉强度和抗剪强度则低于砖砌体相应强度。

（3）毛石砌体、毛料石砌体、粗料石砌体和细料石砌体在相同块材强度和砂浆强度下的砌体强度各不相同。以石材强度等级MU60，砂浆强度等级M7.5为例，以上砌体的抗压强度分别为0.98MPa、4.20MPa、5.04MPa和5.88MPa。

2. 块材形状对砌体强度的影响

（1）烧结多孔砖的孔洞率大于30%，砌体的抗压强度降低10%。

（2）单排孔轻集料混凝土砌块砌体的抗压强度低于双排孔或多排孔轻集料混凝土砌块砌体的抗压强度。

24.1.2.4　砌体水平灰缝厚度

砌体水平灰缝厚度对砌体抗压强度会产生明显的影响，当砂浆水平灰缝厚度增大时，砂浆层的压缩变形增加，从而加大了砌体截面的拉应力作用，使砌体抗压强度降低；当砂浆厚度较薄时，会影响上下皮块体垫平，块体相互挤压会造成砌体抗压强度降低。因此，综合考虑利弊后规定，砌体水平灰缝厚度宜为10mm，但不应小于8mm，也不应大于12mm。

对采用薄灰缝（灰缝厚度2～4mm）施工的砌体，要求块材外观尺寸误差不应超过±1.0mm；水平灰缝配置钢筋时，应在块材上开槽。

24.1.2.5 砌筑技术

1. 块材砌筑时含水率控制

砌体在砌筑后砂浆需要在一定湿度环境下进行养护，使其强度得到增强。由于各类块材具有不同的吸水特性，应针对不同的块材规定块材砌筑时的含水率。

(1) 对烧结普通砖、烧结多孔砖、蒸压灰砂砖、蒸压粉煤灰砖，应提前1～2d适度湿润，严禁采用干砖或处于吸水饱和状态的砖砌筑；混凝土多孔砖及混凝土实心砖不需浇水湿润，但在气候干燥炎热的情况下，宜在砌筑前对其喷水湿润。

(2) 对普通混凝土小型空心砌块，无需对小砌块浇水湿润，如遇天气干燥炎热，宜在砌筑前对其喷水湿润；对轻骨料混凝土小砌块，应提前浇水湿润。雨天及小砌块表面有浮水时，不得施工。

(3) 对蒸压加气混凝土砌块，当采用非薄灰砌筑法时，应在砌筑当天对砌块砌筑面喷水湿润；当采用薄灰砌筑法时，砌筑前不应对其浇（喷）水湿润。

2. 砂浆使用时间

现场拌制砂浆应在3h内使用完毕，当施工期间气温超过30℃时，应在2h内使用完毕，对采用缓凝剂的水泥砂浆，使用时间可根据试验结果采用；对专用砌筑砂浆和预拌砂浆，使用时间应按照产品说明书确定。

3. 铺浆长度

采用铺浆法砌筑墙体时，铺浆长度不得超过750mm；当施工期间气温超过30℃时，铺浆长度不得超过500mm。如铺浆长度过长，将对后砌块材与砂浆的粘结和灰缝的饱满度带来不良影响，降低砌体结构的整体性和强度，特别是在块材湿润程度不足和天气炎热干燥情况下更为严重。对混凝土小型空心砌块墙体，应采用逐块摊铺砂浆砌筑的方法，不宜采用铺浆法施工。

4. 灰缝饱满度

砌体的灰缝有水平灰缝（简称水平缝）和竖向灰缝（简称竖缝）之分，水平缝和竖缝的饱满度是影响砌体强度的一个重要因素。实验数据表明，当水平灰缝饱满度为73%时，砌体抗压强度实测值能够达到砌体结构设计规范规定的强度平均值。此外，砌体水平灰缝砂浆饱满度还影响水平荷载作用时砌体的抗剪强度；竖向灰缝饱满与否对砌体的抗压强度影响不明显，但直接影响砌体的抗剪强度。

24.1.3 砌体结构的构造措施

24.1.3.1 墙、柱高度的控制

1. 高厚比

高厚比系指砌体墙、柱的计算高度 H_0 与墙厚或柱边长的比值，即 $\beta=H_0/h$。砌体墙、柱的允许高厚比 $[\beta]$ 系指墙、柱高厚比的允许限值，是保证砌体结构稳定性的重要构造措施之一。一般墙、柱高厚比允许值应满足现行国家标准《砌体结构设计规范》GB 50003的规定。

2. 砌筑高度的限制

(1) 砌体施工过程中，墙体工作段的分段位置通常设在伸缩缝、沉降缝、防震缝、构造柱、门窗洞口等部位。相邻工作段的高度差不得超过一个楼层，也不宜大于4m。砌体

临时间断处的高度差不得超过一步脚手架的高度。

(2) 正常施工条件下，砖砌体每日砌筑高度宜控制在1.5m或一步脚手架高度内；小砌块砌体每日砌筑高度宜控制在1.4m或一步脚手架高度内；石砌体每日的砌筑高度不宜大于1.2m。雨天施工时，每日砌筑高度不宜超过1.2m。

24.1.3.2　砌体结构抗震构造措施

1. 砖砌体房屋和混凝土砌块房屋设置的现浇钢筋混凝土构造柱和芯柱，应满足现行国家标准《砌体结构通用规范》GB 55007、《建筑抗震设计规范》GB 50011和《砌体结构设计规范》GB 50003相关规定；施工中应按现行国家标准《砌体结构工程施工规范》GB 50924的规定执行。

2. 多层砌体房屋的局部尺寸限制应满足现行国家标准《建筑抗震设计规范》GB 50011的规定。

3. 底部框架—抗震墙砌体结构房屋底部抗震墙构造应符合下列规定：

(1) 现浇混凝土抗震墙厚度不应小于160mm，且不应小于层高的1/20。墙体周边应设置梁柱组合边框。

(2) 当6度区的底层抗震墙采用普通砖砌体墙时，墙厚度不应小于240mm，砌筑砂浆强度不应低于M10。应先砌筑墙后浇框架，沿框架柱高设置沿砖墙水平通长布置的拉结钢筋网片；在墙体半高处尚应设置与框架柱相连的混凝土系梁。

(3) 当6度区的底层抗震墙采用小砌块砌体墙时，墙厚度不应小于190mm，砌筑砂浆强度不应低于Mb10。应先砌筑墙后浇框架，沿框架柱高设置沿小砌块墙水平通长布置的拉结钢筋网片；在墙体半高处尚应设置与框架柱相连的混凝土系梁。

(4) 当采用砌体抗震墙时，洞口两侧应设置芯柱或混凝土构造柱；当墙大于4m时，应在墙体部位中部设置芯柱或混凝土构造柱。芯柱混凝土应分段浇筑并振捣密实，并应对芯柱混凝土浇灌的密实程度进行检测，检测结果应满足设计要求。

4. 多层房屋有下列情况之一时宜设置防震缝，缝两侧均应设置墙体，缝宽应根据烈度和房屋高度确定，可采用70～100mm：

(1) 房屋立面高差在6m以上。

(2) 房屋有错层，且楼板高差大于层高的1/4。

(3) 各部分结构刚度、质量截然不同。

24.1.3.3　一般构造要求

1. 耐久性措施

砌体结构的耐久性措施应根据使用环境分类要求设计，见表24-1。

使用环境分类　　**表24-1**

环境类别	环境名称	环境条件
1	干燥环境	干燥的室内或室外环境；室外有防水防护环境
2	潮湿环境	潮湿的室内或室外环境，包括与无侵蚀性土和水接触的环境
3	冻融环境	寒冷地区潮湿环境
4	氯侵蚀环境	与海水直接接触的环境，或处于滨海地区的盐饱和的气体环境
5	化学侵蚀环境	有化学侵蚀的气体、液体或固态形式的环境，包括有侵蚀性土壤的环境

（1）1类、2类环境下块体材料最低强度等级。

对于环境类别1类和2类的承重砌体，所用块材材料的最低强度等级应符合表24-2的规定；对配筋砌块砌体抗震墙表24-2中1类和2类环境的普通混凝土砌块、轻骨料混凝土砌块强度等级为MU10；安全等级为一级或设计工作年限大于50年的结构，表24-2中材料强度等级应至少提高一个等级。

1类、2类环境下块体材料最低强度等级 **表24-2**

环境类别	烧结砖	混凝土砖	普通、轻骨料混凝土砌块	蒸压普通砖	蒸压加气混凝土砌块	石材
1	MU10	MU15	MU7.5	MU15	A5.0	MU20
2	MU15	MU20	MU7.5	MU20	—	MU30

（2）对处于环境类别3类的承重砌体，所用块体材料的抗冻性能和最低强度等级应符合表24-3的规定，设计工作年限大于50年时，表24-3中的抗冻指标应提高一个等级，对严寒地区抗冻指标提高为F75。

3类环境下块体材料抗冻性能与最低强度等级 **表24-3**

环境类别	冻融环境	抗冻性能			块材最低强度等级		
		抗冻指标	质量损失（%）	强度损失（%）	烧结砖	混凝土砖	混凝土砌块
3	微冻地区	F25	≤5	≤20	MU15	MU20	MU10
	寒冷地区	F35			MU20	MU25	MU15
	严寒地区	F50			MU20	MU25	MU15

（3）处于环境类别4类、5类的承重砌体，应根据环境条件选择砌体材料的强度等级、抗渗、耐酸、耐碱性能指标。

（4）砌体中钢筋的保护层厚度，应符合下列规定：

1）配筋砌体中钢筋的最小混凝土保护层应符合表24-4的规定。

钢筋的最小混凝土保护层（mm） **表24-4**

环境类别	混凝土强度等级			
	C20	C25	C30	C35
	最低水泥含量（kg/m³）			
	260	280	300	320
1	20	20	20	20
2	—	25	25	25
3	—	40	40	30
4	—	—	40	40
5	—	—	—	40

注：1. 材料中最大氯离子含量和最大碱含量应符合现行国家标准《混凝土结构设计规范》GB 50010的规定；
2. 当采用防渗砌体块材和防渗砂浆时，可以考虑部分砌体（含抹灰层）的厚度作为保护层，但对环境类别1、2、3，其混凝土保护层的厚度相应不应小于10mm、15mm和20mm；
3. 钢筋砂浆面层的组合砌体构件的钢筋保护层厚度宜比表24-4规定的混凝土保护层厚度数值增加5～10mm；
4. 对安全等级为一级或设计使用年限为50年以上的砌体结构，钢筋保护层的厚度应至少增加10mm。

2）灰缝中钢筋外露砂浆保护层的厚度不应小于15mm。

3）所有钢筋端部均应有与对应钢筋的环境类别条件相同的保护层厚度。

4）对填实的夹心墙或特别的墙体构造，钢筋的最小保护层厚度，应符合下列规定：

① 用于环境类别1时，应取20mm厚砂浆或灌孔混凝土与钢筋直径较大者。

② 用于环境类别2时，应取20mm厚灌孔混凝土与钢筋直径较大者。

③ 采用重镀锌钢筋时，应取20mm厚砂浆或灌孔混凝土与钢筋直径较大者。

④ 采用不锈钢筋时，应取钢筋的直径。

2. 整体性措施

（1）承重的独立砖柱，截面尺寸不应小于240mm×370mm，毛石墙的厚度不宜小于350mm，毛料石柱较小边长不宜小于400m。砖柱不得采用包心砌法，带壁柱墙的壁柱应与墙身同时咬槎砌筑。

注：当有振动荷载时，墙、柱不宜采用毛石砌体。

（2）填充墙、隔墙应分别采取措施与周边主体结构构件可靠连接，连接构造和嵌缝材料应能满足传力、变形、耐久和防护要求。

（3）墙体转角处、纵横墙的交接处应错缝搭砌。对不能同时砌筑而又必须留置的临时间断处，应砌成斜槎，并应符合下列规定：

1）普通砖砌体的斜槎水平投影长度不应小于其高度的2/3，多孔砖砌体的斜槎长高比不应小于1/2，斜槎高度不得超过一步脚手架高度。在抗震设防烈度为6度、7度地区的临时间断处，当不能留斜槎时，除转角处外，可留直槎，但应做成凸槎。留直槎处应加设拉结钢筋，每120mm墙厚内不得少于1ϕ6，且每层不少于2根，沿墙高的间距不得超过500mm，埋入长度从墙的留槎处算起，每边均不小于1000mm，末端做成90°弯钩。

2）砌块砌体的斜槎水平投影长度不应小于斜槎高度。

（4）支承在墙、柱上的吊车梁、屋架及跨度大于或等于下列数值的预制梁的端部，应采用锚固件与墙、柱上的垫块锚固：

1）砖砌体高9m。

2）砌块和料石砌体高7.2m。

（5）跨度大于6m的屋架和跨度大于下列数值的梁，应在支承处砌体上设置混凝土或钢筋混凝土垫块；当墙中设有圈梁时，垫块与圈梁宜浇成整体：

1）砖砌体高4.8m。

2）砌块和料石砌体高4.2m。

3）毛石砌体高3.9m。

（6）当梁跨度大于或等于下列数值时，其支承处宜加设壁柱，或采取其他加强措施：

1）240mm厚的砖墙高6m；对180mm厚的砖墙高4.8m。

2）砌块、料石墙高4.8m。

（7）山墙处的壁柱或构造柱宜砌至山墙顶部，且屋面构件应与山墙可靠拉结。

（8）砌块墙与后砌隔墙交接处，应沿墙高每400mm在水平灰缝内设置不少于2根直径不应小于4mm、横筋间距不应大于200mm的焊接钢筋网片。

3. 设置凹槽和管槽的要求

设计要求的洞口、沟槽、管道应于砌筑时正确留出或预埋，未经设计同意，不得打凿墙体和墙体上开凿水平沟槽。宽度超过 300mm 的洞口上部，应设置钢筋混凝土过梁。不应在截面长边小于 500mm 的承重墙体、独立柱内埋设管线。

当设计无特殊要求时，施工中可以设置不需要计算的小凹槽和管槽，见表 24-5，但必须符合以下要求：

（1）管槽距洞口的距离不应小于 115mm，凹槽距洞口的距离不应小于 2 倍槽宽。

（2）2m 长墙体内的凹槽和管槽总宽度不应大于 300mm，小于 2m 的墙体其总宽度应成比例减小。

（3）任何凹槽或管槽之间的距离不应小于 300mm。

不需要计算允许的凹槽和竖向管槽的尺寸（mm） **表 24-5**

墙厚	施工后形成的凹槽和管槽		施工时形成的凹槽和管槽	
	最大深度	最大宽度	最大宽度	最小剩余墙厚
115～175	30	100	300	90
175～240	30	150	300	90
240～300	30	200	300	170
300～365	30	200	300	200

24.1.4 砌体结构裂缝防治措施

24.1.4.1 砌体裂缝概述

1. 裂缝的主要成因

砌体结构墙体裂缝的成因既有客观因素，如地基沉降、温度、干缩，也有主观因素，如设计疏忽、不合理；材料不合格、施工质量差；结构承载力不足等。

（1）地基不均匀沉降

该裂缝与工程地质条件、基础构造、上部结构刚度、建筑体形以及材料和施工质量等因素有关，常见裂缝有以下几种类型：

1）斜裂缝：是最常见的一种裂缝。建筑物中间沉降大，两端沉降小，墙上出现“八”字形裂缝，反之则出现倒“八”字裂缝。

2）窗间墙上水平裂缝：这种裂缝一般成对地出现在窗间墙的上下对角处，沉降大的一边裂缝在下，沉降小的一边裂缝在上，靠窗口处裂缝较宽。

3）竖向裂缝：一般产生在纵墙顶层墙或底层窗台墙上，裂缝都是上面宽，向下逐渐缩小。

（2）温度变形和材料干缩

1）温度变形主要体现在砌体房屋顶层两端墙体上的裂缝，如门窗洞边的正八字斜裂缝，平屋顶下或屋顶圈梁下沿块材灰缝的水平裂缝及水平包角裂缝（含女儿墙），这类裂缝在所有块体材料的墙上均很普遍。

2）采用干缩性较大的块材，如蒸压灰砂砖、粉煤灰砖、混凝土砌块等，随着含水率的降低，材料会产生较大的干缩变形而产生干缩裂缝。这类裂缝，在建筑上分布广、数量多，开裂的程度也较严重。最有代表性的裂缝分布为在建筑物底部一至二层窗台部位的垂直裂缝或斜裂缝，在大片墙面上出现的底部重、上部轻的竖向裂缝，以及不同材料和构件间差异变形引起的裂缝。

（3）设计构造不合理

设计构造不合理主要是指在设计中，未严格按照规范的规定采取控制墙体开裂的有关措施。

（4）施工质量

非烧结块材产品龄期不控制；砌体的组砌方式不合理，通缝、瞎缝、假缝多，断砖集中使用；灰缝砂浆不饱满；砂浆强度低；"干砖"上墙；预留脚手眼的位置不当等施工质量问题，往往会引起不规则裂缝的出现。

2. 裂缝的危害性

对于无筋结构，裂缝的出现表明结构承载力可能不足或存在严重问题；对于配筋结构，裂缝的超标容易引起钢筋锈蚀，降低结构耐久性；对于建筑物的使用功能，裂缝降低了结构的防水性能和气密性；对于用户，裂缝给人们造成一种不安全的精神压力和心理负担。

24.1.4.2　防止或减轻墙体开裂的构造措施

防止或减轻墙体开裂的构造措施，一般来说主要是基于"防""放""抗"三个原则来采取。

1. 设置伸缩缝、沉降缝、防震缝

建筑物应按照设计要求设置伸缩缝、沉降缝、防震缝。在伸缩缝、沉降缝、防震缝施工中，缝中不得夹有砂浆、块体碎渣和其他杂物。

2. 房屋顶层构造措施

房屋顶层宜根据不同情况采取下列措施：

（1）屋面应设置保温（隔热）层。

（2）屋面保温（隔热）层或屋面刚性面层及砂浆找平层应设置分隔缝，分隔缝间距不宜大于 6m，缝宽不小于 30mm，与女儿墙隔开。

（3）采用装配式有檩体系钢筋混凝土屋盖和瓦材屋盖。

（4）顶层屋面板下设置现浇钢筋混凝土圈梁，并沿内外墙拉通，房屋两端圈梁下的墙体内宜设置水平钢筋。

（5）顶层墙体有门窗等洞口时，在过梁上的水平灰缝内设置 2～3 道焊接钢筋网片或 2 根直径 6mm 钢筋，焊接钢筋网片或钢筋应伸入洞口两端墙内不小于 600mm。

（6）顶层及女儿墙砂浆强度等级不低于 M7.5（Mb7.5、Ms7.5）。

（7）女儿墙应设置构造柱，构造柱间距不宜大于 4m，构造柱应伸至女儿墙顶并与现浇钢筋混凝土压顶整浇在一起。

（8）对顶层墙体施加竖向预应力。

3. 房屋底层构造措施

房屋底层宜根据情况采取下列措施：

（1）增大基础圈梁的刚度。

（2）在底层的窗台下墙体灰缝内设置 3 道焊接钢筋网片或 2 根直径 6mm 钢筋，并应伸入两边窗间墙内不小于600mm。

4. 水平灰缝构造措施

在每层门、窗过梁上方的水平灰缝内及窗台下第一和第二道水平灰缝内，宜设置焊接钢筋网片或 2 根直径 6mm 钢筋，焊接钢筋网片或钢筋应伸入两边窗间墙内不小于600mm。当墙长大于 5m 时，宜在每层墙高度中部设置 2～3 道焊接钢筋网片或 3 根直径6mm 的通长水平钢筋，竖向间距为 500mm。

5. 房屋门窗洞处构造措施

房屋两端和底层第一、第二开间门窗洞处，可采取下列措施：

(1) 在门窗洞口两边墙体的水平灰缝中，设置长度不小于 900mm、竖向间距为400mm 的 2 根直径 4mm 的焊接钢筋网片。

(2) 在顶层和底层设置通长钢筋混凝土窗台梁，窗台梁高为块材高度的模数，梁内纵筋不少于 4 根，直径不小于 10mm，箍筋直径不小于 6mm，间距不大于 200mm，混凝土强度等级不低于 C20。

(3) 在混凝土砌块房屋门窗洞口两侧不少于一个孔洞中设置直径不小于 12mm 的竖向钢筋，竖向钢筋应在楼层圈梁或基础内锚固，孔洞用不低于 Cb20 混凝土灌实。

6. 设置竖向控制缝

当房屋刚度较大时，可在下列部位设置竖向控制缝：

(1) 窗台下或窗台角处墙体内、在墙体高度或厚度突然变化处设置竖向控制缝。竖向控制缝宽度不小于 25mm，缝内填以压缩性能好的填充材料，且外部用密封材料密封，并采用不吸水的、闭孔发泡聚乙烯实心圆棒（背衬）作为密封膏的隔离物。

(2) 夹心复合墙的外叶墙宜在建筑墙体适当部位设置控制缝，其间距宜为 6～8m。

7. 填充墙构造措施

填充墙砌体与梁、柱或混凝土墙体结合的界面处（包括内、外墙）宜采取下列构造措施：

(1) 在粉刷前设置钢丝网片，网片宽度可取 400mm，并沿界面缝两侧各延伸200mm，或采取其他有效的防裂、盖缝措施。

(2) 有抗震设防要求时宜采用填充墙与框架脱开的方法。

24.1.4.3 施工措施

1. 时间保证措施

1) 非烧结类块材产品龄期不应小于 28d。

2) 砌体日砌高度宜控制在 1.5m 或一步脚手架高度内，石砌体不宜超过 1.2m，填充墙顶宜在砌墙 14d 之后再填塞。

3) 墙体抹灰宜在管线完、墙体修补完毕的 7d 之后进行（室外抹灰宜在结构主体封顶之后进行）。

2. 墙体质量保证措施

1) 砌块进场或上墙之后，应及时覆盖，防止雨淋，施工前应编制砌块排列图。

2) 非整砖应用无齿锯条切割，特殊部位宜采用异形砖。

3) 预埋线的两侧墙体需加网防裂。

4) 砌体组砌方法应内外搭砌，上、下错缝。

5）墙体的转角处和交接处应同时砌筑，严禁无可靠措施的内外墙分砌施工。

3. 灰缝质量保证措施

1）使用性能良好的砂浆，宜采用预拌砂浆或专用砌筑砂浆。砌筑砂浆的稠度应符合表 24-6 的规定。

砌筑砂浆的稠度 **表 24-6**

砌体种类	砂浆稠度（mm）
烧结普通砖砌体、粉煤灰砖砌体	70～90
混凝土实心砖砌体、混凝土多孔砖砌体、普通混凝土小型空心砌块砌体、灰砂砖砌体	50～70
烧结多孔砖砌体、烧结空心砖砌体、轻骨料小型空心砌块砌体、蒸压加气混凝土砌块砌体	60～80
石砌体	30～50

注：1. 采用薄灰砌筑法砌筑蒸压加气混凝土砌块时，加气混凝土粘结砂浆的加水量按照其产品说明书控制；

2. 当砌筑其他块体时，其砌筑砂浆的稠度可根据块体吸水特性及气候条件确定。

2）砌体的灰缝应横平竖直，厚薄均匀，水平灰缝厚度及竖向灰缝宽度宜为 10mm，但不应小于 8mm，也不应大于 12mm。

砌体的灰缝应密实饱满，质量应符合要求。砂浆应进行配合比设计；施工中不得使用已初凝和结硬后加水拌和的砂浆。

24.2 施 工 准 备

24.2.1 技 术 准 备

（1）熟悉设计文件、施工方案或作业指导书。收集砌体结构施工相关技术标准，深化设计与砌体结构相关的施工内容，编制砌体结构专项施工方案。

（2）进行砌筑砂浆、混凝土配合比设计。

（3）对施工操作人员进行技术、安全交底。

（4）组织有关人员熟悉图纸，了解各部位使用块材的规格型号，轴线位置，各层标高，门窗洞口位置，墙身厚度及墙厚变化情况，如对图纸有不详之处经汇总后，及时与设计部门联系解决。

（5）根据图纸要求，宜采用 BIM 技术对砌块墙体进行排块图设计，排块图设计时，应根据块材规格、灰缝厚度和宽度、门窗洞口尺寸、过梁与圈梁的高度、构造柱位置、预留洞大小、管线、开关、插座敷设部位等，进行对孔、错缝搭接排列。

（6）根据排块图，选择样板间先行施工，经验收合格后方可进行大面积施工。

24.2.2 现 场 准 备

（1）根据施工总平面布置图、施工段的划分、工序交叉衔接等对块材、砂、水泥等进场物资分区分规格堆放并挂标识牌。

（2）施工机具、砂浆搅拌机、施工电梯等根据施工平面布置图已布置安装完毕，并已经相关部门验收合格，可以使用。

(3) 砌体砌筑施工，必须待上道工序验收合格并办完隐检、预检手续后方可进行。

砌体墙身、门窗口等位置线、建筑50线完成，并验收符合设计图纸要求。

24.2.3 施工机具准备

(1) 施工机械：干混砂浆储料罐、砂浆搅拌机、灰斗车和垂直运输设备等。

(2) 工具用具：灰扒、铁锹、水桶、水壶、裁砖机、瓦刀和平板拉砖车等。

(3) 检测装置：砂浆稠度仪、磅秤、天平、温度计、砂浆和混凝土试模、皮数杆、水准仪、2m靠尺、线坠、钢卷尺、水平尺和方尺等。

24.2.4 物资准备

(1) 水泥进场使用前，应分批对其强度、安定性进行复验，并应符合下列规定：

1) 水泥应按品种、强度等级、出厂日期分别堆放，应设防潮垫层，并应保持干燥。

2) 当在使用中对水泥质量受不利环境影响或水泥出厂超过三个月、快硬硅酸盐水泥超过1个月时，应进行复验，并应按复验结果使用。

3) 水泥强度等级应根据砂浆品种及强度等级的要求进行选择，M15及以下强度等级的砌筑砂浆宜选用32.5级普通硅酸盐水泥或砌筑水泥；M15以上强度等级的砌筑砂浆宜选用42.5级普通硅酸盐水泥。

4) 不同品种、不同强度等级的水泥不得混合使用。

(2) 砌体结构工程使用的砂，应符合现行标准《混凝土和砂浆用再生细骨料》GB/T 25176、《普通混凝土用砂、石质量及检验方法标准》JGJ 52和《再生骨料应用技术规程》JGJ/T 240的规定，并应符合下列规定：

1) 砌筑砂浆用砂宜选用中砂，施工前应进行过筛，毛石砌体宜选用粗砂。

2) 水泥砂浆和强度等级不小于M5的水泥混合砂浆砂中含泥量不应超过5%；强度等级小于M5的水泥混合砂浆，砂中含泥量不应超过10%。

3) 人工砂、山砂及特细砂，应经试配并满足砌筑砂浆技术条件要求。

4) 砂进场时应按不同品种、规格分别堆放，不得混杂。

(3) 砂浆拌合用水应符合现行行业标准《混凝土用水标准》JGJ 63的规定。

(4) 用于混合砂浆的掺加料应符合下列规定。

1) 生石灰熟化成石灰膏时，应用孔径不大于3mm×3mm的网过滤，熟化时间不得少于7d；建筑生石灰粉的熟化时间不得少于2d。沉淀池中储存的石灰膏，应采取防止干燥、冻结和污染的措施；

2) 制作电石膏的电石渣应用孔径不大于3mm×3mm的网过滤，检验时应加热至70℃后至少保持20min，并应待乙炔挥发完后再使用；

3) 消石灰粉不得直接用于砌筑砂浆中。

(5) 粉煤灰进场使用前，应检查出厂合格证，以连续供应的200t相同等级的粉煤灰为一批，不足200t者按一批论。粉煤灰的品质指标应符合相关行业标准的规定。

(6) 磨细生石灰粉的品质指标应符合现行行业标准《建筑生石灰》JC/T 479的

要求。

(7) 凡在砂浆中掺入的砂浆外加剂，应经检验和试配符合要求后，方可使用。

(8) 有机塑化剂应有砌体强度型式检验报告，并应符合现行行业标准《砌筑砂浆增塑剂》JG/T 164 的规定。

24.2.5 试验准备

(1) 加强养护室的管理，使其满足混合砂浆的养护条件。

(2) 按施工进度确定砂浆试块留置。同一类型、强度等级的砂浆试块不应小于3组。

(3) 按施工进度确定构造柱、过梁、混凝土试块留置，每两层做一组混凝土试块。

(4) 砌体材料按规定批次做进场复试，由监理单位见证取样。

(5) 对填充墙与承重墙、柱的连接钢筋，当采用化学植筋时，应根据现行国家标准《砌体结构工程施工质量验收规范》GB 50203 的规定，进行检验批的划分及拉拔试验准备。

24.2.6 作业条件

(1) 砂浆搅拌机就位，并对砂浆强度等级、配合比、搅拌制度、操作规程等进行挂牌标识。

(2) 采用人工搅拌时，铺设硬化地坪（C10 以上混凝土地坪或钢板）或设搅拌槽。

(3) 施工现场安全防护设置。

(4) 墙身线、轴线、门窗洞口位置线，构造柱圈梁位置线均完成。

(5) 植筋后拉拔试验合格。

(6) 多水房间在砌筑前墙下做出不小于 150mm 高的混凝土翻梁。

(7) 按块材的吸水特性，需要浇水湿润的块材应提前 1～2d 进行浇水湿润，含水量应满足现行国家标准《砌体结构工程施工质量验收规范》GB 50203 的相关规定。

(8) 施工人员已经接受进场三级安全教育，并且学习施工技术、安全交底内容。

24.3 砌筑砂浆

24.3.1 原材料要求

(1) 水泥：水泥宜采用通用硅酸盐水泥或砌筑水泥，且应符合现行国家标准《通用硅酸盐水泥》GB 175 和《砌筑水泥》GB/T 3183 的规定。

水泥进场使用前，应分别对其强度、安定性进行复验。检验批应以同一生产厂家、同一编号为一批；不同品种的水泥，不得混合使用。

(2) 砂：砂宜用过筛中砂，毛石砌体宜用粗砂。砂浆用砂不得含有有害物质。

(3) 石灰膏：配制水泥石灰砂浆时，不得采用脱水硬化的石灰膏。

(4) 粉煤灰：粉煤灰宜采用干排灰，进场使用前，应检查出厂合格证。砌体砂浆宜根据施工要求选用不同级别的粉煤灰。

(5) 生石灰及生石灰粉：建筑生石灰及建筑生石灰粉保管时应分类、分等级存放在干燥的仓库内，且不宜长期贮存。

(6) 水：水质应符合现行行业标准《混凝土用水标准》JGJ 63 的规定。

(7) 外加剂：凡在砂浆中掺入有机塑化剂、早强剂、缓凝剂、防冻剂等，应经检验和试配符合要求后，方可使用。

24.3.2 砂浆技术条件

水泥砂浆及预拌砌筑砂浆的强度等级宜采用 M30、M25、M20、M15、M10、M7.5、M5；水泥混合砂浆的强度等级宜采用 M15、M10、M7.5、M5。

水泥砂浆拌合物的表观密度不宜小于 $1900kg/m^3$；水泥混合砂浆及预拌砌筑砂浆拌合物的表观密度不宜小于 $1800kg/m^3$。

砌筑砂浆的保水率应符合表 24-7 的要求。

砌筑砂浆的保水率（%） **表 24-7**

砂浆种类	保水率
水泥砂浆	≥80
水泥混合砂浆	≥84
预拌砌筑砂浆	≥88

水泥砂浆的水泥用量不应小于 $200kg/m^3$，水泥混合砂浆中水泥和石灰膏、电石膏总量不应小于 $350kg/m^3$，预拌砌筑砂浆的水泥和其他胶凝材料用量不应小于 $200kg/m^3$。

有抗冻要求的砌体工程，砌筑砂浆应进行冻融试验，其质量损失率不得大于 5%，抗压强度损失率不得大于 25%，当设计有要求时应符合设计规定。

施工中当采用水泥砂浆代替水泥混合砂浆时，应重新确定砂浆强度等级。不同种类的砌筑砂浆不得混合使用。

24.3.3 砂浆配合比的计算与确定

砌筑砂浆应通过试配确定配合比。当砌筑砂浆的组成材料有变更时，其配合比应重新确定。

24.3.3.1 水泥混合砂浆配合比计算

水泥混合砂浆配合比计算，应按下列步骤进行：

1. 计算砂浆试配强度 $f_{m,0}$

砂浆的试配强度应按下式计算：

$$f_{m,0} = kf_2 \tag{24-1}$$

式中 $f_{m,0}$——砂浆的试配强度，精确至 0.1MPa；

f_2——砂浆强度等级值，精确至 0.1MPa；

k——系数，按表 24-8 取用。

砂浆强度标准差 σ 及 k 值（MPa）　表 24-8

施工水平 强度等级	强度标准差 σ（MPa）							k
	M5	M7.5	M10	M15	M20	M25	M30	
优良	1.00	1.50	2.00	3.00	4.00	5.00	6.00	1.15
一般	1.25	1.88	2.50	3.75	5.00	6.25	7.50	1.20
较差	1.50	2.25	3.00	4.50	6.00	7.50	9.00	1.25

当有统计资料时，施工水平可通过砂浆强度标准差 σ（精确至 0.01MPa）确定，其中砂浆强度标准差 σ 应按下式计算

$$\sigma = \sqrt{\frac{\sum_{i=1}^{n} f_{m,i}^{2} - n\mu_{fm}^{2}}{n-1}} \tag{24-2}$$

式中　$f_{m,i}$——统计周期内同一品种砂浆第 i 组试件的强度（MPa）；

μ_{fm}——统计周期内同一品种砂浆 n 组试件强度的平均值（MPa）；

n——统计周期内同一品种砂浆试件的总组数，$n \geqslant 25$。

当无统计资料时，可结合施工单位以往资料分析得到的标准差，确定其施工水平与 k 值。

2. 计算水泥用量 Q_C

每立方米砂浆中的水泥用量，应按下式计算

$$Q_C = \frac{1000(f_{m,0} - \beta)}{\alpha \times f_{ce}} \tag{24-3}$$

式中　Q_C——每立方米砂浆的水泥用量，精确至 1kg；

f_{ce}——水泥的实测强度，精确至 0.1MPa；

$f_{m,0}$——砂浆的试配强度，精确至 0.1MPa；

α、β——砂浆的特征系数，其中 $\alpha = 3.03$，$\beta = -15.09$。

在无法取得水泥的实测强度时，可按下式计算 f_{ce}

$$f_{ce} = \gamma_c \cdot f_{ce,k} \tag{24-4}$$

式中　$f_{ce,k}$——水泥强度等级值（MPa）；

γ_c——水泥强度等级值的富余系数，宜按实际统计资料确定；无统计资料时 γ_c 可取 1.0。

3. 计算石灰膏用量 Q_D

水泥混合砂浆的石灰膏用量应按下式计算

$$Q_D = Q_A - Q_C \tag{24-5}$$

式中　Q_D——每立方米砂浆的石灰膏用量，精确至 1kg；石灰膏使用时的稠度宜为 (120±5)mm；

Q_C——每立方米砂浆的水泥用量，精确至 1kg；

Q_A——每立方米砂浆中水泥和石灰膏的总量，精确至 1kg；可为 350kg。

4. 确定砂用量 Q_S

每立方米砂浆中的砂用量，应按干燥状态（含水率小于 0.5%）的堆积密度值作为计算值（kg）。

5. 用水量 Q_W

每立方米砂浆中的用水量，可根据砂浆稠度等要求选用 210～310kg。用水量中不包括石灰膏中的水。当采用细砂或粗砂时，用水量分别取上限或下限；砂浆稠度小于 70mm 时，用水量可小于下限；施工现场气候炎热或干燥季节，可酌量增加用水量。

24.3.3.2 水泥砂浆配合比选用

水泥砂浆材料用量可按表 24-9 选用。

水泥砂浆材料用量（kg/m^3） **表 24-9**

强度等级	水泥用量	砂用量	用水量
M5	200～230	砂的堆积密度值	270～330
M7.5	230～260		
M10	260～290		
M15	290～330		
M20	340～400		
M25	360～410		
M30	430～480		

注：1. M15 及 M15 以下强度等级水泥为 32.5 级，M15 以上水泥为 42.5 级；
2. 根据施工水平合理选择水泥用量；
3. 当采用细砂或粗砂时，用水量分别取上限或下限；
4. 稠度小于 70mm 时，用水量可小于下限；
5. 施工现场气候炎热或干燥季节，可酌量增加用水量。

24.3.3.3 配合比试配、调整与确定

试配时应采用工程中实际使用的材料，并采用机械搅拌。搅拌时间应自投料结束算起，对水泥砂浆和水泥混合砂浆，不得少于 120s；对掺用粉煤灰和外加剂的砂浆，不得少于 180s。

按计算或查表所得配合比进行试拌时，应测定砂浆拌合物的稠度和保水率，当不能满足要求时，应调整材料用量，直到符合要求为止。然后确定为试配时的砂浆基准配合比。

试配时至少应采用三个不同的配合比，其中一个为基准配合比，其他配合比的水泥用量应按基准配合比分别增加及减少 10%。在保证稠度、保水率合格的条件下，可将用水量或掺合料用量作相应调整。

对三个不同的配合比进行调整后，应按规定对成型试件的砂浆强度进行测定后，选定符合试配强度要求且水泥用量最小的配合比作为砂浆配合比。

24.3.3.4 砂浆配合比计算实例

试计算 M7.5 水泥石灰砂浆配合比。水泥 P·O42.5 级；石灰膏稠度 120mm；中砂堆积密度 $1450kg/m^3$；施工水平一般。

1. 计算砂浆试配强度 $f_{m,0}$

$$f_{m,0} = f_2 + 0.645\sigma = 7.5 + 0.645\sigma = 7.5 + 0.645 \times 1.88 = 8.7\ (\text{MPa})$$

2. 计算水泥用量 Q_C

$$Q_C=\frac{1000\times(f_{m,0}-\beta)}{\alpha\times f_{ce}}=\frac{1000\times(8.7+15.09)}{3.03\times1\times42.5}=185\ (kg)$$

注：按现行标准《砌筑砂浆配合比设计规程》要求，β 取 -15.09。

3. 计算石灰膏用量 Q_D

$$Q_D=Q_A-Q_C=340-185=155\ (kg)$$

4. 确定砂用量 Q_S

$$Q_S=1450\ (kg)$$

5. 选用用水量 Q_W

$$Q_W=280\ (kg)$$

水泥石灰砂浆配合比（水：水泥：石灰膏：砂）为 280：185：155：1450。

以水泥为 1，配合比为 1.51：1：0.84：7.84。

24.3.4　非烧结块材砌体专用砌筑砂浆

由于混凝土小型空心砌块、混凝土砖、蒸压硅酸盐砖及蒸压加气混凝土等非烧结块材不同于普通烧结块材的特殊性，施工中宜采用与块材特性相适应的专用砌筑砂浆，以确保非烧结块材砌体结构的质量与安全。

专用砌筑砂浆的强度等级不应低于 M5（Ma5、Mb5、Ms5）；室内地坪以下及潮湿环境砌体的砂浆强度等级不应低于 M10（Ma10、Mb10、Ms10）；配筋混凝土小型空心砌块砌体结构专用砌筑砂浆强度等级不应低于 Mb7.5。

用于承重砌体的有抗冻要求专用砌筑砂浆，砌筑砂浆应进行冻融试验，其质量损失率不得大于 5%，抗压强度损失率不得大于 25%。

混凝土小型空心砌块及蒸压加气混凝土砌块专用砌筑砂浆的工作性能应能保证竖缝面挂灰率大于 95%。

24.3.5　砂浆的拌制与使用

24.3.5.1　现场拌制砂浆

（1）砌体结构工程施工中，所用砌筑砂浆宜选用预拌砂浆，当采用现场拌制时，应按砌筑砂浆设计配合比配制，各组分材料应采用质量计量。在配合比计量过程中，水泥及各种外加剂配料的允许偏差为±2%；砂、粉煤灰、石灰膏配料的允许偏差为±5%。砂子计量时，应扣除其含水量对配料的影响。

（2）现场拌制砌筑砂浆时，应采用机械搅拌，搅拌时间自投料完起算，应符合下列规定：

1）水泥砂浆和水泥混合砂浆不应少于 120s。

2）水泥粉煤灰砂浆和掺用外加剂的砂浆不应少于 180s。

3）掺液体增塑剂的砂浆，应先将水泥、砂干拌混合均匀后，将混有增塑剂的拌合水倒入干混砂浆中继续搅拌；掺固体增塑剂的砂浆，应先将水泥、砂和增塑剂干拌混合均匀后，将拌合水倒入其中继续搅拌。从加水开始，搅拌时间不应少于 210s。

（3）现场搅拌的砂浆应随拌随用，拌制的砂浆应在3h内使用完毕；当施工期间最高气温超过30℃时，应在2h内使用完毕。对掺用缓凝剂的砂浆，其使用时间可根据其缓凝时间的试验结果确定。

24.3.5.2 预拌砂浆及专用砂浆

（1）干混砂浆及其他专用砂浆贮存期不应超过3个月；超过3个月的干混砂浆在使用前应重新检验，合格后使用。

（2）预拌砂浆及专用砂浆应按照产品说明书和施工要求进行拌和，不得随意增减用水量，其搅拌时间应符合有关技术标准或产品说明书的要求，砂浆使用时间应按厂方提供的说明书确定。

（3）砌体工程施工中，应对砌筑砂浆的稠度进行控制。稠度检验应采用现行行业标准《建筑砂浆基本性能试验方法标准》JGJ/T 70规定的方法。

24.3.6 砌筑砂浆取样及强度评定验收

24.3.6.1 砌筑砂浆试块强度验收合格标准

（1）砌筑砂浆的验收批，同一类型、强度等级的砂浆试块应不少于3组。当同一验收批只有1组或2组试块时，每组试块抗压强度的平均值应大于或等于设计强度等级值的1.1倍。砂浆强度应以标准养护，龄期为28d的试块抗压试验结果为准。

（2）抽检数量：每一检验批且不超过250m^{3}砌体的各种类型及强度等级的砌筑砂浆，每台搅拌机应至少抽检一次。验收批的预拌砂浆、砌筑专用砂浆抽检可为3组。

（3）同一验收批砂浆试块抗压强度平均值应大于或等于设计强度等级值的1.1倍；同一验收批砂浆试块抗压强度的最小一组平均值应大于或等于设计强度等级的0.85倍。

24.3.6.2 砂浆试块制作规定

（1）制作试块的稠度应与实际使用的稠度一致。

（2）湿拌砂浆应在卸料过程中的中间部位随机取样。

（3）现场拌制的砂浆，制作每组试块时应在同一搅拌盘内取样。同一搅拌盘内砂浆不得制作一组以上的砂浆试块。

24.4 砖砌体工程

24.4.1 砌筑用砖

24.4.1.1 烧结普通砖

1. 烧结普通砖的分类

烧结普通砖按主要原料分为烧结黏土砖（N）、烧结页岩砖（Y）和烧结粉煤灰砖（F）、建筑渣土砖（Z）、淤泥砖（U）、固体废弃物砖（G）。

2. 烧结普通砖的等级划分

烧结普通砖根据抗压强度分为MU30、MU25、MU20、MU15、MU10五个强度等级。

3. 技术要求

（1）烧结普通砖尺寸允许偏差应符合表24-10的规定。

烧结普通砖尺寸允许偏差（mm）　　表 24-10

公称尺寸	样本平均偏差	样本极差≤
240	±2.0	6.0
115	±1.5	5.0
53	±1.5	4.0

（2）烧结普通砖外观质量应符合表 24-11 的规定。

烧结普通砖外观质量（mm）　　表 24-11

<table>
<tr><th colspan="2">项目</th><th>指标</th></tr>
<tr><td colspan="2">两条面高度差≤</td><td>2</td></tr>
<tr><td colspan="2">弯曲≤</td><td>2</td></tr>
<tr><td colspan="2">杂质凸出高度≤</td><td>2</td></tr>
<tr><td colspan="2">缺棱掉角的三个破坏尺寸不得同时大于</td><td>5</td></tr>
<tr><td rowspan="2">裂纹长度≤</td><td>大面上宽度方向及其延伸至条面的长度</td><td>30</td></tr>
<tr><td>大面上长度方向及其延伸至顶面长度或条顶面上水平裂纹长度</td><td>50</td></tr>
<tr><td colspan="2">完整面不得少于</td><td>一条面和一顶面</td></tr>
</table>

注：为砌筑挂浆面施加的凹凸纹、槽、压花等不算作缺陷。

（3）烧结普通砖强度等级应符合表 24-12 的规定。

强度等级（MPa）　　表 24-12

强度等级	抗压强度平均值 $\bar{f}\geqslant$	强度标准值 $f_k\geqslant$
MU30	30.0	22.0
MU25	25.0	18.0
MU20	20.0	14.0
MU15	15.0	10.0
MU10	10.0	6.5

24.4.1.2　烧结多孔砖

1. 烧结多孔砖的分类

按主要原料分为黏土砖（N）、页岩砖（Y）、煤矸石砖（M）、粉煤灰砖（F）、淤泥砖（U）、固体废弃物砖（G）。

2. 烧结多孔砖的等级划分

（1）按强度等级划分为：烧结多孔砖根据抗压强度、强度标准值分为 MU30、MU25、MU20、MU15、MU10 五个强度等级。

（2）按密度等级划分为：1000、1100、1200、1300 四个等级。

3. 技术要求

（1）烧结多孔砖的尺寸允许偏差应符合表 24-13 的规定。

烧结多孔砖尺寸允许偏差（mm） 表 24-13

尺寸	样本平均偏差	样本极差≤
200～300	±2.5	8.0
100～200	±2.0	7.0
<100	±1.5	6.0

（2）烧结多孔砖的外观质量应符合表 24-14 的规定。

烧结多孔砖外观质量（mm） 表 24-14

项目		指标
完整面不得少于		一条面和一顶面
缺棱掉角的三个破坏尺寸不得同时大于		30
裂纹长度	大面（有孔面）上深入孔壁 15mm 以上宽度方向及其延伸到条面的长度不大于	80
	大面（有孔面）上深入孔壁 15mm 以上长度方向及其延伸到顶面的长度不大于	100
	条、顶面上的水平裂纹不大于	100
杂质在砖面上造成的凸出高度不大于		5

注：凡有下列缺陷之一者，不能称为完整面：
1. 缺损在条面或顶面上造成的破坏面尺寸同时大于 20mm×30mm；
2. 条面或顶面上裂纹宽度大于 1mm，其长度超过 70mm；
3. 压陷、焦花、粘底在条面或顶面上的凹陷或凸出超过 2mm，区域尺寸同时大于 20mm×30mm。

（3）强度等级

强度等级应符合表 24-15 的要求。

砖强度等级 表 24-15

强度等级	抗压强度平均值（MPa）$\overline{f}$≥	强度标准值（MPa）f_k≥
MU30	30.0	22.0
MU25	25.0	18.0
MU20	20.0	14.0
MU15	15.0	10.0
MU10	10.0	6.5

（4）孔形孔结构及孔隙率应符合表 24-16 的要求。

孔形孔结构及孔隙率 表 24-16

孔形	孔洞尺寸（mm）		最小外壁厚（mm）	最小肋厚（mm）	孔洞率（%）	孔洞排列
	孔宽度尺寸 b	孔长度尺寸 L				
矩形条孔或矩形孔	≤13	≤40	≥12	≥5	≥28	1. 所有孔宽应相等。孔采用单向或双向交错排列； 2. 孔洞排列上下、左右应对称，分布均匀，手抓孔的长度方向尺寸必须平行于砖的条面

注：1. 矩形孔的孔长 L、孔宽 b 满足式 $L \geqslant 3b$ 时，为矩形条孔；
2. 孔四个角应做成过渡圆角，不得做成直尖角；
3. 如设有砌筑砂浆槽，则砌筑砂浆槽不计算在孔洞率内；
4. 规格大的砖应设置手抓孔，手抓孔尺寸为（30～40)mm×(75～85)mm。

24.4.1.3　烧结空心砖

1. 烧结空心砖的分类

按照主要原料分为黏土空心砖（N）、页岩空心砖（Y）、煤矸石空心砖（M）、粉煤灰空心砖（F）、淤泥空心砖（U）、建筑渣土空心砖（Z）、其他固体废弃物空心砖（G）。

2. 烧结空心砖的规格

烧结空心砖的外形为直角六面体（图 24-1），混水墙用空心砖应在大面和条面上设有均匀分布的粉刷槽或类似结构，深度不小于 2mm。

烧结空心砖的长度、宽度、高度尺寸应符合下列要求：

1）长度规格尺寸（mm）：290，240，190，180（175），140；

2）宽度规格尺寸（mm）：190，180（175），140，115；

3）高度规格尺寸（mm）：180（175），140，115，90。

其他规格尺寸由供需双方协商确定。

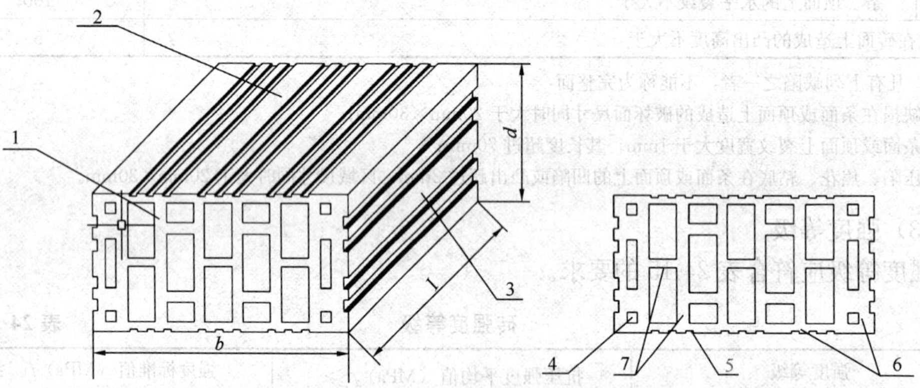

图 24-1　烧结空心砖

l—长度；*b*—宽度；*d*—高度

1—顶面；2—大面；3—条面；4—壁孔；5—粉刷槽；6—外壁；7—肋

3. 烧结空心砖的等级划分

1）按抗压强度分为 MU10、MU7.5、MU5、MU3.5。

2）按体积密度等级分为 800 级、900 级、1000 级、1100 级。

4. 技术要求

（1）烧结空心砖尺寸允许偏差应符合表 24-17 的规定。

烧结空心砖尺寸允许偏差（mm）　　**表 24-17**

尺寸	样本平均偏差	样本极差≤
>200～290	±2.5	6.0
100～200	±2.0	5.0
<100	±1.7	4.0

（2）烧结空心砖外观质量应符合表 24-18 的规定。

烧结空心砖外观质量（mm） 表 24-18

项目		指标
弯曲不大于		4
缺棱掉角的三个破坏尺寸不得同时大于		30
垂直度差不大于		4
未贯穿裂纹长度	① 大面上宽度方向及其延伸到条面的长度不大于	100
	② 大面上长度方向或条面上水平方向的长度不大于	120
贯穿裂纹长度不大于	① 大面上宽度方向及其延伸到条面的长度不大于	40
	② 壁、肋沿长度方向、宽度方向及其水平方向的长度不大于	40
肋、壁内残缺长度不大于		40
完整面不少于		一条面或一大面

注：凡有下列缺陷之一者，不能称为完整面：

1. 缺损在大面、条面上造成的破坏面尺寸同时大于 20mm×30mm；
2. 大面、条面上裂纹宽度大于 1mm，其长度超过 70mm；
3. 压陷、粘底、焦花在大面、条面上的凹陷或凸出超过 2mm，区域尺寸同时大于 20mm×30mm。

（3）烧结空心砖的强度应符合表 24-19 的规定。

烧结空心砖强度 表 24-19

强度等级	抗压强度（MPa）		
	抗压平均值（MPa）$\bar{f}\geqslant$	变异系数 $\delta\leqslant0.21$	变异系数 $\delta>0.21$
		强度标准值（MPa）$f_k\geqslant$	单块最小抗压强度值（MPa）$f_{min}\geqslant$
MU10	10.0	7.0	8.0
MU7.5	7.5	5.0	5.8
MU5	5.0	3.5	4.0
MU3.5	3.5	2.5	2.8

24.4.1.4 蒸压灰砂砖

1. 蒸压灰砂砖的分类

根据蒸压灰砂砖的颜色分为：彩色、本色。

2. 蒸压灰砂砖的等级划分

（1）蒸压灰砂砖按照抗压强度分为 MU25、MU20、MU15、MU10 四级。

（2）根据尺寸偏差和外观质量、强度及抗冻性分为：

1）优等品（A）。

2）一等品（B）。

3）合格品（C）。

3. 技术要求

（1）尺寸允许偏差和外观质量

尺寸偏差和外观应符合表 24-20 的规定。

尺寸允许偏差和外观质量　　表 24-20

项目			指标		
			优等品	一等品	合格品
尺寸允许偏差（mm）	长度	L	±2	±2	±3
	宽度	B	±2		
	高度	H	±1		
缺棱掉角	个数，不多于（个）		1	1	2
	最大尺寸不得大于（mm）		10	15	20
	最小尺寸不得大于（mm）		5	10	10
对应高度差不得大于（条）			1	2	3
裂纹	条数不多于（条）		1	1	2
	大面上宽度方向及其延伸到条面的长度不得大于（mm）		20	50	70
	大面上长度方向及其延伸到顶面上的长度或条、顶面水平裂纹长度不得大于（mm）		30	70	100

（2）颜色

颜色应基本一致，无明显色差，但对本色灰砂砖不作要求。

（3）抗压强度和抗折强度

抗压强度和抗折强度应符合表 24-21 的规定。

抗压强度和抗折强度　　表 24-21

强度级别	抗压强度（MPa）		抗折强度（MPa）	
	平均值不小于	单块值不小于	平均值不小于	单块值不小于
MU25	25.0	20.0	5.0	4.0
MU20	20.0	16.0	4.0	3.2
MU15	15.0	12.0	3.3	2.6
MU10	10.0	8.0	2.5	2.0

24.4.1.5　蒸压灰砂多孔砖

1. 规格

规格见表 24-22。

公称尺寸（mm）　　表 24-22

长	宽	高
240	115	90
240	115	115

注：1. 经供需双方协商可生产其他规格的产品；

2. 对于不符合表中尺寸的砖，用长×宽×高的尺寸表示。

2. 产品等级

(1) 按抗压强度分为MU30、MU25、MU20、MU15四个强度等级。

(2) 按尺寸允许偏差和外观质量将产品分为优等品（A）和合格品（C）。

3. 技术要求

(1) 尺寸允许偏差应符合表24-23的规定。

蒸压灰砂多孔砖尺寸允许偏差（mm） **表24-23**

尺寸	优等品		合格品	
	样本平均偏差	样本极差≤	样本平均偏差	样本极差≤
长度	±2.0	4	±2.5	6
宽度	±1.5	3	±2.0	5
高度	±1.5	2	±1.5	4

(2) 外观质量

外观质量应符合表24-24的规定。

外观质量 **表24-24**

项目		指标	
		优等品	合格品
缺棱掉角	最大尺寸（mm）≤	10	15
	大于以上尺寸的缺棱掉角个数（个）≤	0	1
裂纹长度	大面上宽度方向及其延伸到条面的长度（mm）≤	20	50
	大面上长度方向及其延伸到顶面上的长度方向及其延伸到顶面的水平裂纹长度（mm）≤	30	70
	大于以上尺寸的裂纹条数（条）≤	0	1

(3) 孔形、孔洞率及孔洞结构

孔洞排列上下左右应对称，分布均匀；圆孔直径不大于22mm；非圆孔内切圆直径不大于15mm；孔洞外壁厚度不小于10mm；肋厚度不小于7mm；孔洞率不小于25%。

(4) 强度等级

强度等级应符合表24-25的规定。

强度等级 **表24-25**

强度级别	抗压强度（MPa）	
	平均值≥	单块最小值≥
MU30	30.0	24.0
MU25	25.0	20.0
MU20	20.0	16.0
MU15	15.0	12.0

24.4.1.6 蒸压粉煤灰砖

1. 规格

蒸压粉煤灰砖的外形为直角六面体，公称尺寸为：240mm×115mm×53mm。其他规格尺寸由供需双方协商后确定。

2. 等级

按强度分为MU30、MU25、MU20、MU15、MU10五个等级。

3. 技术要求

(1) 外观质量和尺寸偏差

外观质量和尺寸偏差应符合表24-26的要求。

外观质量和尺寸偏差　　**表24-26**

项目名称			技术指标
外观质量	缺棱掉角	个数不应大于（个）	≤2
		三个方向投影尺寸的最大值（mm）	≤15
	裂纹	裂纹延伸的投影尺寸累计（mm）	≤20
	层裂		不允许
尺寸偏差	长度（mm）		+2，−1
	宽度（mm）		±2
	高度（mm）		+2，−1

(2) 强度等级

强度等级应符合表24-27的规定。

强度等级　　**表24-27**

强度等级	抗压强度（MPa）		抗折强度（MPa）	
	平均值	单块最小值	平均值	单块最小值
MU30	≥30.0	≥24.0	≥4.8	≥3.8
MU25	≥25.0	≥20.0	≥4.5	≥3.6
MU20	≥20.0	≥16.0	≥4.0	≥3.2
MU15	≥15.0	≥12.0	≥3.7	≥3.0
MU10	≥10.0	≥8.0	≥2.5	≥2.0

24.4.1.7　蒸压粉煤灰多孔砖

1. 规格

蒸压粉煤灰多孔砖一般为直角六面体，其长度、宽度、高度应符合表24-28的规定。

蒸压粉煤灰多孔砖规格表　　**表24-28**

长度（L）	宽度（B）	高度（H）
360、330、290、240、190、140	240、190、115、90	115、90

注：经供需双方协商可生产其他规格的产品。

2. 等级

按强度等级划分为MU25、MU20、MU15三个等级。

3. 技术要求

（1）外观质量及允许偏差

外观质量及允许偏差应符合表 24-29 的规定。

外观质量及允许偏差 **表 24-29**

项目名称			技术指标
外观质量	缺棱掉角	个数不应大于（个）	2
		三个方向投影尺寸的最大值应不大于（mm）	15
	裂纹	裂纹延伸的投影尺寸累计应不大于（mm）	20
	弯曲应不大于（mm）		1
	层裂		不允许
尺寸偏差	长度（mm）		+2，−1
	宽度（mm）		+2，−1
	高度（mm）		±2

（2）孔洞率不应小于 25％，不大于 35％。

（3）强度等级应符合表 24-30 的规定。

强度等级 **表 24-30**

强度等级	抗压强度（MPa）		抗折强度（MPa）	
	五块平均值≥	单块最小值≥	五块平均值≥	单块最小值≥
MU15	15.0	12.0	3.8	3.0
MU20	20.0	16.0	5.0	4.0
MU25	25.0	20.0	6.3	5.0

24.4.1.8 混凝土实心砖

1. 混凝土实心砖规格

砖主规格尺寸为：240mm×115mm×53mm。其他规格由供需双方协商确定。

2. 混凝土实心砖的等级划分

（1）按混凝土自身的密度分为 A 级、B 级和 C 级三个密度等级。

（2）按抗压强度分为 MU40、MU35、MU30、MU25、MU20、MU15 六个等级。

3. 技术要求

（1）尺寸偏差

尺寸偏差应符合表 24-31 的规定。

尺寸偏差（mm） **表 24-31**

项目名称	标准值
长度	−1～+2
宽度	−2～+2
高度	−1～+2

（2）外观质量应符合表 24-32 的规定。

外观质量　表 24-32

项目名称	标准值（mm）
成形面高度差不大于	2
弯曲不大于	2
缺棱掉角的三个方向投影尺寸不得同时大于	10
裂纹长度的投影尺寸不大于	20
完整面不得少于	一条面和一顶面

注：凡有下列缺陷之一者，不得称为完整面：

1. 缺损在条面或顶面上造成的破坏尺寸同时大于 10mm×10mm；
2. 条面或顶面上裂纹宽度大于 1mm，其长度超过 30mm。

（3）抗压强度等级应符合表 24-33 的规定。

抗压强度等级　表 24-33

强度等级	抗压强度（MPa）	
	平均值≥	单块最小值≥
MU40	40.0	35.0
MU35	35.0	30.0
MU30	30.0	26.0
MU25	25.0	21.0
MU20	20.0	16.0
MU15	15.0	12.0

密度等级为 B 级和 C 级的砖，其强度等级应不小于 MU15；密度等级为 A 级的砖，其强度等级应不小于 MU20。

24.4.1.9　混凝土多孔砖

1. 等级

（1）按其尺寸偏差、外观质量分为：一等品（B）及合格品（C）。

（2）按抗压强度等级分为：MU15、MU20、MU25 三个等级。

2. 混凝土多孔砖的规格

混凝土多孔砖的外形为直角六面体，常用砖型的规格尺寸见表 24-34。

规格尺寸　表 24-34

长度（mm）	宽度（mm）	高度（mm）
360、290、240、190、140	240、190、115、90	115、90

3. 技术要求

（1）规格尺寸与允许偏差

尺寸与允许偏差应见表 24-35。

尺寸与允许偏差　表 24-35

项目名称	技术指标（mm）
长度	+2，−1
宽度	+2，−1
高度	±2

其外壁最小厚度不应小于 15mm，最小肋厚不应小于 10mm。

（2）外观质量

外观质量应符合表 24-36 的规定。

外观质量　表 24-36

项目名称		技术指标
弯曲（mm）		≤1
缺棱掉角	个数（个）	≤2
	三个方向投影尺寸的最小值（mm）	≤15
裂纹延伸投影尺寸累计（mm）		≤20

（3）孔洞排列

孔洞排列应符合表 24-37 的规定。

孔洞排列　表 24-37

孔形	孔洞率	孔洞排列
矩形孔或矩形条孔	大于等于 30%	多排、有序交错排列
矩形孔或其他孔形		条面方向至少 2 排以上

（4）强度等级

强度等级应符合表 24-38 的规定。

强度等级　表 24-38

强度等级	抗压强度（MPa）	
	平均值≥	单块最小值≥
MU15	15.0	12.0
MU20	20.0	16.0
MU25	25.0	20.0

24.4.2　砖砌体砌筑

24.4.2.1　普通砖砌体

1. 砖基础

（1）砖基础的结构构造

砖基础的下部为大放脚、上部为基础墙。

大放脚有等高式和间隔式。等高式大放脚是每砌两皮砖，两边各收进 1/4 砖长（60mm）；间隔式大放脚是每砌两皮砖及一皮砖，轮流两边各收进 1/4 砖长（60mm），最下面应为两皮砖（图 24-2）。

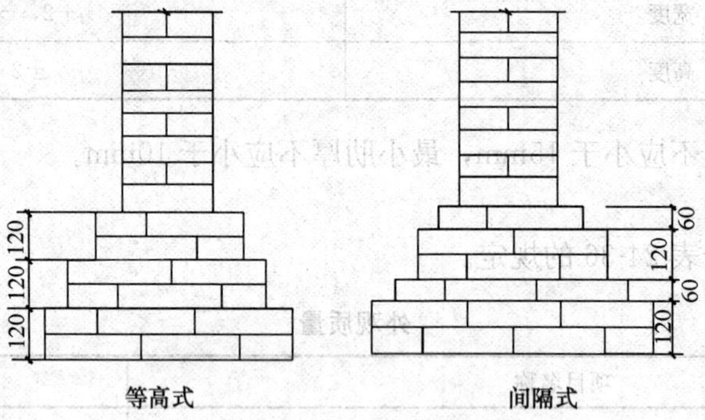

图 24-2　砖基础大放脚形式

（2）砖基础砌筑方法的种类及砌筑标准要求

1）砖基础大放脚一般采用一顺一丁砌筑形式，即一皮顺砖与一皮丁砖相间，上下皮垂直灰缝相互错开 60mm。

2）砖基础的转角处、交接处，为错缝需要应加砌配砖（3/4 砖、半砖或 1/4 砖）。

图 24-3 是底宽为 2 砖半等高式砖基础大放脚转角处分皮砌法。

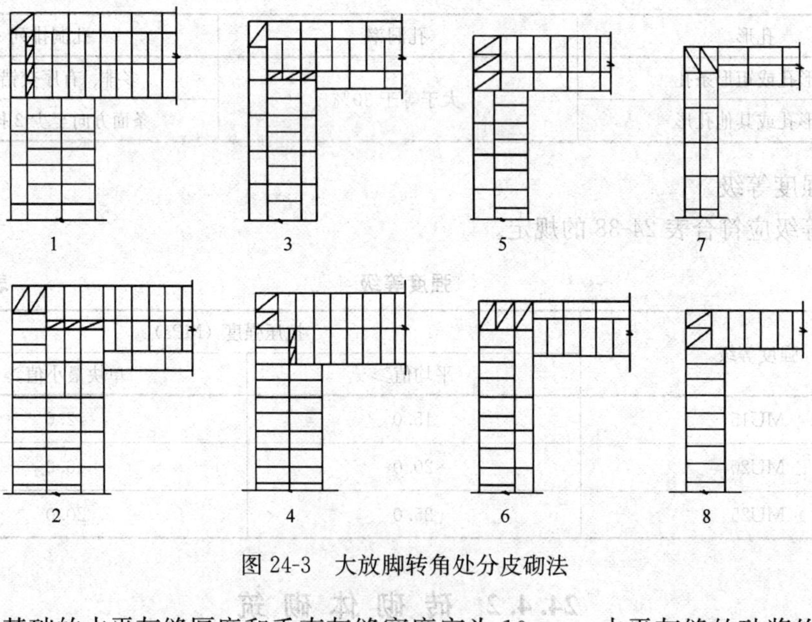

图 24-3　大放脚转角处分皮砌法

3）砖基础的水平灰缝厚度和垂直灰缝宽度宜为 10mm。水平灰缝的砂浆饱满度不得小于 80%。

4）砖基础底标高不同时，应从低处砌起，并应由高处向低处搭砌。当设计无要求时，搭砌长度不应小于砖基础大放脚的高度（图 24-4）。

5）砖基础的转角处和交接处应同时砌筑，当不能同时砌筑时，应留置斜槎。

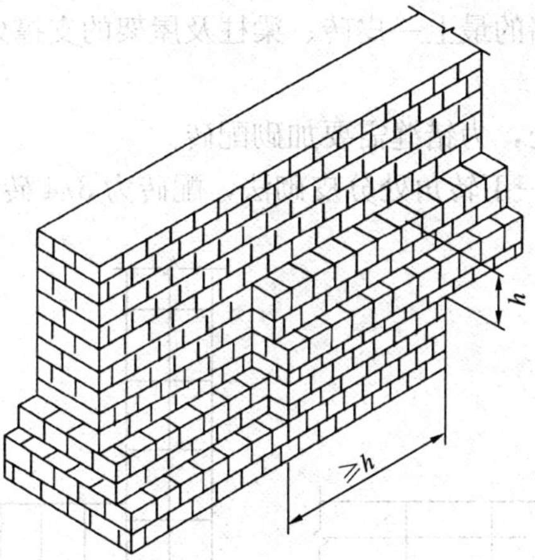

图 24-4 基底标高不同时，砖基础的搭砌

（3）基础墙的防潮层的设置要求

基础墙的防潮层，当设计无具体要求，宜用 1∶2 水泥砂浆加适量防水剂铺设，其厚度宜为 20mm；防潮层位置宜在室内地面标高以下一皮砖处。

2. 砖墙

（1）清水墙用砖的选用规定

清水墙用砖的品种、强度等级必须符合设计要求，并有出厂合格证或试验单。清水墙的砖应棱角整齐，无弯曲、裂纹、颜色均匀、规格一致。

（2）砖墙的砌筑方式

砖墙根据其厚度不同，可采用全顺、一顺一丁、梅花丁或三顺一丁的砌筑形式（图 24-5）。

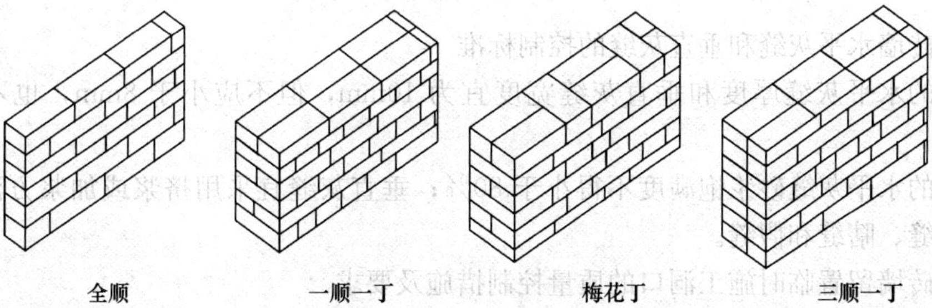

图 24-5 砖墙砌筑形式

全顺：各皮砖均顺砌，上下皮垂直灰缝相互错开半砖长（120mm），适合砌半砖厚（115mm）墙。

一顺一丁：一皮顺砖与一皮丁砖相间，上下皮垂直灰缝相互错开 1/4 砖长。

梅花丁：同皮中顺砖与丁砖相间，丁砖的上下均为顺砖，并位于顺砖中间，上下皮垂直灰缝相互错开 1/4 砖长。

三顺一丁：三皮顺砖与一皮丁砖相间，顺砖与顺砖上下皮垂直灰缝相互错开 1/2 砖长；顺砖与丁砖上下皮垂直灰缝相互错开 1/4 砖长。

一砖厚承重墙的每层墙的最上一皮砖、梁柱及屋架的支撑处、砖墙的台阶水平面上及挑出层，应整砖丁砌。

砖墙的转角处、交接处，为错缝需要加砌配砖。

图 24-6 是一砖墙一顺一丁转角处分皮砌法，配砖为 3/4 砖，位于墙外角。

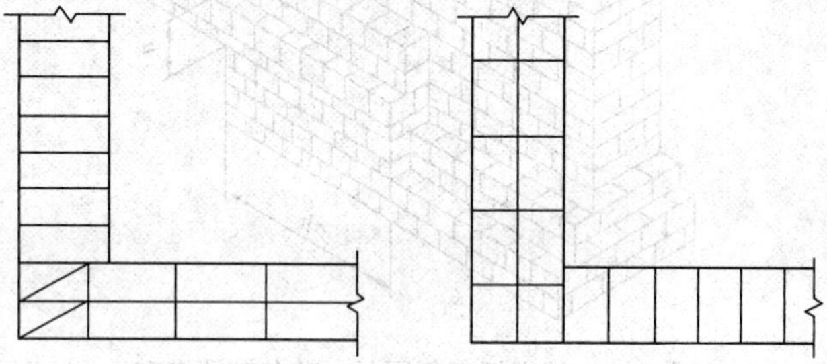

图 24-6　一砖墙一顺一丁转角处分皮砌法

图 24-7 是一砖墙一顺一丁交接处分皮砌法，配砖为 3/4 砖，位于墙交接处外面，仅在丁砌层设置。

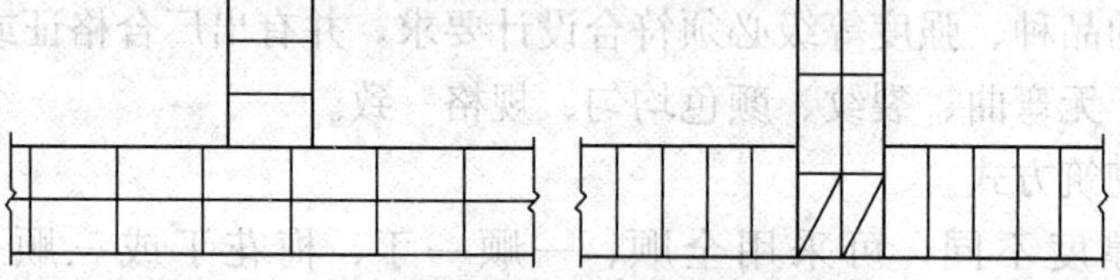

图 24-7　一砖墙一顺一丁交接处分皮砌法

（3）砖墙水平灰缝和垂直灰缝的控制标准

砖墙的水平灰缝厚度和垂直灰缝宽度宜为 10mm，但不应小于 8mm，也不应大于 12mm。

砖墙的水平灰缝砂浆饱满度不得小于 80%；垂直灰缝宜采用挤浆或加浆方法，不得出现透明缝、瞎缝和假缝。

（4）砖墙留置临时施工洞口的质量控制措施及要求

在墙上留置临时施工洞口，其侧边离交接处墙面不应小于 500mm，洞口净宽度不应超过 1m。临时施工洞口应做好补砌。

（5）禁止设置脚手眼的规定

不得在下列墙体或部位设置脚手眼：

1）半砖厚墙。

2）过梁上与过梁成 60°的三角形范围及过梁净跨度 1/2 的高度范围内。

3）宽度小于 1m 的窗间墙。

4）墙体门窗洞口两侧 200mm 和转角处 450mm 范围内。

5）梁或梁垫下及其左右 500mm 范围内。

6）设计不允许设置脚手眼的部位。

施工脚手眼补砌时，灰缝应填满砂浆，不得用干砖填塞。

(6) 设计要求的洞口、管道、沟槽的留设要求（机电安装工程的配合）

设计要求的洞口、管道、沟槽应于砌筑时正确留出或预埋，未经设计同意，不得打凿墙体和墙体上开凿水平沟槽。机电安装工程暗埋管线应进行深化设计。

(7) 设置过梁的要求

宽度超过 300mm 的洞口上部，应设置过梁。

(8) 每日砌筑高度的规定

砖墙每日砌筑高度宜控制在 1.5m 或一步脚手架高度内。

(9) 砖墙工作段留设的规定

砖墙工作段的分段位置，宜设在变形缝、构造柱或门窗洞口处；相邻工作段的砌筑高度不得超过一个楼层高度，也不宜大于 4m。

3. 砖柱

(1) 砖柱断截面尺寸范围的规定

砖柱截面宜为方形或矩形。最小截面尺寸为 240mm×365mm。

(2) 砖柱砌筑要求与砌筑方法类别

砖柱应选用整砖砌筑且应保证外表面上下皮垂直灰缝相互错开 1/4 砖长，砖柱内部少通缝，为错缝需要应加砌配砖，不得采用包心砌法。

图 24-8 是几种断面的砖柱分皮砌法。

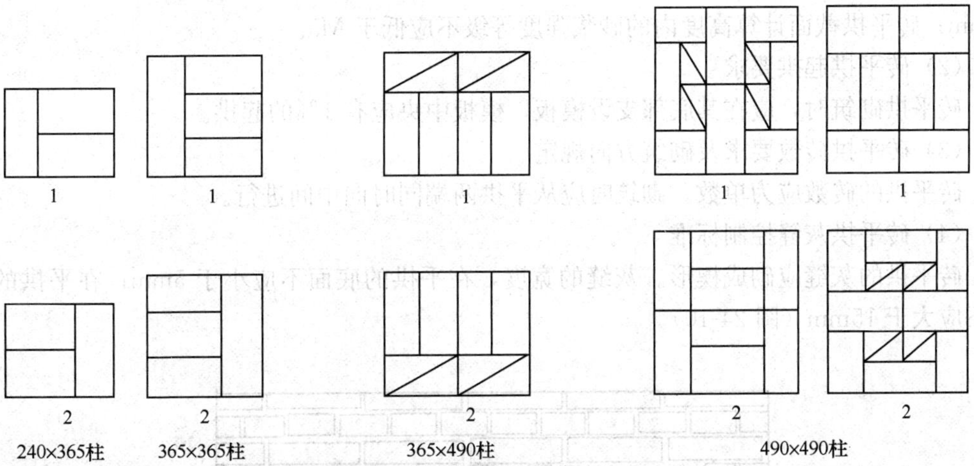

图 24-8 不同断截面砖柱分皮砌法

(3) 砖柱水平灰缝和垂直灰缝的尺寸范围与砂浆饱满度的规定

砖柱的水平灰缝厚度和垂直灰缝宽度宜为 10mm，但不应小于 8mm，也不应大于 12mm。砖柱水平灰缝的砂浆饱满度不得小于 90%。

成排截面砖柱，宜先砌成两端的砖柱，以此为准，拉准线砌中间部分砖柱，以保证各砖柱在同一水平线上，且皮数相同，水平灰缝厚度相同。

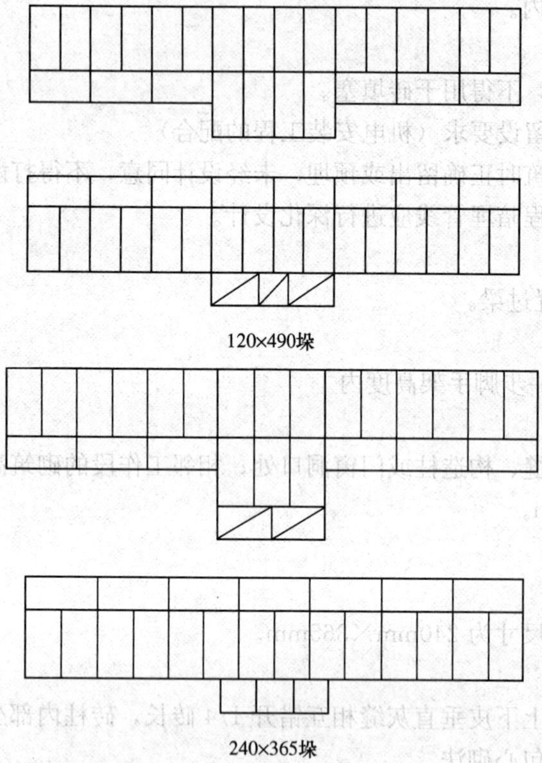

图 24-9 砖垛分皮砌法

4. 砖垛

(1) 砖垛最小断面尺寸规定

砖垛最小截面尺寸为 120mm×240mm。

(2) 砖垛搭砌要求

砖垛应与所附砖墙同时砌起且应隔皮与砖墙搭砌，搭砌长度不应小于 1/4 砖长。砖垛外表面上下皮垂直灰缝应相互错开 1/2 砖长，砖垛内部应尽量少通缝，为错缝需要应加砌配砖。

(3) 砖垛分皮砌法相关规定

图 24-9 是一砖半厚墙附 120mm×490mm 砖垛和附 240mm×365mm 砖垛的分皮砌法。

5. 砖平拱

(1) 砖平拱质量标准的规定

砖平拱质量应符合现行国家标准《砌体结构工程施工质量验收规范》GB 50203 的相关要求。砖平拱应用整砖侧砌，平拱高度不小于砖长（240mm）；砖平拱的拱脚下面应伸入墙内不小于 20mm；砖平拱截面计算高度内的砂浆强度等级不应低于 M5。

(2) 砖平拱起拱要求

砖平拱砌筑时，应在其底部支设模板，模板中央应有 1%的起拱。

(3) 砖平拱砖数要求及砌筑方向规定

砖平拱的砖数应为单数。砌筑时应从平拱两端同时向中间进行。

(4) 砖平拱灰缝控制标准

砖平拱的灰缝应砌成楔形。灰缝的宽度，在平拱的底面不应小于 5mm；在平拱的顶面不应大于 15mm（图 24-10）。

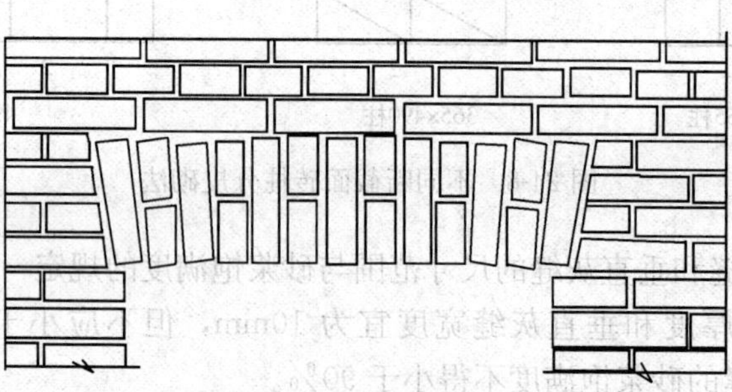

图 24-10 砖平拱

(5) 砖平拱拆模规定

砖平拱底部的模板，应在砂浆强度不低于设计强度 75%时，方可拆除。

(6) 砖平拱跨度规定

砖平拱的跨度不得超过 1.2m。

6. 构造柱

设置要求

构造柱的设置部位应在外墙四角、错层部位横墙与外纵墙交接处、较大洞口两侧，大房间内外墙交接处等。其设置原则应符合现行国家标准《建筑抗震设计标准》GB/T 50011、《砌体结构设计规范》GB 50003 中的相关规定。

24.4.2.2 多孔砖砌体

1. 砌筑清水墙多孔砖的选择

砌筑清水墙的多孔砖，应边角整齐、色泽均匀。

2. 多孔砖砌筑前预湿

在常温状态下，多孔砖应提前 1～2d 浇水湿润。砌筑时砖的含水率宜控制在 10%～15%。

3. 多孔砖墙的砌筑方法

(1) 对抗震设防地区的应采用“三一”砌砖法砌筑；对非抗震设防地区的多孔砖墙可采用铺浆法砌筑，铺浆长度不得超过 750mm；当施工期间最高气温高于 30℃时，铺浆长度不得超过 500mm。

(2) 方形多孔砖一般采用全顺砌法，多孔砖中手抓孔应平行于墙面，上下皮垂直灰缝相互错开半砖长。墙的转角处，应加砌配砖（半砖），配砖位于砖墙外角（图 24-11）。方形多孔砖墙的交接处，应隔皮加砌配砖（半砖），配砖位于砖墙交接处外侧（图 24-12）。

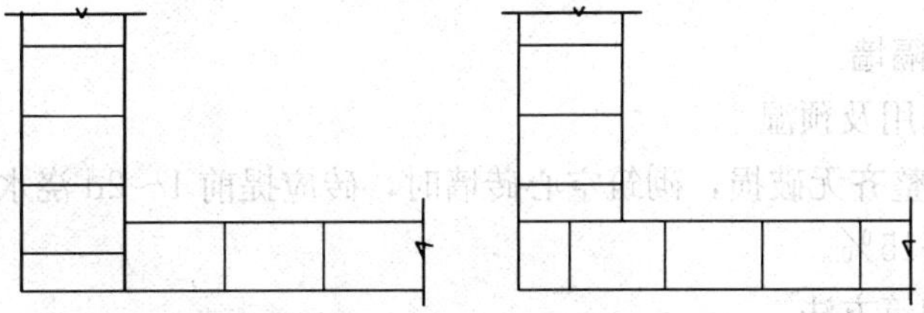

图 24-11 方形多孔砖墙转角砌法

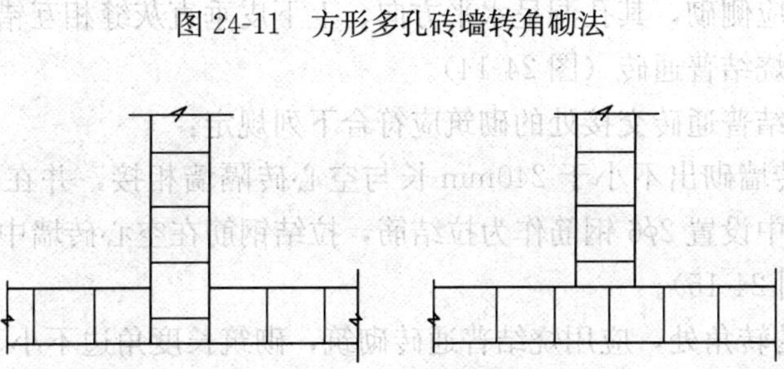

图 24-12 方形多孔砖墙交接处砌法

(3) 矩形多孔砖宜采用一顺一丁或梅花丁的砌筑形式，上下皮垂直灰缝相互错开 1/4 砖长（图 24-13）。矩形多孔砖墙的转角处和交接处砌法同烧结普通砖墙转角处和交接处相应砌法。

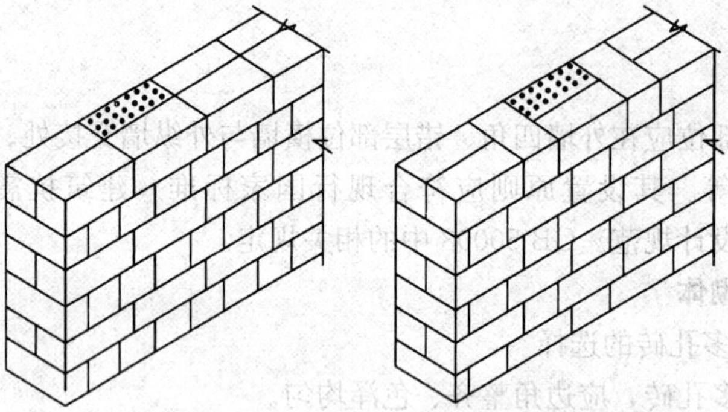

图 24-13　多孔砖墙砌筑形式

4. 多孔砖墙留设临时洞口的构造措施

施工中需在多孔砖墙中留设临时洞口，其侧边离交接处的墙面不应小于 0.5m；洞口顶部宜设置钢筋混凝土过梁。

5. 多孔砖墙脚手眼留设

多孔砖墙中留设脚手眼的规定同烧结普通砖墙中留设脚手眼的规定。

6. 多孔砖墙每日砌筑高度的规定

多孔砖墙每日砌筑高度宜控制在 1.5m 或一步脚手架高度内，雨天施工时，不宜超过 1.2m。

24.4.2.3　空心砖隔墙

1. 空心砖的选用及预湿

空心砖应边角整齐无破损，砌筑空心砖墙时，砖应提前 1～2d 浇水湿润，砌筑时砖的含水率宜为 10%～15%。

2. 空心砖墙砌筑方法

(1) 空心砖墙应侧砌，其孔洞呈水平方向，上下皮垂直灰缝相互错开 1/2 砖长。空心砖墙底部宜砌 3 皮烧结普通砖（图 24-14）。

空心砖墙与烧结普通砖交接处的砌筑应符合下列规定：

1) 应将普通砖墙砌出不小于 240mm 长与空心砖隔墙相接，并在隔两皮空心砖高在交接处的水平灰缝中设置 2ϕ6 钢筋作为拉结筋，拉结钢筋在空心砖墙中的长度不小于空心砖长加 240mm（图 24-15）。

2) 空心砖墙的转角处，应用烧结普通砖砌筑，砌筑长度角边不小于 240mm。

3) 空心砖墙砌筑不得留置斜槎或直槎，中途停歇时，应将墙顶砌平。在转角处、交接处，空心砖与普通砖应同时砌起。

(2) 空心砖墙中不得留置脚手眼；不得对空心砖进行砍凿。

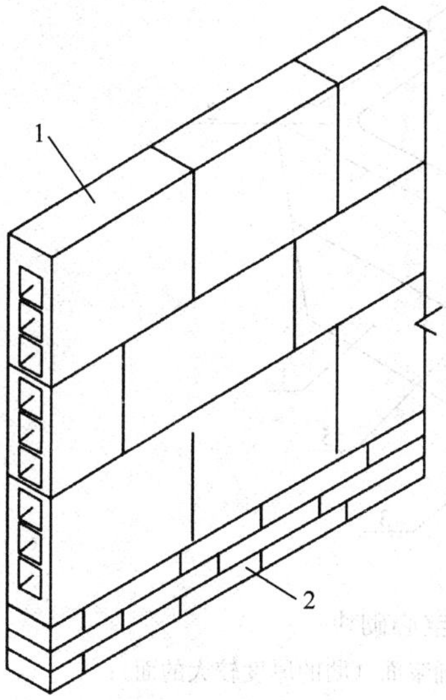

图 24-14 空心砖墙
1—空心砖；2—普通砖

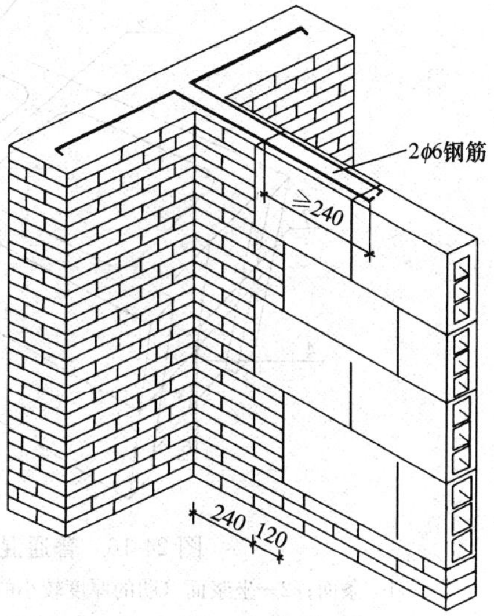

图 24-15 空心砖隔墙与普通砖墙交接

24.4.3 砖砌体质量验收

砖砌体施工过程中的质量检查应符合现行国家标准《砌体结构工程施工规范》GB 50924 及《砌体结构工程施工质量验收规范》GB 50203 的要求。

24.5 小砌块砌体工程

24.5.1 混凝土小砌块砌体

24.5.1.1 普通混凝土小型砌块

1. 分类

(1) 砌块按空心率分为空心砌块（空心率不小于 25%，代号：H）和实心砌块（空心率小于 25%，代号：S)。

(2) 砌块按使用时砌筑墙体的结构和受力情况，分为承重结构用砌块（代号：L，简称承重砌块)、非承重结构用砌块（代号：N，简称非承重砌块)。

2. 规格

混凝土小型空心砌块主规格尺寸为 390mm×190mm×190mm，有两个方形孔，最小外壁厚度不应小于 30mm，最小肋厚不应小于 25mm，其他规格尺寸可由供需双方协商(图 24-16)。

3. 等级划分

按砌块的抗压强度分级，见表 24-39。

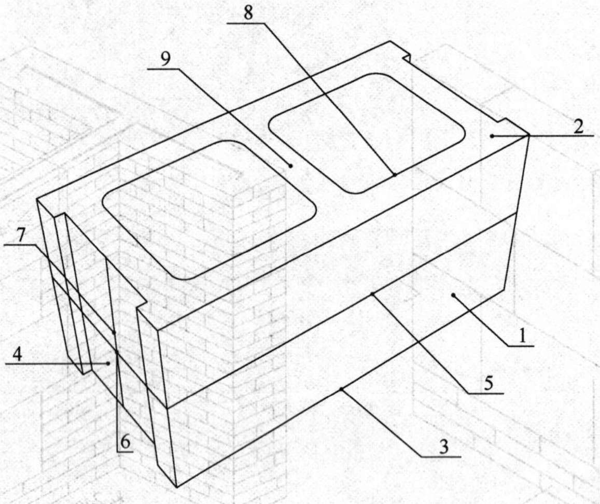

图 24-16　普通混凝土小型空心砌块

1—条面；2—坐浆面（肋的厚度较小的面）；3—铺浆面（肋的厚度较大的面）；4—顶面；5—长度（L）；6—宽度（B）；7—高度（H）；8—壁；9—肋

砌块的强度等级　　表 24-39

砌块种类	承重砌块	非承重砌块
空心砌块	MU25、MU20、MU15、MU10、MU7.5	MU10、MU7.5、MU5
实心砌块	MU40、MU35、MU30、MU25、MU20、MU15	MU20、MU15、MU10

按其尺寸偏差和外观质量分为优等品（A）、一等品（B）和合格品（C）三个质量等级。

4. 技术要求

（1）尺寸偏差

砌块的尺寸允许偏差应符合表 24-40 的规定。

尺寸允许偏差（mm）　　表 24-40

项目名称	技术指标
长度	±2
宽度	±2
高度	＋3、－2

（2）外观质量

砌块外观质量应符合表 24-41 的规定。

外观质量　　表 24-41

项目名称		技术指标
弯曲不大于		2mm
缺棱掉角	个数不超过	1 个
	三个方向投影尺寸的最大值不大于	20mm
裂纹延伸的投影尺寸累计不大于		30mm

(3) 强度等级

砌块的强度等级应符合表 24-42 的规定，承重墙体选用砌块最低强度等级为 MU7.5。

强度等级 表 24-42

强度等级	抗压强度（MPa）	
	平均值≥	单块最小值≥
MU40	40.0	32.0
MU35	35.0	28.0
MU30	30.0	24.0
MU25	25.0	20.0
MU20	20.0	16.0
MU15	15.0	12.0
MU10	10.0	8.0
MU7.5	7.5	6.0
MU5	5.0	4.0

24.5.1.2 混凝土小型空心砌块砌体构造要求

1. 一般构造要求

(1) 砌块房屋所用的材料，除应满足承载力计算要求外，对地面以下或防潮层以下的砌体、潮湿房间的墙，所用材料的最低强度等级尚应符合表 24-43 的要求。

地面以下或防潮层以下的墙体、潮湿房间墙所用材料的最低强度等级 表 24-43

基土潮湿程度	混凝土小砌块	水泥砂浆
稍潮湿的	MU7.5	Mb5
很潮湿的	MU10	Mb7.5
含水饱和的	MU15	Mb10

注：1. 砌块孔洞应采用强度等级不低于 C20 的混凝土灌实；
2. 对安全等级为一级或设计使用年限大于 50 年的房屋，表中材料强度等级应至少提高一级。

(2) 在墙体的下列部位，应采用 Cb20 混凝土灌实砌体的孔洞

1) 无圈梁和混凝土垫块的檩条和钢筋混凝土楼板支承面下的一皮砌块；

2) 未设置圈梁和混凝土垫块的屋架、梁等构件支承处，灌实宽度不应小于 600mm，高度不应小于 600mm 的砌块；

3) 挑梁支承面下，其支承部位的内外墙交接处，纵横各灌实 3 个孔洞，灌实高度不小于三皮砌块。

(3) 梁、屋架跨度超过一定范围时，应采取以下加强措施

1) 跨度大于 4.2m 的梁和跨度大于 6m 的屋架，其支承面下应设置混凝土或钢筋混凝土垫块。当墙中设有圈梁时，垫块宜与圈梁浇成整体。

2) 当大梁跨度大于 4.8m，且墙厚为 190mm 时，其支承处宜加设壁柱，或采取其他加强措施。

3) 跨度大于或等于 7.2m 的屋架或预制梁的端部，应采用锚固件与墙、柱上的垫块

锚固。

（4）小砌块墙与后砌隔墙交接处，应沿墙高每400mm在水平灰缝内设置不少于2ϕ4、横筋间距不大于200mm的焊接钢筋网片。

（5）山墙处的壁柱或构造柱，应砌至山墙顶部，且屋面构件应与山墙可靠拉结。

（6）在砌体中留槽洞及埋设管道时，应符合下列要求：

1）在截面长边小于500mm的承重墙体、独立柱内不得埋设管线。

2）墙体中应避免穿行暗线或预留、开凿水平沟槽；对于设计规定的洞口、管道、沟槽和预埋件应在砌筑时预留和预埋。

2. 夹心复合墙的构造要求

（1）夹心复合墙应符合下列要求：

1）混凝土小砌块的强度等级不应低于MU10。

2）夹层厚度不宜大于100mm。

3）有效面积应取承重或主叶墙的面积。

4）外叶墙的最大横向支承间距不宜大于9m。

（2）夹心复合墙叶墙间的连接应符合下列要求：

1）叶墙间的拉结件或钢筋网片应进行防腐处理，当采用热镀锌时，其镀层厚度不应小于290g/m^2，或采用具有等效防腐性能的其他材料涂层。

2）当采用环形拉结件时，钢筋直径不应小于4mm，当为Z形拉结件时，钢筋直径不应小于6mm；拉结件应沿竖向梅花形布置，拉结件的水平和竖向最大间距分别不宜大于800mm和600mm；对有振动或有抗震设防要求时，其水平和竖向最大间距分别不宜大于800mm和400mm。

3）当采用可调拉结件时，钢筋直径不应小于4mm，拉结件的水平和竖向最大间距均不宜大于400mm。

4）当采用钢筋网片作拉结件时，网片横向钢筋的直径不应小于4mm；其间距不应大于400mm；网片的竖向间距不宜大于600mm；对有振动或有抗震设防要求时，不宜大于400mm。

5）拉结件在叶墙上的搁置长度，不应小于叶墙厚度的2/3，不应小于60mm。

6）门窗洞口侧边300mm内应附加竖向间距不大于600mm的拉结件。

7）对安全等级为一级或使用年限大于50年的房屋，夹心墙叶墙间宜采用不锈钢拉结件。

（3）夹心复合墙拉结件或网片的选择应符合下列要求：

1）非抗震设防地区的多层房屋，或风荷载较小地区的高层的夹心复合墙可采用环形或Z形拉结件；风荷载较大地区的高层建筑房屋宜采用焊接钢筋网片。

2）抗震设防地区的砌体房屋（含高层建筑房屋）夹心复合墙应采用焊接钢筋网作为拉结件，焊接网应沿夹心复合墙连续通长设置，外叶墙至少有一根纵向钢筋。钢筋网片可计入内叶墙的配筋率，其搭接与锚固长度应符合有关规范的规定。

3. 圈梁、芯柱和构造柱构造要求

（1）钢筋混凝土圈梁应按下列要求设置：

1）多层房屋或比较空旷的单层房屋，应在基础部位设置一道现浇圈梁；当房屋建筑在软弱地基或不均匀地基上时，圈梁刚度应适当加强；设置墙梁的多层砌体结构房屋，应在托梁、墙梁顶面和檐口标高处设置现浇钢筋混凝土圈梁。

2）厂房、仓库、食堂等空旷单层房屋，当为砖砌体结构房屋时，檐口标高为5～8m时，应在檐口标高处设置圈梁一道；当檐口高度大于5m时，宜增设；当为砌块及料石砌体结构房屋时，檐口高度为4～5m时，应在檐口标高处设置圈梁一道；檐口高度大于5m时，宜增设；对有吊车或较大振动设备的单层工业房屋，当未采取有效的隔振措施时，除在檐口或窗顶标高处设置现浇混凝土圈梁外，尚应增加设置数量。

3）住宅、办公楼等多层砌体结构民用房屋，且层数为3～4层时，应在底层和檐口标高处各设置一道圈梁。当层数超过4层时，除应在底层和檐口标高处各设置一道圈梁外，至少应在所有纵、横墙上隔层设置。

4）采用现浇混凝土楼（屋）盖的多层砌块结构房屋，当层数超过5层时，除在檐口标高处设置一道圈梁外，可隔层设置圈梁，并与楼（屋）面板一起现浇。未设置圈梁的楼面板嵌入墙内的长度不应小于100mm，并沿墙长配置不少于2ϕ10的纵向钢筋。

5）多层砌体工业房屋，应每层设置现浇混凝土圈梁。

6）非现浇混凝土楼（屋）盖小砌块砌体房屋各楼层均应设置现浇钢筋混凝土圈梁，并按表24-44的要求设置。纵墙承重时，抗震横墙上的圈梁间距应比表内要求适当加密。现浇或装配整体式钢筋混凝土楼、屋盖与墙体有可靠连接的房屋，应允许不另设圈梁，但楼板沿抗震墙体周边均应加强配筋并应与相应的构造柱、芯柱钢筋可靠连接。有错层的多层小砌块砌体房屋，在错层部位的错层楼板位置应设置现浇钢筋混凝土圈梁。

小砌块砌体房屋现浇钢筋混凝土圈梁设置要求　　表24-44

墙类	烈度		
	6、7度	8度	9度
外墙和内纵墙	屋盖处及每层楼盖处	屋盖处及每层楼盖处	屋盖处及每层楼盖处
内横墙	屋盖处及每层楼盖处；屋盖处间距不应大于4.5m；楼盖处间距不应大于7.2m；构造柱对应部位	屋盖处及每层楼盖处；各层所有横墙，且间距不应大于4.5m；构造柱对应部位	屋盖处及每层楼盖处；各层所有横墙

（2）圈梁应符合下列构造要求：

1）圈梁宜连续地设在同一水平面上，并形成封闭状；当不能在同一水平面上闭合时，应增设附加圈梁，其搭接长度不应小于两倍圈梁间的垂直距离，且不应小于1m。

2）圈梁截面高度不应小于200mm，纵向钢筋数量不应少于4ϕ10，箍筋间距不应大于300mm，混凝土强度等级不应低于C20。

3）圈梁兼作过梁时，过梁部分的钢筋应按计算用量另行增配。

4）屋盖处圈梁应现浇，楼盖处圈梁可采用预制槽形底模整浇，槽形底模应采用不低于C20细石混凝土制作。

5）挑梁与圈梁相遇时，应整体现浇；当采用预制挑梁时，应采取措施，保证挑梁，圈梁和芯柱的整体连接。

（3）砌块房屋的构造柱应符合下列要求：

1）构造柱最小截面宜为190mm×190mm，纵向钢筋宜采用4ϕ12，箍筋间距不宜大于250mm，且在柱上下端应适当加密；6、7度时超过5层、8度时超过4层和9度时，构造柱纵向钢筋宜采用4ϕ14，箍筋间距不应大于200mm；外墙转角的构造柱应适当加大截面及配筋。

2）构造柱与砌块连接处宜砌成马牙槎，并应沿墙高每隔400mm设焊接钢筋网片（纵向钢筋数量不应少于2ϕ4，横筋间距不应大于200mm），伸入墙体不应小于600mm；与构造柱相邻的砌块孔洞，6度时宜填实，7度时应填实，8、9度时应填实并插筋1ϕ12。

3）与圈梁连接处的构造柱的纵筋应穿过圈梁，构造柱纵筋上下应贯通。

4）构造柱可不单独设置基础，但应伸入室外地面下500mm，或与埋深小于500mm的基础圈梁相连。

24.5.1.3 混凝土小型空心砌块砌体砌筑要点

（1）小砌块的自然养护龄期或蒸汽养护后的停放时间应确保28d。

（2）同一单位工程使用的小砌块应为同一厂家生产的产品，并须有产品合格证书和进场复验报告。

（3）小砌块孔洞内及块体内部复合的聚苯板或其他绝热保温材料的性能、密度、厚度、位置、数量应在厂内按小砌块墙体节能设计的要求进行插填或充填，不得歪斜或自行脱落，并列为复验检查项目。

（4）砌筑砂浆应具有良好的保水性，其保水率不得小于88%，砂浆稠度宜为50～70mm。

（5）小砌块基础砌体应采用水泥砂浆砌筑；地下室内部及室内地坪以上的小砌块墙体应采用水泥混合砂浆砌筑。施工中用水泥砂浆代替水泥混合砂浆，应按现行国家标准《砌体结构设计规范》GB 50003的规定执行。

（6）砌筑厚度大于190mm的小砌块墙体时，宜在墙体内外侧同时挂两根水平准线。

（7）小砌块在砌筑前与砌筑中均不应浇水，尤其是插填聚苯板或其他绝热保温材料的小砌块。当施工期间气候异常炎热干燥时，对无聚苯板或其他绝热保温材料的小砌块可在浇筑前洒水湿润。不得在雨天施工，小砌块表面有浮水时，不得使用。

（8）砌筑单排孔小砌块、多排孔封底小砌块、插填聚苯板或其他绝热保温材料的小砌块时，均应底面朝上反砌于墙上。

（9）小砌块墙内不得混砌黏土砖或其他墙体材料。镶砌时，应采用非标实心小砌块或与小砌块材料强度同等级的预制混凝土块。

（10）小砌块砌筑形式应每皮顺砌。当墙、柱（独立柱、壁柱）内设置芯柱时，小砌块必须对孔、错缝、搭砌，上下两皮小砌块搭砌长度应为195mm；当墙体设构造柱或使用多排孔小砌块及插填聚苯板或其他绝热保温材料的小砌块砌筑墙体时，应错缝搭砌，搭砌长度不应小于90mm。否则，应在此部位的水平灰缝中设ϕ4点焊钢筋网片。网片两端与该位置的竖缝距离不得小于400mm。墙体竖向通缝不得超过2皮小砌块，柱（独立柱、壁柱）宜为3皮。

（11）190mm厚的非承重小砌块墙体可与承重墙同时砌筑。小于190mm厚的非承重小砌块墙宜后砌，且应按设计要求从承重墙预留出不少于600mm长的2ϕ6@400拉结筋或ϕ4@400T（L）形点焊钢筋网片；当需同时砌筑时，小于190mm厚的非承重墙不得与设有芯柱的承重墙相互搭砌，但可与无芯柱的承重墙搭砌。两种砌筑方式均应在两墙交接处的水平灰缝中埋置2ϕ6@400拉结筋或ϕ4@400T（L）形点焊钢筋网片。

（12）小砌块采用内、外两排组砌时，应按下列要求进行施工：

1）当内、外两排小砌块之间插有聚苯板等绝热保温材料时，应采取隔皮（分层）交替对孔或错孔的砌筑方式，且上下相邻两皮小砌块在墙体厚度方向应搭砌，其搭砌长度不得小于90mm。否则，应在内、外两排小砌块的每皮水平灰缝中沿墙长铺设ϕ4点焊钢筋网片。

2）小砌块内、外两排组砌宜采用一顺一丁方式进行砌筑，但上下相邻两皮小砌块不得有通缝。

3）当内、外两排小砌块从墙底到墙顶均采取顺砌方式时，则应在内、外排小砌块的每皮水平灰缝中沿墙长铺设ϕ4点焊钢筋网片。

4）小砌块内、外两排之间的缝宽应为10mm，并与水平、垂直（竖）灰缝一致饱满。

（13）现浇圈梁、挑梁、楼板等构件时，支承墙的顶皮小砌块应正砌，其孔洞应预先用Cb20或C20混凝土填实至140mm高度，尚余50mm高的洞孔应与现浇构件同时浇灌密实。

（14）固定现浇圈梁、挑梁等构件侧模的水平拉杆、扁铁或螺栓所需的穿墙孔洞宜在砌体灰缝中预留，或采用设有穿墙孔洞的异型小砌块，不得在小砌块上打凿安装洞。内墙可利用侧砌的小砌块孔洞进行支模，模板拆除后应用Cb20或C20混凝土填实孔洞。

（15）在砌体中设置临时性施工洞口时，洞口净宽度不应超过1m。洞边离交接处的墙面距离不得小于600mm，并应在洞口两侧每隔2皮小砌块高度设置长度为600mm的ϕ4点焊钢筋网片及经计算的钢筋混凝土门过梁。临时施工洞口可预留直槎，但在洞口补砌时，应在直槎上下搭砌的小砌块孔洞内用强度等级不低于Cb20或C20的混凝土灌实。

（16）砌筑小砌块墙体应采用双排外脚手架、里脚手架或工具式脚手架，不得在砌筑的墙体上设脚手孔洞。

24.5.2 轻骨料混凝土小型空心砌块砌体

24.5.2.1 轻骨料混凝土小型空心砌块

1. 分类

按砌块孔的排数分类为：单排孔、双排孔、三排孔、四排孔等。

2. 规格

主规格尺寸长×宽×高为390mm×190mm×190mm。其他规格尺寸可由供需双方商定。

3. 等级划分

砌块密度等级分为八级：700、800、900、1000、1100、1200、1300、1400。

注：除自燃煤矸石掺量不小于砌块质量35%的砌块外，其他砌块的最大密度等级为1200。

砌块强度等级分为五级：MU5、MU7.5、MU10。

4. 技术要求（根据产品标准内容）

（1）尺寸偏差和外观质量

尺寸偏差和外观质量应符合表24-45的要求。

尺寸偏差和外观质量　　表 24-45

项目		指标
尺寸偏差（mm）	长度	±3
	宽度	±3
	高度	±3
最小外壁厚（mm）	用于承重墙体≥	30
	用于非承重墙体≥	20
肋厚（mm）	用于承重墙体≥	25
	用于非承重墙体≥	20
缺棱掉角	个数/块≤	2
	三个方向投影的最大值（mm）≤	20
裂缝延伸的累计尺寸（mm）≤		30

（2）强度等级

强度等级应符合表 24-46 的规定。承重墙体选用砌块最低强度等级为 MU7.5。

强度等级　　表 24-46

强度等级	抗压强度（MPa）		密度等级（kg/m^3）
	平均值	最小值	
MU2.5	≥2.5	≥2.0	≤800
MU3.5	≥3.5	≥2.8	≤1000
MU5	≥5.0	≥4.0	≤1200
MU7.5	≥7.5	≥6.0	≤1200[1] ≤1300[2]
MU10	≥10.0	≥8.0	≤1200[1] ≤1400[2]

注：当砌块的抗压强度同时满足 2 个强度等级或 2 个以上强度等级要求时，应以满足要求的最高强度等级为准。
1. 除自然煤矸石掺量不小于砌块质量 35%以外的其他砌块；
2. 自然煤矸石掺量不小于砌块质量 35%的砌块。

24.5.2.2　轻骨料混凝土小型空心砌块砌体构造要求

参见普通混凝土小型空心砌块砌体构造要求。

24.5.2.3　轻骨料混凝土小型空心砌块砌体砌筑要点

（1）轻骨料小砌块的自然养护龄期宜延长至 45d。

（2）砌筑砂浆应具有良好的保水性，其保水率不得小于 88%。轻骨料小砌块的砌筑砂浆稠度宜为 60～90mm。

（3）其他砌筑要点参见普通混凝土小型空心砌块砌体。

24.5.3　承重蒸压加气混凝土砌块砌体

24.5.3.1　承重蒸压加气混凝土砌块

1. 承重蒸压加气混凝土砌块的适用范围

适用于抗震设防烈度为 8 度及 8 度以下的地区的乙类蒸压加气混凝土砌块砌体的多层

民用建筑。

2. 承重蒸压加气混凝土砌块的分类

承重蒸压加气混凝土砌块的等级划分按尺寸偏差与外观质量、密度和抗压强度分为优等品（A）和合格品（B）。

3. 承重蒸压加气混凝土砌块的规格

承重蒸压加气混凝土砌块的规格尺寸见表 24-47，如需要其他规格，可由供需双方确定解决。

砌块的规格尺寸（mm） **表 24-47**

长度 L	宽度 B	高度 H
600	100 120 125 150 180 200 240 250 300	200 240 250 300

4. 承重蒸压加气混凝土砌块的等级划分

承重蒸压加气混凝土砌块按其抗压强度分为：A5.0、A7.5、A10.0 三个强度等级；按其密度分为：B06、B07、B08 三个密度级别。

承重蒸压加气混凝土砌块的强度级别应符合表 24-48 的规定。

承重蒸压加气混凝土砌块的干密度级别应符合表 24-49 的规定。

承重蒸压加气混凝土砌块的强度级别 **表 24-48**

强度级别		B06	B07	B08
强度级别	优等品（A）	A5.0	A7.5	A10.0
	合格品（B）	/	A5.0	A7.5

承重蒸压加气混凝土砌块的干密度级别 **表 24-49**

干密度级别		B06	B07	B08
干密度（kg/m^3）	优等品（A）≤	600	700	800
	合格品（B）≤	625	725	825

5. 技术要求

（1）承重蒸压加气混凝土砌块的尺寸偏差和外观应符合表 24-50 的规定。

砌块的尺寸偏差和外观 **表 24-50**

项目			指标	
			优等品（A）	合格品（B）
尺寸允许偏差（mm）	长	L	±3	±4
	宽	B	±1	±2
	高	H	±1	±2
缺棱掉角	最小尺寸不得大于（mm）		0	30
	最大尺寸不得大于（mm）		0	70
	大于以上尺寸的缺棱掉角个数，不得多于（个）		0	2

续表

项目		指标	
		优等品（A）	合格品（B）
裂纹长度	贯穿一棱二面的裂纹长度不得大于裂纹所在面的裂纹方向的尺寸总和的	0	1/3
	任一面上的裂纹长度不得大于裂纹方向尺寸	0	1/2
	大于以上尺寸的裂纹条数，不多于（条）	0	2
爆裂、粘模和损坏深度不得大于（mm）		10	30
平面弯曲		不允许	
表面疏松、层裂		不允许	
表面油污		不允许	

（2）承重蒸压加气混凝土砌块强度等级不应低于 A5.0，砌筑砂浆强度等级不应低于 M5.0 或 Ma5.0，其立方体抗压强度应符合表 24-51 的规定。

砌块的立方体抗压强度（MPa） **表 24-51**

强度级别	立方体抗压强度	
	平均值不小于	单组最小值不小于
A5.0	5.0	4.0
A7.5	7.5	6.0
A10.0	10.0	8.0

24.5.3.2 承重蒸压加气混凝土砌块砌体构造要求

（1）墙体灰缝要求：优等品砌筑时厚度宜控制为 3～5mm，砂浆饱满度不小于 95%，合格品砌筑时厚度宜为 10～15mm，垂直度灰缝饱满度应不小于 85%，水平缝饱满度不应小于 90%。

（2）门窗洞口做法要求：应满足建筑及结构构造、节能设计要求，外门窗的安装位置宜靠近保温层的位置，否则外门窗口外侧或内侧四周墙面应进行保温处理，外门窗宜采用具有保温性能的附框，外门、窗框或附框与墙体之间应有保温及防水措施。

（3）墙缝要求：墙体侧边与钢筋混凝土墙、柱、梁、板等主体结构连接处采用柔性连接时应预留 10～20m 缝隙，缝宽需满足结构设计要求。

（4）窗台板、配电箱、消火栓箱、信报箱等与砌体交接处的缝隙，应采用柔性材料封填。

（5）当金属件进入或穿过蒸压加气混凝土产品时，应有防锈保护措施，并应固定牢固，且不得固定在零星小块上。

（6）外墙的突出部位（如横向装饰线条等）、出挑构件（如线脚、雨篷、挑檐、窗台等）均应做好防排水措施（如泛水和滴水等），以避免墙面干湿交替，盐析或局部冻融破坏，具体可按工程实际情况个体设计。

24.5.3.3 承重蒸压加气混凝土砌块砌筑要点

（1）蒸压加气混凝土砌块墙体不得与其他块体材料混砌。

（2）砌筑外墙时，不得留脚手眼，应采用里脚手或双排脚手。

（3）加气混凝土砌体砌筑时，应符合下列规定：

1）砌筑薄灰缝砌体前，应清除砌块预镂布筋沟槽内的渣屑，并在沟槽内坐浆后布置钢筋。

2）应从外墙转角处或定位处开始砌筑。

3）内、外墙应同时砌筑，纵、横墙应交错搭接。墙体的临时间断处应砌成斜槎，斜槎水平投影长度不应小于高度的 2/3。

4）蒸压加气混凝土砌块上下皮应错缝砌筑，搭接长度应为块长的 1/3，当砌块长度小于 300mm 时，其搭接长度不得小于块长的 1/2。

5）砌筑时如需临时间断，应砌成斜槎，斜槎的投影长度不得小于高度的 2/3，与斜槎交接的后砌墙，灰缝应饱满密实，砌块之间粘结良好。

6）不得撬动和碰撞已砌筑好的砌体，否则应清除原有的砌筑砂浆重新砌筑。

（4）当采用普通砂浆砌筑时，砌块应提前一天浇水、浸湿，其浸水深度宜为 8mm，采用专用砂浆则砌筑面不须浇水、浸湿。垂直灰缝应用夹板挡缝后，将缝隙填塞严实。

（5）普通砂浆的稠度宜为 70～100mm。

（6）墙上因埋设暗线、暗管及固定门窗需要在墙上镂槽或钻孔时，应采用专用工具，严禁刀劈斧砍。

（7）固定门、窗用的带有孔洞砌块，宜采用预先加工成孔的块材。

（8）不得在墙上横向开槽。竖向槽的深度应小于墙厚 1/3，在槽内埋设管线应与墙体有构造连接措施，并用混合砂浆填补，外表用聚合物水泥砂浆，玻璃纤维网格布加强。

（9）混凝土构件（圈梁、构造柱）外贴的薄型块，应预先置于模板内侧使其作为外模板的一部分，应加强该部位混凝土的振捣。

（10）砌体灰缝应符合下列规定：

1）灰缝应做到横平竖直，全部灰缝均应满铺砂浆；当采用普通砂浆时，水平灰缝的砂浆饱满度不得低于 85%，垂直灰缝的砂浆饱满度不得低于 80%；当采用专用砂浆时，灰缝的砂浆饱满度不得低于 90%。

2）蒸压加气混凝土砌块砌体的普通砂浆的灰缝厚度不宜大于 15mm，所埋设的钢筋网片或拉结筋必须放置在砂浆层中，不得有露筋现象。

3）正常施工条件下，蒸压加气混凝土砌体的每日砌筑高度宜控制在 1.5m 或一步脚手架高度内。

（11）凡穿墙或附墙管道的接口（如管道之间的接口、管道与洁具、设备的接口），应严格防止渗水、漏水。

（12）墙体砌筑后，外墙要做好防雨遮盖，避免雨水直接冲淋墙面。

24.5.4 自保温混凝土复合砌块砌体

24.5.4.1 自保温混凝土复合砌块

1. 自保温混凝土复合砌块的分类

自保温混凝土复合砌块根据其保温材料的复合形式分为三类：

Ⅰ类：在骨料中复合轻质骨料制成的自保温砌块。

Ⅱ类：在孔洞中填插保温材料制成的自保温砌块。

Ⅲ类：在骨料中复合轻质骨料且在孔洞中填插保温材料制成的自保温砌块。

按照自保温砌块孔的排数分为三类：单排孔（1）、双排孔（2）、多排空（3）。

2. 自保温混凝土复合砌块的规格

自保温混凝土复合砌块的主规格长度为 390mm、290mm，宽度为 190mm、240mm、280mm，高度为 190mm，其他尺寸可由双方共同确定。

尺寸允许偏差应符合表 24-52 的规定。

尺寸允许偏差　　**表 24-52**

项目	指标
长度（mm）	±3
宽度（mm）	±3
高度（mm）	±3

注：1. 自承重墙体的砌块最小外壁厚不应小于 15mm，最小肋厚不应小于 15mm；
2. 承重墙体的砌块最小外壁厚不应小于 30mm，最小肋厚不应小于 25mm。

3. 自保温混凝土复合砌块的等级划分

（1）自保温砌块密度等级分为九级：500、600、700、800、900、1000、1100、1200、1800。

（2）自保温砌块强度等级为五级：MU3.5、MU5.0、MU10.0、MU15.0。

（3）自保温砌块砌体当量导热系数等级分为七级：EC10、EC15、EC20、EC25、EC30、EC35、EC40。

（4）自保温砌块砌体当量蓄热系数等级分为七级：ES1、ES2、ES3、ES4、ES5、ES6、ES7。

4. 自保温混凝土复合砌块的其他技术要求

（1）外观质量

外观质量应符合表 24-53 的规定。

外观质量　　**表 24-53**

弯曲（mm）	≤3
缺棱掉角个数（个）	≤2
缺棱掉角的长、宽、高三个方向投影尺寸的最大值（mm）	≤30
裂缝延伸投影的累计尺寸（mm）	≤30

（2）强度等级

强度等级应符合表 24-54 的规定。

强度等级　　**表 24-54**

强度等级	砌块抗压强度（MPa）	
	平均值	最小值
MU3.5	≥3.5	≥2.8
MU5.0	≥5.0	≥4.0
MU7.5	≥7.5	≥6.0
MU10	≥10.0	≥8.0
MU15	≥15.0	≥12.0

(3) 当量导热系数及当量蓄热系数等级

1) 当量导热系数等级应符合表 24-55 的规定。

当量导热系数等级 表 24-55

当量导热系数等级	砌体当量导热系数 [W/(m·K)]
EC10	≤0.10
EC15	0.11～0.15
EC20	0.16～0.20
EC25	0.21～0.25
EC30	0.26～0.30
EC35	0.31～0.35
EC40	0.36～0.40

2) 当量蓄热系数等级应符合表 24-56 的规定。

当量蓄热系数等级 表 24-56

当量蓄热系数等级	砌体当量蓄热系数 [W/(m·K)]
ES1	1.00～1.99
ES2	2.00～2.99
ES3	3.00～3.99
ES4	4.00～4.99
ES5	5.00～5.99
ES6	6.00～6.99
ES7	≥7.00

24.5.4.2 自保温混凝土复合砌块砌体构造要求

用于承重的砌块除应满足《砌体填充墙结构构造》22G614-1 相关要求外，尚应满足下列要求：

(1) 当自保温砌块用于外墙时，其强度等级不应低于 MU5；当用于内墙时，其强度等级不应低于 MU3.5。

(2) 外墙系统中的结构性热桥部位宜采用外保温技术，该部位经保温处理后与自保温砌块墙体部位的连接界面宜齐平。

(3) 自保温砌块砌体宜采用专用砂浆砌筑。

(4) 自保温砌块的选型和厚度应按设计建筑所在气候区国家现行建筑节能设计标准规定的外墙平均传热系数限值计算确定，厚度不应小于 190mm。砌体外挑出钢筋混凝土梁的尺寸不宜大于 50mm；当砌体外挑出钢筋混凝土梁的尺寸大于 50mm 时，应通过结构设计计算确认。

(5) 自保温砌块不宜用于潮湿环境。

(6) 钢筋混凝土梁、柱与自保温砌块墙体交接面处，宜采用耐碱玻璃纤维网格布作抗裂增强层，当采用面砖饰面时，应采用双层耐碱玻璃纤维网格布或热镀锌电焊钢丝网作为增强网。

（7）采暖地区的自保温砌块墙体系统中的构造柱和水平连系梁等结构性热桥部位外侧，应采取保温、抗裂、防水处理措施，见图 24-17、图 24-18。

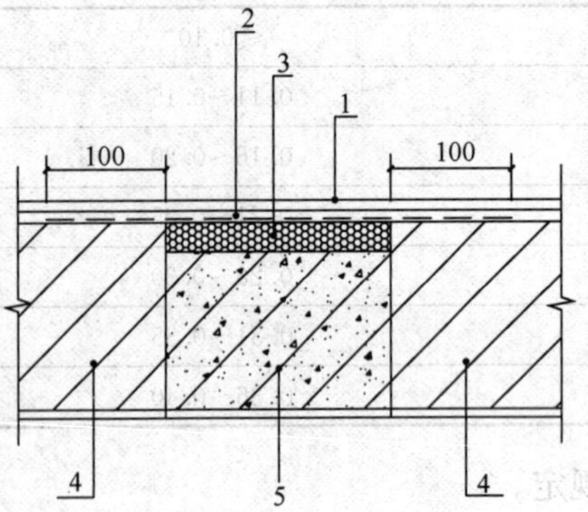

图 24-17　构造柱保温处理

1—抗裂砂浆；2—增强网；3—保温材料；4—自保温砌块砌体；5—构造柱

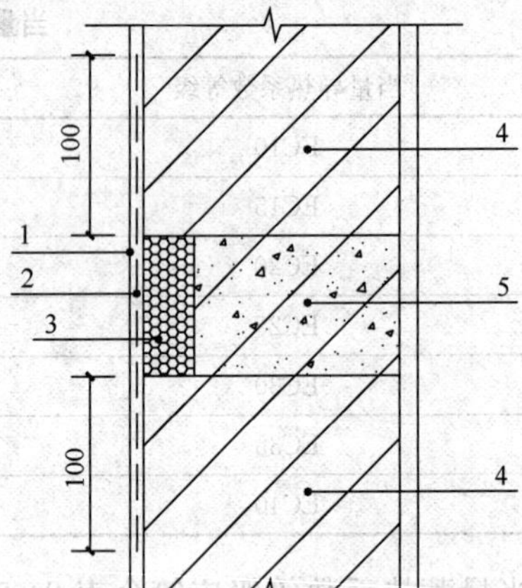

图 24-18　水平连系梁保温处理

1—抗裂砂浆；2—增强网；3—保温材料；4—自保温砌块墙体；5—混凝土腰梁

（8）自保温砌块墙体中的门窗洞口两侧及窗台与过梁部位的构造设计应符合下列规定：

1）除已设计钢筋混凝土凸窗套或窗台板外，窗台应加设现浇或预制钢筋混凝土压顶，压顶的高度不应小于 100mm；窗台压顶可结合水平系梁设置，或与水平系梁连成一体。

2）门窗洞口上方应设置钢筋混凝土过梁，过梁宜与框架梁或水平系梁连成一体。预留的门窗洞口宜采用钢筋混凝土框加强，同时应根据设计建筑所在气候区国家现行建筑节能设计标准的要求，对钢筋混凝土压顶、过梁及框采取适宜的保温构造设计，见图 24-19。

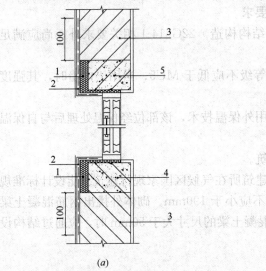

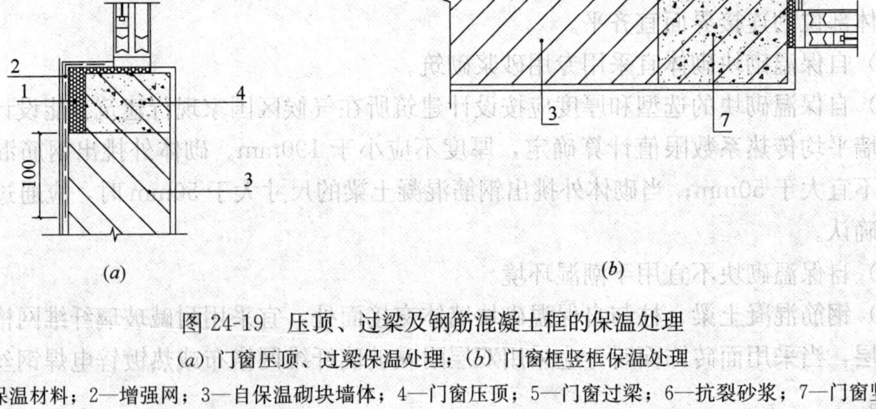

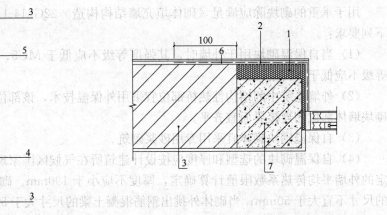

图 24-19　压顶、过梁及钢筋混凝土框的保温处理

（*a*）门窗压顶、过梁保温处理；（*b*）门窗框竖框保温处理

1—保温材料；2—增强网；3—自保温砌块墙体；4—门窗压顶；5—门窗过梁；6—抗裂砂浆；7—门窗竖框

(9) 当框架梁、柱等热桥部位采用外贴砌保温砌块时，应符合下列规定：

1) 保温砌块砌体的厚度不宜大于 120mm。

2) 门窗洞口上的过梁或框架梁部位应设置水平贯通的挑板用以承托贴砌的保温砌块，挑板外沿应比贴砌的保温砌块边线内缩 15mm，形成用保温材料填实的缺口或凹槽。

(10) 当自保温混凝土砌块墙体与钢筋混凝土框架梁柱、剪力墙构件脱开时，应符合下列规定：

1) 自保温砌块砌体两端与钢筋混凝土柱或剪力墙以及自保温砌块砌体顶面与梁之间应留出 20mm 的间隙。

2) 自保温砌块墙体与钢筋混凝土框架梁柱、剪力墙的缝隙内应嵌填阻燃型聚苯板，其宽度应为墙厚减 60mm，厚度比缝宽大 1～2mm，应挤紧。聚苯板的外侧应喷 25mm 厚 PU 发泡剂，并应采用弹性腻子封至缝口。

(11) 自保温砌块墙体系统的防水设计应符合下列规定：

1) 对伸出墙外的雨篷、开敞式阳台、室外空调机搁板，遮阳板、窗套，外楼梯根部，均应采取防水构造措施。

2) 外墙面上水平方向的线脚、雨罩、山檐、窗台等凹凸部分，应采取泛水和滴水构造措施。

3) 门窗洞口、女儿墙以及密封阳台、飘窗等结构性热桥部位，应采取密封和防水构造措施。

4) 在保温系统上安装设备及管道，应采取预埋、预留及密封、防水构造措施，不应在保温系统施工完成后凿孔。

5) 自保温砌块墙体抹面层宜设置分格缝，间距不宜大于 6m，且不宜超过 2 个层高。

6) 对有防水要求的房间自保温砌块墙体底部，宜设置同砌体厚度相同的细石混凝土垫层，高度不应小于 200mm，混凝土强度等级不应小于 C20。

24.5.4.3 自保温混凝土复合砌块砌体砌筑要点

(1) 砌筑前不应浇水。当施工期间气候异常炎热干燥时，Ⅰ类自保温砌块可在砌筑前稍加喷水湿润，不应使用表面明显潮湿的自保温砌块。

(2) 砌筑时应底面朝上反砌于墙上。砌筑砂浆应随铺随砌，灰缝应横平竖直。水平灰缝宜采用坐浆法满铺自保温砌块的底面；竖向灰缝宜将自保温砌块一个端面朝上铺满砂浆，上墙应挤紧，并应加浆插捣密实。灰缝饱满度不宜低于 90%。

(3) 砌筑时应错缝搭砌，搭接长度不宜小于 90mm。当搭接长度小于 90mm 时应在此水平灰缝中设点焊钢筋网片，网片两端与该位置的竖缝距离不应小于 400mm。竖向通缝不应超过两皮自保温砌块。

(4) 墙体内不应混砌不同材质的墙体材料，镶砌时应采用与自保温砌块同类材质的配套砌块。

(5) 砌筑自保温砌块墙体应采用双排外脚手架、里脚手架或工具式脚手架，不应在砌筑的墙体上设脚手孔洞。

24.5.5 石膏砌块砌体

24.5.5.1 石膏砌块砌体

1. 石膏砌块的分类

(1) 按其结构特性，可分为石膏实心砌块（S）和石膏空心砌块（K）。

(2) 按其防潮性能，可分为普通石膏砌块（P）和防潮石膏砌块（F）。

2. 石膏砌块的规格

常见石膏砌块规格见表 24-57，若有其他规格，可由供需双方商定。

砌块规格（mm） 表 24-57

项目	公称尺寸
长度	600、666
高度	500
厚度	60、80、90、100、110、120、150

3. 技术要求

(1) 外观质量

外表面不应有影响使用的缺陷，具体应符合表 24-58 的规定。

外观质量 表 24-58

项目	指标
缺角	同一砌块不应多于 1 处，缺角尺寸应小于 30mm×30mm
表面裂缝、裂纹	不应有贯穿裂缝；长度小于 30mm，宽度小于 1mm 的非贯穿裂纹不应多于 1 条
气孔	直径 5～10mm 不应多于 2 处，大于 10mm 不应有
油污	不应有

(2) 尺寸和尺寸偏差

尺寸和尺寸偏差应符合表 24-59 的规定。

尺寸和尺寸偏差（mm） 表 24-59

序号	项目	要求
1	长度偏差	±3
2	高度偏差	±2
3	厚度偏差	±1.0
4	孔与孔之间和孔与板之间的最小壁厚	≥15.0
5	平整度	≤1.0

(3) 物理力学性能

石膏砌块的物理力学性能应符合表 24-60 的规定。

物理力学性能 表 24-60

项目		要求
表观密度（kg/m^3）	实心石膏砌块	≤1100
	空心石膏砌块	≤800
断裂荷载（N）		≥2000
软化系数		≥0.6

24.5.5.2 石膏砌块砌体构造要求

（1）石膏砌块砌体底部应设置高度不小于200mm的C20现浇混凝土或预制混凝土块材、砖砌墙垫，墙垫厚度应为砌体厚度减10mm。厨房、卫生间等有防水要求的房间应采用现浇混凝土墙垫。

（2）厨房、卫生间砌体应采用防潮实心石膏砌块，砌体内侧应采取防水砂浆抹灰或防水涂料涂刷等有效的防水措施。

（3）窗洞口四周200mm范围内的石膏砌块砌体的孔洞部分应采用石膏基粘结浆填实，门洞口和宽度大于1500mm的窗洞口应加设钢筋混凝土边框，边框宽度不应小于120mm、厚度应同砌体厚度（图24-20），边框混凝土强度等级不应小于C20，纵向钢筋不应小于2ϕ10，箍筋宜采用ϕ6，间距不应大于200mm。

（4）除宽度小于1.0m可采用配筋砌体过梁外，门窗洞口顶部均应采用钢筋混凝土过梁。

（5）主体结构柱或墙应在石膏砌块砌体高度方向每皮水平灰缝中设2ϕ6拉结筋，拉结筋应伸入砌体内，末端应有90°弯钩。伸入砌体内的长度应符合下列规定：

1）当抗震设防烈度为6、7度时，伸入长度不应小于砌体长度的1/5，且不应小于700mm；

2）当抗震设防烈度为8度时，宜沿砌体两侧主体结构高度每皮设置拉结筋，拉结筋与两端主体结构柱或墙应连接可靠，并沿砌体全长贯通。

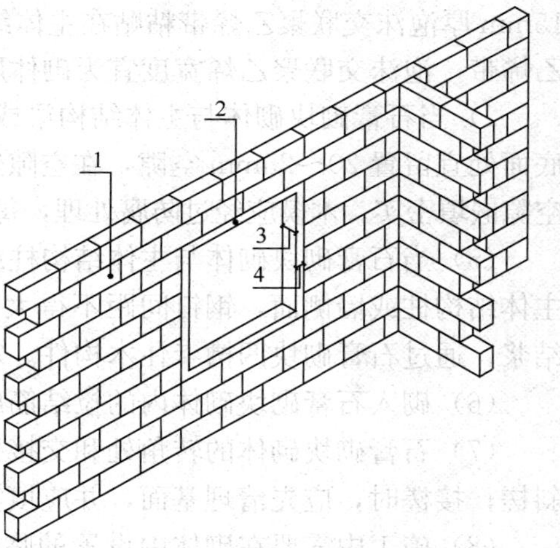

图24-20 洞口边框示意

1—石膏砌块砌体；2—洞口边框；3—边框宽度；4—边框厚度

（6）当石膏砌块砌体长度大于5m时，砌体顶与梁或顶板应有拉结；当砌体长度超过层高2倍时，应设置钢筋混凝土构造柱；当砌体高度超过4m时，砌体高度1/2处应设置与主体结构柱或墙连接且沿砌体全长贯通的钢筋混凝土水平系梁。当设置钢筋混凝土构造柱或水平系梁时，混凝土强度等级不应低于C20；构造柱截面宽度不应小于120mm，厚度应同砌体厚度，纵向钢筋不应小于4ϕ12，箍筋宜采用ϕ6，间距不应大于200mm，且在构造柱上下段500mm内间距不应大于100mm；水平系梁截面高度不应小于120mm，厚度应同砌体厚度，纵向钢筋不应小于4ϕ8，箍筋宜采用ϕ6，间距不应大于200mm。

（7）石膏砌块砌体与不同材料的接缝处和阴阳角部位，应采用粘结石膏粘贴耐碱玻璃纤维网布加强带进行处理。

24.5.5.3　石膏砌块砌体砌筑要点

（1）石膏砌块砌筑时应上下错缝搭接，搭接长度不应小于石膏砌块长度的1/3，石膏砌块的长度方向应与砌体长度方向平行一致，榫槽应向下。砌体转角、丁字墙、十字墙连接部位应上下搭接、咬砌。

（2）石膏砌块砌体灰缝应符合下列规定：

1）砌体的水平和竖向灰缝应横平、竖直、厚度均匀、密实饱满，不得出现假缝。

2）水平灰缝的厚度和竖向灰缝的宽度应控制在7～10mm。

3）在砌筑时，粘结浆应随铺随砌，水平灰缝宜采用铺浆法砌筑。当采用石膏基粘结浆时，一次铺浆长度不得超过一块石膏砌块的长度；当采用水泥基粘结浆时，一次铺浆长度不得超过两块石膏砌块的长度，铺浆应满铺。竖向灰缝应采用满铺端面法。

（3）粘结浆应符合下列规定：

1）当采用石膏基粘结浆时，应在初凝前使用完毕，硬化后不得继续使用。

2）当采用水泥基粘结浆时，拌和时间自投料完算起不得少于3min，并应在初凝前使用完毕。当出现泌水现象时，应在砌筑前再次搅拌。

（4）石膏砌块砌体与主体结构梁或顶板的连接应符合下列规定：

1）当石膏砌块砌体与主体结构梁或顶板采用柔性连接时，应采用粘结石膏将10～15mm厚泡沫交联聚乙烯带粘贴在主体结构梁或顶板底面，石膏砌块应砌筑至泡沫交联聚乙烯带；泡沫交联聚乙烯宽度宜为砌体厚度减去10mm。

2）当石膏砌块砌体与主体结构梁或顶板采用刚性连接时，砌块砌筑至接近梁或顶板底面处宜留置20～25mm空隙，在空隙处应打入木楔挤紧，并应至少间隔7d后用粘结浆将空隙嵌填密实。木楔应经过防腐处理，每块石膏砌块不得少于一副（两侧同时打入木楔）。

（5）当石膏砌块砌体与主体结构柱或墙采用刚性连接时，应先将木构件用钢钉固定在主体结构柱或墙侧面，钢钉间距不得大于500mm，然后应在石膏砌块断面凹槽内铺满粘结浆，通过石膏砌块凹槽卡住木构件。木构件应经过防腐处理。

（6）砌入石膏砌块砌体内的拉结筋应放置在水平灰缝的粘结浆中，不得外露。

（7）石膏砌块砌体的转角处和交接处宜同时砌筑。在需要留置的临时间断处，应砌成斜槎；接槎时，应先清理基面，并应填实粘结浆，保持灰缝平直、密实。

（8）施工中需要在砌体中设置的临时性施工洞口的侧边距端部不应小于600mm。洞口宜留置成马牙槎，洞口上部应设置过梁。

（9）石膏砌块砌体不得留设脚手架眼。

（10）石膏砌块砌体每天的砌筑高度，当采用石膏基粘结浆砌筑时不宜超过3m，当采用水泥基粘结浆砌筑时不宜超过1.5m。

（11）石膏砌块砌筑过程中，应随时用靠尺、水平尺和线坠检查，调整砌体的平整度和垂直度。不得在粘结浆初凝后敲打校正。

（12）石膏砌块砌体砌筑完成后，应用石膏基粘结浆或石膏腻子将缺损或掉角处修补平整，砌体面应用原粘结浆做嵌缝处理。

（13）对设计要求或施工所需的各种孔洞，应在砌筑时进行预留，不得在已砌筑的砌体上开洞、剔凿。

（14）管线安装应符合下列规定：

1）在砌体上埋设管线，应待砌体粘结浆达到设计要求的强度等级后进行；埋设管线应使用专用开槽工具，不得用人工敲凿。

2）埋入砌体内的管线外表面距砌体面不应小于 4mm，并应与石膏砌块砌体固定牢固，不得有松动、反弹现象。管线安装后空隙部位应采用原粘结浆填实补平，填补表面应加贴耐碱玻璃纤维网布。

（15）构造柱施工要求

1）设置钢筋混凝土构造柱的石膏砌块砌体，应按绑扎钢筋、砌筑石膏砌块、支设模板、浇筑混凝土的施工顺序进行。

2）石膏砌块砌体与构造柱连接处应砌成马牙槎，从每层柱脚开始，砌体应先退后进，并应形成 100mm 宽、一皮砌块高度的凹凸槎口。在构造柱与砌体交接处，沿砌体高度方向每皮石膏砌块应设 2ϕ6 拉结筋，每边伸入砌体内的长度应符合设计要求。

3）构造柱两侧模板应紧贴砌体面，模板支撑应牢固，板缝不得漏浆。

4）构造柱在浇筑混凝土前，应将砌体槎口凸出部位及底部落地灰等杂物清理干净，然后应先注入与混凝土配合比相同的 50mm 厚水泥砂浆，再浇筑混凝土。凹形槎口的腋部及构造柱顶部与梁或顶板间应振捣密实。

24.5.6 烧结多孔砌块砌体

24.5.6.1 烧结多孔砌块

1. 烧结多孔砌块的分类

按主要原料分为黏土砌块（N）、页岩砌块（Y）、煤矸石砌块（M）、粉煤灰砌块（F）、淤泥砌块（U）、固体废弃物砌块（G）。

2. 烧结多孔砌块的规格

砌块的长度、宽度、高度尺寸应符合下列要求：

砌块规格尺寸（mm）：490、440、390、340、290、240、190、180、140、115、90。其他规格尺寸由供需双方协商确定。

3. 烧结多孔砌块的等级

根据抗压强度分为 MU30、MU25、MU20、MU15、MU10 五个强度等级。

砌块的密度等级分为 900、1000、1100、1200 四个等级。

4. 烧结多孔砌块的技术要求

（1）尺寸允许偏差

尺寸允许偏差应符合表 24-61 的规定。

尺寸允许偏差（mm） **表 24-61**

尺寸	样本平均偏差	样本极差≤
＞400	±3.0	10.0
300～400	±2.5	9.0
200～300	±2.5	8.0
100～200	±2.0	7.0
＜100	±1.5	6.0

(2) 外观质量

砌块的外观质量应符合表 24-62 的规定。

外观质量 **表 24-62**

项目		指标
完整面不得少于		一条面和一顶面
缺棱掉角的三个破坏尺寸(mm)不得同时大于		30
裂纹长度(mm)	(1)大面(有孔面)上深入孔壁 15mm 以上宽度方向及其延伸到条面的长度不大于	80
	(2)大面(有孔面)上深入孔壁 15mm 以上长度方向及其延伸到顶面的长度不大于	100
	(3)条顶面上的水平裂纹不大于	100
杂质在砌块面上造成的凸出高度不大于(mm)		5

注:凡有下列缺陷之一者,不能称为完整面:
1. 缺损在条面或顶面上造成的破坏面尺寸同时大于 20mm×30mm;
2. 条面或顶面上裂纹宽度大于 1mm,其长度超过 70mm;
3. 压陷、焦花、粘底在条面或顶面上的凹陷或凸出超过 2mm,区域最大投影尺寸同时大于 20mm×30mm。

(3) 强度等级

强度等级应符合表 24-63 的规定。

强度等级 **表 24-63**

强度等级	抗压强度平均值(MPa)$\bar{f} \geqslant$	强度标准值(MPa)$f_k \geqslant$
MU30	30.0	22.0
MU25	25.0	18.0
MU20	20.0	14.0
MU15	15.0	10.0
MU10	10.0	6.5

(4) 孔形孔结构及孔洞率

孔形孔结构及孔洞率应符合表 24-64 的规定。

孔形孔结构及孔洞率 **表 24-64**

孔形	孔洞尺寸(mm)		最小外壁厚(mm)	最小肋厚(mm)	孔洞率	孔洞排列
	孔宽度尺寸 B	孔长度尺寸 L				
矩形条孔或矩形孔	≤13	≤40	≥12	≥5	≥33	1. 所有孔宽应相等;孔采用单向或双向交错排列; 2. 孔洞排列上下、左右应对称,分布均匀,手抓孔的长度方向尺寸必须平行于砌块的条面

注:1. 矩形孔的孔长 L、孔宽 B 满足式 $L \geqslant 3B$ 时,为矩形条孔;
2. 孔四个角应做成过渡圆角,不得做成直尖角;
3. 如设有砌筑砂浆槽,则砌筑砂浆槽不计算在孔洞率内;
4. 规格大的砌块应设置手抓孔,手抓孔尺寸为 (30~40)mm×(75~85)mm。

24.5.6.2 烧结多孔砌块砌体构造要求

（1）墙体转角处和纵横墙交接处应沿竖向每隔400～500mm设拉结钢筋，其数量为每120mm墙厚不少于1根直径6mm的钢筋；或采用焊接钢筋网片，埋入长度从墙的转角或交接处算起，对实心砖墙每边不小于500mm，对多孔砖墙和砌块墙不小于700mm。

（2）砌块应分皮错缝搭砌，上下皮搭砌长度不应小于90mm。当搭砌长度不满足上述要求时，应在水平灰缝内设置不小于2根直径不小于4mm的焊接钢筋网片（横向钢筋的间距不应大于200mm，网片每端应伸出该垂直缝不小于300mm）。

（3）砌块墙与后砌隔墙交接处，应沿墙高每400mm在水平灰缝内设置不少于2根直径不小于4mm、横筋间距不应大于200mm的焊接钢筋网片。

24.5.6.3 烧结多孔砌块砌体砌筑要点

（1）砌筑时，多孔砌块应提前1～2d适度湿润，不得采用干多孔砌块或吸水饱和状态的多孔砌块砌筑。多孔砌块的相对含水率宜为60%～70%。

（2）砌块的孔洞应垂直于受压面砌筑。

（3）竖向灰缝不应出现瞎缝、透明缝和假缝，砂浆槽应填充饱满。

（4）砌体施工临时间断处补砌时，必须将接槎处表面清理干净，洒水湿润，并填实砂浆，保持灰缝平直。

24.6 石 砌 体 工 程

24.6.1 砌 筑 用 石

1. 石材选用

石砌体所用的石材应质地坚实，无风化剥落和裂纹。用于清水墙、柱表面的石材，尚应色泽均匀。石材表面的泥垢、水锈等杂质，砌筑前应清除干净。

2. 石材分类

砌筑用石有毛石和料石两类。其质量控制标准如下：

（1）毛石应呈块状，其中部厚度不应小于200mm；平毛石形状不规则，但有两个平面大致平行的石块；

（2）料石按其加工面的平整程度分为细料石、粗料石和毛料石三种。料石各面的加工要求，料石加工的允许偏差应符合表24-65、表24-66的规定。料石的宽度、厚度均不宜小于200mm，长度不宜大于厚度的4倍。

料石各面加工的要求 **表24-65**

料石种类	外露面及相接周边的表面凹入深度	叠砌面和接砌面的表面凹入深度
细料石	不大于2mm	不大于10mm
粗料石	不大于20mm	不大于20mm
毛料石	稍加修整	不大于25mm

注：相接周边的表面是指叠砌面、接砌面与外露面相接处20～30mm。

料石加工允许偏差（mm）　表 24-66

料石种类	宽度、厚度	长度
细料石	±3	±5
粗料石	±5	±7
毛料石	±10	±15

注：如设计有特殊要求，应按设计要求加工。

3. 强度等级

建筑用石材的强度等级：MU100、MU80、MU60、MU50、MU40、MU30 和MU20。

24.6.2　毛　石　砌　体

24.6.2.1　毛石砌体砌筑要点

1. 毛石砌体应采用铺浆法砌筑

砂浆必须饱满，叠砌面的粘灰面积（即砂浆饱满度）应大于 80%。

2. 砂浆初凝后，如移动已砌筑的石块，应将原砂浆清理干净，重新铺浆砌筑。

3. 毛石砌体宜分皮卧砌

各皮石块间应利用毛石自然形状经修整使之能与先砌毛石基本吻合、搭砌紧密；毛石应上下错缝，内外搭砌，不得采用外面侧立毛石中间填心的砌筑方法；中间不得有铲口石(尖石倾斜向外的石块)、斧刃石(尖石向下的石块)和过桥石(仅在两端搭砌的石块)(图 24-21)。

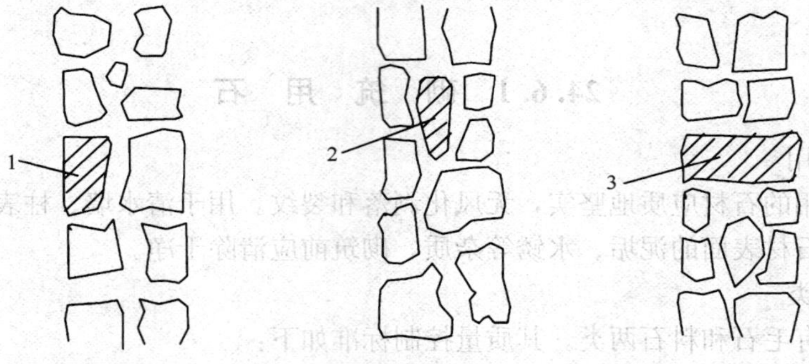

图 24-21　铲口石、斧刃石、过桥石示意图

1—铲口石；2—斧刃石；3—过桥石

4. 毛石砌体砌筑质量标准的规定

毛石砌体的灰缝厚度宜为 20～30mm，石块间不得有相互接触现象。将石块间较大的空隙先填塞砂浆，后用碎石块嵌实，不得采用先摆碎石块，后塞砂浆或干填碎石块的方法。

5. 采用 1∶2 水泥砂浆内掺水泥用量 5%的防水砂浆层进行防水处理。

24.6.2.2　毛石基础的砌筑方法

1. 毛石基础石块设置要求

毛石基础的第一皮及转角处、交接处应用较大的平毛石砌筑，最上一皮，宜选用较大的毛石砌筑。

2. 毛石基础的扩大部分

如做成阶梯形，上级阶梯的石块应至少压砌下级阶梯石块的1/2，相邻阶梯的毛石应相互错缝搭砌（图 24-22）。

3. 毛石基础必须设置拉结石

拉结石应均匀分布。毛石基础同皮内每隔 2m 左右设置一块。拉结石长度：如基础宽度等于或小于 400mm，应与基础宽度相等；如基础宽度大于 400mm，可用两块拉结石内外搭接，搭接长度不应小于 150mm，且其中一块拉结石长度不应小于基础宽度的 2/3。

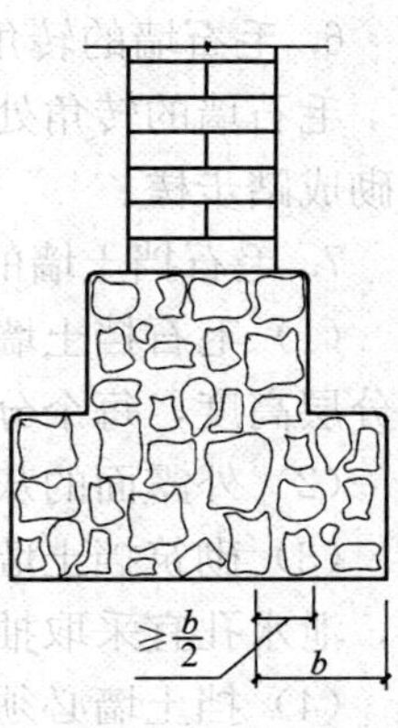

图 24-22 阶梯形毛石基础

24.6.2.3 毛石墙的砌筑方法

1. 毛石墙节点砌筑

第一皮及转角处、交接处和洞口处，应用较大的平毛石砌筑；每个楼层墙体的最上一皮，宜用较大的毛石砌筑。

2. 毛石墙每日砌筑高度不得超过 1.2m。

3. 毛石和烧结普通砖的组合墙

毛石砌体与砖砌体应同时砌筑，并每隔 4～6 皮砖用 2～3 丁砖与毛石砌体拉结砌合，两种砌体间的空隙应用砂浆填满。

4. 毛石墙转角处砌筑

应自纵墙（或横墙）每隔 4～6 皮砖高度引出不小于 120mm 与横墙（或纵墙）相接（图 24-23）。

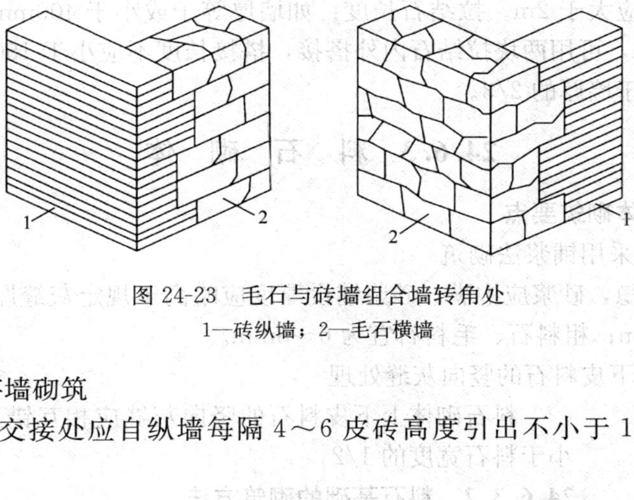

图 24-23 毛石与砖墙组合墙转角处

1—砖纵墙；2—毛石横墙

5. 毛石墙丁字墙砌筑

毛石墙丁字墙交接处应自纵墙每隔 4～6 皮砖高度引出不小于 120mm 与横墙相接（图 24-24）。

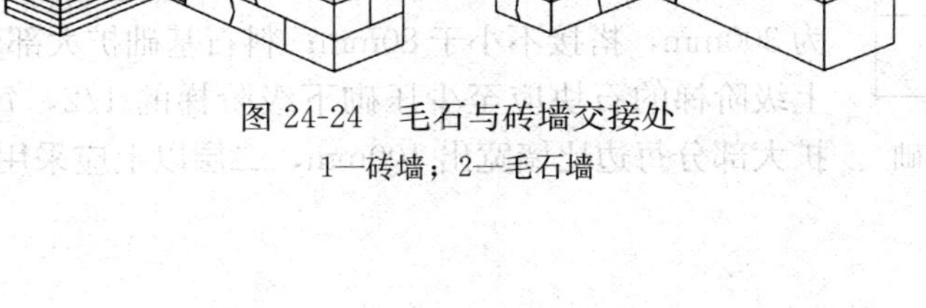

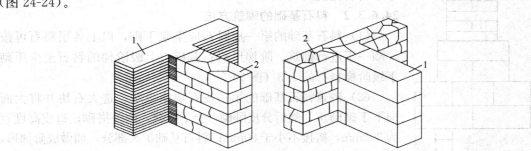

图 24-24 毛石与砖墙交接处

1—砖墙；2—毛石墙

6. 毛石墙的转角处和交接处砌筑

毛石墙的转角处和交接处应同时砌筑。对不能同时砌筑而又必须留置的临时间断处，应砌成踏步槎。

7. 毛石挡土墙的砌筑方法

（1）毛石挡土墙砌筑时，墙体中部的毛石厚度不宜小于200mm，每砌3～4皮宜为一个分层高度，每个分层高度应找平一次。

（2）外露面的灰缝厚度不大于40mm，两个分层高度间的错缝不小于80mm。

（3）砌筑挡土墙，应按设计要求架立坡度样板收坡或收台，并应设置伸缩缝和泄水孔，泄水孔宜采取抽管或埋管方法留置。

（4）挡土墙必须按设计规定留设泄水孔；当设计无具体规定时，泄水孔应在挡土墙的竖向和水平方向均匀设置，在挡土墙每米高度范围内设置的泄水孔水平间距不应大于2m，泄水孔直径不应小于50mm。泄水孔与土体间应设置长宽不小于300mm、厚不小于200mm的卵石或碎石疏水层。

（5）挡土墙内侧回填土应分层夯填密实，分层厚度宜为300mm，其密实度应符合设计要求。墙顶土面应有适当坡度使流水流向挡土墙外侧面。

8. 毛石墙砌筑质量标准的规定

毛石基础砌筑应外内搭砌，上下错峰，拉结石、丁砌石交错设置。毛石墙必须设置拉结石。拉结石应均匀分布，相互错开。毛石墙一般每0.7m^2墙面至少设置一块，且同皮内拉结石的中距不应大于2m。拉结石长度：如墙厚等于或小于400mm，应与墙厚相等；如墙厚大于400mm，可用两块拉结石内外搭接，搭接长度不应小于150mm，且其中一块拉结石长度不应小于墙厚的2/3。

24.6.3 料 石 砌 体

24.6.3.1 料石砌体砌筑要点

1. 料石砌体应采用铺浆法砌筑

料石应放置平稳，砂浆应饱满。砂浆铺设厚度应略高于规定灰缝厚度，其高出厚度：细料石宜为3～5mm；粗料石、毛料石宜为6～8mm。

2. 料石砌体上下皮料石的竖向灰缝处理

料石砌体上下皮料石的竖向灰缝应相互错开，错开长度不应小于料石宽度的1/2。

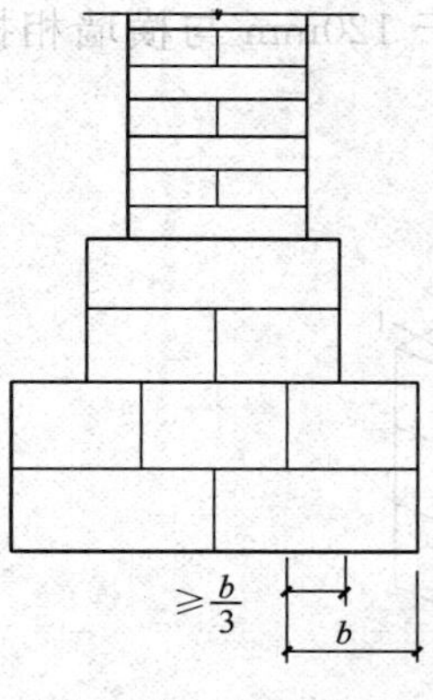

图 24-25 料石基础

24.6.3.2 料石基础的砌筑方法

（1）料石基础的第一皮料石应坐浆丁砌，以上各层料石可按一顺一丁进行砌筑。阶梯形料石基础，上级阶梯的料石至少压砌下级阶梯料石的1/3（图24-25）。

（2）砌筑料石基础的第一皮石块应坐浆，选大石块并将大面向下丁砌砌筑，然后分皮卧砌，上下错缝，内外搭砌；每皮高度宜为300mm，搭接不小于80mm；料石基础扩大部分，如做成阶梯形，上级阶梯的石块应至少压砌下级阶梯的1/2，每阶内至少砌两皮，扩大部分每边比墙宽出100mm，二层以上应采用铺浆砌法。

24.6.3.3 料石墙的砌筑方法

料石墙厚度等于一块料石宽度时，可采用全顺砌筑；料石墙厚度等于两块料石宽度时，可采用两顺一丁或丁顺组砌的砌筑。在料石和毛石或砖的组合墙中，料石砌体和毛石砌体或砖砌体应同时砌筑，并每隔 2～3 皮料石层用丁砌层与毛石砌体或砖砌体拉结砌合。

料石组砌方法：

1）两顺一丁组砌：是两皮顺石与一皮丁石相间。

2）丁顺组砌：是同皮内顺石与丁石相间，可一块顺石与丁石相间或两块顺石与一块丁石相间。

料石挡土墙的砌筑方法：

1）料石挡土墙宜采用同皮内丁顺相间的砌筑形式。当中间部分用毛石填砌时，丁砌料石伸入毛石部分的长度不应小于 200mm。

2）料石挡土墙其他砌筑要求应符合 24.6.2.3 中的第 7 条的内容。

24.6.3.4 料石平拱

1. 料石加工要求

用料石作为平拱，应按设计要求加工。如设计无规定，则料石应加工成楔形，斜度应预先设计，拱两端部的石块，在拱脚处坡度以 60°为宜。平拱石块数应为单数，厚度与墙厚相等，高度为二皮料石高。拱脚处斜面应修整加工，使拱石相吻合（图 24-26）。

2. 料石平拱砌筑要求

砌筑时，应先支设模板，并从两边对称地向中间砌。正中锁石要挤紧。所用砂浆强度等级不应低于 M10，灰缝厚度宜为 5mm。

3. 料石平拱养护与拆模的规定

养护到砂浆强度达到其设计强度的 70％以上时，才可拆除模板。

24.6.3.5 料石过梁

（1）料石过梁，如设计无规定时，过梁的高度应为 200～450mm，过梁宽度与墙厚相同。过梁净跨度不宜大于 1.2m，两端各伸入墙内长度不应小于 250mm。

（2）过梁上续砌墙时，其正中石块长度不应小于过梁净跨度的 1/3，其两旁应砌不小于 2/3 过梁净跨度的料石（图 24-27）。

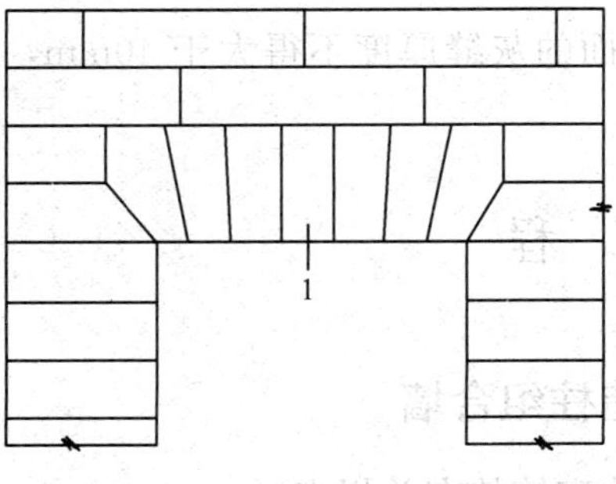

图 24-26 料石平拱示例

1—锁石

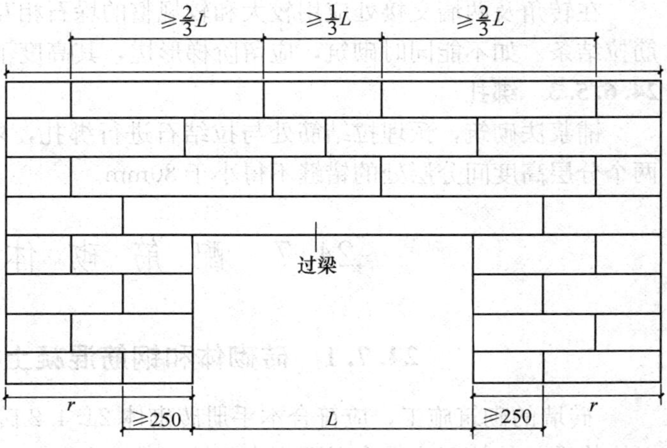

图 24-27 料石过梁示例

24.6.4　料石砌体防水处理

24.6.4.1　料石挡土墙泄水做法

挡土墙的泄水孔设计无规定时，施工应符合下列规定：

（1）泄水孔应均匀设置，每间隔 2m 左右设置一个泄水孔；泄水孔应设 5%的流水坡度。泄水孔如设计无要求时，可采用塑料管和竹子（竹子须打通竹节）作为材料，直径一般在 50～100mm。

（2）泄水孔与土体间铺设长宽各为 300mm、厚 200mm 的卵石或碎石作为疏水层。

24.6.4.2　料石砌体防水构造做法

1. 滴水线

料石砌体的滴水线应凿刻或粘贴滴水槽。

2. 鹰嘴

施工时应进行毛化处理：一种方法是凿毛，另一种方法是甩毛。甩毛是用 1∶1 稀粥状水泥砂浆内掺适量建筑胶，使之凝固在石块材表面。

3. 箱盒及洞口周边

墙中门窗洞可砌砖平拱或放置钢筋混凝土过梁，并应与窗框间预留 10mm 下沉高度，在毛石与砖的组合墙中，两者应同时砌筑，并每隔 4～5 皮砖用丁砖层与毛石砌体接砌，搭接长度不少于 120mm，搭接处要平稳，两种砌体间的缝隙随砌随用砂浆填满。

24.6.5　石砌体块料锚拉方法

24.6.5.1　拉结

料石与毛石组砌的挡土墙中，料石与毛石应同时砌筑，宜采用同皮内丁顺相间的组合砌法，丁砌石的间距宜为 1～1.5m，中间部分砌筑的乱毛石必须与料石砌平，保证丁砌料石伸入毛石的长度不小于 200mm。每隔 2～3 皮用丁砌料石层与毛石砌体拉结结合。丁砌料石的长度应与组合墙厚度相同。

24.6.5.2　栓接

在转角及两墙交接处应用较大和较规整的垛石相互搭砌，并同时砌筑，必要时设置钢筋拉结条。如不能同时砌筑，应留阶梯形槎，其高度不应超过 1.2m，不得留锯齿形直槎。

24.6.5.3　绑扎

铺浆法砌筑，预埋拉结筋处与拉结石进行绑扎，外露面的灰缝厚度不得大于 40mm，两个分层高度间分层处的错缝不得小于 80mm。

24.7　配筋砌体工程

24.7.1　砖砌体和钢筋混凝土构造柱组合墙

砖墙的砌筑施工，应符合本手册砖砌体 24.4.2 砖砌体砌筑的有关规定。

构造柱的施工应符合以下规定：

（1）墙体与构造柱的连接处应砌成马牙槎。

（2）设置钢筋混凝土构造柱的砌体，应按先砌墙后浇筑构造柱混凝土的顺序施工。浇筑混凝土前应将砖砌体与模板浇水润湿，并清理模板内残留的砂浆等杂物。

（3）构造柱混凝土可分段浇筑，每段高度不宜大于 2m。在施工条件较好并能确保浇筑密实时，也可一次浇筑整层楼高度，并应采用边浇灌边振捣的方法。

（4）钢筋混凝土构造柱的竖向受力钢筋应在基础梁和楼层圈梁中锚固，锚固长度应符合设计要求。

24.7.2 配 筋 砌 块 砌 体

24.7.2.1 配筋砌块砌体构造要求

1. 配筋砌体抗震墙的配筋构造应符合下列规定：

（1）应在墙的转角、端部和孔洞的两侧配置竖向连续的钢筋，钢筋直径不宜小于 12mm。

（2）应在洞口的底部和顶部设置不小于 2ϕ10 的水平钢筋，其伸入墙内的长度不宜小于 40d 和 600mm（d 为钢筋直径）。

（3）应在楼板、屋面的所有纵横墙处设置现浇钢筋混凝土圈梁，圈梁的宽度和高度宜等于墙厚和砌块高，圈梁主筋不应少于 4ϕ10，圈梁的混凝土强度等级不应低于同层混凝土砌块强度等级的 2 倍，或该层灌孔混凝土的强度等级，并不应低于 Cb20。

（4）抗震墙其他部位的水平和竖向钢筋的间距不应大于墙长、墙高的 1/3，且不应大于 600mm。

（5）应根据抗震等级确定抗震墙沿竖向和水平方向的构造配筋率，且不应小于 0.1%。

2. 配筋砌块柱构造配筋（图 24-28）应符合下列规定：

（1）柱的纵向钢筋的直径不宜小于 12mm，数量不少于 4 根，全部纵向受力钢筋的配筋率不宜小于 0.2%。

（2）箍筋设置应符合下列规定：

1）箍筋应做成封闭状，端部应弯钩或绕纵筋水平弯折 90°，弯折段长度不小于 10d。

2）箍筋应设置在水平灰缝或灌孔混凝土中。

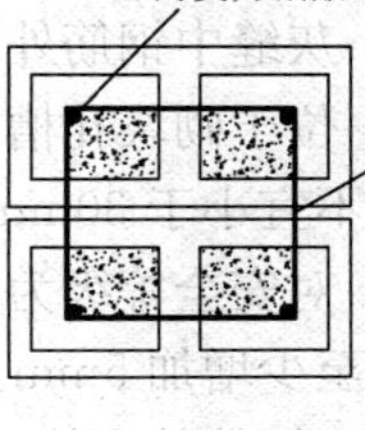

图 24-28 配筋砌块柱配筋

24.7.2.2 配筋砌块砌体施工要点

1. 配筋砌块砌体砌筑

应符合本章的相关要求。

2. 钢筋施工

（1）配筋砌块砌体抗震墙的水平钢筋应配置在系梁中，同层配置 2 根钢筋，且钢筋的直径不应小于 8mm，钢筋净距不应小于 60mm；竖向钢筋应配置在砌块孔内，在 190mm 墙厚情况下，用一孔内应配置 1 根，钢筋直径不应小于 10mm。

（2）楼板混凝土浇筑前必须按设计插入芯柱插筋，其锚固长度应满足设计要求或规范规定。芯柱插筋上下全高贯通，与各层圈梁整体浇筑。当上下不贯通时，钢筋锚固于上下层圈梁中。

（3）芯柱钢筋宜采用绑扎连接，柱的纵向钢筋从每层墙（柱）顶向下穿入小砌块孔洞，通过清扫口与从圈梁（基础圈梁、楼层圈梁）或连系梁伸出的竖向插筋绑扎搭接，搭接长度应符合设计要求。

（4）每层砌筑第一皮砌块时，在芯柱部位用侧面开口砌块砌筑，转角和十字墙核心的芯柱清扫孔与相邻清扫孔留成连通孔，每层墙体砌筑完毕必须清除芯柱孔洞内的杂物及削掉孔内凸出的砂浆，用水冲洗干净，绑牢校正芯柱钢筋，经隐检合格后，支模堵好清扫孔。

（5）钢筋的接头

钢筋直径大于 22mm 时宜采用机械连接接头，其他直径的钢筋可采用搭接接头，并应符合下列要求：

1）钢筋的接头位置宜设置在受力较小处。

2）受拉钢筋的搭接接头长度不应小于 $1.1L_a$，受压钢筋的搭接接头长度不应小于 $0.7L_a$（L_a 为钢筋锚固长度），但不应小于 300mm。

3）当相邻接头钢筋的间距不大于 75mm 时，其搭接长度应为 $1.2L_a$。当钢筋间的接头错开 $20d$ 时（d 为钢筋直径），搭接长度可不增加。

（6）水平受力钢筋（网片）的锚固和搭接长度

1）在凹槽砌块混凝土带中钢筋的锚固长度不宜小于 $30d$，且其水平或垂直弯折段的长度不宜小于 $15d$ 和 200mm；钢筋的搭接长度不宜小于 $35d$。

2）在砌体水平灰缝中，钢筋的锚固长度不宜小于 $50d$，且其水平或垂直弯折段的长度不宜小于 $20d$ 和 150mm。钢筋的搭接长度不宜小于 $55d$。

3）在隔皮或错缝搭接的灰缝中为 $50d+2h$（d 为灰缝受力钢筋直径，h 为水平灰缝的间距）。

（7）钢筋的最小保护层厚度

1）灰缝中钢筋外露砂浆保护层不宜小于 15mm。

2）位于砌块孔槽中的钢筋保护层，在室内正常环境不宜小于 20mm；在室外或潮湿环境中不宜小于 30mm。

3）对安全等级为一级或设计使用年限大于 50 年的配筋砌体，钢筋保护层厚度应比上述规定至少增加 5mm。

（8）钢筋的弯钩

钢筋骨架中的受力光面钢筋，应在钢筋末端做弯钩，在焊接骨架、焊接网以及受压构件中，可不做弯钩；绑扎骨架中的受力变形钢筋，在钢筋的末端可不做弯钩。弯钩应为 180°弯钩。

（9）钢筋设置

1）两平行钢筋间的净距不应小于 25mm。

2）柱和壁柱中的竖向钢筋的净距不宜小于 40mm（包括接头处钢筋间的净距）。

3）设置在灰缝内的钢筋，应居中置于灰缝内，水平灰缝厚度应大于钢筋直径 4mm 以上。

4）配筋砌块砌体抗震墙两平行钢筋间的净距不应小于 50mm。水平钢筋搭接时应上下搭接，并加设短筋固定（图 24-29）。水平钢筋两端宜锚入端部灌孔混凝土中。

3. 混凝土施工

（1）配筋砌块砌体抗震墙应全部用灌孔混凝土灌实，灌孔混凝土应具有抗收缩性

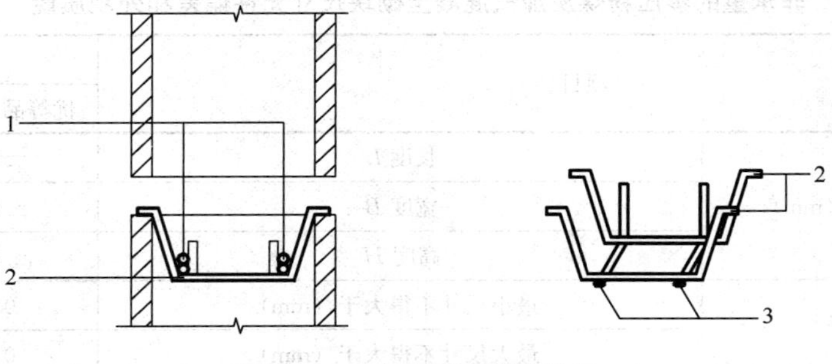

图 24-29　水平钢筋搭接示意

1—水平搭接钢筋；2—搭接部位固定支架的兜筋；3—固定支架加设的短筋

能；对安全等级为一级或设计工作年限大于 50 年的配筋砌块砌体房屋，砂浆和灌孔混凝土的最低强度等级应按现行国家标准《砌体结构通用规范》GB 55007 相关规定至少提高一级。

（2）应清除孔洞内的砂浆与杂物，并用水冲洗。

（3）砌筑砂浆强度大于 1MPa 时，方可浇筑混凝土。

（4）浇筑混凝土前，应先浇 50mm 厚与混凝土配比相同的去石水泥砂浆，再浇筑混凝土；每浇筑 500mm，应捣实一次，或边浇筑边用插入式振捣器捣实。

（5）芯柱与圈梁交接处，可在圈梁下 50mm 处留置施工缝。届时和混凝土圈梁一起浇筑，保证芯柱和圈梁的连接。

（6）混凝土应分层浇筑，每浇筑 400～500mm 高度应捣实一次。

24.8　填充墙砌体工程

24.8.1　砌筑用块材

24.8.1.1　烧结空心砖

材料要求见本章 24.4.3 内容。

24.8.1.2　非承重的蒸压加气混凝土砌块

非承重的蒸压加气混凝土砌块按原材料种类分为非承重蒸压粉煤灰加气混凝土砌块和非承重蒸压砂加气混凝土砌块。

1. 非承重的蒸压粉煤灰加气混凝土砌块

（1）规格

规格尺寸应符合表 24-67 的规定。

非承重的蒸压粉煤灰加气混凝土砌块规格尺寸（mm）　　**表 24-67**

长度 L	厚度 B	高度 H
600	100、120、125、150、180、200、240、250、300	200、240、250、300

尺寸允许偏差和外观质量应符合表 24-68 的规定。

非承重的蒸压粉煤灰加气混凝土砌块尺寸允许偏差和外观质量　　表 24-68

项目		指标	
		优等品（A）	合格品（B）
尺寸允许偏差（mm）	长度 L	±3	±4
	宽度 B	±1	±2
	高度 H	±1	±2
缺棱掉角	最小尺寸不得大于（mm）	0	30
	最大尺寸不得大于（mm）	0	70
	大于以上尺寸的缺棱掉角个数，不多于（个）	0	2
平面弯曲		不允许	不允许
表面油污		不允许	不允许
裂纹长度	贯穿一棱二面的裂纹长度不得大于裂纹所在面的裂纹方向尺寸总和的	0	1/3
	任一面上的裂纹长度不得大于裂纹方向尺寸的	0	1/2
	大于以上尺寸的裂纹条数，不多于（条）	0	2
爆裂、粘模和损坏深度不得大于（mm）		10	30
表面疏松、层裂		不允许	不允许

（2）等级

按其强度分为：A2.5、A3.5、A5.0 三个级别。

按其干密度分为：B05、B06、B07、B08 四个级别。

2. 非承重的蒸压砂加气混凝土砌块

（1）规格

规格尺寸应符合表 24-69 的规定。

非承重的蒸压砂加气混凝土砌块规格尺寸（mm）　　表 24-69

长度 L	厚度 B	高度 H
600	100、120、125、150、180、200、240、250、300	200、240、250、300

（2）等级

按其强度分为：A2.5、A3.5、A5.0 三个级别。

按其干密度分为：B05、B06、B07、B08 四个级别。

24.8.1.3　页岩烧结保温砌块

1. 规格

尺寸应符合现行国家标准《烧结保温砖和保温砌块》GB/T 26538 中第 4.2 条的规定。

尺寸允许偏差应符合表 24-70 的规定。

页岩烧结保温砌块尺寸允许偏差（mm）　　表 24-70

尺寸	A类		B类	
	样本平均偏差	样本极差≤	样本平均偏差	样本极差≤
＞300	±2.5	5.0	±3.0	7.0

续表

尺寸	A类		B类	
	样本平均偏差	样本极差≤	样本平均偏差	样本极差≤
＞200～300	±2.0	4.0	±2.5	6.0
100～200	±1.5	3.0	±2.0	5.0
＜100	±1.5	2.0	±1.7	4.0

页岩烧结保温砌块的外观质量应符合表24-71的规定。

页岩烧结保温砌块外观质量（mm）　　表24-71

项目		技术指标
弯曲		≤4
缺棱掉角的三个破坏尺寸不得		同时＞30
垂直度差		≤4
未贯穿裂纹长度	大面上宽度方向及其延伸到条面的长度	≤100
	大面上长度方向或条面上水平方向的长度	≤120
贯穿裂纹长度	大面上宽度方向及其延伸到条面的长度	≤40
	壁、肋沿长度方向、宽度方向及其水平方向的长度	≤40
肋、壁内残缺长度		≤40

2. 等级

按其强度分为MU7.5、MU5、MU3.5三个级别。

按其密度分为700、800、900、1000四个级别。

按其传热系数 K 分为1.35、1.0、0.9、0.8、0.7五个级别。

24.8.1.4 非承重的轻骨料混凝土小型空心砌块

1. 规格

主规格尺寸长×宽×高为390mm×190mm×190mm。其他规格尺寸可由供需双方商定。

尺寸偏差和外观质量应符合表24-72的规定。

非承重的轻骨料混凝土小型空心砌块的尺寸偏差和外观质量　　表24-72

项目		指标
尺寸偏差（mm）	长度	±3
	宽度	±3
	高度	±3
最小外壁厚（mm）	≥	20
肋厚（mm）	≥	20
缺棱掉角	个数/块≤	2
	三个方向投影的最大值（mm）≤	20
裂缝延伸的累计尺寸（mm）≤		30

2. 等级

按其密度分为700、800、900、1000、1100五个级别。

按其强度分为MU2.5、MU3.5、MU5、MU7.5四个级别。

24.8.2　填充墙砌筑

24.8.2.1　填充墙砌体施工一般规定

1. 填充墙砌体一般砌筑构造要求

(1) 填充墙的块材最低强度等级，应符合下列规定：

1) 内墙空心砖、轻骨料混凝土砌块、混凝土空心砌块应为MU3.5，外墙应为MU5；

2) 内墙蒸压加气混凝土砌块应为A2.5，外墙应为A3.5。

(2) 填充墙砌体与主体结构件的连接构造应符合设计要求。

(3) 抗震设防地区的填充墙砌体应按设计要求设置构造柱及水平系梁，且填充砌体的门窗洞口部位，砌块砌筑时不应侧砌。

(4) 在厨房、卫生间、浴室等处用轻集料混凝土小型空心砌块、蒸压加气混凝土砌块墙体时，墙体底部宜现浇混凝土坎台，其高度宜为150mm，混凝土强度等级宜为C20。

(5) 蒸压加气混凝土砌块、轻骨料混凝土小型空心砌块等不同强度等级的同类砌块不得混砌，亦不应与其他墙体材料混砌。

注：窗台处和因安装门窗需要，在门窗洞口处两侧填充墙上、中、下部可采用其他块体局部嵌砌。

(6) 在没有采取有效措施的情况下，不应在下列部位或环境中使用轻骨料混凝土小型空心砌块或蒸压加气混凝土砌块砌体：

1) 建筑物防潮层以下墙体。

2) 长期浸水或化学侵蚀环境。

3) 砌体表面温度高于80℃的部位。

4) 长期处于有振动源环境的墙体。

2. 填充墙砌体一般施工要求

(1) 轻集料混凝土小型空心砌块、蒸压加气混凝土砌块砌筑时，其产品龄期应大于28d；蒸压加气混凝土砌块的含水率宜小于30%。

(2) 吸水率较小的轻骨料混凝土空心砌块及采用薄层砂浆砌筑法施工的蒸压加气混凝土砌块，砌筑前不应对其浇水湿润；在气候干燥炎热的情况下，对吸水率较小的轻骨料混凝土小型空心砌块宜在砌筑前浇水湿润。

(3) 采用普通砂浆砌筑填充墙时，烧结空心砖、吸水率较大的轻骨料混凝土小型空心砌块应提前1～2d浇水湿润；蒸压加气混凝土砌块采用专用砂浆或普通砂浆砌筑时，应在砌筑当天对砌块砌筑面浇水湿润，块体湿润程度宜符合下列规定：

1) 烧结空心砖的相对含水率宜为60%～70%。

2) 吸水率较大的轻骨料混凝土小型空心砌块、蒸压加气混凝土砌块的相对含水率宜为40%～50%。

(4) 砌筑材料在运输和堆放过程中，严禁直接倾倒或抛掷。进场后应按照品种、规格分类整齐堆放，堆放高度不宜超过2m。产品应放在地势较平坦能承受产品自身的荷载的场所。蒸压加气混凝土砌块、页岩烧结保温砌块等在运输及堆放中应防止雨淋。

（5）轻骨料混凝土小型空心砌块、蒸压加气混凝土砌块应采用整块砌块砌筑；当蒸压加气混凝土砌块需断开时，应采用无齿锯切割，裁切长度不应小于砌块总长度的1/3。

（6）墙中洞口、预埋件和管道处，应用实心砖砌筑，并应在砌筑时正确留出或预埋，不得在墙砌好后打洞。管线不能预留需钻孔、开槽或切锯时，可采用弹线定位后，应使用专用工具，不得任意剔凿。

（7）填充墙砌体砌筑前，应根据建筑物的平面、立面图绘制砌块排列图。在墙体转角处设置皮数杆，在皮数杆上画出砌块皮数及砌块高度，并在相对砌块上边线间拉准线，依准线砌筑。

24.8.2.2 烧结空心砖砌体施工

1. 烧结空心砖砌体砌筑构造要求

（1）烧结空心砖墙应侧立砌筑，孔洞应呈水平方向，空心砖底部宜砌筑3皮普通砖，且门窗洞口两侧一砖范围内应采用普通砖砌筑。

（2）砌筑空心砖墙的水平灰缝厚度和竖向灰缝宽度宜为10mm，且不应小于8mm，也不应大于12mm，竖缝应采用刮浆法，先抹砂浆后再砌筑。

（3）烧结空心砖砌体组砌时，应上下错缝，交接处应咬槎搭砌，掉角严重的空心砖不宜使用。转角及交接处应同时砌筑，不得留直槎，留斜槎时，斜槎高度不宜大于1.2m。

（4）烧结空心砖墙与普通砖交接处，应以普通砖墙引出不小于240mm长与空心砖墙相接，并与隔2皮空心砖高在交接处的水平灰缝中设置2ϕ6钢筋作为拉结筋，拉结钢筋在空心砖墙中的长度不小于空心砖长加240mm。

（5）外墙采用空心砖砌筑时，应采取防雨渗漏措施。

2. 烧结空心砖砌体施工要求

（1）砌筑时，墙体的第一皮空心砖应进行试摆，排砖时，不够半砖处采用普通砖或配砖补砌，半砖以上的非整砖宜采用无齿锯加工制作。

（2）空心砖宜采用刮浆法砌筑。竖缝应先批砂浆后再砌筑。当孔洞呈垂直方向时，水平铺砂浆，应用套板盖住孔洞，以免砂浆掉入孔洞内。

（3）空心砖应侧立砌筑，孔洞方向与墙长向平行。特殊要求时，孔洞也可呈垂直方向。空心砖墙的厚度等于空心砖的厚度。采用全顺侧砌，上下竖缝相互错开1/2砖长。空心砖墙底部宜砌3皮普通砖，在门窗洞口两侧一砖范围内，也应用普通砖实砌。

（4）烧结空心砖的转角处，应用普通砖砌筑，砌筑长度角边不小于240mm。

（5）烧结空心砖墙砌筑不得留置斜槎或直槎，中途停歇时，应将墙顶砌平。在转角处、交接处，烧结空心砖与普通砖同时砌起。

（6）烧结空心砖墙中不得留置脚手眼，不得对烧结空心砖进行砍凿。

（7）空心砖墙冬期砌筑施工时，有条件的情况下尽量采取热炒砂、水加温、通蒸气、加防冻剂等有利于冬期施工的措施，确保冬期施工质量不受影响。

24.8.2.3 非承重蒸压加气混凝土砌块砌体施工

1. 非承重蒸压加气混凝土砌块砌筑构造要求

（1）非承重蒸压加气混凝土砌块墙的外墙转角处、与承重墙交接处，在水平灰缝中放置拉结钢筋，拉结钢筋伸入墙内不少于700mm。

（2）蒸压加气混凝土砌块外墙的窗口下一皮砌块下的水平灰缝中应设置拉结钢筋，拉结钢筋为3ϕ6，钢筋伸过窗口侧边应不少于500mm。

（3）蒸压加气混凝土砌块墙砌筑时应上下错缝，搭接长度不宜小于砌块长度的1/3，且不应不小于150mm。当不能满足时，在水平灰缝中应设置2ϕ6钢筋或ϕ4钢筋网片加强，加强筋从砌块搭接的错缝部位起，每侧搭接长度不宜小于700mm。

2. 非承重蒸压加气混凝土砌块砌体施工要求

（1）砌筑蒸压加气混凝土砌块宜采用专用工具，铺灰采用铲，裁割砌块应使用手锯、切割机等工具锯裁整齐。

（2）蒸压加气混凝土砌块不应与其他块体混砌，不同强度等级的同类块体也不得混砌。窗台处和因安装门窗需要，在门窗洞口处两侧填充墙上、中、下部可采用其他块体局部嵌砌。对框架柱、梁不脱开方法的填充墙，填塞填充墙顶部与梁之间缝隙可采用其他砌块。

（3）蒸压加气混凝土砌块墙的转角处，应隔皮纵、横墙砌块相互搭砌。砌块墙的T字交接处，应使横墙砌块隔皮露头，并坐中于纵墙砌块。

（4）蒸压加气混凝土砌块墙的灰缝应横平竖直，砂浆饱满，水平灰缝和竖向灰缝砂浆饱满度不应小于80%，水平灰缝厚度和竖向灰缝宽度不应超过15mm。

（5）加气混凝土砌块墙上不得留设脚手眼。每一楼层内的砌块墙体应连续砌完，不留接槎。如必须留槎时应留成斜槎，或在门窗洞口侧边间断。

24.8.2.4 薄灰缝蒸压加气混凝土砌块施工要求

1. 薄灰缝蒸压加气混凝土砌块施工一般规定

（1）砌筑前，对砌块的外观质量进行检查，断裂的砌体严禁使用，并且要清除砌块表面的碎屑和污物，只有优等品才能使用。

（2）砌筑砂浆应采用专用胶粘剂，胶粘剂应使用电动工具搅拌均匀，随拌随用，拌合量宜在3h内用完为限；若环境温度高于25℃时应在拌合后2h用完。

（3）切割砌块应使用手提式机具或专用的机械设备。

（4）使用胶粘剂施工时，严禁用水浇湿砌块。

（5）砌筑前，按楼地面标高找平，按照图纸设计放出墙体轴线并立好皮数杆。

（6）砌筑时，灰缝应横平竖直，砂浆饱满，与砌块之间应有良好的粘结力，由于薄灰缝砌筑厚度2～4mm，要求施工更加精确，铺设灰缝长度应控制在1m以内。每砌筑完一皮后，应立即校对灰缝厚度，及时调整偏差，垂直灰缝灌缝时，采用内外临时夹板，使灌缝密实。

（7）上一皮砌块砌筑前，宜将下皮砌块表面（铺浆面）用毛刷清理干净后，再铺水平灰缝的胶粘剂。

（8）每皮砌块砌筑时，宜用水平尺与橡胶锤校正水平、垂直位置，并做到上下皮砌块错缝搭接，其搭接长度不宜小于被搭接砌块长度的1/3。

（9）砌块转角和交接处应同时砌筑，对不能同时砌筑需留设临时间断处，应砌成斜槎。斜槎水平投影长度不应小于高度的2/3。接槎时，应先清理槎口，再铺胶粘剂砌筑。

（10）砌块水平灰缝应用刮勺均匀铺刮胶粘剂于下皮砌块表面；砌块的竖向灰缝可先

铺刮胶粘剂于砌块侧面再上墙砌筑。灰缝应饱满，做到随砌随刮，灰缝厚度宜为 2～4mm。

（11）已砌上墙的砌块不应任意移动或撞击，如需校正，应在清除原胶粘剂后，重新铺刮胶粘剂进行砌筑。

（12）砌块砌筑过程中，当在水平面和垂直面上有超过 2mm 的错边量时，应采用钢齿磨板和磨砂板磨平，方可进行下道工序施工。

（13）常温下，砌块的日砌筑高度宜控制在 1.8m 内。

2. 蒸压加气混凝土砌块薄灰缝为 2～4mm，小于拉结筋直径，应在砌块上开槽，将拉结钢筋设置在槽内，开槽直径应保证拉结筋有 2mm 砂浆握裹层。

3. 砌筑加气混凝土砌块砌筑时应上下错缝，搭接长度不宜小于砌块长度的 1/3，并不得小于 150mm，如不能满足时，应在砌块内设置 2ϕ6 钢筋或 ϕ4 钢筋网片加强，加强筋长度不应小于 500mm。

24.8.2.5　页岩烧结保温砌块砌体施工

1. 页岩烧结保温砌块砌筑构造要求

（1）页岩烧结保温砌块应分层错缝搭砌，上下皮搭砌长度不应小于 1/3 砖长。

（2）转角部位应采用整块页岩烧结保温砌块，丁字墙和纵墙十字交叉部位的页岩烧结保温砌块应咬槎交错搭接，搭接长度不应小于 1/2 块长。

（3）页岩烧结保温砌块强度等级，用于外墙、厨房卫生间墙体不低于 MU5，用于其他内墙时不低于 MU3.5。砌筑砂浆强度等级不应低于 M5。

2. 页岩烧结保温砌块砌体施工要求

（1）页岩烧结保温砌块应轻搬轻放，不应任意抛摔，保温填料不得有松动、脱落。堆放场地应平整干燥，并有防潮、防雨雪设施，有机保温材料要有防火措施。

（2）不同品种、规格型号、强度等级和生产日期的砌块应分类堆放并设置标识；码垛高度不宜超过 1.6m，其间应留有通道。

（3）砌筑砂浆应按配置规定随拌随用，调好的砂浆宜在 2～3h 内用完，不得随意加水。

（4）页岩烧结保温砌块应提前 1～2d 浇水湿润，保证砌筑面湿润，不得用水管直接冲淋。

（5）页岩烧结保温砌块砌筑时应保证填充孔在一个方向，砖的孔洞沿墙长方向顺墙水平排列。

（6）页岩烧结保温砌块墙体，水平灰缝的砂浆饱满度不得低于 90%，垂直灰缝砂浆饱满度不低于 80%；灰缝厚度宜为 8～12mm，灰缝应做勾平处理，不得有不实之处。

（7）每皮宜按同一方向顺砌，应摆正调平、一皮一校正。砌筑后的砌块需要校正时，应清除原砂浆，重新砌筑。砌块不得随意移动或撞击。

（8）页岩烧结保温砌块墙体砌筑时，上下皮应错缝对孔，搭接长度宜为砌块长度的 1/2 且不小于砌块长度 1/3，最小搭接长度不应小于 100mm。

（9）页岩烧结保温砌块砌筑至梁板底时应预留 200mm 空隙，空隙填充宜在墙体砌筑完成 7d 后进行，填充墙砌体应逐个压实。

24.8.2.6　非承重轻骨料混凝土小型空心砌块砌体施工

1. 非承重轻骨料混凝土小型空心砌块砌筑构造要求

（1）混凝土小型空心砌块墙体墙厚不应小于90mm，强度等级不宜低于MU3.5。

（2）轻骨料小砌块用于未设混凝土反梁或坎台（导墙）的厨房、卫生间及其他需防潮、防湿房间的墙体时，其底部第一皮应用C20混凝土填实孔洞的普通小砌块或实心小砌块（90mm×190mm×53mm）砌筑三皮。

（3）底层室内地面以下或防潮层以下的砌体，应采用水泥砂浆砌筑，小砌块的孔洞应采用强度等级不低于Cb20或C20的混凝土灌实。Cb20混凝土性能应符合现行行业标准《混凝土砌块（砖）砌体用灌孔混凝土》JC/T 861的规定。

（4）小砌块砌体应对孔错缝搭接，搭砌应符合下列规定：

1）单排孔小砌块的搭接长度应为砌块长度的1/2，多排孔小砌块的搭接长度不宜小于砌块长度的1/3。

2）当个别部位不能满足搭砌要求时，应在此部位水平灰缝中设$\phi 4$钢筋网片，且钢筋网片两端与该位置的竖缝距离不得小于400mm，或采用配块。

（5）轻骨料混凝土小型空心砌块填充墙砌体，在纵横墙交接处及转角处应同时砌筑；当不能同时砌筑时，应留成斜槎，斜槎水平投影长度不应小于高度的2/3。

（6）轻骨料小砌块与框架或剪力墙间的界面缝应按下列要求施工：

1）沿框架柱或剪力墙全高每隔400mm埋设或用植筋法预留$2\phi 6$拉结钢筋，其伸入填充墙内水平灰缝中的长度应按抗震设计要求沿墙全长贯通。

2）填充内墙砌筑时，除应每隔2皮小砌块在水平灰缝中埋置长度不得小于1m或至门窗洞口边并与框架柱（剪力墙）拉结的$2\phi 6$钢筋外，尚宜在水平灰缝中按垂直间距400mm沿墙全长铺设直径为$\phi 4$点焊钢筋网片。网片与拉结筋可不设在同皮水平灰缝内，宜相距一皮小砌块的高度。网片应采用点焊工艺制作，且纵横筋相交处不得重叠点焊，应控制在同一平面内。2根$\phi 4$纵筋应分置于小砌块内、外壁厚的中间位置，$\phi 4$横筋分别分置于小砌块的壁、肋上，间距应为200mm，网片间搭接长度不宜小于90mm并焊接。

3）除芯柱部位外，填充墙的底皮和顶皮小砌块宜用C20混凝土或LC20轻骨料混凝土预先填实后正砌砌筑。

（7）界面采用柔性连接时，填充墙与框架柱或剪力墙相接处预留10～15mm宽的缝隙；填充墙顶与上层楼面的梁底或板底间也应预留10～15mm宽的缝隙，缝内中间处宜在填充墙砌完后28d用聚乙烯（PE）棒材嵌塞，其直径宜比缝宽大2～5mm。缝的两侧应充填聚氨酯泡沫填缝剂（PU发泡剂）或其他柔性嵌缝材料。缝口应在PU发泡剂外再用弹性腻子封闭；缝内也可嵌缝宽度为墙厚减60mm，厚度比缝宽大1～2mm的膨胀聚苯板，应挤紧，不得松动。聚苯板的外侧应喷25mm厚PU发泡剂，并用弹性腻子封至缝口。

（8）界面缝采用刚性连接时填充墙与框架柱或剪力墙相接处的灰缝必须饱满、密实，并应二次补浆勾缝，凹进墙面宜5mm；填充墙砌至接近上层楼面的梁、板底时，应留100mm高空隙。空隙宜在填充墙砌完14d后用实心小砌块（90mm×190mm×53mm）斜砌挤紧，灰缝等空隙处的砂浆应饱满、密实。

（9）填充墙与框架柱或剪力墙之间不埋设拉结筋，并相离10～15mm；墙的两端与墙中或 1/3 墙长处以及门窗洞口两侧各设 2 孔配筋芯柱或构造柱，其纵筋的上下两端应采用预留钢筋、预埋铁件、化学植筋或膨胀螺栓等连接方式与主体结构固定；砌筑时每隔 2 皮小砌块沿墙长铺设 $\phi 4$ 点焊钢筋网片。填充墙尚应在窗台与窗顶位置沿墙长设置现浇钢筋混凝土连系带，并与芯柱与构造柱拉结。连系带宜用 U 形小砌块砌筑，内置的纵向水平钢筋应符合设计要求且不得小于 $2\phi 12$。

（10）小砌块填充墙与框架柱、梁或剪力墙相交处的界面缝的正反两面，均应平整地紧贴墙、柱、梁的表面钉设钢丝直径为 0.5～0.9mm、菱形网孔边长 20mm 的热镀锌钢丝网。网宽应为缝两侧各 200mm，且不得使用翘曲、扭曲等不平整的钢丝网。固定钢丝网的射钉、水泥钉、骑马钉（U 形钉）等紧固件应为金属制品并配带垫圈或压板压紧。同时，在此部位的抹灰层面层且靠近面层的表面处，宜增设一层与钢丝网外形尺寸相同由聚酯纤维制成的无纺布或薄型涤棉平布。

2.（非承重）轻骨料混凝土小型空心砌块砌体施工要求

（1）防潮层以上的小砌块砌体，宜采用专用砂浆砌筑；当采用其他砌筑砂浆时，应采取改善砂浆和易性和粘结性的措施。

（2）小砌块表面的污物应在砌筑前清理干净，灌孔部位的小砌块，应清除掉底部孔洞周围的混凝土毛边。

（3）当砌筑厚度大于 190mm 的小砌块时，宜在墙体内外侧双面挂线。砌块墙体每日砌筑高度宜控制在 1.5m 或一步脚手架内。

（4）小砌块墙内不得混砌黏土砖或其他墙体材料。当需局部嵌砌时，应采用强度等级不低于 C20 的适宜尺寸的配套预制混凝土砌块。

（5）砌筑小砌块时，宜采用专用铺灰器铺放砂浆，且应随铺随砌。当未采用专用铺灰器时，砌筑时一次铺灰长度不宜大于 2 块主规格块体的长度。水平灰缝应满铺下皮小砌块的全部壁肋或单排、多排孔小砌块的封底面；竖向灰缝宜将小砌块一个端面朝上满铺砂浆，上墙应挤紧，并应加浆插捣密实。

（6）填充墙中的芯柱施工除底部设清扫口外，尚应在 1/2 柱高与柱顶处设置。芯柱纵向钢筋的下料长度应为 1/2 柱高加搭接长度，数量应为两根，并应同时放入中部的清扫口。一根纵筋应通过底部清扫口与本层楼面的竖向插筋或其他方式固定；另一根纵筋应在砌到墙顶时通过中部清扫口向上提升，在顶部清扫口与上层梁、板底的预留筋或其他方式连接。底部清扫口应在清除孔道内砂浆等杂物后先进行封模；中部清扫口应在芯柱下半部的混凝土浇灌、振捣完成后封闭，并继续浇灌直至顶部清扫口下缘。顶部清扫口内应用 C20 干硬性混凝土或粗砂拌制的 1∶2 水泥砂浆填实。

（7）框架结构中的楼梯间、通道、走廊、门厅、出入口等人流通过的区域，该范围内的填充墙两侧墙面应分层抹 1∶2 水泥砂浆钢丝网面层，总厚度宜为 20mm。

24.8.2.7 填充墙与主体结构间连接构造要求

1. 填充墙与框架的连接

根据设计要求采用脱开或不脱开的方法。有抗震设防要求时，宜采用框架填充墙与框架脱开的方法。

（1）有抗震要求采用填充墙与框架脱开的方法时，宜符合下列规定：

1）填充墙两端与框架柱，填充墙顶面与框架梁之间留出不小于 20mm 的间隙。

2）填充墙端部应设置构造柱，柱间距宜不大于20倍墙厚且不大于4m，柱宽度不小于100mm。构造柱钢筋规格及数量应符合设计要求，竖向钢筋与框架梁或其挑出部分的预埋件或预留钢筋连接，绑扎接头时不小于$30d$，焊接时（单面焊）不小于$10d$（d为钢筋直径）。柱顶与框架梁（板）应预留15mm的缝隙。用硅酮胶或其他弹性密封材料封缝。当填充墙有宽度大于2.1m的洞口时，洞口两侧应加设宽度不小于50mm的单筋混凝土柱。

3）填充墙两端宜卡入设在梁、板底及柱侧的卡扣铁件内，墙侧卡扣板的竖向间距不宜大于500mm，墙顶卡扣板的水平间距不宜大于1.5m。

4）墙体高度超过4m时宜在墙高中部设置与柱连通的水平系梁。水平系梁的截面高度不小于60mm。填充墙高不宜大于6000mm。

5）填充墙与框架柱、梁的缝隙可采用聚苯乙烯泡沫塑料板条或聚氨酯发泡材料填充，并用硅酮胶或其他弹性密封材料封缝。

6）所有连接用钢筋、金属配件、铁件、预埋件等均应做防腐防锈处理，嵌缝材料应能满足变形和防护要求。

（2）当填充墙与框架采用不脱开的方法时，宜符合下列规定：

1）沿柱高每隔500mm配置2根直径6mm的拉结钢筋（墙厚大于240mm时配置3根直径6mm），钢筋伸入填充墙长度不宜小于700mm，且拉结钢筋应错开截断，相距不宜小于200mm。填充墙墙顶应与框架梁紧密结合。顶面与上部结构接触处宜用一皮砖或配砖斜砌楔紧。

2）当填充墙有洞口时，宜在窗洞口的上端或下端、门洞口的上端设置钢筋混凝土带，钢筋混凝土带应与过梁的混凝土同时浇筑，其过梁的断面及配筋由设计确定。钢筋混凝土带的混凝土强度等级不小于C20。当有洞口的填充墙尽端至门窗洞口边距离小于240mm时，宜采用钢筋混凝土门窗框。

3）填充墙长度超过5m或墙长大于2倍层高时，墙顶与梁宜有拉结措施，墙体中部应加设构造柱；墙高度超过4000mm时宜在墙高中部设置与柱连接的水平系梁，墙高超过6m时，宜沿墙高每2m设置与柱连接的水平系梁，梁的截面高度不小于60mm。

2. 填充墙化学植筋

以化学胶粘剂，将钢筋胶结固定于混凝土基材锚孔中的一种后锚固生根钢筋。

（1）种植锚固件的胶粘剂，应采用专门配置的改性环氧树脂胶粘剂、改性乙烯基脂类胶粘剂或改性氨基甲酸胶粘剂，其基本性能应符合现行国家标准《工程结构加固材料安全性鉴定技术规范》GB 50728的规定。种植锚固件的胶粘剂，其填料应在工厂添加，不得在施工现场掺入。寒冷地区所用的植筋胶粘剂，应具有耐冻融性能试验。

（2）植筋直径与对应的钻孔直径应相适应，拉墙钢筋采用直径6mm钢筋时，植筋钻孔直径应采用10mm。

（3）植筋深度应符合设计和现行国家标准《混凝土结构加固设计规范》GB 50367的规定。

（4）植筋的具体要求：

1）植筋孔洞成孔后，应用毛刷及吹风设备清除孔内粉尘，反复处理不应少于3次。孔洞应清理干净，孔内应干燥、无积水。

2）现场调配胶粘剂时，应按产品说明书规定的配合比和工艺要求进行配置，并在规定的时间内使用。

3）注入胶粘剂时，应使用专门的灌注器或注射器注入，注入量应按产品说明书确定。植入时应旋转钢筋，不应妨碍孔洞中的空气排出，并以植入钢筋后有少许粘结剂溢出为宜。严禁采用钢筋蘸胶后直接塞入孔洞的方法植入。

4）粘结剂完全固化前，不得触动所植钢筋。粘结剂固化时间与环境温度应按产品说明书确定。

（5）植筋检测：

1）植筋抗拔承载力现场检验分为非破损检验和破坏性检验。拉墙钢筋采用非破损检验，合格的植筋锚固件（包括混凝土基材）在整个检验过程中均未遭受损坏，检测过后还可以保证锚固件在结构中正常使用。

2）填充墙与承重墙、柱、梁的连接钢筋，当采用化学植筋的连接方式时，应进行实体检验。抽检数量及检验方法应符合现行国家标准《砌体结构工程施工质量验收规范》GB 50203 的有关规定。

3. 薄层灰缝加气块砌体与主体结构的拉结

（1）薄层灰缝加气块砌体灰缝为2～4mm，小于拉结筋直径，应在砌块上开槽，将拉结钢筋设置在槽内，开槽深度应保证拉结筋有 2mm 砂浆握裹层。

（2）薄灰缝加气混凝土砌块填充墙或隔墙与承重结构交接处，应通过拉结筋与承重结构拉结，间距、规格和长度满足设计要求。当设计无要求时，每边伸入墙内长度不得小于700mm，做法见图 24-30。

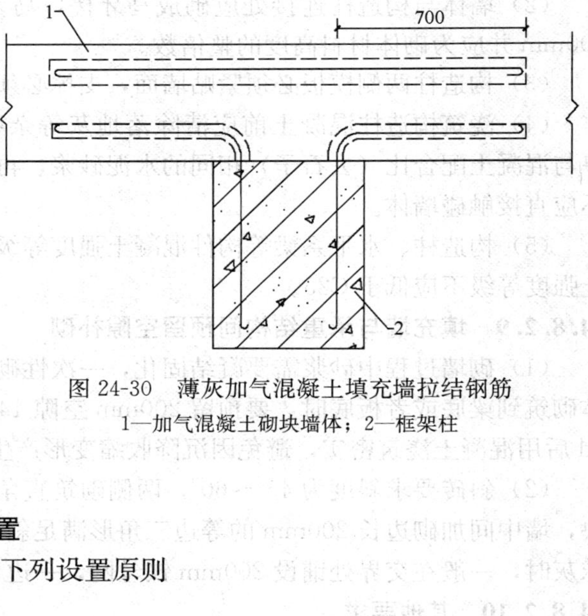

图 24-30 薄灰加气混凝土填充墙拉结钢筋

1—加气混凝土砌块墙体；2—框架柱

24.8.2.8 填充墙构造柱及水平系梁设置

1. 填充墙构造柱及水平系梁应符合下列设置原则

（1）内外墙交接处。

（2）外墙阳角、阴角处。

（3）内墙阳角距侧边距离小于 1000mm 时的角部。

（4）长度小于 800mm 的墙垛的中部。

（5）一字墙的两端。

（6）入户门两侧。

（7）不大于 300mm 的窗间墙应按构造柱施工。

（8）长度不大于 1000mm 的外填充墙两侧加构造柱。

（9）门窗洞口大于 2400mm 应设置边框构造柱。

（10）悬臂梁隔墙端头、直墙端头。

（11）墙段长度大于 5m 或墙长大于 2 倍层高，墙中部应设钢筋混凝土构造柱。

（12）填充墙高度超过 4m 时宜在墙高中部设置与柱连接的水平系梁，墙高度超过 6m 时，宜沿墙高每 2m 设置与柱连接的水平梁。

2. 填充墙构造柱及水平系梁的设置构造

（1）构造柱须先砌墙后浇筑，砌墙时墙与构造柱连接处应砌成马牙槎，沿墙高每隔 500mm 设 2ϕ6 钢筋，拉筋埋入墙内的长度，抗震设防烈度为 6、7 度时为 700mm，且不应小于墙长的 1/5，抗震设防烈度为 8、9 度时为通长。构造柱截面为墙厚×200mm，配筋 4ϕ12，箍筋 ϕ6@250，构造柱纵向钢筋搭接长度范围内箍筋间距不大于 200mm 且不少于 4 根箍筋，构造柱的主筋应锚入梁板内上下各一个锚固长度。

（2）水平系梁的截面高度不应小于 60mm。水平系梁纵向钢筋为 2ϕ10，当墙厚大于 240mm 时，水平系梁纵向钢筋为 3ϕ10，横筋为 ϕ6@300。

3. 填充墙构造柱施工

（1）设置混凝土构造柱的墙体，应按绑扎钢筋，砌筑墙体，支设模板，浇筑构造柱混凝土的施工顺序进行。

（2）墙体与构造柱连接处应砌成马牙槎，马牙槎伸入墙体 60～100mm，槎高 200～300mm 并应为砌体材料高度的整倍数。

（3）构造柱两侧模板必须紧贴墙面，支撑必须牢固，严禁板缝漏浆。

（4）浇筑构造柱混凝土前应清除落地灰等杂物并将模板浇水湿润，然后注入 50mm 厚与混凝土配合比（去石子）相同的水泥砂浆，再分段浇灌，振捣混凝土，振捣时振捣棒不应直接触碰墙体。

（5）构造柱、水平系梁等构件混凝土强度等级不应低于 C20，用于 2 类环境时，混凝土强度等级不应低于 C25。

24.8.2.9　填充墙与承重结构间预留空隙补砌

（1）砌墙过程中砂浆需要凝结固化，一次性砌到顶墙体会少许下沉变形产生缝隙。墙体砌筑到梁底或者板底时，要预留 200mm 空隙 14d 后砌筑塞实，或预留 40～60mm 空隙 7d 后用混凝土浇筑密实，避免因沉降收缩变形产生空隙。

（2）斜砖要求斜度为 45°～60°，两侧砌筑直角边 200mm 的等腰直角三角形混凝土砌块，墙中间加砌边长 200mm 的等边三角形满足斜砖要求；砖缝采用水泥砂浆填缝。后期抹灰时，一般在交界处铺设 200mm 铁丝网，一边各 100mm，防裂抗渗。

24.8.2.10　其他要求

1. 砌筑填充墙时，轻骨料混凝土小型空心砌块和非承重蒸压加气混凝土砌块的产品龄期不应小于 28d。

2. 烧结空心砖、蒸压加气混凝土砌块、轻骨料混凝土小型空心砌块等的运输、装卸过程中，严禁抛掷和倾倒；进场后应按品种、规格堆放整齐，堆置高度不宜超过 2m。蒸压加气混凝土砌块在运输与堆放中应防止雨淋。

3. 在厨房、卫生间、浴室等处采用轻骨料混凝土小型空心砌块、蒸压加气混凝土砌块砌筑墙体时，墙底部宜现浇混凝土坎台等，其高度宜为 150mm。

4. 设计要求的洞口、管道、沟槽应于砌筑时正确留出或预埋，未经设计同意，不得打凿墙体和在墙体上开凿水平沟槽。宽度超过 300mm 的洞口上部，应设置钢筋混凝土过梁。不应在截面长边小于 500mm 的承重墙体、独立柱内埋设管线。

5. 填充墙构造柱与墙体的连接处应符合下列规定：

墙体应砌成马牙搓，马牙槎凹凸尺寸不宜小于 60mm，高度不应超过 300mm，马牙槎应先退后进，对称砌筑；马牙槎尺寸偏差每一构造柱不应超过 2 处。

预留拉结钢筋的规格、尺寸、数量及位置应符合设计要求，钢筋的竖向移位不应超过 100mm，且竖向移位每一构造柱不得超过 2 处。

25 木结构工程

25.1 木 结 构 材 料

木结构工程中所使用材料主要包括结构用木材、胶黏剂和其他辅助材料，下面分块进行介绍。

25.1.1 结 构 用 木 材

结构用木材主要是指用于木结构工程的具有明确材质等级或强度等级的原木、方木、锯材和工程木。本节主要介绍一下原木、方木和锯材，工程木部分由于内容较多，其将在下一小节内容中详细介绍。

25.1.1.1 原木

原木是指伐倒的树干经过打枝和造材加工的木段。

尺寸方面：树干在生长过程中直径从根部至梢部逐渐变小，成平缓的圆锥体，有天然的斜率。对原木选材时，梢径要满足一定的要求，其斜率不超过0.9%，即1m长度上直径改变不大于9.0mm，否则将影响使用。原木径级以梢径计，一般梢径为80～200mm（人工林木材的梢径一般较小），长度一般为4～8m。

主要应用：用于我国传统木结构领域，如古建筑的重建、修复、加工以及楼阁亭榭等，目前也越来越多地被应用于新建的井干式木结构。

25.1.1.2 方木或板材

方木或板材一般是由梢径大于200mm的原木，经机械加工而锯成的。

当截面宽厚比小于等于3（$h \leqslant b \leqslant 3h$）的锯材称为方木。

当截面宽厚比超过3（$b \geqslant 3h$）的锯材称为板材。

方木边长一般为60～240mm，板材厚度一般为15～80mm。针叶树材的长度可达8m，阔叶树材的最大长度在6m左右。方木和板材可按一般商品规格材供货，用户使用时可作进一步剖解，也可向木材供应商订购所需截面尺寸的木材，或购买原木自行加工。

主要用作于我国传统木结构领域，如古建筑的重建、修复、加工以及楼阁亭榭等，目前也越来越多地被应用于新建的井干式木结构。

25.1.1.3 规格材

规格材（Dimension Lumber）是指截面按照规定尺寸生产加工的锯材，并进行分等定级的结构用商品材规格材表面已作加工，使用时不再对截面尺寸锯解加工，有时仅作长度方向的截断或接长，否则将会影响其分等定级和设计强度的取值，见图 25-1。

规格材常用于轻型木结构建筑，作为轻型木结构建筑的主要受力构件，规格材性能的好坏直接影响建筑的结构安全与否。因此，规格材必须要经过等级划分后才能应用于木结构建筑。

我国的规格材截面宽度为 40mm、65mm 和 90mm 三种，轻型木结构用规格材的具体截面尺寸应符合相关标准的规定。

图 25-1 规格材

25.1.2 工 程 木

工程木是通过刨、削、切等机械加工制成的规格材、单板、单板条、刨片等木制构成单元，根据结构需要进行设计，借助结构用胶黏剂的黏结作用，压制成具有一定形状的、产品力学性能稳定、设计有保证的结构用木制材料。建筑工程领域常用的工程木制品主要有：层板胶合木（Glued-Laminated Timber，Glulam）、正交胶合木（Cross-Laminated Timber，CLT）、旋切板胶合木（Laminated-Veneer Lumber，LVL）、结构胶合板（Structural Plywood）、定向木片板（Oriented Strand Board，OSB）和平行木片胶合木（Parallel Strand Lumber，PSL）。目前，我国应用较多的工程木主要为层板胶合木。

25.1.2.1 胶合木

层板胶合木，又称胶合木，或结构用集成材，是一种根据木材强度分级，将四层或四层以上的厚度不大于 45mm（硬松木或硬质阔叶材时厚度不大于 35mm）的木质层板沿顺纹方向叠层胶合而成的木制品。胶合木常用于承重梁、柱以及大跨木拱或木桁架等构件。

理论上，采用层板胶合木的生产工艺，可以制备出任何尺寸的构件。但是考虑工业化生产的要求以及对木材资源的充分利用，国际上生产层板胶合木的国家或地区对于常用的层板胶合木都有各自的标准截面尺寸。

胶合木生产时，将某些树种或树种组合的木材，加工成一定厚度的层板，经干燥、刨平等加工后，按照一定的组坯方式层叠，施胶加压后制成的木材产品。胶合木生产需要有专业的加工设备，严格生产、检验工艺，一般在专业且有资质的企业里加工生产。

根据现行国家标准《胶合木技术规范》GB/T 50708 规定，用于制作胶合木的层板分为三类：普通胶合木层板（Lamina）、目测分级层板（Visual Grade Lamina）和机械弹性模量分级层板（Machine Graded Lamina）。

25.1.2.2 正交胶合木

正交胶合木（Cross Laminated Timber，CLT）也被称作交叉层积材，是一种以厚度为 15～45mm 的层板相互叠层正交组坯后胶合而成的木制品。正交胶合木的构造满足对称原则、奇数层原则和垂直正交原则，一般由 3 层、5 层、7 层或 9 层层板组成。其加工工艺与层板胶合木类似，主要的区别之处就在于相邻层板之间的纹理方向是相互垂直的。由于正交结构令其在主方向和次方向上均具有相似的力学性能，因此主要用作建筑结构的墙板和楼板。

正交胶合木的尺寸通常由制造商决定，常见的宽度有 0.6m、1.2m、2.4m 和 3.0m 等，厚度可达 508mm，长度可达 24m。

正交胶合木的生产工艺与胶合板相似，其构造一般应满足对称原则、奇数层原则和垂直正交原则。尺寸主要由制造商决定，也可根据需求定制生产。普通 CLT 的生产工艺主要有：选材、表面加工、锯切、施胶、组坯、加压、后期处理。

25.1.2.3　旋切板胶合木

旋切板胶合木（Laminated Veneer Lumber，LVL）又称单板层积材，是由厚度在 2.0～6.0mm 的旋切单板沿着木材顺纹理方向组坯胶合而成，可将木材中常见的节子、孔洞、斜纹等缺陷分散于各层单板之中。

旋切板胶合木成品厚度一般为 18～75mm，宽度和长度可以根据用途最终确定。具有性能均匀、稳定和规格尺寸灵活多变的特点，不仅保留了木材的天然性质，还具有许多锯材所没有的特性。

旋切板胶合木加工工艺流程为：原木→剥皮→旋切→干燥→单板拼接、组坏→涂胶→铺装、预压→热压→裁剪→分等、入库。

25.1.2.4　结构胶合板

结构用胶合板（Structural Plywood）由数层旋切或刨切的单板按一定规则（交错）铺放，在高温和压力下，用防水耐用的胶黏剂胶合而成的广泛用于建筑、房屋、运输等领域，如轻型木结构中的楼面板、屋面板和墙面板；在我国主要用于集装箱底板、车厢板和混凝土模板等。

结构用胶合板单板的厚度一般在 1.5～5.5mm 之间。结构胶合板的产品厚度一般为 5～30mm，板材尺寸为 1220mm×2440mm、2440mm×2770mm 和 2440mm×3050mm。胶合板的中心层两侧对称位置上的单板其木纹和厚度应一致，且应由物理性能相似的树种木材组成，相邻单板的木纹相互垂直，表层板的木纹方向应与成品板的长度方向平行。

25.1.2.5　定向木片板

定向木片板（Oriented Strand Board，OSB），又称定向结构刨花板，多以速生材、小径材、间伐材、木芯等为原料，通过专用设备长材刨片机（或采用削片加刨片设备的两工段工艺）沿着木材纹理方向将其加工为长 40～120mm、宽 5～20mm 和厚 0.3～0.7mm 的窄长、薄平刨花单元，再经干燥，施胶，最后按照一定的方向纵横交错定铺装、热压成型的一种结构人造板。

广泛应用于地面材料、墙板、间隔板、隔板、屋顶板、工字梁的腹板等。

OSB 的生产流程包括：原木蒸煮→剥皮→削片→干燥→施胶→铺装成型→热压→裁板和定级。

25.1.3　胶　粘　剂

胶粘剂的种类与使用环境

木结构工程中的胶粘剂，一般常采用耐水性胶粘剂或半耐水性胶粘剂。目前，国际上常用的结构胶粘剂主要有：间苯二酚胶粘剂、酚醛树脂胶粘剂、水性高分子异氰酸酯胶粘剂、三聚氰胺脲醛树脂胶粘剂以及聚氨酯胶粘剂。

木结构用胶粘剂的选择要考虑到结构用工程木的使用环境，包括气候、温度、湿度等。现行国家标准《结构用集成材》GB/T 26899 按照使用环境通常将结构用胶粘剂分为三类：

用于工程木加工的胶粘剂可分为Ⅰ类和Ⅱ类两种胶粘剂：Ⅰ类胶粘剂可用于所有使用环境的结构用集成材的制造；Ⅱ类胶粘剂可用于使用环境 1 和使用环境 2 结构用集成材的制造。

25.1.4 辅助材料

1. 基层材料

石膏板

我国生产的石膏板主要有：纸面石膏板、无纸面石膏板、装饰石膏板、石膏空心条板、纤维石膏板、石膏吸声板等。表 25-1 为我国生产的石膏板特点及主要用途。

石膏板特点及主要用途 **表 25-1**

类型	特点	用途
纸面石膏板	质地轻、强度高、防火防蛀，易加工	用于内墙、隔墙和吊顶
无纸面石膏板	质地轻、强度高、防火防蛀，易加工	用于内墙、隔墙和吊顶
装饰石膏板	轻质，防火防潮、易加工，安装简单	用于装饰墙面，护墙板，天花板
石膏空心条板	不用纸和粘结剂，安装不用龙骨	用于内墙和隔墙
纤维石膏板	质地轻、强度高	用于内墙和隔墙，或木材制作家具
石膏吸声板	轻质，安装简单吸声效果好	天花板饰面材料

2. 保温材料

保温材料一般是指导热系数小于或等于 0.2 的材料。近年来，保温材料发展较快，在工业和建筑中，特别是在木结构房屋建筑中，采用良好的保温技术与材料能够有效降低建筑能耗，做到节能减排。

(1) 岩棉

在平台框架式木结构建筑中，最常用的保温材料就是岩棉，是由高纯度的黏土熟料、氧化铝粉、硅石粉、铬英砂等原料制成的无毒、无害、无污染的新型保温材料，见图 25-2。在平台框架式木结构施工中，地板、墙体和屋盖构件的各种空腔，都可以有效填充。

图 25-2 填充保温棉

图 25-3　聚氨酯发泡剂

（2）聚氨酯发泡

聚氨酯发泡剂全称单组分聚氨酯泡沫填缝剂，俗称发泡剂、发泡胶、PU 填缝剂，英文 PU FOAM 是气雾技术和聚氨酯泡沫技术交叉结合的产物，见图 25-3。它是一种将聚氨酯预聚物、发泡剂、催化剂等装填于耐压气雾罐中的特殊聚氨酯产品。当物料从气雾罐中喷出时，沫状的聚氨酯物料会迅速膨胀并与空气或接触到的基体中的水分发生固化反应形成泡沫。适用范围广，具有前发泡、高膨胀、收缩小等优点，且泡沫的强度良好、粘接力高固化后的泡沫具有填缝、粘结、密封、隔热、吸声等多种效果，是一种环保节能、使用方便的建筑材料，可适用于密封堵漏、填空补缝、固定粘结，保温隔声，尤其适用于塑钢或铝合金门窗和墙体间的密封堵漏及防水。

聚氨酯发泡剂罐的正常使用温度为 5～40℃，最佳使用温度 18～25℃。低温情况下，建议将本品在 25～30℃环境中恒温放置 30min 再使用，以保证其最佳性能。固化后的泡沫耐温范围为－35℃～80℃。

聚氨酯发泡剂属湿固化泡沫，使用时应喷在潮湿的表面，湿度越大，固化越快。未固化的泡沫可用清洗剂清理，而固化后的泡沫应用机械的方法（沙磨或切割）除去。固化后的泡沫受紫外光照射后会泛黄，建议在固化后的泡沫表面用其他材料涂装（水泥砂浆，涂料等）。喷枪使用完后，请立即用专用清洗剂清洗。

图 25-4　聚苯板

（3）聚苯板

全称聚苯乙烯泡沫板，又名泡沫板或 EPS 板，见图 25-4。是由含有挥发性液体发泡剂的可发性聚苯乙烯珠粒，经加热预发后在模具中加热成型的具有微细闭孔结构的白色固体。是以聚苯乙烯树脂为原料，是一种具有高抗压、不吸水、防潮、不透气、轻质、耐腐蚀、使用寿命长、导热系数低等优异性能的环保型保温材料。

3. 防水卷材

（1）呼吸纸

呼吸纸在国内也叫防水透气膜，是采用特殊的新型高分子材料，材料表面具有极其细小的微孔结构，由于水滴最小直径约 0.02mm，而水蒸气分子的直径仅为 0.0000004mm，两者直径有着巨大差异，依据浓度梯度差扩散原理，水蒸气能够自由的通过微孔，而液态水和水滴因为其表面张力作用不能通过呼吸纸材料。因此，呼吸纸有优秀的防水性能和透气性能。

单向的呼吸纸又叫防水透气薄膜，是采用一种特殊的新型高分子材料，材料表面具有极其细小的微孔结构，可以很好地排出室内的水汽，而室外的水滴却不透过这层薄膜进入室内，因此具有良好的防水性和透气性。

呼吸纸主要用于木结构和钢结构等类型，施工的时候严密的包裹在建筑外墙，能保护建筑不受雨水的侵蚀，有效保证建筑的使用寿命。

增强型呼吸纸：能够抵御飓风的侵袭，同时提供了优秀的防水透气性能和抗撕裂性能，适合飓风及极端天气地区使用，还适合于屋顶使用。

(2) 泛水板

在防雨通风幕墙外饰面外还有一个特殊的防水构造——泛水板，以金属材质为主，主要材料有镀锌钢、不透钢、铜和铝板。泛水板具有一定的排水坡度，通过折落的方式将水导离墙面。

25.2 木结构连接

25.2.1 销栓连接

25.2.1.1 常用销栓连接紧固件类型

销栓连接紧固件主要类型有螺栓、圆钢销和螺钉，见图 25-5，这类紧固件统称为销轴类紧固件。销轴类紧固件由于安装简便、成本较低、节点受力性能良好、延性性能好等优点，在木结构中的应用最为普遍，通常适用于大多数木结构连接领域，如木-木连接和木-钢连接等。

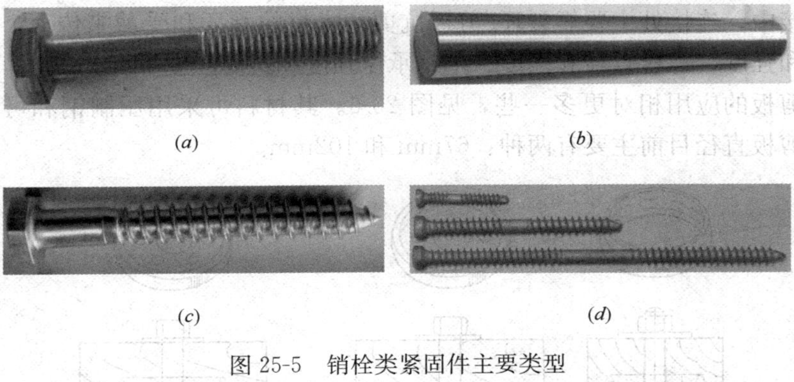

图 25-5 销栓类紧固件主要类型

(*a*) 螺栓；(*b*) 圆钢销；(*c*) 六角头螺钉；(*d*) 自攻螺钉

25.2.1.2 常用销栓连接分类与设计方法

现代木结构中销栓连接主要有两大类：木构件之间直接采用销轴类紧固件进行连接的形式称为木-木连接，木构件之间采用钢板和销轴类紧固件相结合的连接形式为木-钢连接。现行国家标准《木结构设计标准》GB 50005 中，仅针对木-木销连接给出了具体的设计方法；而在欧洲木结构设计规范 Eurocode 5（以下简称 EC 5）中，木-木销连接和木-钢销连接则采用不同的设计计算方法。

25.2.2 钉及螺钉连接

25.2.2.1 常用钉及螺钉连接形式和类别

钉连接通常用于较小型构件之间或板材的连接，最常见的钉为光圆钉，一般直径在 8mm 以内，安装时可在木构件上直接打入或在木构件上预钻孔打入；还有一些非光圆钉如螺纹钉与螺旋钉等，在木结构连接领域均有应用。常见的应用场合为：木构件之间的直接连接、木构件与木基结构板材之间的直接连接、与特定连接件配套对梁、柱、板及墙体的连接等。

25.2.2.2 常用钉及螺钉的力学性能

钉连接的受力机理和销连接相同，其破坏模式主要包括木材销槽承压破坏与钉弯曲破坏。我国关于钉连接的计算方法同销连接，但现行国家标准《木结构设计标准》GB 50005 中并未给出销槽承压强度的计算，为了做到取值标准的一致性，仍旧采用美国木结构设计规范 NDSWC 的做法。

销槽承压强度为：

$$f_e = 114.5G^{1.84} \tag{25-1}$$

木-钢钉连接设计时尚需复核塞剪破坏情形。

25.2.3 剪板连接

25.2.3.1 剪板分类与规格

为了进一步提高螺栓连接的承载力，工程设计中有时会引入一些环形剪切件，如裂环和剪板，以配合螺栓使用。由于其与木构件之间的承压面大大增加，从而将会极大提高螺栓连接的承载力和刚度。

此类连接中，连接处主要靠裂环/剪板抗剪、木材的承压和受剪来传力，其承载能力与裂环直径和强度、螺栓直径和强度、木材承压强度和抗剪强度等有关。

目前，剪板的应用相对更多一些，见图 25-6。其材料可采用压制钢和可锻铸铁（玛钢）加工，剪板直径目前主要有两种：67mm 和 102mm。

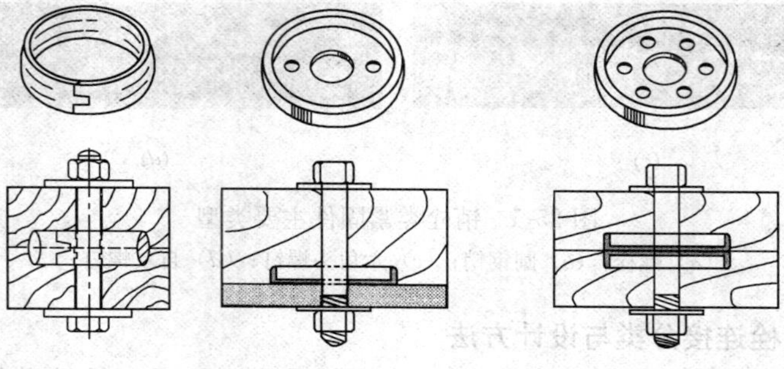

(*a*)　(*b*)　(*c*)

图 25-6　剪板和裂环

(*a*) 木-木裂环连接；(*b*) 木-钢剪板连接；(*c*) 木-木剪板连接

25.2.3.2 剪板连接的力学性能

裂环和剪板连接的强度设计值主要与木材的全干密度有关，同时由于裂环和剪板的规格相对很少，因此设计时主要根据木材的全干相对密度分组、木构件与连接件尺寸、荷载作用方向等直接在相关标准中查表即可。

25.2.4 齿 板 连 接

25.2.4.1 齿板材料与规格

齿板连接一般用于轻型木结构桁架杆件之间的连接，它是由厚度为1～2mm的薄钢板冲齿而成，使用时直接由外力压入两个或多个被连接构件的表面，见图25-7。这种连接虽然承载力不大，但对于轻型木结构桁架来说，此类连接具有安装方便、经济性好等优点。

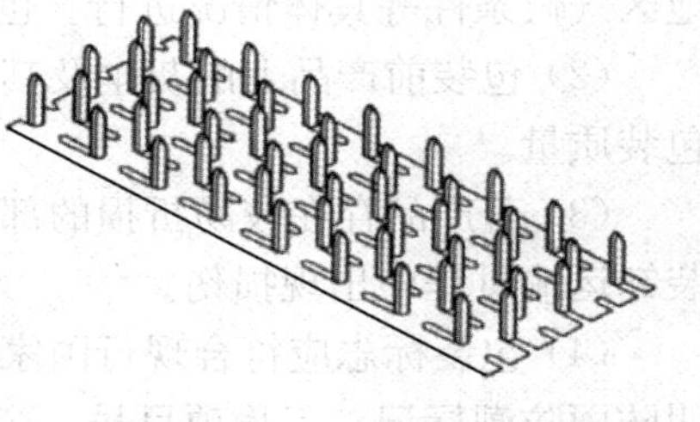

图25-7 齿板连接件

加工齿板用钢板可采用Q235碳素结构钢和Q355低合金高强度结构钢。齿板的镀锌在齿板制造前进行，镀锌层重量不应低于275g/m^2。

25.2.4.2 齿板连接的力学性能

在承载能力极限状态下，齿板连接需验算齿板连接的板齿承载力、齿板连接受拉承载力、齿板连接受剪承载力和齿板连接剪-拉复合承载力。

25.2.5 植 筋 连 接

植筋分类与材料

木结构植筋是将筋材通过胶粘剂植入预先钻好的木材孔中，待胶体固化后形成整体，图25-8给出了木结构植筋的一种加工工艺：先放置植筋再注胶；还有一种更为简便的工艺是将植筋孔竖立后先注胶，然后将植筋缓慢旋转插入植筋孔，这种方法对于一些流动性稍差的胶来说可操作性较好。木结构植筋连接具有承载力高、刚度大、尺寸适应能力强、外观效果好等优点，在木结构建筑及桥梁领域有较多应用。

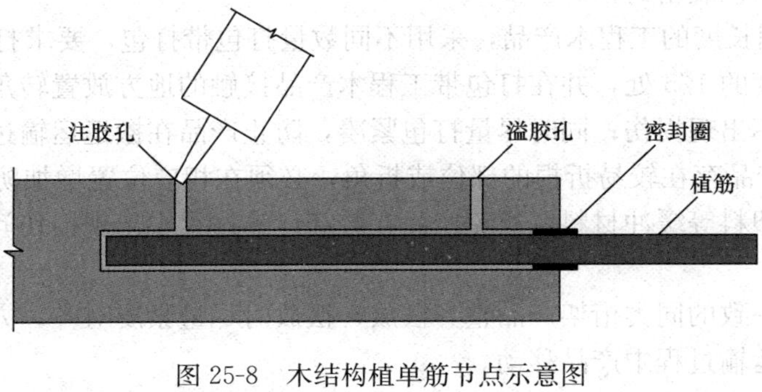

图25-8 木结构植单筋节点示意图

植筋胶除了应满足受力要求外，还应满足耐久性要求和环保要求。可用于木结构植筋的胶粘剂主要有环氧树脂（EPX）、聚氨酯（PUR）和苯酚-间苯二酚-甲醛树脂（PRF）

等，最常用的木结构植筋胶为 EPX。

25.3 运输和堆放

25.3.1 包装

25.3.1.1 木结构包装原则

（1）包装应根据产品的性能要求、结构形状、尺寸及质量、刚度和路程、运输方式及地区气候条件等具体情况进行。也应符合国家有关车、船运输法规规定。

（2）包装前产品上的灰尘及其他脏物须清除干净，整个包装过程须注意清洁，以保证包装质量。

（3）若产品存在较易折损的部位或折角，须在相应位置增加防撞损措施，避免产品在装卸运输过程中出现损伤。

（4）包装标志应符合现行国家标准《包装储运图示标志》GB/T 191 的规定，并应标明防雨防潮标记、工程项目号、产品名称、用途、产品规格、数量、质量、生产厂号、厂名（商标）及地址、执行标准、净重、毛重、收发地点、运输号码等信息。大型包装要表明重心点、起吊位置。

（5）标签位置贴在包装的端头位置，确保标签没有污损，不易脱落，且在每包产品外侧显眼部位粘贴防护标示。

（6）包装前产品须经包装检查合格后方可进行下一步操作。包装清单应与实物相一致，以便接货、检查、验收。

25.3.1.2 产品包装方法

1. 工程木产品

（1）工程木产品应按规格尺寸、产品类型、强度等级分别包装。包装时按一定规则摆放，摆放时应尽量紧凑，且组合后须成长方体形式，防止打包不到位或棱角不紧而导致运输过程中产品移动。

（2）包装要注意防潮、防雨、防暴晒，用不透光的包装膜将产品包装严实，特别注意端头、转角位置的包装密封性。

（3）针对不同长度的工程木产品，采用不同数量打包带打包，要求打包带位置离产品端头位置为总长度的 1/5 处，并在打包带工程木产品接触的地方放置转角硬纸角，保证产品在打包过程中不出现损伤；同时尽量打包紧凑，防止产品在搬运运输过程中出现移动。

（4）工程木产品存在较易折损的部位或折角，必须在相应位置增加防撞损措施，如添加厚纸板或泡沫塑料等缓冲材料，避免产品在装卸运输过程中出现损伤问题。

2. 桁架产品

将规格尺寸一致的同类桁架产品整齐摆放，摆放时尽量紧凑对齐，方便打包，防止打包不到位而导致运输过程中产品移动。

3. 金属连接件

（1）确保五金件的包装能有效保护产品，避免在运输、搬运等过程造成损伤。

（2）金属连接件成品应满足运输要求包装。采用整体包装内的单件产品，应用软质衬垫物包装。

25.3.1.3 包装注意事项

(1) 涉及涂刷面漆的木构件需要面漆干燥，标记书写正确，方可进行打包；包装时应保护构件涂层不受伤害。

(2) 未包装的产品应贮存于通风干燥阴凉的地方，并将产品垫好，以防止受潮、损坏。

(3) 包装时应保证构件不变形，不损坏，不散失，需水平放置，以防变形。

25.3.2 运 输

25.3.2.1 常用运输方式

由于木结构构件质量轻，吊装和搬运简便，因此常用的运输方式为公路运输，常用的运输交通工具一般为汽车。汽车运输灵活便捷，车辆可以进入工厂经过叉车装货后直达施工现场，省去了铁路和水路运输二次临时堆放以及用载重汽车或拖车向吊装现场转运等环节。

25.3.2.2 技术参数

装车尺寸应考虑沿途路面、桥、隧道等的净空尺寸。一般情况公路运输装运的高度极限为4.5m，如需通过隧道时，则高度极限为4m，构件长出车身不得超过2m。

25.3.2.3 运输前准备工作

1. 技术准备

(1) 编制运输方案

编制运输方案应根据构件的形状尺寸，结合道路条件、现场起重设备、运输方式、构件运输时间要求等主要因素，制订切实可行且经济实用的运输方案。

(2) 运物架设计及制作

根据构件的外形尺寸、质量及有关成品保护要求设计制作各种类型构件的运输架（支承架）。运输架要构造简单、受力合理、满足要求、经济实用及装拆方便。

(3) 运输时构件的受力验算

根据构件运输时的支承布置、考虑运输时可能产生的碰撞冲击等，验算构件的强度、稳定、变形。如不满足要求，应进行加固措施。

2. 运输工具准备

木结构制作单位应按照编制好的运输方案，组织运输车辆、起重机及相关配套设施等，并及时追踪动态，反馈信息，建立车辆调配台账，保证木结构的运输安全按时到达，满足客户的需求。

3. 运输条件准备

(1) 现场运输道路的修筑

应按照车辆类型、形状尺寸、总体质量等，确定修筑临时道路的标准等级、路面宽度及路基路面结构要求。

(2) 运输线路的实地考察

木结构制作单位应在木构件正式发运前，组织专业人士对运输线路进行实地考察和复核，确保运输方案的可行性和实用性。

（3）构件运输试运行

假如构件尺寸较大，应将装运最大尺寸的构件的运输架安装在车辆上，模拟构件尺寸，沿运输道路试运行。

25.3.2.4 构件运输基本要求

（1）木结构产品装车应使候建运输体积紧凑，便于构件装卸。在运输时要固定牢靠，以防在运输中途倾倒，或在道路转弯时车速过高被甩出。

（2）木构件的垫点和装卸车时的吊点，不论上车运输或卸车堆放，都应按要求进行。构件水平运输时，应将构件整齐地堆放在车厢内。工字形、箱形截面梁可分层分隔堆放，但上、下分隔层垫块竖向应对齐，悬臂长度不宜超过构件长度的1/4。

（3）木桁架水平运输时，宜竖向放置，支承点应设在桁架两端节点支座处，下弦杆的其他位置不得有支承物；在上弦中央节点处的两侧应设置斜撑，应与车厢牢固连接；数榀桁架并排运输时，还应在上弦节点处用绳索将各桁架彼此系牢。当需采用悬挂式运输时，悬挂点应设在上弦节点处。

（4）板式构件宜采取平行堆垛、顶部压重存放。

（5）连接件成品在搬运过程中，应轻搬轻放，严禁抛扔，并应采取措施固定在车厢内。

（6）根据工期、运距、构件质量、尺寸和类型以及工地具体情况，选择合适的运输车辆和装卸机械。

（7）根据吊装顺序，先吊先运，保证配套供应。

（8）对于不容易调头和又重又长的构件，应根据其安装方向确定装车方向，以利于卸车就位，必要时，在加工场地生产时，就应进行合理安排。

（9）根据路面，天气情况好坏掌握行车速度，行车必须平稳，禁止超速行驶。

25.3.3 堆　　放

25.3.3.1 构件堆放场

构件堆放场有分布在建筑物的周围，也有分布在其他地方。一般来说，构件的堆放应遵循以下几点原则。

（1）木构件应存放在通风良好的仓库或防雨、通风良好的有顶部遮盖的场所内，堆放场地应平整、坚实，并应具备良好的排水设施。

（2）构件堆放场的大小和形状一般根据现场条件、构件分段分节、塔式起重机位置及工期等划定，且应符合工程建设总承包的总平面布置。

（3）构件应尽量堆放在吊装设备的取吊范围之内，以减少现场二次倒运。

（4）吊件应朝上，标志宜朝向堆垛间的通道。

（5）堆放场地内应备有足够的垫木、使构件得以放平、放稳，以防构件因堆放方法不正确而产生变形。

25.3.3.2 构件堆放方法

（1）单层堆放。在规划好的堆放场地内，根据构件的尺寸大小安置好垫块，同时注意留有足够的间隙用于构件的预检及装卸操作，将构件按编号放置好。对于场地较为宽松，且堆放大型、异形构件时，可以直接安管枕木放置，亦可放置在专门制作的胎架上。

（2）多层堆放。多层堆放是在下层构件上再行叠放构件，底层构件的堆放跟单层堆放相同，上一层构件堆放时必须在下层构件上安置垫块。注意将先吊装的构件放在最上面一层，同时支撑点应放置在同一竖直高度。

25.3.3.3 构件堆放注意事项

材料堆场主要考虑木材、工程胶合木、OSB板材、LVL、金属连接件、外墙挂板、金属门窗等主体结构材料及外装材料。现场施工时，根据施工总平面布置图结合工程施工进度计划，现场合理堆放木材、工程胶合木、OSB板材等半成品或成品材料，尽量减小搬运距离。

（1）构件应按型号、编号、吊装顺序、方向，依次分类配套堆放。堆放位置应按吊装平面布量规定，并应在起重机回转半径范围内。先吊的构件放在靠近起重机一侧，后吊的依次排放，并考虑到吊装和装车方向，避免吊装时转向和二次倒运，影响效率而且易于损坏构件。

（2）原木方木须平放在干燥的地方，垫放足够数量的干净板条，避免整包木材弯曲变形。保证空气在整包木材间流通，木材距地面至少300mm。

（3）保证木材与防雨布的通风，并保证防雨布遮盖木材但不落地。木材周围设置一定隔离物，保证防雨布不与木材直接接触。

（4）遮盖木材时要保证空气的流通，避免温度过高和结露。捆扎木材的打包带和包装保留时间越长越好，拆开的方木若在高温天气下不及时使用，应用打包带捆紧防止变形。

（5）重叠堆放构件时，每层构件间的垫块应上下对齐，堆垛层数应按构件、垫块的承载力确定，并应采取防止堆垛倾覆的措施。

（6）存放胶合木产品时，每包产品之间需加垫条，堆放高度不超过3.5m，或者堆放高度不超过每包产品宽度的5倍；不允许存在大包压小包现象，摆放时尽量整齐划一。

（7）结构胶合板和定向刨花板应放置在通风良好的场所，应平卧叠放，顶部应均匀压重。

（8）桁架宜竖向站立放置，临时支撑点应设在下弦端节点处，并应在上弦节点处设斜支撑防止侧倾。

（9）采用靠架堆放时，靠架应具有足够的承载力和刚度，与地面倾斜角度宜大于80°。

（10）堆放曲线形构件时，应按构件形状采取相应保护措施。

25.4 木结构安装

25.4.1 低层木结构

25.4.1.1 安装特点

低层木结构一般采用轻型木结构形式，常选用平台式骨架支撑，墙骨柱在层间不连续适用于三层及三层以下的民用建筑，主要优点是楼盖和墙体分开建造，已建成的楼盖可以作为上部墙体施工的工作平台。一般低层轻型木结构的主要施工顺序如下。

（1）基础施工；

（2）墙体制作、吊装；

(3) 楼盖制作、吊装；
(4) 屋盖制作、吊装；
(5) 屋面防水施工；
(6) 门窗、管线和电力等设备安装；
(7) 保温、气密和防潮层施工；
(8) 外墙装饰、内装施工。

25.4.1.2　施工工艺

1. 基础与地梁板

轻型木结构中常用的±0.000结构做法包括全地下室、架空层和混凝土筏板。在寒冷气候地区，有必要将基础最深处建于冻土之下，地下室外墙高通常大于等于2m。有些情况下木结构建筑也会使用架空层基础类型，这时需要在地面上铺设防潮层以保护上方的木材，同时在架空层安装通风系统以避免木材霉变。此外，应避免昆虫及小动物经通风孔进入架空层从而对建筑形成威胁。对于建造在一层楼板下方的架空层，最好进行保温和采暖处理。由于空间狭小，技术人员在架空层内部安装机械设备极为困难，因此架空层的建造使用现已很少。混凝土筏板也是一种常见的±0.000结构做法。一般在浇筑混凝土垫层前先铺设防潮层，以阻止地面潮气渗透进入房屋。之后放置钢筋，并浇筑混凝土，形成一块完整的钢筋混凝土筏板。

轻型木结构的墙体支承在混凝土基础或砌体基础顶面的混凝土圈梁上，混凝土基础或圈梁顶面砂浆抹平，倾斜度不应大于2‰。基础圈梁顶面标高应高于室外地面标高0.2m以上，在虫害区应高于0.45m以上，并应保证室内外高差不小于0.3m。无地下室时，首层楼盖也应架空，楼盖底与楼盖下的地面间应留有净空不小于150mm的空间，且应在四周基础（勒脚）上开设通风洞，使有良好的通风条件，保证楼盖木构件处于干燥状态。地梁板应采用经加压防腐处理的规格材，其截面宽度应与墙骨柱相同。地梁板与基础顶的接触面间应设防潮层，防潮层可选用厚度不小于0.2mm的聚乙烯薄膜，存在的缝隙需用密封材料填满。

连接木结构和基础的地梁板直接支撑在基础墙上，最小尺寸为40mm×90mm。由于地梁板长期与潮气接触，故需使用防腐木。锚栓把地梁板和基础连接在一起。锚栓的直径是12mm，锚栓在混凝土里的最小埋深是300mm，每根地梁板两端距离端部100～300mm应设有一根锚栓，除此之外中部螺栓设置间距为最大不应超过2m。

2. 墙体制作与安装

轻型木结构是由剪力墙和楼（屋）盖组成的板式结构（图25-9），剪力墙是重要的基本构件，其承载力取决于规格材、覆面板的规格尺寸和品种、钉间距以及钉连接的性能。因此施工时规格材、覆面板应符合设计文件的规定。墙骨间距不应大于600mm，且其整数倍应与所用墙面板标准规格的长、宽尺寸一致，并应使覆面板的接缝位于墙骨厚度的中线位置。墙体安装的过程，见图25-9。

(1) 将顶梁板和底梁板对齐，根据设计在梁板上标示出所有墙骨柱、墙体开口和其他墙体构件的位置。

(2) 将顶梁板和底梁板分开，底梁板与标注好的位置线对齐，顶梁板放置在与底梁板合适距离的楼面板上。

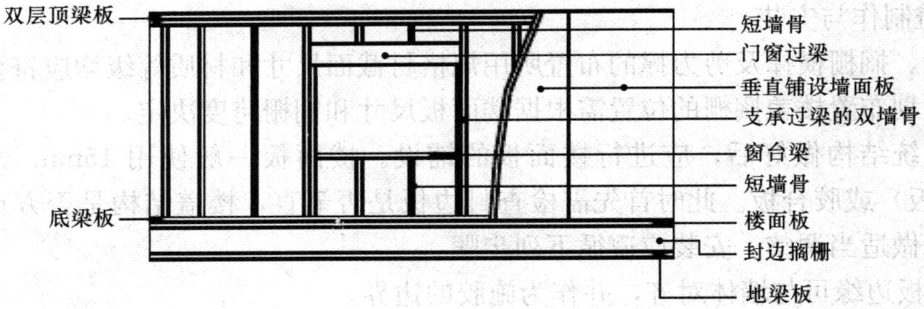

图 25-9 轻型木结构剪力墙示意

(3) 将组合过梁与顶梁板固定。

(4) 钉钉时应遵循以下步骤：

1) 托柱→附加龙骨柱，短柱→托柱，墙骨柱和墙骨柱钉接L形转角；

2) 附加龙骨柱→过梁；

3) 顶梁板→附加龙骨柱；

4) 底梁板→附加龙骨柱/托柱/短柱；

5) 窗台梁→短柱；

6) 底梁板和顶梁板→其他切割好的墙骨柱和转角；

7) 1层顶梁板→2层顶梁板，预留连接距离。

(5) 安装墙面板，板边沿钉间距为150mm，板中钉间距为300mm。

(6) 抬起墙体，做好临时支撑后固定墙体。

(7) 当所有墙体组装完成并立起后，校正墙体转角，并进行支撑固定。

在安装过程中或已安装在楼盖上但尚未铺钉墙面板的木构架，均应设置能防止木构架平面内变形或整体倾倒的临时支撑，见图 25-10。

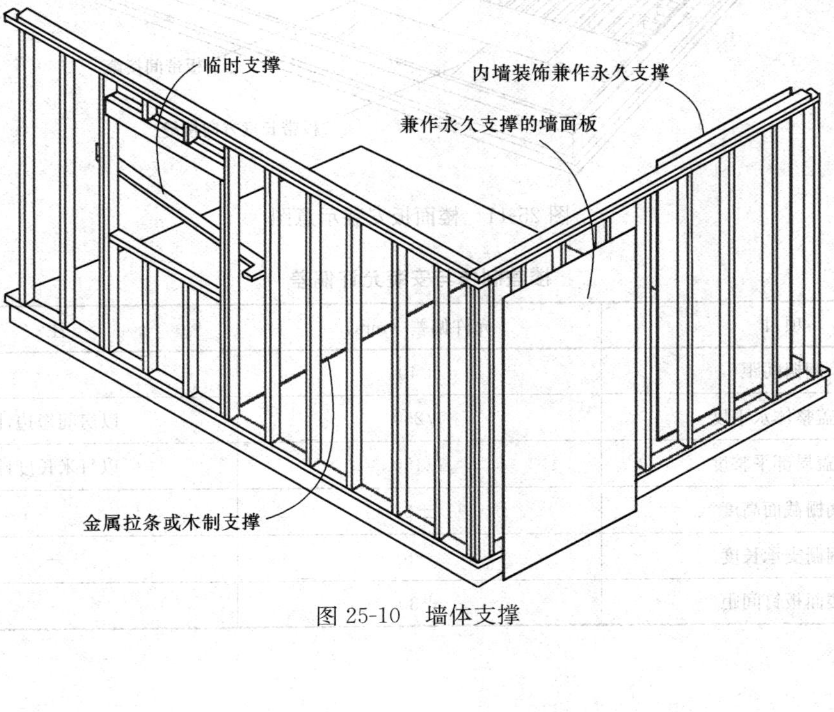

图 25-10 墙体支撑

3. 楼盖制作与安装

楼盖梁、搁栅横撑及剪力撑的布置所用规格材截面尺寸和材质等级均应符合设计文件的规定。规划布置楼盖搁栅的位置需根据楼面板尺寸和搁栅跨度决定。

搁栅系统结构做好后，应进行楼面板的铺设。楼面板一般使用15mm厚企口OSB（定向木片板）或胶合板。此时首先需检查封边板是否笔直，楼盖结构是否方正水平，并根据需要来做适当调整。安装应遵循下列步骤：

(1) 使板边缘可与墙体对齐，并作为施胶的边界。

(2) 施胶前应清理搁栅上的粉尘，每次施胶量可铺设1～2张板。

(3) 在整根楼盖搁栅上连续打一道胶，表面较宽处应“S”形打胶。

(4) 在板与板接缝下方的楼盖搁栅上应施加2道胶。

(5) 安装第一道板，应将板的凸榫边朝向墙体一边，凹槽边与弹的线对齐。安装第二道板时，应用手锤隔着垫木轻敲板边沿使其与第一道板贴紧。凸榫相较凹槽更易受损，因此板的方向应为凸榫朝向墙体，以避免锤子敲击凸榫。最后用钉子安装就位（50mm钉子，板边钉间距为150mm，板中钉间距为300mm）。

(6) 在安装第二道楼面板前，应在已铺完的第一道板的板边凹槽里打一层薄胶。

(7) 轻轻将第二道楼面板敲打就位，敲击时可用垫木来保护板边凹槽。

(8) 安装每一道板都需要错缝。同时推荐在板间留出3mm缝隙。

(9) 铺钉楼面板时，可从楼盖一角开始（图25-11），板面排列应整齐划一。楼盖制作与安装偏差应不大于表25-2的规定。

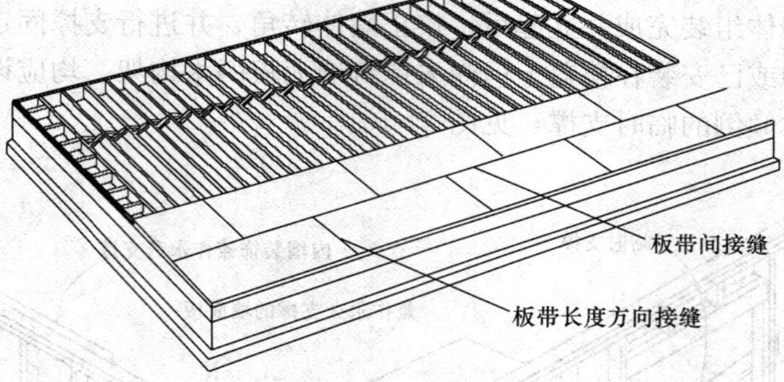

图25-11　楼面板安装示意图

楼盖制作与安装允许偏差　　**表25-2**

项目	允许偏差（mm）	注
搁栅间距	±40	—
楼盖整体水平度	1/250	以房间短边计
楼盖局部平整度	1/150	以每米长度计
搁栅截面高度	±3	—
搁栅支承长度	−6	—
楼面板钉间距	+30	—

续表

项目	允许偏差（mm）	注
钉头嵌入楼面板深度	+3	—
板缝隙	±1.5	—
任意三根搁栅顶面间的高差	±1.0	—

4. 桁架屋盖制作与安装

安装桁架是施工过程重要一环，在安装的过程中，需务必注意妥善吊装，避免桁架的连接节点受到破坏。正确方法是在每片上弦杆处用吊装带固定，再利用吊车起吊。桁架安装到位后，与顶梁板进行固定；将桁架与墙体、楼板和地面进行临时斜撑固定，再铺装屋面板。

不同风格的屋顶都有相对应的桁架设计方法。对于双坡屋顶，除了直接安装在端墙上的山墙桁架，其余的桁架都是相同的通用桁架。山墙桁架是被下方墙体支撑的，它没有斜向的腹杆，替代的是按 600mm 间距布置的竖向腹杆。为了方便安装及提供顶棚板饰面的背衬，可将一根 40mm×90mm 的规格材（如墙骨柱尺寸也为 40mm×90mm）垂直钉接到山墙桁架的下弦杆侧面，之后再与下方的顶梁板钉接固定。

山墙桁架一般比通用桁架低一个上弦杆的宽度，如此设计是为了使山墙桁架上弦杆的上沿与通用桁架上弦杆的下沿平齐，以便于在山墙桁架上方安装挑檐支撑条。挑檐支撑条一般与通用桁架的上弦杆尺寸一样，通常为 40mm×90mm；需将其与第一榀通用桁架的上弦杆钉接固定，并一直延伸至外侧的封檐板位置，其长度则需考虑减去封檐板的厚度。

桁架可逐榀吊装就位，或多榀桁架按间距要求在地面用永久性或临时支撑组合成数榀后一起吊装。吊装就位的桁架，应设临时支撑（图 25-12）保证其安全和垂直度。

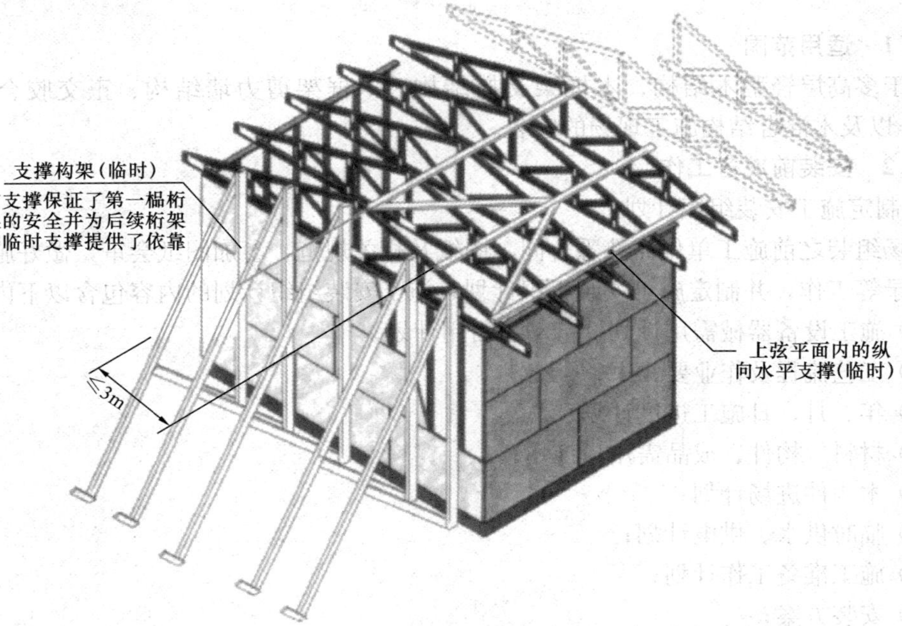

图 25-12 桁架的临时支撑

5. 管线穿越

轻型木结构墙体、楼盖中的夹层空间为室内管网的敷设提供了方便，但在规格材搁栅上开槽口或开孔均减少构件的有效面积并引起应力集中。因此需对其位置和数量加以必要的限制。管线在轻型木结构的墙体、楼盖与顶棚中穿越，应符合下列规定：

(1) 承重墙墙骨开孔后的剩余截面高度不应小于原高度的 2/3，非承重墙剩余高度不应小于 40mm，顶梁板和底梁板剩余宽度不小于 50mm。

(2) 楼盖搁栅、顶搁栅和椽条等木构件不应在底边或受拉边缘切口。可在其腹部开直径或边长不大于 1/4 截面高度的洞孔，但距上、下边缘的剩余高度均应不小于 50mm。允许在楼盖搁栅和不承受拉力的天棚搁栅支座端上部开槽口，但槽深不应大于 1/3 的搁栅截面高度，槽口的末端距支座边的距离不应大于搁栅截面高度的 1/2，可在距支座 1/3 跨度范围内的搁栅顶部开深度不大于 1/6 搁栅高度的缺口。

(3) 管线穿过木构件孔洞时，管壁与孔洞四壁间应留余不小于 1mm 的缝隙，水管不宜置于外墙体中。

(4) 工字形木搁栅的开孔或开槽口应根据产品说明书进行。

25.4.1.3 注意事项

木材及木制品在运输、存放时，应避免遭水淋或暴晒，轻型木桁架等在装卸、运输和存放过程中，应确保构件不损坏、不变形。基础顶面的地梁板须采用天然防腐木材或经过加压防腐处理的木材。为达到较好的节点防水效果，应优先采用带有安装翼的门窗。为防止冷凝水对屋盖结构的侵害，须在屋盖结构中设置通风口，保持屋盖中的空气流通，使潮湿的空气随空气的流动而排出屋盖。当电气绝缘导管埋设距墙体、楼盖表面接近时，为防止在施工或使用中被钉刺破，应采取覆盖薄钢板等有效保护措施。

25.4.2 多高层木结构安装

25.4.2.1 适用范围

用于多高层轻型木结构、木框架支撑结构、木框架剪力墙结构、正交胶合木结构(CLT) 以及木混合结构施工现场的安装。

25.4.2.2 安装前准备工作

1. 制定施工安装组织计划

现场组装之前施工单位需熟悉合同、图纸及相关规范，参加图纸会审，做好施工现场调查记录等工作，并制定施工安装组织计划，施工安装组织计划的内容包含以下内容：

(1) 施工设备器械需用计划、劳动力需用计划；

(2) 工艺流程及作业要领书；

(3) 年、月、日施工进度计划；

(4) 材料、构件、成品需用量计划；

(5) 木构件进场计划；

(6) 临时供水、供电计划；

(7) 施工准备工作计划；

(8) 安装方案；

(9) 施工总平面图布置。

施工组织计划应经过审核批准后方可进行施工。

2. 施工总平面图规划

施工总平面图规划主要包含结构平面纵横轴线尺寸、塔式起重机以及移动吊车的布置及工作范围、机械设备开行路线、现场施工道路、消防通道、排水系统、构件堆放位置等。其中木构件的临时堆放位置应保证排水通风顺畅位置。

25.4.2.3 吊装

安装前应确保施工期间的吊装设备、施工空间充足，施工天气条件正常。吊装前应做好以下准备工作：

(1) 根据项目的情况确定吊装设备的类型，例如移动吊车、塔式起重机、吊索吊绳、挂钩等；通常会使用到不同类型的吊装用具，如吊装带、钢索与铁链等，在进行工作前应对各类吊装用具进行承载力验算。

(2) 确定构件吊点的个数和位置，根据构件的形状和用途，一般采用 2 个或 4 个吊点。

(3) 吊装楼板和墙体单元时需要专门的吊眼和枷具，吊装设备设计应使体系静定，以保证荷载均匀分散到各吊点上，使吊点在吊装过程中能保持平衡，并验算吊点的承载力。

(4) 构件应根据吊点的位置、吊索的夹角和自重进行承载力验算，吊装时产生的应力不应超过强度设计值的 1.2 倍。

(5) 对于超长的梁柱构件或有大开口的 CLT 等板式构件，吊装前应采取临时加强措施，确保构件吊装过程中不发生变形或破坏。

(6) 高空吊装和安装前应做好安全防备工作。

对于梁柱构件，木柱因需站立，吊装时可仅设一个吊点；梁吊装时吊点不宜少于 2 个，吊索与水平线夹角不宜小于 60°。

对于木楼板的吊点，最安全的方法是使用螺栓和荷载分散垫圈制作，螺栓需穿过构件表面，如果被穿过的构件表面在建筑中外露，则需对螺栓孔填补，以满足隔声、防水和防火的要求。另一种常用办法是，使用球形吊装锚具，通过木螺钉定位。

根据墙体单元的重量和形状，可以选择两个或四个吊点，吊装两吊点墙体单元时，应使用带有安全钩的双肢吊索；吊装四吊点墙体单元时，应使用四个安全钩以及钢索。楼板或墙体吊装见图 25-13 和图 25-14。

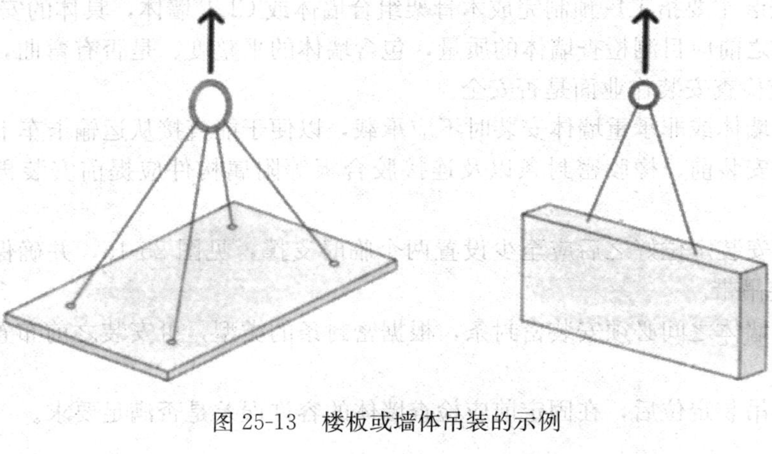

图 25-13 楼板或墙体吊装的示例

图 25-14　楼板或墙体吊装的实例

25.4.2.4　构件安装

木结构构件安装前应制定详细的安装方案，方案应包含安装顺序、构件重量等信息，对构件进行编号，编号方式应当简洁明了，便于与构件标识比对。

1. 梁柱安装

(1) 安装之前应目测检查构件的质量，包含是否有弯曲，表面是否有损坏等，并应检查安装作业面是否安全。

(2) 木柱安装前应在柱侧面和柱墩顶面标出中心线，安装时应按中心线对中，柱位偏差不应超过±20mm，柱在两个方向的垂直度偏差不应超过柱高的 1/200，且柱顶位置偏差不应大于 15mm。

(3) 柱与梁宜交错安装，不宜将柱临时支撑放置太久，应及时的将已安装好临时固定支撑的柱与梁进行连接安装。

(4) 木柱安装后螺栓进行初步拧紧，并将柱进行临时固定，临时固定方法根据现场情况确定，一般采用木支撑斜向与木柱拉结，装第一根柱时应至少在两个方向设置临时斜撑，后安装的柱纵向应用连梁或柱间支撑与首根柱相连，横向应至少在一侧面设斜撑，临时固定后安装梁柱连接件，连接件安装好后进行梁的安装，第一跨梁安装前进行柱的垂直度校正，以后逐根柱进行复核，柱垂直度复核要求后拧紧螺栓正式固定，拆除斜撑。

2. 墙体安装

墙体的安装主要指工厂预制完成木骨架组合墙体或 CLT 墙体，具体的安装要求如下：

(1) 安装之前应目测检查墙体的质量，包含墙体的平整度、是否有弯曲，表面是否有损坏等，并应检查安装作业面是否安全。

(2) 承重墙体或非承重墙体安装时不应承载，以便于能直接从运输卡车上直接吊装。

(3) 墙体安装前，橡胶密封条以及连接胶合板等附属构件应提前安装再墙体上一并吊装。

(4) 墙体安装定位好之后应至少设置两个临时支撑，见图 25-15，并确保墙体稳定后方可去除吊装吊带。

(5) 相邻墙体之间必须安装密封条，根据密封条的类型，可安装之前布置好也可安装完后再补设。

(6) 墙体吊装定位后，在固定前应检查墙体的容许误差是否满足要求。

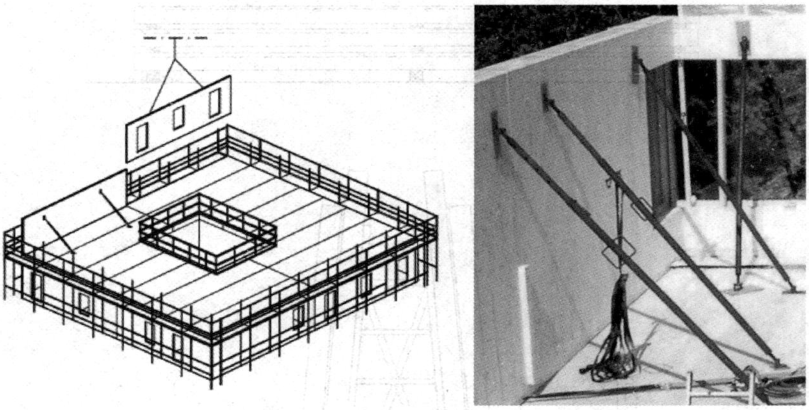

图 25-15 墙体安装定位示例

(7) 整层楼的墙体安装完毕后，其他梁柱构件等结构构件可开始安装。

(8) 进行下一层楼的施工前，应目测检查本层楼的施工安装工作都已完成，且结构整体稳定。

3. 楼板的安装

楼板的安装主要指工厂预制完成木骨架组合墙体或 CLT 墙体，具体的安装要求如下：

(1) 安装之前应目测检查墙面板的质量，如墙板的平整度、是否有弯曲，表面是否有损坏等，并应检查安装作业面是否安全。

(2) 楼面板安装时不应承载，以便于能直接从运输卡车上直接吊装。

(3) 楼板吊装至承重墙上时，将楼板临时固定于墙体上后方可撤除吊索。

(4) 带肋的楼板应与其他已安装好的水平楼板临时固定。

(5) 所有楼板安装就位后，在固定前应检查墙板的容许误差是否满足要求。

4. 施工中结构的稳定性问题

对于多高层木结构建筑，结构的稳定性至关重要。墙和楼板通常用来增强结构的稳定性。它们通过各种连接件和锚固件连接起来形成稳定的体系。连接不仅要起固定构件的作用，也需传递水平和竖向荷载。施工计划书中应说明所用连接件和锚固件的类型及安装方法。

锚固件通常需施加一定的预应力以抵消施工过程中产生的长期变形。随结构施工，锚固件通常逐层安装。随着建筑层数的增加，越来越多的材料装配到位，锚固件会由于产生竖向位移而失去一定的拉力。在所有楼层安装完毕后，需检查所有锚固件是否处于拉紧状态。如有松动，应立即紧固。

25.4.2.5 施工现场材料和结构防护

所有构件在运输过程和存放期间应采取防护措施，不能直接与地面接触，见图 25-16。构件需采取遮阳措施，防止阳光直射从而造成变形或表面颜色发生变化。构件安装前应对其完整性进行检查，运输和储存过程中的损伤应及时记录并采取修复措施。

1. 承重木墙体的防护

(1) 主体结构施工时不一定要建造临时遮雨棚，但应对框架结构的安装做好计划使木

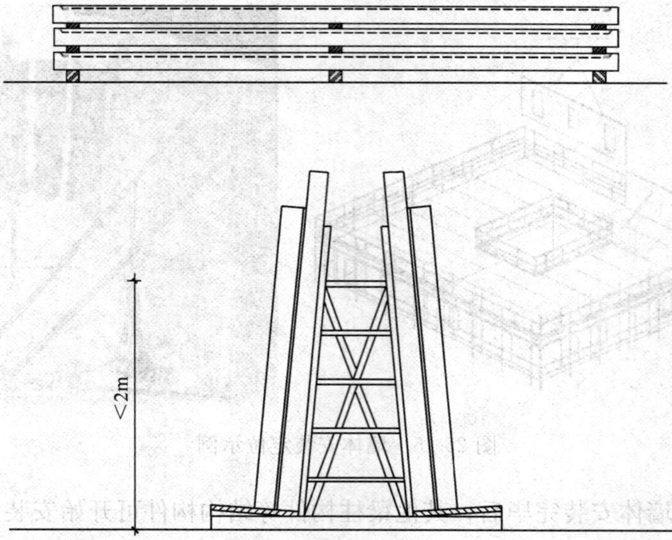

图 25-16 施工现场木构件的防护

构件直接露天的时间尽可能短。

（2）工厂加工制作时，承重构件应采取防水涂层进行处理，从而避免水的渗入。

（3）构件之间的连接件应采取防腐涂料进行防护处理。

（4）门窗等洞口应采取双层塑料薄膜进行防护处理从而避免室内构件受室外环境影响。

2. 楼盖板防护

（1）水平构件的顶面和侧面、边梁的外侧生产厂家应进行防水涂层处理。

（2）预制的卫生间、楼梯井道、电梯井道等应在现场采用临时轻质遮盖结构进行防护。

3. 施工过程中的结构防护

（1）施工中的天气防护装置

在临时性的完全遮蔽条件下施工，有许多优势，但有些情况需要采取更多的防护措施，这与建筑的特性和施工方法有关。根据生产工艺与预制化程度，有不同的方法可用于施工防潮，需在成本最优化的基础上，结合客户和地方当局的质量要求，选择相应的防潮措施。对于预制化程度很高且易损坏的构件，使用临时性的完全遮蔽方案是最佳选择；对于预制化程度较低的构件，出于经济因素考虑可采用更简易的遮蔽物或仅使用防水布即可。

天气防护装置是为避免建筑施工过程中人员与材料受到天气影响而搭建的具有遮蔽功能的临时性结构。天气防护装置通常带有顶部遮挡，也可能包含墙体。脚手架覆盖层不算是天气防护装置，即便将最上一层也遮挡起来。天气防护装置需要考虑风、雪和活荷载，并根据实际情况进行设计。

（2）无防护装置的施工

如果多高层木结构在不采取天气防护装置的情况下安装，需采用雨布或采取其他临时雨具进行防护。该方法最适用于无挂板的木结构建筑，尤其是 CLT 这类板式结构建筑，因其允许木材吸湿干燥。但采取该方法需要详尽地考虑排水、木材端木纹截面的防护和受潮表面的干燥等问题，以及后续的检验方案和文件记录等。

对于楼盖和承重墙均由 CLT 组成的建筑结构，应尽快安装墙体。在上层楼盖安装前，所形成的立体空间可容易用塑料布或防水布进行防护。CLT 墙体顶部应特别仔细地防护，否则端木纹层板易受潮湿。在一些情况下，已制作完成的屋盖也可以通过吊装提供临时遮蔽。该方法主要适用于尺寸和高度不太大的建筑。为使该方法经济高效，施工现场需配备起重机。务必确保屋盖临时锚固到位，避免被风掀起。

（3）有防护装置的施工

适用于建筑侧面与屋顶的天气防护装置有以下几类：

1）使用侧面脚手架的天气防护装置

脚手架与主体结构连接，塑料布铺设于脚手架外部，从而形成天气防护装置。该方法适用于预制化程度较低、较高的结构。随结构施工进程上移，这类天气防护装置可与屋盖或楼盖临时结合使用。

该方法目前在北欧的多高层木结构建筑中广泛使用。覆在脚手架上的塑料布会产生很大的风阻，所以需保证脚手架锚固到位。在设计脚手架上的固定点时，需要考虑如何将塑料布固定到脚手架上。一般采用绑带连接塑料布与脚手架，设计使绑带在一定的荷载作用下即失去作用。

2）固定或可移动的临时性屋盖

固定的临时性屋盖通常由铝质格构式梁组成，且梁间设有支撑。临时性屋盖的尺寸和承载力决定其在风荷载和雪荷载下的工作性能。屋盖上覆有 PVC 板，也可使用塑料板或金属板。

可移动的临时屋盖可以置于轮子上沿轨道移动，其他方面与固定式临时屋盖类似，见图 25-17。其构成的天气防护装置可以拆分为几个部分，每一部分均可完全或部分地在同一轨道上移动，或者各部分置于相互平行的轨道上，各部分间呈相互搭接状态。天气防护装置可以开启，便于吊运材料。

图 25-17　可移动的临时性屋盖

25.4.2.6　施工现场防火

多高层木结构建筑施工现场防火需要注意以下内容：

(1) 施工现场应设置灭火器、临时消防给水系统和应急照明等临时消防设施，具体布置要求应符合现行国家标准《建设工程施工现场消防安全技术规范》GB 50720 的规定。

(2) 临时消防设施应与在建工程的施工同步设置。临时消防设施的设置与在建工程主体结构施工进度相同。

(3) 施工现场或其附近应设置稳定、可靠的水源，并应能满足施工现场临时消防用水的需要。

(4) 建筑高度大于 15m 的在建多高层木结构工程，应设置临时室内消防给水系统。

(5) 在任何施工阶段，每个楼层均应至少设置一个安全出口。临时疏散通道的设置应符合现行国家标准《建设工程施工现场消防安全技术规范》GB 50720 的规定。

(6) 施工现场内应设置临时消防车道。

(7) 施工现场的消防安全应配有专人值守，发生火情应能立即处置。

(8) 施工现场动火作业应设置动火监护人进行现场监护，每个动火作业点均应设置 1 个监护人。动火作业后 1 小时内，应对现场进行监护，动火作业 4 小时后，应再检查一次现场，并应在确认无火灾危险后离开。

(9) 焊接、切割、烘烤或加热等动火作业前，应对作业现场及其附近无法移走的可燃物采用不燃材料进行覆盖或隔离。

(10) 裸露的可燃材料上严禁直接进行动火作业。

(11) 施工产生的可燃、易燃建筑垃圾或余料，应及时清理。

(12) 施工现场不应采用明火取暖，且不应使用高热灯具、严禁吸烟。

(13) 易燃易爆危险品应按计划限量进场。进场后，易燃易爆危险品应分类专库储存，库房内应通风良好，并应设置严禁明火标志。

(14) 电气线路应具有相应的绝缘强度和机械强度，严禁使用绝缘老化或失去绝缘性能的电气线路，严禁在电气线路上悬挂物品。破损、烧焦的插座、插头应及时更换。

(15) 施工人员进场时，施工现场的消防安全管理人员应向施工人员进行消防安全教育和培训。

(16) 施工单位应编制施工现场防火技术方案，并应根据现场情况变化及时对其修改、完善。

(17) 施工单位应根据灭火及应急疏散预案，定期开展灭火及应急疏散的演练。

25.4.3　大跨木结构

25.4.3.1　适用范围

大跨木结构通常可分为平面结构（木桁架结构、木刚架结构、木拱结构等）、空间结构（木网架结构、木网壳结构等）和混合结构（斜拉混合结构、张弦结构等）。本节主要适用于大跨木桁架结构、拱结构、张弦结构的施工准备及施工实施。

25.4.3.2 安装前准备工作

1. 运输与存储

构件水平运输时，应将构件整齐地堆放在车厢内。工字形、箱形截面梁可分层分隔堆放，但上、下分隔层垫块竖向应对齐，悬臂长度不宜超过构件长度的1/4。

桁架整体运输时，宜竖向放置，支承点应设在桁架两端节点支座处，下弦杆的其他位置不得有支承物；应根据桁架的大小设置若干对斜撑，但至少在上弦中央节点处的两侧应设置斜撑，并应与车厢牢固连接。数榀桁架并排竖向放置运输时，还应在上弦节点处用绳索将各桁架彼此系牢。当需采用悬挂式运输时，悬挂点应设在上弦节点处，并应验算桁架各构件和节点的安全性。

木构件应存放在通风良好的仓库或避雨、通风良好的有顶场所内，应分层分隔堆放，各层垫条厚度应相同，上、下各层垫条应在同一垂线上。桁架宜竖向站立放置，临时支承点应设在下弦端节点处，并应在上弦节点处设斜支撑防止侧倾。

2. 预拼装

大跨木结构主要木结构构件在出厂前应进行预拼装，预拼装应尽量模拟现场实际条件。通过预拼装检验木构件和钢连接件的加工精度，预拼装时螺栓节点中螺栓紧固件应能无阻碍地插入螺栓孔内。对于弧线型构件的预拼装应测量曲率半径，如不满足设计要求，应调整加工工艺控制回弹变形。

25.4.3.3 大跨木桁架结构安装工艺

大跨木结构由于构件运输尺寸的限值，不可避免地需要在施工现场进行拼装。拼装可分为地面拼装和高空拼装。地面拼装在拼装前需搭建拼装胎架，高空拼装除需搭建胎架外还要搭建拼装平台。

1. 散件拼装和整体拼装

由于运输、起重、施工场地的限制及施工工期等多方面原因，通常将桁架分成若干段（或称单元）以方便运输和吊装，因此拼装又可分为散件拼装和整体拼装。散件拼装是将若干杆件（弦杆、腹杆等）在工厂或小型场地拼装成桁架单元。整体拼装是将若干桁架单元在施工现场的拼装平台上整体拼装成一个完整的桁架，见图25-18、图25-19。

图25-18 单榀桁架拼装

图25-19 组合桁架拼装

图 25-20 高空散件拼装

2. 高空拼装施工技术

高空拼装施工法是通过架设脚手架、脚手板在空中形成一个操作平台，在平台上进行桁架高空拼装、预应力拉索安装及在高空完成张拉的施工方法。高空拼装法分为高空散件拼装和高空分段整体拼装。

(1) 高空散件拼装

高空散件拼装是在施工现场无法进行吊装或无拼装场地的情况下，将下好料的散件在高空操作平台上直接定位、对接拼装、落位的一种安装方式，见图 25-20。高空散件拼装的施工难度较大，且此时的操作平台上除了用脚手架、脚手板搭成的安装平台外，还需要用于散件拼装的拼装胎架。

(2) 高空分段整体拼装

高空分段整体拼装是将已经拼装好的桁架单元（通常由于桁架体积及重量过大将整榀桁架分成若干个拼装单元）吊至高空设计位置的拼装操作平台上，进行整体拼装，见图 25-21、图 25-22。整体拼装要求桁架单元拼装的精度较高。

高空拼装施工法对施工设备的要求较为简单，只需一般的起重设备和扣件式钢管脚手架即可进行高空安装。但高空拼接法具有脚手架用量大、高空作业多、工期长、技术难度高等缺点。目前高空拼装施工法在各类型桁架、网架的施工安装中均有运用。

图 25-21 平面桁架分段拼装

图 25-22 组合桁架分段拼装

25.4.3.4 大跨拱结构安装工艺

整体吊装施工法是将桁架或桁架与桁架组成的空间受力单元拼装成构件后进行整体吊装至设计位置就位，预应力拉索的安装和张拉均在地面完成。整体吊装可分为地面单榀拼装后整体吊装、地面多榀桁架及其支撑构件拼装后整体吊装。

1. 单榀构件拼装

大跨拱结构现场施工前应先进行单榀构件拼装，拼装宜竖向拼装。拼装需要注意几点要求：

（1）主拱构件拼装前，先清点拼装木构件和连接件、紧固件数量，检查材料清单。

（2）主拱在地面拼装宜采用竖立的形式，待拼装完毕后，应复核拱轴线，按照现场支座位置调整拱脚间距。

（3）主拱拼装时，需要将拱上的垂直吊杆连接件一并安装。

（4）对于需要张弦的拱结构，拼装时宜将张拉索连接在拱脚处，待吊装就位后进行初张拉。

2. 构件高空吊装

在现场安装前，需要完成支座顶部连接件的预埋，滑移支座聚四氟乙烯板的铺设等工序。支座预埋件顶部钢板需水平、中心对齐，校核后的预埋件中心距离作为胶合木拱下料长度的依据，见图 25-23、图 25-24。

图 25-23 拱脚支座安装

图 25-24 拱脚安装

在施工现场完成单片拱的拼装，安装水平拉杆、撑杆、拱撑金属连接件等，按照设计的起吊点，将单片拱吊装至支座位置，先固定一侧支座，再利用辅助拉伸设备沿拱纵向拉伸主拱至支座插销孔洞处，安装插销及支座定位螺栓。检查水平拉杆端部丝牙，必要时适当收紧。按照同样方法吊装另一拱片，拱的吊装顺序为先远后近，见图 25-25、图 25-26。

图 25-25 单榀吊装

图 25-26 吊装就位

25.5　木结构工程质量控制

25.5.1　深化设计质量控制措施

施工详图设计是木结构工程施工的第一道工序，也是至关重要的一步，其质量直接影响整个工程的施工质量。其工作是将原木结构设计图翻样成可指导施工的详图。

25.5.1.1　施工详图设计的基本原则

(1) 木结构施工详图的编制必须符合现行国家标准《木结构设计标准》GB 50005、《木结构工程施工规范》GB/T 50772、《木结构工程施工质量验收规范》GB 50206、《胶合木结构技术规范》GB/T 50708 及其他现行规范、标准的规定。

(2) 施工详图设计必须符合原设计图纸，根据设计单位提出的有关技术要求，对原设计不合理内容提出合理化建议，所做修改意见须经原设计单位书面认可后方可实施。

(3) 木结构施工详图设计单位出施工详图必须以便于制作、运输、安装和降低工程成本为原则。

(4) 原设计单位要求详图设计单位补充设计的部分，如节点设计等，详图设计单位需出具该部分内容设计计算书或说明书，并通过原设计单位签字认可。

(5) 木结构施工详图为直接指导施工的技术文件，其内容必须简单易懂，尺寸标注清晰，且具有施工可操作性。

25.5.1.2　施工详图设计的主要内容

施工详图应由图纸目录、相关设计说明、结构布置图、节点详图、构件详图（包括木构件、金属构、配件及预埋件）等部分组成，其中还应包括材料统计表和汇总表、标准做法图、索引图和图表编号等。施工详图尺寸标注应以毫米为单位，标高以米为单位，标高采用相对标高。

25.5.1.3　图纸的提交与验收

(1) 木结构施工详图需经详图设计单位内部自审、互审和专业审核，再由技术负责人批准后才能提交给木结构安装单位。

(2) 木结构安装单位应根据原设计图及相关标准对详图设计单位提供的施工详图进行审核。对所发现的问题应通知详图设计单位及时予以修改，审核通过后整理并报送原设计单位及业主。送审图纸应提供电子档和 A3 白图各一套。

(3) 详图设计单位应按施工单位、设计院及业主意见，对施工详图进行修改，并经原设计单位签字确认后，向施工单位提供正式蓝图及相关技术文件，木结构施工单位确认无误后签收。

(4) 工期要求：施工详图的提交应满足工程实施的现场施工进度和加工厂制作连续供货要求。

25.5.1.4　设计变更

施工详图不得随意更改。如原结构设计图发生了修改或施工详图设计中出现错误、缺陷和不完善等问题，则详图需做相应变更，并以设计变更通知单或升版图的形式提交施工单位。

(1) 无论何种原因导致详图变更，均应按以下方法操作：

1) 更改版本号。施工详图应填写版本号，初版为0版本，每对图纸进行一次变更即升版一次。

2) 修改图纸内容，并应在相应位置加云线，在同一张图中进行第二次升版（变更）时，应删除前一次升版的云线。

3) 图纸目录和构、配件清单（如涉及其中信息变更）也应做相应内容修改。图纸目录应与同时发放的图纸一致，图纸升版目录也应相应升版。

4) 在变更记录栏内应写明修改原因、修改时间，并由修改和校审人员签名。

(2) 施工均应按最新版图纸进行。图纸升版后，旧版图纸自动作废。

25.5.1.5 施工详图设计管理流程

施工详图设计单位应充分理解原设计意图和具体要求，并与设计单位、业主、监理等充分沟通和协商达成一致后，方能正式开始施工详图设计。应由施工详图设计单位总工程师负责安排施工详图设计工作，由总工办进行综合协调和控制，以确保设计质量和工期。

25.5.1.6 施工图设计审查

木结构施工详图设计应严格执行两校三审制度，由各级审查人员承担相应责任。

1. 自查（自校）

设计人员在完成设计文件和图纸初稿后应进行自检，仔细检查有无错误、遗漏、与其他专业的相关部分有无矛盾和冲突。自检的主要内容如下：

(1) 是否符合任务书及有关协议文件要求，是否达到规定的设计目标；

(2) 是否符合原设计图纸和要求；

(3) 是否符合现行规范、规程、图集等标准的有关规定；

(4) 图纸中的尺寸、数量等信息是否正确且无遗漏；

(5) 图纸质量是否符合要求。

2. 校对（专校）

自检完成后，由设计人员相互校对，或由专职校对人员校对。校对的主要内容如下：

(1) 核对详图中构件截面规格、材质等是否符合原设计图纸规定；

(2) 是否符合现行规范、规程、图集等标准的有关规定；

(3) 图纸中尺寸、数量等信息是否正确且无遗漏。

3. 审核

经过校对的设计文件和图纸应由深化设计负责人审核。审核的主要内容如下：

(1) 结构布置是否符合原设计结构体系的要求；

(2) 主要构件的截面规格、材质等是否符合原设计图的规定；

(3) 关键节点是否符合原设计意图和现行规范、规程、图集等标准的有关规定；

(4) 关键图纸有无差错；

(5) 施工详图格式、图面表达是否符合要求，图纸数量是否齐全。

4. 审定

经审核的设计文件和图纸由详图设计单位的总工程师负责审定。审定的主要内容如下：

(1) 详图是否符合设计任务书要求，是否达到设计目标；

(2) 结构布置是否符合原设计结构体系，是否符合相关标准规范；

(3) 施工详图格式、图面表达是否满足要求，图纸数量是否齐全。

5. 审批

审批工作应由原设计单位负责。施工详图需经原设计单位审批并签字后方可使用。

25.5.2　木结构检验批的划分

根据现行国家标准《建筑工程施工质量验收统一标准》GB 50300 中对建筑工程分部工程、分项工程的划分，木结构工程属主体结构分部工程中的子分部工程。根据主要材料类别、结构构件规格、工种的不同，木结构子分部工程可划分为四个分项工程：方木与原木结构分项工程、胶合木结构分项工程、轻型木结构分项工程、木结构防护分项工程。现行国家标准《木结构工程施工质量验收规范》GB 50206 规定，检验批应按材料、木产品、构配件的物理力学性能质量控制和结构构件制作安装质量控制分别划分。

25.5.3　原材料与成品验收

确保木结构工程质量，一是需要保证所用木材与木产品、构配件的质量符合要求，二是要保证构件制作与安装符合要求。因此，需要对所用材料进行进场验收以及对施工质量进行验收。

主控项目是建筑工程中对安全、卫生、环境保护和公众利益起决定性作用的检验项目。木结构工程验收中最主要的主控项目体现在三个方面，即结构方案、所用材料以及节点连接等严格符合设计文件的规定。例如对胶合木结构分项工程这三个方面的要求是：(1) 胶合木结构的结构形式、结构布置和构件截面尺寸应符合设计文件的规定。(2) 层板胶合木的类别、强度等级和组坯方式，应符合设计文件的规定，并应有产品标识和质量合格证书，同时应有满足产品标准规定的胶缝完整性检验和层板指接强度检验合格报告。(3) 各连接节点的连接件类别、规格和数量应符合设计的规定。现行国家标准《木结构工程施工质量验收规范》GB 50206 中针对方木与原木结构、胶合木结构以及轻型木结构 3 个分项工程共有条强制性条文。另加木结构的防护分项工程中关于阻燃剂、防火涂料、防腐、防虫等药剂不得危及人畜，不得污染环境的强制性规定。

25.5.4　工厂加工质量控制

25.5.4.1　原材料采购过程质量控制

木结构工程施工用材主要涉及以下几种：原木、方木、板材、规格材、层板胶合木、木基结构板材、结构复合木材及工字形木搁栅、木结构用钢材、螺栓、剪板、圆钉和一些其他金属连接件等。因此，严格把控原材料的质量是保证木结构工程安全的重要一步。选材过程中质量控制具体如下。

（1）方木、原木结构

应按现行国家标准《木结构工程施工规范》GB/T 50772 的规定选择原木、方木和板材的目测材质等级。木材含水率应符合现行国家标准《木结构工程施工规范》GB/T 50772 的规定，因条件限制使用湿材时，应经设计单位同意。配料时尚应符合下列规定：

1）受拉构件螺栓连接区段木材及连接板应符合现行国家标准《木结构工程施工规范》GB/T 50772 中Ⅰ$_a$等材关于连接部位的规定。

2）受弯或压弯构件中木材的节子、虫孔、斜纹等天然缺陷应处于受压或压应力较大一侧；其初始弯曲应处于构件受载变形的反方向。

3）木构件连接区段内的木材不应有腐朽、开裂和斜纹等较严重的缺陷。齿连接处木材的髓心不应处于齿连接受剪面的一侧。

4）采用东北落叶松、云南松等易开裂树种的木材制作桁架下弦，应采用“破心下料”或“按侧边破心下料”的木材，按侧边破心下料后对拼的木材宜选自同一根木料。

（2）层板胶合木

层板胶合木构件所用层板胶合木的类别、强度等级、截面尺寸及使用环境，应按设计文件的规定选用；不得用相同强度等级的异等非对称组坯胶合木替代同等或异等对称组坯胶合木。凡截面作过剖解的层板胶合木，不应用作承重构件。异等非对称组坯胶合木受拉层板的位置应符合设计文件的规定。

（3）防腐处理木材

防腐处理的木材（含层板胶合木）应按设计文件规定的木结构使用环境选用。

25.5.4.2 加工制作质量控制

根据现行国家标准《木结构工程施工规范》GB/T 50772 中对木构件制作规定，工厂按设计文件的要求将原材料加工成一定的规格、尺寸和数量等，继而通过组装形成设计要求的木构件。

（1）原木、方木与板材

原木、方木与板材构件的加工制作应符合下列规定：

1）方木桁架、柱、梁等构件截面宽度和高度与设计文件的标注尺寸相比，不应小于 3mm 以上；方木檩条、椽条及屋面板等板材不应小于 2mm 以上；原木构件的平均梢径不应小于 5mm 以上，梢径端应位于受力较小的一端。

2）板材构件的倒角高度不应大于板宽的 2%。

3）方木截面的翘曲不应大于构件宽度的 1.5%，其平面上的扭曲，每 1m 长度内不应大于 2mm。

4）受压及压弯构件的单向纵向弯曲，方木不应大于构件全长的 1/500，原木不应大于全长的 1/200。

5）构件的长度与样板相比偏差不应超过±2mm。

6）构件与构件间的连接处加工应符合现行国家标准《木结构工程施工规范》GB/T

50772 的有关规定。

7）构件外观应符合现行国家标准《木结构工程施工规范》GB/T 50772 的规定。

（2）规格材

规格材的加工制作应符合下列规定：

1）规格材的树种、等级和规格应符合设计文件的规定。

2）规格材的截面尺寸应符合标准截面尺寸规定。截面尺寸误差不应超过±1.5mm。

3）目测分等规格材应按现行国家标准《木结构工程施工质量验收规范》GB 50206 的有关规定做抗弯强度见证检验或目测等级见证检验，机械分等规格材应做抗弯强度见证检验，并应在见证检验合格后再使用。目测分等规格材的材质等级应符合《木结构工程施工规范》GB/T 50772 的规定。

4）规格材的含水率不应大于 20%，并应按现行国家标准《木结构工程施工质量验收规范》GB 50206 的有关规定检验。规格材的存储应符合《木结构工程施工规范》GB/T 50772 的规定。

5）截面尺寸方向经剖解的规格材作承重构件使用时，应重新定级。

（3）层板胶合木

层板胶合木的加工制作应符合下列规定：

1）层板胶合木应由有资质的专业加工厂制作。

2）层板胶合木的类别、组坯方式、强度等级、截面尺寸和适用环境，应符合设计文件的规定，并应有产品质量合格证书和产品标识。

3）层板胶合木或胶合木构件应有符合现行国家标准《木结构试验方法标准》GB/T 50329 规定的胶缝完整性检验和层板指接强度检验合格报告。用作受弯构件的层板胶合木应做荷载效应标准组合作用下的抗弯性能见证检验，并应符合现行国家标准《木结构工程施工质量验收规范》GB 50206 的有关规定。

4）直线形层板胶合木构件的层板厚度不宜大于 45mm，弧形层板胶合木构件的层板厚度不应大于截面最小曲率半径的 1/125。

5）层板胶合木的构造和外观应符合《木结构工程施工规范》GB/T 50772 中的要求。

6）胶合木构件的实际尺寸与产品公称尺寸的绝对偏差不应超过±5mm，且相对偏差不应超过 3%。

7）层板胶合木弧形构件的矢高及梁式构件起拱的允许偏差，跨度在 6m 以内不应超过±6mm；跨度每增加±6m，允许偏差可增大±3mm，但总偏差不应超过 19mm。

8）层板胶合木的平均含水率不应大于 15%。

9）已做防护处理的层板胶合木，应有防止搬运过程中发生磕碰而损坏其保护层的包装。

（4）木基结构板材

木基结构板材的加工制作应符合下列规定：

1）轻型木结构的墙体、楼盖和屋盖的覆面板，应采用结构胶合板或定向木片板等木基结构板材，不得用普通的商品胶合板或刨花板替代。

2）结构胶合板与定向木片板应有产品质量合格证书和产品标识，品种、规格和等级应符合设计文件的规定，并应有下列检验合格保证文件：①楼面板应有干态及湿态重新干燥条件下的集中静载、冲击荷载与均布荷载作用下的力学性能检验报告，并应符合现行国家标准《木结构工程施工质量验收规范》GB 50206 的有关规定。②屋面板应有干态及湿态条件下的集中静载、冲击荷载及干态条件下的均布荷载作用力学性能的检验报告，并应符合现行国家标准《木结构工程施工质量验收规范》GB 50206 的有关规定。

3）结构胶合板进场验收时尚应检查其表层单板的质量，其缺陷不应超过现行国家标准《木结构覆板用胶合板》GB/T 22349 有关表层单板的规定。

4）结构胶合板与定向木片板应做静曲强度见证检验，并应符合现行国家标准《木结构工程施工质量验收规范》GB 50206 的有关规定后再在工程中使用。

5）结构胶合板和定向木片板应放置在通风良好的场所，应平卧叠放，顶部应均匀压重。

（5）结构复合木材及工字形木搁栅

结构复合木材及工字形木搁栅的加工制作应符合下列规定：

1）进场结构复合木材和工字形木搁栅的规格应符合设计文件的规定，并应有产品质量合格证书和产品标识。

2）进场结构复合木材应有符合设计文件规定的侧立或平置抗弯强度检验合格证书。工字形木搁栅尚应做荷载效应标准组合下的结构性能见证检验，并应符合现行国家标准《木结构工程施工质量验收规范》GB 50206 的有关规定。

3）使用结构复合木材作构件时，不宜在其原有厚度方向作切割、刨削等加工。

4）工字形木搁栅应垂直放置，腹板应垂直于地面，堆放时两层搁栅间应沿长度方向每隔 2.4m 设置一根（2×4）in（1in＝25.4mm）规格材作垫条。工字形木搁栅需平置时，腹板应平行于地面，不得在其上放置重物。

5）进场的结构复合木材及其预制构件应存放在遮阳、避雨，且通风良好的有顶场所内，并应按产品说明书的规定堆放。

（6）木结构用钢材

木结构用钢材的加工制作应符合下列规定：

1）木结构用钢材的品种、规格应符合设计文件的规定，并应具有相应的抗拉强度、伸长率、屈服点，以及碳、硫、磷等化学成分的合格证明。承受动荷载或工作温度低于－30℃的结构，不应采用沸腾钢，且应有相应屈服强度钢材 D 等级冲击韧性指标的合格保证；直径大于 20mm 且用于钢木桁架下弦的圆钢，尚应有冷弯合格的保证。

2）木结构用钢材应做见证检验，性能应符合现行国家标准《碳素结构钢》GB/T 700 的有关规定。

（7）螺栓

螺栓的加工制作应符合下列规定：

1）螺栓及螺帽的材质等级和规格应符合设计文件的规定，并应具有符合现行国家标准《六角头螺栓》GB/T 5782 和《六角头螺栓　C 级》GB/T 5780 的有关规定的合格保证。

2）圆钢拉杆端部螺纹应按现行国家标准《普通螺纹　基本牙型》GB/T 192 的有关规定加工，不应采用板牙等工具手工制作。

（8）剪板

剪板的加工制作应符合下列规定：

1）剪板应采用热轧钢冲压或可锻铸铁制作，其种类、规格和形状应符合现行国家标准《木结构工程施工规范》GB/T 50772 的规定。

2）剪板连接件（剪板和紧固件）应配套使用，其规格应符合设计文件的规定。

（9）圆钉

圆钉的加工制作应符合下列规定：

1）进场圆钉的规格（直径、长度）应符合设计文件的规定，并应符合现行行业标准《一般用途圆钢钉》YB/T 5002 的有关规定。

2）承重钉连接用圆钉应做抗弯强度见证检验，并应在符合设计规定后再使用。

（10）其他金属连接件

其他金属连接件的加工制作应符合下列规定：

1）连接件与紧固件应按设计图要求的材质和规格由专门生产企业加工，板厚不大于 3mm 的连接件，宜采用冲压成形；需要焊接时，焊缝质量不应低于三级。

2）板厚小于 3mm 的低碳钢连接件均应有镀锌防锈层，其镀锌层重量不应小于 $275g/m^2$。

25.5.5　现场测量质量控制

25.5.5.1　测量准备工作

木结构施工测量前，应收集有关测量资料，熟悉施工设计图纸，明确施工要求，制定施工测量方案。主要准备工作有：

（1）资料准备。木结构施工前应具备下列资料：

1）总平面图；

2）建筑物的设计与说明；

3）建筑物的轴线平面图；

4）建筑物的基础平面图；

5）建筑物的结构图；

6）木结构深化设计详图；

7）场区控制点坐标、高程及点位分布图。

（2）测量控制点移交与复验。钢结构施工单位进场，业主方或者总承包单位应提供测绘单位现场设置的坐标、高程控制点。木结构施工前，应对建筑物施工平面控制网和高程控制点进行复测，复测方法应根据建筑物平面不同而采用不同的方法：

1）矩形建筑物的验线宜选用直角坐标法；

2）任意形状建筑物的验线宜采用极坐标法；

3）平面控制点距观测点位距离较长，量距困难或不便量距时，宜选用角度（方向）交汇法；

4）平面控制点距观测点位距离不超过所用钢尺全长，且场地量距条件较好时，宜选用距离交汇法；

5）使用光线测距仪验线时，宜选用极坐标法、光电测距仪的精度应不低于±(5＋5D)mm，D为被测距离（km）。

（3）测量仪器的准备。木结构施工测量前，应选择满足工程需要的测量仪器设备，并经计量部门鉴定合格后投入使用。为达到符合精度要求的测量成果，除按规定周期进行鉴定外，在周期内的全站仪、经纬仪、铅直仪等主要有关仪器，还宜2～3个月定期检校。各测量仪器的具体要求如下：

1）全站仪：在多高层木结构工程中，宜采用精度为2S、3＋3PPM级全站仪。

2）经纬仪：采用精度为2S级的光学经纬仪。

3）水准仪：按国家三、四等水准测量及工程水准测量的精度要求，其精度为±3mm/km。

4）土建、木结构制作、木结构安装、监理等单位的钢卷尺，应统一购买通过标准计量部门校准的钢卷尺。使用钢卷尺时，应注意检校时的尺长改正数，如温度、拉力等，进行尺长改正。

（4）配备能够胜任该项目测量工作的专职测绘人员。

（5）编制针对该项目的专项安装测量方案。

（6）熟悉图纸并整理有关测量数据，为现场安装提供测量依据。

25.5.5.2 木结构主体的平面测量及误差要求

1. 平面控制测量一般规定

（1）平面控制测量包括场区平面控制网和建筑物平面控制网的测量。

1）平面控制测量前，应收集场区及附近城市平面控制点、建筑红线桩点等资料，当点位稳定可靠时，可作为平面控制测量的起始依据。当起始数据的精度不能满足场区或建筑物平面控制网的精度要求时，经委托方和监理单位同意，可采用一个已知点和一个已知方向作为起始数据进行布网。

2）平面控制测量的坐标系统宜采用北京市地方坐标系统，亦可选用建筑工程设计所采用的坐标系统。采用后者时应提供两种坐标系统的换算关系。

3）平面控制网点位应根据建筑设计总平面图与施工总平面布置图综合考虑设计确定，点位应选在通视良好、土质坚硬、便于实测又能长期保留的地方。

4）平面控制点的标志和埋设应妥善保护。

（2）场区平面控制网可根据场区地形条件与建筑物总体布置情况，布设成建筑方格网、导线网、三角网、边角网或GPS网。场地大于1km^2或重要建筑区，应按一级网的技术要求布设场区平面控制网；场地小于1km^2或一般建筑区，宜按二、三级网的技术要求布设场区平面控制网。

2. 建筑物平面控制网

(1) 建筑物平面控制网宜布设成矩形，特殊时也可以布设成十字形主轴线或平行于建筑物外廓的多边形。

(2) 建筑物平面控制网测量可根据建筑物的不同精度要求分三个等级，其主要技术要求应符合表 25-3 的规定。

建筑物平面控制网主要技术要求　　**表 25-3**

等级	适用范围	测角中误差（″）	边长相对中误差
一级	钢结构、超高层、连续程度高的建筑	±8	1/24000
二级	框架、高层、连续程度一般的建筑	±12	1/15000
三级	一般建筑	±24	1/8000

(3) 根据施工需要将建筑物外部控制转移至内部时，内控点宜设置在已建成的建筑物预埋件或测量标志上，投点允许误差为 1.5mm。

(4) 建筑物平面控制网测定并经验线合格后，应按表 25-3 规定的精度在控制网外廓边线上测定建筑轴线控制桩，作为控制轴线的依靠。

25.5.5.3　木结构主体的立面测量及误差要求

1. 高程控制测量

(1) 高程控制网包括场区高程控制网和建筑物高程控制网，高程控制网可采用水准测量和光电测距三角高程测量的方法建立。

(2) 高程控制测量前应收集场区及附近城市高程控制点、建筑区域内的临时水准点等资料，当点位稳定、符合精度要求和成果可靠时，可作为高程控制测量的起始依据。

(3) 水准测量的等级依次分为二、三、四、五等级，可根据场区的实际需要布设，特殊需要可另行设计。光电测距三角高程测量可用于四、五等级高程控制测量。

(4) 高程控制点应选在土质坚实、稳定，便于施测、使用并易于长期保存的地方，若遇基坑时，距基坑边缘不应小于基坑深度的两倍，点位不少于 3 个。

(5) 高程控制点的标志与标石的埋设应符合国家相关标准的规定，也可利用固定地物或平面控制点标志设置。

(6) 高程控制点应采取措施加强保护，并在施工期间定期复测，如遇特殊情况应及时进行复测。

2. 水准测量

(1) 各等级水准测量必须起闭于高等级水准点上，水准测量的主要技术要求应符合相关规范与设计文件的规定。

(2) 水准测量的观测方法应符合下列规定：

1) 二等水准测量采用光学测微法时，往测奇数站的观测顺序为“后-前-前-后”，偶数站的观测顺序为“前-后-后-前”；返测奇、偶数站的观测顺序分别往测偶、技术站的观测顺序进行。当使用电子水准仪时，往返测观测顺序，奇数站为“后-前-前-后”，偶数站为“前-后-后-前”。

2) 三等水准测量采用中丝读数法，每站观测顺序为“后-前-前-后”。当使用 DS1 级仪器和因瓦标尺寸测量时，可采用光学测微法进行单程双转点观测。

3）四等水准测量采用中丝读数法，直读距离，双面标尺每站观测顺序为“后-后-前-前”；单面标尺每站观测顺序为“后-前”，前两次仪器高应变动 0.1m 以上。

4）五等水准测量采用中丝读数法，前后视距近似相等，每站观测顺序为“后-前”。

3. 数字水准仪观测技术要求

(1) 数字水准仪使用前，应进行预热，晴天应将仪器置于露天阴影下，使仪器与外界气温趋于一致；

(2) 使用数字水准仪进行观测对观测时间和气象条件有严格要求，水准观测应在成像清晰稳定时进行，在日出前后 30 分钟内、太阳最大高度前后约 2 小时内、视线剧烈跳动、周边剧烈震动和气温突变时，不应进行观测；

(3) 使用数字水准仪，应避免视线被遮挡，仪器应在厂家规定的温度范围内工作。

4. 水准观测要求

(1) 水准观测应在成像清晰、稳定时进行，要撑伞防止强阳光照射。

(2) 二、三、四等级水准测量每测站观测不宜两次调焦，转动仪器的微倾螺旋与测微螺旋时，最后应为旋进方向，每一测段测站数应为偶数。

25.5.6 现场安装质量控制

25.5.6.1 木结构现场安装质量管理流程

现场安装质量管理流程，见图 25-27。

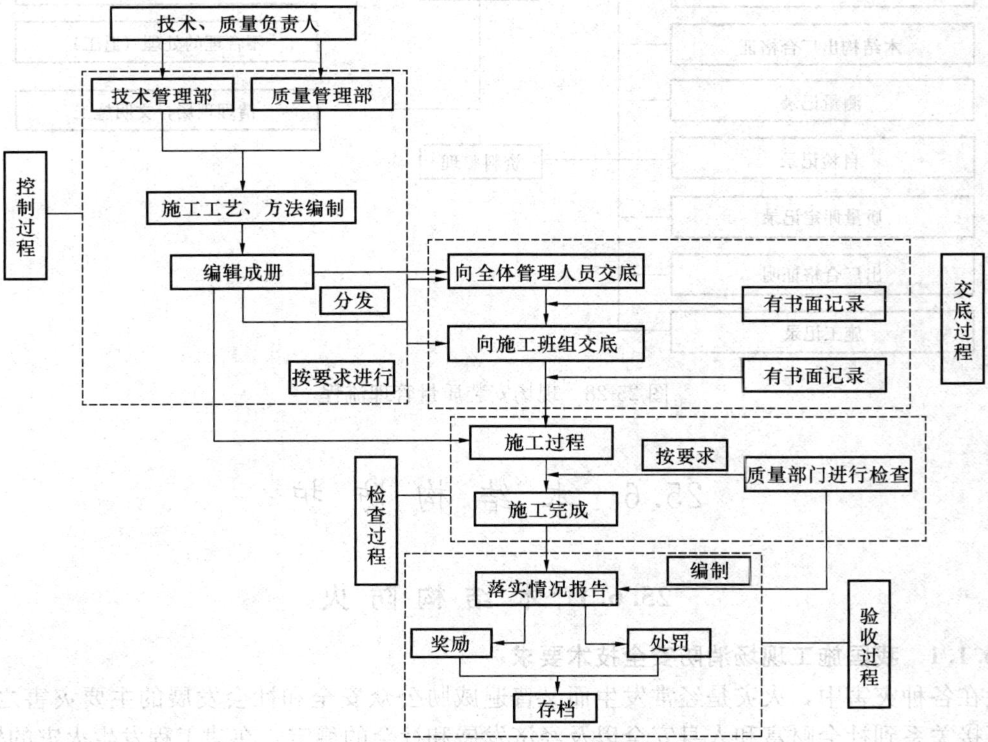

图 25-27 现场安装质量管理流程

25.5.6.2 木结构现场安装质量控制流程

现场安装质量管理流程，见图 25-28。

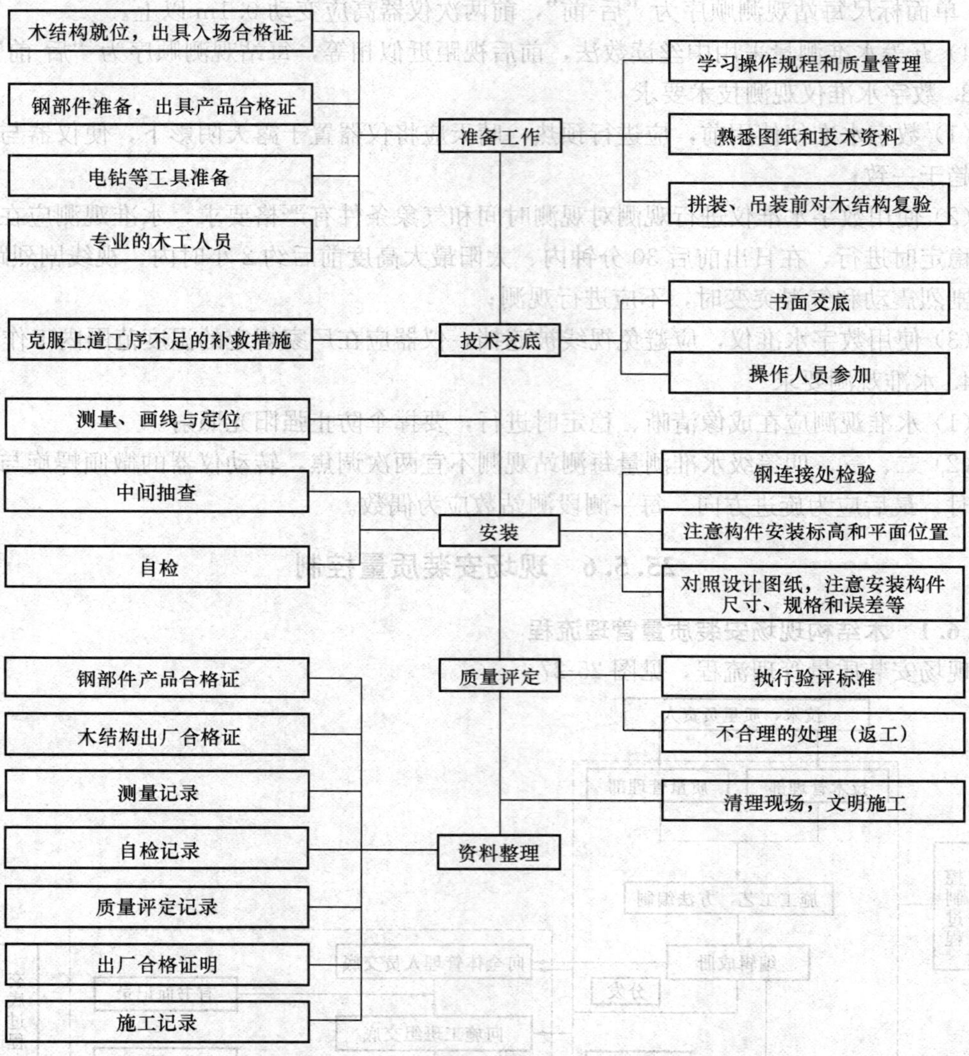

图 25-28 现场安装质量管理流程

25.6 木结构防护

25.6.1 木结构防火

25.6.1.1 我国施工现场消防安全技术要求

在各种灾害中，火灾是经常发生而又普遍威胁公众安全和社会发展的主要灾害之一，它直接关系到社会财富和人身安全以及经济发展和社会的稳定。在建工程发生火灾的概率比较低，但后果严重，极易造成不良的社会影响和环境危害，人身伤害也不可忽视。因为木结构建筑本身的特点，在未安装消防设施的施工阶段，更易遭受火灾的侵袭。

建设工程施工现场一般具有以下特点：

(1) 临时员工多，流动性大，人员素质参差不齐；

(2) 临建设施多，防火标准低；

(3) 易燃、难燃材料以及裸露的木材多；

(4) 动火作业、露天作业、立体交叉作业多；

(5) 现场管理及施工过程受外部环境影响大。

木结构建筑施工现场存有大量易燃、可燃材料，如木结构构件，竹（木）模板及架料，B2、B3 级装饰、保温、防水材料，树脂类防腐材料，油漆及其稀释剂，焊接或气割用的氢气、乙炔等。这些物质的存在，为燃烧提供了大量的可燃物。施工现场的动火作业，如焊接、气割、金属切割、生活用火等，为燃烧的产生提供了着火源。

调查发现，我国施工现场火灾主要原因是用火、用电、用气不慎，初起火灾扑救不及时，只注重建筑功能设计、建筑施工质量和施工操作安全，而忽视了建筑施工现场的消防安全管理。

施工现场聚积了各种火灾危险源，如施工现场堆放的可燃易燃材料、焊接作业产生的火花等，在相关消防设施安装未完成的情况下，极易小火酿成大灾。为此，我国于 2011 年 8 月 1 日实施了《建设工程施工现场消防安全技术规范》GB 50720。该规范针对我国施工现场的一般特点和主要致灾原因，有针对性地从施工现场总平面布局、建筑防火、临时消防设施设置以及防火管理等方面，对施工现场的消防安全提出了比较全面的设防要求。

总平面布局方面，特别强调了易燃易爆危险品库房与在建工程之间、可燃材料堆场及其加工场、固定动火作业场与在建工程之间以及其他临时用房、临时设施与在建工程之间一定要满足规范规定的防火间距要求，确保易燃易爆危险品、可燃材料堆场火灾不会殃及在建工程的安全。

建筑防火方面，强调临时用房的防火和在建工程的防火。施工现场的宿舍、办公用房构件的燃烧性能、高度和层数、疏散设施设置、疏散距离等应满足规范的规定。在建工程则强调了疏散设施的设置，确保在建工程发生火灾时，施工工人能够顺利逃生。

临时消防设施部分主要强调了灭火器的配置、临时消防给水系统和应急照明的设置和配置。

施工现场在建建筑尚未完工，各类消防设施配备尚未齐全，因此，加强施工现场的消防安全管理尤为重要。确定消防安全责任人和消防安全管理人员，落实相关人员的消防安全管理责任，制定消防安全管理制度，编制施工现场防火技术方案和灭火及应急疏散预案，并加强对施工人员的消防安全教育和培训，做好日常消防安全检查和巡查。同时，对可燃物及易燃易爆危险品以及用火、用电、用气加强管理，及时消除火灾隐患，确保施工现场消防安全。

25.6.1.2 木结构防火施工规定

木结构防火工程除应遵守的有关规定外，尚应符合现行国家标准《建筑设计防火规范》GB 50016。

木构件表面应无油污、灰尘和泥砂等污垢，且构件连接处的缝隙应采用防火涂料或其他防火材料填平。

选用的防火涂料应符合设计文件和国家现行标准的要求，具有一定的抗冲击能力，能牢固附着在构件上。

防火涂料可按产品说明在现场进行搅拌或调配。当天配制的涂料应在产品说明书规定的时间内用完。

木构件采用加压浸渍阻燃处理时，应由专业加工企业施工，进场时应有经阻燃处理的相应的标识。验收时应检查构件燃烧性能是否满足设计文件规定的证明文件。

木构件防火涂层施工，可在木结构工程安装完成后进行。防火涂层应符合设计文件的规定，木材含水率不应大于15%，构件表面应清洁，应无油性物质污染，木构件表面喷涂层应均匀，不应有遗漏，其干厚度应符合设计文件的规定。

防火涂料涂装施工应分层施工，上层涂层干燥或固化后，方可进行下道涂层施工。厚涂型防火涂料有下列情况之一时应重新喷涂或补涂：

(1) 涂层干燥固化不良，粘结不牢或粉化、脱落；

(2) 木结构的接头、转角处的涂层有明显凹陷；

(3) 涂层厚度小于设计规定厚度的85%时或涂层厚度虽大于设计规定厚度的85%，但未达到规定厚度的涂层其连续面积的长度超过1m。

薄涂型防火涂料面层涂装施工应符合下列规定：

(1) 面层应在底层涂装基本干燥后开始涂装；

(2) 面层涂装应颜色均匀、一致，涂装平整。

防火墙设置和构造应按设计文件的规定施工，砖砌防火墙厚度和烟道、烟囱壁厚度不应小于240mm，金属烟囱应外包厚度不小于70mm的矿棉保护层或耐火极限不低于1.00h的防火板覆盖。烟囱与木构件间的净距不应小于120mm，且应有良好的通风条件。烟囱出楼屋面时，其间隙应用不燃材料封闭。砌体砌筑时砂浆应饱满，清水墙应仔细勾缝。

墙体、楼、屋盖空腔内填充的保温、隔热、吸声等材料的防火性能，不应低于难燃性B1级。

楼盖、楼梯、顶棚以及墙体内最小边长超过25mm的空腔，其贯通的竖向高度超过3m，或贯通的水平长度超过20m时，均应设置防火隔断。天花板、屋顶空间，以及未占用的阁楼空间所形成的隐蔽空间面积超过300m^2，或长边长度超过20m时，均应设置防火隔断，并应分隔成面积不超过300m^{2}且长边长度不超过20m的隐蔽空间。

电源线敷设的施工应符合下列规定：

(1) 敷设在墙体或楼盖中的电源线应用穿金属管线或检验合格的阻燃型塑料管。

(2) 电源线明敷时，可用金属线槽或穿金属管线。

(3) 矿物绝缘电缆可采用支架或沿墙明敷。

埋设或穿越木构件的各类管道敷设的施工应符合下列规定：

(1) 管道外壁温度达到120℃及以上时，管道和管道的包覆材料及施工时的胶粘剂等，均应采用检验合格的不燃材料。

(2) 管道外壁温度在120℃以下时，管道和管道的包覆材料等应采用检验合格的难燃性不低于B1的材料。

隔墙、隔板、楼板上的孔洞缝隙及管道、电缆穿越处需封堵时，应根据其所在位置构件的面积按要求选择相应的防火封堵材料，并应填塞密实。

木结构房屋室内装饰、电器设备的安装等工程，应符合现行国家标准《建筑内部装修设计防火规范》GB 50222 的有关规定。

25.6.2　木结构防腐

25.6.2.1　整体防腐要求

水分、氧气、温度和营养物质是生物繁殖的必要条件，特别是木材中含有的水分的影响极为显著。因此，设计和施工时如何防止水分流入和避免湿气滞留是非常重要的。木材一般含水率在 25%～30%以上时开始腐朽，因此要尽可能使用窑干材，同时还要通过合理的通风换气设计、设置排水装置等方法，保护结构构件不受腐朽危害。通常，木材树种不同，其抵抗腐朽菌的能力也有差异，因此施工时要尽可能在易产生腐朽的部位使用耐久性好的木材。木结构建筑物外墙下部的内侧最容易发生破坏，因此施工时，地面以上主要结构支撑作用的结构构件应进行防腐和防蚁处理。

25.6.2.2　防腐材料的选择

建筑材料可选取红雪松、扁柏等不易腐朽的树种，同时，与基础等混凝土接触的部位还需要进行防腐和防蚁的表面涂饰处理。当选用马尾松、花旗松、欧洲赤松等耐腐朽性能较差的材种时，应对其进行防腐剂和防蚁剂的加压注入处理。

腐朽菌和白蚁危害较严重的地区，应使用防腐木材；在仅有腐朽危害而没有白蚁危害的地区，可使用天然耐腐性好的木材，并尽量使用心材，当然也可以选择防腐木材。

25.6.2.3　基础防腐措施

建筑基础内应保持排水畅通，并保持一层楼板下方干燥。楼板下可铺设 6cm 以上的混凝土层或者厚度为 0.1mm 以上的防湿薄膜。为防止一层楼板吸湿受潮，应尽可能提高基础梁的高度并不低于 300mm。有条件的项目应考虑在基础梁上部进行开口通风，或采取其他有效措施进行基础通风。

25.6.2.4　防腐构造措施

木结构防腐的构造措施应按设计文件的规定进行施工，并应符合下列规定：

(1) 首层木楼盖应设架空层，支承于基础或墙体上，方木、原木结构楼盖底面距室内地面不应小于 400mm，轻型木结构不应小于 150mm。楼盖的架空空间应设通风口，通风口总面积不应小于楼盖面积的 1/150。

(2) 木屋盖下设吊顶顶棚形成闷顶时，屋盖系统应设老虎窗或山墙百叶窗，也可设檐口疏钉板条。

(3) 木梁、桁架等支承在混凝土或砌体等构件上时，构件的支承部位不应被封闭，在混凝土或构件周围及端面应至少留宽度为 30mm 的缝隙，并应与大气相通。支座处宜设防腐垫木，应至少有防潮层。

(4) 木柱应支承在柱墩上，柱墩顶面距室内外地面的高度分别不应小于 300mm，且在接触面间应有卷材防潮层。当柱脚采用金属连接件连接并有雨水侵蚀时，金属连接件不应存水。

(5) 屋盖系统的内排水天沟应避开桁架端节点设置或架空设置，并应避免天沟渗漏雨水而浸泡桁架端节点。

25.6.2.5 防腐构件施工要求

防腐构件使用的木材应尽可能在防腐处理前加工至最终尺寸，并避免对防腐木材进行锯切、钻孔等二次加工。如无法避免对防腐木进行上述加工时，则应使用合适的防腐剂在木材加工表面进行涂覆处理，用以封闭新暴露的木材。

对于木结构建筑外墙，应参考现行国家标准《木结构工程施工规范》GB/T 50772 进行施工。轻型木结构外墙的防水和保护具体要求如下：

(1) 外墙木基结构板外表应铺设防水透气膜（呼吸纸），透气膜应连续铺设，膜间搭接长度不应小于 100mm，并应用胶粘剂粘结，防水透气膜正、反面的布置应正确。透气膜可用盖帽钉或通过经防腐处理的木条钉在墙骨上。

(2) 外里侧应设防水膜。防水膜可用厚度不小于 0.15mm 的聚乙烯塑料膜。防水膜也应连续铺设，并应与外墙里侧覆面板（木基结构板或石膏板）一起钉牢在墙骨上，防水膜应夹在墙骨与覆面板间。

(3) 防水透气膜外应设外墙防护板，防护板类别及与外墙木构架的连接方法应符合设计文件的规定，防护板和防水透气膜间应留有不小于 25mm 的间隙，并应保持空气流通。

25.6.2.6 防腐连接件施工要求

防腐处理木材常常用于潮湿环境。金属在潮湿条件下，容易产生腐蚀，并引起附近木材的变色。许多常用的防腐剂存在铜离子，特别是相对比较新型的铜基防腐剂，如季铵铜（ACQ）、铜唑（CuAz）等，含有的游离铜含量可能比原先一直使用的铜铬砷（CCA）要高很多，会加速金属连接件的腐蚀。此外，如果防腐处理木材用在海边等环境，金属连接件往往也更容易腐蚀。木结构设计中要考虑金属连接件的抗腐蚀性。在常见的木结构使用环境下，与防腐处理木材直接接触的金属连接件应采用不锈钢或热浸镀锌材料。当硼化物处理木材用在室内干燥环境下主要用于抵抗白蚁等昆虫危害时，可以忽略防腐剂引起的金属腐蚀。

现代木结构通常采用钢制金属连接件方式进行连接，因此在易腐蚀部位使用金属连接件时应充分考虑防腐蚀措施。铁的腐蚀主要是因为大气中的水分和氧气导致，同时金属连接件若用在经过防腐药剂处理的木材上，一些药剂成分可能会对金属表面造成腐蚀，因此可通过以下措施对金属连接件进行处理：

(1) 使用经过镀锌处理的钉、螺栓、连接件等金属制品，或者使用不锈钢制品；

(2) 通过涂饰防锈涂料，去除钢材表面的油脂和酸化膜等物质，对钢材进行处理；

(3) 通过将上述两种方式组合的方法进行处理。

25.6.3 木结构防虫

25.6.3.1 防虫材料的选择

在我国，对木材产生破坏的虫类主要是白蚁。白蚁对 300 多种树木有危害，其中松木是白蚁比较喜欢咬食的树种，因此若选择了松木等易受白蚁危害的树种时，应对与基础接触的地梁板、柱等易发生虫害部位进行药剂处理，防止白蚁的侵害和繁殖。

在白蚁危害地区木结构的设计、建造必须要进行防白蚁处理，因为白蚁严重侵蚀时可完全破坏木材，影响结构安全。我国南方的很多地区，白蚁危害非常严重。对木结构造成危害的主要是散白蚁（Reticulitermes）和乳白蚁（Coptotermes），相比之下，乳白蚁对木结构的危害最大。在南方沿海地区，可能也存在干木白蚁。中国林业科学研究院和加拿大林产品研究中心在广泛收集资料，深入与白蚁专家交谈的基础上，绘制了一张全新的中国白蚁地图。地图分为四个区，南方地区包括南京、上海、杭州、合肥、武汉、成都、昆明、南宁、广州、台湾等地都位于白蚁危害严重地区，同时存在散白蚁和乳白蚁危害；北方地区包括大连、北京、天津、济南、西安等地属于白蚁高危害区，主要受散白蚁危害，不存在乳白蚁；哈尔滨、长春、沈阳、兰州、西宁等位地于白蚁中等危害地区，白蚁危害较小；再向北地区，例如银川、乌鲁木齐等地几乎不存在白蚁。

25.6.3.2 基础防虫措施

为避免虫蚁侵害，应减少建筑物周围环境中的白蚁种群和数量。在施工之前，应对场地周围的树木和土壤等，进行白蚁检查和灭蚁工作。对发现滋生白蚁的树木进行灭蚁处理并安置诱饵系统，同时控制滋生白蚁木材的运输迁移。同时，应清除地基中已有的白蚁巢穴和潜在的白蚁栖息地，具体措施如下：

(1) 开挖地基时应彻底清理掉木桩、树根和其他埋在土壤中的木材。

(2) 所有施工产生的木模板、废木材、纸质品及其他有机垃圾，应在建造过程中或完工后及时清理干净。

(3) 所有从外面运来的木材、绿化用树木、其他林产品及土壤，都应进行白蚁检疫。

(4) 施工时不应采用任何受白蚁感染的材料，并按设计要求做好白蚁防治需要采取的其他各项措施。

另外，可以通过采取土壤防白蚁化学处理、白蚁诱饵系统，以及物理屏障等措施和方法建造土壤屏障，防止白蚁进入建筑，具体措施如下：

(1) 防白蚁土壤化学处理应采用土壤防白蚁药剂。土壤防白蚁药剂的浓度、用药量和处理方法必须严格符合现行国家有关要求及药剂产品的要求。

(2) 白蚁诱饵系统的使用应严格符合现行国家有关要求及药剂产品的要求，并确保其放置、围护和监控从居住许可起至少 10 年有效。

(3) 白蚁物理屏障应采用符合相关规定的防白蚁物理屏障方法。常用的物理屏障有防白蚁沙障、金属或塑料护网和环管、防白蚁药剂处理薄膜。

混凝土基础和外墙应进行细节处理，确保各道防线连续，避免白蚁进入建筑，具体措施如下：

(1) 底层楼板应采用混凝土结构，并宜采用整浇混凝土楼板。混凝土中不得预埋木构件。避免在基础或底层楼板采用砖支墩或空心混凝土砌块。混凝土楼板上的缝隙应小于 1.4mm，并避免缝隙上下贯通。

(2) 混凝土楼板上尽量避免开口。任何开口的四周必须进行细节处理，防止白蚁进入。例如从地下通往室内的设备电缆、管道孔缝隙，条形基础顶面和底层混凝土地坪之间的接缝，应采用防白蚁物理屏障或土壤化学屏障进行局部处理。

(3) 为方便白蚁检查，外露混凝土条形基础在完成周围园林绿化后，与上面建筑外饰面或其他木构件之间的最小距离应为 150mm。基础的外排水层和外保温绝热层不宜高出室外地坪，宜作局部防白蚁处理。如果它们高于室外地坪，那么外排水层、外保温板和上面建筑外饰面或其他木构件之间的最小距离应为 150mm。

(4) 当设有架空层时，架空层高度宜高于750mm，以便方便白蚁检查。

基础若设置了通气孔，则需要及时排查换气口周围是否有影响换气的障碍物。被雨水浸湿的木材是白蚁的最佳食物，因此为减少白蚁的繁殖，建筑物周围易于白蚁繁殖和生存的木材、杂草、枯枝等需要及时清除。同时，在基础周围可设置专门放置白蚁诱饵的容器，用以准确判断该建筑物周围白蚁的数量和繁殖情况。

25.6.3.3　结构主体防虫措施

白蚁最喜欢潮湿的环境，因此施工时，防治白蚁最重要的对策就是去除建筑物内可能留存的湿气和水汽，木结构建筑内应确保良好的通风换气，同时施工时还要注意防止因水管漏水等导致的湿气滞留。要保证结构耐久性，减少白蚁对结构构件造成危害，在基础和屋檐处应设置防虫网等阻断白蚁进入的设施，防止白蚁通过缝隙入侵建筑物内部。在白蚁危害严重地区，可使用天然抗白蚁或经过加压防腐处理的结构板材和覆面板。防腐处理需达到相关国家标准，并符合下列规定：

(1) 硼处理木材不能用于长期暴露在雨水或积水的环境中。

(2) 防腐处理后新锯木材的、锯口及钻孔，应采用同种防腐剂浓缩液或其他允许的防腐剂浓缩液进行补充处理。

在白蚁危害严重地区每年应请专业人员进行检查。如果发现白蚁入侵和构件破坏，应及时进行修复。必要时候应采取烟熏或放置诱饵等措施，进行灭蚁工作。

25.6.4　木结构节能

25.6.4.1　围护结构材料

木结构材料与围护结构宜优先选用针叶树种，因为针叶树种的树干长直，纹理平顺、材质均匀、木节少、扭纹少、能耐腐朽和虫蛀、易干燥、少开裂和变形，具有较好的力学性能，木质较软而易加工。当采用规格材作为墙体的木骨架或墙板时，需根据设计要求确定使用规格材的等级。当在施工现场使用板材加工成规格材时，板材的材质等级宜采用Ⅱ级。

对于规格材制作的木骨架或围护结构，长期处于大气环境中受温湿度环境影响，因此，对木结构材料或墙体、屋面板等围护结构使用的规格材含水率应与现行国家标准《木结构设计标准》GB 50005 对规格材含水率的要求相同，不应大于20%。在考虑到我国的现状，经常会采用未经工厂干燥的板材在现场制作木骨架，为保证质量，对板材的含水率作了更为严格的规定，通常板材含水率不应大于18%。

鉴于木结构围护结构的使用环境，在使用一些易虫蛀和易腐朽的木材时，如马尾松、云南松、湿地松、桦木以及新利用树种和速生树种的木材，木骨架应进行防虫、防腐处理。这些易虫蛀和易腐朽的木材，不仅要经过干燥处理，还需经过药剂处理，不然一旦虫蛀、腐朽发生，一般不容易发现，又不容易检查，后果会相当严重。常用的药剂配方及处理方法，可按国家标准《木结构工程施工质量验收规范》GB 50206 的规定采用。目前，木材的防虫、防腐处理方法和药剂配方发展很快，各地区的经验也不同，在进行木材的防虫、防腐处理时，可根据当地具体情况采用行之有效的处理方法和药剂配方。

木材是一种天然的健康的且极具亲和力的材料，保温（隔热）性能优异，比普通砖混结构房屋节省能源超过40%。它的保温性能是钢材的400倍，混凝土的16倍。研究表明，150mm 厚的木结构墙体，其保温性能相当于 610mm 厚的砖墙。因此，利用木材的优良热物理性能，使木结构建筑围护结构具有出色的保温隔热性能，防止围护结构受潮，降低采暖和制冷费用，减少矿物燃料消耗，是木围护结构设计的重要内容。

木材属于多孔介质，组成木材的细胞壁物质纤维素和半纤维素等结构形成许多均匀排列的孔隙，干燥的木材这种排列均匀的孔隙具有良好的热绝缘性，同时在一定温度和湿度条件下，又具有很强的吸湿能力。不同的木材细胞壁物质—纤维素和半纤维素等结构形式不一样，排列的孔隙构造形式不一样，表现出来的热物理性能也不同。

25.6.4.2 节能设计

严寒、寒冷地区建筑能耗大部分是由于围护结构传热造成的，围护结构保温性能的好坏，直接影响到建筑能耗的大小，提高围护结构的保温性能，通常采取以下技术措施：

（1）合理选择保温材料与保温构造形式

优先选用无机高效保温材料，如岩棉、玻璃棉等，一般来说，无机材料的耐久性好、耐化学侵蚀性强，也能耐较高的温湿度作用、防火。材料的选择要综合考虑建筑物的使用性质，防火性能要求、木结构围护结构的构造方案、施工方法、材料来源以及经济指标等因素，按材料的热物理指标及有关的物理化学性质，进行具体分析。

木围护结构的保温构造形式主要为夹芯保温，严寒、寒冷地区在保证围护结构安全性、耐候性，防止木结构墙体与保温层之间的结构界面结露，应在围护结构高温侧适设置隔气层，如在严寒、寒冷地区应在外围护结构内表面设置，在南方以空调制冷为主的气候区应在外围护结构外表面设置隔气层，并保证结构墙体依靠自身的热工性能做到不结露。

（2）避免热桥

通常在木结构建筑中，由于木材具有良好的热绝缘性，但木结构建筑围护结构大多采用金属连接件，同样也存在冷热桥问题。因此，在连接部位、承重、防震、沉降等部位，应防止建筑热桥产生，采取防热桥措施。

（3）防水、防冷风渗透

木结构建筑围护结构保温隔热材属于多孔建筑材料，由于受温度梯度分布影响，将产生空气和蒸汽渗透迁移现象，将对保温隔热材料这种比较疏散多孔材料的防潮作用有所影响，又对热绝缘性有较大的影响。因此，在围护结构表面应设置允许蒸汽渗透，不允许雨水、空气渗透的防水、隔空气渗透膜层，能防止雨水、空气的渗透又可让水蒸气渗透扩散，从而保证了墙体内保温隔热材料热绝缘性。

（4）地面及地下室外围护结构

在严寒、寒冷地区，地面及地下室外围护结构冬季受室外冷空气和建筑周围低温或冻土的影响，有大量的热量从该部位传递出去，或因室内外温差在地面冷凝结露。在我国南方长江流域梅雨季节，华南地区的回南天由于气候受热带气团控制，湿空气吹向大陆且骤然增加，较湿的空气流过地面和墙面，当地面、墙面温度低于室内空气露点温度时，就会在地面和墙面上产生结露现象，俗称围护结构泛潮，木结构建筑围护结构材料在潮湿环境下极易损坏。因此，木结构建筑围护结构防潮是非常重要的技术措施。为控制和防止地面（墙面）的泛潮，可通过以下措施：

1）采用蓄热系数小的材料和多孔吸湿材料做地面的表面材料。地面面层应尽量避免采用水泥、磨石子、瓷砖和水泥花砖等材料，防潮砖、多孔的地面或墙面饰面材料对水分具有一定的吸收作用，可以减轻泛潮所引起的危害。

2）加强地面保温，尤其加强木结构梁柱的防潮、热桥处理，防止地面泛潮。加强地面保温处理，使地面表面温度提高，高于地面露点温度，从而避免地面泛潮现象。

3）地面（外墙）设置空气间层。通过保持空气层的温差，防止或避免梅雨季节的结露现象，架空地面或带空气层外墙应设置通风口。

4）当地下水位高于地下室地面时，地下室外墙和保温系统需要采取防水措施。

(5) 具有良好的通风特性

木材是容易受潮、易腐蚀材料，良好的建筑室内通风，对保护木结构建筑的寿命，提高耐候性，节能都具有重要的作用。要获得较好的通风效果，建筑进深应小于 2.5 倍净高，外墙面最小开口面积不小于 5%。

门窗、挑檐、挡风板、通风屋脊、镂空的间隔断等构造措施都会影响室内自然通风的效果，在建筑剖面的开口应尽量使气流从房间中下部流过。

(6) 建筑遮阳设计

遮阳的作用是阻挡直射阳光从窗口进入室内，减少对人体的辐射，防止室内墙面、地面和家具表面被晒而导致室温升高。遮阳的方式是多种多样的，结合木结构建筑构件处理(如出檐、雨篷、外廊等)，或采用专门的遮阳板设施等。

(7) 围护结构隔热设计

木结构建筑围护结构隔热可采取以下技术措施：

1）屋面、外墙采用浅色饰面（浅色涂层等）、热反射隔热涂料等，降低表面的太阳辐射，减少屋顶、外墙表面对太阳辐射的吸收；

2）屋面选用导热系数小、蓄热系数大的保温隔热材料，并保持开敞通透，诸如采用通风屋顶、架空屋面等类型。

25.6.4.3 被动节能建筑维护结构

木结构围护结构被动建筑设计分为木骨架组合墙体、木结构轻质复合墙体、木结构砖石结构等类型，采用木骨架组合墙体、木结构轻质复合墙体比较容易达到被动建筑设计的相关技术参数，如骨架高度大于 180mm 双排木骨架组合墙体。

对于木结构轻质复合墙体，这类建筑围护结构热工参数也比较容易达到被动建筑的要求，我国现有的木结构建筑中大量采用这类技术，建筑中主要采用木结构骨架梁柱外挂轻质板的构造形式。

对轻质墙板的常用尺寸、物理指标、节能性能等设计相关指标在技术标准中已有明确的规定，墙板与主体木结构的连接方式有多种形式，如木结构建筑骨架内嵌板构造形式，随着工业化建筑墙板技术的发展，已形成集装饰、防火、节能、防雨一体化工业化被动建筑围护结构。

(1) 被动建筑用外窗、外门气密性能不宜低于现行国家标准《建筑外门窗气密、水密、抗风压性能分级检测方法》GB/T 7106 规定的 7 级，抗风压性能和水密性能宜按现行标准设计确定。

(2) 近零能耗居住建筑用外窗（透光幕墙）热工性能可按表 25-4 选取；近零能耗公共建筑用外窗（透光幕墙）热工性能可按表 25-5 选取。

居住建筑用外窗（透光幕墙）传热系数（*K*）和太阳得热系数（SHGC）值　　表 25-4

		严寒地区	寒冷地区	夏热冬冷地区	夏热冬暖地区	温和地区
传热系数 K [W/(m² · K)]		≤1.0	≤1.2	≤2.0	≤2.5	≤2.0
太阳得热系数 SHGC	冬季	≥0.50	≥0.45	≥0.40	—	≥0.40
	夏季	≤0.30	≤0.30	≤0.30	≤0.15	≤0.30

公共建筑用外窗（透光幕墙）传热系数（*K*）和太阳得热系数（SHGC）值　　表 25-5

		严寒地区	寒冷地区	夏热冬冷地区	夏热冬暖地区	温和地区
传热系数 K [W/(m² · K)]		≤1.2	≤1.5	≤2.0	≤2.2	≤2.2
太阳得热系数 SHGC	冬季	≥0.50	≥0.45	≥0.40	—	—
	夏季	≤0.30	≤0.30	≤0.15	≤0.15	≤0.30

25.6.5 木结构维护保养

任何建筑都需要定期的维护维修来确保耐久性能。维护维修对室外木构件的重要性往往最显而易见，例如，木材表面涂料的老化会直接影响木构件的装饰效果，需要及时修补更新；如果木材产生了腐朽或受到了虫蛀，要及时采取补救措施或更换构件。木桥的维护维修尤其重要，桥面（沥青路面等）的防水层一旦破裂，需要及时修补更换，水分一旦进入下面木材构件，检测、更换往往十分困难。对于木结构建筑来说，其围护结构的防水防潮性能对整个建筑的长期耐久都十分关键。如果雨水从屋顶、外墙、窗户等渗入内部结构，往往很难发现；即使发现了漏水，也不容易判断木构件是否已经腐朽，修补、替换也非常困难，所以应该采取多重措施避免漏水的发生。近年来开发的一些无损检测技术可能用来判断木材是否已经发生腐朽及强度变化，这些技术对检测尺寸很大的木构件，例如桥梁用构件具有尤其重要的意义。围护结构主要依靠外部防水层（有时包括饰面层，例如外墙外饰面）来防止雨水、雪水进入内部结构，所有防水膜（用于外墙、屋顶等）及外饰面材料都有一定的寿命限制，需要进行定期检查并及时更换。在实际应用中，除了防水层本身材料的限制，在一些材料、构件、部件等的交接处往往更容易发生漏水，所以在维护、维修时要格外注意，确保防水层的连续、有效。建筑围护结构的设计除了要确保良好的防水防潮性能以外，也应该便于后期的维护维修。除了雨水、雪水渗透以外，也要防范室内漏水对木构件的影响。例如室内水管产生爆裂后，要及时去除水分，快速干燥所有材料（包括木材、石膏板、地毯等），防止水分渗入结构构件而影响其耐久性。如果水分进入了墙体、楼板等，往往需要把表面饰层，如石膏板、地板等拆除，最大限度地检查、干燥所有材料，免除后顾之忧。

此外，合理的耐久性辅助设计可有效增强木结构建筑的耐久性效果、实现有效的耐久性相关的检查、维护。如德国某些住宅的屋顶设置了钢钩，用来悬挂梯子等检查用具，此外也可作为检查人员的临时扶手，方便检查人员的屋面作业（图 25-29）。日本某些建筑则在悬挑空间的大开口面一侧设计了一定高度的平台，以方便对该侧上方较高部位进行检查和维护（图 25-30）。

图 25-29 屋面耐久性维护设计

图 25-30 便于悬挑空间上部检查维护的平台设计

26 幕墙工程

26.1 测　量　放　线

幕墙测量目标是依据主体结构测量的基准点，测放出幕墙能够利用的点位。幕墙测量由控制的点位分为内控法和外控法。内控法是主体结构的控制网布置在主体结构内部，并在每层楼的楼板上预留测量口。外控法是在主体结构的外围布置控制网，一般的控制网的基准布置在1层，同时利用两台经纬仪或全站仪进行交点定位或距离测量，定出待测点的坐标。

26.1.1 准　备　工　作

1. 图纸准备

经审核确认后的幕墙施工图。总包单位提供基准点、高程及坐标参数，基准点可靠性及精度等级情况。测量定位控制点平面图。

2. 技术准备

熟悉施工图纸及有关资料。熟练使用各种测量仪器，掌握其质量标准。对各种测量仪器在使用前进行全面检定与校核。熟悉现场的基准点、控制点线的设置情况。根据图纸条件及工程结构特征确定轴线基准点布置和控制网形式。遵守“先整体后局部”的工作程序。严格审核测量起始依据的正确性，坚持“测量作业与计算工作步步有校核”的工作方法。遵循测法要科学、简洁，精度要合理相称的工作原则。

执行三检制：自检、互检合格后经工地质量检查部门验线合格后报请监理工程师验线，合格后再进行下步工序施工。钢尺量距进行“三差”改正；经纬仪测角采用“正倒镜”法；水准仪测高程采用附和或闭合法；采用串测或变动仪器高；全站仪测点换站检查。

3. 仪器准备

施工所需仪器见表26-1。

施工所需仪器　　　　**表 26-1**

编号	设备名称	精度指标	用途
1	全站仪	2mm+2ppm	工程控制点定位校核
2	电子经纬仪	2″	施工放样
3	水准仪	2mm	标高控制
4	钢尺	1mm	施工放样

续表

编号	设备名称	精度指标	用途
5	激光经纬仪	1/20000	控制点竖向传递
6	激光垂准仪	1/4 万	铅垂线点位传递
7	光电测距仪	3＋2ppm	施工放样
8	对讲机	5km	通信联络
9	5～7m 盒尺	1mm	施工放样

4. 机具准备

施工所需机具见表 26-2。

施工所需机具　　表 26-2

编号	机具名称	用途
1	电锤	钻洞
2	电钻	钻孔
3	吊锤	吊线
4	墨斗	弹线
5	铅笔	标识
6	拉力器	拉直钢丝线

5. 材料准备

施工所需材料见表 26-3。

施工所需材料　　表 26-3

编号	材料名称	用途
1	50 角钢	制作支座
2	M12×100 膨胀螺栓	固定支座
3	钢丝线（ϕ1～5）	放线
4	红油漆	标记

26.1.2　操　作　流　程

总包单位基准点书面、现场交接→测量与复核基准点→各控制线网设置→投射基准点→内控线弹设→外控制线布置→层间标高设置→测量结构埋件偏差→报验。

1. 测量与复核基准点

为了保证建筑总体结构符合设计文件的要求，确保施工过程中不发生任何差错，在进入工地放线之前根据总包方提供的基准点、基准线（基准点的连线）布置图，以及首层原始标高点（图 26-1、图 26-2），施工测量人员复核基准点、基准线及原始标高点。平面控制网导线精度不低于 1/10000，高程控制测量闭合差不大于$\pm 30\sqrt{L}$mm（L 为附合路线长度，以 km 计）。在测设建筑物控制网时，首先要对起始依据进行复核。根据红线桩及图纸上的建筑物角点，反算出它们之间的相对关系，并进行角度、距离校测。校测允许误

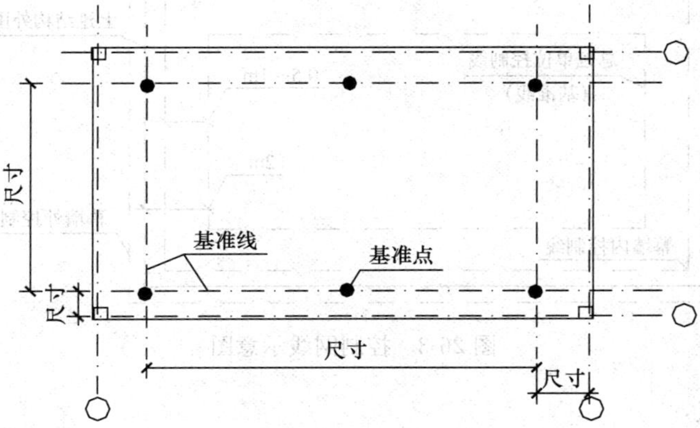

图 26-1 原始基准线示意图

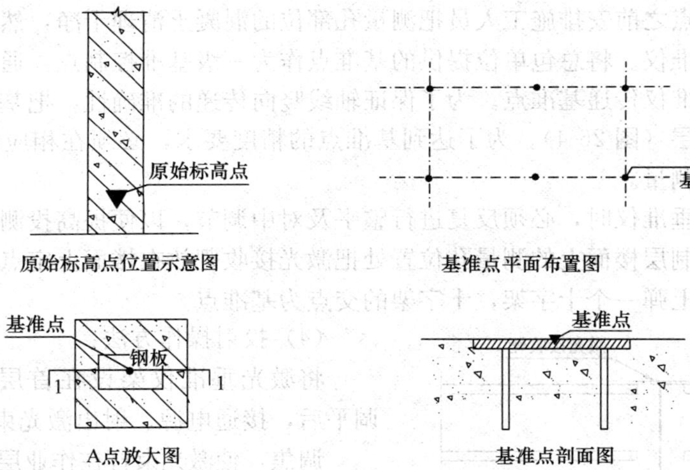

图 26-2 原始基准点、标高点示意图

差：角度为±12″；距离相对精度不低于 1/15000。对起始高程点应用附合水准测量进行校核，高程校测闭合差不大于±10mm $\sqrt{n}$（n 为测站数）。将相关资料报送总包单位或监理单位及业主，由其给予确认后方可进行下一道工序的施工。

2. 各控制网线的布置

(1) 平面控制网布设原则

平面控制应先从整体考虑，遵循“先整体、后局部、高精度控制低精度”的原则。

(2) 平面控制网的布设

检查总包单位给定的基准点，并根据其主体结构基准点控制网与轴线关系尺寸，结合幕墙施工图纸计算出幕墙结构控制点与轴线的关系尺寸，依据以上已知数据转换为幕墙结构控制点与主体结构基准点控制网的关系尺寸，定出方便现场施工的方格网并弹上墨线。弹完后用全站仪或者其他测量仪器进行复核，确保轴线偏位情况满足规范要求。见图 26-3。

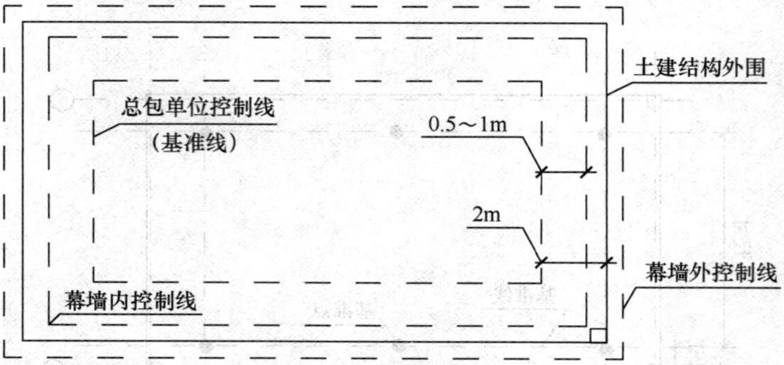

图 26-3　控制网线示意图

3. 投射基准点

（1）具体工程中，在考虑基准点投射工作量和楼层层数的基础上，且在保证测量精度的前提下，将基准点每隔 3～10 层投射一次，设置标准控制层。

（2）投射基准点之前安排施工人员把测量孔部位的混凝土清理干净，然后在一层的基准点上架设激光垂准仪。将总包单位提供的基准点作为一级基准控制点，通过一级基准控制点，采用激光垂准仪传递基准点。为了保证轴线竖向传递的准确性，把基准点一次性准确地投射到各控制层（图 26-4）。为了达到基准点的精度要求，必须在相应的楼层投射完成后进行闭合导线测量。

（3）架设激光垂准仪时，必须反复进行整平及对中调节，以便提高投测精度。确认无误后，分别在各控制层楼面上的测量孔位置处把激光接收靶放在楼面上定点，再用墨斗线准确地在主体结构上弹一个十字架，十字架的交点为基准点。

（4）投射操作方法：

将激光垂准仪架设在首层楼面基准点，调平后，接通电源、射出激光束。

调焦，使激光束打在作业层激光靶上的激光点最小、最清晰。激光接收靶由 300mm×300mm×5mm 有机玻璃制作而成，接收靶上由不同半径的同心圆及正交坐标线组成，见图 26-5。

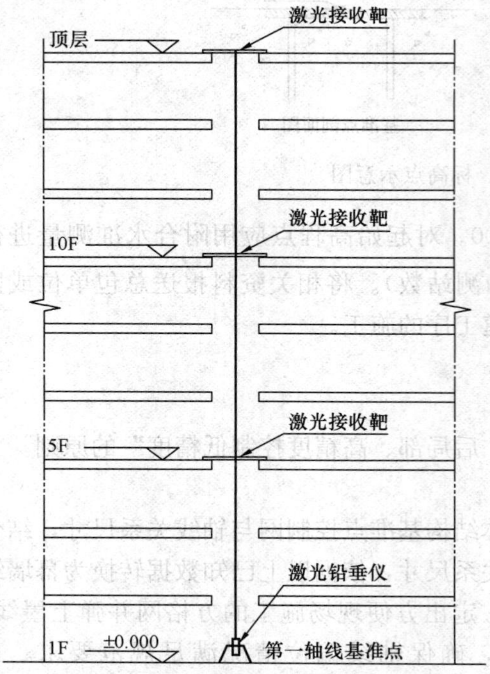

图 26-4　平面轴线控制基准点迁移示意图

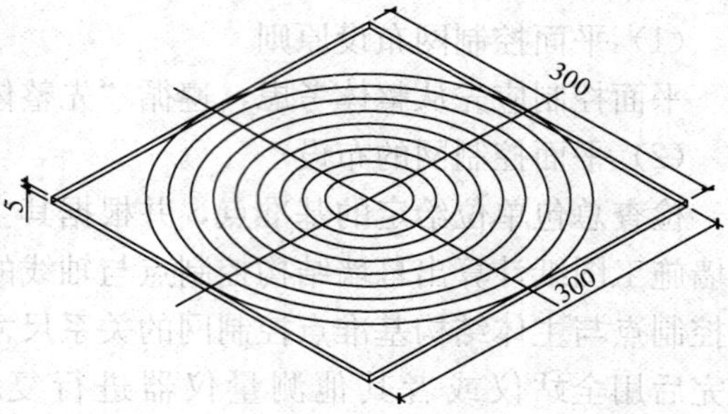

图 26-5　接收靶

通过顺时针转动望远镜 360°，检查激光束的误差轨迹。如轨迹在允许限差内，则轨迹圆心为所投轴线点。通过移动激光靶，使激光靶的圆心与轨迹圆心同心，然后固定激光靶。在进行基准点传递时，用对讲机进行通信联络。所有基准点投射到楼层完成后，用全站仪及钢尺对控制轴线进行角度、距离校核，结果达到规范或设计要求后，进行下道工序。

4. 内控线弹设

（1）主控线的弹设

基准点投射完成后，在各控制层相邻两个测量孔位置做一个与测量通视孔相同大小的聚苯板塞入孔中，聚苯板与楼层面保持平齐。依据先前做好的十字线交出墨线交点，再把全站仪架在墨线交点上对每个基准点进行复查，对出现的误差进行合理适当的分配。基准点复核无误后，用全站仪或经纬仪进行连线工作。先将仪器架在测量孔上并进行对中、整平调节，使仪器在水平状态下完全对准基准点。

仪器架设好后，把目镜聚焦到与所架仪器基准点相对应的另一基准点上，调整清楚目镜中的十字光圈并对中基准点，锁死仪器方向。再用红蓝铅笔及墨斗配合全站仪或经纬仪把两个基准点用一条直线连接起来。经纬仪测量角度时，在第一次调整测量之后，必须正倒镜再进行复测，出现误差取中间值。用同样的方法对其他几条主控制线进行连接弹设。

（2）内控线弹设

依据放线平面图，在幕墙定点对应的楼层主控线点上架设经纬仪或全站仪，并确保仪器目镜里面的十字丝与主控线完全重合的情况下以主控线为起点旋转角度（主控线与幕墙分格线所夹角度）定点，定点完毕后用墨斗进行连线，把控制幕墙立柱进出、左右的点定位出来。定位完成后用水准仪检查该点是否满足理论高程值，也就是标高的定位。

当幕墙分格线在柱子位时，可以采用平移法将幕墙分格线平移一定距离，使之避开柱子，然后根据平移的距离再次将其平移回幕墙分格位置；幕墙分格不在柱位的，即可直接将幕墙分割线弹出墨线，这些墨线就是幕墙的左右控制线。

（3）分格线的布设

根据主控制线与幕墙完成面的距离（事先做出的幕墙放线图），顺着已放左右分格线将幕墙的出入位定出来，幕墙出入线一般定位其离幕墙完成面 300mm。一般需要在每层楼层上将幕墙分格线定位出来，同时在每层楼层上将幕墙标高控制线引线到结构外缘的结构柱上（一般定位建筑标高 1m 线），以方便幕墙施工。

5. 外控制线布置

（1）外控点控制网平面图制作

施工过程中如何把每个立面单元分格交接部位的点、线、面位置定位准确、紧密衔接，是后期顺利施工的保障和基础。将控制分格点布置在幕墙分格立柱缝中，与立柱内表面平（注：现场控制钢丝线为距立柱内表面 7mm 控制线，定位在立柱里面，可以避免板块吊装或吊篮施工过程中碰撞控制线而造成施工偏差，以及可保证板块安装至顶层、外控线交点位置还能保留原控制线）。先在计算机中作一个模图，然后再按模图施工。模图制作方法：

第一步：依据幕墙施工立面、平面、节点图，找出分布点在不同楼层相对应轴线的进出、左右、标高尺寸，也就是把每个点确立 X、Y、Z 三维坐标数据。

第二步：依据总包单位提供的基准点、线以及基准点、线与土建轴线关系尺寸，幕墙外控点与土建轴线的关系尺寸，计算转换为幕墙外控点与内控点、线的关系尺寸。

第三步：模图制作依据计算出的基准点与土建各轴线进出、左右的关系尺寸，把外控线做到平面图上，再依据第二步计算出的幕墙外控点与基准点控制网的关系尺寸数据，把每个点做到平面图上。采用同样的方法，其余三个面全部定点绘制在平面图上。立面放线模图见图 26-6。

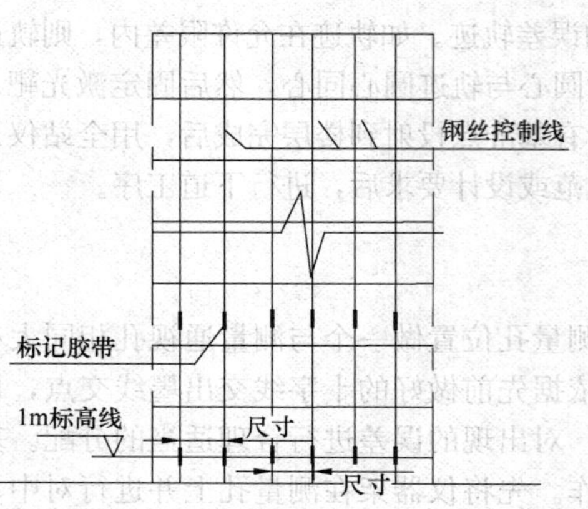

图 26-6　闭合尺寸示意图

（2）现场外控点、线布置

对照放线图，用钢卷尺从内控线的点上顺 90°墨线量取对应尺寸，把控制幕墙立柱进出、左右的一个点进行定位，也就是每个点 X、Y 坐标的定位，再用水准仪检查此点是否在理论的标高点上，也就是每个点 Z 坐标的定位。

用 L50 角钢制成支座，在定点位置用膨胀螺栓固定在楼台上。每个支座必须与对应点保持在同一高度，再用墨斗把分格线延长到支座上。沿墨线从新拉尺定点在钢支座上，用 $\phi 2.8$ 麻花钻在标注的点上打孔。依此方法，从首层开始逐层在各标准楼层的每个面上做钢支座定外控点。

（3）所有外控点做完后，用钢丝进行上下楼层对应点的连线，这样外控线布置就完成了。

（4）放线完毕后，必须对外控点进行双重检测，确保外控制线尺寸准确无误。

用钢卷尺对每个单独立面的平面四个边的每个边的小分格进行尺寸闭合；再用水准仪把 1m 线引测在钢丝线上，在钢丝对应高度上粘上胶带，做好 1m 标高线标记；最后用钢卷尺进行每层外控线的周圈尺寸闭合。

要及时准确地观测施工过程中结构位移的准确数据，必须对现场结构进行复查，检查数据及时反馈给设计以便做出对应的解决方案。见图 26-7。

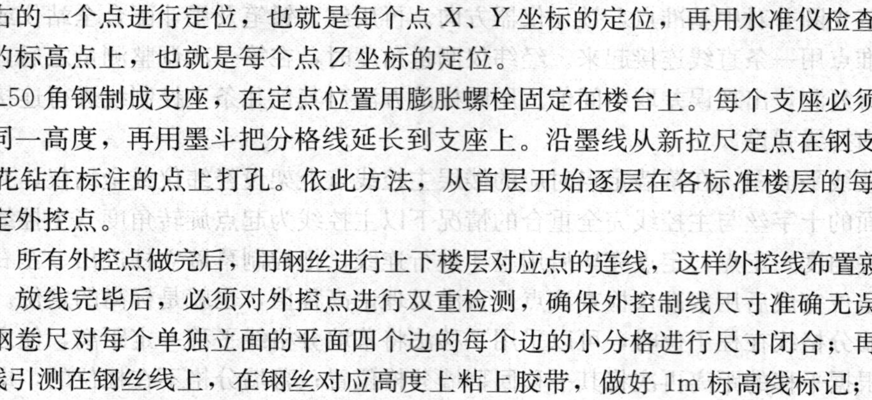

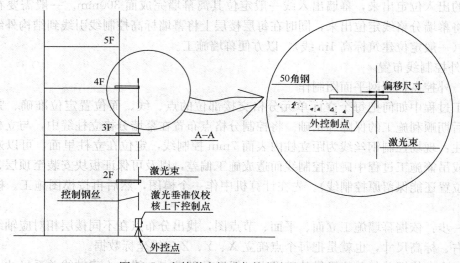

图 26-7　室外激光铅垂仪控制点校核示意图

6. 层间标高的设置

先找到总包单位提供的基准标高水准点，引测到首层便于向上竖直量尺位置（如电梯井周围墙立面），校核合格后作为起始标高线并弹出墨线，用红油漆标明高程数据，以便相互之间进行校核。标高的竖向传递，用钢尺从首层起始标高线竖直向上进行量取或用悬吊钢尺与水准仪相配合的方法进行，直至达到需要投测标高的楼层，并做好明显的标记。在混凝土墙上把 50m 钢尺拉直并在下方悬挂一个 5～20kg 的重物。等钢尺静止后把一层的基准标高抄到钢尺上，并用红蓝铅笔做好标记。再根据基准标高在钢尺上的位置关系计算出上一楼层层高在钢尺上的位置。用水准仪把其读数抄到室内立柱或剪力墙上，并做好明显的标记。以此方法依次把上面的楼层设置好，然后在每层同一位置弹设出＋1m 水平线作为幕墙作业时的检查用线，用水准仪将其引线到外缘的结构柱上，依次把各个楼层的高程控制线设置好。在幕墙施工安装完成之前，所有的高度标记及水平标记必须清晰完好并做好幕墙施工单位标记，标记不能被消除与破坏。

为了避免标高施测中出现上、下层标高超差，需要经常对标高控制点进行联测、复测、平差，检查核对后方可进行向上层的标高传递，在适当位置设标高控制点（每层不少于 3 点），精度在±3mm 以内，总高±15mm 以内调整闭合差。结构标高主要采取测设 1m 标高控制线，作为高程施工的依据。

由于地下部分在结构上承受荷载后会有沉降的因素，为保证地上部分的标高及楼层的净高要求，首层标高的＋1.000m 线由现场引测的水准点在两个墙体上（相隔较远的不同墙体）分别抄测标高控制点，作为地上部分高程传递的依据，避免因结构的不均匀沉降而造成对标高的影响。另外，为了保证水平标高的准确性，施工过程中应用全站仪在主体结构外围进行跟踪检查。过程中的施工误差及因结构变形而造成的误差，在幕墙施工允许偏差中进行合理分配，确保立面顺畅连接，见图 26-8。

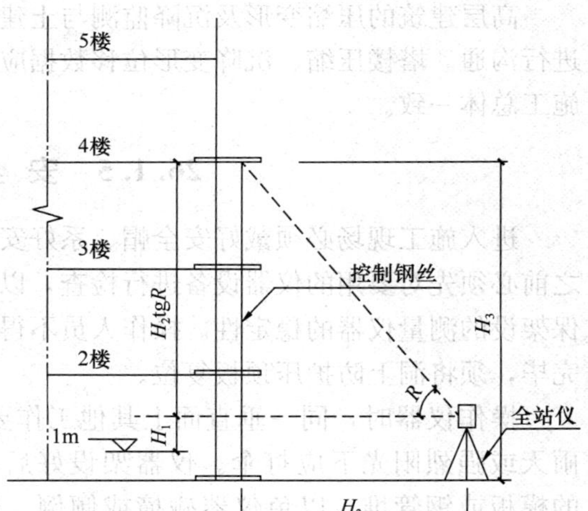

图 26-8 室外全站仪标高控制示意图

待测点高度：$H_3 = H_2 \times \text{tg}R + H_1 + 1$

H_1为测量仪器高，H_2为测量仪器距待测点水平距离，二者均可通过卷尺直接测出。

H_3计算出来后，根据其与 1m 线之间的高程关系，计算出待测点的高程，从而待测点的高程得以复核。

26.1.3 误差控制标准

1. 标高

（1）±0.000 至 1m 线≤1mm；

（2）层与层之间 1m 线≤1mm；

（3）总标高±0.000 至楼顶层≤±1mm。

2. 控制线

(1) 墙完成面控制线≤±2mm；

(2) 到外控线≤±1mm；

(3) 结构封闭线≤±2mm。

3. 投点

各标准层之间点与点之间垂直度≤±1mm。

26.1.4 质量保证措施

成立专业的测量小组，由专人负责，测量工程师、测量工、验线工均持证上岗。加强测量管理，对各施工班组进行正规的技术交底。选用先进的测量仪器，测量仪器检测合格后方可使用。编制有针对性的测量放线施工方案。运用建筑三维模型和计算机放样计算复核技术，精确算出测量数据。认真对现场移交的测量控制轴线、标高线进行复核，正确无误后再建立幕墙施工测量控制网。加强过程测量验线复核工作，发现偏差及时纠正，消化处理，严禁偏差累计。对测量放线的质量控制：利用全站仪把长度尺寸控制在 1mm 内。每个施工步骤中，技术员及质量员应随时关注并检查，发现问题必须立即整改。

恶劣天气不得测量施工。为避免风荷载及日照高温影响塔楼测量精度，测量时间全部选在无风、无暴晒的上午 7～9 点、下午 4～5 点进行测量。

高层建筑的压缩变形及沉降监测与土建测量同步，如有偏差不一致应及时与总包单位进行沟通。塔楼压缩、沉降变形位移数据应与总包单位进行一致，保证土建、幕墙的设计施工总体一致。

26.1.5 安全防护措施

进入施工现场必须戴好安全帽、系好安全带，在高处或临边作业必须挂安全带。施工之前必须先对要用的仪器设备进行检查，以确保安全施工。在基坑边投放基础轴线时，确保架设的测量仪器的稳定性。操作人员不得从轴线洞口上仰视，以免掉物伤人。轴线投测完毕，须将洞上防护压顶板复位。

操作仪器时，同一垂直面上其他工作要尽量避开。施测人员在施测中应坚守岗位，雨天或强烈阳光下应打伞。仪器架设好后，须有专人看护。施测过程中，要注意旁边的模板或钢管堆，以免仪器碰撞或倾倒。所用吊锤不能置于不稳定处，以防受碰被晃掉落伤人。仪器使用完毕后需立即入箱上锁，由专人负责保管，存放在通风干燥的室内。

测量人员持证上岗，严格遵守仪器测量操作规程作业。电焊工作业时必须持证上岗，配备灭火器，设立专职看火人，并在焊前清理干净周围的易燃物。对于施工中破坏的安全网要及时进行恢复。风力大于 4 级时不得进行室外测量。使用钢尺测距须使尺带平坦，不能扭转折压，测量后应立即卷起入盒。钢尺使用后表面有污垢及时擦净，长期贮存时尺带涂防锈清漆。

26.2 埋件的施工与结构复核

26.2.1 埋件的施工

1. 后置埋件的施工

若埋件发生偏差，应将结构检查表提供给设计单位，设计师依据偏差情况制订埋件偏差施工方案以及补埋的方式，并提供施工图及强度计算书，然后根据施工图进行施工。后置埋件一般采用 Q235B 锚板，锚板采用相应的防腐处理。锚板通过膨胀螺栓或化学锚栓与结构连接。后置埋件示意图如图 26-9 所示。

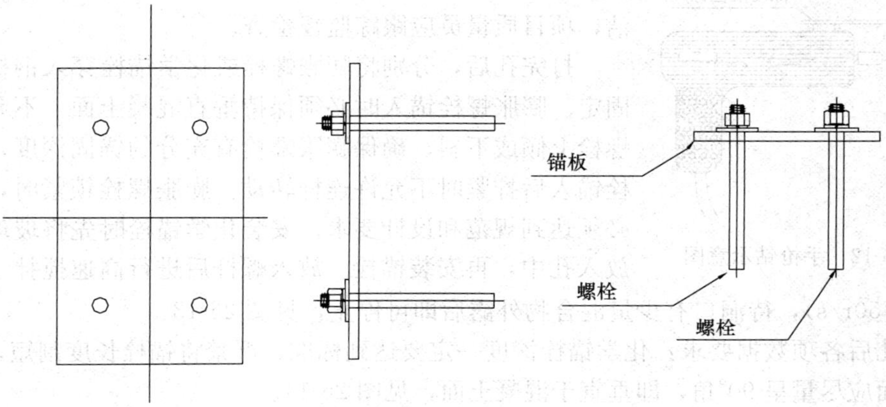

图 26-9 后置埋件示意图

(1) 施工准备

埋件补埋施工图及强度计算书应提交给业主、监理单位，待确认后方可施工。

锚栓在施工之前应进行拉拔试验，按照各种规格每 3 件为一组，试验可在现场进行。如图 26-10 所示。

(2) 施工步骤和要求

测量放线人员将后置埋件位置用墨线弹在结构上，施工人员依据所弹十字定位线进行打孔，见图 26-11。

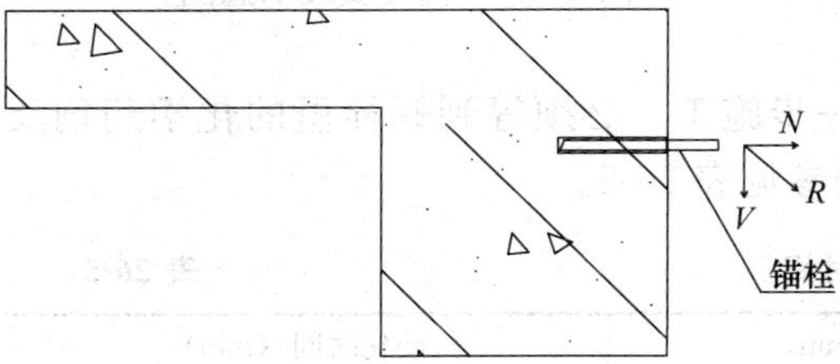

图 26-10 锚栓拉拔试验

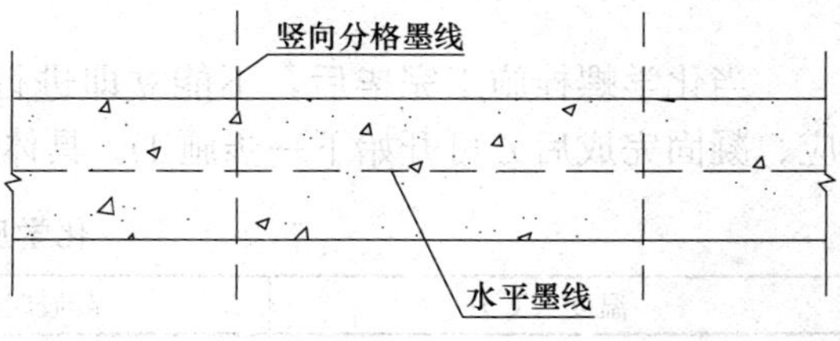

图 26-11 测量放线示意图

为确保打孔深度，应在冲击钻上设立标尺，控制打孔深度。冲击钻见图 26-12。打孔深度及打孔直径依据表 26-4 进行，此打孔直径适用于 ASQ 混凝土强度为 C25～C60。

打孔直径参照表　　　表 26-4

螺杆直径（mm）	钻孔直径（mm）	钻孔深度（mm）	安全剪力（kN）	安全拉力（kN）
8	10	80		
10	12	90	12.6	13.8
12	14	110	18.3	19.8
16	18	125	28.9	34.6
20	25	170	54.0	52.4

注：1. 由于同一种直径的螺杆长度并不相同，故钻孔深度仅供参考；
2. 安全剪力和安全拉力是根据不同混凝土强度等级测定的，不能作为设计施工依据，实际承受能力应以现场的拉拔实验为准。

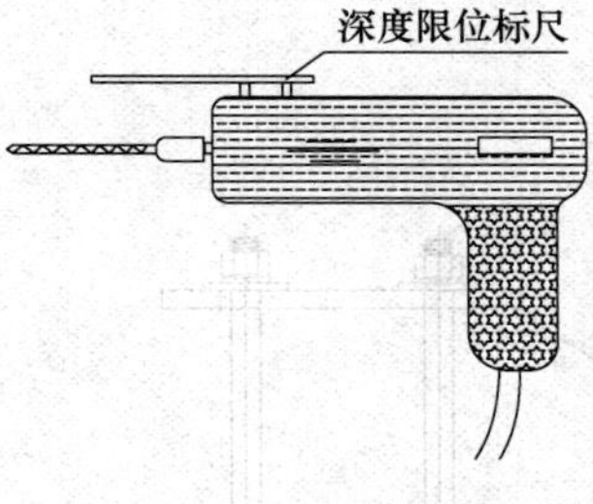

图 26-12　手枪钻示意图

在混凝土上打孔后，应吹去孔内的灰尘，保持孔内清洁，项目质量员应跟踪监督检查。

打完孔后，分别将膨胀螺栓或化学锚栓穿入钢板与结构固定。膨胀螺栓锚入时必须保持垂直混凝土面，不允许膨胀螺栓上倾或下斜，确保膨胀螺栓有充分的锚固深度，膨胀螺栓锚入后拧紧时不允许连杆转动。膨胀螺栓锁紧时，扭矩力必须达到规范和设计要求。安装化学锚栓时先将玻璃管药剂放入孔中，再安装锚栓。放入螺杆后进行高速搅拌（手枪钻转速为 750r/s），待洞口有少量混合物外露后即可停止，见图 26-13。

打孔后各项数据要求：化学锚栓深度一定要达到标准，严禁将锚栓长度割短，锚栓与混凝土面应尽量呈 90°角，即垂直于混凝土面，见图 26-14。

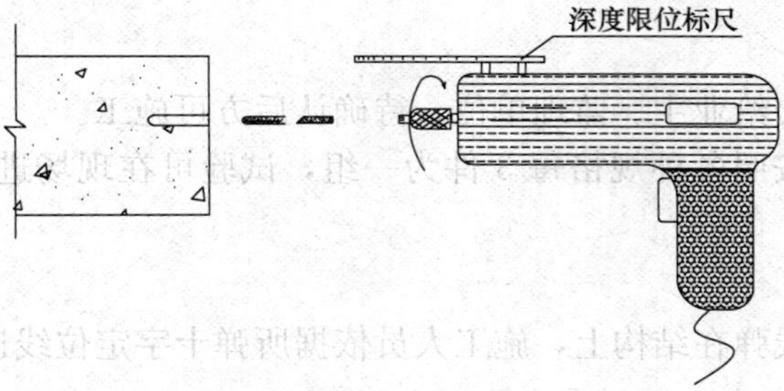

图 26-13　手枪钻使用示意图

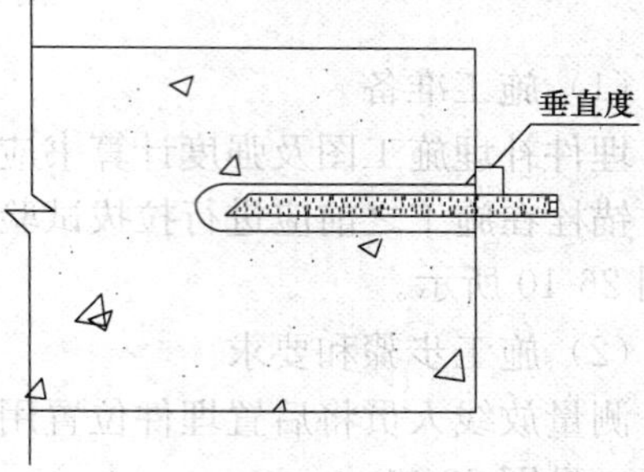

图 26-14　锚栓安装示意图

当化学螺栓施工完毕后，不能立即进行下一步施工，必须等到螺栓里的化学药剂反应、凝固完成后方可开始下一步施工。具体时间参见表 26-5。

化学反应时间　　　表 26-5

温度（℃）	凝胶时间（min）	硬化时间（min）
−5～0	60	300
0～10	30	60
10～20	20	30
20～40	8	20

后置埋件安装见图 26-15。

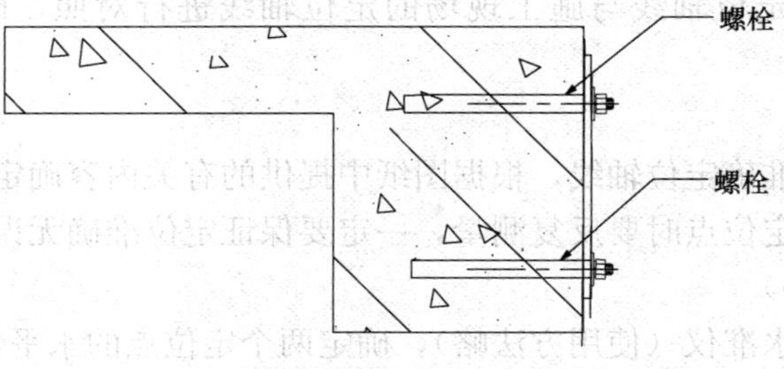

图 26-15 后置埋件安装示意图

2. 幕墙预埋件施工

预埋件是幕墙系统与主体结构连接件之一，预埋件制作、安装的质量好坏直接影响着幕墙与主体结构的连接功能，其安装的精确程度也直接影响着幕墙施工精度及外观质量的好坏。

在主体结构施工过程中，应协同土建施工进度安排幕墙预埋件施工，保证预埋工作进展顺利、质量达标。

(1) 预埋件的定位安装

1) 技术准备

① 查看现场与熟悉图纸；

② 熟悉埋板布置图纸；

③ 对有问题的图纸提出疑问；

④ 熟悉预埋施工方案和技术交底；

⑤ 明确转角及异形处的处理方法；

⑥ 对照土建图纸验证埋板施工方案及设计。

2) 了解土建施工图及施工方法

了解土建施工钢筋工程的施工工艺和方法，制定相应的预埋件施工方法。

3) 成品及工器具准备

① 半成品：预埋件由专业厂家加工制造，直接向施工现场供货。

② 预埋件送检：由现场监理单位抽样的预埋件试件送到专门检测机构进行构件试验。

③ 器具：经纬仪、水准仪、水平尺、卷尺、紧线器、吊锤、钢丝线若干（根据工程需要增加）。

(2) 预埋件安装施工

施工工艺流程：熟悉了解图纸要求→在施工现场找准预埋区域→找出定位轴线→打水平（或检查土建水平）→拉水平线→查证错误→调整错误水平分格→验证分割准确性→预置预埋件→调整预埋件位置→加固预埋件（点焊）→拆模后找出预埋件。

1) 在施工现场找准预埋区域

针对不同工程实际情况，在现场要找准预埋件的区域。工程预埋区域包括主体建筑外围护幕墙的预埋区域和主体建筑室内幕墙的预埋区域。

2）找出定位轴线

将施工图纸中的定位轴线与施工现场的定位轴线进行对照，确定定位轴线的准确位置。

3）找出定位点

根据现场查找的准确定位轴线，根据图纸中提供的有关内容确定定位点；定位点数量不得少于2点，确定定位点时要反复测量，一定要保证定位准确无误。

4）抄平（打水平）

按规范要求使用水准仪（使用方法略），确定两个定位点的水平位置。

5）拉水平线

在找出定位点位置抄平后，在定位点间拉水平线，水平线可选用细钢丝线，同时用紧线器收紧，保证钢丝线的水平度。

6）测量误差

在水平线拉好后，对所在工作面进行水平方向的测量，同时检查各轴线（定位轴线）间的误差。通过测量出的结果分析产生误差的原因，核对有关规范（施工）对误差允许值的要求。在规定误差范围内的，可消化误差；超过误差范围的，应与有关方面协商解决。

7）调整误差

对在规范允许范围内的误差进行调整时，要求每一定位轴线间的误差在本定位轴线间消化，误差在每个分格间分摊小于2mm，如超过此范围，需书面通知设计单位进行设计调整。

8）水平分割

在误差调整后，在水平线上确定预埋件的中心位置，水平分割必须通尺分割，也可以在两定位轴线内进行分割，但最少不能少于在两定位轴线内分割。

9）验证水平分割的尺寸

水平分割后要进行复检。图纸中的对应部位分格要对照复核，同时对与定位轴线相邻的预埋件定位线进行测定检查，确认准确无误后进行下一道工序。

10）预置预埋件

根据复检确认的分格位置，先将预埋件预置至各自的位置。预置的目的是检查预埋件安装时与主体结构中的钢筋是否有冲突，同时查看是否存在难以固定或需要处理才可固定的情况。以土建单位提供的水平线标高、轴向基准点、垂直预留孔确定每层控制点，并以此采用经纬仪、水准仪为每块预埋件定位，并加以固定，以防浇筑混凝土时发生位移，确保预埋件置准确。

11）对预埋件进行准确定位并固定

对预埋件进行准确定位，要控制预埋件的三维误差（X向±20mm、Y向±10mm、Z向±10mm），在实际准确定位时确保误差在要求范围内。在定位准确后，对预埋件进行绑扎固定。发现预埋件受混凝土钢筋的限制而产生较大偏移的现象，必须在浇筑混凝土前予以纠正。

12）加固预埋件

为了使预埋件在混凝土浇捣过程中不因振动产生移位增加新的误差，对预埋件必须进行加固。可采用拉、撑、绑扎等措施进行加固，以增强预埋件的抗震力。

13）校核预埋件

在混凝土模板拆除后，要马上找出预埋件，检查预埋件的质量。若有问题，应立即采取补救措施：在现场逐一进行复核验收。

在随主体结构预埋件工作完成，开始进行幕墙施工工作之前，应对预埋件进行校核和修正，对不符合要求的预埋件进行处理，以确保幕墙龙骨位置准确无误。

3. 埋件修正后检验、质量评定和资料整理

（1）现场拉拔测试

在现场监理工程师的参与下，由专门检测机构进行埋件现场拉拔试验，预埋件测试结果应能满足幕墙荷载要求。

（2）质量评定

埋件施工属于隐蔽工程施工，在进行埋件修正后，其质量验收必须按隐蔽工程验收有关规定进行。

主要有以下方面：

1）所用材料是否合格；

2）埋件连接方式是否符合相关设计、规范要求；

3）定位是否准确；

4）固定是否牢固；

5）对其他工程是否造成影响；

6）资料是否已整理齐全。

（3）资料整理

1）随时进行资料收集和整理工作，做好记录。

2）资料整理应注意以下事项：

① 记录半成品、材料质量、安装质量；

② 标明施工日期、施工人员、质量检验人员；

③ 明确标明施工层、施工段、轴线位置，并绘制详图。

26.2.2 埋件与结构复核

在测量放样过程中，预埋件的检查与结构的检查相继展开，进行预埋件与结构的检查，并进行记录。依据预埋件的编号图，依次逐个进行检查，将每一编号处的结构偏差与埋件的偏差值记录下来。将检查结果反馈给设计单位，并提供纠偏方案和计算书给设计单位审核，设计单位同意后再进行施工。若偏差在范围内，则依据施工图进行下道工序的施工。

1. 埋件上下、左右的检查

测量放样过程中，测量人员将埋件标高线、分格线均用墨线弹在结构上。依据十字中心线，施工人员用钢卷尺进行测量。检查尺寸计算：理论尺寸－实际尺寸＝偏差尺寸。检查出埋件左右、上下的偏差，见图 26-16。

2. 埋件进出检查

埋件进出检查时，测量放线人员从首层与顶层用钢线检查，一般在 15m 左右布置一根钢线。为减少垂直钢线的数量，横向使用鱼丝线进行结构检查。检查尺寸计算：理论尺

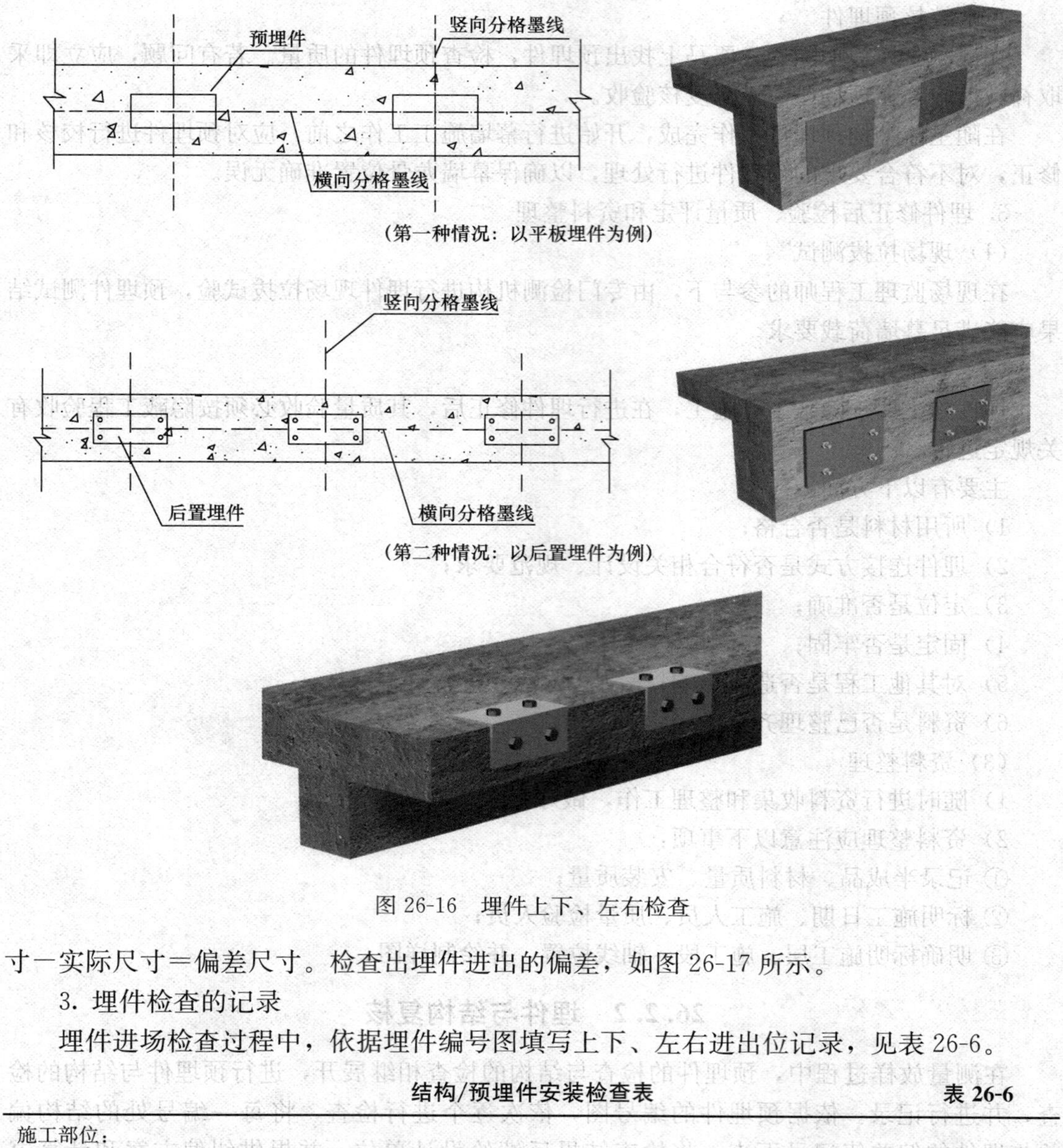

图 26-16 埋件上下、左右检查

寸－实际尺寸＝偏差尺寸。检查出埋件进出的偏差，如图 26-17 所示。

3. 埋件检查的记录

埋件进场检查过程中，依据埋件编号图填写上下、左右进出位记录，见表 26-6。

结构/预埋件安装检查表 **表 26-6**

施工部位：

编号	测量数据					编号	测量数据				
	出入	左右	上下	倾斜度	备注		出入	左右	上下	倾斜度	备注

检查人： 日期：

注：编号要能清楚地反映结构或埋件的位置，后置埋件在备注栏内注明锚固质量。

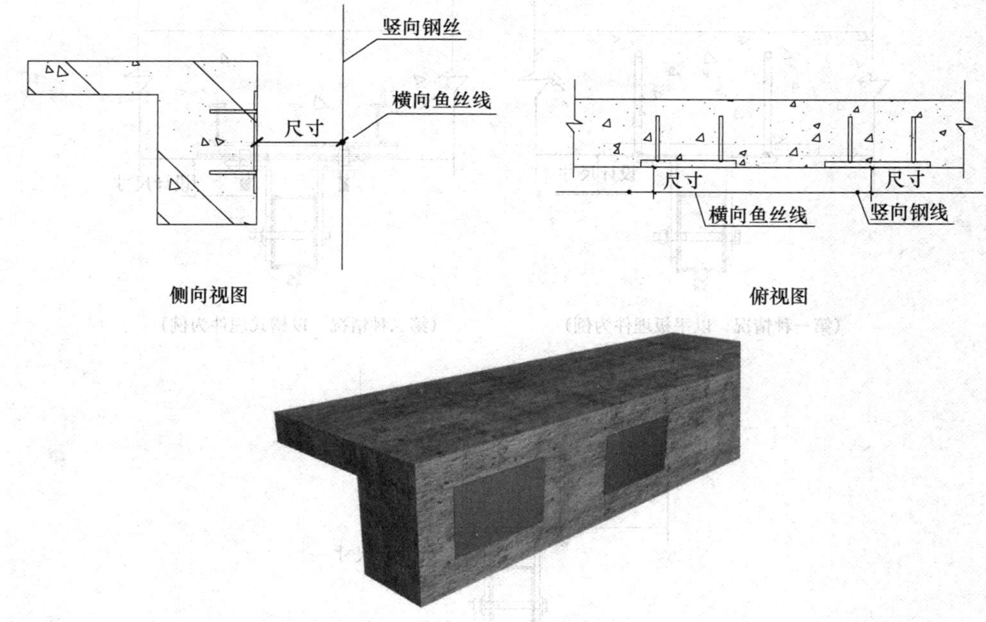

(第一种情况：以平板埋件为例)

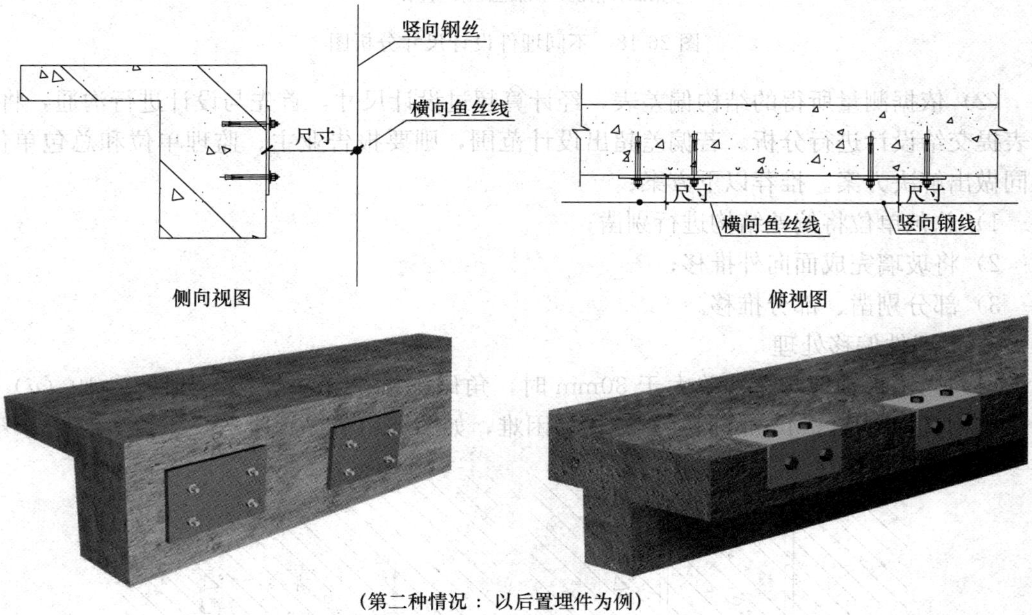

(第二种情况 ：以后置埋件为例)

图 26-17　埋件进出检查

4. 结构偏差的处理

(1) 预埋件检查完毕后，将记录表整理成册，用尺寸计算的方法对每个埋件尺寸进行分析。依据施工图给定的尺寸，检查结构尺寸是否超过设计尺寸偏差。设计尺寸见图 26-18。

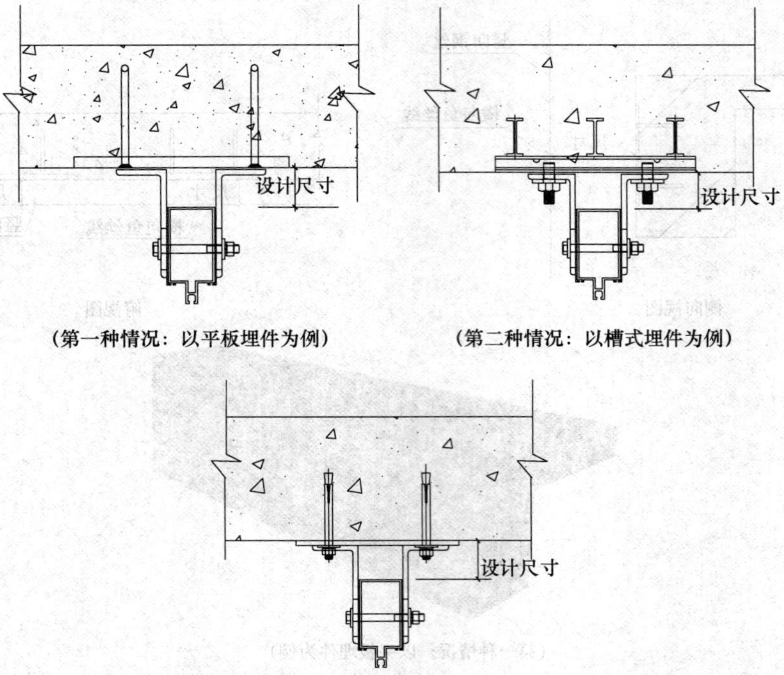

（第一种情况：以平板埋件为例）　（第二种情况：以槽式埋件为例）

（第三种情况：以后置埋件为例）

图 26-18　不同埋件设计尺寸分析图

（2）依据测量所得的结构偏差表，经计算超过设计尺寸，首先与设计进行沟通，将检查表提交给设计进行分析。若偏差超出设计范围，则要报告业主、监理单位和总包单位，共同做出解决方案。推荐以下方案：

1）总包单位将偏差结构进行剔凿；

2）将玻璃完成面向外推移；

3）部分剔凿、部分推移。

5. 预埋件偏移处理

（1）当锚板预埋左右偏差大于 30mm 时，角码一端已无法焊接，如图 26-19（*a*）所示，当槽式埋件大于 45mm 时，一端连接困难，如图 26-19（*b*）所示。

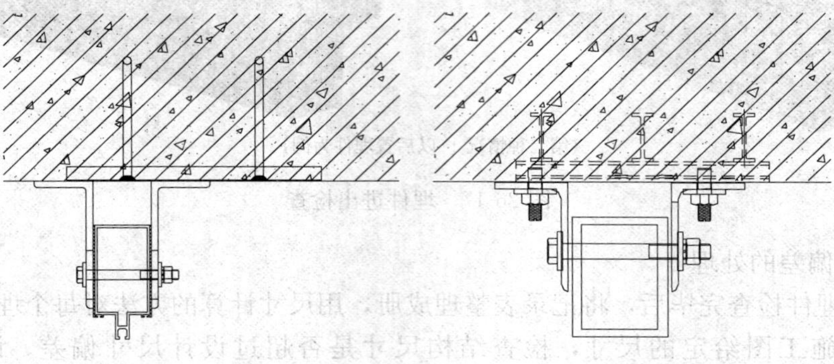

(*a*)　(*b*)

图 26-19　锚板预埋偏移示意图

（2）预埋件若超过偏差要求，应采用与预埋件等厚度、同材质的钢板进行补板。一般修补方法见表 26-7。

不同偏差的修补方法 **表 26-7**

	偏差	修补
平面位置偏差	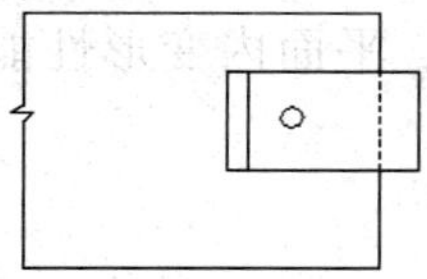 角铁端部在钢板外，无法焊接	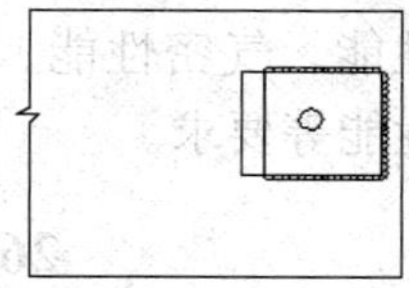 切断角铁，增加焊缝长度
	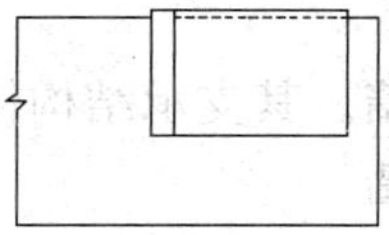 角铁测边无法焊接	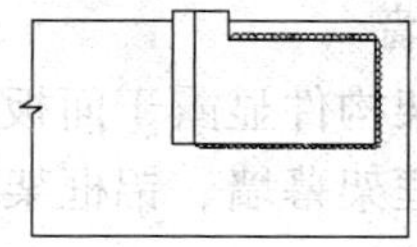 切去角铁边缘，留出焊缝
	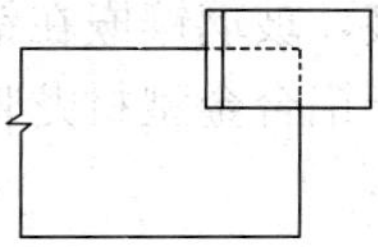 两个方向偏差很大	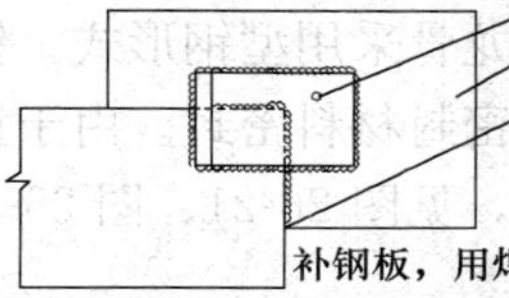 化学螺栓 补加钢板 新旧钢板焊接 补钢板，用焊缝和化学螺栓
前后位置偏差	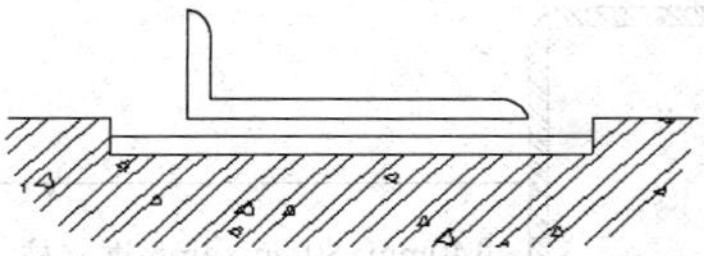 预埋钢板凹入，无法焊接	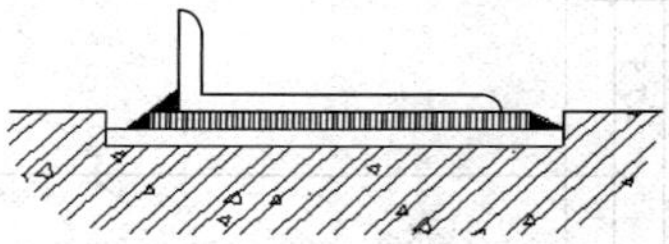 补加垫板，焊接
	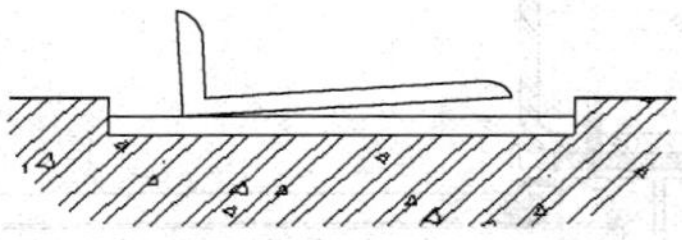 预埋钢板倾斜	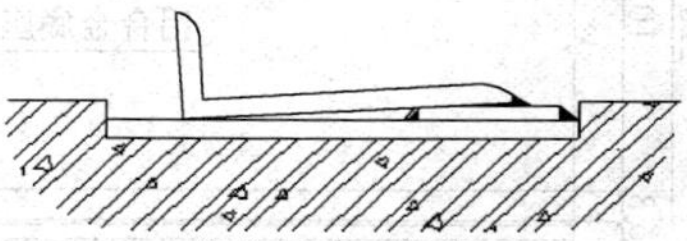 补加垫板，焊接

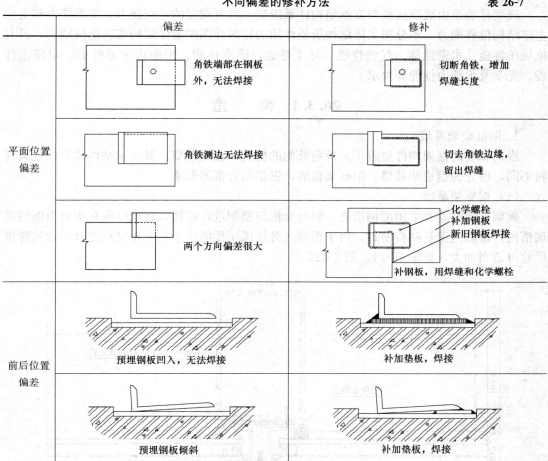

（3）锚板埋件补埋一端采用焊接方式，另一端采用锚栓固定，平板埋件如图 26-20（*a*）所示，槽式埋件如图 26-20（*b*）所示。

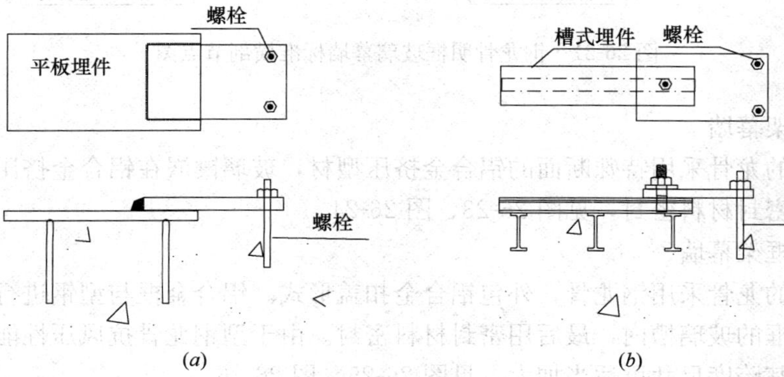

图 26-20 埋件补埋固定方式

26.3 玻　璃　幕　墙

玻璃幕墙是由玻璃面板与支承结构体系组成，具有规定的承载能力、变形能力和适应主体结构位移能力，不分担主体结构所受作用的建筑外围护墙体结构或装饰性结构。具有抗风压性能、水密性能、气密性能、热工性能、隔声性能、平面内变形性能、耐撞击性能、光学及承载力性能等要求。

26.3.1 构　　造

1. 明框玻璃幕墙

横向和竖向框架构件显露于面板室外侧的框支承玻璃幕墙。其支承结构体系按框架材料不同，可分为钢框架幕墙、铝框架幕墙、钢铝组合框架幕墙。

(1) 钢框架幕墙

玻璃幕墙的龙骨采用型钢形式。铝合金框与型钢进行连接，玻璃镶嵌在铝合金框的玻璃槽内，最后用密封材料密封。由于型钢龙骨抗风压性能优于铝合金型材龙骨，故其跨度尺寸可适当加大，见图 26-21、图 26-22。

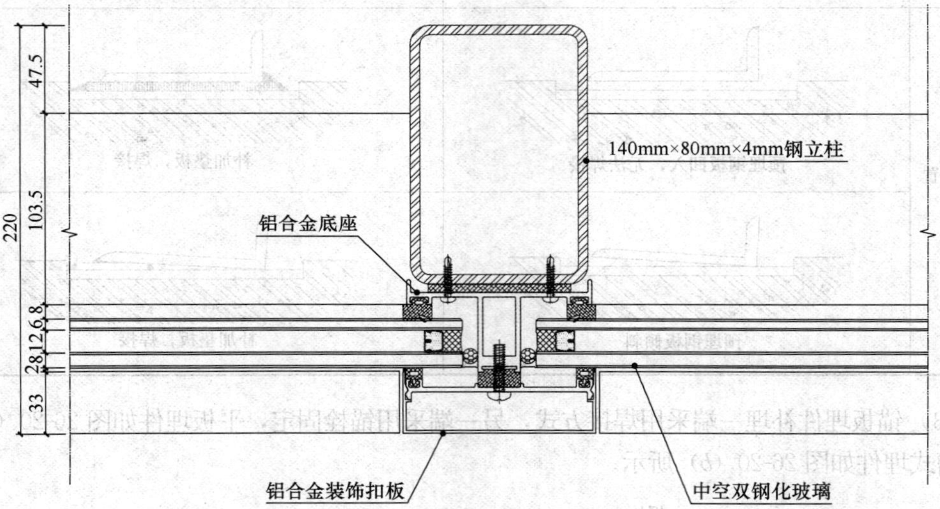

图 26-21　钢龙骨明框玻璃幕墙标准横剖节点图

(2) 铝框架幕墙

玻璃幕墙的龙骨采用特殊断面的铝合金挤压型材，玻璃镶嵌在铝合金挤压型材的玻璃槽内，最后用密封材料密封，见图 26-23、图 26-24。

(3) 组合框架幕墙

玻璃幕墙的龙骨采用钢龙骨，外包铝合金扣盖形式。铝合金框与型钢进行连接，玻璃镶嵌在铝合金框的玻璃槽内，最后用密封材料密封。由于型钢龙骨抗风压性能优于铝合金型材龙骨，故其跨度尺寸可适当加大，见图 26-25、图 26-26。

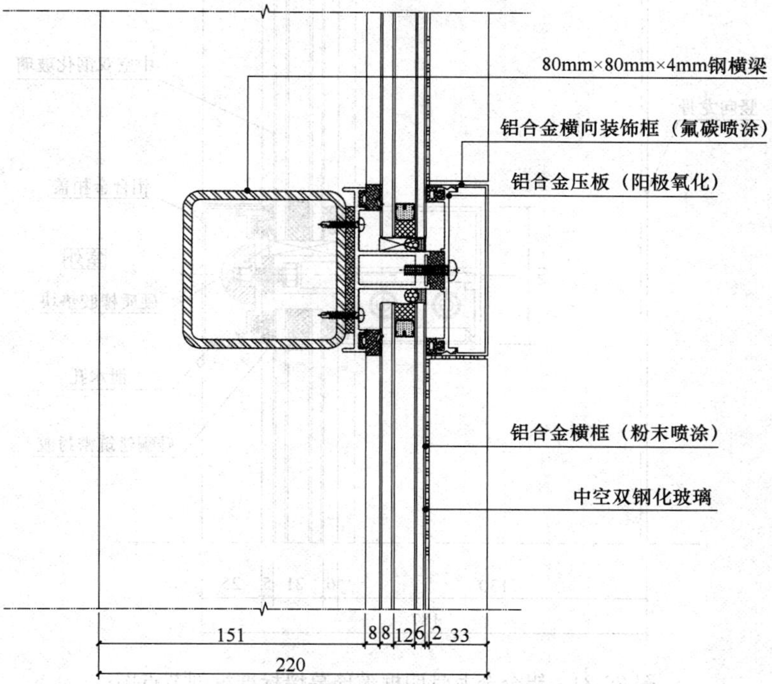

图 26-22 钢龙骨明框玻璃幕墙标准纵剖节点图

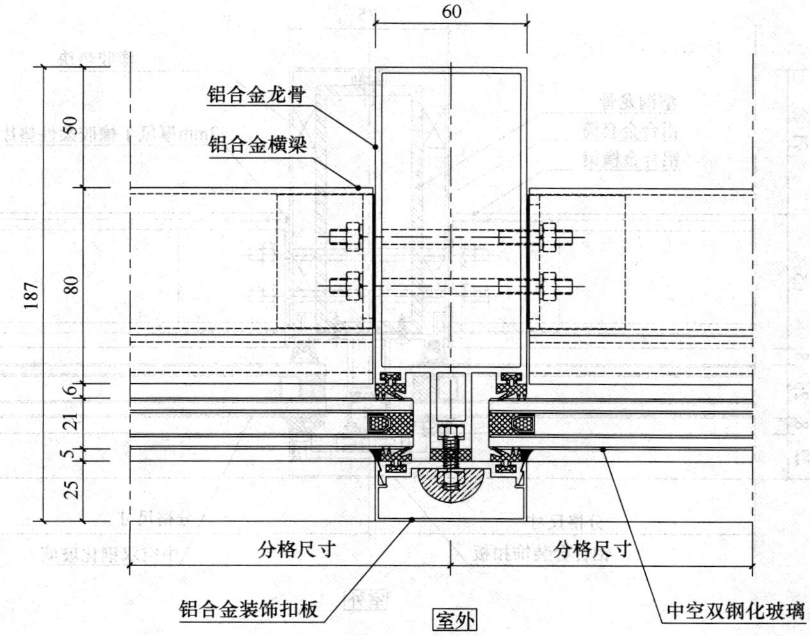

图 26-23 铝合金龙骨明框玻璃幕墙标准横剖节点图

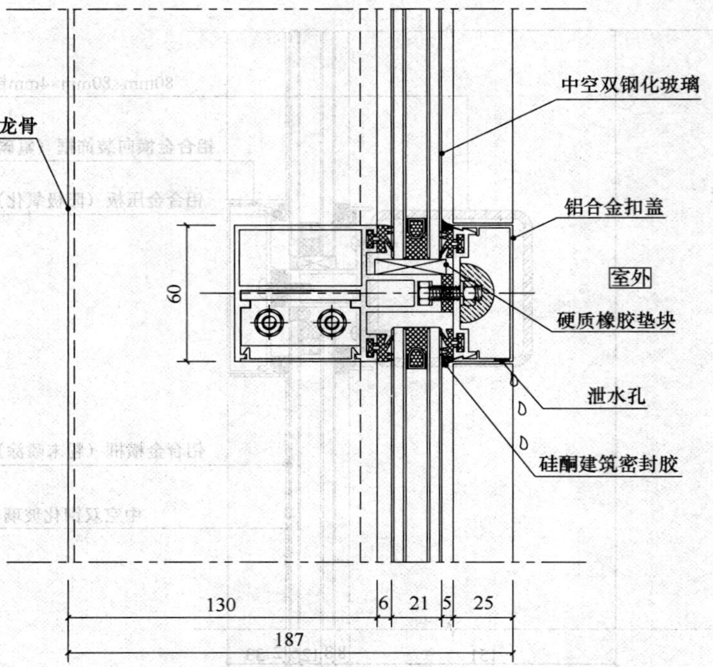

图 26-24 铝合金龙骨明框玻璃幕墙标准纵剖节点图

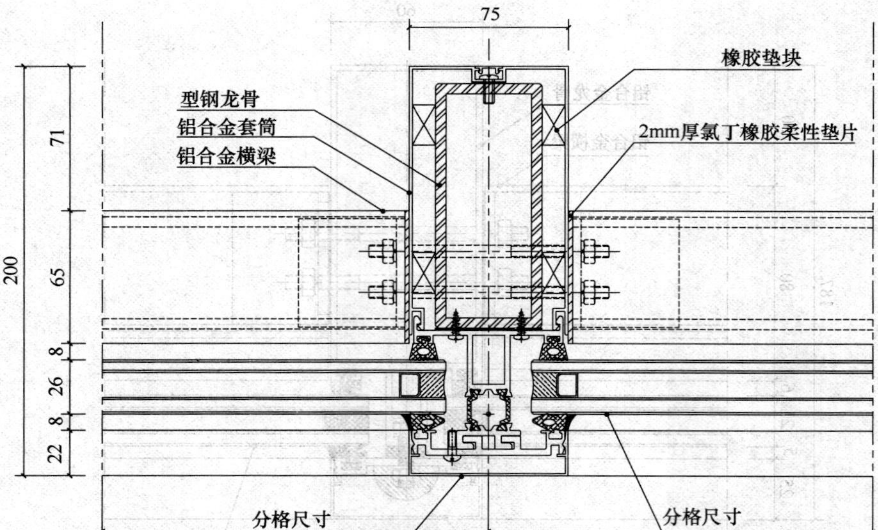

图 26-25 钢铝组合龙骨明框玻璃幕墙标准横剖节点图

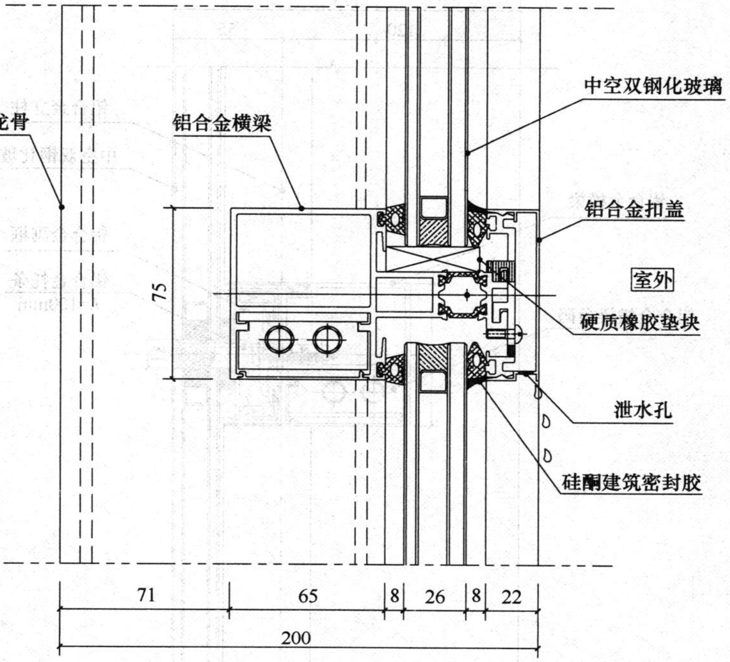

图 26-26 钢铝组合龙骨明框玻璃幕墙标准纵剖节点图

2. 全隐框玻璃幕墙

横向和竖向框架构件不显露于面板室外侧的框支承玻璃幕墙。玻璃四边采用结构胶与铝合金副框粘接形成结构装配玻璃组件，其与框架均隐藏在玻璃后部，不显露于玻璃室外侧。这种幕墙的全部荷载均由玻璃通过结构胶和玻璃底部托条传递给框架，见图 26-27、图 26-28。

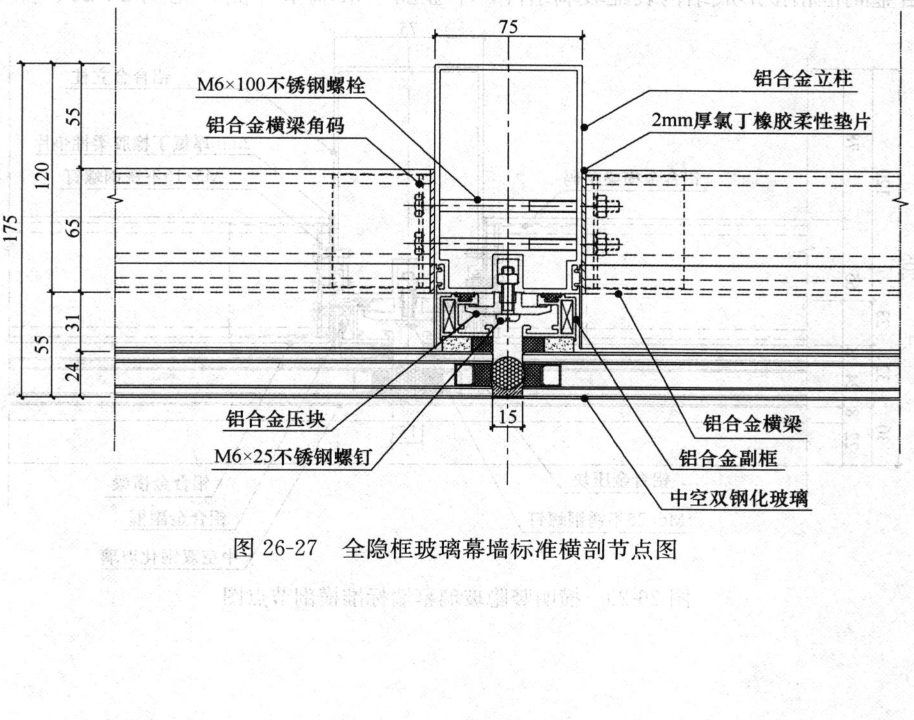

图 26-27 全隐框玻璃幕墙标准横剖节点图

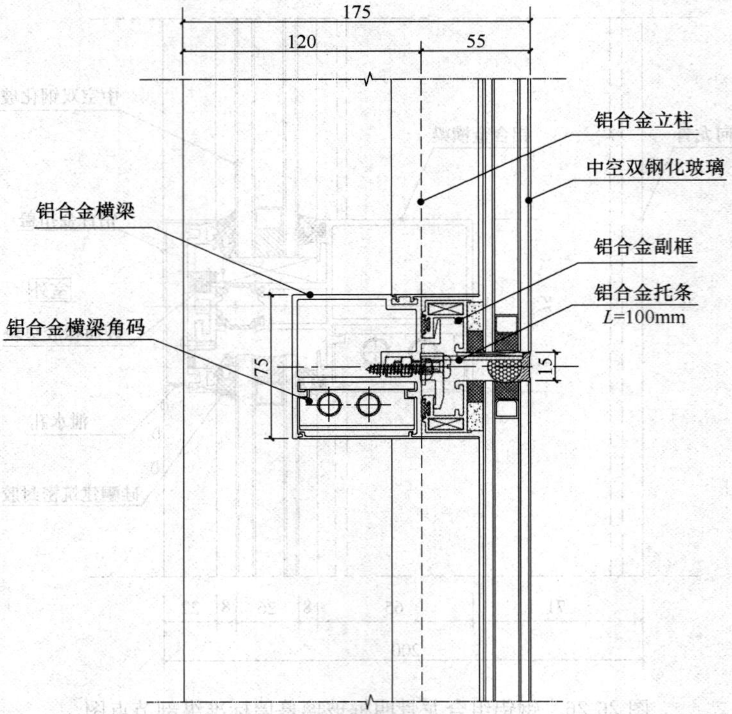

图 26-28　全隐框玻璃幕墙标准纵剖节点图

3. 半隐框玻璃幕墙

(1) 横明竖隐玻璃幕墙

竖向构件不显露于室外侧的框支承玻璃幕墙，立柱隐藏在玻璃后部，玻璃安放在横梁的玻璃镶嵌槽内，镶嵌槽外加铝合金压板和扣盖，显露于玻璃室外侧。玻璃的竖边对边采用结构胶与铝合金副框粘接形成结构装配玻璃组件，不显露于玻璃室外侧，见图 26-29、图 26-30。

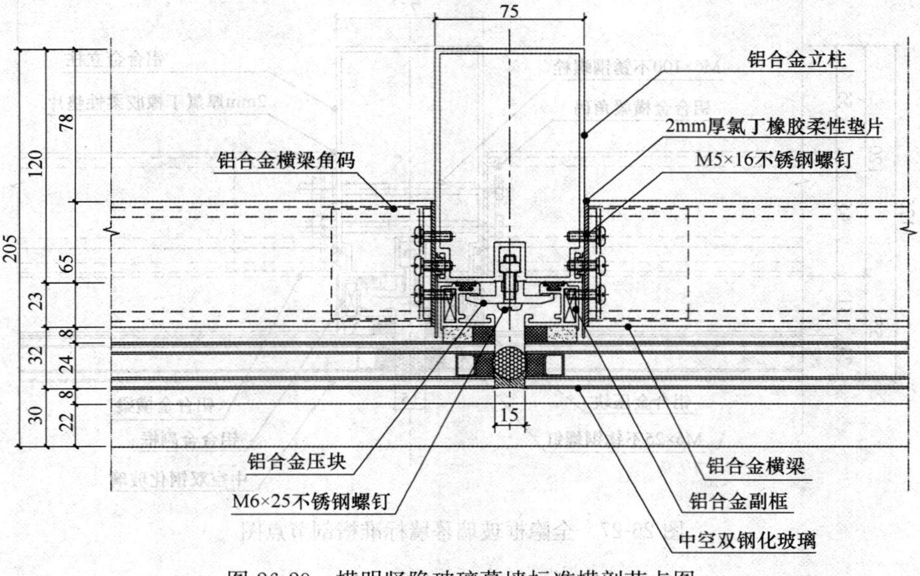

图 26-29　横明竖隐玻璃幕墙标准横剖节点图

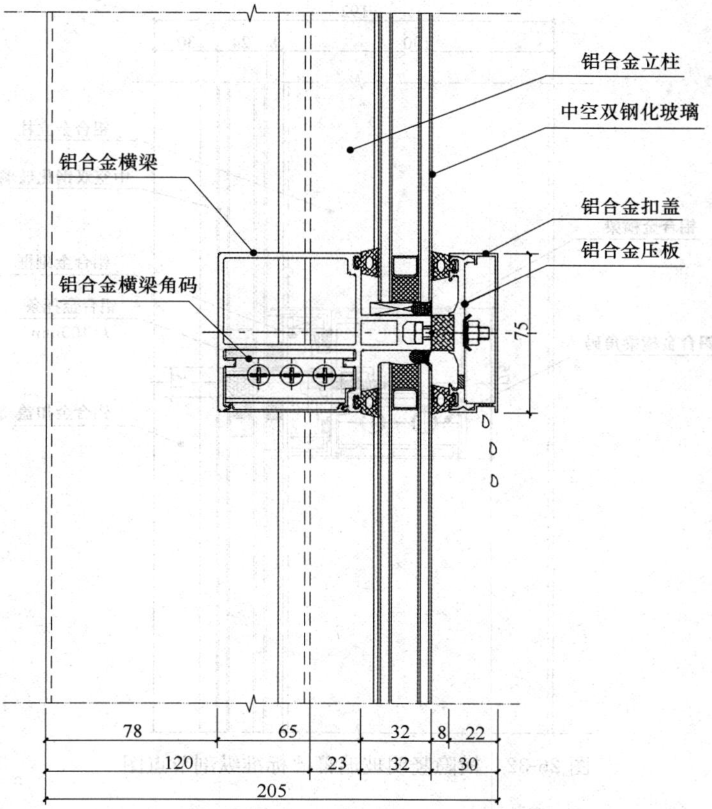

图 26-30 横明竖隐玻璃幕墙标准纵剖节点图

(2) 横隐竖明玻璃幕墙

横向构件不显露于室外侧的框支承玻璃幕墙，幕墙玻璃横向对边采用结构胶与铝合金副框粘接形成结构装配玻璃组件，放置在横梁托条上，不显露于玻璃室外侧，竖向用铝合金压板和扣盖固定在铝合金立柱的玻璃镶嵌槽内，显露于玻璃室外侧，见图 26-31、图 26-32。

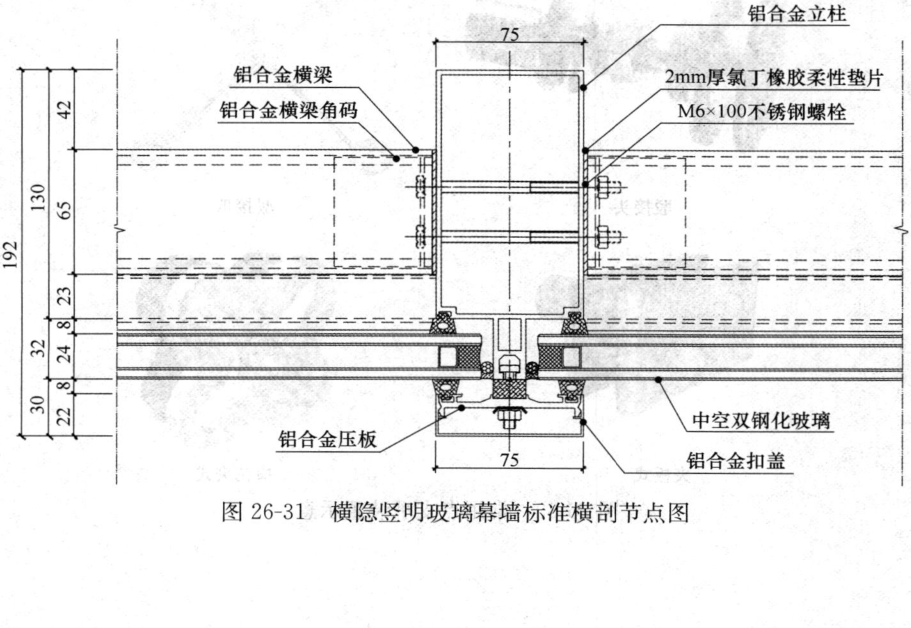

图 26-31 横隐竖明玻璃幕墙标准横剖节点图

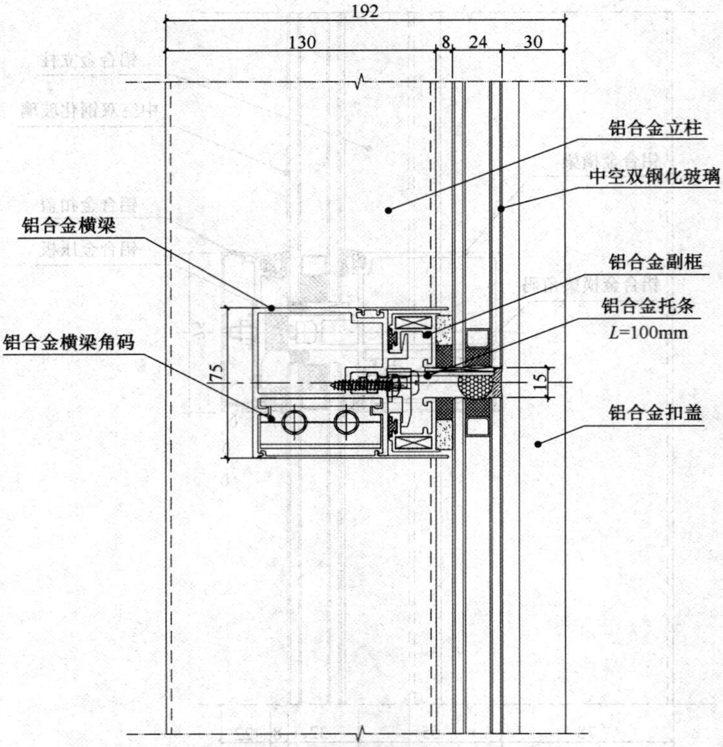

图 26-32　横隐竖明玻璃幕墙标准纵剖节点图

4. 点支承玻璃幕墙

以点连接方式（或近似于点连接的局部连接方式）直接承托和固定面板的玻璃幕墙，可分为穿孔式点支承玻璃幕墙、夹板式点支承玻璃幕墙、背栓式点支承玻璃幕墙。常用点支承装置及装置构造示意图见图 26-33、图 26-34。

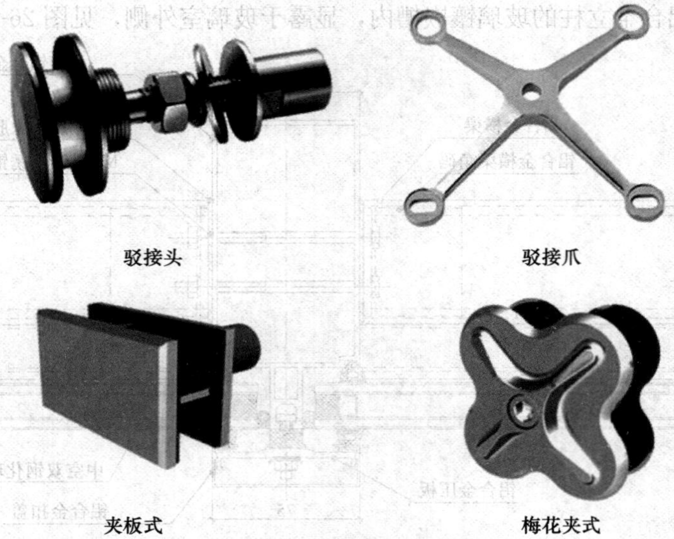

图 26-33　常用点支承装置示意

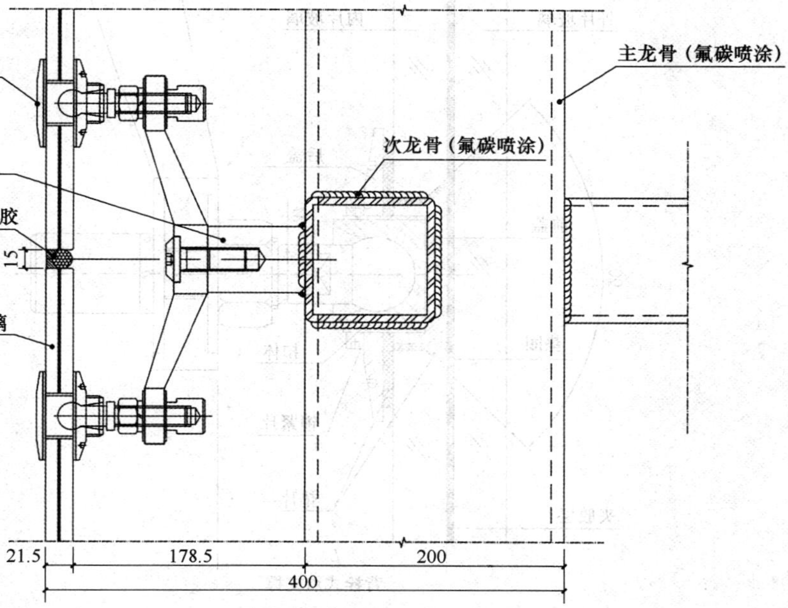

穿孔式点支承

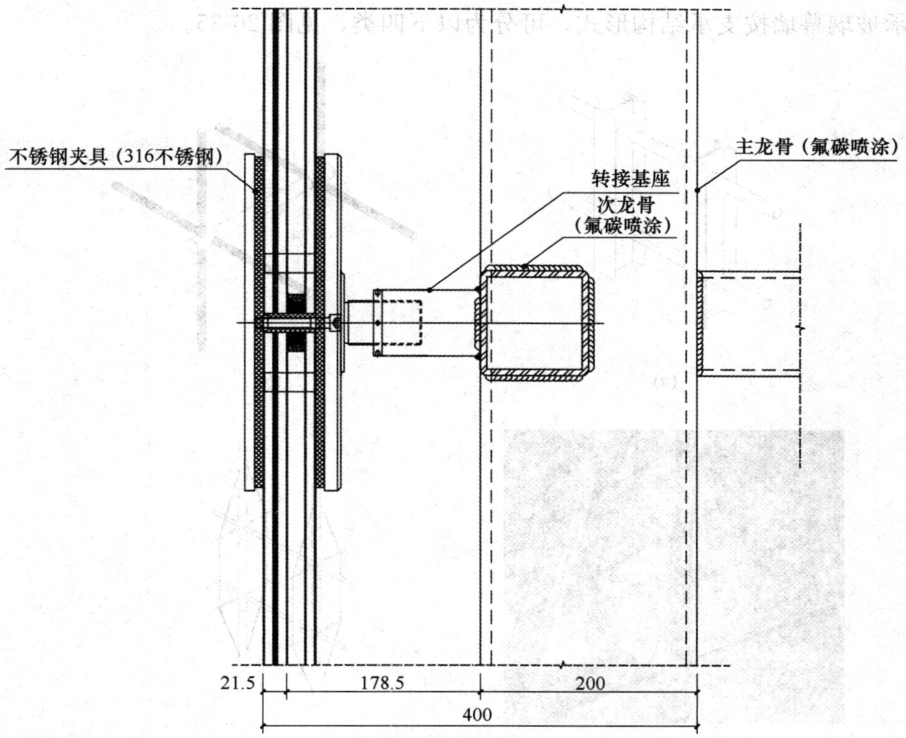

夹板式点支承

图 26-34　点支承装置构造示意图

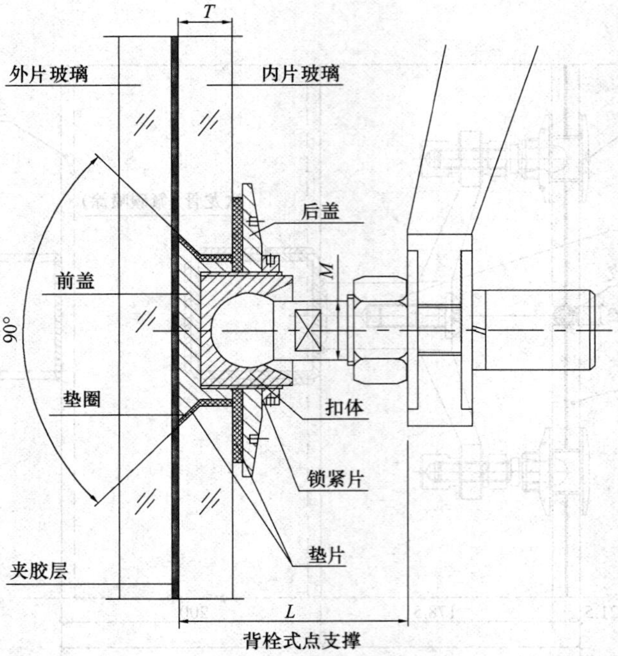

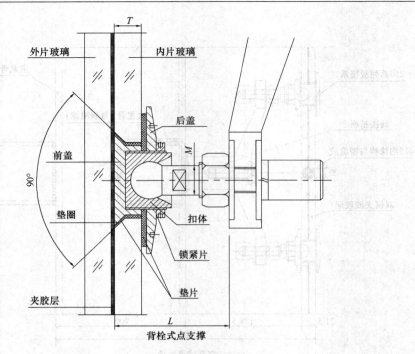

图 26-34 点支承装置构造示意图（续）

点支承玻璃幕墙按支承结构形式，可分为以下四类，见图 26-35。

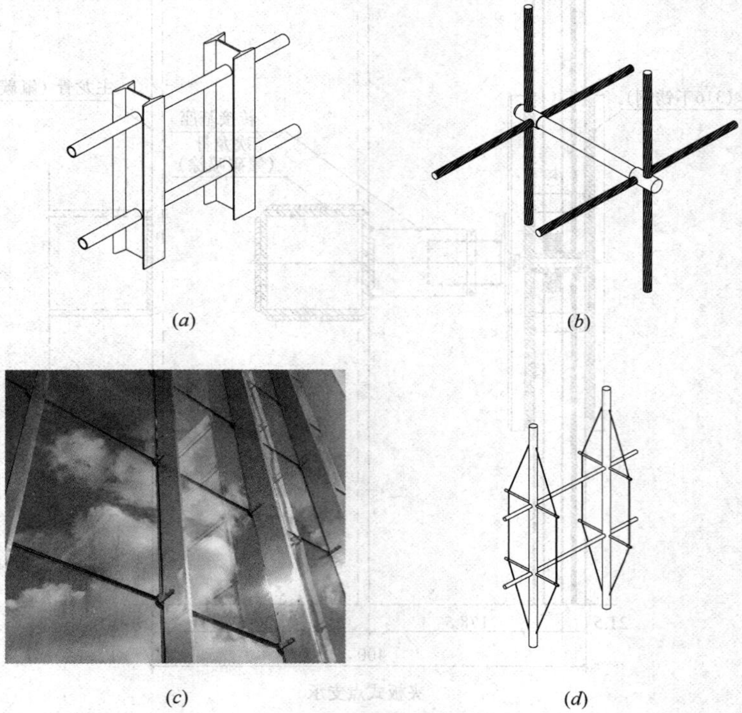

图 26-35 常见的支承结构体系

（*a*）钢结构支承；（*b*）索结构支承；（*c*）肋点支承；（*d*）自平衡索桁架支承

（1）钢结构点支承玻璃幕墙：采用钢结构支撑的点支承玻璃幕墙，可分为单柱式、钢桁架、拉杆桁架、点支承玻璃幕墙。

（2）索结构点支承玻璃幕墙：采用由拉索作为主要受力构件形成的预应力结构体系支撑的点支承玻璃幕墙，可分为单向竖索、单层索网、索桁架、自平衡索桁架点支承玻璃幕墙。

（3）肋点支承玻璃幕墙：采用玻璃肋板、不锈钢肋板作为支撑结构的点支承玻璃幕墙。

（4）钢拉索—钢结构系统：由钢拉索和钢结构组成的自平衡支承结构。

5. 全玻幕墙

肋板及其支撑的面板均为玻璃的幕墙，分为吊挂玻璃肋支承玻璃幕墙、坐地玻璃肋支承玻璃幕墙两种。

图 26-36 全玻幕墙照片

此种玻璃幕墙从外立面看无金属骨架，饰面材料及结构构件均为玻璃材料。因其采用大块玻璃饰面，使幕墙具有更大的通透性，因此多用于建筑物裙楼，见图 26-36。

为了增强全玻幕墙结构的刚度，保证在风荷载作用下的安全稳定，除面板玻璃应有足够的厚度外，还应设置与面板玻璃垂直的玻璃肋，见图 26-37、图 26-38。

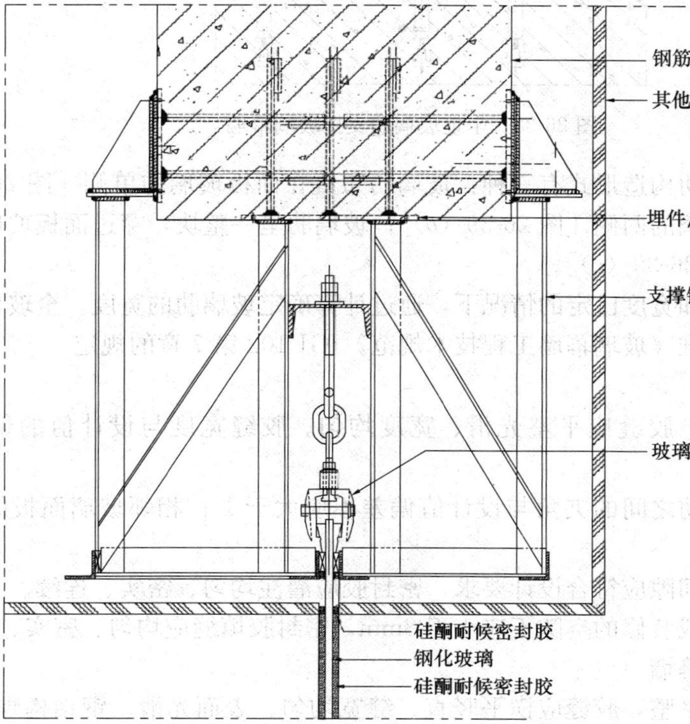

图 26-37 吊挂玻璃肋支承玻璃幕墙

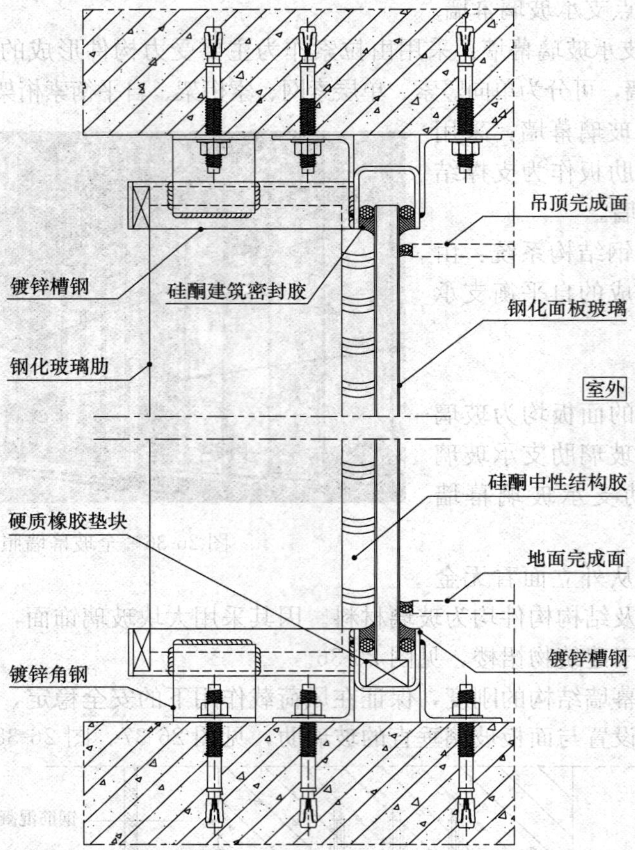

图 26-38　坐地玻璃肋支撑玻璃幕墙

面板玻璃与玻璃肋构造形式有三种：玻璃肋布置在面板玻璃的单侧［图 26-39（*a*）］；玻璃肋布置在面板玻璃的两侧［图 26-39（*b*）］；玻璃肋呈一整块，穿过面板玻璃，布置在面板玻璃的两侧［图 26-39（*c*）］。

在玻璃幕墙高度和宽度已定的情况下，通过计算确定玻璃肋的宽度。全玻幕墙结构设计应符合现行行业标准《玻璃幕墙工程技术规范》JGJ 102 第 7 章的规定。

（1）全玻幕墙

墙面外观应平整，胶缝应平整光滑、宽度均匀。胶缝宽度与设计值的偏差不应大于 2mm。

玻璃面板与玻璃肋之间的夹角与设计值偏差不应大于 1°；相邻玻璃面板的平面高低偏差不应大于 1mm。

玻璃与镶嵌槽的间隙应符合设计要求，密封胶应灌注均匀、密实、连续。

玻璃与周边结构或装修的空隙不应小于 8mm，密封胶填缝应均匀、密实、连续。

（2）点支承玻璃幕墙

玻璃幕墙大面应平整，胶缝应横平竖直、缝宽均匀、表面光滑。钢结构焊缝应饱满、无焊渣。

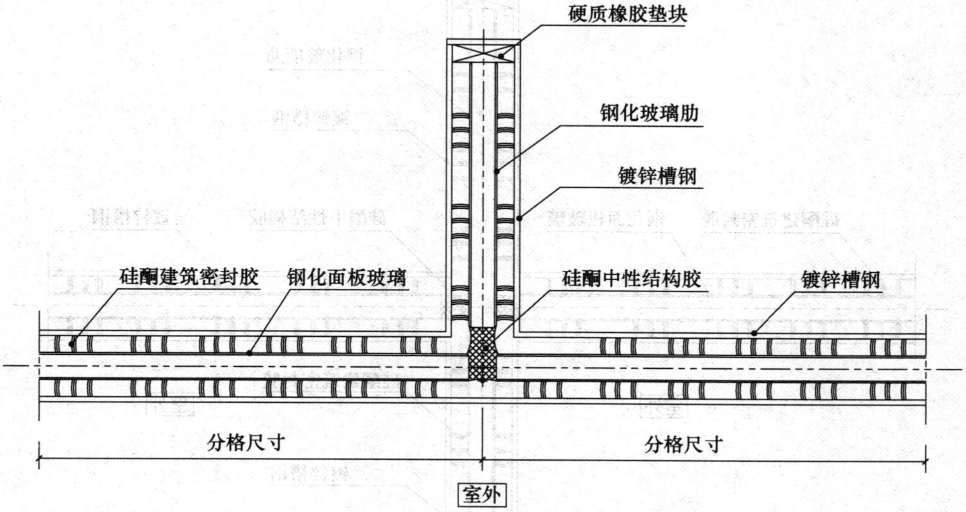

(*a*)

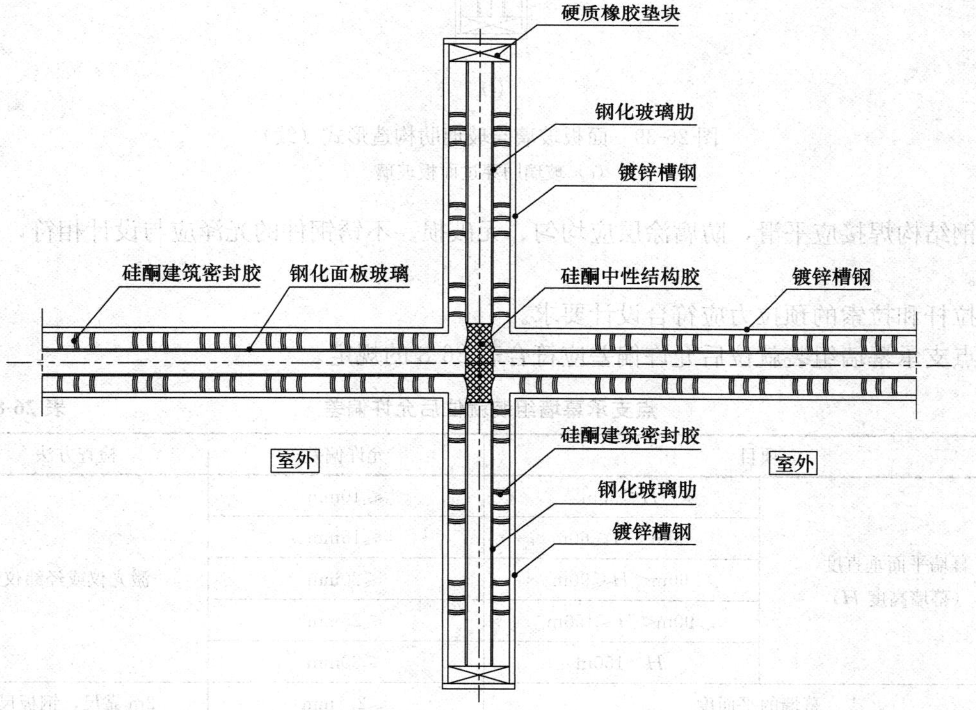

(*b*)

图 26-39 面板玻璃与玻璃肋构造形式

(*a*) 玻璃肋布置在面板玻璃的单侧；(*b*) 玻璃肋布置在面板玻璃的两侧

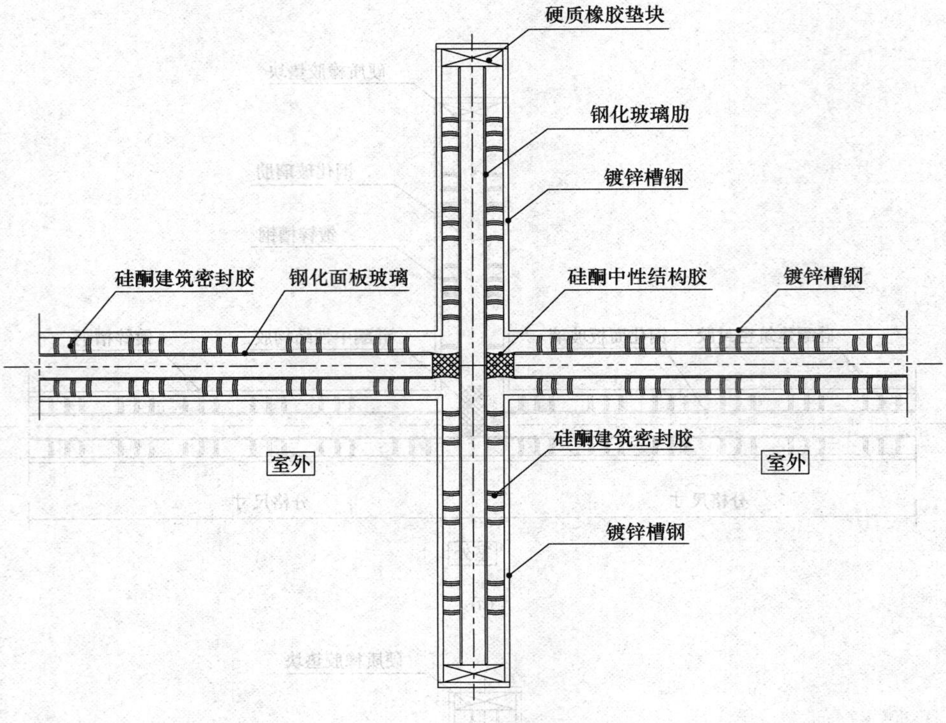

(*c*)

图 26-39 面板玻璃与玻璃肋构造形式（续）
（*c*）玻璃肋穿过面板玻璃

钢结构焊接应平滑，防腐涂层应均匀、无破损。不锈钢件的光泽应与设计相符，且无锈斑。

拉杆和拉索的预拉力应符合设计要求。

点支承幕墙组装就位后允许偏差应符合表 26-8 的规定。

点支承幕墙组装就位后允许偏差　　表 26-8

项目		允许偏差	检查方法
幕墙平面垂直度（幕墙高度 H）	$H \leqslant 30$m	≤10mm	激光仪或经纬仪
	30m$<H\leqslant$60m	≤15mm	
	60m$<H\leqslant$90m	≤20mm	
	90m$<H\leqslant$150m	≤25mm	
	$H>$150m	≤30mm	
幕墙的平面度		≤2.5mm	2m 靠尺，钢板尺
竖缝的直线度		≤2.5mm	2m 靠尺，钢板尺
横缝的直线度		≤2.5mm	2m 靠尺，钢板尺
胶缝宽度（与设计值比较）		±2mm	卡尺
两相邻面板之间的高低差		≤1.0mm	深度尺
全玻幕墙玻璃面板与肋板夹角与设计值偏差		≤1°	量角器

钢爪安装偏差应符合下列要求：

1）相邻钢爪距离和竖向距离为±1.5mm；

2）支承装置安装要求应符合表26-9的规定。

支承装饰安装要求 **表26-9**

名称		允许偏差（mm）	检测方法
相邻两爪座水平间距		±2.5	激光仪或经纬仪
相邻两爪座垂直间距		±2.0	激光仪或经纬仪
相邻两爪座水平高低差		2	卡尺
爪座水平度		1/100	激光仪或经纬仪
同一标高内爪座高低差	间距不大于35m	≤5	激光仪或经纬仪
	间距大于35m	≤7	
单个分格爪座对角线差（与设计尺寸相比）		≤4	钢卷尺
爪座端面平面度		≤6	激光仪或经纬仪

26.3.2 材料选用要求

1. 一般规定

（1）玻璃幕墙用材料应符合国家现行标准的有关规定及设计要求。尚无相应标准的材料应符合设计要求，并应有出厂合格证。

（2）玻璃幕墙应选用耐气候性的材料。金属材料和金属零配件除不锈钢及耐候钢外，钢材应进行表面热浸镀锌处理、无机富锌涂料处理或采取其他有效的防腐措施，铝合金材料应进行表面阳极氧化、电泳涂漆、粉末喷涂或氟碳喷涂处理。

（3）玻璃幕墙材料宜采用不燃性材料或难燃性材料；防火密封构造应采用防火密封材料。

（4）隐框和半隐框玻璃幕墙，其玻璃与铝型材的粘结必须采用中性硅酮结构密封胶；全玻幕墙和点支承幕墙采用镀膜玻璃时，不应采用酸性硅酮结构密封胶粘贴。

（5）硅酮结构密封胶和硅酮建筑密封胶必须在有效期内使用。

2. 铝合金材料

玻璃幕墙采用铝合金材料的牌号所对应的化学成分应符合现行国家标准《变形铝及铝合金化学成分》GB/T 3190的有关规定，型材尺寸允许偏差应达到高精或超高精级。

铝合金型材采用阳极氧化、电泳涂漆、粉末喷涂、氟碳喷涂进行表面处理时，应符合现行国家标准《铝合金建筑型材 第1部分：基材》GB/T 5237.1规定的质量要求，表面处理层的厚度应满足表26-10的要求。

铝合金型材表面处理层的厚度 **表26-10**

表面处理方法	膜厚级别（涂层种类）	厚度 t（μm）	
		平均膜厚	局部膜厚
阳极氧化	不低于AA15	$t \geqslant 15$	$t \geqslant 12$
阳极氧化膜	B	$t \geqslant 10$	$t \geqslant 8$

续表

表面处理方法		膜度级别（涂层种类）	厚度 t（μm）	
			平均膜度	局部膜度
电泳涂漆	漆膜	B	—	$t \geq 7$
	复合膜	B	—	$t \geq 16$
粉末喷涂		—	—	$40 \leq t \leq 120$
氟碳喷涂		—	$t \geq 40$	$t \geq 34$

用穿条工艺生产的隔热铝型材，其隔热材料应使用PA66GF25（聚酰胺66+25玻璃纤维）材料，不得采用PVC材料。用浇筑工艺生产的隔热铝型材，其隔热材料应使用PUR（聚氨基甲酸乙酯）材料。连接部位的抗剪强度必须满足设计要求。

与玻璃幕墙配套用铝合金门窗应符合现行国家标准《铝合金门窗》GB/T 8478的规定。

与玻璃幕墙配套用附件及紧固件应符合国家现行标准的规定。

3. 钢材

(1) 玻璃幕墙用碳素结构钢和低合金结构钢的钢种、牌号和质量等级应符合国家和行业现行标准的规定。

(2) 玻璃幕墙用不锈钢材宜采用奥氏体不锈钢，且含镍量不应小于8%。不锈钢材应符合国家和行业现行标准的规定。

(3) 玻璃幕墙用耐候钢应符合现行国家标准《耐候结构钢》GB/T 4171的规定。

(4) 玻璃幕墙用碳素结构钢和低合金高强度结构钢应采取有效的防腐处理，当采用热浸防腐蚀处理时，锌膜厚度应符合现行国家标准《金属覆盖层 钢铁制件热浸镀锌层 技术要求及试验方法》GB/T 13912的规定。

(5) 支承结构用碳素钢和低合金高强度结构钢采用氟碳喷漆喷涂或聚氨酯漆喷涂时，涂膜的厚度不宜小于35μm；在空气污染严重及海滨地区，涂膜厚度不宜小于45μm。

(6) 点支承玻璃幕墙用的不锈钢绞线应符合现行国家标准《冷顶锻用不锈钢丝》GB/T 4232、《不锈钢丝》GB/T 4240、《不锈钢丝绳》GB/T 9944的规定。

(7) 点支承玻璃幕墙采用的锚具，其技术要求可按国家现行标准《预应力筋用锚具、夹具和连接器》GB/T 14370及《预应力筋用锚具、夹具和连接器应用技术规程》JGJ 85的规定执行。

(8) 点支承玻璃幕墙的支承装置应符合现行行业标准《建筑玻璃点支承装置》JG/T 138的规定；全玻幕墙用的支承装置应符合现行行业标准《建筑玻璃点支承装置》JG/T 138和《吊挂式玻璃幕墙用吊夹》JG/T 139的规定。

(9) 钢材之间进行焊接时，应符合现行国家标准《钢结构焊接规范》GB 50661、《非合金钢及细晶粒钢焊条》GB/T 5117、《热强钢焊条》GB/T 5118的规定。

4. 玻璃

(1) 幕墙玻璃的外观质量和性能应符合国家和行业现行标准的规定。

(2) 玻璃幕墙采用阳光控制镀膜玻璃时，离线法产生的镀膜玻璃应采用真空磁控溅射法生产工艺；在线法生产的镀膜玻璃应采用热喷涂法生产工艺。

（3）玻璃幕墙采用中空玻璃时，除应符合现行国家标准《中空玻璃》GB/T 11944 的有关规定外，尚应符合下列规定：

1）中空玻璃气体层厚度不应小于 9mm。

2）中空玻璃应采用双道密封。一道密封应采用丁基熔密封胶。隐框、半隐框及点支承玻璃幕墙用中空玻璃的二道密封应采用硅酮结构密封胶；明框玻璃幕墙用中空玻璃的二道密封宜采用聚流类中空玻璃密封胶，也可采用硅酮密封胶。二道密封应采用专用打胶机进行混合、打胶。

3）中空玻璃的间隔铝框可采用连续折弯型或插角型，不得使用热熔型间隔胶条。间隔铝框中的干燥剂采用专用设备装填。

4）中空玻璃加工过程中应采用措施消除玻璃表面可能产生的凹、凸现象。

5）幕墙玻璃应进行机械磨边处理，磨轮的目数应在 180 目以上。点支承幕墙玻璃的孔、板边缘均进行磨边和倒棱，磨边宜细磨，倒棱宽度不宜小于 1mm。

6）钢化玻璃宜经过二次热处理。

7）玻璃幕墙采用夹层玻璃时，应采用干法加工合成，其夹片宜采用聚乙烯醇缩丁醛（PVB）胶片；夹层玻璃合片时，应严格控制温、湿度。

8）玻璃幕墙采用单片低辐射镀膜玻璃时，应使用在线热喷涂低辐射镀膜玻璃；离线镀膜的低辐射镀膜宜加工成中空玻璃使用，且镀膜面应朝向中空气体层。

9）有防火要求的幕墙玻璃，应根据防火等级要求，采用防火玻璃或其制品。

10）玻璃幕墙采用彩釉玻璃，釉料宜采用丝网印刷。

5. 建筑密封材料

玻璃幕墙的橡胶制品，宜采用三元乙丙橡胶、聚丁橡胶及硅橡胶。

密封胶条应符合国家现行标准《建筑门窗、幕墙用密封胶条》GB/T 24498 及《工业用橡胶板》GB/T 5574 的规定。

中空玻璃第一道密封用丁基热熔密封胶，应符合现行行业标准《中空玻璃用丁基热熔密封胶》JC/T 914 的规定。不承受荷载的第二道密封胶应符合现行行业标准《建筑门窗幕墙用中空玻璃弹性密封胶》JG/T 471 的规定；隐框或半隐框玻璃幕墙用中空玻璃的第二道密封胶除应符合现行行业标准《建筑门窗幕墙用中空玻璃弹性密封胶》JG/T 471的规定外，尚应符合现行行业标准《玻璃幕墙工程技术规范》JGJ 102 的有关规定。

玻璃幕墙的耐候密封应采用硅酮建筑密封胶；点支承幕墙和全玻幕墙使用非镀膜玻璃时，其耐候密封胶可采用酸性硅酮建筑密封胶，其性能应符合现行行业标准《幕墙玻璃接缝用密封胶》JC/T 882 的规定。夹层玻璃板缝间的密封，宜采用中性硅酮建筑密封胶。

6. 硅酮结构密封胶

幕墙用中性硅酮结构密封胶及酸性硅酮结构密封胶的性能，应符合现行国家标准《建筑用硅酮结构密封胶》GB 16776 的规定。

硅酮结构密封胶使用前，应经国家认可的检测机构进行与其相接触材料的相容性和剥离黏性试验，并应对邵氏硬度、标准状态拉伸粘结性能进行复验。检验不合格的产品不得使用，进口硅酮结构密封胶应具有商检报告。

硅酮结构密封胶生产商应提供结构胶的变位承受能力数据和质量保证书。

7. 其他材料

与单组分硅酮结构密封胶配合使用的低发泡间隔双面胶带，应具有透气性。

玻璃幕墙宜采用聚乙烯泡沫棒作填充材料，其密度不应大于 $37kg/m^3$。

玻璃幕墙的隔热保温材料，宜采用岩棉、矿棉、玻璃棉、防火板等不燃或难燃材料。

26.3.3 安 装 工 具

1. 手动真空吸盘

手动真空吸盘是一种安装玻璃幕墙中抬运玻璃的工具，它由 2 个或 3 个橡胶圆盘组成，每个圆盘上备有一个手动扳柄，按动扳柄可使圆盘鼓起，形成负压将玻璃平面吸住，见图 26-40。

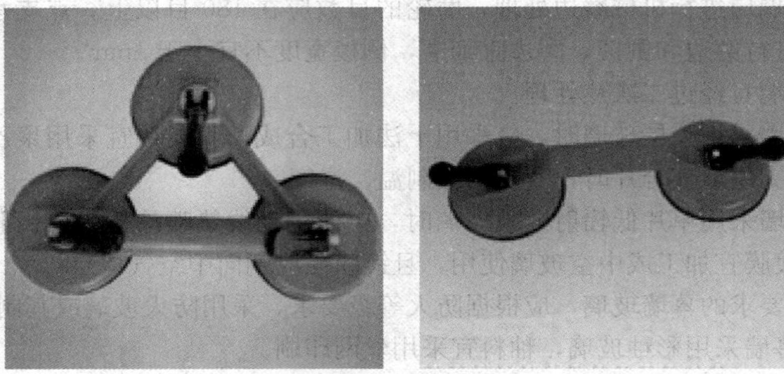

图 26-40　手动真空吸盘

使用时的注意事项：

(1) 玻璃表面应干净无杂物；

(2) 尽量减少圆盘摩擦；

(3) 吸盘吸附玻璃 20min 后，应取下重新吸附。

常用的手动真空吸盘的型号、规格及性能见表 26-11。

手动真空吸盘性能表　　　**表 26-11**

型号	水平吸力（kg）	垂直吸力（kg）
单爪吸盘	50	40
双爪吸盘	100	90
三爪吸盘	155	150

2. 牛皮带

牛皮带一般应用于玻璃近距离运输。运输过程中，玻璃两侧分别由操作人员一手用真空吸盘将玻璃吸附抬起，另一手握住玻璃的牛皮带，牛皮带两端安有木轴手柄，便于操作。

3. 电动吊篮

主要适用于高层及多层建筑物外墙施工、装修、清洗与维护。吊篮是高处载人作业设备，在正式使用前应得到当地相关管理部门的认可以及严格执行国家和地方颁布的高处作业、劳动保护、安全施工和安全用电等相关标准和法律、法规及规范性文件，见图 26-41。

4. 环轨吊

环轨吊是悬挂在楼板四周的型钢轨道与电动葫芦所组成的用于垂直吊运单元板及其他材料的专业设备，它具有操作方便、灵活、安装速度快等特点，见图 26-42。

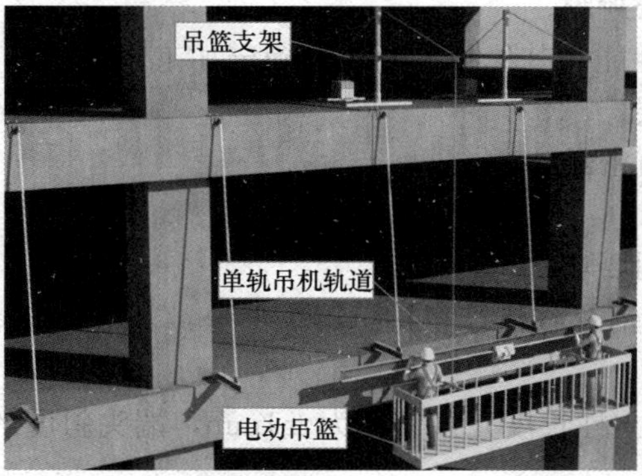

图 26-41 电动吊篮

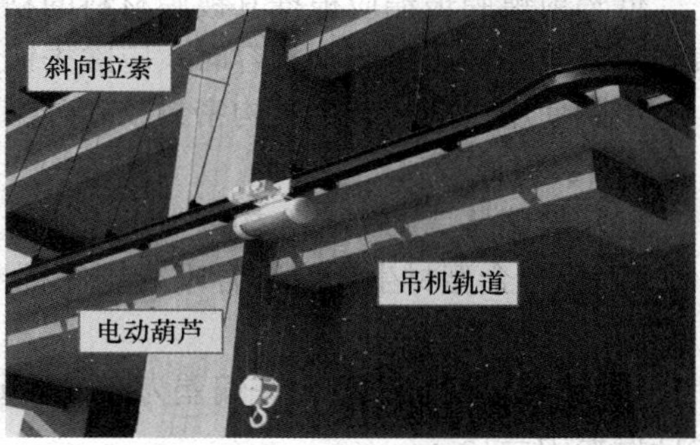

图 26-42 安装在型钢轨道的电动葫芦

5. 嵌缝枪

嵌缝枪是一种应用聚氨酯嵌缝胶、聚硫密封胶等嵌缝胶料的专用施工配套工具，广泛应用于建筑伸缩缝、变形缝的嵌缝密封作业中，见图 26-43。

操作时，可将胶筒或料筒安装在手柄棒上，扳动扳机，带棘爪牙的顶杆自行顶筒后端的活塞，缓缓将液体挤出，注入缝隙中，完成嵌缝工作。

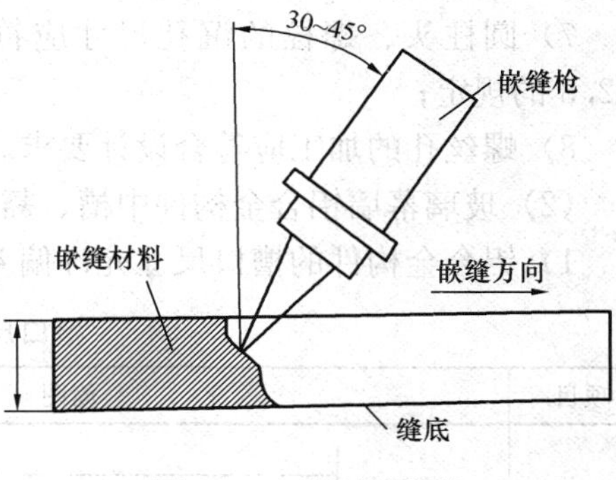

图 26-43 嵌封枪嵌缝

6. 撬板和竹签

主要用于安装各种密封胶条。用撬板将玻璃与铝框撬出一定的间隙，撬出间隙后立即将胶条塞入，嵌塞时可用竹签将胶条挤入间隙中。

7. 滚轮

在 V 形和 W 形防风、防雨胶带嵌入铝框架后，用滚轮将圆胶棍塞入。

8. 热压胶带电炉

用于将 V 形和 W 形防风、防雨胶带进行热压连接。热压胶带电炉接通 220V 电源后，电炉逐渐加热，将待压接头放入电炉的模具中即可进行热压接。

26.3.4 加 工 制 作

1. 一般规定

玻璃幕墙在加工制作前应与土建设计施工图进行核对，对已建主体结构进行复测，并应按实测尺寸调整幕墙设计，并经设计单位同意后方可加工组装。

幕墙所用材料、零配件必须符合幕墙施工图纸要求和国家现行有关标准的规定，且有出厂合格证。加工幕墙构件所采用的设备、机具应满足幕墙构件加工精度要求，其量具应定期进行计量认证。

隐框玻璃幕墙加工制作时，应在洁净、通风的室内进行，且环境温度、湿度条件应符合结构胶产品的规定；注胶宽度和厚度应符合设计要求，严禁在现场进行加工制作。

除全玻幕墙外，不应在现场打注硅酮结构密封胶。

低辐射镀膜玻璃应根据其镀膜材料的粘结性能和其他技术要求，确定加工制作工艺；镀膜与硅酮结构密封胶不相容时，应除去镀膜层。

严禁使用过期的硅酮结构密封胶和硅酮建筑密封胶。

2. 构件加工制作

（1）玻璃幕墙的铝合金构件加工应符合下列要求：

1）铝合金型材生产应符合现行国家标准《铝合金建筑型材　第1部分：基材》GB/T 5237.1的高精级要求；

2）铝合金横梁长度允许偏差为±0.5mm，立柱长度允许偏差为±1mm，端头斜度的允许偏差为－15′；

3）截料端头不应有加工变形，并应去除毛刺；

4）孔位允许偏差为±0.5mm，孔距的允许偏差为±0.5mm，累计偏差为±1mm；

5）铆钉的通孔尺寸偏差应符合现行国家标准《紧固件　铆钉用通孔》GB 152.1的规定；

6）沉头螺钉的沉孔尺寸偏差应符合现行国家标准《紧固件　沉头螺钉用沉孔》GB/T 152.2的规定；

7）圆柱头、螺栓的沉孔尺寸应符合现行国家标准《紧固件　圆柱头用沉孔》GB 152.3的规定；

8）螺丝孔的加工应符合设计要求。

（2）玻璃幕墙铝合金构件中槽、豁、榫的加工应符合下列要求：

1）铝合金构件的槽口尺寸允许偏差应符合表26-12的要求；

槽口尺寸允许偏差（mm）　　表26-12

项目	简图	a	b	c
允许偏差	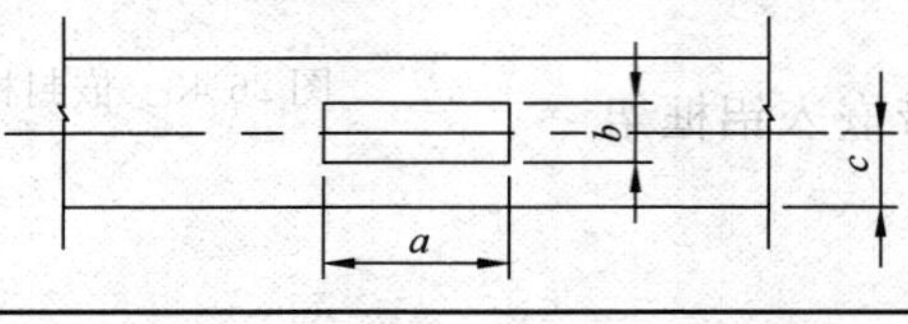	+0.5 0.0	+0.5 0.0	±0.5

2）铝合金构件豁口尺寸允许偏差应符合表26-13的要求；

豁口尺寸允许偏差（mm）　　表26-13

项目	简图	a	b	c
允许偏差	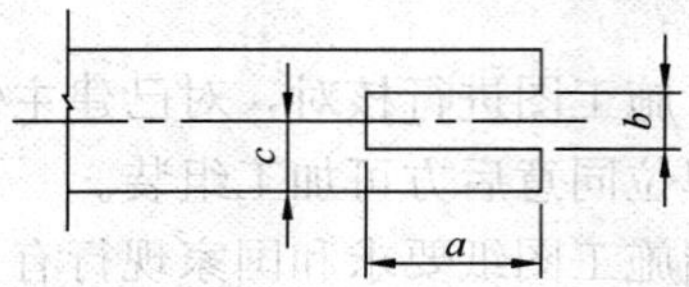	+0.5 0.0	+0.5 0.0	±0.5

3）铝合金构件榫头尺寸允许偏差应符合表 26-14 的要求。

榫头尺寸允许偏差（mm） **表 26-14**

项目	简图	a	b	c
允许偏差	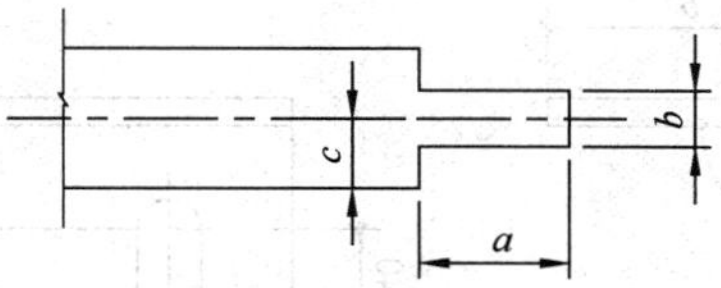	0.0 −0.5	0.0 −0.5	±0.5

（3）玻璃幕墙铝合金构件弯加工应符合下列要求：

1）铝合金构件宜采用拉弯设备进行弯加工；

2）弯加工后的构件表面应光滑，不得有皱折、凹凸、裂纹。

（4）玻璃幕墙的钢构件加工、平板型预埋件加工精度应符合下列要求：

1）锚板边长允许偏差为±5mm；

2）一般锚筋长度的允许偏差为±10mm，两面为整块锚板的穿透式预埋件的锚筋长度的允许偏差为+5mm，均不允许负偏差；

3）圆锚筋的中心线允许偏差为±5mm；

4）锚筋与锚板面的垂直度允许偏差为 $l_s/30$（l_s 为锚固钢筋长度，单位为 mm）。

（5）槽型预埋件表面及槽内应进行防腐处理，其加工精度应符合下列要求：

1）槽式预埋件的设计高度不应小于 90mm，锚筋数量不应少于 2 个，锚筋间距不应小于 100mm 且不应大于 250mm，且矩形横截面的锚筋厚度不应小于 4mm、圆形横截面的锚筋直径不应小于 8mm；

2）T 形螺栓副定位沟槽与底板短边夹角 α 为 90°，且角度偏差不宜大于±2°；

3）槽式预埋件的钢槽壁厚不应小于 3mm；

4）槽式预埋件组件主要尺寸允许偏差应符合表 26-15 的规定。

槽式预埋件主要尺寸允许偏差（单位：mm） **表 26-15**

尺寸规格	槽宽	槽高	钢槽长度 l		锚筋间距	设计高度	厚度
			≤500	>500			
允许偏差	±1.0	±1.0	−2.0～+5.0	−2.0～+1%l	±2.5	−1.0～+2.0	±0.3

（6）玻璃幕墙的连接件、支承件的加工精度应符合下列要求：

1）连接件、支承件外观应平整，不得有裂纹、毛刺、凹凸、翘曲、变形等缺陷；

2）连接件、支承件加工尺寸允许偏差应符合表 26-16 的要求。

连接件、支承件尺寸允许偏差（单位：mm） **表 26-16**

项目	允许偏差	项目	允许偏差
连接件高 a	+5，−2	边距 e	+1.0，0
连接件长 b	+5，−2	壁厚 t	+0.5，−0.2

续表

项目	允许偏差	项目	允许偏差
孔距 c	±1.0	弯曲角度 α	±2°
孔宽 d	+1.0，0		
简图	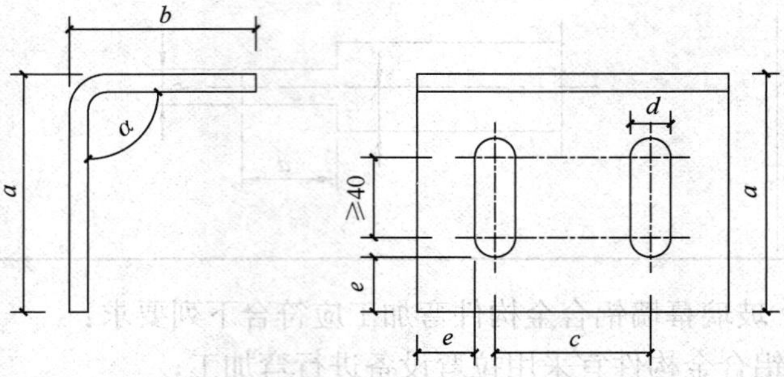		

钢型材立柱及横梁的加工应符合现行国家标准《钢结构工程施工质量验收标准》GB 50205 的有关规定。

（7）点支承玻璃幕墙的支承钢结构加工应符合下列要求：

1）应合理划分拼装单元；

2）管桁架应按计算的相贯线，采用数控机床切割加工；

3）钢构件拼装单元的节点位置允许偏差为±2.0mm；

4）构件长度、拼装单元长度的允许正、负偏差均可取长度的 1/2000；

5）管件连接焊缝应沿全长连续、均匀、饱满、平滑、无气泡和夹渣；支管壁厚小于 6mm 时可不切坡口；角焊缝的焊脚高度不宜大于支管壁厚的 2 倍；

6）钢结构的表面处理应符合现行行业标准《玻璃幕墙工程技术规范》JGJ 102 的有关规定；

7）分单元组装的钢结构宜进行预拼装。

（8）杆索体系的加工尚应符合下列要求：

1）拉杆、拉索应进行拉断试验；

2）拉索下料前应进行调直预张拉，张拉力可取破断拉力的 50%，持续时间可取 2h；

3）截断后的钢索应采用挤压机进行套筒固定；

4）拉杆与端杆不宜采用焊接连接；

5）杆索结构应在工作台座上进行拼装，并应防止表面损伤；

6）钢构件焊接、螺栓连接应符合现行国家标准《钢结构设计标准》GB 50017 的有关规定；

7）钢构件表面涂装应符合现行国家标准《钢结构工程施工质量验收标准》GB 50205 的有关规定。

3．玻璃加工制作

（1）玻璃幕墙的单片玻璃、夹层玻璃、中空玻璃的加工精度应符合下列要求：

1）采用单片钢化玻璃，其尺寸允许偏差应符合表 26-17 的要求；

2）采用中空玻璃时，其尺寸允许偏差应符合表 26-18 的要求；

3）采用夹层玻璃时，其尺寸允许偏差应符合表 26-19 的要求；

钢化玻璃尺寸允许偏差（单位：mm） **表 26-17**

项目	玻璃厚度	玻璃边长 $L\leqslant2000$	玻璃边长 $L>2000$
边长	6，8，10，12	±1.5	±2.0
	15，19	±2.0	±3.0
对角线差	6，8，10，12	≤2.0	≤3.0
	15，19	≤3.0	≤3.5

中空玻璃尺寸允许偏差（单位：mm） **表 26-18**

项目	允许偏差	
边长	$L<1000$	±2.0
	$1000\leqslant L<2000$	+2.0，−3.0
	$L\geqslant2000$	±3.0
对角线差	$L\leqslant2000$	≤2.5
	$L>2000$	≤3.5
厚度	$t<17$	±1.0
	$17\leqslant t<22$	±1.5
	$t\geqslant22$	±2.0
叠差	$L<1000$	±2.0
	$1000\leqslant L<2000$	±3.0
	$2000\leqslant L<4000$	±4.0
	$L\geqslant4000$	±6.0

夹层玻璃尺寸允许偏差（单位：mm） **表 26-19**

项目		允许偏差
边长	$L\leqslant2000$	±2.0
	$L>2000$	±2.5
对角线差	$L\leqslant2000$	≤2.5
	$L>2000$	≤3.5
叠差	$L<1000$	±2.0
	$1000\leqslant L<2000$	±3.0
	$2000\leqslant L<4000$	±4.0
	$L\geqslant4000$	±6.0

4）玻璃弯加工后，其每米弦长内拱高的允许偏差为±3.0mm，且玻璃的曲边应顺滑一致；玻璃直边的弯曲度，拱形时不应超过 0.5%，波形时不应超过 0.3%。

（2）全玻幕墙的玻璃加工应符合下列要求：

1）玻璃边缘应倒棱并细磨；外露玻璃的边缘应精磨；

2）采用钻孔安装时，孔边缘应进行倒角处理，并不应出现崩边。

（3）点支承玻璃加工应符合下列要求：

1）玻璃面板及其孔洞边缘均应倒棱和磨边，倒棱宽度不宜小于 1mm，磨边宜细磨；

2）玻璃切角、钻孔、磨边应在钢化前进行；

3）玻璃加工尺寸允许偏差应符合表 26-20 的规定；

点支承玻璃尺寸允许偏差 **表 26-20**

项目	边长尺寸	对角线差	钻孔位置	孔距	孔轴与玻璃平面垂直度
允许偏差	±1.0mm	≤2.0mm	±0.8mm	±1.0mm	±12′

4）中空玻璃开孔后，开孔处应采取多道密封措施；

5）夹层玻璃、中空玻璃的钻孔可采用大、小孔相对的方式。

6）中空玻璃合片加工时，应考虑制作处和安装处不同气压的影响，采取防止玻璃大面变形的措施。

26.3.5 节点构造（含防雷）

玻璃幕墙节点是玻璃幕墙设计与施工的重点，根据幕墙结构体系的不同，其构造节点做法也相应地有所改变。

1. 一般节点构造

（1）立柱布置

幕墙立柱布置应考虑与窗间墙和柱的关系。在布置时，立柱尽可能与墙柱轴线重合，这样可以处理好建筑物与幕墙之间的间隙（图 26-44）。

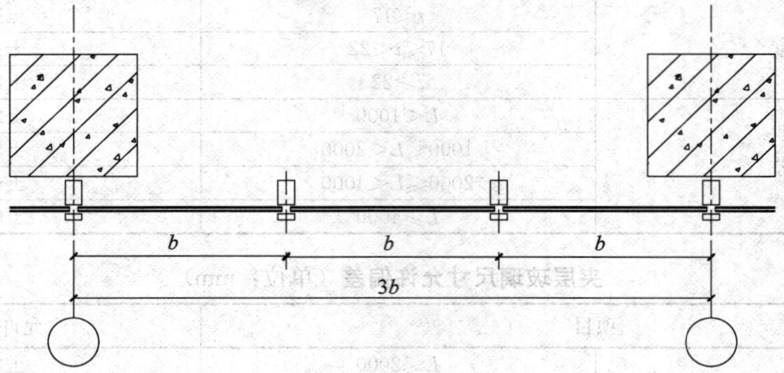

图 26-44　立柱布置示意图

（2）横梁布置

横梁布置可分为三种情况：与楼层持平［图 26-45（*a*）］、与楼层踢脚板持平［图 26-45（*b*）］、与楼层窗台持平［图 26-45（*c*）］。

（3）立柱与主体结构连接

立柱与主体结构之间的连接一般采用镀锌角钢与预埋件焊接或螺栓锚固的方式与主体固

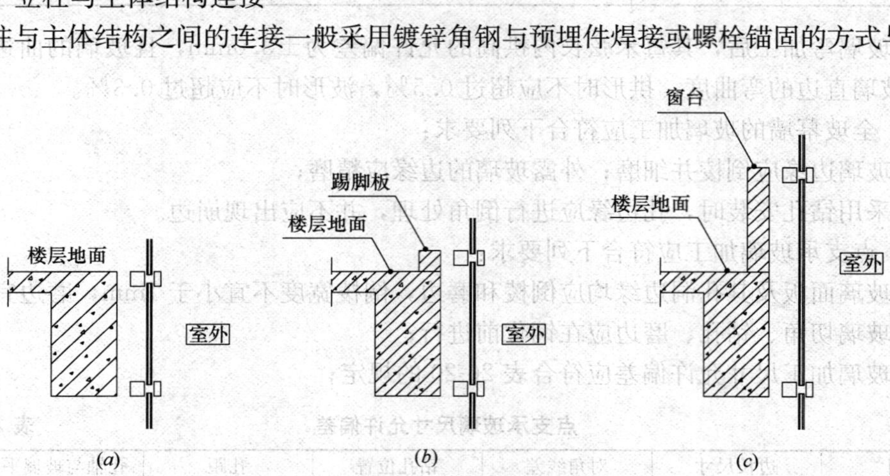

图 26-45　横梁布置示意图

定，固定牢靠且能承受较高的抗拔力。固定时一般采用两根镀锌角钢，将角钢的一条肢与主体结构相连，另一条肢与立柱相连。角钢与立柱间的固定，宜采用不锈钢螺栓。若立柱为铝合金材质，则应在角钢与立柱之间加设绝缘垫片，以避免发生电化学腐蚀（图 26-46）。

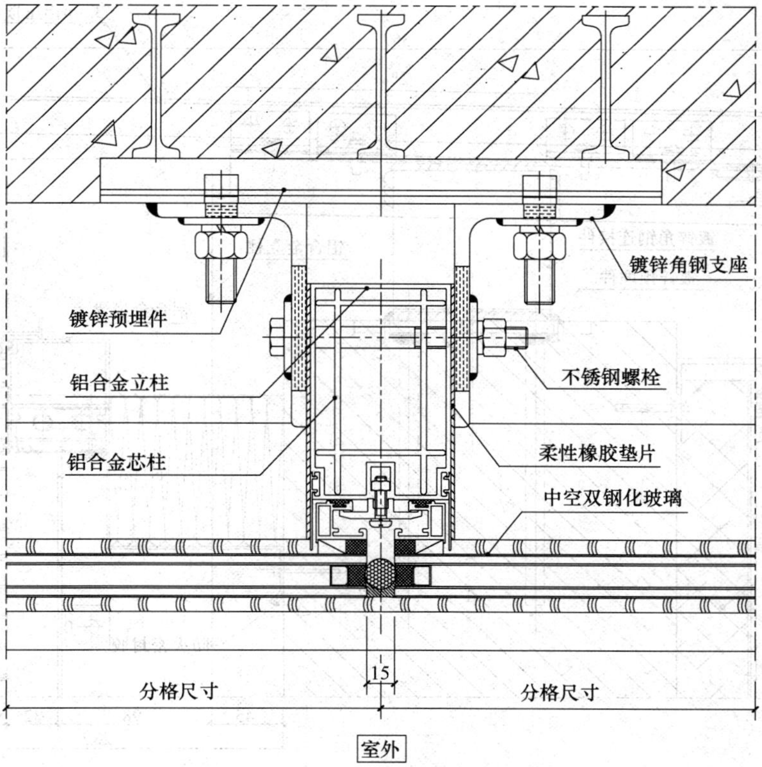

图 26-46 立柱与主体结构连接

（4）上、下立柱连接

上、下立柱连接时，应采用套芯连接，同时应满足温度变形的需要。根据《玻璃幕墙工程技术规范》JGJ 102—2003 中第 6.3.3 节的规定，上下立柱之间应留有不小于 15mm 的缝隙，闭口型材可采用长度不小于 250mm 的芯柱连接，芯柱与立柱应紧密配合。芯柱与上柱或下柱之间应采用机械连接方法加以固定（图 26-47）。开口型材上柱与下柱之间可采用等强度型材机械连接。

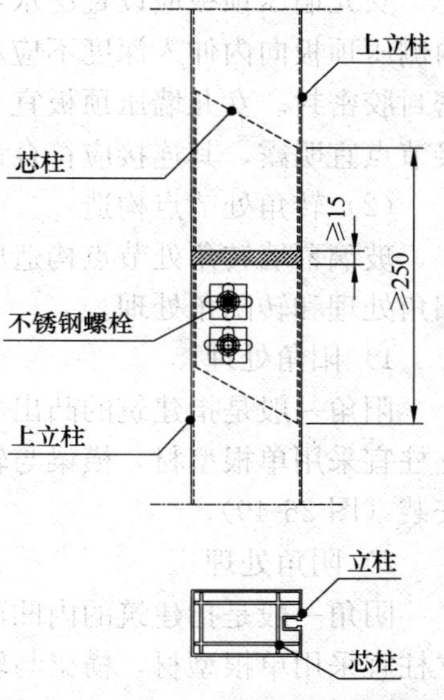

图 26-47 上、下立柱连接示意图

（5）横梁与立柱连接

玻璃幕墙横梁与立柱的连接一般通过连接件、螺栓或螺丝进行连接，连接部位应采取措施防止产生摩擦噪声。立柱与横梁连接处应避免刚性接触，可设置柔性垫片或预留 1～2mm 的间隙，间隙内填塞中性密封胶。

2. 特殊部位节点构造

（1）女儿墙处节点构造

女儿墙上部部位均属于幕墙顶部水平部位的压顶处理，即用金属板封盖，使之能阻挡风雨浸透。女儿墙压顶板的固定，一般先将压顶板固定于基层上，然后再用螺钉将压顶板与骨架牢固连接并适当留缝，用硅酮建筑密封胶密封（图 26-48）。

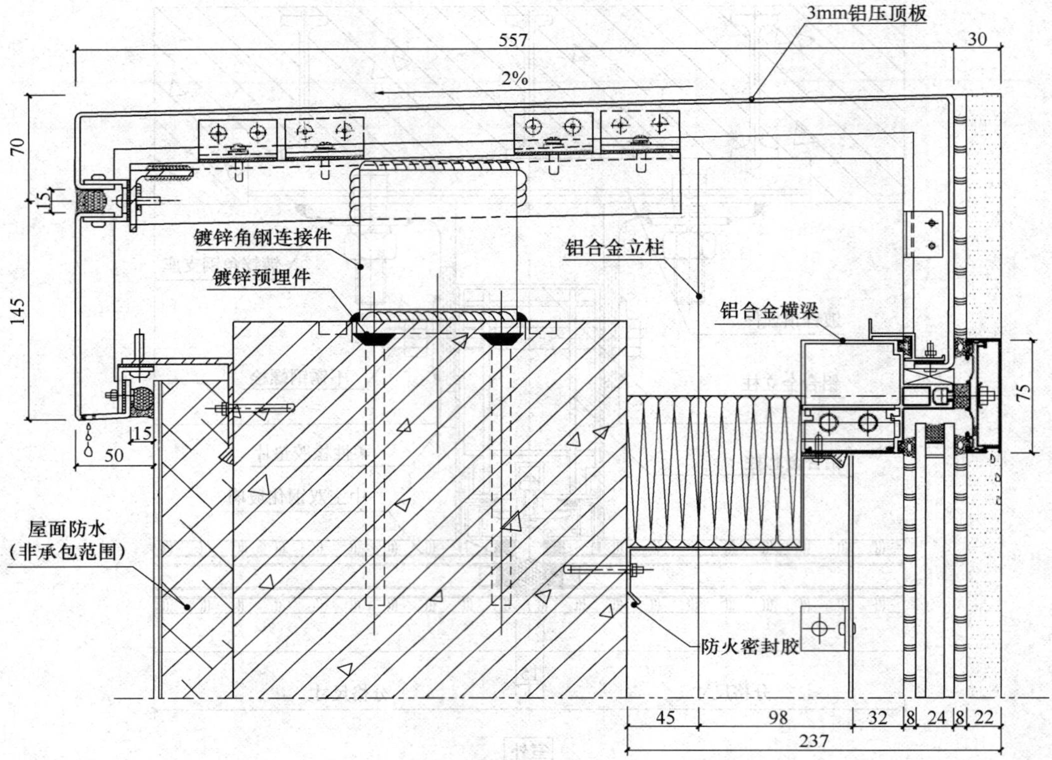

图 26-48　女儿墙处纵剖节点图

女儿墙压顶板应设置泛水坡度，压顶板安装牢固，不松动、不渗漏、无空隙。女儿墙内侧压顶板向内伸入深度不应小于 150mm，压顶板与女儿墙之间的缝隙应使用硅酮建筑密封胶密封。女儿墙压顶板宜与女儿墙部位幕墙龙骨连接，女儿墙部位幕墙防雷装置的连接节点宜明露，其连接应符合设计的规定。

（2）转角处节点构造

玻璃幕墙转角处节点构造应依据建筑主体结构转角形式的不同进行设计，具体分为转阳角处理和转阴角处理。

1）阳角处理

阳角一般是指建筑的凸出部位，室外侧转角玻璃夹角在 180°～270°。该部位所用转角立柱宜采用单根型材，横梁与转角立柱间形成设计所要求的角度，然后再进行玻璃面板的安装（图 26-49）。

2）阴角处理

阴角一般是指建筑的内凹部位，室外侧转角玻璃夹角在 90°～180°。该部位所用转角立柱宜采用单根型材，横梁与转角立柱间形成设计所要求的角度，然后再进行玻璃面板的安装（图 26-50）。

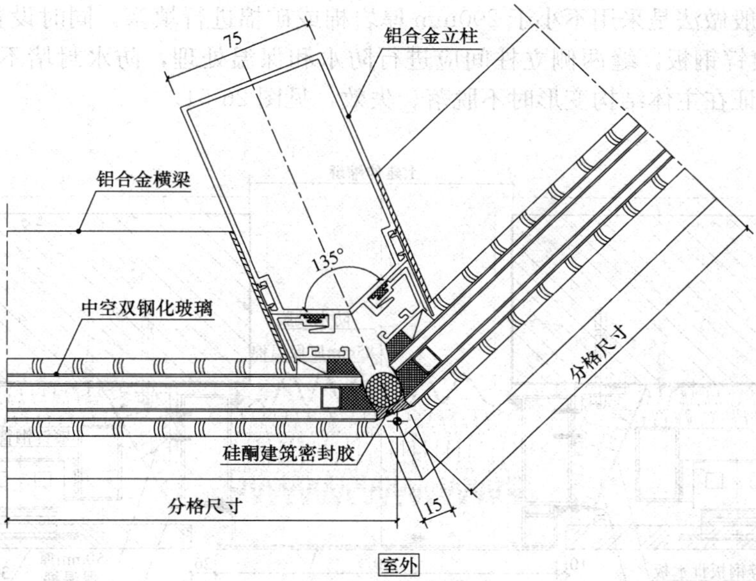

图 26-49 玻璃幕墙转阳角示意图

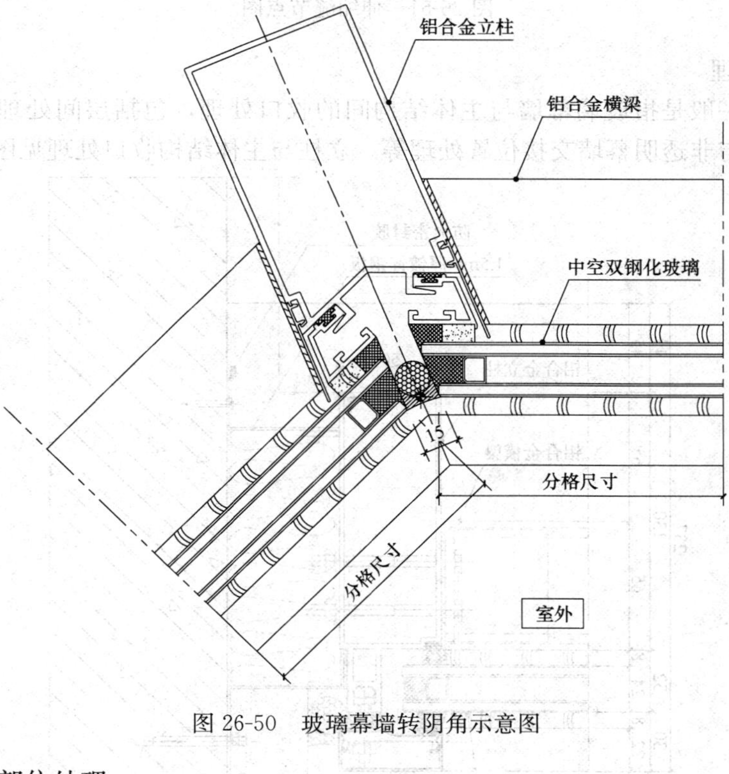

图 26-50 玻璃幕墙转阴角示意图

3. 变形缝部位处理

当房屋有沉降缝、伸缩缝、防震缝等建筑变形缝时，玻璃幕墙的单元板块不应跨越主体建筑的变形缝，其与主体建筑变形缝相对应的构造缝设计应能够适应主体建筑变形的要求。做法：变形缝两侧幕墙支撑结构应独立，缝两侧幕墙与主体结构间的缝隙应进行防火封堵处理，一般做法是采用不小于 200mm 厚岩棉或矿棉进行填塞，同时设置厚度不小于 1.5mm 厚的镀锌钢板，缝两侧立柱间应进行防水和保温处理，防水封堵不应少于两道，保温构造应保证在主体结构变形时不脱落、失效，见图 26-51。

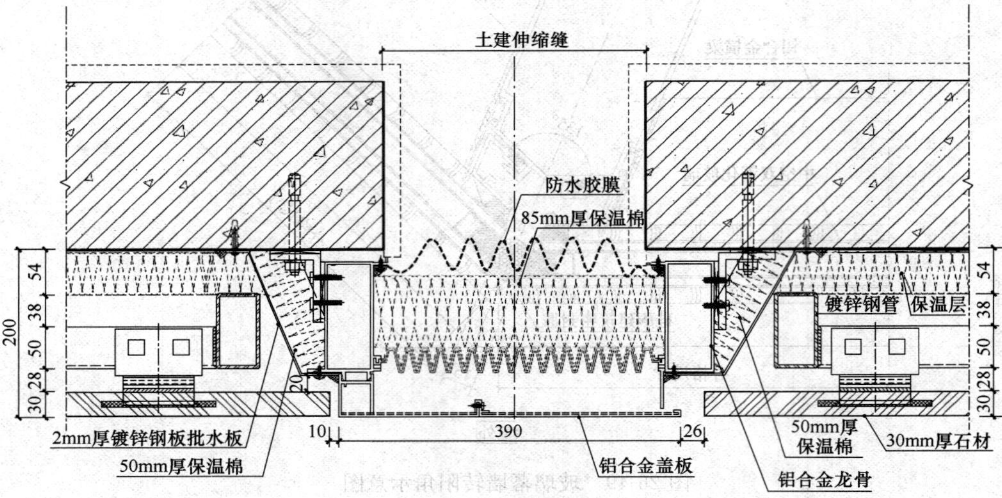

图 26-51　伸缩缝节点图

4. 收口处理

收口处理一般是指玻璃幕墙与主体结构间的收口处理，包括层间处理、洞口封堵处理、透明幕墙与非透明幕墙交接位置处理等。立柱与主体结构收口处理见图 26-52。

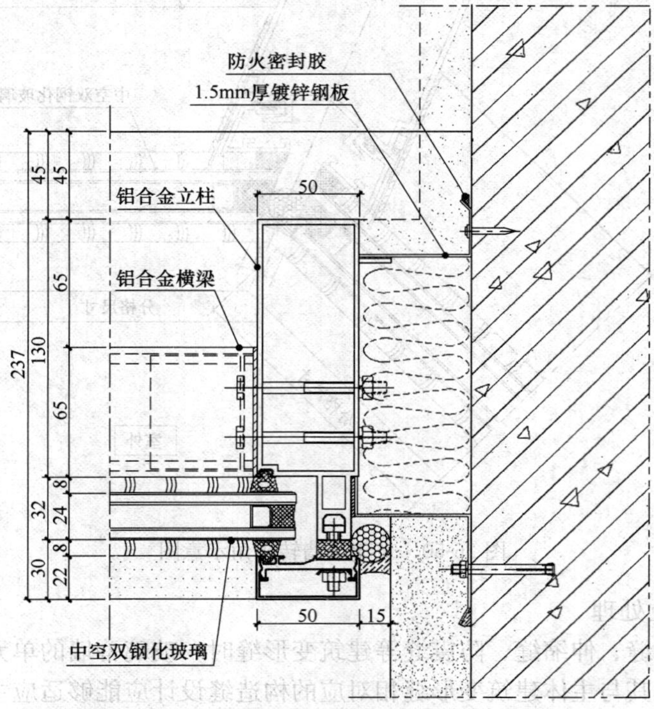

图 26-52　立柱与主体结构收口节点图

横梁与主体结构收口处理见图 26-53。

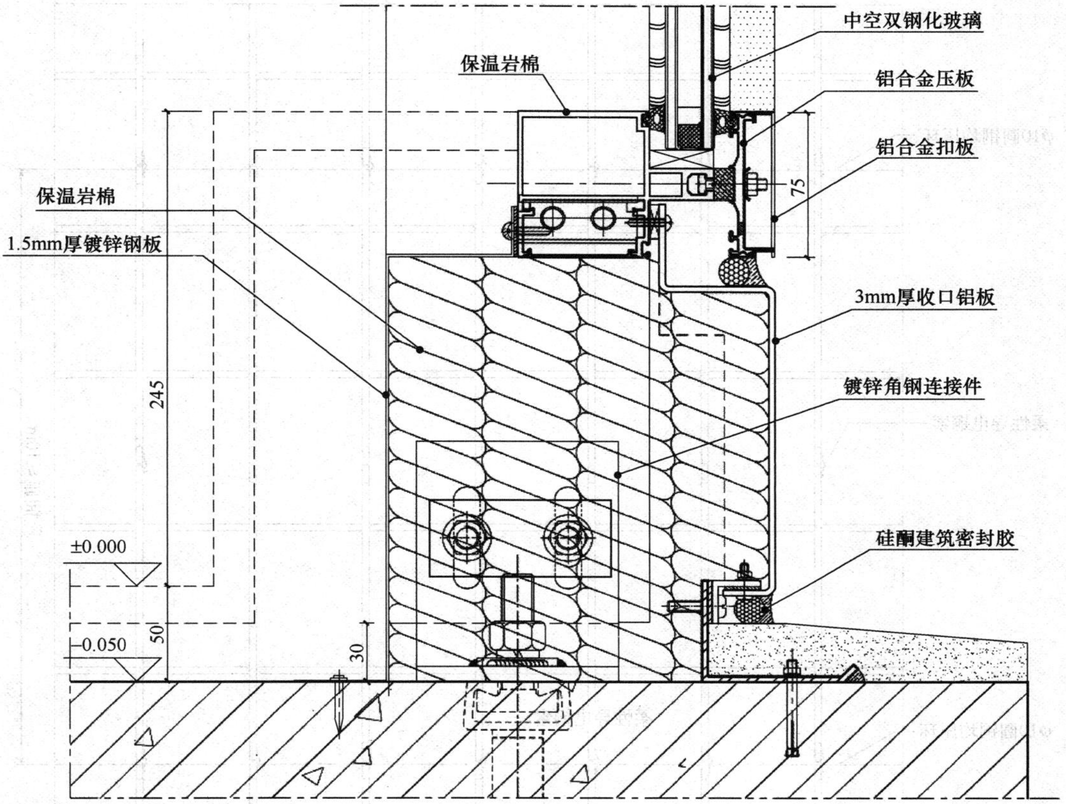

图 26-53 横梁与主体结构收口节点图

5. 防雷处理

玻璃幕墙是附属于主体建筑的围护结构，幕墙的金属框架一般不单独作防雷接地，而是利用主体结构的防雷体系与建筑本身的防雷设计相结合，因此要求其应与主体结构的防雷体系可靠连接，并保持导电通畅。玻璃幕墙的防雷设计应符合现行国家标准《建筑物防雷设计规范》GB 50057、《民用建筑电气设计标准》GB 51348 的有关规定，见图 26-54。

(1) 幕墙防侧击雷

幕墙的金属框架应与主体结构的防雷体系可靠连接，连接部位应清除非导电保护层。通常，玻璃幕墙的铝合金立柱在不大于 10m 范围内，宜有一根柱采用柔性导线上、下连通，铜质导线截面面积不宜小于 25mm^2，铝质导线截面面积不宜小于 30mm^2。在主体建筑有水平均压环的楼层，对应导电通路立柱的预埋件或固定件应采用圆钢或扁钢与水平均压环焊接连通，形成防雷通路，焊缝和连线应涂防锈漆。扁钢截面不宜小于 5mm×40mm，圆钢直径不宜小于 12mm。接地电阻均应小于 4Ω，见图 26-55。

(2) 幕墙防直击雷

兼有防雷功能的幕墙压顶板宜采用厚度不小于 3mm 的铝合金板，压顶板截面面积不宜小于 70mm^2（幕墙高度不小于 150m 时）或 50mm^2（幕墙高度小于 150m 时）。幕墙压

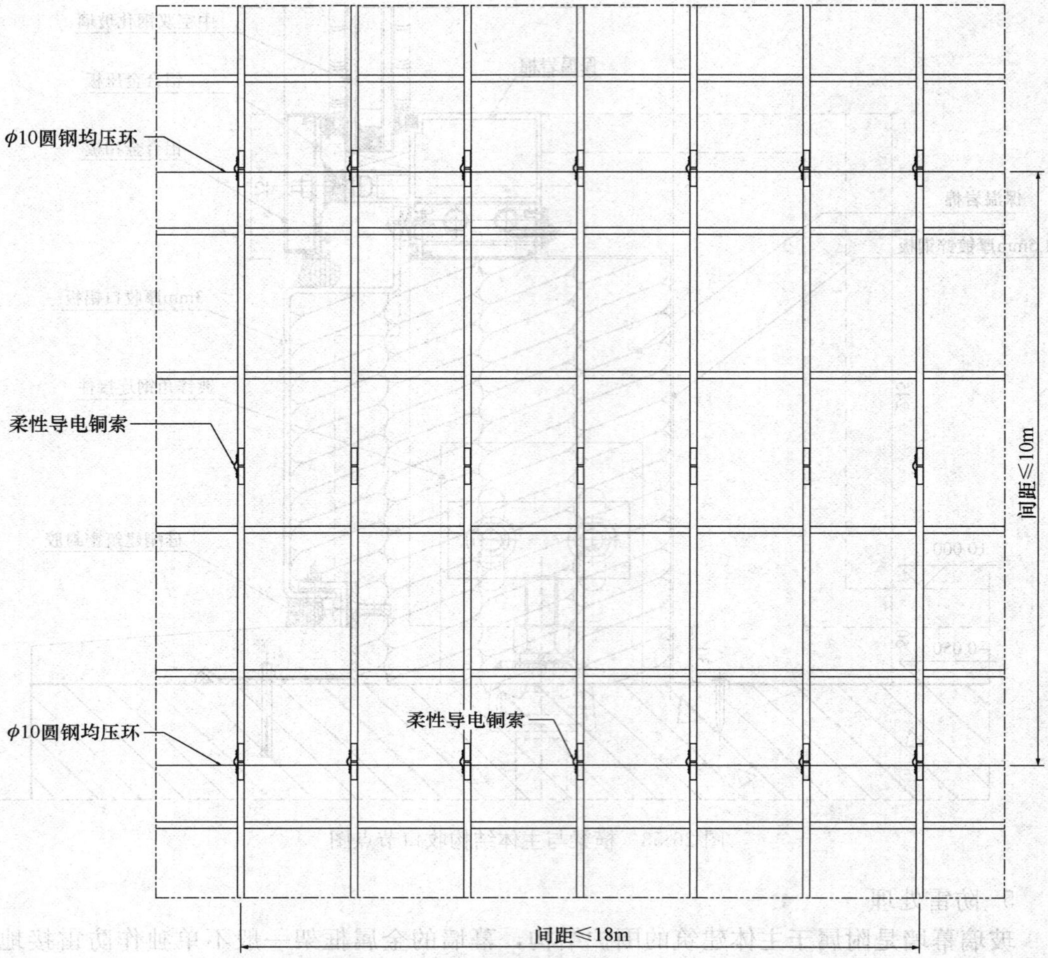

图 26-54　幕墙避雷系统示意图

顶板与主体结构屋顶的防雷系统应有效连通，并保证接地电阻满足要求。

26.3.6　层　间　防　火

幕墙必须具有一定的防火性能，以满足建筑防火的要求。

玻璃幕墙与其周边防火分隔构件间的缝隙、与楼板或隔墙外沿间的缝隙、与实体墙面洞口边缘间的缝隙等，应进行防火封堵设计。

玻璃幕墙的防火封堵构造系统，在正常使用条件下，应具有伸缩变形能力、密封性和耐久性；在遇火状态下，应在规定的耐火时限内，不发生开裂或脱落，保持相对稳定性。

玻璃幕墙防火封堵构造系统的填充料及其保护性面层材料，应采用耐火极限符合设计要求的不燃烧材料或难燃烧材料。

无窗槛墙的玻璃幕墙，应在每层楼板外沿设置耐火极限不低于 1.0h、高度不低于 0.8m（无消防喷淋时高度不低于 1.2m）的不燃烧实体裙墙或防火玻璃裙墙。建筑高度大

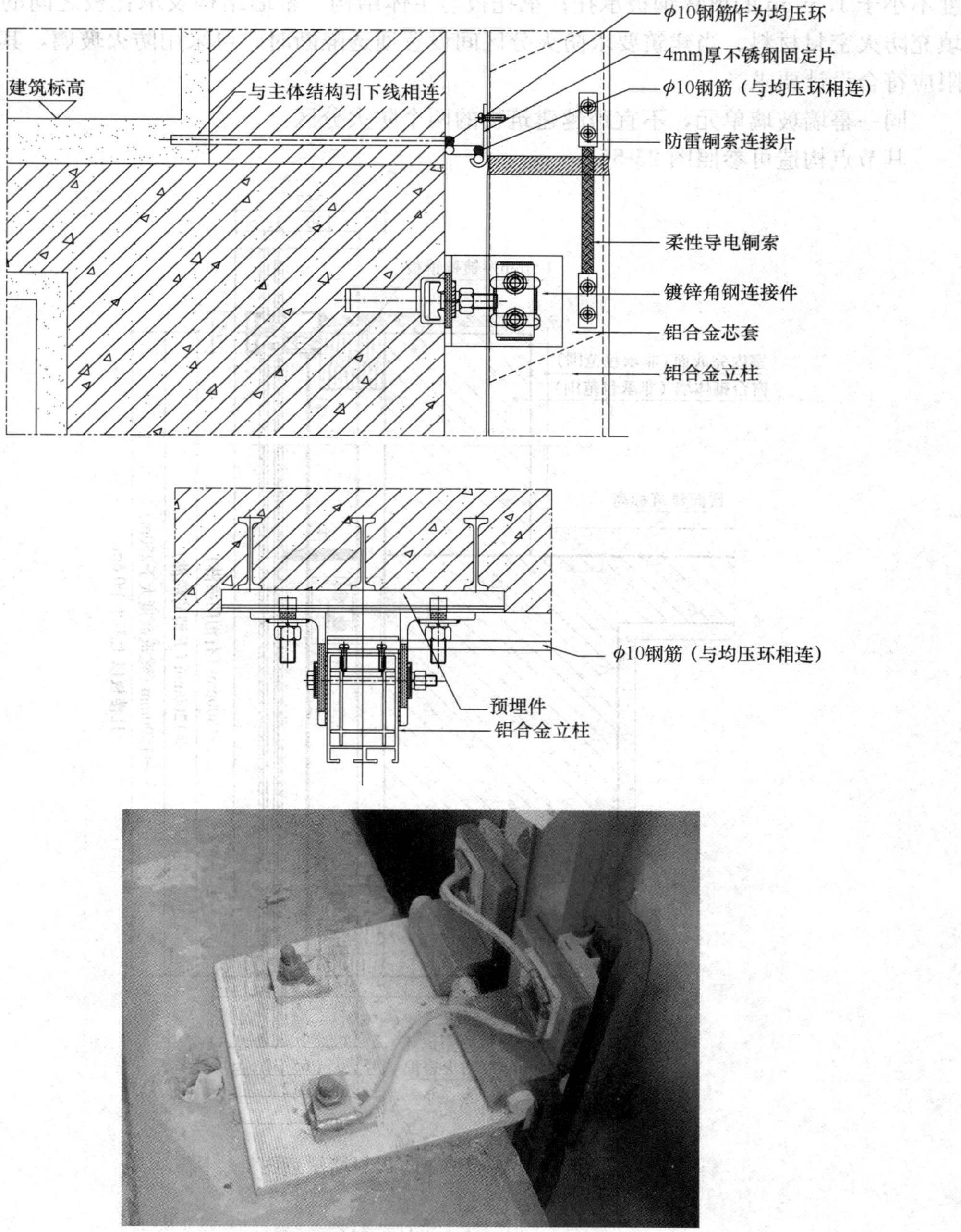

图 26-55　幕墙防雷连接节点示意图

于 250m 的幕墙建筑，实体墙高度不应小于 1.5m，且楼板以上不小于 0.6m。

玻璃幕墙与建筑窗槛墙之间的空隙应在建筑缝隙上、下沿处，当采用岩棉或矿棉封堵时，其厚度不应小于 200mm，并应填充密实；楼层间水平防烟带的岩棉或矿棉宜采用厚度不小于 1.5mm 的镀锌钢板承托；承托板与主体结构、幕墙结构及承托板之间的缝隙宜填充防火密封材料。当建筑要求防火分区间设置通透隔断时，可采用防火玻璃，其耐火极限应符合设计要求。

同一幕墙玻璃单元，不宜跨越建筑物的两个防火分区。

其节点构造可参照图 26-56。

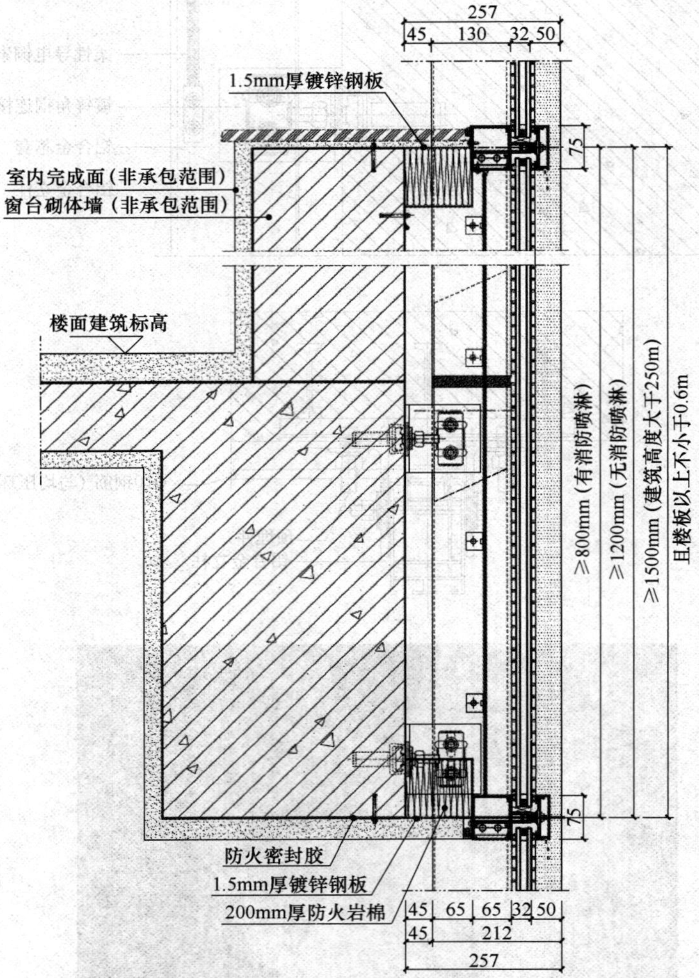

图 26-56　玻璃幕墙防火封堵示意图

26.3.7 安 装 施 工

1. 构件式

构件式幕墙是现场依次安装立柱、横梁和面板的框支承建筑幕墙。现阶段，我国应用较广泛的玻璃幕墙有明框玻璃幕墙、半隐框玻璃幕墙、全玻璃幕墙及点支承玻璃幕墙等。

(1) 确定施工顺序

构件式幕墙安装施工顺序见图 26-57。

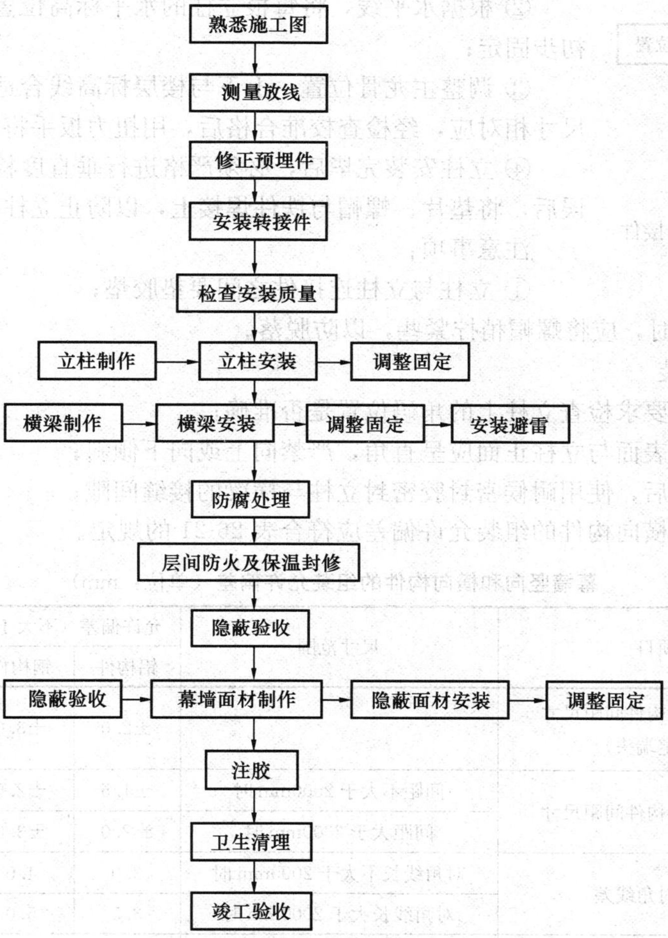

图 26-57 构件式幕墙安装施工顺序图

(2) 弹线定位

根据结构复查时的放线标记，水准点按埋件布置图、主体结构轴线、标高进行测量放线、定位。

(3) 埋件的检查

预埋件是通过锚筋与主体混凝土结构连接，预埋件的外侧必须紧贴外侧贴板（拆掉时所有埋件外侧均裸露混凝土面），埋件锚筋必须与主体钢筋绑扎牢固，并注意与主体的防雷网电源连通，埋件的允许误差严格控制在标高≤10mm，水平分格≤20mm。

(4) 支座及立柱的安装

1) 立柱连接件安装

立柱连接件是连接幕墙的重要部位，其安装的精度和质量是幕墙安装精度、外观质量和整个幕墙的基础，也是后续安装工作能够顺利进行的关键，见图 26-58。

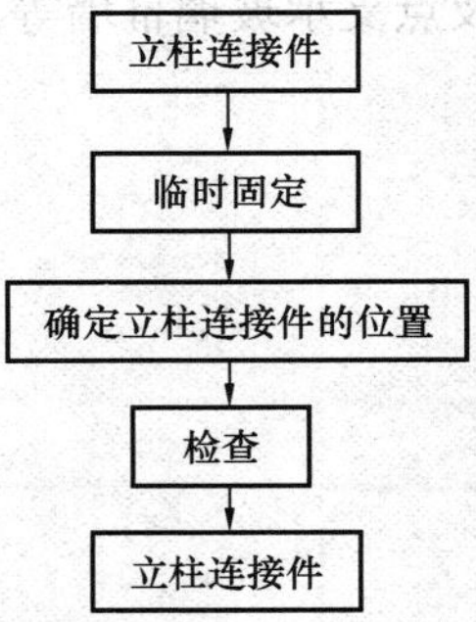

图 26-58　立柱连接件的安装顺序

2）立柱的安装

① 立柱的安装顺序按施工组织设计施工，立柱安装前先将连接件、套筒按设计图装配；

② 根据水平线，将每根立柱的水平标高位置调整好，用螺栓初步固定；

③ 调整主龙骨位置，上下与楼层标高线合适，左右与轴线的尺寸相对应，经检查校准合格后，用扭力扳手将螺母拧紧；

④ 立柱安装完毕后，必须严格进行垂直度检查，整体确认无误后，将垫片、螺帽与铁件焊接上，以防止立柱变形。

注意事项：

① 立柱与立柱连接件之间要垫胶垫；

② 立柱安装时，应将螺帽稍拧紧些，以防脱落。

（5）横梁安装

1）根据图纸要求检查立柱上的角码位置是否准确；

2）横梁上下表面与立柱正面应呈直角，严禁向上或向下倾斜；

3）安装完毕后，使用耐候密封胶密封立柱与横梁的接缝间隙；

4）墙竖向和横向构件的组装允许偏差应符合表 26-21 的规定。

幕墙竖向和横向构件的组装允许偏差（单位：mm）　　**表 26-21**

序号	项目	尺寸范围	允许偏差（不大于）		检测方法
			铝构件	钢构件	
1	相邻两竖向构件间距尺寸（固定端头）	—	±2.0	±3.0	钢卷尺
2	相邻两横向构件间距尺寸	间距不大于 2000mm 时	±1.5	±2.5	钢卷尺
		间距大于 2000mm 时	±2.0	±3.0	
3	分格对角线差	对角线长不大于 2000mm 时	3.0	4.0	钢卷尺或伸缩尺
		对角线长大于 2000mm 时	3.5	5.0	
4	竖向构件垂直度	高度不大于 30m 时	10	15	经纬仪或铅垂仪
		高度不大于 60m 时	15	20	
		高度不大于 90m 时	20	25	
		高度不大于 150m 时	25	30	
		高度大于 150m 时	30	35	
5	相邻两横向构件的水平高差	—	1.0	2.0	钢板尺或水平仪
6	横向构件水平度	构件长不大于 2000mm 时	2.0	3.0	水平仪或水平尺
		构件长大于 2000mm 时	3.0	4.0	
7	竖向构件直线度	—	2.5	4.0	2m 靠尺
8	竖向构件外表面平面度	相邻三立柱	2	3	经纬仪
		宽度不大于 20m	5	7	
		宽度不大于 40m	7	10	

续表

序号	项目	尺寸范围	允许偏差（不大于）		检测方法
			铝构件	钢构件	
8	竖向构件外表面平面度	宽度不大于 60m	9	12	经纬仪
		宽度不小于 60m	10	15	
9	同高度内横向构件的高度差	长度不大于 35m	5	7	水平仪
		长度大于 35m	7	9	

（6）玻璃板块安装及调整

隐框玻璃幕墙铝合金托条的安装：

按设计要求在每个分格块玻璃下端的位置安设两个铝合金托条，其长度不小于100mm，厚度不小于2mm，垂直于幕墙平面的宽度不应露出玻璃板外表面。

明框玻璃幕墙玻璃垫块的安装：

按设计要求将玻璃垫块安放在横梁的相应位置（一般是横梁两端约1/4的位置）。

隐框玻璃的注胶：

单组分密封胶可以直接从筒状/肠状包装中用手动或气动喷枪使用，气动喷枪的操作压力不得超过40psi，以防止密封胶内产生气泡。

双组分密封胶须使用打胶泵设备，按特定比例均匀混合，参阅双组分结构胶质量控制程序。

密封胶的使用应用一次完整的操作来完成，使结构胶均匀连接地以圆柱状挤出注胶枪嘴。枪嘴出口直径应小于注胶接口厚度，以便枪嘴深入接口1/2深度。枪嘴应均匀缓慢地移动并确保接口内已充满密封胶，防止枪嘴移动过快而产生气泡或空穴。

密封胶注胶之后应立即进行表面修饰，常规方法是用一刮刀将接口外多出的密封胶用力向接口内压并顺利将接口表面刮平整，使密封胶与接口的侧边相接触，这样有助于减少内部空穴和保证良好的底物接触。

不要用水、肥皂或洗涤剂压实，因为可能会污染附近未固结的密封胶表面。

压实完成后立即除去掩盖纸胶带。

不要在极低的温度（结构密封胶在4℃以上时使用）或底物表面非常热（大于49℃）的情况下使用密封胶，如果将密封胶施于很热的底物上，可能会在底物表面附近产生气泡。

在密封胶使用和表面修饰后，随即在结构装配玻璃组件上标上日期和编号，水平搬放至固化储存区进行养护。在搬放过程中不允许使密封胶接口及其相粘合的底物间产生任何的位移和错位，否则会影响密封胶的粘合质量。

在固化期间不要再次搬动，固化其结构装配玻璃组件不要受到阳光照射。

在确定接口内的密封胶完全固化后才能搬动玻璃—铝框，并经过检查合格后才能装运和安装。

安装前应将铁件或钢架、立柱、避雷、保温、防锈部检查一遍，合格后将相应规格的玻璃搬入就位，然后自上而下进行安装。

安装过程中拉线控制相邻面板的平整度和板缝的水平、垂直度，用木板模块控制板缝宽度，安装一块检查一块。

幕墙玻璃块，应先全部就位、临时固定，然后拉线调整。

安装过程中，如缝宽有误差，应均分在每一条板缝中，防止误差累计在某一条板缝或某一块面材上。

(7) 开启扇的安装

安装过程中，应特别注意搬运的安全，保护好玻璃的表面质量，如有划伤和损坏应及时进行更换。

玻璃幕墙安装允许偏差应符合表 26-22 的规定。

幕墙安装允许偏差表　　　**表 26-22**

项目		允许偏差（mm）	检查方法
竖缝及墙面垂直度	幕墙高度（H）（m） $H\leqslant 30$	$\leqslant 10$	激光经纬仪或经纬仪
	$60\leqslant H>30$	$\leqslant 15$	
	$90\leqslant H>60$	$\leqslant 20$	
	$H>90$	$\leqslant 25$	
幕墙平面度		$\leqslant 2.5$	2m 靠尺、钢板尺
竖缝直线度		$\leqslant 2.5$	2m 靠尺、钢板尺
横缝直线度		$\leqslant 2.5$	2m 靠尺、钢板尺
缝宽度（与设计值比较）		± 2	卡尺
两相邻面板之间接缝高低差		$\leqslant 1.0$	深度尺

(8) 装饰扣盖的安装

明框幕墙玻璃安装完毕后，即可进行扣盖安装。安装前，先选择相应规格、长度的内外扣盖进行编号。安装时应防止扣盖的碰撞、变形。同一水平线上的扣盖应保持其水平度与直线度。将内外扣盖由上向下安装。

(9) 注胶

玻璃板块安装调整好后，注胶前先将玻璃、铝材及耐候胶进行相溶性实验，如出现不相溶现象，必须先刷底漆，在确认完成相溶后再进行注胶。

注胶前，安装好各种附件，对密封部位进行清扫和干燥，采用甲苯对密封面进行清扫，最后用干燥清洁的纱布将溶剂蒸发后的痕迹拭去，保持密封面清洁、干燥。

为防止密封材料使用时污染装饰面，同时为使密封胶缝与面板交基线平直，应将纸胶带贴直。

注胶时应保持密实、饱满、均匀，外观平整、光滑、同时注意避免浪费。胶缝修整好后，应及时去掉保护胶带，并注意撕下的胶带不要污染周围材料，同时清理粘在施工表面的胶痕。

2. 单元式

单元式幕墙是由面板与支承框架在工厂制成的不小于一个楼层高度的幕墙结构基本单位，直接安装在主体结构上组合而成的框支承建筑幕墙。可分为插接型、连接型、对接型三种单元式幕墙，插接型单元式幕墙目前应用最为广泛，其典型节点构造见图 26-59、图 26-60。

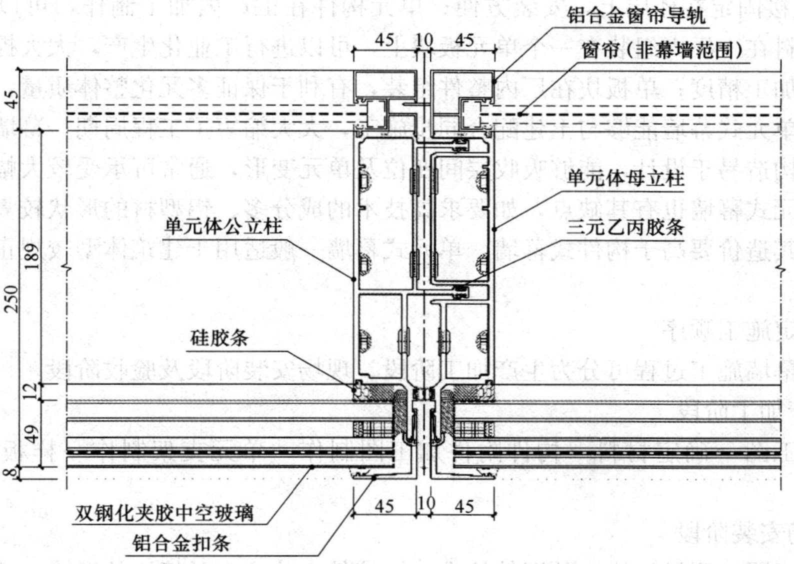

图 26-59 横剖节点

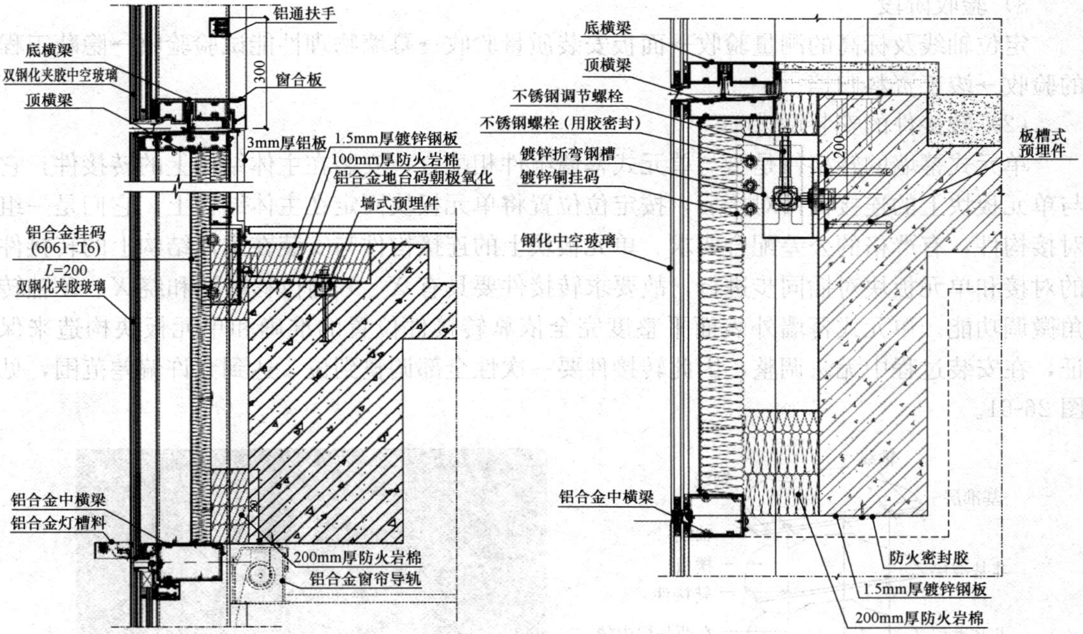

图 26-60 纵剖面节点

(*a*) 纵剖面节点（顶埋式）；(*b*) 纵剖面节点（侧埋式）

单元式幕墙将幕墙的龙骨、面材及各种材料在工厂组装成一个完整的幕墙结构基本单位，运至施工现场，然后通过吊装直接安装在主体结构上，通过板块间的插接配合以达到建筑外墙的各项性能要求。单元式幕墙的单板块高度一般为楼层高度，宽度在 1.2～

1.8m，可直接固定在楼层上，安装方便；单元构件在工厂内加工制作，可以把玻璃、铝板或其他材料在工厂内组装在一个单元板块上，可以进行工业化生产，大大提高劳动生产率和材料的加工精度；单板块在厂内整件组装，有利于保证多元化整体质量，保证幕墙的工程质量；单元式幕墙能够与土建配合同步施工，大大缩短了工程周期；幕墙单元板块安装连接接口构造易于设计，能够吸收层间变位及单元变形，通常可承受较大幅度的建筑物移动。但单元式幕墙也有其缺点，如要求高技术的成分多、铝型材的形状较复杂、铝型材用量较多、其造价要高于构件式幕墙，单元式幕墙一般适用于建筑体型较规正的高层或超高层建筑。

（1）确定施工顺序

单元式幕墙施工过程可分为生产加工阶段、现场安装阶段及验收阶段。

1）生产加工阶段

熟悉施工图→确定材料→构件附件加工图制作→单元支架制作→样板制作→批量生产。

2）现场安装阶段

熟悉施工图→测量放线→预埋件校准→转接件安装→单元板块的运输→单元板块的垂直吊装→保温、防火、防雷等的安装→防水压盖的安装及调试→幕墙收口。

3）验收阶段

定位轴线及标高的测量验收→面板安装质量验收→幕墙物理性能试验验收→隐蔽工程的验收→竣工资料归档。

（2）转接件的安装调试

单元式幕墙的转接件是指与单元式幕墙组件相配合，安装在主体结构上的转接件，它与单元板块上的连接构件对接后，按定位位置将单元板块固定在主体结构上，它们是一组对接构件，有严格的公差配合要求。单元板块上的连接构件与安装在主体结构上的转接件的对接和单元板块对插同步进行，故要求转接件要具有 X、Y 向位移微调和绕 X、Z 轴转角微调功能。单元式幕墙外表面平整度完全依靠转接件位置的准确和单元板块构造来保证，在安装过程中无法调整，因此转接件要一次性全部调整到位，达到允许偏差范围，见图 26-61。

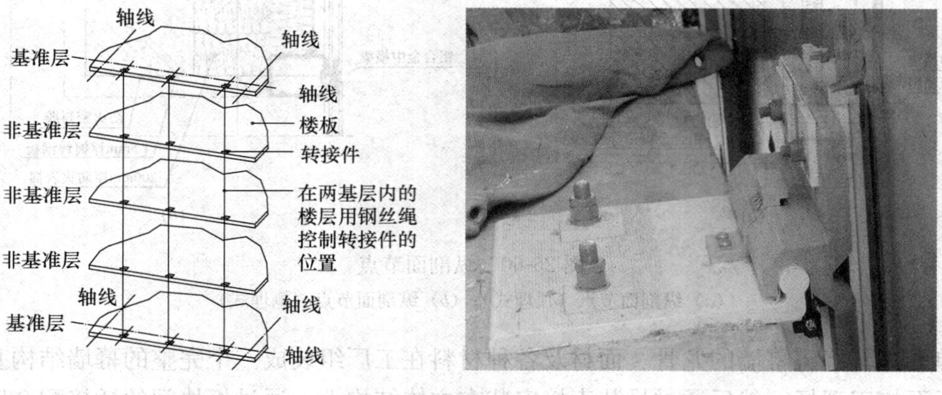

图 26-61　转接件的安装方式

转接件安装允许偏差见表 26-23。

转接件安装允许偏差 **表 26-23**

序号	项目	允许偏差（mm）	检查方法
1	标高	±1.0 （有上下调节时±2.0）	水准仪
2	转接件两端点平行度	≤1.0	钢尺
3	距安装轴线水平距离	≤1.0	钢尺
4	垂直偏差（上、下两端点与垂线偏差）	±1.0	钢尺
5	两转接件连接点中心水平距离	±1.0	钢尺
6	两转接件上、下端对角线差	±1.0	钢尺
7	相邻三转接件（上下、左右）偏差	±1.0	钢尺

1）转接件安装前的准备

在转接件安装前，首先必须检查预埋件平面位置及标高，同时要将施工误差较大的预埋件进行处理，调整到允许范围内才能安装转接件。对工程整体进行测绘控制线，依据轴线位置的相互关系将十字中心线弹在预埋件上，作为安装支座的依据。

2）转接件的运输及存放

转接件及附件由人货两用梯或塔式起重机运至各楼层，分类整齐堆放在指定区域。

3）转接件的安装

转接件的安装顺序见图 26-62。

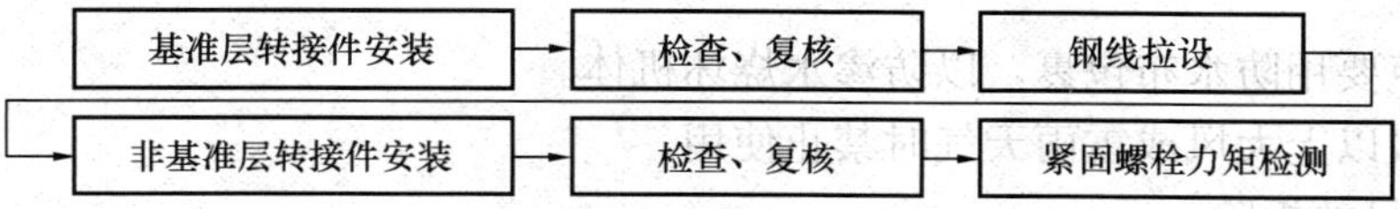

图 26-62 转接件的安装顺序

① 基准层转接件的安装

根据施工顺序和施工区段的划分确定转接件的安装基准层，基准层转接件直接依据轴线做出，依据设计单元尺寸进行定位安装。

② 基准层转接件检查、复核

基准层转接件安装完成后，按设计施工图和测量基础进行检查和复核工作，基准层转接件检查和复核工作 100％覆盖，对于弧形或曲线平面可制作模板进行复核。

③ 钢线的拉设

当两个基准层的转接件施工完毕后，可拉设钢线准备安装两个基准层间各楼层的转接件。

每个转接件处必须拉设两根钢丝，只要严格控制钢丝的间距即可保证中间转接件的正确性。

钢丝的张紧程度应适宜，拉力过大，钢丝易断；反之，其受风力影响较大，转接件调节精度受影响。

钢丝在拉设过程中不应与任何物体相干涉。

④ 非基准层转接件的安装

在拉设钢丝位置并调整时，应自上而下顺序进行，以免未调节的转接件与钢丝发生干涉现象。

在没有钢丝的位置用预制模板调节，由于模板在制作时已考虑转接件的允许偏差，所以在调整时应使转接件与模板接触处间隙均匀一致。

⑤ 非基准层转接件检查、复核

非基准层转接件检查、复核与基准层转接件检查、复核基本相同。

⑥ 转接件紧固螺栓力矩检测

因转接件为单元式幕墙的承力部件，各部位螺栓应认真检验锁紧力矩是否达到设计要求，这对于安全生产是非常重要的。

(3) 吊装设备的安装及调试

1) 常用吊装设备的安装

环轨吊的安装方法：将定做的单轨道运输到需要安装的楼层，对准需要安装的位置边缘；逆时针安装；角钢（固定支点）预埋件固定；用绳子系好轨道两端，移至安装位置，用螺栓连接到固定支点上；单轨道比较长时，如圆弧就位，要用手动葫芦提升到安装位置，手拉葫芦与上层柱子连接；安装人员必须系好安全带；安装楼层设置安全绳与柱子连接，用于系安全带；安装部位下方设安全警戒线；根据轨道安装图纸进行施工调试。

2) 注意事项

操作人员、安全员要经常检查环轨吊的运转情况，严禁机体带病工作。

每次使用前必须先试运转正常后方可使用，收工后要将电机移至安全位置锁定，并切断电源。

电动葫芦要用防水布包裹，以防渗水烧坏机体。

遇到 6 级以上大风或雷雨天气时禁止使用。

3) 环轨吊的拆除

拆除部位下方设安全警戒线。

先将环轨吊上的电动葫芦与手拉葫芦连接，手拉葫芦的另一端固定在上一层楼板上，提升手拉葫芦将电动葫芦拉到室内。

拆除人员必须系好安全带。

拆除楼层设置安全绳与柱子连接，用于系安全带。

用绳子系好轨道两端，松开固定轨道的螺栓，慢慢将一段轨道移到楼层内，解开绳子，将环轨吊运到下一个需要安装的楼层。

逆时针拆除。

单轨道比较长时，如圆弧部位，手动葫芦一端与上层柱子连接，另一端连接在轨道上，松开固定轨道的螺栓，慢慢提升手动葫芦将一段轨道移到楼层内，解开手动葫芦，将轨道吊运到下一个需要安装的楼层。

操作人员使用的扳手、工具必须用绳与手腕连接，防止坠落。

(4) 卸货钢平台

卸货钢平台作为板块的临时存放平台，见图 26-63。

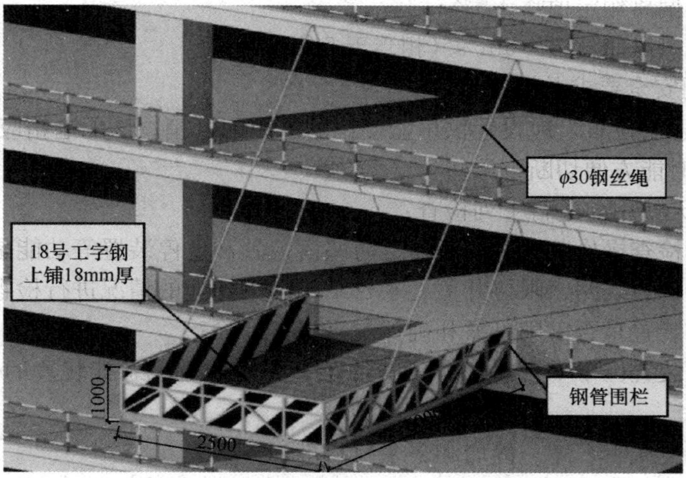

图 26-63 卸货钢平台示意

1）安装方法

在设置平台的上层楼面，将两根保险丝分别固定在预先焊在梁上的专用吊钩上，也可采用在柱上绑扎固定的方式或固定在上层板底梁的预制构件上。

钢丝绳的另一端连接一个 5t 的卸扣。

用钢丝绳从平台外端两侧的吊环及对称的另外两个吊环中穿入，并用卡扣锁牢。

用塔式起重机将平台吊至安装楼面就位。

在平台外端吊环上安装已悬挂好的受力钢丝绳。在内侧吊环上系好保险钢丝绳。

在平台另一端吊环内固定受力钢丝绳，另一端通过卸扣固定在预先设定的梁上，收紧钢丝。

检查平台安装牢固后，将两根保险绳上的花篮螺栓略微松开，使之收紧但不受力。

将平台与本层预制吊钩用钢丝连接固定，或用锚栓与本层楼板固定，防止平台外移。

松开塔式起重机吊钩。

每次钢平台移动时，均重复以上过程。

2）平台安装注意事项

安装平台时，地面应设警戒区，并有安全员监护和塔式起重机司机密切配合。

钢丝绳与楼板边缘接触处加垫块，并在钢丝绳上加胶管保护。

平台外设置向内开、关门，仅在使用状态下开启。

3）吊篮

根据吊篮的特点，还应严格遵守以下安全操作和使用规则。

① 施工吊篮必须符合下列标准：

现行国家标准《高处作业吊篮》GB/T 19155；

安装吊篮的建筑结构有足够的强度以承受预期的荷载。

② 施工吊篮工作环境要求如下：

环境温度：－10℃～＋55℃；

环境相对湿度：≤90％（25℃）；

③ 电源电压偏离额定值：±5%；

④ 工作处阵风风速：≤8.3m/s（相当于5级风力）。

4）吊篮使用安全要求及措施

在建筑物的适当位置，应设置供吊篮使用的电源配电箱。该配电箱应防雨、安全、可靠，在紧急情况时能方便切断电源。

施工吊篮每天使用前进行下列检查：

① 操作者应检查操作装置、制动器、防坠落装置和急停装置等功能是否正常；

② 应对所有动力线路、限位开关、平台结构和钢丝绳的情况进行检查；

③ 检查悬挂装置是否牢固可靠和确保配重未被卸除；

④ 确保悬挂装置位于平台拟工作位置的正上方，以避免悬挂装置的过度水平力和平台的摆动；

⑤ 确保平台上无雪、冰、碎屑和多余材料堆积；

⑥ 确保可能与平台接触的物体不要伸出立面；

⑦ 工作完成后，操作者应将平台移到非工作位置，切断动力并与动力源断开，以防止未授权使用；

⑧ 施工吊篮定期检查每月进行一次。

吊篮各机构作业时应保证：

① 电气系统与控制系统功能正常，动作灵敏、可靠；

② 安装保护装置与限位装置动作准确、安全可靠；

③ 各传动机构运转平稳，不得有过热、异常声响或振动，起升机构等无漏油现象。

平台尺寸应满足所搭载的操作者人数及其携带工具与物料的需要。在不计控制箱的影响时，平台内部宽度应不小于500mm，每个人员的工作面积应不小于0.25m^2。平台底板应为坚固、防滑表面（如格形板或网纹板），并固定可靠。底板上的任何开孔应设计成能防止直径为15mm的球体通过，并有足够的排水措施。踢脚板应高于平台底板表面150mm。如平台包板，则不需要踢脚板。

作业人员必须佩戴安全带，并将安全带系牢在吊船受力杆上。

两台吊篮并列安装时，两吊篮间距应确保大于0.80m。

操作人员必须在地面进出吊篮平台，不得在空中攀窗口出入，不允许作业人员在空中从一个平台跨入另一个平台，作业人员装载物料必须在吊篮降至地面后进行。

注意观察吊篮高度方向有无障碍物，如开起的窗户、凸出物体等，以免吊篮碰挂。

严禁超载运行，载荷尽量均匀，稳妥地放置。不得对平台施加冲击载荷。

屋面悬挂装置应水平摆设，平台应保持水平状态上下运行，屋面悬挂装置安装间距应与吊篮平台长度相等。

吊篮若要就近整体位移，必须先将钢丝绳从提升机和安全锁内退出，拔掉电源。

严禁在半空中进行检修以及在吊篮运行中使用安全锁、电磁制动器进行手动刹车。

（5）单元式幕墙的运输

单元板块的运输主要包括公路运输、垂直运输、板块在存放层内的平面运输。

1）单元板块的公路运输

根据工程单元板块尺寸大小和重量来决定周转架装单元板的数量；运输时两个单元板

块互相不接触，每单元板块独立放于一层。周转架下做专用滑轮，并可靠固定，以保证单元板块在途中不受破坏。单元板块与周转架的部位应用软质材料隔离，防止单元板块划伤。尽量保持车辆行驶平稳，如图 26-64 所示。

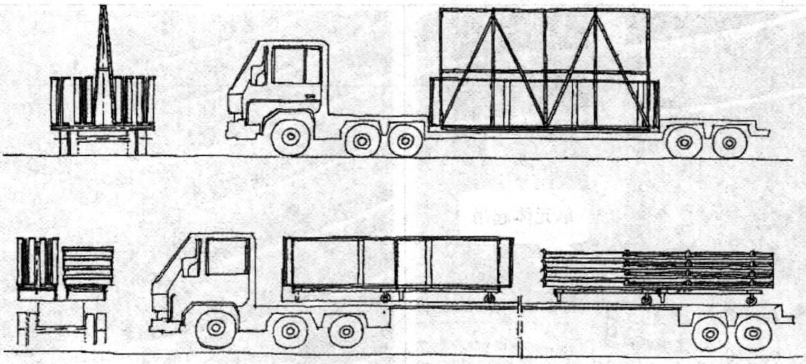

图 26-64　单元板块的公路运输

卸车时一般需借助塔式起重机或汽车式起重机完成。

运到工地后，首先检查单元板块在运输途中是否有损坏，数量、规格是否有错，检查单元板是否有出厂合格证，单元板块的标志是否清晰。以上条件满足后，再对每个单元板块进行复检，尺寸误差是否在公差范围内，单元板块转接定位块的高度要作为重点进行检查。

2）单元板块的垂直运输

单元板块的垂直运输是指实现板块由地面运至板块存放层的过程，一般有下几种方式：

① 通过塔式起重机将板块吊运至卸料平台，门式钢架将板块运到楼层指定位置，最后通过翻转车＋环轨（或自制炮车）实现板块安装。

利用此方式进行垂直运输，需要专用的吊具，将单元板块运输到板块存放层。吊具形式见图 26-65。

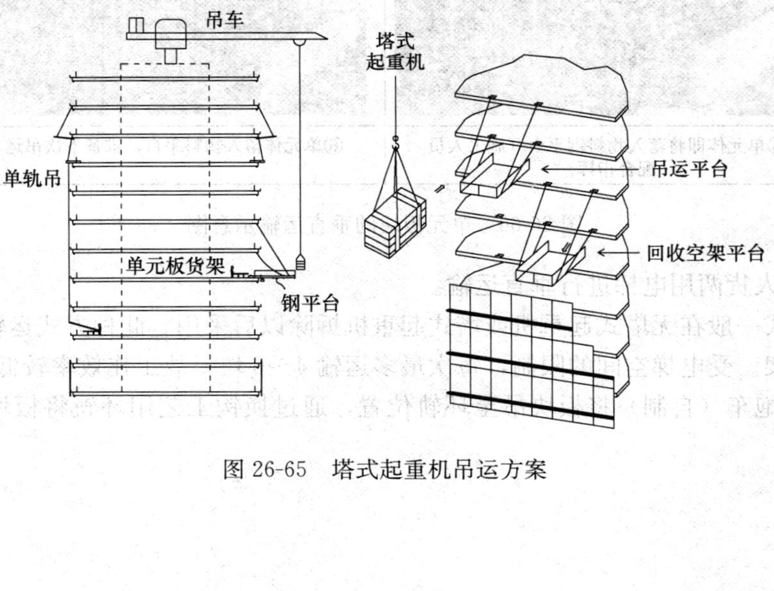

图 26-65　塔式起重机吊运方案

搭设钢平台作为板块的临时存放平台，在单元板块存放平台所处的楼层安装横向钢导轨，通过横向钢导轨将钢平台上的板块转移到安装位置，再从上方吊下单元板块进行此楼层以下单元板块的安装，见图 26-66。

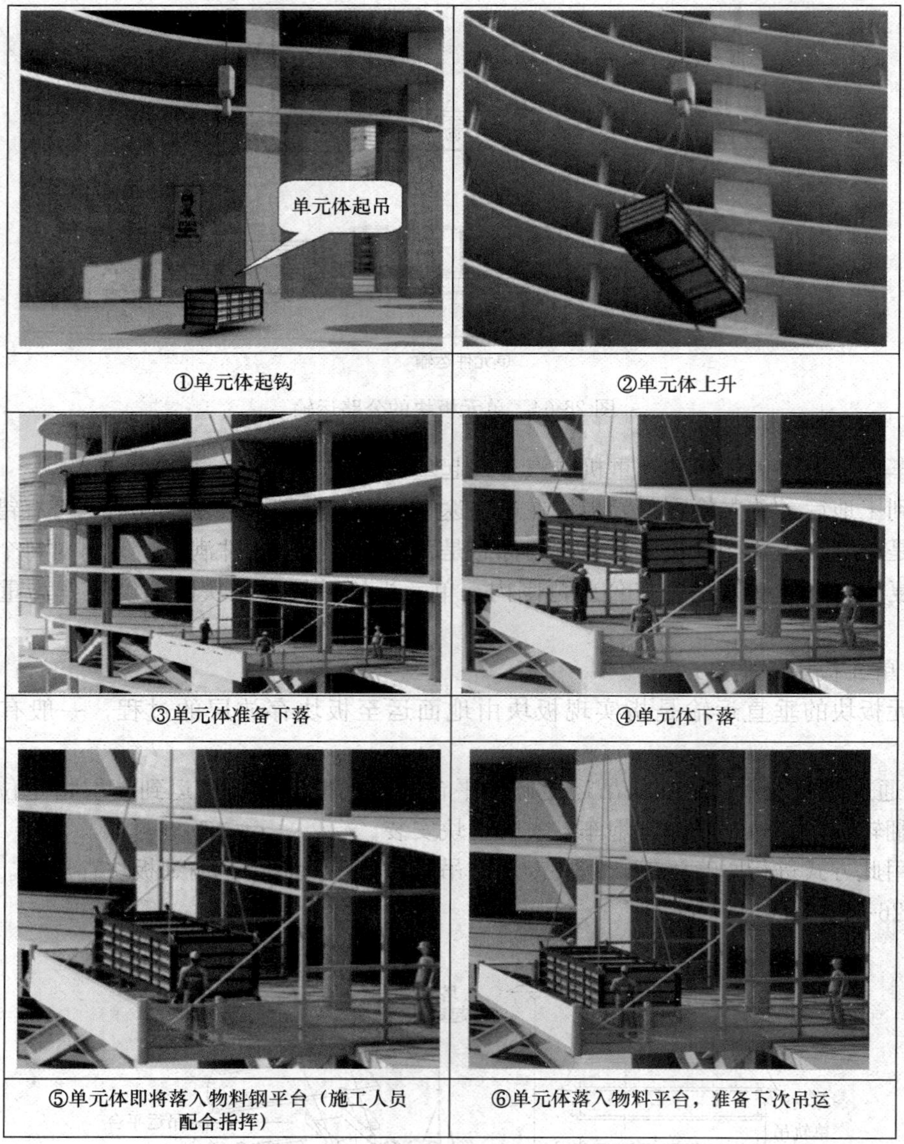

图 26-66　单元板块的垂直运输示意图

② 通过人货两用电梯进行垂直运输。

此种方式一般在无塔式起重机或塔式起重机拆除以后采用。此种方式运输需采用特殊的板块周转架。受电梯空间的限制，每次最多运输 4～6 块，故工作效率较低。

③ 通过炮车（自制）将板块吊至环轨位置，通过换钩工艺用环轨将板块运至指定安装位置。

3）单元板块在存放层内的平面运输

单元板块在存放层内的平面运输主要是指将板块从叠形存放状态分解单块并运至预吊装位置，可采用以下几种运输机械。

① 专用运输架

为防止单元板块在运输途中颠簸、擦伤单元板块，可采用单元板块运输的移动专架，此专架由方钢焊接而成，每个运输架可同时运输 3～4 块单元板块，运输时在铁架上搁置橡皮垫片，以确保单元板块在运输途中不受损伤，见图 26-67。

② 门式吊机

吊机的几何尺寸应与单元板转运架外形尺寸相配套，见图 26-68。

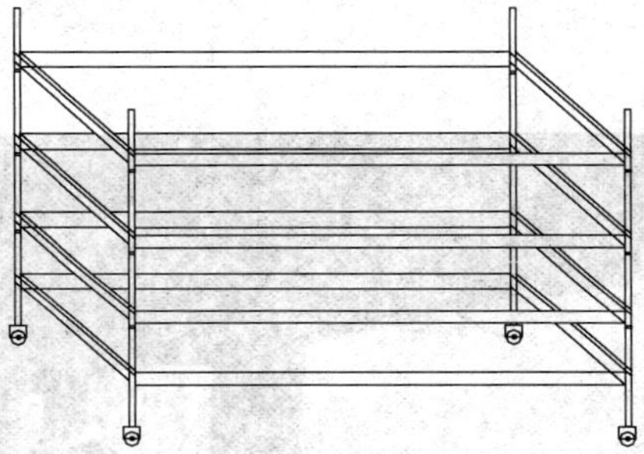

图 26-67　专用运输架

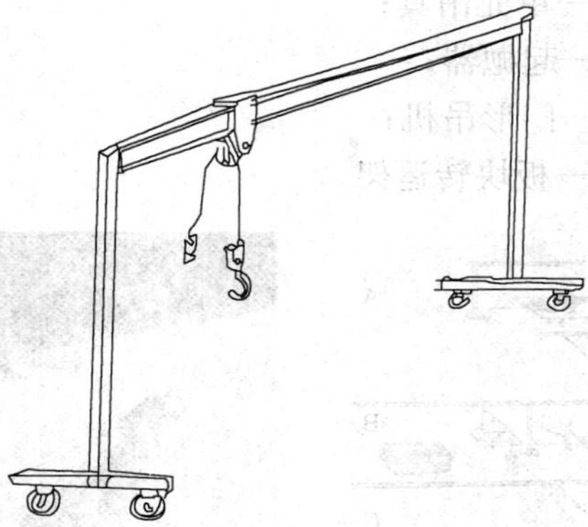

图 26-68　门式吊机

（6）单元式幕墙的安装及调试

单元式幕墙在吊装时，两相邻（上下、左右）单元板块通过对插完成接缝，它要求单元式幕墙用的铝型材不仅外观质量要完全符合现行国家标准《铝合金建筑型材　第 1 部分：基材》GB 5237.1 的规定，还要求对插件的配合公差和对插中心线到外表面的偏差要控制在允许范围之内。

1）目前单元板块的吊装采用以下几种方式：

① 利用环轨吊进行吊装：

横向吊装轨道的布置：可采用工字钢作为挑臂与主体结构连接，外挑尺寸一般为外顶端受力处到结构边距离 2m。室内用来固定外挑工字钢的螺栓可用圆钢弯折而成。室内地面固定需要用电锤在楼层地面打孔，每根挑臂做两道圆钢卡环，卡环穿过楼层在下层楼顶穿上一块钢板以增大受力面积，再用双螺丝紧固。外挑工字钢和工字钢轨道用不锈钢螺栓连接，轨道必须调节平整。环形轨道沿建筑四周布置，转弯处弯曲要求顺弯、均匀。用手拉葫芦和简易支架配合安装电动葫芦，安装完成后进行调试运行，经验收合格后才能使用。

将存放层内的单元板块运输到接料平台上，将单元板块用专用连接装置与电动葫芦挂钩连接，钩好钢丝绳后慢慢启动吊机，使单元板块沿钢丝绳缓缓提升，然后再水平运输到安装位置，严格控制提升速度和重量，防止单元板块与结构发生碰撞，造成表面损坏。单元板块沿环形轨道运至安装位置进行最后的就位安装。在起吊和运输过程中应注意保护单元板块，免其受碰撞。

② 利用单元吊具进行吊装，吊装过程见图 26-69。

楼层说明：

A——单元吊具停放层；

B——单元板块存放层；

C——板块下行经过层面；

D——板块安装上层；

E——板块安装层。

需用设备名称：

A——单元吊具；

B——起抛器；

C——门形吊机；

D——板块转运架。

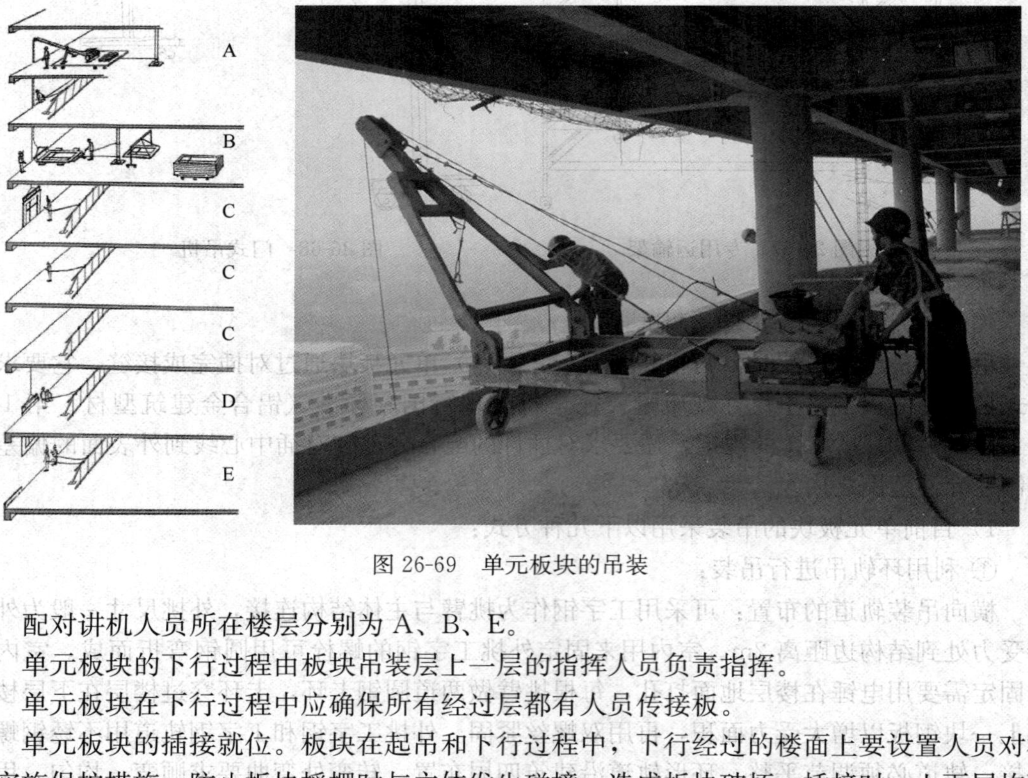

图 26-69　单元板块的吊装

配对讲机人员所在楼层分别为 A、B、E。

单元板块的下行过程由板块吊装层上一层的指挥人员负责指挥。

单元板块在下行过程中应确保所有经过层都有人员传接板。

单元板块的插接就位。板块在起吊和下行过程中，下行经过的楼面上要设置人员对板块实施保护措施，防止板块摇摆时与主体发生碰撞，造成板块破坏。插接时，上下层均配有安装人员，单元板下行至单元体挂点与转接高度之间相距 200mm 时，命令板块停止下行，并进行单元板块的左右方向插接。待左右方向插接完成后，将板块坐到下层单元板块的上槽口位置，防止板块在风力作用下与楼体发生碰撞。先实现左右接缝的对接，再实现上下的板块对接。

2）板块的调整：对接后进行六个自由度方向的调整，调整原则是横平竖直，并确保挂件与转接件的有效接触与受力。

单元式幕墙安装固定后的允许偏差应符合表 26-24 的规定。

单元式幕墙安装允许偏差　　表 26-24

序号	项目		允许偏差（mm）	检查方法
1	竖缝及墙面垂直度	幕墙高度 H（m）		激光经纬仪或经纬仪
		$H\leqslant30$m	$\leqslant10$	
		$30\text{m}<H\leqslant60$m	$\leqslant15$	
		$60\text{m}<H\leqslant90$m	$\leqslant20$	
		$H>90$m	$\leqslant25$	
2	幕墙平面度		$\leqslant2.5$	2m 靠尺、钢板尺
3	竖缝直线度		$\leqslant2.5$	2m 靠尺、钢板尺
4	横缝直线度		$\leqslant2.5$	2m 靠尺、钢板尺
5	缝宽度（与设计值比）		±2	卡尺
6	耐候胶缝直线度	$L\leqslant20$m	1	钢尺
		$20\text{m}<H\leqslant60$m	3	
		$60\text{m}<H\leqslant100$m	6	
		$H>100$m	10	
7	两相邻面板之间接缝高低差		$\leqslant1.0$	深度尺
8	同层单元组件标高	宽度不大于 35m	$\leqslant3.0$	激光经纬仪或经纬仪
		宽度大于 35m	$\leqslant5.0$	
9	相邻两组件面板表面高低差		$\leqslant1.0$	深度尺
10	两组件对插件接缝搭接长度（与设计值比）		$+1.0$	卡尺
11	两组件对插件距槽底距离（与设计值比）		$+1.0$	卡尺

3）单元式幕墙标高检查

单元板块安装完毕后，对单元板块的标高以及缝宽进行检查，相邻两个单元板块的标高差小于 1mm，缝宽允许±1mm，操作见图 26-70。

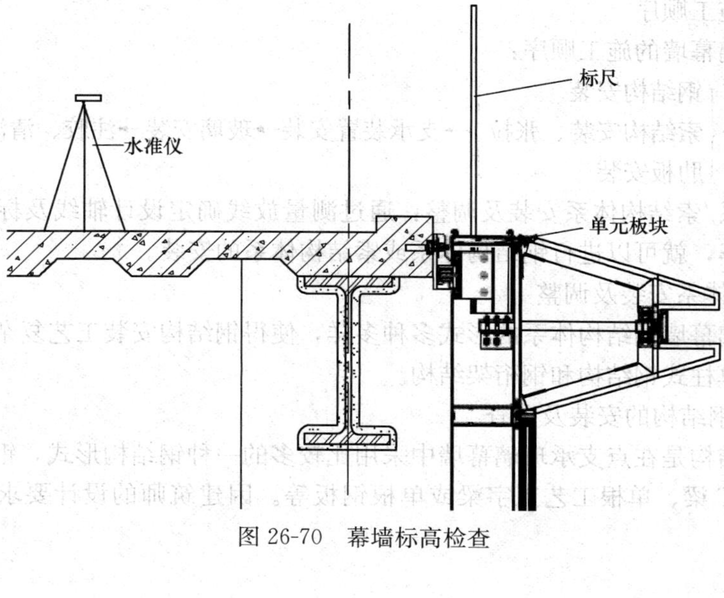

图 26-70　幕墙标高检查

4）防水压盖安装

单元式幕墙的标高符合要求后，首先清理槽内垃圾，然后进行防水压盖的安装。首先，用清洁剂将单元式幕墙擦拭干净，再进行打胶工序，打胶一定要连续饱满，然后进行刮胶处理。打胶完毕后，待硅胶表干后进行渗水试验，合格后再进行下道工序。

3. 点支承式

（1）施工准备

在进行点支承玻璃幕墙施工前，必须做好技术准备工作。点支承玻璃幕墙的技术准备工作主要包括施工组织设计、施工技术交底等各项工作，点支承玻璃幕墙施工与构件式幕墙施工基本相同，主要有以下内容：

1）施工组织设计

点支承玻璃幕墙工程的施工组织设计，包括绘制施工组织网络图、制定施工工艺程序、安排施工建设、组织劳动力资源、选择和分配施工机械工具等内容。

由于点支承玻璃幕墙受力结构实际上是空间结构，结构各构件相互连接成一个空间整体，以便抵抗各方向可能出现的荷载。设计图纸确认后，其施工工艺要求就必须明确，施工工艺的确定是实现安全施工的有力保障，现场技术交底至关重要。

2）现场技术交底

工地现场技术人员、施工人员熟悉了解工程所有细节后，开工前要对进场工人进行技术交底，按施工顺序交底，使工作人员在进行每步施工顺序时都了解安装要求、质量控制、交接环节的注意事项等。

3）材料的准备

对工程进场的材料必须进行进场检验，并形成检验入账记录，对不合格的材料必须及时更换。检验内容主要包括主要受力原材料的力学性能检验、外观质量检验、检查出场合格证等记录。

4）施工器具准备

使用的工器具有测力仪、千斤顶、钢卷尺、水平仪、经纬仪等。

（2）确定施工顺序

点支承玻璃幕墙的施工顺序：

测量定位→{钢结构安装 / 索结构安装、张拉 / 肋板安装}→支承装置安装→玻璃安装→注胶、清洁→竣工验收。

钢结构体系/索结构体系安装及调整：通过测量放线确定设计轴线及标高位置后，结构验收调整完毕，就可以进行钢结构体系或索结构体系的安装。

1）钢结构体系安装及调整

点支承玻璃幕墙钢结构体系的形式多种多样，使得钢结构安装工艺复杂多样。根据钢结构形式分为单柱式钢结构和钢桁架结构。

① 单柱式钢结构的安装及调查

单柱式钢结构是在点支承玻璃幕墙中采用比较多的一种钢结构形式，钢结构为单根圆管、单根工艺T梁、单根工艺工字梁或单根钢板等。因建筑师的设计要求不同，结构形式多种多样。

安装时，利用吊装装置将钢结构立柱吊起并基本就位，操作工人适当调整并将立柱的下端引入底部柱脚的铰支座中，上端用螺栓和钢支座与主体结构连接。调整立柱安装精度，临时固定钢结构立柱。两立柱间可用钢卷尺校核尺寸，立柱垂直度可用 2m 靠尺校核，相邻立柱标高偏差及同层立柱的最大标高偏差可用水准仪校核。

对于立面、平面造型比较复杂的点支承玻璃幕墙，在测量放线时还可以拉钢丝线，钢丝线的直径为 2mm 较为合适。钢结构立柱的安装位置和精度整体调整完毕后，立即进行最终固定。

单柱式钢结构安装允许偏差，详见表 26-25。

单柱式钢结构安装允许偏差　　表 26-25

项目	允许偏高（mm）
相邻两竖向构件间距	±2.5
竖向构件垂直度	$L/1000$ 或≤5，L 为跨度
相邻竖向构件外表平面度	5
同层立柱最大标高偏差	±8
相邻立柱安装标高偏差	±3

② 钢桁架结构的安装及调整

钢桁架的结构构件一般采用钢管构件，按几何形态分为平行弦桁架和鱼腹式桁架等。钢桁架进场施工步骤主要分为现场拼装、焊接、钢桁架安装、稳定杆安装及涂装等。

a. 现场拼装、焊接

钢桁架的现场拼装焊接，应在专用的平台上进行，平台一般采用钢板制作，在拼装时先在平台上放样。分段施焊时应注意施焊时的顺序，尽可能采用对边焊接，以减少焊接变形及焊接应力，焊接完毕后要及时进行防锈处理。

当钢桁架超长、在现场制作精度不能满足设计要求时，可以在工厂内进行制作。考虑到运输吊装的方便，对于长度大于 12m 的桁架，应当将桁架分段，分段位置距桁架节点的距离不得小于 200mm，在分段处应该设置定位钢板。分段钢桁架运输到工地后，在现场专用平台上进行拼装，在分段连接位置进行现场施焊或螺栓连接。分段连接位置应注意连接质量和外观要求。主管的焊缝质量等级不应小于二级，须做超声波无损探伤检测。腹杆与主管之间相贯焊接为角焊接、全熔透焊接及半焊接。

b. 钢桁架的安装

组装完成后的钢桁架，在安装时若需要吊装，应进行吊装位置的确定。在吊装过程中，须防止失稳，吊装就位的钢桁架应及时进行调整，将钢桁架通过连接支座与主体结构可靠连接，并将钢桁架临时固定。对于立面、平面造型比较复杂的点支承玻璃幕墙，在测量放线时还可以拉钢丝线，钢桁架安装时可以通过钢丝线来控制安装位置和精度。整体调整完毕后，立即进行最终固定。

c. 稳定杆安装

根据设计要求布置稳定杆。稳定杆安装时应该注意施工顺序，一般为先中部再上端，然后下端。稳定杆安装时，注意不能影响钢桁架的安装精度。

d. 涂装

钢结构涂装在工厂已完成底漆工作，中间漆和面漆的工作在施工现场进行。

2）索结构体系的安装及调整

点支承玻璃幕墙索结构体系中，最为典型的结构体系为索桁架体系，索桁架体系的安装覆盖了拉索的安装和桁架的安装。索桁架安装过程包括钢桁架的拼装、索桁架的预拉、支座安装、索桁架就位、预应力张拉、索桁架空间整体位置检测与调整。

① 钢桁架的拼装

在专用钢桁架的加工制作平台上进行钢桁架的放样，根据设计图纸要求确定钢桁架立柱的尺寸和标高。在焊接时，注意焊接顺序，以免主管的焊接变形。焊接完毕后按要求及时进行防锈处理，主管的焊缝质量等级不应小于二级，并做超声波无损探伤检测。腹杆与主管间相贯焊接为角焊缝、全熔透焊接或半熔透焊接。钢桁架组装的质量控制目标见表26-26，钢桁架组装的焊接偏差质量控制目标见表26-27。

钢桁架组装的质量控制目标　　**表 26-26**

检验验收项目		质量控制目标
加工	气割（长度和宽度）	允许偏差为±3mm
	杆件加工	允许偏差为±1mm
	弯曲矢高	不大于 $L/1500$，5.0mm
	焊接（对接）	Ⅱ级
	焊缝咬边、裂纹气孔、擦伤	不允许
	外观缺陷（表面夹渣、气孔）	不允许
组装	拼接单元节中心偏差	不大于 2mm
	对口错位	不大于 $L/10$，3.0mm

钢桁架组装的焊接偏差质量控制目标　　**表 26-27**

项目			允许偏差（mm）	项目			允许偏差（mm）
对接	焊接余高	$S\leqslant20$	0.5～3	角焊缝	焊缝余高	$K<6$	0～+2
		$S=20\sim40$	0.5～3			$K=6\sim10$	0～+3
		$S=40$	0.5～4			$K>10$	0～+3
焊缝错边			≤0.18		焊脚尺寸	$K<6$	0～+2
组合焊缝	$S=20\sim40$		0～+2			$K=6\sim14$	0～+3
	$S=40$		0～+3			$K>14$	0～+4

② 索桁架的预拉

索桁架在制作时必须施加预应力。工程经验表明，索桁架在施工时对钢索施加的预应力在随后的使用中还会逐渐消减，所以施工中必须对钢索进行多次预拉，具体做法是按设计所需的预应力的60%～80%张拉。索桁架的钢索张拉后放松一段时间，如此重复三次，即可完成索桁架的预拉工作，就可以解决钢索使用中的松弛现象。预应力张拉记录见表26-28。

预应力张拉记录 **表 26-28**

顺序	时间	百分比
第一次	锚固后	60%
第二次	锚固后	80%
第三次	锚固后	80%

③ 支座安装

支座设置在主体结构上，它主要承受索桁架中的拉力。施工时，先按设计图纸确定安装位置，然后根据钢索的空间位置及角度将支座与主体焊接成整体。支座安装质量要求见表 26-29。

支座安装质量要术 **表 26-29**

项目	允许偏差（mm）	项目	允许偏差（mm）
埋件标高	±8	支座角度	±8
埋件平面位置	±15	锚（筋孔板）标高	±1
支座标高	±1	锚（筋孔板）平面位置	±1
支座平面位置	±1		

④ 索桁架就位

借助安装控制线就可以将已经预拉并按准确长度准备好的索桁架就位。根据设计图纸调整索桁架的安装位置，并用螺栓临时固定。索桁架就位时，若须吊装，应进行吊装位置确定，以防止侧向失稳，吊装时吊装点不能设置在钢索上。

⑤ 预应力张拉

索桁架就位后，按设计给定的顺序进行预应力张拉。张拉预应力时一般使用各种专门的千斤顶或扭力扳手。注意控制张拉力的大小，张拉过程中要用测力仪随时监测钢索的应力，以及检测索桁架的位置变化情况，如果发现索桁架的最终形态与设计差别比较大时，应及时作出调整。对于双层索（承重索，稳定索），为使预应力均匀分布，要同时进行张拉，张拉顺序一般是先中间，再上端，然后下端，重复进行。全部预应力的施加分三个循环进行，每一次循环应达到预应力的 50%，第二、三次循环应分别达到 75%、105%。要考虑超张拉，主要是要考虑主体结构变形和张拉机具拆、装对预应力损失的影响。

⑥ 索桁架空间整体位置检测与调整

索桁架整体检测严格对照施工图纸进行，检测支承结构体系的安装精度。对有偏差的部位进行调整，调整时应观察整体是否受到影响，调整合格后进行最终固定。索桁架安装质量要求见表 26-30。

索桁架安装质量要求 **表 26-30**

项目	允许偏差（mm）
上固定点标高	±1.0
轴线位移	±1.0
垂直度	1.0（$L \leqslant 10m$） 2.0（$10m < L \leqslant 20m$） 4.0（$20 < L \leqslant 40m$） 5.0（$L > 40m$）

续表

项目	允许偏差（mm）
两索桁架对角线差	1.5（$L \leqslant 10m$） 2.0（$10m < L \leqslant 20$） 3.0（$20 \leqslant L < 40m$） 4.5（$L \geqslant 40m$）
索桁架跨度	±1.0（$L \leqslant 10m$） ±1.5（$10m < L \leqslant 20$） ±2.0（$20 < L \leqslant 40m$） ±3.0（$L > 40m$）
相邻两索桁架间距（上下固定点处）	±1.0
一个平面内索桁架的平面度	3.0（$L \leqslant 10m$） 4.0（$10m < L \leqslant 20$） 5.0（$20 < L \leqslant 40m$）
预应力张拉控制应力值	满足设计要求

注：L 为索桁架的跨度。

（3）点支承装置安装及调整

爪件、夹板及附件都属于点支承装置，它是支承结构体系和面板的连接装置，安装前必须待支承结构体系验收合格后进行。根据施工设计图，按面板的分格图确定爪件的安装位置。安装点支承装置时，若有焊接作业时，必须进行成品保护。点支承玻璃幕墙与主体接触处所用钢槽必须连接牢固。

点支承装置安装完毕后要及时进行调整，调整工作主要包括：调整爪件整体平面度及标高位置，并使十字钢爪臂与水平呈45°夹角，H形钢爪和主爪臂与水平呈90°夹角。

（4）面板安装前的准备工作

面板安装质量直接关系到点支承玻璃幕墙建成后的最终外观效果，所以面板安装是点支承玻璃幕墙施工过程中的重要环节，为此在面板安装前应做好以下准备：

1）面板包装、运输和堆放

面板一般是在工厂内加工制作而成，应采用无腐蚀作用的包装材料包装，以防在运输中损坏面材。当采用木箱装箱时，木箱应牢固，并应有醒目的“小心轻放”标识。

在包装箱上应附装箱清单，清单应防水，在运输时应捆绑牢固。堆放位置应稳固可靠。

2）支撑结构及支撑装置尺寸校核

支撑结构安装完毕后，在面板安装之前的时期内可能会产生误差，而面板的要求精度较高，虽然支撑装置有一定的调整量，但过大的误差会影响面板的安装，所以必须校核支撑结构的垂直度、平整度以及支撑装置的平整度、标高等。对发生超过允许偏差的部位要及时进行整改。

（5）面板的安装及调整

1）二次搬运及堆放

面板搬运、临时堆放时应作好保护措施，堆放地点应选择交叉作业少的干燥与平整的位置，并尽量靠近安装部位，以减少二次搬运的距离。

2）安装顺序

点支承玻璃幕墙面板一般采用自上而下的安装顺序。安装上端面板时，若幕墙边界有钢槽，应在钢槽中装入氯丁橡胶垫块，面板上部先入槽，然后固定爪件。安装时可以制作临时支架支承面板。

3）面板吊运安装

吊运面板时，应匀速将面板运至安装位置。当面板到位时，操作人员应及时稳定面板，以避免发生碰撞、倾覆事故，然后通过点支承装置将玻璃安装、固定在支承结构上。安装面板时应调整好面板的平整度、垂直度、水平度、标高位置以及面板上下、左右、前后的缝隙大小等。安装完成后，先紧固上端的连接螺栓，后紧固下端的连接螺栓。面板安装质量标准见表 26-31。

面板安装质量标准 **表 26-31**

项目	允许偏差（mm）
相邻面板高低差	1.5
相邻面板缝宽差	1.0
面板外表面平面度	H（L）≤20m 时取 4.0；H（L）>20m 时取 6.0
竖缝垂直度	L≤20m 时取 3.0；L>20m 时取 5.0
横缝水平度	L≤20m 时取 2.5；L>20m 时取 4.0
胶缝宽度（与设计值比较）	±1.5
相邻面板平面度差	±1.0

（6）打胶及清洁交付验收

1）打胶及清洁

面板调整固定后才能进行面板拼缝的打胶，打胶时注意以下作业：应采用中性清洁剂清洁玻璃及钢槽打胶的部位，应采用干净的不脱纱棉布擦净。清洁后不能马上注胶，表面干燥后才能注胶。玻璃与钢槽之间的缝隙处，应先用泡沫棒填塞紧，注意平直、干燥，留出打胶厚度尺寸。所有需注胶的部位应粘贴保护胶纸，贴胶纸时应注意纸与胶缝边平行，不能越过缝隙。保证注胶后胶缝的美观。

注胶后应及时用专用刮刀修整胶缝，使胶缝断面成“凹”形状，并能满足胶的厚度要求。注胶后，要检查胶缝里面是否有气泡，若有应及时处理、清除气泡。注胶后，表面修饰好，迅速将粘贴的胶纸撕掉。注意不得在注胶后马上撕胶纸，必须等硅酮胶固化之后进行。

对于玻璃板材，安装完毕后应作防护标志，以防人碰撞。

2）交验

点支承玻璃幕墙交验应提供以下记录：

① 定位轴线及标高的测量验收；

② 预埋的隐蔽验收及锚固件的拉拔试验；

③ 支承结构制作安装质量验收；

④ 钢索、爪件等原材料力学性能试验及外观质量验收；

⑤ 钢索张拉记录及安装精度验收；

⑥ 玻璃安装质量验收；

⑦ 幕墙物理性能试验验收；

⑧ 防水、防雷验收；

⑨ 竣工资料审核。

4. 玻璃肋式

（1）确定施工顺序

全玻幕墙现场施工顺序一般为：测量放线→水平传力钢架（吊夹）安装→面板安装前的准备→面板安装及调整→注胶清理、交验。

（2）水平传力钢架或吊夹安装

1）复核基准线

在安装前应根据施工图纸复核安装基准线是否正确，测量放线的分格是否满足设计图纸分格要求，并对各控制点和控制线作加固处理，以防破坏。

2）校核埋件

检查埋件偏差。对于埋件施工误差不能满足全玻幕墙安装的，及时反馈给业主、监理单位及有关施工单位。根据设计变更对埋件进行调整和加强处理。

埋件的允许误差控制：标高≤10mm，水平分格≤20mm。

3）安装平台的搭设

在进行全玻幕墙安装时，若采用固定工作平台时，操作平台的搭设不得影响面板的搬运、吊装和安装。安装平台必须稳固。为防止侧倾，应加支撑装置与主体结构连接牢固。平台搭设的外边线应与面板安装位置相距≥100mm，但不得超过500mm，并应设置安装防护措施。平台搭设完毕后，应进行检查验收，检查合格才能使用。

4）水平传力钢架/吊夹安装

检查水平传力钢架的加工精度以及外观。未达到质量要求的应及时整改。确定连接点的间距和数量，检查合格后固定钢附框/吊夹。对于分段安装的水平传力钢架，在安装时应调整好安装位置。焊接时应采用有效措施，避免或减少焊接变形。吊夹安装位置必须稳固，应防止产生永久变形。水平传力钢架/吊夹安装位置校正准确后，立即进行最终固定，以保证水平传力钢架/吊夹的安装质量。安装允许偏差及焊接允许偏差见表26-32、表26-33。

水平传力钢架/吊夹安装允许偏差　表26-32

项目	允许偏差（mm）	项目	允许偏差（mm）
连接节点坐标差	±5	杆件长度误差	±1
杆件纵向拼接点高差	±1	杆件壁厚误差	±0.5

焊接允许偏差　表26-33

项目			允许偏差（mm）
对接	焊接余高	$S\leqslant20$	0.5～3
		$S=20\sim40$	0.5～3
		$S=40$	0.5～4

续表

项目			允许偏差（mm）
焊缝错边			≤0.18
组合焊缝	S=20～40		0～+2
	S≤40		0～+3
角焊缝	焊缝余高	K<6	0～+2
		K=6～10	0～+3
		K>10	0～+3
	焊脚尺寸	K<6	0～+2
		K=6～14	0～+3
		K>14	0～+4

（3）面板安装前的准备工作

1）面板加工质量检查

单片玻璃、夹层玻璃、中空玻璃的加工精度应符合表 26-34～表 26-36 的要求。

单片钢化玻璃其尺寸允许偏差 **表 26-34**

项目	玻璃厚度（mm）	允许偏差（mm）	
		玻璃边长≤2000	边长 L>2000
边长	6、8、10	±1.5	±2.0
	12、15、19	±2.0	±3.0
对角线差	6、8、10	≤2.0	≤3.0
	12、15、19	≤3.0	≤3.5

中空玻璃其尺寸允许偏差 **表 26-35**

项目		允许偏差（mm）
边长	L<1000	±2.0
	1000≤L<2000	+2.0、−3.0
	L≥2000	±3
对角线差	L≤2000	≤2.5
	L>2000	≤3.5
厚度	t<17	±1.0
	17≤t<22	±1.5
	t≥22	±2.0
叠差	L<1000	±2.0
	1000≤L<2000	±3.0
	2000≤L<4000	±4.0
	L≥4000	±6.0

夹层玻璃其尺寸允许偏差　　表 26-36

项目		允许偏差（mm）
边长	$L \leqslant 2000$	±2.0
	$L > 2000$	±2.5
对角线差	$L \leqslant 2000$	≤2.5
	$L > 2000$	≤3.5
叠差	$L < 1000$	±2.0
	$1000 \leqslant L < 2000$	±3.0
	$2000 \leqslant L < 4000$	±4.0
	$L \geqslant 4000$	±6.0

2）外观检查

玻璃边缘应倒棱并细磨，外露玻璃的边缘应精磨。

边缘倒角处不应出现崩边。

玻璃上不允许有小气孔、斑点或条纹。

划痕<35mm，不得超过一条。

3）安装位置的检查及清理

检查水平传力钢架的尺寸是否符合设计要求。检查吊夹的安装位置及数量是否符合设计要求。水平传力钢架吊夹连接处是否牢固，焊接工作必须完毕。清理施工部位的施工垃圾。

4）搬运、堆放

搬运面板时应轻拿轻放，严禁野蛮装卸。

面板应尽可能堆放在安装部位，堆放处应干燥通风。堆放应稳固，面板不得直接与地面或墙面接触，应用柔性垫块隔离。

（4）面板/肋板的安装及调整

在水平传力钢架的槽口上，按设计要求的间距安装橡胶垫板。用吸盘提升玻璃面板，先入上端槽口，后入下端槽口。

面板安装之后及时安装肋板，应随时检测和调整面板、肋板的水平度和垂直度，使墙面安装平整。

吊挂玻璃安装时，先固定上端吊夹与璃的连接，逐步调整玻璃的安装精度。每块玻璃的吊夹应位于同一平面，吊夹的受力应均匀。

注意玻璃与两边嵌入槽口深度及预留孔隙应符合设计要求，左右孔隙尺寸应相同。

玻璃安装后要及时作好标记，以防碰撞。

全玻幕墙施工质量允许偏差见表 26-37。

全玻幕墙施工质量允许偏差　　表 26-37

项目			允许偏差	测量方法
幕墙平面的垂直度	幕墙高度 H（m）	$H \leqslant 30$	10mm	激光仪或经纬仪
		$30 < H \leqslant 60$	15mm	
		$60 < H \leqslant 90$	20mm	
		$H > 90$	25mm	

续表

项目	允许偏差	测量方法
幕墙的平面度	2.5mm	2mm 靠尺，钢板尺
竖缝的直线度	2.5mm	2mm 靠尺，钢板尺
横缝的直线度	2.5mm	2mm 靠尺，钢板尺
线缝宽度（与设计值比较）	±2.0mm	卡尺
两相邻面板之间的高低差	1.0mm	深度尺
玻璃面板与肋板夹角与设计值偏差	≤1°	量角器

（5）注胶、清理及交验

1）注胶及清理

玻璃安装完毕后，应及时调整墙面玻璃及肋板玻璃的垂直度、平整度等，清理后及时注胶。对跨度大的玻璃，在注胶时会因为玻璃的弯曲变形而影响注胶质量，此时应把面板与肋板位置调整好后临时固定牢固，先在还未固定件位置注胶，待硅酮胶固化后拆除临时固定件。注胶时应注意接口处的处理。注胶胶缝尺寸允许偏差见表 26-38。

注胶胶缝尺寸允许偏差 **表 26-38**

项目	允许偏差
胶缝宽度（mm）	+1，0
胶缝厚度（mm）	±1
胶缝空穴	1. 最大面积不超过 $3mm^2$； 2. 每米最多 3 处； 3. 每米累计面积不超过 $8mm^2$
胶缝气泡	1. 最大直径 2mm； 2. 每米最多 10 个； 3. 每米累计不超过 $12mm^2$

2）交验

水平传力钢架及吊夹安装质量验收记录、隐蔽工程验收记录、面材质量验收记录。

竣工资料审核。

5. 特殊部位处理

特殊部位处理是指幕墙本身一些部位的处理，使之能对幕墙结构进行遮挡，有时是幕墙在建筑物的洞口，两种材料交接处的衔接处理。如建筑物的女儿墙压顶、窗台板、窗下墙等部位，都存在如何收口处理等问题，主要体现在立柱侧面收口、横梁与结构相交部位收口等。

（1）单元幕墙收口

单元式幕墙的安装顺序为自左向右、由下往上。最后一个单元板块无法在水平方向平推进入空位，也不能先插一侧再插另一侧。设计时，对最后一个单元板块的组装要考虑好接缝方法。现在一般采用二加一收口法，一处收口点留三单元空位，收口时两单元板块平推进入空位，再从上向下插最后一单元板块；或用先固定相邻两不对插件的组件，定位固定后插入第三者插件完成接缝，第三者插件与单元板块要错位插接，达到互为收口。

(2) 其他收口方法

工程在幕墙施工时都留有人货两用电梯。电梯部分幕墙的安装要等工程收尾时，拆除电梯后才能施工。由于常规结构的限制，一个层间最后一个板块的插接几乎无法实现。此处收口方法是将收口板块原一体的插接杆取消，安装时沿幕墙面垂直推动收口板块，即将收口板块平推入幕墙内，调节水平后，采用“工”字形插接杆对左右板块进行插接密封及固定。

悬臂底部幕墙安装时，在悬臂底部下方设置钢平台，此部分的幕墙板块要等到钢平台拆除后才能安装。悬臂底部采用自制单元板块吊具，将幕墙板块从地面运输至安装位置进行安装，见图 26-71。

图 26-71　自制单元板块吊具

在单元板块存放楼层的上一层安装一台单元板块专用吊机，通过专用吊机可以自下而上完成收口部位的安装。

6. 安装其他要求

(1) 安装过程要求

1) 玻璃幕墙施工过程中，应分层进行单元板块十字缝处的渗漏试验。

2) 耐候硅硐密封胶的施工应符合下列要求：

耐候硅酮密封胶的施工厚度应大于 3.5mm，施工宽度不应小于施工厚度的 2 倍；较深的密封槽口底部应采用聚乙烯发泡材料填塞。耐候硅酮密封胶在接缝内应形成相对两面粘结，并不得三面粘结。

3) 玻璃幕墙安装施工应对下列项目进行隐蔽验收：

构件与主体结构连接节点的安装；幕墙四周、幕墙内表面与主体结构之间间隙节点的安装；幕墙伸缩缝、沉降缝、防震缝及墙面转角节点的安装；幕墙防雷接地节点的安装。

4）使用溶剂的场所严禁烟火。

5）应遵守所用溶剂标签上的注意事项。

（2）焊接要求

1）焊接前的质量检验

母材和焊接材料的确认与必要的复验；焊接部位的质量和合适的夹具；焊接设备和仪器的正常运行情况；焊工操作技术水平的考核；焊接过程中的质量检验；焊接工艺参数是否稳定；焊条焊剂是否正确烘干；焊接材料选用是否正确；焊接设备运行是否正常；焊接热处理是否及时。

2）焊接后的质量检验

焊缝外形尺寸；缺陷的目测；焊接接头的质量检验；破坏性试验，金相试验；无损检测，强度及致密性试验。

3）焊接质量控制的基本内容

焊工资格核查；焊接工艺评定试验的核查；核查焊接工艺规程和标准的合理性。抽查焊接施工过程和产品的最终质量。

核查无损检测。

焊缝质量等级及缺陷分级见表 26-39。

焊缝质量等级及缺陷分级（单位：mm） **表 26-39**

<table>
<tr><th colspan="2">焊缝质量等级</th><th>一级</th><th>二级</th><th>三级</th></tr>
<tr><td rowspan="3">内部缺陷超声波探伤</td><td>评定等级</td><td>Ⅱ</td><td>Ⅲ</td><td>—</td></tr>
<tr><td>检验等级</td><td>B级</td><td>B级</td><td>—</td></tr>
<tr><td>探伤比例</td><td>100%</td><td>20%</td><td>—</td></tr>
<tr><td rowspan="14">外观缺陷</td><td rowspan="2">未满焊
（指不足设计要求）</td><td rowspan="2">不允许</td><td>≤0.2+0.02t，且≤1.0</td><td>≤0.2+0.04t，且≤4.0</td></tr>
<tr><td colspan="2">每100.0焊缝内缺陷总长度≤25.0</td></tr>
<tr><td rowspan="2">根部收缩</td><td rowspan="2">不允许</td><td>≤0.2+0.02t，且≤1.0</td><td>≤0.2+0.04t，且≤4.0</td></tr>
<tr><td colspan="2">长度不限</td></tr>
<tr><td>咬边</td><td>不允许</td><td>≤0.05t，且≤0.5；连续长度≤100.0，且焊缝两侧咬边总长≤10%焊缝全长</td><td>≤0.1t，且≤1.0，长度不限</td></tr>
<tr><td>裂纹</td><td colspan="3">不允许</td></tr>
<tr><td>弧坑裂纹</td><td colspan="2">不允许</td><td>允许存在个别长≤5.0的弧坑裂纹</td></tr>
<tr><td>电弧擦伤</td><td colspan="2">不允许</td><td>允许存在个别电弧擦伤</td></tr>
<tr><td>飞溅</td><td colspan="3">清除干净</td></tr>
<tr><td>接头不良</td><td>不允许</td><td>缺口深度≤0.05t，且≤0.5</td><td>缺口深度≤0.1t，且≤1.0</td></tr>
<tr><td>焊瘤</td><td colspan="3">不允许</td></tr>
<tr><td>表面夹渣</td><td colspan="2">不允许</td><td>深≤0.02t，长≤0.5t，且≤20</td></tr>
<tr><td>表面气孔</td><td colspan="2">不允许</td><td></td></tr>
</table>

（3）防腐处理

焊接作业完成后，焊缝焊渣必须全部清理干净，先使用防锈漆将焊接及受损部分进行处理，再用银粉漆进行保护。防锈处理必须要及时、彻底，防腐处理必须满足规范及设计要求。

（4）隐蔽工程验收

隐蔽工程验收由项目技术负责人、项目专职质量检查员、施工班组长、业主现场代表或监理工程师参加，主要包含以下内容：

构件与主体结构的连接节点的安装；幕墙四周、幕墙内表面与主体结构之间间隙节点的安装；幕墙伸缩、沉降、防震缝及墙面转角节点的安装；幕墙排水系统的安装；幕墙防火系统节点的安装；幕墙防雷接地点的安装；立柱活动连接节点的安装；梁柱连接节点的安装；幕墙保温，隔热构造的安装；防雷的安装。

26.3.8 安 全 措 施

人员流动密度大、青少年或幼儿活动的公共场所以及使用中容易受到撞击的部位，其玻璃幕墙应采用安全玻璃；对使用中容易受到撞击的部位，尚应设置明显的警示标志。

玻璃幕墙安装施工应符合现行行业标准《建筑施工高处作业安全技术规范》JGJ 80、《建筑机械使用安全技术规程》JGJ 33、《建筑现场临时用电安全技术规范》JGJ 46 的有关规定。

安装施工机具在使用前应进行严格检查。电动工具应进行绝缘电压试验；手持玻璃吸盘机应进行吸附重量和吸附持续时间试验。

采用外脚手架施工时，脚手架应经过设计，并应与主体结构可靠连接。采用落地式钢管脚手架时，应双排布置。

当高层建筑的玻璃幕墙安装与主体结构施工交叉作业时，在主体结构的施工层下方应设置防护网；在距离地面约 3m 高度处，应设置挑出宽度不小于 6m 的水平防护网。

采用吊篮施工时，应符合下列要求：

吊篮应进行设计，使用前应进行安全检查；吊篮不应作为幕墙材料的竖向运输工具，并不得超载；不应在空中进行吊篮维修；吊篮上的施工人员必须系安全带。

现场采用吊篮进行焊接作业时，应注意焊把摆放位置，用完后应将焊把摆放在指定的绝缘盒内。

26.3.9 质 量 要 求

1. 玻璃幕墙观感质量应符合下列要求：

（1）明框幕墙框料应横平竖直；单元式幕墙的单元接缝或隐框幕墙分格玻璃接缝应横平竖直，缝宽应均匀，并符合设计要求；

（2）玻璃的品种、规格与色彩应与设计相符，整幅幕墙玻璃的色泽应均匀，并不应有析碱、发霉和镀膜脱落等现象；

（3）装饰压板表面应平整，不应有肉眼可察觉的变形、波纹或局部压砸等缺陷；

（4）幕墙的上下边及侧边封口、沉降缝、伸缩缝、防震缝的处理及防雷体系应符合设计要求；

（5）幕墙隐蔽节点的遮封装修应整齐美观；

（6）淋水试验时，幕墙不应漏水。

2. 框支承玻璃幕墙工程抽样检验的质量要求应符合下列标准：

（1）铝合金料及玻璃表面不应有铝屑、毛刺、明显的电焊伤痕、油斑和其他污垢；

（2）幕墙玻璃安装应牢固，橡胶条应镶嵌密实，密封胶应填充平整；

（3）每平方米玻璃的表面质量应符合表 26-40 的规定；

每平方米玻璃的表面质量要求　　表 26-40

项目	质量要求
0.1～0.3mm 宽划伤痕	长度小于 100mm；不超过 8 条
擦痕	不大于 500mm²

（4）一个分格铝合金框料表面质量应符合表 26-41 的规定；

一个分格铝合金框料表面质量要求　　表 26-41

项目	质量要求
擦伤、划伤深度	不大于氧化膜厚度的 2 倍
擦伤总面积（mm²）	不大于 500
划伤总长度（mm）	不大于 150
擦伤和划伤处数（处）	不大于 4

注：一个分格铝合金框料指该分格的四周框架构件。

（5）铝合金框架构件安装质量应符合表 26-42 的规定，测量检查应在风力小于 4 级时进行。

铝合金框架构件安装质量要求　　表 26-42

	项目		允许偏差（mm）	检查方法
1	幕墙垂直度	幕墙高度不大于 30m	10	激光仪或经纬仪
		幕墙高度大于 30m、不大于 60m	15	
		幕墙高度大于 60m、不大于 90m	20	
		幕墙高度大于 90m、不大于 150m	25	
		幕墙高度大于 150m	30	
2	竖向构件直线度		2.5	2m 靠尺，塞尺
3	横向构件水平度	长度不大于 2000mm	2	水平仪
		长度大于 2000mm	3	
4	同高度相邻两根横向构件高度差		1	钢板尺、塞尺
5	幕墙横向构件水平度	幅宽不大于 35m	5	水平仪
		幅宽大于 35m	7	

续表

	项目		允许偏差（mm）	检查方法
6	分格框对角线差	对角线长不大于 2000mm	3	对角线尺或钢卷尺
		对角线长大于 2000mm	3.5	

注：1. 表中 1～5 项按抽样根数检查，第 6 项按抽样分格检查；
2. 垂直于地面的幕墙，竖向构件垂直度包括幕墙平面内及平面外的检查；
3. 竖向直线度包括幕墙平面内及平面外的检查。

3. 隐框玻璃幕墙安装质量应符合表 26-43 的规定。

隐框玻璃幕墙安装质量要求　　表 26-43

	项目		允许偏差（mm）	检查方法
1	竖缝及墙面垂直度	幕墙高度不大于 30m	10	激光仪或经纬仪
		幕墙高度大于 30m、不大于 60m	15	
		幕墙高度大于 60m、不大于 90m	20	
		幕墙高度大于 90m、不大于 150m	25	
		幕墙高度大于 150m	30	
2	幕墙平面度		2.5	2m 靠尺，钢板尺
3	竖缝直线度		2.5	2m 靠尺，钢板尺
4	横缝直线度		2.5	2m 靠尺，钢板尺
5	拼缝宽度（与设计值比）		2	卡尺

4. 幕墙与楼板、墙、柱之间按设计要求安装横向、竖向连续的防火隔断；高层建筑无窗间墙和窗槛墙的玻璃幕墙，在每层楼板外沿设置耐火极限不低于 1.00h、高度不低于 0.80m 的不燃烧实体裙墙（室内无消防喷淋时，高度不低于 1.2m）。

5. 玻璃幕墙金属框架与防雷装置采用焊接或机械连接，形成导电通路，连接点水平间距不大于防雷引下线的间距，垂直间距不大于均压环的间距。

6. 玻璃幕墙的立柱、底部横梁及幕墙板块与主体结构之间有不小于 15mm 的伸缩空隙，排水构造中的排水管及附件与水平构件预留孔连接严密，与内衬板出水孔连接处应设橡胶密封圈。

26.4　金　属　幕　墙

金属幕墙是指幕墙面板材料为金属板材的建筑幕墙。金属幕墙所使用的面材主要有以下几种：单层铝板、铝复合板、铝蜂窝板、防火板、钛锌塑铝复合板、夹芯保温铝板、不锈钢板、彩涂钢板、珐琅钢板等。

26.4.1　金属幕墙确定施工顺序

金属幕墙施工顺序见图 26-72。

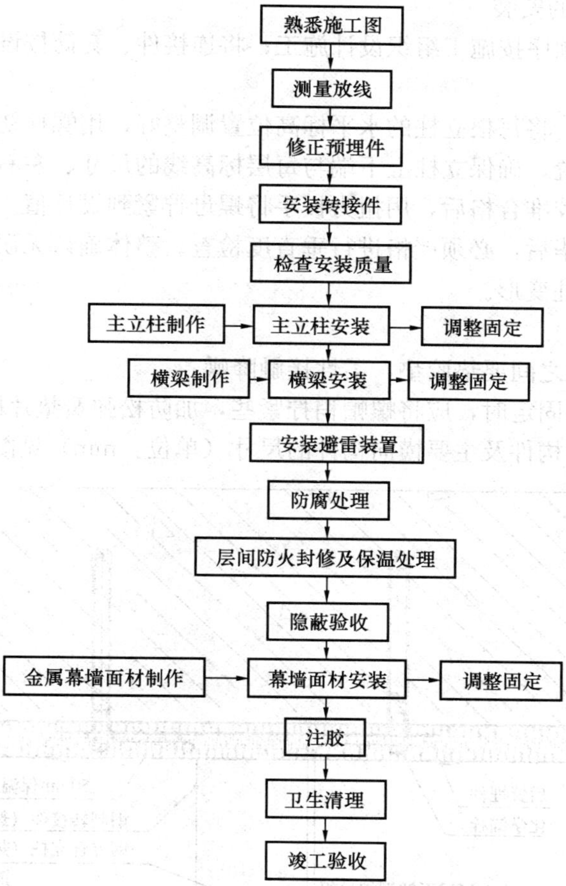

图 26-72 金属幕墙安装工艺流程图

26.4.2 金属幕墙龙骨安装

1. 弹线定位

根据结构复查时的放线标记，水准点按埋件布置图、主体结构轴线、标高进行测量放线、定位。

2. 埋件的检查

预埋件是通过焊接钢筋与主体混凝土结构连接，预埋件的外侧必须紧贴外侧贴板（拆掉时所有埋件外侧均裸露混凝土面），埋件锚筋必须与主体钢筋绑扎牢固，并注意与主体的防雷网电源连通，埋件的允许误差严格控制在标高≤10mm、水平分格≤20mm，无预埋件需安装后置埋件。

后置埋件的锚栓需在现场按国家标准规范与设计要求做拉拔试验。

3. 连接件安装

连接件是连接幕墙的重要部位，其安装精度和质量是幕墙安装精度、外观质量和整个幕墙质量的基础。

连接件先点焊进行临时固定，与立柱位置尺寸调整好后再与预埋件进行满焊。

4. 金属幕墙立柱的安装

(1) 立柱的安装顺序按施工组织设计施工；将连接件、套筒按设计图装配到幕墙立柱的相应位置。

(2) 根据水平线，将每根立柱的水平标高位置调整好，用螺栓初步固定。

(3) 调整立柱位置，确保立柱上下端与每层标高线的尺寸、左右与轴线的尺寸符合设计尺寸要求，经检查校准合格后，用扭力扳手将螺母拧紧到设计值。

(4) 立柱安装完毕后，必须严格进行垂直度检查。整体确认无误后，将垫片、螺帽与铁件焊接，以防止立柱变形。

(5) 注意事项：

1) 立柱与连接件之间要垫胶垫，柔性接触降噪；

2) 立柱安装临时固定时，应将螺帽稍拧紧些，加防松弹簧垫片以防脱落；

3) 幕墙主要竖向构件及主要横向构件的尺寸（单位：mm）见图 26-73、图 26-74。

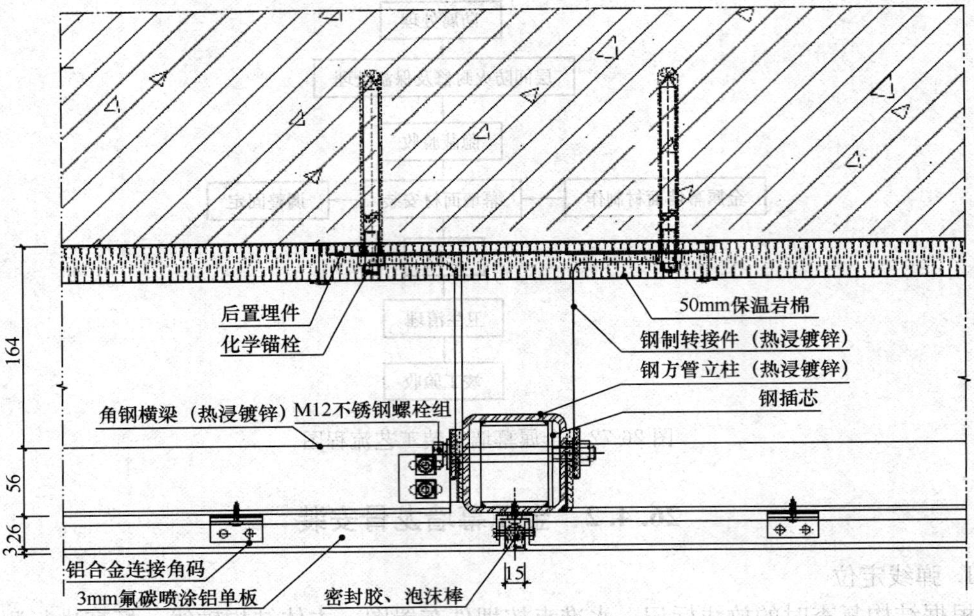

图 26-73 金属幕墙横剖节点

5. 金属幕墙横梁安装

(1) 安装时水平拉鱼丝线，保证横梁的直线度符合规范要求。

(2) 横梁上下表面与立柱正面应成直角，严禁向内或向外倾斜以影响横梁的水平度。

(3) 横梁与立柱的两端连接处按图纸要求预留间隙尺寸，安装完成后，在立柱与横梁的接缝间隙处打耐候密封胶密封。

(4) 幕墙立柱和横梁构件的装配允许偏差见表 26-44。

幕墙立柱和横梁构件的装配允许偏差（单位：mm） **表 26-44**

序号	项目	尺寸范围	允许偏差	检查方法
1	相邻两立柱构件间距尺寸（固定端头）	—	±2.0	用钢卷尺

续表

序号	项目	尺寸范围	允许偏差	检查方法
2	相邻两横梁构件距尺	间距≤2000 时 间距>2000 时	±1.5 ±2.0	用钢卷尺
3	分格对角线差	对角线长≤2000 时 对角线长>2000 时	1.0 3.5	用钢卷尺或伸缩尺
4	立柱垂直度	H≤30 30<H≤60 60<H≤90 H>90	15mm 20mm 25mm 15mm	用经纬仪或激光仪
5	相邻两构件的水平标高差		1	用钢板尺或水平仪
6	横梁构件水平度	构件长≤2000 构件长>2000	2 3	水平仪或水平尺
7	立柱构件外表平面度	—	2.5	用 2.0m 靠尺
8	立柱构件外表平面度	相邻三立柱 60m>宽度	≤10	用激光仪
9	用高度内主要横梁构件的高度差	长度≤35 长度>35	≤5 ≤7	用水平仪

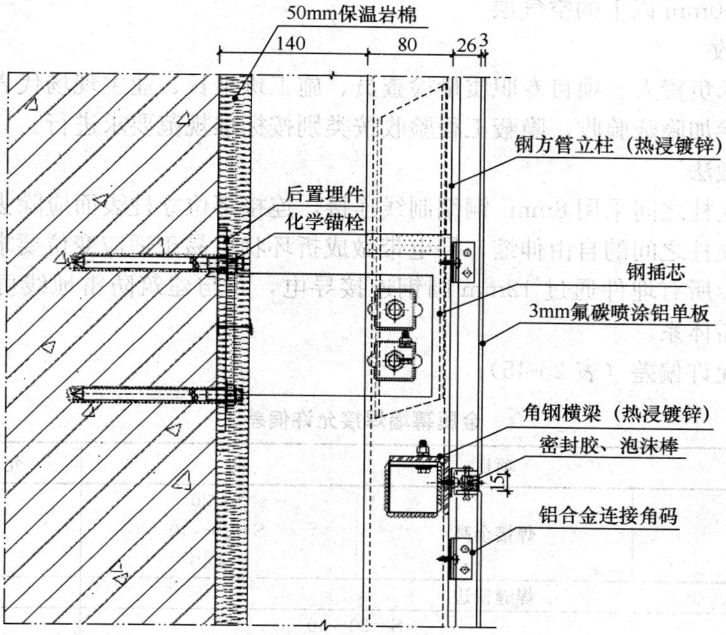

图 26-74 金属幕墙纵剖节点

6. 防腐处理（防锈）

（1）注意施工安装过程中的防腐。铝合金型材与砂浆或混凝土接触时表面会被腐蚀，应在其表面涂刷沥青涂漆，对铝合金型材加以保护。

（2）当铝合金与钢材、镀锌钢等接触时，应加设绝缘垫板隔离，以防产生电位差腐蚀。

（3）所有钢配件均应进行热镀锌防腐处理，镀锌涂层厚度不低于 85 μm。

（4）焊接作业完成后，焊缝焊渣必须全部清理干净，先使用防锈漆将焊接及受损部分进行处理，再用银粉漆进行保护，防锈处理必须要及时、彻底。

7. 层间防火及保温封修

（1）安装幕墙层间防火体系时应注意

1）幕墙的防火节点构造必须符合设计要求，防火材料的品种、防火等级必须符合规范和设计的规定；

2）防火材料固定应牢固，不松脱，无遗漏，采用射钉将其固定在结构面上，射钉间距应以 300mm 为宽，拼缝处不留缝隙；

3）防火镀锌钢板不得与铝合金型材直接接触，衬板就位后应进行密封处理；

4）防火镀锌钢板与主体结构间的缝隙必须用防火密封胶密封。

（2）安装幕墙保温、隔热构造时应注意

1）保温棉塞填应饱满、平整、不留间隙，其密度应符合设计要求；

2）保温材料安装应牢固，应有防潮措施，在以保温为主的地区，保温棉板的隔汽铝箔面应朝向室内；无隔汽铝箔面时，应在室内设置内衬隔汽板；

3）保温棉与金属应保持 30mm 以上的距离，金属板可与保温材料结合在一起，确保结构外表面有 50mm 以上的空气层。

8. 隐蔽验收

由项目技术负责人、项目专职质量检查员、施工班组长、业主现场代表、监理工程师或质量检查站参加隐蔽验收，隐蔽工程验收按类别按标准规范要求进行。

（1）防雷做法

上下两根立柱之间采用 8mm^2 铜编制线连接，连接部位立柱表面应除去氧化层和保护层。为不阻碍立柱之间的自由伸缩，导电带做成折环状，易于适应变位要求。在建筑均压环设置的楼层，所有埋件通过 12mm 圆钢连接导电，并与建筑防雷地线可靠导通，使幕墙自身形成防雷体系。

（2）焊接允许偏差（表 26-45）

金属幕墙焊接允许偏差　　表 26-45

项目			允许偏差（mm）
对接	焊接余高	$S \leqslant 20$	0.5～3
		$S=20 \sim 40$	0.5～3
		$S=40$	0.5～4
	焊缝错边		≤0.18
组合焊缝	$S=20 \sim 40$		0～+2
	$S \leqslant 40$		0～+3
角焊缝	焊缝余高	$K<6$	0～+2
		$K=6 \sim 10$	0～+3
		$K>10$	0～+3
	焊脚尺寸	$K<6$	0～+2
		$K=6 \sim 14$	0～+3
		$K>14$	0～+4

26.4.3 金属面板安装及调整

（1）安装前应将已完工作检查一遍，合格后将相应规格的金属面板搬入就位，然后自上而下进行安装。

（2）安装过程中拉线控制相邻面板的平整度和板缝的水平、垂直度，用木板模块控制板缝宽度，安装一块检查一块。

（3）安装过程中，如缝宽有误差，应均分在每一条板缝中，防止误差累计在某一条板缝或某一块面材上。

（4）安装过程中，应特别注意搬运安全，保护好金属的表面质量，如有划伤和损坏应及时进行更换。

（5）金属面板的保护膜安装过程中要保护好，打完胶后才可撕保护膜。

（6）金属幕墙安装允许偏差应符合表26-46的规定。

金属幕墙安装允许偏差 **表26-46**

项目		允许偏差（mm）	检查方法
竖缝及墙面垂直度	幕墙高度（H）（m） $H \leqslant 30$	≤10	激光经纬仪或经纬仪
	$60 \geqslant H > 30$	≤15	
	$90 \geqslant H > 60$	≤20	
	$H > 90$	≤25	
幕墙平面度		≤2.5	2m靠尺、钢板尺
竖缝直线度		≤2.5	2m靠尺、钢板尺
横缝直线度		≤2.5	2m靠尺、钢板尺
缝宽度（与设计值比较）		±2	卡尺
两相邻面板之间接缝高低差		≤1.0	深度尺

（7）根据具体情况做好收边收口防水处理。

26.4.4 金属幕墙注胶与交验

1. 注胶

（1）注胶不宜在低于5℃的条件下进行，温度太低胶液发生流淌，延缓固化时间甚至影响拉结拉伸强度，必须严格按产品说明书要求施工。严禁在风雨天进行，防止雨水和风沙浸入胶缝。

（2）充分清洁板材间缝隙，不应有水、油渍、涂料、铁锈、水泥砂浆、灰尘等。充分清洁粘结面，并加以干燥。

（3）为调整缝的深度，避免三边粘胶，缝内填泡沫塑料棒。

（4）在缝两侧贴美纹纸以保护面板不被污染。

（5）注胶后将胶缝表面抹平，去掉多余的胶。

（6）注胶完毕，等密封胶基本干燥后撕下多余的美纹纸，必要时用溶剂擦拭面板。

（7）胶在未完全硬化前，不要沾染灰尘和划伤。

2. 交验

交验时应提交下列资料：

（1）工程的竣工图、结构计算书、热工计算书、设计变更文件及其他设计文件。

（2）隐蔽工程验收文件。

（3）硅酮胶相容性、粘结性测试报告、剥离试验结果。

(4) 防雷记录及防雷测试报告。

(5) 竣工资料审核。

26.5 石材幕墙

26.5.1 确定施工顺序

石材幕墙安装工艺流程如图 26-75 所示。

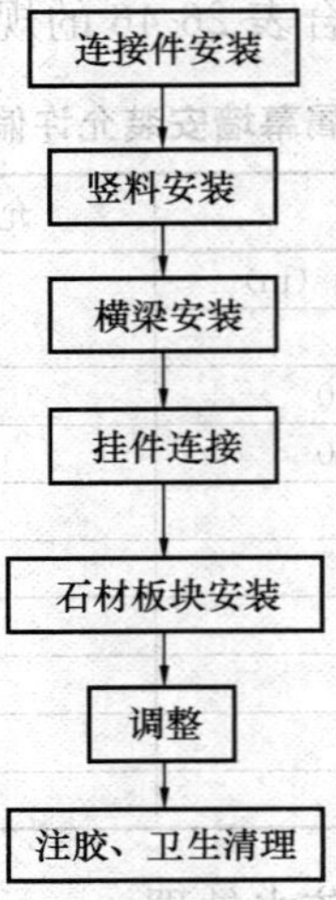

图 26-75　石材幕墙安装工艺流程图

26.5.2 立柱安装

石材幕墙主框架为钢结构，立柱采用热镀锌型钢，转接件与预埋件一般采用焊接型钢立柱与转接件用不锈钢螺栓连接。立柱安装一般自下而上进行，带芯套的一端朝上，第一根立柱按悬挂构件先固定上端，调正后固定下端；第二根立柱将下端对准第一根立柱上端的芯套上，并保留 15mm 的伸缩缝，再安装立柱上端，依次往上安装。

立柱安装后，对照上步工序测量定位线，对三维方向进行初调，初调结束后在下道工序施工前再对立柱进行全面调整。

26.5.3 横梁安装

1. 工艺操作流程：

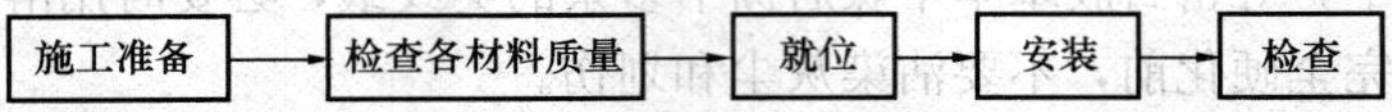

2. 立柱安装完毕，检查质量符合要求后才可安装横梁。横梁一般采用角钢制作，横梁与立柱可采用螺栓连接，也可采用焊接，或采用一端螺栓连接、一端焊接的形式。横梁安装应确保水平度偏差等符合设计要求，位置调整达到安装精度后，方可进行焊接固定。焊缝处经彻底清渣后涂刷防锈漆。

石材幕墙立柱安装允许偏差见表 26-47；横梁安装允许偏差见表 26-48。

石材幕墙立柱安装允许偏差　　表 26-47

项目		允许偏差（mm）	检查方法
竖缝及墙面垂直度	幕墙高度（H）（m）		激光经纬仪或经纬仪
	$H\leqslant30$	$\leqslant10$	
	$60\geqslant H>30$	$\leqslant15$	
	$90\geqslant H>60$	$\leqslant20$	
	$H>90$	$\leqslant25$	
幕墙平面度		$\leqslant2.5$	2m 靠尺、钢板尺
竖缝直线度		$\leqslant2.5$	2m 靠尺、钢板尺

石材幕墙横梁安装允许偏差　　表 26-48

项目	允许偏差（mm）	检查方法
横缝直线度	$\leqslant2.5$	2m 靠尺、钢板尺
缝宽度（与设计值比较）	±2	卡尺
两相邻面板之间接缝高低差	$\leqslant1.0$	深度尺

26.5.4　石材金属挂件安装

石材幕墙就干挂形式来说，钢销式、蝴蝶片式已经禁止在石材幕墙中使用。T 形挂件式由于不便于单个板块独立安装和拆卸，抗震性能差且不便于维修，不宜在石材幕墙中使用。目前，石材幕墙常用的干挂方式主要为背栓式、SE 挂件式。

（1）背栓式金属挂件安装

背栓式干挂石材幕墙是指使用背栓和铝合金挂件将面板安装在支承结构上的石材幕墙，见图 26-76。

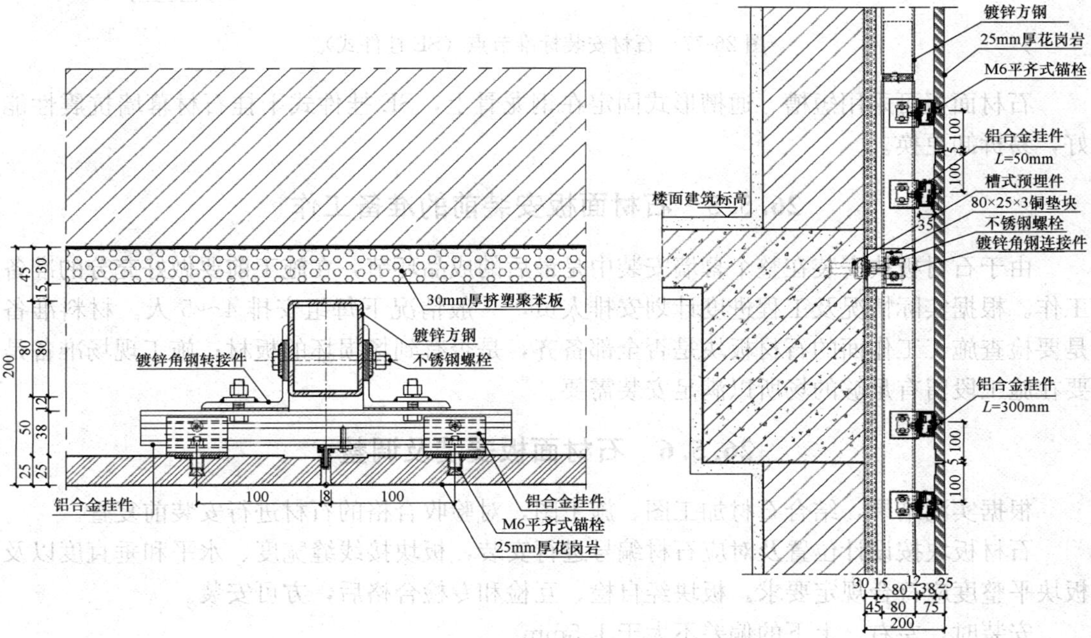

图 26-76　石材安装标准节点（背栓式）

背栓铝合金挂件的定位、安装是背栓式石材幕墙中至关重要的一环。它的位置是否准确直接关系到石材幕墙的外观效果。铝合金挂件采用分段形式，通过螺栓与横龙骨相连。

(2) SE 挂件式金属挂件安装

SE 挂件式干挂石材幕墙是指使用 S 形、E 形铝合金挂件将面板安装在支承结构上的石材幕墙，见图 26-77。

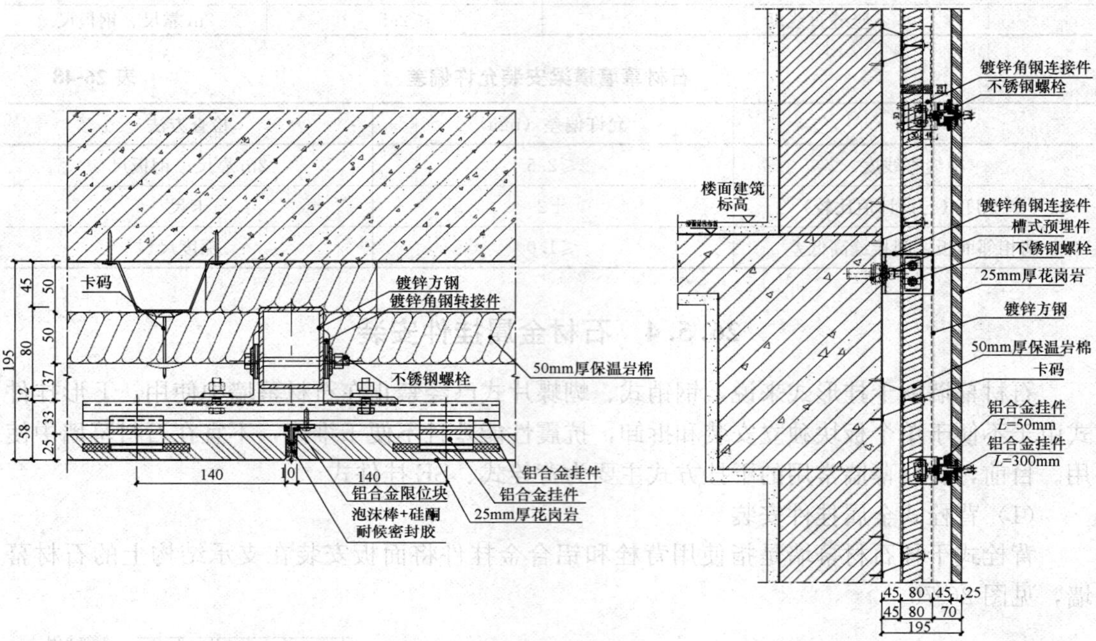

图 26-77　石材安装标准节点（SE 挂件式）

石材面板可采用短槽、通槽形式固定在钢龙骨上，SE 挂件式干挂石材幕墙抗震性能好，易拆卸更换。

26.5.5　石材面板安装前的准备工作

由于石材板块安装在整个幕墙安装中是最后的成品环节，在施工前要做好充分的准备工作。根据实际情况及工程进度计划安排人员，一般情况下每组安排 4～5 人。材料准备是要检查施工工作面的石材板块是否全部备齐，是否有到场损坏的板材；施工现场准备是要在施工段留有足够的场所以满足安装需要。

26.5.6　石材面板安装及调整

根据实测结果，结合石材加工图、施工图，对验收合格的石材进行安装前复查。

石材板块按设计位置及对应石材编号进行安装，板块接线缝宽度、水平和垂直度以及板块平整度应符合规定要求。板块经自检、互检和专检合格后，方可安装。

安装时，左右、上下的偏差不大于 1.5mm。

固定螺栓，镶固定件，如果石材与平面线不平齐，则微调螺栓以调整平齐。紧固螺栓，并将螺母固定，必要时采用双螺母，以防止螺母松动。

石材板块初装完成后，对板块进行调整，调整标准即横平、竖直、面平。横平即横向缝水平，竖直即竖向缝垂直，面平即各石材在同一平面内。

26.5.7 石材打胶（开放式除外）

打胶前，先清理板缝，按要求填充泡沫棒。

在需打胶部位的外侧粘贴保护胶纸，胶纸的粘贴要符合胶缝形式的要求。

打胶时要连续均匀。操作顺序为：先打横向后打竖向，竖向胶缝应自下而上进行，胶注满后，应检查里面是否有气泡、空心、断缝、杂质，若有应及时处理。

隔日打胶时，胶缝连接处应清理打好的胶头，切除已打胶的胶尾，以保证两次打胶的连接紧密统一。

石板板块安装完成后，板块间缝隙必须用石材专用胶填缝予以密封，防止空气渗透和雨水渗漏。

26.5.8 石材质量及色差控制

依据石材编号检查石材的色泽度，同一石材幕墙幅面的石材不要产生明显色差，最低限度要求石材颜色应逐渐过渡。必要时，石材面板在安装前应进行排版检验，以确保石材颜色色泽统一，不出现明显色差。

用环氧树脂腻子修补缺棱掉角或麻点之处并磨平，破裂的石材面板不得使用。

26.6 人造板材幕墙

26.6.1 人造板材幕墙的主要类型

目前人造板材幕墙主要包含微晶玻璃板、石材铝蜂窝板、瓷板、陶板、纤维水泥板幕墙等。人造板材性能优良，与天然石材等相比具有更好的理化优势，其中微晶玻璃板加工的主要工序为板连接部位的开槽或钻背栓孔，由于其材质硬度高、脆性大，加工中应采用能满足幕墙面板设计精度要求的专用机械设备进行加工。微晶玻璃板开槽尺寸允许偏差见表 26-49。

微晶玻璃板开槽尺寸允许偏差 **表 26-49**

项目	槽宽度	槽长度	槽深度	槽端到板端边距离	槽边到板面距离
允许偏差（mm）	+0.5 0	短槽：+10.0 0	+1.0 0	短槽：+10.0 0	+0.5 0

幕墙用石材铝蜂窝板面板石材为亚光面或镜面时，厚度宜为 3～5mm；面板石材为粗面时，厚度为 5～8mm。石材表面应涂刷符合现行行业标准规定的一等品及以上要求的饰面型石材防护剂，其耐碱性、耐酸性宜大于 80%。石材铝蜂窝板加工允许偏差应符合表 26-50 的规定。

石材铝蜂窝板加工允许偏差（单位：mm）　　**表 26-50**

项目		技术要求	
		亚光面、镜面板	粗面板
边长		0.0 −1.0	
对边长度差	≤1000	≤2.0	
	＞1000	≤3.0	
厚度		±1.0	+2.0 −1.0
对角线差		≤2.0	
边直度	每米长度	≤1.0	
平整度	每米长度	≤1.0	≤2.0

幕墙用纤维水泥板的基板应采用现行行业标准《纤维水泥平板　第 1 部分：无石棉纤维水泥平板》JC/T 412.1 规定的高密度板，且密度 D 不小于 1.5g/cm^3，吸水率不大于 20%，力学性能为Ⅴ级。采用穿透连接的基板厚度应不小于 8mm，采用背栓连接的基板厚度应不小于 12mm，采用短挂件连接、通长挂件连接的基板厚度应不小于 15mm。基板应进行表面防护与装饰处理。纤维水泥板加工允许偏差应符合表 26-51 的规定。

纤维水泥板加工允许偏差　　**表 26-51**

项目		允许偏差（mm）
边长 a（mm）	a≤1000	±1.5
	a＞1000	±2.0
厚度 t（mm）	6＜t≤20	±0.1t
	t＞20	±2.0
边直度（mm/m）		≤1
翘曲度（mm/m）		≤2
对角线差（mm）		≤2
孔的中心距（mm）		±1.5

陶板幕墙又称陶土板幕墙，其面板材料是以天然陶土为主料，经高压挤出成型、低温干燥并在 1200℃的高温下烧制而成。陶土幕墙产品可分为单层陶土板与双层中空式陶土板以及陶土棍百叶等。陶土板的加工一般以切割为主，其加工允许偏差见表 26-52。

陶土板加工允许偏差　　**表 26-52**

项目		允许偏差（mm）
边长	长度	±1.0
	宽度	±2.0
厚度		±2.0
对角线长度		≤2.0
表面平整度		≤2.0

26.6.2 确定施工顺序

人造板材安装工艺流程见图 26-78。

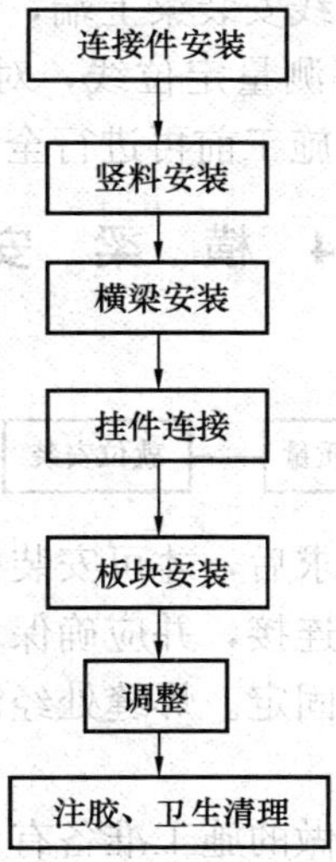

图 26-78 人造板材安装工艺流程图

26.6.3 立柱安装

人造板材幕墙的弹线定位和构件式幕墙弹线定位方式一致。

人造板材幕墙埋件的检查和构件式幕墙埋件的检查方式一致。

幕墙与混凝土结构主体的连接主要依靠预埋件、转接件。无预埋件的需采用后置埋件，在土建主体上进行。后置的方式是在锚板布置点的位置采用倒锥形化学锚栓或后扩底机械锚栓固定，再在锚板表面通过转接件固定幕墙立柱。在施工过程中注意预埋件的水平度、垂直度和相对位置。

1. 连接件安装

连接件是连接幕墙的重要构件，其安装精度和质量是幕墙安装精度、外观质量的基础，也是后续安装工作能够顺利进行的关键，见图 26-79。

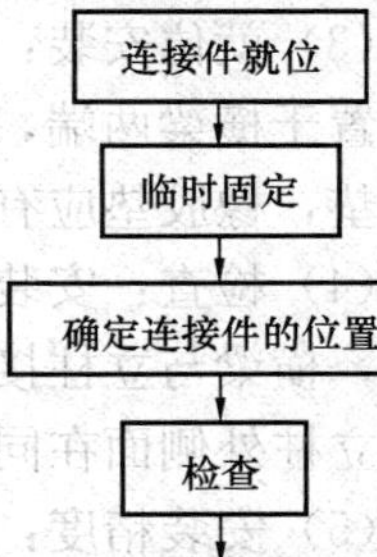

图 26-79 连接件的安装顺序

连接件先点焊进行临时固定，与立柱位置尺寸调整好后再与预埋件进行满焊，焊接质量应满足现行国家规范要求。

2. 立柱安装

人造板材幕墙支承结构一般为钢结构或钢铝相结合的结构，立柱是幕墙安装施工的关键之一。它的精度将影响整个幕墙的安装质量。幕墙的平面轴线与建筑物的外平面轴线距离允许偏差应控制在 2mm 以内。

(1) 先将连接件点焊在预埋钢板上，通过螺栓将立柱连接在连接件上，然后调整位置。立柱的垂直度可由吊锤控制，位置调整准确后，才能将连接件正式焊接在预埋铁件上。安装误差要求：标高±3mm；前后±2mm；左右±3mm。

（2）立柱安装一般由下而上进行，带芯套的一端朝上。第一根立柱按悬挂构件先固定上端，调正后固定下端；第二根立柱将下端对准第一根立柱上端的芯套用力将第二根立柱套上，并保留 15mm 的伸缩缝，再吊线安装梁上端，依此往上安装。

（3）立柱安装后，对照上步工序测量定位线，对三维方向进行初调，保持误差小于 1mm，待基本安装完成后在下道工序施工前再进行全面调整。

26.6.4　横　梁　安　装

1. 工艺操作流程

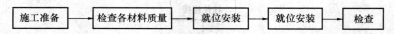

施工准备 → 检查各材料质量 → 就位安装 → 就位安装 → 检查

主柱安装完毕，检查质量符合要求后，才可安装横梁。人造板幕墙横梁一般采用镀锌角钢或钢管制作，采用螺栓与主龙骨连接，并应确保水平度偏差符合设计要求。位置调整达到安装精度要求后，方可进行焊接固定。焊缝处经清渣后涂刷防锈漆与面漆。

2. 基本操作说明

（1）施工准备：在横梁安装前要做的施工准备有：

1）资料准备；

2）搬运、吊装构件时不得碰撞、损坏和污染构件；

3）对安装人员应进行相应的技术培训；

4）对施工段现场进行清理。

（2）检查各种材料质量：在安装前要对所使用的材料质量进行合格检查，包括检查横梁是否已被破坏，是否按要求冲口，同时所有冲口边是否有变形，是否有毛刺边等，如发现类似情况要将其清理后再进行安装。

（3）就位安装：横梁就位安装先找好位置，将横梁角码预置于横梁两端，再将横梁垫圈预置于横梁两端，用螺栓穿过横梁角码、垫圈及立柱，逐渐收紧螺栓。连接处应用弹性橡胶垫，橡胶垫应有 10%～20%的压缩性，以适应和消除横向温度变形的影响。

（4）检查：安装完成后要对横梁进行检查，主要检查以下内容：各种横梁的就位是否有错，横梁与立柱接口是否吻合，横梁垫圈是否规范整齐，横梁是否水平，横梁外侧面是否与立柱外侧面在同一平面上。

（5）安装精度：宜用经纬仪对横梁杆件进行周圈贯通，对变形缝、沉降缝、变截面处等进行妥善处理，使其满足设计使用要求。

26.6.5　人造板材金属挂件安装

（1）人造板幕墙板材金属挂件一般为不锈钢挂件与铝挂件，铝挂件常用于背栓式微晶石幕墙与陶土板幕墙中，其中陶土板幕墙中的铝挂件形式较丰富，基本形式见图 26-80。

1）金属挂件按尺寸批量加工生产，去除毛刺；

2）金属挂件与人造板按设计图显示进行尺寸间隙连接；

3）金属挂件与面板连接需在槽内注无污染的硅酮耐候胶；

4）金属挂件固定连接于横梁上，对金属挂件进行微调，检查板面是否安装平整。

图 26-80 陶土板幕墙中的铝挂件形式

（2）陶土板幕墙金属挂件与板的连接方式基本有以下几种：

1）板块之间直接卡接：板块通过挤压成型，在板块的上下均形成连接槽，安装时将上面板块的下边槽和下面板块的上边槽卡到同一个横梁中，依靠横梁的弹性变形将上下两个板块牢固地连接在一起。为了消除板块和龙骨间的缝隙，在每块板块后面还加装板式弹簧，确保幕墙表面美观、平整。

2）采用挂件挂接：在板的上下部分均形成连接槽，在槽中安装专用的 T 形挂件，然后将板块直接挂在横梁上面，依靠板块的重力将板块与横梁连接在一起。

3）采用背栓式挂接：与常规的背栓挂接方式相似，在烧制陶土板时将板块背面预制带有背栓连接孔的凸台，通过背栓与挂件连接，再由挂件与横梁实现挂接。

4）采用压板压接：为使板块形状简单，采用压板压接的方式进行人造板幕墙面板的安装，该安装方式可使立面外观线条丰富多样，更具有安全感与观感效果。

26.6.6 人造板安装前的准备工作

人造板安装前根据板材类型及板材厚度，同时结合设计要求选用以下不同的固定方式：

（1）在安装前检查连接件是否符合要求，是否是合格品，热浸镀锌是否按标准进行，开口槽是否符合产品标准。

（2）安装埋件。埋件的作用就是将连接件固定，使幕墙结构与主体混凝土结构连接起来。故安装连接件时首先要安装埋件，只有埋件安装准确了，才能很准确地安装连接件。

（3）对照立柱垂线。立柱的中心线也是连接件的中心线，故在安装时要注意控制连接件的位置，其偏差小于 2mm。

（4）拉水平线控制水平高低及进深尺寸。虽然埋件已控制水平高度，但由于施工误差影响，安装连接件时仍要拉水平线控制其水平及进深的位置，以保证连接件的安装准确无误。

（5）点焊。在连接件三维空间定位准确后，要进行连接件的临时固定即点焊。点焊时每个焊接面点 2～3 点，要保证连接件不会脱落。点焊时要两人同时进行，一人固定位置，另一人点焊，协调施工同时两人都要做好各种防护措施；点焊人员必须是有焊工技术操作证者，以保证点焊的质量。

（6）检查。对初步固定的连接件按层次逐个检查施工质量，主要检查三维空间误差，一定要将误差控制在误差范围内。三维空间误差工地施工控制范围为垂直误差小于 2mm，水平误差小于 2mm，进深误差小于 3mm。

26.6.7 人造板安装及调整

1. 人造板材幕墙中微晶石板材安装与调整

（1）根据弹线实测结果，结合板材加工图、施工图，对合格的板材进行安装前尺寸复查。

（2）依据板材编号检查板材的表面质量，避免不合格板上墙。

（3）按图纸要求，用经纬仪打出大角两个面的竖向控制线，在大角上下两端固定挂线的角钢，用钢丝挂竖向控制线，并在控制线的上、下作出标记。

（4）安装前在立柱、横梁上定位划线，确定人造板材在立面上的水平、垂直位置。对平面度要逐层设置控制点。根据控制点拉线，按拉线调整检查，切忌跟随框格体系歪框、歪件、歪装。对偏差过大的，应坚决采取重做、重新安装。

（5）支底层板材托架，放置底层面板，调节并暂时固定。

（6）固定螺栓，镶铝合金固定件，如果板材与平面线不平齐则调整微调螺栓，调整平齐，紧固螺栓，并将螺母用环氧树脂胶固定，防止螺母松动。

（7）板间缝按设计要求留出正确尺寸。

2. 人造板材幕墙中陶土板板材安装与调整，见图 26-81。

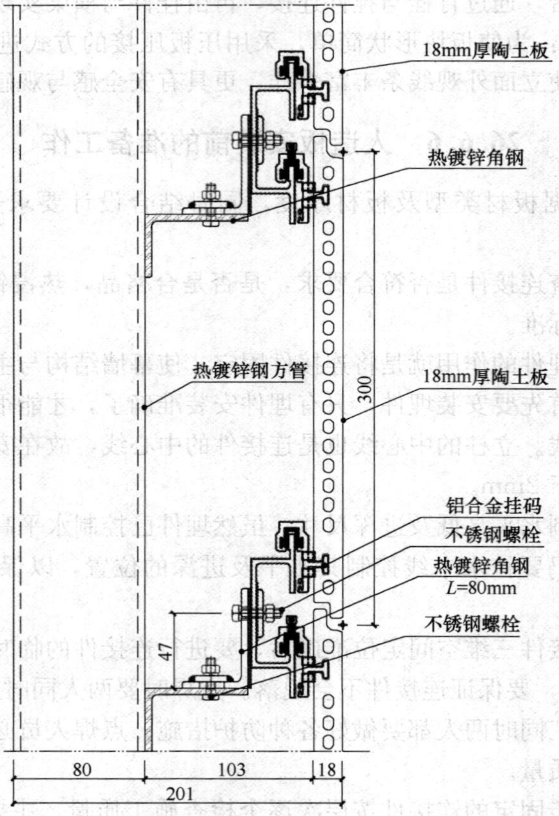

图 26-81 人造板标准节点图

(1) 陶土板背后有自带的安装槽口，通过该槽口穿入挂件，挂件挂装在龙骨或者特制的钢角码上。

(2) 陶土板与挂件之间、挂件与龙骨之间宜采用柔性连接。

(3) 陶土板横向的接缝处宜留有5mm左右的搭接量，以阻止雨水直接倒灌，竖向的接缝处宜留有2～5mm的安装缝隙，可以内置卡缝件（铝合金、不锈钢、金属件或者三元乙丙胶条），兼有堵水和防止侧移的作用。

(4) 陶土板建议自下而上挂装，若楼层较高，可以分区段同时进行。

(5) 陶土板安装时严禁刷油漆，避免油漆污染到陶土板。

(6) 根据具体情况做好收边收口防水处理。

26.6.8 人造板材质量及色差控制

(1) 人造板材幕墙工程材料是保证幕墙质量和安全的关键，人造板材幕墙的板材施工前还需按照国家规定要求进行材料送检。

(2) 选用颜色均匀、色差小、没有崩边、没有缺角、没有暗裂、没有损伤的人造板材。

(3) 在选材时一定要注意板材的受力性能和外面质量，外观尺寸偏差、表面平整度、光洁度必须符合有关规定，四周直线平直、四角垂直，开槽正确无误。

(4) 注意同批次人造板材尽量安装在同一立面，减少不同批次板造成的细微色差。

26.6.9 人造板材幕墙打胶与交验

1. 人造板幕墙宜采用中性耐候硅酮密封胶进行打胶嵌缝处理。

2. 交验时应提交下列资料：

(1) 龙骨面板、硅酮胶等材料、配件、连接件的产品合格证或质量保证书。

(2) 隐蔽工程验收证书。

(3) 硅酮胶相容性、粘结性测试报告、剥离试验结果。

(4) 防雷记录及防雷测试报告。

(5) 施工过程中各部件及安装质量检查记录。

(6) 竣工资料审核。

人造板幕墙安装允许偏差见表26-53。

人造板幕墙安装允许偏差 表26-53

<table>
<tr><th rowspan="2">序号</th><th colspan="2" rowspan="2">项目内容</th><th colspan="2">允许偏差（mm）</th><th rowspan="2">检验方法及检测设备</th></tr>
<tr><th>优良</th><th>合格</th></tr>
<tr><td rowspan="6">1</td><td rowspan="6">竖框垂直度</td><td>一层</td><td colspan="2">≤1.0</td><td rowspan="6">经纬仪或吊线和钢板尺检查</td></tr>
<tr><td>三层</td><td>≤2.0</td><td>≤2.5</td></tr>
<tr><td>$H\leqslant30$m</td><td>≤3.5</td><td>≤4</td></tr>
<tr><td>30m<$H\leqslant60$m</td><td>≤6</td><td>≤7</td></tr>
<tr><td>60m<$H\leqslant100$m</td><td>≤8</td><td>≤10</td></tr>
<tr><td>H>100m</td><td>≤13</td><td>≤15</td></tr>
</table>

续表

<table>
<tr><th rowspan="2">序号</th><th rowspan="2" colspan="2">项目内容</th><th colspan="2">允许偏差（mm）</th><th rowspan="2">检验方法及检测设备</th></tr>
<tr><th>优良</th><th>合格</th></tr>
<tr><td>2</td><td>相邻两根竖框间距</td><td>固定端头</td><td colspan="2">±1.0</td><td rowspan="2">钢卷尺</td></tr>
<tr><td>3</td><td>任意连续四根竖框的间距</td><td>固定端头</td><td>±1.0</td><td>±1.5</td></tr>
<tr><td rowspan="2">4</td><td rowspan="2">相邻横框间距</td><td>≤2000</td><td>±1.0</td><td>±1.0</td><td rowspan="2">钢卷尺</td></tr>
<tr><td>>2000</td><td>±0.5</td><td>±1.5</td></tr>
<tr><td rowspan="5">5</td><td rowspan="5" colspan="2">同一标高平面内横框水平度
（B为宽度尺寸）</td><td colspan="2">≤1</td><td rowspan="5">水准仪
水平尺
塞尺</td></tr>
<tr><td>B≤20m</td><td>≤3</td></tr>
<tr><td>B≤30m</td><td>≤4</td></tr>
<tr><td>B≤60m</td><td>≤6</td></tr>
<tr><td>B≤60m</td><td>≤7</td></tr>
<tr><td rowspan="4">6</td><td rowspan="4" colspan="2">同层竖框外表面平面度（相对位置）
（注：b宽度尺寸）</td><td colspan="2">≤0.5</td><td rowspan="4">经纬仪或吊线和
钢板尺检查</td></tr>
<tr><td>b≤20m</td><td>≤2</td></tr>
<tr><td>20m<b≤60m</td><td>≤2.5</td></tr>
<tr><td>b>60m</td><td>≤3</td></tr>
<tr><td rowspan="3">7</td><td rowspan="3">竖缝及墙面的垂直度</td><td>高度≤20m</td><td>≤2.5</td><td>≤3</td><td rowspan="3">激光仪或经纬仪</td></tr>
<tr><td>20m<高度≤60m</td><td>≤4</td><td>≤6</td></tr>
<tr><td>高度≤60m</td><td>≤7</td><td>≤9</td></tr>
<tr><td>8</td><td colspan="2">幕墙平面度</td><td>≤2</td><td>≤2.5</td><td>2m 靠尺、钢板尺</td></tr>
<tr><td>9</td><td colspan="2">竖缝直线度</td><td>≤2</td><td>≤2.5</td><td>2m 靠尺、钢板尺</td></tr>
<tr><td>10</td><td colspan="2">横缝水平度</td><td>≤2</td><td>≤3</td><td>用水平尺</td></tr>
<tr><td>11</td><td colspan="2">胶缝宽度（与设计值比较），全长</td><td>±1</td><td>±1.5</td><td>用卡尺或钢板尺</td></tr>
<tr><td>12</td><td colspan="2">胶缝厚度</td><td>±0.5</td><td>±1.0</td><td>钢板尺、塞尺</td></tr>
<tr><td>13</td><td colspan="2">两相邻板块之间接缝高低差</td><td>≤0.5</td><td>≤1.0</td><td>钢板尺、塞尺</td></tr>
<tr><td>14</td><td colspan="2">翻窗与幕墙相邻表面高低差</td><td>≤0.5</td><td>≤1.0</td><td>钢板尺、塞尺</td></tr>
</table>

26.7　采　光　顶

采光顶是由面板与支承体系组成，不分担主体结构所受作用且与水平方向夹角小于75°的建筑维护结构。

按支承形式可分为框支承采光顶和点支承采光顶。

按支承结构可分为全玻璃采光顶、钢结构采光顶、索结构采光顶。

按面板材料可分为玻璃采光顶、聚碳酸酯板采光顶。

按外形可分为平顶采光顶（排水坡在5%以内）、坡顶采光顶、圆穹顶采光顶等(图26-82～图26-84)。

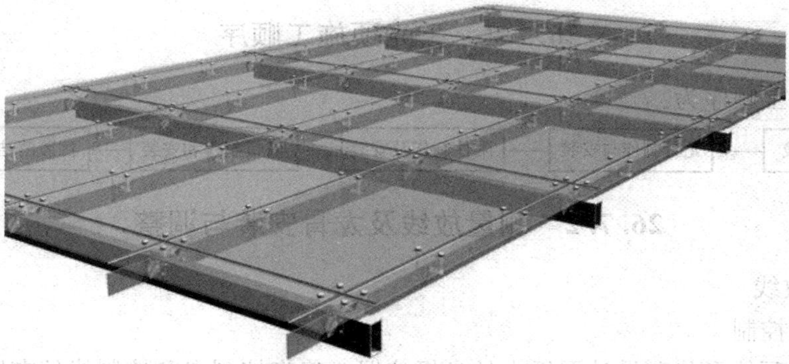

图 26-82 平顶采光顶

图 26-83 坡顶采光顶

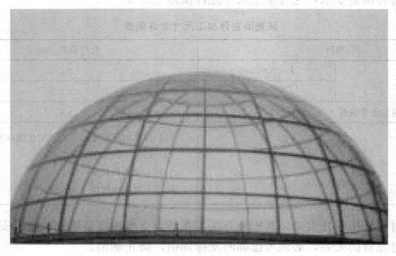

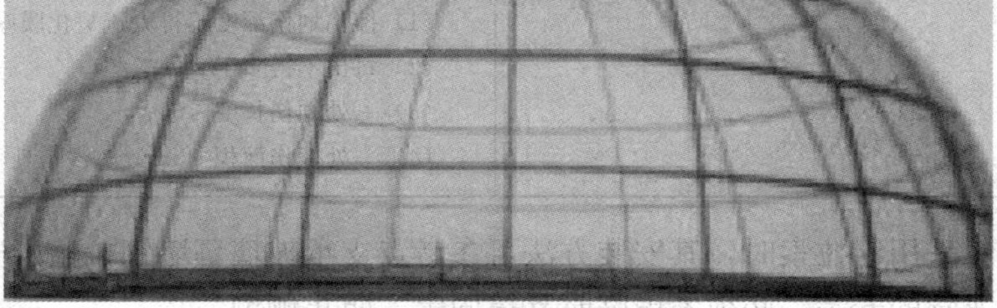

图 26-84 圆穹顶采光顶

26.7.1　采光顶施工顺序

采光顶施工顺序为：

测量放线 → 龙骨制作与安装 → 附件制作及安装 → 面板制作和安装 → 注胶清洁及交验

26.7.2　测量放线及龙骨安装与调整

1. 测量放线

（1）平面控制

根据采光顶的形状和设计图纸中的坐标位置，确定控制点和控制线的布置，并确定埋件安装位置及龙骨安装位置。

（2）高程控制

根据土建主体标高控制点，确定采光顶高度控制。根据外形造型的不同，高度控制点应分别对应确定。对于圆穹造型必须进行曲线计算，满足安装精度。

2. 龙骨制作

龙骨制作要经过选料、放样、材料测试、下料、拼装、总装等工序，而每一个工序所采用的施工方案、施工技术、施工机械设备、劳动力组织等都有所不同，必须科学组织、严格施工。

龙骨下料后，应根据节点图确定安装孔位，以及进行连接件的制作加工。对于造型复杂的，应在工厂进行试拼装和安装，以确定各部位连接准确及采光顶各部位几何尺寸的精确。

3. 龙骨的安装及调整

龙骨安装前，应根据测量放线在施工现场进行挂线。检查预埋件位置偏差。对于后置埋件，一般采用化学锚栓固定。

龙骨与连接件的连接方式有两种：一种是焊接，一种是螺栓连接。两种连接强度必须进行验算并符合构造要求，龙骨加工尺寸允许偏差见表 26-54。

采光顶龙骨加工尺寸允许偏差　　　**表 26-54**

项目		允许偏差（mm）
长度	$L<2000$mm	±1.0
	$L\geqslant2000$mm	±1.5
端头角度偏差（与设计比较）		±15′
擦伤 划伤		（1）擦伤划伤深度不得大于氧化膜厚度； （2）每出不得多于 5 处； （3）一处划伤长度≤50； （4）一处擦伤面积≤5mm²

当龙骨材料采用钢拉索时，其安装方法可参考点支承玻璃幕墙钢拉索的安装方法。

对于圆穹龙骨的安装，必须考虑临时支撑固定，防止侧倒。

对于跨度较大，所用支承结构体系重、大时应采用吊装，吊装时应控制安装精度。严格按吊装工艺要求及注意事项进行吊装。龙骨安装就位后，应及时进行临时固定。主龙骨安装完成后，进行全面调整，调整完毕后应及时进行永久固定。龙骨安装允许偏差见表 26-55。

龙骨安装允许偏差 **表 26-55**

项目		允许偏差（mm）
顶部	水平高差	±2
	水平平直	±2
檐口	水平高差	±2
	水平平直	±2
同距（边长）	≤3000mm	≤4
	<3000mm	≤3
跨度（边→边）	≥8000mm	≤0.0012*L*，且≤20
	≥5000mm	≤6
	≥3000mm	≤4
	<3000mm	≤3
高度（底→底）	≥5000mm	≤0.0015*H* 且≤15
	≥3000mm	≤4.5
	≥2000mm	≤3
	<2000mm	≤2
分格尺寸	≥2000mm	≤2
	<2000mm	≤1.5
圆曲率半径	*r*≥3000mm	±6
	r≥2000mm	±4
	r<2000mm	±3
斜杆上表面同一位置平面度	相邻三根杆	±2
	长度≤2000mm	±4
	长度≤4000mm	±5
	长度≤6000mm	±6
	长度≤8000mm	±8
	长度>8000mm	±10
横杆同一位置平直度	相邻两杆	1
	长度≤2500mm	5
	长度>2500mm	7
锥体对角线（奇数锥为角到对边垂直）	≥5000mm	7
	≥3000mm	4
	<3000mm	3

26.7.3 附件安装及调整

由于采光顶所处位置比较特殊，覆盖在建筑物的最上面，所以要起到防止风雪侵袭、抵抗冰雹、保温隔热、防雷防火的作用。支撑结构体系能承担本身重量，抵抗风和积雪的外力作用，但无法解决采光顶的防水、保温、防雷、防火等问题。要解决以上问题，必须通过各种附件的安装来达到目的。

(1) 排水、防水附件的安装要严格按施工设计图施工，在材料搭接的部位要牢固，并应注胶密实。要求做到无缝、无孔，以防止雨水渗漏。在安装时还应控制好排水坡度和排水方向，在有檐口的地方，应注意采光顶与檐口的节点做法。

(2) 采光顶位于建筑物顶部，是附属于主体建筑的围护结构。其金属框架应与主体结构的防雷系统可靠连接，必要时应在其尖顶部位设接闪器，并与其金属框架形成可靠连接，安装完毕后，必须作防雷测试。

(3) 安装采光顶防火附件装置时，应按设计要求进行。防火材料的厚度要达到设计要求，自动灭火设备应安装牢固。

26.7.4 面板安装前的准备工作

1. 面板的包装、运输和贮存

面板存放、搬运、吊装时不得碰撞、损坏。

2. 龙骨及附件的检查验收

(1) 面板安装前，由施工人员对龙骨及附件进行复核。对于误差过大的，必须进行修整。

(2) 对龙骨表面处理的外观质量进行检查，对未达到设计要求的部位进行返修，同时对安装部位留存的垃圾进行清理。

(3) 对面板的加工尺寸进行现场复查，确定面板的质量，外观尺寸满足设计要求。

采光顶面板裁切允许偏差见表 26-56。

采光顶面板裁切允许偏差　　**表 26-56**

项目		允许偏差（mm）
边长	≥2000mm	±2
	<2000mm	±1.5
对角线	≥3000mm	≤3
	<3000mm	≤2
圆曲率半径	≥2000mm	±2
	<2000mm	±1.5

面板外观质量的检查应符合设计规定。

26.7.5 面板安装及调整

采光顶面板的安装顺序一般采用先中间后两边或先上后下的安装方法。

1. 确定安装位置

根据面板的编号，依据安装布置图，把面板准备齐全，并运输到安装位置附近。把安装位置清扫干净，确定安装控制点和控制线。

2. 准备紧固装置

选择完好的紧固装置，并确定紧固装置的安装位置。若安装隐框形式的面板，必须确定压紧的间距，以及压紧的大小。若安装全玻璃面板，应把驳接头先固定在全玻璃面板上，并在驳接头上注防水胶。

3. 安装面板及调整

根据采光顶龙骨上所作的安装控制点和安装控制线安装面板。先局部临时固定面板，然后调整面板的水平高差，胶缝的大小和宽度等满足设计要求后，应及时固定紧固装置。紧固件的间距和数量必须符合设计要求。

采光顶面板安装允许偏差见表 26-57。

采光顶面板安装允许偏差 **表 26-57**

项目		允许偏差（mm）
脊（顶）水平局差		±3
脊（顶）水平错位		±2
檐口水平局差		±3
檐口水平错位		±2
跨度差（对角线或角到对边垂高）	<2000mm	±3
	≥2000mm	±4
	≥4000mm	±6
	≥6000mm	±9
上表面平直	相邻两块	±1
	≤5000mm	±3
	>5000mm	±5
胶缝底宽度	与设计值差	±1
	同一条胶缝	±0.5

26.7.6 注胶、清洁和交验

1. 注胶和清洁

面板安装调整完毕后，应及时固定，确定连接点的可靠牢固，然后才能注胶。注胶不得遗漏或密封胶粘接不牢。胶缝表面应平整、光滑，胶缝两边面板上不应有胶污渍，注胶后要检查胶缝里面是否有气泡，若有应及时处理避免漏水。胶固化后，应对面板及胶缝进行清理交验。注胶胶缝尺寸允许偏差见表 26-58。

注胶胶缝尺寸允许偏差 **表 26-58**

项目	允许偏差（mm）
胶缝密度	+1，0
胶缝厚度	±1
胶缝空穴	（1）最大面积不超过 $3mm^2$； （2）每米最多 3 处； （3）每处累计面积不超过 $8mm^2$
胶缝气泡	（1）最大直径 2mm； （2）每米最多 10 个； （3）每米累计不超过 $12mm^2$

2. 交验

采光顶交验时应提交下列资料：

（1）龙骨面板、硅酮胶等材料、配件、连接件的产品合格证或质量保证书。

（2）隐蔽工程验收证书。

（3）硅酮胶相容性、粘结性测试报告、剥离试验结果。

（4）形式试验报告（强度、气容、水温、抗冲击等）。

（5）防雷记录及防雷测试报告。

（6）施工过程中各部件及安装质量检查记录。

（7）竣工资料审核。

26.8 双层（呼吸式）玻璃幕墙

双层玻璃幕墙，又称呼吸式幕墙、空气间层幕墙、气循环幕墙等，是指由外层幕墙、空气间层、内层幕墙（或门、窗）构成，且在空气间层内能够形成空气有序流动的建筑幕墙。

双层幕墙按空气间层的通风方式，可分为外通风双层幕墙、内通风双层幕墙、内外通风双层幕墙三种。

外通风双层幕墙是通风口设于外层面板，采用自然通风或混合通风方式，使空气间层内的空气与室外空气进行循环交换的双层幕墙［图 26-85（*a*）］。内通风双层幕墙是通风

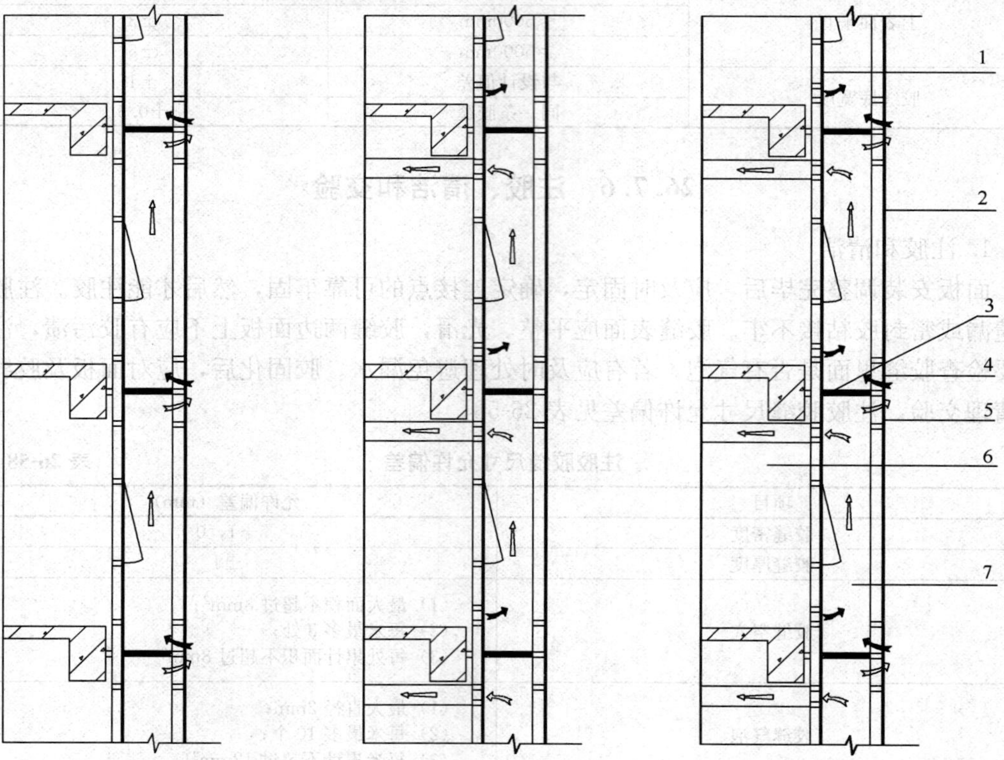

图 26-85　双层幕墙空气循环示意图

（*a*）外通风双层幕墙；（*b*）内通风双层幕墙；（*c*）内外通风双层幕墙

1—内层幕墙；2—外层幕墙；3—支承构件（检修通道）；4—进风口；5—出风口；6—室内空间；7—空气间层

口设于内层面板，采用机械通风方式，使空气间层内的空气与室内空气进行循环交换的双层幕墙［图 26-85（*b*）］。内外通风双层幕墙是内、外层均设有通风口，空气间层内的空气可与室内或室外空气进行循环交换的双层幕墙［图 26-85（*c*）］。

外通风双层幕墙，其内层是封闭的，采用中空玻璃与断热型材，其外层采用单层玻璃或夹胶玻璃，设有进风口和出风口，利用室外新风进入空气间层带走热量从上部排风口排出（图 26-86）。夏季开启上下风口，可起到自然通风的作用；冬季关闭风口，形成温室保暖。

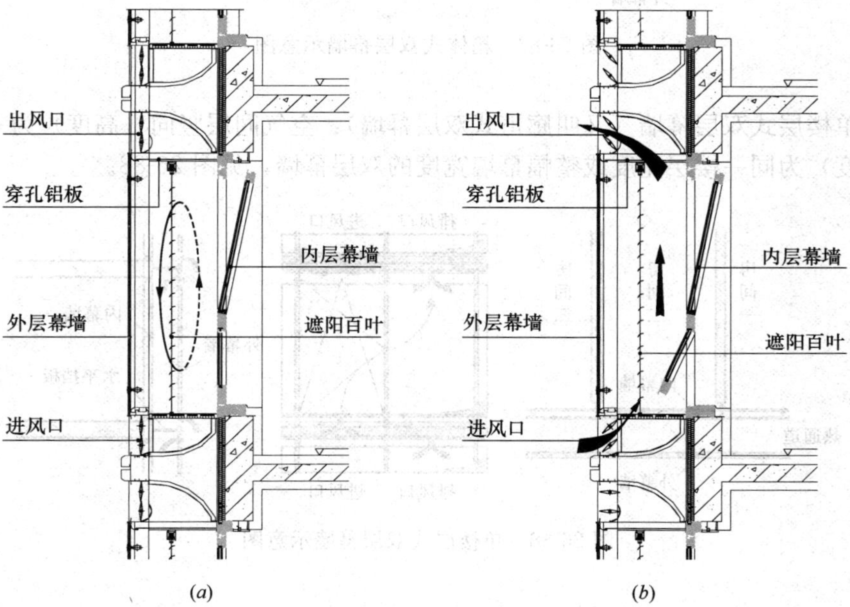

图 26-86 敞开式外循环体系幕墙冬夏季工作示意图

根据双层幕墙外层面板接缝结构形式、空气间层的分隔形式、幕墙结构形式等的不同，双层幕墙还可以分为以下几类：

1. 按幕墙结构形式可分为：

（1）构件式双层幕墙：内、外层均采用构件式框支承构造的双层幕墙。

（2）单元式双层幕墙：内、外层采用单元式框支承构造的箱式集成体作为结构基本单位的双层幕墙。

（3）组合式双重幕墙：内层和外层分别采用不同结构形式的双层幕墙。

2. 按外层面板接缝构造形式可分为：

（1）封闭式双层幕墙：外层、内层均为封闭式幕墙的双层幕墙。

（2）开放式双层幕墙：外层为开放式幕墙，面板采用开放式接缝，内层为封闭式幕墙的双层幕墙。

3. 按双层幕墙空气间层的分隔形式可分为：

（1）箱体式双层幕墙：空气间层竖向（高度）为一个层高、横向（宽度）为一个或两个分格宽度的双层幕墙。每个箱体空气间层设置开启窗，有进风口和出风口，可独立完成换气功能，见图 26-87。

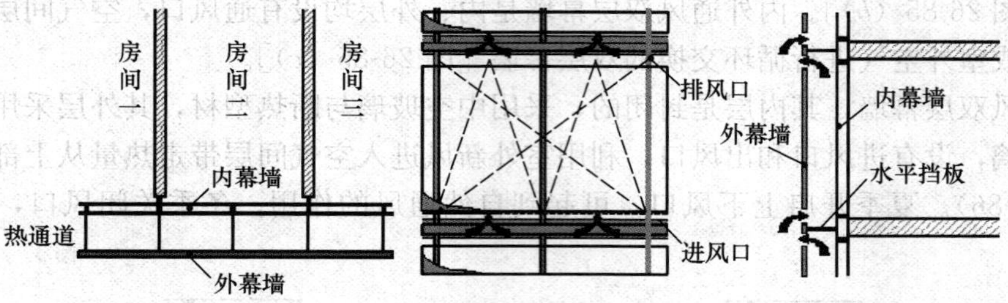

图 26-87 箱体式双层幕墙示意图

(2) 单楼层式双层幕墙（又叫廊道式双层幕墙）：空气间层竖向（高度）为一个层高、横向（宽度）为同一楼层宽度或整幅幕墙宽度的双层幕墙，见图 26-88。

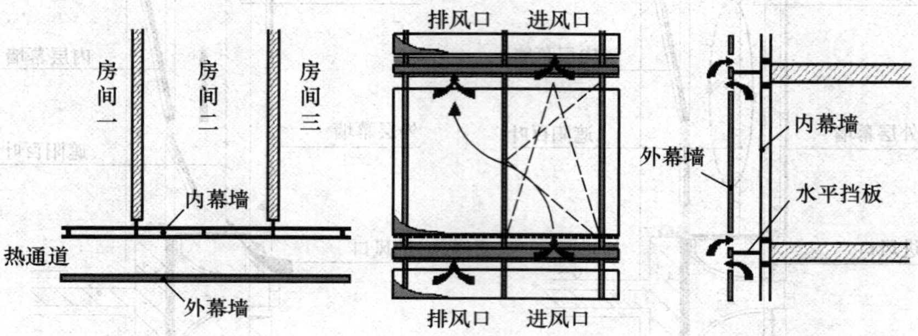

图 26-88 单楼层式双层幕墙示意图

(3) 多楼层式双层幕墙（又叫大箱体式双层幕墙）：空气间层竖向（高度）为两个或两个以上层高、水平方向（宽度）为一个或多个分格宽度的双层幕墙，见图 26-89。

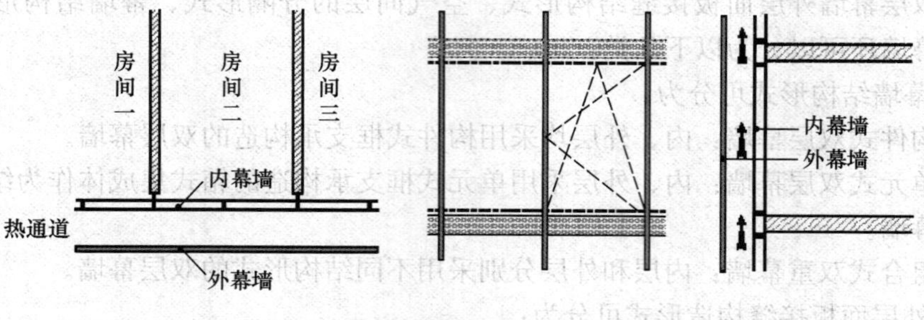

图 26-89 多楼层式双层幕墙示意图

(4) 整面式双层幕墙（又叫整体式双层幕墙）：空气间层竖向（高度）为整幅幕墙高度、横向为整幅幕墙宽度的双层幕墙，见图 26-90。

(5) 井道式双层幕墙：由箱体式或单楼层通道式空气间层及与之连通的多楼层竖向通风井道组成空气间层的双层幕墙，见图 26-91。

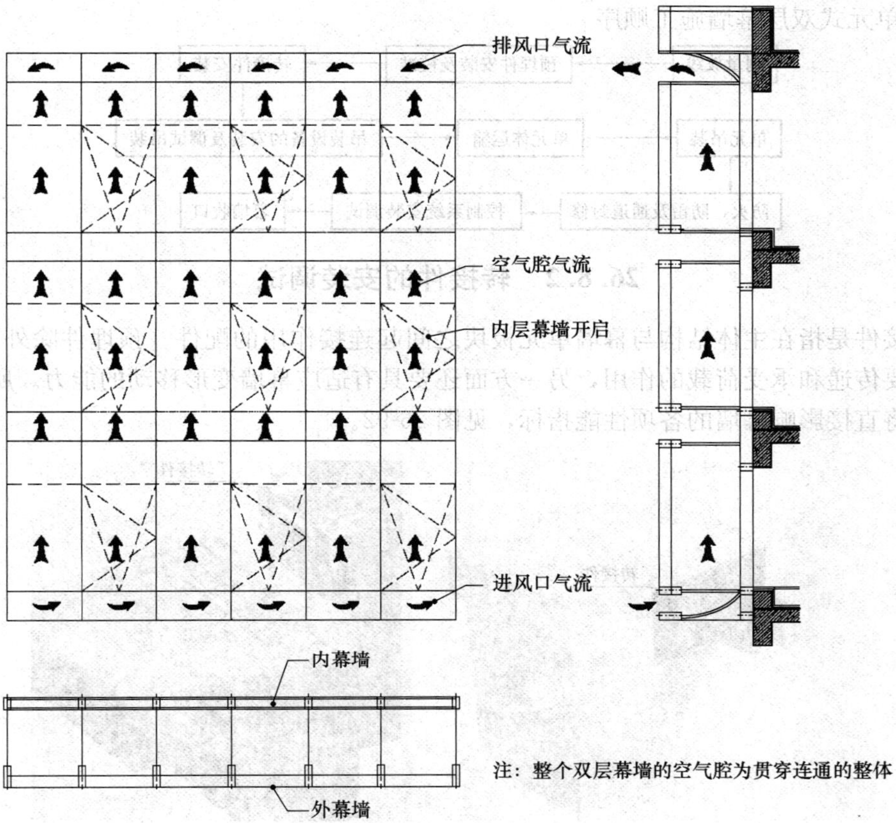

图 26-90 整面式双层幕墙示意图

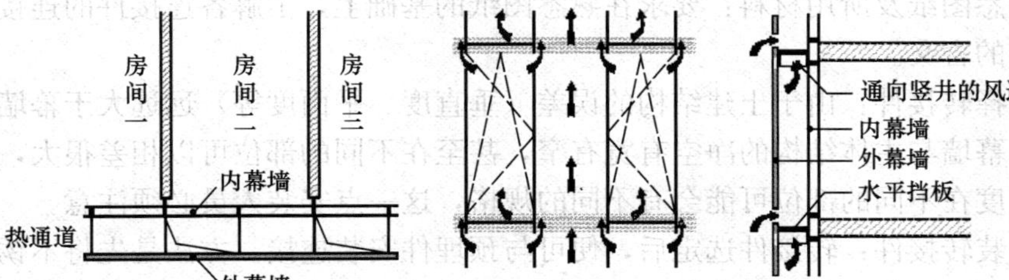

图 26-91 井道式双层幕墙示意图

26.8.1 确定施工顺序

1. 构件式双层幕墙施工顺序

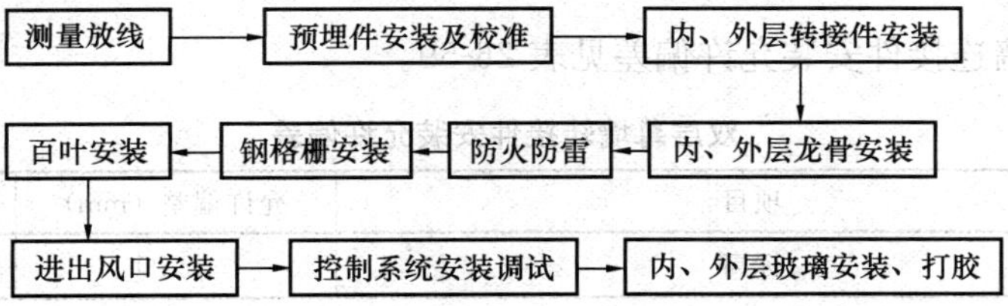

2. 单元式双层幕墙施工顺序

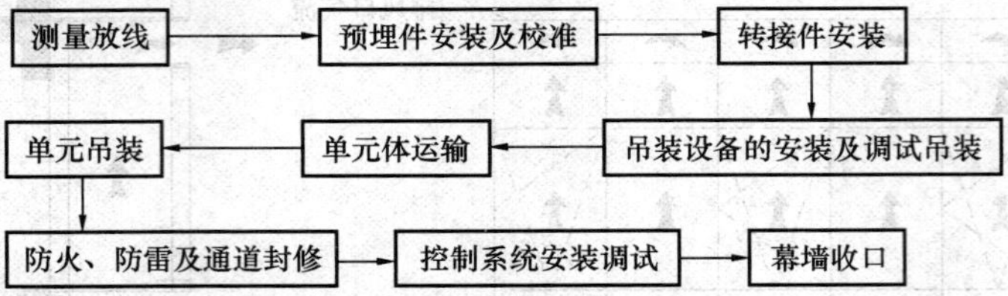

26.8.2　转接件的安装调试

转接件是指在主体结构与幕墙单元板块之间起连接作用的配件（预埋件除外）。它一方面是要传递和承受荷载的作用，另一方面还要具有适应幕墙变形移动的能力。所以其安装质量将直接影响幕墙的各项性能指标，见图 26-92。

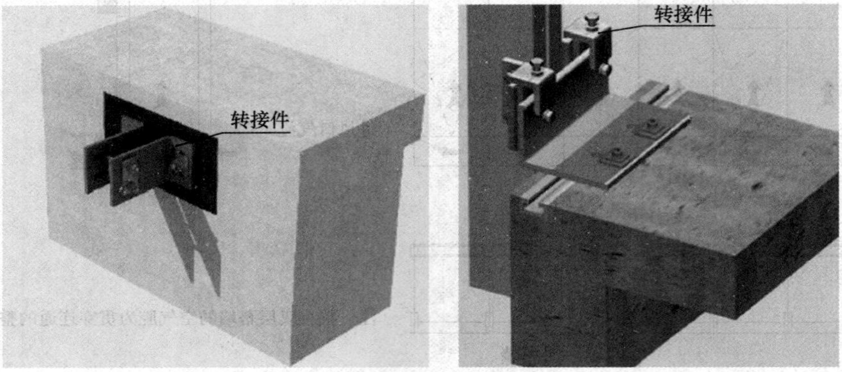

图 26-92　双层幕墙转接件示意图

（1）熟悉图纸及所用材料：要求在熟悉图纸的基础上，了解各连接件的连接方式及孔位方向代表的含义。

（2）选择转接件：由于土建结构的误差（垂直度、平面度等）远远大于幕墙安装的精度要求，即幕墙与主体结构的净空有宽有窄，甚至在不同的部位可以相差很大，所以方形转接件的宽度在不同的部位可能会有不同的规格，这一点安装人员必须注意。

（3）安装转接件：转接件选定后，便可与预埋件安装连接。方法是先将不锈钢螺栓套上方垫片插入预埋件中间大孔槽并移至边侧，再将转接件套入螺杆并依次加上锯齿形方垫片和圆垫片，最后将螺母拧上。

（4）利用每层的横向定位点拉好水平线作为基准线，调整转接件与基准线垂直距离(可从设计图纸上确定)，然后将螺母拧紧。

（5）安装钢挂槽：将钢槽与转接件通过不锈钢螺栓连接，同样螺母不要拧紧，以便挂板时前后调节。

（6）双层幕墙连接件安装允许偏差见表 26-59。

双层幕墙转接件安装允许偏差　　　**表 26-59**

序号	项目	允许偏差（mm）	检查方法
1	标高	±1.0	水准仪

续表

序号	项目		允许偏差（mm）	检查方法
2	连接件两端点平行度		≤1.0	钢尺
3	距安装轴线水平距离		≤1.0	钢尺
4	垂直偏差（上、下两端点与垂直偏差）		±1.0	钢尺
5	两连接件连接点中心水平距离		±1.0	钢尺
6	两连接件上、下端对角线差		±1.0	钢尺
7	相邻三连接件（上下、左右）偏差		±1.0	钢尺
8	全楼层最大水平度误差		≤5	水准仪
9	垂直度误差	≤30m	≤5	激光经纬仪/全站仪
		≤60m	≤10	激光经纬仪/全站仪
		≤90m	≤15	激光经纬仪/全站仪
		≤180m	≤20	激光经纬仪/全站仪

26.8.3 单元式双层幕墙主要吊装设备的安装及调试

1. 环轨吊安装

环轨吊是用于幕墙单元板块吊装的专用设备，由悬挂在楼板四周的工字型钢悬挑梁、轨道与电葫芦等设备组成。它具有操作方便、灵活、安装速度快等特点。环轨吊的安装位置应根据工程实际情况确定。

（1）安装方法

1）定做好的工字型钢悬挑梁、轨道运输到需要安装的楼层，分别放置在需要安装的位置旁边。

2）因工字型钢轨道安装在结构楼板的外边，所以安装时要防止坠落，必须采取有效的安全措施（用安全绳连接轨道再进行安装）。

3）安装程序：

① 角钢（固定支点）与预埋件固定。

② 轨道安装时两端各 2 人用绳子系好轨道两端，移至安装位置，用螺栓连接到固定支点上方可松开绳子。

③ 轨道比较长时，要用手拉葫芦提升至安装位置，手拉葫芦与上层楼板底梁连接。

④ 安装楼层设置安全绳与柱子连接，高度约 2m，系安全带用。安装部位下放设安全警戒线。

⑤ 根据轨道图纸进行施工调试。

（2）注意事项

使用期间操作人员、安全人员要经常检查运转情况，严禁带病工作；每次使用前必须先试运转正常后方可使用，收工后要将电机移至安全的地方，并切断电源；电动葫芦要用防水布包裹以防止渗水烧坏机体；遇到六级以上大风或雷雨天气禁止使用。

2. 卸货钢平台安装

（1）安装方法

在设置平台的上层楼面，将两根保险丝分别固定在预先焊在梁上的专用吊钩上，也可采用在柱上绑扎固定的方式或固定在上层板底梁的预制构件上；钢丝绳的另一端连接一个5T的卸扣；用钢丝绳从平台外端两侧的吊环及对称的另两个吊环中穿入，并用卡扣锁牢；用塔式起重机将平台吊至安装楼面就位；在平台外端吊环上安装已悬挂好的受力钢丝绳，在内侧吊环上系好保险钢丝绳；在平台一端吊环内固定受力钢丝绳，另一端通过卸扣固定在预先设定的梁上，收紧钢丝；检查平台安装牢固后，将两根保险绳上的花篮螺栓略微松开，使之处于收紧但不受力的状态；将平台与本层的预制钓钩用钢丝连接固定，或用锚栓与本层楼板固定，防止平台外移；松开塔式起重机吊钩。

每次钢平台移动均重复以上过程，见图26-93。

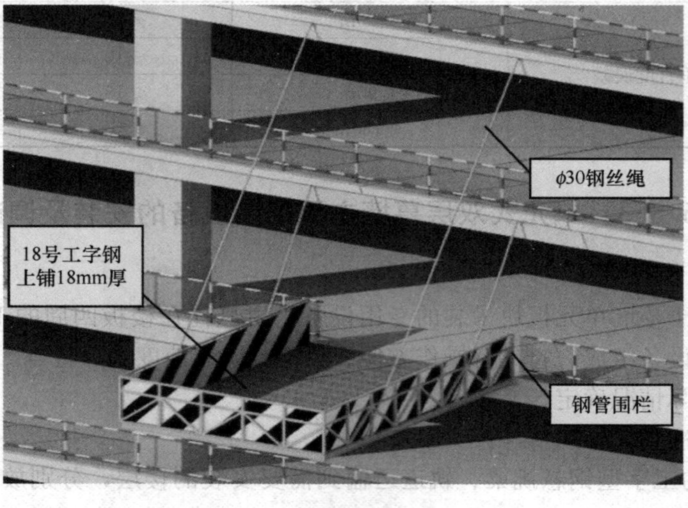

图26-93 卸货钢平台安装示意图

(2) 平台安装注意事项

安装平台时地面应设警戒区，并有安全员监护和塔式起重机司机密切配合；钢丝绳与楼板边缘接触处加垫块并在钢丝绳上加胶管保护；平台外设置向内开、关门，仅在使用状态下开启；保险丝绳上使用的葫芦挂钩需有保险锁，弯钩朝上；吊索保险绳每端不少于3只钢丝头；楼层防护栏杆和钢平台之间不得留有空隙。

3. 构件式双层幕墙骨架安装

(1) 竖龙骨安装

安装时，将竖龙骨按节点图放入两连接件之间，在竖龙骨与两侧转接件相接触面放置防腐垫片，穿入连接螺栓，并按要求垫入平、弹垫，调平、拧紧螺丝。立柱之间连接采用插接，完成竖骨料的安装，再进行整体调平（调平范围横向相邻不少于3根，竖向相邻不少于2根）。

相邻两根立柱安装标高偏差不大于3mm，同层主梁的最大标高偏差不大于5mm。立柱找平、调整：主梁的垂直度可用吊锤控制，平面度由两根定位轴线之间所引的水平线控制。安装误差控制：标高：±3mm，前后：±2mm，左右：±3mm。

(2) 横龙骨安装

在进行横梁安装之前，横梁与竖龙骨之间先粘贴柔性垫片，再通过横梁角码采用不锈钢螺栓连接。横梁安装应注意平整并拧螺钉。

骨架安装过程中进行防雷的连接、防腐处理等，防腐处理采用无机富锌漆，刷两道，厚度不小于100μm。注意竖向位置有防雷要求的需做好电气连通，安装过程中必须做好检验记录，项目部及时做好内部验收、整改等工作，合格后组织报验，验收通过后方可转入下道工序。

需要注意的是，外层幕墙悬挂在主体结构外，龙骨与主体结构连接的连接构件悬挑尺寸较大，应对其安装精度、焊接质量等进行严格检查和控制，以保证幕墙的结构安全性能。

4. 内层幕墙安装

内层幕墙不受风压的影响，从经济性及既有建筑节能改造适用性等方面考虑，内层幕墙一般采用普通玻璃幕墙，铝合金门窗的形式、安装精度应满足现行国家标准《铝合金门窗》GB/T 8478及《建筑装饰装修工程质量验收标准》GB 50210等的要求。见图26-94、图26-95。

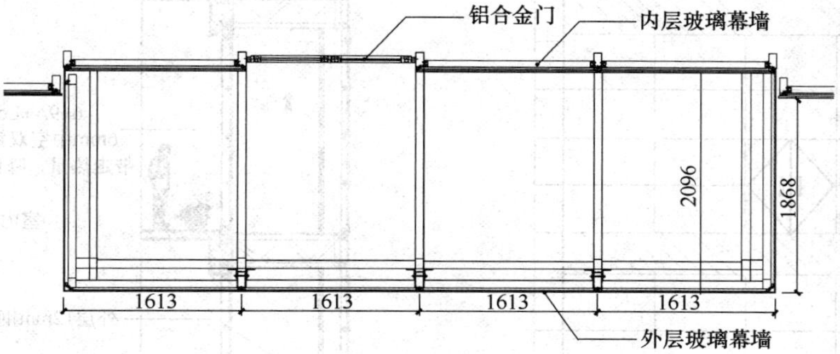

图26-94 双层幕墙横剖面

幕墙组装就位固定后允许偏差应符合表26-60的规定。

幕墙组装就位固定后允许偏差 **表26-60**

项目		允许偏差（mm）	检测方法
竖缝及墙面垂直度（幕墙高度H）	$H\leqslant30m$	≤10	激光经纬仪
	$30m<H\leqslant60m$	≤15	
	$60m<H\leqslant90m$	≤20	
	$90m<H\leqslant150m$	≤25	
	$H>150m$	≤30	
幕墙平面度		≤2.5	2m靠尺、钢板尺
竖缝直线度		≤2.5	2m靠尺、钢板尺
横缝直线度		≤2.5	2m靠尺、钢板尺
缝宽度（与设计值比较）		±2	卡尺
两相邻面板之间接缝高低差		≤1.0	深度尺

5. 单元式双层幕墙吊装

(1) 吊装准备

1) 吊运前，吊运组根据吊运计划对将要吊运的单元板块做最后检验，确保无质量、

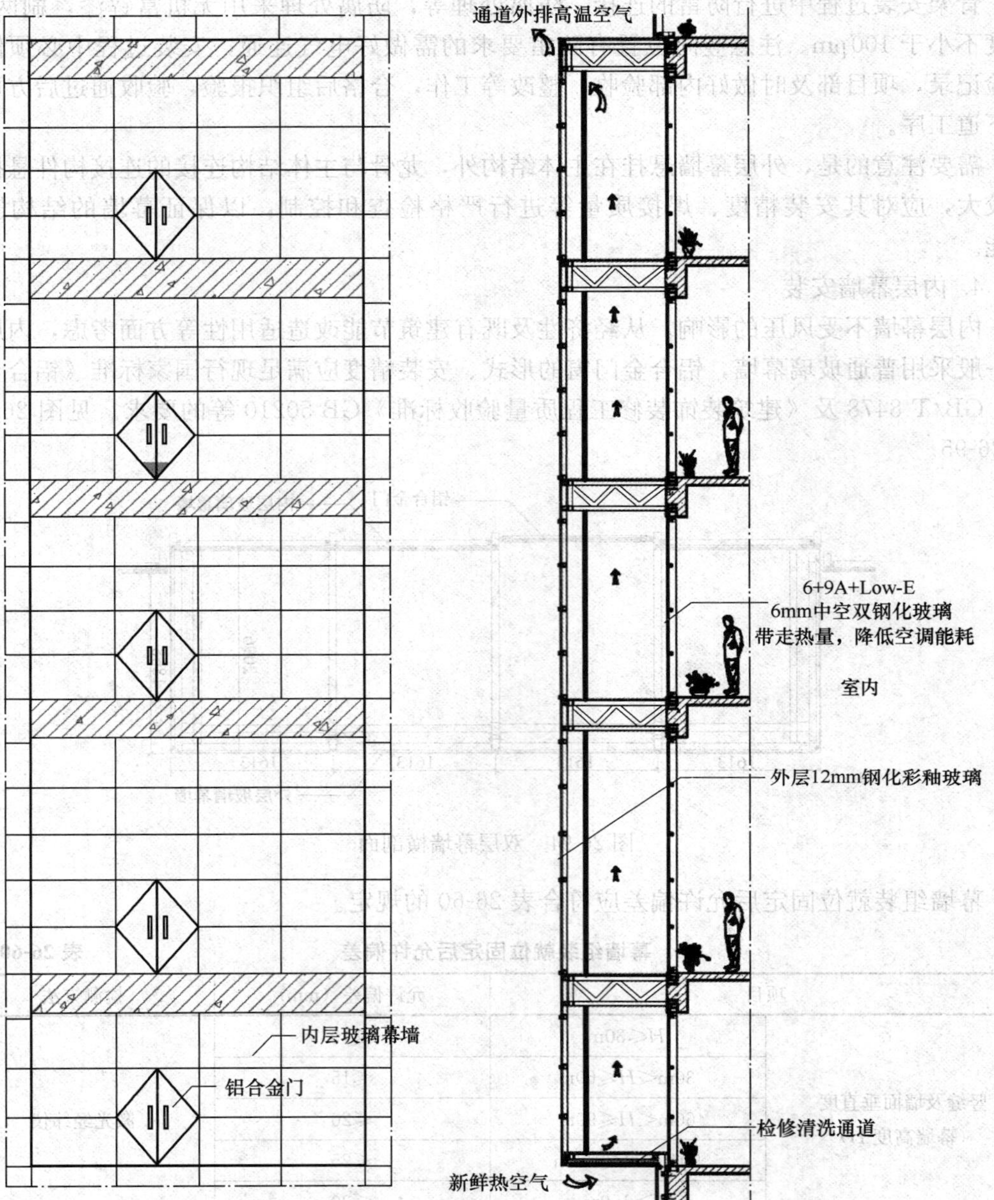

图 26-95　双层幕墙纵剖面

安全隐患后，分组码放，准备吊运。

2）对吊运相关人员进行安全技术交底，明确路线、停放位置，预防吊运过程中产生板块损坏或安全事故。

3）吊装设备操作人员按照操作规程，了解当班任务，对吊装设备进行检查，确保吊装设备能正常使用。

4）单元体板块的固定：先将钢架和玻璃吸盘固定，通过吸盘吸住单元板块上的玻璃后，将钢架、吸盘和单元板块用防护绳捆绑固定，防止意外脱落。此时再将钢架吊起，即可达到吊装的目的，见图 26-96。

（2）地面转运

1）地面转运组根据吊运计划，将存放的单元板块重新码放，使码放层数不超过三层。

2）使用叉车进行运输，在交通员的指挥下驶向吊运存放点，行驶时注意施工现场交通安全。

3）卸货。叉车按起重机信号员的要求，将板块卸于起吊点，然后驶回板块存放点，继续执行地面转运任务。

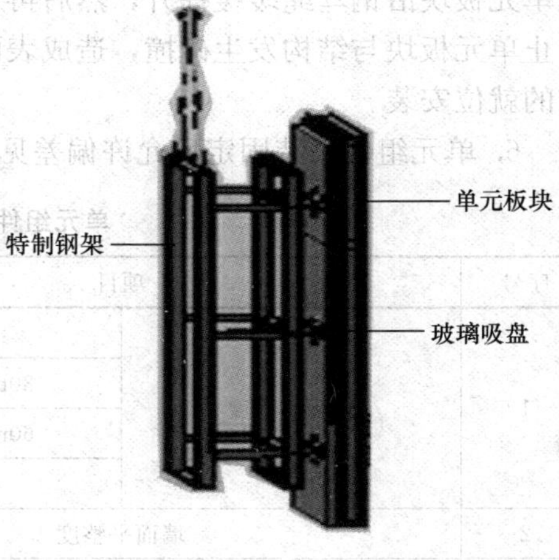

图 26-96　单元件固定示意图

4）地面转运组在单元板块转运架的吊点上装上绳索，等待吊运。吊绳连接必须牢固，注意防止吊绳滑脱与摩擦板块。

（3）垂直吊运

1）在地面信号员的指挥下，卷扬机操作员放下吊钩，接近地面时减慢吊钩速度，并按信号员指挥停车，等待吊挂。

2）地面转运组将吊绳挂在吊钩上，扶住单元板块转运架，防止晃动，起重机开始提升，升高 0.5m，确认正常后，人员应从起吊点撤离，起重机提速上行，启动时应低速运行，然后逐步加快达到全速。

3）提升过程中注意保持匀速、平稳上行。一次起升工作高程后进行变幅动作，操作平稳，在到达限位开关时，要减速停车，起吊过程中遇到暴风骤起，应将起吊物放下。

（4）楼内转运存放

1）在接料平台上的信号员指挥下，卷扬机工作人员进行变幅动作，操作力求平稳，逐步减速而停车，不得猛然制动。

2）按照接料平台上的信号员指挥，缓慢将单元板块移动到转运平台上，并悬停，高度小于 0.5m。

3）待楼层转运组在转运架下方安装上尼龙万向轮后，慢慢放下，取下吊钩，卸下吊绳，将板块推进楼内。起重机将楼内空闲的单元板块转运架吊起，运到楼下。

4）楼层转运组将转运架推至板块存放处，卸下尼龙万向轮，将板块存放在楼内，板块间距 0.5m，便于操作人员检查，并应空出楼内的运输通道。

（5）水平转运

1）将堆放在楼层内的单元板块人工转运至发射车上，推到接料平台上，单元体正面平放，采用环形轨道上的电动葫芦起吊布位。在起吊时注意保护单元板块，免受碰撞。

2）环形轨道沿建筑四周布置，转弯处弯曲要求顺弯、均匀。用手拉葫芦和简易支架配合安装电动葫芦，安装完成后进行调试运行，报总承包单位和监理单位安全部验收合格后才能使用。

3）将固定好特制钢架的单元板块与电动葫芦挂钩连接，钩好钢丝绳慢慢启动吊机，使单元板块沿钢丝绳缓缓提升，然后再水平运输到安装位置，严格控制提升速度和重量，防止单元板块与结构发生碰撞，造成表面损坏。单元板块沿环形轨道运至安装位置进行最后的就位安装。

6. 单元组件吊装固定后允许偏差见表 26-61。

单元组件吊装固定后允许偏差　　表 26-61

序号	项目		允许偏差（mm）	检查方法
1	墙面垂直度	$H \leqslant 30m$	10	经纬仪
		$30m < H \leqslant 60m$	15	
		$60m < H \leqslant 90m$	20	
		$H > 90m$	25	
2	墙面平整度		2	3m 靠尺
3	竖缝垂直度		3	3m 靠尺
4	横缝水平度		3	3m 靠尺
5	组件间接缝宽度（与设计值对比）		±1	板尺
6	耐候胶缝直线度	$L \leqslant 20m$	1	钢尺
7		$20m < H \leqslant 60m$	3	
8		$60m < H \leqslant 100m$	6	
9		$H > 100m$	10	
10	两组件接缝高低点		≤1.0	深度尺
11	对插件与槽底间隙（与设计值对比）		+1.0，0	板尺
12	对插件搭接长度		+1.0，0	板尺

26.8.4　马道格栅、进出风口、遮阳百叶等附属设施制作及安装

1. 加工精度

（1）钢制穿孔板马道加工尺寸精度应符合表 26-62 的要求。

钢制穿孔板马道加工尺寸允许偏差　　表 26-62

项目		尺寸允许偏差（mm）
边长	边长不大于 2000mm	±1.5
	边长大于 2000mm	±2.0
对角线差	长边不大于 2000mm	≤2.0
	长边大于 2000mm	≤3.0
网格分格边长	网格分格边长不大于 100mm	±1.0
	网格分格边长大于 100mm	±1.5
厚度	厚度不大于 50mm	±1.0
	厚度大于 50mm	±1.5

（2）进出风口及通风百叶组装应符合表 26-63 的要求。

进出风口及通风百叶加工尺寸允许偏差 表 26-63

项目		尺寸允许偏差（mm）
组件（窗）洞口尺寸	长（宽）度	+1.0，0
	对角线长度	±1.5
直装式百叶长度		0，−1
嵌入式百叶组件	长（宽）度	0，−1
	对角线长度	±1.5
百叶外表面平整度		≤1.0
相邻两百叶间距		≤1.5
百叶长度方向的挠曲		≤L/200
固定式百叶角度		±1
可调式百叶与水平面最大角度		±1.5
可调式百叶与水平面最小角度		±2
防鸟（虫）网框	长（宽）度	±1.0
	对角线长度	≤1.5

（3）遮阳百叶组装应符合表 26-64 的要求。

遮阳百叶组装尺寸允许偏差 表 26-64

项目	尺寸允许偏差（mm）
遮阳百叶两端高低差	≤2.0
遮阳百叶外缘距外层幕墙玻璃内表面距离（与设计值相比）	±2.0
遮阳百叶外缘两端距离	≤2.0
百叶底槽两端距箱体侧边距离	±2.0
百叶底槽两端距离	≤2.0

2. 安装工艺

（1）遮阳百叶安装

百叶帘预制：根据设计尺寸及现场玻璃幕墙分割尺寸，在工厂将百叶、提绳、提升带、导向钢丝、收紧器和底杆拼装成一幅帘。

挂线：挂线是指利用测量好的基准点悬挂水平和垂直线，在尽可能的范围内挂上通线，方便施工，尽可能地减少误差。挂线必须准确，要求横平竖直，要考虑立柱和叶片的安装位置。

遮阳百叶盒及导索连接件、紧固件安装：根据挂线位置将上述构件就位，调整好以后与主体结构预埋件连接固定。安装支架、上梁、电机、中联器、卷绳器、中心轴和边滑轨。

将导索安装在页合及紧固件之间，拉伸到位后锁紧固定。

接通电源，安装控制按钮，进行调试，保证同控制回路的电动百叶（收起、放下、关闭或旋转一定角度）保持同步。调试完成后可安装装饰板。

安装要求：遮阳装置安装应保证横平竖直，水平标高偏差应不超过±2.0mm；电动

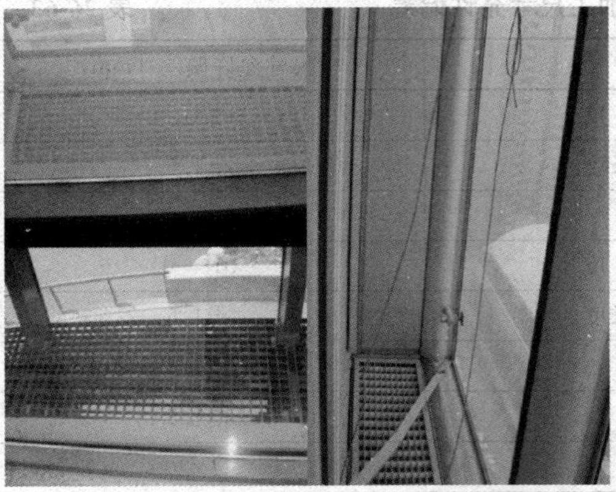

图 26-97 格栅示意

开启装置应保证遮阳百叶开启、转动灵活。

(2) 马道钢格栅安装（图 26-97）

检查钢格栅支撑构件的安装精度。

安装钢格栅连接码件，连接码件的数量和安装位置应严格按设计要求布置，检查码件安装精度。

根据施工图将对应规格的钢格栅搬运就位。

铺设钢格栅，调整好后用螺栓与码件连接紧固。

马道安装要求：马道与内外层幕墙之间的安装应平整稳固；相邻两块马道的水平标高偏差应不大于 2mm；马道安装时应注意保护，不允许有任何不洁净物进入马道通风孔。

格栅安装要求：两相邻组件边框高低差应不大于 2.0mm，接缝间距偏差应不大于 3.0mm；组件内外高低差应不大于 2.0mm。

(3) 防火、防雷安装

双层幕墙与其周边防火分隔构件间的缝隙、与楼板或隔墙外沿间的缝隙、与实体墙面及洞口边缘间的缝隙、与通风单元隔断处内层幕墙与外层幕墙间的缝隙等，均应进行防火封堵。

双层幕墙同一通风单元，不应跨越建筑物的两个防火分区。

双层幕墙应采取防雷措施，内、外层幕墙的金属构件应相互连接形成导电通路，并与主体结构防雷体系可靠连接。对有防雷击电磁脉冲屏蔽要求的建筑，双层幕墙应采取将其自身金属结构连接构成具有防雷击电磁脉冲的屏蔽措施。

(4) 双层幕墙内、外层幕墙安装完成后空气间层应符合下列要求（图 26-98、图 26-99）

内外层幕墙（门窗）间距（通道净宽，以主要杆件为准，与设计值比）偏差应不大于 5.0mm。

图 26-98 双层幕墙进风口示意图

图 26-99 双层幕墙排风口示意图

26.8.5 构件式双层幕墙玻璃安装、注胶

1. 玻璃安装

（1）在需要安装玻璃的分格下部横梁槽口内放置宽度合适、长度不小于100mm，数量不小于两块的橡胶垫块，然后将玻璃放入龙骨槽口内，调整好玻璃四周与龙骨间的空隙后，安装横梁装饰扣盖。

（2）玻璃安装应将尘土和污物擦拭干净。

（3）玻璃与构件避免直接接触，玻璃四周与构件槽口底保持一定的空隙，每块玻璃下部不少于两块弹性定位垫块，垫块的宽度与槽口宽度相等，长度不小于100mm，玻璃两边嵌入量及空隙符合设计要求。

（4）玻璃四周橡胶条按规定型号选用，镶嵌平整，橡胶条长度应比边框槽口长1.5%～2%。

（5）同一平面的玻璃平整度要控制在3mm以内，嵌缝的宽度误差也控制在2mm以内。

2. 注胶

按照设计要求在玻璃四周与龙骨之间的间隙内施注密封胶。密封胶的打注应饱满、密实、连续、均匀、无气泡，宽度和厚度应符合设计要求和现行国家及行业标准的规定。

26.8.6 控制系统安装及调试

双层幕墙的控制系统主要包括遮阳控制系统、进出风口自动调节系统、电动开窗系统、温度传感器、阳光传感器、风速传感器等。

1. 金属管道敷设

（1）严格按图纸施工，配合其他专业做好管道综合。

（2）预埋（留）位置准确、无遗漏。

（3）管道支吊架整齐、美观、牢固、管道连接处清洁、美观、电气连接严密、牢靠。

（4）管口无毛刺、尖锐棱角。管口宜做成喇叭形。

（5）金属管的弯曲半径不应小于穿入电缆最小允许弯曲半径。明配时，一般不小于管外径的6倍；只有一个弯时，可不小于管外径的4倍；整排管在转弯处，宜弯成同心圆的弯。暗配时，一般不小于管外径的6倍；敷设于混凝土楼板下，可不小于管外径的10倍。金属管弯曲后不应断裂。

（6）管子与管子连接，管子与接线盒、配线箱的连接都需要在管子端口进行套丝。

2. 线缆敷设要求

（1）线缆的布放应平直，不得产生扭绞、打圈等现象，不应受外力挤压和损伤。

（2）线缆在布放前两端应贴有标签，标签应清晰、端正、正确。

（3）电源线、信号线缆、双绞线缆、光缆及其他弱电线缆应分离布放。

（4）非屏蔽双绞线应采用先进的双绞技术，利用线对之间不同的绞距产生自感电容、电感进行自屏蔽，同时线对之间再进行绞合，这样有利于屏蔽电磁干扰。系统要求配备全封闭、铁线槽、铁线管路由，并做接地处理。另外，设计路由时要求强电与弱电管线和插座相距50cm以上距离，避免相贴近、长距离平行布置，则完全满足抗干扰的要求。

（5）线缆之间不得有接头。

3. 设备安装

（1）中央控制室设备安装

设备在安装前应进行检验，并符合下列要求：

1）设备外形完整，内外表面漆层完好。

2）设备外形尺寸、设备内主板及接线端口的型号、规格符合设计规定，备品备件齐全。

3）按照图纸连接主机、不间断电源、打印机、网络控制器等设备。

4）设备安装应紧密、牢固，安装用的紧固件应做防锈处理。

5）设备底座应与设备相符，其上表面应保持水平。

中央控制及网络控制器等设备的安装要符合下列规定：

1）控制台、网络控制器应按设计要求进行排列，根据柜的固定孔距在基础槽钢上钻孔，安装时从一端开始逐台就位，用螺钉固定，用小线找平找直后再将各螺栓紧固。

2）对引入的电缆或导线，首先应用对线器进行校线，按图纸要求编号。

3）标志编号应正确且与图纸一致，字迹清晰，不易褪色；配线应整齐，避免交叉，固定牢固。

4）交流供电设备的外壳及基础应可靠接地。

5）中央控制室应根据设计要求设置接地装置。采用联合接地时，接地电阻应小于1Ω。

（2）现场控制器的安装

安装现场控制器箱。

现场控制器接线应按照图纸和设备说明书进行，并对线缆进行编号。

（3）温、湿度传感器的安装

室内外温、湿度传感器的安装位置应符合以下要求：

1）温、湿度传感器应尽可能远离窗、门和出风口的位置。

2）并列安装的传感器，距地高度应一致，高度差不应大于1mm，同一区域内高度差不大于5mm。

3）温、湿度传感器应安装在便于调试、维修的地方。

4）温度传感器至现场控制器之间的连接应符合设计要求，尽量减少因接线引起的误差。

（4）电动执行机构的安装

执行机构应固定牢固，操作手轮应处于便于操作的位置，并注意安装的位置便于维修、拆装。执行机构的机械传动应灵活，无松动或卡涩现象。

4. 校线及调试

（1）在各分项工程进行的同时做好各系统的接校线检查，为调试做好准备。

（2）严禁不经检查立即上电。

（3）严格按照图纸、资料检查各分项工程的设备安装、线路敷设是否与图纸相符。

（4）逐个检查各设备、点位的安装情况、接线情况。如有不合格填写质量反馈单，并做好相应的记录。

(5) 各设备、点位检查无误完毕后，对各设备、点位逐个通电实验。通电实验为两人一组，涉及强电要挂牌示警，并记录。

(6) 通电实验后，进行单体调试，单体调试正常后，方可进行系统联调。涉及其他施工单位者，要事先通知到位，并做好相应的记录。

26.9 光 伏 幕 墙

光伏幕墙是含有光伏构件并具有太阳能光电转换功能的幕墙，是应用太阳能发电的一种新概念。太阳能光伏发电幕墙是光伏建筑一体化（BIPV）的一种重要形式，是将太阳能光伏发电组件安装在建筑的围护结构外表面来提供电力的系统。光伏组件是具有封装及内部联结，能单独提供直流电输出的最小不可分割的光伏电池组合装置，可由非晶硅百叶式光伏组件、单晶体硅组件、多晶硅组件、非晶硅薄膜、纳米晶太阳能电池等组成，可安装在建筑物的屋顶和当地阳光效果好的立面上。它与建筑幕墙融为一体，具有良好的视觉效果。

26.9.1 光伏幕墙施工顺序

光伏幕墙施工顺序见图 26-100。

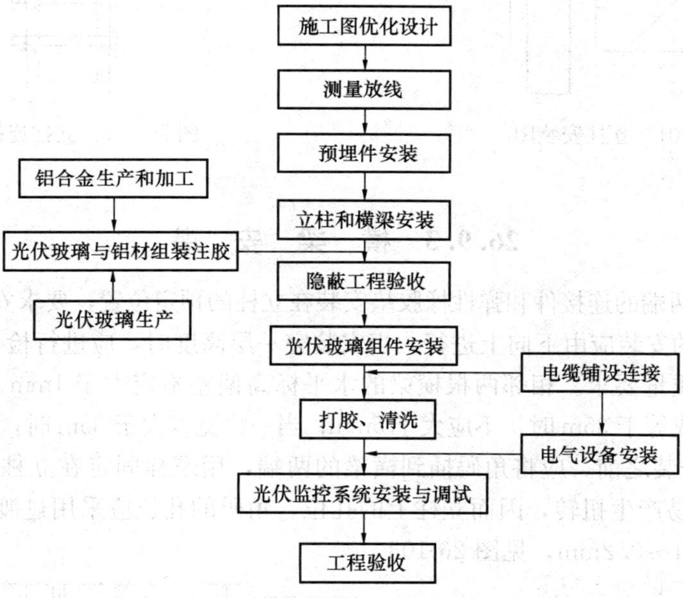

图 26-100 太阳能光伏玻璃幕墙施工工艺流程图

26.9.2 立 柱 安 装

1. 支座与立柱的连接

首先是测量放线和埋件的检查、调整，然后是立柱的安装。考虑到施工安装的安全性及可操作性，立柱在安装之前首先将支座在楼层内将不锈钢螺栓与立柱连接起来，支座与立柱接触处加设隔离垫，防止电位差腐蚀，隔离垫的面积不应小于连接件与竖料接触的面积。连接完毕后，用绳子捆扎吊出楼层，进行就位安装。

2. 立柱安装与调节

立柱吊出楼层后，将支座与埋件进行上下、左右、前后的调节。经检查符合要求后再进行焊接。

3. 立柱的分格安装控制

立柱安装依据竖向钢直线以及横向尼龙线进行调节安装，直至各尺寸符合要求，立柱安装后进行轴向偏差的检查，轴向偏差控制在±1mm范围内，竖料之间分格尺寸控制在±1mm，否则会影响横梁的安装，见图26-101、图26-102。

底层立柱安装完毕后，在安装上一层立柱时，两立柱之间安装套筒，立柱安装调节完毕，两立柱之间打胶密封，防止雨水入侵，上下连接套筒插入长度不得小于250mm。

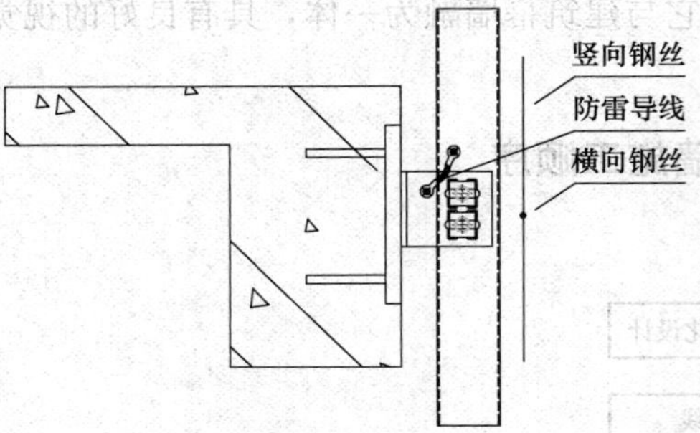

图26-101　立柱安装图

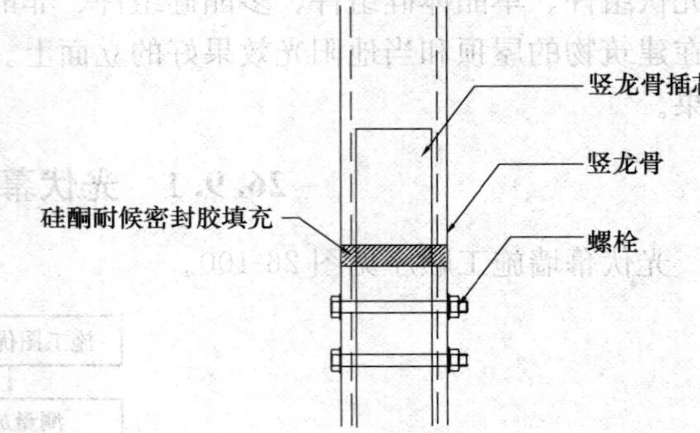

图26-102　立柱连接图

26.9.3　横　梁　安　装

（1）将横梁两端的连接件和弹性橡胶垫安装在立柱的预定位置，要求安装牢固、接缝严密。同一层横梁的安装应由下向上进行，当安装完一层高度时，应进行检查、调整、校正、固定，使其符合质量要求。相邻两根横梁的水平标高偏差不应大于1mm。同层标高偏差：当一幅宽度小于或等于35m时，不应大于5mm；当一幅宽度大于35m时，不应大于7mm。

1）横梁未安装之前，应将角码插到横梁的两端，用螺栓固定在立柱上。横梁承受光伏玻璃的重压，易产生扭转，因而立柱上的孔位、角码的孔位应采用过渡配合，孔的尺寸比螺杆直径大0.1～0.2mm，见图26-103。

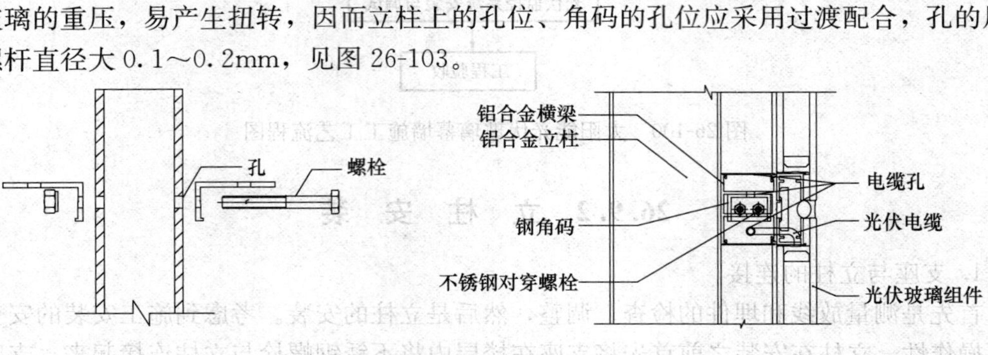

图26-103　横梁安装图

2）由于光电幕墙热胀冷缩会产生一些噪声，整根横梁尺寸应比分格尺寸短4～4.5mm，横梁两端安装2mm厚防噪声隔离片。

3）在安装过程中，横梁两端的高低应控制在±1mm范围内。同一面标高偏差不大于3mm。

（2）隐蔽验收：

1）检查构件与主体结构连接点的安装。

2）预埋件锚固检查，龙骨安装质量检查。

3）检查立柱与主体连接件处、立柱伸缩套筒处、横梁与立柱连接处太阳能电缆线槽通过是否通畅。

4）防腐处理应符合现行国家标准《建筑防腐蚀工程施工规范》GB 50212和《建筑防腐蚀工程施工质量验收标准》GB 50224的要求。

5）层间防火及保温应符合现行国家标准《建筑设计防火规范》GB 50016相应的建筑物防火等级对建筑构件和附着物的要求。

6）光伏幕墙防雷接地节点安装应符合现行国家标准《建筑物防雷设计规范》GB 50057的相关规定。

26.9.4 电池片组件安装前的准备工作

光伏幕墙组件应在专业加工厂加工成型，然后运往工地安装。工厂的加工制作应严格按照现行行业标准《玻璃幕墙工程技术规范》JGJ 102执行，还应根据工地实际需要和进度计划制定相应的加工计划和工艺规程。

1. 光伏玻璃组件的制作

（1）铝附框装配

铝附框按设计好的加工工艺进行装配，装配后进行以下检查：铝附框对边长度差；铝附框对角线长度差；铝料之间的装配缝隙；相邻铝料之间的平整度。加工好后送组装车间。

（2）玻璃、铝附框、太阳能电池组件的定位和组装

玻璃、铝附框、太阳能电池组件的定位采用定位夹具保证三者的基准线重合后，再按顺序组装，组装过程中应特别注意前片玻璃和后片玻璃的安装顺序。

（3）注胶和养护

注胶前，将注胶处周围5cm范围的铝型材或玻璃表面用不粘胶带纸保护起来，防止这些部位受胶污染；注胶时要保持适当的速度，使空腔内的空气排出，防止空穴，并将挤胶时的空气排出，防止胶缝内残留气泡，保证胶缝饱满；注胶后的组件放在静置场养护，固化后才能运输。

2. 光伏玻璃组件的运输

（1）运输中应加强对光伏幕墙组件外片和电缆的保护，所有绝缘接头均应密封保护，防止运输过程中的破损。

（2）光伏幕墙组件使用无腐蚀作用的材料包装，包装箱应有足够的牢固程度，以保证运输过程中不会损坏；装箱的各类部件应不发生相互碰撞，与包装箱接触部位设置缓冲胶垫隔离。

（3）包装箱上有明显的“怕湿”“小心轻放”“向上”等标志。

（4）在运输过程中，采取有效措施防止风、雨对组件的损坏。

（5）运至工地后，小心卸货。

3. 幕墙组件的保护与清洁

（1）光伏幕墙组件上应标有带电警告标识。

（2）制定保护措施，不得使其发生碰撞变形、变色、污染等现象。

（3）光伏幕墙组件表面的黏附物应及时清除。

（4）光伏幕墙组件贮存应放在通风干燥的地方，严禁与酸碱物质接触，并防止雨水渗入。

（5）组件不允许直接接触地面，应用不透水材料在板块底部垫高 100mm 以上。

4. 安装前的准备工作

（1）安装前，应对安装场地进行系统的检查。

（2）光伏幕墙组件以及固定用的螺栓、连接电缆及套管、配线盒等配件都要在安装前全部运到现场。

（3）安装时所需的工具装备和备件必须准备齐全，否则会影响整个工程的进度。

（4）安装前，施工员应从运输包装盒中取出组件进行检查。在阳光下测量每个组件的代码（UOC）、计算机（LSC）等技术参数是否正常。

26.9.5 电池组件安装及调整

1. 光伏玻璃电池组件安装过程

（1）安装前应仔细地阅读每块组件的编号和技术参数，根据设计图将每块组件归入所在的发电单元中。

（2）以发电单元为组进行安装，安装时应严格按照设计电路图进行光伏玻璃幕墙的串并联连接，每一组安装完毕后，应测试其电路参数，以确保能正常工作。

（3）光伏玻璃电池组件的物理性能略低于普通玻璃幕墙组件，在安装过程中不得碰撞或受损，要防止组件表面受到硬物冲击，否则容易造成组件内部线路的断路。

（4）吊装光伏玻璃幕墙组件时，底部要衬垫木板或包装纸箱，以免挂索损伤组件。吊装作业前，应安排好安全防护措施。吊装时注意吊装机械和物品不要碰到周围建筑和其他设施。

（5）光伏玻璃幕墙组件应采用专门设计的铝合金边框，专用边框与建筑外挂龙骨形成特殊的沟槽结合，确保机械强度足够并且不漏雨、安全可靠。

（6）所有紧固件采用不锈钢材料、电镀材料、尼龙材料或其他防腐材料，并有足够的强度，以便将光伏幕墙组件可靠地固定在龙骨上。结构热胀冷缩时产生的力不应该影响光伏玻璃组件的性能和使用。

（7）光伏玻璃电池组件应排列整齐、表面平整、缝宽均匀，安装允许偏差应满足现行国家标准《建筑幕墙》GB/T 21086 的有关要求。

（8）安装完毕后，盖好扣板，做好防漏电措施。

（9）工程完成后，要注意清扫现场和回收工业废料。

2. 施工时应采取的安全措施

（1）施工人员在施工前必须通过安全教育，使用经过培训并考核合格的人员。施工现场应配备必要的安全设备，并严格执行保障施工人员的人身安全措施。

(2) 严禁雨天施工，潮湿将导致绝缘保护失效，发生安全事故。

(3) 在安装过程中，不得触摸组件接头的金属部分，谨防触电，安装时不得戴金属首饰。

(4) 不要企图拆卸组件或移动任何铭牌或黏附的部件、在组件的表面涂抹或粘贴任何物体。

(5) 不要用镜子或透镜聚焦阳光照射到组件上。

(6) 光伏玻璃幕墙组件的两输出端不能短路，否则可能造成人身事故或引起火灾。在阳光下安装时，最好用黑色塑料膜等不透光材料盖住光伏组件。

(7) 组件安装完成后，检查固定组件附带的电缆与接头，防止其处于断路或短路状态。

(8) 完成或部分完成的光伏玻璃幕墙，遇有光伏组件破裂的情况应及时设置限制接近的措施，并由专业人员处置。

(9) 施工过程中，不应破坏建筑物的结构和附属设施，不得影响建筑物在设计使用年限内承受各种载荷的能力。如因施工需要不得已造成局部破损，应在施工结束时及时修复。

3. 光伏玻璃电池组件的调试

(1) 调试前的准备工作

光伏玻璃电池组件的调试应选择晴天，并且待日照和风力达到稳定时进行，最好在中午前后的 10：00～14：00 测试。首先检查安装使用条件是否符合设备使用说明书和相关标准的规定。调试前，应对组件表面清理、擦拭干净，并确保所有开关处于关断状态，准备好有关测试的仪器、仪表和工具及记录本。调试时应由有资质的工程师负责，可会同有关设备供应商一起进行。

(2) 光伏玻璃电池组件的检查

光伏玻璃电池组件应满足国家现行标准《玻璃幕墙工程质量检验标准》JGJ/T 139、《建筑光伏系统应用技术标准》GB/T 51368 的有关要求。

应仔细观察方阵外观是否平整、美观，组件表面是否清洁，用手触摸组件，检查是否松动，接线是否固定，是否接触良好等。

检查光伏幕墙使用的材料及部件等是否符合设计要求，光伏幕墙应与构件式幕墙共同接受幕墙相关的物理性能检测。

光伏玻璃幕墙组件之间的连接是否规范合理以及安全可靠，导线的捆扎是否整齐规范，连接导线是否有破皮漏电等现象。

检查光伏玻璃幕墙是否具有良好的接地系统，用摇表测量组件对地电阻，确定绝缘电阻是否在正常范围之内。

检查光伏玻璃幕墙接线箱的防雨性能，确定其防护等级是否达到 IP65，接线箱的引出线设计是否合理，接线箱内部接线是否规范合理，接线箱内部元件电流容量和耐压等级是否能够承受光伏方阵电压和电流的极限值。

组件串联检查：测量光伏玻璃幕墙串的开路电压，确定组件串的开路电压是否在正常的范围内，检查相同数量组件串联的组件串开路电压是否接近；测量组件串的电流，确定此电流是否在正常的范围内。

组件并联检查：测量所有并联的太阳电池组件串的开路电压是否相同，测量电压相同后方可进行并联。并联后电压应基本不变，测量的总短路电流应大体等于各个组件串的短路电流之和。

26.9.6 打 胶

太阳能光伏玻璃组件安装固定完成后，进行打胶工序。在装饰条接缝两侧先贴好保护胶带，按工艺要求进行净化处理，净化后及时进行打胶。打胶过程中密封胶不可以与光伏电缆直接接触，打胶后应刮掉多余的胶，并做适当的修整，拆掉保护胶带及清理胶缝四周。胶缝与基材粘结应牢固无孔隙，胶缝平整光滑、表面清洁无污染。

26.9.7 太阳能电缆线布置

1. 导线的选择

选用合适的绝缘电线及电缆，应根据通过电流的大小，依照有关电工规范或生产厂家提供的数据，选择合适直径的导线，直径太小，可能使导线过热，造成能量浪费。

2. 导线的安装

接线前应检测光伏玻璃幕墙组件的电性能是否正常，照组件串并联的设计要求，用导线将组件的正、负极进行连接，要特别注意极性不要接错。导线连接的原则是：尽量粗而短，以减少线路损耗。特别注意，在夏天安装时导线电缆连接不能太紧，要留有余量，以免冬天温度降低时形成接触不良，甚至拉断电缆。

光伏幕墙的正、负极及接地线应用不同颜色的导线电缆连接，以免混淆极性，造成事故。

导线电缆之间的连接必须可靠，不能随意将两根电缆绞在一起。外包层不得使用普通胶布，必须使用符合绝缘标准的橡胶套，最好在电缆外面套上绝缘套管。导线的连接应符合现行国家标准《家用和类似用途电器的安全 第1部分：通用要求》GB 4706.1 的要求。

26.9.8 电气设备安装调试

电气装置安装应符合现行国家标准《建筑电气工程施工质量验收规范》GB 50303 的相关要求。安装应严格按照电器施工要求进行。通常控制器和逆变器安装在室内，事先要建造好配电间。安装存放处应避开高腐蚀性、高粉尘、高温、高湿性环境，特别应避免金属物质落入其中。配电间的位置要尽量接近太阳能光电幕墙和用户，以减少线路损耗，不能将控制器直接放在蓄电池上。在室外，控制器和逆变器必须具备密封防潮等功能。在功率调节器、逆变器、控制器的表面，不得设置其他电气设备和堆放杂物，保证设备的通风环境。

1. 蓄电池的安装与维护

（1）蓄电池的安装在整个过程中起着非常重要的作用，必须在安全、布线、温度控制、防腐蚀、防积灰和通风等方面给予充分的重视。

（2）蓄电池和系统的其他部分应隔离开。

（3）蓄电池的电压低于要求值时，应将多块蓄电池并联起来，使电压达到要求。

(4) 蓄电池的正确布线，对系统的安全和效率都十分重要。

(5) 蓄电池安装及注意事项

1) 放置蓄电池的位置应选择在离太阳能光电幕墙较近的地方。连接导线应尽量缩短，导线直径不可太细，以尽量减少不必要的线路损耗。

2) 蓄电池应放在室内通风良好、不受阳光直射的地方。距离热源不得少于2m，室内温度应经常保持在10～25℃。

3) 蓄电池不能直接放在潮湿的地面上，电池与地面之间应采取绝缘措施，例如用较好的绝缘衬垫或柏油涂的木架与地板隔离，以防受潮和引起自放电的损失。

4) 蓄电池要放置在专门的场所，场所要清洁、通风、干燥，避免日晒，远离热源，避免与金工操作或有粉末杂物作业操作合在一处，以免金属粉末尘埃落在电池上面。

5) 各接线夹和蓄电池极柱必须保持紧密接触。连接导线连接后，需在各连接点上涂一层薄的凡士林油膜，以防连接点锈蚀。

6) 加完电解液的蓄电池应将加液孔的盖子拧紧，以防止杂质掉入蓄电池内部。胶塞上的通气孔必须保持通畅。

7) 不能将酸性蓄电池和碱性蓄电池同时安置在同一房间内，室内也不宜放置仪表器件和易受酸气腐蚀的物品。

8) 要准备一定数量的3%～5%硼酸水溶液或苏打水，以防皮肤灼伤。安装时要戴好手套和口罩，做好防护工作，注意室内通风，以免引起铅中毒。

9) 要由熟练的专业技术人员担任或指导做好初充电工作。

2. 控制器与逆变器的安装

控制器和逆变器在开箱时，要先检查有无质保卡、出厂检验合格证书和产品说明书，外观有否损坏，内部连线和螺钉是否松动等。如有问题，应及时与生产厂家联系解决。

(1) 控制器的安装

户用控制器一般已经安装在一体化机箱内。安装时要注意先连接蓄电池，再连接光伏玻璃幕墙和输出，连接时注意正负极并注意边线质量和安全性；连接太阳电池时应当将光伏玻璃幕墙的输入开关打在关闭状态，以免拉弧。

(2) 逆变器的安装

1) 安装的一般要求

逆变器可以安装在墙体上或者安装支架上，细节需要参考生产厂家的《逆变器用户手册》。

逆变器与系统的直流侧和交流侧都应有绝缘隔离的装置。

光伏玻璃幕墙系统直流侧应考虑必要的触电警示和防止触电安全措施，交流侧输出电缆和负荷设备间应接有自动切断保护装置。所有接线箱（包括系统、方阵和组件串等的接线箱）都应设警示标签，注明当接线箱从光伏逆变器断开后，接线箱内的器件仍有可能带电。

太阳能光伏玻璃幕墙、接线箱、逆变器、保护装置的主回路与地（外壳）之间的绝缘电阻应不少于1MΩ。应能承受AC2000V、1min工频交流耐压，无闪络、击穿现象。

接入公用电的光伏系统应具备极性反接保护功能、短路保护功能、接地保护功能、功率转换和控制设备的过热保护功能、过载保护和报警功能、防孤岛效应保护等功能。控制逆变器上表面不得设置其他电气设备和杂物，不得破坏逆变器的通风环境。

小型户用逆变器一般已经安装在一体化机箱内。接线前先将逆变器的输入开关打至断开状态，然后接线。接线注意正负极并注意接线质量和安全性。接好线后，首先测量从控制器过来的直流电的电压是否正常，如果正常，再打开逆变器的输入开关。

2）安装步骤

并网逆变器接线步骤：

① 光伏玻璃幕墙系统接线；

② 将光伏玻璃幕墙输出线连接到接线箱；

③ 将连接箱输出端连接到逆变器的输入端；

④ 将逆变器通信接口信号输出端通过专用通信电缆接到系统监控上位机。

3）注意的安全事项：

① 一串组件正负极之间的电压是致命的；

② 在给电网供电操作中，不得在断开逆变器和电网连接之前断开组件和逆变器的连接；

③ 确保组件连接器的正负极与组件的正负电压极性准确对应；

④ 在只接一串组件时，关闭其他不使用的插口的连接器；

⑤ 组件的连接器接到逆变器时，检查极性是否正确，并检查组件正负极间的电压是否小于或等于逆变器的最大电压。

4）安装应注意的事项：

① 安装地点外界温度必须在－25～50℃；

② 逆变器不能安装在阳光直射处；

③ 逆变器安装位置应该水平；

④ 与易燃物保持距离；

⑤ 不要安装在有爆炸性气体的区域；

⑥ 为了不产生噪声，不能安装在薄而轻的表面上，要安装在坚实的表面上；

⑦ 保证有足够的散热空间。

3. 电气设备线路的连接

（1）电缆线路施工应符合现行国家标准《电气装置安装工程　电缆线路施工及验收标准》GB 50168 的规定。

（2）两根电缆的连接，外包层不得使用胶布，必须使用符合绝缘标准的橡胶套。

（3）穿过楼屋面和墙面的电缆，其防水套管与建筑主体之间的缝隙必须做好防水密封。

（4）线路连接应注意事项：

1）选用适合于光伏系统应用的电缆；

2）电缆可以抵抗紫外线辐射和恶劣的气候；

3）应该有大于 600V 的额定电压；

4）导线的横截面积取决于最大短路电流和电线的长度；

5）在极低气温下，安装电线必须格外小心；

6）推荐使用 $4mm^2$ 或者更大横截面面积的电缆，并使电线尽可能的短以减少能量损耗；

7）在互联组件时，要保证将连接电缆固定在安装组件的支撑架上，限制电线松弛部分的摆动幅度；

8）防止将电线安置在锐利的边角上；

9）遵守电线的允许最小弯曲半径；

10）电路接上负载时，不能拔开连接器；

11）在小动物和孩子可以接触到的地方，必须用套管。

4. 接地及防雷安装

（1）光电幕墙安装避雷装置，光伏系统和并网接口设备的防雷和接地应符合现行行业标准中的规定。电气系统的接地应符合现行国家标准《电气装置安装工程 接地装置施工及验收规范》GB 50169 的要求。

（2）接地安装：

推荐使用环形接线片连接接地电缆。将接地电缆焊接在接线片的插口内，然后用 M8 螺钉插入接线片的圆环和组件框架中部的孔，用螺母紧固。应该使用弹簧垫圈，以防止螺钉松脱从而导致接地不良。

5. 电气设备的调试

（1）调试前期准备工作

熟悉设计图纸和有关技术文件，了解光伏玻璃幕墙发电系统运行全过程；备好调试所需的仪器仪表、必要工具和有关记录表格；根据图纸检查系统连线是否完毕，确保电源和通信接线正确无误；检查逆变器直流侧（光伏方阵到逆变器）接线是否正确；检查逆变器交流侧（逆变器到输出连接箱）接线是否正确；检查通信系统接线是否正确；提供并网调试电源，三相电源接入输出连接箱。

（2）蓄电池的调试

安装结束后要测量蓄电池电压、正负极性，并检查接线质量和安全性。开口电池应测量电液密度，单只电压要一致。

（3）控制器的调试

安装结束后，首先观察蓄电池的电压是否正常，然后测量充电电流，如果有条件，再观察蓄电池的充满保护和蓄电池欠压保护是否正确。

普通控制器只需要观察蓄电池电压、充电电流和放电电流，基本上不需要调试；智能控制器在出厂前已经调试好，一般现场不需要调试，但可以检查电压设置点、温度补偿系数的设置和手动功能是否正常。

（4）逆变器的调试

安装结束后，对逆变器进行全面检测，其主要技术指标应符合现行国家标准《家用太阳能光伏电源系统技术条件和试验方法》GB/T 19064 的要求。测量逆变器输出的工作电压，检测输出的波形、频率、效率、负载功率因数等指标是否符合设计要求。测试逆变器的保护、报警等功能，并做好记录。

6. 检测过程

连入光伏系统之前，应对其输出的交流电质量和保护功能进行单独测试。电能计量装置应符合现行行业标准《电测量及电能计量装置设计技术规程》DL/T 5137 和《电能计量装置技术管理规程》DL/T 448 的要求。

（1）性能测试

1）电能质量测试

连接好线路后，即可进行以下参数的测量：

① 工作电压和频率；

② 电压波动和闪变；

③ 谐波和波形畸变；

④ 功率因数；

⑤ 输出电压不平衡度；

⑥ 输出直流分量检测。

2）保护功能测试

① 过电压/欠电压保护；

② 过/欠频率；

③ 防孤岛效应；

④ 电网恢复；

⑤ 短路保护；

⑥ 反向电流保护。

（2）线路连接测试

先将并网逆变控制器与太阳能光伏玻璃幕墙连接，测量直流端的工作电流和电压、输出功率，若符合要求，可将并网逆变控制器与电网连接，测量交流端的电压、功率等技术数据，同时记录太阳辐照强度、环境温度、风速等参数，判断是否与设计要求相符合。

（3）系统测试

设备投入试运行应由技术人员连续监测一个工作日，且该工作日应当是辐照良好的天气，在监测工作日内观察并记录设备运行参数，应保证所有设备在所有时间段内都符合设计规定。

光伏电站的所有发电设备和配套件都必须严格符合相应的鉴定定型和安全标准的要求。

测试电路图。如图 26-104 所示，电路是对光伏并网发电系统测量的一个测试框图。

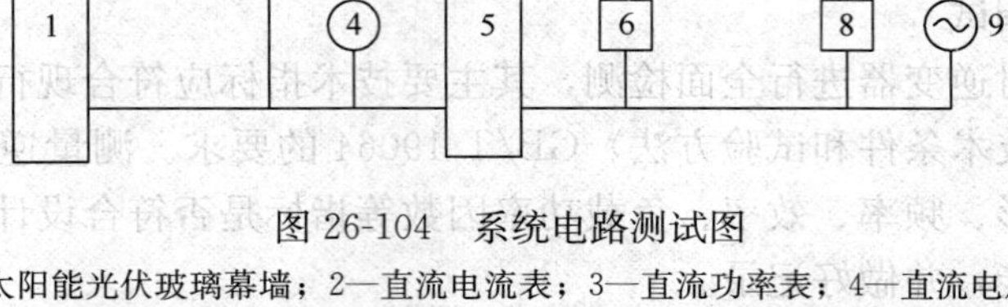

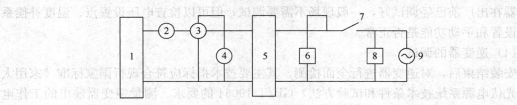

图 26-104　系统电路测试图

1—太阳能光伏玻璃幕墙；2—直流电流表；3—直流功率表；4—直流电压表；
5—并网逆变器；6—电能质量分析仪；7—电网解并列点；8—可变交流负载；
9—电压和频率可调的净化交流电源（模拟电网），其可提供的电流容量至少应当是光伏发电系统提供电流的 5 倍

26.9.9 发电监控系统与演示软件安装与调试

1. 发电监控系统（图 26-105、图 26-106）

光伏监控系统具有数据采集、数据传输和系统控制功能。在设计和选择光伏监控系统时，一般应遵循准确度、可靠性、工作容量、抗干扰能力、动作速度、工作频段、通用性和经济性等技术要求。

图 26-105 并网逆变器

图 26-106 交流配电箱

智能型太阳能并网逆变器采用先进的数字信号处理（DSP）系统，以及先进的智能模块，能自动跟踪电网；有效的孤岛效应检测，能自动检测方阵的最大功率点（MPPT），有效地选择最佳并网模式，具有完善的保护功能，运行后无须人为干预控制，到晚上时，其会自动关机，没有足够的能量并网发电时，其工作在待机模式，能自动记录系统的工作状态，如太阳能电池板电压、当日发电量、发电累计量、辐照度、环境温度、电池板温度及发电功率等一系列参数。在逆变器的面板上有三个 LED 灯，通过这些灯能够知道逆变电源的工作状态。

逆变器的启动过程、运行状态及简单的故障处理：

（1）开机启动过程

在设备启动前先检查所有开关是否在关断位置（OFF）。

装好并网逆变器的 ESS，先推上太阳能电池方阵空开置（ON），看逆变器显示是否正常（电池板电压），并网逆变器面板 LED 指示灯是否显动。

再合上交流空开置（ON），并网逆变器面板 LED 指示灯是否显动，等几分钟看设备是否正常工作，如果并网逆变器工作正常，则面板 LED 指示灯长亮。

开机完成，开启计算机监控软件 Flashview. exe，查看画面显示。

（2）关机过程（图 26-107）

如果要打开并网逆变器，则必须拔下所有连接的插头，等待 10s（使设备内部电容放电完成）。

松开并网逆变器前面板上的六角螺丝，小心移下前面板，然后拔下前面板内部的接地（PE）连接。

2. 演示软件安装与调试

初次启动 Flashview. exe 设置：

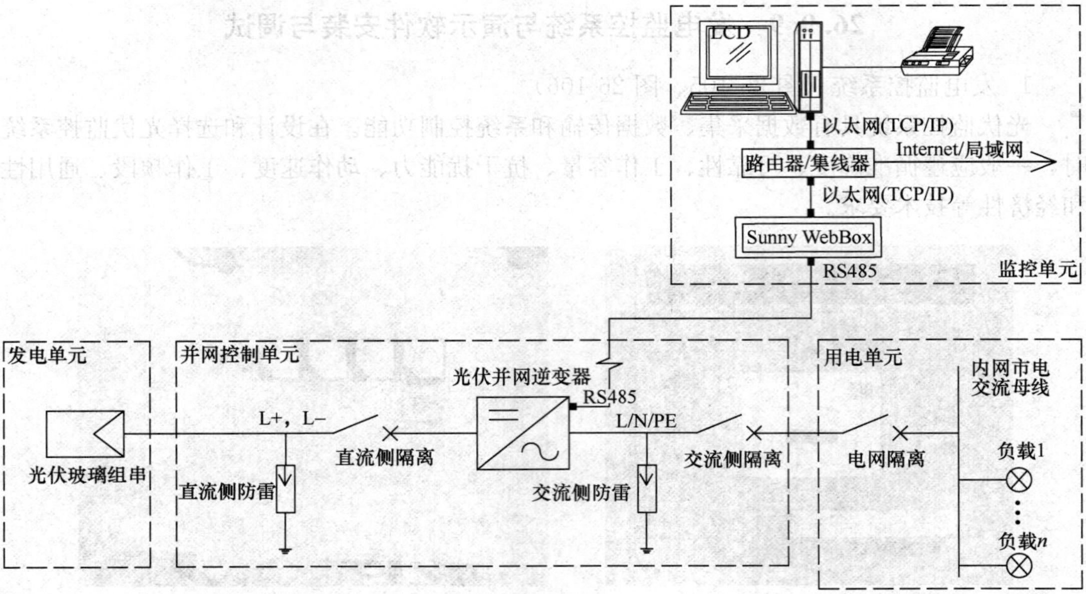

图 26-107 幕墙光伏系统演示

(1) 先设置好 TCP/IP（图 26-108），点击确定后，再打开 Flashview. exe 软件。

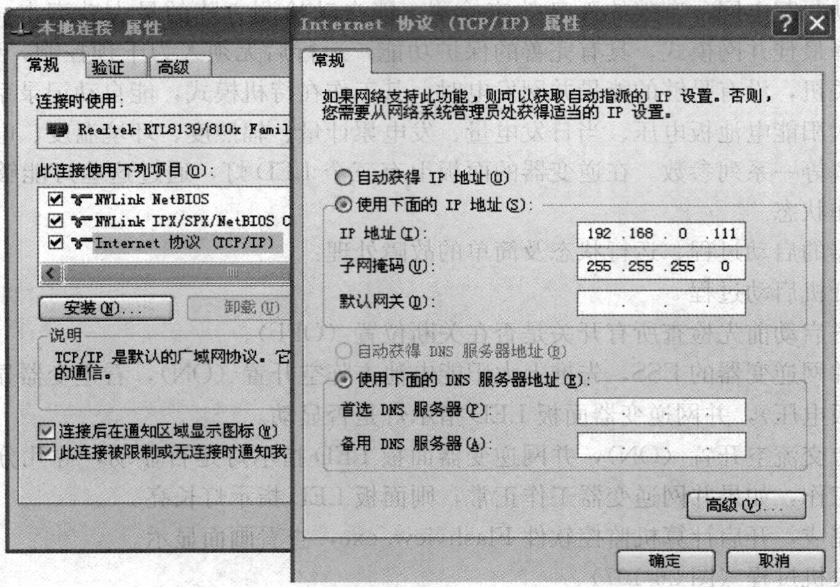

图 26-108 IP 设置示意图

(2) 初次打开时要进行站点设置（图 26-109）：

1) 选择好语言栏 Chinese；

2) 在 Sunny WebBox 地址栏输入 192. 168. 0. 168，然后点击检测，看连接是否正常，如果连接正常则，会显示 OK；

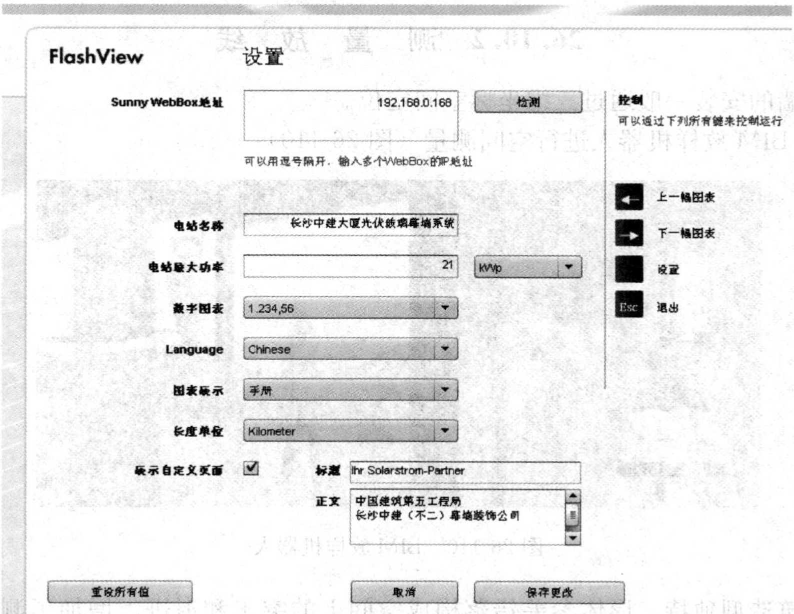

图 26-109　FlashView 设置示意图

3）输入电站名称、图表显示方式（自动 10s）及自定义画面等；

4）点击保存，更改设置完成；

5）系统将自动播放画面。

（3）通信、监控系统：

1）检查上位机 COM 口与逆变器的 RS485 通信板连接是否正确，上位机监控软件安装是否到位；

2）测试上位机与各逆变器之间的通信，确认各设备之间通信畅通，运行上位机专用软件，测试监控软件的运行是否正常；

3）根据设备使用手册，设置相关参数，确保通信系统满足设计要求。

26.10　异　形　幕　墙

异形幕墙不是单块面板造型，从外表面来看分为曲面幕墙和圆弧幕墙。曲面幕墙一般是指双曲面或异形无规律的复杂型幕墙的统称，一般有相当的三维能力和空间定位感；圆弧幕墙一般是指单一的圆弧柱面或锥面等有一定规律的幕墙形式。

26.10.1　异形幕墙施工顺序

异形幕墙的施工顺序为：

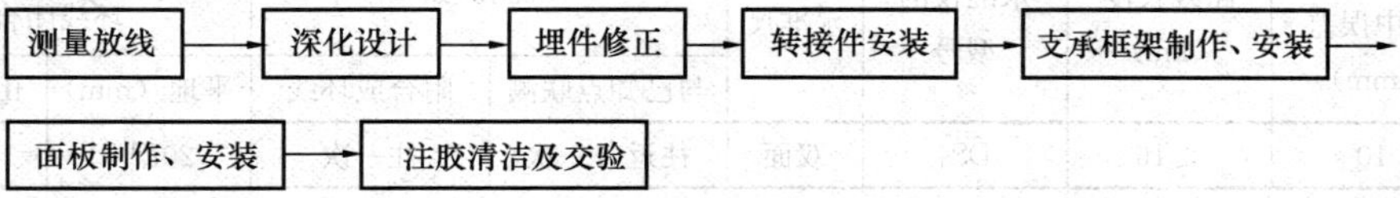

26.10.2 测 量 放 线

异形幕墙的安装一般通过三维坐标空间定位。

1. 利用BIM放样机器人进行空间测量（图26-110）

图26-110　BIM放样机器人

对于建筑造型独特、形体参差错落构成空间上的突出和退进，增加了测量放线的难度，多角度变化的板块转接件空间定位难。若采用传统的测量仪器放样，存在放样误差大，无法保证施工精度和施工效率。

针对上述情况，采用BIM放样机器人可以提高精度和效率。

（1）平面控制网的测设

对总承包单位提供的控制点和有关起算数据，用全站仪分别进行两测回测角测距，检测无误后将其作为该工程平面控制网的基准点和起算数据。根据项目特征线建立独立的施工平面坐标系。

施工坐标与城市坐标的换算关系：按一级导线技术要求，对控制点进行闭合导线测量，建立平面控制网，见表26-65。

一级导线测量的主要技术要求　　**表26-65**

等级	导线长度（km）	平均边长（km）	测角中误差（″）	测距中误差（mm）	测距相对中误差	测回差（DJ_2）	方位角闭合差（″）	相对闭合差
一级	4	0.5	5	15	≤1/30000	2	$10n^{1/2}$	≤1/15000

（2）高程控制网的测设

对总承包单位提供的施工现场控制点与城市水准进行联测，然后用自动补偿水准仪按照四等水准测量规范要求，把高程点引测到每个平面控制点上，并以此作为高程控制网。水准测量的主要技术要求见表26-66。

水准测量的主要技术要求　　**表26-66**

等级	每千米高差全中误差（mm）	路线长度（km）	水准仪的型号	水准尺	观测次数		往返较差、附合或环线闭合差	
					与已知点联测	附合或环线	平地（mm）	山地（mm）
四等	10	≤16	DS_3	双面	往返各一次	往一次	$20L^{1/2}$	$6n^{1/2}$

2. 异形空间三维扫描测量技术

(1) BIM 放样机器人的特点

1) 大幅度提升 BIM 模型的使用效率

提高了 BIM 模型的应用率和应用价值，降低 BIM 模型的应用成本。

2) 提供施工生产过程的可控性

时间：放样的时间可把控，不再依附于施工班组。

空间：放样的位置精准，使用精度 1″的全站仪，实际空间与虚拟空间相互匹配。

3) 提高管理效率

减少由人工参与导致的现场错误，放样工作大部分由机器完成，减少多人协同管理的难度，管理模式由“人监管人”转为“人监管机器”。

4) 突破专业限制

放样的流程按照平板电脑的提示即可快速操作，对放线人员的专业知识要求大幅度降低，新手也能完成复杂项目的测量任务。BIM 放样机器人学习简单，培训周期短，可以做到“人人可成为优秀测量员”。

(2) BIM 放样机器人的操作步骤

1) 在 BIM 模型或 CAD 图纸中取点

提供通用的、规范的 BIM 模型或 CAD 图纸，BIM 放样机器人一键批量提取放样点信息，即自动提取每个点的（X、Y、Z）坐标、属性，无须人工手动输入。

2) 将点文件拷入 BIM 放样系统中

3) 仪器设站

将 BIM 放样机器人带到施工现场，选择一个比较稳定、安全的地点，通过现场控制点对仪器设站。

4) 自动打点放样

识图、计算位置、计算角度、测量、显示标识等工作均由放样机器人自动处理，现场人员主要负责“用铅笔做记号”。

3. 主体结构复测采用全站仪 BIM 模型结合

在二、三级控制网布设好后，首先对主体钢结构及土建结构进行复测，利用全站仪对土建钢架、结构柱、墙面、钢结构柱和梁的特征点位进行复测。根据实际的空间坐标点测量数据再返回模型中，对模型进行调整，建立现场真实的三维可视化模型。实体模型上附带的大量坐标定位信息，可以给现场测量人员提供与实际相符的三维坐标点数据，便于现场测量人员精准放线，控制幕墙精度，同时也为幕墙后续下料加工提供设计依据。

26.10.3 深 化 设 计

异形幕墙由于建筑外形的特异，导致建筑物承重计算难度增加，随之带来大量的计算，所以一些传统的软件已经无法满足建筑设计的要求，必须将设计形式从二维转向三维。在此基础上，人们在建筑设计行业引入 BIM 技术，目前 BIM 技术已在异形幕墙深化设计中广泛运用。

1. BIM 幕墙建模实施流程与标准

(1) BIM 幕墙建模实施流程（图 26-111）

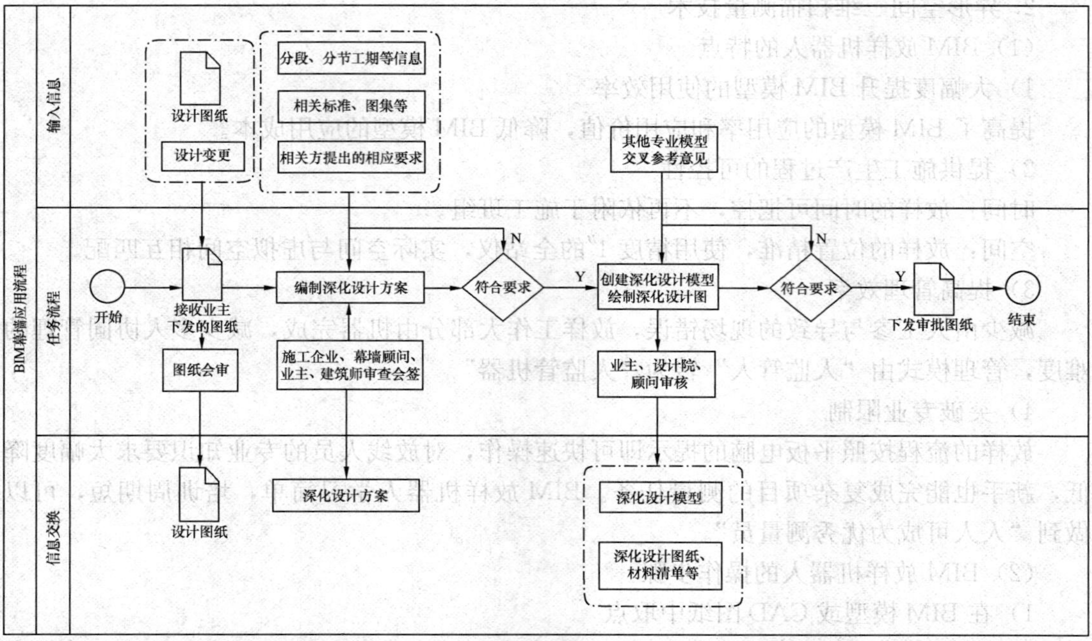

图 26-111　BIM 幕墙建模实施流程图

（2）BIM 幕墙建模实施标准

1）建模依据

① 以建设单位提供的通过审查的有效图纸为数据来源进行建模；

② 以设计院提供的模型；

③ 根据设计文件参照的国家规范和标准图集为数据源进行建模；

④ 根据设计变更为数据源进行模型更新。

2）建模基本设置

统一项目基本建模信息：

① 项目单位统一为：毫米（mm）；

② 使用统一的标高、轴网、原点；

③ 依据施工图纸正确定位项目的地理位置和朝向；

④ 材料模型依据材料信息命名；

⑤ 图层依据幕墙图纸进行设置；

⑥ 模型色彩、填充按照制图标准、幕墙图纸进行设置。

3）模型拆分规则

幕墙模型体量大，计算机运行变慢，需对其进行拆分，以提高建模工作效率，方便后期进行施工模拟、出图以及模型协同使用。

① 依据项目幕墙类型、系统进行拆分；

② 按照楼层进行拆分；

③ 按照其他要求进行拆分。

4）模型出图设置

出图内容包括三维、平面、立面、若干剖面等，基于不同软件间的出图方式不同，最终导出的图纸依据幕墙标准图集要求统一设置。

2. BIM 幕墙深化设计内容

在深化阶段要结合现场实际情况，把整个建筑幕墙提前在软件中模拟整个建筑施工过程。在此阶段应当充分考虑施工过程中遇到的各种问题。

（1）表皮分缝及优化

在进行 BIM 深化设计阶段，第一步应当考虑表皮分缝分块的合理性。在此阶段应当与相应的加工厂联系，表皮分缝的宽度、高度是否符合实际生产的面板的常规规格等，过大或过小将导致实际生产难度增大及增加工程造价。确定表皮分缝后，要对表皮进行分析及优化。

1）翘曲度分析；

2）平面拟合分析；

3）单曲拟合分析；

4）双曲拟合分析；

5）共模拟合分析（备注：曲面拟合优化可通过 Rhino+Grasshopper 相结合实现）。

（2）龙骨及其他型材搭建

幕墙龙骨及其他型材的搭建不同于设计阶段，设计阶段不需要考虑生产与安装，一根龙骨有可能就是通长的。但深化阶段不同，深化阶段需要将每根型材的具体尺寸切口准确地在模型中表达出来。同时它也需要 BIM 设计师具备一定的结构知识，每条龙骨的长度及跨度是否满足结构受力，并且还需要考虑生产，方便后期下料。

（3）碰撞检测

当幕墙 BIM 模型基本搭建完成后，就要与其他相关专业 BIM 做碰撞检测，提前发现可能存在的各种碰撞问题，提前与各专业讨论解决。在实际施工中避免产生重复施工，为项目节约工期和成本（备注：NavisWorks 软件支持多种格式的三维软件碰撞检测）。

（4）修正模型

根据现场一系列测量数据及与其他专业的碰撞检测，对模型进行修正，修正后可进行 BIM 的下一个阶段。

3. BIM 幕墙模型的应用

（1）对异形幕墙的优化

BIM 技术运用在异形幕墙设计中，可以对方案进行标准化处理，减少了异形面板的数量和形状类型，从而优化整个设计。

（2）对异形幕墙构件下单

1）编号及模型数字化

加工制造的第一个阶段是编号。需要根据表皮特点对模型进行合理编号，并合理地表达在模型中。第二个阶段是数据存储。将设计好的编号存储在模型中，方便后面的加工图制作、加工表制作等。模型数字化将幕墙施工中需要的一些信息存储在模型中，方便在后续的生产中提取。

2）加工图制作

根据项目特点，对不同的材料特点进行不同的方式出图。一些造型简单，但尺寸不一的构件可以在CAD中出一个示意图，然后通过Grasshopper批量导出对应的数据供工人加工。一些造型相对复杂、数据无规律的构件可以通过Grasshopper批量导出，批量处理一些数据，然后在CAD中进行二次调整。一些边角异形的构件通过Rhino切出平、立、剖面，在CAD中单独进行细化。加工图制作要根据项目特点，选择最合理的出图方式。

（3）制作三维安装视频交底

运用建好的BIM模型，根据施工工艺拆分各幕墙构件，按施工顺序制作幕墙安装视频，进行项目施工技术交底。

26.10.4 埋件修正

幕墙转接件安装前要对已完成施工的预埋件进行检查，根据幕墙分格放线进行预埋件的检查，并进行记录。依据预埋件的编号图，依次逐个进行检查，将每一编号处的埋件偏差值记录下来。将检查结果提交反馈给设计进行分析，若预埋件结构偏差较大，已超出相关施工各范围或垂直度达不到国家和地方标准的，则应将报告以及检查数据呈报给业主、监理单位、总承包单位，并提出建议性方案供有关部门参考，待业主、监理单位、设计单位同意后再进行施工。若偏差在范围内，则依据施工图进行下道工序的施工。

1. 埋件的检查

检查人员将埋件水平方向的标高线、竖向的分格线均用墨线弹在结构上，形成埋件的十字中心线，据此用尺子进行测量，检查埋件左右、上下以及进出的偏差。

2. 埋件偏差的处理

（1）当锚板预埋左右偏差大于30mm时，槽式埋件大于45mm时，需要对埋件进行修正，具体方法同本书26.2.2“埋件与结构复核”节中埋件偏差处理。

（2）埋件若超过偏差要求，应采用与预埋件等厚度、同材质的钢板进行补板。一般修补方法同本书26.2.2“埋件与结构复核”节中埋件偏差处理。

26.10.5 转接件安装

异形幕墙一般为空间结构，主体结构施工误差容易积累，这要求幕墙能吸收更大的变形，故异形幕墙转接件设计尺寸比较长、形式多异，往往具有特异性。转接件的定位通过多点三维坐标控制。

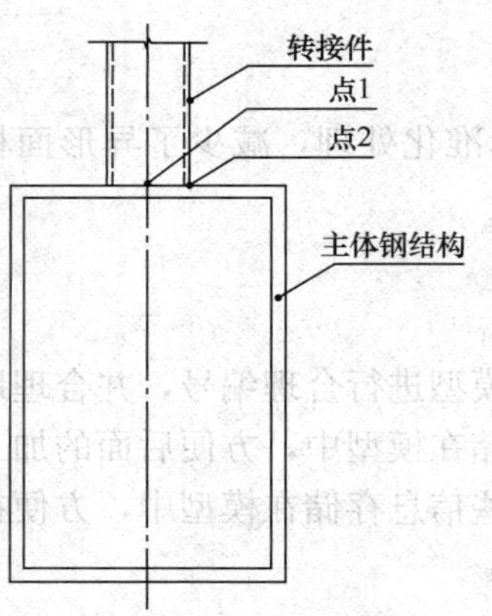

图26-112 钢方管转接件定位点

（1）在主体结构或钢结构面上定位转接件十字中心。

（2）选择转接件上定位棱角点（如方管的两个角点，见图26-112）。

（3）按理论坐标数据测设到棱角点。

（4）用螺栓和电焊临时固定转接件。

（5）根据已安装完成点，用钢尺校核各相邻相关尺寸。

（6）调整且误差控制在设定标准内后进行紧固或满焊，见图26-113。

图 26-113 工程现场转接件安装后照片

26.10.6 支承框架制作安装

异形幕墙支承框架根据不同的幕墙形式，设计也不相同，但共同特点是其加工因空间拼接需要切角铣槽等复杂加工，其加工精度高、质量控制难，必须使用先进设备和严格管控做保证。异形幕墙支承框架安装一般为空间控制。

（1）幕墙转接件安装完成并检查合格后，开始支承框架安装。

（2）选择幕墙框架上特殊点作为定位点（如方管两端的两个角点）。

（3）按理论坐标数据测设到这 4 个点。

（4）用螺栓和电焊临时固定框架。

（5）根据已安装完成和主体结构定位点，用钢尺校核各相邻相关尺寸。

（6）调整且误差控制在设定标准内后进行紧固或满焊。

26.10.7 面板制作和安装

异形幕墙面板安装前准备与常规幕墙一致，面板一般为直接按深化图理论尺寸下单到工厂制作，构件因角度变化比较复杂，面板进场时需要仔细检查核对，严格控制面板加工质量。许多面板都是三角形面板，通过三角形面板可拟合空间异形幕墙。

（1）面板安装前其前道工序应完成并验收合格。

（2）面板附框连接件安装（有角度变化的常设计有转接底座，见图 26-114）。

（3）面板附框连接件测量（保证连接件空间位置准确，见图 26-115）。

（4）面板预安装（再次检查面板与连接件的正确性）。

（5）面板调整及紧固。

图 26-114 面板附框连接件底座

图 26-115　面板附框连接件

26.10.8　注胶清洁及交验

1. 注胶

异形幕墙因设计不同，有需要注胶的，也有设计为开放不需要注胶的，注胶清洁工艺流程与常规幕墙一致，质量标准和检查办法也相同。

2. 交验

交验时应提交下列资料：

(1) 工程竣工图、BIM 模型及构配件信息、结构计算书、热工计算书、设计变更文件及其他设计文件。

(2) 隐蔽工程验收文件。

(3) 硅酮胶相容性、粘结性测试报告、剥离试验结果。

(4) 防雷记录及防雷测试报告。

(5) 竣工资料审核。

26.11　幕墙成品保护

26.11.1　成品保护概述及成品保护管理组织机构

由于幕墙工程既是围护工程，又是装饰工程，因此在幕墙生产施工过程中，幕墙成品保护工作显得十分重要；在加工制作、包装、运输、施工现场堆放、施工安装及已完幕墙成品各环节必须要有全面的成品保护措施，防止构件、工厂加工成品、幕墙成品受到损坏，否则将无法确保工程质量。

如何进行成品保护必将对整个工程的质量产生极其重要的影响，必须重视并妥善地进行成品保护工作，才能保证工程优质高速地施工。这就需要成立成品保护管理组织机构(图 26-116)，它是确保半成品、成品保护得以顺利进行的关键。通过这个专门的机构，对加工制作、包装、运输、施工现场堆放、施工安装及已完幕墙成品进行有效保护，确保整个工程的质量及工期。

成品保护管理组织机构必须根据工程实际情况制定具体的半成品、成品保护措施及奖罚制度，落实责任单位或个人，然后定期检查，督促落实具体的保护措施，并根据检查结果，对贡献大的单位或个人给予奖励，对保护措施不得力的单位或个人采取相应的处罚措施。

工程施工过程中，加工制作、运输、施工现场堆放、施工安装及已完幕墙交付前均需制定详细的成品、半成品保护措施，防止幕墙损坏，造成无谓的损失，任何单位或个人忽视此项工作均将对工程顺利开展带来不利影响。

在幕墙工程制作安装过程中，成立成品保护小组，负责成品和半成品的检查保护工作，并制定“成品保护作业指导书”，见图 26-116。

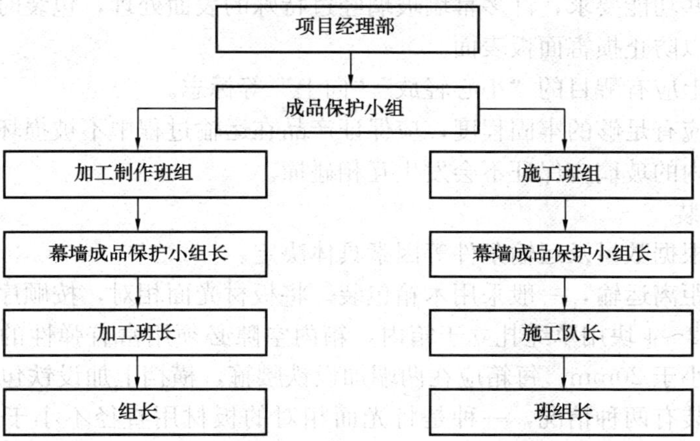

图 26-116 幕墙成品保护管理组织机构

26.11.2 生产加工阶段成品保护措施

(1) 成品在放置时，在构件下安置一定数量的垫木，禁止构件直接与地面接触，并采取一定的防止滑动和滚动措施，如放置止滑块等；构件与构件需要重叠放置的时候，在构件间放置垫木或橡胶垫，以防止构件间碰撞。

(2) 型材周转车、工器具等，凡与型材接触部位均用胶垫防护，不允许型材与钢质构件或其他硬质物品直接接触。

(3) 型材周转车的下部及侧面均垫软物质。

(4) 构件放置好后，在其四周放置警示标志，防止工厂在进行其他吊装作业时碰伤工程构件。

(5) 成品必须堆放在车间中的指定位置。

(6) 玻璃周转用玻璃架，玻璃架上设有橡胶垫等防护措施。

26.11.3 包装阶段成品保护措施

1. 金属材料包装

(1) 不同规格、尺寸、型号的型材不能包装在一起。

（2）包装应严密、牢固，避免在周转运输中散包。型材在包装前应将其表面及腔内铝屑和毛刺刮净，防止刮伤，产品在包装及搬运过程中避免装饰面的磕碰、划伤。

（3）板材及铝型材包装时要先贴一层保护胶带，然后外包牛皮纸；产品包装后，在外包装上用水笔注明产品的名称、代号、规格、数量、工程名称等。

（4）包装人员在包装过程中发现型材变形、装饰面划伤等产品质量问题时，应立即通知检验人员，不合格品严禁包装。

（5）包装完成后，如不能立即装车发送现场，要放在指定地点，摆放整齐。

（6）对于组框后的窗尺寸较小者可用纺织带包裹；尺寸较大不便包裹者，可用厚胶条分隔，避免相互擦碰。

2. 玻璃包装

（1）为了某些功能要求，许多幕墙玻璃经过特殊的表面处理，包装时应使用无腐蚀作用的包装材料，以防止损害面板表面。

（2）包装箱上应有醒目的“小心轻放”“向上”等标志。

（3）包装箱应有足够的牢固程度，应保证产品在运输过程中不被损坏。

（4）装入箱内的玻璃应保证不会发生互相碰撞。

3. 板材的包装

板材包装应根据数量及运输条件等因素具体决定。

（1）对于长距离运输，一般采用木箱包装。将板材光面相对，按顺序立放于内衬防潮纸的箱内，或每 2～4 块用草绳扎立于箱内，箱内空隙必须用富有弹性的软材料塞紧。木箱板材厚度不得小于 20mm。每箱应在两端加设铁腰箍，横档上加设铁包角。

（2）草绳包装有两种情况，一种是将光面相对的板材用直径不小于 10mm 的草绳按“井”字形捆扎，每捆扎点不应该少于 3 道。板材包装后，应有板材编号或名称、规格和数量等标志。包装箱及外包装绳上必须有“向上”“防潮”“小心轻放”的指示标志，其符号及使用方法应符合现行国家标准《包装储运图示标志》GB/T 191 的规定。

26.11.4　运输过程中成品保护措施

吊运大件必须由专人负责，使用合适的工具，严格遵守吊运规则，以防止在吊运过程中发生震动、撞击、变形、坠落或者损坏。装车时，必须由专人监管，清点物件的箱号及打包件号，在车上堆放牢固、稳妥，并增加必要的捆扎，防止构件松动、损伤。在运输过程中，保持平稳，超长、超宽、超高物件运输，必须由经过培训的驾驶员、押运人员负责，并在车辆上设置标记。严禁野蛮装卸。装卸人员装卸前，要熟悉构件的重量、外形尺寸，并检查吊马、索具的情况，防止发生意外。构件到达施工现场后，及时组织卸货，分区堆放好。

现场采用汽车式起重机运送构件时，要注意周围地形、空中情况，防止汽车式起重机倾覆及构件碰撞。运输架上安装胶条减震并防止材料划伤，绑扎绳与材料接触部位用软质材料隔开以保护材料。选择技术高、路况熟、责任心强的运输司机，并对运输司机进行教育交底，强化成品保护意识，与承运方签订协议，制定损坏赔偿条款。

需要发运材料和已发运材料用涂色法标于立面图上，及时与项目部联系沟通发运情况。每日通知项目部联系沟通发运情况。每日通知项目部材料的发运计划，以便项目部安排卸车及挂装。

场内材料运输：

（1）运输车辆从进入现场，沿施工道路到达材料堆放场地，进行分类堆放。

（2）幕墙板块存放安装过程中均轻拿轻放，工具与其接触表面均为软质材料，避免引起板块变形、划伤。

（3）为使产品不被变形损伤，主要以运输架形式进行装运。常用运输架有：A形运输架、L形运输架，主要装运玻璃；槽形可移动架，主要装运铝型材，所有铁架与材料接触部位加垫弹性橡胶以避免材料表面划伤、损坏，见图26-117。

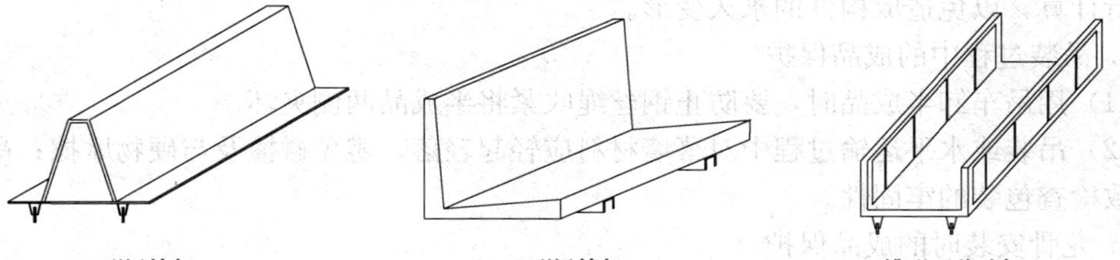

图26-117 各种运输架

26.11.5 施工现场半成品保护措施

1. 工地半成品的检查

（1）产品到工地后，未卸货之前，对半成品进行外观检查。首先检查货物装运是否有撞击现象，撞击后是否有损坏，有必要时撕下保护膜进行检查。

（2）检查半成品保护膜是否完善，无保护膜的是否有损伤。无损伤的，补贴好保护纸后再卸货。

2. 搬运

（1）装在货架上的半成品，应尽量采用叉车、吊车卸货，避免多次搬运造成半成品的损坏。

（2）半成品在工地卸货时，应轻拿轻放，堆放整齐。卸货后，应及时组织运输组人员将半成品运输到指定的装卸位置。

（3）半成品到工地后，应及时进行安装。来不及安装的物料摆放地点应避开道路繁忙地段或上部有物体坠落区域，应注意防雨、防潮，不得与酸、碱、盐类物质或液体接触。

（4）玻璃用木箱包装，便于运输也不易被碰坏。

3. 堆放

（1）构件进场应堆放整齐，防止变形和损坏，堆放时应放在稳定的枕木上，并根据构件的编号和安装顺序进行分类。构件堆放场地应做好排水，防止积水对构件的腐蚀。

（2）待安装的半成品应轻拿轻放，长的铝型材安装时，切忌尾部着地。

（3）待安装的材料离结构边缘应大于1.5m。

（4）五金件、密封胶应放在五金仓库内。

（5）幕墙各种半成品的堆放应通风、干燥，远离湿作业。

（6）从木箱或钢架上搬出来的板块及其他构件，需用木方垫起 0.1m，并且不得堆放挤压。

26.11.6　施工过程中成品保护措施

1. 拼装作业时的成品保护措施

（1）在拼装、安装作业时，应避免碰撞、重击。减少在构件上焊接过多的辅助设施，以免对母材造成影响。

（2）拼装作业时，在地面铺设刚性平台，搭设刚性台架进行拼装，拼装支撑点的设置要进行计算，以免造成构件的永久变形。

2. 吊装过程中的成品保护

（1）用吊车卸半成品时，要防止钢丝绳收紧将半成品两侧夹坏。

（2）吊装或水平运输过程中对幕墙材料应轻起轻落，避免碰撞及与硬物摩擦；吊装前应细致检查包装的牢固性。

3. 龙骨安装时的成品保护

（1）施工过程中铁件焊接必须有接火容器，防止电焊火花飞溅损伤单元体及其他材料。

（2）防止龙骨吊装时对幕墙的撞击，计算盐类溶液对幕墙的破坏。

（3）做防腐时避免油漆掉在各产品上。

4. 面材安装时的成品保护

（1）所有面材用保护膜贴紧，直到竣工清洗前撕掉，以保证表面不轻易被划伤或受到水泥等腐蚀。

（2）玻璃吸盘在进行吸附重量和吸附时间检测后方可投入使用。

（3）为避免破坏已完工的产品，施工过程中必须做好保护，防止坠落物损伤成品。

（4）打胶前应先在面材上贴好美纹纸，防止污染面材。

（5）贴有保护膜的型材等在胶缝处注胶时将保护膜揭开，不允许用小刀直接在玻璃上将保护膜划开，以免利器损伤玻璃镀膜。

（6）在操作过程中若发现砂浆或其他污物污染了饰面板材，应及时用清水冲洗干净，再用干抹布抹干。若冲洗不净时，应采用其他的中性洗洁液或与生产厂商联系，不得用酸性或碱性溶剂清洗。

（7）在玻璃的全部操作过程中，均须避免与锋利和坚硬的物品直接以一定的压强接触。

26.11.7　移交前成品保护措施

（1）设置临时防护栏，防护栏必须自上而下用安全网封闭。

（2）安装上墙的饰面板块在未检查验收前不得将其保护膜拆除。

（3）为了防止已安装板块污染，在板片上方用彩条布或木板固定在板口上方，在已安装单元体上标明或做好记号。特别是底层或人可接近部位用立板包裹扎牢，未经交付时不得剥离，有损坏及时补上。对开启窗应锁定，防止风吹打、撞击。

（4）幕墙在施工过程中或施工结束后，用保护材料遮盖室内暴露部分，暂时密封保护，以防止其他施工项目破坏幕墙。对于这些临时保护措施，首先要求其他施工人员维护，不得随便拆除保护材料；其次派出专职安全员每天进行巡回检查，一是检查临时保护措施的完整性，一有破坏马上重新维护，二是防止其他人员的人为破坏，这些工作均需建设单位与总承包单位给予大力的配合。

26.12 幕墙相关试验

26.12.1 试验计划

幕墙工程开工后，项目经理部应根据满足工程技术标准和设计要求的测试、检查试验及一切要求，编制项目试验计划，明确试验时间，分阶段和步骤进行相关试验。一般工程将进行以下试验：四性试验（包括抗风压性能试验、水密性能试验、气密性能试验、平面内变形性能力）、幕墙的耐撞击性能检测、结构胶相容性检测、密封胶的性能检测、石材的各种性能试验、氟碳树脂层物理性能试验、喷淋试验、隔声性能检测及后置埋件、锚栓的拉拔试验等。

以上试验根据幕墙种类为必做试验；结合工程特性以及业主、总承包单位、监理单位要求选作其他试验项目。

26.12.2 试验标准及试验方法

幕墙性能试验主要试验内容一般为雨水渗漏试验、空气渗透试验、风压变形试验、平面内变形性能试验。试验过程中严格执行现行国家标准《建筑幕墙气密、水密、抗风压性能检测方法》GB/T 15227、《建筑幕墙》GB/T 21086 测试标准，检验结果等级符合现行国家标准《建筑幕墙》GB/T 21086 的要求，并邀请业主和总包单位、监理单位代表到现场见证试验过程。

幕墙试验主要程序：确定检测中心→取有代表意义的单元→设计样品制作→试验室样品安装→气密性能试验→水密性能试验→抗风压性能试验→平面内变形性能试验→出具检测报告。

为保证幕墙试验符合幕墙工程技术标准，安排的主要试验内容有：抗风压性能试验；水密性能试验；气密性能试验；平面内变形性能试验；

幕墙试验的机构：国家认可的建筑工程质量监督检验中心，将负责主持模拟试验及编制试验报告。

1. 试验标准

按照幕墙的各项性能，应符合以下国家标准规定：

（1）抗风压性能

幕墙的抗风压性能指标应根据幕墙所受的风荷载标准值 W_k 确定，其指标值不应低于 W_k，且不应小于 1.0kPa。W_k 的计算应符合现行国家标准《建筑结构荷载规范》GB 50009 的规定。

在抗风压性能指标值作用下，幕墙支承结构、面板相对挠度和绝对挠度不应大于表 26-67的要求。

幕墙支承结构、面板相对挠度和绝对挠度要求 **表 26-67**

支承结构类型		相对挠度（L 跨度）	绝对挠度（mm）
构件式玻璃幕墙 单元式幕墙	铝合金型材	$L/180$	20（30）
	钢型材	$L/250$	20（30）
	玻璃面板	短边距/60	—
石材幕墙 金属板幕墙 人造板材幕墙	铝合金型材	$L/180$	—
	钢型材	$L/300$	—
点支承玻璃幕墙	钢结构	$L/250$	—
	索杆结构	$L/200$	—
	玻璃面板	长边孔距/60	—
全玻幕墙	玻璃肋	$L/200$	—
	玻璃面板	跨距/60	—

1）开放式建筑幕墙的抗风压性能应符合设计要求。

2）抗风压性能分级指标 P_3 应符合 1）的规定，并符合表 26-68 的要求。

建筑幕墙抗风压性能分级 **表 26-68**

分级代号	1	2	3	4	5
分级指标值 P_3（kPa）	$1.0 \leqslant P_3 < 1.5$	$1.5 \leqslant P_3 < 2.0$	$2.0 \leqslant P_3 < 2.5$	$2.5 \leqslant P_3 < 3.0$	$3.0 \leqslant P_3 < 3.5$
分级代号	6	7	8	9	
分级指标值 P_3（kPa）	$3.5 \leqslant P_3 < 4.0$	$4.0 \leqslant P_3 < 4.5$	$4.5 \leqslant P_3 < 5.0$	$P_3 \geqslant 5.0$	

注：1. 9 级时需要同时标注 P_3 的测试值。如：属 9 级（5.5kPa）。
2. 分级指标值 P_3 为正、负风压测试值绝对值的较小值。

（2）水密性能

根据幕墙水密性能指标，应按以下方式确定：

现行国家标准《建筑气候区划标准》GB 50178 中，ⅢA 和ⅣA 地区，即热带风暴和台风多发地区按式（26-1）计算，且固定部分不宜小于 1000Pa，可开启部分与固定部分同级。

$$P = 1000\mu_z\mu_c w_0 \tag{26-1}$$

式中 P——水密性能指标；

μ_z——风压高度变化系数，应按现行国家标准《建筑结构荷载规范》GB 50009 的有关规定采用；

μ_c——风力系数，可取 1.2；

w_0——基本风压（kN/m^2），应按现行国家标准《建筑结构荷载规范》GB 50009 的有关规定采用。

其他地区可按计算值的 75%进行设计，且固定部分取值不宜低于 700Pa，可开启部分与固定部分同级。

水密性能分级指标值应符合表 26-69 的要求。

建筑幕墙水密性能分级 **表 26-69**

分级代号		1	2	3	4	5
分级指标值 ΔP/Pa	固定部分	$500\leqslant\Delta P<700$	$700\leqslant\Delta P<1000$	$1000\leqslant\Delta P<1500$	$1500\leqslant\Delta P<2000$	$\Delta P\geqslant2000$
	开启部分	$250\leqslant\Delta P<350$	$350\leqslant\Delta P<500$	$500\leqslant\Delta P<700$	$700\leqslant\Delta P<1000$	$\Delta P\geqslant1000$

注：5 级时需同时标注固定部分和开启部分 ΔP 的测试值。

有水密性要求的建筑幕墙，在现场淋水试验中不应发生水渗漏现象。

开放式建筑幕墙的水密性能可不作要求。

（3）气密性能

气密性能指标应符合国家现行标准《民用建筑热工设计规范》GB 50176、《公共建筑节能设计标准》GB 50189、《居住建筑节能检测标准》JGJ/T 132、《夏热冬冷地区居住建筑节能设计标准》JGJ 134、《严寒和寒冷地区居住建筑节能设计标准》JGJ 26 的有关规定，并满足相关节能标准的要求，一般情况可按表 26-70 确定。

建筑幕墙气密性能设计指标一般规定 **表 26-70**

地区分类	建筑层数、高度	气密性能分级	气密性能指标小于	
			开启部分 qL ($m^3/m\cdot h$)	幕墙整体 qA ($m^3/m^2\cdot h$)
夏热冬暖地区	10层以下	2	2.5	2.0
	10层及以上	3	1.5	1.2
其他地区	7层以下	2	2.5	2.0
	7层以上	3	1.5	1.2

1）开启部分气密性能分级指标 qL 应符合表 26-71 的要求。

建筑幕墙开启部分气密性能分级 **表 26-71**

分级代号	1	2	3	4
分级指标值 qL [$m^3/(m\cdot h)$]	$4.0\geqslant qL>2.5$	$2.5\geqslant qL>1.5$	$1.5\geqslant qL>0.5$	$qL\leqslant0.5$

2）幕墙整体（含开启部分）气密性能分级指标 qA 应符合表 26-72 的要求。

建筑幕墙整体气密性能分级 **表 26-72**

分级代号	1	2	3	4
分级指标值 qA [$m^3/(m^2\cdot h)$]	$4.0\geqslant qA>2.0$	$2.0\geqslant qA>1.2$	$1.2\geqslant qA>0.5$	$qA\leqslant0.5$

开放式建筑幕墙的气密性能不作要求。

（4）平面内变形性能和抗震要求

抗震性能应满足现行国家标准《建筑抗震设计规范》GB 50011 的要求。

平面内变形性能：建筑幕墙平面内变形性能以建筑幕墙层间位移角为性能指标。在非抗震设计时，指标值应不小于主体结构弹性层间位移角控制值；在抗震设计时，指标值不小于主体结构弹性层间位移角控制值的 3 倍。主体结构楼层最大弹性层间位移角控制值可按表 26-73 的规定执行。

主体结构楼层最大弹性层间位移角 表 26-73

结构类型		建筑高度 H（m）		
		$H\leqslant150$	$150<H\leqslant250$	$H>250$
钢筋混凝土结构	框架	1/550	—	—
	板柱—剪力墙	1/800	—	—
	框架—剪力墙、框架—核心筒	1/800	线性插值	—
	筒中筒	1/1000	线性插值	—
	剪力墙	1/1000	线性插值	—
	框支层	1/1000	—	—
多、高层钢结构		1/300	—	—

注：表中弹性层间位移角$=\Delta/h$，Δ为最大弹性层间位移量，h为层高。线性插值是指建筑高度在 150～250m，层间位移角取 1/800（1/1000）与 1/500 线性插值。

平面内变形性能分级指标 γ 应符合表 26-74 的要求。

建筑幕墙平面内变形性能分级 1 G3 表 26-74

分级代号	1	2	3	4
分级指标值 γ	$4.0\geqslant qL>2.5$	$2.5\geqslant qL>1.5$	$1.5\geqslant qL>0.5$	$qL\leqslant0.5$

建筑幕墙应满足所在地抗震设防烈度的要求。对有抗震设防要求的建筑幕墙，其试验样品在设计的试验峰值加速度条件下不应发生破坏。幕墙具备下列条件之一时，应进行振动台抗震性能试验或其他可行的验证试验：

面板为脆性材料，且单块面板面积或厚度超过现行标准或规范的限制；且与后部支承结构的连接体系为首次应用；应用高度超过标准或规范规定的高度限制；所在地区为 9 度以上（含 9 度）设防烈度。

（5）其他试验标准按国家相关标准要求执行。

2. 试验方法

（1）抗风压性能试验

试件首先按设计要求安装于检测台上，安装完毕后须进行核查，确认符合设计要求后即可进行检测。

在试件要求布置测点的位置上，安装好位移测量仪器械。测点规定为：受力杆件的中间测点布置在杆件的中点位置；两侧端点布置在杆件两端点的中点方向移 10mm 处。镶嵌部分的中心测点位置在两对角线交点位置上，两侧端点布置在镶嵌部分的长度方向两端向中点方向，距镶嵌边缘 10mm 处。

预备加压：以 250Pa 的压力加荷 5min，作为预备加压，待加压平稳后，记录各测点的初始位移量。预备压力为 P_0。

变形检测：先进行正压检测，后进行负压检测。检测压力分级升降，每级升降压力不超过 250Pa，每级压力作用时间不少于 10s。压力升、降到任一受力杆件挠度值达到 $L/360$为止。记录每级压力差作用下的面法线位移量和达到 $L/360$ 时的压力值 P_1。

反复受荷检测：以每级检测压力为波峰，波幅为二分之一压力值，进行波动检测，最高波峰值为 $P_1\times1.5$，每级波动压力持续时间不少于 60s，波动次数不少于 10 次。记录尚未出现功能障碍或损坏时的最大检测压力值 P_2。

安全检测：如反复受荷检测未出现功能障碍或损坏，则进行安全检测，使检测压力升至 P_3，随后降至0，再降至 $-P_3$，然后升到0，升降压时间不少于1s，压力持续时间不少于3s，必要时可持续至10s。然后记录功能障碍、残余变形或损坏情况和部位。$P_3=2P_1$，即相对挠度≤$L/180$。如挠度绝对值超过20mm时，以20mm所对应的压力值为 P_3 值。

（2）水密性能检测

试件首先按设计要求安装于检测台上，安装完毕后须检查，确认符合设计要求后方可进行检测。

预备加压：以250Pa的压力对试件进行预备加压，持续时间为5min。然后使压力降为0，在试件挠度消除后开始进行检测。

淋水：以4L/m^2·min的水量对整个试件进行均匀的喷淋，直至检测完毕。水温应在8～25℃的范围内。

加压：在淋水的同时，按规定的各压力级依次加压。每级压力的持续时间为10min，直到试件开启部分和固定部分室内侧分别出现严重渗漏为止。加压形式分为稳定和波动两种，见表26-75和表26-76。波动范围为稳定压的3/5，波动周期为3s。

稳定加压顺序表 **表26-75**

加压顺序	1	2	3	4	5	6	7	8	9
稳定压（Pa）	100	150	250	350	500	700	1000	1600	2500

波动加压顺序表 **表26-76**

加压顺序		1	2	3	4	5	6	7	8	9
波动压（Pa）	上限值	100	150	250	350	500	700	1000	1600	2500
	平均值	70	110	180	250	350	500	700	1100	1750
	下限值	40	70	110	150	200	300	400	600	1000

记录：记录渗漏时的压力差值、渗漏部位和渗漏状况。

判断：以试件出现严重渗漏时所承受的压力差值作为雨水渗漏性能的判断基础。以该压力差的前一级压力差作为试件雨水渗漏性能的分级指标值。

（3）气密性能检测

试件首先按设计要求安装于检测台上，安装完毕后须核查，确认符合设计要求后方可进行检测。

预备加压：以250Pa的压力对试件进行预备加压，持续时间为5min。然后使压力降为0，在试件挠度消除后开始进行检测。

按表26-77规定的各压力级依次加压，每级压力作用时间不少于10s，记录各级压力差作用下通过试件的空气渗透量测定值，并以100Pa作用下的测定值作为 q。

加压顺序表 **表26-77**

加压顺序	1	2	3	4	5	6	7	8	9	10	11	12	13
检测压力（Pa）	10	20	30	50	70	100	150	100	70	50	30	20	10

（4）平面内变形能力试验

平面内变形性能定义：幕墙在楼层反复变位作用下保持其墙体及连接部位不发生危及人身安全破损的平面内变形能力，用平面内层间位移角进行度量。

检测方法：采用拟静力法。

检测装置：目前检测装置加载方式有使试件呈连续平行四边形方式和使试件对称变形方式两种。前者采用专门加载用的框架，后者利用压力箱的边框支承活动梁。

以第一种加载方式进行仲裁检测。试件达到试验要求，按国家标准。按国家标准要求整理测定值与检测报告。平面内变形性能要求为±17.5mm，达到此变形时，幕墙玻璃、铝板没有损坏，恢复后，开启部分仍可正常开启。

（5）结构胶相容性检测

1）试验仪器与材料

试验仪器：紫外线灯；紫外线强度计，量程为1000～4000μW/cm²；温度计，量程为0～100℃。

试验材料：清洁浮法玻璃板，尺寸为76mm×50mm×6mm，应制备12块；防粘带，每块玻璃板用一条，尺寸为25mm×76mm；清洗剂，用50%乙丙醇—蒸馏水溶液；试验结构胶；基准密封胶，与试验结构胶成分相近的半透明密封胶。

2）试件制备和准备

试验室条件：结构胶样品应在标准条件下至少放置24h。

试件制备：清洁玻璃、附件，用清洗剂洗净擦除水分后自然风干；在玻璃板一端粘贴防粘带，覆盖宽度约25mm；制备12块试件，6块为校验试件，另外6块为试验试件。附件应裁切成条状，尺寸为6.5mm×51mm×6.5mm，放置在玻璃板的中间。分别将基准密封胶和试验结构胶挤注在附件两侧至上部，并与玻璃粘结密实，两种胶相接处高于附件约3mm。

试验程序：试件编好号后在试验室标准条件下放置24h。取试验试件和校验试件各3块组成一组试件。将两组试件放在紫外线灯下，一组试件的密封缝向上，另一组试件的玻璃面向上。

光照试验：启动紫外线灯连续照射试样21d。用紫外线强度计和温度计测量试样表面，紫外线辐射强度为2000～3000μW/cm²，温度为（50±2）℃。紫外线强度每周测定一次。

观察颜色变化和测定粘结力：

① 光照结束后，取出试样冷却4h；

② 仔细观察并记录试验试件、校验试件上结构胶的颜色及其他变化；

③ 测量结构胶与玻璃粘结性；

④ 测量结构胶与附件粘结性。

试验报告：将试验结果如实记录并填写试验报告。

（6）密封胶的性能检测

1）蝴蝶测试（图26-118）

蝴蝶测试是为了确定双组分密封胶是否已彻底混合均匀。混合不均匀会引起产品性能的极大变化。

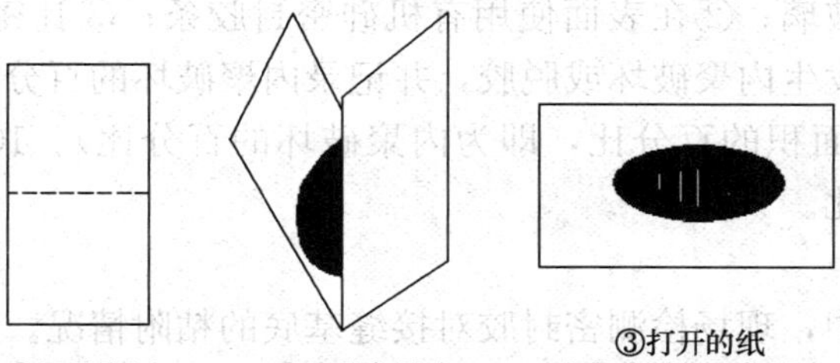

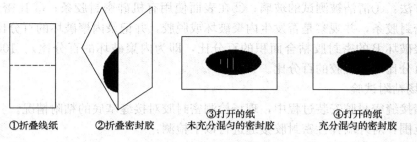

图 26-118 蝴蝶测试过程

试验方法：①将纸折叠（A4 白色复印纸）；②将混合后的密封胶涂在纸上，将纸折叠使密封胶平整；③打开纸，检查密封胶，如果密封胶上出现白色条纹表示混合不充分。如果没有条纹出现，则表明已充分混合，并在纸上记录年月日及结构胶基质与固化剂的批号。

2）拉断时间测试（图 26-119）

此程序用来测试密封胶的固化速率。不正常的拉断时间（或长或短）表明混合过程中基质/固化剂的比例存在问题。

图 26-119 拉断时间测试过程

试验方法：①将小棍（压舌板）浸入混合后的密封胶，并开始计时；②固化周期内每隔 5min 将小棍从密封胶内拉出并观察密封胶扯起的部分是否发生突然断裂；③如果不发生断裂，重复步骤①和②，直至发生突然断裂，并记录拉断的时间。注：混合比例正常的密封胶，突然拉断时间应在 20～50min。

3）粘合—剥离测试（图 26-120）

此程序用来确定胶与被粘合材料之间的粘合能力及其发展情况。

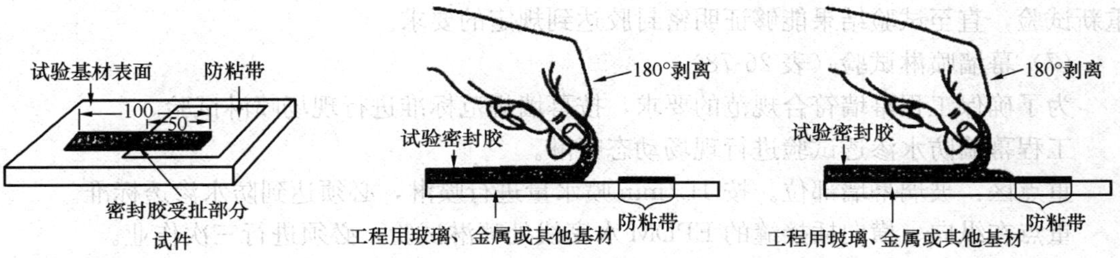

图 26-120 粘合、剥离测试过程

(*a*) 粘结破坏；(*b*) 内聚破坏

试验方法：①清洁被测试的玻璃；②在表面使用有机硅密封胶条；③让密封胶固化；④用手拉密封胶条，并观察是否发生内聚破坏或脱胶，并记录内聚破坏的百分比（观察发生上述内聚破坏 B 的密封胶粘合面积的百分比，即为内聚破坏的百分比）。100%减去内聚破坏的百分比即为脱胶的百分比。

4）现场粘附试验

在外墙接缝密封胶安装过程中，现场检测密封胶对接缝基底的粘附情况。

试验范围：对外墙弹性密封胶接缝进行以下检测：

① 在每一类外墙弹性密封胶和基底组合形成接缝的头 300mm 长度上进行 4 次试验；

② 按照每一楼层每一标高位置，接缝长度每 300mm 进行一次试验。

试验方法：按照现行国家标准《建筑用硅酮结构密封胶》GB 16776 附录 D 方法 A 中的“现场手拉剥离试验”的要求，对接缝密封胶进行检测。对于具有不同基底的接缝而言，要分别针对每种基底测试附着情况；沿一侧切割，验证另一侧的附着情况。对另一侧也重复此试验步骤。

检查接缝是否填缝完整，是否有空隙，接缝外形是否符合技术规范要求，将检查结果记录在现场粘附试验日志中。

5）检验受测接缝，报告下列情况

① 接缝中与拉出部分相连的密封胶是否未能附着在接缝基底上，还是出现粘结性撕裂现象，要报告每种产品和接缝基底所采用的拉拔长度数据，对试验结果进行对比，确定粘附情况是否通过现场粘附手拉试验标准。

② 密封胶填充接缝中是否存在空穴，是否存在空隙。

③ 密封胶尺寸和外形是否符合规范要求。

6）将试验结果记录在现场粘附试验日志中。记录的数据要包括密封胶的安装日期、安装人员姓名、检测试验结果、检测位置、接缝是否涂覆底漆、粘附情况以及拉长百分比、填入何种密封胶、密封胶的外形以及密封胶的尺寸。

7）要对参与拉拔试验的密封胶进行修补，按照与原先进行接缝密封所采用的相同操作步骤重新涂覆密封胶，确保先前的密封胶表面是清洁的，重新涂覆的密封胶要与原先涂覆的密封胶完全接触。

8）对现场试验结果的评价：如果试验未能证明密封胶粘附不合格或者不符合其他给定的要求，则认为密封胶的施作达到满意效果。如果试验过程中发现密封胶未能粘附到基底上或者不符合其他要求，要将密封胶清除拆下。如果密封胶涂覆不合格，要重新涂覆，重新试验，直至试验结果能够证明密封胶达到规定的要求。

（7）幕墙喷淋试验（表 26-78）

为了确保工程幕墙符合规范的要求，按幕墙规范标准进行现场喷淋试验。

工程幕墙防水渗透试验进行现场动态喷淋。

重点区：玻璃幕墙部位。按 4L/min 喷水量进行喷淋，必须达到防水渗透标准。

重点在纵向、横向插接缝的 EPDM 水密线处喷淋试验，必须进行三次作业。

现场喷淋试验后，如没有水渗透，则请设计单位、业主/总承包单位、监理单位现场评定是否再增加喷淋试验范围。业主同意，根据现行行业标准《玻璃幕墙工程质量检验标准》JGJ/T 139 外，同时参考现行国家标准《建筑幕墙气密、水密、抗风压性能检测方法》GB/T 15227 和三性试验对雨水渗漏实际操作及判断依据等，提出现场淋水渗漏检测试验的方法。

喷淋试验应尽早安排，安装面积约为 10m×30m。在竣工交付前，业主/总承包单位、设计单位、监理单位随意抽出 4 个 10m×30m 区域做抽查喷淋试验。

对现场幕墙做喷淋试验时，不准有上、下、左、右接缝打胶，以真实检查内涵道排水装置和 EPDM 胶条防水效果、等压防水功能。不准有任何水渗入幕墙结构体内，喷淋用的水源、喷水设备及管道以及试验程序，由幕墙分包单位准备，并在试验前将计划送给业主/总承包单位、设计单位、监理单位审阅，经批准后方可试验。如试验发现有渗水现象，应立即进行修补，修补后再次进行上述试验，不渗漏即通过。

试验用水酸碱值须在 6～8，不准用污水代替。

试验后程序：修理或更换部件，包括泄漏或发现有缺陷的接缝和密封胶，并根据要求重新试验，对试验程序、结果和应遵守的修改或纠正程序提供完整的书面报告。

现场喷淋试验记录 **表 26-78**

工程名称			外装类型	
建设单位			监理单位	
设计单位			施工单位	
管径（规范要求 20mm 直径普通软管）			高度（规范要求 20m 作为一个试验段）	
喷水时间（规范要求每处至少 5min）			水压（规范要求水压力 210KPa 以上）	
试验过程及试验结果描述 试验范围： 试验装置： 过程及结果描述：				
参加试验的相关方	建设方代表： 年 月 日	监理方代表： 年 月 日	设计方代表： 年 月 日	施工方代表： 年 月 日

（8）后置埋件、锚栓的拉拔试验

通过对后置埋件、锚固件进行拉拔力试验来验证后置埋件、埋入锚固件的适合性。试验负载应为设计荷载的 150%，鉴于后置埋件、埋入锚固件设计的复杂性，试验次数由业主确定，但不应小于总数的 5%，由业主选择试验埋入位置。如埋入试验失败，应进一步试验查明问题程度，附加试验量由业主确定。

（9）其他试验方法按国家相关标准要求执行。

26.12.3 试验后程序

试验后根据试验报告对试验结果进行分析，对于合格、满足相关标准规范的试验对象以及不合格、不满足相关标准规范的试验采取相应的不同处理措施。

1. 不合格试验结果的处理程序

试验检测→试验报告→结果分析→不合格→重新加工、制作、安装或进行纠正处理→再次组织试验检测→（不合格→再次进入不合格试验结果的处理程序）合格→进入合格试验结果的处理程序。

对于不合格部位或部件，应进行修理或更换，包括泄漏或发现有缺陷的工程材料或工程部位，并根据要求重新试验，对试验程序、结果和应遵守的修改或纠正程序提供完整的书面报告。

2. 合格试验结果的处理程序

试验检测→试验报告→结果分析→合格→试验报告存档→进行正常的工程流程→组织工程验收。

对于合格的试验检测对象，应对试验结果的成功经验进行总结，做好资料的整理、存档工作。

3. 现场观察及试验样板的制作

现场观察样板的制作：为了保证工程质量，实行样板引路制度，在现场安装 1∶1 实物样板，经相关单位审查合格后正式施工，将问题和隐患提前暴露出来，防止大面积施工后发现问题，造成停工、返工现象的发生。

（1）观察样板制作工作流程

施工图确认→观察样板安装位置报批、确定→样板制作施工→相关检测、验收→试验数据及观察效果善后处理→进入大面积施工。

（2）施工图确认

将提交模拟观察样板按照 1∶1 的实物进行设计装配图及计算书供建筑师审核，计算书内容包括建筑结构、锚固、连接点等内容。观察样板制作严格按照确认、审核后的图纸进行施工。

（3）观察样板安装位置报批、确定

在图纸确认后，按照业主要求选择安装部位作为观察样板报业主批准，该观察样板应具有典型性，能代表外墙主要材料的颜色、位置关系、层次关系、分格尺寸及比例关系。

（4）样板制作施工

进入样板制作施工阶段，应根据确定的制作部位及幕墙板块所在区域选择施工方案，具体情况视现场状况确定。

（5）相关检测、验收

保证在得到业主及建筑师批准后 40 天内完成试验样板并进行测试。性能测试样板按照实物模型拟安排在相关检测中心进行检测。

样板测试过程中，将记录在模拟样板上的调校及更改绘于装配图上。测试满意后，提交此更改图作为试验报告的一部分。试验报告由幕墙设计顾问签署及送交建筑师作为验收的依据。将一份批准后的试验样板制作图及结构计算交予测试单位，并告知测试单位保持该份文件于测试场地并在上述制配图上清楚及准确地记录所有修改的地方，作为以后的记录图纸。在测试过程中将拍照记录试验的情况及遇到的技术问题、记录照片附于试验报告中。

（6）试验数据及观察效果善后处理

样板安装完成后，按验收标准进行检查，从以下方面进行核查：

分格尺寸是否与设计相符；颜色是否满足设计要求；结构连接是否安全可靠，是否符合设计要求；材料规格是否正确；材料物理性能是否合格；观感效果是否满意。

（7）进入大面积施工

经各方观察评议后，如再调整则按以上程序进行变更后再评议，若无异议后即可确认封样、订货、采购、安装，进入工程大面积施工阶段。

4. 试验样板的制作

为了配合质量检测与试验，必须拟装配框架玻璃幕墙及玻璃百叶试验样板各一块，送相关权威机构进行幕墙三项性能及其他试验。

26.13 安 全 生 产

26.13.1 安 全 概 述

安全生产是指为了使劳动过程在符合安全要求的物质条件和工作秩序下进行，防止伤亡事故、设备事故及各种灾害的发生、保障劳动者的安全健康和生产作业过程的正常进行而采取的各种措施和从事的一切活动。

安全管理是指以国家法律、法规、规定和技术标准为依据，采取各种手段，对生产经营单位的生产经营活动的安全状况，实施有效制约的一切活动。

26.13.2 施工安全具体措施

幕墙属于外墙施工，需采取的安全措施较多。为确保安全，现场将组建专职安全管理机构，负责工程安装中所需的一切安全设施的搭设。安全措施大致分为以下几大类：高空作业安全措施；吊篮安全措施；用水、用电、防火安全措施；现场周边环境安全管理措施。

1. 高空作业安全措施

（1）在高层建筑幕墙安装与上部结构施工交叉作业时，结构施工层下方须架设挑 3m 左右的硬防护，搭设挑出 6m 水平安全网，如果架设竖向安全平网有困难，可采取其他有效方法保证安全施工。幕墙施工单位为了确保施工安全，搭设可移动钢防护平台；悬臂底部施工搭设三层安全水平网。

（2）上班前必须认真检查机械设备、用具、绳子、坐板、安全带有无损坏，确保机械性能良好及各种用具无异常现象后方能上岗操作。

（3）操作绳、安全绳必须分开生根并扎紧系死，靠沿口处要加垫软物，防止因磨损而断绳，绳子下端一定要接触地面，放绳人同时也要系好临时安全绳。

（4）施工员上岗前要穿好工作服，戴好安全帽，上岗时要先系安全带，再系保险锁（安全绳上），然后再系好卸扣（操作绳上），同时坐板扣子要打紧，固定牢固，见图 26-121。

图 26-121 施工员上岗的安全措施

(5) 下绳时，施工负责人和楼上监护人员要给予指挥和帮助。

(6) 操作时辅助用具要扎紧扎牢，以防坠伤人，同时严禁嬉笑打闹和携带其他无关物品。

(7) 楼上、地面监护人员要坚守在施工现场，切实履行职责，随时观察操作绳、安全绳的松紧及绞绳、串绳等现象，发现问题及时报告、及时排除。

(8) 楼上监护人员不得随意在楼顶边沿上来回走动。需要时，必须先系好自身的安全绳，然后再进行辅助工作。地面监护人员不得在施工现场看书看报，更不得随意观赏其他场景，并要随时制止行人进入危险地段及拉绳、甩绳现象的发生。

(9) 操作绳、安全绳需移位、上下时，监护人员及辅助工人要一同协调安置好，不用时需把绳子打好捆紧。

(10) 施工员要落地时，要先察看一下地面、墙壁的设施，操作绳、安全绳的定位及行人流量的多少，待地面监护人员处理、调整，同意后方可缓慢下降，直至地面。

(11) 高空作业人员和现场监护人员必须服从施工负责人的统一指挥和统一管理。

(12) 高空操作人员应符合超高层施工体质要求，开工前检查身体。

(13) 高空作业人员应佩带工具袋，工具应放在工具袋中，不得放在钢梁或易失落的地方，所有手工工具（如手锤、扳手、撬棍）应穿上绳子套在安全带或手腕上，防止失落伤及他人。

(14) 高空作业人员严禁带病作业，施工现场禁止酒后作业，高温天气做好防暑降温工作。

(15) 吊装时应架设风速仪，风力超过 6 级或雷雨时应禁止吊装，夜间吊装必须保证足够的照明，构件不得悬空过夜。吊装前起重指挥要仔细检查吊具是否符合规格要求，是否有损伤，所有起重指挥及操作人员必须持证上岗。

2. 吊篮安全措施

(1) 吊篮操作工，必须经市认定的机构培训合格，执证上岗。无操作上岗证的人员，严禁操作吊篮。

(2) 进入吊篮，必须戴好安全帽，系好安全带、钩牢保险钩（拴在安全保险绳上）。

(3) 吊篮操作工和上篮人员，应严格遵守吊篮“使用说明书”和“安全技术规定”。

(4) 吊篮操作人员必须身体健康，无高血压病、贫血病、心脏病、癫痫病和其他不适宜高空作业的疾病，严禁酒后操作，禁止在吊篮内玩笑戏闹。

(5) 吊篮搭设构造必须遵照专项安全施工组织设计（施工方案）规定。组装或拆除时，应 3 人配合操作，严格按搭设程序作业，任何人不允许改变方案。

(6) 吊篮的负载按出厂使用说明书的规定执行，吊篮上的作业人员和材料应对称分布，不得集中在一头，保持吊篮负载平衡。

(7) 承重钢丝绳与挑梁连接必须牢靠，并应有预钢丝绳受剪的保护措施。

(8) 吊篮的位置和挑梁的设置应根据建筑物的实际情况确定。挑梁挑出的长度与吊篮的吊点必须保持垂直，安装挑梁时，应使挑梁探出建筑物的一端稍高于另一端。挑梁在建筑物内外的两端应用钢管连接牢固，成为整体。

(9) 每班第一次升降吊篮前，必须先检查电源、钢丝绳、屋面梁、臂梁架压铁是否符合要求，检查安全锁和升降电机是否完好。

(10) 吊篮升降范围内，必须清除外墙面的障碍物。

(11) 严禁将吊篮作为运输材料和人员的“电梯”使用，严格控制吊篮内的荷载。

(12) 上篮作业人员必须在上午、下午离开吊篮前，对安全锁、升降机及钢丝绳等粘污的水泥浆等杂物垃圾做一次清除，以确保机械的安全可靠性。

(13) 上吊篮人员在操作前必须做到以下几点：

1) 检查电源线连接点，观察指示灯；

2) 按启动按钮，检查平台是否处于水平；

3) 检查限位开关；

4) 检查提升器与平台的连接处；

5) 检查安全绳与安全锁连接是否可靠，动作是否正常。

(14) 电动升降吊篮必须实施二级漏电保护。

3. 用水、用电、防火安全措施

(1) 用水安全措施

水、电由总承包单位预留出接驳位置，提供施工用水、二级配电箱。用水用电量由计算确定。按满足施工及生活要求接驳采用。水源从指定地点接至施工区域，设置出水口，水口下方设专业接水容器，容积在 $2m^3$ 便于接水，防止外溢，既能满足施工用水，又能满足消防要求。

(2) 用电安全措施

严格按照现行行业标准《建筑工程施工现场环境与卫生标准》JGJ 146、《建筑施工安全检查标准》JGJ 59 以及文明安全工地检查评分标准进行现场的临电管理和维护。

执行总承包单位的有关安全用电管理规定，教育施工人员，提高安全用电意识，定期组织检查本单位配电线路及用电设备，保证各种电气设备安全可靠运行，并对检查中发现的问题和隐患定人、定措施、定时间进行解决和整改，做好检查记录。

所有电器设备采用 TN-S 接法，做到三级配电，现场施工用电执行一机、一闸、一漏电保护的“三级”保护措施，其电箱设门、设锁、编号、注明责任人。电缆线为三相五线制，并规定黄绿双色线为保护零线，不得作为相线使用。

配电箱和开关箱中，逐级漏电保护器的额定漏电动作电流和额定漏电动作时间应作合理配合，使之具有分级保护分段保护的功能。施工现场的漏电保护开关在总配电箱、分配电箱上安装的漏电保护开关的动作电流为 50～100mA，保护该线路：开关箱内安装的漏电保护开关的漏电动作电流为 30mA 以下额定漏电动作时间小于 0.1s。使用于潮湿和有腐蚀介质场所的漏电保护器应采用防溅型产品，其额定漏电动作电流应不大于 15mA，额定漏电动作时间应小于 0.1s。

机械设备必须执行工作接地和重复接地的保护措施。单相 220V 电气设备应有单独的保护零线或地线。严禁在同一系统中接零、接地两种混用，不用保护接地做照明零线。定期对电气设备进行检修，定期对电气设备进行绝缘、接地电阻测试。

现场严禁拖地线，导线型号及规格、最大弧垂距地高度、接地要符合工艺标准，电缆穿过建筑物、道路，易损部位要加套管；施工区所使用的各种电箱、机械，设备、电焊机必须用绝缘板垫起，严禁设置在水中。

电箱内所配置的电闸、漏电、熔丝荷载必须与设备额定电流相等。不使用偏大或偏小额定电流的电熔丝，严禁使用金属丝代替电熔丝。

保护好露天电气设备，以防雨淋和潮湿，检查漏电保护装置的灵敏度，使用移动式和手持电动设备时，一要有漏电保护装置，二要使用绝缘护具，三要电线绝缘良好。大雨过后要检查脚手架的下部是否下沉，如有下沉，则应立即加固。在任何用电范围内，均需接受电工的管理、指导，不得违反。严禁一制多机（或工具）用电。一切电线接头均要接触牢固，严禁随手接电，电线接头严禁裸露。一切临时电路均要在 2m 高度以上，严禁拖地电线长度超过 5m。任何拖地电线必须做好防水、防漏电工作。每一工作小区（分区）设一漏电保护开关。照明灯泡悬泡挂，严禁近人及靠近木材、电线、易燃品。凡用电工种须配备的机具均设地线接地。电工经专门培训，持供电局核发的操作许可证上岗，非电气操作人员不准擅动电气设施，电动机械发生故障，要找电工维修。各级配电箱要做好防雨、防砸、防损坏，配电箱周围 2m 内不准堆放任何材料或杂物。高低压线下方不得设置架具材料及其他杂物。

(3) 防火安全措施

工程采用全螺栓体系，现场无焊接，从根本上消除消防隐患。同时，在施工生产全过程中认真贯彻实施“预防为主、防消结合”的方针，确保在项目中不出现消防、伤亡事故。建立安全管理委员会，成立以项目经理负责的安全管理小组、其他部门配合的管理体系。结合工程施工特点，对每位员工进行消防保卫方面的教育培训，做到每个人在思想上的重视。为了加强施工现场的防火工作，严格执行防火安全规定，消除安全隐患，预防火灾事故的发生，进入施工现场的单位要建立健全防火安全组织，责任到人，确定专（兼）职现场防火员。施工现场执行用火申请制度，如因生产需要动用明火，如电焊、气焊(割)、熬油膏等，必须实行工程负责人审批制度，办理动用明火许可证。在用火操作引起火花的应有控制措施，在用火操作结束离开现场前，要对作业面进行一次安全检查，熄火、消除火源溶渣，消除隐患。

在防火操作区内根据工作性质、工作范围配备相应的灭火器材，或安装临时消防水管，工地工棚搭建避免使用易燃物品搭设，以防止火灾的发生。工地上乙炔、氧气等易燃爆气体罐分开存放，挂明显标记，严禁火种，并且使用时由持证人员操作。

严格用电制度，施工单位配有专职电工、合格的配电箱，如需用电应事先与电工联系，严禁各施工单位擅自乱拉乱接电源，严禁使用电炉。在有易燃物料的装修施工现场、木加工棚等禁止吸烟和使用小太阳灯照明，如有违反规定处以罚款。施工现场危险区还应有醒目的禁烟、禁火标志。

4. 现场周边环境安全管理措施

设计用料尽可能选用无污染、可回收利用的材料，合理解决幕墙光污染问题。

积极开展“5S”管理：即整理、整顿、清扫、清洁及素养；严格遵守国家及地方施工的有关规定，力争避免和消除对周围环境的影响与破坏，积极主动协调与其他施工单位的关系。

生活工作基地严格按建设单位和总承包单位划定的范围设置临时可靠的围界，实行封闭管理，临建布置整齐、有序，道路排水通畅，“五小设施”齐全，生活污水合理排泄，生活区管理规定上墙树牌昭标全体，生活和工作基地进行文明管理考核，营造一个环境整洁的生活、生产基地。

施工现场及楼层内的建筑垃圾、废物应及时清理到指定地点堆放，并及时清运出场，保证施工场地的清洁和施工道路的畅通，严禁高空乱抛物料。控制人为噪声进入施工现场，不得高声喊叫、乱吹口哨、码放时要轻拿轻放，禁止摔打物品，禁止故意敲打制造噪声。

在施工现场平面布置和组织施工过程中严格执行国家和地区行业有关噪声污染、环境保护的法律法规和规章制度。

5. 施工噪声污染防护措施

对使用的工程机械和运输车辆安装消声器并加强维修保养，降低噪声。

机械车辆途经居住场所时应减速慢行，不鸣喇叭。

在比较固定的机械设备附近，修建临时隔声屏障，减少噪声传播。

合理安排施工作业时间，尽量降低夜间车辆出入频率，夜间施工不得安排噪声很大的机械。

适当控制机械布置密度，条件允许时拉开一定的距离，避免机械过于集中形成噪声叠加。

26.13.3 安全设施硬件投入

1. 拟投入的安全防护用具

(1) 安全防护用品，包括安全帽、安全带、安全网、安全绳及绝缘鞋、绝缘手套、防护口罩等其他个人防护用品。

(2) 安全防护设施，包括各种“临边、洞口”的防护用具等。

(3) 电气产品，包括手持电动工具、木工机具、钢筋机械、振动机具、漏电保护器、电闸箱、电缆、电器开关、插座及电工元器件等。

(4) 架设机具，包括用竹、木、钢等材料组成的各类脚手架及其零部件、登高设施、简易起重吊装机具等。

2. 安全防护用具和各种机械安全使用说明及规范

(1) 检查现场购买及已有的安全防护用具、机械设备等是否具有检测合格证明及下列资料：

1) 产品的生产许可证（指实行生产许可证的产品）和出厂产品合格证；

2) 产品的有关技术标准、规范；

3) 产品的有关图纸及技术资料；

4) 产品的技术性能、安全防护装置的说明。

(2) 现场使用的安全防护用具及机械设备，进行定期或者不定期的抽检，发现不合格产品或者技术指标和安全性能不能满足施工安全需要的产品，必须立即停止使用，并清理出施工现场。

(3) 必须采购、使用具有生产许可证、产品合格证的产品，并建立安全防护用具及机械设备的采购、使用、检查、维修、保养的责任制。

(4) 施工现场新安装或者停工 6 个月以上又重新使用的塔式起重机、龙门架（井字架）、整体提升脚手架等，在使用前必须组织由本企业的安全、施工等技术管理人员参加的检验，经检验合格后方可使用。不能自行检验的，可以委托当地建筑安全监督管理机构进行检验。

(5) 由项目经理总负责的安全组织机构必须对施工中使用的安全防护用具及机械设备进行定期检查，发现隐患或者不符合要求的，应当立即采取措施解决。

(6) 所有操作及施工人员必须了解所有机械包括各类电动工具的安全保护和接地装置及操作说明。

(7) 主要作业场所必须安置 24h36V 安全照明和必要的警示等以防止各种可能的事故。

(8) 使用的所有机械设备应有安全操作防护罩和详细的安全操作要点等。

(9) 所有特殊工种和机械设备操作人员必须是经过专业培训并取得相关证书、技术熟练、持有特殊工种操作证的人员；所有工作在进场作业前必须严格进行“三级”教育，考核并颁发安全上岗证；按业主和监理工程师的要求，随时向业主和监理工程师出示这类证件；业主和监理工程师有权将不具备这类证件的专业工人或其他工人逐出现场；尽管如此，分包人保证业主免于任何因分包人违章使用工人而可能导致的任何损失或损害。

27 门窗工程

27.1 常用门窗材料简介

27.1.1 门窗框材料简介

目前建筑室内外门、窗框、扇杆件主要采用以下几种材质：木材、钢材、铝合金型材、塑钢型材、彩色涂层钢板等，扇面板材主要采用玻璃、金属板、木板、人造板材等。

27.1.1.1 木材

木门窗的主要材料及填充材料应符合设计要求及国家现行标准的有关规定。

木门窗的主要材料包括：木材、指接材、胶合木（集成材）、人造板、饰面材料、涂料、密封材料、胶粘剂、五金配件及玻璃等。

门窗内芯填充材料可使用木材、人造板、纸质蜂窝等材料，不得使用废弃的未经处理的木质材料。

27.1.1.2 钢材

1. 钢门窗型材应符合以下规定

（1）彩色涂层钢板门窗型材应符合国家现行标准《彩色涂层钢板及钢带》GB/T 12754、《建筑用钢门窗型材》JG/T 115 的相关规定；

（2）使用碳素结构钢冷轧钢带制作的钢门窗型材，材质应符合国家现行标准《碳素结构钢冷轧钢板及钢带》GB/T 11253 的相关规定，型材壁厚应≥1.2mm；

（3）使用镀锌钢带制作的钢门窗型材，材质应符合国家现行标准《连续热镀锌和锌合金镀层钢板及钢带》GB/T 2518 的规定，型材壁厚应≥1.2mm；

（4）不锈钢门窗型材应符合国家现行标准《建筑用钢门窗型材》JG/T 115 的相关规定。

2. 使用板材制作的门，门框板材厚度应≥1.5mm，门扇面板厚度应≥0.6mm，具有防盗、防火等要求的应符合国家现行标准的相关规定。

27.1.1.3 铝合金型材

（1）按种类分主要包括：单体型材、复合型材、铝塑复合型材、铝木复合型材等。

（2）铝型材自身导热系数大，属于非隔热型材，复合型材（断桥铝型材）、铝塑复合型材、铝木复合型材属于隔热型材。

（3）铝合金型材应符合国家现行标准《铝合金建筑型材》GB 5237、《建筑用隔热铝合金型材》JG/T 175 中的相关规定。

（4）基材壁厚及尺寸偏差

1）外门窗框、扇、拼樘框等主要受力杆件所用主型材壁厚应经设计计算或试验确定。主型材基材最小实测壁厚，应不低于表 27-1 的规定。

主型材基材最小实测壁厚　　**表 27-1**

门、窗种类	外门	外窗
型材壁厚（mm）	2.0	1.4

2）有装配关系的型材，尺寸偏差应符合《铝合金建筑型材　第 1 部分：基材》GB 5237.1 规定的高精级或超高精级。

（5）表面处理

铝合金型材表面处理层厚度要求应不低于表 27-2 的规定。

铝合金型材表面处理层厚度要求　　**表 27-2**

品种	阳极氧化 阳极氧化加电解着色 阳极氧化加有机着色	电泳涂漆		粉末喷涂	氟碳漆喷涂
表面处理层厚度	膜厚级别	膜厚级别		装饰面上涂层最小局部厚度μm	装饰面平均膜厚μm
	AA15	B （有光或哑光透明漆）	S （有光或哑光有色漆）	≥40	≥30（二涂） ≥40（三涂）

27.1.1.4　塑钢型材

（1）塑钢门窗用型材应符合国家现行标准《门、窗用未增塑聚氯乙烯（PVC-U）型材》GB/T 8814 的相关规定，塑钢门窗用彩色型材应符合行业现行标准《建筑门窗用未增塑聚氯乙烯彩色型材》JG/T 263 的相关规定。

（2）窗用主型材可视面最小实测壁厚应符合现行国家标准《建筑用塑料门窗》GB/T 28886 的相关规定；门用主型材可视面最小实测壁厚应符合现行国家标准《建筑用塑料门窗》GB/T 28886 的相关规定。

（3）外门窗用型材人工老化时间应达到 6000h，内门窗用型材老化时间应达到 4000h。

（4）通体着色型材不宜用于建筑外门窗。

（5）塑钢门窗用增强型钢应符合现行行业标准《聚氯乙烯（PVC）门窗增强型钢》JG/T 131 的相关规定。

（6）塑钢门窗用增强型钢应经计算确定，且塑钢窗用增强型钢壁厚应≥1.5mm，门用增强型钢壁厚应≥2.0mm。

27.1.1.5　彩色涂层钢板

1. 型材

（1）彩板型材所用材料应为建筑外用彩色涂层钢板，板厚为 0.7～1.0mm。性能应符合现行国家标准《彩色涂层钢板及钢带》GB/T 12754 的相关规定，基材类型为热浸镀锌平整钢带。彩板的力学性能及热浸镀锌量要求应符合表 27-3 的规定。其他性能应符合国家现行标准《连续热镀锌和锌合金镀层钢板及钢带》GB/T 2518 的相关规定。

彩板的力学性能及热浸镀锌量要求 表 27-3

材质	抗拉强度 δ_b（MPa）	屈服强度 $\delta_{0.2}$（MPa）	伸长率 δ（%）	双面镀锌量（g/m^2）
优质碳素钢	300～400	230～330	28～32	180～200

（2）底漆为环氧树脂漆或具有相同性能指标的其他涂料，面漆为外用聚酯漆或具有相同性能指标的其他涂料。正表面应至少为两涂两烘，背面应至少一涂一烘。

（3）彩板的涂层的性能要求应符合表 27-4 要求。

彩板的涂层的性能要求 表 27-4

项目	涂层厚度（μm）	铅笔硬度	弯曲 180°（T）	反向冲击（J）		耐盐雾（h）
				板厚 $\delta \leqslant 0.8mm$	板厚 $0.8mm < \delta \leqslant 1.0mm$	
性能指标	≥20	≥HB	3	≥6J	≥9J	≥500

（4）彩板表面不应有气泡、龟裂、漏涂及颜色不均等缺陷。

2. 形成外观质量

（1）彩板型材色泽应均匀一致。配套型材应使用同一企业生产的彩板钢带。

（2）轧制后的彩板型材装饰表面及变形角边缘应平整光滑，不应有明显的机械划伤、涂层龟裂、脱漆等现象。

（3）轧制前应按工艺要求在彩板钢带上粘贴保护膜，粘贴时不应起皱，连接处不应有空隙。保护膜应满足使用要求。

（4）彩钢型材咬口应牢固，无缝隙，咬口处变形到位，不应有松动及错位。齿形咬合位置应均匀，咬合深度 $1mm < h < 2mm$。

27.1.2 门 窗 玻 璃

27.1.2.1 浮法玻璃

1. 品种

建筑级浮法玻璃的分类见表 27-5。

建筑级浮法玻璃的分类 表 27-5

类别	玻璃品种
平板玻璃	普通平板玻璃、高级平板玻璃（浮法玻璃）
声、光、热控制玻璃	热反射镀膜玻璃、低辐射镀膜玻璃、导电镀膜玻璃、磨砂玻璃、喷砂玻璃、压花玻璃、中空玻璃、镭射玻璃、泡沫玻璃、玻璃空心砖
安全玻璃	夹丝玻璃、夹层玻璃、钢化玻璃
装饰玻璃	彩色玻璃、压花玻璃、喷花玻璃、冰花玻璃、刻花玻璃、彩绘玻璃、镜面玻璃、彩釉玻璃、微晶玻璃、镭射玻璃、玻璃马赛克、玻璃大理石
特种玻璃	防火玻璃、防爆玻璃、防辐射玻璃（铅玻璃）、防盗玻璃、电热玻璃

2. 规格

浮法玻璃的厚度尺寸常见为：2mm、3mm、4mm、5mm、6mm、8mm、10mm、12mm、15mm、19mm。

3. 性能指标

（1）浮法玻璃的厚度尺寸偏差要求应符合 27-6 的规定。

浮法玻璃的厚度尺寸偏差要求　　表 27-6

厚度（mm）	允许偏差（mm）	厚薄差（mm）
2～6	±0.20	0.2
8～12	±0.30	0.3
15	±0.50	0.5
19	±0.70	0.7
22～25	±1.00	1.0

（2）浮法玻璃的长或宽面尺寸偏差要求应符合表 27-7 的规定。

浮法玻璃的长或宽尺寸偏差要求　　表 27-7

厚度（mm）	长或宽＜3000（mm）	长或宽 3000～5000（mm）
2～6	±2	±3
8，10	＋2，－3	±3，－4
12，15	±3	±4
19～25	±5	±5

（3）浮法玻璃的弯曲度应≤0.2%。

（4）浮法玻璃的对角线应不大于对角线平均长度的 0.2%。

（5）浮法玻璃的可见光透射比要求应符合表 27-8 的规定。

浮法玻璃的可见光透射比要求　　表 27-8

项目	数据
厚度（mm）	2、3、4、5、6、8、10、12、15、19
可见光透射比（%）	89、88、87、86、84、82、81、78、76、72

（6）建筑级浮法玻璃的外观质量要求应符合表 27-9 的规定。

建筑级浮法玻璃外观质量要求　　表 27-9

缺陷种类	质量要求			
气泡	长度及个数允许范围			
	长度，L 0.5mm≤L≤1.5mm	长度，L 1.5mm＜L≤3.0mm	长度，L 3.0mm＜L≤5.0mm	长度，L L＞5.0mm
	5.5×S，个	1.1×S，个	0.44×S，个	0，个
夹杂物	长度及个数允许范围			
	长度，L 0.5mm≤L≤1.0mm	长度，L 1.0mm＜L≤2.0mm	长度，L 2.0mm＜L≤3.0mm	长度，L L＞3.0mm
	2.2×S，个	0.44×S，个	0.22×S，个	0，个
点状缺陷密集度	长度大于 1.5mm 的气泡和长度大于 1.0mm 的夹杂物；气泡与气泡、夹杂物与夹杂物或气泡与夹杂物的间距应大于 300mm			

续表

缺陷种类	质量要求
线道	肉眼不应看见
划伤	长度和宽度允许范围及条数
	宽 0.5mm，长 60mm，3×S，条
光学变形	入射角：2mm40°；3mm45°；4mm 以上 50°
表面裂纹	肉眼不应看见
断面缺陷	爆边、凹凸、缺角等不应超过玻璃板的厚度

注：S 为以平方米为单位的玻璃板面积，保留小数点后两位。气泡、夹杂物的个数及划伤条数允许范围为各系数与 S 相乘所得的数值，应按《数值修约规则与极限数值的表示和判定》GB/T 8170 修约至整数。

27.1.2.2 钢化玻璃

1. 品种

钢化玻璃按生产工艺分为两种：

（1）垂直法钢化玻璃。

（2）水平法钢化玻璃。

2. 规格

钢化玻璃的厚度尺寸常见为：3mm、4mm、5mm、6mm、8mm、10mm、12mm、15mm、19mm。

3. 性能指标应符合标准《建筑用安全玻璃 第 2 部分：钢化玻璃》GB 15763.2

（1）钢化玻璃的规格及尺寸偏差应符合表 27-10 的规定。

钢化玻璃的规格及尺寸偏差要求 表 27-10

厚度（mm）	边长（L）允许偏差（mm）			
	$L\leqslant1000$	$1000<L\leqslant2000$	$2000<L\leqslant3000$	$L>3000$
3、4、5、6	+1 −2	±3	±4	±5
8、10、12	+2 −3	±3	±4	±5
15	±4	±4	±4	±5
19	±5	±5	±6	±7
>19	供需双方商定			

（2）钢化玻璃的对角线差要求应符合表 27-11 的规定。

钢化玻璃的对角线差要求 表 27-11

玻璃公称厚度（mm）	对角线差允许值（mm）		
	边长≤2000	2000<边长≤3000	边长>3000
3、4、5、6	±3.0	±4.0	±5.0
8、10、12	±4.0	±5.0	±6.0
15、19	±5.0	±6.0	±7.0
>19	供需双方商定		

（3）钢化玻璃的厚度要求应符合表 27-12 的规定。

钢化玻璃的厚度要求　　表 27-12

公称厚度（mm）	厚度允许偏差（mm）	公称厚度（mm）	厚度允许偏差（mm）
3、4、5、6	±0.2	15	±0.6
8、10	±0.3	19	±1.0
12	±0.4	>19	供需双方商定

注：对于表中未作规定的公称厚度的玻璃，其厚度允许偏差可采用表 8 与其邻近的较薄厚度的玻璃的规定，或由供需双方商定。

（4）平面钢化玻璃的弯曲度，弓形时不超过 0.3%，波形时应不超过 0.2%。

（5）钢化玻璃的外观质量要求应符合表 27-13 的规定。

钢化玻璃的外观质量要求　　表 27-13

缺陷名称	说明	允许缺陷数
爆边	每片玻璃每米边长上允许有长度不超过 10mm，自玻璃边部向玻璃板表面延伸深度不超过 2mm，自板面向玻璃厚度延伸深度不超过厚度 1/3 的爆边个数	1 处
划伤	宽度在 0.1mm 以下的轻微划伤，每平方米面积内允许存在条数	长度≤100mm 时，4 条
	宽度大于 0.1mm 的划伤，每平方米面积内允许存在条数	宽度 0.1mm～1mm，长度≤100mm 时，4 条
夹钳印	夹钳印与玻璃边缘的距离≤20mm，边部变形量≤2mm	
裂纹、缺角	不允许存在	

27.1.2.3　压花玻璃

1. 品种

压花玻璃按其有无着色可分为两种：无色压花玻璃和彩色压花玻璃。

2. 规格

压花玻璃的厚度常见规格为：3mm、4mm、5mm、6mm 和 8mm。

3. 性能

（1）尺寸偏差

1）压花玻璃应为长方形或正方形，其长度和宽度的尺寸允许偏差应符合表 27-14 的规定。

2）压花玻璃的厚度允许偏差应符合表 27-15 的规定。

长度和宽度尺寸允许偏差　　表 27-14

厚度（mm）	允许偏差（mm）
3	±2
4	±2
5	±2
6	±2
8	±3

厚度允许偏差　　表 27-15

厚度（mm）	允许偏差（mm）
3	±0.3
4	±0.4
5	±0.4
6	±0.5
8	±0.6

(2) 压花玻璃对角线应小于两对角线平均长度的 0.2%。

(3) 压花玻璃的弯曲应≤0.3%。

(4) 压花玻璃的外观质量要求应符合表 27-16 的规定。

压花玻璃的外观质量要求 **表 27-16**

缺陷类型	说明	一等品			合格品		
图案不清	目测可见	不允许					
气泡	长度范围（mm）	$2 \leqslant L < 5$	$5 \leqslant L < 10$	$L \geqslant 10$	$2 \leqslant L < 5$	$5 \leqslant L < 15$	$L \geqslant 15$
	允许个数	$6.0 \times S$	$3.0 \times S$	0	$9.0 \times S$	$4.0 \times S$	0
杂物	长度范围（mm）	$2 \leqslant L < 3$		$L \geqslant 3$	$2 \leqslant L < 3$		$L \geqslant 3$
	允许个数	$1.0 \times S$		0	$2.0 \times S$		0
线条	长度范围（mm）	不允许			长度 $100 \leqslant L < 200$，宽度 $W < 0.5$		
	允许个数				$3.0 \times S$		
皱纹	目测可见	不允许			边部 50mm 以内轻微的允许存在		
压痕	长度范围（mm）	—			$2 \leqslant L < 5$		$L \geqslant 5$
	允许个数				$2.0 \times S$		0
划伤	长度范围（mm）	—			长度 $L \leqslant 60$，宽度 $W < 0.5$		
	允许个数				$3.0 \times S$		
裂纹	目测可见	不允许					
断面缺陷	爆边、凹凸、缺角等	不应超过玻璃板的厚度					

注：1. 表中，L 表示相应缺陷的长度，W 表示其宽度，S 是以平方米为单位的玻璃板的面积，气泡、杂物、压痕和划伤的数量允许上限值是以 S 乘以相应系数所得的数值，此数值应按《数值修约规则与极限数值的表示和判定》GB/T 8170 修约至整数。

2. 对于 2mm 以下的气泡，在直径为 100mm 的圆内不允许超过 8 个。

3. 破坏性的杂物不允许存在。

27.1.2.4 镀膜玻璃

(1) 阳光控制镀膜玻璃应符合标准《镀膜玻璃 第 1 部分：阳光控制镀膜玻璃》GB/T 18915.1。

(2) 低辐射镀膜玻璃应符合标准《镀膜玻璃 第 2 部分：低辐射镀膜玻璃》GB/T 18915.2。

27.1.2.5 夹层玻璃

1. 品种

夹层玻璃应符合标准《建筑用安全玻璃 第 3 部分：夹层玻璃》GB/T 15763.3，按其形状可分为平面夹层玻璃和曲面夹层玻璃两种，夹层玻璃按其抗冲击性和抗穿透性可分为Ⅰ类夹层玻璃、Ⅱ-1类夹层玻璃、Ⅱ-2类夹层玻璃和Ⅲ类夹层玻璃四种。

制作夹层玻璃的原片玻璃可采用浮法玻璃、压花玻璃、钢化玻璃、夹丝玻璃、吸热玻璃和半钢化玻璃，但是Ⅲ类夹层玻璃不可使用夹丝玻璃为原片玻璃。

聚乙烯醇缩丁醛（PVB）胶片等中间层材料应符合国家现行相应标准《夹层玻璃用聚乙烯醇缩丁醛（PVB）胶片》JC/T 2166相关规定。

PVB胶片按厚度分0.38mm、0.76mm、1.14mm、1.52mm，一般为0.38mm的倍数；按颜色分为无色胶片和有色胶片。

2. 性能

尺寸偏差

1）平面夹层玻璃的长度与宽度的偏差要求应符合表27-17的规定。

平面夹层玻璃的长度与宽度的偏差要求 表27-17

总厚度 D (mm)	长度或宽度 L (mm)		总厚度 D (mm)	长度或宽度 L (mm)	
	$L\leqslant1200$	$1200<L<2400$		$L\leqslant1200$	$1200<L<2400$
$4\leqslant D<6$	+2 −1	— —	$11\leqslant D<17$	+3 −2	+4 −2
$6\leqslant D<11$	+2 −1	+3 −1	$17\leqslant D<24$	+4 −3	+5 −3

注：一边长度超过2400mm的制品、多层制品、原片玻璃总厚度超过24mm的制品、使用钢化玻璃作原片玻璃的制品及其他特殊形状的制品，其尺寸允许偏差由供需双方商定。

2）湿法夹层玻璃与中间层的允许偏差应符合表27-18的规定。

湿法夹层玻璃与中间层的允许偏差要求 表27-18

中间层厚度，d (mm)	允许偏差，δ (mm)	中间层厚度，d (mm)	允许偏差，δ (mm)
$d<1$	±0.4	$2\leqslant d<3$	±0.6
$1\leqslant d<2$	±0.5	$d\geqslant3$	±0.7

3）夹层玻璃的叠差要求应符合表27-19的规定。

夹层玻璃的叠差要求 表27-19

中间层厚度，d (mm)	允许偏差，δ (mm)	中间层厚度，d (mm)	允许偏差，δ (mm)
$L<1$	2.0	$2000\leqslant L<4000$	4.0
$1000\leqslant L<2000$	3.0	$L\geqslant4000$	6.0

4）对矩形夹层玻璃制品，一边长度＜2400mm时，其对角线偏差应≤4mm；一边长度＞2400mm时，其对角线偏差由供需双方商定。

5）平面夹层玻璃的弯曲度应≤0.3%。使用夹丝玻璃或钢化玻璃制作的夹层玻璃由供需双方商定。

3. 夹层玻璃的外观质量要求

（1）裂纹：不允许存在；

（2）爆边：长度或宽度不得超过玻璃的厚度；

（3）划伤和磨伤：不得影响使用；

（4）脱胶：不允许存在；

（5）气泡、中间层杂质及其他可观察到的不透明物等点缺陷允许个数应符合表 27-20 的规定。

允许点缺陷数要求 **表 27-20**

缺陷尺寸 λ（mm）			$0.5<\lambda\leqslant1.0$	$1.0<\lambda\leqslant3.0$			
板面面积 S（m²）			S 不限	$S\leqslant1$	$1<S\leqslant2$	$2<S\leqslant8$	$S>8$
允许的缺陷数（个）	玻璃层数	2 层	不得密集存在	1	2	$1/m^2$	$1.2/m^2$
		3 层		2	3	$1.5/m^2$	$1.8/m^2$
		4 层		3	4	$2/m^2$	$2.4/m^2$
		≥5 层		4	5	$2.5/m^2$	$3/m^2$

注：1. 小于 0.5mm 的缺陷不予以考虑，不允许出现大于 3mm 的缺陷；

2. 当出现下列情况之一时，视为密集存在：

（1）两层玻璃时，出现 4 个或 4 个以上的缺陷，且彼此相距不到 200mm；

（2）三层玻璃时，出现 4 个或 4 个以上的缺陷，且彼此相距不到 180mm；

（3）四层玻璃时，出现 4 个或 4 个以上的缺陷，且彼此相距不到 150mm；

（4）五层以上玻璃时，出现 4 个或 4 个以上的缺陷，且彼此相距不到 100mm。

27.1.2.6 中空玻璃

中空玻璃应符合标准《中空玻璃》GB 11944。

1. 品种

（1）按其组成玻璃原片的层数分为：双层玻璃原片中空玻璃、三层玻璃原片中空玻璃和四层玻璃原片中空玻璃。

（2）按其使用功能分为：普通中空玻璃、隔热中空玻璃、遮阳中空玻璃和散光中空玻璃等。

2. 性能

（1）玻璃

可采用浮法玻璃、夹层玻璃、钢化玻璃、和半钢化玻璃、着色玻璃、镀膜玻璃和压花玻璃等。浮法玻璃应符合现行国家标准《平板玻璃》GB 11614 的相关规定，夹层玻璃应符合现行国家标准《建筑用安全玻璃 第 3 部分：夹胶玻璃》GB 15763.3 的相关规定，钢化玻璃和半钢化玻璃应符合现行国家标准《建筑用安全玻璃 第 2 部分：钢化玻璃》GB 15763.2 和《半钢化玻璃》GB 17841 的相关规定。其他品种的玻璃应符合有关标准。

（2）密封胶

1）弹性密封胶应符合《建筑门窗幕墙用中空玻璃弹性密封胶》JG/T 471 的相关规定。

2）塑性密封胶应符合有下关规定。

（3）用塑性密封胶制成的含有干燥剂和波浪形铝带的胶条，其性能应符合有关标准。

（4）使用金属间隔框时应去污或进行化学处理。

（5）干燥剂质量、性能应符合相应标准。

3. 尺寸偏差

(1) 中空玻璃的长度及宽度允许偏差应符合表 27-21 的规定。

中空玻璃的长度及宽度允许偏差　　表 27-21

长（宽）度 L（mm）	允许偏差（mm）
$L<1000$	±2
$1000\leqslant L<2000$	+2、-3
$L\geqslant2000$	±3

(2) 中空玻璃厚度允许偏差应符合表 27-22 的规定。

中空玻璃的厚度允许偏差　　表 27-22

公称厚度 t（mm）	允许偏差（mm）
$t<17$	±1.0
$17\leqslant t<22$	±1.5
$t\geqslant22$	±2.0

注：中空玻璃的公称厚度为玻璃原片的公称厚度与间隔层厚度之和。

(3) 正方形和矩形中空玻璃对角线之差应不大于对角线平均长度的 0.2%。

(4) 中空玻璃的单道密封层厚度为 10mm±2mm，双道密封层厚度为 5～7mm（图 27-1），胶条密封胶层厚度为 8mm±2mm（图 27-2），特殊规格或有特殊要求的产品由供需双方商定。

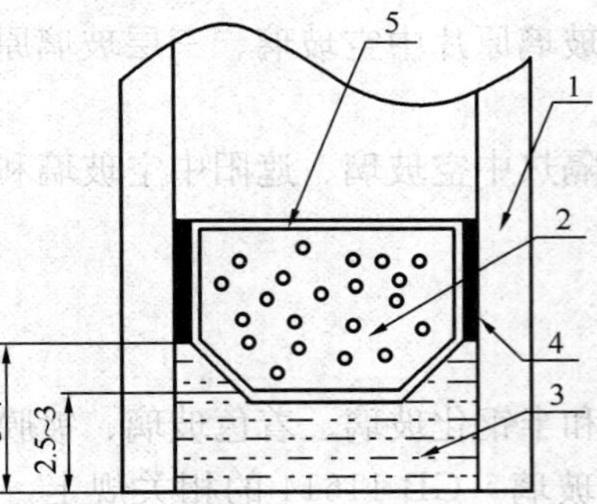

图 27-1　密封胶厚度

1—玻璃；2—干燥剂；3—外层密封胶；4—内层密封胶；5—间隔框

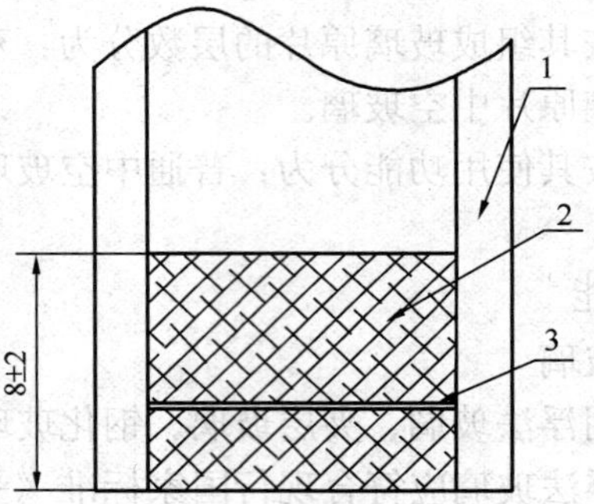

图 27-2　胶条厚度

1—玻璃；2—胶条；3—铝带

(5) 中空玻璃不得有妨碍透视的污迹、夹杂物及密封胶飞溅现象。

27.1.2.7　防火玻璃

1. 品种及性能

(1) 按结构分：复合防火玻璃（FFB）、单片防火玻璃（DFB）；

(2) 按耐火性能分：隔热性防火玻璃（A 类）、非隔热防火玻璃（C 类）；

(3) 按耐火极限分：0.5h、1h、1.5h、2h、3h 五个等级。

2. 材料

防火玻璃原片可选用镀膜或非镀膜的浮法玻璃、钢化玻璃，复合防火玻璃原片，还可选用单片防火玻璃。原片玻璃应分别符合现行国家标准《平板玻璃》GB 11614、《建筑用安全玻璃 第 2 部分：钢化玻璃》GB 15763.2、《镀膜玻璃》GB/T 18915 等有关标准和本部分相应条款的规定。

（1）尺寸、厚度允许偏差

防火玻璃的尺寸、厚度允许偏差应符合表 27-23 和表 27-24 的规定。

复合防火玻璃的尺寸、厚度允许偏差　　表 27-23

玻璃的公称厚度 d (mm)	长度或宽度（L）允许偏差（mm）		厚度允许偏差 (mm)
	$L\leqslant1200$	$1200<L\leqslant2400$	
$5\leqslant d<11$	±2	±3	±1.0
$11\leqslant d<17$	±3	±4	±1.0
$17\leqslant d<24$	±4	±5	±1.3
$24\leqslant d<35$	±5	±6	±1.5
$d\geqslant35$	±5	±6	±2.0

注：当 L 大于 2400mm 时，尺寸允许偏差由供需双方商定。

单片防火玻璃的尺寸、厚度允许偏差　　表 27-24

<table>
<tr><th rowspan="2">玻璃公称厚度 (mm)</th><th colspan="3">长度或宽度（L）允许偏差（mm）</th><th rowspan="2">厚度允许偏差 (mm)</th></tr>
<tr><th>L≤1000</th><th>1000<L≤2000</th><th>L>2000</th></tr>
<tr><td>5
6</td><td>+1
−2</td><td rowspan="3">±3</td><td rowspan="4">±4</td><td>±0.2</td></tr>
<tr><td>8
10</td><td rowspan="2">+2
−3</td><td>±0.3</td></tr>
<tr><td>12</td><td>±0.3</td></tr>
<tr><td>15</td><td>±4</td><td>±4</td><td>±0.5</td></tr>
<tr><td>18</td><td>±5</td><td>±5</td><td>±6</td><td>±0.7</td></tr>
</table>

（2）防火玻璃的外观质量应符合表 27-25 和表 27-26 的规定。

复合防火玻璃的外观质量　　表 27-25

缺陷名称	要求
气泡	直径 300mm 圆内允许长 0.5～1.0mm 的气泡 1 个
胶合层杂质	直径 500mm 圆内允许长 2.0mm；以下的杂质 2 个
划伤	宽度≤0.1mm，长度≤50mm 的轻微划伤，每平方米面积内不超过 4 条
	0.1mm＜宽度＜0.5mm，长度≤50mm 的轻微划伤，每平方米面积内不超过 1 条
爆边	每米边长允许长度不超过 20mm，自边部向玻璃表面延伸深度不超过厚度一半的爆边 4 个
叠差、裂纹、脱胶	脱胶、裂纹不允许存在；总叠差不应大于 3mm

注：复合防火玻璃周边 15mm 范围内的气泡、胶合层杂质不作要求。

单片防火玻璃的外观质量　　表 27-26

缺陷名称	要求
爆边	不允许存在
划伤	宽度≤0.1mm，长度≤50mm 的轻微划伤，每平方米面积内不超过 2 条
	0.1mm＜宽度＜0.5mm，长度≤50mm 的轻微划伤，每平方米面积内不超过 1 条
结石、裂纹、缺角	不允许存在

注：复合防火玻璃周边 15mm 范围内的气泡、胶合层杂质不作要求。

27.1.2.8　防弹玻璃

防弹玻璃是由玻璃（或有机玻璃）和优质工程塑料经特殊加工得到的一种复合型材料，它通常是透明的材料，通常包括聚碳酸酯纤维层夹在普通玻璃层之中。

1. 分类

（1）按防弹性能分：L 类防弹玻璃，M 类防弹玻璃，H 类防弹玻璃；

（2）按应用分：Q-汽车用防弹玻璃，J-建筑及其他用防弹玻璃。

2. 分级

（1）F64 级 能防 64 式 7.62mm 手枪；

（2）F54 级 能防 54 式 7.62mm 手枪；

（3）F79 级 能防 79 式 7.62mm 轻型冲锋枪；

（4）F56 级 能防 56 式 7.62mm 冲锋枪；

（5）FJ79 级 能防 79 式 7.62mm 狙击步枪。

3. 材料

防弹玻璃应采用符合下列标准规定的玻璃材料或满足相应技术条件的材料复合而成。

（1）玻璃。浮法玻璃应符合现行国家标准《平板玻璃》GB 11614 的要求。压延玻璃应符合相应技术条件要求。

（2）塑料透明材料。聚碳酸酯板、丙烯酸酯板应符合相应技术条件要求。

（3）中间层材料。无特殊要求时，一般采用聚乙烯醇缩丁醛、聚氨酯中间膜，应符合相应技术条件要求或订货文件要求。

（4）其他材料。为加工成高强轻质的防弹玻璃而采用的其他新型材料。

27.1.3　门窗五金件

27.1.3.1　分类

1. 按功能分

（1）操纵部件包括传动机构用执手、旋压执手、双面执手、单点锁闭器等。

（2）承载部件包括合页（铰链）、滑撑、滑轮等。

（3）传动启闭部件包括传动锁闭器、多点锁闭器、插销等。

（4）辅助部件包括撑挡、下悬拉杆。

2. 按常用开启形式五金件基本配置分

（1）平开门应包括承载部件、操纵部件、传动启闭部件。

（2）推拉门应包括承载部件、操纵部件、传动启闭部件。

（3）外平开窗应包括承载部件、操纵部件、传动启闭部件。

（4）内平开窗应包括承载部件、操纵部件、传动启闭部件、辅助部件。

（5）外开上悬窗应包括承载部件、操纵部件、传动启闭部件。

（6）内开下悬窗应包括承载部件、操纵部件、传动启闭部件、辅助部件。

（7）推拉窗应包括承载部件、操纵部件、传动启闭部件。

27.1.3.2　材料

五金件常用材料

1. 碳素钢

冷拉工艺部件不应低于《碳素结构钢》GB/T 700、《冷拉圆钢、方钢、六角钢尺寸、外形、重量及允许偏差》GB/T 905 中 Q235 的相关规定；冷轧钢板及钢带不应低于《碳素结构钢》GB/T 700、《碳素结构钢冷轧薄钢板及钢带》GB/T 11253 中 Q235 的相关规定；热轧工艺部件不应低于《碳素结构钢》GB/T 700、《热轧圆钢和方钢尺寸外形重量及允许偏差》GB/T 702 中 Q235 的相关规定。

2. 锌合金

压铸锌合金不应低于《压铸锌合金》GB/T 13818 中 YZZnAl4Cu1 的相关规定。

3. 铝合金

挤压铝合金不应低于《铝合金建筑型材　第 1 部分：基材》GB 5237.1 中 6063T5 的相关规定；压铸铝合金不应低于《压铸铝合金》GB/T 15115 中 YZAlSi12 的相关规定；锻压铝合金不应低于《变形铝及铝合金化学成分》GB/T 3190 中 7075 的相关规定。

4. 不锈钢

不锈钢冷轧钢板不应低于《不锈钢冷轧钢板和钢带》GB/T 3280 中 0Cr18Ni9 的相关规定；不锈钢棒不应低于《不锈钢棒》GB/T 1220 中 0Cr18Ni9 的相关规定。

5. 塑料

采用 ABS 时，应采用弯曲强度不低于《丙烯腈丁二烯苯乙烯（ABS）树脂》GB/T 12672 中 62MPa 的材料。

6. 其他

其他材料应满足有关的国家现行标准的相关规定。

27.1.3.3　技术要求

1. 外观

（1）产品外露表面不应有明显疵点、划痕、气孔、凹坑、飞边、锋棱、毛刺等缺陷。连接处应牢固、圆整、光滑，不应有裂纹。

（2）涂层应色泽均匀一致，不应有气泡、流挂、脱落、堆漆、橘皮等缺陷。

（3）镀层应致密、均匀，不应有漏镀、泛黄、烧焦等缺陷。

（4）阳极氧化膜应致密，表面色泽应一致、均匀。

2. 耐蚀性、耐候性、膜厚度及附着力

（1）耐蚀性要求应符合表 27-27 的规定。

五金件耐蚀性要求　　表 27-27

<table>
<tr><th colspan="2">常用覆盖层</th><th colspan="2">碳素钢基层</th><th colspan="2">锌合金基材</th><th>铝合金基材</th></tr>
<tr><td rowspan="3">金属镀层</td><td rowspan="2">镀锌层</td><td>室外用</td><td>中性盐雾（NSS）试验，96h 镀锌层应达到外观评级 $R_A \geqslant 8$ 级，240h 基体应达到保护评级 $R_p \geqslant 8$ 级</td><td>室外用</td><td>中性盐雾（NSS）试验，96h 镀锌应达到外观评级 $R_A \geqslant 8$ 级</td><td rowspan="2">—</td></tr>
<tr><td>室内用</td><td>中性盐雾（NSS）试验，72h 镀锌层应达到外观评级 $R_A \geqslant 8$ 级，168h 基体应达到保护评级 $R_p \geqslant 8$ 级</td><td>室内用</td><td>中性盐雾（NSS）试验，72h 镀锌应达到外观评级 $R_A \geqslant 8$ 级</td></tr>
<tr><td>铜＋镍＋铬或镍＋铬</td><td colspan="2">铜加速乙酸盐雾（CASS）试验 16h、腐蚀膏腐蚀（CORR）试验 16h、乙酸盐雾（AASS）试验 96h，应达到外观评级 $R_p \geqslant 8$ 级</td><td colspan="2">铜加速乙酸盐雾（CASS）试验 16h、腐蚀膏腐蚀（CORR）试验 16h、乙酸盐雾（AASS）试验 96h，应达到外观评级 $R_p \geqslant 8$ 级</td><td>—</td></tr>
<tr><td colspan="2">阳极氧化</td><td colspan="2">—</td><td colspan="2">—</td><td>铜加速乙酸盐雾（CASS）试验 16h，应达到外观评级 $R_p \geqslant 8$ 级</td></tr>
</table>

注：在高湿、高腐蚀地区按实际情况可另行约定。镀锌层腐蚀的判定仅限于产品装饰面。

（2）人工氙灯加速老化后，聚酯粉末喷涂表面的室外用五金件涂层耐候性能要求应符合表 27-28 的规定。

耐候性能要求　　表 27-28

试验实际/h	变色等级	失光程度等级
1000	不低于 2 级	不低于 3 级

注：黑色、黄色、橙色等鲜艳涂层的试验时间和试验结果由供需双方商定，并在合同中注明。

（3）五金件常用覆盖层膜厚度及附着力应符合表 27-29 的规定。

五金件常用覆盖层膜厚度及附着力要求　　表 27-29

<table>
<tr><th>常用覆盖层</th><th colspan="2">碳素钢基材</th><th>铝合金基材</th><th>锌合金基材</th></tr>
<tr><td rowspan="2">金属镀层</td><td>室外用</td><td>平均膜厚度≥16 μm</td><td rowspan="2">—</td><td rowspan="2">—</td></tr>
<tr><td>室内用</td><td>平均膜厚度≥12 μm</td></tr>
<tr><td>表面阳极氧化膜</td><td colspan="2">—</td><td>平均膜厚度≥15 μm</td><td>—</td></tr>
<tr><td rowspan="2">电泳涂漆</td><td colspan="2" rowspan="2">—</td><td colspan="2">复合膜平均厚度≥21 μm，其中漆膜平均厚度≥12 μm</td></tr>
<tr><td colspan="2">干式附着力应达到 0 级</td></tr>
<tr><td rowspan="2">聚酯粉末喷涂</td><td colspan="4">装饰面上最小局部膜厚度≥40 μm</td></tr>
<tr><td colspan="4">干式附着力应达到 0 级</td></tr>
</table>

注：在高湿、高腐蚀地区按实际情况可另行约定。

3. 力学性能

(1) 传动机构用执手

1) 空载操作力应≤40N，且操作力矩应≤2N·m。

2) 反复启闭 250 个循环试验后，操作力矩应≤2N·m，开启、关闭自定位位置与原设计位置偏差应<5°。

(2) 旋压执手

1) 空载时，操作力矩应≤1.5N·m，负载时，操作力矩应≤4N·m。

2) 反复启闭 15000 次后，旋压位置的变化应≤0.5mm。

(3) 双面执手

1) 从初始位置旋转到≥40°或设计最大开启角度的过程中，操作力矩应≤1.5N·m，操作力矩测试后，静止时的位移偏差应≤±2°。

2) 反复启闭 100000 次后，在 15N 外力作用下，距离旋转轴 75mm 处的轴向位移应≤10mm，角位移应≤10mm；在 30N·m 旋转力矩作用下，距离旋转轴 50mm 处的残余变形量应≤5mm。

(4) 单点锁闭器

1) 操作力矩应<2N·m（或操作力应<20N）。

2) 15000 次反复启闭试验后，开启、关闭自定位位置应正常，操作力矩应<2N·m（或操作力应<20N）。

(5) 合页（铰链）

1) 转动力应≤40N。

2) 按实际承载质量，门合页（铰链）反复启闭 10000 次后、窗合页（铰链）反复启闭 25000 次后，门窗扇自由端竖直方向位置的变化值应≤2mm，试样无严重变形或破坏。

(6) 滑撑

1) 外平开窗用滑撑的启闭力应≤40N；外开上悬窗的启闭力应满足表 27-30 的要求。

2) 反复启闭 35000 次后，外平开窗的滑撑窗扇的启闭力应≤80N，外开上悬窗的承载质量与启闭力应满足表 27-30 的要求，扇、框间密封间隙变化值≤1.5mm。

外开上悬窗的承载质量与启闭力 **表 27-30**

承载质量（kg）	启闭力（N）	承载质量（kg）	启闭力（N）
$m \leqslant 40$	$F \leqslant 50$	$70 < m \leqslant 80$	$F \leqslant 100$
$40 < m \leqslant 50$	$F \leqslant 60$	$80 < m \leqslant 90$	$F \leqslant 110$
$50 < m \leqslant 60$	$F \leqslant 75$	$90 < m \leqslant 100$	$F \leqslant 120$
$60 < m \leqslant 70$	$F \leqslant 85$	$m > 100$	$F \leqslant 140$

(7) 滑轮

1) 承载质量 100kg 以下操作力不应大于 40N，承载质量 100～200kg 操作力不应大于 80N。

2) 门用滑轮、吊轮按反复启闭 100000 次后、窗用滑轮达到 25000 次后，滑轮在承载质量作用下，竖直方向位移量≤2mm，承受 1.5 倍的承载质量时，操作力不应大于上述操作力的 1.5 倍。吊轮在承受 1.5 倍承载质量时，操作力不应大于上述操作力的 1.5 倍，承受 2 倍承载质量作用下时，不应损坏、破裂。

（8）传动锁闭器

无锁舌传动闭锁器按使用频次启闭循环，各构件应无扭曲、变形，不应影响正常使用，且应符合：

1）齿轮驱动式传动锁闭器空载转动力矩应≤3N·m，反复启闭后转动力矩应≤10N·m，连杆驱动式传动锁闭器空载滑动驱动力应≤50N，反复启闭后驱动力应≤100N。

2）使用频次Ⅰ有锁舌的齿轮驱动式传动闭锁器，碰舌在25N侧向荷载作用下，完成20万次启闭循环后，具有自动上锁功能的呆舌完成20万次启闭循环后，不具备上锁功能的呆舌完成5万次循环后应功能正常。使用频次Ⅱ有锁舌的齿轮驱动式传动闭锁器，碰舌在25N侧向荷载作用下，完成2.5万次启闭循环后，呆舌和暗舌在完成2.5万次启闭循环后，功能正常。

3）有锁舌的齿轮驱动式传动闭锁器应符合，由执手驱动锁舌的传动锁闭器驱动部件操作力矩≤3N·m，由钥匙驱动锁舌的传动闭锁器驱动部件操作力矩应≤1.2，碰舌回程力应≤2.5N，能够使碰舌和扣板正确啮合的碰锁力应≤25N。

4）在扇开启方向上框、扇间的间距变化值应<1mm。

（9）多点锁闭器

反复启闭25000次后，操作应正常，不应影响正常使用，且应符合以下规定：

1）齿轮驱动式多点锁闭器操作力矩应≤1N·m，连杆驱动式多点锁闭器滑动力应≤50N。

2）锁点、锁座工作面磨损量应≤1mm。

（10）插销

1）单动插销空载时的操作力矩应≤2N·m或操作力应≤50N；负载时的操作力矩应≤4N·m或操作力应≤100N，联动插销空载时的操作力矩应≤4N·m，负载时的操作力矩应≤8N·m。

2）Ⅰ级反复启闭1万次后应能满足操作力矩/操作力的要求；Ⅱ级反复启闭0.5万次后，应能满足操作力矩/操作力的要求。

（11）撑挡

1）锁定式撑挡的锁定力应≥200N，摩擦式撑挡的锁定力应≥40N。

2）内平开窗、外开上悬窗用撑挡反复启闭10000次后，锁定式撑挡的锁定力应≥200N，摩擦式撑挡的锁定力应≥40N。

3）悬窗用撑挡反复启闭15000次后，锁定式撑挡的锁定力失效值应≥200N，摩擦式撑挡的摩擦力失效值应≥40N。

（12）下悬拉杆

在承受1150N外力的作用后，拉杆不应脱落。

27.1.4　门窗密封材料简介

27.1.4.1　密封胶

1. 密封胶应符合国家现行标准《建筑密封胶分级和要求》GB/T 22083的相关规定。

2. 玻璃镶嵌、杆件连接及附件装配所用密封胶应与所接触的各种材料相容，并与所需粘接的基材粘接；隐框窗用的硅酮结构密封胶应具有与所接触的各种材料、附件相容性与所需粘接基材的粘接性，应符合现行国家标准《建筑用硅酮结构密封胶》GB 16776的相关规定。

3. 目前门窗常用密封胶为中性硅酮耐候密封胶，适用现行国家标准《硅酮和改性硅酮建筑密封胶》GB/T 14683 的相关规定。硅酮密封胶粘接力强，拉伸强度大，同时具有耐候性、抗振性和防潮、抗臭气和适应冷热变化大的特点。

27.1.4.2 密封胶条

1. 密封胶条应符合国家现行标准《建筑门窗、幕墙用密封胶条》GB/T 24498 的相关规定；框扇间密封胶条应用回弹恢复（D）达到 5 级以上、热老化回弹恢复（D）达到 4 级以上的胶条。

2. 目前密封条市场一般以改性 PVC，硫化三元乙丙橡胶密封条和热塑性三元乙丙橡胶（EPDM/PP）胶条为主。

27.1.4.3 密封毛条

1. 毛条一般用于安装在推拉型门窗的扇上，用来密封框与扇之间的缝隙。

2. 毛条的规格可以在很大程度上影响门窗的水密性能，同时也会影响门窗的开关。毛条的规格如果太大，或者是竖毛太高，在装配中就会十分困难，而且在装配好之后，也会是门窗在移动的时候阻力变大；而若规格太小，或者是竖毛太低时，门窗则容易发生托槽现象，降低门窗的密封性。

3. 毛条一般有经过硅化处理的和没有经过硅化处理的两种类型，一般经过处理的使用效果会好一点。

4. 质量合格的毛条有以下特点：外观无明显缺陷，表面平直，底板和竖毛都比较光滑、无弯曲现象，且底板上没有麻点和其他问题，符合尺寸上的规定。

5. 门窗用密封毛条应用毛条纤维经硅化处理的平板加片型，其性能应符合现行行业标准《建筑门窗密封毛条》JC/T 635 的相关规定。

27.1.4.4 发泡胶

发泡胶是一种具有发泡特性和粘结特性的胶，主要用于建筑门窗边缝、构件伸缩缝及孔洞处的填充、密封、粘接。

1. 发泡胶应符合国家现行标准《单组分聚氨酯泡沫填缝剂》JC/T 936 的相关规定；

2. 发泡胶罐的正常使用温度为 5～40℃，最佳使用温度 18～25℃；低温情况下，建议将本品在 25～30℃环境中恒温放置 30min 再使用，以保证其最佳性能；固化后的泡沫耐温范围为－35～80℃。

3. 发泡胶属湿固化泡沫，使用时应喷在潮湿的表面，湿度越大，固化越快；未固化的泡沫可用清洗剂清理，而固化后的泡沫应用机械的方法（沙磨或切割）除去；固化后的泡沫受紫外光照射后会泛黄，建议在固化后的泡沫表面用其他材料涂装（水泥砂浆，涂料等）；喷枪使用完后，请立即用专用清洗剂清洗。

27.2 建筑门窗性能

27.2.1 气密性能

气密性能是指外门窗在正常关闭状态时，阻止空气渗透的能力。执行中应符合现行国家标准《建筑外门窗气密、水密、抗风压性能检测方法》GB/T 7106、《建筑门窗保温性能检测方法》GB/T 8484、《建筑外门窗保温性能检测方法》GB/T 8485、《建筑外窗采光性能分级及检测方法》GB/T 11976 的相关要求。

（1）采用在标准状态下，压力差为 10Pa 时的单位开启缝长空气渗透量 q_1 和单位面积空气渗透量 q_2 作为分级指标。

（2）分级指标绝对值 q_1 和 q_2 的建筑外门窗气密性能分级应符合表 27-31 的规定。

建筑外门窗气密性能分级　　表 27-31

分级	1	2	3	4	5	6	7	8
单位开启缝长分级指标值 q_1 [$m^3/(m \cdot h)$]	$4.0 \geqslant q_1 > 3.5$	$3.5 \geqslant q_1 > 3.0$	$3.0 \geqslant q_1 > 2.5$	$2.5 \geqslant q_1 > 2.0$	$2.0 \geqslant q_1 > 1.5$	$1.5 \geqslant q_1 > 1.0$	$1.0 \geqslant q_1 > 0.5$	$q_1 \leqslant 0.5$
单位面积分级指标值 q_2 [$m^3/(m^2 \cdot h)$]	$12 \geqslant q_2 > 10.5$	$10.5 \geqslant q_2 > 9.0$	$9.0 \geqslant q_2 > 7.5$	$7.5 \geqslant q_2 > 6.0$	$6.0 \geqslant q_2 > 4.5$	$4.5 \geqslant q_2 > 3.0$	$3.0 \geqslant q_2 > 1.5$	$q_2 \leqslant 1.5$

（3）由专门的试验机构进行工程检测，检测其是否满足设计要求。

27.2.2 水密性能

水密性能是指外门窗正常关闭状态时，在风雨同时作用下，阻止雨水渗漏的能力。

性能分级

（1）采用严重渗漏压力差值的前一级压力差值作为分级指标。

（2）分级指标值 $\Delta\beta$ 的建筑外门窗水密性性能分级应符合表 27-32 的规定。

建筑外门窗水密性性能分级　　表 27-32

分级	1	2	3	4	5	6
分级指标值 $\Delta\beta$ (Pa)	$100 \leqslant \Delta\beta < 150$	$150 \leqslant \Delta\beta < 250$	$250 \leqslant \Delta\beta < 350$	$350 \leqslant \Delta\beta < 500$	$500 \leqslant \Delta\beta < 700$	$\Delta\beta \geqslant 700$

注：第 6 级应在分级后同时注明具体检测压力差值。

（3）由专门的试验机构进行工程检测，检测其是否满足设计要求。

27.2.3 抗风压性能

抗风压性能是指外门窗正常关闭状态时，在风压作用下不发生损坏（如开裂、面板破损、局部屈服粘结失效等）和五金件松动、开启困难等功能障碍的能力。

性能分级

（1）分级指标。采用定级检测压力差值 P_3 为分级指标。

（2）分级指标值。分级指标值 P_3 的建筑外门窗抗风压性能分级应符合表 27-33 的规定。

建筑外门窗抗风压性能分级　　表 27-33

分级	1	2	3	4	5	6	7	8	9
分级指标值 P_3 (kPa)	$1.0 \leqslant P_3 < 1.5$	$1.5 \leqslant P_3 < 2.0$	$2.0 \leqslant P_3 < 2.5$	$2.5 \leqslant P_3 < 3.0$	$3.0 \leqslant P_3 < 3.5$	$3.5 \leqslant P_3 < 4.0$	$4.0 \leqslant P_3 < 4.5$	$4.5 \leqslant P_3 < 5.0$	$P_3 \geqslant 5.0$

注：第 9 级应在分级后同时注明具体检测压力差值。

(3) 由专门的试验机构进行工程检测，检测其是否满足设计要求。

27.2.4 保温性能

分级

(1) 传热系数 K 值分为 10 级，外、门窗保温性能分级应符合表 27-34 的规定。

外、门窗保温性能分级 表 27-34

分级	1	2	3	4	5
分级指标值 K [W/(m²·K)]	$K \geqslant 5.0$	$5.0 > K \geqslant 4.0$	$4.0 > K \geqslant 3.5$	$3.5 > K \geqslant 3.0$	$3.0 > K \geqslant 2.5$
分级	6	7	8	9	10
分级指标值 K [W/(m²·K)]	$2.5 > K \geqslant 2.0$	$2.0 > K \geqslant 1.6$	$1.6 > K \geqslant 1.3$	$1.3 > K \geqslant 1.1$	$K < 1.1$

(2) 抗结露因子 CRF 值分为 10 级，玻璃门、外窗抗结露因子分级应符合表 27-35 的规定。

玻璃门、外窗抗结露因子分级 表 27-35

分级	1	2	3	4	5
分级指标值	CRF≤35	35<CRF≤40	40<CRF≤45	45<CRF≤50	50<CRF≤55
分级	6	7	8	9	10
分级指标值	55<CRF≤60	60<CRF≤65	65<CRF≤70	70<CRF≤75	CRF>75

(3) 由专门的试验机构进行工程检测，检测其是否满足设计要求。

27.2.5 空气声隔声性能

分级

(1) 外门、外窗以“计权隔声量和交通噪声频谱修正量之和 $(R_w + C_v)$”作为分级指标；内门、内窗以“计权隔声量和粉红噪声频谱修正之和 $(R_w + C)$”作为分级指标。

(2) 建筑门窗的空气声隔声性能分级应符合表 27-36 的规定。

门窗的空气声隔声性能分级 表 27-36

分级	外门、外窗的分级指标值（dB）	内门、内窗的分级指标值（dB）
1	$20 \leqslant R_w + C_{tr} < 25$	$20 \leqslant R_w + C < 25$
2	$25 \leqslant R_w + C_{tr} < 30$	$25 \leqslant R_w + C < 30$
3	$30 \leqslant R_w + C_{tr} < 35$	$30 \leqslant R_w + C < 35$
4	$35 \leqslant R_w + C_{tr} < 40$	$35 \leqslant R_w + C < 40$
5	$40 \leqslant R_w + C_{tr} < 45$	$40 \leqslant R_w + C < 45$
6	$R_w + C_{tr} \geqslant 45$	$R_w + C \geqslant 45$

注：用于对建筑内机器、设备噪声源隔声的建筑内门窗，对中低频噪声宜用外门窗的指标值进行分级；对中高频噪声仍可采用内门窗的指标值进行分级。

(3) 由专门的试验机构进行工程检测，检测其是否满足设计要求。

27.2.6　采　光　性　能

采光性能是指建筑外窗在漫射光照射下透过光的能力。

分级

(1) 采用窗的透光折减系数 T_r 作为采光性能的分级指标。

(2) 窗的采光性能分级指标值及分级应符合表 27-37 的规定。

建筑外窗采光性能分级　表 27-37

分级	1	2	3	4	5
分级指标值 T_r	$0.20 \leq T_r < 0.30$	$0.30 \leq T_r < 0.40$	$0.40 \leq T_r < 0.50$	$0.50 \leq T_r < 0.60$	$T_r \geq 0.60$

注：T_r 值大于 0.6 时应给出具体值。

(3) 由专门的试验机构进行工程检测，检测其是否满足设计要求。

27.3　木　门　窗

27.3.1　分 类 及 代 号

27.3.1.1　分类

1. 按主要材料分实木门窗、实木复合门窗、木质复合门窗。
2. 按门窗周边形状分平口门窗、企口凸边门窗、异型边门窗。
3. 按使用场所分外门窗、内门窗。
4. 按产品表面饰面分涂饰门窗、覆面门窗。

27.3.1.2　代号

1. 按构造分为：

单层窗—DC、上悬窗—SC、双玻窗—BC、组合窗—HC、百叶窗—YC、带纱扇窗—AC、夹板门—JM、模压门—MM、转门—XM、平开门—PM、实拼门—AM、玻璃门—LM、固定门—GM、连窗门—CM、百叶门—YM、镶玻璃门—BM、带纱扇门—SM。

2. 按开启形式分类及代号应符合表 27-38 的规定。

按开启形式分类及代号　表 27-38

开启形式		固定	上悬	中悬	下悬	立转	平开	推拉	提拉	平开下悬	推拉平开	折叠平开	折叠推拉	弹簧
门	代号	G	—	—	—	—	P	T	—	—	TP	ZP	ZT	H
窗	代号	G	S	Z	X	L	P	T	TL	PX	TP	ZP	ZT	—

注：固定门、固定窗与其他各种可开启形式门、窗组合时，以可开启形式代号表示。

平开窗—PC、推拉窗—TC、上悬窗—SC、中悬窗—CC、下悬窗—XC、立装窗—LC、固定窗—GC；平开门—PM、弹簧门—HM、推拉门—TM、折叠门—ZM、转门—XM、固定门—GM。

27.3.2 技 术 要 求

27.3.2.1 材料

详见27.1节。

27.3.2.2 性能

1. 含水率

木门窗含水率应控制在6%～13%，且比使用地区的木材年平衡含水率低1%～3%。

2. 有害物质限量

（1）木门窗甲醛释放量应符合现行国家标准《室内装饰装修材料 人造板及其制品中甲醛释放限量》GB 18580中E_1级的相关规定。

（2）色漆饰面木门窗的可溶性重金属含量应符合现行国家标准《室内装饰装修材料 木家具中有害物质限量》GB 18584的相关规定。

3. 力学性能

（1）各种薄木贴面的人造板或单板贴皮零、部件，其表面胶合强度均应≥0.40MPa。浸渍剥离试验，试件每一边剥离长度均应≤25mm。

（2）所有胶拼件的胶缝（纵向）的顺纹抗剪强度，硬杂木应≥6.9N/mm²，软杂木应≥4.9N/mm²。

（3）各类木门应具有足够的整体强度，按规定进行沙袋撞击试验后，仍应保持良好的完整性。

（4）各类木门窗承受的机械力应符合现行国家标准《建筑门窗力学性能检测方法》GB/T 9158的相关规定。

（5）用于建筑木门的物理性能等级应符合表27-39的规定

建筑木门的物理性能等级 **表27-39**

项目	风压变形性能	空气渗透、雨水渗漏性能	保温性能	空气声隔声性能
标准编号	GB/T 7106	GB/T 7106	GB/T 8484	GB/T 8485
允许等级（不低于）	Ⅲ	空气渗透性Ⅱ 雨水渗漏性Ⅲ	Ⅴ	Ⅵ

（6）用于建筑木窗的物理性能等级应符合表27-40的规定。

建筑木窗的物理性能等级 **表27-40**

项目	抗风压性能	空气渗透	雨水渗漏性能	保温性能	空气声隔声性能
标准编号	GB/T 7106	GB/T 7106	GB/T 7106	GB/T 8484	GB/T 8485
允许等级（不低于）	Ⅲ	Ⅱ	Ⅲ	Ⅴ	Ⅲ

27.3.2.3 加工制作

所有木门、窗的框、扇都由工厂定制加工，产品到场后检验外观质量。

1. 实木门窗和传统木门窗外观质量要求应符合表27-41中第4项的规定。

2. 装饰单板覆面门窗外观质量要求应符合表27-41中第9～第16项及第4项的规定。

3. 其他覆面材料门窗外观质量要求应符合表27-41中第17～第22项及第4项的规定。

4. 涂饰、加工制作、五金锁具及合页安装、玻璃等外观质量要求应符合表 27-41 中第 23～第 40 项规定。

外观质量要求　表 27-41

序号	类别	项目	要求		不合格分类
1	木材制品（实木）	半活节、未贯通死节	窗棂、压条及线条	直径＜5mm 不计；直径≤材宽的 1/3，计个数；单面每米个数≤3	C
			外门窗受力构件	直径＜3mm，单面每米个数≤3	B
			其余部件	直径＜20mm 不计；直径≤材宽的 1/5，计个数，单面每米个数≤5	C
2		死节、树脂道、油眼、虫眼	门窗边、框、窗棂、压条及线条	不允许	B
			其余部件	直径＜12mm 不计；直径≤材宽的 2/5，计入活节个数，要修补，单面每米个数≤3	B
3		髓心	窗棂、压条及线条	不允许	C
			其余部件	不露出表面的允许	C
4		裂纹	外门窗受力构件、窗棂、压条、镶板及线条	不允许	B
			其余部件	深度≤厚度，长度≤材长的 1/5	B
5		贯通裂缝	框	长度≤80mm	A
			其余部件	不允许	A
6		斜纹的斜率	框	≤12%	B
			窗棂、压条及线条	≤5%	B
			门镶板	不限	—
			其余部件	≤7%	B
7		油眼、虫眼	窗棂、压条及线条	不允许	B
			其余部件	不露出表面的允许	B
8		腐朽	所有部件	不允许	A
9	装饰单板饰面	活节　阔叶树材	不限		—
10		活节　针叶树材	最大单个直径≤20mm		C
11		半活节、夹皮和树脂囊、树胶道	最大单个直径≤20mm，每平方米表面的缺陷≤4 个；单个直径≤5，不计，脱落处要填补		B

续表

序号	类别	项目	要求	不合格分类
12	装饰单板饰面	死节、孔洞	最大单个直径≤5mm，每平方米表面的缺陷≤4个；单个直径≤3不计，脱落、开裂处要填补	A
13		腐朽	不允许	A
14		鼓泡、分层	面积≤$20m^2$，每平方米的数量≤1个	A
15		凹陷、压痕	面积≤$100mm^2$，每平方米的数量≤1个	C
16		*裂缝、条缺损（缺丝）、叠层、补条、补片、透胶、板面污染、划痕、拼接离缝	不明显	C
17	其他覆面材料饰面	干、湿花	不允许	B
18		污斑	不明显，3～$30mm^2$允许的每平方米的数量≤1个	C
		表面压痕、划痕、皱纹	不明显	B
19		透底、纸板错位、纸张撕裂、局部缺纸、龟裂、鼓泡、分层、崩边等	不允许	A
20		表面孔隙	表面孔隙总面积不超过总面积的0.3%允许	C
21		颜色不匹配、光泽不均	明显的不允许	C
22	涂饰	漆膜鼓泡	不允许	B
23		针孔、缩孔、白点	直径≤0.5mm，单面每平方米的数量≤5个	C
24		皱皮、雾光	不超过板面积的0.2%	B
25		*粒子、刷毛、积粉、杂渣	不明显	C
27		漏漆、褪色、掉色	不允许	A
28		色差	不明显	B
29		*加工痕迹、划痕、白楞、流挂	不明显	C
30	加工制作	*毛刺、刀痕、划痕、崩角、崩边、污斑及砂迹	不明显	C
31		倒棱、圆角、圆线	均匀	C
32		允许范围内缺陷修补	不明显	C
33		榫接部位	牢固、无断裂；不得有材质缺陷	A
34		割角组装、拼缝等	端正、平整、严密（拼缝间隙及高低差≤0.2mm）	B

续表

序号	类别	项目	要求	不合格分类
35	加工制作	人造板外露面	不允许，应进行涂饰或封边密封处理	A
36		*密封胶条安装不平直、不均匀、接头不严密，咬边，脱槽或脱落	不允许	C
37		*雕刻	线条流畅、铲底应平整、不得有刀痕和毛刺及缺角，贴雕与底板粘贴严密牢固	C
38		软、硬包覆部位	应平服饱满、无明显皱褶、圆滑挺直、外露泡钉无损坏及排列整齐	B
39	五金锁具及合页安装	*位置不准确、不牢固、启闭不灵活	不允许	B
40	玻璃	*线道、划伤、麻点、砂粒、气泡	不明显	C
41	传统木门窗	符合《古建筑修建工程质量检验评定标准（北方地区）》（CJJ 39）及《古建筑修建工程质量检验评定 标准（南方地区）》（CJJ 70）规定	—	—

注：1. 按产品的相应类别项进行检查。
2. 不明显是指正常视力在视距末 1m 内可见的缺陷。
3. 明显是指正常视力在视距 1.5m 内可清晰观察到。
4. 表中 * 表示每一项目中有 2 个以上单项，出现一个单项不合格，即按一个不合格计算。
5. 不合格项分类，A 为严重不合格项，B 为不合格项，C 为较轻不合格项。
6. 若某 B、C 类缺陷明显到影响产品质量时，则按 A 类判定。

27.3.3　安　装　要　点

27.3.3.1　施工准备

1. 门窗框扇进入施工现场必须检查验收。

2. 木门窗框靠墙、靠地的一面应刷防腐涂料，分类水平堆放平整；底层应搁置在垫木上，垫木离地面高度应≥200mm，临时的敞篷垫木离地面高度应≥400mm，每层间垫木板，使其能自然通风；木门窗严禁露天堆放。

3. 安装外窗前应从上往下吊好垂线，找出窗框位置，上下不对应者应先进行处理；窗安装的高度，应根据室内 50cm 的水平线，返出窗安装的标高尺寸，弹好平线进行控制。

4. 门框应符合图纸要求的安装型号及尺寸，安装时注意以门扇的开启方向确定门框安装的裁口方向，安装高度应按室内 50cm 的水平线控制。

5. 门窗框安装应在抹灰前进行，门窗扇的安装宜在抹灰后进行；如必须先安装时，应注意对成品的保护，防止碰撞和污染。

27.3.3.2 工艺流程

测量放线→框安装→嵌缝处理→扇安装→五金配件安装。

27.3.3.3 安装要点

1. 测量放线

（1）依据门窗的边线和水平安装线做好各楼层的安装标记。

（2）按照图纸要求，门窗的安装位置、尺寸和标高，以门窗中线为准向两边量出门窗边线，如果工程为多层或高层外窗安装时，用线坠或经纬仪将分出的窗边线标画到各楼层相应位置。

（3）从各楼层室内 50cm 水平线量出门窗的水平安装线。

2. 框安装

（1）安装前门窗框靠墙一侧应刷防腐涂料。

（2）安装前要预先检查门窗洞口的尺寸、垂直度。

（3）将组合好的门窗框放入预留洞内找正、吊直，且保证位置准确，用木楔临时固定，窗上框距过梁留 2cm 缝，梃左右缝隙均匀，宽度一致，距外墙尺寸符合设计要求。

（4）多层建筑的窗。安装时横竖均拉通线，各层上下应在同一条垂直线上，同层应在同一水平线上。安装位置核对正确后临时将框固定。如图 27-3、图 27-4 所示。

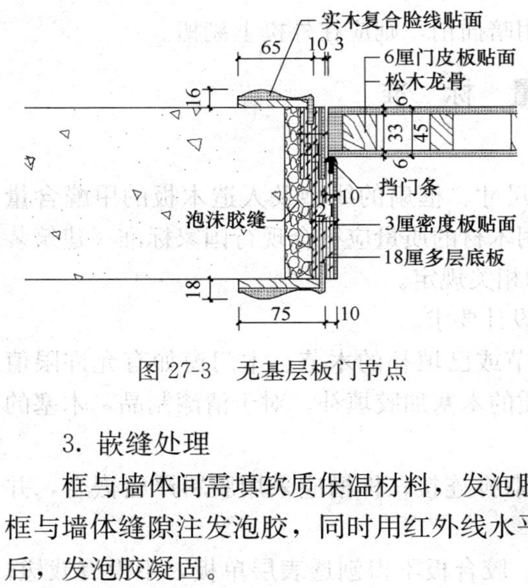

图 27-3 无基层板门节点

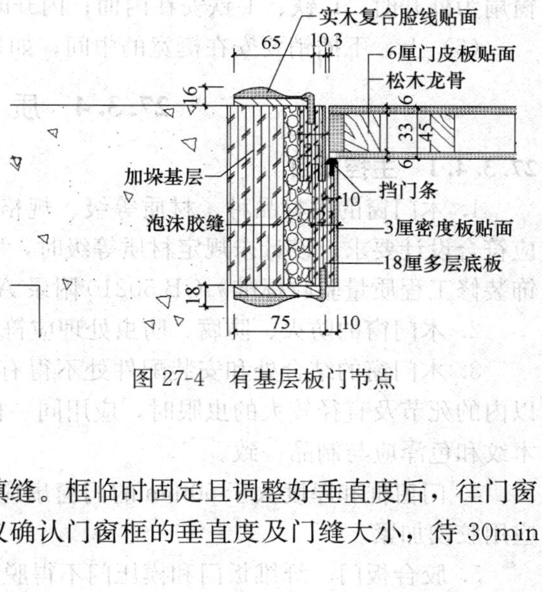

图 27-4 有基层板门节点

3. 嵌缝处理

框与墙体间需填软质保温材料，发泡胶填缝。框临时固定且调整好垂直度后，往门窗框与墙体缝隙注发泡胶，同时用红外线水平仪确认门窗框的垂直度及门缝大小，待 30min 后，发泡胶凝固。

4. 扇安装

（1）安装前检查扇的型号、规格、质量是否符合要求；如发现问题，应事先修好或更换。

（2）安装前检查框的高低、宽窄尺寸，然后在相应的扇边上画出高低宽窄的线，双扇门窗要打叠（自由门除外），先在中间缝处画出中线，再画出边线，保证梃宽一致，上下冒头要画线刨直。

（3）画好高低、宽窄线后，先用粗刨刨去线外部分，再用细刨刨至光滑、平直，使其符合设计尺寸要求。

（4）将扇放入框中试装合格后，按扇高的 1/8～1/10，在框上按合页大小画线，并剔出合页槽，槽深一定要与合页厚度相适应，槽底要平。

（5）门窗扇安装的留缝宽度，应符合有关标准的规定。

5. 小五金安装

（1）有木节处或已填补的木节处，均不得安装小五金。

（2）安装合页、插销、L 铁、T 铁等小五金时，先用锤将木螺钉打入长度的 1/3，然后用螺钉旋具将木螺钉拧紧、拧平，不得歪扭、倾斜。严禁将木螺钉打入全部深度。采用硬木时，应先钻 2/3 深度的孔，孔径为木螺钉直径的 0.9 倍，然后再将木螺钉由孔中拧入。

（3）合页距门窗上、下端宜取立梃高度的 1/10，并避开上、下冒头。合页的承重片应装在框上，非承重片应装在扇上，如门安装三幅合页时，中间一副应装在上下合页之间上方 1/3～1/4 处，安装后应开关灵活。门窗拉手应位于门窗高度中点以下，窗拉手距地面以 1.5～1.6m 为宜，门拉手距地面以 0.9～1.05m 为宜，门拉手应里外一致。

（4）门锁不宜安装在中冒头与立梃的结合处，以防伤榫；门锁位置一般宜高出地面 0.9～0.95m。

（5）门窗扇嵌 L 铁、T 铁时应加以隐蔽，作凹槽，安完后应低于表面 1mm 左右；门窗扇为外开时，L 铁、T 铁安在内面；内开时，安在外面。

（6）上、下插销要安在梃宽的中间；如采用暗插销，则应在外梃上剔槽。

27.3.4　质　量　标　准

27.3.4.1　主控项目

1. 木门窗的木材品种、材质等级、规格、尺寸、框扇的线型及人造木板的甲醛含量应符合设计要求。设计未规定材质等级时，所用木材的质量应符合现行国家标准《建筑装饰装修工程质量验收标准》GB 50210 附录 A 的相关规定。

2. 木门窗的防火、防腐、防虫处理应符合设计要求。

3. 木门窗的结合处和安装配件处不得有木节或已填补的木节；木门窗如有允许限值以内的死节及直径较大的虫眼时，应用同一材质的木塞加胶填补；对于清漆制品，木塞的木纹和色泽应与制品一致。

4. 门窗框和厚度大于 50mm 的门窗扇应用双榫连接；榫槽应采用胶料严密嵌合，并应用胶楔加紧。

5. 胶合板门、纤维板门和模压门不得脱胶；胶合板不得刨透表层单板，不得有戗槎；制作胶合板门、纤维板门时，边框和横楞应在同一平面上，面层、边框及横楞应加压胶接。横楞和上、下冒头应各钻两个以上的透气孔，透气孔应通畅。

6. 木门窗的品种、类型、规格、开启方向、安装位置及连接方式应符合设计要求。

7. 木门窗框的安装必须牢固；预埋木砖的防腐处理、木门窗框固定点的数量、位置及固定方法应符合设计要求。

8. 木门窗扇必须安装牢固，并应开关灵活，关闭严密，无倒翘。

9. 木门窗配件的型号、规格、数量应符合设计要求，安装应牢固，位置应正确，功能应满足使用要求。

27.3.4.2 一般项目

1. 木门窗表面应洁净，不得有刨痕、锤印。

2. 木门窗的割角、拼缝应严密平整。门窗框、扇裁口应顺直，刨面应平整。

3. 木门窗上的槽、孔应边缘整齐，无毛刺。

4. 木门窗与墙体间缝隙的填嵌材料应符合设计要求，填嵌应饱满。寒冷地区外门窗（或门窗框）与砌体间的空隙应填充保温材料。

5. 木门窗批水、盖口条、压缝条、密封条的安装应顺直，与门窗结合应牢固、严密。

6. 平开木门窗安装的留缝限值、允许偏差和检验方法应符合表 27-42 规定。

平开木门窗安装的留缝限值、允许偏差和检验方法　　表 27-42

序号	项目		留缝限值（mm）	允许偏差（mm）	检验方法
1	门窗框的正、侧面垂直度		—	2	用 1m 垂直检测尺检查
2	框与扇接缝高低差		—	1	用塞尺检查
	扇与扇接缝高低差			1	
3	门扇对口缝		1～4	—	用塞尺检查
4	工业厂房、围墙双扇大门对口缝		2～7	—	
5	门窗扇与上框间留缝		1～3	—	
6	门窗扇与合页侧框间留缝		1～3	—	
7	室外门扇与锁侧框间留缝		1～3	—	
8	门扇与下框间留缝		3～5	—	用塞尺检查
9	窗扇与下框间留缝		1～3	—	
10	双层门窗内外框间距		—	4	用钢直尺检查
11	无下框时门扇与地面间留缝	室外门	4～7	—	用钢直尺或塞尺检查
		室内门	4～8	—	
		卫生间门			
		厂房大门	10～20	—	
		围墙大门			
12	框与扇搭接宽度	门	—	2	用钢直尺检查
		窗	—	1	用钢直尺检查

27.4 钢　门　窗

27.4.1 分 类 及 代 号

27.4.1.1 分类

按材料可分为普通碳素钢门窗、彩钢门窗、不锈钢门窗、高档断热钢门窗等。这里主要介绍普通钢门窗。普通钢门窗包括实腹钢门窗、空腹钢门窗。

27.4.1.2　代号

1. 开启形式与代号如表 27-43 所示。

钢门窗的开启形式与代号　表 27-43

开启形式		固定	上悬	中悬	下悬	立转	平开	推拉	弹簧	提拉
代号	门	G	—	—	—	—	P	T	H	—
	窗	G	S	C	X	L	P	T	—	TL

注：1. 百叶门、百叶窗符号为 Y，纱扇符号为 A。
2. 固定门、固定窗与其他各种可开启形式门、窗组合时，以开启形式代号表示。

2. 材质与代号按表 27-44。

钢门窗的材质与代号　表 27-44

材质	代号	材质	代号
热轧型钢	SG	彩色涂层钢板	CG
冷轧普通碳素钢	KG	不锈钢	BG
冷轧镀锌	ZG	其他复合材料	FG

27.4.2　技　术　要　求

27.4.2.1　材料

1. 一般规定

钢门窗用材料应符合设计要求及国家现行标准的相关规定。

2. 型材、板材

（1）钢门窗型材应符合以下规定：

1）彩色涂层钢板门窗型材应符合国家现行标准《彩色涂层钢板及钢带》GB/T 12754、《建筑用钢门窗型材》JG/T 115 的相关规定；

2）使用碳素结构钢冷轧钢带制作的钢门窗型材，材质应符合国家现行标准《碳索结构钢冷轧钢板及钢带》GB/T 11253 的相关规定，型材壁厚应≥1.2mm；

3）使用镀锌钢带制作的钢门窗型材，材质应符合国家现行标准《连续热镀锌和锌合金镀层钢板及钢带》GB/T 2518 的相关规定，型材壁厚应≥1.2mm；

4）不锈钢门窗型材应符合现行行业标准《建筑用钢门窗型材》JG/T 115 的相关规定。

（2）使用钢板材制作的门，门框板材厚度应≥1.5mm，门扇面板厚度应≥0.6mm，具有防盗、防火等要求的应符合相关标准的规定。

3. 玻璃

根据功能要求选用玻璃。玻璃的厚度、面积等应经过计算确定，计算方法按现行行业标准《建筑玻璃应用技术规程》JGJ 113 的规定。

4. 密封材料

密封材料应按功能要求选用，并应符合国家现行标准《建筑门窗、幕墙用密封胶条》GB 24498 及有关标准的相关规定。

5. 五金件、附件、紧固件

应按功能要求选用启闭五金件、连接插接件、紧固件、加强板等配件，配件的材料性能应与门窗的要求相适应。

27.4.2.2 性能

1. 外窗、外门的水密性能的分级指标值按表 27-32 的相关规定。

2. 钢门窗的抗风压的分级指标值按表 27-33 的相关规定。

3. 保温性能的分级指标值按表 27-45 的规定。

保温性能分级 表 27-45

分级	5	6	7	8	9	10
指标值 K[W/(m² · K)]	$4.0>K\geqslant3.5$	$3.5>K\geqslant3.0$	$3.0>K\geqslant2.5$	$2.5>K\geqslant2.0$	$2.0>K\geqslant1.5$	$K<1.5$

4. 钢门窗的空气声隔声性能分级指标值按表 27-46 的规定。

空气声隔声性能分级 表 27-46

分级	1	2	3	4	5	6
指标值 R_w (dB)	$20\leqslant R_w<25$	$25\leqslant R_w<30$	$30\leqslant R_w<35$	$35\leqslant R_w<40$	$40\leqslant R_w<45$	$R_w\geqslant45$

注：当 $R_w\geqslant45$dB 时，应给出具体数值。

5. 采光性能分级指标值按表 27-37 的规定。

6. 有防盗性能要求的钢门，其防盗性能应符合《防盗安全门通用技术条件》GB 17565 的相关规定。

7. 有防火性能要求的钢门窗，其防火性能应符合《防火门》GB 12955、《防火窗》GB 16809 的相关规定。

8. 钢门软物冲击性能试验后应能达到下列要求：

(1) 门扇不应产生>5mm 的凹变形，框、扇连接处无松动、开裂等现象；

(2) 插销、锁具、合页等五金件完整无损，启闭正常；

(3) 玻璃无破损。

9. 在 500N 力的作用下，平开门、弹簧门残余变形应≤2mm，试件不损坏，启闭正常。

10. 启闭力应≤50N。

11. 钢窗反复启闭不应少于 1 万次，钢门反复启闭不应少于 10 万次，启闭无异常，使用无障碍。

27.4.3 安 装 要 点

27.4.3.1 施工准备

1. 材料

(1) 钢门窗的品种、型号应符合设计要求，生产厂家应具有产品的质量认证，并应有产品的出厂合格证，进入施工现场进行质量验收。

(2) 三元乙丙胶条、中性硅酮耐候密封胶符合设计要求。

(3) 水泥 325 号及其以上，砂为中砂或粗砂。

(4) 各种型号的机螺钉、扁铁压条，安装时的预留孔应与钢门窗预留孔孔径、间距相吻合，钢门窗的安装及固定方法应符合设计要求。

（5）涂刷的防锈漆及所用的铁纱均应符合图纸要求。

（6）焊条的牌号应与其焊件要求相符，且应有出厂合格证。

2. 机具、器具

电焊机、冲击钻、激光水准仪、激光测距仪、光学经纬仪、无齿锯、金属切割机、托线板、线坠、胶枪、木楔、锤子、螺丝刀、钢卷尺、钢直尺等。

27.4.3.2 工艺流程

测量放线→框、扇安装→嵌缝处理→五金配件安装→玻璃安装→清洗、清理

27.4.3.3 安装要点

1. 测量放线

按设计要求的门窗安装位置、尺寸、标高，以窗中线为准往两侧量出窗边线，以顶层门窗安装位置为主，分别找出各层门窗安装位置线及标高。

2. 框、扇安装

（1）按编号要求，将钢门窗分别运到安装地点，并靠垫牢固，防止碰撞伤人。

（2）门窗框就位，将固定铁脚插入预留洞内找正、吊直，且保证位置准确，用木楔临时固定，窗上框距过梁留 2cm 缝，梃左右缝隙均匀，宽度一致，距外墙尺寸符合设计要求。

（3）阳台门连窗，可先拼装好再进行安装，也可分别安装门和窗，现拼现装，总之应做到位置正确、找正、吊直。

（4）钢门窗框立好后进行位置及标高的检查，符合要求后，上框铁脚与过梁铁件焊牢，窗两侧铁脚插入预留洞内。

3. 嵌缝处理

（1）待门窗框安装固定后，用水润湿，采用 1：3 干硬性砂浆堵塞密实，洒水养护。

（2）堵孔砂浆凝固后，用 1：3 水泥砂浆将门窗框进缝塞实，保证门窗口位置固定，如图 27-5 所示。

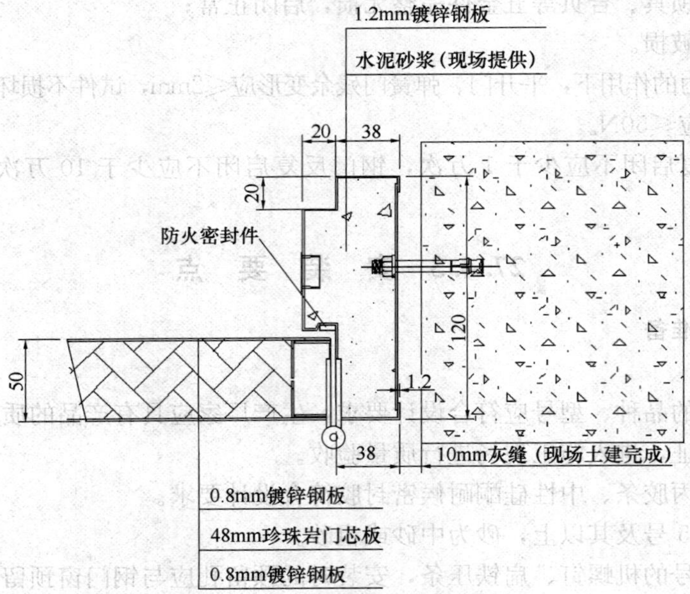

图 27-5 钢门安装节点

4. 五金配件安装

安装五金件时，必须先在框架上钻孔，然后用自攻螺钉拧入，严禁直接锤击打入。

5. 玻璃安装

(1) 对可卸的（如推拉窗）窗扇，可先安装在框上；对扇、框连在一起的（如平玻平开门），可先固定后安装玻璃。

(2) 玻璃安装由专业玻璃工操作；先撕去门窗上的保护膜，在安装玻璃的部位塞上橡胶带，再安入玻璃，前后垫实，缝隙一致，最后再塞入橡胶条密封。

(3) 复验整个窗扇的垂直度。

6. 清洗、清理

(1) 清除所有遗留在门窗表面的残余杂物，特别是残余胶痕，以使日后有灰尘不易粘接在门窗的表面。

(2) 用清水冲洗门窗表面，过程中观察立面是否有渗漏水现象。如发现渗漏水必须及时补救，然后再重复以上步骤的工作，直至无渗漏水现象为止。

27.4.4 质 量 标 准

27.4.4.1 主控项目

1. 钢门窗的品种、类型、规格、型材壁厚、尺寸、性能及开启方向、安装位置、连接方式应符合设计要求及国家现行标准的有关规定。钢门窗的防雷、防腐处理及填嵌、密封处理应符合设计要求。

检验方法：观察；尺量检查；检查产品合格证书、性能检验报告、进场验收记录和复验报告；检查隐蔽工程验收记录。

2. 钢门窗框和附框的安装应牢固。预埋件及锚固件的数量、位置、埋设方式、与框的连接方式应符合设计要求。

检验方法：手扳检查；检查隐蔽工程验收记录。

3. 钢门窗扇应安装牢固、开关灵活、关闭严密、无倒翘；推拉门窗扇应安装防止扇脱落的装置。

检验方法：观察；开启和关闭检查；手扳检查。

4. 钢门窗配件的型号、规格、数量应符合设计要求，安装应牢固，位置应正确，功能应满足使用要求。

检验方法：观察；开启和关闭检查；手扳检查。

27.4.4.2 一般项目

1. 钢门窗表面应洁净、平整、光滑、色泽一致，应无锈蚀、擦伤、划痕和碰伤。漆膜或保护层应连续。型材的表面处理应符合设计要求及国家现行标准的有关规定。

检验方法：观察。

2. 金属门窗推拉门窗扇开关力应≤50N。

检验方法：用测力计检查。

3. 钢门窗框与墙体之间的缝隙应填嵌饱满，并应采用密封胶密封。密封胶表面应光滑、顺直、无裂纹。

检验方法：观察；轻敲门窗框检查；检查隐蔽工程验收记录。

4. 钢门窗扇的密封胶条或密封毛条装配应平整、完好，不得脱槽，交角处应平顺。

检验方法：观察；开启和关闭检查。

5. 排水孔应畅通，位置和数量应符合设计要求。

检验方法：观察。

6. 钢门窗安装的留缝限值、允许偏差和检验方法应符合表 27-47 的规定。

钢门窗安装的留缝限值、允许偏差和检验方法　　表 27-47

项次	项目		留缝限值（mm）	允许偏差（mm）	检验方法
1	门窗槽口宽度、高度	≤1500mm	—	2	用钢卷尺检查
		>1500mm	—	3	
2	门窗槽口对角线长度差	≤2000mm	—	3	用钢卷尺检查
		>2000mm	—	4	
3	门窗框的正、侧面垂直度		—	3	用 1m 垂直检测尺检查
4	门窗框的水平度		—	3	用 1m 水平尺和塞尺检查
5	门窗横框标高		—	5	用钢卷尺检查
6	门窗竖向偏离中心		—	4	用钢卷尺检查
7	双层门窗内外框间距		—	5	用钢卷尺检查
8	门窗框、扇配合间隙		≤2	—	用塞尺检查
9	平开门窗框扇搭接宽度	门	≥6	—	用钢直尺检查
		窗	≥4	—	用钢直尺检查
	推拉门窗框扇搭接宽度		≥6	—	用钢直尺检查
10	无下框时门扇与地面间留缝		4～8	—	用塞尺检查

27.5　铝合金门窗

27.5.1　分类及代号

1. 铝合金门窗应符合国家现行标准《铝合金门窗》GB/T 8478、《铝合金门窗工程技术规范》JGJ 214。

2. 按建筑外围护用和内围护用划分门窗为外墙用，代号为 W、内墙用，代号为 N 两类。

3. 按使用功能划分门、窗类型和代号及其相应的性能项目，见表 27-48。

门、窗的功能类型和代号　　表 27-48

种类		普通型		隔声型		保温型		隔热型	保温隔热型	耐火型
代号		PT		GS		BW		GR	BWGR	NH
用途		外门窗	内门窗	外门窗	内门窗	外门窗	内门窗	外门窗	外门窗	外门窗
主要性能	抗风压性能	◎	—	◎	—	◎	—	◎	◎	◎
	水密性能	◎	—	◎	—	◎	—	◎	◎	◎
	气密性能	◎	○	◎	◎	◎	◎	◎	◎	◎
	空气声隔声性能	—	—	◎	◎	○	○	○	○	○
	保温性能	—	—	○	○	◎	◎	—	◎	○
	隔热性能	—	—	○	—	—	—	◎	◎	○
	耐火完整性	—	—	—	—	—	—	—	—	◎

注：“◎”为必选性能；“○”为可选性能；“—”为不要求。

4. 按开启形式划分门、窗品种与代号，分别见表 27-49、表 27-50。

门的品种与代号 表 27-49

开启类别	平开旋转类		推拉平移类			折叠类	
开启形式	平开（合页）	平开（地弹簧）	推拉	提升推拉	推拉下悬	折叠平开	折叠推拉
代号	P	DHP	T	ST	TX	ZP	ZT

窗的开启形式品种与代号 表 27-50

开启类别	平开旋转类							
开启形式	平开（合页）	滑轴平开	上悬	下悬	中悬	滑轴上悬	内平开下悬	立转
代号	P	HZP	SX	XX	ZX	HSX	PX	LZ
开启类别	推拉平移类							折叠类
开启形式	推拉	提升推拉		平开推拉		推拉下悬	提拉	折叠推拉
代号	T	ST		PT		TX	TL	ZT

铝合金平开窗型材：50 系列、70 系列；

铝合金推拉窗型材：55 系列、60 系列、70 系列、90 系列、90-Ⅰ系列、100 系列；

铝合金平开门型材：50 系列、55 系列、70 系列；

铝合金推拉门型材：70 系列；

铝合金地弹簧门型材：70 系列、100 系列。

5. 规格

门、窗的宽度构造尺寸（B_2）和高度构造尺寸（A_2）的千、百、十位数字，前后顺序排列的六位数字表示。例如，门窗的 B_2、A_2 分别为 1150mm 和 1450mm 时，其尺寸规格型号为 115145。

27.5.2 技 术 要 求

27.5.2.1 材料

1. 一般要求

铝合金门窗所用的材料及附件应符合设计要求及国家现行标准的相关规定，不同金属材料接触面应采取防止双金属腐蚀的措施。

2. 铝合金门窗所用钢材宜采用奥氏体不锈钢材料。采用其他黑色金属，应根据使用需要，采取热浸镀锌、电镀锌、黑色氧化、防锈涂料等防腐处理。

3. 铝合金门窗应采用《平板玻璃》GB 11614 相关规定的建筑级浮法玻璃或以其为原片的各种加工玻璃；玻璃的品种、厚度和最大许用面积应符合《建筑玻璃应用技术规程》JGJ 113 相关规定。平型钢化玻璃及其加工的夹层玻璃或钢化玻璃或钢化中空玻璃弯曲度应符合《建筑用安全玻璃　第 2 部分：钢化玻璃》GB 15763.2 的相关规定。

4. 铝合金门窗玻璃镶嵌、杆件连接及附件装配所用密封胶应与所接触的各种材料相容，并与所需粘接的基材粘接。隐框窗用的硅酮结构密封胶应具有与所接触的各种材料、附件相容性，与所需粘接基材的粘结性。

5. 铝合金门窗框扇连接、锁固用功能性五金配件应满足整樘门窗承载能力的要求，其反复启闭耐久性应满足门窗设计使用年限要求。

6. 铝合金门窗与洞口安装连接件应采用厚度≥1.5mm 的 Q235 钢材；铝门窗组装机械连接应采用不锈钢紧固件；不允许使用铝及铝合金抽芯铆钉做门窗受力连接用紧固件。

7. 外观

(1) 产品表面不应有铝屑、毛刺、油污或其他污渍；密封胶缝应连续、平滑，连接处不应有外溢的胶粘剂；密封胶条应安装到位，四角应镶嵌可靠，不应有脱开的现象。

(2) 框扇铝合金型材表面没有明显的色差、凹凸不平、划伤、擦伤、碰伤等缺陷。在一个玻璃分格内，门窗框扇铝合金型材表面擦伤、划伤应符合表 27-51 的规定。

门窗框扇铝合金型材表面擦伤、划伤要求　　表 27-51

项目	要求	
	室外侧	室内侧
擦伤、划伤深度	不大于表面处理层厚度	
擦伤总面积（mm^2）	≤500	≤300
划伤总长度（mm）	≤150	≤100
擦伤和划伤处数	≤4	≤3

(3) 铝合金型材表面在许可范围内的擦伤和划伤，可采用室温固化的同种、同色涂料进行修补，修补后应与原涂层的颜色和光泽基本一致。

(4) 玻璃表面应无明显色差、划痕和擦伤。

8. 尺寸

(1) 单樘门窗

单樘门、窗的宽、高尺寸规格，应按现行国家标准《建筑门窗洞口尺寸系列》GB/T 5824 相关规定的建筑门、窗洞口标志尺寸的基本规格或辅助规格，根据门、窗洞口装饰面材料厚度、附框尺寸、安装缝隙确定。应优先设计采用常用标准规格门窗尺寸。

(2) 组合门窗

有两樘或两樘以上的单樘门、窗采用拼樘框连接组合的门、窗，其宽、高构造尺寸应与现行国家标准《建筑门窗洞口尺寸系列》GB/T 5824 规定的洞口宽、高标志尺寸相协调。

(3) 门窗及装配尺寸

1) 门窗及框扇装配尺寸偏差

门窗尺寸及形状允许偏差和框扇组装尺寸偏差应符合表 27-52 的规定。

门窗及装配尺寸偏差　　表 27-52

项目	尺寸范围（mm）	允许偏差（mm）	
		门	窗
门窗宽度、高度构造内侧尺寸	≤2000	±1.5	
	>2000～3500	±2.0	
	>3500	±2.5	
门窗宽度、高度构造内侧尺寸对边尺寸之差	≤2000	≤2.0	
	>2000～3500	≤2.5	
	>3500	≤3.0	

续表

项目	尺寸范围（mm）	允许偏差（mm）	
		门	窗
对角线尺寸差	≤2500	2.5	
	>2500	3.5	
门窗框与扇搭接宽度		±2.0	±1.0
框、扇杆件接缝高低差	相同截面型材	≤0.3	
	不同截面型材	≤0.5	
框、扇杆件装配间隙		≤0.3	

2）玻璃镶嵌装配尺寸

玻璃镶嵌装配尺寸应符合现行行业标准《建筑玻璃应用技术规程》JGJ 113 相关规定的玻璃最小安装尺寸要求。

3）隐框窗玻璃结构粘结装配尺寸

隐框窗扇梃与硅酮结构密封胶的粘接宽度、厚度，应考虑风荷载作用和玻璃自重作用，按照现行行业标准《玻璃幕墙工程技术规范》JGJ 102 的相关规定设计计算确定。每个窗扇下梃处应设置两个承受玻璃自重的铝合金托条，其厚度应≥2mm，长度应≥100mm。

27.5.2.2 性能

1. 门窗的气密性能分级及指标绝对值应符合表 27-31 的规定。

2. 外门窗的水密性能分级及指标值应符合表 27-32 的规定。

外门窗试件在各性能分级指标值作用下，不应发生水从试件室外侧持续或反复渗入试件室内侧、发生喷溅或流出试件界面的严重渗漏现象。

3. 外门窗的抗风压性能分级及指标值 P_3 应符合表 27-33 的规定。

外门窗在各性能分级指标值风压作用下，主要受力杆件相对（面法线）挠度应符合表 27-53 的规定；风压作用后，门窗不应出现使用功能障碍和损坏；在 $1.5P_3$ 风压作用下不应出现危及人身安全的损坏。

门窗主要受力杆件相对面法线挠度要求　　表 27-53

支承玻璃种类	单层玻璃、夹层玻璃（mm）	中空玻璃（mm）
相对挠度	$L/100$	$L/150$
相对挠度最大值	20	

注：L 为主要受力杆件的支承跨距。

4. 门、窗保温性能分级及指标值分别应符合表 27-34 的规定。

5. 门、窗的空气声隔声性能分级及指标值应符合表 27-36 的规定。

6. 门窗遮阳性能指标—遮阳系数 SC 为采用现行行业标准《建筑门窗玻璃幕墙热工计算规程》JGJ/T 151 规定的夏季标准计算条件，并按该规程计算所得值。

门窗遮阳性能分级及指标值 SC 应符合表 27-54 的规定。

门窗遮阳性能分级　　表 27-54

分级	1	2	3	4	5	6	7
分级指标值 SC	0.8≥SC>0.7	0.7≥SC>0.6	0.6≥SC>0.5	0.5≥SC>0.4	0.4≥SC>0.3	0.3≥SC>0.2	SC≤0.2

7. 外窗采光性能以透光折减系数 T_r 表示，其分级及指标值应符合表 27-37 的规定。

有天然采光要求的外窗，其透光折减系数不应小于 0.45。同时有遮阳性能要求的外窗，应综合考虑遮阳系数的要求确定。

8. 门、窗应在不超过 50N 的启、闭力作用下，能灵活开启和关闭。

带有自动关闭装置（如闭门器、地弹簧）的门和提升推拉门，以及折叠推拉窗和无提升力平衡装置的提拉窗等门窗，其启闭力性能指标由供需双方协商确定。

9. 门的反复启闭次数不应少于 10 万次；窗的反复启闭次数不应少于 1 万次。

带闭门器的平开门、地弹簧门以及折叠推拉、推拉下悬、提升等门、窗的反复启闭次数由供需双方协商确定。

门、窗在反复启闭性能试验后，应启闭无异常，使用无障碍。

27.5.2.3　加工制作

1. 一般规定

（1）铝合金门窗构件加工应依据设计加工图纸进行；

（2）铝合金型材牌号、截面尺寸、五金件、插接件应符合门窗设计要求；

（3）门窗开启扇玻璃装配宜在工厂内完成，固定部位玻璃可在现场装配；

（4）加工铝合金门窗构件的设备、专用模具和器具应满足产品加工精度要求，检验工具、量具应定期进行计量检测和校正。

2. 加工质量要求

铝合金门窗组装尺寸允许偏差应符合表 27-52 的规定。

27.5.3　安　装　要　点

27.5.3.1　施工准备

1. 主体结构经有关质量部门验收合格；工种之间已办好交接手续。

2. 检查门窗洞口尺寸及标高是否符合设计要求。有预埋件的门窗洞口还应检查预埋件的数量、位置及埋设方法是否符合设计要求。

3. 按图纸要求弹好门窗中线，并弹好室内＋50cm 水平线。

4. 检查铝合金门窗，如有劈棱、窜角和翘曲不平、偏差超标、表面损伤、变形及松动、外观色差较大者，应与有关人员协商解决，经处理、验收合格后才能安装。

27.5.3.2　工艺流程

测量放线→框安装→嵌缝处理→扇安装→五金配件安装→玻璃安装→成品保护及清理。

27.5.3.3　安装要点

1. 测量放线

（1）根据设计图纸要求门窗安装位置、尺寸和标高，依据门窗中线向两边量出门窗边线；若为多层或高层建筑时，以顶层门窗边线为准，用线坠或经纬仪将门窗边线下引，并在各层门窗口处划线标记，对个别不直的洞口边应剔凿处理。

（2）门窗的水平位置应以楼层室内＋50cm 的水平线为准向上反量出窗下皮标高，弹线找直；每一层必须保持窗下边标高一致。

2. 框安装

（1）门窗框在洞口墙体就位。用木楔、垫块或其他器具调整定位并临时楔紧固定时，不得使门窗框型材变形和损坏；待检查立面垂直，左右间隙大小、上下位置一致，均符合要求后，再将镀锌锚板固定在门、窗洞口内。

连接件与墙体、连接件与门窗框的连接方式，见表 27-55。

连接件与墙体的连接方式　　表 27-55

连接件与墙体的连接方式	适用的墙体结构	连接件与墙体的连接方式	适用的墙体结构
焊接连接	钢结构	金属膨胀螺栓连接	钢筋混凝土结构、砖墙结构
预埋件连接	钢筋混凝土结构	射钉连接	钢筋混凝土结构

（2）铝合金窗框的固定

铝合金门窗框与洞口墙体的连接固定应符合下列要求：

1）连接件应采用 Q235 钢材，其表面应进行热镀锌处理，镀锌层厚度≥45μm。连接件厚度应≥1.5mm，宽度≥20mm，在外框型材室内外两侧双向固定。固定点的数量与位置应根据铝门窗的尺寸、荷载、重量的大小和不同开启形式、着力点等情况合理布置。连接件距门窗边框四角的距离应≤180mm，其余固定点的间距应≤500mm。如图 27-6 所示。

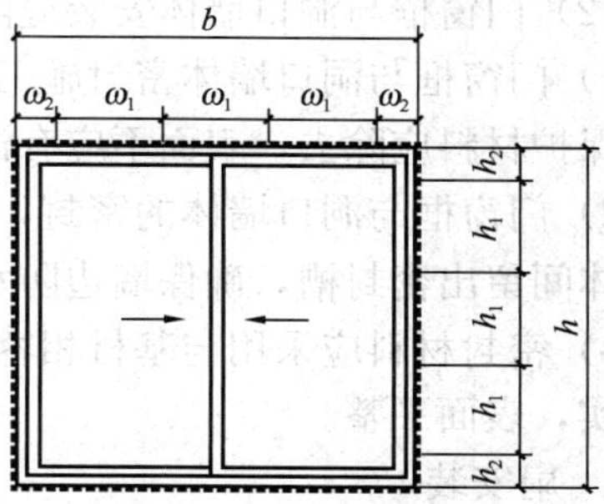

$\omega_1 \leqslant 500$mm；$\omega_2 \leqslant 180$mm；$h_1 \leqslant 500$mm；$h_2 \leqslant 180$mm

图 27-6　铝合金门窗连接件分布图

注：对于铝合金平开门铰链部位的连接件需适当增加，以提高门外框铰链部位连接受力的强度，防止外框受力拉脱、起鼓现象发生。

2）门窗框与连接件的连接宜采用卡槽连接。若采用紧固件穿透门窗框型材固定连接件时，紧固件宜置于门窗框型材的室内外中心线上，且必须在固定点处采取密封防水措施。如图 27-7 所示。

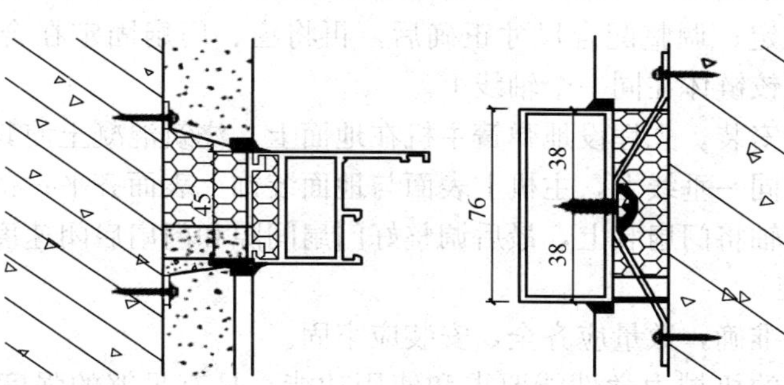

(*a*)　　(*b*)

图 27-7　铝合金门窗框与连接件示意图

（*a*）卡槽连接；（*b*）螺钉连接

3）连接件与洞口混凝土墙基体可采用特种钢钉（水泥钉）、射钉、塑料胀锚螺栓、金属胀锚螺栓等紧固件连接固定。

4）对于砌体墙基体，可按图 27-7 所示洞口两侧在锚固点处预埋强度等级在 C20 以上的实心混凝土预制块，或根据各类砌体材料的应用技术规程或要求，确定合适的连接固定方法；严禁用射钉直接在砌体上固定。

3. 嵌缝处理

（1）门窗框与洞口墙体安装缝隙的填塞，宜采用隔声、防潮、无腐蚀性的材料，如聚氨酯 PU 发泡填缝料等。根据工程情况合理选用发泡剂和防水水泥砂浆结合填充法，将铝框固定后门窗上部及两侧（除两侧底部 200mm）与墙体接触部位采用发泡剂填充，门窗底部及两侧底部 200mm 处采用防水水泥砂浆填充，填塞时不能使门窗框胀突变形，临时固定用的木楔、垫块等不得遗留在洞口缝隙内；铝门窗边框四周的外墙结构面 300mm 立面范围内，增涂二道防水涂料，以减少雨水渗漏的机会；施工中不得损坏门窗上面的保护膜；应随时擦净铝型材表面沾上的水泥砂浆，以免腐蚀影响。

（2）门窗框与洞口墙体安装缝隙的密封应符合下列要求：

1）门窗框与洞口墙体密封施工前，应先对待粘接表面进行清洁处理，门窗框型材表面的保护材料应除去，表面不应有油污、灰尘；墙体部位应洁净、平整、干燥。

2）门窗框与洞口墙体的密封，应符合密封材料的使用要求；门窗框室外侧表面与洞口墙体间留出密封槽，确保墙边防水密封胶胶缝的宽度和深度均≥6mm。

3）密封材料应采用与基材相容、粘接性能良好的中性耐候密封胶；密封胶施工应挤填密实，表面平整。

4. 扇安装

（1）在室内外装修基本完成后进行窗、门扇安装。

（2）推拉窗扇、门扇的安装。将配好的窗、门扇分内外扇，先将内扇插入上滑道的内侧滑槽口，自然下落于对应的下滑道的内侧滑道筋上；再用同样的方法安装室外扇。必须安装有防止窗扇向室外脱落的装置。

（3）调节导向轮。应在窗、门扇安装后调整导向轮，调节窗、门扇在滑道筋上的高度，并使窗、门扇与边框间调整至平行。

（4）平开窗、门扇安装。先把合页按要求位置连接固定在铝合金窗、门框上，将窗、门扇嵌入框内临时固定；调整配合尺寸正确后，再将窗、门扇固定在合页上，必须保证上、下两个转动合页铰链体在同一个轴线上。

（5）地弹簧门扇安装。先埋设地弹簧主机在地面上，浇筑混凝土使其固定；主机轴应与中横档上的顶轴在同一垂线上，主机上表面与地面装饰上表面齐平；待混凝土达到设计强度后，调节上门顶轴将门扇装上，最后调整好门扇间隙和门扇启闭速度。

5. 五金配件安装

（1）安装位置应准确，数量应齐全，安装应牢固。

（2）应满足门窗的机械力学性能要求和使用功能，具有足够的强度，易损件应便于更换。

（3）五金件的安装应采取可靠的密封措施，可采用柔性防水垫片或打胶进行密封处理。

（4）单执手一般安装在扇中部，当采用两个或两个以上锁点时，锁点分布应合理。

（5）铰链在结构和材质上，应能承受最大扇重和相应的风荷载，安装位置距扇两端宜为 200mm，框、扇安装后铰链部位的配合间隙不应大于该处密封胶条的厚度。

(6) 安装时，应考虑门窗框、扇四周搭接宽度均匀一致。

(7) 不宜采用自攻螺钉或铝拉铆钉固定。

6. 玻璃安装

窗、门安装的最后一道工序是安装玻璃，包括玻璃裁划、入位、打胶密封与固定。

(1) 裁划应根据窗、门扇（固定扇则为框）的尺寸来计算玻璃下料尺寸。一般要求玻璃侧面及上、下都应与铝材面留出一定的尺寸间隙，以确保玻璃胀缩变形的需要。玻璃的最大允许面积应符合现行行业标准《建筑玻璃应用技术规程》JGJ 113 的相关规定。

(2) 入位：单块玻璃尺寸较小时，直接用双手夹住入位；单块玻璃尺寸较大时，需用玻璃吸盘便于玻璃入位安装。

(3) 玻璃压条可采用 45°或 90°接口，安装压条时不得划花接口位；安装后应平整、牢固，贴合紧密，其转角部位拼接处间隙应≤0.5mm，不得在一边使用两根或两根以上的玻璃压条。

(4) 安装镀膜玻璃时，镀膜面应朝向室内侧；安装中空镀膜玻璃时，镀膜玻璃应安装在室外侧，镀膜面应朝向室内侧，中空玻璃内应保持清洁、干燥、密封。

(5) 玻璃入位后，应及时用胶条固定。密封固定有以下方法：

1) 用橡胶条压入玻璃凹槽间隙内，两侧挤紧，表面不用注胶；

2) 用橡胶条嵌入凹槽间隙内挤紧玻璃，然后在胶条上表面注上硅酮耐候密封胶；

3) 用 10mm 长的橡胶块将玻璃两侧挤住定位，然后在凹槽中注入硅酮耐候密封胶。

(6) 玻璃应放在凹槽的中间，内、外两侧的间隙应控制在 2～5mm 之间，间隙过小会造成密封困难；间隙过大会造成胶条起不到挤紧、固定玻璃的作用；玻璃的下部应用 3～5mm 厚的氯丁橡胶垫块支撑。

(7) 玻璃密封条安装后应平直，无皱曲、起鼓现象，接口严密、平整并经硫化处理；采用密封胶安装时，胶缝应平滑、整齐，无空隙和断口，注胶宽度应≥5mm，最小厚度≥3mm。

(8) 平开窗扇、上悬窗扇、窗固定扇室外侧框与玻璃之间密封胶条处，宜涂抹少量玻璃胶。

27.5.4 质 量 标 准

铝合金门窗安装质量应符合现行国家标准《建筑工程施工质量验收统一标准》GB 50300 和《建筑装饰装修工程质量验收规范》GB 50210 等的要求。

27.5.4.1 主控项目

1. 铝合金门窗的品种、类型、规格、尺寸、性能及开启方向、安装位置、连接方式应符合设计要求，其防腐处理及填嵌、密封处理应符合设计要求。

2. 门窗框的安装必须牢固，预埋件的数量、位置、埋设方式、与框的连接方式必须符合设计要求。

3. 门窗扇必须安装牢固，应开关灵活、关闭严密，无倒翘；推拉门窗扇必须有防脱落措施。

4. 门窗配件的型号、规格、数量应符合设计要求，安装应牢固，位置应正确，功能应满足使用要求。

27.5.4.2　一般项目

1. 门窗表面应洁净、平整、光滑、色泽一致，无锈蚀；大面应无划痕、碰伤，漆膜或保护层应连续。

2. 门窗框与墙体之间的缝隙应填嵌饱满，并采用密封胶密封；密封胶表面应光滑、顺直，无裂纹。

3. 门窗扇的橡胶密封条或毛毡密封条应安装完好，不得脱槽。

4. 门窗，排水孔应畅通，位置和数量应符合设计要求。

5. 门窗推拉门窗扇开关力应≤50N。

6. 门窗安装的允许偏差和检验方法应符合表 27-56 的规定。

铝合金门窗安装的允许偏差和检验方法　　表 27-56

项次	项目		允许偏差（mm）	检验方法
1	门窗槽口宽度、高度（mm）	≤2000	2	用钢卷尺检查
		>2000	3	
2	门窗槽口对角线长度差（mm）	≤2500	4	用钢卷尺检查
		>2500	5	
3	门窗框的正面、侧垂直度		2	用 1m 垂直检测尺检查
4	门窗横框的水平度		2	用 1m 水平尺和塞尺检查
5	门窗横框标高		5	用钢卷尺检查
6	门窗竖向偏离中心		5	用钢卷尺检查
7	双层门窗内外框中心距		4	用钢卷尺检查
8	推拉门窗扇与框搭接量	门	2	用钢直尺检查
		窗	1	

27.6　塑　钢　门　窗

27.6.1　分 类 及 代 号

27.6.1.1　分类

塑钢门窗的种类划分：按原材料划分、按开闭方式划分和按构造划分，具体的划分种类如表 27-57 所示。

塑钢门窗的种类划分　　表 27-57

序号	划分方式	种类
1	按原材料划分	PVC 钙塑门窗
		改性 PVC 塑钢门窗
		其他以树脂为原材的塑钢门窗
2	按开闭方式划分	平开门窗
		固定门窗

续表

序号	划分方式	种类	
2	按开闭方式划分	推拉门窗	
		悬挂窗	
		组合窗等	
3	按构造划分	全塑门窗	全塑整体门
			组装门
			夹层门
			复合门窗等
		复合 PVC 门窗	

27.6.1.2 代号

塑钢门窗的品种、代号如表 27-58 所示。

塑钢门窗的品种、代号 表 27-58

名称	代号	名称	代号
平开	P	内开	N
推拉	T	外开	W
悬窗	X	上悬	U
窗	C	下悬	D
门	M	上推	U
组合	Z	下推	D

27.6.2 技 术 要 求

27.6.2.1 材料

1. 一般要求

(1) 塑钢门窗用材料应有出厂合格证和检测报告。

(2) 各类材料与塑钢门窗型材应具有相容性。

2. 型材

详见 27.1 节。

3. 玻璃

详见 27.1 节。

4. 其他材料

(1) 门窗用增强型钢应符合现行行业标准《聚氯乙烯（PVC）门窗增强型钢》JG/T 131 的相关规定。并应经计算确定，且塑钢窗用增强型钢壁厚应≥1.5mm，门用增强型钢壁厚应≥2.0mm。

(2) 门窗用密封胶条应符合现行国家标准《建筑门窗、幕墙用密封胶条》GB/T 24498 的相关规定；框扇间密封应采用回弹恢复（Dr）达到 5 级以上、热老化回弹恢复（Da）达到 4 级以上的胶条。

（3）门窗用密封毛条应选用毛条纤维经硅化处理的平板加片型，其性能应符合现行行业标准《建筑门窗密封毛条》JC/T 635 的相关规定。

（4）门窗用五金件和紧固件应符合现行国家标准《建筑窗用内平开下悬五金系统》GB/T 24601 和《十字槽沉头自钻自攻螺钉》GB/T 15856.2 等标准的相关规定。

（5）增强型钢用紧固件应采用自钻自攻螺钉，不应采用拉铆钉。

（6）五金件与增强型钢或塑料型材连接的紧固件宜用十字槽沉头自钻自攻螺钉。

（7）滑撑和撑挡用紧固件应用不锈钢螺钉。

（8）排水孔盖应用硬聚氯乙烯或其他具有耐候性能的材料注塑成型，颜色宜与门窗外可视面颜色协调一致。

（9）玻璃垫桥、定位垫块、承重垫块、密封桥、助升块应用注塑或挤出成型的材料，并应符合下列规定。

1）定位垫块宜用邵氏硬度为 70～80A 的橡胶或聚乙烯；

2）承重垫块宜用邵氏硬度为 70～90A 的橡胶或聚乙烯，不得采用硫化再生橡胶、木材或者其他吸水性材料；

3）玻璃垫桥、定位垫块、承重垫块、密封桥、助升块的材质应与中空玻璃密封胶及夹层玻璃相容；

4）缓冲垫应用邵氏硬度为 40～50A 的橡胶。

（10）防撞块材料可采用丙烯腈丁二烯苯乙烯共聚物或硬聚氯乙烯。

（11）机械式连接件采用 Z410 锌合金材料，表面应经电镀处理。

27.6.2.2　性能

1. 窗的力学性能

（1）内外平开窗、内平开下悬窗、上悬窗、中悬窗、下悬窗的力学性能应符合表 27-59的规定。

内外平开窗、内平开下悬窗、上悬窗、中悬窗、下悬窗的力学性能　　表 27-59

项目	技术要求			
锁闭器（执手）的开关力	≤80N（力矩≤10N·m）			
开关力	平合页	≤80N	滑撑	≥30N，≤80N
悬端吊重	在 500N 力作用下，残余变形≤2mm，试件不损坏，仍保持使用功能			
翘曲	在 300N 力作用下，允许有不影响使用的残余变形，试件不损坏，仍保持使用功能			
开关疲劳	经≥10000 次的开关试验，试件及五金配件不损坏，其固定处及玻璃压条不松脱，仍保持使用功能			
大力关闭	经模拟 7 级风连续开关 10 次，试件及五金配件不损坏，仍保持开关功能			
焊接角破坏力	窗框焊接角最小破坏力的计算值应≥2000N，窗扇焊接角最小破坏力的计算值应≥2500N，且实测值均应大于计算值			
撑档	在 200N 作用下，不允许位移，连接处型材不破裂			
开户限位装置（制动器）受力	在 10N 力作用下开启 10 次，试件不损坏			

注：大力关闭只检测平开窗和上悬窗。

（2）推拉窗的力学性能应符合表 27-60 的规定。

推拉窗的力学性能 表 27-60

项目	技术要求	
开关力	推拉窗：≤100N	上下推拉窗：≤135N
弯曲	在 300N 力作用下，允许有不影响使用的残余变形，试件不损坏，仍保持使用功能	
扭曲	在 200N 作用下，允许有不影响使用的残余变形，但仍保持使用功能，试件不损坏	
开关疲劳	经≥10000 次的开关试验，试件及五金配件不损坏，其固定处及玻璃压条不松脱，仍保持使用功能	
焊接角破坏力	窗框焊接角最小破坏力的计算应≥2500N，窗扇焊接角最小破坏力的计算值应≥1800N，且实测值均应不大于计算值	

注：没有凸出把手的推拉窗不做扭曲试验。

（3）物理性能

1）塑钢窗的水密性能分级指标值，如表 27-32 所示。

2）塑钢窗的抗风压性能分级指标值。如表 27-33 所示。

3）塑钢窗的气密性能分级指标绝对值，如表 27-61 所示。

气密性能分级 表 27-61

分级	5	6	8
单位缝长分级指标值 q_1[$m^3/(m \cdot h)$]	$2.5 \geqslant q_1 > 1.5$	$1.5 \geqslant q_1 > 1.0$	$q_1 \leqslant 0.5$
单位面积分级指标值 q_2[$m^3/(m^2 \cdot h)$]	$6.0 \geqslant q_2 > 4.5$	$4.5 \geqslant q_2 > 3.0$	$q_2 \leqslant 1.5$

（4）塑钢窗的保温性能分级传热系数 K 值，如表 27-62 所示。

保温性能分级 表 27-62

分级	5	6	7	10
分级指标[$W/(m^2 \cdot K)$]	$3.0 > K \geqslant 2.5$	$2.5 > K \geqslant 2.0$	$2.0 > K \geqslant 1.6$	$K < 1.1$

（5）空气声隔性能

塑钢窗的空气声隔声性能分级，如表 27-36 所示。

（6）塑钢窗的采光性能分级指标值及分级，如表 27-37 所示。

2. 门的性能

（1）内外平开门、内平开下悬门、推拉下悬门、折叠门、地弹簧门的力学性能应符合表 27-63 的规定。

内外平开门、内平开下悬门、推拉下悬门、折叠门、地弹簧门的力学性能 表 27-63

项目	技术要求
锁闭器（执手）的开关力	≤100N（力矩≤10N·m）
开关力	≤80N
悬端吊重	在 500N 力作用下，残余变形≤2mm，试件不损坏，仍保持使用功能
翘曲	在 300N 力作用下，允许有不影响使用的残余变形，试件不损坏，仍保持使用功能

续表

项目	技术要求
开关疲劳	经≥10000次的开关试验，试件及五金配件不损坏，其固定处及玻璃压条不松脱，仍保持使用功能
大力关闭	经模拟7级风连续开关10次，试件不损坏，仍保持开关功能
焊接角破坏力	门框焊接角的最小破坏力计算值应≥3000N，门扇焊接角的最小破坏力的计算值应≥6000N，且实测值均应大于计算值
垂直荷载强度	对门扇施加30kN荷载，门扇卸荷后的下垂量应≤2mm，开关功能正常
软重物体撞击	用30kg砂袋撞击锁闭状态下门扇把手处一次无破损，开关功能正常

注：1. 垂直荷载强度适用于内外平开门、内平开下悬门、折叠门。
2. 全玻门不检测软重物体撞击性能。

（2）推拉门的力学性能应符合表27-64的规定。

推拉门的力学性能　　表27-64

项目	技术要求
开关力	≤100N
弯曲	在300N力作用下，允许有不影响使用的残余变形，试件不损坏，仍保持使用功能
扭曲	在200N作用下，试件不损坏，允许有不影响使用的残余变形
开关疲劳	经≥10000次的开关试验，试件及五金配件不损坏，其固定处及玻璃压条不松脱
焊接角破坏力	门框焊接角最小破坏力的计算值应≥3000N，门扇焊接角最小破坏力的计算值应≥4000N，且实测值均应<计算值
软物体撞击	用30kg砂袋撞击锁闭状态下门扇把手处一次无破损，开关功能正常

注：1. 无凸出把手的推拉门不做扭曲试验。
2. 全玻门不检测软重物体撞击性能。

（3）物理性能

1）塑钢门的水密性能分级指标值的分级，如表27-32所示。

2）塑钢门的抗风压性能分级指标值的分级，如表27-33所示。

3）塑钢门的气密性能分级指标绝对值的分级，如表27-65所示。

气密性能分级　　表27-65

分级	4	6	8
单位开启缝长分级指标值 q_1（$m^3/(m\cdot h)$）	$2.5\geqslant q_1>2.0$	$1.5\geqslant q_1>1.0$	$q_1\leqslant 0.5$
单位面积分级指标值 q_2（$m^3/(m^2\cdot h)$）	$7.5\geqslant q_2>6.0$	$4.5\geqslant q_2>3.0$	$q_2\leqslant 1.5$

4）塑钢门的保温性能传热系数 K 值，如表27-66所示。

保温性能分级　　表27-66

分级	5	6	7	10
分级指标值 K（W/m^2）	$3.0>K\geqslant 2.5$	$2.5>K\geqslant 2.0$	$2.0>K\geqslant 1.6$	$K<1.5$

5）塑钢门的空气声隔声性能分级及指标值，如表27-67所示。

空气声隔声性能分级 表 27-67

分级	2	3	4	5	6
分级指标(dB)	$25\leqslant R_w<30$	$30\leqslant R_w<35$	$35\leqslant R_w<40$	$40\leqslant R_w<45$	$R_w\geqslant45$

27.6.3 安 装 要 点

27.6.3.1 施工准备

1. 墙体、洞口要求

(1) 门窗应采用预留洞口法安装，不得采用边安装边砌口或先安装后砌口的施工方法。

(2) 门窗及玻璃的安装应在墙体湿作业完工且硬化后进行，当需要在湿作业前进行时，应采取保护措施，门的安装应在地面工程施工前进行。

(3) 应测出各窗洞口中线，逐一作出标记。多层建筑，可从最高层一次垂吊；高层建筑可用经纬仪找垂直线，并根据设计要求弹出水平线；对于同一类型的门窗洞口，上下、左右方向位置偏差应符合下列要求：

1) 处于同垂直位置的相邻洞口，中线左右位置相对偏差应≤10mm；全楼高度内，所有处于同一垂直线位置的各楼层洞口，左右位置相对偏差应大于≤20mm（全楼高度<30m）或 20mm（全楼高度≥30m）；

2) 处于同一水平位置的相邻洞口，中线上下位置相对偏差应≤10mm；全楼长度内，所有处于同一水平线位置的各单元洞口，上下位置相对偏差应≤15mm（全楼长度<30m）或 20mm（全楼长度≥30m）。

(4) 门窗的安装应在洞口尺寸检验合格，并办好工种间交接手续后进行。

(5) 门、窗的构造尺寸应考虑预留洞口与待安装门、窗框的伸缩缝间隙及墙体饰面材料的厚度。

(6) 安装前，应清除洞口周围松动的砂浆、浮渣及浮灰。必要时，可在洞口四周涂刷一层防水聚合物水泥胶浆。

2. 其他要求

(1) 门窗及所有材料进场时，均应按设计要求对其品种、规格、数量、外观和尺寸进行验收，材料包装应完好，有产品合格证、使用说明书及相关性能的检测报告。门窗成品包装应符合国家现行标准的相关规定。

(2) 塑钢门窗部件、配件、材料等在运输、保管和施工过程中，应采取防止其损坏或变形的措施。

(3) 门窗应放置在清洁、平整的地方，且应避免日晒雨淋；门窗不应直接接触地面，下部应放置垫木，门窗应立放：门窗与地面所成角度≥70°，采取防倾倒措施；门窗放置时不得与腐蚀物质接触。

(4) 贮存门窗的环境温度应<50℃；与热源的距离应≥1m。当存放门窗的环境温度为5℃以下时，安装前应将门窗移至室内，在不低于15℃的环境下放置24h；门窗在安装现场放置的时间不宜超过2个月。

(5) 装运门窗的工具应设有防雨措施，并保持清洁。运输门窗时，应竖立排放并固定牢靠，防止颠振损坏。樘与樘之间应用非金属软质材料隔开；五金配件应采取保护措施，以免相互磨损。

(6) 装卸门窗时，应轻拿、轻放，不得撬、甩、摔。吊运门窗时，其表面应采用非金属软质材料衬垫，并在门窗外缘选择牢靠平稳的着力点，不得在框扇内插入抬杠起吊。

(7) 安装用的主要机具和工具应完备；辅助材料应齐全；量具应定期检验，当达不到要求时，应及时更换。

(8) 安装前，应按设计图纸的要求检查门窗的品种、规格、外形、开启方向等；门窗五金件、密封条、紧固件等应齐全，不合格者应予以更换。

(9) 安装前，塑钢门窗扇及分格杆件宜作封闭型保护。门、窗框应采用三面保护，框与墙体连接面不应有保护层。保护膜脱落的，应补贴完善。

(10) 当洞口需要设置预埋件时，应检查预埋件的种类、数量、规格及位置；预埋件的数量应和固定点的数量一致，其标高和坐标位置应准确。预埋件位置及数量不符合要求时，应补装后置埋件。

(11) 安装门窗时，其环境温度不应低于5℃。

27.6.3.2　工艺流程

测量放线→框安装→嵌缝处理→五金件安装→玻璃（或门、窗扇）安装→成品保护及清理。

27.6.3.3　安装要点

1. 测量放线

应测出各窗洞口中线，并应逐一作出标记。对于同一类型的门窗洞口，上下、左右方向位置偏差应符合表27-68要求；门窗洞口宽度与高度尺寸的允许偏差应符合表27-69的规定；门窗的构造尺寸应考虑预留洞口与待安装门、窗框的伸缩缝间隙及墙体饰面材料的厚度。伸缩缝间隙应符合表27-70的规定。

相邻门窗洞口位置偏差　　**表27-68**

位置	中心线位置偏差（mm）	左右位置相对偏差（mm）	
		建筑高度 $H<30$m	建筑高度 $H\geqslant30$m
同一垂直位置	10	15	20
同一水平位置	10	15	20

洞口宽度或高度尺寸的允许偏差　　**表27-69**

洞口类型 洞口宽度或高度（mm）		<2400	2400～4800	>4800
不带附框洞口	未粉刷墙面	±10	±15	±20
	已粉刷墙面	±5	±10	±15
已安装附框的洞口		±5	±10	±15

洞口与门、窗框伸缩缝间隙　　**表27-70**

墙体饰面层材料	洞口与门、窗框的伸缩缝间隙（mm）
清水墙及附框	10
墙体外饰面抹水泥砂浆或贴陶瓷锦砖	15～20

续表

墙体饰面层材料	洞口与门、窗框的伸缩缝间隙（mm）
墙体外饰面贴釉面瓷砖	20～25
墙体外饰面贴大理石或花岗岩石板	40～50
外保温墙体	保温层厚度＋10

注：窗下框与洞口间隙可根据设计要求选定。

2. 框安装

(1) 补贴保护膜

安装前，门、窗框应采用三面保护，框与墙体连接面不应有保护层。保护膜脱落的，应补贴完善。门窗扇及分格杆件宜作封闭型保护。

(2) 调整定位

应根据设计图纸确定门窗框的安装位置及门扇的开启方向。当门窗框装入洞口时，其上下框中线与洞口中线对齐；先固定上框的一点，调整框的水平度、垂直度和直角度；在上下框四角及中横梃的对称位置用木楔或垫块塞紧作临时固定。

(3) 框固定及密封处理

1) 当框与墙体间采用固定片固定时，应使用单向固定片，固定片应双向交叉安装。与外保温墙体固定的边框固定片，宜朝向室内；固定片与框连接应采用十字槽盘头自钻自攻螺钉钻入固定，不得直接锤击钉入或仅靠卡紧方式固定。

2) 当框与墙体间采用膨胀螺钉直接固定时，应按膨胀螺钉规格先在窗框上打好基孔。安装膨胀螺钉时，应在膨胀螺钉位置两边加支撑块；膨胀螺钉端头应加盖工艺孔帽（图 27-8)，并应用密封胶进行密封。

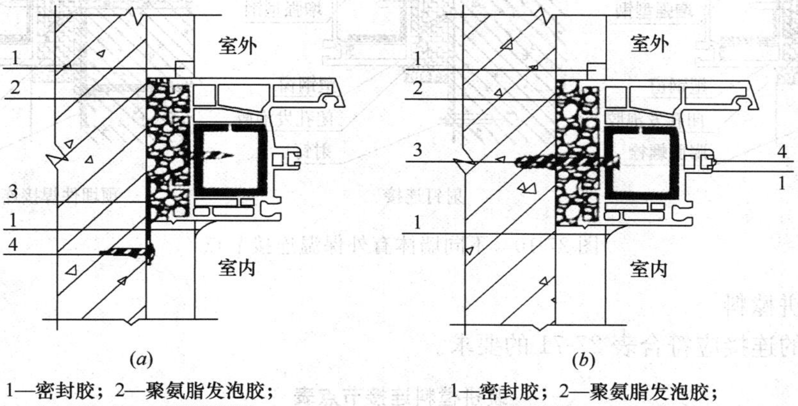

(a)

1—密封胶；2—聚氨脂发泡胶；
3—固定点；4—膨胀螺钉

(b)

1—密封胶；2—聚氨脂发泡胶；
3—膨胀螺钉；4—工艺孔帽

图 27-8 窗安装节点图

3) 固定片或膨胀螺钉的位置应距门窗端角、中竖梃、中横梃 150～200mm，固定片或膨胀螺钉之间的间距应符合设计要求，≤600mm（图 27-9)；不得将固定片直接装在中横梃、中竖梃的端头上。平开门安装铰链的相应位置宜安装固定片或采用直接固定法固定。

4) 目前建筑外墙基本都采用了外保温材料，根据墙体材料不同，塑钢窗的固定连接方法不同，具体连接方式见图 27-10。

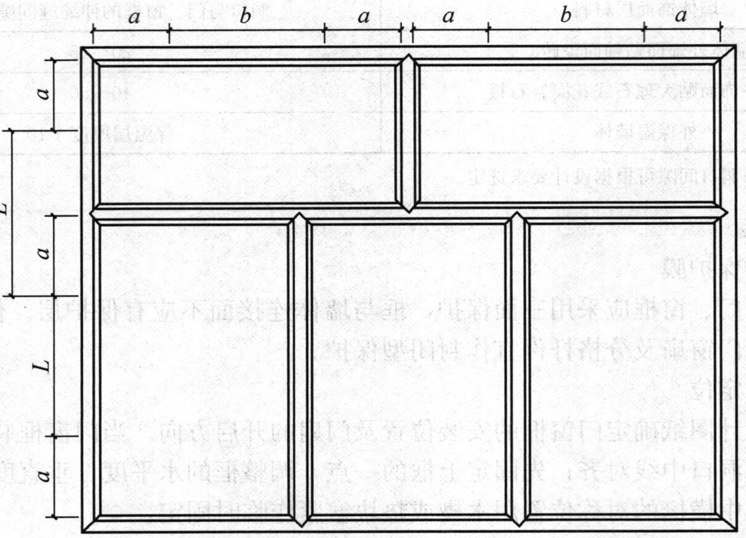

图 27-9 固定片或膨胀螺钉的安装位置

a—端头（或中框）至固定片（或膨胀螺钉）的距离；L—固定片（或膨胀螺钉）之间的距离

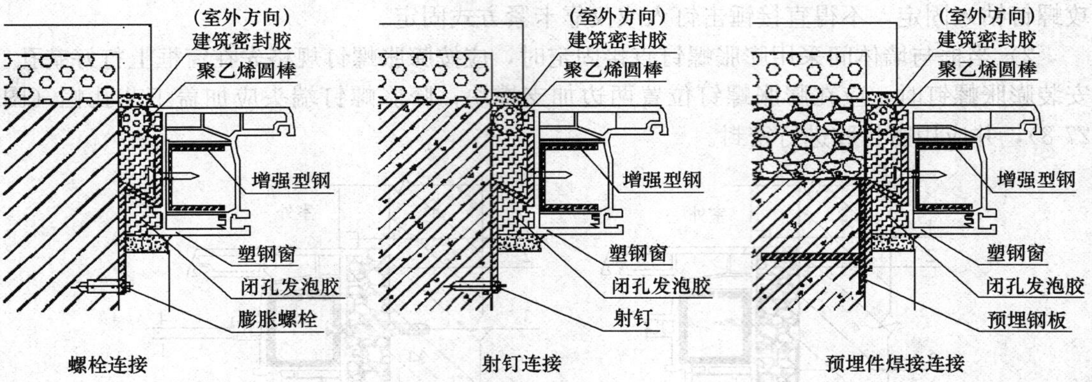

图 27-10 不同墙体有外保温连接节点

（4）装拼樘料

拼樘料的连接应符合表 27-71 的要求。

装拼樘料连接节点表　　表 27-71

分类		安装方法	图示
拼樘料与洞口的连接	拼樘料连接件与混凝土过梁或柱的连接	拼樘料可与连接件搭接	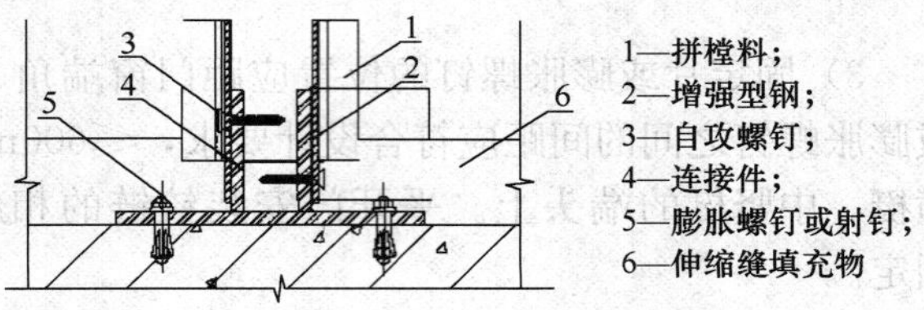

续表

分类		安装方法	图示
拼樘料与洞口的连接	拼樘料连接件与混凝土过梁或柱的连接	与预埋件或连接件焊接	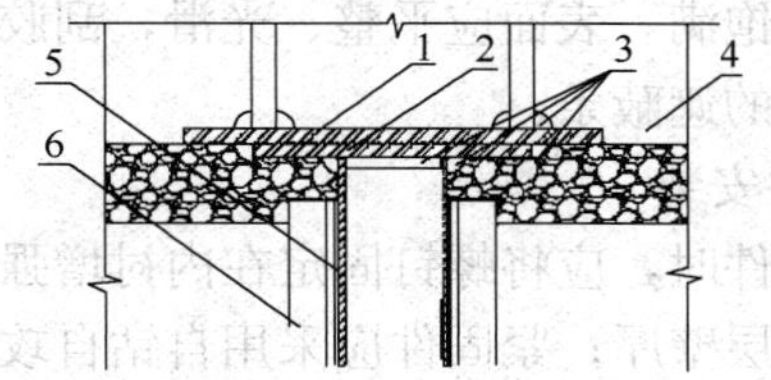 1—预埋件；2—调整垫块；3—焊接点；4—墙体；5—增强型钢；6—拼樘料
	拼樘料与砖墙连接	预留洞口法安装	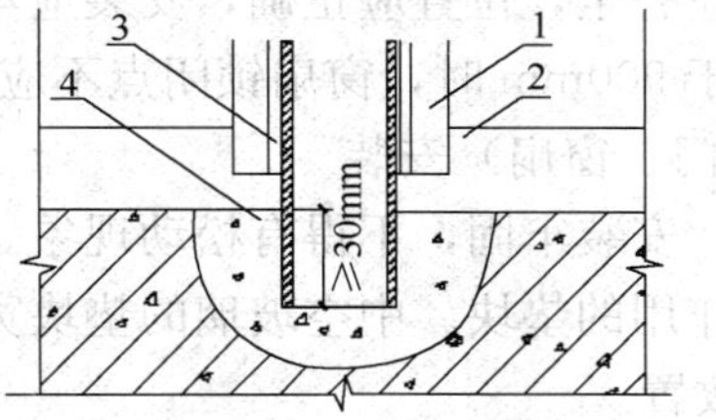 1—拼樘料；2—伸缩缝填充物；3—增强型钢；4—水泥砂浆
门窗与拼樘料连接		先将两窗框与拼樘料卡接，然后用自钻自攻螺钉拧紧	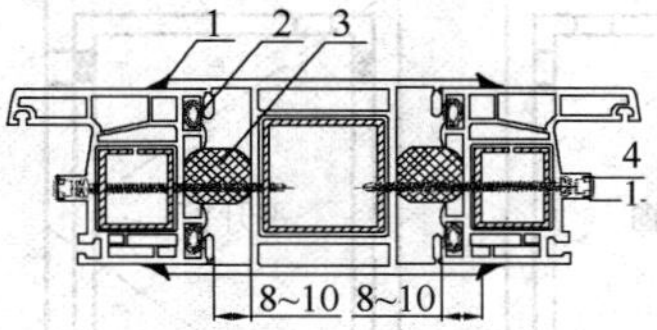 1—密封胶；2—密封条；3—泡沫棒；4—工艺孔帽

3. 嵌缝处理

（1）打聚氨酯发泡胶

窗框与洞口之间的伸缩缝内应采用聚氨酯发泡胶填充，填充应均匀、密实；打胶前，框与墙体间伸缩缝外侧须用挡板盖住，打胶后，应及时拆下挡板，并在10～15min内将溢出泡沫向框内压平。填塞后，撤掉临时固定用木楔或支撑垫块，其空隙也应用聚氨酯发泡胶填充。

（2）洞口抹灰

当外侧抹灰时，应作出披水坡度。采用片材将抹灰层与窗框临时隔开，留槽宽度及深度宜为5～8mm。抹灰面应超出窗框（图27-11），但厚度不应影响窗扇的开启，并不应盖住排水孔。

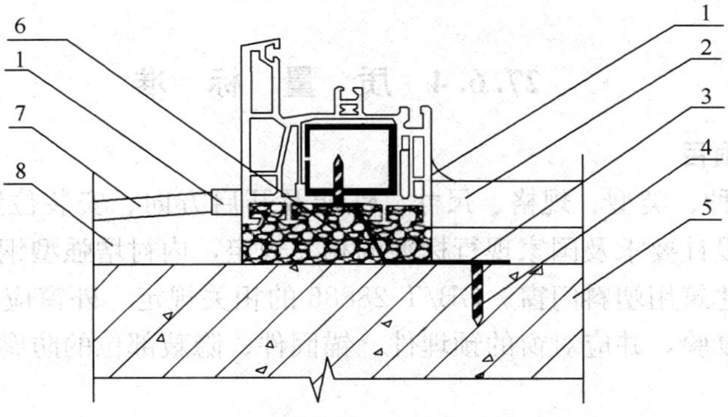

图27-11 窗下框与墙体固定节点图

1—密封胶；2—内窗台板；3—固定片；4—膨胀螺钉；5—墙体；6—防水砂浆；7—装饰面；8—抹灰层

（3）打密封胶

打胶前应将窗框表面清理干净，打胶部位两侧的窗框及墙面均用遮蔽条遮盖严密，密封胶的打注应饱满，表面应平整、光滑，刮胶缝的余胶不得重复使用。密封胶抹平后，应立即揭去两侧的遮蔽条。

4. 五金件安装

安装五金件时，应将螺钉固定在内衬增强型钢或局部加强钢板上，或使螺钉至少穿过塑料型材的两层壁厚；紧固件应采用自钻自攻螺钉一次钻入固定，不得采用预先打孔的固定方法；五金件应齐全，位置应正确，安装应牢固，使用应灵活，达到各自的使用功能。平开窗扇高度大于 900mm 时，窗扇锁闭点不应少于 2 个。

5. 玻璃（或门、窗扇）安装

玻璃应平整、安装牢固，不得有松动现象。安装好的玻璃不得直接接触型材，应在玻璃四边垫上不同作用的垫块。中空玻璃的垫块宽度应与中空玻璃的厚度相匹配，其垫块位置宜按图 27-12 放置。

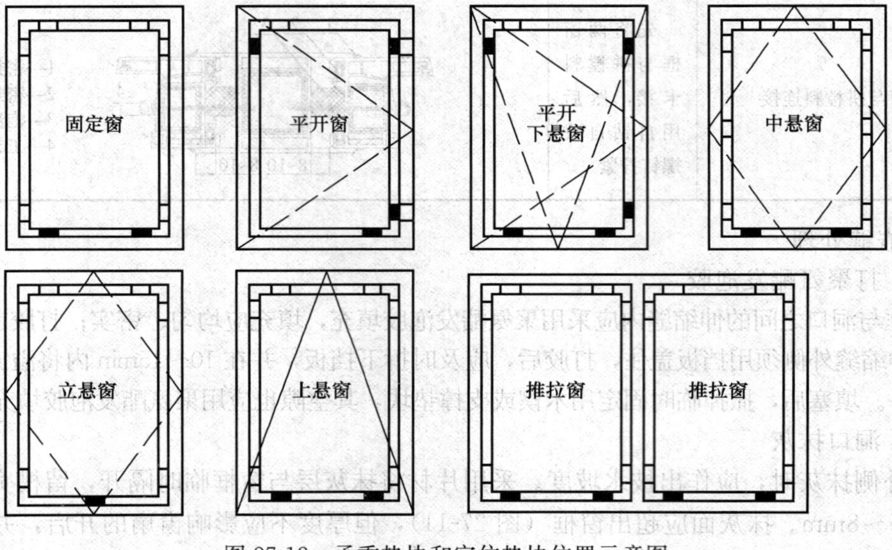

图 27-12　承重垫块和定位垫块位置示意图

□ 定位垫块 ■ 承重垫块

27.6.4　质　量　标　准

27.6.4.1　主控项目

1. 门窗的品种、类型、规格、尺寸、性能及开启方向、安装位置、连接方式及填嵌密封处理应符合设计要求及国家现行标准的相关规定，内衬增强型钢的壁厚及设置应符合国家现行标准《建筑用塑料门窗》GB/T 28886 的相关规定。外窗应进行气密性能、水密性能和抗风性能复验，并应对窗的预埋件、锚固件、隐蔽部位的防腐、填嵌处理进行隐蔽验收。

检验方法：观察；尺量检查；检查产品合格证书、性能检测报告、进场验收记录和复验报告；检查隐蔽工程验收记录。

2. 门窗框、附框和扇的安装应牢固。固定片或膨胀螺栓的数量与位置应正确，连接方式应符合设计要求；固定点应距窗角、中横框、中竖框 150～200mm，固定点间距应≤600mm。

检验方法：观察；手扳检查；尺量检查；检查隐蔽工程验收记录。

3. 组合门窗使用的拼樘料截面尺寸及内衬增强型钢的形状和壁厚应符合设计要求。承受风荷载的拼樘料应采用与其内腔紧密吻合的增强型钢作为内衬，其两端应与洞口固定牢固。窗框应与拼樘料连接紧密，固定点间距应≤600mm。

检验方法：观察；手扳检查；尺量检查；吸铁石检查；检查进场验收记录。

4. 窗框与洞口之间的伸缩缝内应采用聚氨酯发泡胶填充，发泡胶填充应均匀、密实；发泡胶成型后不宜切割，表面应采用密封胶密封；密封胶应粘接牢固，表面应光滑、顺直、无裂纹。

检验方法：观察；检查隐蔽工程验收记录。

5. 滑撑铰链的安装应牢固，紧固螺钉应使用不锈钢材质；螺钉与框扇连接处应进行防水密封处理。

检验方法：观察；手扳检查；检查隐蔽工程验收记录。

6. 推拉门窗扇应安装防止扇脱落的装置。

检验方法：观察。

7. 门窗扇关闭应严密，开关应灵活。

检验方法：观察；尺量检查；开启和关闭检查。

8. 门窗配件的型号、规格和数量应符合设计要求，安装应牢固，位置应正确，使用应灵活，功能应满足各自使用要求。平开窗扇高度>900mm 时，窗扇锁闭点应≥2 个。

检验方法：观察；手扳检查；尺量检查。

27.6.4.2 一般项目

1. 安装后的门窗关闭时，密封条应处于压缩状态，密封层数应符合设计要求；密封条应连续完整，装配后应均匀、牢固，无脱槽、收缩和虚压等现象；密封条接口应严密，且应位于窗的上方。

检验方法：观察。

2. 门窗扇的开关力应符合下列规定：

(1) 平开门窗扇平铰链的开关力应≤80N；滑撑铰链的开关力应≤80N，且≥30N；

(2) 推拉门窗扇的开关力应≤100N。

检验方法：观察；用测力计检查。

3. 门窗表面应洁净、平整、光滑，颜色应均匀一致。可视面应无划痕、碰伤等缺陷；门窗不得有焊角开裂和型材断裂等现象。

检验方法：观察。

4. 旋转窗间隙应均匀。

检验方法：观察。

5. 排水孔应畅通，位置和数量应符合设计要求。

检验方法：观察。

6. 塑钢门窗安装的允许偏差和检验方法应符合表 27-72 的规定。

塑钢门窗安装的允许偏差和检验方法表　　表 27-72

项次	项目		允许偏差（mm）	检验方法
1	门、窗框外形（高、宽）尺寸长度差	≤1500mm	2	用钢卷尺检查
		>1500mm	3	
2	门、窗框两对角线长度差	≤2000mm	3	用钢卷尺检查
		>2000mm	5	
3	门、窗框（含拼樘料）正、侧面垂直度		3	用 1m 垂直检测尺检查
4	门、窗框（含拼樘料）水平度		3	用 1m 水平尺和塞尺检查
5	门、窗下横框的标高		5	用钢卷尺检查，与基准线比较
6	门、窗竖向偏离中心		5	用钢卷直尺检查
7	双层门、窗内外框间距		4	用钢卷尺检查
8	平开门窗及上悬、下悬、中悬窗	门、窗扇与框搭接宽度	2	用深度尺或钢直尺检查
		同樘门、窗相邻扇的水平高度差	2	用靠尺和钢直尺检查
		门、窗框扇四周的配合间隙	1	用楔形塞尺检查
9	推拉门窗	门、窗扇与框搭接宽度	2	用深度尺或钢直尺检查
		门、窗扇与框或相邻扇立边平行度	2	用钢直尺检查
10	组合门窗	平整度	3	用 2m 靠尺和钢直尺检查
		缝直线度	3	用 2m 靠尺和钢直尺检查

27.7　彩　板　门　窗

彩板门窗又称彩色涂层钢板门窗，是指以冷轧镀锌钢板为基板，涂敷耐候性高抗蚀面层的彩色金属门窗，是一种组装式门窗。

27.7.1　分类及规格

27.7.1.1　分类

常见的彩板门窗系列如表 27-73 所示。

常见的彩板门窗系列　　表 27-73

序号	系列类型	地区	序号	系列类型	地区
1	30 系列平开门窗	北京	6	45 系列平开门窗	上海
2	46 系列固定、平开门窗	北京	7	85 系列推拉门窗	上海
3	70 系列推拉门窗	北京	8	68 系列推拉保温门窗	沈阳
4	35 系列平开门窗	四川	9	46 系列地弹簧门	山东
5	80 系列推拉门窗	四川			

27.7.1.2　规格

彩板门窗的规格尺寸应符合表 27-74 所示。

彩板门窗的规格尺寸 **表 27-74**

品种		洞口尺寸（mm）	
平开门	单扇	750、900	2100、2400、2700
	双扇	1200、1500、1800	
推拉门	双扇	1500、1800、2100	2100、2400、2700
	三扇	2400、2700、3000	
地弹簧门	单扇	900、1000、1200	2100、2400、2700
	双扇	1500、1800	
平开窗	单扇	700	900、1200、1500、1800、2100、2400
	双扇	1200、1500	
	三扇	1800、2100、2400	
推拉窗	双扇	1200、1500、1800、2100	900、1200、1500、1800、2100、2400
	三扇	2400	

27.7.2 技 术 要 求

彩板门窗的外形尺寸偏差如表 27-75 所示。

彩板门窗的外形尺寸偏差 **表 27-75**

宽度、高度		≤1500（mm）	>1500（mm）
等级	Ⅰ	+2.0 −1.0	+3.0 −1.0
	Ⅱ	+2.5 −1.0	+3.5 −1.0

彩板门窗的两对角线长度偏差如表 27-76 所示。

彩板门窗的两对角线长度偏差 **表 27-76**

对角线长度		≤2000（mm）	>2000（mm）
等级	Ⅰ	≤4	≤5
	Ⅱ	≤5	≤6

彩板门的抗风压、空气及雨水渗透性能如表 2-77 所示。

彩板门的抗风压、空气及雨水渗透性能 **表 27-77**

等级	抗风压性能（Pa）	空气渗透性能［m^2/（m·h）］	雨水渗透性能（Pa）
Ⅰ	≥3500	≤0.5	≥500
Ⅱ	≥3000	≤1.5	≥350
Ⅲ	≥2500	≤2.5	≥250
Ⅳ	≥2000	≤4.0	≥150
Ⅴ	≥1500	≤6.0	≥100
Ⅵ	≥1000	—	≥50

彩板窗的抗风压、空气及雨水渗透性能如表 27-78 所示。

彩板窗的抗风压、空气及雨水渗透性能　　表 27-78

开启方式	等级	抗风压性能（Pa）	空气渗透性能［m²/（m·h）］	雨水渗透性能（Pa）
平开	Ⅰ	≥3000	≤0.5	≥350
	Ⅱ	≥2000	≤1.5	≥250
推拉	Ⅰ	≥2000	≤1.5	≥250
	Ⅱ	≥1500	≤2.5	≥150

彩板门的保温性能如表 27-79 所示。

彩板门的保温性能　　表 27-79

等级	传热系数 K［(W/m²·K)］	等级	传热系数 K［(W/m²·K)］
Ⅰ	≤1.50	Ⅳ	>3.60 且≤4.80
Ⅱ	>1.50 且≤2.50	Ⅴ	>4.80 且≤6.20
Ⅲ	>2.50 且≤3.60		

彩板保温窗的保温性能如表 27-80 所示。

彩板保温窗的保温性能　　表 27-80

等级	Ⅰ	Ⅱ	Ⅲ
传热阻 R_0［(m²·K)/W］	0.5	0.333	0.25

彩板门窗的隔声性能如表 27-81 所示。

彩板门窗的隔声性能　　表 27-81

等级	计权隔声量 R_w（dB）	
	彩板门	彩板隔声窗
Ⅰ	R_w≥45	≥40
Ⅱ	45>R_w≥40	≥35
Ⅲ	40>R_w≥35	≥30
Ⅳ	35>R_w≥30	≥25
Ⅴ	30>R_w≥25	—
Ⅵ	25>R_w≥20	—

彩板门窗的外观质量要求如表 27-82 所示。

彩板门窗的外观质量要求　　表 27-82

项目	等级	
	Ⅰ	Ⅱ
擦伤、划伤深度	不大于面漆厚度	不大于底漆厚度
擦伤总面积（mm²）	≤500	≤1000
每处擦伤面积（mm²）	≤100	≤150
划伤总长度（mm）	≤100	≤150

27.7.3 安 装 要 点

27.7.3.1 施工准备

1. 主要材料。自攻螺钉、膨胀螺栓、连接件、焊条、密封膏、密封胶条（或塑料垫片）、对拔木楔、钢钉、硬木条、抹布、小五金等。

2. 主要工、机具。螺钉旋具、灰线包、吊线锤、扳手、手锤、钢卷尺、毛刷、刮刀、塞尺、水平尺、扁铲、靠尺板、冲击电钻、射钉枪、电焊机等。

27.7.3.2 工艺流程

测量放线→门窗框安装→嵌缝处理→五金配件安装→玻璃（或门、窗扇）安装→成品保护及清理。

27.7.3.3 安装要点

1. 带副框彩色钢板门窗

（1）按门窗图纸尺寸在工厂组装好副框，运至施工现场，用自攻螺钉，将连接件铆固在副框上。

（2）将副框装入洞口的安装线上，用对拔木楔初步固定。

（3）校对副框正、侧面垂直度和对角线合格后，对拔木楔应固定牢靠。

（4）将副框的连接件，用电焊逐件焊牢在洞口预埋件上。

（5）副框底粉刷时，应嵌入硬木条或玻璃条。副框两侧预留槽口，粉刷干燥后，消除浮灰、尘土，注密封膏防水。

（6）室内外墙面和洞口装饰完毕并干燥后，在副框与门窗外框接触的顶、侧面上贴封胶条，将门窗装入副框内，适当调整，用自攻螺钉将门窗外框与副框连接牢固，扣上孔盖。安装推拉窗时，还应调整好滑块。

（7）洞口与副框、副框与门窗之间的缝隙，应填充密封膏封严；安装完毕后，剥去门窗构件表面的保护胶条，擦净玻璃及门窗框扇。

2. 不带副框彩色钢板门窗

（1）室内外及洞口应粉刷完毕。粉刷后的洞口成型尺寸应略大于门窗框尺寸；其间隙、宽度方向为 3～5mm，高度方向为 5～8mm。

（2）按设计图的规定在洞口内弹好门窗安装线。

（3）按门窗外框上膨胀螺栓的位置，在洞口相应位置的墙体上钻膨胀螺栓孔。

（4）将门窗装入洞口安装线上，调整门窗的垂直度、水平度和直角度合格后，以木楔固定；门窗与洞口用膨胀螺栓连接，盖上螺钉盖；门窗与洞口之间的缝隙，用建筑密封膏密封。

（5）竣工后剥去门窗上的保护胶条，擦净玻璃及框扇。

不带副框彩板门窗亦可采用“先安装外框、后做粉刷”的工艺。具体的做法是：门窗外框先用螺钉固定好连接铁件，放入洞口内调整水平度、垂直度和对直角度合格后以木楔固定，用射钉将外框连接件与洞口墙体连接。框料及玻璃覆盖塑料薄膜保护，然后进行室内外装饰。砂浆干燥后，清理门窗构件装入内扇。清理构件时，切忌划伤门窗上的涂层。

27.7.4 质 量 标 准

27.7.4.1 主控项目

1. 彩板门窗的品种、类型、规格、尺寸、型材壁厚、性能及开启方向、安装位置、连接方式应符合设计要求。门窗的防腐处理及填嵌、密封处理应符合设计要求。

2. 门窗框和副框的安装必须牢固，预埋件的数量、位置、埋设方式、与框的连接方式应符合设计要求。

3. 门窗扇必应安装牢固，开关灵活、关闭严密、无倒翘；推拉门窗扇必须有防脱落措施。

4. 门窗配件的型号、规格、数量应符合设计要求，安装应牢固，位置应正确，功能应满足使用要求。

27.7.4.2 一般项目

1. 彩板门窗表面应洁净、平整、光滑、色泽一致，无锈蚀。大面应无划痕、碰伤。漆膜或保护层应连续。

2. 彩板门窗框与墙体之间的缝隙应填嵌饱满，并采用密封胶密封；密封胶表面应光滑、顺直、无裂纹。

3. 门窗扇的橡胶密封条或毛毡密封条应安装完好，不得脱槽。

4. 有排水孔的门窗，排水孔应畅通，位置和数量应符合设计要求。

5. 彩板镀锌钢板门窗安装的允许偏差和检验方法应符合表 27-83 的规定。

彩板镀锌钢板门窗允许偏差和检验方法　　表 27-83

项次	项目	规格及允许偏差（mm）		检验方法
1	门窗槽口宽度	≤2000	±1.5	用 3mm 钢卷尺检查
		>2000	±2	
2	门窗槽口角线尺寸差	≤2000	≤2	用 3mm 钢卷尺检查
		>2000	≤3	
3	门窗框（含拼樘料）垂直度	≤2000	≤2	用 1m 托线板检查
		>2000	≤3	
4	门窗框（含拼樘料）水平度	≤2000	≤1.5	用水平靠尺检查
		>2000	≤2	
5	门窗横框标高		≤5	用钢板尺检查
6	门窗竖向偏离中心		≤4	用钢板尺检查
7	双层门窗外框（含拼樘料）中心距		≤4	用线坠、钢板尺检查

27.8 特 种 门 窗

27.8.1 防 火 门

27.8.1.1 分类

1. 根据耐火极限不同分类

根据国际标准（ISO），防火门可分为甲、乙、丙三个等级。

（1）甲级防火门

甲级防火门以防止扩大火灾为主要目的，它的耐火极限为 1.5h，一般为全钢板门，无玻璃窗。

（2）乙级防火门

乙级防火门以防止开口部火灾蔓延为主要目的，它的耐火极限为 1.0h，一般为全钢板门，在门上开一个小玻璃窗，玻璃选用 5mm 厚的夹丝玻璃或耐火玻璃。性能较好的木质防火门也可以达到乙级防火门。

（3）丙级防火门

它的耐火极限为 0.5h，为全钢板门，在门上开一小玻璃窗，玻璃选用 5mm 厚夹丝玻璃或耐火玻璃。大多数木质防火门都在这一范围内。

2. 根据门的材质不同分类

根据防火门的材质不同，可以分为木质防火门和钢质防火门两种。

27.8.1.2 安装要点

1. 工艺流程

测量放线→框安装→门扇及附件安装

2. 安装要点

（1）测量放线，按设计尺寸、标高的要求，标记门框框口位置线。

（2）框安装，先拆掉门框下部的固定板，凡框内高度比门扇的高度＞30mm 者，洞两侧地面须设预留凹槽；门框一般埋入±0.000 标高以下 20mm，保证框口上下尺寸相同，允许误差＜1.5mm，对角线允许误差＜2mm；将门框用木楔临时固定在洞内，经校正合格后，固定木楔，门框铁脚与预埋铁板件焊牢。

（3）门扇及附件安装，用 1∶2 的水泥砂浆或强度≥10MPa 的细石混凝土将门框周边缝隙嵌塞牢固，保证与墙体连接成整体；经养护凝固后，再粉刷洞口及墙体。

3. 注意事项

（1）为了防止火灾蔓延和扩大，防火门必须在构造上设计有隔断装置，即装设保险丝，一旦火灾发生，热量使保险丝熔断，自动关锁装置就开始动作进行隔断，达到防火目的。当前一些高端场所使用消防智能化联动方式解决防火门自动关锁功能，取得良好效果，值得推广。

（2）由于火灾时的温度使金属防火门膨胀，可能不好关闭，或是因为门框阻止门膨胀而产生翘曲，从而引起间隙，或是使门框破坏。必须在构造上采取措施，不使这类现象产生，这是很重要的。

27.8.1.3 质量标准

1. 主控项目

（1）门的质量和各项性能应符合设计要求。

检验方法：检查生产许可证、产品合格证书和性能检测报告。

（2）门的品种、类型、规格、尺寸、开启方向、安装位置及防腐处理应符合设计要求。

检验方法：观察；尺量检查；检查进场验收记录和隐蔽工程验收记录。

（3）带有机械装置、自动装置或智能化装置的门，其机械装置、自动装置或智能化装置的功能应符合设计要求和有关标准的规定。

检验方法：启动机械装置、自动装置或智能化装置，观察。

（4）门的安装必须牢固。预埋件的数量、位置、埋设方式、与框的连接方式必须符合设计要求。

检验方法：观察；手扳检查；检查隐蔽工程验收记录。

（5）门的配件应齐全，位置应正确，安装应牢固，功能应满足使用要求和特种门的各项性能要求。

检验方法：观察；手扳检查；检查产品合格证书、性能检测报告和进场验收记录。

2. 一般项目

（1）门的表面装饰应符合设计要求。

检验方法：观察。

（2）门的表面应洁净，无划痕、碰伤。

检验方法：观察。

27.8.2　防　火　窗

27.8.2.1　产品命名、分类及代号

1. 产品命名

防火窗产品采用其窗框和窗扇框架的主要材料命名，具体名称见表 27-84。

防火窗产品名称　　表 27-84

产品名称	含义	代号
钢质防火窗	窗框和窗扇框架采用钢材制造的防火窗	GFC
木质防火窗	窗框和窗扇框架采用木材制造的防火窗	MFC
钢木复合防火窗	窗框采用钢材、窗扇框架采用木材制造或窗框采用木材、窗扇框架采用钢材制造的防火窗	GMFC

注：其他材质防火窗的命名和代号表示方法，按照具体材质名称，参照执行。

2. 分类及代号

（1）防火窗使用功能分类如表 27-85 所示。

防火窗使用功能分类　　表 27-85

使用功能分类名称	代号
固定式防火窗	D
活动式防火窗	H

（2）防火窗耐火性能分类如表 27-86 所示。

防火窗耐火性能分类　　表 27-86

耐火性能分类	耐火等级代号	耐火性能
隔热防火窗，A	A0.50（丙级）	耐火隔热性≥0.50h，且耐火完整性≥0.50h
	A1.00（乙级）	耐火隔热性≥1.00h，且耐火完整性≥1.00h
	A1.50（甲级）	耐火隔热性≥1.50h，且耐火完整性≥1.50h

续表

耐火性能分类	耐火等级代号	耐火性能
隔热防火窗，A	A2.00	耐火隔热性≥2.00h，且耐火完整性≥2.00h
	A3.00	耐火隔热性≥3.00h，且耐火完整性≥3.00h
非隔热防火窗，C	C0.50	耐火完整性≥0.50h
	C1.00	耐火完整性≥1.00h
	C1.50	耐火完整性≥1.50h
	C2.00	耐火完整性≥2.00h
	C3.00	耐火完整性≥3.00h

27.8.2.2 规格与型号

1. 规格

防火窗的规格型号表示方法和一般洞口尺寸系列应符合现行国家标准《建筑门窗洞口尺寸系列》GB/T 5824 的规定，特殊洞口尺寸由生产单位和顾客按需要协商确定。

2. 型号编制方法

防火窗的型号编制方法见图 27-13。

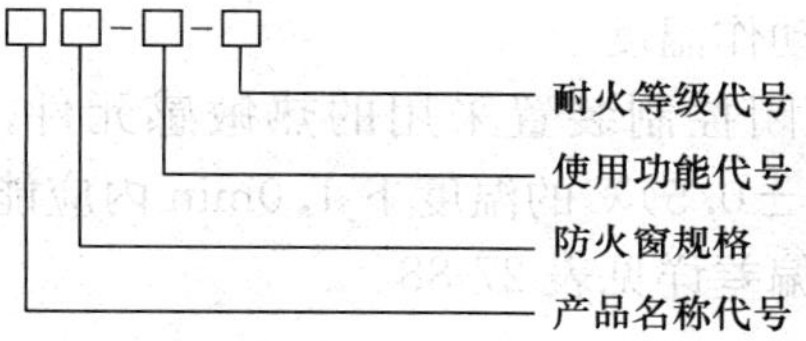

图 27-13 防火窗型号编制方法

示例 1：防火窗的型号为 MFC 0909-D-A1.00（乙级），表示木质防火窗，规格型号为 0909（即洞口标志宽度 900mm，标志高度 900mm），使用功能为固定式，耐火等级为 A1.00（乙级）（即耐火隔热性≥1.00h，且耐火完整性≥1.00h）。

示例 2：防火窗的型号为 GFC 1521-H-C2.00，表示钢质防火窗，规格型号为 1521（即洞口标志宽度 1500mm，标志高度 2100mm），使用功能为活动式，耐火等级为 C2.00（即耐火完整性时间不小于 2.00h）。

27.8.2.3 技术要求

1. 外观质量

防火窗各连接处的连接及零部件安装应牢固、可靠，不得有松动现象；表面应平整、光滑，不应有毛刺、裂纹、压坑及明显的凹凸、孔洞等缺陷；表面涂刷的漆层应厚度均匀，不应有明显的堆漆、漏漆等缺陷。

2. 防火玻璃

（1）防火窗上使用的复合防火玻璃的外观质量应符合现行国家标准《建筑用安全玻璃 第1部分：防火玻璃》GB 15763.1 的相关规定，单片防火玻璃的外观质量应符合现行国家标准《建筑用安全玻璃 第 1 部分：防火玻璃》GB 15763.1 的相关规定。

（2）防火窗上使用的复合防火玻璃的厚度允许偏差应符合现行国家标准《建筑用安全玻璃 第 1 部分：防火玻璃》GB 15763.1 的相关规定，单片防火玻璃的厚度允许偏差应符合现行国家标准《建筑用安全玻璃 第 1 部分：防火玻璃》GB 15763.1 的相关规定。

3. 尺寸偏差

防火玻璃的尺寸允许偏差应按表 27-87 的规定。

防火窗尺寸允许偏差　　**表 27-87**

项目	偏差值（mm）	项目	偏差值（mm）
窗框高度	±3.0	窗框厚度	±2.0
窗框宽度	±3.0	窗框槽口的两对角线长度差	≤4.0

4. 抗风压性能

采用定级检测压力差为抗风压性能分级指标。防火窗的抗风压性能不应低于现行国家标准《建筑外门窗气密、水密、抗风压性能检测方法》GB/T 7106 规定的 4 级。

5. 气密性能

采用单位面积空气渗透量作为气密性能分级指标。防火窗的气密性能不应低于现行国家标准《建筑外门窗气密、水密、抗风压性能检测方法》GB/T 7106 规定的 3 级。

6. 耐火性能

防火窗的耐火性能应符合表 27-86 的规定。

7. 活动式防火窗的附加要求

（1）热敏感元件的静态动作温度

活动式防火窗中窗扇启闭控制装置采用的热敏感元件，在（64±0.5)℃的温度下 5.0min 内不应动作，在（74±0.5)℃的温度下 1.0min 内应能动作。

（2）活动窗扇尺寸允许偏差详见表 27-88。

活动窗扇尺寸允许偏差　　**表 27-88**

项目	偏差值（mm）	项目	偏差值（mm）
活动窗扇高度	±2.0	活动窗扇对角线长度差	≤3.0
活动窗扇宽度	±2.0	活动窗扇扭曲度	≤3.0
活动窗扇框架厚度	±2.0	活动窗扇与窗框的搭接宽度	+2－0

（3）窗扇关闭可靠性

手动控制窗扇启闭控制装置，在进行 100 次的开启/关闭运行试验中，活动窗扇应能灵活开启、并完全关闭，无启闭卡阻现象，各零部件无脱落和损坏现象。

（4）窗扇自动关闭时间

活动式防火窗的窗扇自动关闭时间应≤60s。

27.8.2.4　安装要点

1. 施工准备

安装前应检查产品有无翘曲、脱胶现象，如有要及时修理；产品进场后，未安装前应放置通风干燥处，码放整齐；露天堆放时，要用雨布盖好，不准日晒雨淋。

2. 安装工艺流程

测量放线→框安装→嵌缝处理→扇安装→配件安装→刷防锈漆。

3. 安装要点

（1）测量放线。按设计要求尺寸、标高和开启方向，画出窗框中心位置线。安装前检查窗洞口尺寸，偏位、不垂直、不方正的要进行剔凿或抹灰处理。

（2）框安装。先拆掉窗框下部的固定板，将窗框用木楔临时固定在窗口内，经校正合格后，固定木楔；窗框与墙体固定可采用膨胀螺栓、射钉或与预埋或后置的铁件焊接的方式进行。不论采用何种连接方式，每边均不应少于3个连接点，且应牢固连接。

（3）嵌缝处理。用1∶2的水泥砂浆或强度不低于C20的细石混凝土嵌缝牢固，应保证与墙体结成整体；经养护凝固后，再粉刷洞口及墙体。窗框与墙体连接处打建筑密封胶。

（4）扇安装。保证框口上下宽度尺寸相同，窗扇关闭后，窗缝应均匀平整，开启自由轻便，不得有过紧、过松和反弹现象。

（5）配件安装。五金配件应符合消防规范要求并达到各自的使用功能；安装零附件宜在墙面装饰后进行，安装时应按厂方的说明进行；如需先安装，应注意防止污染和丢失、损坏；密封条应在门窗涂料干燥后，按型号进行安装和压实。

（6）刷防锈漆。应在安装前涂刷防锈漆，安装后再刷两遍调和漆。

27.8.2.5 质量标准

1. 主控项目

（1）防火窗的品种、类型、规格、尺寸、性能、型材壁厚及开启方向、安装位置、连接方式应符合设计和规范要求。

（2）防火窗的安装必须牢固。预埋件或膨胀螺栓的数量、位置、埋设方式、与框的连接方式必须符合设计要求。

（3）防火窗的配件的型号、规格、数量应符合设计要求；位置应正确，安装应牢固，功能应满足使用要求和特种窗的各项性能要求。

（4）防火窗上使用的防火玻璃的外观质量及厚度允许偏差应符合设计及规范要求。

2. 一般项目

（1）防火窗的表面应洁净、平整、光滑、色泽一致、无锈蚀；大面应无划痕、碰伤；漆膜或保护层应连续。

（2）窗框与墙体之间的缝隙应填嵌饱满，并采用密封胶密封；密封胶表面应光滑顺直、无裂纹。

（3）窗扇的橡胶密封条或毛毡密封条应安装完好，不得脱槽、卷边或损坏。

（4）有排水孔的防火窗，排水孔应通畅，位置和数量应符合设计要求。

（5）防火窗的尺寸允许偏差按表27-89的规定。

防火窗尺寸允许偏差 **表27-89**

项目	窗框高度（mm）	窗框宽度（mm）	窗框厚度（mm）	窗框槽口的两对角线长度差（mm）
偏差值	±3.0	±3.0	±2.0	≤4.0

27.8.3 防 盗 门

27.8.3.1 分类、标记及安全级别

1. 分类

（1）按材质

主要可分为铁门、不锈钢门、铝合金门和铜门等，也可用其他复合材料。

（2）按开启方式

可分为推拉栅栏式防盗门、平开式栅栏防盗门、平开封闭式防盗门、平开多功能防盗门、平开折叠式防盗门、平开对讲子母门等。

（3）按门扇数量

可分为单扇门和多扇门两种。

2. 标记组成（图 27-14）

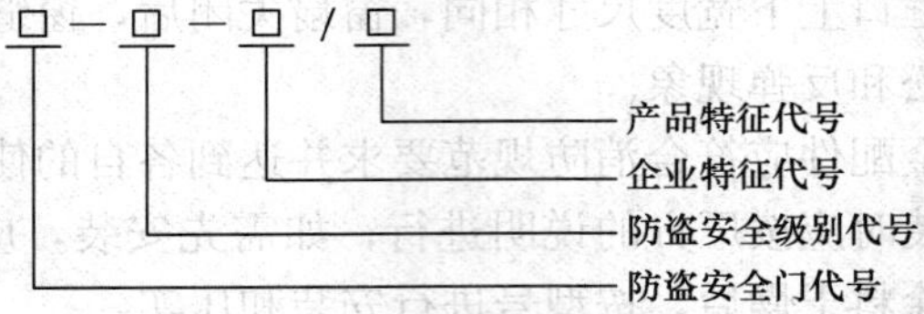

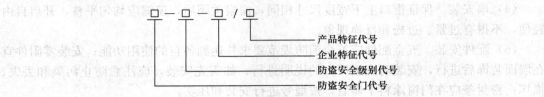

图 27-14　防盗门标记组成图

3. 防盗门的安全级别

防盗门的代号为 FAM，根据安全级别分为 4 类：甲（J）、乙（Y）、丙（B）、丁（D），见表 27-90。

防盗门安全级别　　表 27-90

项目	耐火性能代号			
	甲级	乙级	丙级	丁级
门扇钢板厚度（mm）	符合设计要求	外面板≥1.0-δ 内面板≥1.0-δ	外面板≥0.8-δ 内面板≥0.8-δ	外面板≥0.8-δ 内面板≥0.6-δ
防破坏时间（min）	≥30	≥15	≥10	≥6
机械防盗锁防盗级别	B	A		
电子防盗锁防盗级别	B	A		

注：1. 级别分类原则应同时符合同一级别的各项指标。

2. “δ”为《冷轧钢板和钢带的尺寸、外形、重量及允许偏差》GB/T 708、《热轧钢板和钢带的尺寸、外形、重量及允许偏差》GB/T 709 中规定的允许偏差。

27.8.3.2　技术要求

1. 所选板材材质应符合国家现行标准的相关规定，主要构件及五金附件应与防盗门使用功能协调一致，有效证明符合相关标准的规定。

2. 门框、门扇构件表面应平整、光洁，无明显凹痕和机械损伤；铭牌标志应端正、牢固、清晰。

3. 防盗门应具备防破坏功能。

4. 门框与门扇之间或其他部位应安装防闯入装置，装置本身及连接强度可承受 30kg 砂袋 3 次冲击试验后，不应断裂或脱落。

5. 在锁具安装部位以锁孔为中心，半径不小于 100mm 的范围内应有加强防护钢板。

6. 宜采用三方位多锁舌锁具，门框与门扇间的锁闭点数按防盗门安全级别分为甲、乙、丙、丁，应分别不少于 12、10、8、6 个。主锁舌伸出有效长度应不小于 16mm，并应有锁舌止动装置。

7. 若使用交直流电源时，防盗门与门体的接触电压应低于36V；电源引入端子与外壳及金属门体之间的绝缘电阻在正常环境下≥200MΩ，湿热条件下不小于5MΩ。

27.8.3.3 安装要点

1. 施工准备

安装前应检查产品有无翘曲、脱胶现象，如有要及时修理；产品进场后，未安装前应放置通风干燥处，码放整齐；露天堆放时，要用雨布盖好，不准日晒雨淋。

2. 安装工艺流程

测量放线→框安装→嵌缝处理→扇安装→配件安装。

3. 安装要点

（1）测量放线。按设计要求尺寸、标高和开启方向，画出窗框中心位置线。安装前检查窗洞口尺寸，偏位、不垂直、不方正的要进行剔凿或抹灰处理。

（2）框安装。先拆掉窗框下部的固定板，将窗框用木楔临时固定在窗口内，经校正合格后，固定木楔；窗框与墙体固定可采用膨胀螺栓、射钉或与预埋或后置的铁件焊接的方式进行。不论采用何种连接方式，每边均不应少于3个连接点，且应牢固连接。

（3）嵌缝处理。用1∶2的水泥砂浆或强度不低于C20的细石混凝土嵌缝牢固，应保证与墙体结成整体；经养护凝固后，再粉刷洞口及墙体。窗框与墙体连接处打建筑密封胶。

（4）扇安装。保证框口上下宽度尺寸相同，窗扇关闭后，窗缝应均匀平整，开启自由轻便，不得有过紧、过松和反弹现象。

（5）配件安装。五金配件应符合消防规范要求并达到各自的使用功能；安装零附件宜在墙面装饰后进行，安装时应按厂方的说明进行；如需先安装，应注意防止污染和丢失、损坏；密封条应在门窗涂料干燥后，按型号进行安装和压实。

27.8.3.4 质量标准

1. 主控项目

（1）门的质量和各项性能应符合设计要求。

（2）门的品种、类型、规格、尺寸及开启方向、安装位置及防腐处理，应符合设计要求。

（3）门的安装必须牢固。预埋件的数量、位置、埋设方式、与框的连接方式，必须符合设计要求。

（4）门的配件应齐全，位置应正确，安装应牢固，功能应满足使用要求和各项性能要求。

（5）门的表面应洁净，无划痕、碰伤，装饰应符合设计要求。

2. 一般项目

（1）门表面应洁净、平整、光滑、色泽一致，无锈蚀；大面应无划痕、碰伤；漆膜或保护层应连续。

（2）门框与墙体之间的缝隙应填嵌饱满，并采用密封胶密封。密封胶表面应光滑、顺直，无裂纹。

（3）门扇的橡胶密封条或毛毡密封条应安装完好，不得脱槽。

（4）门安装的允许偏差应符合表27-91的规定。

防盗门安装的允许偏差　　**表 27-91**

项次	项目		允许偏差（mm）
1	门槽口宽度、高度	≤1500mm	1.5
		＞1500mm	2
2	门槽口对角线长度差	≤2000mm	3
		＞2000mm	4
3	门框的正面、侧面垂直度		2.5
4	门横框的水平度		2
5	门横框标高		5
6	门竖向偏离中心		5
7	双层门内外框间距		4
8	推拉门扇与框搭接量		1.5

27.8.4　旋　转　门

27.8.4.1　分类及规格

1. 按材质

分为铝制、钢制两种。

2. 按驱动类型

分为手动旋转门、带有推即走功能的半自动旋转门、全自动旋转门。

3. 按门翼数量

分为三翼旋转门、四翼旋转门（内径尺寸 1800～3400mm），两翼旋转门（内径尺寸 2600～4800mm）。

4. 旋转门的规格如表 27-92 所示。

旋转门的常规规格　　**表 27-92**

立面形状	基本尺寸（mm）		
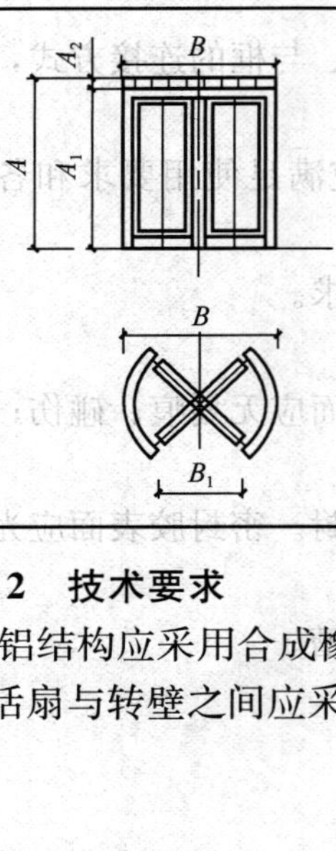	$B\times A_1$	B_1	A_2
	1800×2200	1200	130
	1800×2400	1200	130
	2000×2200	1300	130
	2000×2400	1300	120

27.8.4.2　技术要求

1. 铝结构应采用合成橡胶密封固定玻璃，以保证其具有良好的密闭、抗震和耐老化性能；活扇与转壁之间应采用聚丙烯毛刷条，钢结构玻璃应采用橡胶条固定。铝结构应采用厚 6＋6mm 热弯夹胶玻璃，钢结构采用厚 6＋6mm 热弯夹胶玻璃，玻璃规格根据实际使用尺寸配装。

2. 门扇一般应逆时针旋转，保证转动平稳、坚固耐用，便于擦洗清洁和维修。

3. 门扇旋转主轴下部，应设有可调节阻尼装置，以控制门扇因惯性产生偏快的转速，保持旋转体平稳状态。4 只调节螺栓逆时针旋转为阻尼增大。

4. 连接铁件焊接固定后，必须进行防腐处理。

5. 门扇正面、侧面垂直度及水平度是旋转门安装质量控制的核心，也是保证转门旋转平稳、间隙均匀的前提条件，必须重点控制。

6. 转壁安装先临时固定，不可一次固定死；应待转门门扇的高低、松紧和旋转速度均调整适宜后，方可完全固定。

27.8.4.3　安装要点

1. 施工准备

（1）材料。成品门、连接件、配件、填缝材料、保护材料、电焊条等。

（2）认真熟悉图纸，熟悉门的构造和安装要求。

（3）编制施工方案并经审查批准。按批准的施工方案进行技术交底。

（4）成批安装时，应先安装一樘实样，并经有关各方确认。

（5）主要机具、工具。电焊机、电锯、电钻、射钉枪、榔头、垫铁、橡皮锤、铁锤、钢凿、托线板、线坠、尺、活扳手、钳子、螺钉旋具、墨斗等。

（6）作业条件。结构工程已验收完毕，核对门的洞口尺寸和位置，并将其清理干净。洞口内预埋件规格、位置和数量符合设计要求。

（7）旋转门安装前，地面应施工完成，且坚实、光滑、平整。

（8）施工组织及人员准备

专业技术人员应配置合理，劳动力应组织进场。专业技术人员和特殊工种必须持证上岗，并应进行岗前培训。

2. 工艺流程

测量放线→框安装→转轴安装→门顶和转壁安装→转壁调整→焊接定壁→镶嵌玻璃→调试→清理。

3. 安装要点

（1）测量放线。依据设计要求，在门洞口弹出旋转门的安装位置设垂直、水平线。

（2）框安装。门框按洞口左右、前后位置尺寸与预埋件固定，使其保持水平。转门与弹簧门或其他门型组合时，可先安装其他组合部分。

（3）转轴安装。固定底座，底座下面必须垫实，防止下沉，临时点焊上轴承座，使转轴垂直于地坪面。

（4）门顶与转壁安装。先安装圆门顶和转壁，但不固定转壁，以便调整它与活扇的间隙。装门扇，应保持 90°夹角，且上下留有一定的空隙，门扇下皮距地 5～10mm 装拖地橡胶条或毛刷密封。

（5）转壁调整。调整转壁位置，使门扇与转壁之间有适当缝隙，尼龙毛条能起到有效的密封作用。

（6）焊座定壁。焊上轴承座，用混凝土固定底座。然后，埋设插销下壳，固定转壁。

（7）镶嵌玻璃。旋转门采用橡胶条或注胶方法安装玻璃。

（8）调试。门扇安装完成后，进行反复调试，确保旋转门旋转平稳、灵活；自动旋转门，对探测传感系统和机电装置应进行反复多次调试，直至感应灵敏度、探测距离、旋转速度等指标完全达到要求为止。

（9）清理。安装完成后清除保护膜；对施工现场进行全面清理保护。

27.8.4.4　质量标准

（1）旋转门的品种、类型、规格、尺寸应符合设计要求。各种附件配套齐全。并有旋转门生产许可文件、产品合格证书和性能检测报告。

（2）旋转门的各项性能应符合设计要求并满足使用功能。

（3）防腐、密封等材料应符合设计要求和有关标准规定

（4）旋转门的开启方向。安装位置及防腐处理应符合设计要求。

（5）带有机械装置、自动装置或智能化装置的旋转门，其机械装置、自动装置或智能化装置的功能应符合设计要求和国家现行标准的有关规定。

（6）旋转门的表面装饰应符合设计要求。

（7）旋转门的安装必须牢固。预埋件的数量、位置、埋设方式、与框的连接方式必须符合设计要求。

（8）旋转门的配件应齐全，位置应正确，安装应牢固，功能应满足使用要求和旋转门的各项性能要求。

（9）旋转门的表面应洁净，无划痕、碰伤。

（10）旋转门安装的允许偏差和检验方法见表27-93的规定。

旋转门安装的允许偏差和检验方法　　表27-93

项目	允许偏差（mm）		检验方法
	金属框架玻璃旋转门	木质旋转门	
门扇正、侧面垂直度	1.5	1.5	用1m垂直检测尺检查
门扇对角线长度差	1.5	1.5	用钢尺检查
相邻扇高度差	1	1	用钢尺检查
扇与圆弧边缘边留缝	1.5	2	用塞尺检查
扇与上定间留缝	2	2.5	用塞尺检查
扇与地面间留缝	2	2.5	用塞尺检查

27.8.5　人　防　门

27.8.5.1　分类及性能参数

1. 人防门分类

包括防护门、防护密闭门、密闭门和防爆波活门。按材质又分为钢架混凝土人防门、钢结构人防门。

2. 钢筋混凝土人防门性能参数如表27-94所示。

钢筋混凝土人防门性能参数 表 27-94

序号	项目	门框几何尺寸（mm）	允许值
1	门扇手动启闭力（N）	$H \leqslant 2000$	≤90
		$2000 < H \leqslant 3000$	≤180
		$3000 < H \leqslant 5000$	≤220
		$H > 5000$	≤250
2	手动关锁操纵力（N）	$L \leqslant 2000$	≤220
		$2000 < L \leqslant 3000$	≤240
		$3000 < L \leqslant 5000$	≤260
		$L > 5000$	≤280
3	门框孔对角线长度 X（mm）	$L \leqslant 2000$	2.5
		$2000 < L \leqslant 3000$	3.0
		$3000 < L \leqslant 5000$	4.0
		$L > 5000$	5.0

3. 钢结构人防门性能参数如表 27-95 所示。

钢结构人防门性能参数 表 27-95

序号	项目	门框几何尺寸（mm）	允许值
1	门扇手动启闭力（N）	$H \leqslant 2000$	≤90
		$2000 < H \leqslant 3000$	≤150
		$3000 < H \leqslant 5000$	≤220
		$H > 5000$	≤250
2	手动关锁操纵力（N）	$L \leqslant 2000$	≤220
		$2000 < L \leqslant 3000$	≤240
		$3000 < L \leqslant 5000$	≤260
		$L > 5000$	≤280
3	门框孔对角线长度 X（mm）	$L \leqslant 2000$	2.0
		$2000 < L \leqslant 3000$	2.5
		$3000 < L \leqslant 5000$	3.0
		$L > 5000$	4.0

27.8.5.2 技术要求

（1）门应随工程主体一次安装到位，门框墙钢筋施工时，应先安装门框，后绑扎门框墙钢筋，其钢筋与门框的间距应满足钢筋保护层厚度要求。

（2）在人防防护段顶板钢筋施工时，应按要求在相应位置预埋用于吊装人防门扇的吊环，吊环材质应采用 HPB300 钢筋。

（3）安装门框前，应在底板上预埋门框立框支撑件，并预留后浇施工槽；在浇筑底板混凝土前，应按要求对立框支撑件的预埋、后浇施工槽的留置情况进行检查验收，并形成隐蔽工程验收记录。

27.8.5.3　安装要点

1. 门框工艺流程

绑扎底板钢筋及墙体插筋→预埋门框立框支撑件→浇筑底板混凝土时预留后浇施工槽→安装调试固定门框→浇筑预留后浇施工槽混凝土→绑扎门框墙体钢筋及安装预埋件穿墙管件→浇筑门框混凝土。

2. 门框预埋安装

（1）根据图纸要求将相应型号的门框搬运到位，需要现场组装的门框应严格按国标图集的技术要求进行组装，确保各尺寸公差在 2mm 以内；

（2）找到并核实门洞附近标记好的轴线、模板线和标高基准点，并将它们用卷尺和水平管引到门洞钢筋上，根据建筑施工图上的门洞尺寸确定门框水平方向和垂直方向的准确位置，使门框外表面与门框墙模板外表面在同一平面上，也就是预留 20mm 的抹灰层。门框角钢与钢筋、模板的位置关系见图 27-15。

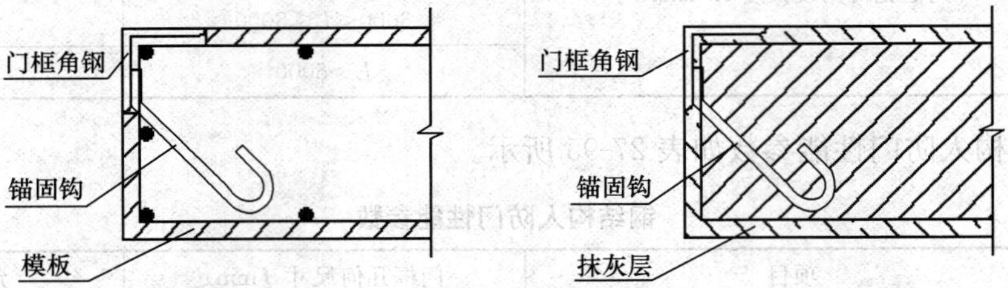

图 27-15　门框角钢与钢筋、模板的位置关系

（3）将门框底部与门槛钢筋焊接定位，如果门框钢筋不牢固的要用电焊加固。

（4）以门框底部位置为基准，用吊坠和水平尺确定门框顶部位置，然后用钢管或钢筋斜向支撑牢固。

（5）钢门框支撑面的平整度偏差不应超过 2mm，门框垂直度偏差不应超过长边的 2‰。为了确保门框安装质量和避免变形。在校正钢筋和支模板的过程中，应注意保护好门框的固定支撑。

3. 门扇安装

（1）在人防地下室通车、通电，无积水、垃圾时即可进行门扇安装。

（2）门扇吊装到位后，留出密封胶条的间隙即可将铰耳焊牢在门框铰耳预埋板上，然后进行调试、安装闭锁和密封胶条，门扇与门框应贴合紧密均匀。

（3）铰页、闭锁安装位置应准确，上、下铰页同轴度偏差不应超过规范允许偏差值。门扇应启闭灵活。

（4）安装完成后，对外露金属表面进行清渣、打磨、除锈；达到表面光洁平整后，刷两遍防锈底漆，两遍灰色面漆；对门扇表面进行刮腻子、打磨，然后刷两至三遍外墙乳胶漆。

（5）标识、标记手轮或闭锁把手的开关方向和人防门型号，如图 27-16 所示。

4. 战时封堵预埋件的安装

战时封堵四周都要预埋钢板或角钢框，底部应平该处建筑标高，两侧和顶部预埋钢板均贴模板内侧安装；临战时再将封堵板焊上去。

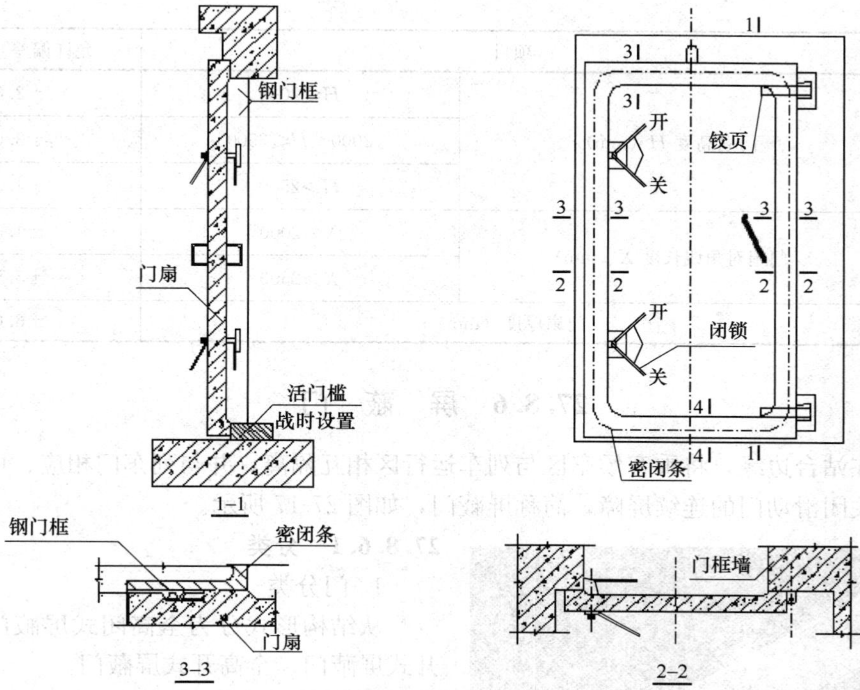

图 27-16 人防门门扇安装节点示意图

27.8.5.4 质量标准

1. 门框孔净宽、净高和对角线长度的偏差应符合表 27-96 的规定。

人防门框几何尺寸允许偏差 **表 27-96**

序号	项目		允许偏差（mm）
1	门框孔净宽 B（mm）	$B \leqslant 1500$	±2.0
		$1500 < B \leqslant 2500$	±3.0
		$B > 2500$	±4.0
2	门框孔净高 H（mm）	$H \leqslant 2000$	±2.0
		$2000 < H \leqslant 2500$	±3.0
		$H > 2500$	±4.0
3	门框孔对角线长度 X（mm）	$X \leqslant 2000$	±4.5
		$X > 2000$	±5.5

2. 门扇宽度、门扇高度、对角线长度和门扇厚度的偏差应符合表 27-97 的规定。

人防门扇几何尺寸允许偏差 **表 27-97**

序号	项目		允许偏差（mm）
1	门框宽度 L（mm）	$L \leqslant 1500$	±2.0
		$1500 < L \leqslant 2500$	±3.0
		$L > 2500$	±4.0

续表

序号	项目		允许偏差（mm）
2	门扇高度 H（mm）	$H \leqslant 2000$	±2.0
		$2000 < H \leqslant 2500$	±3.0
		$H > 2500$	±4.0
3	门扇对角线长度 X（mm）	$X \leqslant 2000$	±4.5
		$X > 2500$	±5.5
4	门扇厚度（mm）		±3.0

27.8.6　屏　蔽　门

设置在站台边缘，将乘客候车区与列车运行区相互隔离，并与列车门相应、可多级控制开启与关闭滑动门的连续屏障，简称屏蔽门，如图 27-17 所示。

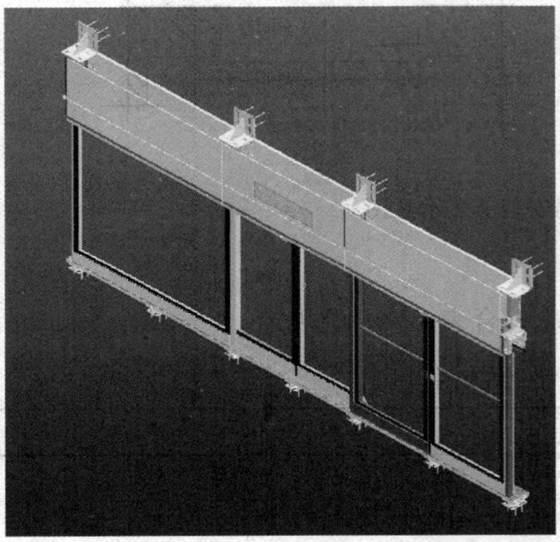

图 27-17　屏蔽门效果图

27.8.6.1　分类

1. 门分类

从结构形式分为全高闭式屏蔽门、半高开式屏蔽门、全高开式屏蔽门。

（1）全高闭式屏蔽门

将候车空间与隧道空间完全隔开，主要应用于城市轨道交通的设有空调系统的地下站，保证乘客乘车的安全性，减少能耗，还可以提高地铁运营的经济性。

（2）半高开式屏蔽门

可称为可动式安全栅。高度 1.2～1.5m，应用于地面站或高架；仅保证安全性。

（3）全高开式屏蔽门

上不封顶，允许轨道与站台之间有空气对流，造价低，多应用于没有空调系统的地下车站站台。

2. 从安装方式分为顶部悬挂式屏蔽门、底部支撑式屏蔽门、底部支撑与顶部悬挂相结合式屏蔽门。

3. 按门体使用材料分为铝合金屏蔽门、不锈钢屏蔽门。

27.8.6.2　安装要点

施工准备

（1）屏蔽门基础钻孔施工。

（2）安装立柱如图 27-18 所示。

（3）装框如图 27-19 所示。

（4）安装玻璃如图 27-20 所示。

图 27-18 安装立柱示意图

图 27-19 装框示意图

图 27-20 安装玻璃示意图

（5）上部结构安装如图 27-21 所示。

图 27-21 上部结构安装示意图

（6）就地控制盘安装如图 27-22 所示。

（7）测试如图 27-23 所示。

（8）安装测试完毕如图 27-24 所示。

图 27-22　就地控制盘安装示意图

图 27-23　测试示意图

图 27-24　安装测试完毕示意图

27.8.6.3 质量标准

1. 门槛安装

主控项目

(1) 滑动门门槛、应急门门槛、端门门槛应有防滑措施。

(2) 门槛上表面应与纵向轨顶面平行，平行度应＜0.5mm/m，全长范围内误差应控制在0～5mm。

(3) 绝缘装置安装应正确，并应符合设计要求。

一般项目

(1) 相邻门槛间隙应均匀，接缝处高差应＜1mm。

(2) 门槛下部支撑连接螺栓的扭力应符合设计要求。

(3) 门槛外观应良好。

(4) 门槛面距离轨道面的标高尺寸应符合设计要求。

(5) 门槛轨道侧边缘距离轨道中心线应符合设计要求。

2. 上部结构安装

主控项目

(1) 预埋件与土建结构之间的接触表面应平整。

(2) 绝缘装置安装正确应符合设计要求。

(3) 安装完成后应能适应车站土建结构垂直方向10mm沉降量。

一般项目

(1) 连接螺栓的扭力应符合设计要求。

(2) 紧固螺栓应有防松措施。

(3) 上部结构导轨侧到轨道中心线的水平距离应符合设计要求。

(4) 上部结构下表面到导轨面的垂直距离应符合设计要求。

3. 门体结构安装

主控项目

(1) 门体结构应有等电位连接电缆。

(2) 门机梁、门楣及立柱之间的连接应牢固、可靠。

(3) 屏蔽门门楣或固定侧盒的安装应使门机导轨中心线与门槛平行。门机导轨中心线与门槛面的平行度应＜1mm/m。

一般项目

(1) 立柱应垂直于轨道面。

(2) 装在立柱上的不锈钢或铝合金装饰板应平滑牢固且外观良好。

(3) 各门体立柱间距应符合设计要求。

(4) 门机梁到轨道中心线距离应符合设计要求。

4. 滑动门、应急门、端门和固定门安装

主控项目

(1) 在轨道侧，应能通过滑动门上的手动把手开启滑动门，应能通过应急门、端门上的推杆锁开启应急门、端门。

(2) 滑动门、应急门开度应符合设计要求。

（3）应急门可开启并定位90°。端门开启后可向站台侧旋转并定位90°，且<90°开启后应能自动关闭。

（4）滑动门、应急门、端门的每一扇门体应能在站台侧用同一规格专用钥匙正常开启。

（5）门体安装应牢固可靠，并应符合限界要求。

一般项目

（1）滑动门导轨、应急门上铰链定位销、端门闭门器、固定门调节支架、电气安全开关、各密封胶条的安装应正确，并应符合设计要求。

（2）外观应良好。

（3）滑动门、应急门、端门开关门状况应良好。

（4）每侧站台固定门和应急门应在同一个平面上安装；固定门扇与门楣、门槛面之间间隙应均匀。

（5）全高屏蔽门滑动门扇、应急门门扇与门楣、门槛面之间的间隙应≤10mm，全高封闭式屏蔽门间隙处应有密封毛刷或其他形式的密封装置。

（6）全高屏蔽门滑动门与滑动门立柱之间的间隙应≤6mm，半高屏蔽门滑动门与固定侧盒立柱之间的间隙应≤8mm，并应在间隙设置毛刷或橡胶条等。

（7）全高封闭式屏蔽门间隙内应有密封措施。

5. 紧固件安装

（1）上下支架紧固件应防锈。

（2）立柱及其装饰包板紧固件应防锈。

（3）门槛紧固件应防锈。

（4）门机梁及其门机梁上的设备紧固件应防锈。

（5）门楣紧固件应防锈。

（6）盖板及其密封条紧固件应防锈。

（7）滑动门、固定门、应急门、端门等门体紧固件应防锈。

（8）线槽紧固件应防锈。

6. 盖板安装

主控项目

（1）各盖板、各支架之间爬电距离间隙应符合设计要求，绝缘性能应良好。

（2）屏蔽门顶箱后封板安装应牢固，前盖板安装应平整，其开启角度应≥70°，并应能在最大开启角度定位。

一般项目

（1）相邻盖板的间距应均匀。

（2）相邻盖板的平面应平整。

（3）前下盖板的支撑构件安装应良好，并应符合设计要求。

（4）盖板密封胶安装应良好，并应符合设计要求。

（5）盖板外观应良好。

（6）后盖板的毛刷安装应牢固，并应符合设计要求。

7. 设备柜安装

主控项目

(1) 设备柜的接地应符合设计要求。

(2) 电气绝缘应符合设计要求。

一般项目

(1) 设备柜安装应牢固可靠，并应符合设计要求。

(2) 设备柜应标有中文名称。

(3) 设备柜内的设备，其接线应正确、牢固、整齐，标志应清洗齐全。

(4) 设备柜的垂直度和平整度应符合设计要求。

8. 线槽和线缆安装

主控项目

(1) 动力线和通信线的表面应无划伤或破损。

(2) 动力线和通信线终端头和接头的制作应符合设计要求。

(3) 线槽的安装路径、安装方式应符合设计要求。

(4) 动力线和通信线应分开放置在不同的线槽内。

(5) 线缆防护管的规格应符合设计要求。

(6) 通信线的屏蔽层、线槽和线缆保护管的接地应符合设计要求。

(7) 线槽及其支架、托架安装应牢固可靠。

(8) 轨道侧线槽安装应能承受设计要求的风压。

一般项目

(1) 线缆保护管安装应牢固、排列整齐，管口应光滑，并应符合设计要求。

(2) 线缆布置应符合设计要求。

(3) 控制电缆的最小允许弯曲半径应$>10D$。

9. 电源及监控系统

主控项目

(1) 应具有过流、过压保护，当电压在±10%范围内波动时，屏蔽门系统应能正常工作；当电压超过10%时，屏蔽门系统应自动保护。

(2) 驱动电源、控制电源与外电源的隔离阻抗应≥5MΩ。

(3) 动力电缆、控制电缆应采用不同线槽敷设或同槽分室。

(4) 门体金属机械结构之间采用电线（缆）相连，保持等电位连接。

(5) 端门、应急门应安装关闭且锁紧装置，应能检测门体状态，在门体超过规定时间未关闭时，应有声光报警。

(6) 滑动门单元应安装关闭且锁紧装置，应能检测门体状态。

一般项目

(1) 驱动电源和控制电源供电回路宜相互独立设置。

(2) 5MΩ绝缘电阻值要求应在屏蔽门门体与其他接口进行绝缘封闭前进行测量。

(3) 屏蔽门设备房、顶箱或固定侧盒内应按设计要求配线；软件和无防护套电缆应在导管、线槽或能确保起到等效防护作用的装置中使用。

(4) 导管、线槽的敷设应整齐牢固；线槽内导线总截面积应≤线槽截面积60%；导管内导线总截面积应≤导管内净截面积40%；软管固定间距应≤1m，端头固定间距应≤0.1m。

（5）接地线应采用黄绿相间的绝缘导线。

27.8.7　自动感应门

27.8.7.1　分类及原理

1. 分类

（1）按开启方式：平移感应门、90°平开感应门、弧形感应门等。

（2）按门体样式：铝型材有框玻璃感应门、不锈钢有框玻璃感应门、无框全玻璃感应门等。

（3）按开启方式：微波感应玻璃门、手感玻璃门、红外感应玻璃门、脚踏感应玻璃门等。

2. 原理

自动门本身配置有感应探头能发射出一种红外线信号或者微波信号，当此种信号被靠近的物体反射时，就会实现自动开闭。

27.8.7.2　技术要求

1. 安全辅助装置

为防止停留在门附近的人被门夹住，可安装防夹人红外感应器装置，在门关闭的时候，此装置可检测到门附近的人，从而使得自动门重新打开或保持打开状态。

2. 安装功能扩展模块及电锁

实现锁门、常开、常闭等功能。

3. 配备后备电源

为保证紧急状况，可配备后备电源。

4. 门禁系统

适合用户较多的办公场所，可通过磁卡免接触开门或通过密码开门；可实现联网管理，实现对出入口的实时监控，实现分时段管理；对出入历史事件记录存储。

5. 消防联动

电动平移门系统在消防状态下可接入24V消防信号，应急状态下可调整为常开状态，达到消防联动控制要求。

27.8.7.3　安装要点

1. 工艺流程

测量放线→地面导轨安装→安装横梁→固定机箱→扇安装→调试。

2. 安装要点

（1）测量放线

依据设计要求，在门洞口弹出门的安装位置垂直、水平线。

（2）地面导轨安装

铝合金自动门和全玻璃自动门地面上装有导向性下轨道。异形钢管自动门无下轨道。安装时，清理出预埋方木条便可埋设下轨道，下轨道长度为开启门宽的2倍。埋轨道时注意与地坪的面层材料的标高保持一致。

（3）安装横梁

将槽钢放置在已预埋件的柱处，校平、吊直，注意与下面轨道的位置关系，然后点焊牢固。

自动门上部机箱层主梁是安装中的重要环节。由于机箱内装有机械及电控装置，因此对支撑横梁的土建支撑结构有一定的强度及稳定性要求。

（4）固定机箱

将机箱固定在横梁上。

（5）门扇安装

安装门扇，使之滑动平稳、润滑。

（6）调试

接通电源，调整微波传感器和控制箱，使其达到最佳工作状态。一旦调整正常后，不得任意变动各种旋转位置，以免出现故障。

27.8.7.4 质量标准

1. 主控项目

（1）自动感应门的质量和各项性能应符合设计要求。

（2）自动感应门的品种、类型、规格、尺寸及开启方向、安装位置、防腐处理应符合设计要求。

（3）门的机械装置、自动装置或智能化装置的功能应符合设计要求和有关标准的相关规定。

（4）门的安装必须牢固。预埋件的数量、位置、埋设方式、与框的连接方式必须符合设计要求。

（5）门的配件应齐全，位置应正确，安装应牢固，功能应满足使用要求和自动感应门的各项性能要求。

2. 一般项目

（1）门的表面装饰应符合设计要求。

（2）门的表面应洁净，无划痕、碰伤。

（3）自动感应门的感应时间限制和检验方法应符合表 27-98 的规定。

自动感应门的感应时间限值和检验方法表 **表 27-98**

项次	项目	感应时间限值（s）	检验方法
1	开门响应时间	≤0.5	用秒表检查
2	堵门保护延时	16～20	用秒表检查
3	门扇开启后保持时间	13～17	用秒表检查

27.9 其 他 门 窗

27.9.1 卷 帘 门 窗

27.9.1.1 种类

1. 按使用功能

可分为防火卷帘门和普通卷帘门窗，防火卷帘门主要用于建筑物防火分隔，通过发挥防火卷帘门的防火性能，延缓火灾对建筑物的破坏，降低火灾的危害，保障人身和财产的安全；普通卷帘门窗主要起封闭作用。

2. 按开启方式

可分为手动防火卷帘门窗、电动防火卷帘门窗。手动防火卷帘门窗通过在卷轴上装设弹簧，以平衡页片质量，采用手动铰链进行启闭操作；电动防火卷帘门窗则采用电动卷门机来达到启闭控制，同时还配备专供停电或者故障时使用的手动启闭装置。

27.9.1.2 节点构造

1. 安装方式节点

卷帘门主要有三种安装方式：洞外安装、洞中安装和洞内安装，如图 27-25 所示。

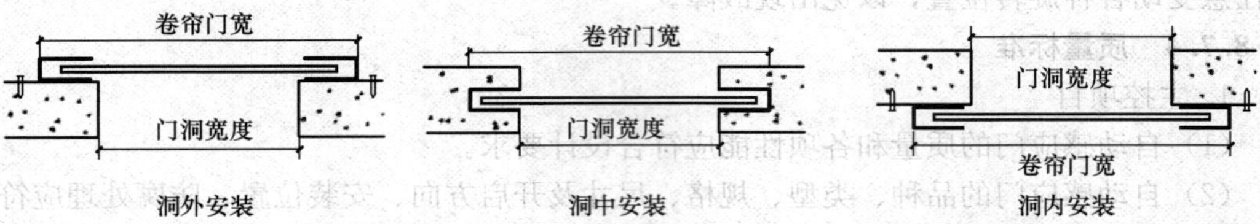

图 27-25 卷帘门窗安装方式节点示意图

2. 不同类型帘片构造

卷帘门常见类型，如图 27-26 所示。

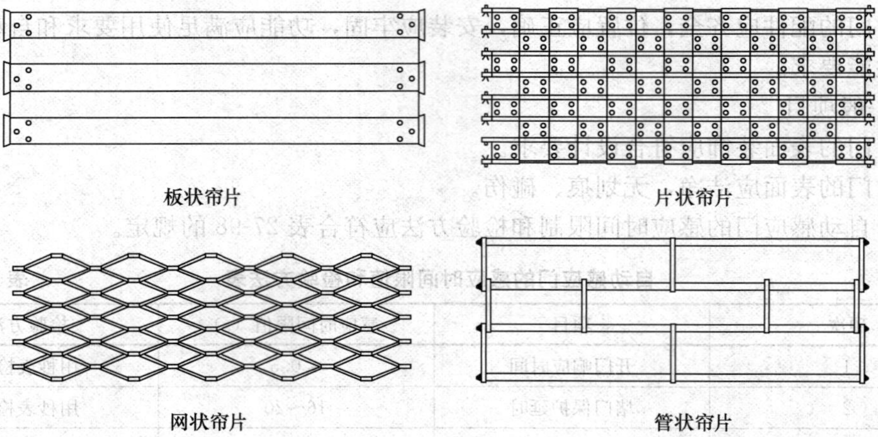

图 27-26 卷帘门常见类型示意图

27.9.1.3 安装要点

1. 施工准备

（1）安装前首先按设计型号查阅产品说明书和电气原理图，检查表面处理和零部件，并检测产品各部位基本尺寸，检查门洞口是否与卷帘门尺寸相符，导轨、支架的预埋件的位置、数量是否正确。

（2）防火卷帘门必须配置温感、烟感、光感报警系统和水幕喷淋系统，出厂产品必须由公安部批准的生产厂家产品。

2. 工艺流程

预埋件埋设→预埋件尺寸复核→外墙混凝土浇筑→门帘轨道安装→卷筒与板条安装→卷筒外罩安装→检查验收→防腐处理。

(1) 预埋件埋设。在地下室外墙混凝土浇筑前进行，必须按图纸尺寸，将各预埋件进行放样。

(2) 预埋件尺寸复核。安装时，必须从四角进行控制其尺寸，进行安装尺寸记录及复核，包括标高、水平度和垂直度。

(3) 外墙混凝土浇筑。预埋件经复核合格后，即可进行外墙混凝土浇筑。

(4) 门帘轨道安装。门帘轨道应在安装前进行制作；安装时沿墙壁安装，必须先对连接件与轨道连接的部位进行标志，打十字形标记，以便能较精确地对准安装。轨道与预埋件的连接采用焊接连接。

(5) 卷筒与板条安装。卷筒滚轴安装时须核检其水平度，不能产生倾斜，以免板门平面两侧边不与轨道相平行而无法使用。卷筒与板条须连在一起，作为整体安装，边安装滚轴边放收卷帘并进行调整，检核滚轴的水平度与墙面轴线的平行度。

(6) 卷筒外罩安装。护罩的尺寸先在安装前按图纸进行制作，要充分考虑卷帘门收卷时所需的实际尺寸。

(7) 检查验收。在卷帘门收完后，护罩内表面与板条不得有接触摩擦的现象，而且它们之间的安装后相距应有 100mm。

(8) 防腐处理。根据设计要求完成防腐处理工作。

27.9.1.4 注意事项

安装前测量洞口标高，弹出两轨垂线及卷筒中心线；边框、导槽应尽量固定在预埋铁板上，也可用膨胀螺栓固定。导槽使用 M8 螺栓，边框使用 M12 螺栓。电动门边框如果是砖墙，需用穿墙螺栓或按图纸要求进行；门帘板有正反，安装时要注意，不得装反；所有紧固零件（如螺钉等）必须紧固，不准有松动现象；卷帘轴安装时要注意轴线的水平，轴与导槽的垂直度；防火卷帘门安装水幕喷淋系统，应与总控制系统连接。安装后进行调试，先手动运行，再用电动机启闭数次，调整至无卡位、阻滞及异常噪声等现象为止。全部调试完毕，安装防护罩。对于各种防火性能，要求安装好以后进行调试。

27.9.1.5 质量标准

卷帘门窗安装尺寸极限偏差和形位公差应符合表 27-99 的规定。

卷帘门窗尺寸极限偏差和形位公差　　表 27-99

项次	项目	允许偏差（mm）
1	卷帘门窗内高极限偏差	±10
2	卷帘门窗内宽极限偏差	±3
3	卷轴与水平面平行度	≤3
4	底板与水平面平行度	≤10
5	导轨、中柱与水平面垂直度	≤15

27.9.2　纱　门　窗

纱门窗是由门窗框和纱网组成，具有采光、透气、防虫防蚊作用。纱门窗框架是紧附在门窗框上，与木门窗、铝合金门窗、塑钢门窗等配合使用。

27.9.2.1　分类及规格

1. 纱门窗的分类

纱门窗的种类划分：按纱网启闭形式划分、按可视框架用型材材质划分，具体划分见表 27-100 所示。

纱门窗划分　　**表 27-100**

序号	划分方式		种类	代号
1	按纱网启闭形式划分	纱门	卷轴纱门	JSM
			折叠纱门	ZSM
			纱门窗	SMS
		纱窗	卷轴纱窗	JSC
			折叠纱窗	ZSC
			纱窗扇	SCS
2	按可视框架用型材材质划分		铝合金纱门窗	L
			塑料纱门窗	S
			其他材质的纱门窗	Q

2. 纱门窗的标记

纱门窗的标记方法由材质、类别、规格组成，如图 27-27 所示。

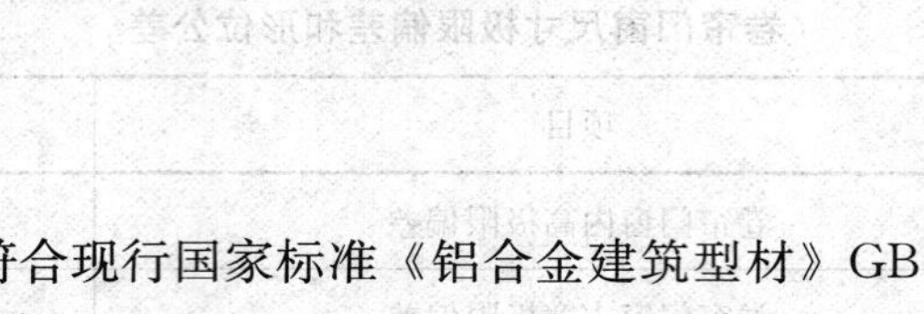

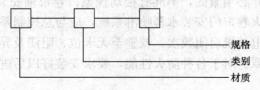

图 27-27　纱门窗标记方法

示例：铝合金折叠纱门，框架宽度 900mm，高度 2100mm。

标记为：L-ZSM-090210

27.9.2.2　材料要求

1. 型材

（1）铝合金型材应符合现行国家标准《铝合金建筑型材》GB 5237.1～GB 5237.5 的相关要求，其实测壁厚应≥1.0mm。

（2）未增塑聚氯乙烯（PVC-U）型材应符合现行国家标准《门、窗用未增塑聚氯乙烯（PVC-U）型材》GB/T 8814 的要求，老化时间应≥6000h，不检测抗冲击性能。

2. 纱网

（1）卷轴纱门窗用纱网应符合现行行业标准《玻璃纤维防虫网布》JC/T 173 的相关要求。

（2）折叠纱门窗用纱网应符合表 27-101 的要求。

折叠纱门窗用纱网质量要求 **表 27-101**

规格	经纬密度		单位面积质量（g/m²）	拉伸断裂强力≥N/25mm		织物稳定性≥N/50mm		色牢度	甲醛含量	表面抗湿性
	径向	纬向		径向	纬向	径向	纬向			
18×16P	18±1	16±1	≥75	230	210	140	98	应≥4 级	应≤75mg/kg	应≥3 级
16×18P	16±1	18±1	≥75	230	210	140	98			
18×18P	18±1	18±1	≥75	230	210	140	98			
20×20P	20±1	20±1	≥75	230	210	140	98			

聚酯纱网的拒油性应≥6 级，耐盐性在浸泡 48h 后拉伸断裂强力无异常，外观疵点和质量要求应符合《玻璃纤维防虫网布》JC/T 173 的相关要求，如表 27-102 所示。

聚酯纱网质量要求 **表 27-102**

规格	经纬密度		单位面积质量（g/m²）	拉伸断裂强力≥N/25mm		织物稳定性≥N/50mm		色牢度	甲醛含量	耐酸碱
	径向	纬向		径向	纬向	径向	纬向			
18×16P	18±0.5	16±0.5	40	330	350	26	24	应≥4 级	应≤75mg/kg	浸泡 48h 后拉伸断裂强力无异常
16×18P	16±0.5	18±0.5	40	330	350	26	24			
18×18P	18±0.5	18±0.5	40	330	350	26	24			
20×20P	20±0.5	20±0.5	40	330	350	26	24			

外观疵点和质量要求应符合现行行业标准《玻璃纤维防虫网布》JC/T 173 的相关要求。

（3）纱门窗扇用纱网应符合现行行业标准《窗纱》QB/T 4285 的相关要求。

3. 弹簧

（1）弹簧材料应符合现行国家标准《冷拉碳素弹簧钢丝》GB/T 4357 的相关规定。

（2）纱门窗用弹簧钢丝的直径应≥1.0mm。

（3）弹簧钢丝的耐腐蚀性能应满足现行国家标准《建筑门窗五金件　通用要求》GB/T 32223 相关要求。

4. 其他常用材料

（1）十字槽盘头自攻螺钉应符合现行国家标准《十字槽盘头自攻螺钉》GB/T 845 相关要求；十字槽沉头自攻螺钉应符合《十字槽沉头自攻螺钉》GB 846 相关要求；十字槽半沉头自攻螺钉应符合《十字槽半沉头自攻螺钉》GB 847 相关要求；十字槽盘头自钻自攻螺钉应符合《十字槽盘头自钻自攻螺钉》GB/T 15856.1 相关要求；十字槽沉头自钻自攻螺钉应符合《十字槽沉头自钻自攻螺钉》GB/T 15856.2 相关要求。

（2）紧固件机械性能、螺母、细牙螺纹应符合现行国家标准《紧固件机械性能　螺母》GB/T 3098.2 相关要求。

（3）建筑门窗密封毛条技术条件应符合现行行业标准《建筑门窗密封毛条》JC/T 635 相关要求。

27.9.2.3 安装要点

1. 施工准备

材料厚度用游标卡尺检测，纱网与其他配件应符合有关规范的相关要求，材料进场验收应有材质证明材料和进场检验记录。

2. 工艺流程

测量放线→框制作→导轨安装→纱盒制作→纱盒弹簧安装→纱网安装→校正→缝隙处理。

3. 纱门窗的安装要点

（1）测量放线。根据设计要求测量和复合框、扇的尺寸、型号及编号。

（2）框制作。纱扇框应根据门窗的规格下料，自带轨道的用自攻螺钉固定在门窗框上，固定距离应不大于200mm；扇框无翘曲，与门窗框缝隙严密，活动纱门扇与固定纱门扇平行，咬口严密，推拉自如；折叠纱门窗、卷轴纱门窗的框架与门窗框连接，框架应与门窗框大小重合，用自攻螺钉固定无缝隙。

（3）导轨安装。导轨与纱门窗框垂直，紧贴纱门窗框，导轨内侧与门窗玻璃大小一致。

（4）纱盒制作。用砂轮切割机下料，两端应平滑、无毛刺，长度应比导轨距离小约10mm。把纱网裁成比导轨两端各宽20mm，反边咬合并穿上钢丝绳；把纱网卷到中轴上。

（5）纱盒弹簧安装。把弹簧与紧固件插入纱盒中，紧固件与纱盒咬合，用自钻螺钉把紧固件固定，纱盒制作完成后纱网内部应平整、无褶皱，弹簧回转有力。

（6）纱网安装。纱网的夹网条应牢固，应将夹网条垂直放置在上下轨道中，夹网条拉动时，应与轨道平行运行，反复拉动数次后收放自如。纱门窗的纱网应用磁条与夹网条固定，夹网条与磁条应平行。

（7）校正。纱门窗在固定前应校正其垂直度、水平度，各项偏差应符合规范要求。

（8）缝隙处理。应用建筑密封胶把纱门窗框与门窗框的缝隙密封，密封严密、无缺陷。纱门窗扇与门窗框的间隙应用密封毛条固定，间隙应符合规范要求。

27.9.2.4　质量标准

1. 主控项目

（1）纱门窗的品种、类型、规格、尺寸及启闭性能、抗风性能、开启方向、安装位置应符合设计要求。

（2）型材、纱网、弹簧应符合设计要求。

（3）窗角部应连接牢固，连接处无毛刺，纱网安装牢固、平整。

（4）扇安装后应启闭灵活，安装可靠；纱网启闭应顺畅、无卡滞，并能全部收回纱盒内。

2. 一般项目

（1）纱门窗不应有明显的色差、划伤、裂纹、凹凸不平等缺陷。

（2）纱门窗扇用硅化密封毛条、密封胶条应安装完好，不得脱槽。

（3）纱门窗安装的允许偏差和检验方法应符合表27-103的规定。

纱门窗安装的允许偏差和检验方法（mm）　　**表27-103**

项次	项目	允许偏差	检验方法
1	纱门窗框的正面、侧面垂直度	≤3	用垂直检测尺检查
2	纱门窗横框的水平度	≤3	用1m水平尺和塞尺检查

续表

项次	项目	允许偏差	检验方法
3	纱门窗两对角线之差	≤3	用钢卷尺检查
4	纱门窗扇与门窗的配合间隙	≤1	用塞尺检查
5	相邻构件装配间隙	≤1	用塞尺检查
6	卷轴纱门窗拉杆面两端与两轨道的间隙之和	≤3	用塞尺检查
7	折叠纱门窗纱网与两轨道单面间隙	≤3	用塞尺检查

27.9.3 系统门窗

系统门窗是经过系统研发、有完备技术体系支撑、涵盖门窗所有技术环节，且严格按照门窗系统各要素要求设计、制造、安装的建筑门窗。

27.9.3.1 分类及性能

1. 分类

（1）按材质分：铝合金系统门窗、塑料系统门窗、木系统门窗和复合系统门窗等。

（2）按门窗类别分

同一门窗系列中，性能相同的系统门窗，按照开启方式的不同，可划分为下述门窗类别。

1）固定门扇、单扇平开门窗（内开或外开）、平开下悬门窗、上悬门窗、下悬门窗。

2）双扇或多扇平开门窗（内开或外开）。

3）水平单/双扇推拉门窗。

4）水平单/双扇倾斜推拉门窗。

5）垂直单/双扇推拉门窗。

6）立转门窗/水平旋转门窗。

7）折叠推拉门窗。

8）上悬/侧悬立转门窗。

2. 性能

详见 27.2 节。

27.9.3.2 技术要求

1. 密封性能：阻止室外雨水通过安装连接间隙向建筑墙体内及室内门窗及墙体表面渗透。阻止室内门窗表面结露水渗透进墙体内。

2. 气密性能：确保门窗与洞口安装间隙密封，阻止空气直接进入；阻止水汽在室内侧通过装修间隙与装修材料向墙体内渗透。

3. 保温、隔声性能：与窗整体保温、隔声能力协调，满足具体建筑设计或业主提出的要求。

27.9.3.3 安装要点

与铝合金门窗相同。

27.9.3.4 质量标准

与铝合金门窗相同。

27.9.4　装配式房屋 PC 构件上的集成门窗系统简介

27.9.4.1　集成门窗简介

这套系统包括门窗框、预制件、多个调节螺栓、第一连接件、第二连接件等，其通过设置预制件与混凝土一起浇筑，并设置第一连接件和第二连接件分别将竖框和横框与预制件连接一起，其有利于增加门窗框与预制件之间的密封性，进而增加了门窗框与墙体之间的密封性。

27.9.4.2　性能介绍

四性试验检测结果

（1）外窗抗风压性能可达到国标 9 级，$P_3 \geqslant 5.0$kPa。

（2）外窗气密性能可达到国标 8 级，$q \leqslant 0.5 \mathrm{m^3/m^2 \cdot h}$。

（3）外窗水密性能可达到国标 6 级，$500 \leqslant \Delta P < 700 \mathrm{kN/m^2}$。

（4）外窗保温性能可达到国标 7 级，$1.6 \leqslant K < 2$。

（5）性能均优于同行业门窗的性能等级。

27.9.4.3　安装方法

1. 工艺流程

预埋件安装→连接件安装→调节螺母安装→窗框安装→缝隙处理。

集成门窗安装方法，如表 27-104 所示。

集成门窗安装方法　　**表 27-104**

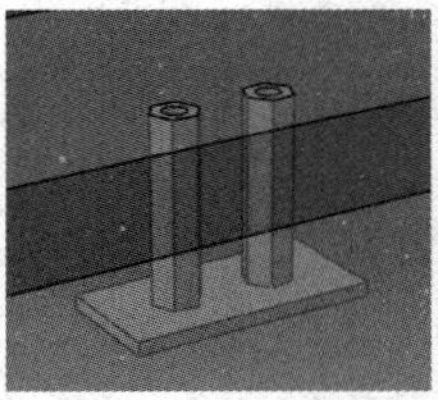	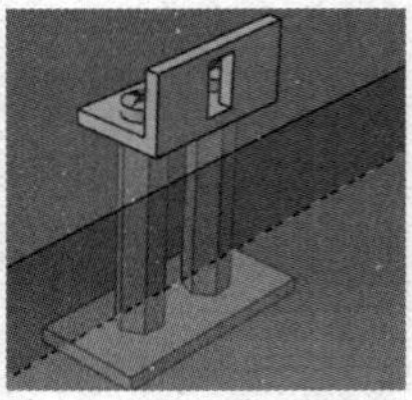	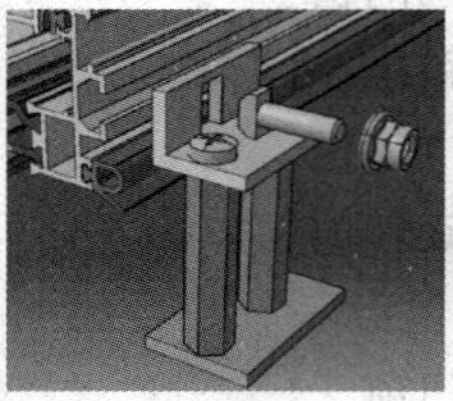	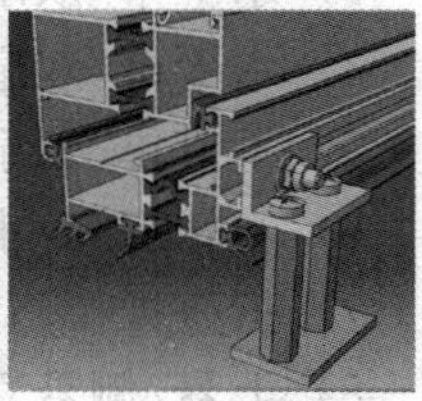
预埋件安装	连接件安装	调节螺母安装	窗框安装

（1）预埋件安装。将预制件配合放置于混凝土浇筑模具内，浇筑混凝土，进行混凝土墙体养护；其中，预制件中的调节螺栓可根据需要设置，即可在混凝土浇筑前设置、也可在混凝土浇筑后的养护过程中设置，若采用混凝土浇筑前设置，则将调节螺栓的螺帽端内置于墙体、螺纹端穿过所述安装框并与一螺母配合连接，其有利于增加操作便利性。应优选在养护过程中设置，以避免浇筑过程汇总损坏调节螺栓。

（2）连接件安装。将第一连接件和第二连接件的套接部分别配合连接于门窗框的竖框和横框上，并将门窗压线、胶条配合安装于门窗框上；第一连接件和第二连接件与门窗框的连接具体根据上述卡接结构进行连接。

（3）调节螺母安装。将顶托部对应设于调节螺栓上；由于实际连接过程中，需要设置卡套和锁紧螺母，故一般在固定顶托部时，相对应的将卡套和锁紧螺母进行设置。

（4）窗框安装。将门窗框内置于安装框内，上下调节门窗框，使第一连接件上的挂槽配合挂套于与竖框相对应的调节螺栓，并使套接部与顶托部相配合套接。

（5）缝隙处理。通过密封胶将门窗框与墙体之间的缝隙进行密封，密封胶优选采用硅酮密封胶。此外，对于门窗安装过程中的其他工序同普通铝合金门窗。

2. 安装质量控制同普通铝合金门窗要求。

27.10 门 窗 的 节 能

27.10.1 主 要 节 能 要 求

1. 严寒和寒冷地区、夏热冬冷地区、夏热冬暖地区，不同窗墙面积比的外窗，其传热系数限值应符合表 27-105、表 27-106 的规定。

不同地区外窗传热系数限值 表 27-105

地区	窗墙面积比	外窗传热系数限值 K [W/(m^2·K)]		
		≤3 层建筑	(4～8) 层建筑	≥9 层建筑
严寒（A）区	窗墙面积比≤0.2	2.0	2.5	2.5
	0.2<窗墙面积比≤0.3	1.8	2.0	2.2
	0.3<窗墙面积比≤0.4	1.6	1.8	2.0
	0.4<窗墙面积比≤0.45	1.5	1.6	1.8
严寒（B）区	窗墙面积比≤0.2	2.0	2.5	2.5
	0.2<窗墙面积比≤0.3	1.8	2.2	2.2
	0.3<窗墙面积比≤0.4	1.6	1.9	2.0
	0.4<窗墙面积比≤0.45	1.5	1.7	1.8
严寒（C）区	窗墙面积比≤0.2	2.0	2.5	2.5
	0.2<窗墙面积比≤0.3	1.8	2.2	2.2
	0.3<窗墙面积比≤0.4	1.6	2.0	2.0
	0.4<窗墙面积比≤0.45	1.5	1.8	1.8
寒冷（A）区	窗墙面积比≤0.2	2.8	3.1	3.1
	0.2<窗墙面积比≤0.3	2.5	2.8	2.8
	0.3<窗墙面积比≤0.4	2.0	2.5	2.5
	0.4<窗墙面积比≤0.45	1.8	2.0	2.3
寒冷（B）区	窗墙面积比≤0.2	2.8	3.1	3.1
	0.2<窗墙面积比≤0.3	2.5	2.8	2.8
	0.3<窗墙面积比≤0.4	2.0	2.5	2.5
	0.4<窗墙面积比≤0.45	1.8	2.0	2.3
夏热冬冷地区		体形系数≤0.4		体形系数>0.4
	窗墙面积比≤0.2	4.7		4.0
	0.2<窗墙面积比≤0.3	4.0		3.2
	0.3<窗墙面积比≤0.4	3.2		2.8
	0.4<窗墙面积比≤0.45	2.8		2.5
	0.45<窗墙面积比≤0.6	2.5		2.3

夏热冬暖地区北区外窗传热系数和综合遮阳系数限值　表 27-106

外墙	外窗的综合遮阳系数 S_w	外窗传热系数限值 K [W/(m² · K)]				
		窗墙面积比≤0.25	0.25<窗墙面积比≤0.3	0.3<窗墙面积比≤0.35	0.35<窗墙面积比≤0.4	0.4<窗墙面积比≤0.45
K≤2.0 D≥3.0	0.9	≤2.0	—	—	—	—
	0.8	≤2.5	—	—	—	—
	0.7	≤3.0	≤2.0	≤2.0	—	—
	0.6	≤3.0	≤2.5	≤2.5	≤2.0	—
	0.5	≤3.5	≤2.5	≤2.5	≤2.0	≤2.0
	0.4	≤3.5	≤3.0	≤3.0	≤2.5	≤2.5
	0.3	≤4.0	≤3.0	≤3.0	≤2.5	≤2.5
	0.2	≤4.0	≤3.5	≤3.0	≤3.0	≤3.0
K≤1.5 D≥3.0	0.9	≤5.0	≤3.5	≤2.5	—	—
	0.8	≤5.5	≤4.0	≤3.0	≤2.0	—
	0.7	≤6.5	≤4.5	≤3.5	≤2.5	≤2.0
	0.6	≤6.5	≤5.0	≤4.0	≤3.0	≤3.0
	0.5	≤6.5	≤5.0	≤4.5	≤3.5	≤3.5
	0.4	≤6.5	≤5.5	≤4.5	≤4.0	≤3.5
	0.3	≤6.5	≤5.5	≤5.0	≤4.0	≤4.0
	0.2	≤6.5	≤6.0	≤5.0	≤4.0	≤4.0
K≤1.0 D≥2.5 或 K≤0.7	0.9	≤6.5	≤6.5	≤4.0	≤2.5	—
	0.8	≤6.5	≤6.5	≤5.0	≤3.5	≤2.5
	0.7	≤6.5	≤6.5	≤5.5	≤4.5	≤3.5
	0.6	≤6.5	≤6.5	≤6.0	≤5.0	≤4.0
	0.5	≤6.5	≤6.5	≤6.5	≤5.0	≤4.5
	0.4	≤6.5	≤6.5	≤6.5	≤5.5	≤5.0
	0.3	≤6.5	≤6.5	≤6.5	≤5.5	≤5.0
	0.2	≤6.5	≤6.5	≤6.5	≤6.0	≤5.5

2. 居住建筑外窗气密性能要求，如表 27-107 所示。

居住建筑外窗气密性能要求　表 27-107

地区区属	气密性要求	相关标准
严寒、寒冷地区	≥4 级	《建筑外门窗气密、水密、抗风压性能检测方法》GB/T 7106
夏热冬冷地区 1～6 层居住建筑的外窗及阳台门	≥3 级	《建筑外门窗气密、水密、抗风压性能检测方法》GB/T 7106
夏热冬冷地区 7 层及 7 层以上居住建筑的外窗及阳台门	≥2 级	《建筑外门窗气密、水密、抗风压性能检测方法》GB/T 7106

续表

地区区属	气密性要求	相关标准
夏热冬暖地区1～9层居住建筑外窗及阳台门	在10Pa压差下，每小时每米缝隙的空气渗透量不应大于2.5m^3；每小时每平方米面积空气渗透量不应大于7.5m^3	《夏热冬暖地区居住建筑节能设计标准》JGJ 75
夏热冬暖地区10层及10层以上居住建筑外窗及阳台门	在10Pa压差下，每小时每米缝隙的空气渗透量不应大于1.5m^3；每小时每平方米面积空气渗透量不应大于4.5m^3	《夏热冬暖地区居住建筑节能设计标准》JGJ 75

3. 公共建筑门窗的气密性不应低于现行国家标准《建筑外门窗气密、水密、抗风压性能检测方法》GB/T 7106规定的4级。

4. 外门窗气密性、保温性分级详见27.2节。

27.10.2 性能指标参数

门窗的节能性能应按国家计量认证的质检机构提供的测定值采用；如无测定值，可按表27-108参考采用。

1. 铝合金节能门窗性能参数值

铝合金节能门窗性能参数值　　表27-108

门窗型号		项目					
		玻璃配置（白玻）	抗风压性能（kPa）	水密性能 ΔP（Pa）	气密性能		保温性能 K（$W/m^2 \cdot K$）
					q_1 [m^3/(m·h)]	q_2 [m^3/(m^2·h)]	
A型	60系列平开窗	5+9A+5	≥3.5	≥500	≤1.5	≤4.5	2.9～3.1
		5+12A+5	≥3.5	≥500	≤1.5	≤4.5	2.7～2.8
		5+12A+5 暖边	≥3.5	≥500	≤1.5	≤4.5	2.5～2.7
		5+12A+5 Low-E	≥3.5	≥500	≤1.5	≤4.5	1.9～2.1
		5+12A+5+6A+5	≥3.5	≥500	≤1.5	≤4.5	2.2～2.4
	70系列平开窗	5+12A+5	≥3.5	≥500	≤1.5	≤4.5	2.6～2.8
		5+12A+5 暖边	≥3.5	≥500	≤1.5	≤4.5	2.4～2.6
		5+12A+5 Low-E	≥3.5	≥500	≤1.5	≤4.5	1.8～2.0
		5+12A+5+6A+5	≥3.5	≥500	≤1.5	≤4.5	2.1～2.4

续表

门窗型号		项目					
		玻璃配置（白玻）	抗风压性能（kPa）	水密性能 ΔP（Pa）	气密性能		保温性能 K $(W/m^2 \cdot K)$
					q_1 $[m^3/(m \cdot h)]$	q_2 $[m^3/(m^2 \cdot h)]$	
A型	90系列推拉窗	5+12A+5	≥3.5	≥350	≤1.5	≤4.5	<3.1
	60系列平开门	5+12A+5	≥3.5	≥500	≤0.5	≤1.5	<2.5
	60系列折叠门	5+12A+5	≥3.5	≥500	≤0.5	≤1.5	<2.5
	提升推拉门	5+12A+5	≥3.5	≥350	≤1.5	≤4.5	<2.8
B型	EAHX50平开窗	5+12A+5	≥3.5	≥350	≤1.5	≤4.5	2.7～2.8
	EAHX55平开窗	5+12A+5	≥3.5	≥350	≤1.5	≤4.5	2.7～2.8
	EAHX65平开窗	5+9A+5+9A+5	≥4	≥350	≤1.5	≤4.5	2.0
	EAHX60平开窗	5+12A+5	≥3.5	≥350	≤1.5	≤4.5	2.7～2.8
	EAHX60平开窗	5+9A+5+9A+5	≥4	≥350	≤1.5	≤4.5	2.0
	EAHX65平开窗	5+12A+5	≥3.5	≥350	≤1.5	≤4.5	2.7～2.8
	EAHX65平开窗	5+9A+5+9A+5	≥4	≥350	≤1.5	≤4.5	2.0
	EAHX70平开窗	5+9A+5+9A+5	≥4	≥350	≤1.5	≤4.5	2.0

2. 铝塑节能门窗性能参数值，如表27-109所示。

铝塑节能门窗性能参数值 **表27-109**

门窗型号		项目					
		玻璃配置（白玻）	抗风压性能（kPa）	水密性能 ΔP（Pa）	气密性能		保温性能 K $(W/m^2 \cdot K)$
					q_1 $[m^3/(m \cdot h)]$	q_2 $[m^3/(m^2 \cdot h)]$	
H型	60系列平开窗	5+9A+5	≥4.5	≥350	≤1.5	≤4.5	2.7～2.9
		5+12A+5 Low-E	≥4.5	≥350	≤1.5	≤4.5	2.3～2.6
		5+12A+5 Low-E	≥4.5	≥350	≤1.5	≤4.5	1.8～2.0
		5+12A+5+12A+5	≥4.5	≥350	≤1.5	≤4.5	1.6～1.9
		5+12A+5+12A+5 Low-E	≥4.5	≥350	≤1.5	≤4.5	1.2～1.5

3. 木包铝节能门窗性能参数值，如表27-110所示。

木包铝节能门窗性能参数值 **表27-110**

门窗型号		项目					
		玻璃配置（白玻）	抗风压性能（kPa）	水密性能 ΔP（Pa）	气密性能		保温性能 K $(W/m^2 \cdot K)$
					q_1 $[m^3/(m \cdot h)]$	q_2 $[m^3/(m^2 \cdot h)]$	
J型	60系列平开窗	5+12A+5	3.5	≥500	≤0.5	—	2.7

4. 玻璃性能参数值

建筑门窗所用玻璃的光学、热工性能主要包括玻璃中部的传热系数、遮阳系数、可见光透射比。建筑门窗的性能指标应与所采用玻璃的性能指标相对应。采用不同的玻璃时，应重新计算或测试门窗的热工性能指标。玻璃性能参数值，如表 27-111 所示。

玻璃性能参数值 **表 27-111**

玻璃种类	玻璃及膜代号	反射颜色	中空 6+6A+6			中空 6+9A+6			中空 6+12A+6		
			透光折减系数 T_r（%）	传热系数 K	遮阳系数 SC	透光折减系数 T_r（%）	传热系数 K	遮阳系数 SC	透光折减系数 T_r（%）	传热系数 K	遮阳系数 SC
白玻		—	80	3.15	0.87	80	2.87	0.87	80	2.73	0.87
绿玻		—	67	3.15	0.54	67	2.87	0.54	67	2.73	0.53
热反射镀膜	CCS108	蓝灰色	9	2.78	0.20	9	2.40	0.19	9	2.23	0.18
	CSY120	灰色	17	2.96	0.29	17	2.63	0.28	17	2.47	0.28
	CMG165	银灰色	59	3.15	0.71	59	2.87	0.71	59	2.73	0.71
单银 Low-E	CBB12-48/TS	银灰色	39	2.43	0.37	39	1.96	0.36	39	1.75	0.36
	CBB14-50/TS	浅灰色	47	2.54	0.42	47	2.10	0.42	47	1.90	0.41
	CBB12-60/TS	银灰色	53	2.45	0.45	53	1.98	0.44	53	1.78	0.44
	CBB14-60/TS	浅灰色（冷）	53	2.50	0.47	53	2.04	0.46	53	1.84	0.46
	CBB13-63/TS	蓝色	54	2.52	0.51	54	2.08	0.51	54	1.88	0.50
	CBB11-38/TS	银灰色	36	2.43	0.31	36	1.96	0.30	36	1.75	0.29
	CBB16-50/TS	蓝灰色	42	2.46	0.37	42	1.99	0.36	42	1.79	0.36
	CBB13-69/TS	浅蓝色	60	2.46	0.50	60	1.99	0.49	60	1.79	0.49
	CBB11-70/TS	无色	63	2.51	0.56	63	2.05	0.55	63	1.85	0.55
	CBB11-80/TS	无色	69	2.50	0.59	69	2.04	0.58	69	1.84	0.58
	CBB11-85/TS	无色	75	2.49	0.63	75	2.04	0.62	75	1.83	0.62
住宅 Low-E	SuperSE-Ⅰ	无色	77	2.50	0.68	77	2.05	0.68	77	1.85	0.68
	SuperSE-Ⅱ	灰色	57	2.42	0.47	57	1.95	0.47	57	1.83	0.46
双银 Low-E	CBD13-58S/TS	蓝灰色	52	2.40	0.37	52	1.91	0.37	52	1.71	0.36
	CBD12-68S/TS	无色	61	2.42	0.38	61	1.95	0.38	61	1.74	0.37
	CBD12-78S/TS	无色	69	2.44	0.47	69	1.96	0.46	69	1.78	0.46

27.10.3 质 量 验 收

1. 门窗材料复验项目

(1) 严寒寒冷地区：气密性、传热系数和中空玻璃露点。

(2) 夏热冬冷地区：气密性、传热系数、玻璃遮阳系数、可见光透射比、中空玻璃露点。

（3）夏热冬暖地区：气密性、玻璃遮阳系统数、可见光透射比、中空玻璃露点。

2. 外窗气密性现场实体检测

外窗气密性现场实体检测结构应符合设计要求，其抽样数量不应低于现行国家标准《建筑节能工程施工质量验收标准》GB 50411 的相关要求：每个单位工程的外窗至少抽查 3 樘。当一个单位工程外窗有 2 种以上品种、类型和开启方式时，每种品种、类型和开启方式的外窗均应抽查不少于 3 樘。

检验出现不符合设计要求和标准规定的情况时，应委托有资质的检测机构扩大一倍数量抽样，对不符合要求的项目或参数再次检验；仍然不符合要求时应给出“不符合设计要求”的结论。对于不符合设计要求和国家现行标准规定的建筑外窗气密性，应查找原因进行修理，使其达到要求后重新进行检测，合格后方可通过验收。

27.11　门窗工程绿色施工技术

27.11.1　铝合金窗断桥技术

1. 技术原理

在铝型材中间加入隔热条，将铝型材断开形成断桥，将铝型材分为室内外两部份，有效阻止热量的传导，隔热铝合金型材门窗的热传导性比非隔热铝合金型材门窗降低 40%～70%。铝合金断桥结构如图 27-28 所示。

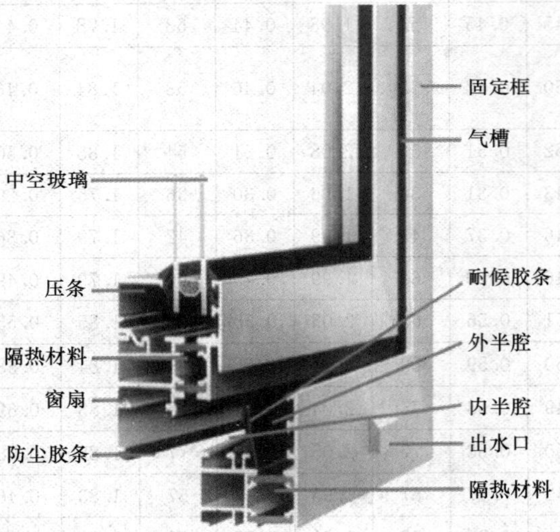

图 27-28　铝合金断桥结构

2. 技术分类

采用的断热技术分为穿条式和浇注式两种。

3. 主要性能特点

保温隔热性好。断桥铝型材热工性能远优于普通铝型材，其 K 值可到 3.0W/m^2·K 以下，采用中空玻璃后外窗的整体 K 值可在 2.8W/m^2·K 以下，采用 Low-E 玻璃 K 值更可低至 2.0 以下，节能效果显著。

隔声效果好。采用厚度不同的中空玻璃结构和隔热断桥铝型材空腔结构，能够有效降低声波的共振效应，阻止声音的传递，可以降低噪声 30dB 以上。

27.11.2　门窗墙体一体化技术

门窗墙体一体化技术，是指将窗框、门框在预制构件厂与墙体浇筑成一体，到施工现场只需安装扇、玻璃和五金件等。此种方法，大大提高了门窗施工质量，可防止洞口渗漏，缩短了工期。

按照预制墙体的不同，门窗一体化墙目前可分为两种：预制门窗一体化实心墙板和预制门窗一体化叠合墙板。

预制门窗一体化实心墙板，是指在工厂将门框与墙体一次性浇筑成型，但是因为门窗框与混凝土成一体，对于后期的门窗更换极为不便。

预制门窗一体化叠合墙板，是在工厂将叠合混凝土预制墙板与门窗框浇筑成一体，到现场之后再浇筑剩下的混凝土层。此种方法同前一种方法一样，存在后期门窗更换不便的问题。预制外挂板预留外窗安装固定点，如图 27-29 所示，外窗安装，如图 27-30所示。

图 27-29　预制外挂板预留外窗安装固定点示意图

图 27-30　外窗安装示意图

27.11.3　门窗玻璃贴膜改造施工技术

1. 原理

玻璃贴膜是由聚酯薄膜经表面金属化处理后，与另一层聚酯薄膜复合，在其表面涂有耐磨层和背面涂有安装胶，并加贴保护膜，安装到玻璃表面使之具有增强玻璃安全性能（抗冲击与支撑玻璃碎片），或具有降低太阳辐射热量和阻隔紫外线等阳光控制特性能。

2. 优点

隔热节能膜以节能隔热为主要目的，外带防紫外线和安全功能。该种膜还可分为热反射膜和低辐射膜。

（1）热反射膜。贴在玻璃表面，使房内能透过可见光和近红外光，但不能透过远红外光。因此，有足够的光线进入室内，而将大部分太阳能的热量反射回去，在炎热的夏季保持室内温度不会升高太多，从而降低室内空调负荷，达到节省空调费用和节能的作用。

（2）低辐射膜。能透过一定量的短波太阳辐射能，使太阳辐射热进入室内，被室内物体所吸收；同时又能将 90%以上的室内物体辐射的长波红外线反射保留于室内。低辐射膜能充分利用太阳光辐射和室内物体的长波辐射能。因此，在寒冷地区和采暖建筑中使用可起到一定的保温和节能效果。

3. 缺点：难以阻挡噪声的传递，且产品易划伤、损坏，寿命短，因耐水性、耐候性能一般，只能加贴于室内。

4. 工艺流程

取模→裁模→清洁玻璃→贴膜→挤水→裁边→再挤水→收边。

5. 施工要点

（1）取模。须由技术负责人确认窗户贴膜的型号及规格，客户确认后安排专门裁膜人员做下道工序。

（2）裁膜。裁膜人员须严格按照工程进度中要贴的实际玻璃尺寸，认真裁定符合要求的膜料，并确保边缘裁剪美观，同时须本着节约、合理的裁膜原则作业，后交由下道工序待用。

（3）清洁玻璃。用专业玻璃清洗液及清洗工具清洗 3 遍，待洗去玻璃上的杂质及油污后，再用特制的安装液清洗一遍后再进行下一道工序。

（4）贴膜。撕去玻璃膜背后的保护层，在显露的胶质层上喷洒安装液；在洗净的玻璃表面喷洒安装液并迅速将玻璃膜黏附在玻璃上。

（5）挤水。在已附着在玻璃表面的玻璃膜上喷洒安装液，移动膜使之与玻璃表面完全吻合；用特制的挤水铲，规定的顺序及力度，将膜与玻璃之间的水挤出去。

（6）裁边。待水挤完后施工人员方可用专业的裁边刀进行裁边，使之达到膜与玻璃合二为一的完美境界。

（7）再挤水。再次在已附着在玻璃表面的玻璃膜上喷洒安装液；用特制的挤水铲，规定的顺序及力度，将膜与玻璃之间的水尽可能的挤出去。

（8）收边。用柔软吸水效果较好的无纺布包裹专用逼水板，吸去膜边缘与玻璃框之间的水分。

27.11.4　高性能保温门窗

高性能保温门窗是指具有良好保温性能的门窗，应用最广泛的主要包括高性能断桥铝合金保温窗、高性能塑料保温门窗和复合窗。

（1）高性能断桥铝合金保温窗是在铝合金窗基础上为提高门窗保温性能而推出的改进型门窗，通过尼龙隔热条将铝合金型材分为内外两部分，阻隔铝合金框材的热传导。同时框材再配上 2 腔或 3 腔的中空结构，腔壁垂直于热流方向分布，高性能断桥铝合金保温门窗主要采用中空 Low-E 玻璃、三玻双中空玻璃及真空玻璃。

（2）高性能塑料保温门窗，即采用 UPVC 塑料型材制作而成的门窗。高性能塑料保温门窗采用的玻璃主要采用中空 Low-E 玻璃、三玻双中空玻璃及真空玻璃。

（3）复合窗是指型材采用两种不同材料复合而成，使用较多的复合窗主要是铝木复合窗和铝塑复合窗。复合窗采用的玻璃主要采用中空 Low-E 玻璃、三玻双中空及真空玻璃。

27.11.5　一体化遮阳窗

活动遮阳产品与门窗一体化设计，主要受力构件或传动受力装置与门窗主体结构材料或与门窗主要部件设计、制造、安装成一体，并与建筑设计同步的产品。

分类如下：

（1）按遮阳位置分外遮阳、中间遮阳和内遮阳。

（2）按遮阳产品类型分内置遮阳中空玻璃、硬卷帘、软卷帘、遮阳篷、百叶帘及其他。

（3）按操作方式分电动、手动和固定。

28 建筑装饰装修工程

28.1 装 饰 施 工 机 具

装饰施工机具种类繁多，主要包括为施工机械、运输及措施机械、手持电动工具和手工器具、计量检测器具和辅助工具等。

28.1.1 施 工 机 械

施工机械类按用途主要包括强制式砂浆搅拌机、墙面抹灰机、喷涂抹灰机械、墙面打磨机、装饰小型电焊机、氩弧电焊机、电锯（小型或手持）、小型空气压缩机、涂料喷涂机等。

28.1.1.1 强制式砂浆搅拌机

强制式搅拌机（图 28-1），由料筒、机架、电机、减速机、转动臂、搅拌铲、清料刮板等构成。适用于水泥、砂石骨料和水混合并拌制成砂浆混合料。

图 28-1 强制式砂浆搅拌机

28.1.1.2 墙面抹灰机

墙面抹灰机（图 28-2），由电动机、底座、竖向轨道、钢尺等主要构件组成。用于墙面抹灰，具有操作方便、省时省力、效率高、抹灰平整度和垂直度质量好、落地灰少等特点，适用于各种墙面基体，也适用各种抹灰材料，如水泥砂浆、混合砂浆、石膏砂浆等。

28.1.1.3 砂浆喷涂机

砂浆喷涂机（图 28-3），由砂浆供料系统、砂浆输送系统、砂浆喷涂装置构成，当抹灰材料为干混砂浆或现场拌制砂浆时，喷涂施工设备还应具备砂浆搅拌功能。适用于墙面抹灰砂浆喷涂，也可用于地面喷涂。

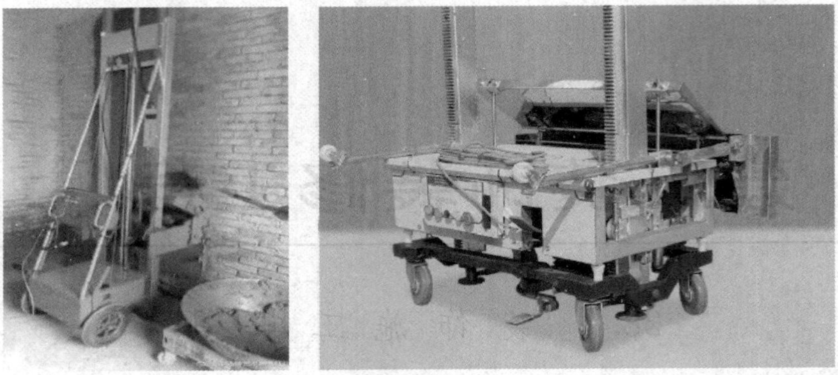

图 28-2　墙面抹灰机

28.1.1.4　墙面打磨机

墙面打磨机（图 28-4），由打磨机盘、吸尘器构成。主要适用于装饰工程的墙面或基层打磨，打磨速度快，节约了人力和物力，提高工作效率。打磨机自带吸尘器可将灰尘吸收干净，确保环境友好，保护作业人员身体健康。

图 28-3　砂浆喷涂机

图 28-4　墙面打磨机

28.1.1.5　小型电焊机

小型电焊机（图 28-5），是利用电路瞬间短路时产生的高温电弧来熔化电焊条上的焊料和被焊材料，使被接触物相结合。主要用于焊接龙骨等少量金属材料，重量轻、携带

图 28-5　小型电焊机

方便。

28.1.1.6 氩弧电焊机

氩弧焊（图 28-6），是指用工业钨或活性钨作不熔化电极，惰性气体（氩气）作保护的焊接方法。一般用于 6～10mm 的薄板焊接及厚板单面焊双面成形的封底焊。

28.1.1.7 电锯（小型或手持）

电圆锯（图 28-7）采用手持式外形结构，主要由电动机、减速箱、防护罩、调节机构和底板、手柄、开关、不可重接插头、圆锯片等组成。适用于对木材、纤维板、塑料和软电缆以及类似材料进行锯割作业。

图 28-6 氩弧电焊机

图 28-7 电锯

28.1.1.8 小型空气压缩机

小型空气压缩机（图 28-8），由空气压缩装置和储气罐构成。主要为装修工程中气钉枪等气动工具提供动力和用于钻孔、清孔等。

28.1.1.9 涂料喷涂机

涂料喷涂机也称喷枪（图 28-9），是将装饰涂料雾化并喷涂到建筑物表面的机具。由电动机、吸料口和喷枪组成。适用于装修工程涂料喷涂施工。

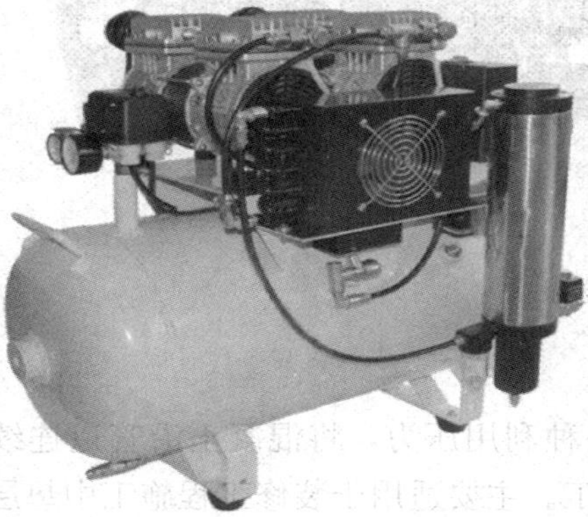

图 28-8 小型空气压缩机

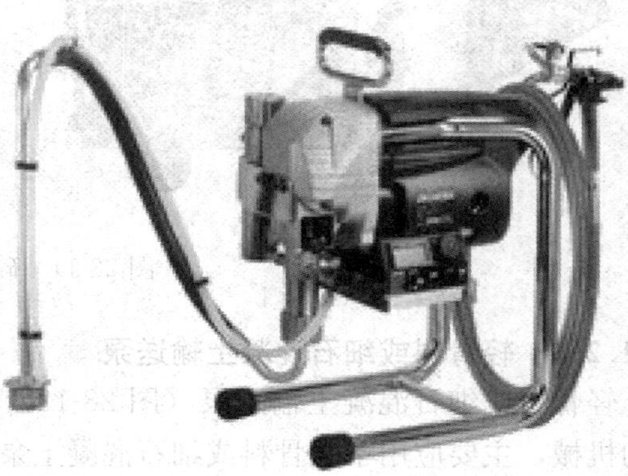

图 28-9 涂料喷涂机

28.1.2　运输及措施机械

运输及措施机械主要包括小型翻斗运输车、砂浆输送泵、轻骨料或细石混凝土输送泵、电动升降工作台等。

28.1.2.1　电动翻斗运输车

电动翻斗运输车是一种特殊的料斗可倾翻的短途输送物料的车辆（图 28-10）。适用于运输沙子、水泥、土方、混凝土、建筑垃圾、生活垃圾等各种散装物料的短途运输。

图 28-10　电动翻斗运输车

28.1.2.2　砂浆输送泵

砂浆输送泵（图 28-11），是建筑砂浆垂直、水平输送设备，可将砂浆直接泵送至相应作业面。一般为电力驱动，可分为柱塞式、螺杆式。

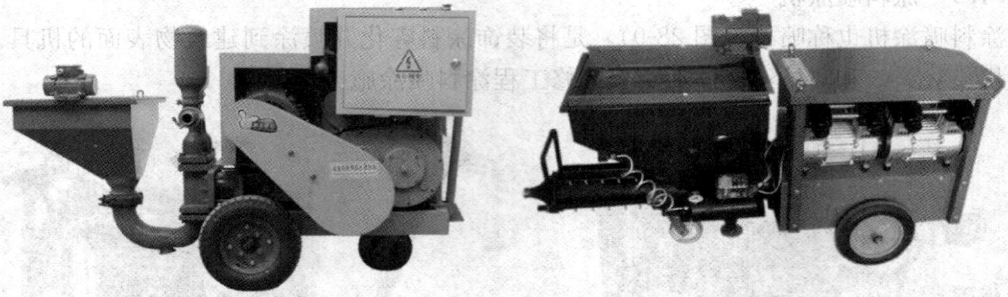

图 28-11　砂浆输送泵

28.1.2.3　轻骨料或细石混凝土输送泵

轻骨料或细石混凝土输送泵（图 28-12），是一种利用压力，将混凝土沿管道连续输送的机械，主要应用于轻骨料或细石混凝土泵送施工。主要适用于装修工程施工中垫层混凝土垂直及水平运输。

28.1.2.4　电动升降工作台

电动升降平台（图 28-13），由底座、升降装置、载物平台构成，适用于为高处装修作业人员提供作业平台和物料提升。

图 28-12 细石混凝土输送泵

图 28-13 电动升降平台

28.1.3 手持电动工具和手工器具

常用的装饰施工机具，按用途可分为：锯、刨、钻、磨、钉五大类。对一些特殊施工工艺，还需有专用机具和一些无动力的小型机具配合。

28.1.3.1 电动工具

1. 切割机具

切割机具是装饰施工中最常用的机具，装饰工程中的成品和半成品材料很多，需要进行切割，切割对象不同，机具也有差异，既有通用的，也有专用的。

（1）型材切割机

型材切割机是一种高效率的电动工具（图 28-14），利用砂轮磨削原理，快速旋转薄片砂轮来切割各种型材。

（2）电动曲线锯

1）曲线锯可根据需要锯割曲线和直线的金属、木料、塑料、橡胶、皮革等。可以更换不同的锯条，锯割不同的材料，其中粗齿锯条适用于锯割木材，中齿锯条适用于锯割有色金属板材，细齿锯条适用于锯割钢板（图 28-15）。

图 28-14 型材切割机

图 28-15 电动曲线锯

2）锯割前应根据被加工件的材料选取不同锯齿的锯条。锯割时，向前推力不能过大，转角半径不宜小于 50mm。

（3）手提式电锯（电动圆锯）

用于切割木夹板、木方、装饰板、轻金属等，锯片分圆形钢锯片和砂轮锯片两种（图 28-16），常用规格有 7、8、9、10、12、14 英寸（in）6 种。

（4）铝合金型材切割机

铝合金型材切割机是台式机具。它在结构上与普通型材切割机基本一样，采用硬质合金锯片，无需进行锯齿的修磨，使用工效高（图 28-17），主要用于装饰工程中铝合金型材切割。

图 28-16　电动圆锯

图 28-17　铝合金型材切割机

（5）双刃电剪刀

双刃电剪刀（图 28-18），是一种新型的手持式电动工具，采用双刃口剪刀形式双重绝缘。可用来剪切薄板金属型材，或将金属薄板剪切各种形状（图 28-18）。

(*a*)　(*b*)

图 28-18　双刃电剪刀

（*a*）双刃电剪刀；（*b*）剪切形状

（6）电冲剪

电冲剪（图 28-19），是用来冲剪波纹钢板、塑料板、层压板等板材的工具，还可以在各种板材上开各种形状的孔。

(7) 往复锯

往复锯(图 28-20),是一种电动锯工具,用于锯割木材、金属、管材等。

图 28-19 电冲剪

图 28-20 往复锯

2. 钻孔机具

各种规格的电钻,是装饰工程中开孔、钻孔、紧固用的电动工具。

目前装饰施工中主要采用的各种手提式钻孔工具,基本上分为微型电钻和电动冲击钻,常用的电锤与电动螺钉刀也属于此类机具。

(1) 小型电钻

1) 电钻是用来对金属、塑料或其他类似材料及工件进行钻孔的电动工具(图 28-21),电钻由电动机、传动机械、壳体、钻头夹等部件组成。钻头夹装在钻头或圆锥套筒内,13mm 以下的采用钻头夹,13mm 以上的采用莫氏锥套筒。为适应不同钻削特性,分为单速、双速、四速和无级调速电钻。

2) 操作注意事项

① 钻头应夹紧牢固才能钻孔作业。

② 操作时不要用手触摸旋转部件;不要在工作结束后马上触摸钻头或钻头周围部件,容易被烫伤。

③ 操作时应紧握手电钻,防止手电钻产生的反作用力打伤自己;手电钻处于旋转状态时不能放下,以免发生危险。

(2) 电动冲击钻

电动冲击钻又称冲击电钻(图 28-22),是可调节式旋转带冲击的特种电钻。当把旋钮调到纯旋转位置,装上钻头,就像普通电钻一样进行钻孔;如把旋钮调到冲击位置,装上镶硬质合金的冲击钻头,就可对混凝土、砖墙进行钻孔。它是单相串激电动机(交直流两用)。

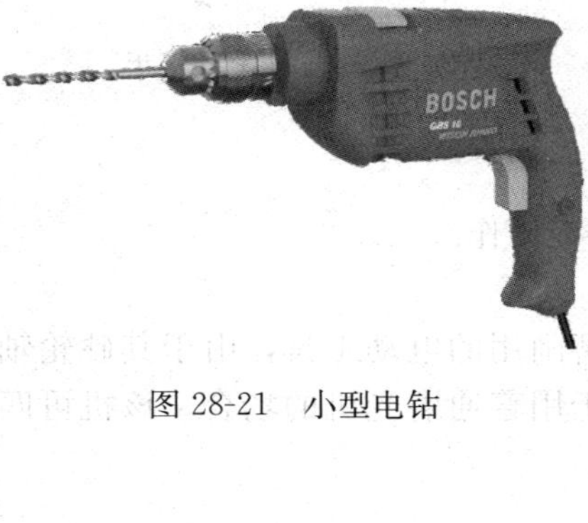

图 28-21 小型电钻

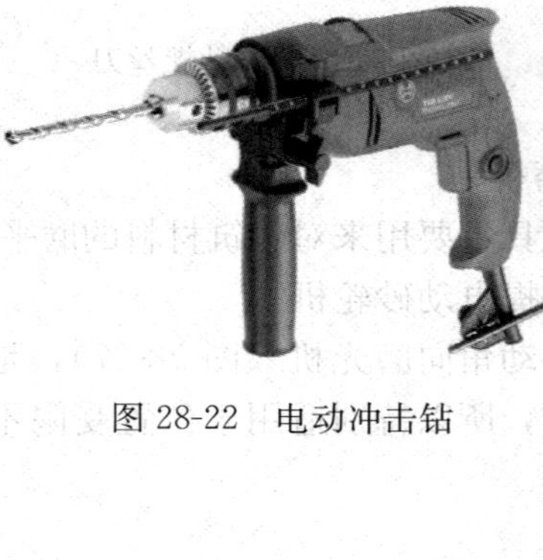

图 28-22 电动冲击钻

（3）电锤

电锤（图 28-23），兼备冲击和旋转两种功能，电锤是附有气动锤击机构的一种带安全离合器的电动式旋转锤钻，利用活塞运动原理，压缩气体冲击钻头。在砖石、混凝土上打孔时，钻头旋转兼冲击，操作者无须施加压力。

（4）电动自攻螺钉钻

电动自攻螺钉钻（图 28-24），是上自攻螺钉的专用机具，用于在轻钢龙骨或铝合金龙骨安装饰面板及各种龙骨本身的安装。

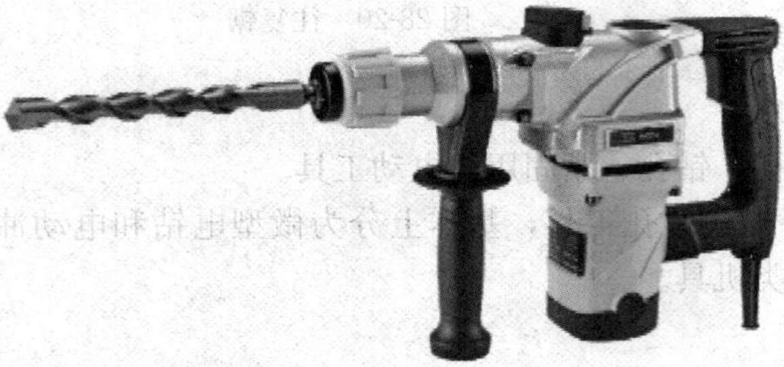

图 28-23　电锤

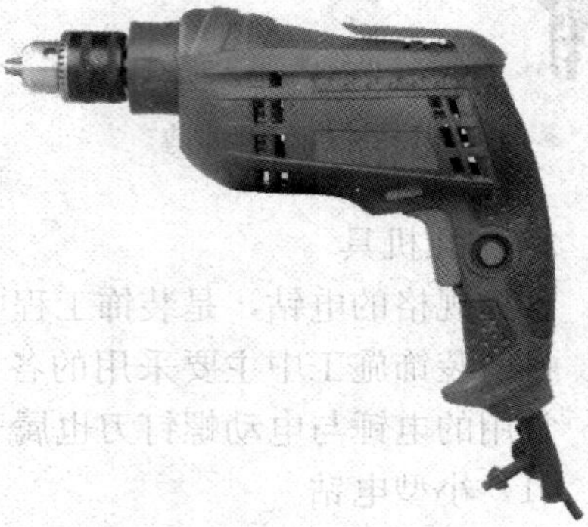

图 28-24　电动自攻螺钉钻

（5）电动螺丝刀

电动螺丝刀（图 28-25），主要用于螺钉拧固操作等。一般电动螺丝刀所能拧紧的最大螺钉型号为 M8。

（6）电动扳手

电动扳手（图 28-26），用于装拆紧固件，拆卸螺栓、螺母等，广泛用于建筑工程和装饰工程中。

图 28-25　电动螺丝刀

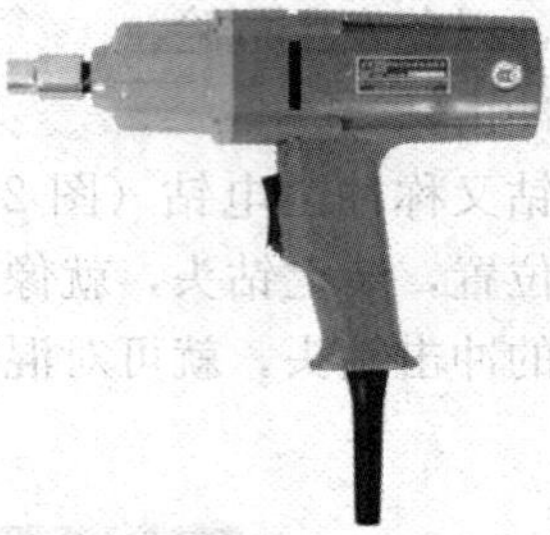

图 28-26　电动扳手

3. 研磨机具

这类机具主要用来对建筑材料的磨平、磨光工作。

（1）手提电动砂轮机

又称电动角向磨光机（图 28-27），是供磨削用的电动工具，由于其砂轮轴线与电机轴线成直角，所以特别适用于位置受限不便于用普通磨光机的场合。该机可匹配粗磨砂轮、细磨砂轮、抛光轮、橡皮轮、切割砂轮、钢丝轮等，完成磨削、抛光、切割、除锈等工作。

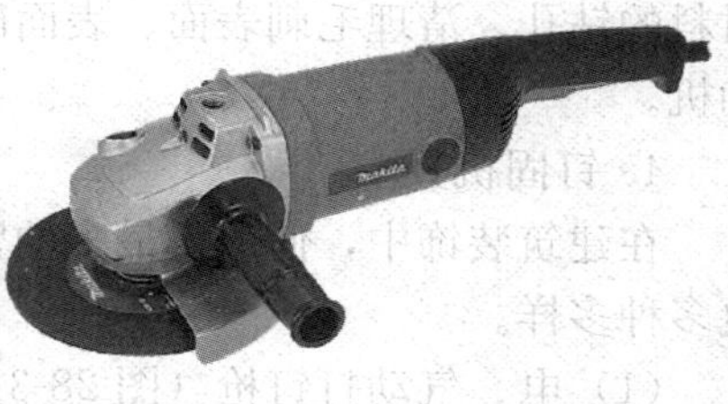

图 28-27 手提电动砂轮机

使用注意事项

① 定期检查，除检查砂轮防护罩等零部件是否完好牢固外，还应定期测量其绝缘电阻，其值不得少于 7MΩ（用 500VMΩ 表测量）。

② 工作过程中，不要让砂轮受到撞击，使用切割砂轮时不得横向摆动，以免砂轮碎裂。为取得良好的加工效果，应尽可能使工作头旋转平面与工作打磨表面成 15°～30°。

③ 该机的电缆线与插头具有加强绝缘性能，不要随意更换其他导线、插头或接长导线。

④ 经常观察电刷磨损状况，及时更换过短的电刷。更换后的电刷在使用时应活动自如，手试电机运转灵活后，再通电空载运行 15min，使电刷与换向器间接触良好。

⑤ 使用过程中，若出现下列情况之一者，必须立即切断电源，进行处理。

a. 传动部件卡住，转速急剧下降或突然停止转动。

b. 发现有异常振动或声响，温升过高或有异味时。

c. 发现电刷下火花过大或有环火时。

⑥ 机器应放置于干燥、清洁、无腐蚀性气体的环境中。机壳不得接触有机溶剂。

（2）电动针束除锈机

电动针束除锈机（图 28-28），它是专用于除锈的冲击式电动工具。利用机件头部的钢条束的往复式冲击来除去工作表面的锈蚀层。特别适用于对凹凸不平的表面进行除锈作业。如金属构件的除锈、焊渣堆积物的清理等。

（3）砂纸机

砂纸机（图 28-29），主要是代替工人用砂纸对部件进行打磨。

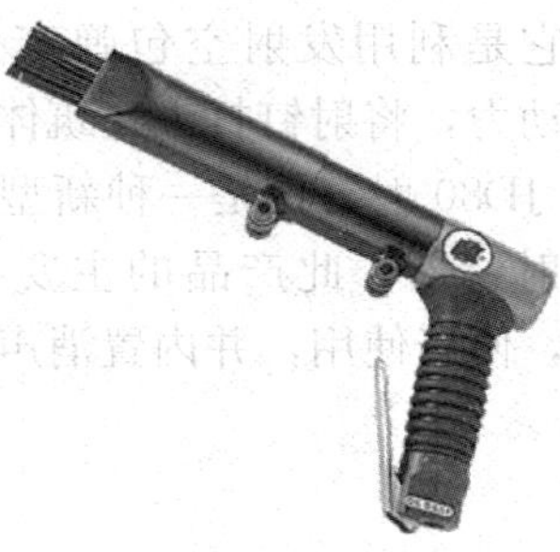

图 28-28 电动针束除锈机

图 28-29 砂纸机

（4）电动角向钻磨机

电动角向钻磨机（图 28-30），是一种供钻孔和磨削两用的电动工具。当把工作部分换上夹头，并装上麻花钻时，即可对金属等材料进行钻孔加工。如把工作部分换上橡皮轮，上砂布、抛布轮时，可对制成品进行磨削或抛光加工。由于钻头与电动机轴线成直角，使它特别适用于空间位置受限制不便使用普通电钻和磨削工具的场合，可用于对多种材料的钻孔、清理毛刺表面、表面砂光以及雕刻制品等。所用的电机是勒激交直流两用电动机。

4. 钉固机具

在建筑装饰中，使用得最多的紧固技术就是钉固结构，由于钉的种类较多，采用机具也多种多样。

（1）电、气动打钉枪（图 28-31）

图 28-30　电动角向钻磨机

图 28-31　电、气动打钉枪

1）打钉枪是用于在木龙骨上钉木夹板、纤维板、刨花板、石膏板等板材和各种装饰木线条工具。

2）电动打钉枪配有专用枪钉，常用规格有 10、15、20、25mm 四种，只要插入 220V 电源插座，即可使用。

3）气动打钉枪，是专供锤打扁头钉的风动工具。

图 28-32　射钉枪

（2）射钉枪

1）射钉枪又称射钉器（图 28-32），由于外形和原理都与手枪相似，故常称为射钉枪。它是利用发射空包弹产生的火药燃气作为动力，将射钉打入建筑体的工具。

2）JD80 射钉枪是一种新型、间接作用式低速射钉器，此产品的主要特点是可在设定范围内自由调节射钉力度。此产品采用新型弹夹，便于使用，并内置消声器，极大地降低了工作噪声。

28.1.3.2　手工工具

1. 瓦工常用手工工具（表 28-1）。

瓦工常用手工工具　　表 28-1

序号	工具名称	图例	型号	用途
1	手动瓷砖切割机		轻型全钢 800，轻型全钢 1000	墙面、地面瓷砖切割

续表

序号	工具名称	图例	型号	用途
2	瓷砖吸盘		多种	用于铺贴地砖
3	铁抹子	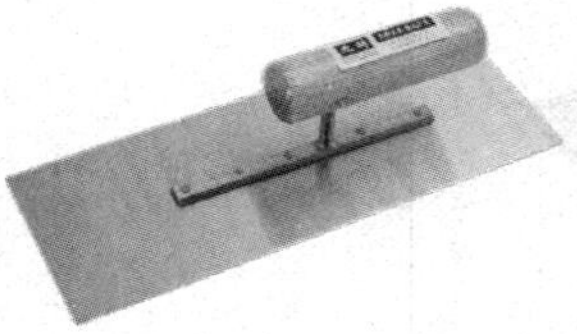	多种	俗称钢板，有方头和圆头两种，常用于涂抹底灰、水泥砂浆面层、水刷石及水磨石面层等
4	钢皮抹子		多种	与铁抹子外形相似，但比较薄，弹性较大，用于抹水泥砂浆面层和地面压光等
5	压抹子	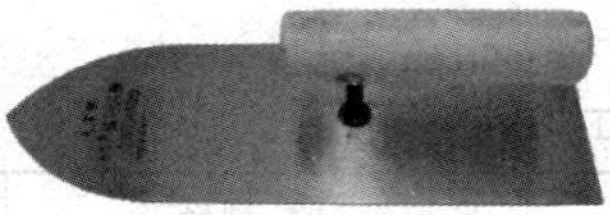	多种	用于水泥砂浆的面层压光和纸筋石灰浆、麻刀石灰浆的罩面等
6	塑料抹子	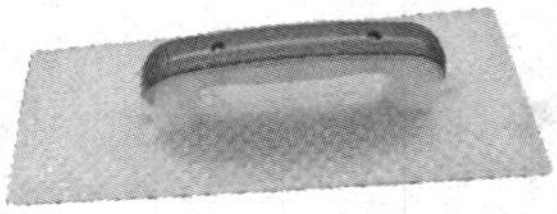	多种	有圆头和方头两种，用聚乙烯硬质塑料制成，用于压光纸筋石灰浆面层
7	木抹子		多种	俗称木蟹，有圆头和方头两种，用白红松木制成，用于搓平和压实底子灰砂浆
8	阴角抹子		多种	又称阴抽角器，有小圆角和尖角两种，用于阴角抹灰的压实和压光

续表

序号	工具名称	图例	型号	用途
9	阳角抹子		多种	又称阳抽角器，有小圆角和尖角两种，用于阳角抹灰的压实和压光
10	圆角阴角抹子	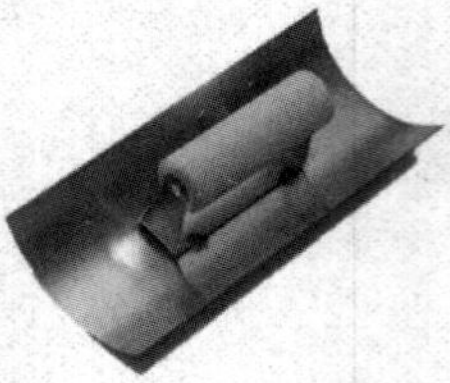	多种	又称明沟铁板，用于水池阴角和明沟阴角的压光
11	圆角阳角抹子	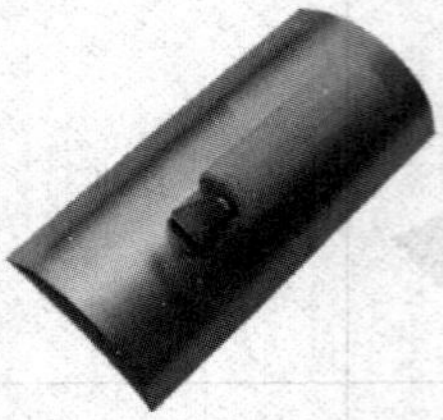	多种	用于阳角和明沟阳角的压光

2. 木工常用工具（表 28-2）。

木工常用工具　　表 28-2

序号	工具名称	图例	规格	用途
1	手刨		多种	用于刨削各种木材
2	木工锯	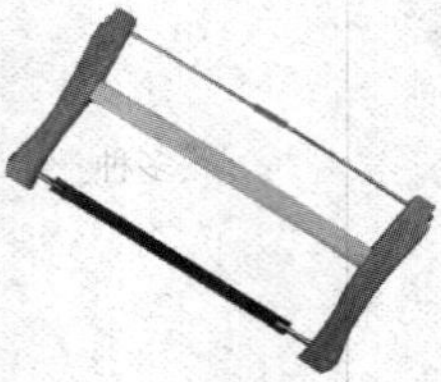	多种	用于锯切木材
3	羊角锤		多种	用于钉钉和起钉

续表

序号	工具名称	图例	规格	用途
4	木工凿		多种	用于木构件加工
5	螺钉刀		多种	紧固螺钉
6	卷尺		多种	测量尺寸
7	钢板尺		多种	测量尺寸
8	水平尺		多种	测量水平及垂直度
9	90°角尺		多种	测量直角及尺寸
10	人字梯		多种	提升作业面高度

3. 油工常用工具

(1) 涂刷工具

涂饰工程中常用的施工机具有刷涂工具、滚涂工具、弹涂工具、喷涂工具等（表 28-3）。

涂刷工具　　表 28-3

序号	工具名称	图例	规格	用途
1	排笔刷		多种	涂刷乳胶漆
2	底纹笔	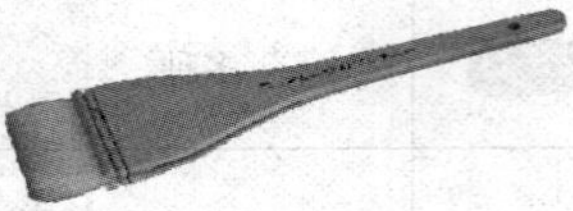	多种	涂刷乳胶漆
3	料桶		多种	承装及搅拌涂料、腻子等

（2）滚涂工具

滚涂工具（表 28-4）。

滚涂工具　　表 28-4

序号	工具名称	图例	规格	用途
1	长毛绒辊	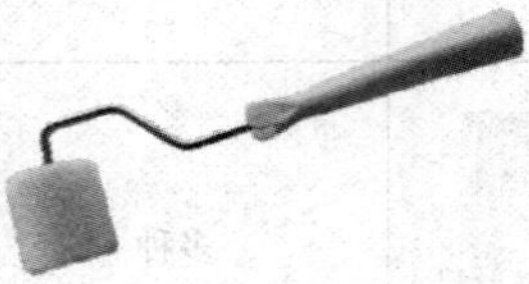	多种	滚刷涂料
2	泡沫塑料辊	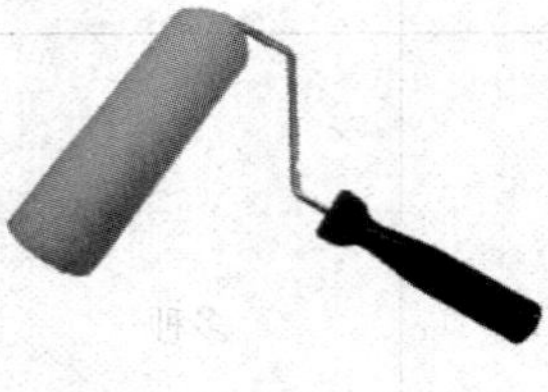	多种	滚刷涂料
3	橡胶辊		多种	滚刷涂料

(3) 弹涂工具

弹涂工具（表 28-5）。

弹涂工具 **表 28-5**

序号	工具名称	图例	规格	用途
1	手动弹涂器		多种	用于浮雕涂料、石头漆等弹涂
2	电动弹涂器		多种	用于浮雕涂料、石头漆等弹涂

(4) 喷涂工具

喷涂工具（表 28-6）。

喷涂工具 **表 28-6**

序号	工具名称	图例	规格	用途
1	高压无气喷机		多种	喷涂涂料
2	喷枪		多种	喷涂涂料

(5) 软包裱糊常用手工工具（表28-7）。

软包裱糊常用手工工具 **表28-7**

序号	工具名称	图例	规格	用途
1	工作台		多种	用于壁纸（布）、软硬包面料的裁切、打胶
2	壁纸刀		多种	用于裁切壁纸（布）
3	剪刀		多种	用于裁切壁纸（布）、软硬包的面料
4	羊毛刷	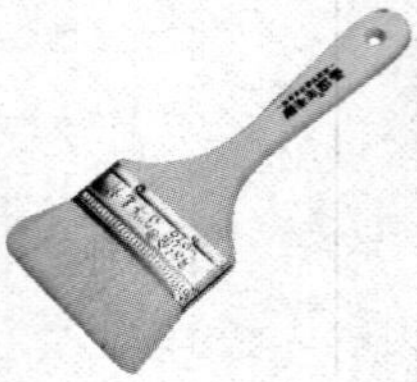	多种	用于壁纸刷胶
5	滚筒刷		多种	滚刷底漆、胶水
6	刮板		多种	用于铺贴墙纸（布）、赶出余胶及多余气泡

续表

序号	工具名称	图例	规格	用途
7	壁纸刷	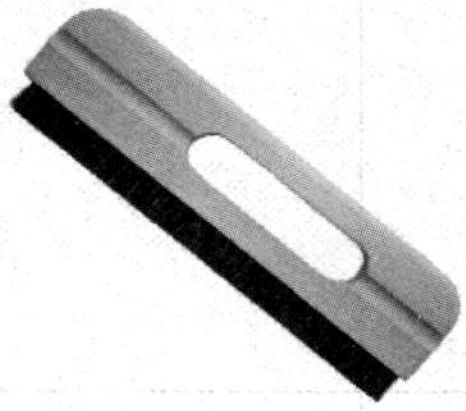	多种	用于纯纸类壁纸铺平，避免刮板容易破坏纸面
8	壁纸压平滚	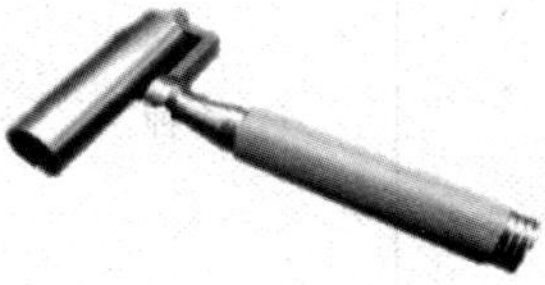	多种	用于纯纸类壁纸铺平，压平细小气泡。避免破坏纸面
9	壁纸接缝滚	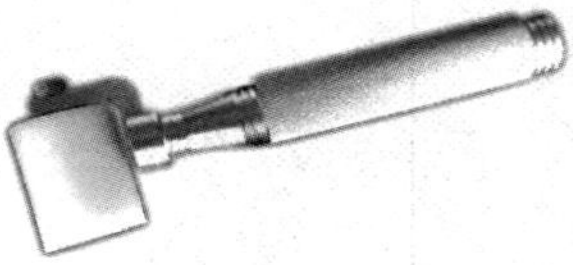	多种	用于壁纸接缝压平
10	高凳		多种	提升作业面高度

28.1.4 计量检测器具

常用的计量检测器具分为计量检测器具和检测工具，计量检测器具精准度要求较高，一般采用电子器械测量；检测工具对于使用、携带便捷性要求较高。

28.1.4.1 计量检测器具

常用的测量仪器主要有经纬仪、水准仪、全站仪、激光投线仪、铅垂仪等（表28-8）。

常用测量仪器 **表28-8**

序号	工具名称	图例	规格	用途
1	经纬仪		多种	用于测量水平角和竖直角

续表

序号	工具名称	图例	规格	用途
2	水准仪		多种	用于测量高差
3	全站仪	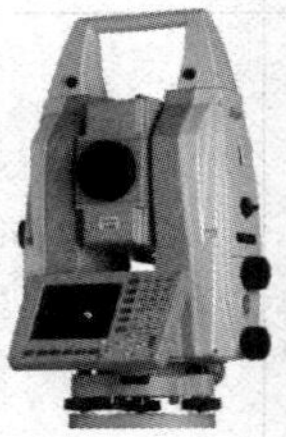	多种	用于地上大型建筑和地下隧道施工等精密工程测量或变形监测领域
4	激光投线仪		多种	用于水平和竖向测量标线
5	激光铅垂仪		多种	用于铅直定位测量

28.1.4.2 检测工具

检测工具：靠尺板（2m）、线坠、钢卷尺、方尺、金属水平尺、直角靠尺、普通塞尺、楔形游标塞尺、光泽度仪、涂层测厚仪等（表 28-9）。

常用检测工具 **表 28-9**

序号	工具名称	图例	规格	用途
1	靠尺	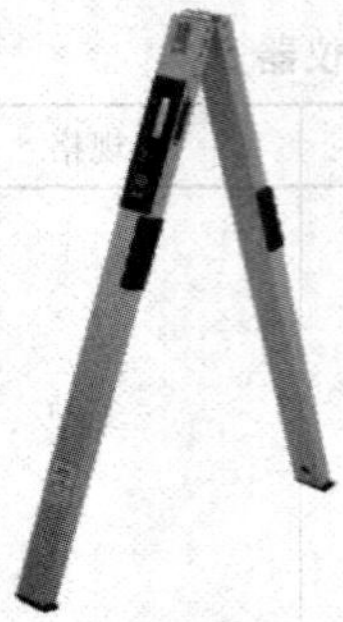	多种	用于检测是否水平、平整

续表

序号	工具名称	图例	规格	用途
2	线坠	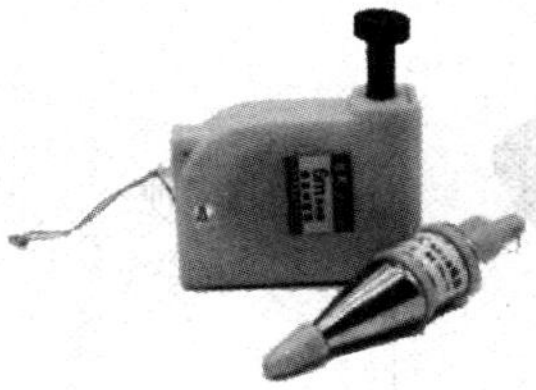	多种	用于物体的垂直度测量
3	钢卷尺		多种	用于测量较长物体的尺寸或距离
4	金属水平尺	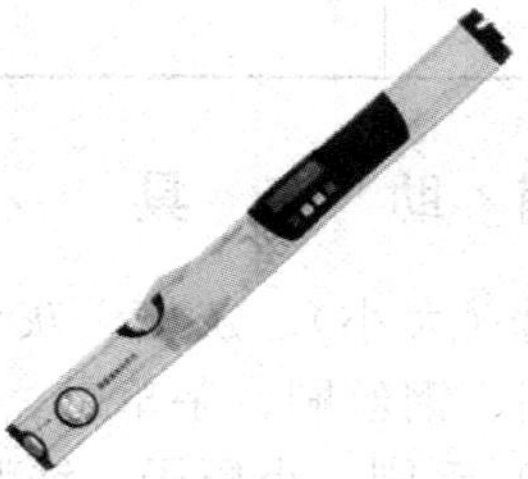	多种	用于测量被测表面相对水平位置、铅垂位置、倾斜位置偏离程度的一种计量器具
5	直角靠尺		多种	用于检测工件的垂直度及工件相对位置的垂直度
6	普通塞尺	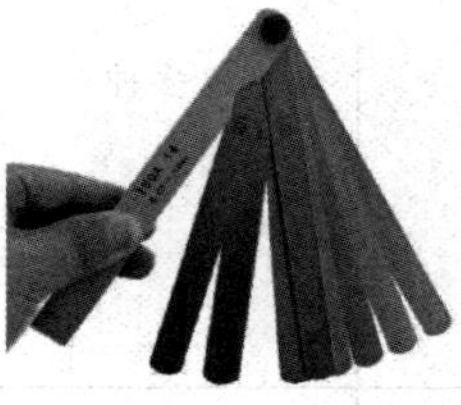	多种	用于间隙间距的测量
7	楔形游标塞尺		多种	用于工程缝隙宽度测量

续表

序号	工具名称	图例	规格	用途
8	光泽度仪		多种	用于测定陶瓷、油漆、油墨、塑料、大理石、铝、五金等材料表面光泽度的仪器
9	涂层测厚仪		多种	用于控制和保证产品质量

28.1.5　辅　助　工　具

常用的辅助工具有铁锹、筛子、水桶（大小）、灰槽、灰勺、刮杠（大 2.5m，中 1.5m）、托灰板、软水管、长毛刷、鸡腿刷、钢丝刷、茅草帚、喷壶、小线、钻子（尖、扁）、粉线袋、铁锤、钳子、钉子、软（硬）毛刷、小压子、铁溜子、托线板、地面铺砖工具等（表 28-10）。

常用辅助工具　　表 28-10

序号	工具名称	图例	规格	用途
1	铁锹		多种	用于用脚踩入地中翻土的构形工具
2	筛子		多种	用于将物质按照颗粒大小进行分离

续表

序号	工具名称	图例	规格	用途
3	水桶		多种	盛水用的容器
4	灰槽		多种	是气力输灰系统中比较常用的一种容器
5	灰勺	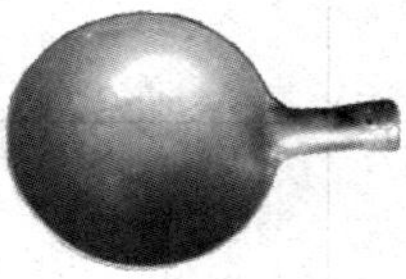	多种	用于盛、舀各种散料和浆料
6	刮杠		多种	用于水泥砂浆等面层的找平
7	托灰板		多种	用于盛放灰质材料
8	软水管		多种	用于输送液体
9	长毛刷	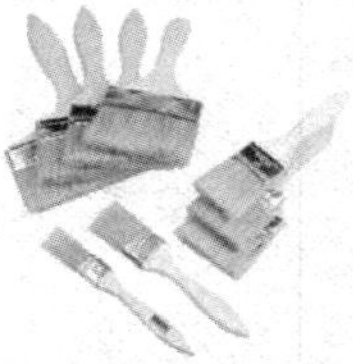	多种	用于蘸取液体或流质材料粉刷

续表

序号	工具名称	图例	规格	用途
10	钢丝刷	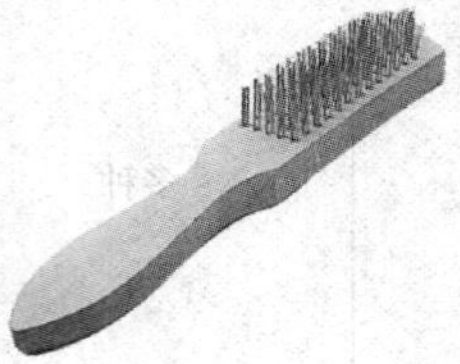	多种	用于工业管道、机械螺孔清理除锈、抛光清扫
11	茅草帚		多种	用于清扫
12	喷壶		多种	用于喷洒
13	羊角锤	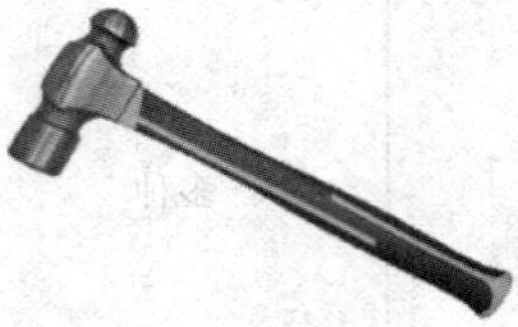	多种	用于敲打物体使其移动或变形
14	钳子		多种	用于夹持、固定加工工件或者扭转、弯曲、剪断金属丝线等
15	软（硬）毛刷	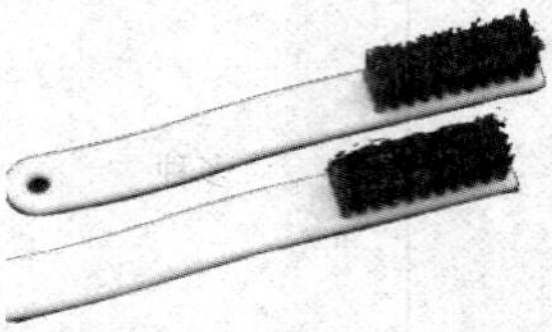	多种	用于清洗、除尘、抛光等

28.2 抹 灰 工 程

将抹灰砂浆涂抹在基底材料的表面，兼有保护基层和增加美观作用。为建筑物提供特殊功能的施工过程，称之为抹灰工程。

抹灰工程主要有两大功能，一是防护功能，保护墙体不受风、雨、雪的侵蚀，增加墙面防潮、防风化、隔热的能力，提高墙身的耐久性能、热工性能；二是美化功能，改善室内卫生条件，净化空气，美化环境，提高居住舒适度。

抹灰工程通常分一般抹灰和装饰抹灰两大类（表 28-11）。

抹灰工程分类 **表 28-11**

分类	名称
一般抹灰	普通抹灰
	高级抹灰
装饰抹灰	水刷石
	斩假石
	干粘石
	假面砖

28.2.1 抹灰砂浆的种类、组成及技术性能

28.2.1.1 抹灰砂浆的种类

1. 抹灰砂浆的种类

根据抹灰砂浆功能的不同，抹灰砂浆分为一般抹灰砂浆、装饰抹灰砂浆和特种抹灰砂浆。根据生产方式不同分为现场拌制抹灰砂浆和预拌抹灰砂浆。

2. 一般抹灰砂浆（表 28-12）

常用一般抹灰砂浆 **表 28-12**

名称	构成	特性及使用部位
水泥砂浆	以水泥作为胶凝材料，配以建筑用砂（视需要加入外加剂）	一般用于外墙面、勒脚、屋檐以及有防水防潮要求或强度要求高的部位，水泥砂浆不得涂抹在石灰砂浆层上
石灰砂浆	以熟石灰作为胶凝材料，配以建筑用砂（视需要加入外加剂）	一般用于室内墙面无防水、防潮要求的中层或面层抹灰
水泥石灰混合砂浆	以水泥、熟石灰作为胶凝材料，配以建筑用沙（视需要加入外加剂）	一般用于室内墙面无防水、防潮要求的底层或中层或面层抹灰
粉刷石膏	以石膏作为胶凝材料，配以建筑用砂，保温集料及多种添加剂制成的抹灰材料	具有和易性好、粘结力强、硬化快，用于顶棚抹灰较好，适合墙面薄层找平
聚合物砂浆	在建筑砂浆中添加聚合物胶粘剂，使砂浆性能得到很大改善的新型建筑材料。聚合物的种类和掺量决定了聚合物砂浆的性能	聚合物胶粘剂与砂浆中的水泥或石膏等无机粘结材料组合在一起，大大提高了砂浆与基层的粘结强度、砂浆的变形性、砂浆的内聚强度等性能

28.2.1.2　抹灰砂浆的组成材料

1. 胶凝材料

常用的胶凝材料有水泥、石灰、石膏、聚合物等。

(1) 水泥

1) 通用硅酸盐水泥均可以用来配制砂浆，水泥品种的选择与砂浆的用途有关。通常对抹灰砂浆的强度要求并不很高，一般采用中等强度等级的水泥就能够满足要求。抹灰砂浆强度不宜超过基体材料强度两个强度等级。

2) 粘贴饰面砖的内外墙，中层抹灰砂浆的强度不低于 M15，且优先选用水泥抹灰砂浆。堵塞门窗口边缝及脚手眼、孔洞，窗台、阳台抹面宜采用 M15、M20 水泥砂浆。

3) 水泥砂浆采用的水泥强度等级不宜大于 32.5 级；水泥混合砂浆采用的水泥强度等级不宜大于 42.5 级。如果水泥强度等级过高，会产生收缩裂缝，可适当掺入掺加料避免裂缝的产生。

(2) 石灰

1) 为了改善砂浆的和易性和节约水泥，常在砂浆中掺入适量的石灰。石灰有生石灰和熟石灰（即消石灰）。工地上熟化石灰常用两种方法：消石灰浆法和消石灰粉法。

2) 根据加水量的不同，石灰可熟化成消石灰粉或石灰膏。石灰熟化的理论需水量为石灰重量的 32%。在生石灰中，均匀加入 60%～80%的水，可得到颗粒细小、分散均匀的消石灰粉。若用过量的水熟化，将得到具有一定稠度的石灰膏。石灰膏保水性好，将它掺入水泥砂浆中，配成混合砂浆，可显著提高砂浆的和易性。

3) 石灰中一般都含有过火石灰，过火石灰熟化慢，若在石灰浆体硬化后再发生熟化，会因熟化产生的膨胀而引起隆起和开裂。为了消除过火石灰的这种危害，石灰在熟化后，还应“陈伏”2 周左右。

4) 石灰在硬化过程中，要蒸发掉大量的水分，引起体积显著收缩，易出现干缩裂缝。所以，石灰不宜单独使用，一般要掺入砂、纸筋、麻刀等材料，以减少收缩，增加抗拉强度，同时石灰不宜在长期潮湿和受水浸泡的环境中使用。

(3) 聚合物

1) 在许多特殊的场合可采用聚合物作为砂浆的胶凝材料，制成聚合物砂浆。所谓聚合物水泥砂浆，是指在水泥砂浆中添加聚合物胶粘剂，从而使砂浆性能得到很大改善的一种新型建筑材料。其中的聚合物胶粘剂作为有机粘结材料与砂浆中的水泥或石膏等无机粘结材料完美地组合在一起，大大提高了砂浆与基层的粘结强度、砂浆的变形性即柔性、砂浆的内聚强度等性能。

2) 聚合物的种类和掺量在很大程度上决定了聚合物水泥砂浆的性能，改变了传统砂浆的技术经济性能，目前已开发出多种、性能优异的聚合物砂浆。

(4) 建筑石膏

建筑石膏也称二水石膏，将天然二水石膏（$CaSO_4 \cdot 2H_2O$）在 107～1700℃的干燥条件下加热可得建筑石膏。建筑石膏与其他胶凝材料相比有以下特性：

① 凝结硬化快。建筑石膏在加水拌合后，浆体在几分钟内便开始失去可塑性，30min 内完全失去可塑性而产生强度。

② 凝结硬化时体积微膨胀。石膏浆体在凝结硬化初期会产生微膨胀。这一性质使石

膏制品的表面光滑、细腻、尺寸精确、形体饱满、装饰性好。建筑装饰工程中很多装饰饰品、装饰线条都利用这一特性广泛使用建筑石膏。

③ 孔隙率大与体积密度小。建筑石膏在拌合水化时，在建筑石膏制品内部形成大量的毛细孔隙。所以导热系数小，吸声性较好，属于轻质保温材料。

④ 具有一定的调温与调湿性能。由于石膏制品内部大量毛细孔隙对空气中的水蒸气具有较强的吸附能力，所以对室内的空气湿度有一定的调节作用。

⑤ 防火性好，耐水性、抗渗性、抗冻性差。

2. 细集料

配制砂浆的细集料最常用的是天然砂。砂应符合混凝土用砂的技术性能要求。由于砂浆层较薄，砂的最大粒径应有所限制，理论上不应超过砂浆层厚度的1/4～1/5，宜选用中砂，最大粒径不大于2.5mm为宜。砂的粗细程度对砂浆的水泥用量、和易性、强度及收缩等影响很大。

3. 水

拌制砂浆用水与混凝土拌合用水的要求相同，均需满足《混凝土用水标准》JGJ 63—2006的规定。

4. 外加剂

为改善新拌及硬化后砂浆的各种性能或赋予砂浆某些特殊性能，常在砂浆中掺入适量外加剂。例如为改善砂浆和易性，提高砂浆的抗裂性、抗冻性及保温性，可掺入微沫剂、减水剂等外加剂；为增强砂浆的防水性和抗渗性，可掺入防水剂等；为增强砂浆的保温隔热性能，可掺入引气剂提高砂浆的孔隙率。

5. 纤维

（1）为了防止砂浆层的收缩开裂，有时需要加入一些纤维材料，或者为了使其具有某些特殊功能需要选用特殊骨料或掺加料，如纸筋、麻刀、玻璃纤维等。纸筋、麻刀、玻璃纤维都是纤维材料，纤维是聚合物经一定的机械加工（牵引、拉伸、定型等）后形成细而柔软的细丝，形成纤维，纤维具有弹性模量大，受力时形变小，强度高等特点。纤维大体分天然纤维、人造纤维和合成纤维。

（2）旧麻绳用麻刀机或竹条抽打成絮状的麻丝团叫麻刀。用稻草、麦秸或者是纤维物质加工成浆状叫纸筋。玻璃纤维按形态和长度，可分为连续纤维、定长纤维和玻璃棉；按玻璃成分，可分为无碱、耐化学、高碱、中碱、高强度、高弹性模量和抗碱玻璃纤维等。纤维技术与建筑技术相结合，可起到防裂、抗渗、抗冲击和抗折性能，提高建筑工程质量。

6. 颜料

（1）颜料就是能使物体染上颜色的物质。颜料有无机的和有机的区别。无机颜料一般是矿物性物质，有机颜料一般取自植物和海洋动物。现代有许多人工合成的化学物质做成的颜料。

（2）抹灰用颜料，应采用矿物颜料及无机颜料，须具有高度的磨细度和着色力，耐光耐碱，不含有盐、酸等有害物质。

28.2.1.3 抹灰砂浆主要技术性能

抹灰砂浆是指经干燥筛分处理的骨料（如石英砂）、无机胶凝材料（如水泥）和添加剂（如聚合物）等按一定比例进行物理混合而成的一种颗粒状或粉状，以袋装或散装的形式运至工地，加水拌和后即可直接使用的物料，又称作砂浆干粉料、干混砂浆、干拌粉，有些建筑黏合剂也属于此类。

1. 抹灰砂浆特点

（1）品质稳定可靠，提高工程质量。

（2）品种齐全，可以满足不同的功能和性能需求。

（3）性能良好，有较强的适应性，有利于推广应用新材料、新工艺、新技术、新设备。

（4）施工性好，功效提高，有利于自动化施工机具的应用，改变传统抹灰施工的落后方式。

（5）使用方便，便于运输和存放，有利于施工现场的管理。

（6）符合节能减排，绿色环保施工要求。

2. 抹灰砂浆的施工稠度（表 28-13），聚合物水泥抹灰砂浆的施工稠度宜为 50～60mm，石膏抹灰砂浆的施工稠度宜为 50～70mm。

抹灰砂浆的施工稠度　　表 28-13

抹灰层	施工稠度（mm）
底层	90～110
中层	70～90
面层	70～80

28.2.2　新技术、新材料在抹灰砂浆中的应用

28.2.2.1　粉刷石膏

粉刷石膏是由石膏作为胶凝材料，再配以建筑用砂或保温集料及多种添加剂制成的一种多功能建筑内墙及顶板表面的抹面材料。由于使用了多种添加剂，改善了传统的粉刷石膏的性能。

1. 性能特点

（1）粘结力强。适于各类墙体（加气混凝土、轻质墙板、混凝土剪墙及室内顶棚）可有效防止开裂、空鼓等质量通病。

（2）表面装饰性好。抹灰墙面致密、光滑不起灰，外观典雅，具有呼吸功能，提高了居住舒适度。

（3）节省工期。凝结硬化快，养护周期短，工作面可当日完成，提高了工作效率。

（4）防火性能好。

（5）使用便捷。直接调水即可，保证了材料的稳定性。

（6）导热系数低，节能保温。

（7）卫生环保。没有现场用沙的环节，减少了人工费用和运输费用，避免了沙尘污染（表 28-14）。

粉刷石膏商品砂浆同普通砂浆技术经济性能对比 表 28-14

产品类别	优点	缺点	适用基材
粉刷石膏砂浆	1. 粘结性好，适用于多种基材 2. 质轻，操作性好，落地灰少 3. 凝结硬化快，节省工期 4. 干缩收缩小，不会开裂、空鼓 5. 便于现场管理，减少施工环节 6. 绿色环保，节能减排效果好，可调节室内湿度	表面强度不如水泥砂浆 不适合有防水、防潮要求的部位 单位价格高	现浇混凝土、加气混凝土墙、顶面抹灰，各类砌体、轻质板材墙面抹灰
水泥砂浆、混合砂浆	1. 强度高 2. 耐火性好 3. 材料单价低	1. 粘结性差，易产生空鼓 2. 干缩性大，易产生裂纹 3. 落地灰多 4. 抹灰层厚度大	适用于黏土砖墙

2. 粉刷石膏按其用途分类（表 28-15）

粉刷石膏按其用途分类 表 28-15

类别	代号	组成和使用部位
底层粉刷石膏	B	用于基底找平的抹灰，通常含有集料
面层粉刷石膏	F	用于底层粉刷或其他基底上的最后一层抹灰。通常不含集料，具有较高的强度
保温层粉刷石膏	T	含有轻集料的石膏抹灰材料，具有较好的热绝缘性

3. 技术要求

（1）粉刷石膏的细度以 1.0mm 和 0.2mm 方孔筛的筛余百分数计，其值应符合(表 28-16)规定的数值。

粉刷石膏细度技术要求 表 28-16

产品类别	面层粉刷石膏	底层和保温层粉刷石膏
1.0mm 方孔筛，筛余（%）	0	—
0.2mm 方孔筛，筛余（%）	≤40	

（2）凝结时间，粉刷石膏的初凝时间应不小于 60min，终凝时间应不大于 8h。

（3）可操作时间，粉刷石膏的可操作时间应不小于 30min。

（4）强度，粉刷石膏的强度要求（表 28-17）。

粉刷石膏的强度要求（MPa） 表 28-17

产品类别	面层粉刷石膏	底层粉刷石膏	保温层粉刷石膏
抗折强度	≥3.0	≥2.0	—
抗压强度	≥6.0	≥4.0	≥0.6
拉伸粘结强度	≥0.5	≥0.4	—

28.2.2.2 轻质砂浆

是以水泥为主要胶凝材料，粉煤灰、陶粒、建筑再生料、沙漠风积沙或机制砂等为集料，聚合物添加剂为改性助剂，按比例配制后密度不大于1200kg/m³ 的干混砂浆。由专业生产厂生产，采用经筛分处理的干燥骨料、胶凝材料、填料、外加剂以及按性能确定的其他成分，按照规定配比加工制成的一种混合物，分袋装砂浆和散装砂浆。

1. 性能特点

（1）外观均匀、干燥、无结块的混合物。

（2）增加墙面的强度、耐久性、抗渗性。

（3）具有质量轻、耐久性好、抗渗性能强、维修成本低。

2. 轻质砂浆分类（表 28-18）

轻质砂浆分类 **表 28-18**

产品按其干密度			
类型	A 型	B 型	C 型

28.2.3 一般抹灰砂浆的配制

1. 水泥抹灰砂浆的配制（表 28-19）

水泥抹灰砂浆配合比 **表 28-19**

砂浆强度等级	水泥用量（kg/m³）	水泥要求	砂（kg/m³）	水（kg/m³）	适用部位
M15	330～380	强度 32.5 通用硅酸盐水泥或砌筑水泥	1m³ 砂的堆积密度值	260～330	墙面、墙裙、防潮要求的房间，屋檐、压檐墙、门窗洞口等部位
M20	380～450				
M25	400～450	强度 42.5 通用硅酸盐水泥			
M30	460～510				

2. 水泥粉煤灰抹灰砂浆的配制（表 28-20）

水泥粉煤灰抹灰砂浆配合比 **表 28-20**

砂浆强度等级	水泥用量（kg/m³）	水泥要求	粉煤灰	砂（kg/m³）	水（kg/m³）	适用部位
M5	250～290	强度 32.5 通用硅酸盐水泥	内掺，等量取代水泥量的10%～30%	1m³ 砂的堆积密度值	260～330	适用于内外墙抹灰
M10	320～350					
M15	350～400	强度 42.5 通用硅酸盐水泥				

3. 水泥石灰抹灰砂浆的配制（表 28-21）

水泥石灰抹灰砂浆配合比 **表 28-21**

砂浆强度等级	水泥用量（kg/m³）	水泥要求	石灰膏（kg/m³）	砂（kg/m³）	水（kg/m³）	适用部位
M2.5	200～230	强度 32.5 通用硅酸盐水泥或砌筑水泥	（350～400）减去水泥用量	1m³ 砂的堆积密度值	260～300	适用于内外墙面抹灰，不宜用于湿度较大的部位
M5	230～280					
M10	330～380					

4. 掺塑化剂水泥抹灰砂浆的配制（表 28-22）

掺塑化剂水泥抹灰砂浆配合比 表 28-22

砂浆强度等级	水泥用量（kg/m³）	水泥要求	塑化剂（kg/m³）	砂（kg/m³）	水（kg/m³）	适用部位
M5	260～300	强度 32.5 通用硅酸盐水泥	按说明书掺加。砂浆使用时间不超过 2h	1m³ 砂的堆积密度值	260～300	适用于内外墙面抹灰
M10	330～360					
M15	360～410					

5. 石膏抹灰砂浆的配制（表 28-23）

抗压强度为 4.0MPa 石膏抹灰砂浆配合比 表 28-23

石膏	砂	水
450～650	1m³ 砂的堆积密度值	260～400

28.2.4 一般抹灰砂浆施工

用水泥抹灰砂浆、水泥粉煤灰抹灰砂浆、水泥石灰抹灰砂浆、聚合物水泥抹灰砂浆、石膏砂浆及塑化剂水泥抹灰砂浆等涂抹在建筑物的墙、顶、柱等表面上，称为“一般抹灰工程”。一般抹灰工程优先选用预拌砂浆。

28.2.4.1 室内墙面抹灰施工

1. 施工准备

（1）技术准备

1）抹灰工程的施工图、设计说明及其他设计文件完成。

2）材料的产品合格证书、性能检测报告、进场验收记录和复验报告完成。

3）施工技术交底（作业指导书）完成。

4）抹灰前应熟悉图纸、设计说明及其他设计文件，制定方案，做好样板间，经检验达到要求标准后方可正式施工。

（2）材料准备

1）水泥

① 宜采用通用硅酸盐水泥。水泥强度等级宜采用 32.5 级以上，宜使用同一品种、同一强度等级、同一厂家生产、同一批号的产品。

② 水泥进场需对产品名称、生产许可证编号、出厂编号、执行标准、日期等进行检查，同时验收合格证，对强度等级和凝结时间、安定性进行复验。

2）砂

宜采用平均粒径 0.35～0.5mm 的中砂，在使用前应根据使用要求过筛，筛好后保持洁净。

3）磨细石灰粉

① 使用前用水浸泡使其充分熟化，熟化时间最少不小于 3d。

② 浸泡方法：提前备好大容器，均匀地往容器中撒一层生石灰粉，浇一层水，然后再撒一层，再浇一层水，依次进行。当达到容器的 2/3 时，将容器内放满水，使之熟化。

严禁使用脱水硬化的石灰膏。消石灰粉不得直接使用于砂浆中。

4）麻刀

必须柔韧干燥，不含杂质，行缝长度一般为10～30mm，用前4～5d敲打松散并用石灰膏调好，也可采用合成纤维、玻璃纤维。粗麻刀石灰用于垫层抹灰，细麻刀石灰用于面层抹灰。石灰膏、纸筋石灰、麻刀石灰进场后，需要加以保护，防止干燥钙化、冻结和被污染。

5）外加剂

砂浆外加剂可以显著改善砂浆的流变特性、施工性能和硬化后的各项性能。抹灰砂浆作为粘结材料，要求砂浆具有良好的保水性、黏聚性和触变性能。常用的外加剂有塑化剂，主要用在有较高要求的自流平干粉砂浆中；消泡剂，主要用来降低砂浆中的空气含量。

（3）其他准备工作

1）主体结构必须经过相关单位（建设单位、设计单位、监理单位、施工单位）检验合格。

2）抹灰前应检查门窗框安装位置是否正确，需埋设的接线盒、电箱、管线、管道套管是否固定牢固。连接处缝隙应用1∶3水泥砂浆或1∶1∶6水泥混合砂浆分层嵌塞密实，若缝隙较大时，应在砂浆中掺少量麻刀嵌塞，或用豆石混凝土将其填塞密实，并用塑料贴膜或铁皮将门窗框加以保护。

3）将混凝土蜂窝、麻面、露筋、疏松部分剔到实处，并刷胶粘性素水泥浆或界面剂，然后用1∶3的水泥砂浆分层抹平。脚手眼和废弃的孔洞应堵严，外露钢筋头、铅丝头及木头等要剔除，窗台砖补齐，墙与楼板、梁底等交接处应用斜砖砌严补齐。

4）加钉镀锌钢丝网部位，应涂刷一层胶粘性素水泥浆或界面剂，钢丝网与最小边搭接尺寸不应小于100mm。

5）对抹灰基层表面的油渍、灰尘、污垢等应清除干净。

2. 抹灰工程关键质量控制点

（1）冬期施工砂浆温度不低于5℃，环境温度不应低于5℃。砂浆抹灰层硬化初期不得受冻。

（2）抹灰前基层处理，必须经验收合格，并填写隐蔽工程验收记录。

（3）不同材料基体交接处表面的抹灰（墙体与圈梁、构造柱、墙体与主体结构墙、线槽位置修补等），应采取防止开裂的加强措施，当采用加强网时，加强网与各基体的搭接宽度不应小于100mm（图28-33）。不同抹灰材料所用加强网不一致，水泥砂浆抹灰宜用钢丝网，粉刷石膏抹灰宜用纤维网格布。

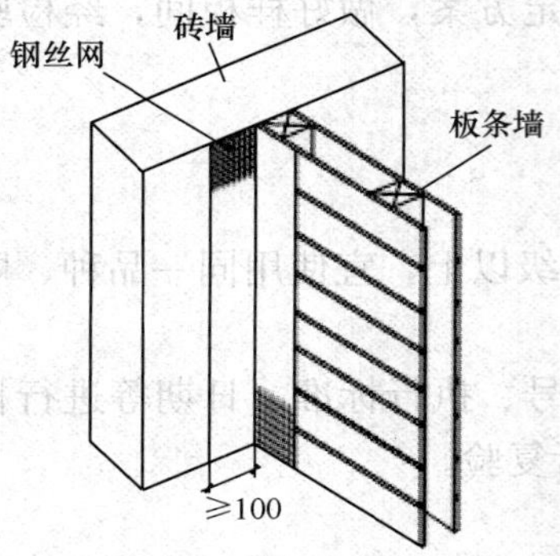

图28-33　加强网铺钉示意图

（4）抹灰工程质量关键是保证粘结牢固，无开裂、空鼓和脱落，施工过程应注意：

1）抹灰基体表面应彻底清理干净，对于表面光滑的基体应进行毛化处理。

2）严格各层抹灰厚度。一般抹灰工程施工是分层进行的，以利于抹灰牢固、抹面平整和保证质量。如果一次抹得太厚，由于内外收水快慢不同，容易出现干裂、起鼓和脱落现象（表 28-24、表 28-25）。

不同基体的抹灰厚度（mm） 表 28-24

项目	内墙面		外墙面		顶棚		蒸压加气混凝土砌块	聚合物砂浆、石膏砂浆
	普通抹灰	高级抹灰	墙面	勒脚	现浇混凝土板	预制混凝土板		
厚度	≤18	≤25	≤20	≤25	≤5	≤10	≤15	≤10

每层灰控制厚度 表 28-25

抹灰材料	水泥砂浆	水泥石灰砂浆
每层灰厚度（mm）	5～7	7～9

3. 施工工艺

(1) 工艺流程

基层清理 → 浇水湿润 → 修补预留孔洞、电箱槽、盒等 → 吊垂直、套方、找规矩、抹灰饼 → 抹水泥踢脚或墙裙 → 做护角、抹水泥窗台 → 墙面充筋 → 抹底灰 → 抹罩面灰

(2) 操作工艺

1) 基层清理

① 烧结砖砌体、蒸压灰砂砖、蒸压粉煤灰砖：将墙面上残存的砂浆、舌头灰剔除，污垢、灰尘等清理干净，用清水冲洗墙面，将砖缝中的浮砂、尘土冲掉。抹灰前一天应将基体充分浇水均匀润透，每天宜浇两次，水应渗入墙面内 10～20mm，防止基体浇水不透，抹灰砂浆中的水分很快被基体吸收，造成质量问题。

② 混凝土墙基层处理：因混凝土墙面在结构施工时大都使用脱膜隔离剂，表面比较光滑，故应将其表面进行处理，其方法：采用脱污剂将墙面的油污脱除干净，晾干后采用机械喷涂或笤帚涂刷一层薄的胶粘性水泥浆或涂刷一层混凝土界面剂，使其凝固在光滑的基层上，以增加抹灰层与基层的附着力，不出现空鼓开裂。或将其表面用尖钻子均匀剔成麻面，使其表面粗糙不平，然后浇水湿润。抹灰时墙面不得有明水。

③ 加气混凝土砌块基体（轻质砌体、隔墙）：加气混凝土砌体其本身强度较低，孔隙率较大，在抹灰前应对松动及灰浆不饱满的拼缝或梁、板下的顶头缝，用砂浆填塞密实。将墙面凸出部分或舌头灰剔凿平整，并将缺棱掉角、坑洼不平和设备管线槽、洞等同时用砂浆整修密实、平顺。用托线板检查墙面垂直偏差及平整度，根据要求将墙面抹灰基层处理到位，然后喷水湿润，水要渗入墙面 10～20mm，墙面不得有明水。然后涂抹墙体界面砂浆，要全部覆盖基层墙体，厚度 2mm，收浆后进行抹灰。

④ 混凝土小型空心砌块砌体（混凝土多孔砖砌体）基层表面清理干净即可，不得浇水。

⑤ 涂抹石膏抹灰砂浆时，一般不需要进行界面增强处理。

⑥ 涂抹聚合物砂浆时，将基层处理干净即可，不需浇水湿润。

2）浇水湿润

一般在抹灰前一天，用水管或喷壶顺墙自上而下浇水湿润。不同的墙体，不同的环境需要不同的浇水量。浇水要分次进行，最终以墙体既湿润又不泌水为宜。

3）修抹预留孔洞、配电箱、槽、盒

堵缝工作要作为一道工序安排专人负责，把预留孔洞、配电箱、槽、盒周边的洞内杂物、灰尘等物清理干净，浇水湿润，然后用砖将其补齐砌严，用水泥砂浆将缝隙塞严，压抹平整、光滑。

4）吊垂直、套方、找规矩、做灰饼

① 按照设计图纸要求的抹灰质量，根据基层表面平整度垂直度情况，用一面墙做基准，吊垂直、套方、找规矩，确定抹灰厚度，抹灰厚度不应小于7mm。当墙面凹度较大时应分层衬平。每层厚度7～9mm。抹灰饼时应根据室内抹灰要求，确定灰饼的正确位置，应先抹上灰饼，再抹下灰饼，再用靠尺板找好垂直与平整。灰饼宜用M15水泥砂浆抹成50mm见方形状，抹灰层总厚度不宜大于20mm。

② 房间面积较大时应先在地上弹出十字中心线，然后按基层面平整度弹出墙角线，随后在距墙阴角100mm处吊垂线并弹出铅垂线，再按地上弹出的墙角线往墙上翻引弹出阴角两面墙上的墙面抹灰层厚度控制线，以此做灰饼，然后根据灰饼充筋。

5）抹水泥踢脚（或墙裙）

根据已抹好的灰饼充筋，宽度以80～100mm为宜。水泥踢脚、墙裙、梁、柱、楼梯等处应用M20水泥砂浆分层抹灰，抹好后用大杠刮平，木抹搓毛，常温下，第二天用水泥砂浆抹面层并压光。抹踢脚或墙裙厚度应符合设计要求，无设计要求时凸出墙面5～7mm为宜。凡凸出抹灰墙面的踢脚或墙裙上口必须保证光洁顺直，踢脚或墙面抹好将靠尺贴在大面与上口平，然后用小抹子将上口抹平压光，凸出墙面的棱角要做成钝角。

6）做护角

墙、柱间的阳角应在墙、柱面抹灰前用M20以上的水泥砂浆做护角，其高度自地面以上不小于2m。将墙、柱的阳角处浇水湿润，第一步在阳角正面立上八字靠尺，靠尺突出阳角侧面，突出厚度与成活抹灰面平。然后在阳角侧面，依靠尺边抹水泥砂浆，并用铁抹子将其抹平，按护角宽度（不小于50mm）将多余的水泥砂浆铲除。第二步待水泥砂浆稍干后，将八字靠尺移至抹好的护角面上（八字坡向外）。在阳角的正面，依靠尺边抹水泥砂浆，并用铁抹子将其抹平，按护角宽度将多余的水泥砂浆铲除。抹完后去掉八字靠尺，用素水泥浆涂刷护角尖角处，并用捋角器自上而下捋一遍，使之形成钝角（图28-34）。

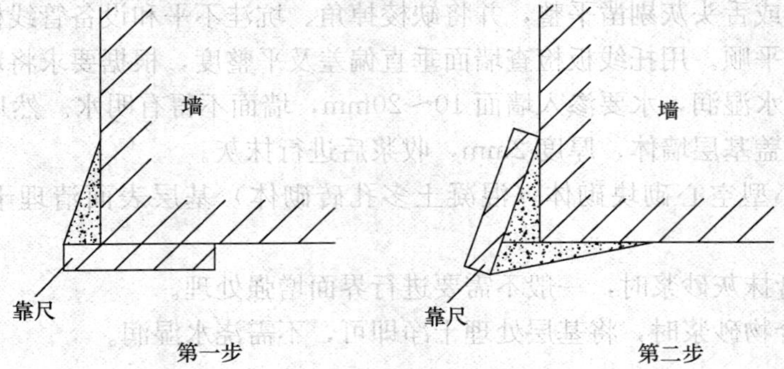

图28-34　水泥护角做法示意图

7）抹水泥窗台

先将窗台基层清理干净，松动的砖要重新补砌好，用水润透，用1：2：3细石混凝土铺实，厚度宜大于25mm，一般1d后抹1：2.5水泥砂浆面层，待表面达到初凝后，浇水养护2～3d，窗台板下口抹灰要平直，没有毛刺。

8）墙面充筋

当灰饼砂浆达到七、八成干时，即可用与抹灰层相同砂浆充筋，充筋根数应根据房间的宽度和高度确定，一般标筋宽度为50mm。两筋间距不大于1.5m。当墙面高度小于3.5m时宜做立筋。大于3.5m时宜做横筋，做横向充筋时做灰饼的间距不宜大于2m。

9）抹底灰

一般情况下充筋完成2h左右可开始抹底灰为宜，抹前应先抹一层薄灰，要求将基体抹严，抹时用力压实使砂浆挤入细小缝隙内，接着分层装档、抹与充筋平，用木杠刮找平整，用木抹子搓毛。然后全面检查底子灰是否平整，阴阳角是否方直、整洁，管道后与阴角交接处、墙顶板交接处是否光滑平整、顺直，并用托线板检查墙面垂直与平整情况。抹灰面接槎应平顺，地面踢脚板或墙裙，管道背后应及时清理干净，做到活完场清。

10）抹罩面灰

罩面灰应在底灰六、七成干时开始抹罩面灰（抹时如底灰过干应浇水湿润）。依先上后下的顺序进行，然后赶实压光，压好后随即用毛刷蘸水将罩面灰污染处清理干净。施工时整面墙不宜留施工槎，如遇有预留施工洞时，可甩下整面墙待抹为宜。

11）水泥砂浆抹灰24h后应喷水养护，养护时间不少于7d；混合砂浆要适度喷水养护，养护时间不少于7d。

4. 质量标准（详见28.2.6小节）

材料复验要由监理或相关单位负责见证取样，并签字认可。配制砂浆时应使用相应的量器，不得估配或采用经验配制。对配制使用的量器使用前应进行检查标识，并进行定期检查，做好记录。

5. 成品保护

（1）抹灰前必须将门、窗口与墙间的缝隙按工艺要求将其嵌塞密实，对木质门、窗口应采用铁皮、木板或木架进行保护，对塑钢或金属门、窗口应采用贴膜保护。

（2）抹灰完成后应对墙面及门、窗口加以清洁保护，门、窗口原有保护层如有损坏的应及时修补确保完整直至竣工交验。

（3）在施工过程中，搬运材料、机具以及使用小手推车时，要特别小心，防止碰、撞、磕划墙面、门、窗口等。后期施工操作人员严禁蹬踩门、窗口、窗台，以防损坏棱角。

（4）抹灰时墙上的预埋件、线槽、盒、通风箅子、预留孔洞应采取保护措施，防止施工时灰浆漏入或堵塞。

（5）拆除脚手架、跳板、高马凳时要小心，轻拿轻放，集中堆放整齐，以免撞坏门、窗口、墙面或棱角等。

（6）当抹灰层未充分凝结硬化前，防止快干、水冲、撞击、振动和挤压，以保证灰层不受损伤和有足够的强度。

6. 施工记录

施工中做好以下记录：1）抹灰工程设计施工图、设计说明及其他设计文件。2）材料的产品合格证书、性能检测报告，进场验收记录。3）进厂材料复验报告。4）工序交接检验记录。5）隐蔽工程验收记录。6）工程检验批检验记录。7）分项工程检验记录。

28.2.4.2　室外墙面抹灰施工

1. 施工工艺

（1）工艺流程

墙面基层清理浇水湿润 → 堵门窗口缝及脚手眼、孔洞 → 吊垂直、套方、找规矩、抹灰饼、冲筋 → 抹底层灰、中层灰 → 嵌分格条、抹面层灰 → 抹滴水线、起分格条 → 养护

（2）操作工艺

1）室外水泥砂浆抹灰工程工艺同室内抹灰一样，只是在选择砂浆时，应选用水泥砂浆或专用的干混砂浆。

2）施工中，除参照室内抹灰要点外，还应注意以下事项：

① 根据建筑高度确定放线方法，高层建筑可利用墙大角、门窗口两边，用经纬仪打直线找垂直。多层建筑时，可从顶层用大线坠吊垂直，绷铁丝找规矩，横向水平线可依据楼层标高或施工＋500mm线为水平基准线进行交圈控制，然后按抹灰操作层抹灰饼，做灰饼时应注意横竖交圈，以便操作。每层抹灰时则以灰饼做基准充筋，保证横平竖直。

② 抹底层灰、中层灰，根据不同的基体，抹底层灰前可刷一道胶粘性水泥浆，然后抹1∶3水泥砂浆（加气混凝土墙底层应抹1∶6水泥砂浆），每层厚度控制在5～7mm为宜。分层抹灰抹与充筋平时用木杠刮平找直，木抹子搓毛，每层抹灰不宜跟得太紧，以防收缩影响质量。

3）弹线分格、嵌分格条：

大面积抹灰应分格，防止砂浆收缩，造成开裂。根据图纸要求弹线分格、粘分格条。分格条宜采用成品塑料分格条，粘时在条两侧用素水泥浆抹成45°八字坡形。粘分格条时注意竖条应粘在所弹立线的同一侧，防止左右乱粘，出现分格不均匀。条粘好后待底层呈七八成干后可抹面层灰。

4）抹面层灰、起分格条：

待底灰呈七八成干时开始抹面层灰，将底灰墙面浇水均匀湿润，先刮一层薄薄的素水泥浆，随即抹罩面灰与分格条平，并用木杠横竖刮平，木抹子搓毛，铁抹子溜光、压实。待其表面无明水时，用软毛刷蘸水垂直于地面向同一方向轻刷一遍，以保证面层灰颜色一致，避免出现收缩裂缝，采用成品塑料分格条可不起出。

5）抹滴水线：

① 在抹檐口、窗台、窗眉、阳台、雨篷、压顶和突出墙面的腰线以及装饰凸线时，应将其上面做成向外的流水坡度，严禁出现倒坡，下面做滴水线（槽）。窗台上面的抹灰层应深入窗框下坎裁口内，堵塞密实，流水坡度及滴水线（槽）距外表面不小于40mm，滴水线深度和宽度一般不小于10mm，并应保证其流水坡度方向正确，做法（图28-35）。

② 抹滴水线（槽）宜用成品分格条。应先抹立面，后抹顶面，再抹底面。成品分格条需在底面抹灰前安装好。

6）养护：水泥砂浆抹灰常温 24h 后应喷水养护。冬期施工要有保温措施。

2. 质量标准（详见 28.2.6）。

28.2.4.3 混凝土顶棚抹灰施工

混凝土顶棚抹灰宜用聚合物水泥砂浆或粉刷石膏砂浆，厚度小于 5mm 的可以直接用腻子刮平。预制混凝土顶棚找平、抹灰厚度不宜大于 10mm，现浇混凝土顶棚抹灰厚度不宜大于 5mm，否则要采取加强措施。抹灰前在四周墙上弹出控制水平线，先抹顶棚四周，圈边找平，横竖均匀、平顺，操作时用力使砂浆压实，使其与基体粘牢，最后压平压光。

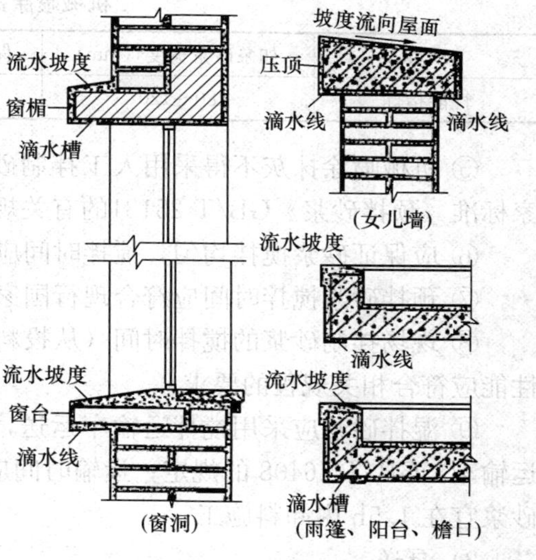

图 28-35 滴水线（槽）做法示意图

28.2.4.4 机械喷涂抹灰

1. 施工准备

（1）应预先按设计要求确定喷涂作业面，并对已完工程和设施进行防护。

（2）对基层的处理应符合下列规定：

1）基层表面灰尘、污垢、油渍等应清除干净；

2）应做好踢脚板、墙裙、窗台板、柱子和门窗口等部位的水泥砂浆护角线；

3）有分格缝时，应先装好分格条；

4）根据基层材料特性提前进行润湿处理；

5）当抹灰总厚度大于或等于 35mm 时，应采取加强措施。在不同材料基体交接处，应采取防止开裂的加强措施。当采用加强网时，加强网与各基体的搭接宽度不应小于 100mm。

（3）应根据基层平整度及装饰要求确定基准，宜设置标志、标筋，标筋表面应平整，并牢固附着于基层上。

2. 施工工艺

（1）工艺流程

砂浆制备→泵送→喷涂→喷后处理→养护

（2）操作工艺

喷涂设备应由专人操作和管理，机械喷涂抹灰作业人员应接受过岗位技能及安全培训。

1）砂浆制备

① 机械喷涂抹灰砂浆所用原材料除应符合现行国家标准《预拌砂浆》GB/T 25181 的有关规定外，尚应符合下列规定。

② 宜采用中砂，其最大颗粒公称粒径不宜大于 4.75mm，其通过 1.18mm 筛孔的颗粒不应少于 60％。

③ 胶凝材料与砂的质量比，对预拌砂浆不宜小于 0.20；对现场拌制砂浆，不宜小于 0.25。

④ 砂浆拌合物的性能指标（表 28-26）。

机械喷涂抹灰砂浆技术要求　表 28-26

项目	如泵砂浆稠度（mm）	保水率（%）	凝结时间与机喷工艺周期之比
性能指标	80～120	≥95	≥1.5

⑤ 机械喷涂抹灰不得采用人工拌制砂浆，宜使用预拌砂浆。预拌砂浆应符合现行国家标准《预拌砂浆》GB/T 25181的有关规定。

⑥ 应保证砂浆搅拌均匀，搅拌时间应符合下列规定。

⑦ 预拌砂浆搅拌时间应符合现行国家标准《预拌砂浆》GB/T 25181 的要求。

⑧ 现场拌制砂浆的搅拌时间（从投料完毕计起）不应小于 120s，现场使用的搅拌机性能应符合相关规程的要求。

⑨ 湿拌砂浆应采用搅拌运输车运送，运输车性能应符合现行行业标准《混凝土搅拌运输车》GB/T 26408 的规定；运输时间应符合合同规定，当合同未作规定时，运输车内砂浆宜在 1.5h 内卸料施工。

2）泵送

① 输送泵开机前应按产品说明书检查安全装置的可靠性，管道及接头的密封性。

② 作业前应按操作要求对喷涂系统各组成设备进行试运转，连续试运转时间不应少于 2min，如有异常，不得作业。

③ 砂浆泵送前，应先泵送浆液润滑输送泵及输浆管。润滑浆液宜采用体积比为 1∶1 的水泥或石灰膏净浆。

④ 砂浆拌合物应在进入吸浆料斗前进行过滤。

⑤ 砂浆卸入吸浆斗后，宜连续不停地进行搅拌，并应保证斗内砂浆液面高于吸浆口上沿 20mm 以上。

⑥ 泵送砂浆宜连续进行。如需长时间中断时，应间歇启动泵送设备，使管内砂浆流动，并且其启动间隔时间不宜超过 10min，否则应立即清洗设备和管道。

⑦ 泵送过程中，当表压急剧升高并超过额定工作压力时，应立即停机卸压。故障排除前，输送泵不得再度启动。

3）喷涂

① 喷涂顺序和路线宜先远后近、先上后下、先里后外。

② 当墙体材料不同时，应先喷涂吸水性弱的墙面，后喷涂吸水性强的墙面。

③ 空气压缩机的工作压力宜设定为 0.5～0.7MPa，并应根据砂浆流量、单次喷涂厚度及喷涂效果要求调节气流量，喷嘴部位形成的喷射压力宜为 0.3～0.5MPa。

④ 喷涂时，应稳定保持喷枪与作业面间的距离和夹角。

⑤ 喷枪移动轨迹应规则有序，不宜交叉重叠。

⑥ 一次喷涂厚度不宜超过 10mm，表层砂浆宜超过标筋 1mm 左右。

⑦ 室外墙面的喷涂，应自上而下进行。如无分格条，每片喷涂宽度宜为 1.5～2.0m，高度宜为 1.2～1.8m；如设计有分格条，则应根据分格条分块喷涂，每块内的喷涂应一次连续完成。

⑧ 当喷涂结束或喷涂过程中需要停顿时，应先停泵，后关闭气管。当喷涂作业需要从一个区间向另一个区间转移时，应在关闭气管之后进行。

⑨ 喷涂过程中应加强对成品的保护，对各部位喷溅粘附的砂浆应及时清除干净。

4）喷涂后处理

① 砂浆喷涂量不足时，应及时补平。

② 表层砂浆喷涂结束后，应及时进行面层处理，各工序应密切配合。

③ 喷涂结束后，应及时将输送泵、输浆管和喷枪清洗干净，等候清洗时间不宜超过1h，并应将作业区被污染部位及时清理干净。

④ 喷涂产生的落地灰应及时清理。

5）养护

砂浆凝结后应及时保湿养护，养护时间不应小于7d。

3. 质量要求

（1）机械喷涂砂浆性能和质量应符合《机械喷涂砂浆》JC/T 2476、《预拌砂浆》GB/T 25181等国家现行标准的有关规定。

（2）喷涂抹灰工程各抹灰层之间及抹灰层与基体之间应粘结牢固，不得有脱层、空鼓、爆灰和裂缝等缺陷。

（3）喷涂抹灰分格条（缝）的宽度和深度应均匀一致，棱角整齐平直。孔洞、槽、盒的位置尺寸应正确，抹灰面边缘整齐，阴阳角方正光滑平顺。

（4）喷涂抹灰面层表面应光滑、洁净，接缝平整，线角顺直清晰，毛面纹路均匀一致。

（5）喷涂抹灰层质量的允许偏差（表28-27）。

喷涂抹灰层质量的允许偏差　　表28-27

项次	项目	允许偏差		检验方法
		普通抹灰	高级抹灰	
1	立面垂直度	±4	±3	用2m垂直检测尺检查
2	表面平整度	±4	±3	用2m垂直检测尺检查
3	阴阳角方正	±4	±3	用直尺检测尺检查
4	分格条（缝）直线度	±4	±3	拉5m线，不足5m拉通线用钢直尺检查

28.2.5 装饰抹灰工程

28.2.5.1 装饰抹灰工程分类

装饰砂浆抹灰饰面工程可分为灰浆类饰面和石碴类饰面两大类。

1. 灰浆类饰面

灰浆类饰面主要通过砂浆的着色或对砂浆表面进行艺术加工，从而获得具有特殊色彩、线条、纹理等质感的饰面。其主要优点是材料来源广泛，施工操作简便，造价比较低廉，而且通过不同的工艺加工，可以创造不同的装饰效果。

常用的灰浆类饰面有以下几种：

（1）拉毛灰，是用铁抹子或木蟹，将罩面灰浆轻压后顺势拉起，形成一种凹凸质感很强的饰面层。拉细毛时用棕刷粘着灰浆拉成细的凹凸花纹（图28-36）。

（2）甩毛灰。甩毛灰是用竹丝刷等工具将罩面灰浆甩涂在基面上，形成大小不一而又有规律的云朵状毛面饰面层。

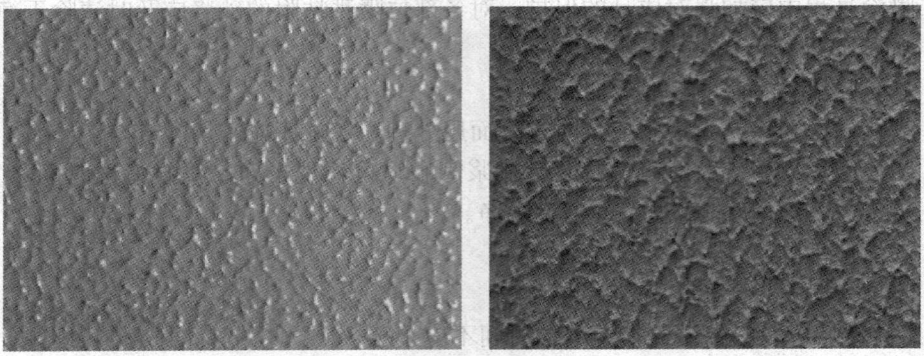

图 28-36　拉毛灰图示

（3）仿面砖。仿面砖是在采用掺入氧化铁系颜料（红、黄）的水泥砂浆抹面上，用特制的铁钩和靠尺，按设计要求的尺寸进行分格划块，沟纹清晰，表面平整，酷似贴面砖饰面。

（4）拉条。拉条是在面层砂浆抹好后，用一凹凸状轴辊作模具，在砂浆表面上滚压出立体感强、线条挺拔的条纹。条纹分半圆形、波纹形、梯形等多种，条纹可粗可细，间距可大可小。模具可用木材制作，拉灰的一面应包硬质光滑材料包面。

（5）喷涂。喷涂是用挤压式砂浆泵或喷斗，将掺入聚合物的水泥砂浆喷涂在基面上，形成波浪、颗粒或花点质感的饰面层。最后在表面再喷一层甲基硅醇钠或甲基硅树脂疏水剂，可提高饰面层的耐久性和耐污染性。

（6）弹涂。弹涂是用电动弹力器，将掺入胶粘剂的 2～3 种水泥色浆，分别弹涂到基面上，形成 1～3mm 圆状色点，获得不同色点相互交错、相互衬托、色彩协调的饰面层。最后刷一道树脂罩面层，起防护作用。

（7）硅藻泥饰面。硅藻泥主要原料是硅藻土，是硅藻沉积而成的天然物质，主要成分为蛋白石，不含任何对人体有害的物质，硅藻泥最大的特点体现在他的功能性上，呼吸调湿，吸声隔声；降解有害物质消除异味，能吸收和分解空气中的甲醛、氨、苯等有害物质，吸收分解各种异味和烟气，具有净化空气，除臭的作用；硅藻泥热传导率很低，保温隔热性能优异，防火阻燃，硅藻泥壁材耐高温、不燃烧，火灾时不会产生有毒的气体。

2. 石渣类饰面

石渣类饰是用水泥（普通水泥、白水泥或彩色水泥）、石渣、水拌成石渣浆，同时采用不同的加工手段除去表面水泥浆皮，使石渣呈现不同的外露形式以及水泥浆与石渣的色泽对比，构成不同的装饰效果。

石渣类饰面比灰浆类饰面色泽较明亮，质感相对丰富，不易褪色，耐光性和耐污染性也较好。石渣是天然的大理石、花岗石以及其他天然石材经破碎而成，俗称米石。

常用的石渣类饰面有以下几种：

（1）水刷石。将水泥石渣浆涂抹在基面上，待水泥浆初凝后，以毛刷蘸水刷洗或用喷枪以一定水压冲刷表层水泥浆皮，使石碴半露出来，达到装饰效果。

（2）干粘石。干粘石又称甩石子，是在水泥砂浆粘结层上，把石渣、彩色石子等粘在其上，再拍平压实而成的饰面。石粒的 2/3 应压入粘结层内，要求石子粘牢，不掉粒并且不露浆。

(3) 斩假石。斩假石又称剁假石，是以水泥石渣（掺30%石屑）浆做成面层抹灰，待具有一定强度时，同钝斧或凿子等工具，在面层上剁斩出纹理，而获得类似天然石材经雕琢后的纹理质感。

(4) 水磨石。水磨石是由水泥、彩色石渣或白色大理石碎粒及水按一定比例配制，需要时掺入适量颜料，经搅拌均匀，浇筑捣实、养护，待硬化后将表面磨光而成的饰面。常常将磨光表面用草酸冲洗、干燥后上蜡。

水刷石、干粘石、斩假石和水磨石等装饰效果各具特色。在质感方面：水刷石最为粗犷，干粘石粗中带细，斩假石典雅庄重，水磨石润滑细腻。在颜色花纹方面：水磨石色泽华丽、花纹美观；斩假石的颜色与斩凿的灰色花岗石相似；水刷石的颜色有青灰色、奶黄色等；干粘石的色彩取决于石渣的颜色。

28.2.5.2 装饰抹灰工程施工

1. 水刷石抹灰工程施工

(1) 施工准备

① 石渣，要求颗粒坚实、整齐、均匀、颜色一致，不含黏土及有机、有害物质。所使用的石渣规格、级配应符合规范和设计要求。

② 小豆石，用小豆石做水刷石墙面材料时，其粒径5～8mm为宜。其含泥量不大于1%，质地要求坚硬、粒径均匀。使用前宜过筛，筛去粉末，清除僵块，用清水洗净，晾干备用。

③ 颜料应采用耐碱性和耐光性较好的矿物质颜料，使用时应采用同一配比与水泥干拌均匀，装袋备用。

(2) 质量控制要点

1) 分格要符合设计要求，粘条时要顺序粘在分格线的同一侧。

2) 喷刷水刷石面层时，要正确掌握喷水时间和喷头角度。

3) 石渣使用前应冲洗干净。

4) 注意防止水刷石墙面出现石子不均匀或脱落，表面浑浊不清晰。

5) 注意防止水刷石与散水、腰线等接触部位出现烂根。

6) 水刷石槎子应留在分格条缝或水落管后边或独立装饰部分的边缘。不得将槎子留在分格块中间部位。注意防止水刷石墙面留茬混乱，影响整体效果。

(3) 施工工艺

1) 工艺流程

堵门窗口缝 → 基层处理 → 浇水湿润 → 吊垂直、套方、找规矩、抹灰饼、冲筋 → 分层抹底层砂浆 → 分格弹线、粘分格条 → 做滴水线条 → 抹面层石渣浆 → 修整、赶实压光、喷刷 → 养护

2) 操作工艺

① 堵门窗口缝。抹灰前检查门窗口位置是否符合设计要求，安装牢固，四周缝按设计及规范要求填，然后用1∶3水泥砂浆塞实抹严。

② 基层处理

a. 混凝土墙面基层处理：

（a）凿毛处理：用钢钻子将混凝土墙面均匀凿出麻面，并将板面酥松部分剔除干净，用钢丝刷将粉尘刷掉，用清水冲洗干净，然后浇水湿润。

（b）清洗处理：用10%的火碱水将混凝土表面油污及污垢清刷除净，然后用清水冲洗晾干，采用涂刷素水泥浆或混凝土界面剂等处理方法即可。

b. 砖墙基层处理。抹灰前需将基层上的尘土、污垢、灰尘、残留砂浆、舌头灰等清除干净。

③ 浇水湿润。基层处理完后，要认真浇水湿润，浇水时应将墙面清扫干净，浇透浇均匀。

④ 吊垂直、套方、找规矩、做灰饼、冲筋。根据抹灰高度确定放线方法，大于5m时，可从最高处用大线坠吊垂直，绷铁丝找规矩，用经纬仪打直线找垂直进行校正。小于5m时，可利用墙大角、门窗口两边，用经纬仪打直线找垂直，横向水平线可以依据楼层标高或施工＋1.0m线为水平基准线交圈控制，然后按抹灰操作基层抹灰饼，做灰饼时应注意横竖交圈，以便操作。每层抹灰时则以灰饼做基准充筋，使其保证横平竖直。

⑤ 分层抹底层砂浆

a. 混凝土墙：先刷一道胶粘性素水泥浆，然后用1∶3水泥砂浆分层装档抹与筋平，然后用木杠刮平，木抹子搓毛或花纹。

b. 砖墙：抹1∶3水泥砂浆，在常温时可用1∶0.5∶4混合砂浆打底，抹灰时以充筋为准，控制抹灰层厚度，分层分遍装档与充筋抹平，用木杠刮平，然后木抹子搓毛或花纹。底层灰完成24h后应浇水养护。抹头遍灰时，应用力将砂浆挤入砖缝内使其粘结牢固。

c. 加气混凝土墙（轻质砌体、隔墙）：加气混凝土墙底层抹灰宜采用钢丝网进行加强措施，抹1∶3水泥砂浆，每层厚度控制在5～7mm为宜。分层抹灰抹至与充筋面平时用木杠刮平找直，木抹搓毛，每层抹灰不宜跟得太紧，以防收缩影响质量。

⑥ 弹线分格、粘分格条。根据图纸要求弹线分格、粘分格条，分格条宜采用红松制作，粘前应用水充分浸透，粘时在条用两侧用素水泥浆抹成45°八字形，粘分格条时注意竖条应粘在所弹立线的同一侧，防止左右乱粘，出现分格不均匀，条粘好后待底灰呈七、八成干后可抹面层灰。

⑦ 做滴水线。滴水线做法同水泥砂浆抹灰做法。

⑧ 抹面层石渣浆，待底层灰六、七成干时首先将墙面润湿涂刷一层胶粘性素水泥浆，然后开始用钢抹子抹面层石渣浆。自下往上分两遍与分格条抹平，并及时用靠尺或小杠检查平整度（抹石渣层高于分格条1mm为宜），有坑凹处要及时填补，边抹边拍打揉平，抹好石渣灰后应轻轻拍压使其密实。

a. 阳台、雨罩、门窗碹脸部位做法

门窗碹脸、窗台、阳台、雨罩等部位水刷石施工时，应先做小面，后做大面，刷石喷水应由外往里喷刷，最后用水壶冲洗，以保证大面的清洁美观。檐口、窗台、碹脸、阳台、雨罩等底面应做滴水槽、滴水线（槽），宜用成品分格条做成上宽7mm，下宽10mm，深10mm的槽，滴水线距外皮不应小于40mm，且应顺直。

b. 阴阳角做法

抹阳角时先弹好垂直线，然后根据弹线确定的厚度为依据抹阳角石渣灰。抹阳角时，要使石渣灰浆接茬正交在阳角的尖角处。阳角卡靠尺时，要比上段已抹完的阳角高出1～2mm。

⑨ 修整、赶实压光、喷刷。将抹好在分格条块内的石渣浆面层拍平压实，并将内部的水泥浆挤压出来，压实后尽量保证石渣大面朝上，再用铁抹子溜光压实，反复3～4遍。拍压时特别要注意阴阳角部位石渣饱满，以免出现黑边。待面层初凝时（指捺无痕），用水刷子刷不掉石粒为宜。然后开始刷洗面层水泥浆，喷刷分两遍进行，第一遍先用毛刷蘸水刷掉面层水泥浆，露出石粒，第二遍紧随其后用喷雾器将四周相邻部位喷湿，然后自上而下顺序喷水冲洗，使石子露出表面1～2mm为宜。最后用水壶从上往下将石渣表面冲洗干净。若使用白水泥砂浆做水刷石墙面时，在最后喷刷时，可用草酸稀释液冲洗一遍，再用清水洗一遍，墙面更显洁净、美观。

⑩ 养护。待面层达到一定强度后可喷水养护，防止脱水、收缩，造成空鼓、开裂。

2. 斩假石（又称剁斧石）抹灰工程施工工艺

（1）施工工艺

1）工艺流程

基层处理 → 吊垂直、套方、找规矩、做灰饼、冲筋 → 抹底层砂 → 弹线分格、粘分格条 → 抹面层石渣灰 → 浇水养护 → 弹线分条块 → 面层斩剁（剁石）

2）操作工艺

同水刷石工艺。注意以下事项：

① 吊垂直、套方、找规矩、做灰饼、充筋

根据设计要求，在需要做斩假石的墙面、柱面中心线或建筑物的大角、门窗口等部位用线坠从上到下吊通线作为垂直线，水平横线可利用楼层水平线或施工＋500mm标高线为基线作为水平交圈控制。然后每层打底时以此灰饼为基准，进行层间套方、找规矩、做灰饼、充筋，以便控制各层间抹灰与整体平直。

② 抹面层石渣灰

首先将底层浇水均匀湿润，满刮一道水容性胶粘性素水泥膏，随即抹面层石渣灰。抹与分格条平，用木杠刮平，待收水后用木抹子用力赶压密实，然后用铁抹子反复赶平压实，并上下顺势溜平，随即用软毛刷蘸水把表面水泥浆刷掉，使石渣均匀露出。

③ 浇水养护

斩剁石抹灰完成后，养护第一重要，如果养护不好，会直接影响工程质量，施工时要特别重视这一环节。斩剁石抹灰面层养护，夏日防止暴晒，冬期不宜施工。

④ 面层斩剁（剁石）

a. 斩剁时应勤磨斧刃，使剁斧锋利，以保证剁纹质量。斩剁时用力应均匀，不要用力过大或过小，造成剁纹深浅不一致、凌乱、表面不平整。

b. 掌握斩剁时间，在常温下经3d左右或面层达到设计强度60%～70%时即可进行，大面积施工应先试剁，以石子不脱落为宜。

c. 斩剁前应先弹顺线，并离开剁线适当距离按线操作，以避免剁纹跑斜。

d. 斩剁应自上而下进行，首先将四周边缘和棱角部位仔细剁好，再剁中间大面。若有分格，每剁一行应随时将分格条内清理干净。

e. 斩剁时宜先轻剁一遍，再盖着前一遍的剁纹剁出深痕，操作时用力应均匀，移动速度应一致，不得出现漏剁。

f. 柱子、墙角边棱斩剁时，应先横剁出边缘横斩纹或留出窄小边条（边宽 30～40mm）不剁。剁边缘时应使用锐利的小剁斧轻剁，以防止掉边掉角，影响质量。

g. 用细斧斩剁墙面饰花时，斧纹应随剁花走势而变化，严禁出现横平竖直的剁斧纹，花饰周围的平面上应剁成垂直纹，边缘应剁成横平竖直的围边。

h. 用细斧剁一般墙面时，各格块体中间部分应剁成垂直纹，纹路相应平行，上下各行之间均匀一致。分格条凹槽深度和宽度应一致，槽底勾缝应平顺光滑，棱角应通顺、整齐，横竖缝交接应平整顺直。

i. 斩剁深度一般以石渣剁掉 1/3 比较适宜，这样可使剁出的假石成品美观大方（图 28-37）。

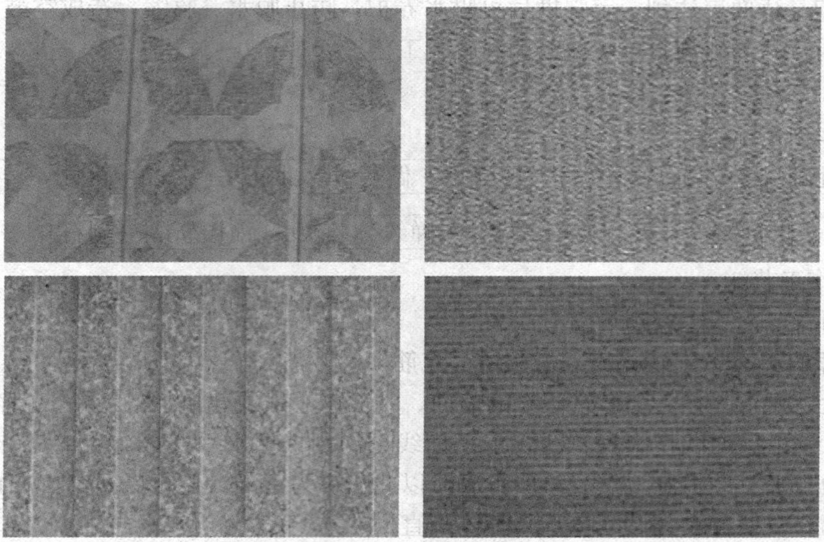

图 28-37　斩假石图例

g. 斩剁石面层剁好后，应用硬毛刷顺剁纹刷净，清刷时不应蘸水或用水冲，雨天不宜施工。

（2）质量标准（见第 28.2.6 节）

3. 干粘石抹灰工程施工工艺

（1）施工准备

所选用的石渣品种、规格、颜色应符合设计规定。要求颗粒坚硬、不含泥土、软片、碱质及其他有害有机物等。使用前应用清水洗净晾干，按颜色、品种分类堆放，并加以保护。

（2）注意事项

1）面层石渣灰厚度控制在 8～10mm 为宜，并保证石渣浆的稠度合适。

2）甩石子时注意甩板与墙面保持垂直，掌握好力度，不可硬砸、硬甩，应用力均匀。然后用抹子轻拍使石渣进入灰层 1/2、外留 1/2，使其牢固，不可用力过猛，造成局部返浆，形成面层颜色不一致。

3）防止干粘石面层不平，表面出现坑洼，颜色不一致。

4）抹面层灰时应先抹中间，再抹分格条四周，并及时甩粘石渣，确保分格条侧面灰层未干时甩粘石渣，使其饱满、均匀、粘结牢固、分格清晰美观。

5）阳角粘石起尺时动作要轻缓，抹大面边角粘结层时要特别细心的操作，防止操作不当碰损棱角。如果灰缝处稍干，可淋少许水，随后粘小石渣，即可防止出现黑边。

（3）施工工艺

1）工艺流程

基层处理 → 吊垂直、套方、找规矩 → 抹灰饼、冲筋 → 抹底层灰 → 分格弹线、粘分格条 → 抹粘结层砂浆 → 撒石粒 → 拍平、修整 → 清缝 → 浇水养护

2）操作工艺

基层处理至粘分格条同水刷石。

① 抹粘结层砂浆

为保证粘结层粘石质量，抹灰前应用水湿润墙面，粘结层厚度以所使用石子粒径确定，抹灰时如果底面湿润有干得过快的部位应再补水湿润，然后抹粘结层。抹粘结层宜采用两遍抹成，第一道用同强度等级水泥素浆薄刮一遍，保证结合层粘牢，第二遍抹聚合物水泥砂浆。然后用靠尺测试，严格按照高刮低添的原则操作。

② 撒石粒（甩石子）

当抹完粘结层后，紧跟其后一手拿装石子的托盘，一手用木拍板向粘结层甩粘石子。要求甩严、甩均匀，甩完后随即用钢抹子将石子均匀地拍入粘结层，石子嵌入砂浆的深度应不小于粒径的1/2为宜，并应拍实、拍严。操作时要先甩两边，后甩中间，从上到下快速均匀地进行，甩出的动作应快，用力均匀，不使石子下溜，并应保证左右搭接紧密，石粒均匀，甩石粒时要使拍板与墙面垂直平行，让石子垂直嵌入粘结层内。阳角甩石粒，可将薄靠尺粘在阳角一边，选做邻面干粘石，然后取下薄靠尺抹上水泥腻子，一手持短靠尺在已做好的邻面上一手甩石子并用钢抹子轻轻拍平、拍直，使棱角挺直。

门窗碹脸、阳台、雨罩等部位应留置滴水槽，其宽度深度应满足设计要求。粘石时应先做好小面，后做大面。

③ 拍平、修整、处理黑边

拍平、修整要在水泥初凝前进行，先拍压边缘，而后中间，拍压要轻、重结合、均匀一致。拍压完成后，应对已粘石面层进行检查，发现阴阳角不顺挺直，表面不平整、黑边等问题，及时处理。

④ 清缝

前工序全部完成，检查无误后，随即将分格条、滴水线取出，取分格条时要认真小心，防止将边棱碰损，分格条起出后用抹子轻轻地按一下粘石面层，以防拉起面层造成空鼓现象。清理干净后待水泥达到初凝强度后，用素水泥膏勾缝。格缝要保持平顺挺直、颜色一致。如采用U型塑料分格条或滴水线时可不取出。

⑤ 喷水养护

粘石面层完成后常温24h后喷水养护，养护期不少于2～3d，夏日阳光强烈，气温较高时，应适当遮阳，避免阳光直射，并适当增加喷水次数，以保证工程质量。

（4）质量标准（见第28.2.6节）

4. 假面砖抹灰工程施工工艺

（1）施工准备

1）应采用矿物质颜料，使用时按设计要求和工程用量，与水泥一次性拌均匀，备足，过筛装袋，保存时避免潮湿。

2）假面砖抹灰施工工具除需增加铁钩子、铁梳子或铁刨、铁辊外，其他与一般抹灰工具相同。

（2）施工工艺

1）工艺流程

堵门窗口缝及脚手眼、孔洞等 → 墙面基层处理 → 吊线、找方、做灰饼、冲筋 → 抹底层、中层灰 → 抹面层灰、做面砖 → 清扫墙面

2）操作工艺

涂抹面层灰前应先将中层灰浇水均匀湿润，再弹水平线，按每步架子为一个水平作业段，然后上中下弹三条水平通线，以便控制面层划沟平直度，随抹1∶1水泥结合层砂浆，厚度为3mm，接着抹面层砂浆，厚度为3～4mm。

待面层砂浆稍收水后，先用铁梳子沿木靠尺由上向下划纹，深度控制在1～2mm为宜，然后再根据标准砖的宽度用铁皮刨子沿木靠尺横向划沟，沟深为3～4mm，深度以露出层底灰为准（图28-38）。砖面完成后，及时将飞边砂粒清扫干净，不得留有飞棱卷边。

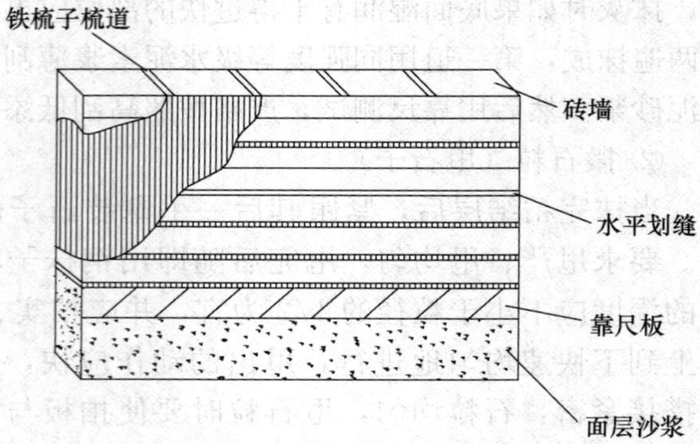

图 28-38　假面砖操作示意图

28.2.6　抹灰工程质量要求

28.2.6.1　基本规定

（1）抹灰工程应有施工图、设计说明及其他设计文件。

（2）相关各单位、专业之间应进行交接验收并形成记录，未经监理工程师或建设单位技术负责人检查认可，不得进行下道工序施工。

（3）所有材料进场时应对品种、规格、外观和数量进行验收。材料包装应完好，应有产品合格证书和相关检测证书。

（4）进场后需要进行复验的材料应符合国家规范规定。

（5）现场配制的砂浆、胶粘剂等，应按设计要求或产品说明书配制。

（6）不同品种、不同强度等级的水泥不得混合使用。

（7）抹灰工程应对水泥的凝结时间、强度和安定性进行复验。

（8）抹灰工程应对下列隐蔽工程项目进行验收。

1）抹灰总厚度等于或大于35mm时的加强措施；

2）不同材料基体交接处的加强措施。

（9）外墙抹灰工程施工前应先安装门窗框、护栏等，并应将墙上的施工孔洞堵塞密实。

（10）室内墙面、柱面和门洞口的阳角做法应符合设计要求。设计无要求时，应采用1∶2水泥砂浆做护角，其高度不应低于2m，每侧宽度不应小于50mm。

（11）当要求抹灰层具有防水、防潮功能时，应采用防水砂浆。

（12）各种砂浆抹灰层，在凝结前应防止快干、水冲、撞击、振动和受冻，在凝结后应采取措施防止玷污和损坏。水泥砂浆抹灰层应在湿润条件下养护。

（13）外墙和顶棚的抹灰层与基层之间及各抹灰层之间必须粘结牢固。

28.2.6.2 主控项目

（1）抹灰前基层表面的尘土、污垢、油渍等应清除干净，并应洒水润湿。

检验方法：检查施工记录。

（2）一般抹灰所用材料的品种和性能应符合设计要求及国家现行标准的有关规定。

检验方法：检查产品合格证书、进场验收记录、性能检验报告和复验报告。

（3）抹灰工程应分层进行。当抹灰总厚度大于或等于35mm时，应采取加强措施。不同材料基体交接处表面的抹灰，应采取防止开裂的加强措施，当采用加强网时，加强网与各基体的搭接宽度不应小于100mm。

检验方法：检查隐蔽工程验收记录和施工记录。

（4）抹灰层与基层之间及各抹灰层之间必须粘结牢固，抹灰层应无脱层、空鼓，面层应无爆灰和裂缝。

检验方法：观察；用小锤轻击检查；检查施工记录。

28.2.6.3 一般项目

1. 一般抹灰工程

（1）一般抹灰工程的表面质量应符合下列规定：

1）普通抹灰表面应光滑、洁净、接槎平整、阴阳角顺直，分格缝应清晰。

2）高级抹灰表面应光滑、洁净、颜色均匀、美观、无抹纹，分格缝和灰线应清晰美观。

检验方法：观察；手摸检查。

3）护角、孔洞、槽、盒周围的抹灰表面应整齐、光滑；管道后面的抹灰表面应平整。

检验方法：观察。

4）抹灰层的总厚度应符合设计要求；水泥砂浆不得抹在石灰砂浆层上；罩面石膏灰不得抹在水泥砂浆层上。

检验方法：检查施工记录。

5）抹灰分格缝的设置应符合设计要求，宽度和深度应均匀，表面应光滑，棱角应整齐。

检验方法：观察；尺量检查。

6）有排水要求的部位应做滴水线（槽）。滴水线（槽）应整齐顺直，滴水线应内高外低，滴水槽宽度和深度应满足设计要求，且均不应小于10mm。

检验方法：观察；尺量检查。

（2）一般抹灰工程质量的允许偏差和检验方法（表28-28）。

一般抹灰工程质量的允许偏差和检验方法　表 28-28

项次	项目	允许偏差（mm）		检验方法
		普通抹灰	高级抹灰	
1	立面垂直度	4	3	用 2m 垂直检测尺检查
2	表面平整度	4	3	用 2m 靠尺和塞尺检查
3	阴阳角方正	4	3	用 200mm 直角检测尺检查
4	分格条（缝）直线度	4	3	拉 5m 线，不足 5m 拉通线，用钢直尺检查
5	墙裙、勒脚上口直线度	4	3	拉 5m 线，不足 5m 拉通线，用钢直尺检查

注：1. 普通抹灰，本表第 3 项阴角方正可不检查；

2. 顶棚抹灰，本表第 2 项表面平整度可不检查，但应平顺。

2. 装饰抹灰工程

装饰抹灰工程的表面质量应符合下列规定：

（1）水刷石表面应石粒清晰、分布均匀、紧密平整、色泽一致，应无掉粒和接槎痕迹。

（2）斩假石表面剁纹应均匀顺直、深浅一致，应无漏剁处；阳角处应横剁并留出宽窄一致的不剁边条，棱角应无损坏。

（3）干粘石表面应色泽一致、不露浆、不漏粘，石粒应粘结牢固、分布均匀，阳角处应无明显黑边。

（4）假面砖表面应平整、沟纹清晰、留缝整齐、色泽一致，应无掉角、脱皮和起砂等缺陷。

检验方法：观察；手摸检查。

（5）装饰抹灰分格条（缝）的设置应符合设计要求，宽度和深度应均匀，表面应平整光滑，棱角应整齐。

检验方法：观察。

（6）有排水要求的部位应做滴水线（槽）。滴水线（槽）应整齐顺直，滴水线应内高外低，滴水槽的宽度和深度均不应小于 10mm。

检验方法：观察；尺量检查。

（7）装饰抹灰工程质量的允许偏差和检验方法（表 28-29）。

装饰抹灰的允许偏差和检验方法　表 28-29

项目	允许偏差（mm）				检验方法
	水刷石	斩假石	干粘石	假面砖	
立面垂直度	5	4	5	5	用 2m 垂直检测尺检查
表面平整度	3	3	5	4	用 2m 靠尺和塞尺检查
阳角方正	3	3	4	4	用 200mm 直角检测尺检查
分格条（缝）直线度	3	3	3	3	拉 5m 线，不足 5m 拉通线，用钢直尺检查
墙裙、勒脚上口直线度	3	3	—	—	拉 5m 线，不足 5m 拉通线，用钢直尺检查

注：当前在诸多大型游乐设施中盛行的主题抹灰也属于装饰抹灰的范畴，仿真性、艺术性更强。

28.3 吊 顶 工 程

28.3.1 吊 顶 分 类

根据吊顶的整体形式，吊顶总体分为整体吊顶、板块吊顶和格栅吊顶三类。

28.3.1.1 石膏板、纤维水泥板、防潮板整体吊顶

石膏板、纤维水泥板、防潮板吊顶，为固定式整体吊顶，装饰板表面不外露于室内活动空间，将其固定在龙骨上之后还需要在饰面上再做涂料喷刷。

28.3.1.2 矿棉板、硅钙板板块吊顶

矿棉板、硅钙板吊顶，为活动式板块吊顶，常与轻钢龙骨或铝合金龙骨配套使用，其表现形式主要为龙骨外露，也可半外露，此类吊顶一般不考虑上人。

28.3.1.3 金属罩面板板块吊顶和格栅吊顶

金属罩面板吊顶是指将各种成品金属饰面与龙骨固定，饰面板面层不再做其他装饰，此类吊顶包括了金属条板吊顶、金属方板吊顶、金属格栅吊顶、金属条片吊顶、金属蜂窝吊顶、金属造型吊顶等。将成品金属饰面板卡在铝合金龙骨上或用转接件与龙骨固定。

28.3.1.4 木饰面罩面板吊顶

木饰面罩面板吊顶是指将各种成品木饰面与龙骨固定，包括了以各种形式表现的木质饰面吊顶。此类吊顶多为局部装饰顶棚，可以是整体吊顶，也可以是格栅吊顶。

28.3.1.5 透光玻璃饰面吊顶

透光玻璃饰面罩面板吊顶是指将各种成品玻璃饰面搁置并卡固在龙骨上，包括了以各种形式表现的多种玻璃饰面吊顶，此类吊顶多为局部装饰顶棚。

28.3.1.6 软膜吊顶

软膜天花表现形式多样，可根据设计要求裁剪成不同形状天花饰面，用于各种结构类型的吊顶饰面，膜饰面与厂家专用龙骨配合使用。此类天花材料运输、安装、拆卸方便，体现流线型效果较好。

28.3.2 常 用 材 料

28.3.2.1 龙骨材料

1. 概述

龙骨是用来支撑各种饰面造型、固定结构的一种材料。

2. 分类

（1）根据制作材料的不同，可分为木龙骨、轻钢龙骨、铝合金龙骨、钢龙骨等。

1）木龙骨：吊顶骨架采用木骨架的构造形式。使用木龙骨其优点是加工容易、施工也较方便，容易做出各种造型，但因其防火性能较差只能适用于局部空间内使用。在施工中应作防火、防腐处理。

2）轻钢龙骨吊顶：吊顶骨架采用轻钢龙骨的构造形式。轻钢龙骨有很好的防火性能，再加上轻钢龙骨都是标准规格且都有标准配件，施工速度快，装配化程度高，轻钢骨架是

吊顶装饰最常用的骨架形式。轻钢龙骨的缺点是不容易做成较复杂的造型。

3）铝合金龙骨吊顶：合金龙骨常与活动面板配合使用，其主龙骨多采用 U60、U50、U38 系列及厂家定制的专用龙骨，其次龙骨则采用 T 型及 L 型的合金龙骨，次龙骨主要承担着吊顶板的承重功能，又是饰面吊顶板装饰面的封、压条。合金龙骨因其材质特点不易锈蚀，但刚度较差容易变形。

（2）根据使用部位来划分，又可分为主龙骨、副龙骨、边龙骨等。

1）主龙骨：是吊顶构成中基层的受力骨架，主要承重构件。

2）副龙骨：是吊顶构成中基层的受力骨架，传递向主龙骨吊顶承重构件。

3）边龙骨：多用于活动式吊顶的边缘，用作吊顶收口。

（3）根据吊顶的荷载情况，分为承重及不承重龙骨（即上人龙骨和不上人龙骨）等。

（4）按龙骨的通用性分类，有通用龙骨和专用龙骨。标准通用轻钢龙骨，根据其型号、规格及用途的不同，就有 T 型、C 型、U 型龙骨等。

28.3.2.2　石膏板、纤维水泥板、防潮板材料

石膏板是在建筑石膏中加入少量胶粘剂、纤维、泡沫剂等与水拌和后连续浇注在两层护面纸之间，再经辊压、凝固、切割、干燥而成。石膏制品进场时，应查验其放射性指标检测报告。

纤维水泥板其主要原材料是水泥、植物纤维和矿物质，经流浆法高温蒸压而成，是一种具有强度高、耐久等优越性能的纤维硅酸盐板材。

防潮板是在基材的生产过程中加入一定比例的防潮粒子，可使板材遇水膨胀的程度大大下降。防潮板具有好的防潮性能。

28.3.2.3　矿棉板、硅钙板材料

矿棉板是以矿渣棉为主要原料，加适量的添加剂如轻质钙粉、立德粉、海泡石、骨胶、絮凝剂等材料加工而成的。矿棉吸声板具有吸声、不燃、隔热、抗冲击、抗变形等优越性能。

28.3.2.4　金属板、金属格栅材料

金属装饰板是以不锈钢板、铝板、镀锌钢板等为基板，进行进一步的深加工而成。常见的有金属方板、金属条板、金属造型板等。

金属格栅是敞开式单体构件吊顶，其材质以铝合金材料为主，也有木质及塑料基材的，具有安装简单、防火等优点，多用于超市及食堂等较空阔的空间。

28.3.2.5　木饰面、塑料板、玻璃饰面板材料

木饰面、塑料板、玻璃饰面板用作吊顶装饰材料大多经过工厂加工，成为成品装饰挂板后运至施工现场，由专业施工人员直接挂接在基层龙骨上，这种材料样式繁多，表现形式各异，体现多样的装饰风格。

28.3.2.6　软膜饰面材料

软膜饰面主要采用聚氯乙烯等材料制成，其特点是能够做出形状各异的造型吊顶饰面，安装时通过一次或多次切割成形，此类天花龙骨一般以厂家配套龙骨为主，被固定在室内天花的四周上，以用来扣住膜材（表 28-30、图 28-39）。

软膜天花 表 28-30

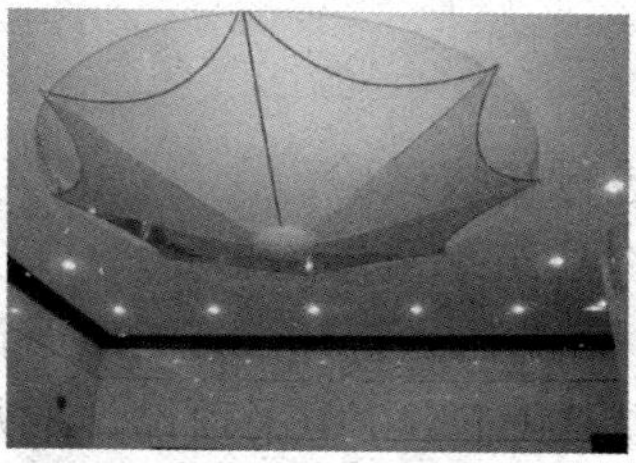		
1-a	1-b	1-c

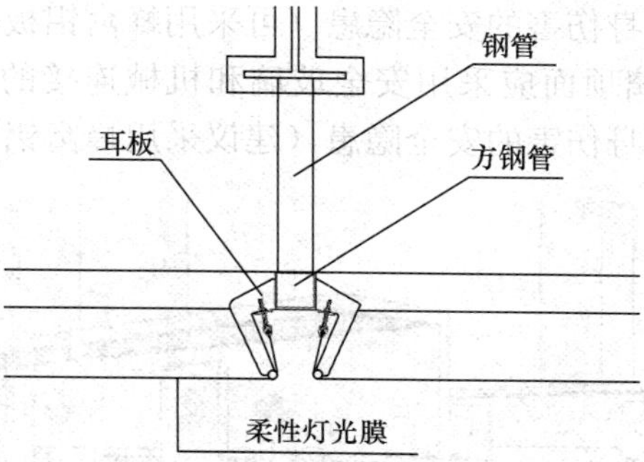

图 28-39 软膜天花

28.3.2.7 玻纤板饰面材料

玻纤板即玻璃纤维板又称环氧树脂板，这种材料电绝缘性能稳定，平整度好，表面光滑，无凹坑，应用非常广泛，具有吸声、隔声、隔热、环保、阻燃等特点。

28.3.3 吊顶工程深化设计

吊顶工程涉及专业工程多，交叉配合多，防火要求严，隐蔽工程多，现场深化设计必须收集各方资料综合设计，深化与其对应关注要点如下：

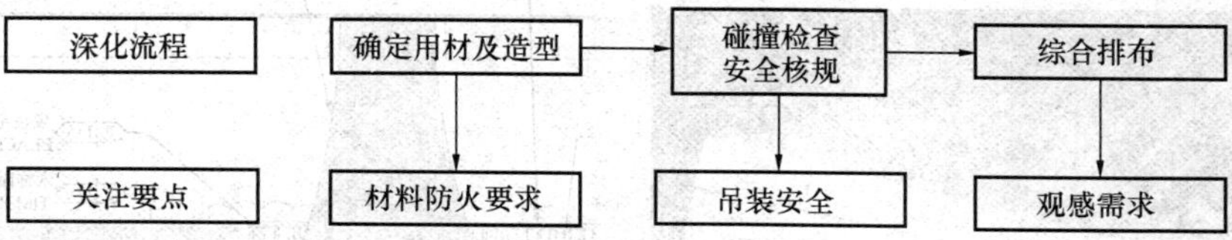

28.3.3.1 防火要求

根据《建筑内部装修设计防火规范》GB 50222—2017 中关于单层、多层或高层、超高层建筑内部顶棚装饰面材的燃烧性能等级必须达到 A 级（不燃性），除单层、多层民用建筑住宅顶棚，单层、多层、高层民用建筑无明火的丁类或戊类厂房顶棚可降低为 B_1 级（难燃性）。

因此当吊顶方案设计中出现大面积天然竹木、墙纸墙布等 B_2（可燃性）、B_3（易燃性）级饰面材料，深化设计师一定要及时提出修改设计意见。

28.3.3.2 吊装安全

吊顶系统应结合吊顶施工工艺和建筑结构的承载能力选择相适宜的吊挂方式，以保证整体构造安全、可靠。

（1）基本构造：吊杆超长应做刚性反支撑或转换层。

（2）重型吊顶设计

1）重型吊顶设计，应对吊杆与承重结构连接的后置锚件进行拉拔试验。

2）重量大于 3kg 的物体，以及有振动的设备应直接吊挂在建筑承重结构上。

3）大型灯具吊装：大于 10kg 的吊灯安装需做灯具 5 倍重量且不少于 15min 的过载试验；10kg 以下的灯具安装应满足《公共建筑吊顶工程技术规程》JGJ 345 中吊顶设计的规定；公共场所的大型玻璃灯罩，应采取防止玻璃罩向下坠落的安全措施。

（3）室内吊挂石材：顶面吊挂石材必须采用刚性物理连接方式吊挂（非化学药剂粘接），避免高空坠落造成人身伤害的安全隐患（可采用蜂窝铝板等轻型复合材料）。

（4）玻璃顶：高空玻璃顶面应采用安全玻璃和机械连接的安装工艺（非化学药剂粘接），避免高空坠落造成人身伤害的安全隐患（建议采用蜂窝铝复合面板）（图 28-40）。

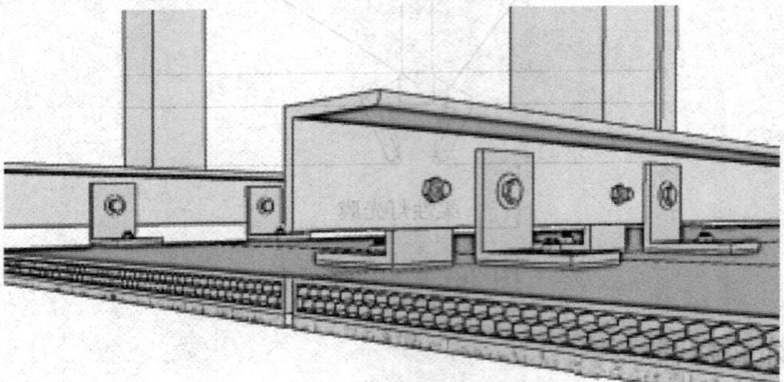

图 28-40　蜂窝铝复合面板安装

（5）其他：当涉及建筑主体及承重结构改动或增加设计荷载时，应对既有建筑结构的安全性进行核验。如某项目烟机饰面设计，需结合烟机本身承重及楼板承重进行吊装荷载验算（图 28-41）。

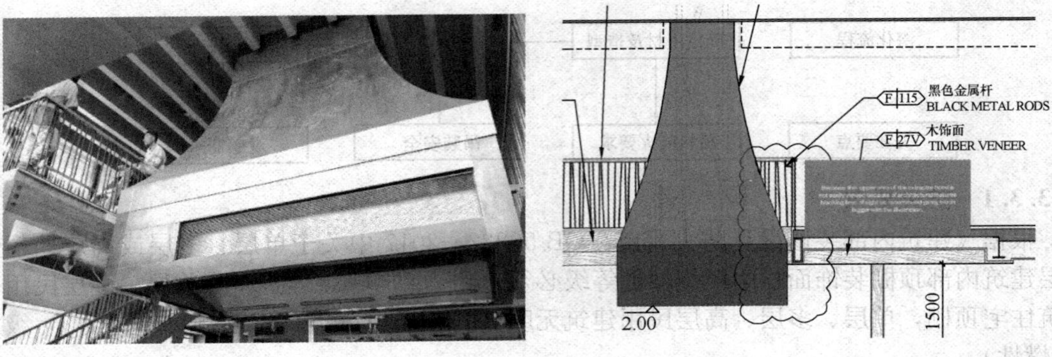

图 28-41　吊装荷载验算

28.3.3.3　观感需求

吊顶设计与空间轴线、主造型等产生一定联系，将天花综合末端点位以实际选型（产品规格及安装方式影响各点位间距及安装位置）进行综合排布，保证各点位对中对线、横平竖直、满足规范对间距和美观要求（图 28-42）。

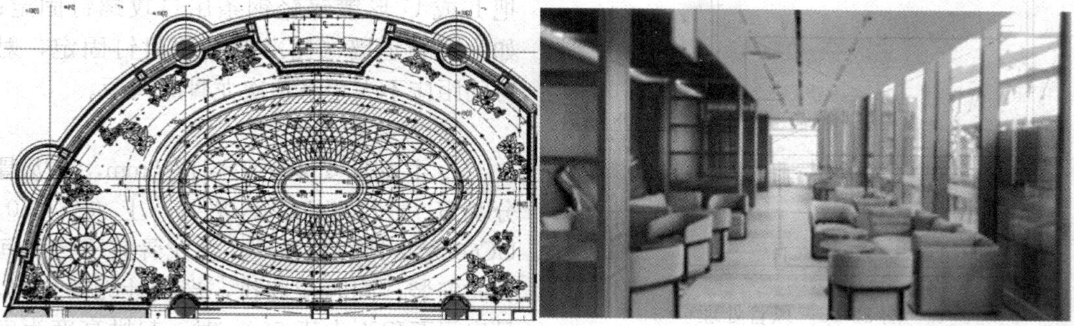

(*a*)　　(*b*)

图 28-42　综合排布

（*a*）造型对中；（*b*）点位对齐

28.3.4　罩面板安装

28.3.4.1　石膏板、纤维水泥板、防潮板安装

整体面层吊顶为以石膏板、纤维水泥板、防潮板等为面板的面层材料接缝不外露的吊顶；板块面层吊顶为以矿棉板、金属板、复合板、石膏板等为面板的面层材料接缝外露的吊顶；格栅吊顶为由金属成品型材，按照一定几何图形，组成矩阵式的吊顶。

（1）工艺流程

弹线 → 固定吊挂杆件 → 安装边龙骨 → 安装主龙骨 → 安装次龙骨 → 安装罩面板 → 板缝处理

（2）操作工艺

① 弹线：用水准仪在房间内每个墙（柱）角上抄出水平点，距地面一般为 500mm 弹出水准线，按吊顶平面图，在混凝土顶板弹出主龙骨的位置。

② 固定吊挂杆件：采用膨胀螺栓固定吊挂杆件。不上人的吊顶，吊杆（吊索）长度小于 1000mm，宜采用 $\phi6$ 的吊杆（吊索），如果大于 1000mm，应采用 $\phi8$ 的吊杆（吊索），如果吊杆（吊索）长度大于 1500mm，还应在吊杆（吊索）上设置反向支撑。上人的吊顶，吊杆（吊索）长度小于等于 1000mm，可以采用 $\phi8$ 的吊杆（吊索），如果大于 1000mm，则应采用 $\phi10$ 的吊杆（吊索），如果吊杆（吊索）长度大于 1500mm，同样应在吊杆（吊索）上设置反向支撑。

③ 当吊杆（吊索）遇到风管等机电设备时，需进行跨越施工，即在梁或风管设备两侧用吊杆（吊索）固定角钢或者槽钢等刚性材料作为横担，跨过梁或者风管设备。再将龙骨吊杆（吊索）用螺栓固定在横担上形成跨越结构，但不得与风管设备共用横担等跨越结构（图 28-43）。

a. 吊杆（吊索）距主龙骨端部距离不得超过 300mm，否则应增加吊杆（吊索）。

b. 吊顶灯具、风口及检修口等应设附加次龙骨及吊杆（吊索）。

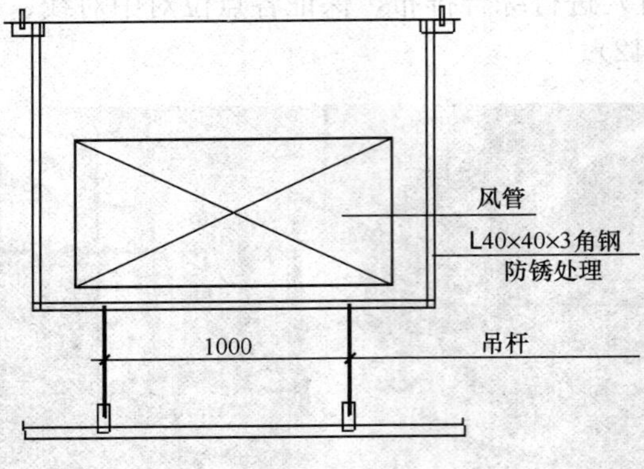

图 28-43　风管处理

④ 安装边龙骨：边龙骨的安装应按设计要求弹线，沿墙（柱）上的水平龙骨线把L或U形镀锌轻钢条用自攻螺钉固定；如为混凝土墙（柱）上可用射钉固定，射钉间距应不大于吊顶次龙骨的间距。

⑤ 安装主龙骨

a. 主龙骨安装间距≤1200mm，主龙骨分为不上人UC38小龙骨，上人UC50、UC60大龙骨两种类型。主龙骨宜平行房间长向安装，同时应起拱，当设计无要求时，且房间面积不大于50m² 时，起拱高度为房间短向跨度的1‰～3‰；房间面积大于50m² 时，起拱高度应为房间短向跨度的3‰～5‰。

b. 跨度大于15m以上的吊顶，应在主龙骨上，每隔15m加一道大龙骨，并垂直主龙骨焊接牢固。

c. 大的造型顶棚，造型部分应用角钢或扁钢焊接成框架，并应与楼板连接牢固。

d. 吊顶如设检修走道，应另设附加吊挂系统，需做吊挂系统设计。

⑥ 安装次龙骨：次龙骨应紧贴主龙骨安装。次龙骨间距300～600mm。用T形镀锌铁片连接件把次龙骨固定在主龙骨上时，次龙骨的两端应搭在L或U形边龙骨的水平翼缘上。次龙骨不得搭接。在通风、水电等洞口周围应设附加龙骨，附加龙骨的连接用拉铆钉铆固。

⑦ 罩面板安装：吊挂顶棚罩面板常用的板材有石膏板、纤维水泥板、防潮板等。选用板材应考虑牢固可靠，装饰效果好，便于施工和维修，也要考虑重量轻、防火、吸声、隔热、保温等要求。

a. 石膏板安装（图28-44～图28-46）

(a) 石膏板应在自由状态下固定，防止出现弯棱、凸鼓的现象；安装施工环境应封闭，防止板面受潮变形。

(b) 石膏板的长边（即包封边）应垂直纵向次龙骨铺设。

(c) 自攻螺钉与石膏板边的距离，用面纸包封的板边以10～15mm为宜，切割的板边以15～20mm为宜。

(d) 固定次龙骨的间距，间距以300mm为宜。

(e) 钉距以150～170mm为宜，自攻螺钉应与板面垂直，已弯曲、变形的螺钉应剔除，并在相隔50mm的部位另安螺钉。

(f) 安装双层石膏板时，面层板与基层板的接缝应错开，不得在一根龙骨上。

(g) 石膏板的接缝及收口应做板缝处理（图28-47）。

(h) 石膏板与龙骨固定，应从一块板的中间向板的四边进行固定，不得多点同时作业。

(i) 螺钉钉头宜略埋入板面，但不得损坏纸面，钉眼应作防锈处理并用石膏腻子抹平。

b. 纤维水泥板安装（图28-48）

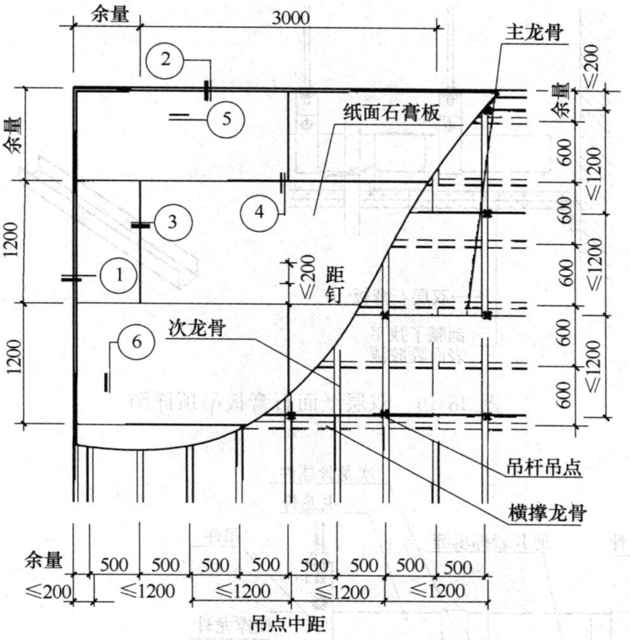

图 28-44　纸面石膏板吊顶平视图

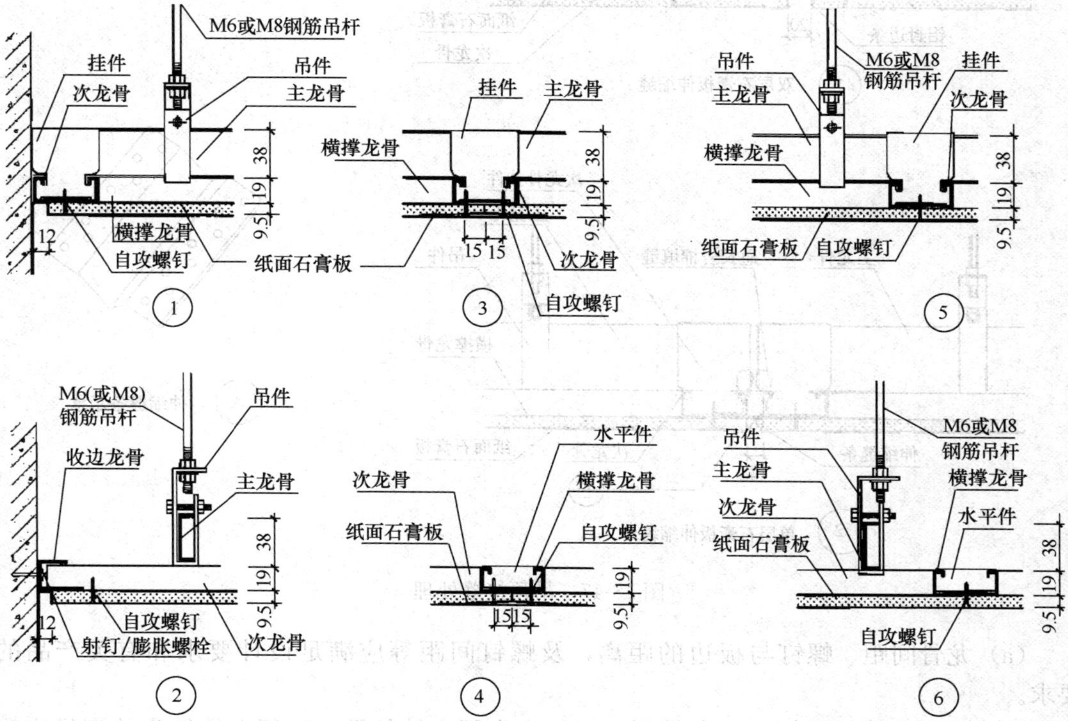

图 28-45　纸面石膏板吊顶详图

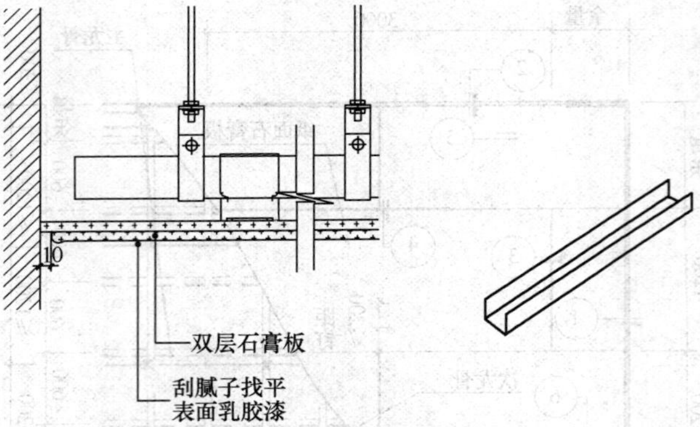

图 28-46　双层纸面石膏板吊顶详图

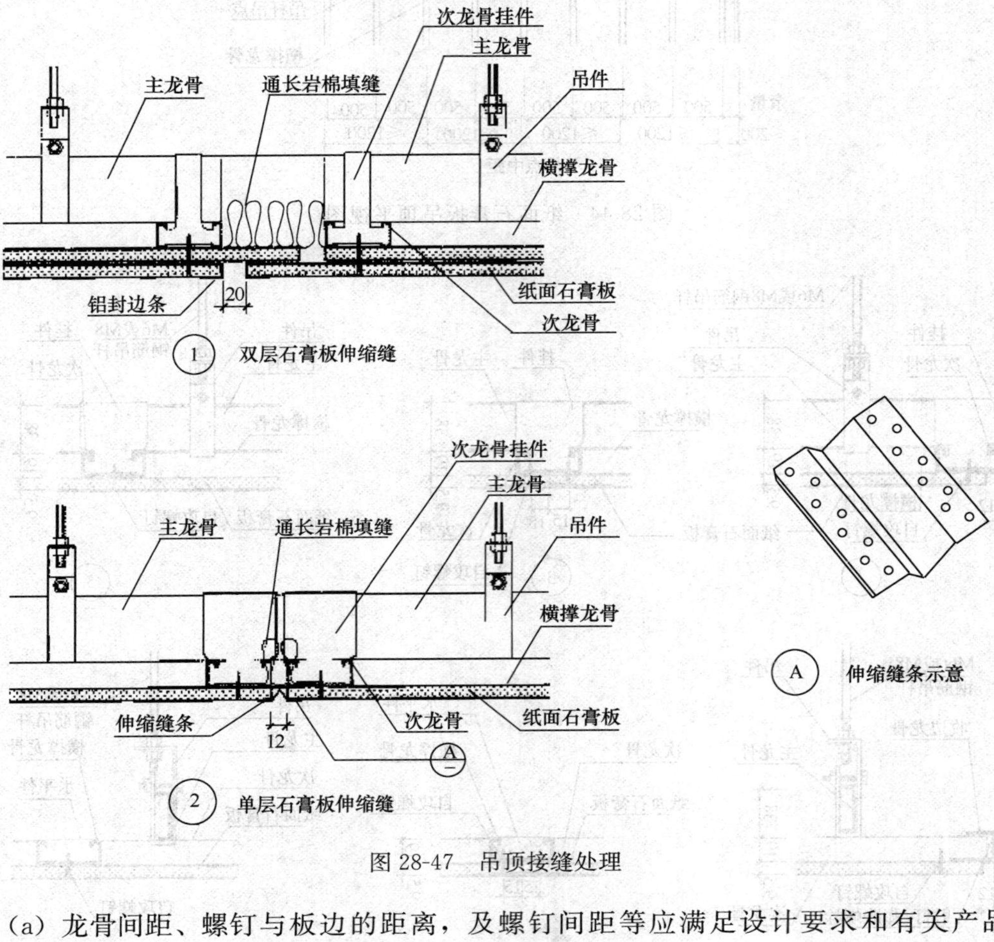

图 28-47　吊顶接缝处理

（a）龙骨间距、螺钉与板边的距离，及螺钉间距等应满足设计要求和有关产品的要求。

（b）纤维增强硅酸钙板与龙骨固定时，应先用电钻钻孔，选用电钻钻头的直径应比选用螺钉直径小 0.5～1.0mm 或用扩孔型自攻螺钉直接固定，固定后钉帽应作防锈处理，并用油性腻子嵌平。

(c) 用密封膏、石膏腻子或掺界面剂胶的水泥砂浆嵌涂板缝并刮平，硬化后用砂纸磨光，板缝宽度应小于 5mm。

(d) 板材的开孔和切割，应按产品的有关要求进行。

c. 防潮板

(a) 饰面板应在自由状态下固定，防止出现弯棱、凸鼓的现象。

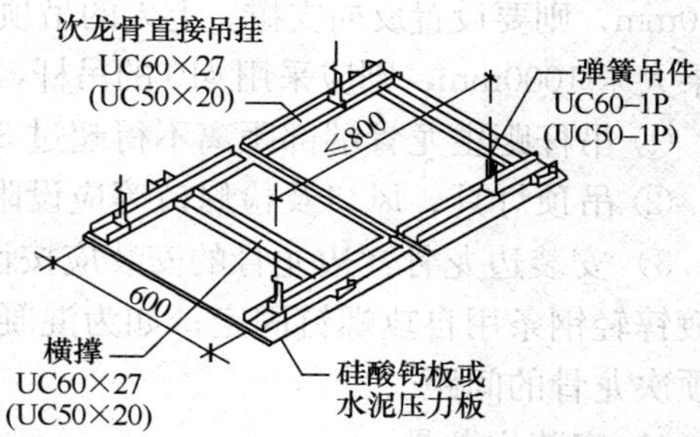

图 28-48 水泥加压板吊顶透视图

(b) 防潮板板的长边（既包封边）应垂直纵向次龙骨铺设。

自攻螺钉与防潮板板边的距离，以 10～15mm 为宜，切割的板边以 15～20mm 为宜。

(c) 固定次龙骨的间距，一般不应大于 600mm，在南方潮湿地区，钉距以 150～170mm 为宜，螺钉应与板面垂直，已弯曲、变形的螺钉应剔除。

(d) 面层板接缝应错开，不得在一根龙骨上。

(e) 防潮板的接缝处理同石膏板。

(f) 防潮板与龙骨固定时，应从一块板的中间向板的四边进行固定，不得多点同时作业。

(g) 螺钉钉头宜略埋入板面，钉眼应作防锈处理并用石膏腻子抹平。

d. 饰面板上的灯具、烟感器、喷淋头、风口箅子等设备的位置应合理、美观，与饰面的交接应吻合、严密，做好检修口的预留，安装时应严格控制整体性、刚度和承载力。

(3) 作业条件

① 吊顶工程在施工前应熟悉施工图纸及设计说明。

② 吊顶工程在施工前应熟悉现场。

③ 施工前应按设计要求对房间的净高、洞口标高和吊顶内的管道、设备及其支架的标高进行交接检验。

④ 对吊顶内的管道、设备的安装及管道试压后进行隐蔽验收。

⑤ 当吊顶内的墙柱为砖砌体时，应在吊顶标高处埋设木楔，木楔应沿墙 900～1200mm 布置，在柱每面应埋设 2 块以上。

⑥ 吊顶工程在施工中应做好各项施工记录，收集好各种有关文件。

⑦ 收集材料进场验收记录和复验报告，技术交底记录。

⑧ 板安装时室内湿度不宜大于 70%。

28.3.4.2 矿棉板、硅钙板安装

(1) 工艺流程

弹线 → 固定吊挂杆件 → 安装边龙骨 → 安装主龙骨 → 安装次龙骨 → 安装罩面板

(2) 操作工艺

1) 弹线：用水准仪在房间内每个墙（柱）角上抄出水平点，距地面一般为 500mm 弹出水准线，按吊顶平面图，在混凝土顶板弹出主龙骨的位置。

2) 固定吊挂杆件：采用膨胀螺栓固定吊挂杆件。不上人的吊顶，吊杆长度小于 1000mm，可以采用 ϕ6 的吊杆，如果大于 1000mm，应采用 ϕ8 的吊杆，如吊杆长度大于

1500mm，则要设置反向支撑。上人的吊顶，吊杆长度小于等于1000mm，宜采用ϕ8的吊杆，如果大于1000mm，则应采用ϕ10的吊杆，如吊杆长度大于1500mm，需设置反向支撑。

① 吊杆距主龙骨端部距离不得超过300mm，否则应增加吊杆。

② 吊顶灯具、风口及检修口等应设附加吊杆。

3）安装边龙骨：边龙骨的安装应按设计要求弹线，沿墙（柱）上的水平龙骨线把L形镀锌轻钢条用自攻螺钉固定；如为混凝土墙（柱）上可用射钉固定，射钉间距应不大于吊顶次龙骨的间距。

4）安装主龙骨

① 主龙骨应吊挂在吊杆上。主龙骨间距不大于1000mm。主龙骨分为轻钢龙骨和T型龙骨。轻钢龙骨可选用UC50中龙骨和UC38小龙骨。主龙骨应平行房间长向安装，同时应起拱，当设计无要求时，且房间面积不大于50m^{2}时，起拱高度为房间短向跨度的1‰～3‰；房间面积大于50m^{2}时，起拱高度应为房间短向跨度的3‰～5‰。主龙骨的悬臂段不应大于300mm，否则应增加吊杆。主龙骨的接长应采取对接，相邻龙骨的对接接头要相互错开。主龙骨挂好后应基本调平（图28-49、图28-50）。

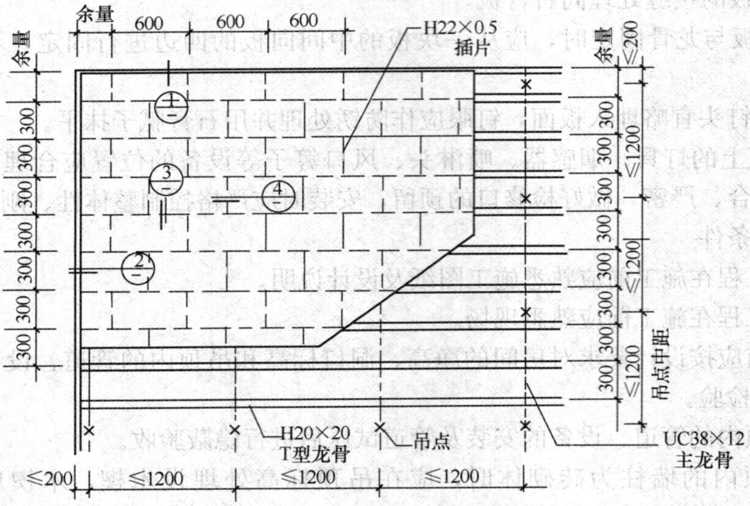

图28-49　平面示例

② 跨度大于15m以上的吊顶，应在主龙骨上，每隔15m加一道大龙骨，并垂直主龙骨焊接牢固。

③ 如有大的造型顶棚，造型部分应用角钢或扁钢焊接成框架，并应与楼板连接牢固。

5）安装次龙骨：次龙骨应紧贴主龙骨安装。次龙骨间距300～600mm。次龙骨分为T形烤漆龙骨、T形铝合金龙骨，和各种条形扣板厂家配带的专用龙骨。用T形镀锌铁片连接件把次龙骨固定在主龙骨上时，次龙骨的两端应搭在L形或U形边龙骨的水平翼缘上，条形扣板有专用的阴角线做边龙骨。

6）罩面板安装：吊挂顶棚罩面板常用的板材有吸声矿棉板、硅钙板等。

① 矿棉装饰吸声板安装：规格一般分为600mm×600mm；600mm×1200mm，将面板直接搁于龙骨上。安装时，应注意板背面的箭头方向应一致，以保证花样、图案的整体

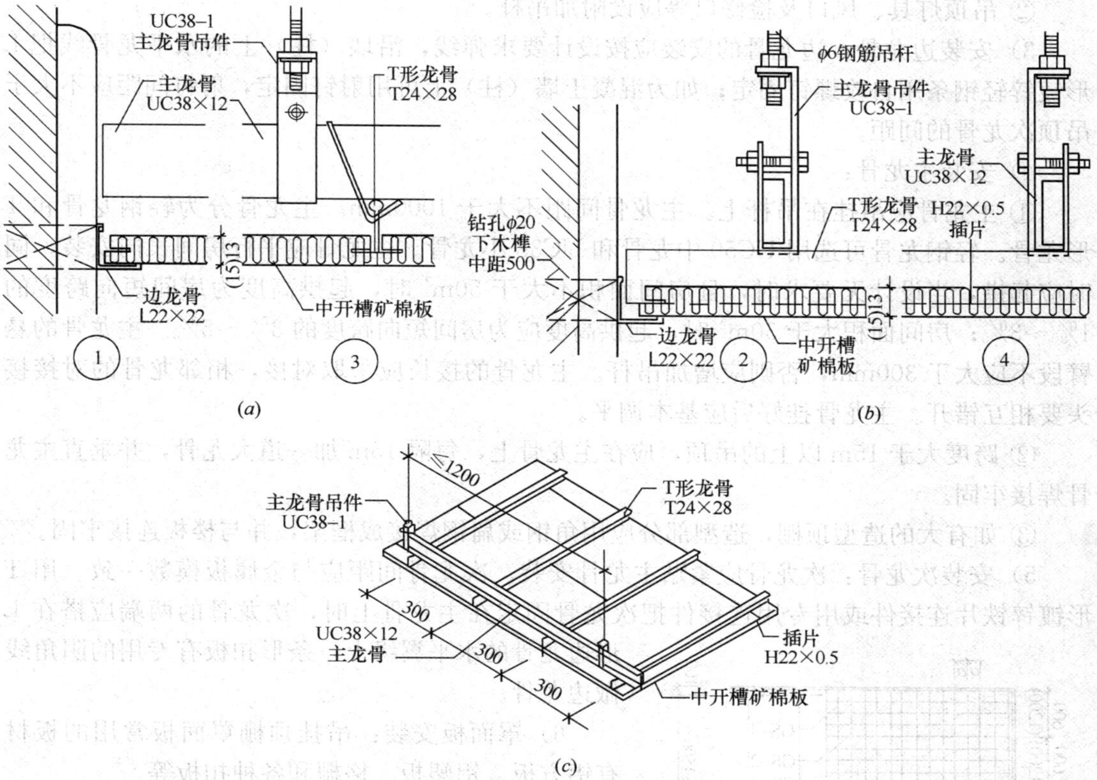

图 28-50 矿棉板安装图

性；饰面板上的灯具、烟感器、喷淋头、风口箅子等设备的位置应合理、美观与饰面的交接应吻合、严密（图 28-50）。

② 硅钙板安装：规格一般为 600mm×600mm，将面板直接搁于龙骨上。安装时，应注意板背面的箭头方向应一致，以保证花样、图案的整体性；饰面板上的灯具、烟感器、喷淋头、风口箅子等设备的位置应合理、美观与饰面的交接应吻合、严密。

(3) 作业条件：同 28.3.4.1 作业条件。

28.3.4.3 金属板、金属格栅安装

(1) 工艺流程

弹线→固定吊挂杆件→安装边龙骨→安装主龙骨→安装次龙骨→安装罩面板

(2) 操作工艺

1) 弹线：用水准仪在房间内每个墙（柱）角上抄出水平点，距地面一般为 500mm 弹出水准线，按吊顶平面图，在混凝土顶板弹出主龙骨的位置。

2) 固定吊挂杆件：采用膨胀螺栓固定吊挂杆件。不上人的吊顶，吊杆长度小于 1000mm，可以采用 $\phi6$ 的吊杆，如果大于 1000mm，应采用 $\phi8$ 的吊杆，如吊杆长度大于 1500mm，则要设置反向支撑。上人的吊顶，吊杆长度小于等于 1000mm，可以采用 $\phi8$ 的吊杆，如果大于 1000mm，则应采用 $\phi10$ 的吊杆，如吊杆长度大于 1500mm，同样要设置反向支撑。

① 吊杆距主龙骨端部距离不得超过 300mm，否则应增加吊杆。

② 吊顶灯具、风口及检修口等应设附加吊杆。

3）安装边龙骨：边龙骨的安装应按设计要求弹线，沿墙（柱）上的水平龙骨线把L形镀锌轻钢条用自攻螺钉固定；如为混凝土墙（柱）上可用射钉固定，射钉间距应不大于吊顶次龙骨的间距。

4）安装主龙骨：

① 主龙骨应吊挂在吊杆上。主龙骨间距不大于1000mm。主龙骨分为轻钢龙骨和T形龙骨。轻钢龙骨可选用UC50中龙骨和UC38小龙骨。主龙骨应平行房间长向安装，同时应起拱，当设计无要求时，且房间面积不大于50m^{2}时，起拱高度为房间短向跨度的1‰～3‰；房间面积大于50m^{2}时，起拱高度应为房间短向跨度的3‰～5‰。主龙骨的悬臂段不应大于300mm，否则应增加吊杆。主龙骨的接长应采取对接，相邻龙骨的对接接头要相互错开。主龙骨挂好后应基本调平。

② 跨度大于15m以上的吊顶，应在主龙骨上，每隔15m加一道大龙骨，并垂直主龙骨焊接牢固。

③ 如有大的造型顶棚，造型部分应用角钢或扁钢焊接成框架，并与楼板连接牢固。

5）安装次龙骨：次龙骨应紧贴主龙骨安装。次龙骨间距应与金属板模数一致。用T形镀锌铁片连接件或用专用连接件把次龙骨固定在主龙骨上时，次龙骨的两端应搭在L形边龙骨的水平翼缘上，条形扣板有专用的阴角线做边龙骨。

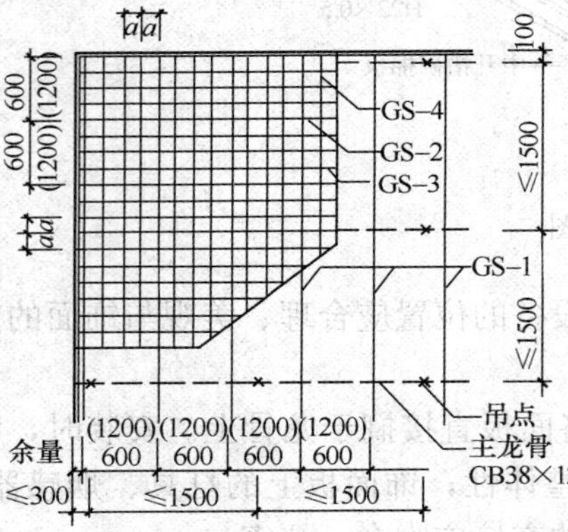

图 28-51　格栅吊顶平面示例图

6）罩面板安装：吊挂顶棚罩面板常用的板材有铝方板、铝塑板、格栅和各种扣板等。

① 铝板、铝塑板安装：规格一般为600mm×600mm，将面板直接搁于龙骨上。安装时，应注意板背面的箭头方向应一致，以保证花样、图案的整体性；饰面板上的灯具、烟感器、喷淋头、风口箅子等设备的位置应合理、美观与饰面的交接应吻合、严密。

② 格栅安装：规格一般为100mm×100mm、150mm×150mm、200mm×200mm等多种方形格栅，一般用卡具将饰面板卡在龙骨上（图28-51～图28-53）。

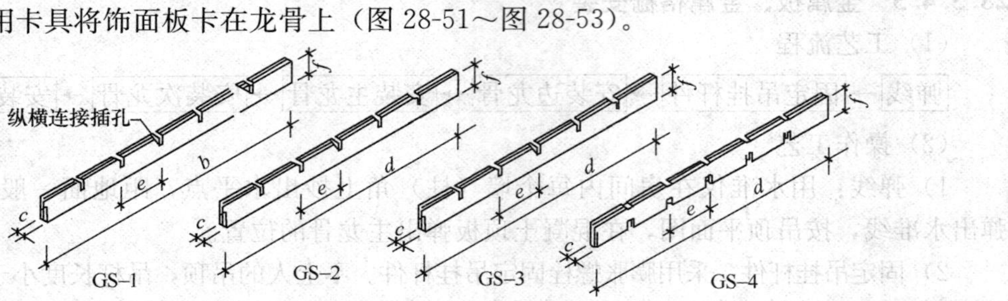

图 28-52　格栅吊顶构件节点图

③ 扣板安装：规格一般为300mm×300mm、300mm×600mm等多种方形扣板，还有宽度为100mm、150mm、200mm、300mm等多种条形扣板；一般用卡具将饰面板卡在

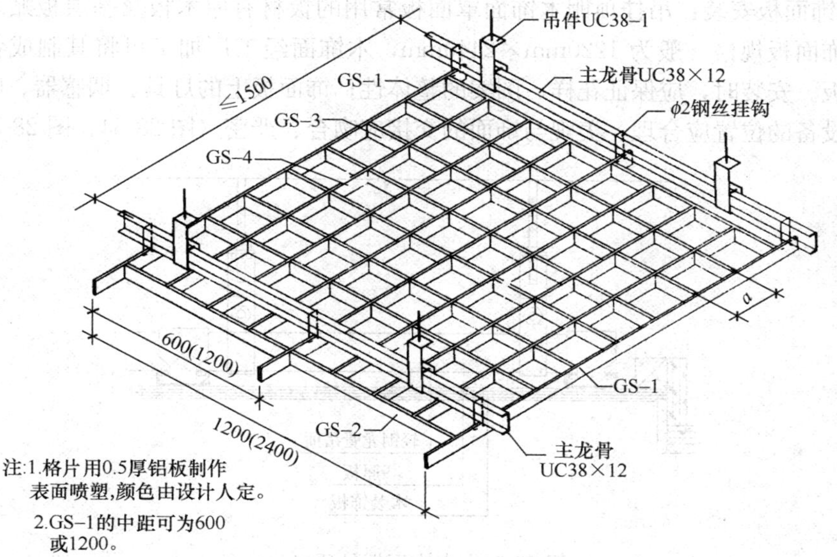

图 28-53　格栅吊顶透视图

龙骨上。

（3）作业条件：同 28.3.4.1 作业条件①～⑦项。

28.3.4.4　木饰面、玻璃饰面板安装

（1）工艺流程

弹线 → 固定吊挂杆件 → 安装主龙骨 → 安装次龙骨 → 安装罩面板 → 安装压条

（2）操作工艺

1）弹线：用水准仪在房间内每个墙（柱）角上抄出水平点，距地面一般为 500mm 弹出水准线，按吊顶平面图，在混凝土顶板弹出主龙骨的位置。

2）固定吊挂杆件：采用膨胀螺栓固定吊挂杆件。吊杆长度采用 $\phi6$～$\phi8$ 的吊杆，如吊杆长度大于 1500mm，则要设置反向支撑。

① 吊杆距主龙骨端部距离不得超过 300mm，否则应增加吊杆。

② 吊顶灯具、风口及检修口等应设附加吊杆。

3）安装主龙骨

① 主龙骨应吊挂在吊杆上。主龙骨间距不大于 1000mm。主龙骨应平行房间长向安装，同时应起拱，起拱高度为房间跨度的 1/300～1/200。主龙骨的悬臂段不应大于 300mm，否则应增加吊杆。主龙骨的接长应采取对接，相邻龙骨的对接接头要相互错开。主龙骨挂好后应基本调平。

② 跨度大于 15m 以上的吊顶，应在主龙骨上，每隔 15m 加一道大龙骨，并垂直主龙骨焊接牢固。

③ 如有大的造型顶棚，造型部分应用角钢或扁钢焊接成框架，并应与楼板连接牢固。

4）安装次龙骨：次龙骨应紧贴主龙骨安装。次龙骨间距 300～600mm。

5）罩面板安装

① 木饰面板安装：吊挂顶棚木饰面罩面板常用的板材有原木板及基层板贴木皮。工厂加工前木饰面板规格一般为 1220mm×2440mm，木饰面经工厂加工可将其制成各种大小的成品饰面板。安装时，应保证花样、图案的整体性；饰面板上的灯具、烟感器、喷淋头、风口箅子等设备的位置应合理、美观与饰面的交接应吻合、严密（图 28-54、图 28-55）。

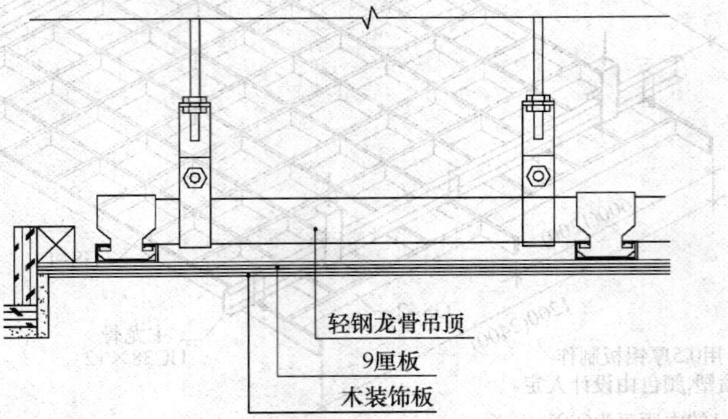

图 28-54　木饰面板吊顶（一）

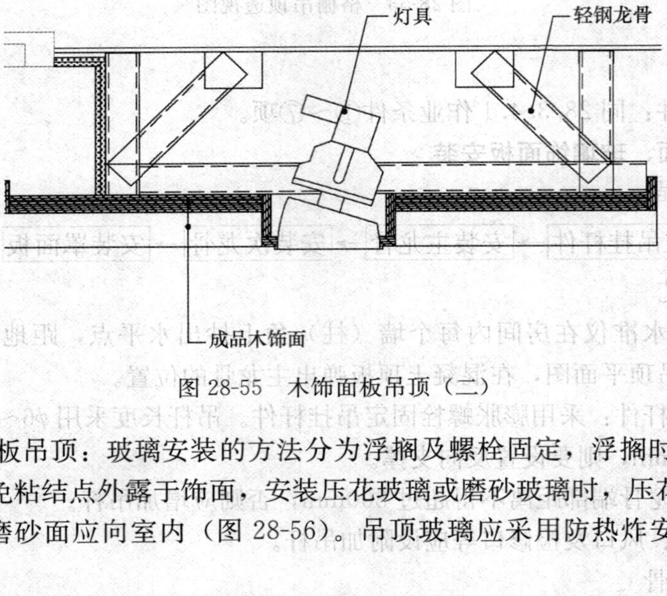

图 28-55　木饰面板吊顶（二）

② 玻璃饰面板吊顶：玻璃安装的方法分为浮搁及螺栓固定，浮搁时应注意点贴位置应尽量隐蔽，避免粘结点外露于饰面，安装压花玻璃或磨砂玻璃时，压花玻璃的花面应向外，磨砂玻璃的磨砂面应向室内（图 28-56）。吊顶玻璃应采用防热炸安全玻璃，疏散通道不宜采用。

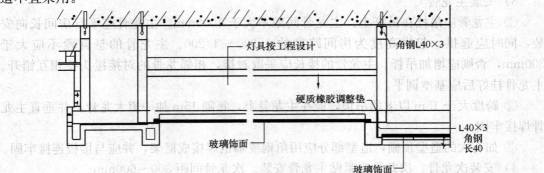

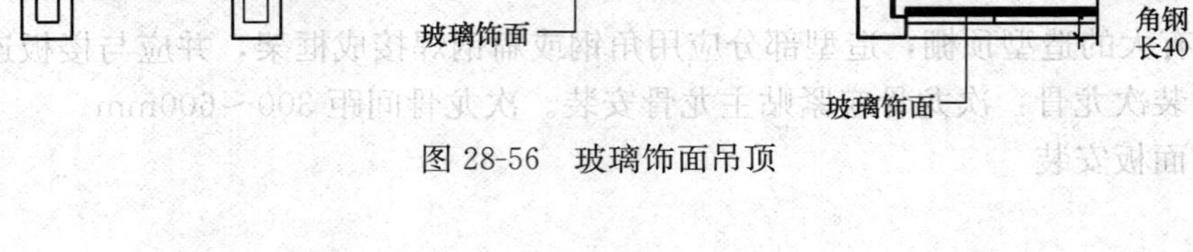

图 28-56　玻璃饰面吊顶

（3）作业条件：28.3.4.1 作业条件①～⑦项。

28.3.4.5 软膜饰面吊顶安装

（1）工艺流程

弹线→龙骨安装→固定、张紧软膜→清洁软膜饰面

（2）操作工艺

1）弹线：用水准仪在房间内每个墙（柱）角上抄出水平点，距地面一般为500mm弹出水准线，按吊顶平面图，在混凝土顶板弹出主龙骨的位置。

2）龙骨安装：根据图纸设计要求，在需要安装软膜天花的水平高度位置四周固定一圈支撑龙骨（选用镀锌型钢或木方，木方应防火防腐处理）。如遇面积比较大时需分块安装，中间位置应加辅助龙骨。在支撑龙骨的底面固定安装软膜天花的铝合金龙骨。

3）固定、张紧软膜：安装好软膜天花的铝合金龙骨后，将软膜用专用的加热器充分加热均匀，然后用专用的插刀将软膜张紧固定在铝合金龙骨上，并将多余的软膜修剪完整即可（图28-57～图28-59）。

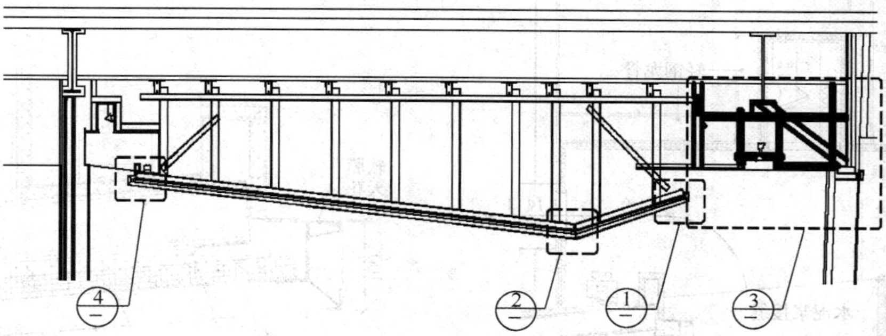

图28-57　软膜天花剖面图

4）清洁软膜饰面：安装完毕后，擦拭、清洁软膜天花表面。

（3）作业条件：同28.3.4.1作业条件①～⑦项。

28.3.4.6 玻纤板吊顶安装

（1）工艺流程

弹线→固定吊挂杆件→安装龙骨→玻纤板安装

（2）操作工艺

1）弹线：用水准仪在房间内每个墙（柱）角上抄出水平点，距地面一般为500mm弹出水准线，按吊顶平面图，在混凝土顶板弹出主龙骨的位置。

2）固定吊挂杆件：按照设计或规范要求，安装$\phi6$或$\phi8$吊杆，如吊杆长度大于1500mm，则要设置反向支撑。

3）安装龙骨：

① 主龙骨应吊挂在吊杆上。玻纤板龙骨分为明龙骨、半明半暗龙骨及暗龙骨（图28-60～图28-62）。可根据设计要求将玻纤板在工厂加工制成造型板或平板（图28-63）。

② 次龙骨应紧贴主龙骨安装。次龙骨间距300～600mm。

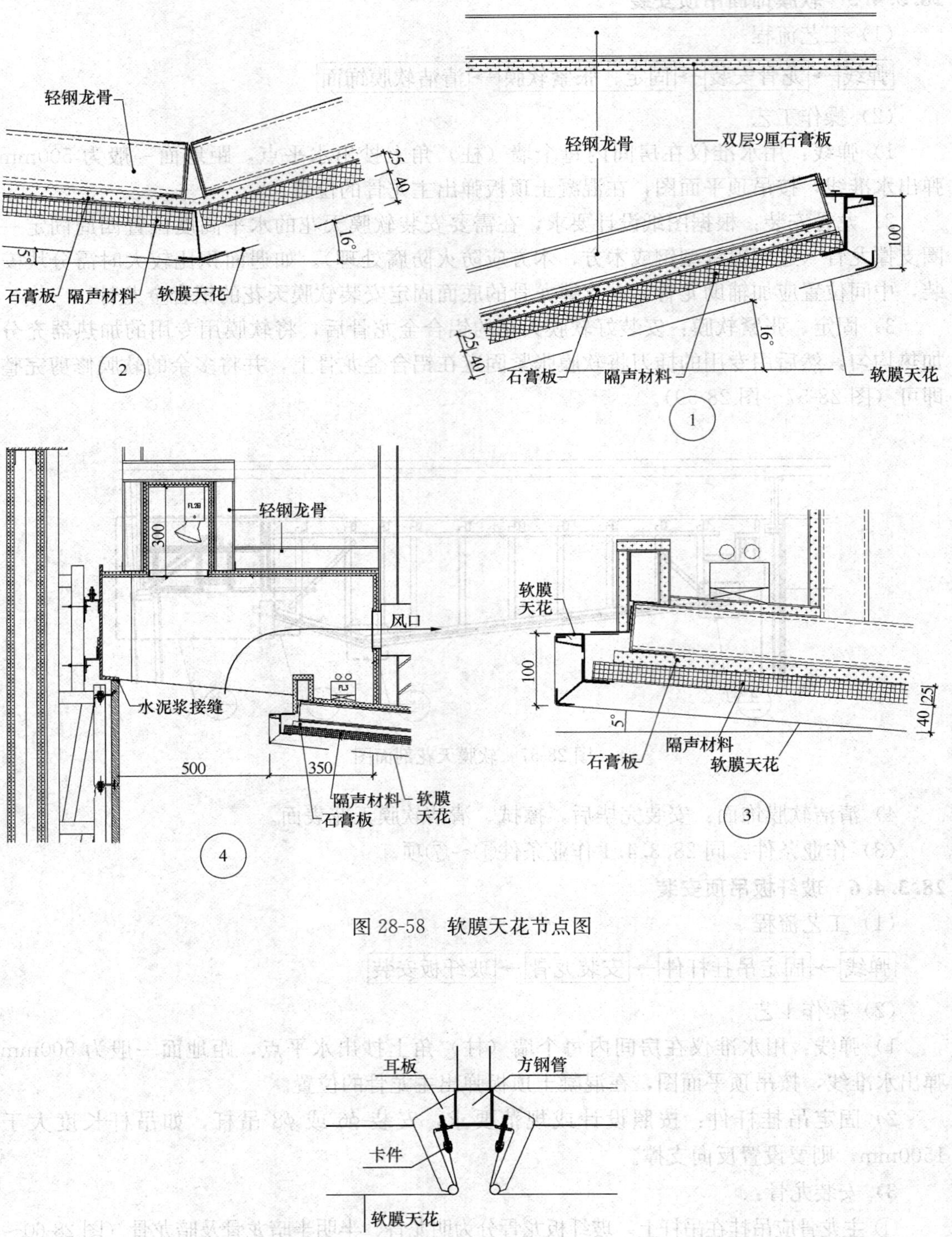

图 28-58　软膜天花节点图

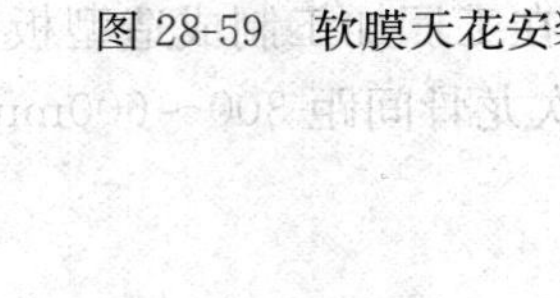

图 28-59　软膜天花安装

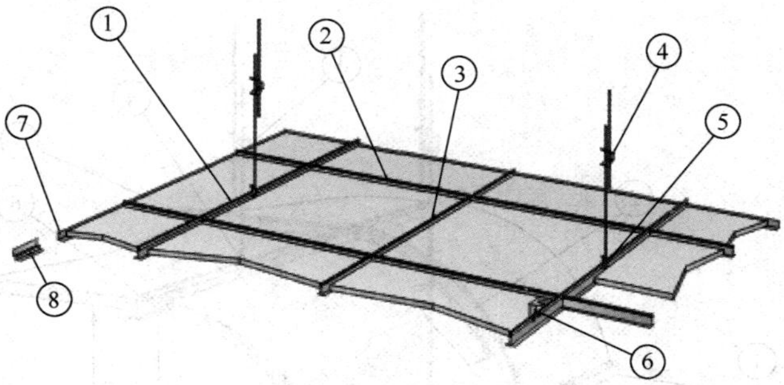

图 28-60　明龙骨玻纤板吊顶安装图

①T24 或 T15 主龙骨；②T24 或 T15 副龙骨 L＝1200mm；③T24 或 T15 副龙骨 L＝600mm；④可调节吊杆；⑤连接件；⑥直接安装方式：连接件；⑦L 形收边龙骨；⑧W 形收边龙骨

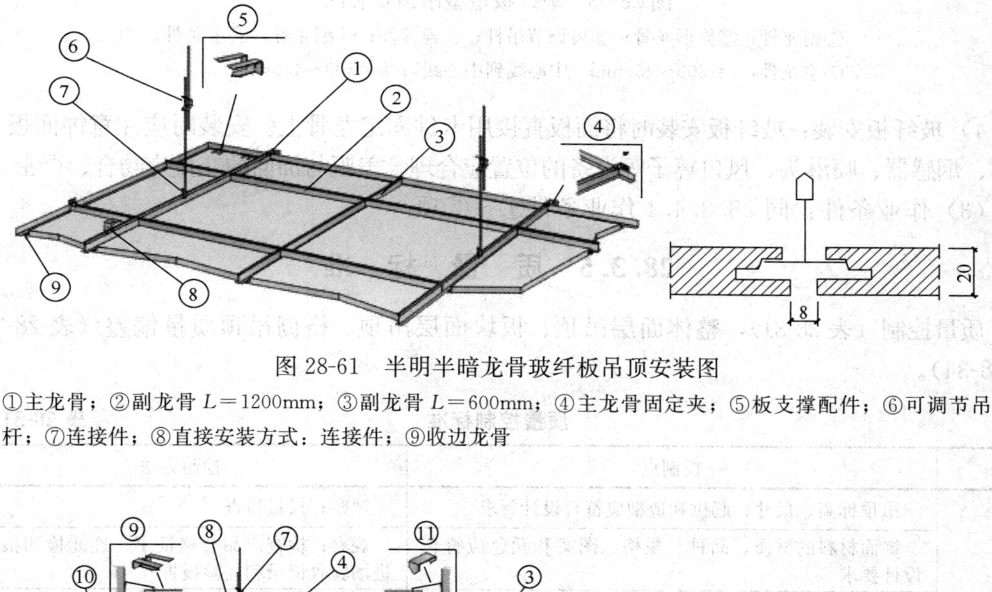

图 28-61　半明半暗龙骨玻纤板吊顶安装图

①主龙骨；②副龙骨 L＝1200mm；③副龙骨 L＝600mm；④主龙骨固定夹；⑤板支撑配件；⑥可调节吊杆；⑦连接件；⑧直接安装方式：连接件；⑨收边龙骨

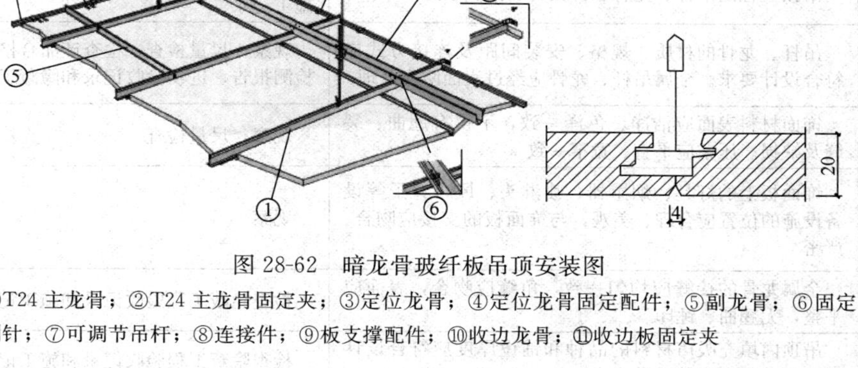

图 28-62　暗龙骨玻纤板吊顶安装图

①T24 主龙骨；②T24 主龙骨固定夹；③定位龙骨；④定位龙骨固定配件；⑤副龙骨；⑥固定别针；⑦可调节吊杆；⑧连接件；⑨板支撑配件；⑩收边龙骨；⑪收边板固定夹

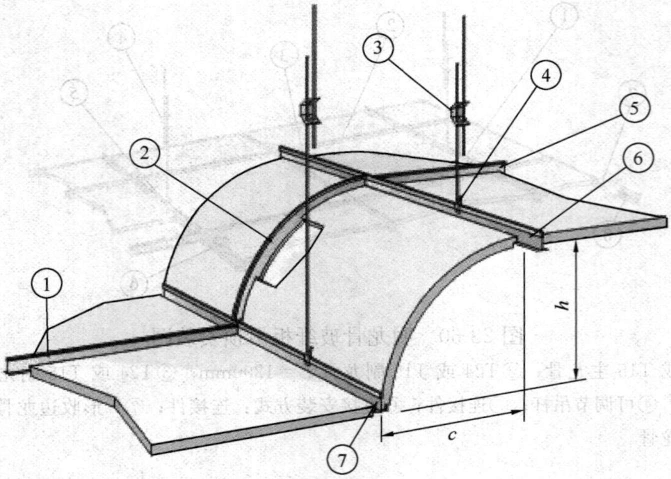

图 28-63　玻纤板造型吊顶安装图

①副龙骨；②异形龙骨；③可调节吊杆；④连接件；⑤副龙骨；⑥主龙骨；
⑦主龙骨：c＝300～450mm（中心线到中心线）；h＝300～450mm

4）玻纤板安装：玻纤板安装时将面板直接用卡件固定龙骨上。安装时应注意饰面板上的灯具、烟感器、喷淋头、风口箅子等设备的位置应合理、美观与饰面的交接应吻合、严密。

（3）作业条件：同 28.3.4.1 作业条件①～⑦项。

28.3.5　质　量　标　准

质量控制（表 28-31），整体面层吊顶、板块面层吊顶、格栅吊顶质量偏差（表 28-32～表 28-34）。

质量控制标准　　**表 28-31**

	控制点	检验方法
主控项目	吊顶标高、尺寸、起拱和造型应符合设计要求	观察；尺量检查
	饰面材料的材质、品种、规格、图案和颜色应符合设计要求	观察；检查产品合格证书、性能检测报告、进场验收记录和复验报告
	吊顶工程的吊杆、龙骨和饰面材料的安装必须牢固	观察；手扳检查；检查隐蔽工程验收记录和施工记录
	吊杆、龙骨的材质、规格、安装间距及连接方式应符合设计要求。金属吊杆、龙骨应经过表面防腐处理	观察；尺量检查；检查产品合格证书、性能检测报告、进场验收记录和隐蔽工程验收记录
一般项目	饰面材料表面应洁净、色泽一致，不得有翘曲、裂缝及缺损。压条应平直、宽窄一致	观察；尺量检查
	饰面板上的灯具、烟感器、喷淋头、风口箅子等设备设施的位置应合理、美观，与饰面板的交接应吻合、严密	观察
	金属龙骨的接缝应均匀一致，角缝应吻合，表面应平整，无翘曲、锤印	检查隐蔽工程验收记录和施工记录
	吊顶内填充吸声材料的品种和铺设厚度应符合设计要求，并应有防散落措施	检查隐蔽工程验收记录和施工记录

整体面层吊顶工程安装的允许偏差和检验方法　　表 28-32

项次	项目	允许偏差（mm）	检验方法
1	表面平整度	3	用 2m 靠尺和塞尺检查
2	缝格、凹槽直线度	3	拉 5m 线，不足 5m 拉通线，用钢直尺检查

板块面板吊顶工程安装的允许偏差和检验方法　　表 28-33

项次	项目	允许偏差（mm）				检验方法
		石膏板	金属板	矿棉板	木板、塑料板、玻璃板、复合板	
1	表面平度	3	2	3	2	用 2m 靠尺和塞尺检查
2	接缝直线度	3	2	3	3	拉 5m 线，不足 5m 拉通线，用钢直尺检查
3	接缝高低差	1	1	2	1	用钢直尺和塞尺检查

格栅吊顶工程安装的允许偏差和检验方法　　表 28-34

项次	项目	允许偏差（mm）		检验方法
		金属格栅	复合材料格栅	
1	表面平整度	2	3	用 2m 靠尺和塞尺检查
2	格栅直线度	2	3	拉 5m 线，不足 5m 拉通线，用钢直尺检查

28.3.6 吊顶综合天花图

综合天花图是结合装饰、电气、给水排水、暖通、消防等各专业综合出具的图纸，对造型复杂的装饰顶面施工具有指导意义，可以减少各专业之间的点位冲突，管线打架等问题。

（1）安全性。综合天花上的机电末端点位主要有送、回风口，喷头，灯具，高温灯具、广播扬声器、防火门、防火卷帘等。这些机电末端点位与顶面的关系需处理得当，不破坏吊顶结构，不破坏顶面的完整性，与吊顶面衔接平整，交接处应严密。

（2）美观性。综合天花图涉及的专业较多，各专业都有自己的专业图纸，如集中体现在天花综合图时，各个专业之间的点位会产生冲突。而绘制综合天花图，能在一定程度上降低图纸之间的冲突问题。优化点位，协调专业。综合天花图的作用是在规范允许的条件下，把所有的机电末端和天花灯具以及天花造型进行关系的梳理，如对中、对齐或对称，让图纸显得整齐划一、更为美观。

（3）间距性。综合天花机电末端点位之间的水平间距要求（表 28-35）。

机电末端点位之间的水平间距　　表 28-35

机电末端	各机电末端点位之间的水平间距（mm）					
	送、回风口	喷头	灯具	高温灯具	广播扬声器	防火门、防火卷帘
探测器（烟感）	≥1500	≥300	≥200	≥500	≥100	1000～2000
喷头	≥300	—	≥300	—	—	—

28.4 轻质隔墙工程

轻质隔墙、隔断在建筑和装饰施工中应用广泛，具有墙体薄、自重轻、施工便捷、节能环保等突出优点，可分为轻质板式隔墙、轻钢龙骨隔墙、玻璃隔墙、活动式隔墙等种类。

28.4.1 轻质板式隔墙构造及分类

轻质条板是指面密度不大于 190kg/m²，长宽比不小于 2.5，采用轻质材料或大孔洞轻型构造制作的，用于非承重内隔墙的预制条板。轻质条板按断面分为空心条板、实心条板和复合夹芯条板三种类别，按板的构件类型分为普通板、门窗框板、和与之配套的异形板等辅助板材。适用于新建、改建和扩建的居住建筑、公共建筑和一般工业建筑工程的非承重内隔墙。

28.4.1.1 轻质板式隔墙深化设计

设计应根据不同空间需求选用合适的轻质条板系统。如普通石膏空心板隔墙不宜用于湿区空间；楼梯间隔墙和行人流量大的走廊隔墙应选用配筋条板；防盗要求高的隔墙，应考虑隔墙的安全性，不宜设计轻质条板隔墙；耐火、隔声需求高的空间可选用双层复合条板构造方式等。

不同复合材料加工成型的板材规格不同、企口和开口形式不同，影响条板的连接方式，细部构造可参见国家建筑标准设计图集《内隔墙建筑构造》J 111～114。

为保障单块条板各方面性能，现场不得随意切割成品构件，材料加工前应结合条板墙工艺构造，将普通条板、门窗框板、异形板在图纸中排板预设，定尺加工。

28.4.1.2 加气混凝土条板

1. 材料及质量要求

加气混凝土条板是以水泥、石灰、砂为原料制作的高性能蒸压轻质加气混凝土板，有轻质、高强度、耐火隔声、环保等特点，按用途分外墙、屋面、内隔墙板。

(1) 室内隔墙常用 150mm 厚以下的板。75mm 厚用于不超过 2500mm 高的隔墙。

(2) 水泥：42.5 级硅酸盐水泥；砂：符合《建筑用砂》GB/T 14684 要求的中砂。板材底与主体结构间的坐浆采用豆石混凝土，板与板间灌浆应采用 1∶3 水泥砂浆。

(3) 钢卡：镀锌钢卡和普通钢卡的厚度不应小于 1.5mm。镀锌钢卡的热浸镀锌层不宜小于 175g/m²，普通钢卡应进行防锈处理，并不应低于热浸镀锌的防腐效果（图 28-64）。

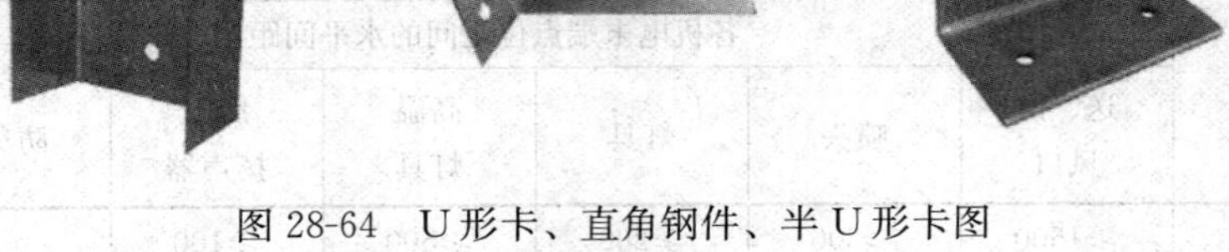

图 28-64　U 形卡、直角钢件、半 U 形卡图

（4）专用胶粘剂：用于板与板、板与结构之间粘接。

2. 施工要点

（1）根据设计要求，结合现场实际尺寸，画出深化排板图，在地面弹好隔墙板安装定位线及门窗洞口边线，按板宽（计入板缝宽 5mm）进行排板分档。

（2）施工环境温度低于 5℃时应采取加温措施。

（3）板材堆放地点：地面坚实、平坦、干燥，并不得使板材直接接触地面。墙板堆放时，不宜堆码过高，雨季还应采取覆盖措施。

（4）工艺流程

清理、找平→放线定位→配板、修补→配置胶粘剂→安装隔墙板→安装门窗框→设备、电气管线安装→板缝处理

1）清理、找平：

清理隔墙板与顶面、地面、墙面的结合部位，凡凸出墙地面的浮浆、混凝土块等必须剔除并扫净，结合部位应找平。

2）放线定位：

在结构地面、墙面及顶面根据图纸，用墨斗弹好隔墙定位边线及门窗洞口线，并按板幅的宽度弹分档线。

3）配板、修补：

① 条板隔墙一般都采取垂直方向安装。按照设计要求，根据建筑物的层高、与所要连接的构配件和连接方式来决定板的长度，隔墙板厚度选用应按设计要求并考虑便于门窗安装，最小厚度不小于 75mm。分户墙的厚度，根据设计和隔声要求确定，通常选用双层墙板。

② 墙板与结构连接的方式分为刚性连接和柔性连接，非震区采用刚性连接，震区采用柔性连接。

③ 刚性连接，即板的上端与上部结构底面用粘结砂浆粘结，下部用木楔顶紧后空隙间填入细石混凝土（图 28-65）。隔墙板安装顺序应从门洞口处向两端依次进行，门洞两侧宜用整块板；无门洞的墙体，应从一端向另一端顺序安装。

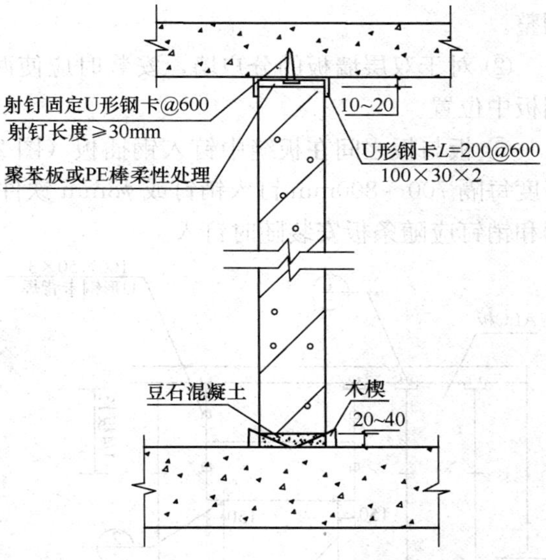

图 28-65 隔墙板与钢混结构连接构造

④ 柔性连接：当建筑设计有抗震要求时，应按设计要求，在两块条板顶端拼缝处设 U 形或 L 形钢板卡与主体结构连接。U 形或 L 形钢板卡（50mm 长，1.5mm 厚）用射钉固定在结构梁和板上。如主体为钢结构，与钢梁的连接用转接钢件的方式将 U 形钢板卡焊接固定（图 28-66）。

⑤ 板的宽度与隔墙的长度不相适应时，应将部分板预先拼接加宽（或锯窄）成合适

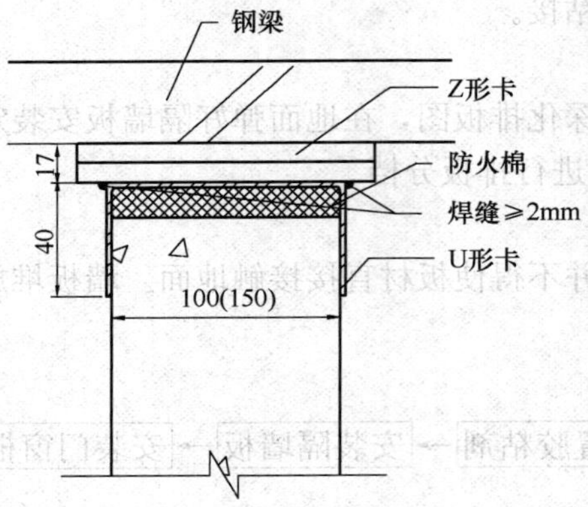

图 28-66 隔墙板与钢结构连接构造

的宽度，放置到阴角处。

⑥ 安装前要进行选板，有缺棱掉角的，应用与板材混凝土材性相近的材料进行修补，未经修补的坏板或表面疏松的板不得使用。

4）配置胶粘剂：

条板与条板拼缝、条板顶端与主体结构粘结采用胶粘剂。

① 加气混凝土隔墙胶粘剂一般采用建筑胶聚合物砂浆。

② 胶粘剂要随配随用，并应在 30min 内用完。配置时应注意界面剂掺量适当，过稀易流淌，过稠容易产生"滚浆"现象，使刮浆困难。

③ 板与结构间、板与板缝间的拼接，要满抹粘结砂浆或胶粘剂，拼接时要以挤出砂浆或胶粘剂为宜，缝宽不得大于 5mm（陶粒混凝土隔板缝宽 10mm）。挤出的砂浆或胶粘剂应及时清理干净。

5）安装隔墙板：

① 每块墙板安装后，应用靠尺检查墙面垂直和平整情况，如发现偏差加大，及时调整。

② 对于双层墙板的分户墙，安装时应使两面墙板的拼缝相互错开，拼缝宜设在另一侧板中位置。

③ 板与板之间在板缝中钉入钢插板（图 28-67），在转角墙、T 形墙条板连接处，沿高度每隔 700～800mm 钉入销钉或 ϕ8mm 铁件，钉入长度不小于 150mm（图 28-68），铁销和销钉应随条板安装随时钉入。

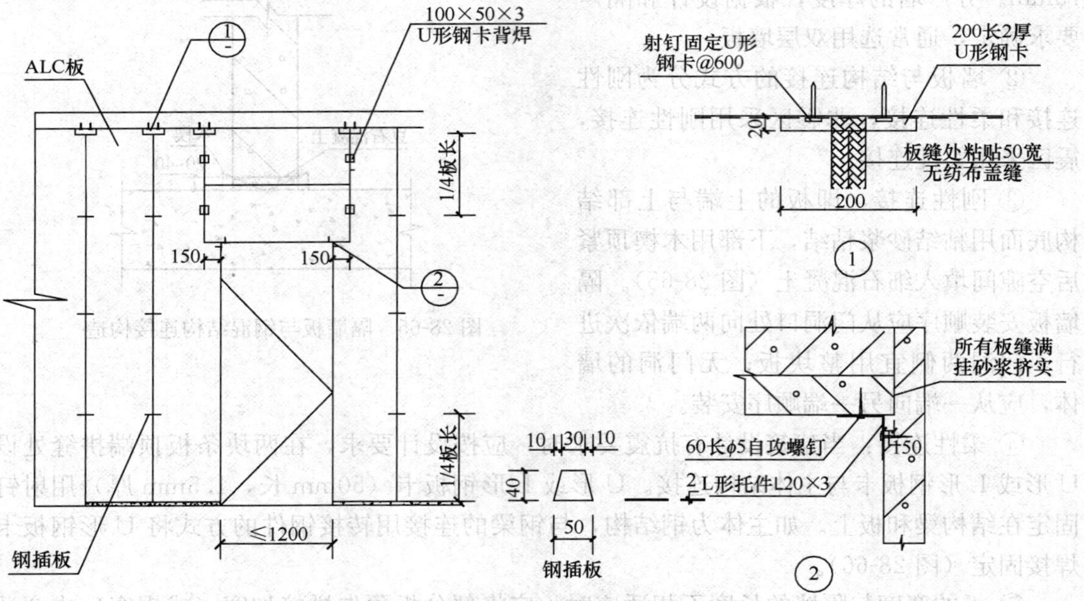

图 28-67 隔墙板与板连接及门头构造

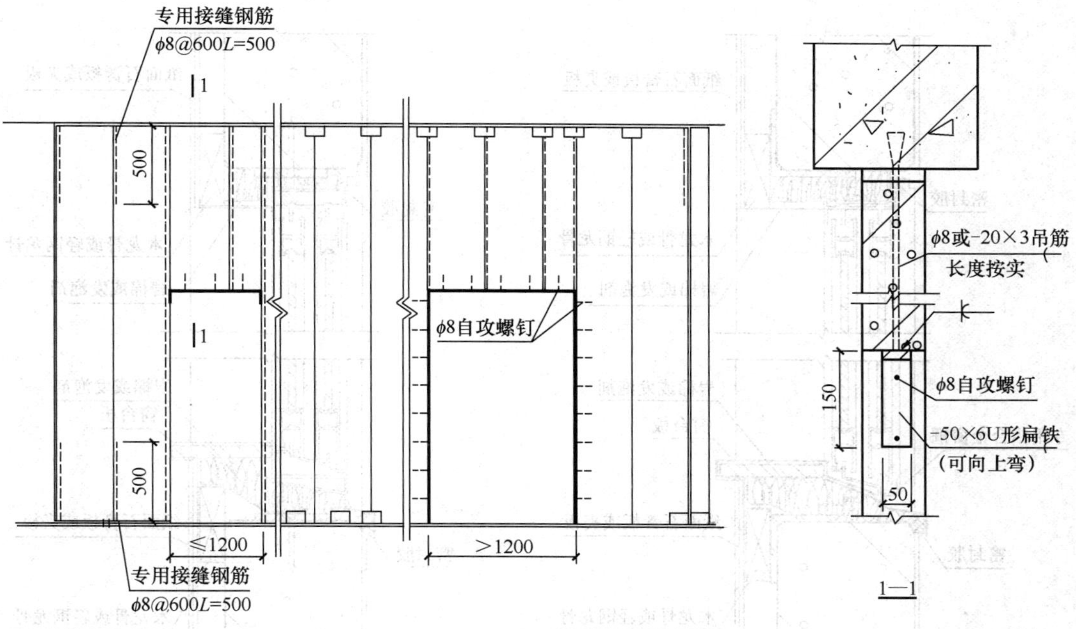

图 28-68　隔墙板与板连接及门头构造

6）安门窗框：

在墙板安装的同时，应按定位线顺序立好门框，门框和板材采用粘钉结合的方法固定（图 28-69）。安装门窗时，应在角部增加角钢补强，安装节点符合设计要求（图 28-70）。

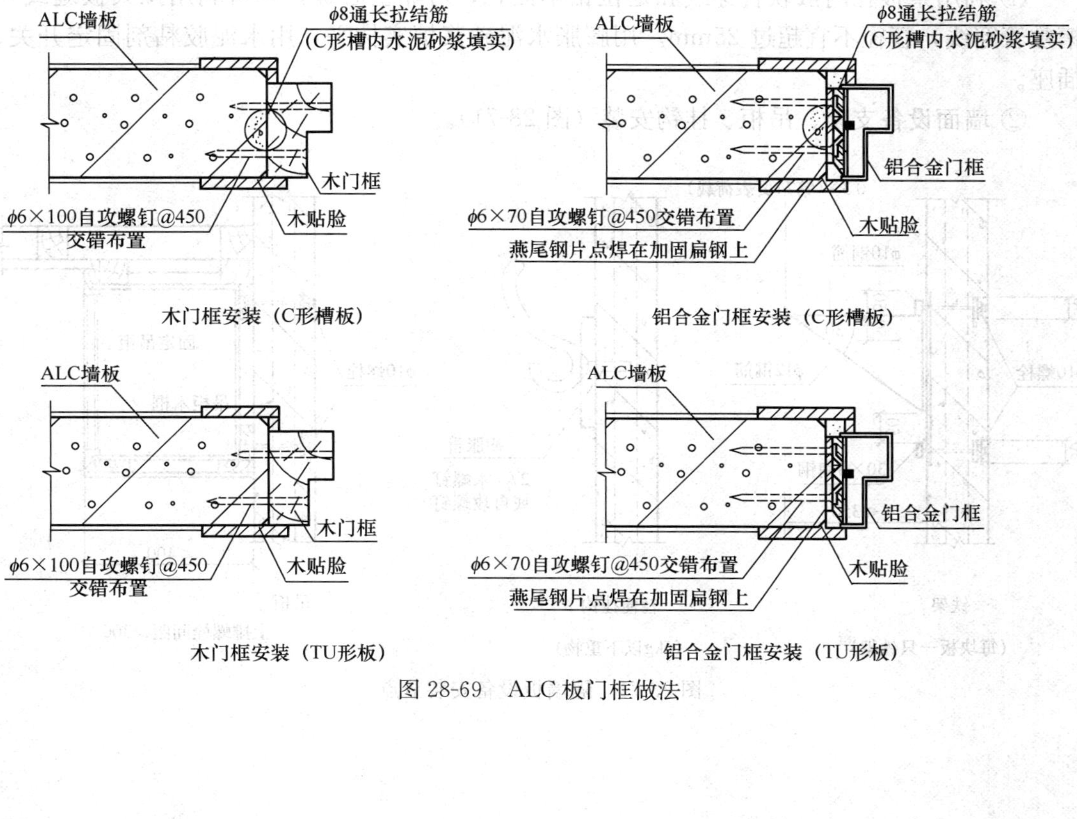

图 28-69　ALC 板门框做法

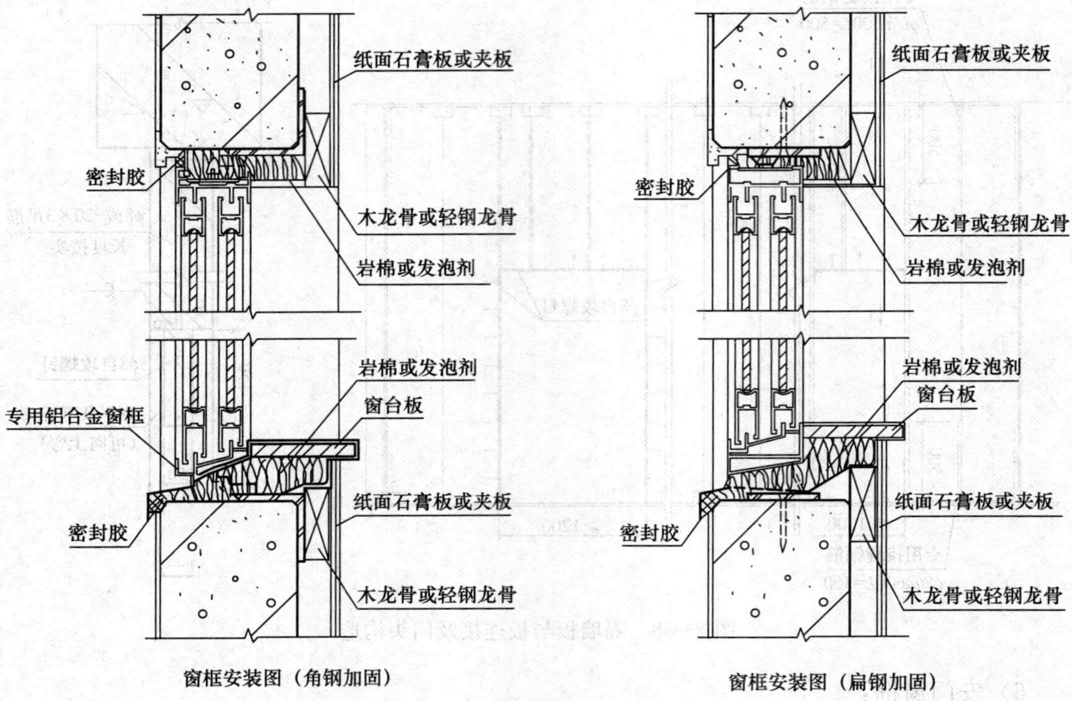

图 28-70　ALC 板隔墙窗框做法

7）设备、电气管线安装：

① 利用条板孔内敷软管穿线和定位钻单面孔，对非空心板，则可利用拉大板缝或开槽敷管穿线，管径不宜超过 25mm。用膨胀水泥砂浆填实抹平，用水泥胶粘剂固定开关、插座。

② 墙面设备支架、吊柜、挂钩安装（图 28-71）。

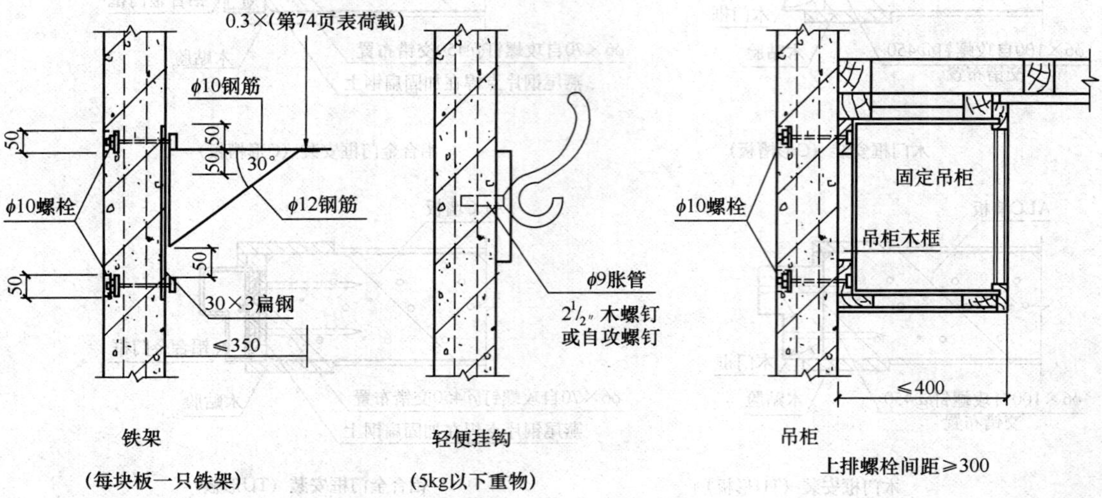

图 28-71　隔墙板设备安装节点

8）板缝处理：

① 板缝处理：隔墙板安装 10d 后，检查所有缝隙是否粘结良好，有无裂缝，如出现裂缝，应查明原因后进行修补。

② 加气混凝土隔板之间板缝在填缝前应用毛刷蘸水湿润，填缝时应在板两侧同时把缝填实。填缝材料采用石膏或膨胀水泥或厂家配套填缝剂（图 28-72）。

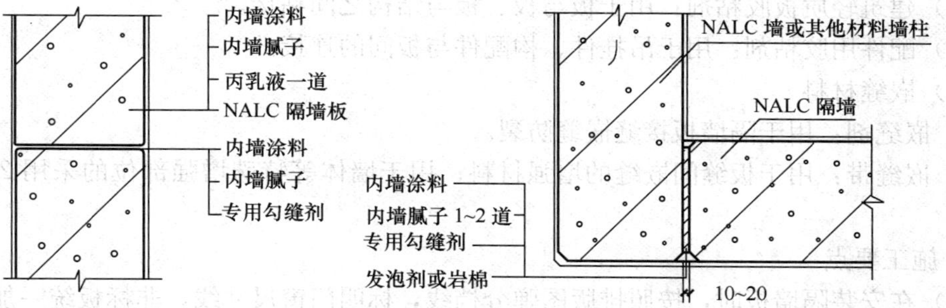

图 28-72 板缝处理节点

③ 加强措施：刮腻子之前先用宽度 100mm 耐碱玻纤网格布塑性压入两层腻子之间，提高板缝的抗裂性。

28.4.1.3 空心条板

空心条板有玻璃纤维增强水泥轻质多孔（GRC）隔墙条板、轻集料混凝土空心板、植物纤维强化空心条板、泡沫水泥条板、硅镁条板、增强石膏空心条板等。

1. 材料及其质量要求

（1）玻纤增强水泥条板，是采用低碱硫铝酸盐水泥或快硬铝酸盐水泥、膨胀珍珠岩、细骨料及耐碱玻纤涂塑网格布、低碳冷拔钢丝为主要原料制成的隔墙条板。GRC 轻质多孔隔墙条板按板的厚度分为 90 型、120 型，按板型分为普通板、门框板、窗框板、过梁板。

其性能应符合《玻璃纤维增强水泥轻质多孔隔墙条板》GB/T 19631 有关规定。其放射性限量应符合《建筑环境通用规范》GB 55016 有关规定。

（2）轻集料混凝土空心板（工业灰渣空心条板）：采用普通硅酸盐水泥或低碱硫铝酸盐水泥为胶结材料，低碳冷拔钢丝或短切纤维为增强材料，掺加粉煤灰、浮石、陶粒、炉渣、建筑施工废渣等工业灰渣以及其他天然轻集料、人造轻集料制成的预制条板，材料技术指标应符合《灰渣混凝土空心隔墙板》GB/T 23449，其放射性限量应符合《建筑环境通用规范》GB 55016 有关规定。

（3）植物纤维复合条板：是以锯末、麦秸、稻草、玉米秸秆植物秸秆中的一种，加入以轻烧镁粉、氯化镁、改性剂、稳定剂等为原料配置而成的粘合剂，以中碱或无碱短玻纤维增强材料制成的中空型轻质条板，产品应符合《建筑隔墙用轻质条板通用技术要求》JG/T 169 要求。

（4）泡沫水泥条板：使用硫铝酸盐水泥为胶凝材料，掺加粉煤灰、适量外加剂，以中碱涂塑或无碱玻纤网格布为增强材料，采用发泡工艺，机制成型的微孔轻质实心或空心隔墙条板。

（5）硅镁条板：使用轻烧镁粉、氯化镁，掺加粉煤灰、适量外加剂，以 PVA 维尼纶短切纤维、聚丙烯纤维为增强材料，采用发泡工艺，成组立模制成的隔墙条板。主要参数及性能指标应符合《建筑隔墙用轻质条板通用技术要求》JG/T 169 要求。

（6）石膏条板：是采用建筑石膏（掺加小于 10%的普通硅酸盐水泥）、膨胀珍珠岩及中碱玻璃纤维涂塑网格布（或短切玻璃纤维）等为主要原料制成的轻质条板。

（7）建筑轻质板胶粘剂：用于板与板、板与结构之间粘接。

（8）配件用胶粘剂：用于吊挂件、构配件与板间的连接。

（9）嵌缝材料

1）嵌缝剂：用于隔墙板接缝嵌缝防裂。

2）嵌缝带：用于板缝间嵌缝的增强材料；用于墙体等特殊增强部位的采用 200 宽嵌缝带。

2. 施工要点

（1）在安装隔墙板时，按照排版图弹分档线，标明门窗尺寸线，非标板统一加工。

（2）预先将 U 形 L 形钢卡固定与结构梁板下，位于板缝将相邻两块板卡住，无吊顶房间宜选用 L 形钢板暗卡。安装前将端部孔洞封堵，顶部及两侧企口处用Ⅰ型砂浆胶粘剂，从板侧推紧板，将挤出胶粘剂刮平。检查施工质量，用 2m 靠尺及塞尺测量墙面的平整度，用 2m 托线板检查板的垂直度。板底留 20～30mm 缝隙，用两组木楔对楔背紧，填实 C20 混凝土，达到强度后撤出木楔，填实孔洞。

（3）设备安装：设备定好位后用专用工具钻孔，用Ⅱ型水泥砂浆胶粘剂预埋吊挂配件。

（4）电气安装：利用条板内孔敷管穿线，注意墙面两侧不得有对穿孔出现。

（5）条板接缝处理：在板缝、阴阳角处、门窗框用白乳胶粘贴耐碱玻纤网格布加强，板面宜满铺玻纤网一层。

（6）双层板隔断的安装，应先立好一层板后再安装第二层板，两层板的接缝要错开。隔声墙中填充轻质吸声材料时，可在第一层板安装固定后，把吸声材料贴在墙板内侧，再安装第二层板，做法（图 28-73）。墙板各种类型连接、接缝做法（图 28-74～图 28-77）。

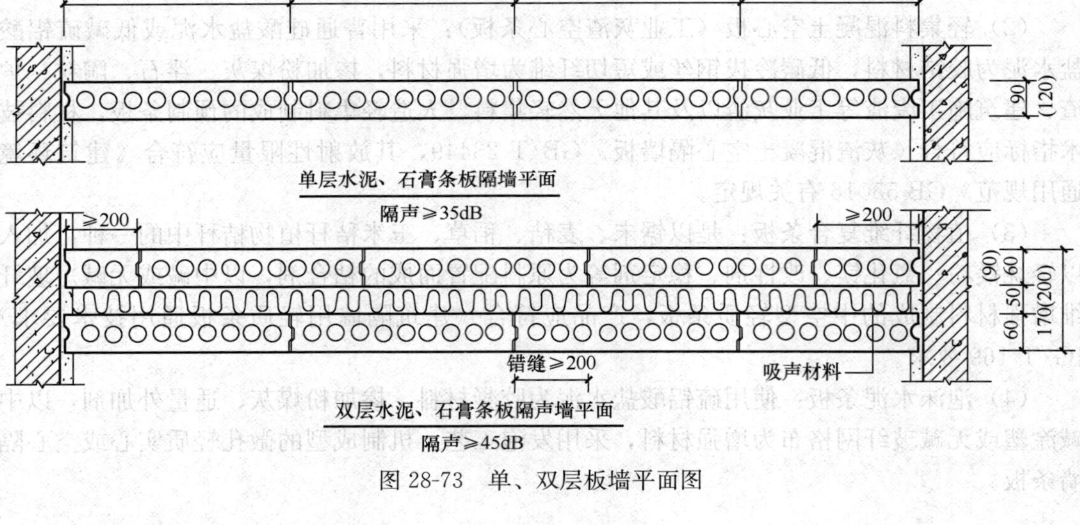

图 28-73　单、双层板墙平面图

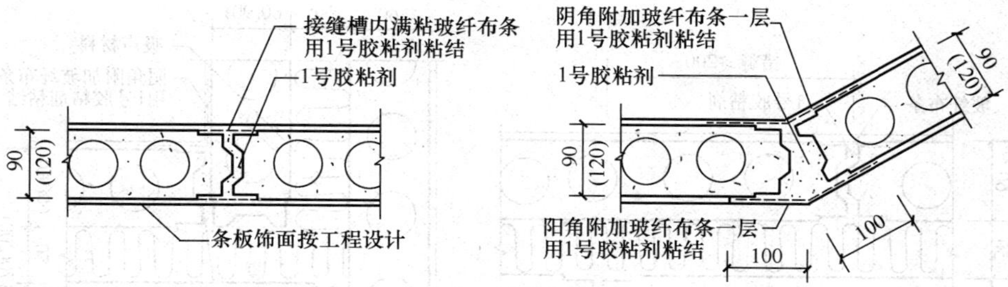

图 28-74 单层板平接缝和任意角接缝处理节点

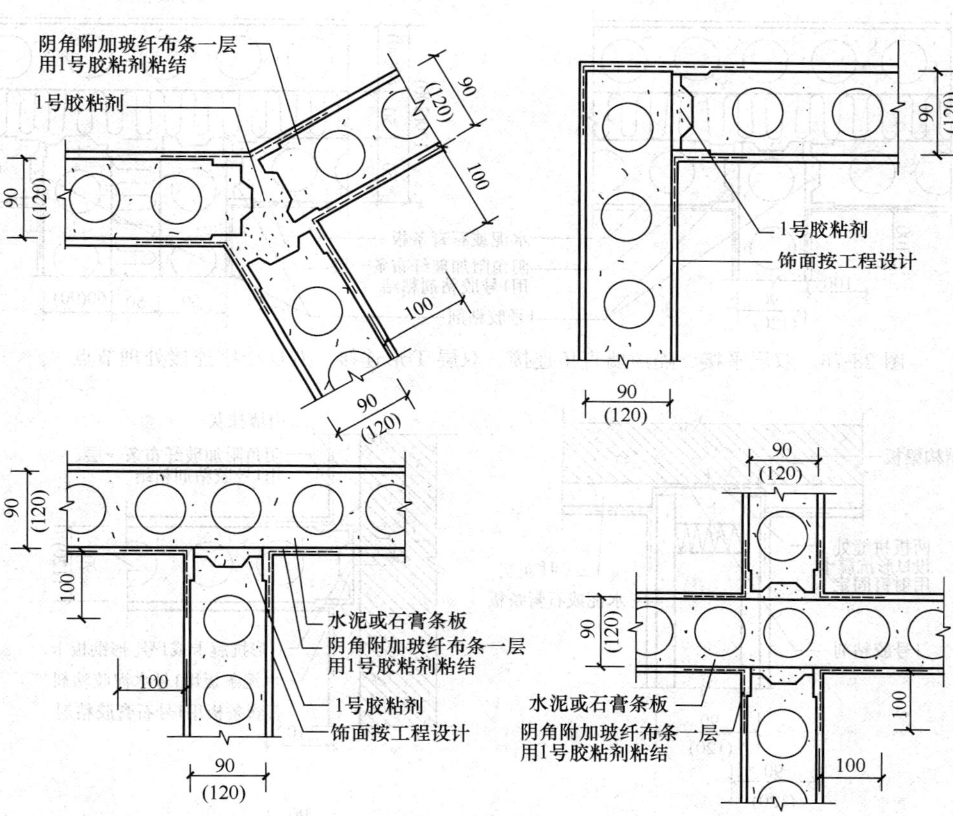

图 28-75 单层板三叉连接、直角连接、T形连接、十字连接处理节点

(7) 空心条板上挂式洗面盆、吊柜安装方法(图 28-78、图 28-79)。

28.4.1.4 聚苯颗粒水泥复合条板

1. 材料及其质量要求

聚苯颗粒水泥复合条板是采用纤维水泥平板或纤维增强硅酸钙板等作为面板与夹芯材料复合制成。板内芯材为聚苯颗粒和水泥。具有轻质、高强度、隔声、隔热、防火、防水、可直接开槽埋设管线等特点。常用规格及技术性能指标应符合《建筑隔墙用轻质条板通用技术要求》JG/T 169。

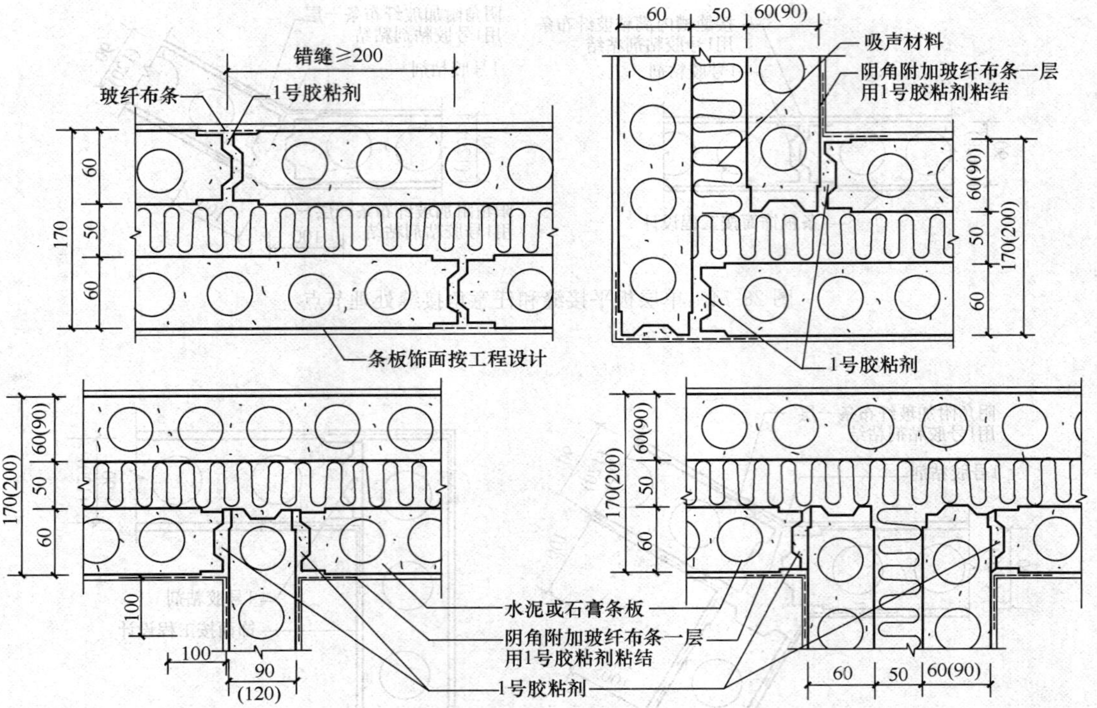

图 28-76　双层平接、隔声墙直角连接、双层 T 形连接、双层十字连接处理节点

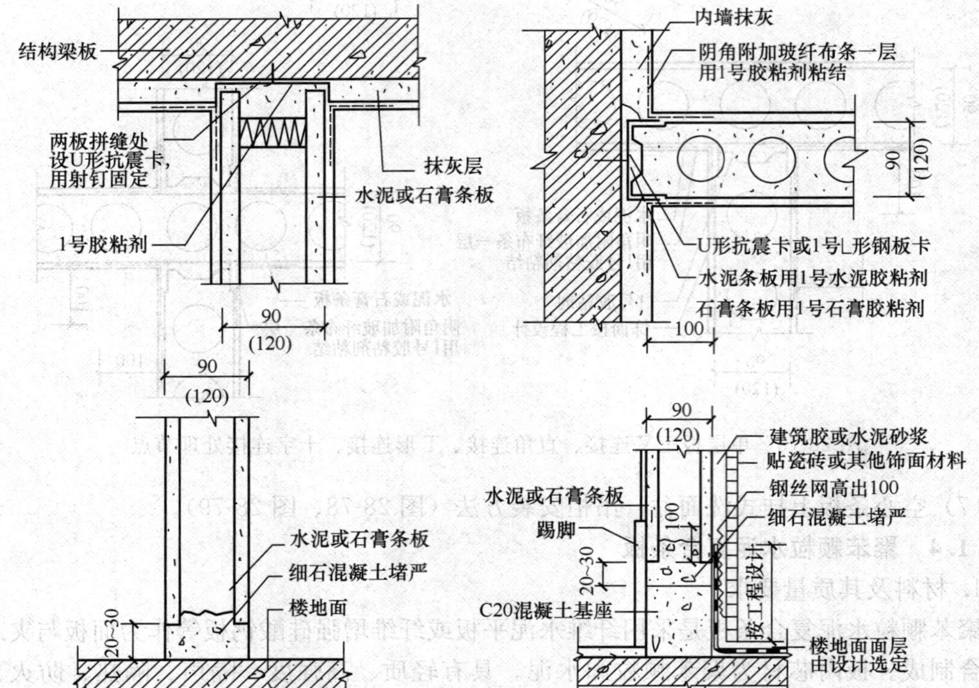

图 28-77　墙板与结构梁、结构墙柱、楼地面连接处理节点

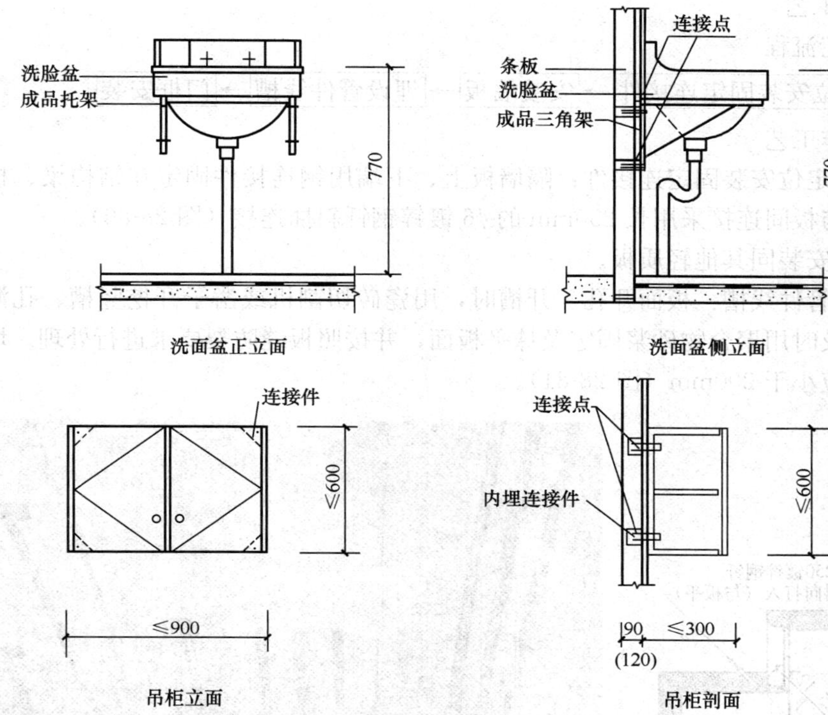

图 28-78　挂式洗面盆、吊柜安装图

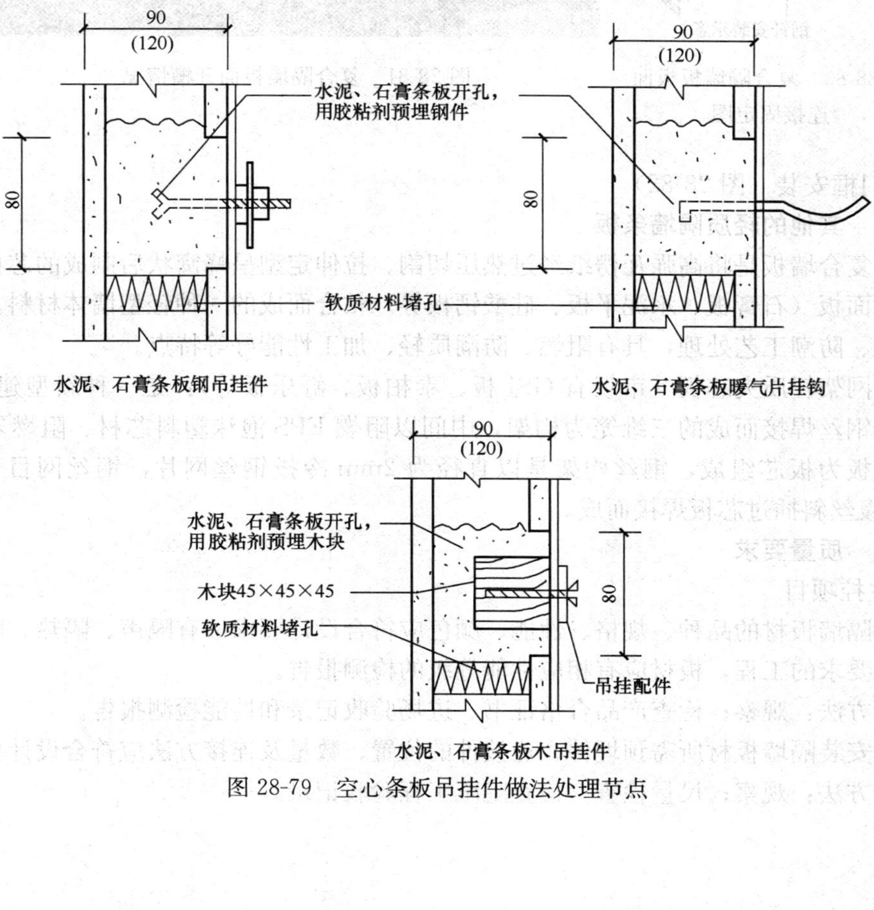

图 28-79　空心条板吊挂件做法处理节点

2. 施工工艺

(1) 工艺流程

放线定位安装固定连接件→安装墙板→埋设管件线槽→门框安装

(2) 操作工艺

1) 放线定位安装固定连接件：隔墙板上、下端用钢连接件固定在结构梁、板下或楼面。隔墙板与板间连接采用长250mm的ϕ6镀锌钢钎斜插连接（图28-80）。

2) 墙板安装同其他轻质板。

3) 埋设管件线槽：板面开孔、开槽时，用瓷砖切割机或凿子开挖竖槽、孔洞。管线埋设好后应及时用聚合物砂浆固定及抹平板面，并按照板缝防裂要求进行处理。墙板贯穿开空洞直径应小于200mm（图28-81）。

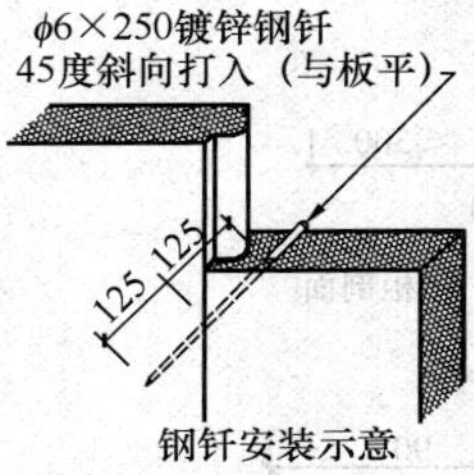

图28-80　复合隔墙板板面连接固定图

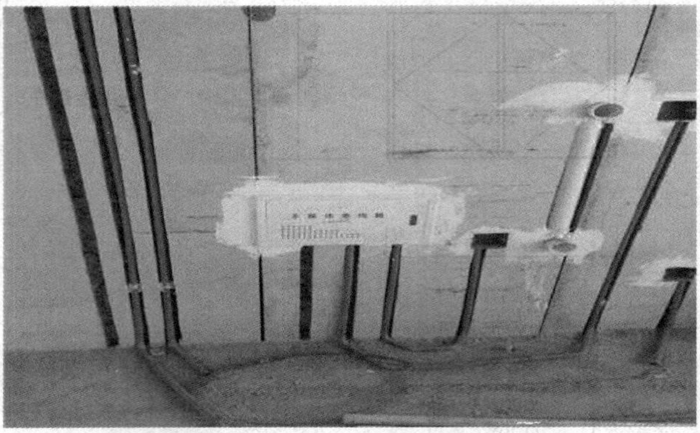

图28-81　复合隔墙板面开槽情况

4) 门框安装（图28-82）

28.4.1.5　其他的轻质隔墙条板

蜂窝复合墙板是将高强瓦楞纸经过热压切割、拉伸定型呈蜂窝状后制成的芯板，与不同材质的面板（石膏板、水泥平板、硅酸钙板等）粘合而成的一种轻型墙体材料。纸基材经过防火、防潮工艺处理，具有阻燃、防潮质轻、加工性能好等特点。

钢丝网架轻质夹芯板（市场有GSJ板、泰柏板、舒乐板等）：是一种新型建筑材料，选用强化钢丝焊接而成的三维笼为构架，中间以阻燃EPS泡沫塑料芯材、阻燃聚苯泡沫板或岩棉板为板芯组成，钢丝构架是以直径为2mm冷拔钢丝网片，钢丝网目50mm×50mm，腹丝斜插过芯板焊接而成。

28.4.1.6　质量要求

1. 主控项目

(1) 隔墙板材的品种、规格、性能、颜色应符合设计要求。有隔声、隔热、阻燃、防潮等特殊要求的工程，板材应有相应性能等级的检测报告。

检验方法：观察；检查产品合格证书、进场验收记录和性能检测报告。

(2) 安装隔墙板材所需预埋件、连接件的位置、数量及连接方法应符合设计要求。

检验方法：观察；尺量检查；检查隐蔽工程验收记录。

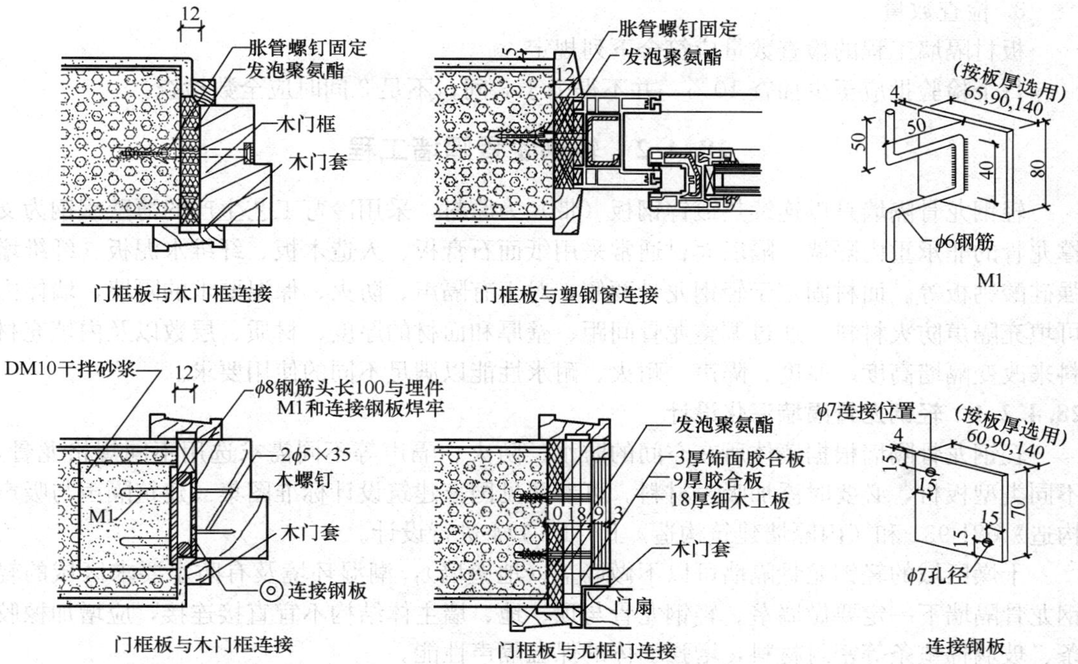

图 28-82 复合隔墙板面门框安装图

（3）隔墙板材安装必须牢固。隔墙与周边墙体的连接方法应符合设计要求，并应连接牢固。

检查方法：观察；手板检查。

（4）隔墙板材所用接缝材料的品种及接缝方法应符合设计要求。

检验方法：观察；检查产品合格证书和施工记录。

2. 一般项目

（1）隔墙板材安装应垂直、平整、位置正确，板材不应有裂缝或缺损。

检验方法：观察；尺量检查。

（2）板材隔墙表面应平整光滑、色泽一致、洁净，接缝应均匀、顺直。

检验方法：观察；手摸检查。

（3）隔墙上的孔洞、槽、盒应位置正确、套割方正、边缘整齐。

检验方法：观察。

板材隔墙安装的允许偏差和检验方法（表 28-36）。

轻质板材隔墙安装的允许偏差和检验方法 **表 28-36**

项次	项目	允许偏差（mm）				检验方法
		复合轻质墙板		石膏空心板	增强水泥板、混凝土轻质板	
		金属夹芯板	其他复合板			
1	立面垂直度	2	3	3	3	用 2m 垂直检测尺检查
2	表面平整度	2	3	3	3	用 2m 靠尺和塞尺检查
3	阴阳角方正	3	3	3	4	用 200mm 直角检测尺检查
4	接缝高低差	1	2	2	3	用钢直尺和塞尺检查

3. 检查数量

板材隔墙工程的检查数量应符合下列规定：

每个检验批应至少抽查10%，并不得少于3间；不足3间时应全数检查。

28.4.2　轻钢龙骨隔墙工程

轻钢龙骨隔墙是以连续热镀锌钢板（带）为原料，采用冷弯工艺生产的薄壁型钢为支撑龙骨的非承重内隔墙。隔墙面材通常采用纸面石膏板、人造木板、纤维水泥板、纤维增强硅酸钙板等。面材固定于轻钢龙骨两侧，对于有隔声、防火、保温要求的隔墙，墙体内可填充隔声防火材料。通过调整龙骨间距、壁厚和面材的厚度、材质、层数以及内填充材料来改变隔墙高度、厚度、隔声、耐火、耐水性能以满足不同的使用要求。

28.4.2.1　轻钢龙骨隔墙深化设计

轻钢龙骨隔墙根据墙体所在空间的防水、防火、隔声等不同需求选用不同规格龙骨，不同类型板材，必要时添加吸声材料。可参照见国家建筑设计标准图集《建筑隔声与吸声构造》08J 931和《内隔墙建筑构造》J 111～114进行设计。

干燥区域的轻钢龙骨隔墙可以不做墙垄（地垄墙），潮湿环境及有防水要求区域的轻钢龙骨隔墙下一定要做墙垄。轻钢龙骨与顶、地、墙主体结构不宜直接连接，应增加橡胶条、玻璃棉垫条等密封材料，增强墙体的保温隔声性能。

28.4.2.2　轻钢龙骨石膏板隔墙

1. 材料及质量要求

（1）隔墙龙骨及配件

1）沿顶龙骨、沿地龙骨、加强龙骨、竖向龙骨、横撑龙骨等轻钢龙骨的配置应符合设计要求。龙骨外观应表面平整，棱角挺直，过渡角及切边不允许有裂口和毛刺，表面不得有严重的污染、腐蚀和机械损伤，面积不大于1cm^{2}的黑斑每米长度内不多于3处，涂层应无气泡、划伤、漏涂、颜色不均等影响使用的缺陷。技术性能应符合《建筑用轻钢龙骨》GB/T 11981要求。

2）支撑卡、卡托、角托、连接件、固定件、护墙龙骨和压条等附件应符合设计要求（表28-37、表28-38）。

轻钢龙骨断面规格尺寸允许偏差　　表28-37

项目	偏差
长度L	±5

轻钢龙骨侧面和地面的平直度（单位：mm/1000mm）　　表28-38

类别	品种	检测部位	偏差
墙体	横龙骨和竖龙骨	侧面	≤1.0
		底面	≤2.0
	贯通龙骨	侧面和底面	

3）轻钢龙骨双面镀锌量≥100g/m^2，双面镀锌厚度≥14μm。

（2）石膏板

1）纸面石膏板采用二水石膏为主要原料，掺入适量外加剂和纤维做成板芯，用特制的纸或玻璃纤维毡为面层，牢固粘贴而成。石膏制品进场时，应查验其放射性指标检测报告。技术参数符合要求（表 28-39）。

纸面石膏板规格尺寸允许偏差（单位：mm） **表 28-39**

项目	长度	宽度	厚度	
			9.5	≥12.0
尺寸偏差	0 −6	0 −5	±0.5	±0.6

2）板面应切成矩形，两对角长度差应不大于 5mm。

（3）紧固材料：拉铆钉、膨胀螺栓、镀锌自攻螺钉、木螺钉、短周期螺柱焊钉和粘贴嵌缝材，应符合设计要求。与主体钢结构相连采用的短周期外螺纹螺柱，材质为低碳钢，表面镀铜。螺柱拉力荷载要求不小于 15.3kN，螺柱焊接要求采用专业焊接设备。

（4）接缝材料

1）接缝腻子：抗压强度＞3.0MPa，抗折强度＞1.5MPa，终凝时间＞0.5h。

2）50mm 中碱玻纤带和玻纤网格布：网格 8 目/in，布重 80g/m，断裂强度（25mm×100mm）布条，经纱≥300N，纬纱≥150N。

（5）填充隔声材料：玻璃棉、岩棉等应符合设计要求选用。

（6）密封材料：橡胶密封条、密封胶、防火封堵材料。

2. 构造做法及形式分类

（1）按照墙体结构形式可分为普通标准隔墙、井道隔墙、Z 形龙骨隔声隔墙、贴面墙等。按照龙骨体系分为有贯通龙骨体系和无贯通龙骨体系。按照墙体功能可分为普通标准隔墙、不同等级耐火隔墙、潮湿环境使用的耐水隔墙及耐水耐火隔墙、气体灭火间使用的耐高压气爆墙、特殊要求的双层隔声墙等。按照隔墙的外形分为普通隔墙、曲面墙、倾斜墙、超高墙等。

（2）轻钢龙骨隔墙的功能与构造密切相关，应根据不同的使用环境和要求来确定隔墙的结构形式。据此来选用不同规格的龙骨、面板、配件。

1）普通龙骨隔墙竖龙骨间距通常采用 600mm、400mm、300mm，不同的龙骨厚度和规格使隔墙有不同的高度限制和变形量，龙骨体系的选用可参照图集《内隔墙建筑构造》03J 111。选用贯通龙骨体系的，竖龙骨的规格必须选用 75mm 及以上，隔墙 3m 以下加一根贯通龙骨，3～5m 加两根，5m 以上加三根。在板与板横向接缝处设置横撑龙骨或安装板带。

2）当隔墙在钢结构建筑或结构本身存在较大变形的情况下使用时，与结构连接通常采用滑动连接的方式（图 28-83、图 28-84）。

3）井道隔墙墙体构造：为便于井道隔墙的施工，隔墙龙骨采用 CH 形轻钢龙骨，施工人员可站在井道一侧施工，通常墙体形式（图 28-85）。

4）曲面墙体构造做法，需将横龙骨翼边剖切处 V 字口以便弯折，石膏板横向布设（图 28-86～图 28-88）。

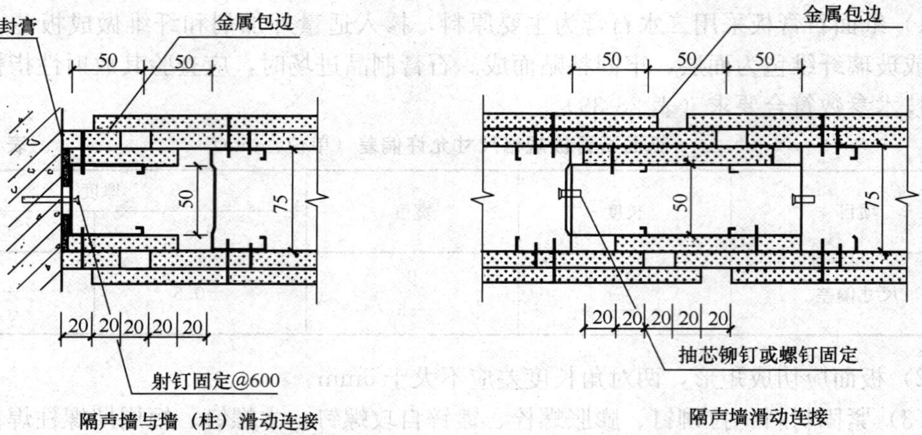

图 28-83　隔声墙滑动连接节点示意（一）

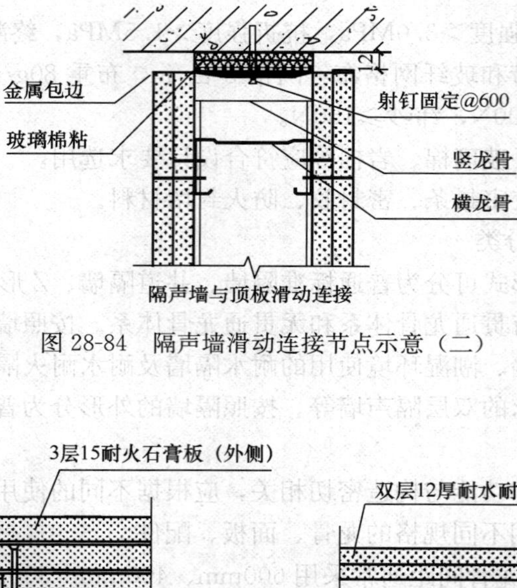

图 28-84　隔声墙滑动连接节点示意（二）

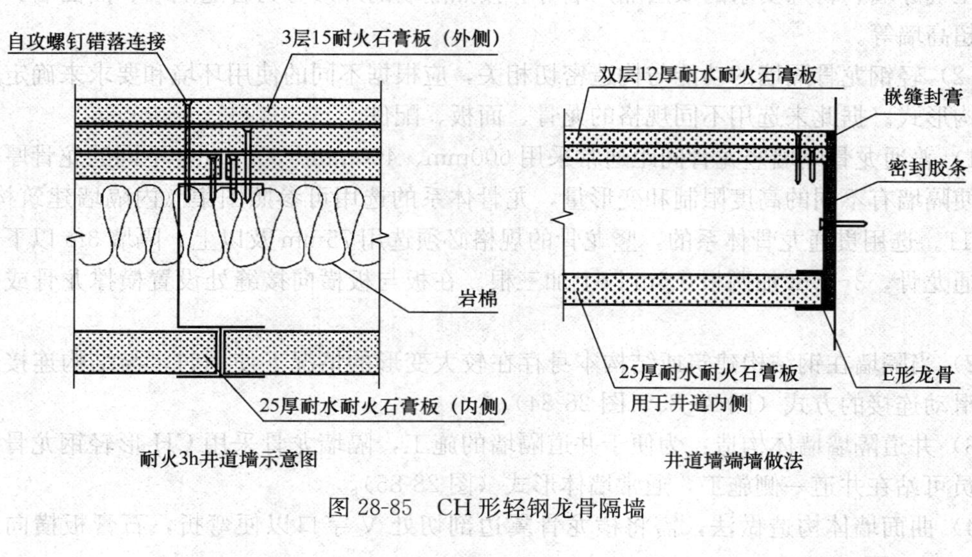

图 28-85　CH 形轻钢龙骨隔墙

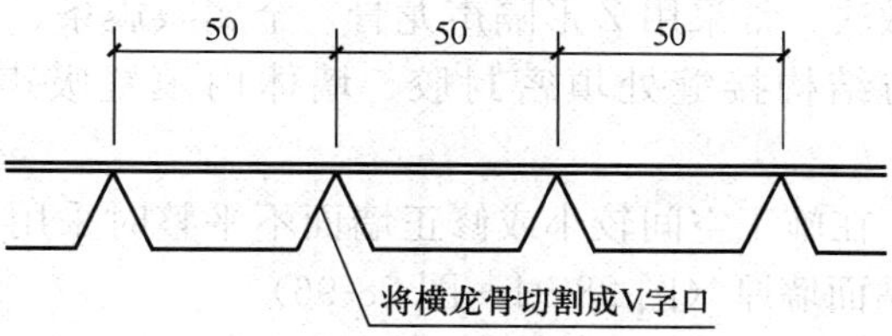

图 28-86 横龙骨翼边剖切 V 字口

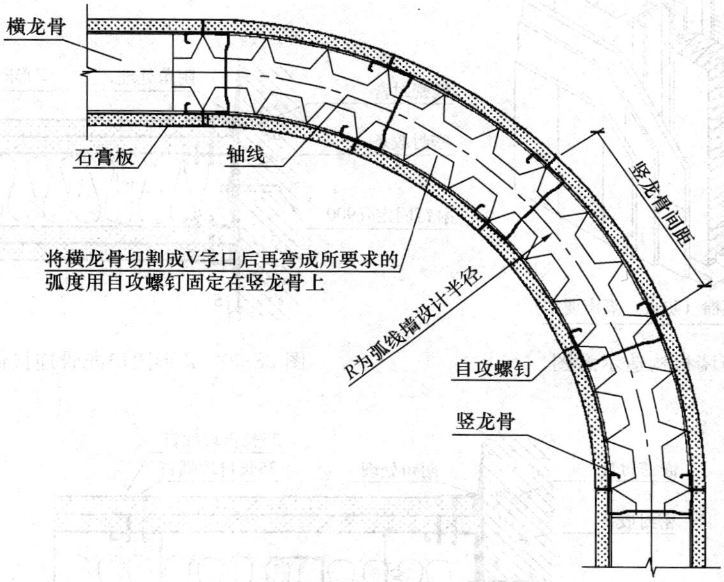

图 28-87 曲面墙体结构

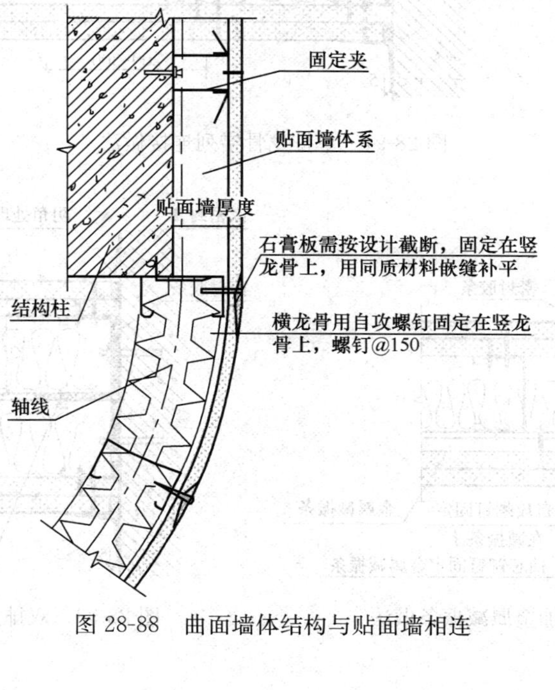

图 28-88 曲面墙体结构与贴面墙相连

5）隔声墙体结构做法，常采用Z形隔声龙骨、金属减震条、单排龙骨错列、双排龙骨、改变面材板厚、与结构接缝处填密封胶、墙体内填置吸声材料来达到隔声要求（图 28-89～图 28-93）。

6）内贴面墙做法：在施工空间较小或修正墙面不平整时采用，使用安装卡或固定夹在 27～125mm 间调整贴面墙厚（图 28-94～图 28-96）。

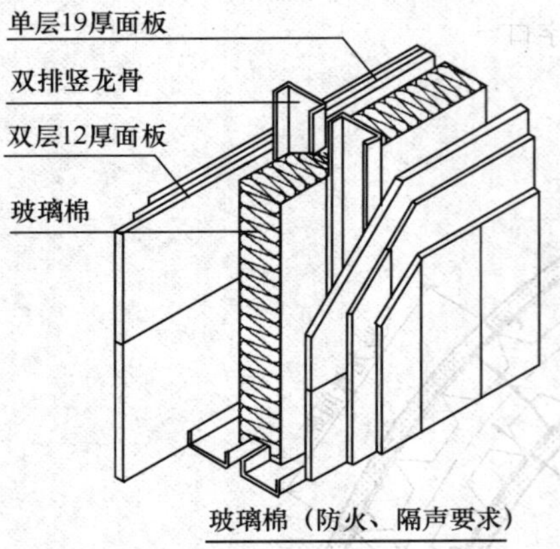

图 28-89　隔声墙板构造示意图

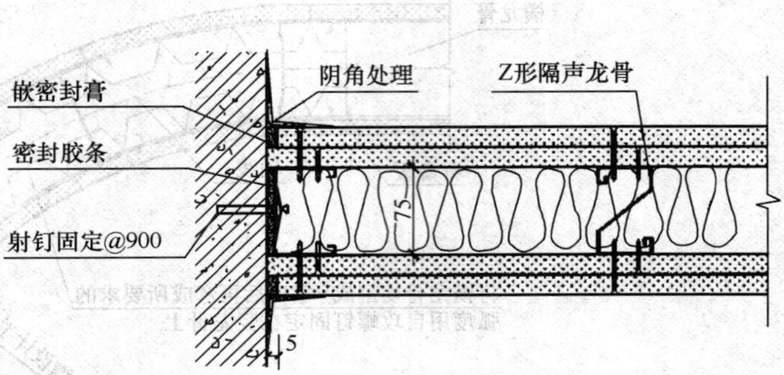

图 28-90　Z形隔声龙骨连接做法

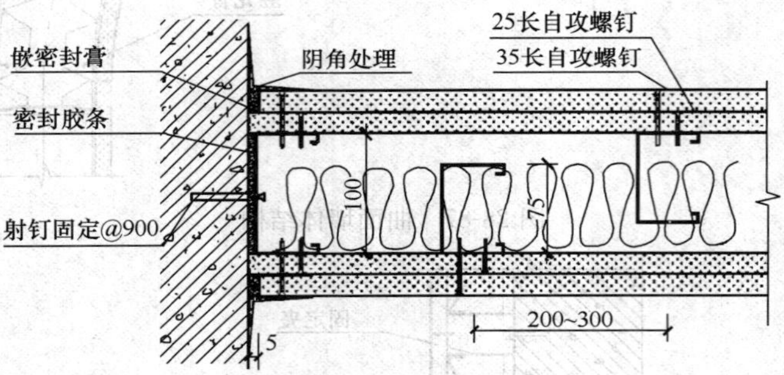

图 28-91　单排龙骨错列连接做法

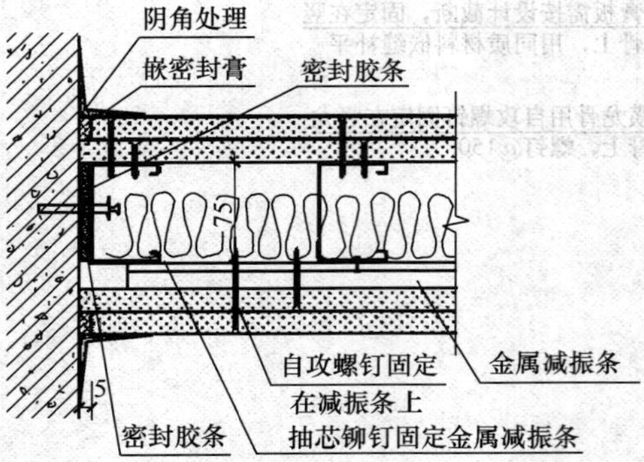

图 28-92　加金属减振条做法

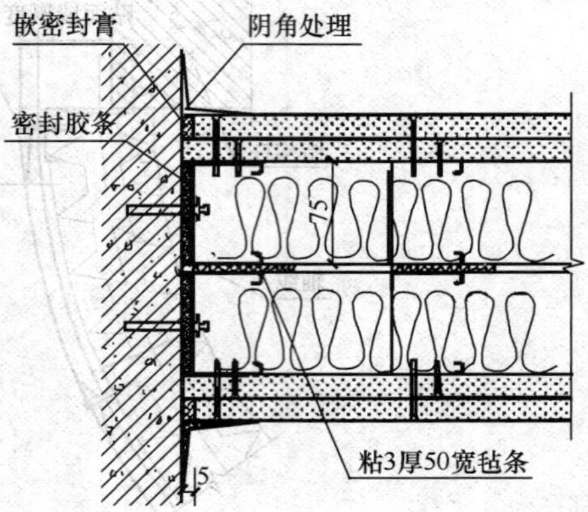

图 28-93　双排龙骨做法

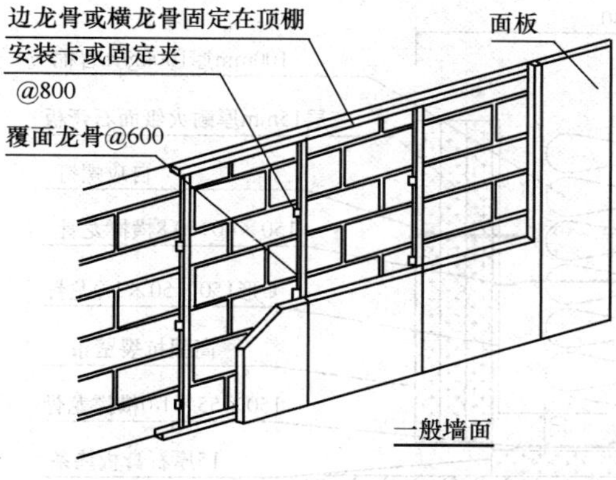

图 28-94 内贴墙面做法构造示意

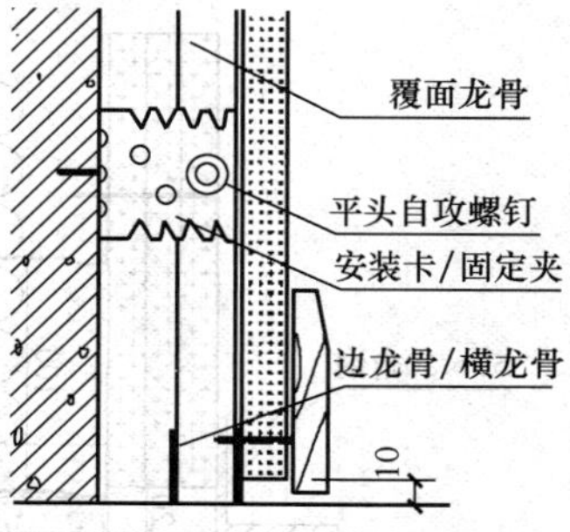

图 28-95 安装卡示意

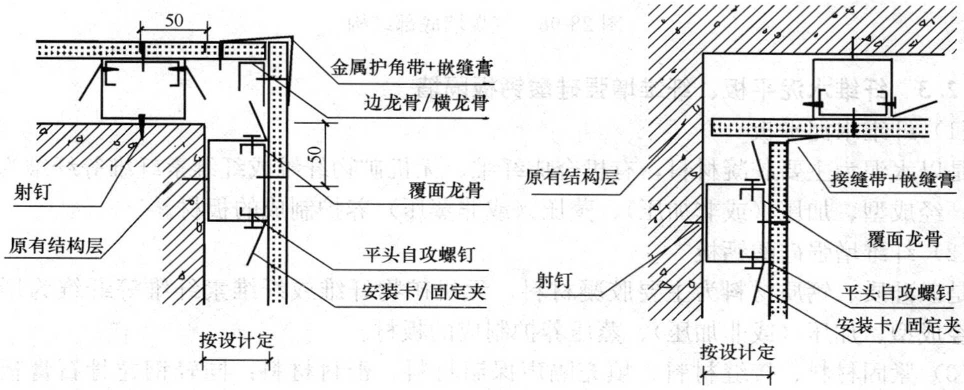

图 28-96 固定夹示意

7）气体灭火间采用的气爆墙结构。建筑有气体灭火要求的房间，采用轻质气爆墙结构，较钢混体系隔墙大大减轻了墙体自重，减轻了结构荷载，且采用半成品装配式施工，具有占用空间少、施工速度快、环境污染少等优点（图 28-97、图 28-98）。

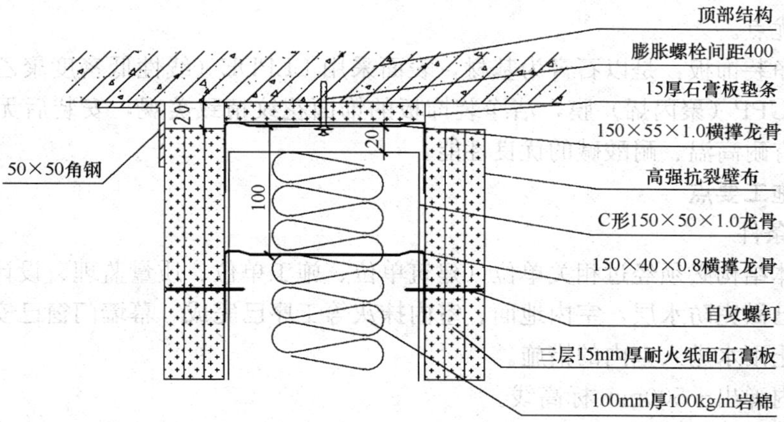

图 28-97 气爆墙顶部结构

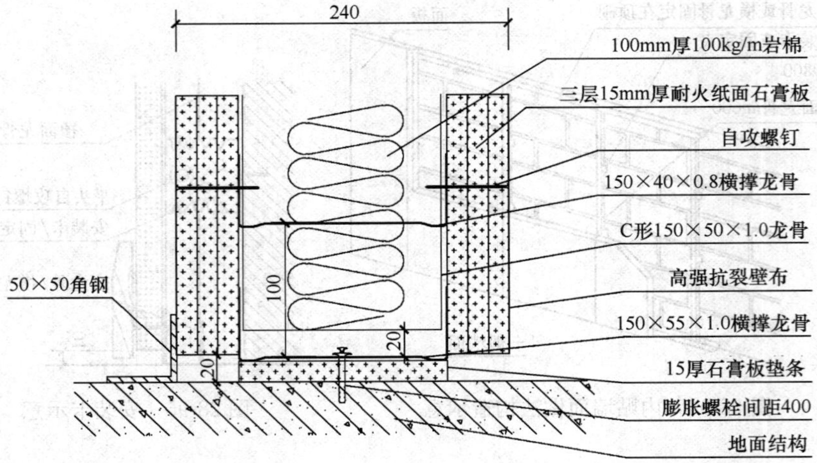

图 28-98 气爆墙底部结构

28.4.2.3 纤维水泥平板、纤维增强硅酸钙板隔墙

（1）纤维水泥平板

是以水泥为主要胶凝材料，有机合成纤维、无机矿物纤维或纤维素纤维等纤维为增强材料，经成型、加压（或非加压）、蒸压（或非蒸压）养护制成的板材。

（2）纤维增强硅酸钙板

是以硅质、钙质材料为主要胶凝材料，无机矿物纤维或纤维素纤维等纤维为增强材料，经成型、加压（或非加压）、蒸压养护制成的板材。

（3）紧固材料、接缝材料、填充隔声保温材料、密封材料：同轻钢龙骨石膏板轻质隔墙。

28.4.2.4 布面石膏板、洁净装饰板隔墙

（1）布面石膏板以建筑石膏为主要原料，以玻璃纤维或植物纤维为增强材料，掺入适量改性淀粉胶粘剂构成芯材，表面采用纸布复合新工艺，护面为经过高温处理的化纤布（涤纶低弹丝）。与传统纸面石膏板相比具有柔韧性好、抗折强度高，接缝不易开裂、表面附着力强等优点。

（2）洁净装饰板：是以石膏为基材，表面采用 LLPDE（线性低密度聚乙烯）贴胶粘合，背面贴 UPP（聚丙烯）膜，洁净装饰板的饰面花纹精致美观，安装后无需二次装饰处理，且具有耐高温、耐酸碱的优良性能。

28.4.2.5 施工要点

1. 作业条件

（1）主体结构必须经过相关单位（建筑单位、施工单位、质量监理、设计单位）检验合格。屋面已做完防水层，室内地面、室内抹灰等工序已完成。幕墙门窗已安装到位并采取有效地阻止雨水进入室内的措施。

（2）室内弹出＋500mm 标高线。

（3）机电安装系统的管、线盒弹线及其他准备工作已到位。安装现场应保持通风且清洁干燥，地面不得有积水、油污等，电气设备末端等必须做好成品保护。

(4) 设计要求隔墙有地垄时，应先将C20细石混凝土地垄施工完毕，强度达到10MPa以上，方可进行龙骨的安装。

(5) 根据设计图和提出的备料计划，核查隔墙全部材料，使其配套齐全，并有相应的材料检测报告、合格证。

(6) 大面积施工前先做好样板间，经有关质量部门检查鉴定合格后，方可组织班组进行大面积施工。

(7) 施工前编制施工方案或技术交底，对施工人员进行全面的交底后方可施工。

(8) 安全防护设施经安全部门验收合格后方可施工。

2. 普通隔墙施工工艺流程

(1) 工艺流程

弹线 → 安装天地龙骨 → 安装竖向龙骨 → 安装通贯龙骨 → 安装横撑龙骨 → 安装门窗洞口 → 机电管线安装 → 安装罩面板（一侧） → 安装填充材料（岩棉） → 安装罩面板（另一侧）

(2) 操作工艺

1) 弹线：

在地面上弹出水平线并将线引向侧墙和顶面，确定门洞位置，结合罩面板的长、宽分档，以确定竖向龙骨、横撑及附加龙骨的位置，以控制隔断龙骨安装的位置、龙骨的平直度和固定点。设计有混凝土地梁时，应先对楼地面基层进行清理，并涂刷界面处理剂一道。浇筑C20素混凝土地梁，上表面应平整，两侧面应垂直。

2) 安装天地龙骨：

天地龙骨与建筑顶、地连接可采用射钉或膨胀螺栓固定，相邻两个固定点间距不应大于600mm。当与钢结构梁柱连接时，宜采用M8短周期外螺纹螺柱焊接。间距与使用膨胀螺栓相同，固定点距龙骨端部≤5cm。轻钢龙骨与建筑基体表面接触处，应在龙骨接触面的两边各粘贴一根通长的橡胶密封条。

3) 安装竖龙骨：

① 按设计确定的间距就位竖龙骨，或根据罩面板的宽度尺寸而定。

a. 罩面板材较宽者，应在其中间加设一根竖龙骨，竖龙骨中距最大不应超过600mm。

b. 隔断墙的罩面层重量较大时（如贴瓷砖）的竖龙骨中距，应以不大于400mm为宜。

c. 隔断墙体的高度较大时，其竖龙骨布置也应加密。墙体超过6m高时，可采取架设钢架加固等方式。

② 由隔断墙的一端开始排列竖龙骨，有门窗者要从门窗洞口开始分别向两侧排列。当最后一根竖龙骨距离沿墙（柱）龙骨的尺寸大于设计规定时，必须增设一根竖龙骨。

a. 将竖龙骨推向沿顶、沿地龙骨之间，翼缘朝罩面板方向就位，龙骨开口方向一致。龙骨的上、下端如为钢柱连接，均用自攻螺钉或抽心铆钉与横龙骨固定。按照沿顶、地龙骨固定方式把边框龙骨固定在侧墙或柱上。靠侧墙（柱）100mm处应增设一根竖龙骨，罩面板固定时与该竖龙骨连接，不与边框龙骨固定，以避免结构伸缩产生裂缝。

b. 当采用有冲孔的竖龙骨时，其上下方向不能颠倒，竖龙骨现场截断时一律从其上端切割，并应保证各条龙骨的贯通孔高度必须在同一水平。竖龙骨长度应比实际墙高短10～15mm，保证隔墙适应主体结构的沉降和其他变形。天地龙骨和竖龙骨之间不宜先行固定，以便在罩面板安装时可适当调整，从而适合石膏板尺寸的允许误差。

c. 当石膏板封板需预留缝隙来做缝隙处理时，应先考虑龙骨间距根据预留缝隙做调整分档。

③ 门窗洞口处的竖龙骨安装应依照设计要求，采用双根并用或是扣盒子加强龙骨。如果门的尺度大且门扇较重时，应在门框外的上下左右增设斜撑。

4）安装通贯龙骨（当采用有通贯龙骨的隔墙体系时）

① 通贯横撑龙骨的设置：低于3m的隔断墙安装1道；每超过1200mm设置一根通贯龙骨；当墙体高度超过3m时，横龙骨应根据要求或设计做加强处理。

② 对通贯龙骨横穿各条竖龙骨进行贯通冲孔，需接长时应使用配套的连接件。

③ 在竖龙骨开口面安装卡托或支撑卡与通贯横撑龙骨连接锁紧，根据需要在竖龙骨背面可加设角托与通贯龙骨固定。

④ 采用支撑卡系列的龙骨时，应先将支撑卡安装于竖龙骨开口面，卡距为400～600mm，距龙骨两端的距离为20～25mm。

5）安装横撑龙骨

① 隔墙骨架高度超过3m时，或罩面板的水平方向板端（接缝）未落在沿顶沿地龙骨上时，应设横向龙骨。

② 选用U形横龙骨或C形竖龙骨作横向布置，利用卡托、支撑卡（竖龙骨开口面）及角托（竖龙骨背面）与竖向龙骨连接固定。

③ 有的系列产品，可采用其配套的金属安装平板作竖龙骨的连接固定件。

6）安装门窗洞口

① 沿地龙骨在门洞位置断开。

② 在门、窗洞口两侧竖向边框150mm处增设加强竖龙骨。

③ 门、窗洞口上樘用横龙骨制作，开口向上。上樘与沿顶龙骨之间插入两根竖龙骨，其间距不大于其他竖龙骨间距，隔墙正反面封板时分别将两面板错开固定于这两根竖龙骨上。用同样方法制作窗口下樘和设备管，风管等部位的加强制作。

④ 门框制作应符合设计要求，一般轻型门扇（35kg以下）的门框可采取竖龙骨对扣中间加木方的方法制作；重型门根据门重量的不同，采取架设钢支架加强的方法，注意避免龙骨、罩面板与钢支架刚性连接。

7）机电管线安装

① 按照设计要求，隔墙中设置有电源开关插座、配电箱等小型或轻型设备末端时应预装水平龙骨及加固固定构件。消防栓、挂墙卫生洁具必须由机电安装单位另行安装独立钢支架，严禁消防栓、挂墙卫生洁具等重末端设备直接安装在轻钢龙骨隔墙上。

② 机电施工单位按照图纸施工墙体暗装管线和线盒，机电施工单位必须采用开孔器对龙骨进行开孔，严禁随意施工破坏已经施工完毕的龙骨；并且按照装饰龙骨安装的要求把各种管线和线盒加固固定好。

③ 机电安装完后应用铅锤或靠尺校正竖龙骨垂直度和龙骨中心距。

8）龙骨隐蔽验收

① 龙骨是否有扭曲变形，是否有影响外观质量的瑕疵。

② 门窗框、各种附墙设备、管道的安装和固定是否符合设计要求。

③ 管线是否有凸出外露，管线安装是否合理美观。

④ 龙骨允许偏差及检验方法（表 28-40）。

龙骨允许偏差及检验方法 **表 28-40**

项次	项目	允许偏差（mm）	检查方法
1	龙骨间距	≤2	用钢直尺或卷尺
2	竖骨垂直度	≤2	用线坠或带水准仪靠尺
3	整体平整度	≤2	用 2m 靠尺检查

9）安装一侧石膏板

① 纸面石膏罩面板安装：将石膏板铺放在龙骨框架上，对正缝位，隔墙两侧石膏板应错缝排列。用自攻螺钉将纸面石膏板固定在竖龙骨上，从中间向两端钉牢。门窗四角部分应采用刀把型封板；隔墙下端的纸面石膏板不应直接与地面接触，应留有 10mm 缝隙，石膏板与结构墙应留有 5mm 缝隙，缝隙可用密封胶嵌实。

a. 纸面石膏板安装，宜竖向铺设，其长边（包封边）接缝应落在竖龙骨上。如果为防火墙体，纸面石膏板必须竖向铺设。曲面墙体罩面时，纸面石膏板宜横向铺设。

b. 纸面石膏板可单层铺设，也可双层铺板，由设计确定。

c. 纸面石膏板材就位后，上、下两端应与上下楼板面（下部有踢脚台的即指其台面）之间分别留出 3mm 间隙。用 $\phi3.5\times25$mm 的自攻螺钉将板材与轻钢龙骨紧密连接。

d. 自攻螺钉的间距为：沿板周边应不大于 200mm；板材中间部分应不大于 300mm，双层石膏板内层板钉距板边 400mm，板中 600mm；自攻螺钉与石膏板边缘的距离应为 10～15mm。自攻螺钉进入轻钢龙骨内的长度，以不小于 10mm 为宜。

e. 板材铺钉时，应从板中间向板的四边顺序固定，自攻螺钉头埋入表面 0.5～1mm，但不得损坏纸面。

f. 板块宜采用整板，如需对接时应靠紧，但不得强压就位。门窗四角部分应采用刀把型封板。

g. 纸面石膏板与墙、柱面之间，应留出 3mm 间隙，与顶、地的缝隙应先加注嵌缝膏再铺板，挤压嵌缝膏使其与相邻表层密切接触。在丁字形或十字形相接处，如为阴角应用腻子嵌满，贴上接缝带，如为阳角应做护角。

h. 隔墙板的下端如用木踢脚板覆盖，罩面板应离地面 20～30mm；用石材踢脚板时，罩面板下端应与踢脚板上口齐平，接缝严密。隔墙下端的纸面石膏板不应直接与地面接触，应留有 10mm 缝隙。

i. 自攻螺钉帽涂刷防锈涂料，有自防锈的自攻钉帽可不涂刷。

② 水泥纤维板（FC 板）罩面板安装

a. 在用水泥纤维板做内墙板时，严格要求龙骨骨架基面平整。

b. 板与龙骨固定用手电钻或冲击钻，大批量同规格板材切割应委托工厂用大型锯床进行，少量安装切割可用手提式无齿圆锯进行。

c. 板面开孔：分矩形孔和大圆孔两种。开矩形孔通常采用电钻先在矩形的四角各钻一孔，孔径为10mm，然后用曲线锯沿四孔圆心的连线切割开孔部位，边缘用锉刀倒角；开大圆孔同样用电钻打孔，再用曲线锯加工，完成后边缘用锉刀倒角。所有开孔均应防止应力集中而产生表面开裂。

d. 将水泥纤维板固定在龙骨上，龙骨间距一般为600mm，当墙体高度超过4m时，按设计计算确定。用自攻螺钉固定板，其钉距根据墙板厚度一般为200～300mm。钉孔中心与板边缘距离一般为10～15mm。螺钉应根据龙骨、板的厚度，由设计人员确定直径与长度。

e. 板与龙骨固定时，应预钻螺钉孔，钻头直径应选用比螺钉直径小0.5～1mm的钻头打孔，也可采用扩孔型自攻螺钉，固定后钉头处应及时涂防锈漆。

10）安装填充材料

① 当设计有保温或隔声材料时，应按设计要求的材料铺设。铺放墙体内的玻璃棉、矿棉板、岩棉板等填充材料，应固定并避免受潮。安装时尽量与另一侧纸面石膏板同时进行，填充材料应铺满铺平。

② 对于有填充要求的隔断墙体，待穿线部分安装完毕，即先用胶粘剂（792胶或氯丁胶等）按500mm的中距将岩棉钉固定粘固在石膏板上，牢固后，将岩棉等保温材料填入龙骨空腔内，用岩棉固定钉固定，并利用其压圈压紧，每块岩棉板不少于四个岩棉钉固定，要求用岩棉板把管线裹实。

11）安装另一侧罩面板

① 装配的板缝与对面的板缝不得布在同一根龙骨上。板材的铺钉操作及自攻螺钉钉距等同上述要求。

② 单层纸面石膏板罩面安装后，如设计为双层板罩面，其第一层板铺钉安装后只需用石膏腻子填缝，尚不需进行贴穿孔纸带及嵌条等处理工作。

③ 第2层板的安装方法同第1层，但必须与第1层板的板缝错开，接缝不得布在同一根龙骨上。固定应用$\phi 3.5\times 5$mm自攻螺钉。内、外层板应采用不同的钉距，错开铺钉（图28-99）。

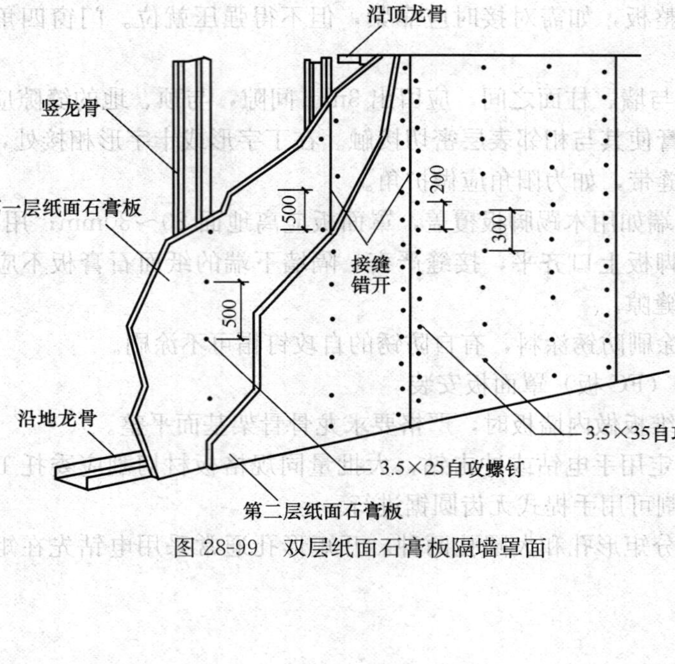

图28-99　双层纸面石膏板隔墙罩面

④ 除踢脚板的墙端缝之外，纸面石膏板墙的丁字或十字相接的阴角缝隙，应使用石膏腻子嵌满并粘贴接缝带（穿孔纸带或玻璃纤维网格胶带）。

⑤ 隔墙两面有多层罩面板时，应交替封板，不可一侧封完再封另一侧，避免单侧受力过大造成龙骨变形。

12）接缝处理。石膏板接缝环境温度应在 5～40℃，温度不合适禁止施工。

① 纸面石膏板接缝及护角处理：主要包括纸面石膏板隔断墙面的阴角处理、阳角处理、暗缝和明缝处理等。

a. 阴角处理：将阴角部位的缝隙嵌满石膏腻子，把穿孔纸带用折纸夹折成直角状后贴于阴缝处，再用阴角贴带器及滚抹子压实。用阴角抹子薄抹一层石膏腻子，待腻子干燥后（约 12h）用 2 号砂纸磨平磨光。

b. 阳角处理：阳角转角处应使用金属护角。按墙角高度切断，安放于阳角处，用 12mm 长的圆钉或采用阳角护角器将护角条作临时固定，然后用石膏腻子把金属护角批抹掩埋，待完全干燥后（约 12h）用 2 号砂纸将腻子表面磨平磨光。

c. 暗缝处理：暗缝（无缝）要求的隔断墙面，一般选用楔形边的纸面石膏板。嵌缝所用的穿孔纸带宜先在清水中浸湿，采用石膏腻子和接缝纸带抹平（图 28-100）。

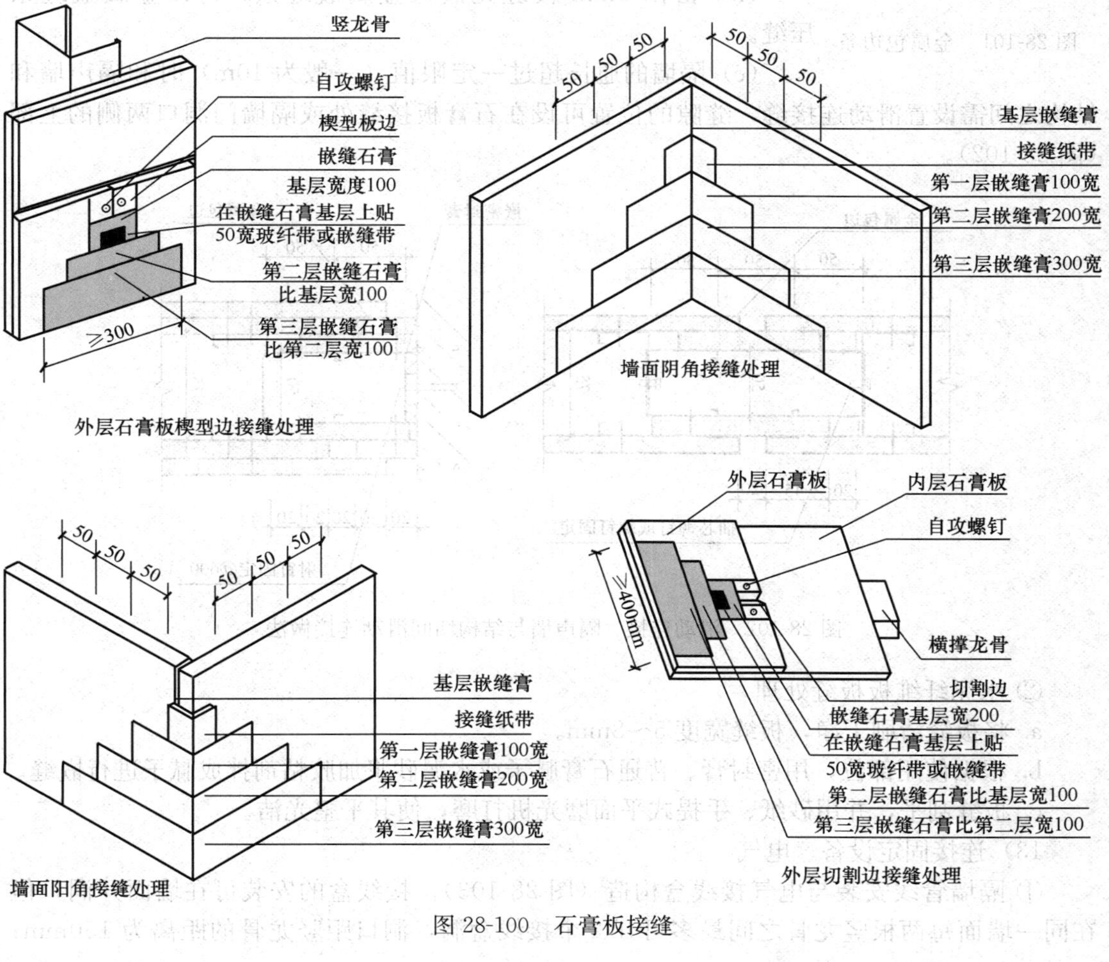

图 28-100 石膏板接缝

d. 对于重要部位的缝隙，可采用玻璃纤维网格胶带取代穿孔纸带。石膏板拼缝的嵌封分以下四个步骤：

(a) 清洁板缝，用小刮刀将嵌缝石膏腻子均匀饱满地嵌入板缝，并在板缝处刮涂宽约60mm、厚1mm的腻子，随即贴上穿孔纸带或玻璃纤维网格胶带，使用宽约60mm的刮刀顺贴带方向压刮，将多余的腻子从纸带或网带孔中挤出使之平敷，要求刮实、刮平，不得留有气泡。穿孔纸带在使用前应浸湿、浸透。

(b) 第一层干透后，用宽约150mm的刮刀将石膏腻子填满宽约150mm的板缝处带状部分。

(c) 第二层干透后，用宽约300mm的刮刀再补一遍石膏腻子，其厚度不得超过2mm。

(d) 待石膏腻子完全干燥后（约12h），用2号砂纸或砂布将嵌缝腻子表面打磨平整。

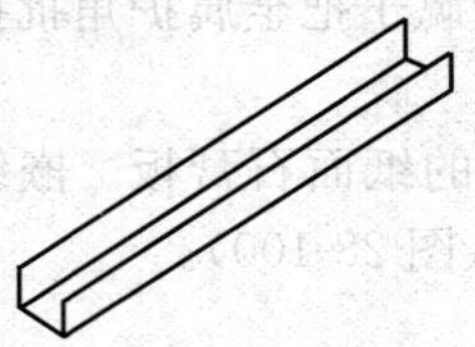

图 28-101 金属包边条

e. 明缝处理：纸面石膏板隔断墙面设置明缝一般有三种情况。

(a) 采用棱边为直角边的纸面石膏板于拼缝处留出8mm间隙，使用与龙骨配套的金属包边条将石膏板切割边进行修饰（图28-101）。

(b) 留出9mm板缝先嵌入金属嵌缝条，再以金属盖缝条压缝。

(c) 隔墙的通长超过一定限值（一般为10m）时和隔声墙和结构之间需设置滑动连接缝，缝隙的位置可设在石膏板接缝处或隔墙门洞口两侧的上部（图28-102）。

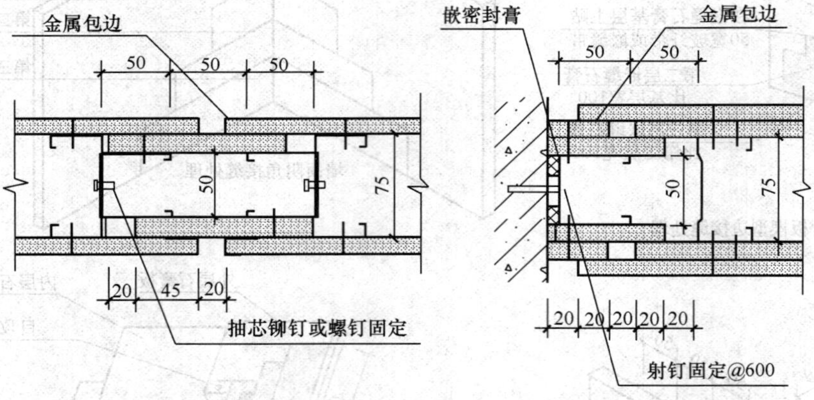

图 28-102 滑动连接、隔声墙与结构墙间滑动连接做法

② 水泥纤维板板缝处理

a. 将板缝清刷干净，板缝宽度5～8mm。

b. 根据使用部位，用密封膏、普通石膏腻子或水泥砂浆加胶粘剂拌成腻子进行嵌缝。

c. 板缝刮平，并用砂纸、手提式平面磨光机打磨，使其平整光洁。

13）连接固定设备、电气

① 隔墙管线安装与电气接线盒构造（图28-103）。接线盒的安装可在墙面开洞，但在同一墙面每两根竖龙骨之间最多可开2个接线盒洞，洞口距竖龙骨的距离为150mm；

线盒固定应采用窄钢带固定，两个接线盒洞口位置必须错开，其垂直边在水平方向的距离不得小于 300mm。墙体有较高隔声防火要求的，必须按照设计要求处理墙体开孔部位。

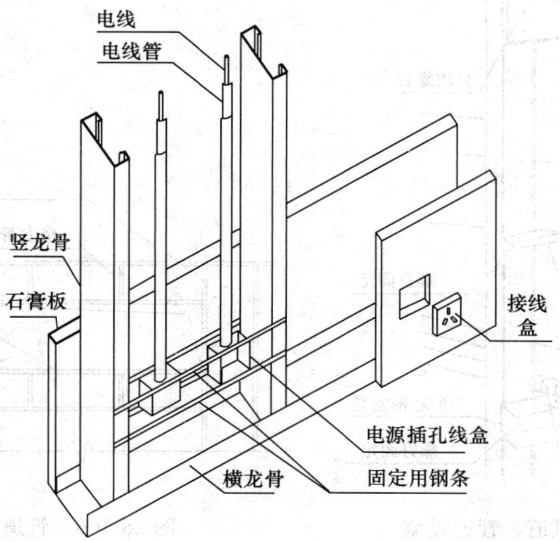

图 28-103　电线管暗装示意图

② 接线管需横穿竖龙骨时，应尽量利用竖龙骨上的预冲孔进行接线管的布管。当影响布管需将竖龙骨进行切口时应对竖龙骨采取加固措施；按设计要求，接线盒周围应设置隔离框（图 28-104）。

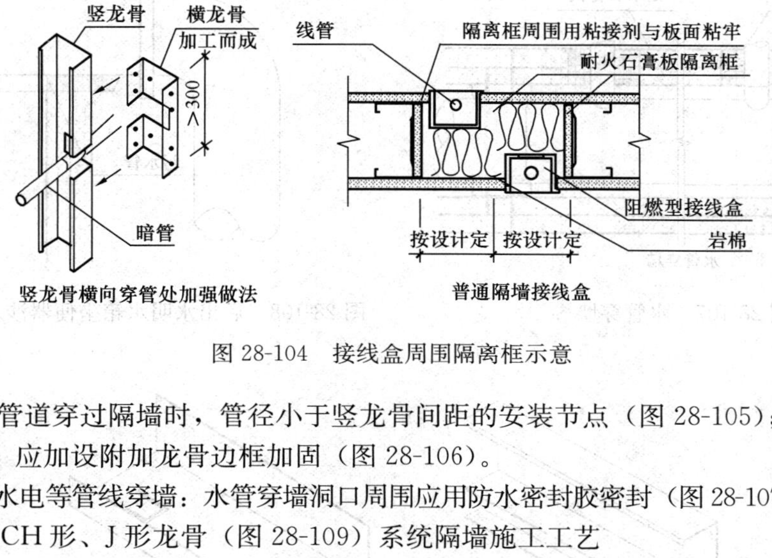

图 28-104　接线盒周围隔离框示意

③ 风管管道穿过隔墙时，管径小于竖龙骨间距的安装节点（图 28-105）；管径大于竖龙骨间距的，应加设附加龙骨边框加固（图 28-106）。

④ 暖卫水电等管线穿墙：水管穿墙洞口周围应用防水密封胶密封（图 28-107、图 28-108）。

3. 井道 CH 形、J 形龙骨（图 28-109）系统隔墙施工工艺

CH 形、J 形龙骨井道隔墙系统最大的优势在于可以只在楼板一侧安装。

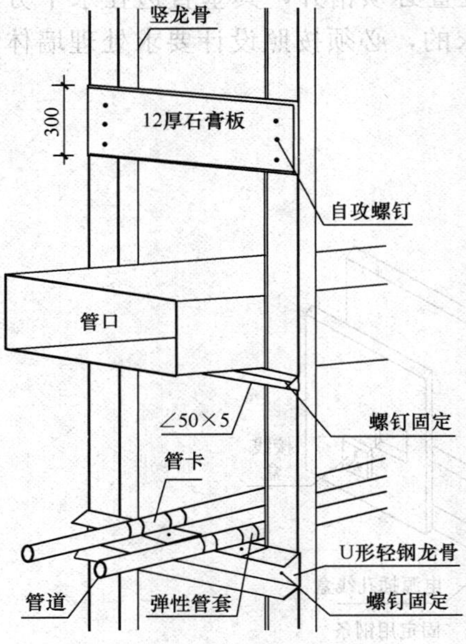

图 28-105 包风道、管道隔墙

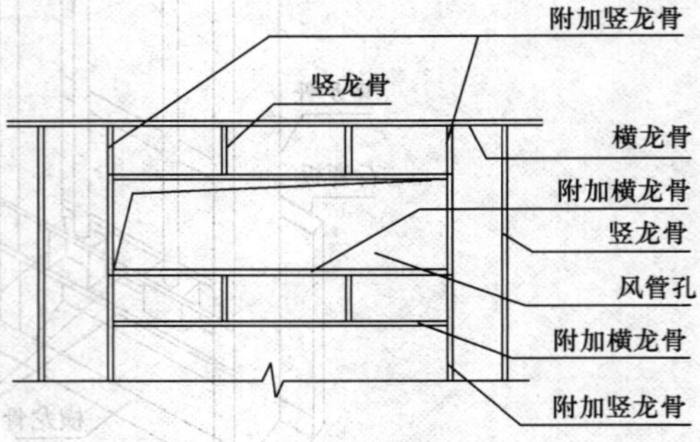

图 28-106 管道口龙骨布置

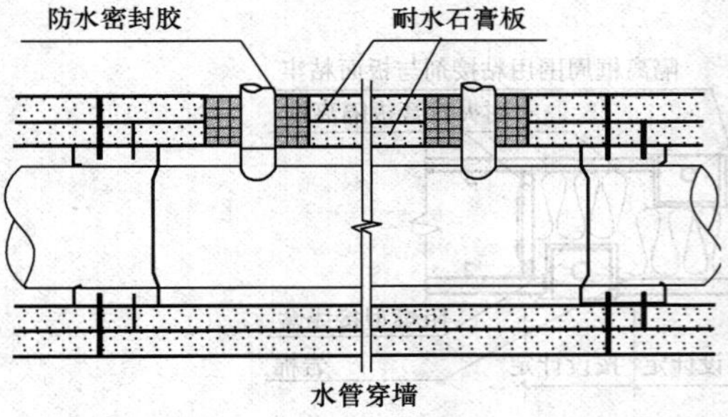

图 28-107 水管穿墙

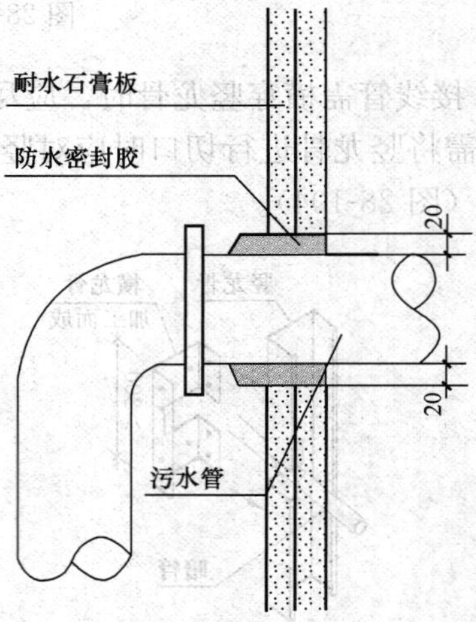

图 28-108 后出水明水箱坐便器涉水管穿墙处理

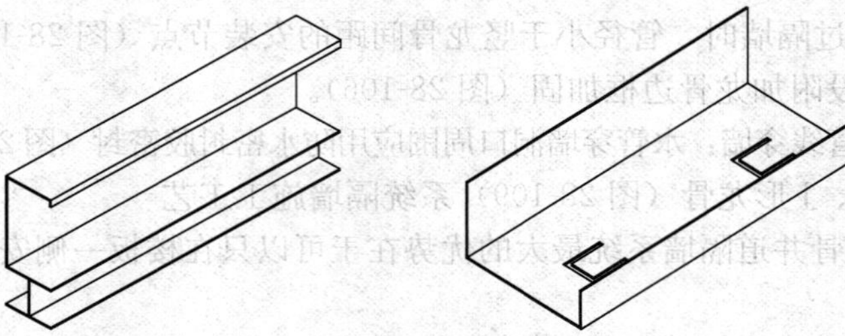

图 28-109 CH 形龙骨、J 形龙骨

（1）工艺流程

弹隔墙定位线 → 安装天地J形或U形龙骨 → 安装两侧J形边龙骨 → 从一侧安装第一块25mm厚石膏板 → 安装第一根CH形龙骨 → 安装第二块25mm厚石膏板 → 安装第二根CH形龙骨 → 安装第N块25mm厚石膏安装罩面板 → 安装第N根CH形龙骨 → 安装最后一块25mm厚石膏安装罩面板 → 机电管线安装 → 龙骨隐蔽验收 → 安装填充材料 → 安装另一侧石膏板 → 板缝处理 → 清理验收

（2）操作工艺

1）弹隔墙定位线。工艺同C形龙骨隔墙。

2）天龙骨采用U形长翼龙骨，地龙骨采用J形龙骨，龙骨高边朝向井道一侧，低边朝向操作侧，便于25mm厚石膏板推插到位。天地龙骨与混凝土基体建筑顶、地连接及边龙骨与墙、柱连接可采用金属胀铆螺栓，间距为600mm。当与钢结构梁柱连接时，宜采用M8短周期外螺纹螺柱焊接，短周期焊接时间约为0.1s，用时短，对钢结构变形影响小，焊接效果好。间距为600mm，固定点距龙骨端部≤5cm。轻钢龙骨与建筑基体表面接触处，应在龙骨接触面的两边各粘贴一根通长的橡胶密封条。或根据设计要求采用密封胶或防火封堵材料。

3）安装两侧J形边龙骨：安装墙体一侧第一根J形龙骨，并弯折龙骨上的金属小片，用于卡固25mm厚石膏板。龙骨固定方式和龙骨背部密封处理方式同天地龙骨。

4）从一侧开始安装第一块25mm厚石膏板：将第一块25mm×600mm×2400mm的耐水和防火纸面石膏板卡入地面J形龙骨和侧J形龙骨的芯板卡槽内，如芯板高度不够，则需按照余下的尺寸裁切芯板，按照上述同样的安装方式把芯板卡入龙骨槽内，接长芯板和下面的芯板之间打一道防火密封胶。接长的芯板要比隔墙的实际高度短5mm，以保证墙体石膏板适应主体垂直变形的需要。

5）安装第一根CH龙骨：待第一块石膏板安装完后，把根据层高定尺的CH龙骨卡入天地J形（或U形长翼）龙骨槽内，同时把卡槽卡住已安装完毕的芯板，同时调整CH龙骨的垂直度满足规范的要求，CH龙骨需比隔墙的实际高度短5mm，以保证龙骨适应主体结构垂直变形的需要。CH龙骨不够长时，可用专用龙骨接长件接长。

6）安装第二块～第N块25mm厚石膏板以及安装第二根～第N根CH龙骨，同4）和5）做法。

7）安装最后一块25mm厚芯板：把最后一块芯板按照余下的尺寸裁切，按照上述同样的安装方式把芯板卡入龙骨槽内，接长芯板和下面的芯板之间打一道防火密封胶。接长的芯板要比隔墙的实际高度短5mm，以保证墙体石膏板适应主体结构垂直变形的需要。最后一块石膏板就位后，弯折J形边龙骨上的金属片，将石膏板卡牢。

8）机电管线安装、龙骨隐蔽验收、门窗洞口制作、另一侧石膏板封板、接缝处理等工序详见C形龙骨隔墙的相应工序做法。

28.4.2.6　质量要求

1. 主控项目

（1）骨架隔墙所用龙骨、配件、墙面板、填充材料及嵌缝材料的品种、规格、性能和木材的含水率应符合设计要求。有隔声、隔热、阻燃、防潮等特殊要求的工程，材料应有相应性能等级的检测报告。

检验方法：观察；检查产品合格证书、进场验收记录、性能检测报告和复验报告。

（2）骨架隔墙工程边框龙骨必须与基体结构连接牢固，并应平整、垂直、位置正确。

检验方法：手板检查；尺量检查；检查隐蔽工程验收记录。

（3）骨架隔墙中龙骨间距和构造连接方法应符合设计要求。骨架内设备管线的安装、门窗洞口等部位加强龙骨应安装牢固、位置正确，填充材料的设置应符合设计要求。

检验方法：检查隐蔽工程验收记录。

（4）骨架隔墙的墙面板应安装牢固，无脱层、翘曲、折裂及缺损。

检验方法：观察；手板检查。

（5）墙面板所用接缝材料的接缝方法应符合设计要求。

检验方法：观察。

2. 一般项目

（1）骨架隔墙表面应平整光滑、色泽一致、洁净、无裂缝，接缝应均匀、顺直。

检验方法：观察；手摸检查。

（2）骨架隔墙上的孔洞、槽、盒应位置正确、套割吻合、边缘整齐。

检验方法：观察。

（3）骨架隔墙内的填充材料应干燥，填充应密实、均匀、无下坠。

检验方法：轻敲检查；检查隐蔽工程验收记录。

（4）骨架隔墙安装的允许偏差和检验方法（表28-41）。

骨架隔墙安装的允许偏差和检验方法　　表28-41

项次	项目	允许偏差（mm）		检验方法
		纸面石膏板	人造木板、水泥纤维板	
1	立面垂直度	3	4	用2m垂直检测尺检查
2	表面平整度	3	3	用2m靠尺和塞尺检查
3	阴阳角方正	3	3	用200mm直角检测尺检查
4	接缝直线度	—	3	拉5m线，不足5m拉通线，用钢直尺检查
5	压条直线度	—	3	拉5m线，不足5m拉通线，用钢直尺检查
6	接缝高低差	1	1	用钢直尺和塞尺检查

3. 骨架隔墙工程的检查数量应符合下列规定：

同一品种的轻质隔墙工程每50间（大面积房间和走廊按轻质隔墙的墙面30m^{2}为一间）应划分为一个检验批，不足50间也应划分为一个检验批。每个检验批应至少抽查10%，并不得少于3间；不足3间时应全数检查。

28.4.3　玻璃隔墙

28.4.3.1　玻璃隔墙深化设计

（1）玻璃隔墙深化设计重点在于玻璃的选材及应用符合规范要求。

（2）玻璃砖墙不适用于有高温熔炉的工业厂房或有强烈酸碱性介质的建筑物，也不能用作防火墙。玻璃砖墙适用于建筑物非承重墙体，用于有采光需求的室内（密闭）空间，也能作空间内的装饰品件。但需注意玻璃砖体模数，施工过程中不可在现场随意切割。因此深化时，一定要按照选用的砖体规格及工艺进行排板。

（3）可用于玻璃（类）隔墙的除常规玻璃砖（有框）外，还有水晶砖（无框），U形玻璃等。特殊类型隔墙可与专业厂商共同深化收口细节，但必须按实际比例落实到施工图纸中，不能仅使用通用节点，不按实际现场条件深化或不核对最新建筑主体结构及其他专业图纸。

（4）玻璃隔断中玻璃的选用必须满足现行行业标准《建筑玻璃应用技术规程》JGJ 113。入口、门厅等人员通达部位采用落地玻璃时，应使用安全玻璃，并应设置防撞提示标识。有防火、隔声、阻隔视线要求的隔断玻璃必须符合相应的规范要求。无框玻璃隔断天花、地面必须有不锈钢U形槽固定，并加塞防震垫。

28.4.3.2 玻璃砖隔墙

玻璃砖隔墙具有良好的采光效果，并有延续空间的感觉。不论是单块镶嵌使用，还是整片墙面使用，皆可有画龙点睛之效。玻璃砖隔墙以玻璃为基材，制成透明的小型砌块，具有透光、色彩丰富的装饰效果，且具备一定的隔声、隔热、防潮、易清洁的非承重装饰隔墙（图 28-110）。

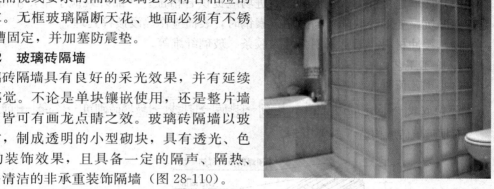

图 28-110 玻璃砖隔墙实景图

1. 材料及质量要求

（1）玻璃砖：用透明或颜色玻璃制成的块状、空心的玻璃制品或块状表面施釉的制品（图 28-111），按照透光性分为透明玻璃砖、雾面玻璃砖，玻璃砖的种类不同，光线的折射程度也会有所不同，玻璃砖可供选择的颜色有多种。

1）质量要求：棱角整齐、规格相同、对角线基本一致、表面无裂痕和磕碰。

2）新技术热敏玻璃砖是通过热敏技术来实现这种效果。它可以根据不同的温度变换不同的色彩。用这样的玻璃砖来装修居室卫生间，可以随温度高低变换砖面色彩，价格较高（图 28-112）。

图 28-111 空心玻璃砖、表面施釉玻璃砖

图 28-112 热敏玻璃砖

（2）玻璃砖类型一般分为：方砖、半砖、收边砖（用于墙体一侧收边）、肩砖（用于墙体两侧收边）、角砖（墙体转角部位使用，分为六角玻璃砖和正方带角玻璃砖）。

（3）金属型材的规格应符合下列规定：轻金属型材或镀锌型材，其尺寸为空心玻璃砖厚度加滑动缝隙。型材深度最少应为50mm，用于玻璃砖墙的边条重叠部分和胀缝。

（4）水泥：宜采用42.5级或以上普通硅酸盐白水泥。

（5）砂浆：砌筑砂浆与勾缝砂浆应符合下列规定：

1）配制砌筑砂浆用的砂子粒径不得大于3mm。

2）配制勾缝砂浆用的砂子粒径不得大于1mm。

3）砂子不含泥及其他颜色的杂质。

4）砌筑砂浆等级应为M5，勾缝砂浆的水泥与砂子之比应为1∶1。

（6）掺和料：胶粘剂质量要求参见应符合国家现行相关技术标准的规定。

（7）钢筋：应采用Ⅰ级钢筋，并符合相关行业标准要求。

（8）玻璃连接件、转接件：产品进场应提供合格证。产品外观应平整，不得有裂纹、毛刺、凹坑、变形等缺陷。当采用碳素钢时，表面应作热浸镀锌处理。

（9）缓冲材料：通常采用弹性橡胶条、玻璃纤维等。

2. 施工工艺

（1）工艺流程

定位放线→固定周边框架→扎筋→排砖→挂线→玻璃砖砌筑→勾缝→饰边处理

有框玻璃砖墙构造（图28-113）。

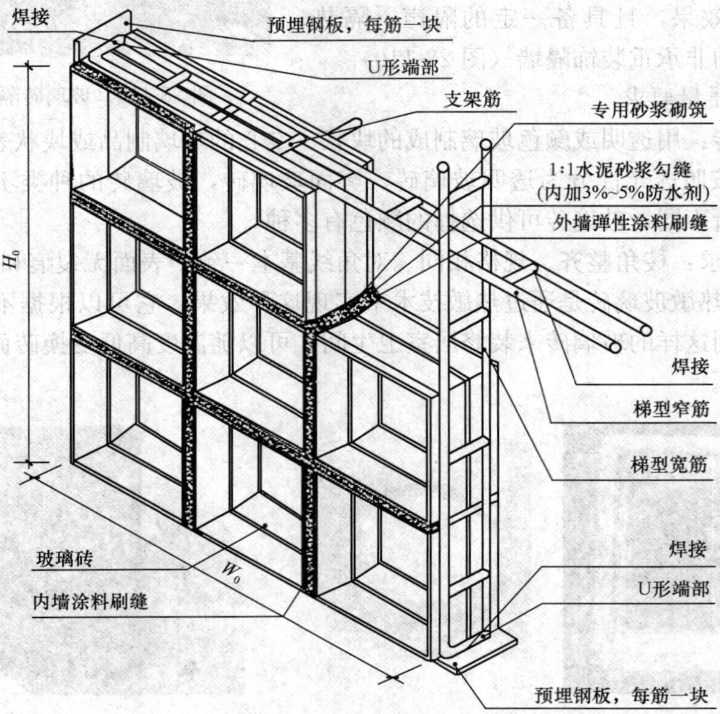

图28-113　有框玻璃砖墙构造示意

（2）操作工艺

1）定位放线：

在墙下面弹好摞底砖线，按标高立好皮数杆。砌筑前用素混凝土或垫木找平并控制好标高；在玻璃砖墙四周根据设计图纸尺寸要求弹好墙身线。

2）固定周边框架：

将框架固定好，用素混凝土或垫木找平并控制好标高，骨架与结构连接牢固。同时做好防水层及保护层。固定金属型材框用的镀锌钢膨胀螺栓直径不得小于 8mm，间距≤500mm。

3）扎筋：

① 非增强的室内空心玻璃砖隔断尺寸（表 28-42）。

非增强的室内空心玻璃砖隔断尺寸表　　表 28-42

砖缝的布置	隔断尺寸（m）	
	高度	长度
贯通的	≤1.5	≤1.5
错开的	≤1.5	≤6.0

② 室内空心玻璃砖隔断的尺寸超过规定时，应采用直径为 6mm 或 8mm 的钢筋增强。

③ 当隔断的高度超过规定时，应在垂直方向上每 2 层空心玻璃砖水平布一根钢筋；当只有隔断的长度超过规定时，应在水平方向上每 3 个缝垂直布一根钢筋。

④ 钢筋每端伸入金属型材框的尺寸不得小于 35mm。用钢筋增强的室内空心玻璃砖隔断的高度不得超过 4m。

4）排砖：

玻璃砖砌体采用十字缝立砖砌法。按照排砖图弹好的位置线，首先认真核对玻璃砖墙长度尺寸是否符合排砖模数；否则可调整隔墙两侧的槽钢或木框的厚度及砖缝的厚度。注意隔墙两侧调整的宽度要保持一致，隔墙上部槽钢调整后的宽度也应尽量保持一致。

5）挂线：

砌筑第一层应双面挂线。如玻璃砖隔墙较长，则应在中间多设几个支线点，每层玻璃砖砌筑时均需挂平线。

6）玻璃砖砌筑：

① 玻璃砖采用白水泥：细砂＝1：1 的水泥浆或白水泥：界面剂＝100：7 的水泥浆（重量比）砌筑。白水泥浆要有一定的稠度，以不流淌为好。

② 按上、下层对缝的方式，自下而上砌筑。两玻璃砖之间的砖缝不得小于 10mm，且不得大于 30mm。

③ 每层玻璃砖在砌筑之前，宜在玻璃砖上放置十字定位架（图 28-114、图 28-115），卡在玻璃砖的凹槽内。

④ 砌筑时，将上层玻璃砖压在下层玻璃砖上，同时使玻璃砖的中间槽卡在定位架上，两层玻璃砖的间距为 5～10mm，每砌筑完一层后，用湿布将玻璃砖面上粘着的水泥浆擦去。水泥砂浆铺砌时，水泥砂浆应铺得稍厚一些，慢慢挤揉，立缝灌砂浆一定要捣实。缝中承力钢筋间隔小于 650mm，伸入竖缝和横缝，并与玻璃砖上下、两侧的框体和结构体牢固连接（图 28-116）。

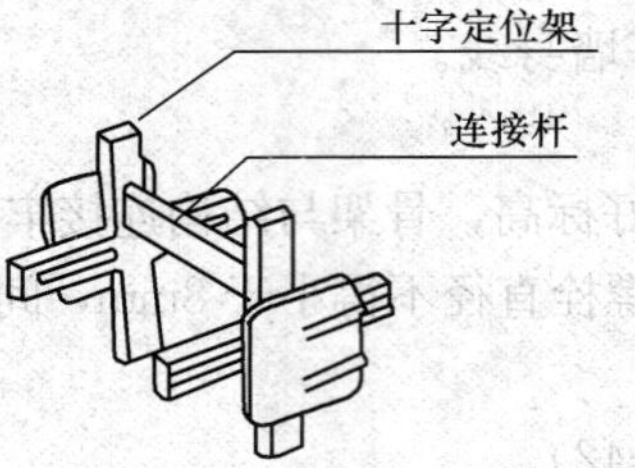

图 28-114　砌筑玻璃砖时的塑料定位架

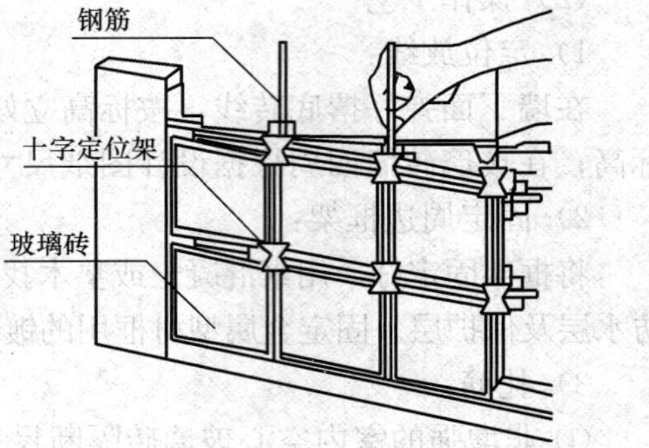

图 28-115　玻璃砖的安装方法的塑料定位架

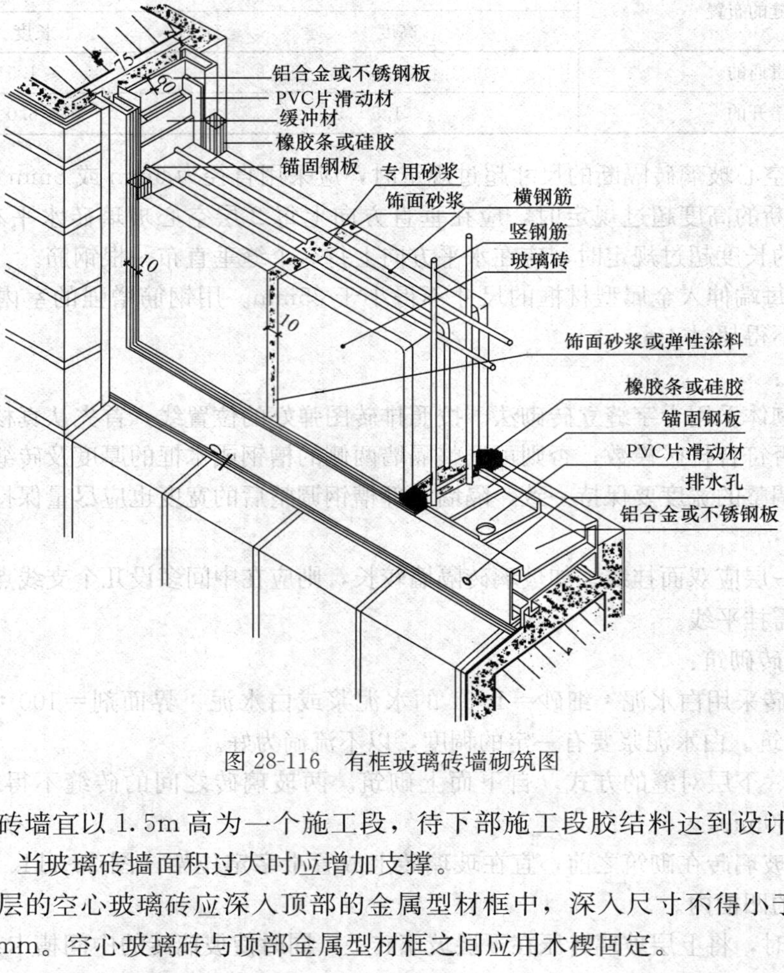

图 28-116　有框玻璃砖墙砌筑图

⑤ 玻璃砖墙宜以 1.5m 高为一个施工段，待下部施工段胶结料达到设计强度后再进行上部施工。当玻璃砖墙面积过大时应增加支撑。

⑥ 最上层的空心玻璃砖应深入顶部的金属型材框中，深入尺寸不得小于 10mm，且不得大于 25mm。空心玻璃砖与顶部金属型材框之间应用木楔固定。

7）勾缝：

玻璃砖墙砌筑完后，立即进行表面勾缝。勾缝要勾严，以保证砂浆饱满。先勾水平缝，再勾竖缝，缝内要平滑，缝的深度要一致。勾缝与抹缝之后，应用布或棉纱将砖表面擦洗干净，待勾缝砂浆达到强度后，用硅树脂胶涂敷，也可采用矽胶注入玻璃砖间隙勾缝。

8）饰边处理：

a. 在与建筑结构连接时，室内空心玻璃砖隔断与金属型材框接触的部位应留有滑缝，且不得小于4mm。与金属型材框腹面接触的部位应留有胀缝，且不得小于10mm。滑缝应采用符合现行国家标准《石油沥青纸胎油毡》GB/T 326规定的沥青毡填充，胀缝应用符合现行国家标准《建筑绝热用硬质聚氨酯泡沫塑料》GB/T 21558规定的硬质泡沫塑料填充。滑缝和胀缝的位置（图28-117）。

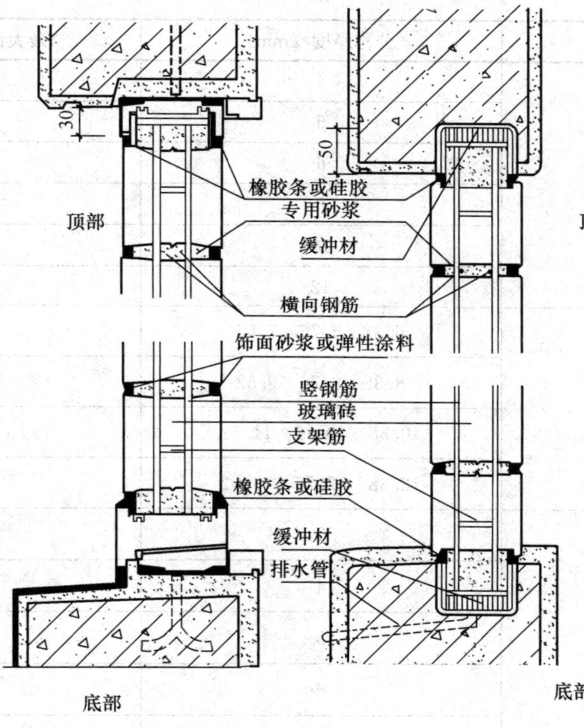

图28-117 玻璃砖隔墙剖面

b. 当玻璃砖墙没有外框时，需要进行饰边处理。饰边通常有木饰边和不锈钢饰边等。

c. 金属型材与建筑墙体和屋顶的结合部，以及空心玻璃砖砌体与金属型材框翼端的结合部应用弹性密封剂密封。

28.4.3.3 玻璃隔断

1. 概述

玻璃隔断也称为玻璃花格墙，采用木框架或金属框架，玻璃可采用磨砂玻璃、刻花玻璃、夹花玻璃、玻璃砖等与木、金属等拼成，有一定的透光性和较好的装饰性，多用作室内的隔墙、隔断或活动隔断等。

2. 材料及质量要求

（1）通常采用钢化玻璃、彩绘玻璃或压花玻璃等装饰玻璃作为隔断主材，利用金属或实木做框架。

（2）玻璃厚度、边长应符合设计要求，表面无划痕、气泡、斑点等，并不得有裂缝、缺角、爆边等缺陷。玻璃技术质量要求可参见《平板玻璃》GB 11614、《建筑用安全玻璃》GB 15763、《镶嵌玻璃》JC/T 979、《建筑玻璃应用技术规程》JGJ 113。钢化玻璃、夹层玻璃和有框平板玻璃、超白浮法玻璃、真空玻璃的最大许用面积（表 28-43），单片玻璃、夹层玻璃和真空玻璃最小安装尺寸（表 28-44），中空玻璃的最小安装尺寸见《建筑玻璃应用技术规程》JGJ 113。

钢化玻璃、夹层玻璃和有框平板玻璃、超白浮法玻璃、真空玻璃的最大许用面积

表 28-43

玻璃种类	公称厚度（mm）	最大许用面积（m^2）
钢化玻璃	4	2.0
	5	2.0
	6	3.0
	8	4.0
	10	5.0
	12	6.0
夹层玻璃	6.38　6.76　7.52	3.0
	8.38　8.76　9.52	5.0
	10.38　10.76　11.52	7.0
	12.38　12.76　13.52	8.0
平板玻璃超白浮法玻璃真空玻璃	3	0.1
	4	0.3
	5	0.5
	6	0.9
	8	1.8
	10	2.7
	12	4.5

单片玻璃、夹层玻璃和真空玻璃的最小装配尺寸（mm）　**表 28-44**

玻璃公称厚度	前部余隙和后部余隙 *a*		嵌入深度 *b*	边缘间隙 *c*
	密封胶	胶条		
3～6	3.0	3.0	8.0	4.0
8～10	5.0	3.5	10.0	5.0
12～19		4.0	12.0	8.0

注：*a*、*b*、*c* 标注（图 28-118）。

3. 施工工艺

(1) 工艺流程

定位放线 → 固定隔墙边框架 → 玻璃板安装 → 压条固定

(2) 操作工艺

1) 定位放线：根据图纸墙位放墙体定位线。基底应平整、牢固。

2) 固定周边框架：根据设计要求选用龙骨，木龙骨含水率必须符合规范要求。金属框架应选用铝合金型材或不锈钢型材。采用钢架龙骨或木制龙骨，应做好防火防腐处理，安装牢固。

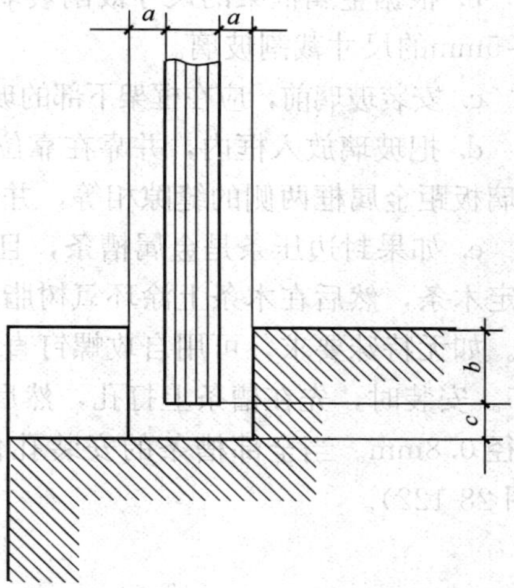

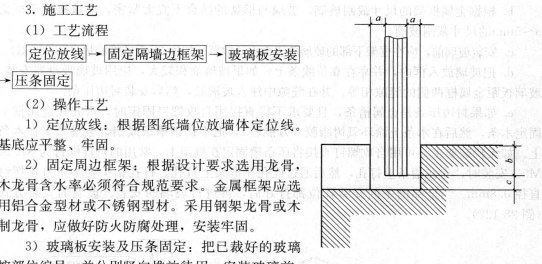

图 28-118　*a*、*b*、*c* 标注示意

3) 玻璃板安装及压条固定：把已裁好的玻璃按部位编号，并分别竖向堆放待用。安装玻璃前，应对骨架、边框的牢固程度、变形程度进行检查，如有不牢固应予以加固。玻璃与基架框的结合不宜太紧密，玻璃放入框内后，与框的上部和侧边应留有 3～5mm 左右的缝隙，防止玻璃由于热胀冷缩而开裂。

① 玻璃板与木基架的安装

a. 用木框安装玻璃时，在木框上要裁口或挖槽，校正好木框内侧后定出玻璃安装的位置线，并固定好玻璃板靠位线条（图 28-119）。

b. 把玻璃装入木框内，其两侧距木框的缝隙应相等，并在缝隙中注入玻璃胶，然后钉上固定压条，固定压条宜用钉枪钉紧。

c. 对面积较大的玻璃板，安装时应用玻璃吸盘器将玻璃提起来安装（图 28-120）。

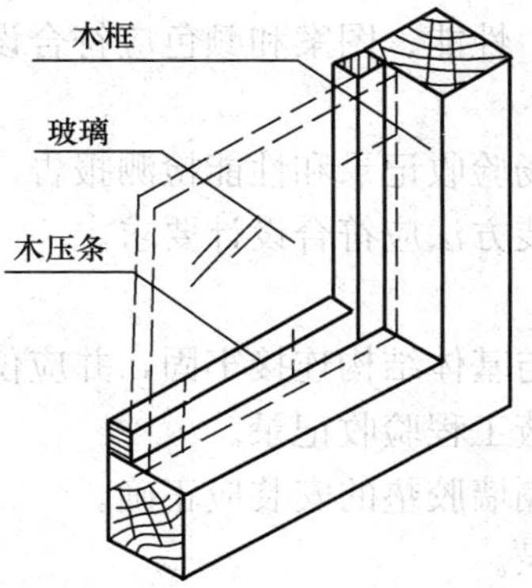

图 28-119　木框内玻璃安装方式

图 28-120　安装玻璃用吸盘器

② 玻璃与金属方框架的固定

a. 玻璃与金属方框架安装时，先要安装玻璃靠位线条，靠位线条可以是金属角线或是金属槽线。固定靠位线条通常是用自攻螺钉。

b. 根据金属框架的尺寸裁割玻璃，玻璃与框架的结合不宜太紧密，应该按小于框架3～5mm的尺寸裁割玻璃。

c. 安装玻璃前，应在框架下部的玻璃放置面上，放置一层厚2mm的橡胶垫（图28-121）。

d. 把玻璃放入框内，并靠在靠位线条上。如果玻璃面积较大，应用玻璃吸盘器安装。玻璃板距金属框两侧的缝隙相等，并在缝隙中注入玻璃胶，然后安装封边压条。

e. 如果封边压条是金属槽条，且要求不得直接用自攻螺钉固定时，可先在金属框上固定木条，然后在木条上涂环氧树脂胶（万能胶），把不锈钢槽条或铝合金槽条卡在木条上。如无特殊要求，可用自攻螺钉直接将压条槽固定在框架上，常用的自攻螺钉为M4或M5。安装时，先在槽条上打孔，然后通过此孔在框架上打孔。打孔钻头要小于自攻螺钉直径0.8mm。当全部槽条的安装孔位都打好后，再进行玻璃的安装。玻璃的安装方式（图28-122）。

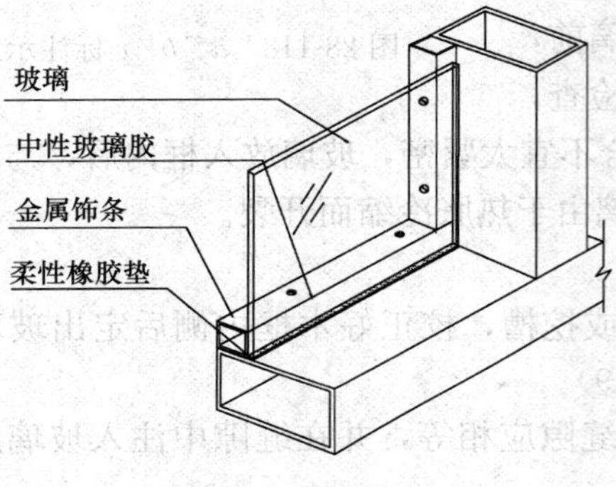

图28-121　玻璃安装示意

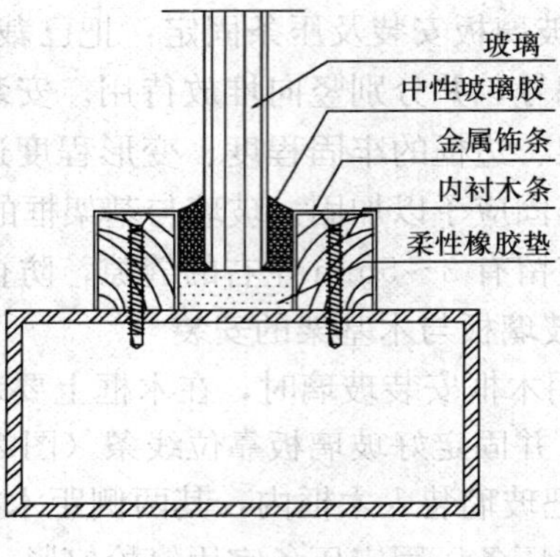

图28-122　金属框架上的玻璃安装

28.4.3.4　质量要求

1. 主控项目

（1）玻璃隔墙工程所用材料的品种、规格、性能、图案和颜色应符合设计要求。玻璃板隔墙应使用安全玻璃。

检验方法：观察；检查产品合格证书、进场验收记录和性能检测报告。

（2）玻璃砖隔墙的砌筑或玻璃板隔墙的安装方法应符合设计要求。

检验方法：观察。

（3）玻璃砖隔墙砌筑中埋设的拉结筋必须与基体结构连接牢固，并应位置正确。

检验方法：手扳检查；尺量检查；检查隐蔽工程验收记录。

（4）玻璃板隔墙的安装必须牢固，玻璃板隔墙胶垫的安装应正确。

检验方法：观察；手推检查；检查施工记录。

2. 一般项目

（1）玻璃隔墙表面应色泽一致、平整洁净、清晰美观。

检验方法：观察。

（2）玻璃隔墙接缝应横平竖直，玻璃应无裂痕、缺损和划痕。

检验方法：观察。

(3) 玻璃板隔墙嵌缝及玻璃砖墙勾缝应密实平整、均匀顺直、深浅一致。

检验方法：观察。

(4) 玻璃隔墙安装的允许偏差和检验方法（表 28-45）。

玻璃隔墙安装的允许偏差和检验方法　　**表 28-45**

项次	项目	允许偏差（mm）		检验方法
		玻璃砖	玻璃板	
1	立面垂直度	3	2	用 2m 垂直检测尺检查
2	表面平整度	3	—	用 2m 靠尺和塞尺检查
3	阴阳角方正	—	2	用 200mm 直角检测尺检查
4	接缝直线度	—	2	拉 5m 线，不足 5m 拉通线，用钢直尺检查
5	接缝高低差	3	2	用钢直尺和塞尺检查
6	接缝宽度	—	1	用钢直尺检查

3. 玻璃隔墙工程的检查数量应符合下列规定：

每个检验批应至少抽查 20%，并不得少于 6 间；不足 6 间时应全数检查。

28.4.4　活动式隔墙（断）

28.4.4.1　活动式隔墙深化设计

活动式隔墙是为临时进行空间分隔，灵活分配空间，也有一定装饰、展示作用。目前市面上大部分采用双镶板，中间夹隔声层，面覆饰面的形式。除饰面外的内部基层构造应找专业厂商配合完成深化设计。隔声要求高的空间，应重点注意活动隔断与天花、侧墙、地面的封堵方案，需结合现场条件深化具体落地方案，可与专业厂商配合完成。不同产品密封方式不同。活动式隔墙类型可参见国家建筑设计标准图集《内装修一墙面装修》13J502-1 中的 M-成品活动隔断，或与专业厂家协同完成深化设计。

活动式隔墙通常采用隐藏式滑轨，所有暗藏设备一定要配备相应的检修方案。活动式隔断常采用吊装形式，吊装方案需结合隔断整体重量、收合方式及所受作用力计算吊装结构搭建方案。

活动式隔墙日常隐蔽，必要时灵活分隔空间，因此收纳空间的规划也是必要的。目前常见的收纳方式有侧墙收纳和天花收纳两种。折叠收纳方式影响收纳空间大小及轨道走向排布。

28.4.4.2　推拉直滑式隔墙

1. 概述

推拉直滑式隔断又称为轨道隔断、移动隔音墙。具有易安装、可重复利用、可工业化生产，防火、环保等特点。因其具有高隔声、防火，可移动，操作简单等特点。常用于星级酒店宴会厅，高档酒楼包间，高级写字楼会议室等场所进行空间临时分隔的使用（图 28-123）。通常在专业厂家

图 28-123　推拉直滑式隔墙实景图

定制，现场安装。根据不同的使用部位和功能要求，活动隔板可制作成直板、弧板、带角度板、直角转角板等形式，还可制作带单扇门、双扇门墙板。

2. 材料及质量要求

(1) 目前多采用悬吊滑轨式结构（图 28-124），通过固定在结构顶面上的钢架结构安装轨道并承担推拉隔断整体重量，活动隔断单元隔板通过吊轮（图 28-125）与滑轨(图 28-126)相连和滑移，隔板块边框由定制铝合金型材或钢管拼装，四周与相邻隔板及顶地接口处设有隔音条（槽）装置（图 28-127），单元隔板饰面由玻镁板、石膏板、三聚氰胺板、中纤板、彩钢板、玻璃、金属薄板、织物等材料组装，隔声要求较高的，隔板芯内填充吸声材料。

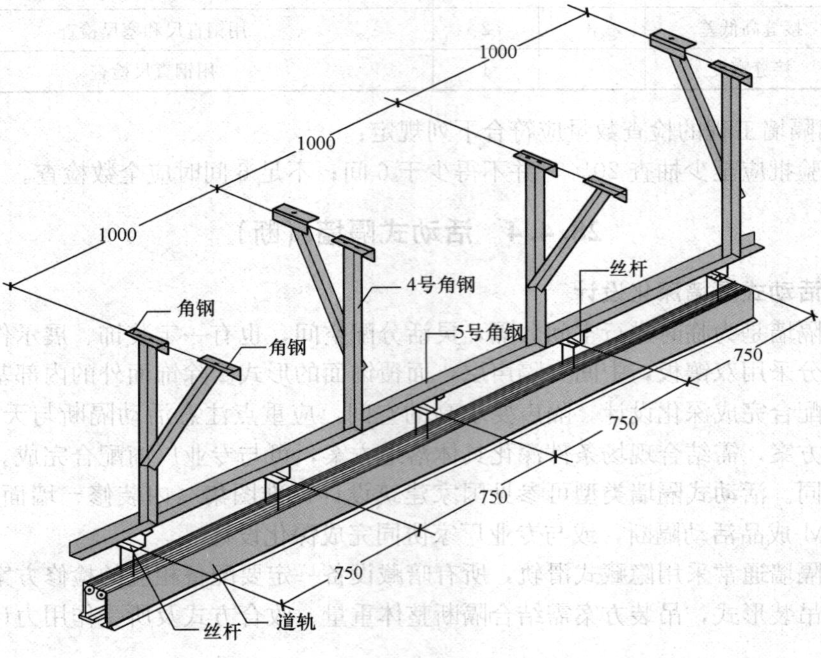

图 28-124　悬吊滑轨式结构构造示意

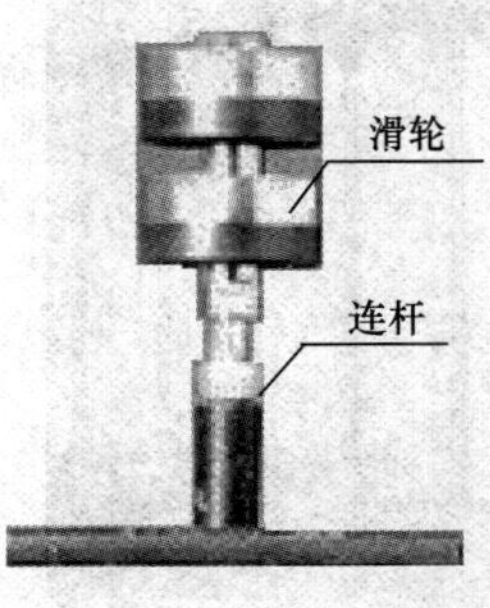

图 28-125　吊轮

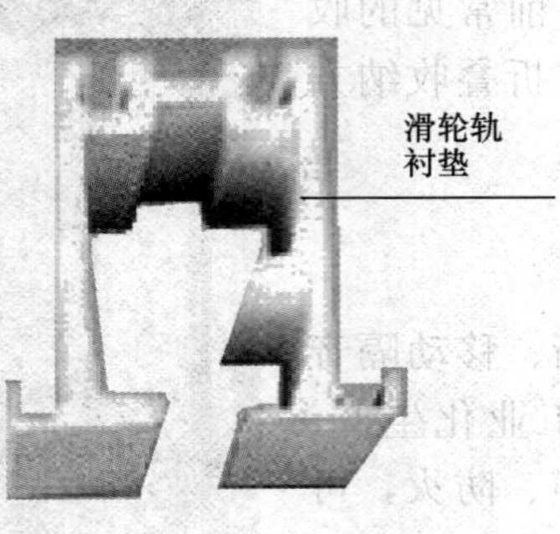

图 28-126　滑轨

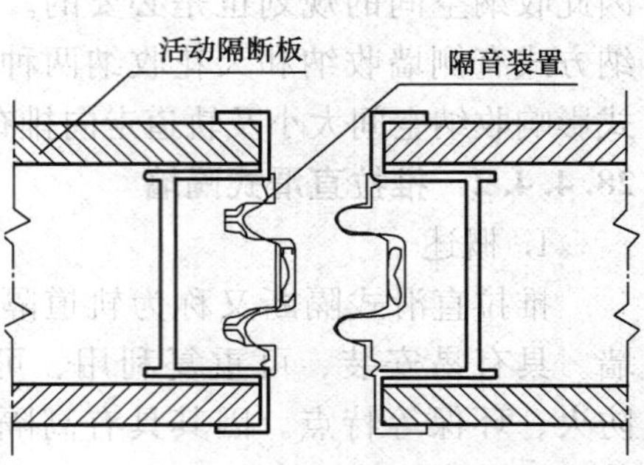

图 28-127　隔声条（槽）装置

（2）隔墙板材、铰链、滑轮、轨道（或导向槽）、橡胶或毡制密封条、密封板或缓冲板、密封垫、螺钉等。

1）隔墙板材：目前广泛采用的推拉式隔断为厂家加工，现场装配式隔断。有隔声防火要求的产品，应出具相应检测报告。

2）活动隔墙导轨槽、滑轮及其他五金配件配套齐全，并具有出厂合格证。

3）防腐材料、填缝材料、密封材料、防锈漆、水泥、砂、连接铁脚、连接板等应符合设计要求和有关标准的规定。

3. 施工要点

（1）移动隔板藏板方式：分为隐藏式存放和开放式存放（图 28-128）。（本节部分图引自图集《内装修—墙面装修》13J502-1）。

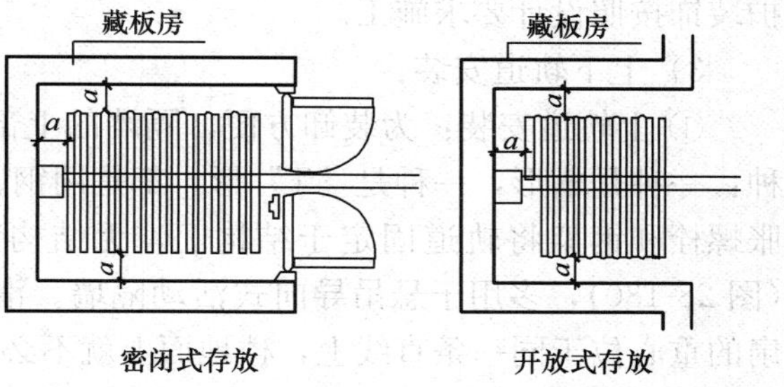

图 28-128 单轮活动隔断存储方式

注：a 最小为 150mm。

（2）L形滑轨储存方式、T形滑轨储存方式、双轨形和十字形滑轨储存方式（图 28-129）。

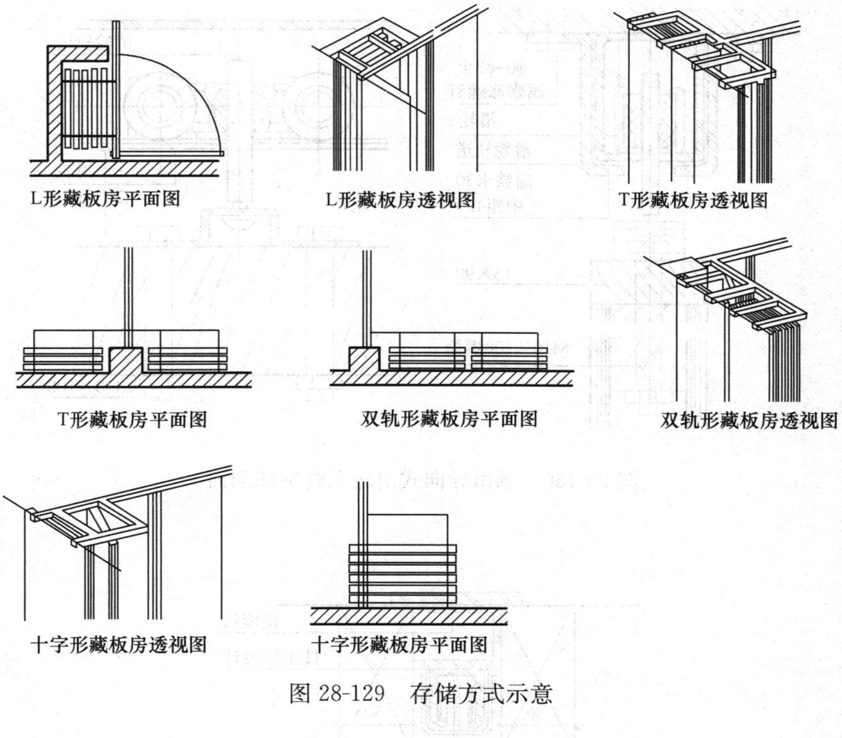

图 28-129 存储方式示意

（3）工艺流程

定位放线 → 隔墙板两侧藏板房施工 → 上下导轨安装 → 隔扇制作 → 隔扇安装及连接 → 密封条安装

（4）操作工艺

1）定位放线：

按设计确定的隔墙位置，在楼地面弹线，并将线引测至顶棚和侧墙。

2）隔墙板两侧藏板房施工：

根据现场情况和隔断样式设计藏板房及轨道走向，以方便活动隔板收纳，藏板房外围护装饰按照设计要求施工。

3）上下轨道安装：

① 上轨道安装：为装卸方便，隔墙的上部有一个通长的上槛，一般上槛的形式有两种：一种是槽形，一种是“T”形。都是用钢、铝制成的。顶部有结构梁的，通过金属膨胀螺栓和钢架将轨道固定于结构上，无结构梁固定于结构楼板，做型钢支架安装轨道（图 28-130），多用于悬吊导向式活动隔墙。滑轮设在隔扇顶面正中央，由于支撑点与隔扇的重心位于同一条直线上，楼地面上就不必再设轨道。上部滑轮的形式较多，隔扇较重时，可采用带有滚珠轴承的滑轮，隔扇较轻时，以用带有金属轴套的尼龙滑轮或滑钮。作为上部支撑点的滑轮小车组，与固定隔扇垂直轴要保持自由转动的关系，以便隔扇能够随时改变自身的角度。垂直轴内可酌情设置减震器，以保证隔扇能在轨道上平稳地移动（图 28-131、图 28-132）。

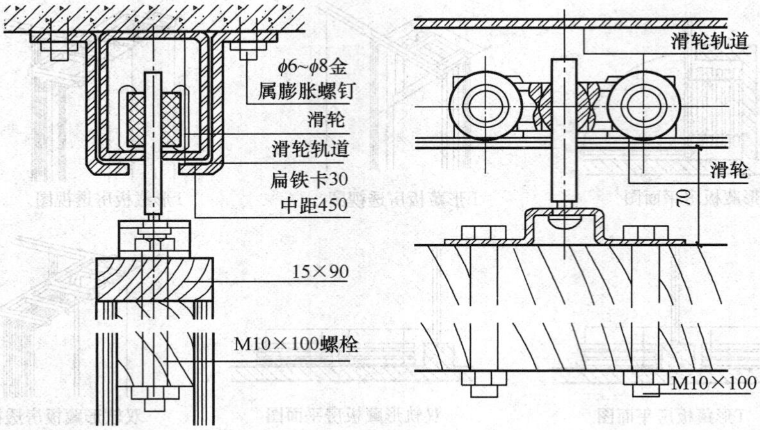

图 28-130　悬吊导向式滑轮系统细部剖面

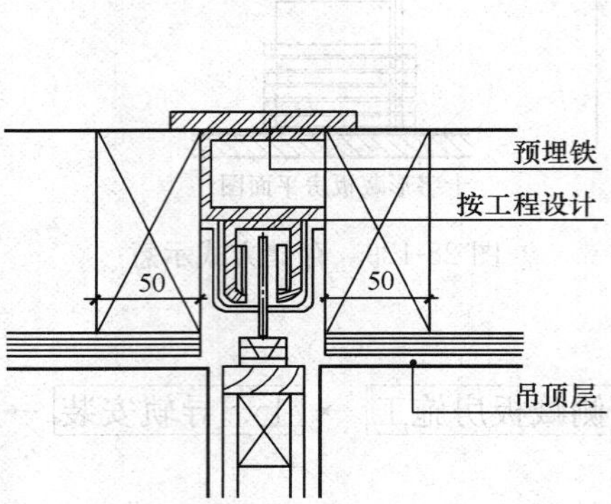

图 28-131　型钢支架轨道安装示意

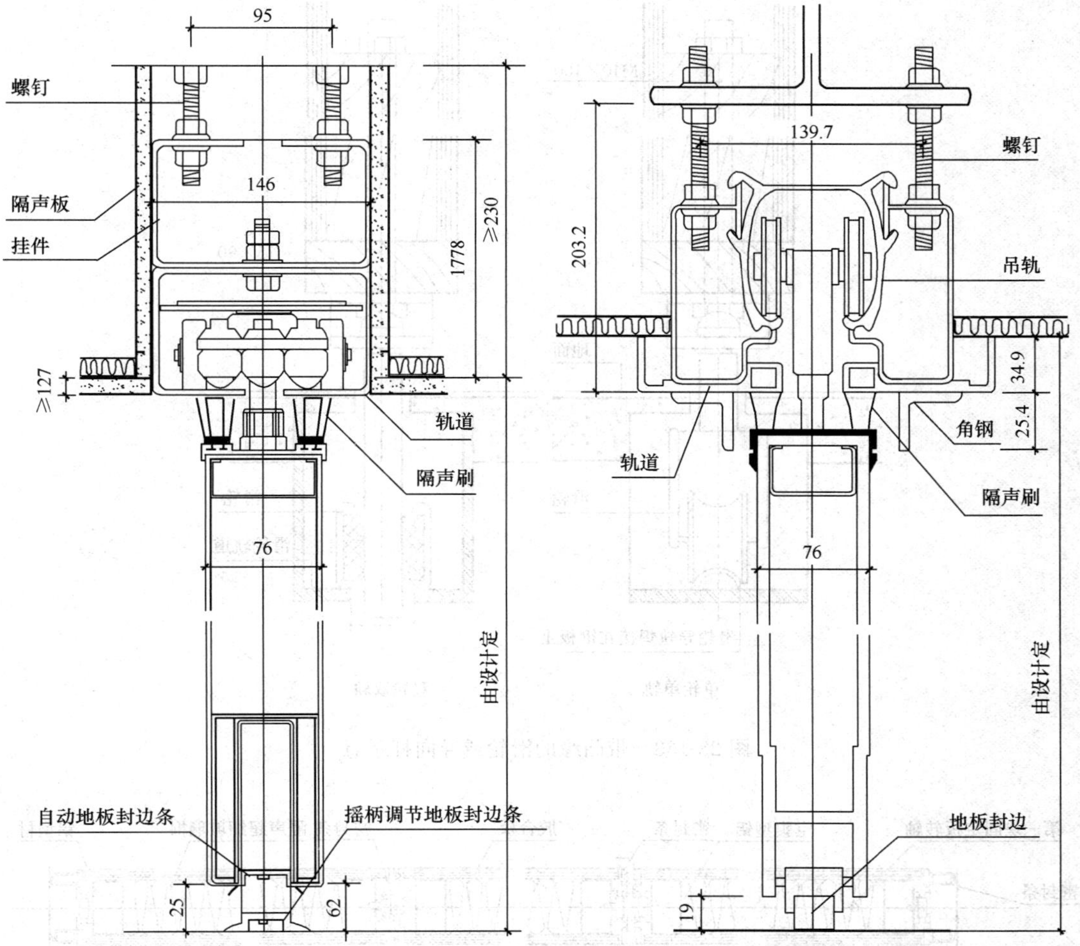

图 28-132 滑轮小车组与隔扇间隔声构造示意

② 下轨道（导向槽）：一般用于支承型导向式活动隔墙。当上部滑轮设在隔扇顶面的一端时，楼地面上要相应地设轨道，隔扇底面要相应地设滑轮，构成下部支撑点。这种轨道断面多数是T形的。如果隔扇较高，可在楼地面上设置导向槽，在楼地面相应地设置中间带凸缘的滑轮或导向杆，防止在启闭的过程中侧向摇摆（图 28-133）。

4）隔扇制作：

① 移动式活动隔墙的隔扇采用金属及木框架，两侧贴有木质纤维板或胶合板，根据设计要求覆装饰面。隔墙板内的接缝形式有企口缝和平缝两种方式，隔声要求较高的隔墙，可在两层板之间设置隔音层，并将隔扇的两个垂直边做成企口缝，以使相邻隔扇能紧密地咬合在一起，达到隔声的目的。

② 隔扇的下部按照设计做踢脚。

③ 活动隔墙的端部与实体墙相交处通常要设一个槽形的补充构件（图 28-134）。以便于调节隔墙板与墙面间距离误差和便于安装和拆卸隔扇，并可有效遮挡隔扇与墙面之间的缝隙。隔声要求高的，还要根据设计要求在槽内填充隔声材料。

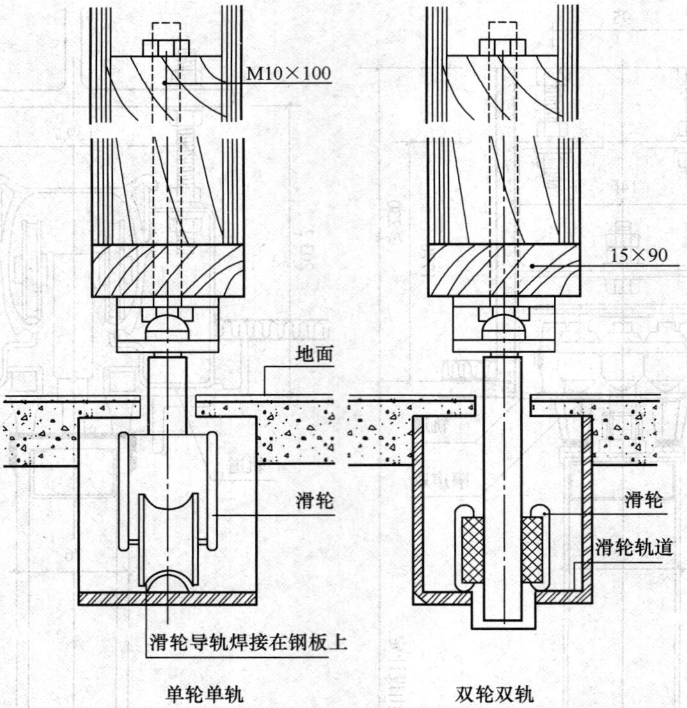

图 28-133　带凸缘的滑轮或导向杆示意

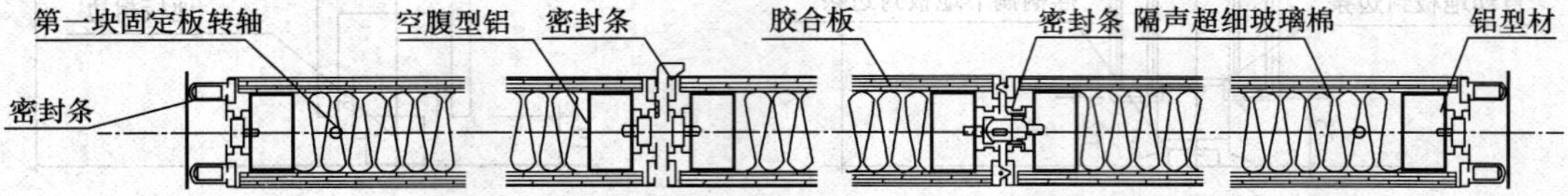

图 28-134　活动隔墙端部与实体墙相交处设置槽形补充构件示意

④ 隔墙板上侧采用槽形轨道时，隔扇的上部可以做成平齐的；采用 T 形轨道时，隔扇的上部应设较深的凹槽，以便于隔扇能够卡到 T 形轨道上槛的腹板上。

5）隔墙扇安装及连接：

分别将隔墙扇两端嵌入上下槛导轨槽内，利用活动卡子连接固定，同时拼装成隔墙，不用时可打开连接重叠置入藏板房内，以免占用使用面积。隔扇的顶面与平顶之间保持 50mm 左右的空隙，以便于安装和拆卸。

6）密封条安装：

隔扇的底面与楼地面之间的缝隙（约 25mm）用橡胶或毡制密封条遮盖。隔墙板上下预留有安装隔声条的槽口，将产品配套的隔声条背筋塞入槽口内，当楼地面上不设轨道时，可在隔扇的底面设一个富有弹性的密封垫，并相应地采取专门装置，使隔墙于封闭状态时能够稍稍下落，从而将密封垫紧紧地压在楼地面上，确保隔声条能够将缝隙较好地密闭。

28.4.4.3 折叠式隔断

1. 分类

形式上分为单侧折叠式和双侧折叠式，材质上分为硬质折叠式隔断和软质折叠式隔断（图 28-135）。

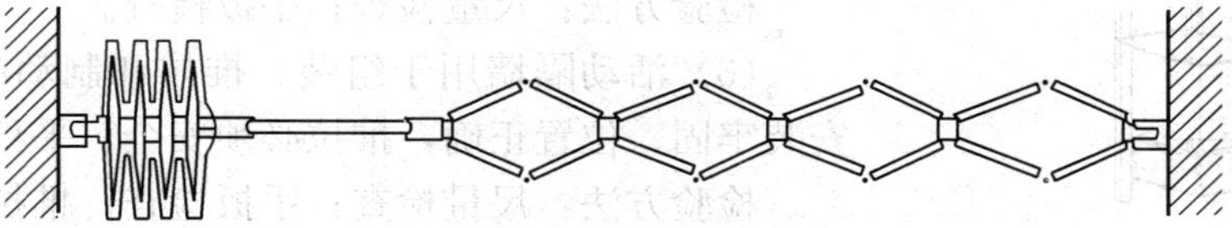

图 28-135 双侧折叠式隔断

2. 材料及质量要求

硬质折叠式隔断采用木质或金属隔扇组成，软质折叠式隔断是用棉、麻制品或橡胶、塑料制品等制成的。

3. 施工要点

双面硬质折叠式隔墙

（1）定位放线：按设计确定的隔墙位置，在楼地面弹线，并将线引测至顶棚和侧墙。

（2）隔墙板两侧藏板房施工。

（3）轨道安装：

1）有框架双面硬质折叠式隔墙的控制导向装置有两种：一是在上部的楼地面上设作为支承点的滑轮和轨道，也可以不设，或是设一个只起导向作用而不起支承作用的轨道；另一种是在隔墙下部设作为支承点的滑轮，相应的轨道设在楼地面上，平顶上另设一个只起导向作用的轨道。

2）无框架双面硬质折叠式隔墙在平顶上安装箱形截面的轨道。隔墙的下部一般可不设滑轮和轨道。

（4）隔墙扇制作安装、连接（图 28-136、图 28-137）。

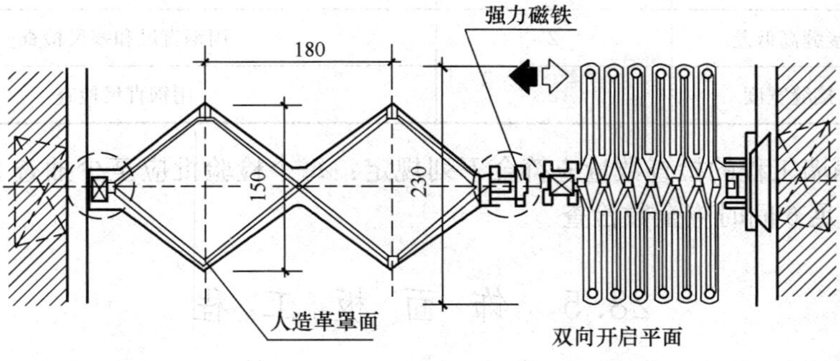

图 28-136 有框架的双面硬质隔墙

28.4.4.4 质量要求

1. 主控项目

（1）活动隔墙所用墙板、轨道、配件等材料的品种、规格、性能和人造木板甲醛释放量、燃烧性能应符合设计要求。

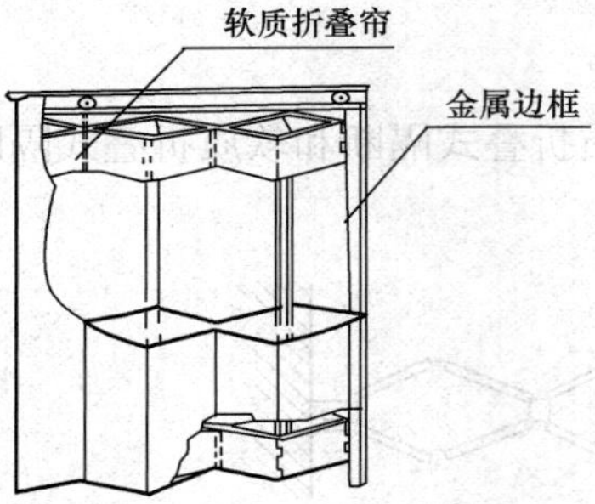

图 28-137　软质折叠隔断及立柱

检验方法：观察；检查产品合格证书、进场验收记录、性能检测报告和复验报告。

（2）活动隔墙轨道应与基体结构连接牢固，并应位置正确。

检验方法：尺量检查；手扳检查。

（3）活动隔墙用于组装、推拉和制动的构配件必须安装牢固、位置正确，推拉必须安全、平稳、灵活。

检验方法：尺量检查；手扳检查；推拉检查。

（4）活动隔墙的组合方式、安装方法应符合设计要求。

检验方法：观察。

2. 一般项目

（1）活动隔墙表面应色泽一致、平整光滑、洁净，线条应顺直、清晰。

检验方法：观察；手摸检查。

（2）活动隔墙上的孔洞、槽、盒应位置正确、套割吻合、边缘整齐。

检验方法：观察；尺量检查。

（3）活动隔墙推拉应无噪声。

检验方法：推拉检查。

（4）活动隔墙安装的允许偏差和检验方法（表 28-46）。

活动隔墙安装的允许偏差和检验方法　　表 28-46

项次	项目	允许偏差（mm）	检验方法
1	立面垂直度	3	用 2m 垂直检测尺检查
2	表面平整度	2	用 2m 靠尺和塞尺检查
3	接缝直线度	3	拉 5m 线，不足 5m 拉通线，用钢直尺检查
4	接缝高低差	2	用钢直尺和塞尺检查
5	接缝宽度	2	用钢直尺检查

3. 活动隔墙工程的检查数量应符合下列规定：每个检验批应至少抽查 20%，并不得少于 6 间；不足 6 间时应全数检查。

28.5　饰面板工程

28.5.1　湿贴石材贴面

28.5.1.1　湿贴石材构造

1. 湿贴石材构造（图 28-138、图 28-139）

2. 胶粘石材构造（图 28-140）

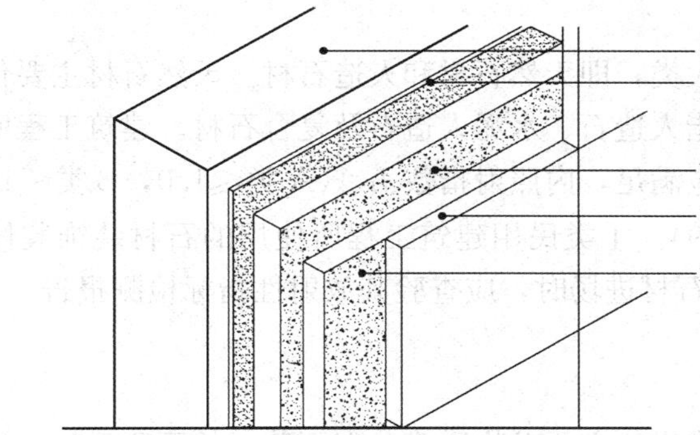

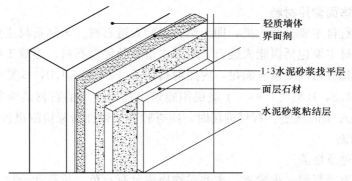

图 28-138 轻质隔墙表面湿贴石材构造节点图

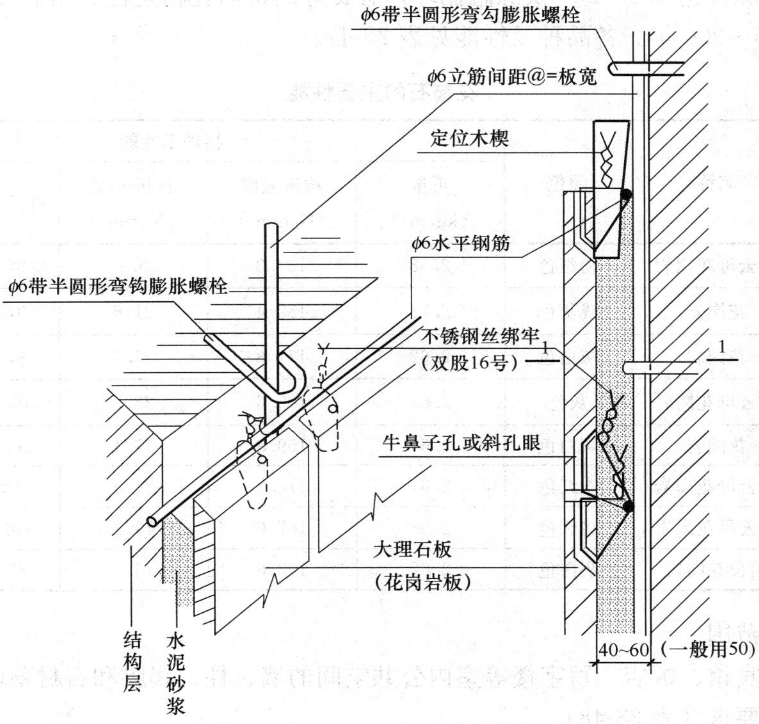

图 28-139 混凝土墙体湿贴石材构造示意图

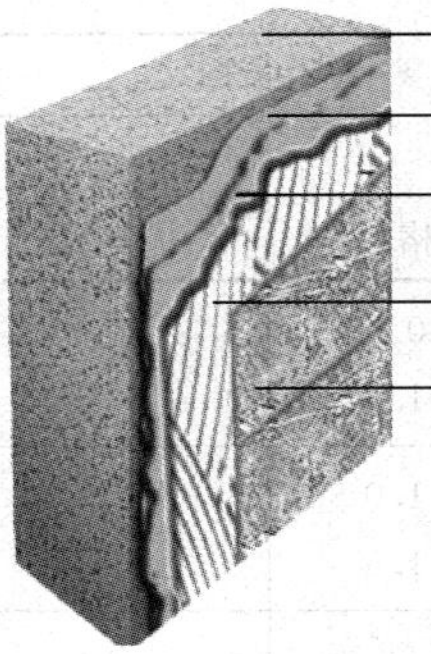

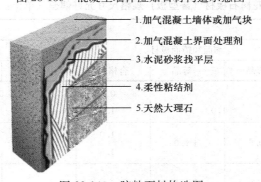

图 28-140 胶粘石材构造图

28.5.1.2　石材饰面常用材料

室内饰面用石材主要分两大类，即天然石材和人造石材。天然石材主要包括大理石和花岗石；人造石材主要包括树脂人造石、水泥人造石及复合石材。建筑工程所使用的石材装饰装修材料，其放射性限量应满足，内照射指数 I_{Ra}（A 类≤1.0，B 类≤1.3），外照射指数 I_r（A 类≤1.3，B 类≤1.9）。Ⅰ类民用建筑工程所使用的石材装饰装修材料，其放射性限量应满足 A 类的规定。石材进场时，应查验其放射性指标检测报告。

1. 花岗石饰面

(1) 规格品种及性能

花岗石又称为岩浆岩、火成岩，主要矿物质成分有石英、长石和云母，是一种晶状天然岩石。其抗冻性达 100～200 次冻融循环，有良好的抗风化稳定性、耐磨性、耐酸碱性，耐用年限约 75～200 年。各品种及性能见表 28-47。

花岗石的主要性能　　**表 28-47**

品种	名称	颜色	物理学性能				
			重量（kg/m³）	抗压强度（N/mm²）	抗折强度（N/mm²）	肖氏强度	磨损量（cm³）
白虎涧	黑云母花岗岩	粉红色	2.58	137.3	9.2	86.5	2.62
笔山石	花岗岩	浅灰色	2.73	180.4	21.6	97.3	12.18
日中石	花岗岩	灰白色	2.62	171.3	17.1	97.8	4.80
峰白石	黑云母花岗岩	灰色	2.62	195.6	23.3	103.0	7.83
厦门白石	花岗岩	灰白色	2.61	169.8	17.1	91.2	0.31
磐石	黑云母花岗岩	浅红色	2.61	214.2	21.5	94.1	2.93
石山红	黑云母花岗岩	暗红色	2.68	167.0	19.2	101.5	6.57
大黑白点	闪长花岗岩	灰白色	2.62	103.6	16.2	87.4	7.53

(2) 适用范围

用于高级宾馆、饭店、写字楼等室内公共空间的墙、柱、踢脚和石材幕墙工程。

(3) 质量要求（表 28-48）。

天然花岗石板材（普型板）规格尺寸允许偏差（单位：mm）　　**表 28-48**

<table>
<tr><th colspan="2" rowspan="3">项目</th><th colspan="6">技术指标</th></tr>
<tr><th colspan="3">细面和镜面板材</th><th colspan="3">粗面板材</th></tr>
<tr><th>优等品</th><th>一等品</th><th>合格品</th><th>优等品</th><th>一等品</th><th>合格品</th></tr>
<tr><td colspan="2">长、宽度</td><td colspan="2">0
−1.0</td><td>0
−1.5</td><td colspan="2">0
−1.0</td><td>0
−1.5</td></tr>
<tr><td rowspan="2">厚度</td><td>≤12</td><td>±0.5</td><td>±1.0</td><td>+1.0
−1.5</td><td colspan="3">—</td></tr>
<tr><td>>12</td><td>±1.0</td><td>±1.5</td><td>±2.0</td><td>+1.0
−2.0</td><td>±2.0</td><td>+2.0
−3.0</td></tr>
</table>

2. 大理石饰面板

（1）品种规格及性能

大理石是一种变质岩或沉积岩，其主要矿物组成为方解石、白云石等。其结晶细小，结构致密。纯大理石的颜色为白色，但大部分都含有其他的矿物质如氧化铁、云母、石墨，因此呈现红、黄、绿、棕等不同颜色。天然大理石可按照使用需求定制加工尺寸。天然大理石物理性能见表28-49。

天然大理石板材物理性能（单位：mm） **表 28-49**

化学主成分含量，%				镜面光泽度，光泽单位		
氧化钙	氧化镁	二氧化钙	灼烧减量	优等品	一等品	合格品
40～56	0～5	0～15	30～45	90	80	70
25～35	15～25	0～15	35～45			
25～35	15～25	10～25	25～35	80	70	60
34～37	15～18	0～1	42～45			
1～5	44～50	32～38	10～20	60	50	10

（2）适用范围

大理石饰面主要用于建筑室内公共空间墙面、柱面、墙裙、踢脚、卫生间墙面及室内墙面的局部装饰。

（3）质量要求（表28-50）

天然大理石板材（普型板）规格尺寸允许偏差（单位：mm） **表 28-50**

项目		技术指标		
		A	B	C
长、宽度		0 −1.0	0 −1.0	0 −1.5
厚度	≤12	±0.5	±0.8	±1.0
	＞12	±1.0	±1.5	±2.0

3. 树脂型人造石材

（1）树脂型人造石材是以多种树脂为胶粘剂，与石英砂、大理石颗粒、方解石粉、玻璃粉等无机物料搅拌混合，添加适量的阻燃剂和色料，经定坯、振动挤压等方法固化成型，最后通过脱模、烘干、抛光等工序制成。

（2）树脂型人造石材具有天然花岗石和大理石的纹理和色泽花纹，重量轻，吸水率低，抗压强度高，耐久性和耐老化性较好，具有非常好的可塑性和加工性，拼接接缝经胶粘、打磨处理后不明显。

4. 水泥型人造石材

水泥型人造石材又称水磨石，是以各种水泥或石灰磨成细沙为胶粘剂，砂为细骨料，碎大理石、花岗石、工业废渣等作为粗骨料，经配料、搅拌、成型、加压蒸养、磨光、抛光而制成。一般按照设计要求由工厂生产，也可在现场预制。其价格低廉但档次较低，广泛用于室内地面、窗台板、踢脚板等。

5. 复合石材

复合大理石通常分为表层和基层。其表层多为名贵的天然石材，其基层可为花岗石、瓷砖、铝蜂窝板等，表层厚度一般为 3～10mm。不同的基层复合方法有着不同的目的。以花岗石为基层通常是为提高整体的强度；以瓷砖为基层可降低成本；以蜂窝铝板为基层可减轻重量。其中以蜂窝铝板为基层的复合石材由于其质量轻、强度高等特点，可用于一些普通石材难以实现的部位（图 28-141）。

图 28-141 铝蜂窝复合石材

28.5.1.3 湿贴石材饰面装饰施工

1. 施工作业条件

（1）已办理好隐蔽验收，水电、通风、设备安装等应提前完成，准备好加工饰面板所需的水、电源等。

（2）内墙面弹好 1m 水平线。

（3）脚手架提前支搭好，宜选用双排架子。架子步高要符合施工规程的要求。

（4）有门窗套的必须把门框、窗框立好（位置准确、垂直、牢固，并考虑安装大理石时尺寸有足够的余量）。同时要用 1∶3 水泥砂浆将缝隙堵塞严密。铝合金门窗框边缝所用嵌缝材料应符合设计要求，且塞堵密实并事先粘贴好保护膜。

（5）大理石、磨光花岗石等进场后应堆放于室内，下垫方木，核对数量、规格，并预铺、配花、编号等，以备正式铺贴时按号取用。

（6）大面积施工前应先放出施工大样，并做样板，经质检部门鉴定合格后，经过设计、建设、监理单位共同认定验收，方可组织班组按样板要求施工。

（7）对进场的石料应进行验收，颜色不均匀时应进行挑选，必要时进行试拼编号。

2. 关键质量要点

（1）石材需作六面防护，所选用的防护剂要与石材的品种相适应。所有湿贴石材，均要求将石材背网铲除。

（2）弹线必须准确，经复验后方可进行下道工序。基层处理抹灰前，墙面必须清扫干净，浇水湿润；基层抹灰必须平整，基层强度符合设计要求；贴块材应平整牢固，无空鼓。

（3）清理预做饰面石材的结构表面，施工前认真按照图纸尺寸，核对结构施工的实际情况，同时进行吊直、套方、找规矩，弹出垂直线水平线，控制点要符合要求。并根据设计图纸和实际需要弹出安装石材的位置线和分块线。

(4) 施工安装石材时，严格按配合比计量，掌握适宜的砂浆稠度，分次灌浆，防止造成石板外移或板面错动，以致出现接缝不平、高低差过大。

(5) 冬期施工时，应做好防冻保温措施，以确保砂浆不受冻，其室外温度不得低于5℃，但寒冷天气不得施工。防止空鼓、脱落和裂缝。

3. 施工工艺

(1) 工艺流程

1) 薄型小规格块材（边长小于40cm）工艺流程：

基层处理 → 吊垂直、套方、找规矩、贴灰饼 → 抹底层砂浆 → 弹线分格 → 石材表面处理 → 排块材 → 粘贴块材 → 勾缝与擦缝

2) 普通型大规格块材（边长大于40cm）工艺流程：

钻孔、剔槽 → 穿铜丝或不锈钢丝 → 绑扎固定钢筋网 → 石材表面处理 → 吊垂直、找规矩、弹线 → 安装石材 → 灌浆 → 勾缝、擦缝

(2) 操作工艺

1) 薄型小规格块材（一般厚度10mm以下）：边长小于40cm，可采用粘贴方法。

① 混凝土墙面基层处理：将凸出墙面的混凝土剔平，对基体混凝土表面很光滑的要凿毛，或用可掺界面剂胶的水泥细砂浆做小拉毛墙，也可刷界面剂、并浇水湿润基层。

② 抹底层砂浆：10mm厚1∶3水泥砂浆打底，应分层分遍抹砂浆，随抹随刮平抹实，用木抹搓毛。

③ 弹线分格：待底层灰六至七成干时，即可按图纸要求进行分段分格弹线，同时亦可进行面层贴标准点的工作，以控制面层出墙尺寸及垂直、平整。

④ 石材表面处理：石材表面充分干燥（含水率应小于8%）后，用石材防护剂进行石材六面体防护处理，此工序必须在无污染的环境下进行，将石材平放于木枋上，用毛刷蘸上防护剂，均匀涂刷于石材表面，涂刷必须到位，第一遍涂刷完间隔24h后用同样的方法涂刷第二遍石材防护剂，如采用水泥或胶粘剂固定，间隔48h后对石材粘结面用专用胶泥进行拉毛处理，拉毛胶泥凝固硬化后方可使用。

⑤ 排板块：室内一个房间应镶贴尺寸一致的板块。如墙面留有孔洞、槽盒、管根、管卡等，要用板块上下左右对准孔洞套划好，用无齿锯等工具套割规整。在底层砂浆上应弹垂直与水平控制线，一般竖线间距为1m左右，横线一般根据板块规格尺寸每5～10块弹一水控制线，有墙裙的弹在墙裙上口。

⑥ 粘贴板块

a. 室内开始镶贴时，一般由阳角开始，自下而上的进行，尽量使不成整块的板块留在阴角。如有水池、镜框时，必须以水池、镜框为中心往两边分贴。

b. 在板块背面宜采用石材专用胶粘剂镶贴，粘贴厚度为8～10mm，贴上后用灰铲柄轻轻敲打，使之附线，再用钢片开刀调整竖缝，并用小杠通过标准点调整平面和垂直度。

c. 如要求拉缝镶贴时，板块之间的水平缝宽度用米厘条控制，米厘条用贴砖砂浆与中层灰临时镶贴，米厘条贴在已镶贴好的板块上口，为保证其平整，可临时加垫小木楔。

⑦ 勾缝擦缝：用素水泥砂浆或专用嵌缝剂勾缝，板块缝处理完后，用布或棉丝擦洗干净。

2）大规格块材：边长大于 40cm，镶贴高度超过 1m 时，可采用如下安装方法。

① 钻孔、剔槽：安装前先将饰面板按照设计要求用台钻打眼，事先应钉木架使钻头直对板材上端面，在每块板的上、下两个面打眼，孔位打在距板宽的两端 1/4 处，每个面各打两个眼，孔径为 5mm，深度为 12mm，孔位距石板背面以 8mm 为宜（指钻孔中心）。如大理石或花岗石板材宽度较大时，可以增加孔数。钻孔后用小型石材切割机把石板背面的孔壁切剔一道槽，深 5mm 左右，连同孔眼形成象鼻眼，以备埋卧铜丝之用（图 28-142）。若饰面板规格较大，下端不好捆绑不锈钢丝或铜丝时，亦可在未镶贴饰面板的一侧，采用手提无齿锯，按规定在板高的 1/4 处上、下各开一槽（槽长 3～4mm，槽深约 12mm 与饰面板背面打通，竖槽一般居中，亦可偏外，但以不损坏外饰面和不反碱为宜），可将不锈钢丝或铜丝卧入槽内，便可拴绑与钢筋网固定。此法亦可直接在镶贴现场做（图 28-143）。

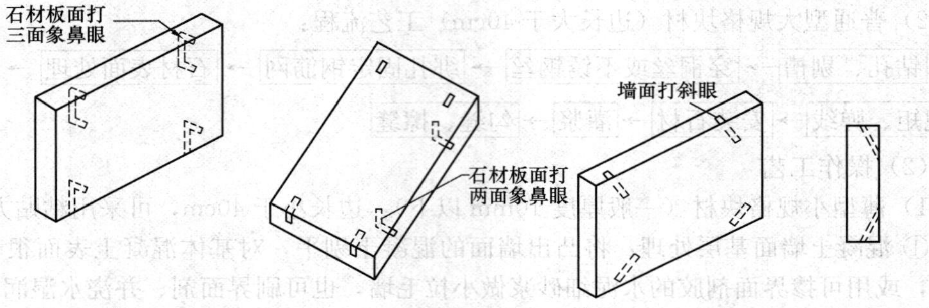

图 28-142　石材钻孔示意图

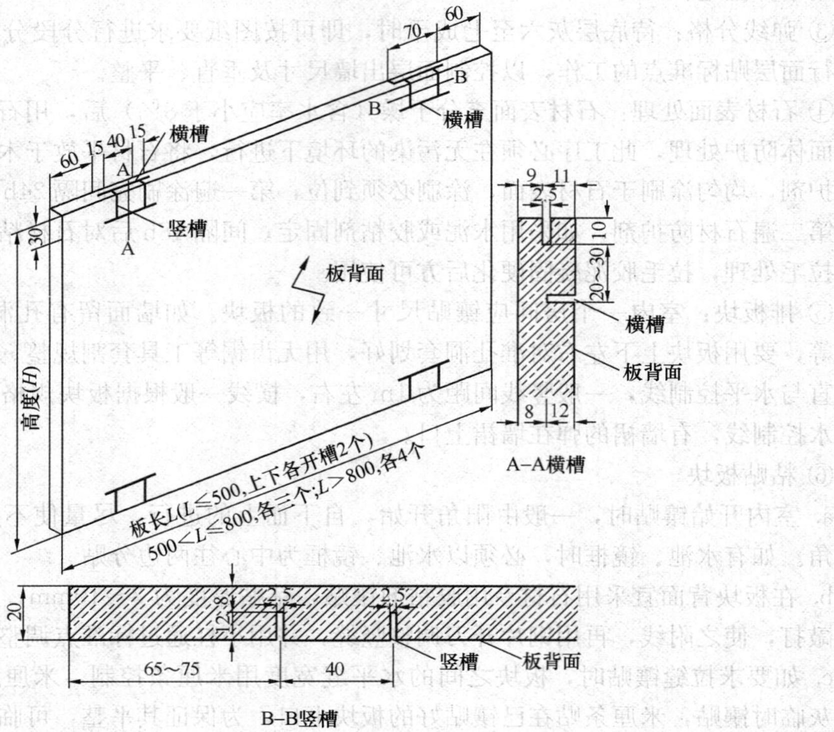

图 28-143　石材开槽示意图

② 穿铜丝或不锈钢丝：把备好的铜丝或不锈钢丝剪成长 20cm 左右，一端用木楔粘环氧树脂将铜丝或不锈钢丝塞进孔内固定牢固，另一端将铜丝或不锈钢丝顺孔槽弯曲并卧入槽内，使大理石或花岗石板上、下端面没有铜丝或不锈钢丝突出，以便和相邻石板接缝严密。

③ 绑扎固定钢筋网：首先剔出墙上的预埋筋，把墙面镶贴大理石或花岗石的部位清扫干净。先绑扎一道竖向 $\phi6$ 钢筋，并把绑好的竖筋用预埋筋弯压于墙面。横向钢筋为绑扎大理石或花岗石板材所用，如板材高度为 60cm 时，第一道横筋在地面以上 10cm 处与主筋绑牢，用作绑扎第一层板材的下口固定铜丝或不锈钢丝。第二道横筋绑在 50cm 水平线上 7～8cm，比石板上口低 2～3cm 处，用于绑扎第一层石板上口固定铜丝或不锈钢丝，再往上每 60cm 绑一道横筋即可。

④ 石材表面处理：石材表面充分干燥（含水率应小于 8%）后，用石材防护剂进行石材六面体防护处理，此工序必须在无污染的环境下进行，将石材平放于木枋上，用毛刷蘸上防护剂，均匀涂刷于石材表面，涂刷必须到位，第一遍涂刷完间隔 24h 后用同样的方法涂刷第二遍石材防护剂，如采用水泥或胶粘剂固定，间隔 48h 后对石材粘接面用专用胶泥进行拉毛处理，拉毛胶泥凝固硬化后方可使用。

⑤ 吊垂直、找规矩、弹线：清理预做饰面石材的结构表面，同时进行吊直、套方、找规矩，弹出垂直线水平线。并根据设计图纸和实际需要弹出安装石材的位置线和分块线，具体步骤为：首先将大理石或花岗石的墙面、柱面和门窗套用大线坠从上至下找出垂直（高度较大时应用经纬仪找垂直）。应考虑大理石或花岗石板材厚度、灌注砂浆的空隙和钢筋网所占尺寸，一般大理石或花岗石外皮距结构面的厚度应以 5～7cm 为宜。找出垂直后，在地面上顺墙弹出大理石或花岗石板等外廓尺寸线（柱面和门窗套等同）。此线即为第一层大理石或花岗石等的安装基准线。编好号的大理石或花岗石板等在弹好的基准线上画出就位线，每块留 1mm 缝隙（如设计要求拉开缝，则按设计规定留出缝隙），阴阳角节点（图 28-144）。

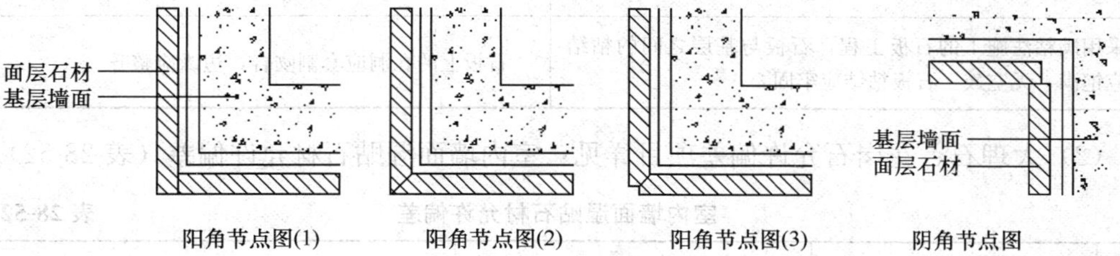

图 28-144 湿贴石材阴阳角节点图

⑥ 安装石材：按部位取石板并舒直铜丝或不锈钢丝，将石板就位，石板上口外仰，右手伸入石板背面，把石板下口铜丝或不锈钢丝绑扎在横筋上。绑时不要太紧可留余量，只要把铜丝或不锈钢丝和横筋拴牢即可（灌浆后即会锚固），把石板竖起，便可绑大理石或花岗石板上口铜丝或不锈钢丝，并用木楔子垫稳，块材与基层间的缝隙（即灌浆厚度）一般为 30～50mm。用靠尺板检查调整木楔，再拴紧铜丝或不锈钢丝，依次向另一方进行。柱面可按顺时针方向安装，一般先从正面开始。第一层安装完毕再用靠尺板找垂直，水平尺找平整，方尺找阴阳角方正，在安装石板时如发现石板规格不准确或石板之间的空

隙不符，应用铅皮垫牢，使石板之间缝隙均匀一致，并保持第一层石板上口的平直。

⑦ 灌浆：把配合比为1∶2.5水泥砂浆放入半截大桶加水调成粥状（稠度一般为8～12cm），用铁簸箕舀浆徐徐倒入，注意不要碰大理石或花岗石板，边灌边用橡皮锤轻轻敲击石板面使灌入砂浆排气。第一层浇灌高度为15cm，不能超过石板高度的1/3；第一层灌浆很重要，因要锚固石板的下口铜丝又要固定石板，所以要轻轻操作，防止碰撞和猛灌。如发生石板外移错动，应立即拆除重新安装。第一次灌入15cm后停1～2h，等砂浆初凝，此时应检查是否有移动，再进行第二层灌浆，灌浆高度一般为20～30cm，待初凝后再继续灌浆。第三层灌浆至低于板上口5～10cm处为止。

⑧ 勾缝、擦缝：全部石板安装完毕后，清除所有余浆痕迹，用抹布擦洗干净，并按石板颜色调制色浆嵌缝，边嵌边擦干净，使缝隙密实、均匀、干净、颜色一致。

3）柱子贴面：安装柱面大理石或花岗石，其弹线、钻孔、绑钢筋和安装等工序与镶贴墙面方法相同，要注意灌浆前用木方钉成槽形木卡，双面卡住大理石板或花岗石板，以防止灌浆时大理石或花岗石板外胀。

4. 质量标准

（1）主控项目与一般项目（表28-51）。

主控项目与一般项目表　　　　**表28-51**

主控项目	一般项目
石材的品种、规格、颜色和性能应符合设计要求和国家现行标准的有关规定	表面：平整、洁净、色泽一致，应无裂痕和缺损。石板表面应无泛碱等污染
石板孔、槽的数量、位置和尺寸应符合设计要求	接缝：密实、平直，宽度和深度应符合设计要求，填缝材料色泽应一致
石板安装工程的预埋件（或后置埋件）、连接件的材质、数量、规格、位置、连接方法和防腐处理应符合设计要求。后置埋件的现场拉拔力应符合设计要求。石板安装应牢固	采用湿作业法施工的石板安装工程，石板应进行防碱封闭处理。石板与基体之间的灌注材料应饱满、密实
采用满粘法施工的石板工程，石板与基层之间的粘结料应饱满、无空鼓。石板粘结应牢固	石板上的孔洞应套割吻合，边缘应整齐

（2）大理石、花岗石允许偏差项目详见：室内墙面湿贴石材允许偏差（表28-52）。

室内墙面湿贴石材允许偏差　　　　**表28-52**

项次	项目	允许偏差（mm）			检验方法
		光面	剁斧石	蘑菇石	
1	立面垂直度	2	3	3	用2m垂直检测尺检查
2	表面平整度	2	3	—	用2m靠尺和塞尺检查
3	阴阳角方正	2	4	4	用200mm直角检测尺检查
4	接缝直线度	2	4	4	拉5m线，不足5m拉通线，用钢直尺检查
5	墙裙、勒脚上口直线度	2	3	3	拉5m线，不足5m拉通线，用钢直尺检查
6	接缝高低差	1	3	—	用钢直尺和塞尺检查
7	接缝宽度	1	2	2	用钢直尺检查

5. 安全环保措施

在操作前检查脚手架和脚手板是否搭设牢固，高度是否满足操作要求。禁止穿硬底鞋、拖鞋、高跟鞋在架子上工作，架子上人不得集中在一起，工具要搁置稳定，以防止坠落伤人。在两层脚手架上操作时，应尽量避免在同一垂直线上工作，必须同时作业时，下层应设置防护措施。脚手架严禁搭设在门窗、散热器、水暖等管道上。禁止搭设飞跳板。严禁从高处往下乱投东西。夜间临时用的移动照明灯，必须用安全电压。机械操作人员须培训持证上岗，现场一切机械设备，非机械操作人员一律禁止乱动。材料必须符合环保要求，无污染。

6. 成品保护

施工过程中要及时清擦干净残留在门窗框、玻璃和金属饰面板上的污物，宜粘贴保护膜，预防污染、锈蚀。认真贯彻合理施工顺序，其他工种的活应做在前面，防止损坏、污染石材饰面板。拆改架子和上料时，严禁碰撞石材饰面板。饰面完活后，易破损部分的棱角处要钉护角保护，其他工种操作时不得划伤和碰坏石材。

28.5.2 干挂石材饰面

28.5.2.1 石材饰面构造

干挂石材构造（图 28-145）。

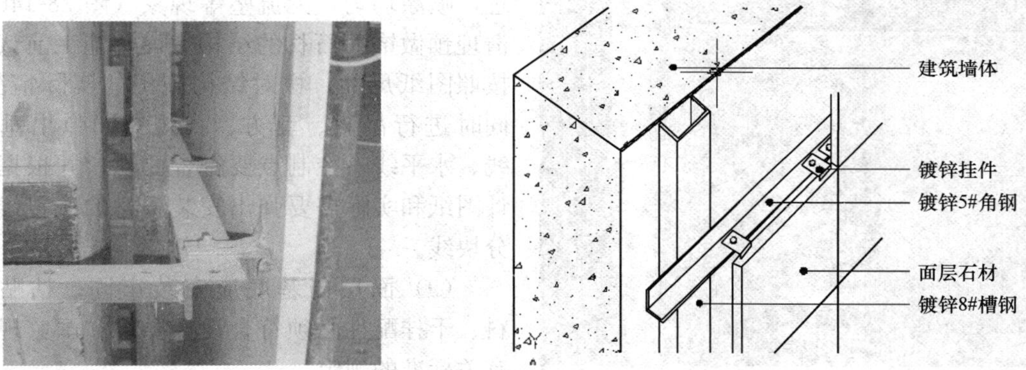

图 28-145 干挂石材饰面构造

28.5.2.2 石材饰面常用材料

同 28.5.1.2 湿贴石材饰面常用材料。

28.5.2.3 干挂石材饰面装饰施工

1. 施工作业条件

（1）检查石材的质量、规格、品种、数量、力学性能和物理性能是否符合设计要求，并进行表面处理工作。

（2）水电及设备、墙上预留预埋件已安装完。

（3）外门窗已安装完毕，安装质量符合要求。

（4）对施工人员进行技术交底时，应强调技术措施、质量要求和成品保护，大面积施工前应先做样板，经质检部门鉴定合格后，方可组织班组施工。

（5）固定槽钢的角钢角码已经完成防锈处理，并切割打孔完成。

2. 施工质量要点

（1）根据设计要求，确定石材的品种、颜色、花纹和尺寸规格，并严格控制、检查其抗折、抗拉及抗压强度，吸水率、耐冻融循环等性能。块材的表面应光洁、方正、平整、质地坚固，不得有缺棱、掉角、暗痕和裂纹等缺陷。

（2）膨胀螺栓、连接铁件、连接不锈钢件等配套的铁垫板、垫圈、螺帽及与骨架固定的各种设计和安装所需要的连接件的质量，必须符合国家现行有关标准的规定。

（3）饰面石材板的品种、防腐、规格、形状、平整度、几何尺寸、光洁度、颜色和图案必须符合设计要求，要有产品合格证。

（4）基层槽钢、角钢龙骨、防锈漆材料规格、型号、质量检测数据合格，已经上报监理、总包单位，并且验收合格。

（5）对施工人员进行技术交底时，应强调技术措施、质量要求和成品保护。

（6）施工现场放线准确，整体中庭各层收边收口处尺寸一致，石材排版满足施工现场实际施工需求。

（7）弹线必须准确，经复验后方可进行下道工序。固定的槽钢、角钢应安装牢固，加固方式应符合设计要求，石材应用护理剂进行石材六面体防护处理。

图 28-146　槽钢、角钢防锈处理

（8）槽钢、角钢已进行防锈漆喷涂处理，喷涂均匀，无流坠等现象（图 28-146）。清理预做饰面石材的结构表面，施工前认真按照图纸尺寸，核对结构施工的实际情况，同时进行吊直、套方、找规矩，弹出垂直线、水平线，控制点要符合要求，并根据设计图纸和实际需要弹出安装石材的位置线和分块线。

（9）面层与基底应安装牢固；粘贴用料、干挂配件必须符合设计要求和国家现行有关标准的规定。

（10）石材表面平整、洁净；纹理清晰通顺，颜色均匀一致；非整板部位安排适宜，阴阳角处的板压向正确。

（11）缝格均匀，板缝通顺，接缝填嵌密实，宽窄一致，无错台错位。

3. 施工工艺

（1）工艺流程

墙面放线 → 石材排板 → 龙骨安装 → 石材安装 → 石材清理及保护

（2）操作工艺

1）墙面放线：按照施工现场的实际尺寸进行墙面放线，策划整个石材干挂的施工方案（图 28-147）。

2）石材排板：根据现场的实际尺寸进行墙面石材干挂安装排板，现场弹线，并根据现场排板图进行石材加工进货依据。石材的编号和尺寸必须准确。

3）龙骨安装：弹线作业完成，进行墙面打孔，孔深在 60～80mm，同时将墙面清理干净，墙体内的强电、弱电线管不能影响石材安装。不同结构条件不同设计安装方式，应按设计要求进行龙骨安装。

4）石材安装：将石材支放平稳后，用手持电动无齿磨切机切割槽口，切开槽口后石材净厚度不得小于 8mm，每块石板上下边应各开两个短平槽，短平槽长度不应小于 100mm，在有效长度内槽深度不宜小于 15mm，开槽宽度宜为 6mm 或 7mm，以能配合安装不锈钢干挂件，开槽时尽量干法施工。石材的安装顺序一般由下向上逐层施工，石材墙面宜先安装主墙面，门窗洞口宜先安装侧边短板，以免操作困难。墙面第一层石材施工时，下面先用厚木板临时支托，干挂施工过程中随时用线锤或者靠尺进行垂直度和平整度的控制。石材干挂不锈钢挂件中心距板边不得大于 150mm，角钢上安装的挂件中心间距不宜大于 700mm，边长不大于 1m 的石材可设两个挂件，边长大于 1m 时，应增加 1 个挂件，石材干挂开放缝的位置要按照设计要求进行留缝处理。石材干挂完成，调整好整体的水平度和垂直度，然后在开槽位置满填 AB 胶，固定石材和干挂件，待 AB 胶凝固后，方可安装下一块石材。石材干挂前，必须将墙面的线盒、开关整板套割。石材在干挂施工过程中要按照设计的要求，进行板缝留设。干挂石材阴阳角节点（图 28-148、图 28-149）。

图 28-147　施工工艺

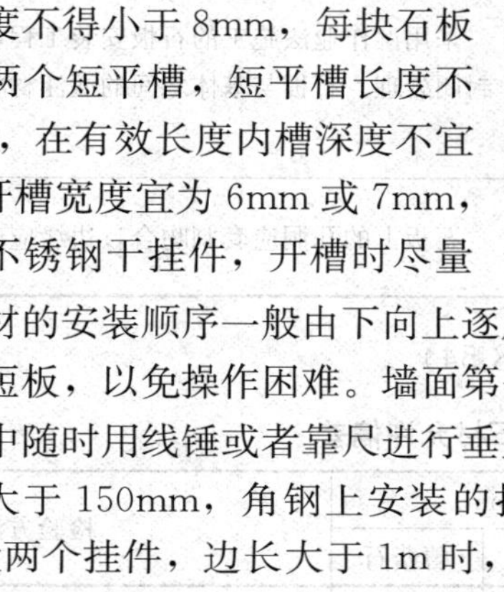

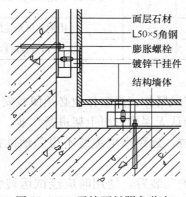

图 28-148　干挂石材阴角节点

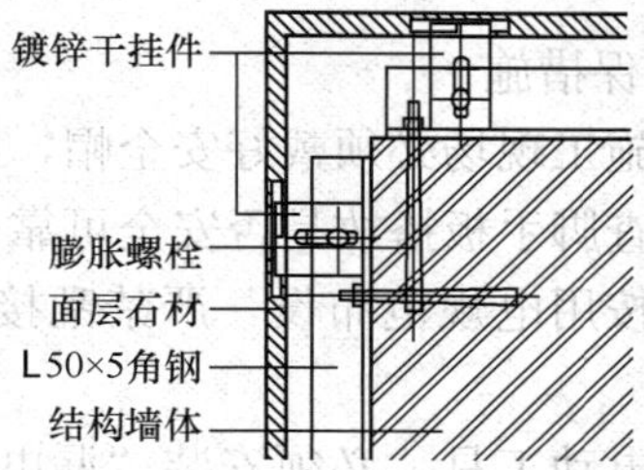

图 28-149　干挂石材阳角节点图

5）石材清理及保护：石材干挂完成后，要进行现场的成品保护，人流量较大处，要整面墙进行保护，所有的石材干挂阳角必须采取成品保护措施。工程竣工及保洁及其使用时必须采用中性清洗剂，在清洗时必须先做小面积试验，以免选用清洗剂不当，破坏石材的光泽度或者造成麻坑。

4. 质量标准

（1）主控项目一般项目（表 28-53）。

主控项目一般项目　　　**表 28-53**

主控项目	一般项目
石材的品种、规格、颜色和性能应符合设计要求和国家现行标准的有关规定	表面：平整、洁净、色泽一致，应无裂痕和缺损。石板表面应无泛碱等污染
石板孔、槽的数量、位置和尺寸应符合设计要求	接缝：密实、平直，宽度和深度应符合设计要求，填缝材料色泽应一致
石板安装工程的预埋件（或后置埋件）、连接件的材质、数量、规格、位置、连接方法和防腐处理应符合设计要求。后置埋件的现场拉拔力应符合设计要求。石板安装应牢固	采用湿作业法施工的石板安装工程，石板应进行防碱封闭处理。石板与基体之间的灌注材料应饱满、密实
采用满粘法施工的石板工程，石板与基层之间的粘结料应饱满、无空鼓。石板粘结应牢固	石板上的孔洞应套割吻合，边缘应整齐

（2）室内外墙面干挂石材允许偏差（表 28-54）。

室内墙面干挂石材允许偏差　　　**表 28-54**

项次	项目	允许偏差（mm）			检验方法
		光面	毛面板	蘑菇石	
1	立面垂直度	2	3	3	用 2m 垂直检测尺检查
2	表面平整度	2	3	—	用 2m 靠尺和塞尺检查
3	阴阳角方正	2	4	4	用 200mm 直角检测尺检查
4	接缝直线度	2	4	4	拉 5m 线，不足 5m 拉通线，用钢直尺检查
5	墙裙、勒脚上口直线度	2	3	3	
6	接缝高低差	1	3	—	用钢直尺和塞尺检查
7	接缝宽度	1	2	2	用钢直尺检查

5. 安全环保措施

（1）进入施工现场必须戴好安全帽，系好风紧扣。高空作业必须佩戴安全带，上架子作业前必须检查脚手板搭放是否安全可靠，确认无误后方可上架进行作业。施工现场临时用电线路必须按用电规范布设，严禁乱接乱拉，远距离电缆线不得随地乱拉，必须架空固定。

（2）小型电动工具，必须安装“漏电保护”装置，使用时应经试运转合格后方可操作。电气设备应有接地、接零保护，现场维护电工应持证上岗，非维护电工不得乱接电源。电源、电压须与电动机具的铭牌电压相符，电动机具移动应先断电后移动，下班或使用完毕必须拉闸断电。

（3）施工时必须按施工现场安全技术交底施工。施工现场严禁扬尘作业，清理打扫时必须洒少量水湿润后方可打扫，并注意对成品的保护，废料及垃圾必须及时清理干净，装袋运至指定堆放地点，堆放垃圾处必须进行围挡。切割石材的临时用水，必须有完善的污水排放措施。对施工中噪声大的机具，尽量安排在白天及夜晚 10 点前操作，严禁噪声扰民。

28.5.3 玻 璃 饰 面

28.5.3.1 玻璃饰面构造

玻璃饰面构造（图 28-150）

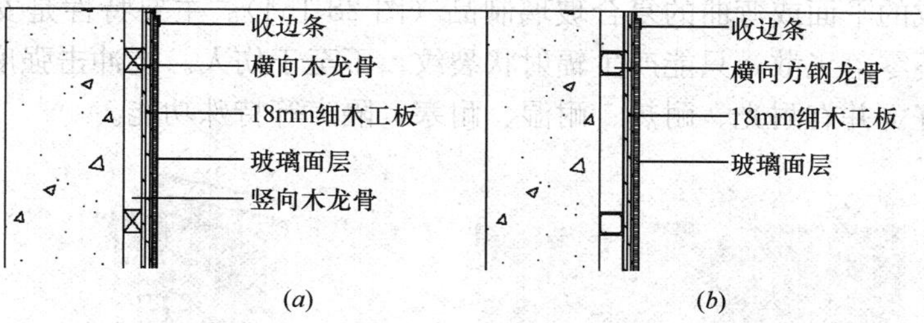

图 28-150 玻璃饰面构造

（a）木龙骨基层；（b）方钢龙骨基层

28.5.3.2 玻璃饰面常用材料

1. 平板玻璃

普通平板玻璃是以石英砂、纯碱、石灰石等主要原料与其他辅材经高温熔融成型并冷却而成的透明固体。普通的平板玻璃为钙钠玻璃。主要用于门窗，起透光、挡风和保温作用。要求无色，并具有较好的透明度，表面应光滑平整，无缺陷。

2. 镜面玻璃和玻璃镜

镜面玻璃简单说就是从里面能看到外面，从外面看不到里面。一般是在普通玻璃上面加层膜，或者上色，或者在热塑成型时在里面加入一些金属粉末等，使其既能透过光源的光还能使里面的反射物的反射光出不去（图 28-151）。

3. 磨砂玻璃

使用机械喷砂或手工碾磨，也可使用氟酸溶蚀、研磨、喷砂等方法将玻璃表面处理成均匀毛面，具有透光不透视的特点（图 28-152）。它能使室内光线柔和不刺眼。一般用于卫生间、浴室、办公室门窗及隔断，也可用于黑板及灯罩。

图 28-151 镜面玻璃

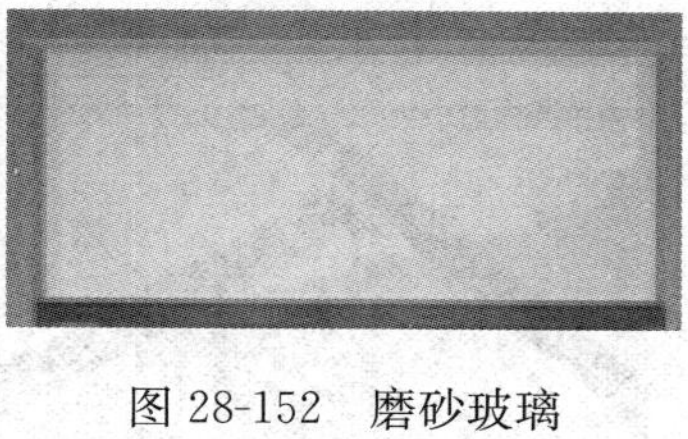

图 28-152 磨砂玻璃

4. 压花玻璃

压花玻璃是将熔融的玻璃浆在冷却中通过带图案花纹的辊轴辊压制成，又称花纹玻璃或滚花玻璃（图 28-153）。经过喷涂处理的压花玻璃可呈浅黄色、浅蓝色、橄榄色等。压花玻璃分有普通压花玻璃、真空镀膜压花玻璃、彩色膜压花玻璃等。由于压花玻璃的表面凹凸不平，因此，当光线通过玻璃时产生漫射，而具有透光不透视的特点。又因其表面压有各种图案花纹，所以具有良好的装饰性，给人素雅清晰、富丽堂皇的感觉。

5. 夹层玻璃

夹层玻璃是一种安全玻璃。它是在两片或多片平板玻璃之间，嵌夹透明塑料薄片，再经热压粘合而成的平面或弯曲的复合玻璃制品（图 28-154）。主要特性是安全性好，破碎时，玻璃碎片不零落飞散，只能产生辐射状裂纹，不至于伤人。抗冲击强度优于普通平板玻璃，防范性好。并有耐光、耐热、耐湿、耐寒、隔声等特殊功能。

图 28-153 压花玻璃

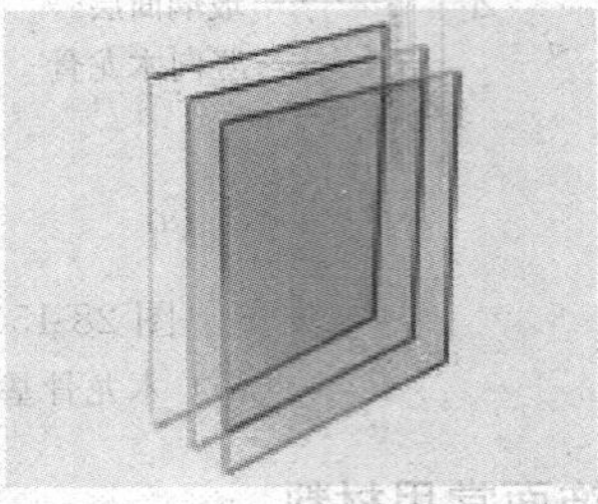

图 28-154 夹层玻璃

6. 钢化玻璃

钢化玻璃又称强化玻璃。它是通过加热到一定温度后再迅速冷却的方法进行特殊处理的玻璃（图 28-155）。它的特性是强度高，其抗弯曲强度、耐冲击强度比普通平板玻璃高 3～5 倍。安全性能好，有均匀的内应力，破碎后呈网状裂纹。可制成曲面玻璃、吸热玻璃等，主要用于门窗、间隔墙和橱柜门。钢化玻璃还能耐酸、耐碱。

7. 中空玻璃

中空玻璃是由两片或多片平板玻璃构成，用边框隔开，四周用胶结、焊接或熔接密封，中间充入干燥空气或其他惰性气体（图 28-156）。中空玻璃还可制成不同颜色或镀上具有不同性能的薄膜，整体拼装在工厂完成。玻璃采用平板原片，有浮法透明玻璃、彩色玻璃、防阳光玻璃，镜片反射玻璃、夹丝玻璃、钢化玻璃等。由于玻璃片中间留有空腔，因此具有良好的保温、隔热、隔声等性能。如在空腔中充以各种漫射光线的材料或介质，则可获得更好的声控、光控、隔热等效果。主要用于需要采暖、空调、防止噪声、结露及需要无直射阳光和需要特殊光线的住宅。其光学性能、导热系数、隔声系数均应符合现行国家标准。

图 28-155 钢化玻璃

图 28-156 中空玻璃

8. 雕花玻璃

图 28-157 雕花玻璃

它是在普通平板玻璃上，用机械或化学方法雕出图案或花纹的玻璃（图 28-157）。雕花图案透光不透明，有立体感，层次分明，效果高雅。雕花玻璃分为人工雕刻和电脑雕刻两种。其中人工雕刻利用娴熟刀法的深浅和转折配合，更能表现出玻璃的质感，使所绘图案给予人呼之欲出的感受。雕花玻璃是家居装修中很有品位的一种装饰玻璃，所绘图案一般都具有个性“创意”，能够反映居室主人的情趣所在和对美好事物的追求。

9. 背漆玻璃

背漆玻璃就是烤漆玻璃，按工艺不同可分为平面玻璃烤漆和磨砂玻璃烤漆两种（图 28-158）。是在透明玻璃背后烤上专用的油漆，在 30～45℃的烤箱中烤 8～12h，在很多制作烤漆玻璃的地方一般采用自然晾干，不过自然晾干的漆面附着力比较小，在潮湿的环境下容易脱落。主要应用于墙面、背景墙的装饰，并且适用于任何场所的室内外装饰，由于不透明，可以加工成不同的颜色，具有很强的装饰性。可以装饰柱子、墙面，作为形象墙的一部分等，也可以作为公司的张贴板等。

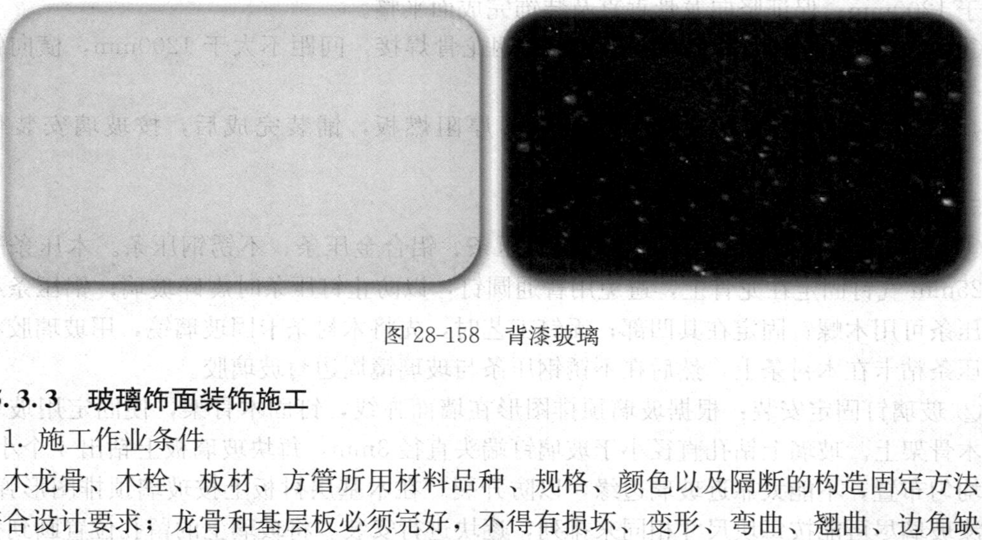

图 28-158 背漆玻璃

28.5.3.3 玻璃饰面装饰施工

1. 施工作业条件

木龙骨、木栓、板材、方管所用材料品种、规格、颜色以及隔断的构造固定方法，均应符合设计要求；龙骨和基层板必须完好，不得有损坏、变形、弯曲、翘曲、边角缺陷等现象。并要注意被碰撞和撞击；电器配件的安装，应安装牢固，表面应与罩面板的底面齐平；施工墙面油渍、水泥清理干净。玻璃安装前，应按照设计要求的尺寸及结合实测尺寸，预先集中裁制，并按不同规格和安装顺序码放在安全地方待用。

2. 施工作业要点

（1）材料关键要点：方管、龙骨、配件和罩面板的材料以及胶粘剂的材料应符合现行国家标准和行业标准的规定；人造板、粘胶剂必须有环保要求检测报告。

（2）技术质量要点：弹线必须准确，经复验后方可进行下道工序。固定沿顶和沿地龙骨，各自交接后的龙骨，应保持平整垂直，安装牢固。靠墙立筋应与墙体的连接牢固紧密。边框应与隔断立筋连接牢固，按照设计做好防火、防腐。安装玻璃时，使玻璃在框口内准确就位，玻璃安装在凹槽内，内外侧间隙应相等，间隙宽度一般在 2～5mm。

3. 施工工艺

(1) 工艺流程

基层处理→墙面定位弹线→安装龙骨→安装基层板→安装面层玻璃→安装收边条

(2) 操作工艺

1) 基层处理：墙面要进行抹灰，按照使用部位的不同，在抹灰面上做防潮处理。洗手间墙上装镜子，在抹灰面上涂防水涂料。

2) 墙面定位弹线：按设计要求在墙面弹线，弹线清楚、位置准确；充分考虑墙面不同材料间关系和留孔位置合理定位。

3) 安装龙骨

① 钻孔安装角钢固定件：角钢固定件上开有长圆孔，以便于施工时调节位置和允许使用情况下的热胀冷缩。在混凝土或砌块墙上钻孔，用膨胀螺栓固定角钢固定件。当需要在钢结构柱或梁上固定时，不能直接将角钢固定件与钢结构相连，以免破坏原钢结构防火保护层。应在需要位置另行焊接转接件再与角钢固定件连接，并应恢复焊接位置的防火保护层。

② 固定竖向龙骨：角钢固定件和竖向钢龙骨采用焊接方式，两个角钢固定件的间距不大于1200mm；保证竖向龙骨垂直及装饰完成面平整。

③ 固定横向龙骨：横向钢龙骨与竖向钢龙骨焊接，间距不大于1200mm，横向钢龙骨面与竖向钢龙骨平齐。

4) 安装基层板：在钢龙骨上铺12mm厚阻燃板，铺装完成后，按玻璃安装位置弹线。

5) 安装面层玻璃

① 嵌压式固定安装：常用的压条为木压条、铝合金压条、不锈钢压条。木压条采用20～25mm气钉固定在龙骨上，避免用普通圆钉，以防止钉压条时震碎玻璃；铝压条和不锈钢压条可用木螺钉固定在其凹部；无钉工艺时，先将木衬条卡固玻璃镜，用玻璃胶将不锈钢压条粘卡在木衬条上，然后在不锈钢压条与玻璃镜周边封玻璃胶。

② 玻璃钉固定安装：根据玻璃预排图形在墙面弹线，钉固木骨架，使固定用玻璃钉落在木骨架上。玻璃上钻孔直径小于玻璃钉端头直径3mm，每块玻璃板上钻出4个小孔，孔位均匀布置，不能太靠近玻璃边缘，以防开裂。在木基层衬板上按玻璃预排图形弹线，镜背漆玻璃尽可能按每块尺寸相同来排列，逐块进行安装。将玻璃上的留孔位置画到衬板上，放下玻璃，用ϕ2mm钻头钻孔，孔眼落在木龙骨上，然后再将玻璃就位，穿过玻璃上的孔拧入玻璃钉，最后拧上装饰钉帽。在拧入玻璃钉时应对角拧紧，以玻璃不晃为准。

③ 粘结加玻璃钉双重固定安装：此种安装方法适用于面积较大的玻璃。首先将玻璃背面清扫干净，除去尘土和砂粒，在玻璃背面涂刷一层白乳胶，用一张薄牛皮纸裱贴在玻璃背面，要求贴牢、平整。然后分别在玻璃背面的牛皮纸和木基层的胶合板面上涂刷万能胶，当胶面不粘手时，把玻璃按弹线位置粘到胶合板上，用手抹压玻璃，使其与胶合板墙面粘合紧密，并注意边缘和四角都应粘牢。最后用玻璃钉将四角固定。

④ 小块玻璃安装及角位收边处理：粘贴时从下面开始，按弹线位置向上逐块粘贴，并在块与块的接缝边上涂少许玻璃胶。在转角处的处理有线条压边、磨边对角并封玻璃胶。采用线条压边时，在粘贴玻璃时留出压边线条的位置；用玻璃胶收边时，可将玻璃胶

注在线条与玻璃交接的角位，也可注在两块玻璃的对口处。

⑤ 在安装玻璃的过程中，固定踢脚板基层板，以固定玻璃，安装基层板过程中预留封包不锈钢面层的距离。

6）安装收边条：采用非嵌压式固定安装的玻璃饰面，根据设计要求，可在玻璃周边安装金属收边条或玻璃周边进行磨边处理。金属收边条可采用胶贴固定方式，与玻璃饰面固定。

（3）质量标准

1）龙骨和基层板、玻璃的材料、品种、规格、式样应符合设计要求和施工规范规定。

2）龙骨必须安装牢固，无松动，位置正确。

3）大芯板无脱层、翘曲、折裂、缺棱掉角等现象，安装必须牢固。

（4）基本项目

1）罩面板表面应平整、洁净、无污染、麻点、锤印、颜色一致。

2）罩面板之间的缝隙或压条，宽窄应一致，整齐、平直、压条和板接缝严密。

3）骨架隔墙面板安装的允许偏差（表 28-55）。

骨架隔墙面板安装的允许偏差（mm） **表 28-55**

立面垂直度人造木板	4	表面平整度人造木板	3
阴阳角方正人造木板	3	接缝直线度人造木板	3
压条直线度人造木板	3	接缝高低差人造木板	1

4）玻璃表面应洁净，不得有腻子、密封胶、涂料等污渍。中空玻璃内外表面均应洁净，玻璃中层内不得有灰尘和水蒸气。

5）面层玻璃安装的允许偏差（表 28-56）。

面层玻璃安装的允许偏差 **表 28-56**

项次	项目		允许偏差（mm）		检验方法
			明框玻璃	隐框玻璃	
1	立面垂直度		1	1	用 2m 垂直检测检查
2	构件平整度		1	1	用 2m 垂直检测检查
3	表面平整度		1	1	用 2m 靠尺和塞尺检查
4	阳角方正		1	1	用直角检测尺检查
5	接缝直线度		2	2	用钢直尺和塞尺检查
6	接缝高低差		1	1	拉 5m 线，不足 5m 拉通线用钢直尺检查
7	接缝宽度		—	1	用钢直尺检查
8	相邻板角错位		—	1	用钢尺检查
9	分格框对角线长度差	对角线长度≤2m	2	—	用钢尺检查
		对角线长度＞2m	3	—	用钢尺检查

4. 成品保护

（1）罩面板材料，在进场、存放、使用过程中应妥协管理，使其不变形，不受潮、不损坏、不污染。

（2）安装玻璃时，操作人员要加强对其他完成施工作业面的成品保护。

5. 安全环保措施

（1）高处安装玻璃时，检查架子是否牢固。

（2）严禁上下两层、垂直交叉作业。玻璃安装时，避免与太多工种交叉作业，以免在安装时，各种物体与玻璃碰撞，击碎玻璃。

（3）作业时，不得将废弃的玻璃乱扔，以免伤害到其他作业人员。

（4）安装在易于受到人体或物体碰撞部位的玻璃面板，应采取防护措施，并应设置提示标识。

28.5.4　金属饰面

本节适用于建筑室内墙、柱面金属板装饰。

28.5.4.1　金属饰面构造做法分类

金属饰面构造（图 28-159）。

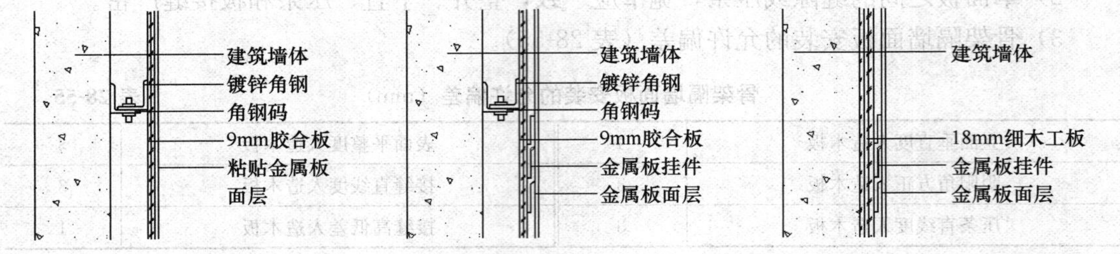

角钢 9mm 胶合板基层金属板粘贴　　角钢 9mm 胶合板基层金属板挂装　　细木工板金属板挂装

图 28-159　金属饰面构造

28.5.4.2　金属饰面常用材料

1. 彩色涂层钢板

彩色涂层钢板多以热轧钢板和镀锌钢板为原板，表面层压贴聚氯乙烯或聚丙烯酸酯环氧树脂、醇酸树脂等薄膜，亦可涂覆有机、无机或复合涂料。具有耐腐蚀、耐磨等性能。其中塑料复合钢板，可用作墙板、屋面板等。

2. 彩色不锈钢板

（1）彩色不锈钢板是在不锈钢板材上进行技术和艺术加工，使其成为各种彩色绚丽、光泽明亮的不锈钢板。颜色有蓝、灰、紫、红、茶色、橙、金黄、青、绿等，其色调随光照角度变化而变化。

（2）彩色不锈钢板面层的主要特点：能耐 200℃的温度；弯曲 90°彩色层不损坏；彩色层经久不褪色。

3. 镜面不锈钢饰面板

（1）采用不锈钢薄板经特殊抛光处理而成。光亮如镜，其反射率、变形率与高级镜面相似，并具有耐火、耐潮、耐腐蚀、不破碎等特点。

（2）常用于高级公用建筑的墙面、柱面以及门厅的装饰。

4. 铝合金板

装饰工程中常用的铝合金板，从表面处理方法分：有阳极氧化及喷涂处理；从色彩分：有银白色、古铜色、金色等；从几何尺寸分：有条形板和方形板，方形板包括正方形、长方形等。用于高层建筑的外墙板，一般单块面积较大，刚度和耐久性要求较高，因而板要适当厚些。常用的铝合金板有以下品种：

（1）铝合金花纹板：铝合金花纹板是用防锈铝合金等坯料，由特制的花纹轧辊轧制而成。这种板材不易磨损，耐腐蚀，易冲洗，防滑性好，通过表面处理可以得到不同的色彩。多用于建筑物的墙面装饰。

（2）铝质浅花纹板：铝质浅花纹板的花饰精巧，色泽美观，除具有普通铝板共同的优点外，其刚度约提高 20%，抗划伤、擦伤能力较强，对白光的反射率达 75%～90%，热反射率达 85%～95%。

（3）铝及铝合金压型板：铝及铝合金压型板既有良好的装饰效果，又有很强的反射阳光能力，其耐久性可达 20 年（图 28-160）。

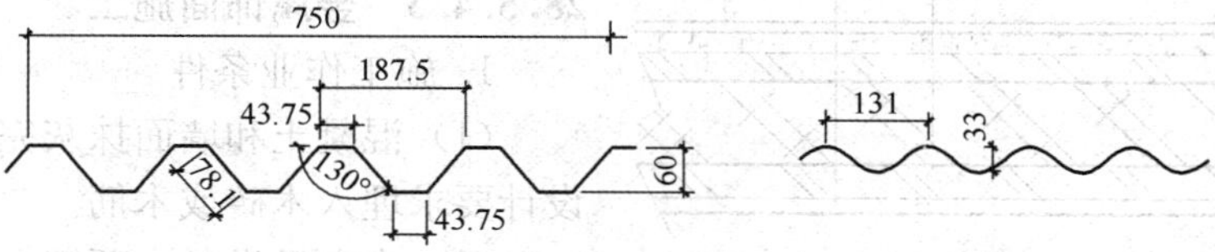

(*a*) (*b*)

图 28-160 铝及铝合金波纹板

（*a*）压型板；（*b*）波纹板

铝及铝合金压型板具有重量轻、外形美观、耐腐蚀、耐久、容易安装等优点，也可通过表面处理得到各种色彩。主要用于建筑物的外墙和屋面等，也可做成复合外墙板，用于工业与民用建筑的非承重挂板。

（4）铝蜂窝装饰板：铝蜂窝板（图 28-161）主要选用合金铝板或高锰合金铝板为基材，面板厚度为 0.8～1.5mm 氟碳滚涂板或耐色光烤漆，底板厚度为 0.6～1.0mm，总厚

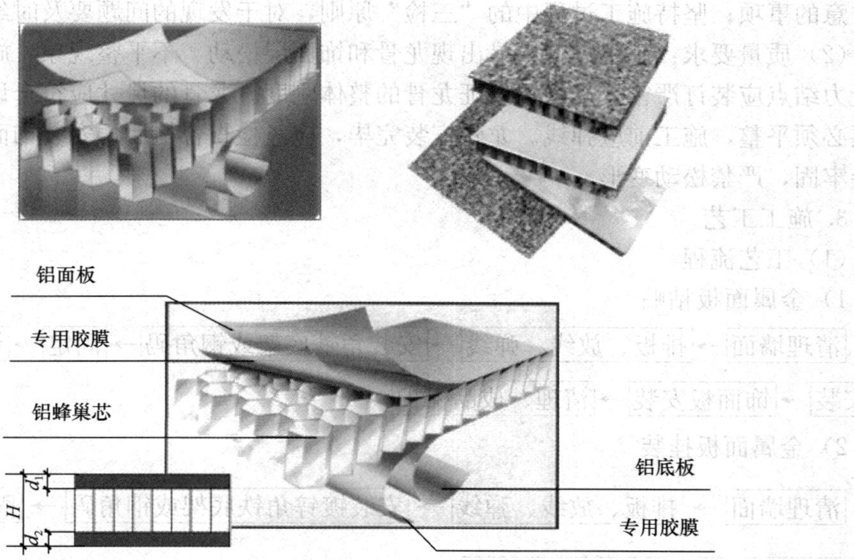

图 28-161 铝蜂窝板结构

度为25mm。芯材采用六角形铝蜂窝芯，铝箔厚度0.04～0.06mm，边长5～6mm，质轻、强度高、刚度大。具有相同刚度的蜂窝板重量仅为铝单板的1/5，钢板的1/10，相互连接的铝蜂窝芯就如无数个工字钢，芯层分布固定在整个板面内，使板块更加稳定，其抗风压性能大大超于铝塑板和铝单板，并具有不易变形，平面度好的特点，即使蜂窝板的分格尺寸很大，也能达到极高的平面度。

5. 塑铝板

塑铝板是一种新型装修材料，是以铝合金片与聚乙烯复合材复合加工而成。可分为镜面塑铝板、镜纹塑铝板和塑铝板三种，基本构造（图28-162）。

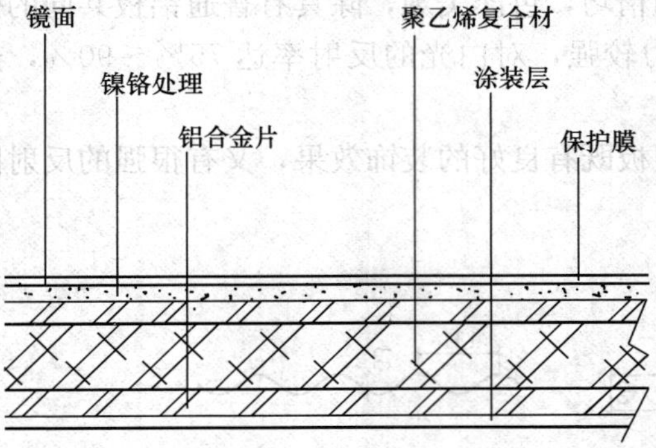

图28-162　塑铝板基本构造

28.5.4.3　金属饰面施工

1. 施工作业条件

（1）混凝土和墙面抹灰完成，基层已按设计要求埋入木砖或木筋。

（2）水电及设备，顶墙上预留预埋件已完成。

（3）房间的吊顶分项工程基本完成，并符合设计要求。

（4）房间里的地面分项工程基本完成，并符合设计要求。

（5）对施工人员进行技术交底，强调技术措施和质量要求。

（6）调整基层并进行检查，粘贴饰面要求基层平整、牢固，垂直度、平整度均符合细木制作验收规范。

2. 施工作业要点

（1）技术关键要求：施工前编制好技术方案，对于放线人员进行技术交底。放线结束后，技术人员进行复核，保证测量精度；工人施工前要进行技术交底，重点说明施工中需要注意的事项；坚持施工过程中的“三检”原则，对于发现的问题要及时纠正整改。

（2）质量要求：施工过程中易出现龙骨和饰面层松动、不平整现象，施工过程中应注意受力结点应装订严密、牢固、保证龙骨的整体刚度。龙骨的尺寸应符合设计要求；以及面层必须平整，施工前应弹线。龙骨安装完毕，应经检查合格后再安装饰面板。配件必须安装牢固，严禁松动变形。

3. 施工工艺

（1）工艺流程

1）金属面板粘贴

清理墙面→排板、放线、弹线→安装角铁底架或钢角码→固定→调整→防火夹板安装→饰面板安装→清理、成品保护

2）金属面板挂装

清理墙面→排板、放线、弹线→安装镀锌角铁底架或钢角码→固定→调整→挂件挂装金属板→清理、成品保护

（2）操作工艺

1）墙面必须干燥、平整、清洁，设计需要时做防潮层。

2）参照图纸设计要求，按现场实际情况，对要安装铝板（金属吸音板）的墙面进行排板放线，将板需要安装位置的标高线放出，按照图纸的分割尺寸放出龙骨的中心线。

3）按照排板弹线安装龙骨，龙骨采用镀锌角铁或钢角码，使用对拉螺栓固定或膨胀螺栓，调整完后再进行紧固。此外还可在墙面上直接固定基层板但对墙面平整度要求较高。在骨架安装时，必须注意位置准确，立面垂直、表面平整，阴阳角方正，整体牢固无松动。

4）龙骨安装好后先安装防火夹板，防火夹板与镀锌角铁用自攻螺钉固定，而后用专用胶水粘贴面层金属板，此外还可采用专业挂件在龙骨上挂装面层金属板。

4．质量标准（表 28-57、表 28-58）。

主控项目及一般项目 **表 28-57**

主控项目	一般项目
金属板的品种、规格、颜色和性能应符合设计要求及国家现行标准的有关规定	金属板表面应平整、洁净、色泽一致
金属板安装工程的龙骨、连接件的材质、数量、规格、位置、连接方法和防腐处理应符合设计要求。金属板安装应牢固	金属板接缝应平直，宽度应符合设计要求
外墙金属板的防雷装置应与主体结构防雷装置可靠接通	金属板上的孔洞应套割吻合，边缘应整齐

允许偏差项目 **表 28-58**

项目	允许偏差（mm）	检验方法
立面垂直度	2	用 2m 垂直检测尺检查
表面平整度	3	用 2m 靠尺和塞尺检查
阴阳角方正	3	用 200m 直角检测尺检查
接缝直线度	2	拉 5m 线，不足 5m 拉通线，用钢直尺检查
墙裙、勒脚上口直线度	2	拉 5m 线，不足 5m 拉通线，用钢直尺检查
接缝高低差	1	用钢直尺和塞尺检查
接缝宽度	1	用钢直尺检查

5．成品保护

（1）墙面饰面板有划痕或污染：有可能在搬运中受损、工作台上制作时受损，及施工安装时受损、受污染。要求搬运时注意半成品材料的保护，工作台面应随时清理干净，以免饰面划伤，安装时必须小心保护，轻拿轻放，不得碰撞，边施工边检查有无污损，完工后应派专人巡视看护。

（2）堆放场地必须平整干燥，垫板要干净，堆放时要面对面安放，板和板之间必须清理干净，以免板面划伤。

（3）合理安排施工顺序，水、电、通风、设备安装等活应做在前面，防止损坏、污染金属饰面板。

6. 安全环保措施

废料及垃圾必须及时清理干净，并装袋运至指定堆放地点，做到活完料尽，工完场清；进入施工现场必须正确佩戴好安全帽。登高作业时必须系好安全带；使用电动工具必须有良好的接零（接地）保护线，非电工人员不能搭接电源。

28.5.5 木 饰 面 板

28.5.5.1 木饰面板构造及分类

木饰面板构造可分为胶粘型和挂装型，挂装型可分为金属挂件和木质挂件两种形式（图 28-163）。金属挂件挂装法为目前常用做法其结构（图 28-164）。金属挂件（图 28-165）。

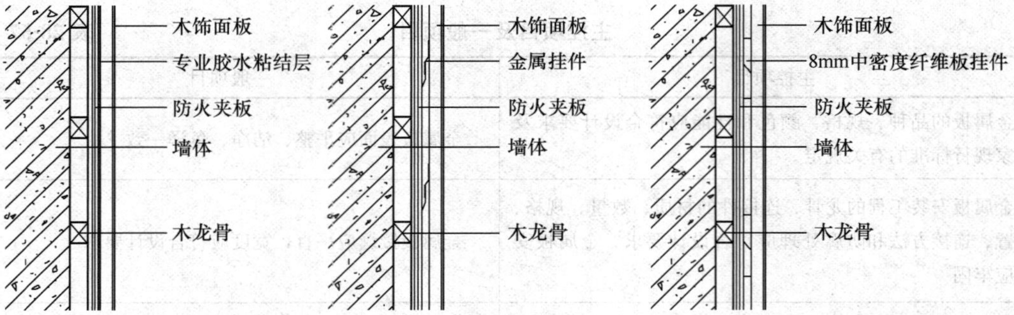

图 28-163　木饰面板构造

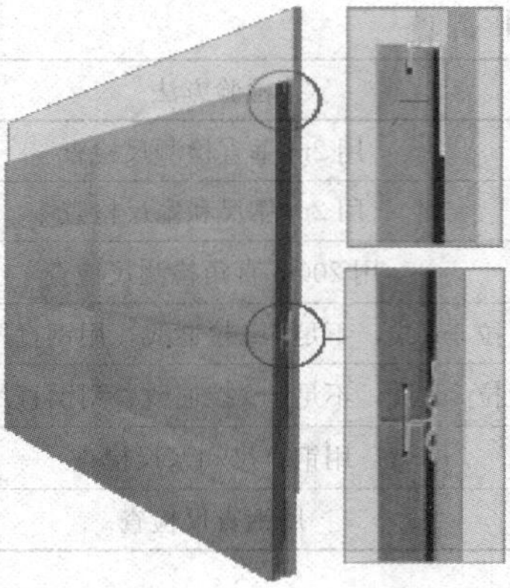

图 28-164　金属件挂装构造

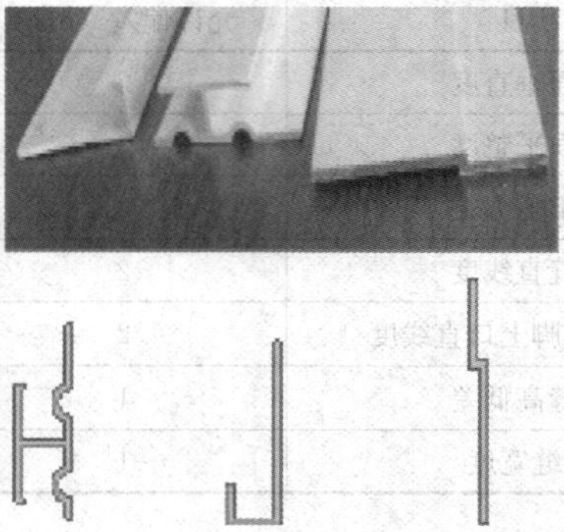

图 28-165　金属挂件

28.5.5.2 木饰面板常用材料

木饰面板是以人造板为基层板，在其表面上粘贴装饰薄木（木皮）或带有木纹的纸质材料的饰面板。室内装饰装修中所采用的人造木板及其制品进场时，应查验其游离甲醛释放量检测报告。室内装饰装修中所使用的木质材料，严禁采用沥青、煤焦油类防腐、防潮处理剂。

1. 三聚氰胺贴面板

三聚氰胺贴面板（图 28-166）是将带有印刷木纹或其他纹理的多层牛皮纸，经过三聚氰胺树脂浸渍，而后复合在刨花板或中密度纤维板上而成。三聚氰胺贴面板图案花色丰富，表面耐磨、耐腐蚀、耐潮湿、阻燃。

图 28-166 三聚氰胺贴面板

2. 薄木贴面板

薄木贴面板（图 28-167、图 28-168）是将各种木材经旋切成薄木皮，以胶合板、刨花板或中密度纤维板为基材，将薄木皮粘贴在基层板上，然后对贴面板表面进行涂饰处理。薄木贴面板具有天然木材纹理及质感，具有很好的装饰效果。但由于表层薄木为天然木材，因此其板与板间常常存在色差。

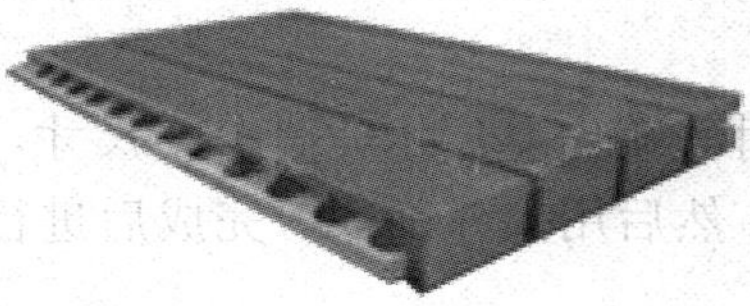

图 28-167 薄木贴面吸音板

图 28-168 薄木贴面装饰板

3. 材料要求

(1) 木夹板含水率≤12%，不能有虫蚀腐朽的部位；面板应表面平整、边缘整齐、不应有污垢、裂纹、缺角、翘曲、起皮、色差、图案不完整的缺陷。胶合板、木质纤维板不应脱胶、变色和腐朽。

(2) 基层板和面板材料的材质均应符合现行国家标准和行业标准的规定。

(3) 质量要求（表 28-59）。

饰面人造板中甲醛释放试验方法及限量值 **表 28-59**

产品名称	试验方法	限量值	使用范围	限量标志
饰面人造板	气候箱法	≤0.124mg/m^3	可直接用于室内	E_1

注：1. 仲裁时，采用气候箱法。

2. E_1 为可直接用于室内的人造板。

28.5.5.3 木饰面板施工工艺

1. 施工作业条件

混凝土和墙面抹灰完成，基层已按设计要求埋入木砖或木筋，水泥砂浆找平层已抹完并已刷防水涂层；水电及设备，顶墙上预留预埋件已完成；房间的吊顶分项工程基本完成，并符合设计要求；房间里的地面分项工程基本完成，并符合设计要求；对施工人员进行技术交底，强调技术措施和质量要求；调整基层并进行检查，要求基层平整、牢固，垂直度、平整度均符合细木制作验收规范。

2. 施工作业质量要点

(1) 施工前编制好技术方案，对于放线人员进行技术交底。放线结束后，进行复核，保证测量精度；工人施工前要进行技术交底，重点说明施工中需要注意的事项；坚持施工过程中的“三检”原则，对于发现的问题要及时纠正整改。

（2）施工过程中易出现龙骨和饰面层松动、不平整现象，施工过程中应注意受力节点应装订严密、牢固、保证龙骨的整体刚度。龙骨的尺寸应符合设计要求；面层必须平整，施工前应弹线。龙骨安装完毕，应经检查合格后再安装饰面板。配件必须安装牢固，严禁松动变形。

3. 施工工艺

（1）工艺流程

1）面层板粘贴

放线→木龙骨刷防火涂料→铺设木龙骨→安装防火夹板→粘贴面层板

2）面层板挂装

放线→木龙骨刷防火涂料→铺设木龙骨→安装防火夹板→专业挂件挂装面层板

（2）操作工艺（图 28-169）

1）放线：根据图纸和现场实际测量的尺寸，确定基层木龙骨分格尺寸，将施工面积按 300～400mm 均匀分格木龙骨的中心位置，然后用墨斗弹线，完成后进行复查，检查无误开始安装龙骨。

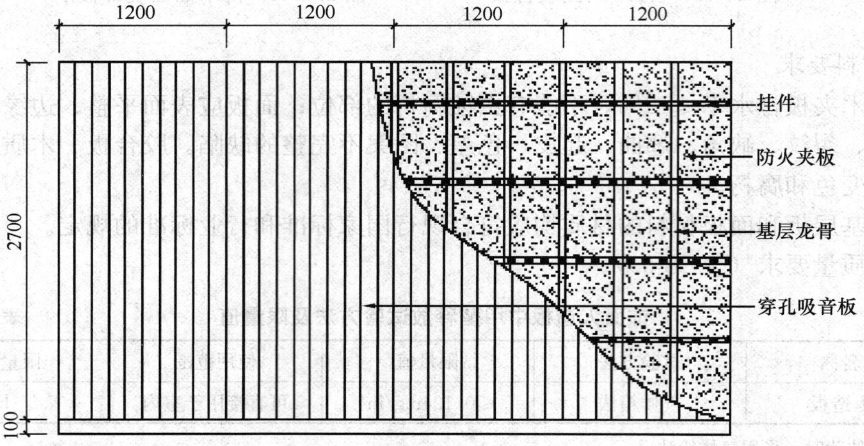

图 28-169　典型木饰面构造图

2）木龙骨刷防火涂料：铺设木龙骨前将木质防火涂料涂刷在基层木龙骨可视面上，并晾干待用。

3）铺设木龙骨：用木方采用半榫扣方，做成网片安装墙面上，安装时先在龙骨交叉中心线位置打直径 14～16mm 的孔，将直径 14～16mm，长 50mm 的木契植入，将木龙骨网片用 3 寸铁钉固定在墙面上，再用靠尺和线坠检查平整和垂直度，并进行调整，达到质量要求。

4）安装防火夹板：用自攻螺钉固定防火夹板安装后用靠尺检查平整，如果不平整应及时调整直到合格为止。

5）面层板安装：面层板用专用胶水粘贴后用靠尺检查平整，如果不平整应及时调整直到合格为止。挂装时可采用 8mm 中密度板正、反裁口挂件或专业挂件挂装。

4. 质量标准

（1）主控项目和一般项目（表 28-60）。

主控项目和一般项目 **表 28-60**

主控项目	一般项目
木板的品种、规格、颜色和性能应符合设计要求及国家现行标准的有关规定。木龙骨、木饰面板的燃烧性能等级应符合设计要求	木板表面应平整、洁净、色泽一致，应无缺损
	木板接缝应平直，宽度应符合设计要求
木板安装工程的龙骨、连接件的材质、数量、规格、位置、连接方法和防腐处理应符合设计要求。木板安装应牢固	木板上的孔洞应套割吻合，边缘应整齐

（2）饰面板安装的允许偏差（表 28-61）

饰面板安装的允许偏差 **表 28-61**

项次	项目	允许偏差（mm）	检验方法
1	立面垂直度	2	用 2m 垂直检测尺检查
2	表面平整度	1	用 2m 靠尺和塞尺检查
3	阴阳角方正	2	用 200mm 直角检测尺检查
4	接缝直线度	2	拉 5m 线，不足 5m 拉通线，用钢直尺检查
5	墙裙、勒脚上口直线度	2	拉 5m 线，不足 5m 拉通线，用钢直尺检查
6	接缝高低差	1	用钢直尺和塞尺检查
7	接缝宽度	1	用钢直尺检查

5. 安全环保措施

操作前检查脚手架和脚手板是否搭设牢固，高度是否满足操作要求，合格后才能上架操作，凡不符合安全之处应及时修整。在两层脚手架上操作时，应尽量避免在同一垂直线上工作。操作人员必须戴安全帽。夜间临时用的移动照明灯，必须用安全电压。机械操作人员须培训持证上岗，现场一切机械设备，非机械操作人员一律禁止操作。禁止搭设飞跳板，严禁从高处往下乱投东西。脚手架严禁搭设在门窗、散热器、水暖等管道上。

6. 成品保护

木龙骨及罩面板安装时，应注意保护顶棚内装好的各种管线、木骨架的吊杆。施工部位已安装的门窗，已施工完的地面、墙面，窗台等应注意保护、防止损坏。搬、拆架子时注意不要碰撞墙面。木骨架材料、特别是罩面板材料，在进场、存放、使用过程中应妥善管理，使其不变形、不受潮、不损坏、不污染。

28.6 饰 面 砖 工 程

28.6.1 湿 贴 瓷 砖 饰 面

28.6.1.1 瓷饰饰面砖构造

1. 瓷砖饰面构造（图 28-170）

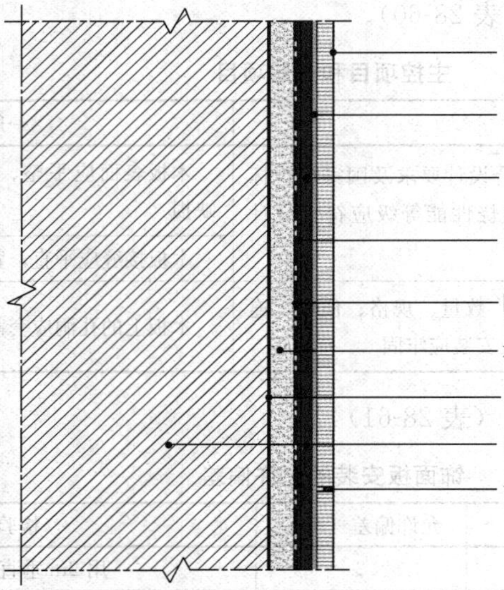

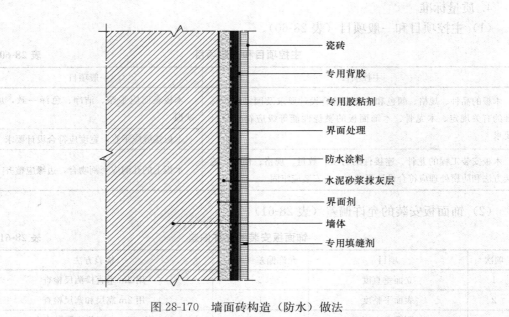

图 28-170　墙面砖构造（防水）做法

2. 粘贴方法

（1）20mm 厚 1∶3 水泥砂浆打底找平，5～10mm 厚建筑胶水泥砂浆结合层粘接。

（2）用 1∶1 水泥砂浆加水重 20%的界面剂胶或专用瓷砖胶在砖背面抹 3～4mm 厚粘贴即可，但此种做法的基层灰必须抹得平整，而且砂子必须用窗纱筛后使用。

图 28-171　釉面砖

28.6.1.2　陶瓷砖饰面常用材料

陶瓷砖是指以黏土、高岭土等为主要原料，加入适量的助溶剂经研磨、烘干、制坯最后经高温烧结而成。主要分为：釉面瓷砖、陶瓷锦砖、通体砖、玻化砖、抛光砖、大型陶瓷饰面板等。陶瓷材料进场时，应查验其放射性指标检测报告。

1. 釉面瓷砖

釉面砖适用于室内墙面装饰的陶瓷饰面砖，因其在高温烧结前在砖坯上涂釉料而得名（图 28-171）。

（1）品种：由于釉料和生产工艺不同，有白色、彩色、印花、图案等众多品种(表 28-62)。

釉面瓷砖种类和特点　　　　表 28-62

种类		特点
白色釉面砖		色纯白，釉面光亮，镶于墙面，清洁大方
彩色釉面砖	有光彩色釉面砖	釉面光亮晶莹，色彩丰富雅致
	无光彩色釉面砖	釉面半无光，不晃眼，色泽一致，色调柔和

续表

种类		特点
装饰釉面砖	花釉砖	是在同一砖上，施以多种彩釉，经高温烧成。色釉互相渗透，花纹千姿百态，有良好的装饰效果
	结晶釉砖	晶花辉映，纹理多姿
	斑纹釉砖	斑纹釉面，丰富多彩
	大理石釉砖	具有天然大理石花纹，颜色丰富
图案砖	白地图案砖	是在白色釉面砖上装饰各种彩色图案，经高温烧成，纹理清晰，色彩明朗，清洁优美
	色地图案砖	是在有光或无光彩色釉面砖上，装饰各种图案，经高温烧成。产生浮雕、缎光、绒光、彩漆等效果，做内墙饰面，别具风格
瓷砖画及色釉陶瓷字	瓷砖画	以各种釉面砖拼成各种瓷砖画，或根据已有画稿烧制成釉面砖拼装成各种瓷砖画，清洁优美，永不褪色
	色釉陶瓷字	以各种色釉、瓷土烧制而成，色彩丰富，光亮美观，永不褪色

（2）用途：厨房、卫生间、游泳池、浴室等。

（3）质量要求

外观要求：瓷砖表面平滑；具有规矩的几何尺寸，圆边或平边平直；不得缺角掉棱；白色釉面砖白度不得低于78°素色彩砖色泽要一致；图案砖、印花砖应预先拼图以确保图案完整、线条流畅、衔接自然。

2. 陶瓷锦砖、玻璃锦砖

陶瓷锦砖、玻璃锦砖（图 28-172）旧称“马赛克”又叫“纸皮砖”，是以优质瓷土烧制而成片状小块瓷砖，拼成各种图案贴在纸上的饰面材料，有挂釉和不挂釉两种。其质地坚硬，色泽多样，耐酸碱、耐火、耐磨、不渗水，抗压力强，吸水率小（0.2%～1.2%），在±20℃温度以下无开裂。由于其规格极小，不易分块铺贴，工厂生产产品是将陶瓷锦砖按各种图案组合反贴在纸板上，编有统一货号，以供选用。每张大小约 30cm×30cm，称作一联。

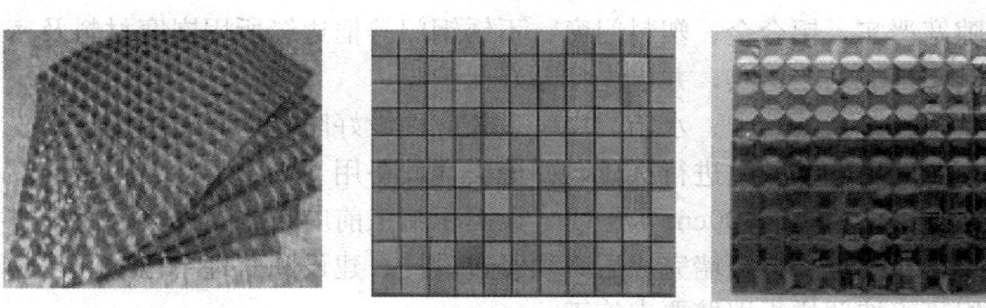

图 28-172　玻璃锦砖、陶瓷锦砖

用途：可用于卫生间、浴室、游泳池等，也可用于装饰效果贴于客厅、餐厅等室内空间的局部墙面，陶瓷锦砖的几种基本拼花。

质量要求：规格颜色一致，无受潮变色现象。拼接在纸板上的图案应符合设计要求，纸板完整颗粒齐全、间距均匀。

3. 通体砖、玻化砖、抛光砖

与釉面砖相比表面不施釉料就称之为通体砖，其外观主要特征是正反两面材质相同、色泽一致。其具有较好的耐磨性，但其花色不如釉面砖丰富多变。抛光砖也是通体砖的一种，是将通体砖表面抛光而成，外观光洁、耐磨。玻化砖又称全瓷砖，其采用高岭土高温烧制、表面玻化处理而成。其表面光洁无需抛光且质地坚硬耐磨。

4. 大型陶瓷饰面板（薄型陶瓷砖）

大型陶瓷饰面板是一种新型材料，产品单块面积大、厚度薄、平整度好、线条清晰整齐。该饰面板吸水率<3%，耐极冷极热为－17～150℃反复三次无裂痕，抗冻性－20℃至常温 10 次循环无裂痕。其花色品种丰富，可以模仿天然大理石、花岗岩等花纹及质地。表面有光面、条纹、网纹、波浪纹等，可用于大型公共建筑室内外墙面。常用规格 900mm×1800mm，厚度 5.5mm。

5. 其他材料要求

（1）水泥：32.5 或 42.5 级矿渣水泥或普通硅酸盐水泥。应有出厂证明或复验合格单，若出厂日期超过三个月或水泥已结有小块的不得使用；白水泥应为 32.5 级以上，并符合设计和规范质量标准的要求。

（2）砂子：中砂，粒径为 0.35～0.5mm，含泥量不大于 3%，颗粒坚硬、干净，无有机杂质，用前过筛，其他应符合质量标准。

28.6.1.3　陶瓷砖饰面装饰施工

1. 施工作业条件

施工时，必须做好墙面基层处理，浇水充分湿润。在抹底层灰时，根据不同基体采取分层分遍抹灰方法，并严格按配合比计量，掌握适宜的砂浆稠度，按比例加界面剂胶，使各灰层之间粘接牢固。注意及时洒水养护；冬期施工时，应做好防冻保温措施，以确保砂浆不受冻，其室内温度不得低于 5℃，但寒冷天气不得施工。应加强对基层打底工作的检查，合格后方可进行下道工序。施工前认真按照图纸尺寸，核对结构施工的实际情况，分段分块弹线、排砖要细，贴灰饼控制点要符合要求。

（1）墙地面防水层、保护层已完成。

（2）安装好门窗框扇，隐蔽部位的防腐、填嵌应处理好，并用 1∶3 水泥砂浆将门窗框、洞口缝隙塞严实，铝合金、塑料门窗、不锈钢门等框边缝所用嵌塞材料及密封材料应符合设计要求，且应塞堵密实，并事先粘贴好保护膜。

（3）脸盆架、镜卡、管卡、水箱、煤气表等应埋设好防腐木砖、位置正确。

（4）按面砖的尺寸、颜色进行选砖，并分类存放备用。

（5）统一弹出墙面上＋100cm 水平线，大面积施工前应先放大样，并做出样板墙，确定施工工艺及操作要点。样板墙完成后必须经过设计、建设和监理单位共同认定验收合格后，方可组织班组按照样板墙壁要求施工。

（6）安装系统管、线、盒等安装完毕并验收。

2. 施工工艺

（1）工艺流程

基层处理→抹底层砂浆→弹线→排砖→浸砖→镶贴面砖→面砖勾缝与擦缝

（2）操作工艺

1）基层处理：将凸出墙面的混凝土剔平，对基体混凝土表面很光滑的要凿毛，或用可掺界面剂胶的水泥细砂浆做小拉毛墙，也可刷界面剂、并浇水湿润基层。

2）抹底层砂浆：10mm 厚 1∶3 水泥砂浆打底，应分层分遍抹砂浆，随抹随刮平抹实，用木抹搓毛。

3）弹线：待底层灰六、七成干时，按图纸要求的釉面砖规格并结合实际条件进行排砖、弹线。

4）排砖：

① 根据排砖图及墙面尺寸进行横竖向的排砖，以保证面砖缝隙均匀，符合设计图纸的要求，注意大墙面、柱子和垛子要排整砖，以及在同一墙面上的横竖排列，均不得存在有碍观感的非整砖，非整砖的尺寸依砖的大小而定，小于 300mm 的砖，非整砖不小于 1/2,600mm的砖，非整砖可放宽至 1/4。门头不得有刀把砖。非整砖行要排列在次要部位，如窗间墙或阴角处等，但亦注意一致和对称。如遇有突出的卡件，应用整砖套割吻合，不得用非整砖随意拼凑镶贴。通过选砖器选择瓷砖，把有偏差相对较大的砖分别码放，可用于裁切非整砖。墙面阴角位置在排砖时应注意留出 5mm 伸缩缝位置，贴砖后用密封胶填缝（图 28-173）。

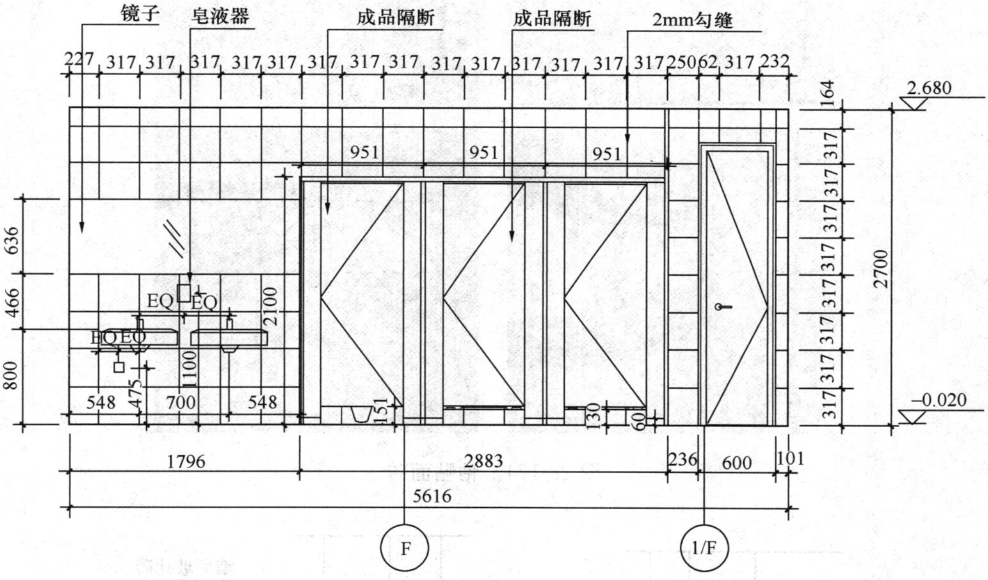

图 28-173 排砖示意图

② 用废瓷砖贴标准点，用做灰饼的混合砂浆贴在墙面上，用以控制贴瓷砖的表面平整度。

③ 垫底尺、计算准确最下一皮砖下口标高，底尺上皮一般比地面低 1cm 左右，以此为依据放好底尺。

5）选砖、浸泡：面砖镶贴前，应挑选颜色、规格一致的砖；浸泡砖时，将面砖清扫干净，放入净水中浸泡 2h 以上，取出待表面晾干或擦干净后方可使用（如使用吸水率低的瓷质砖，如玻化砖，则无须泡砖）。

6）粘贴面砖（图 28-174）：面砖宜采用专用瓷砖胶粘剂铺贴，一般自下而上进行，整间或独立部位宜一次完成。阳角处瓷砖采取 45°对角，并保证对角缝垂直均匀。粘结墙砖在基层和砖背面都应涂批胶粘剂，粘结厚度在 5mm 为宜，抹粘结层之前应用有齿抹刀的无齿直边将少量的胶粘剂用力刮在底面上，清除底面的灰尘等杂物，以保证粘结强度，然后将适量胶粘剂涂在底面上，并用抹刀有齿边将砂浆刮成齿状，齿槽以 10mm×10mm 为宜。将瓷砖等粘贴饰材压在砂浆上，并由凸槽横向凹槽方向揉压，以确保全面粘着，瓷砖本身粘贴面凹槽部分太深，在粘贴时就需先将砂浆抹在被贴面上，然后排放在合适铺装位置，轻轻揉压，并由凸槽横向凹槽方向压，以确保全面粘着。要求砂浆饱满，亏灰时，取下重贴，并随时用靠尺检查平整度，同时保证缝隙宽度一致。阴角预留 2mm 缝隙，打胶作为伸缩缝。阳角导 1.5mm 宽边，对角留缝打胶。阴阳角做法见图 28-175。

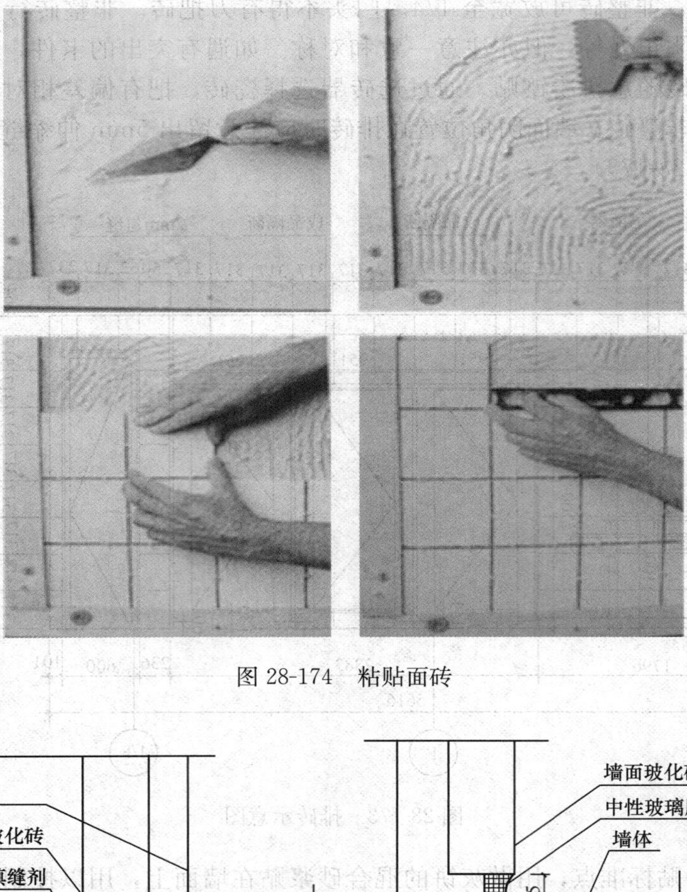

图 28-174　粘贴面砖

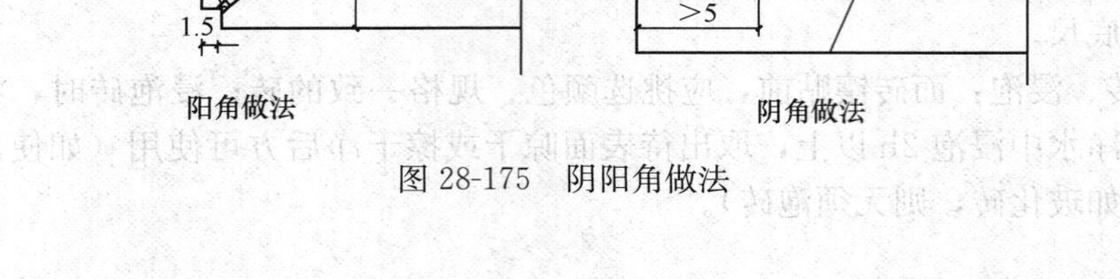

图 28-175　阴阳角做法

7）勾缝、擦缝：贴完经自检无空鼓、不平、不直后，用棉丝擦干净，用勾缝胶、白水泥或拍干白水泥擦缝，用布将缝的素浆擦匀，砖面擦净，勾缝、擦缝（图 28-176）。

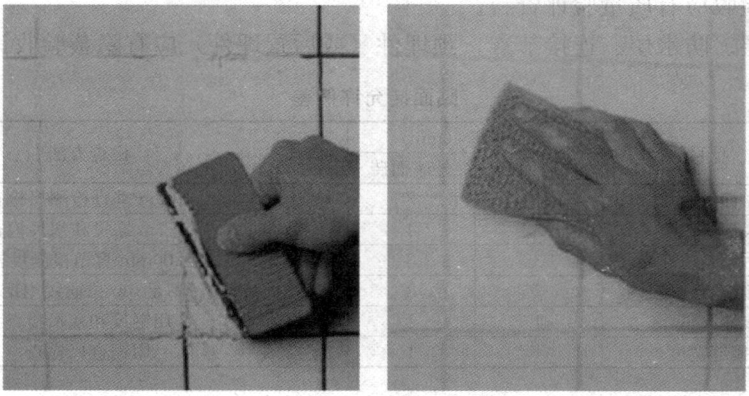

图 28-176 砖面勾缝、擦缝示意图

8）其他粘贴方法：用1∶1水泥砂浆加水重20％的界面剂胶或专用瓷砖胶在砖背面抹3～4mm厚粘贴即可；但此种做法的基层灰必须抹得平整，而且砂子必须用窗纱筛后使用。

3. 质量要求及质量要点

（1）质量要求（表 28-63、表 28-64）。

墙面砖粘贴质量要求 表 28-63

主控项目	一般项目
内墙饰面砖的品种、规格、图案、颜色和性能应符合设计要求及国家现行标准的有关规定	内墙饰面砖表面应平整、洁净、色泽一致，应无裂痕和缺损
内墙饰面砖粘贴工程的找平、防水、粘结和填缝材料及施工方法应符合设计要求及国家现行标准的有关规定	内墙面凸出物周围的饰面砖应整砖套割吻合，边缘应整齐
内墙饰面砖粘贴应牢固	墙裙、贴脸突出墙面的厚度应一致
满粘法施工的内墙饰面砖应无裂缝，大面和阳角应无空鼓	内墙饰面砖接缝应平直、光滑，填嵌应连续、密实；宽度和深度应符合设计要求
外墙饰面砖的品种、规格、图案、颜色和性能应符合设计要求及国家现行标准的有关规定	外墙饰面砖表面应平整、洁净、色泽一致，应无裂痕和缺损
外墙饰面砖粘贴工程的找平、防水、粘结、填缝材料及施工方法应符合设计要求和现行行业标准《外墙饰面砖工程施工及验收规程》JGJ 126 的规定	墙面凸出物周围的外墙饰面砖应整砖套割吻合，边缘应整齐。墙裙、贴脸突出墙面的厚度应一致
外墙饰面砖粘贴工程的伸缩缝设置应符合设计要求	饰面砖外墙阴阳角构造应符合设计要求
外墙饰面砖粘贴应牢固	外墙饰面砖接缝应平直、光滑，填嵌应连续、密实；宽度和深度应符合设计要求
外墙饰面砖工程应无空鼓、裂缝	有排水要求的部位应做滴水线（槽）。滴水线（槽）应顺直，流水坡向应正确，坡度应符合设计要求

（2）施工记录

1）材料应有合格证或复验合格单。

2）工程验收应有质量验评资料。

3）结合层、防水层、连接节点，预埋件（或后置埋件）应有隐蔽验收记录。

贴面砖允许偏差　　**表 28-64**

序号	项目	允许偏差（mm）		检查方法
		内墙面砖	外墙面砖	
1	立面垂直度	2	3	用 2m 垂直检测尺检查
2	表面平整度	3	4	用 2m 靠尺和塞尺检查
3	阴阳角方正	3	3	用 200mm 直角检测尺检查
4	接缝直线度	2	3	拉 5m，不足 5m 拉通线用钢直尺检查
5	接缝高低差	1	1	用钢尺和塞尺检查
6	接缝宽度	1	1	用钢直尺检查

4．安全环保、职业健康及成品保护注意事项

（1）施工安全环保措施

1）操作前检查脚手架和脚手板是否搭设牢固，高度是否满足操作要求，合格后才能上架操作，凡不符合安全之处应及时修整。

2）禁止穿硬底鞋、拖鞋、高跟鞋在架子上工作，架子上人不得集中在一起，工具要搁置稳定，以防止坠落伤人。

3）在两层脚手架上操作时，应尽量避免在同一垂直线上工作。操作人员必须戴安全帽。

4）抹灰时应防止砂浆掉入眼内；采用竹片或钢筋固定八字靠尺板时，应防止竹片或钢筋回弹伤人。

5）夜间临时用的移动照明灯，必须用安全电压。机械操作人员须培训持证上岗，现场一切机械设备，非机械操作人员一律禁止操作。

6）饰面砖、胶粘剂等材料必须符合环保要求，无污染。

7）禁止搭设探头跳板，严禁从高处往下乱投东西。脚手架严禁搭设在门窗、散热器、水暖等管道上。

（2）环境要求

1）在施工过程中应符合《民用建筑工程室内环境污染控制标准》GB 50325 的相关规定。

2）在施工过程中应防止噪声污染，在施工场界噪声敏感区域宜选择使用低噪声的设备，也可以采取其他降低噪声的措施。

（3）成品保护

1）要及时清理擦干净残留在门框上的砂浆，特别是铝合金等门窗宜粘贴保护膜，预防污染、锈蚀，施工人员应加以保护，不得碰坏。

2）合理安排施工顺序，专业隐蔽工程应先行施工。

3）油漆粉刷不得将油漆喷滴在已完成的饰面砖上，如果面砖上部为涂料，宜先做涂料，然后贴面砖，以免污染墙面。若需先做面砖时，完工后必须采取贴纸或塑料薄膜等措施，防止污染。

4）各抹灰层在凝结前应防止风干、水冲和振动，以保证各层有足够的强度。

5）搬、拆架子时注意不要碰撞墙面。

6）装饰材料和饰件以及饰面的构件，在运输、保管和施工过程中，必须采取措施防止损坏。

28.6.1.4 陶瓷锦砖饰面装饰施工

1. 施工工艺

（1）工艺流程

基层处理 → 吊垂直、套方、找规矩、贴灰饼 → 抹底灰 → 弹控制线 → 贴陶瓷锦砖 → 揭纸、调缝 → 擦缝

（2）操作工艺

1）基层处理：首先将凸出墙面的混凝土剔平，对大规模施工的混凝土墙面应凿毛，并用钢丝刷满刷一遍，再浇水湿润，并用水泥：砂：界面剂＝1：0.5：0.5的水泥砂浆对混凝土墙面进行拉毛处理。

2）吊垂直、套方、找规矩、贴灰饼：根据墙面结构平整度找出贴陶瓷锦砖的规矩，如果是高层建筑物在外墙全部贴陶瓷锦砖时，应在四周大角和门窗口边用经纬仪打垂直线找直；如果是多层建筑时，可从顶层开始用特制的大线坠绷低碳钢丝吊垂直，然后根据陶瓷锦砖的规格、尺寸分层设点、做灰饼。横线则以楼层为水平基线交圈控制，竖向线则以四周大角和层间贯通柱、垛子为基线控制。每层打底时则以此灰饼为基准点进行冲筋，使其底层灰做到横平竖直、方正。同时要注意找好突出檐口、腰线、窗台、雨篷等饰面的流水坡度和滴水线，坡度应小于3%。其深宽不小于10mm，并整齐一致，而且必须是整砖。

3）抹底灰：底灰一般分两次操作，抹头遍水泥砂浆，其配合比为1：3，并掺20%水泥重的界面剂胶，薄薄地抹一层，用抹子压实。第二次用相同配合比的砂浆按冲筋抹平，用短杠刮平，低凹处事先填平补齐，最后用木抹子搓出麻面。底子灰抹完后，隔天浇水养护。找平层厚度不应大于20mm，若超过此值必须采取加强措施。

4）弹控制线：贴陶瓷锦砖前应放出施工大样，根据具体高度弹出若干条水平控制线，在弹水平线时，应计算将陶瓷锦砖的块数，使两线之间保持整砖数。如分格需按总高度均分，可根据设计与陶瓷锦砖的品种、规格定出缝子宽度，再加工分格条。

5）贴陶瓷锦砖：镶贴应自上而下进行。贴陶瓷锦砖时底灰要浇水润湿，并在弹好水平线的下口上，支上一根垫尺。两手执住陶瓷锦砖上面，在已支好的垫尺上由下往上贴，缝对齐，要注意按弹好的横竖线贴。如分格贴完一组，将米厘条放在上口线继续贴第二组。镶贴的高度应根据当时气温条件而定。

6）揭纸、调缝：贴完陶瓷锦砖的墙面，要一手拿拍板，靠在贴好的墙面上，一手拿锤子对拍板满敲一遍，然后将陶瓷锦砖上的纸用刷子刷上水，等20～30min便可开始揭纸。揭开纸后检查缝大小是否均匀，如出现不正的缝，应顺序拨正贴实，先横后竖、拨正拨直为止。

7）擦缝：粘贴后48h，先用抹子把近似陶瓷锦砖颜色的擦缝水泥浆摊放在需擦缝的陶瓷锦砖上，然后用刮板将水泥浆往缝里刮满、刮实、刮严。再用麻丝和擦布将表面擦净。遗留在缝里的浮砂可用潮湿干净的软毛刷轻轻带出，如需清洗饰面时，应待勾缝材料

硬化后方可进行。起出米厘条的缝要用1∶1水泥砂浆勾严勾平，再用擦布擦净。外墙应选用具有抗渗性能的勾缝材料。

2. 质量要求及质量要点

(1) 弹线要准确，经复验后方可进行下道工序。基层处理抹灰前，墙面必须清扫干净，浇水湿润；基层抹灰必须平整；贴砖应平整牢固，砖缝应均匀一致，做好养护。

(2) 施工时，必须做好墙面基层处理，浇水充分湿润。在抹底层灰时，根据不同基体采取分层分遍抹灰方法，并严格按配合比计量，掌握适宜的砂浆稠度，按比例加界面剂胶，使各灰层之间粘接牢固。注意及时洒水养护；冬期施工时，应做好防冻保温措施，以确保砂浆不受冻，其室外温度不得低于5℃，寒冷天气不得施工，防止空鼓、脱落和裂缝。

(3) 结构施工期间，几何尺寸控制好，外墙面要垂直、平整，装修前对基层处理要认真。应加强对基层打底工作的检查，合格后方可进行下道工序。

(4) 施工前认真按照图纸尺寸，核对结构施工的实际情况，要分段分块弹线、排砖要细，贴灰饼控制点要符合要求。

(5) 陶瓷锦砖应有出厂合格证、检测报告，室外陶瓷锦砖应有拉拔试验报告。

28.6.1.5　陶瓷装饰壁画装饰施工

1. 大型陶瓷壁画施工是将大图幅的彩釉陶板壁画分块镶贴在墙上的一种方法。由于彩釉陶板的生产工艺复杂，须经过放大、制版、刻画、配釉、施釉烧成等一系列工序及复杂多变的窑变技术而制成，周期长而不易复制，因此施工时应绝对保证陶板的完好。

2. 花色瓷砖的拼图与套割

花色瓷砖有两类，一类在烧制前已绘有图案，仅需在施工时按图拼接即可；另一类为单色瓷砖，需经切割加工成某一图案再进行镶贴。

(1) 拼花瓷砖：拼花瓷砖为砖面上绘有各种图案的釉面砖或地砖（图28-177）。在施工前应按设计方案画出瓷砖排列图，使图案、花纹或色泽符合设计要求，经编号和复核各项尺寸后方可按图进行施工。

(2) 瓷砖的拼图与套割（图28-178）

图28-177　拼花瓷砖

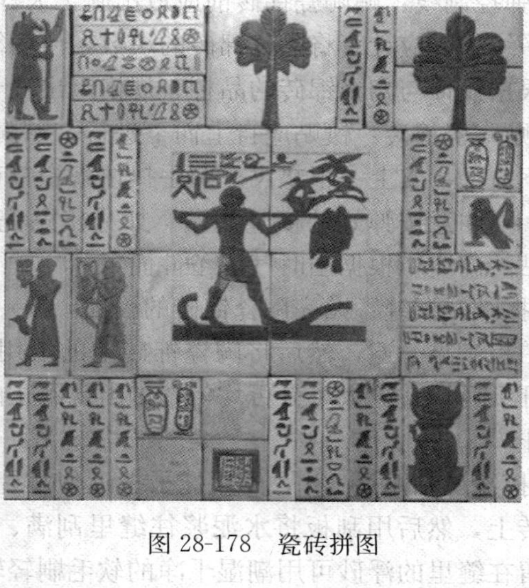

图28-178　瓷砖拼图

1）瓷砖图案放样：首先根据设计图案及要求在纸板上放出足尺大样，其次按照釉面砖的实际尺寸和规格进行分格。放样时应充分领会原图的设计构思，使大样的各种线条（直线、曲线或圆）及图案符合原图，同时根据原图对颜色的要求，在大样图上对每一分格块编上色码（颜色的代号），一块分格上有两种以上颜色时，应分别标出。

2）彩色瓷砖拼图的套割：在放出的足尺大样上，根据每一分格块的色码，选用相应联色的釉面砖进行裁割，并使各色釉面砖拼成设计所需要的图案。

3）套割应严格根据大样图进行，首先将大样图上不需裁割的整块砖按所需颜色放上；其次，将需套割的每一方格中的相邻釉面砖按大样图进行裁割、套接。裁割前，先在釉面砖面上用铅笔根据大样图画出需裁的分界线，然后根据不同线型和位置进行裁割。直线条可用合金钢划针在砖面上按铅笔线（稍留出 1mm 左右以作磨平时的损耗）划痕，划痕后将釉面砖的划痕对准硬物的直边角轻击一下即可折断，划痕愈深愈易折断，折断后，将所需一部分的边角在细砂轮上磨平磨直。曲线条可用合金钢划针裁去多余的可裁部分，然后用胡桃钳钳去多余的曲线部分，直至分界线的边缘外（留出 1mm），再用圆锉锉至分界线，使曲线圆润、光滑。釉面砖挖内圆宜采用瓷砖开孔机具开孔。

3. 施工工艺

（1）工艺流程

抹找平层→拼图与套割→预排面层→弹线→镶贴→嵌缝→养护

（2）操作工艺

施工时，其他工程均应基本结束，以免壁画完工后受损坏，如需钉边框，则边框的预留配件应先安装。

1）抹找平层：包括清理基层、找规矩、做灰饼、做冲筋、抹底层、找平层。施工方法与内墙面抹砂浆找平层相同，表面应平整粗糙，垂直度、平整度偏差值应控制在 2mm 以内，表面用木抹子抹毛。

2）拼图与套割：根据设计要求进行。

3）预排面层：根据设计图在地面上进行预排，画出排列大样图，并分别在背面及大样图上编号，以便施工时对号入座。

4）弹线：根据瓷砖的块数和板间 1mm 的缝隙算出尺寸，在找平层上弹出壁画的外围控制线及等距离纵横控制线，纵横控制线宜每 3～5 块瓷砖弹一根线。在壁画下口应根据标高线弹出控制线，以利于下面瓷砖的铺设，相互临时固定下口垫尺。根据瓷砖的厚度及砂浆厚，在下口垫尺上弹出瓷砖面的控制线，同时在上方做出灰饼，灰饼面和垫尺上的瓷砖面控制线应在同一垂直面上，用以控制瓷砖面的平整度和垂直度。

5）镶贴：镶贴前瓷砖应浸透并晾干，可用纯水泥浆加 5%～10%的建筑胶水，或用瓷砖胶粘剂粘贴。在充分湿润的找平层上抹一层极薄的水泥浆或胶粘剂，然后根据大样图及瓷砖的编号选出瓷砖，在瓷砖的背面上抹一层水泥浆或胶粘剂（总厚度不宜超过 5mm），将面砖镶贴在预定的位置上。应从下往上镶贴，同一皮宜从左向右镶贴，贴一块校正一块，使每块的平整、垂直、水平均符合要求，同时还应注意壁画图案中的主要线条应衔接正确，直至镶贴完工。

6）嵌缝：镶贴完工后应对瓷砖缝隙进行嵌缝，嵌缝应采用白水泥浆加颜料，嵌缝的色浆应与被嵌部位的图案基色相同或接近。嵌缝宜用竹片并压紧抽直，还应随时将余浆及板面擦干净。

7）养护：施工后应用纤维板或夹板覆盖保护，直至工程交付使用，以防损坏。

28.6.2　干挂瓷砖饰面

28.6.2.1　干挂瓷砖饰面构造

干挂瓷砖构造（图 28-179）。

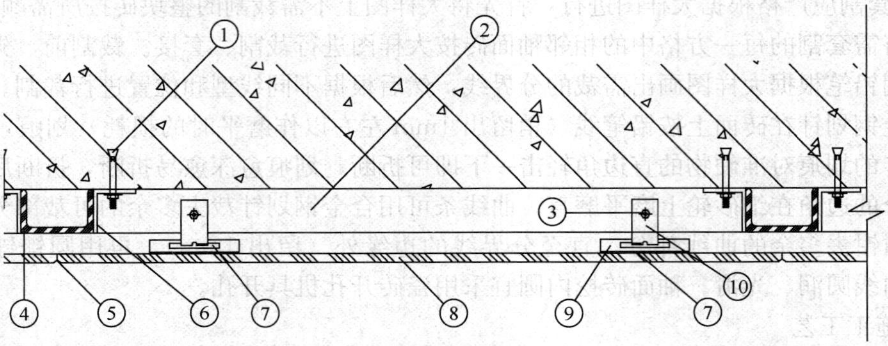

角码、槽钢和角钢横向剖面示意图

① M10镀锌膨胀螺栓或穿墙螺栓；② 角钢；③ 8mm不锈钢螺栓；④ 6＃槽钢
⑤ 硅酮耐候密封胶勾缝；⑥ 镀锌角码；⑦ 环氧树脂型石材专用结构胶；
⑧ 玻化砖；⑨ 花岗石挂条；⑩ 不锈钢挂件

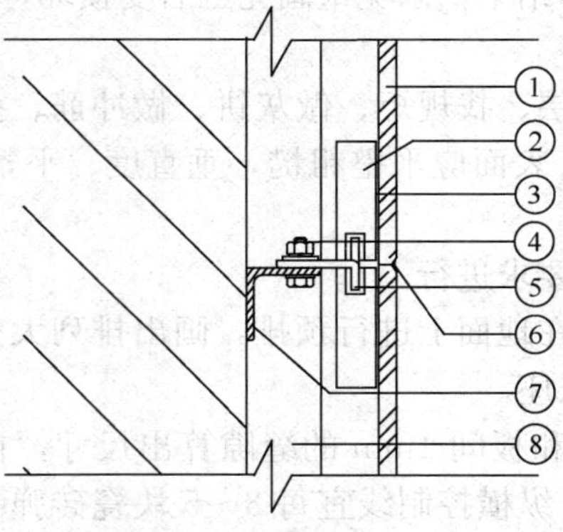

角码、槽钢和角钢纵向剖面示意图

① 玻化砖；② 花岗石挂条；③ 环氧树脂型石材专用结构胶；④ 不锈钢螺栓
⑤ 不锈钢挂件；⑥ 硅酮耐候密封胶勾缝；⑦角钢；⑧ 6＃槽钢

图 28-179　干挂玻化砖连接示意图

28.6.2.2　陶瓷砖饰面常用材料

瓷质抛光砖俗称玻化砖（图 28-180），是通体砖坯体的表面经过打磨而成的一种光亮的砖，属通体砖的一种。吸水率低于 0.5％的陶瓷砖称为瓷质砖。玻化砖可广泛用于各种工程及家庭的地面和墙面，常用规格是 400mm×400mm、500mm×500mm、600mm×600mm、800mm×800mm、900mm×900mm、1000mm×1000mm。

图 28-180 玻化砖

28.6.2.3 干挂瓷砖饰面装饰施工

1. 施工作业条件

(1) 已办理好基层结构隐蔽验收。

(2) 墙面弹好 1m 水平线和各层水平标高控制线。

(3) 门框、窗框已立好（位置准确、垂直、牢固，并考虑安装玻化砖时尺寸有足够的余量）。同时要用 1：3 水泥砂浆将缝隙堵塞严实。铝合金门窗框边缝所用嵌缝材料应符合设计要求，且塞堵密实并事先粘贴好保护膜。

(4) 玻化砖等进场后应堆放于室内，下垫方木，核对数量、规格，并预铺、配花、编号等，以备正式铺贴时按号取用。

(5) 大面积施工前应先放出施工大样，并做样板，经设计、甲方、监理、施工单位共同验收合格后，方可组织班组按样板要求施工。

(6) 对进场的玻化砖应进行验收，颜色不均匀时应进行挑选，必要时进行试拼选用。

2. 施工工艺

(1) 工艺流程

玻化砖准备 → 分格弹线 → 预埋件固定安装 → 竖向龙骨焊接 → 横向龙骨焊接 → 玻化砖底层板安装 → 玻化砖上行板安装 → 勾缝 → 清理

(2) 操作工艺

1) 玻化砖准备：首先用比色法对玻化砖的颜色进行挑选分类；安装在同一面上的玻化砖的颜色保持一致，并根据设计尺寸和图纸的要求，确定玻化砖排砖分隔方式，将不同种玻化砖进行编号，把编号写在玻化砖上，并将玻化砖上的浮灰及杂污清除干净。

2) 分格放线：首先清理干挂玻化砖部位的结构表面。然后将骨架的位置弹线到主体结构上，放线工作根据轴线及标高点进行。用经纬仪控制垂直度，用水准仪测定水平线，并将其标注到墙上。一般先弹出竖向杆件的位置，确定竖向杆件的锚固点，待竖向杆件布置完毕，再将横向杆件位置弹在竖向杆件上。

3）埋件固定安装：根据测量放线的垂直和水平控制线按照玻化砖施工设计图测量预置埋件位置偏差范围是否符合设计要求和规范规定。埋件安装首先用冲击电锤在墙面打孔，将膨胀螺栓放入孔洞中，敲击至一定深度，然后放置预埋板，最后将螺母拧紧。

4）竖向龙骨焊接：主龙骨采用锚固板与连接件连接，每个连接节点处必须符合设计要求。竖向龙骨安装时，首先将一个角码焊接在预埋板上；其次将竖向龙骨焊接在角码上，最后将另一个角码焊接在竖向龙骨及预埋板上。在焊接过程中，用红外线水平仪控制竖向龙骨的垂直度。竖向龙骨安装也可用螺栓连接方法。

5）横向龙骨焊接：根据玻化砖施工设计图横向分格放线，横向龙骨放线是在竖向龙骨上标出，横向龙骨所在的位置，应准确无误；以水平线为标准，随时进行复查分格是否水平；按照横向分格安装横向龙骨（点焊）；再次依据玻化砖施工设计图横向分格进行检查副龙骨是否水平；满焊固定。

6）安装玻化砖底层板：先根据固定在墙上的不锈钢锚固件位置，安装底层玻化砖。将玻化砖、干挂件及挂条用AB胶粘住，然后利用干挂件上的长方形螺栓孔，调节玻化砖的平整、垂直度及缝隙。

7）安装上行板：先往下一行板的背面粘上背条，擦净残余胶液后，将上一行玻化砖按照安装底层板的方法就位。检查安装质量，符合设计及规范要求以后进行固定。

8）勾缝：镶贴完经自检无不平，用棉丝擦干净，用勾缝胶或白水泥擦缝，用布将缝的素浆擦匀。

9）清理：将玻化砖表面用棉丝擦净，若有胶或其他粘接牢固的杂物，可用开刀轻轻铲除，用棉丝擦干净。

3. 质量要求及质量要点

（1）质量要求（表28-65、表28-66）。

墙面砖干挂质量要求 **表28-65**

主控项目	一般项目
陶瓷板的品种、规格、颜色和性能应符合设计要求及国家现行标准的有关规定	陶瓷板表面应平整、洁净、色泽一致，应无裂痕和缺损
陶瓷板孔、槽的数量、位置和尺寸应符合设计要求	陶瓷板填缝应密实、平直，宽度和深度应符合设计要求，填缝材料色泽应一致
陶瓷板安装工程的预埋件（或后置埋件）、连接件的材质、数量、规格、位置、连接方法和防腐处理应符合设计要求。后置埋件的现场拉拔力应符合设计要求。陶瓷板安装应牢固	

室内玻化砖干挂允许偏差 **表28-66**

序号	项目	允许偏差（mm）	检查方法
1	立面垂直度	2	用2m垂直检测尺检查
2	表面平整度	2	用2m靠尺和塞尺检查
3	阴阳角方正	2	用200mm直角检测尺检查

续表

序号	项目	允许偏差（mm）	检查方法
4	接缝直线度	2	拉 5m 线，不足 5m 拉通线，用钢直尺检查
5	墙裙、勒脚上口直线度	2	拉 5m 线，不足 5m 拉通线，用钢直尺检查
6	接缝高低差	1	用钢尺和塞尺检查
7	接缝宽度	1	用钢直尺检查

（2）施工记录

1）材料应有合格证或复验合格单。

2）工程验收应有质量验评资料。

3）结合层、防水层、连接节点，预埋件（或后置埋件）应有隐蔽验收记录。

28.7 涂 饰 工 程

28.7.1 建筑装饰涂料的分类及性能

建筑涂料是指涂覆于建筑物或构件表面，并能与建筑物或构件表面材料很好地粘结，形成完整涂膜的材料。主要起到装饰和保护被涂覆物的作用，防止来自外界物质的侵蚀和损伤，提高被涂覆物的使用寿命；并可改变其颜色、花纹、光泽、质感等，提高被涂覆物的美观效果。室内装饰装修中所采用的水性涂料、水性处理剂进场时，应查验其同批次产品的游离甲醛含量检测报告；溶剂型涂料进场时，施工单位应查验其同批次产品的 VOC、苯、甲苯＋二甲苯、乙苯含量检测报告。

28.7.1.1 建筑装饰涂料分类

建筑装饰涂料分类有多种形式，主要分类见表 28-67。

建筑装饰涂料的主要分类 **表 28-67**

序号	分类	类型
1	按涂料在建筑的不同使用部位分类	外墙涂料、内墙涂料、地面涂料、顶面涂料、屋面涂料等
2	按使用功能分类	多彩涂料、弹性涂料、抗静电涂料、耐洗涂料、耐磨涂料、耐温涂料、耐酸碱涂料、防锈涂料、防水涂料、防火涂料等
3	按成膜物质的性质分类	有机涂料（如聚丙烯酸酯外墙涂料），无机涂料（如硅酸钾水玻璃外墙涂料），有机、无机复合型涂料（如硅溶胶、苯酸外墙涂料）
4	按涂料溶剂分类	水溶性涂料、乳液型涂料、溶剂型涂料、粉末型涂料
5	按施工方法分类	浸渍涂料、喷涂涂料、刷涂涂料、滚涂涂料等
6	按涂层作用分类	底层涂料、面层涂料等
7	按装饰质感分类	平面涂料、砂面涂料、立体花纹涂料等
8	按涂层结构分类	薄涂料、厚涂料、复层涂料

28.7.1.2 建筑装饰涂料的性能

本章介绍的建筑装饰涂料主要为建筑内墙及外墙涂料。建筑装饰涂料的性能大致可以分为施工性能、内墙涂料性能和外墙涂料性能（表 28-68）。

建筑装饰涂料的性能　表 28-68

主要类型	涂料性能	主要作用
施工性能	重涂性	同一种涂料进行多层涂装时，能够保持良好的层间附着力及颜色和光泽的一致性
	不流性	涂料在涂装过程中不会立即向下流淌，不会形成下厚上薄的不均匀外观
	抗飞溅性	用辊筒涂装墙面或天花板时，涂料不会从辊筒向外飞溅
	流平性	涂料在涂装过程中能够均匀地流动，不会留下“印刷”或“辊筒印”，漆膜干燥后均匀、平整
内墙涂料性能	易清洗性	漆膜表面的污渍容易被去除掉
	耐擦洗性	漆膜在刷子、海绵或抹布反复擦拭后不损坏
	抗磨光性	当漆膜经过摩擦或洗刷后，光泽度不会提高
	抗粘连性	两个被涂装的表面互相挤压时，比如门框和窗框，彼此不会粘在一起
	防霉性	涂料不易生霉
	保色性	涂料能保持原有的颜色不变
	遮盖力	涂料遮盖或隐藏被涂装的表面
	抗开裂性	漆膜在老化过程中，不会出现开裂的现象
	环保性	涂料中挥发性有机化合物（VOC）的含量非常低，而且所含有害物质限量符合国家标准
外墙涂料性能	抗粉化性	涂料涂装一段时间后，漆膜表面不会出现白色粉末
	耐水性	在雨天或潮气很大的环境中，漆膜不会剥落或起泡
	耐沾污性	漆膜表面不容易沾染灰尘和污渍
	抗开裂性	漆膜在老化过程中，不会出现开裂的现象
	防霉性	涂料不易生霉
	抗风化性	漆膜能够抵抗碱的侵蚀
	保色性	涂料能保持原有颜色不变
	附着力	漆膜与被涂面之间结合牢固
	环保性	涂料中挥发性有机化合物（VOC）的含量较低，而且所含有害物质限量符合国家标准

28.7.2 常 用 材 料

28.7.2.1 腻子

腻子是用于平整物体表面的一种装饰材料，直接涂施于物体或底涂上，用以填平被涂物表面上高低不平的部分，分为内墙腻子和外墙腻子。

1. 内墙腻子分类，按室内用腻子适用特点分为一般型、柔韧型、耐水型三类。装饰所用腻子宜采用符合《建筑室内用腻子》JG/T 298 要求的成品腻子，成品腻子粉规格一般为 20kg 袋装。如采用现场调配的腻子，应坚实、牢固，不得粉化、起皮和开裂。

（1）一般型室内用腻子，适用于一般室内装饰工程。

（2）柔韧型室内用腻子，适用于有一定抗裂要求的室内装饰工程。

（3）耐水型室内用腻子，适用于要求耐水、高粘结强度场所的室内装饰工程。

2. 建筑外墙用腻子分类，按腻子膜柔韧性或动态抗开裂性指标分为普通型、柔性、弹性三类。

（1）普通型建筑外墙用腻子，适用于普通建筑外墙涂饰工程。

（2）柔性建筑外墙用腻子，适用于普通外墙、外墙外保温等有抗裂要求的建筑外墙涂饰工程。

（3）弹性建筑外墙用腻子，适用于抗裂要求较高的建筑外墙涂饰工程。

28.7.2.2 底层涂料

底层涂料是用于封闭水泥墙面的毛细孔，起到预防返碱、返潮及防止霉菌滋生的作用。底层涂料还可增强水泥基层强度，增加面层涂料对基层的附着力，提高涂膜的厚度，使物体达到一定的装饰效果，从而减少面涂的用量。底层涂料一般都具有一定的填充性，打磨性，实色底层涂料还具备一定的遮盖力。

28.7.2.3 面层涂料

面层涂料具有较好的保光性、保色性，硬度较高、附着力较强、流平性较好等优点，施涂于物体表面可使物体更加美观，具有较好的装饰和保护作用。

28.7.3 涂 饰 施 工

28.7.3.1 外墙涂饰工程

1. 施工准备

（1）清除墙面污物、浮沙，基层要求整体平整、清洁、坚实、无起壳。混凝土及抹灰面层的含水率应在10%以下，pH值不得大于10。未经检验合格的基层不得进行施工。

（2）外墙脚手架与墙面的距离应适宜，架板安装应牢固。外窗应采取遮挡保护措施，以免施工时被涂料污染。

（3）大面积施工前，应按设计要求做出样板，经设计、建设单位认可后，方可进行施工。

（4）应编制技术方案，向所有施工人员进行交底。

（5）施工前应注意气候变化，大风及雨天不得施工。

2. 施工工艺

（1）工艺流程

基层处理→修补墙面→满刮腻子及打磨→刷底漆、面漆

（2）操作工艺

1）基层处理。将墙面起皮及松动处清除干净，并用水泥砂浆补抹，将残留灰渣铲干净，然后将墙面扫净。

2）修补墙面。

① 水泥砂浆修补。基层缺棱掉角、孔洞、坑洼、缝隙等缺陷采用1∶3水泥砂浆修补、找平，干燥后用砂纸将凸出处磨掉，将浮尘扫净。

② 腻子修补。将墙体不平整、光滑处用腻子找平。腻子应具备较好的强度、粘结性、耐水性和持久性，在进行填补腻子施工时，宜薄不宜厚，以批刮平整为主。第二层腻子应

等第一层腻子干燥后再进行施工。

3）满刮腻子及打磨

① 满刮腻子。采用聚合物腻子满刮，以修平贴玻纤布引起的不平整现象，防止表面的毛细裂缝。干燥后用零号砂纸磨平，做到表面平整、粗糙程度一致，纹理质感均匀。

② 打磨

a. 打磨必须在基层或腻子干燥后进行，以免粘附砂纸影响操作。

b. 手工打磨应将砂纸包在打磨垫块上，往复用力推动垫块进行打磨，不得只用一两个手指直接压着砂纸打磨，以免影响打磨的平整度。机械打磨采用电动打磨机，将砂纸夹于打磨机上，在基层上来回推动进行打磨，不宜用力按压以免电机过载受损。

4）刷底漆、面漆

① 刷涂施工

a. 施工前先将刷毛用水或稀释剂浸湿、甩干，然后再蘸取涂料。刷毛蘸入涂料不要过深，蘸料后在匀料板或容器边口刮去刷毛上多余的涂料，然后在基层上依顺序刷开。

b. 涂刷时刷子与被涂面的角度为50°～70°，修饰时角度则减少到30°～45°。涂刷时动作要迅速、流畅，每个涂刷段不要过宽，以保证相互衔接时涂料湿润，不显接头痕迹。

c. 在涂刷门窗、墙角等部位时，应先用小刷子将不易涂刷的部位涂刷一道，然后再进行大面积的涂刷。

d. 刷涂施工时，要求前一度涂层表干后方可进行后一度的涂刷，前后两层的涂刷时间间隔不得小于2～4h。

② 滚涂施工

a. 施工前先用水或稀释剂将滚筒刷湿润，在干净的纸板上滚去多余的液体再蘸取涂料，蘸料时只需将滚筒的一半浸入料中，然后在匀料板上来回滚动使涂料充分、均匀地附着于滚筒上。

b. 滚涂时沿水平方向，按“W”形方式将涂料滚在基层上，然后再横向滚匀，每一次滚涂的宽度不得大于滚筒的4倍，同时要求在滚涂的过程中重叠滚筒的三分之一，避免在交合处形成刷痕，滚涂过程中要求用力均匀、平稳，开始时稍轻，然后逐步加重。

③ 喷涂施工

a. 在喷涂施工中，涂料稠度、空气压力、喷射距离、喷枪运行中的角度和速度等方面均有一定的要求。涂料稠度必须适中，太稠则不便施工；太稀则影响涂层厚度，且容易流淌。

b. 空气压力在0.4～0.8N/mm^2之间选择确定，压力选得过低或过高，涂层质感差，涂料损耗多。喷射距离一般为40～60cm，喷嘴距离过远，则涂料损耗多。

c. 喷枪运行中喷嘴中心线必须与墙面垂直，喷枪应与被涂墙面平行移动，运行速度要保持一致，运行过快，涂层较薄，色泽不均；运行过慢，涂料粘附太多，容易流淌。喷涂施工，应连续作业，一气呵成，争取到分格缝处理再停歇。

④ 弹涂施工

a. 弹涂施工的全过程都必须根据事先所设计的样板上的色泽和涂层表面形状的要求进行。

b. 在基层表面先刷1～2度底色涂层。待底色涂层干燥后，方能进行弹涂。门窗等不需进行弹涂的部位应予遮挡。

c. 弹涂时，手提弹涂机，先调整和控制好浆门、浆量和弹棒，然后开动电机，使机口垂直对正墙面，保持适当距离（一般为 30～50cm），按一定手势和速度，自上而下，自右（左）至左（右），循序渐进，要注意弹点密度均匀适中，上下左右接头不明显。

d. 对于花型彩弹，在弹涂以后，应有一人进行批刮压花，弹涂到批刮压花之间的间歇时间，视施工现场的温度、湿度及花型等不同而定。压花操作应用力均匀，运动速度应适当，方向竖直不偏斜，刮板和墙面的角度宜在 15°～30°之间，应单方向批刮，不能往复操作，每批刮一次，刮板须用棉纱擦抹，不得间隔，以防花纹模糊。

e. 大面积弹涂后，如出现局部弹点不匀或压花不合要求而影响装饰效果时，应进行修补，修补方法有补弹和笔绘两种，修补所用的涂料，应采用与刷底或弹涂同一颜色的涂料。

28.7.3.2 内墙涂饰工程

1. 施工准备

（1）室内与抹灰工种相关的工作已全部完成，基层应平整、清洁、表面无灰尘、无浮浆、无油迹、无锈斑、无霉点、无浮砂、无起壳、无盐类析出物、无青苔等杂物。

（2）基层应干燥，混凝土及抹灰面层的含水率应在 10%以下，基层的 pH 值不得大于 10。

（3）过墙管道、洞口、阴阳角等处应提前抹灰找平修整，并充分干燥。

（4）室内相关专业施工项目均已完成，门窗玻璃安装完毕，湿作业的地面施工完毕，管道设备试压完毕。

（5）门窗、灯具、电器插座及地面等应进行遮挡保护，以免施工时被涂料污染。

（6）冬期施工室内温度不宜低于 5℃，相对湿度小于 85%，室温保持均衡，不得突然变化。同时应设专人负责开关门窗，以利通风和排除湿气。

（7）做好样板间，并经检查合格后，方可组织大面积喷（刷）涂饰施工。

2. 基层处理

（1）混凝土基层处理

1）对于混凝土的施工缝等表面不平整或高低不平的部位，应使用聚合物水泥砂浆进行基层处理，做到表面平整，并使抹灰层厚度均匀一致。具体做法是先认真清扫混凝土表面，涂刷聚合物水泥砂浆，每遍抹灰厚度不大于 9mm，总厚度不大于 25mm，最后在抹灰底层用抹子抹平，并进行养护。

2）由于模板缺陷造成混凝土尺寸不准，或由于设计变更等原因使抹灰找平部分厚度增加，为了防止出现开裂及剥离，应在混凝土表面固定焊接金属网，并将找平层抹在金属网上。

3）其他基层处理办法

① 微小裂缝。用封闭材料或涂抹防水材料沿裂缝搓涂，然后在表面撒细砂等，使装饰涂料能与基层很好地粘结。对于预制混凝土板材，可用低粘度的环氧树脂或水泥砂浆进行压力灌浆压入缝中。

② 气泡砂孔。应用聚合物水泥砂浆嵌填直径大于 3mm 的气孔。对于直径小于 3mm 的气孔，可用涂料或封闭腻子处理。

③ 表面凹凸。凸出部分用磨光机研磨平整。

④ 露出钢筋。用磨光机等将铁锈全部清除，然后进行防锈处理。也可将混凝土进行少量剔凿，将混凝土内露出的钢筋进行防锈处理，然后用聚合物砂浆补抹平整。

⑤ 油污。油污、隔离剂必须用洗涤剂洗净。

（2）水泥砂浆基层处理

1）当水泥砂浆面层有空鼓现象时，应铲除，用聚合物水泥砂浆修补。

2）水泥砂浆面层有孔眼时，应用水泥素浆修补，也可从剥离的界面注入环氧树脂胶粘剂。

3）水泥砂浆面层凹凸不平时，应用磨光机研磨平整。

（3）石膏板、饰面板的基层处理

1）一般石膏板不适宜用于湿度较大的基层，若湿度较大时，需对石膏板进行防潮处理，或采用防潮石膏板。

2）石膏板多做对接缝。此时接缝及顶空等必须用合成树脂乳液腻子刮涂打底，固化后用砂纸打磨平整。

3）石膏板连接处可做成V形接缝。施工时，在V形缝中嵌填专用的合成树脂乳液石膏腻子，并贴玻璃接缝带抹压平整。

4）石膏板在涂刷前，应对石膏面层用合成树脂乳液灰浆腻子刮涂打底，固化后用砂纸等打磨光滑平整。

3. 施工工艺

（1）乳胶漆施工

1）工艺流程

清理墙面→修补墙面→刮腻子→刷底漆→刷一至三遍面漆

2）操作工艺

① 刮腻子：

a. 刮腻子遍数可由墙面平整程度决定，通常为三遍，潮湿区域应采用耐水型腻子。第一遍用胶皮刮板横向满刮，干燥后打磨砂纸，将浮腻子及斑迹磨光，然后将墙面清扫干净。第二遍用胶皮刮板竖向满刮，所用材料及方法同第一遍腻子，干燥后用砂纸磨平并清扫干净。第三遍用胶皮刮板找补腻子或用钢片刮板横向满刮腻子，将墙面刮平刮光，干燥后用细砂纸磨平磨光，不得遗漏或将腻子磨穿。

b. 如采用成品腻子粉，只需加入清水（配比参照产品说明书）搅拌均匀后即可使用，拌好的腻子应呈均匀膏状，无粉团。为提高石膏板的耐水性能，可先在石膏板上涂刷专用界面剂、防水涂料，再批刮腻子。批刮的腻子层不宜过厚，且必须待第一遍干透后方可批刮第二遍。底层腻子未干透不得做面层。

② 刷底漆：涂刷顺序是先刷天花后刷墙面，墙面是先上后下。将基层表面清扫干净。乳胶漆用排笔（或辊筒）涂刷，使用新排笔时，应将排笔上不牢固的刷毛清除。底漆使用前应搅拌均匀，待干燥后复补腻子，腻子干燥后再用砂纸磨光，并清扫干净。

③ 刷一至三遍面漆：操作要求同底漆，使用前充分搅拌均匀。刷二至三遍面漆时，需待前一遍漆膜完全干燥后，用细砂纸打磨光滑并清扫干净后再刷下一遍。由于乳胶漆膜干燥较快，涂刷时应连续迅速操作，上下顺刷互相衔接，避免干燥后出现接头。

3）成品保护

① 操作前将不需涂饰的门窗及其他相关的部位遮挡好。

② 涂料墙面未干前不得清扫室内地面，以免粉尘沾污墙面涂料，漆面干燥后不得靠近墙面泼水，以免泥水污染。

③ 涂料墙面完工后要妥善保护，不得磕碰损坏。

④ 拆脚手架时，要轻拿轻放，严防碰撞已涂饰完的墙面。

（2）美术漆工程

1）工艺流程

清理基层 → 刮腻子 → 打磨砂纸 → 刷封闭底漆 → 涂装质感涂料

2）操作工艺

① 刮腻子：同上节乳胶漆刮腻子工艺。

② 刷封闭底漆：基层腻子干透后，涂刷一遍封闭底漆。涂刷顺序是先天花后墙面，墙面是先上后下。将基层表面清扫干净。使用排笔（或辊筒）涂刷，施工工具应保持清洁，使用新排笔时，应将排笔上不牢固的刷毛清除，确保封闭底漆不受污染。

③ 涂装质感涂料：待封闭底漆干燥后，即可涂装质感涂料。一般采用刮涂（抹涂）或喷涂等施工方法。刮涂施工是用铁抹子将涂料均匀刮涂到墙上，并根据设计图纸的要求，刮出各种造型，或用特殊的施工工具制作出不同的艺术效果。喷涂施工是用喷枪将涂料按设计要求喷涂于基层上，喷涂施工时应注意控制涂料的黏度、喷枪的气压、喷口的大小、喷射距离以及喷射角度等。

3）成品保护

① 进行操作前将不进行喷涂的门窗及其他相关的部位遮挡好。

② 喷涂完的墙面，随时用木板或小方木将口、角等处保护好，防止碰撞造成损坏。

③ 涂裱工刷漆时，严禁蹬踩以涂好的涂层部位（窗台），防止小油桶碰翻涂漆污染墙面。

④ 刷（喷）浆工序与其他工序要合理安排，避免刷（喷）后其他工序又进行修补工作。

⑤ 刷（喷）浆前应对已完成的地面面层进行保护，严禁落浆造成污染。

⑥ 移动浆桶、喷浆机等施工工具时严禁在地面上拖拉，防止损坏地面的面层。

⑦ 浆膜干燥前，应防止尘土沾污和热气侵袭。

⑧ 拆架子或移动高凳子应注意保护好已刷浆的墙面。

⑨ 浆活完工后应加强管理，认真保护好墙面。

28.7.3.3 内、外墙氟碳漆工程

1. 施工准备

（1）墙面必须干燥，基层含水率应符合当地规范要求。

（2）墙面的设备管洞应提前处理完毕，为确保墙面干燥，各种穿墙孔洞都应提前抹灰补齐。

（3）门窗要提前安装好玻璃。

（4）施工前应事先做好样板间，经检查合格后，方可组织班组进行大面积施工。

（5）作业环境应通风良好，湿作业已完成并具备一定的强度，周围环境比较干燥。

（6）冬期施工涂料工程，应在采暖条件下进行，室温保持均衡，一般室内温度不宜低于5℃，相对湿度为85%。同时应设专人负责测试温度和开关门窗，以利通风排除湿气。

2. 施工工艺

（1）工艺流程

基层处理→铺挂玻纤网→分格缝切割及批刮腻子→封闭底漆施工→中涂施工→面涂施工→分格缝描涂

（2）操作工艺

1）基层处理

① 平整度检查：用2m靠尺仔细检查墙面的平整度，将明显凹凸部位用彩笔标出。

② 点补：孔洞或明显的凹陷用水泥砂浆进行修补，不明显的用粗找平腻子点补。

③ 砂磨：用砂轮机将明显的凸出部分和修补后的部位打磨至符合要求（≤2mm）。

④ 除尘、清理：用毛刷、铲刀等清除墙面粘附物及浮尘。

⑤ 洒水：如果基面过于干燥，先洒水润湿，要求墙面见湿无明水。

⑥ 基面修补完成，无浮尘，无其他粘附物，方可进入下道工序。

2）铺挂玻纤网。满批粗找平腻子一道，厚度1mm左右，然后平铺玻纤网，铁抹子压实，使玻纤网和基层紧密连接，再在上面满批粗找平腻子一道。铺挂玻纤网后，干燥12h以上，方可进入下道工序。

3）分格缝切割及批刮腻子

① 根据图纸要求弹出分格缝位置，用切割机沿定位线切割分格缝，一般宽度为2cm，深度为1.5cm，再用锤、凿等工具，将缝芯挖出，将缝的两边修平。

② 粗找平腻子施工。第一遍满批刮，用刮尺对每一块由下至上刮平，稍待干燥后，一般3～4h（晴天），仔细砂磨，除去刮痕印。第二遍满批，用刮尺对每一块由左至右刮平，以上打磨使用80号砂纸或砂轮片施工。第三遍满批，用批刀收平，稍待干燥后，一般3～4h（晴天），用120号以上砂纸仔细砂磨，除去批刀印和接痕。每遍腻子施工完成后，洒水养护4次，每次养护间隔4h。

③ 分格缝填充。填充前，先用水润湿分格缝。将配好的浆料填入分格缝后，干燥约5min，用直径2.5cm（或稍大）的圆管在填缝料表面拖出圆弧状的造型。

④ 细找平腻子施工。腻子满批后，用批刀收平，稍待干燥后，一般3～4h，用280号以上砂纸仔细砂磨，除去批刀印和接痕。细腻子施工完成后，干燥发白时即可砂磨，洒水养护，两次养护间隔4h，养护次数不少于4次。

⑤ 满批抛光腻子。满批后，用批刀收平。干燥后，用300号以上砂纸砂磨；砂磨后，用抹布除尘。

4）封闭底涂施工

采用喷涂。腻子层表面形成可见涂膜，无漏喷现象。施工完成后，至少干燥24h，方可进入下道工序。

5）中涂施工

喷涂二遍。第一遍喷涂（薄涂），一度（十字交叉）。充分干燥后进行第二遍喷涂（厚涂），二度（十字交叉）。干燥12h以后，用600号以上的砂纸砂磨，砂磨必须认真彻底，但不可磨穿中涂。砂磨后，必须用抹布除尘。

6）面涂施工

进行二遍喷涂（薄涂），一度（十字交叉）。第一遍充分干燥后进行第二遍。施工完毕并干燥 24h 后，方可进入下道工序。

7）分格缝描涂

用美纹纸胶带沿缝两边贴好保护，然后刷涂两遍分格缝涂料，待第一遍涂料干燥后方可涂刷第二遍。待干燥后，撕去美纹纸。

3. 成品保护

（1）刷油漆前应先清理完施工现场的垃圾及灰尘，以免影响油漆质量。

（2）进行操作前将不需喷涂的门窗及其他相关的部位遮挡好。

（3）喷涂完的墙面，随时用木板或小方木将口、角等处保护好，防止碰撞造成损坏。

（4）刷漆时，严禁蹬踩已涂好的涂层部位，防止油桶碰翻涂漆污染墙面。

（5）刷（喷）浆工序与其他工序要合理安排，避免刷（喷）后其他工序又进行修补工作。

（6）刷（喷）浆前应对已完成的地面面层进行保护，严禁落浆造成污染。

（7）移动浆桶、喷浆机等施工工具时严禁在地面上拖拉，防止损坏地面的面层。

（8）浆膜干燥前，应防止尘土沾污。

（9）拆架子或移动高凳子应注意保护好已刷浆的墙面。

（10）浆活完工后应加强管理，认真保护好墙面。

28.7.4 质 量 要 求

28.7.4.1 薄涂料的涂饰质量和检验方法

薄涂料的涂饰质量和检验方法（表 28-69）。

薄涂料的涂饰质量和检验方法　　表 28-69

项次	项目	普通涂饰	高级涂饰	检验方法
1	颜色	均匀一致	均匀一致	观察
2	光泽、光滑	光泽基本均匀，光滑无挡手感	光泽均匀一致，光滑	
3	泛碱、咬色	允许少量轻微	不允许	
4	流坠、疙瘩	允许少量轻微	不允许	
5	砂眼、刷纹	允许少量轻微砂眼，刷纹通顺	无砂眼，无刷纹	

28.7.4.2 厚涂料的涂饰质量和检验方法

厚涂料的涂饰质量和检验方法（表 28-70）。

厚涂料的涂饰质量和检验方法　　表 28-70

项次	项目	普通涂饰	高级涂饰	检验方法
1	颜色	均匀一致	均匀一致	观察
2	光泽	光泽基本均匀	光泽均匀一致	
3	泛碱、咬色	允许少量轻微	不允许	
4	点状分布	—	疏密均匀	

28.7.4.3　复层涂料的涂饰质量和检验方法

复层涂料的涂饰质量和检验方法（表 28-71）。

复层涂料的涂饰质量和检验方法　　表 28-71

项次	项目	质量要求	检验方法
1	颜色	均匀一致	观察
2	光泽	光泽基本均匀	
3	泛碱、咬色	不允许	
4	喷点疏密程度	均匀，不允许连片	

28.7.4.4　墙面水性涂料涂饰工程的允许偏差和检验方法

墙面水性涂料涂饰工程的允许偏差和检验方法（表 28-72）。

墙面水性涂料涂饰工程的允许偏差和检验方法　　表 28-72

顺次	项目	允许偏差（mm）					检验方法
		薄涂料		厚涂料		复层涂料	
		普通涂饰	高级涂饰	普通涂饰	高级涂饰		
1	立面垂直度	3	2	4	3	5	用 2m 垂直检测尺检查
2	表面平整度	3	2	4	3	5	用 2m 靠尺和塞尺检查
3	阴阳角方正	3	2	4	3	4	用 200mm 直角检测尺检查
4	装饰线、分色线直线度	2	1	2	1	3	拉 5m 线，不足 5m 拉通线，用钢直尺检查
5	墙裙、勒角上口直线度	2	1	2	1	3	拉 5m 线，不足 5m 拉通线，用钢直尺检查

28.7.4.5　墙面美术涂饰工程的允许偏差和检验方法

墙面美术涂饰工程的允许偏差和检验方法（表 28-73）。

墙面美术涂饰工程的允许偏差和检验方法　　表 28-73

项次	项目	允许偏差（mm）	检验方法
1	立面垂直度	4	用 2m 垂直检测尺检查
2	表面平整度	4	用 2m 靠尺和塞尺检查
3	阴阳角方正	4	用 200mm 直角检测尺检查
4	装饰线、分色线直线度	2	拉 5m 线，不足 5m 拉通线，用钢直尺检查
5	墙裙、勒角上口直线度	2	拉 5m 线，不足 5m 拉通线，用钢直尺检查

28.8　裱糊与软包工程

28.8.1　裱　糊　工　程

裱糊工程包括壁纸和壁布（墙布）裱糊工程，壁纸是广泛应用于室内天花、墙柱面的装饰材料之一，具有色彩多样、图案丰富、耐脏、易清洁、耐用等优点。

28.8.1.1 壁纸墙布的分类

壁纸墙布的种类较多，其主要分类（表 28-74）。

壁纸和墙布的分类 表 28-74

序号	分类	种类	细分种类
1	壁纸	普通壁纸	印花涂塑壁纸、压花涂塑壁纸、复塑壁纸
		发泡壁纸	高发泡印花壁纸、低发泡印花压花壁纸
		麻草壁纸	—
		纺织纤维壁纸	—
		特种壁纸	耐水壁纸、防火壁纸、彩色砂粒壁纸、自粘型壁纸、金属面壁纸、图景画壁纸
2	墙布	玻璃纤维墙布	—
		纯棉装饰墙布	—
		化纤装饰墙布	—
		无纺墙布	—

28.8.1.2 常用材料

1. 腻子

(1) 腻子是用于平整物体表面的一种装饰材料，直接涂施于物体或底漆上，用以填平被涂物表面上高低不平的部分。

(2) 装饰所用腻子宜采用符合《建筑室内用腻子》JG/T 298 要求的成品腻子，成品腻子粉规格一般为 20kg 袋装。如采用现场调配的腻子，应坚实、牢固，不得粉化、起皮和开裂。

2. 封闭底漆

封闭底漆主要作用是封闭基材、保护板材，并起到预防返碱、返潮及防止霉菌滋生的作用。

3. 壁纸胶

(1) 用于粘贴壁纸的胶水，壁纸胶分为壁纸胶粉和成品壁纸胶。壁纸胶粉一般为盒装或袋装，有多种规格，需按说明书加水调配后方可使用。

(2) 布基胶面壁布比较厚重，应采用壁布专用胶水，直接用滚刷涂到墙面和壁布背面即可。

4. 壁纸、壁布

壁纸和壁布的规格一般有大卷、中卷和小卷三种。

1) 大卷为宽 920～1200mm，长 50m，每卷可贴 40～50m^2。

2) 中卷为宽 760～900mm，长 25～50m，每卷可贴 20～45m^2。

3) 小卷为宽 530～600mm，长 10～12m，每卷可贴 5～6m^2。

4) 其他规格尺寸可由供需双方协商或以标准尺寸的倍数供应。

28.8.1.3 裱糊工程深化设计

根据设计图纸和现场实际情况，进行深化设计，绘制加工大样图，确定基层的处理方式。

确定墙纸（墙布）的铺贴起始点及铺贴方向、与不同材质的接口处理。

28.8.1.4　裱糊施工

1. 施工准备

（1）新建建筑物的混凝土或抹灰基层墙面在刮腻子前应涂刷抗碱封闭底漆。

（2）旧墙面在裱糊前应清除疏松的旧装修层，并刷涂界面剂。

（3）水泥砂浆找平层已抹完，经干燥后含水率不大于8%，木材基层含水率不大于12%。

（4）水电及设备、顶墙上预留预埋件已完成，门窗油漆已完成。

（5）房间地面工程已完成，经检查符合设计要求。

（6）踢脚线安装已完成，经检查符合设计要求。

（7）房间的木护墙和细木装修底板已完成，经检查符合设计要求。

（8）大面积装修前应做样板间，经有关单位验收合格后，方可组织施工。

2. 施工工艺

（1）工艺流程

基层处理→刷封闭底胶→放线→计算用料、裁纸→刷胶→裱糊

（2）操作工艺

1）基层处理

① 混凝土及抹灰基层处理。裱糊壁纸的基层是混凝土面、抹灰面（如水泥砂浆、水泥混合砂浆、石灰砂浆等），要分遍满刮腻子并打磨砂纸，找平。

② 木质基层处理。

a. 木基层要求接缝不显接茬，接缝、钉眼应用腻子补平并满刮油性腻子一遍（第一遍），用砂纸磨平。第二遍可用石膏腻子找平，腻子的厚度应减薄，可在该腻子五六成干时，用塑料刮板有规律地压光，最后用干净的抹布轻轻地将表面灰粒擦净。

b. 对要贴金属壁纸的木基面处理，金属壁纸对基面的平整度要求很高，稍有不平处或粉尘，都会在金属壁纸裱贴后明显地看出。所以金属壁纸的木基面处理，应与木家具打底方法基本相同，批抹腻子的遍数要求在三遍以上。批抹最后一遍腻子并打平后，用软布擦净。

③ 石膏板基层处理。纸面石膏板比较平整，批抹腻子主要是在对缝处和螺钉孔位处。对缝批抹腻子后，还需用棉纸带贴缝，以防止对缝处的开裂（图28-181）。在纸面石膏板

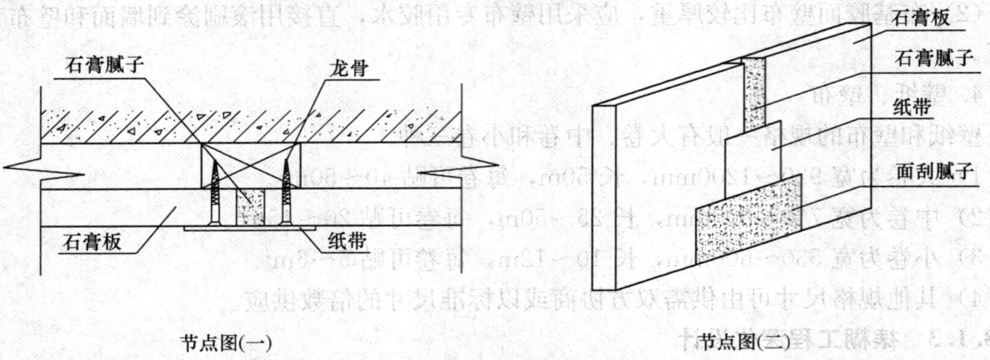

图28-181　石膏板对缝节点图

上，应用腻子满刮一遍，找平大面，在第二遍腻子进行修整。

④ 不同基层对接处的处理。不同基层材料的相接处，如石膏板与木夹板（图 28-182）、水泥或抹灰面与木夹板（图 28-183）、水泥或抹灰面与石膏板之间的对缝（图 28-184），应用棉纸带或穿孔纸带粘贴封口，以防止裱糊后的壁纸面层被拉裂撕开。

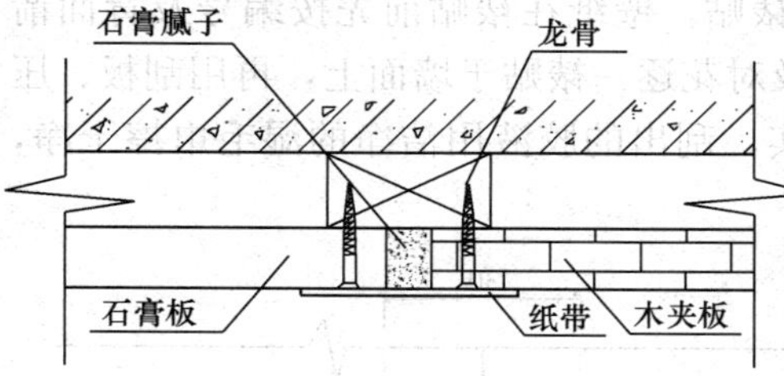

图 28-182 石膏板与木夹板对缝节点图

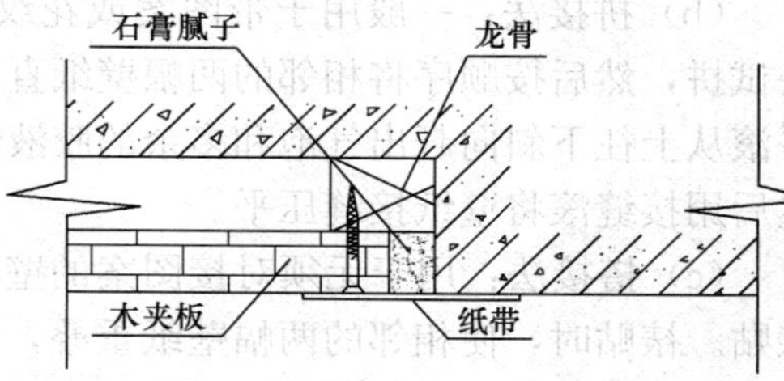

图 28-183 抹灰面与木夹板对缝节点图

2）刷封闭底胶

① 涂刷防潮底胶是为了防止壁纸受潮脱胶，一般对要裱糊塑料壁纸、壁布、纸基塑料壁纸、金属壁纸的墙面，涂刷防潮底漆。底漆可涂刷，也可喷刷，漆液不宜过厚，要均匀一致。

② 刷封闭底胶。在涂刷防潮底漆和底胶时，室内应无灰尘，防止灰尘和杂物混入该底胶中。底胶一般是一遍成活，不能漏刷、漏喷。

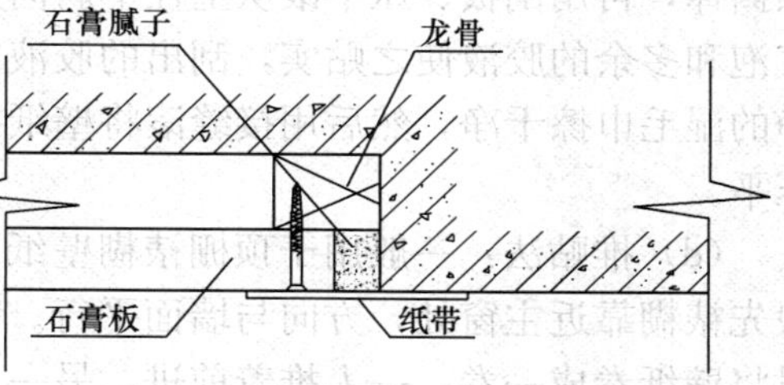

图 28-184 抹灰面与石膏板对缝节点图

③ 放线。按壁纸的标准宽度找规矩，每个墙面的第一条纸都要弹线找垂直，第一条线距墙阴角约 15cm 处，作为裱糊时的准线，基准垂线弹得越细越好。墙面上如有门窗口的应增加门窗两边的垂直线。

④ 计算用料、裁纸

a. 按基层实际尺寸进行测量计算所需用量，如采用搭接施工应在每边增加 2～3cm 作为裁纸量。

b. 裁剪在工作台上进行，用壁纸刀、剪刀将壁纸、壁布按设计图纸要求进行裁切。对有图案的材料，无论顶棚还是墙面均应从粘贴的第一张开始对花，墙面从上部开始。边裁边编顺序号，以便按顺序粘贴。

⑤ 刷胶

纸面、胶面、布面等壁纸，在进行施工前将 2～3 块壁纸进行刷胶，使壁纸起到湿润、软化的作用，塑料纸基背面和墙面都应涂刷胶粘剂，刷胶应厚薄均匀，从刷胶到最后上墙的时间一般控制在 5～7min。

⑥ 壁纸裱糊

a. 普通壁纸裱糊施工

（a）裱糊壁纸时，首先要垂直，后对花纹拼缝，再用刮板用力抹压平整，壁纸应按壁纸背面箭头方向进行裱贴。原则是先垂直面后水平面，先细部后大面。贴垂直面时先上后下，贴水平面时先高后低。在顶棚上裱糊壁纸，宜沿房间的顺光方向进行裱糊，逆光方向裱糊壁纸拼接缝口相对明显，如无阳光房间宜沿房间的长边方向进行裱糊。相邻两幅壁纸的连接方法有两种，分别为拼接法和搭接法，顶棚壁纸一般采用推贴法进行裱糊。

(b) 拼接法：一般用于带图案或花纹壁纸的裱贴。壁纸在裱贴前先按编号及背面箭头试拼，然后按顺序将相邻的两幅壁纸直接拼缝及对花逐一裱贴于墙面上，再用刮板、压平滚从上往下斜向赶出气泡和多余的胶液使之贴实，刮出的胶液用洁净的湿毛巾擦干净，然后用接缝滚将壁纸接缝压平。

(c) 搭接法：用于无须对接图案的壁纸的裱贴。裱贴时，使相邻的两幅壁纸重叠，然后用直尺及壁纸刀在重叠处的中间将两层壁纸切开（图 28-185），再分别将切断的两幅壁纸边条撕掉，再用刮板、压平滚从上往下斜向赶出气泡和多余的胶液使之贴实，刮出的胶液用洁净的湿毛巾擦干净，然后用接缝滚将壁纸接缝压平。

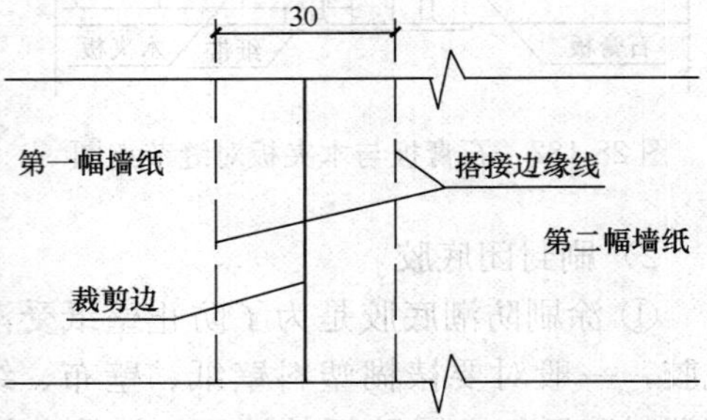

图 28-185　壁纸搭接（mm）

(d) 推贴法：一般用于顶棚裱糊壁纸。一般先裱糊靠近主窗处，方向与墙面平行。裱糊时将壁纸卷成一卷，一人推着前进，另一人将壁纸赶平，赶密实。

(e) 裱贴壁纸时，注意在阳角处不能拼缝，阴角壁纸应搭缝，阴角边壁纸搭缝时，应先裱糊压在里面的转角壁纸，再粘贴非转角的正常壁纸。搭接面应根据阴角垂直度而定，搭接宽度一般不小于 2～3cm，并且要保持垂直无毛边。

b. 金属壁纸裱糊施工

(a) 金属壁纸在裱糊前浸水 1～2min，将浸水的金属壁纸抖去多余水分，阴干 5～7min，再在其背面涂刷胶液。

(b) 由于特殊面材的金属壁纸，其收缩量很少，在裱贴时可采用拼接裱糊，也可用搭接裱糊，其他要求与普通壁纸相同。

c. 麻草壁纸裱糊施工

(a) 胶粘剂宜用壁纸裱糊专用胶水或者壁纸裱糊胶粉，按胶粉内使用说明方法兑水后使用。

(b) 按需要下好壁纸料，粘贴前先在壁纸背面刷上少许的水，但不能过湿。

(c) 将配好的胶液去除一部分，加水 3～4 倍调好，粘贴前刷在墙上，一层即可（达到打底的作用）。

(d) 粘贴时往麻草壁纸背面刷一遍，等待纸背的润湿程度以手感柔软为好，再往打好底的墙上刷一遍，即可粘贴。

(e) 贴好壁纸后用小胶辊将壁纸压一遍，达到吃胶、牢固去褶子的目的。

(f) 完工后再检查一遍，有开胶或粘不牢固的边角，可用白乳胶粘牢。

d. 纺织纤维壁纸裱糊施工

(a) 裁纸时，应比实际长度多出 2～3cm，剪口要与边线垂直。

（b）粘贴时，将纺织纤维壁纸铺好铺平，用毛辊沾水湿润基材，纸背的润湿程度以手感柔软为好。

（c）胶粘剂宜用壁纸裱糊专用胶水或者壁纸裱糊胶粉，按胶粉内使用说明方法兑水后使用，粘贴时往纺织纤维壁纸背面刷一遍，等待纸背的润湿程度以手感柔软为好。然后将湿润的壁纸从上而下，用刮板向下刮平，因花线垂直布置，所以不宜横向刮平。

（d）拼装时，接缝部位应平齐，纱线不能重叠或留有间隙。

（e）纺织纤维壁纸可以横向裱糊，也可竖向裱糊，横向裱糊时使纱线排列与地面平行，可增加房间的纵深感。纵向裱糊时，纱线排列与地面垂直，在视觉上可增加房间的高度。

⑦ 墙布裱糊

由于墙布无吸水膨胀的特点，故不需要预先用水湿润。除纯棉墙布应在其背面和基层同时刷胶粘剂外，玻璃纤维墙布和无纺墙布只需要在基层刷胶粘剂。胶粘剂应随用随配，当天用完。锦缎柔软易变形，裱糊时可先在其背面衬糊一层宣纸，使其挺括。胶粘剂宜用墙布裱糊专用胶水或者墙布裱糊胶粉，按胶粉内使用说明方法兑水后使用。

a. 玻璃纤维墙布施工

基本上与普通壁纸的裱糊施工相同，不同之处如下：

（a）玻璃纤维墙布裱糊时，仅在基层表面涂刷胶粘剂，墙布背面不可涂胶。

（b）玻璃纤维墙布裱糊，胶粘剂宜采用聚醋酸乙烯酯乳胶，以保证粘接强度。

（c）玻璃纤维墙布裁切成段后，宜存放于箱内，以防止沾上污物和碰毛布边。

（d）玻璃纤维不伸缩，对花时，切忌横拉斜扯，如硬拉即将使整幅墙布歪斜变形，甚至脱落。

（e）玻璃纤维墙布盖底力差，如基层表面颜色较深时，可在胶粘剂中掺入适量的白色涂料，以使完成后的裱糊面层色泽无明显差异。

（f）裁成段的墙布应卷成卷横放，防止损伤、碰毛布边影响对花。

（g）粘贴时选择适当的位置吊垂直线，保证第一块布贴垂直。将成卷墙布自上而下按严格的对花要求渐渐放下，上面多留 3～5cm 左右进行粘贴，以免因墙面或挂镜线歪斜造成上下不齐或短缺，随后用湿白毛巾将布面抹平，上下多余部分用刀片割去。如墙角歪斜偏差较大，可以在墙角处开裁拼接，最后叠接阴角处可以不必要求严格对花，切忌横向硬拉，造成布边歪斜或纤维脱落而影响对花。

b. 纯棉装饰墙布裱糊施工

（a）在布背面和墙上均刷胶。墙上刷胶时根据布的宽窄，不可刷得过宽，刷一段裱一张。

（b）先看好首张裱贴位置和垂直线即可开始裱糊。

（c）从第二张起，裱糊先上后下进行对缝对花，对缝必须严密不搭槎，对花端正不走样，对好后用板式鬃刷舒展压实。

（d）挤出的胶液用湿毛巾擦干净，多出的上、下边用壁纸刀裁割整齐。

（e）在裱糊墙布时，应在外露设备处裁破布面露出设备。

（f）裱糊墙布时，阳角不允许对缝，更不允许搭槎，客厅、明柱正面不允许对缝。门、窗口面上不允许加压布条。

(g) 其他与壁纸基本相同。

c. 化纤装饰墙布裱糊施工

(a) 按墙面垂直高度设计用料，并加长 5～10cm，以备竣工切齐。裁布时应按图案对花裁取，卷成小卷横放盒内备用。

(b) 应选室内面积最大的墙面，以整幅墙布开始裱糊粘贴，自墙角起在第一、二块墙布间吊垂直线，并用铅笔做好记号，以后第三、四块等等与第二块布保持垂直对花，必须准确。

(c) 将墙布专用胶水均匀地刷在墙上及往化纤装饰墙布背面刷一遍，等待纸背的润湿程度以手感柔软为好，不要满刷及防止干涸，也不要刷到已贴好的墙布上去。

(d) 先贴距墙角的第二块布，墙布要伸出挂镜线 5～10cm，然后沿垂直线记号自上而下放贴布卷，一面用湿毛巾将墙布由中间向四周抹平。与第二块布严格对花、保持垂直，继续粘贴。

(e) 凡遇墙角处相邻的墙布可以在拐角处重叠，其重叠宽度约 2cm，并要求对花。

(f) 遇电器开关应将板面除去，在墙布上画对角线，剪去多余部分，然后再盖上面板使墙面完整。

(g) 用壁纸刀将上下端多余部分裁切干净，并用湿布抹平。

(h) 其他与壁纸基本相同。

d. 无纺墙布裱糊施工

(a) 粘贴墙布时，先用排笔将配好的胶粘剂刷于墙上及无纺墙布背面刷一遍，等待纸背的润湿程度以手感柔软为好，涂刷时必须均匀，稀稠适度。墙面涂刷宽度比墙纸宽 2～3cm。

(b) 将卷好的墙布自上而下粘贴，粘贴时，除上边应留出 50mm 左右的空隙外，布上花纹图案应严格对好，不得错位，并需用干净软布将墙布抹平填实，用壁纸刀裁去多余部分。

(c) 其他与壁纸基本相同。

e. 绸缎墙面粘贴施工

(a) 绸缎粘贴前，先放出第一幅墙布裱贴位置垂直线。然后放出距地面 1m 的水平线。使水平线与垂直线相互垂直。水平线应在四周墙面弹通，使绸缎粘贴时，其花型与线对齐，花形图案达到横平竖直的效果。

(b) 向墙面刷胶粘剂。胶粘剂可以采用滚涂或刷涂，胶粘剂涂刷面积不宜太大，应刷一幅宽度，粘一幅。同时，往绸缎背面刷一遍，等待纸背的润湿程度以手感柔软为好，涂刷要均匀，不漏刷。刷胶水后的绸缎应静置 5～10min 后上墙粘贴。

(c) 绸缎粘贴上墙。第一幅应从不明显的引脚开始，从左到右，按垂线上下对齐，粘贴平整。贴第二幅时，花型对齐，上下多余部分，随即用壁纸刀裁去。按此法粘贴完毕。贴最后一幅，也要贴阴角处。凡花形图案无法对齐时，可采用取两幅叠起裁画方法，然后将多余部分去掉，再在墙上和绸缎背面局部刷胶，使两边拼合贴密。

(d) 绸缎粘贴完毕，应进行全面检查，如有翘边用白胶补好，有气泡应赶出，有空鼓（脱胶）用针筒灌注胶水，并压实严密。有皱纹要刮平。有离缝应重做处理。有胶迹用洁净湿毛巾擦净，如普遍有胶迹时，应满擦一遍。

3. 成品保护

（1）墙纸、墙布装修饰面已裱糊完的房间应待完全干燥后清理干净，不得做临时料房或休息室，避免污染和损坏，应设专人负责管理，房间及时上锁，定期通风换气、排气等。

（2）在整个墙面装饰工程裱糊施工过程中，严禁非操作人员随意触摸成品。

（3）暖通、电气、上、下水管工程裱糊施工过程中应戴手套作业，操作者应注意保护墙面，严防污染和损坏成品。

（4）严禁在已裱糊完墙纸、墙布的房间内剔眼打洞。若纯属设计变更所致，也应采取可靠有效措施，施工时要做好成品保护工作，施工后要及时认真修补，以保证成品完整。

（5）二次补油漆、涂料及地面磨石，花岗石清理时，要注意保护好成品。进入二次作业时要有效地做好成品保护工作，防止污染、碰撞与损坏墙面。

（6）墙面裱糊时，各道工序必须严格按照规程施工，操作时要做到干净利落，边缝要切割整齐到位，胶痕迹要擦干净。

（7）冬期在采暖条件下施工，要派专人负责看管，严防发生跑水、渗漏水等灾害性事故。

28.8.1.5 质量要求

1. 主控项目

（1）壁纸、墙布的种类、规格、图案、颜色和燃烧性能等级必须符合设计要求及国家现行标准的有关规定。

（2）裱糊工程基层处理质量应符合要求。

（3）裱糊后各幅拼接应横平竖直，拼接处花纹、图案应吻合，应不离缝、不搭接、不显拼缝。

（4）壁纸、墙布应粘贴牢固，不得有漏贴、补贴、脱层、空鼓和翘边。

2. 一般项目

（1）裱糊后的壁纸、墙布表面应平整，不得有波纹起伏、气泡、裂缝、皱褶；表面色泽应一致，不得有斑污，斜视时应无胶痕。

（2）复合压花壁纸和发泡壁纸的压痕或发泡层应无损伤。

（3）壁纸、墙布与装饰线、踢脚板、门窗框的交接处应吻合、严密、顺直。与墙面上电气槽、盒的交接处套割应吻合，不得有缝隙。

（4）壁纸、墙布边缘应平直整齐，不得有纸毛、飞刺。

（5）壁纸、墙布阴角处应顺光搭接，阳角处应无接缝。

（6）裱糊工程的允许偏差和检验方法（表 28-75）。

裱糊工程的允许偏差和检验方法　　表 28-75

项次	项目	允许偏差（mm）	检验方法
1	表面平整度	3	用 2m 靠尺和塞尺检查
2	立面垂直度	3	用 2m 垂直检测尺检查
3	阴阳角方正	3	用 200mm 直角检测尺检查

28.8.2 软包工程

软包工程是建筑中精装修工程的一种，采用装饰布和海绵等填充材料把室内墙面包起来，有较好的吸音和隔音效果，且颜色多样，装饰效果好。

28.8.2.1　软包的分类

软包按面层材料的不同可以分为：平绒织物软包、锦缎织物软包、毡类织物软包、皮革及人造革软包、毛面软包、麻面软包、丝类挂毯软包等。

按装饰功能的不同可以分为：装饰软包、吸音软包、防撞软包等。

28.8.2.2　常用材料

软包常用材料（表 28-76）。

软包常用材料　　表 28-76

序号	种类	材料	作用
1	龙骨	木龙骨、轻钢龙骨	基层龙骨制作、找平
2	基层板	胶合板或密度板（厚度一般为 9mm、12mm、15mm 等）	铺贴于龙骨上，作为固定软包的基层板材
3	底板及边框	胶合板、松木条、密度板	用于裱贴海绵等填充材料的底板及边框
4	内衬材料	橡塑海绵	软包的填充层，固定于底板与边框中间
5	面料	织物、皮革	软包的饰面包裹层
6	木贴脸	各种木饰面板、条（或密度板、条）	用于软包收边的木饰面装饰条

28.8.2.3　软包工程深化设计

根据设计图纸和现场实际情况，进行深化设计，绘制加工大样图。确定软包的用材、分割尺寸、构造做法、与基层的连接方式，以及周边的收口处理。

28.8.2.4　软包施工

1. 施工准备

(1) 水电及设备，顶墙上预留预埋件已完成。

(2) 房间的吊顶分项工程基本完成，并符合设计要求。

(3) 房间里的地面分项工程基本完成，并符合设计要求。

(4) 对施工人员进行技术交底时，应强调技术措施和质量要求。

(5) 调整基层并进行检查，要求基层平整、牢固，垂直度、平整度均符合细木制作验收规范。

(6) 软包周边装饰边框及装饰线安装完毕。

2. 施工工艺

(1) 工艺流程

基层或底板处理 → 放线 → 裁割衬板及试铺 → 计算用料、套裁填充料和面料 → 粘贴填充料 → 包面料 → 安装

(2) 操作工艺

1) 基层或底板处理。在做软包墙面装饰的基墙上（砖墙、混凝土墙或轻质隔墙），应先安装龙骨，再封基层板。龙骨可用木龙骨或轻钢龙骨，基层板宜采用 9～12mm 木夹板

(或密度板)，所有木龙骨及木板材应刷防火涂料，并符合消防要求。

2）放线。根据设计图纸要求，把该房间需要软包墙面的装饰尺寸、造型等通过吊直、套方、找规矩、弹线等工序，把实际设计的尺寸与造型放样到墙面基层上，并按设计要求将软包挂墙套件固定于基层板上。

3）裁割及试铺衬板

① 裁割衬板：根据设计图纸的要求，按软包造型尺寸裁割衬底板材，衬板厚度应符合设计要求。如软包边缘有斜边或其他造型要求，则在衬板边缘安装相应形状的木边框（图 28-186）。衬板裁割完毕后即可将挂墙套件按设计要求固定于衬板背面。

② 试铺衬板：按图纸所示尺寸、位置试铺衬板，尺寸位置有误的须调整好，然后按顺序拆下衬板，并在背面标号，以待粘贴填充料及面料。

4）计算用料、套裁填充料和面料。根据设计图纸的要求，进行用料计算和套裁填充材料及面料工作，同一房间、同一图案的面料必须用同一卷材料套裁。

5）粘贴填充料。选用符合消防要求的阻燃橡塑海绵作填充料，将套裁好的填充料按设计要求固定于衬板上。如衬板周边有造型边框，则安装于边框中间（图 28-187）。

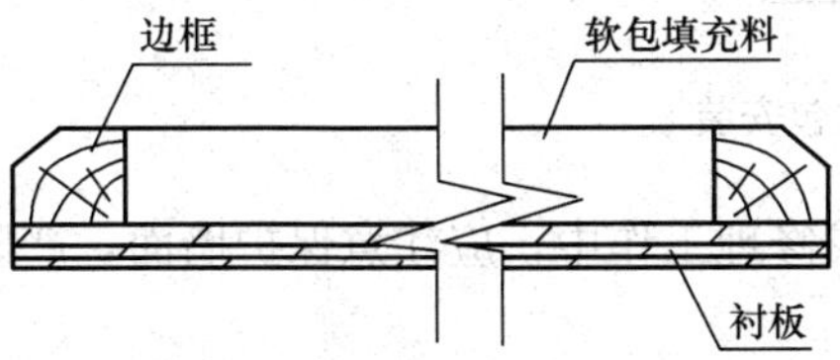

图 28-186　木边框节点图

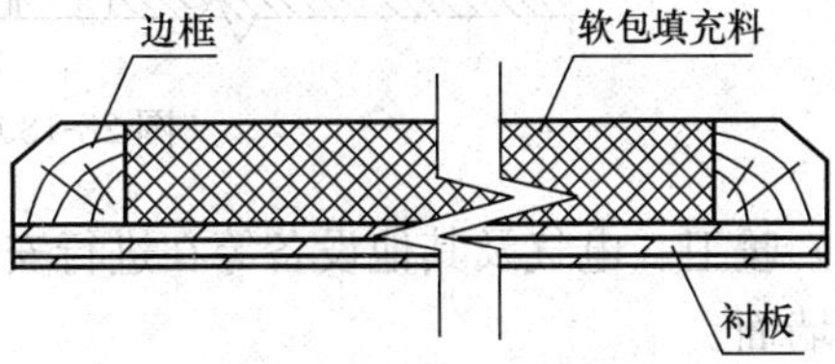

图 28-187　木边框内填充料

6）粘贴面料。采用符合消防要求的阻燃面料，按设计要求将裁切好的面料按照定位标志找好横竖坐标上下摆正粘贴于填充材料上部，并将面料包至衬板背面，然后用胶水及钉子固定（图 28-188）。

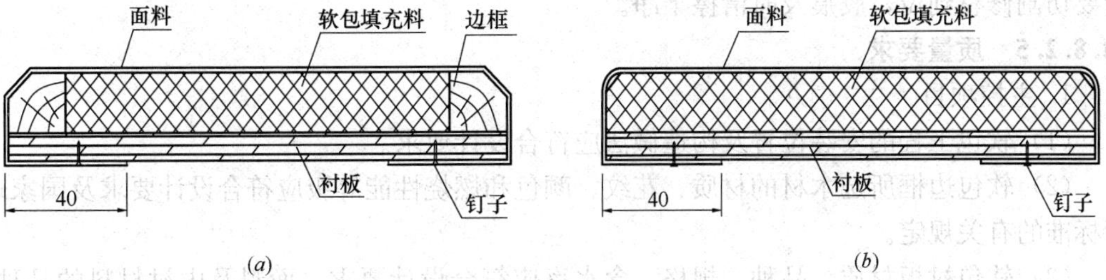

图 28-188　软包节点图

(a) 带边框软包节点图；(b) 不带边框软包节点图

7）安装。将粘贴完面料的软包按编号挂贴或粘贴于墙面基层板上，并调整平直（图 28-189）。

3. 成品保护

（1）软包墙面装饰工程已完成的房间应及时清理干净，不得做料房或休息室，避免污染和损坏成品，应设专人管理（不得随便进入，定期通风换气、排湿）。

（2）在整个软包墙面装饰工程施工过程中，严禁非操作人员随意触摸成品。

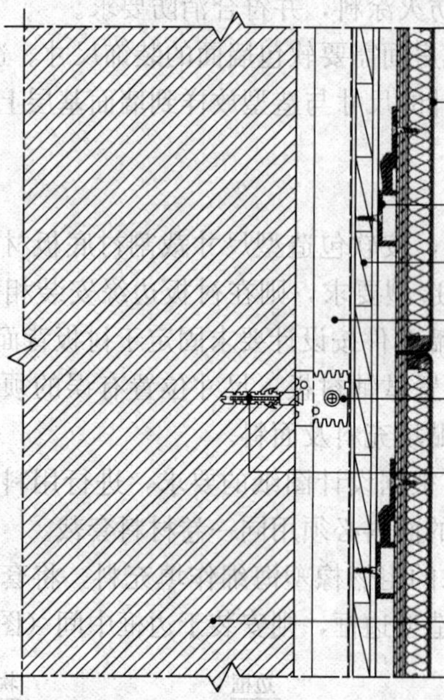

图 28-189　软包安装

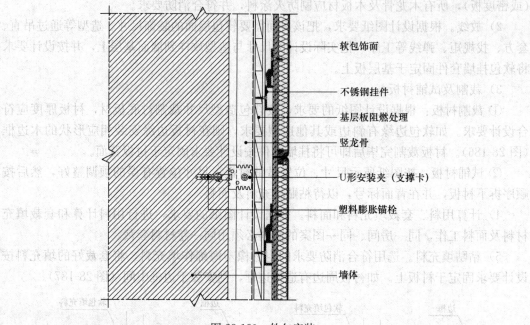

（3）暖卫、电气及其他设备等在进行安装或修理工作中，应注意保护墙面，严防污染或损坏墙面。

（4）严禁在已完软包墙面装饰房间内剔眼打洞。若属设计变更，也应采取相应的可靠有效的措施，施工时要小心保护，施工后要及时认真修复，以保证成品完整。

（5）二次修补油、浆工作及地面磨石清理打蜡时，要注意保护好成品，防止污染、碰撞和损坏。

（6）软包墙面施工时，各项工序必须严格按照规程施工，操作时要做到干净利落，边缝要切割修整到位，胶痕及时清擦干净。

28.8.2.5　质量要求

1. 主控项目

（1）软包工程的安装位置及构造做法应符合设计要求。

（2）软包边框所选木材的材质、花纹、颜色和燃烧性能等级应符合设计要求及国家现行标准的有关规定。

（3）软包衬板材质、品种、规格、含水率应符合设计要求。面料及内衬材料的品种、规格、颜色、图案及燃烧性能等级应符合国家现行标准的有关规定。

（4）软包工程的龙骨、边框应安装牢固。

（5）软包衬板与基层应连接牢固，无翘曲、变形，拼缝应平直，相邻板面接缝应符合设计要求，横向无错位拼接的分格应保持通缝。

2. 一般项目

（1）单块软包面料不应有接缝，四周应绷压严密。需要拼花的，拼接处花纹、图案应吻合，软包饰面上电气槽、盒的开口位置、尺寸应正确，套割应吻合，槽、盒四周应镶硬边。

（2）软包工程的表面应平整、洁净、无污染，无凹凸不平及皱褶；图案应清晰、无色差，整体应协调美观、符合设计要求。

（3）软包工程的边框表面应平整、光滑、顺直，无色差、无钉眼；对缝、拼角应均匀对称、接缝吻合。清漆制品木纹、色泽应协调一致，其表面涂饰质量应符合有关规定。

（4）软包内衬应饱满，边缘应平齐。

（5）软包墙面与装饰线、踢脚板、门窗框的交接处应吻合、严密、顺直，交接（留缝）方式应符合设计要求。

（6）软包工程安装的允许偏差和检验方法（表 28-77）。

软包工程安装的允许偏差和检验方法　　表 28-77

项次	项目	允许偏差（mm）	检验方法
1	单块软包边框水平度	3	用 1m 水平尺和塞尺检查
2	单块软包边框垂直度	3	用 1m 垂直检测尺检查
3	单块软包对角线长度差	3	从框的裁口里角用钢尺检查
4	单块软包宽度、高度	0；－2	从框的裁口里角用钢尺检查
5	分格条（缝）直线度	3	拉 5m 线，不足 5m 拉通线，用钢直尺检查
6	裁口、线条结合处高度差	1	用钢直尺和塞尺检查

28.9　细　部　工　程

28.9.1　木装修常用板材分类

28.9.1.1　胶合板

1. 胶合板的分类及特征（表 28-78）

胶合板的分类及特征　　表 28-78

分类	品种名称	特征
按板的结构分	单板胶合板	也称夹板（俗称细芯板）。由一层一层的单板构成，各相邻层木纹方向互相垂直
	木芯胶合板	具有实木板芯的胶合板，其芯由木材切割成条，拼接而成。如细木工板（俗称大芯板、木工板）
	复合胶合板	板芯由不同的材质组合而成的胶合板，如塑料胶合板、竹木胶合板等
按耐久性分	普通胶合板	在室内常态下使用，主要用于家具制作
	防潮胶合板	能在冷水中短时间浸渍，适于室内常温下使用。用于家具和一般建筑用途
	防水胶合板	具有耐久、耐水、耐高温的优点
按表面加工分	砂光胶合板	板面经砂光机砂光的胶合板
	未砂光胶合板	板面未经砂光的胶合板
	贴面胶合板	表面覆贴装饰单板、木纹纸、浸渍纸、塑料、树脂胶膜或金属薄片材料的胶合板

续表

分类	品种名称	特征
按形状分	平面胶合板	在压模中加压成型的平面状胶合板
	成型胶合板	在压模中加压成型的非平面状胶合板
按用途分	普通胶合板	适于广泛用途的胶合板
	特殊胶合板	能满足专门用途的胶合板，如装饰胶合板、浮雕胶合板、直接印刷胶合板等

装饰装修中常用的胶合板有：夹板、细木工板。

2. 胶合板的规格

（1）胶合板的厚度为（mm）：2.7、3、3.5、4、5、5.5、6……自6mm起，按1mm递增。厚度在4mm以下为薄胶合板。

（2）胶合板的常用规格为：3mm、5mm、9mm、12mm、15mm、18mm。

（3）胶合板的幅面尺寸（表28-79）。

胶合板的幅面尺寸　　**表28-79**

宽度（mm）	长度（mm）				
	915	1220	1830	2135	2440
915	915	1220	1883	2135	—
1220	—	1220	1883	2135	2440

28.9.1.2　密度板

1. 密度板的分类及特征

（1）密度板也称纤维板，是以木质纤维或其他植物纤维为原料，施加脲醛树脂或其他合成树脂，在加热加压条件下，压制而成的一种板材。按其密度的不同，分为低密度板、中密度板、高密度板。

（2）密度在450kg/m^{3}以下的为低密度纤维板，密度在450～800kg/m^{3}的为中密度纤维板，密度在800kg/m^{3}以上的为高密度纤维板。目前密度板在装饰装修中较为常用的是中密度板。

（3）密度板表面光滑平整、材质细密、性能稳定，板材表面的装饰性好。但密度板耐潮性及握钉力较差，螺钉旋紧后如果发生松动，很难再固定。

2. 密度板的规格

幅面规格：宽度为1220mm、915mm；长度为2440mm、2135mm、1830mm。

厚度规格：8mm、9mm、10mm、12mm、14mm、15mm、16mm、18mm、20mm。

28.9.1.3　刨花板

1. 刨花板的分类及特征

由木材碎料（木刨花、锯末或类似材料）或非木材植物碎料（亚麻屑、甘蔗渣、麦秸、稻草或类似材料）与胶粘剂一起热压而成的板材。刨花板多用于办公家具制作。

2. 刨花板的规格

幅面规格：1220mm×2440mm

厚度规格：4mm、6mm、8mm、10mm、12mm、14mm、16mm、19mm、22mm、25mm、30mm 等。

28.9.2 木制构件的接合类型

28.9.2.1 板的直角与合角接合（表 28-80）

板的直角与合角接合　　表 28-80

序号	名称	简图及构造要求	用途
1	平叠接	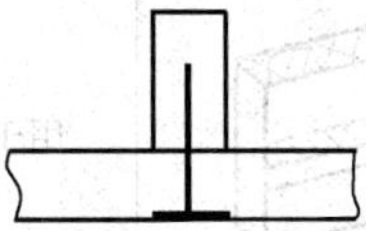	用钉子结合，常用于一般简易隔板的结合
2	角叠接	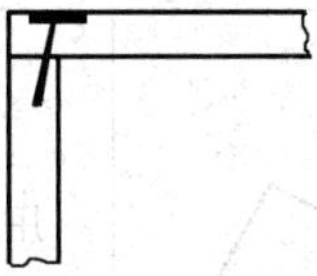	常见于一般简易箱类四个角上的结合
3	肩胛叠接	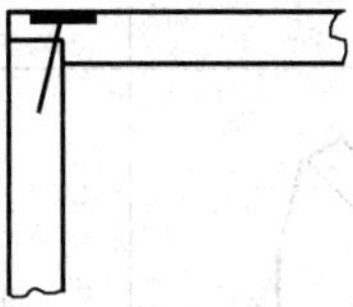	多用于抽屉面板与旁板的结合，包角板阳角的结合
4	合角肩胛接	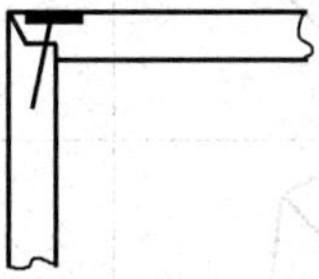	常用于包角板阳角的结合
5	纳入接	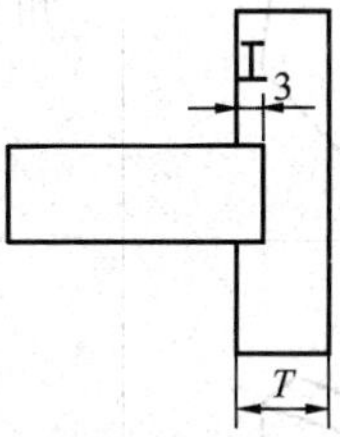	用于箱柜壁橱等隔板的 T 形结合
6	肩胛纳入接	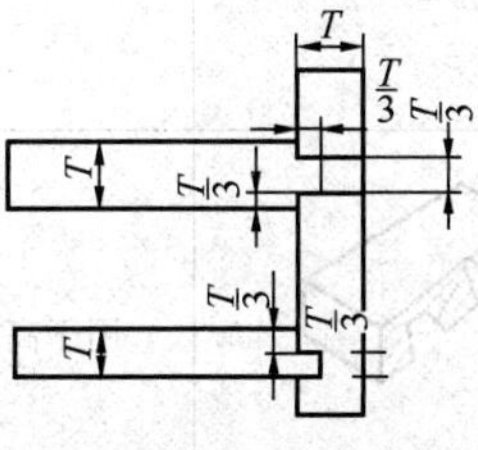	用于 T 形结合的隔板

续表

序号	名称	简图及构造要求	用途
7	燕尾纳入接	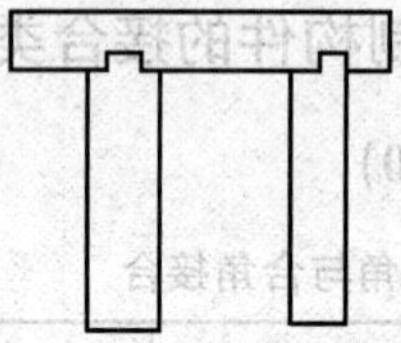	用于要求整体性较高的搁板、隔板
8	暗纳入接	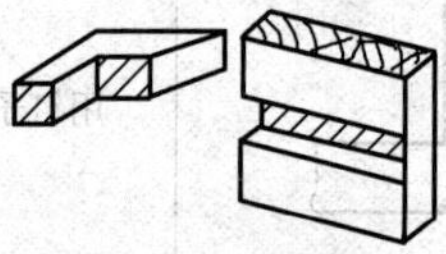	用于高级搁板
9	暗燕尾纳入接	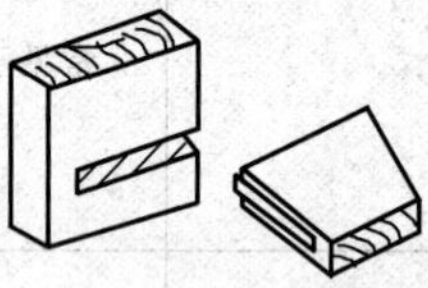	用于高级搁板及木箱
10	对开交接	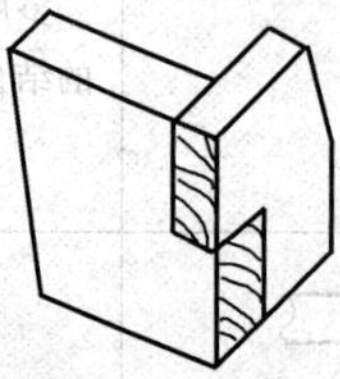	一般用于简单箱类的结合
11	三枚交接	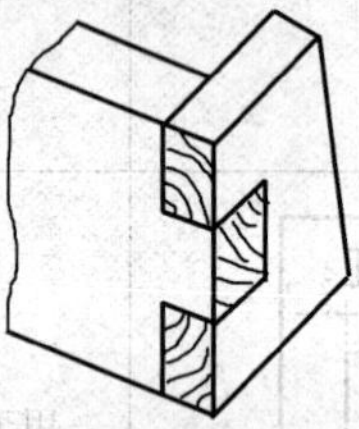	用于坚固的箱类，并可做成五枚或多枚交接
12	明燕尾交接		用于高级箱类的结合
13	半盖燕尾交接	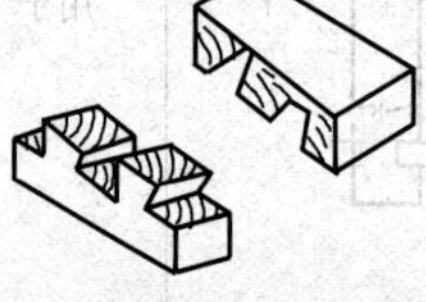	用于高级箱类、抽屉面板与旁板的结合

续表

序号	名称	简图及构造要求	用途
14	合角燕尾交接		用于高级箱柜的结合
15	平肩肿接	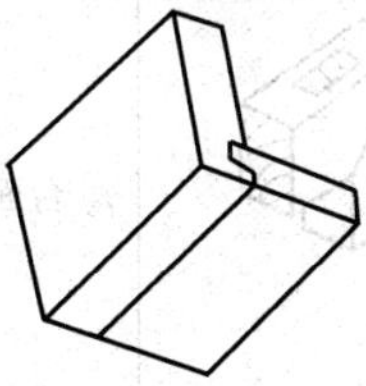	用于抽屉、高级箱类、柜的旁板
16	平斜接（加栓）	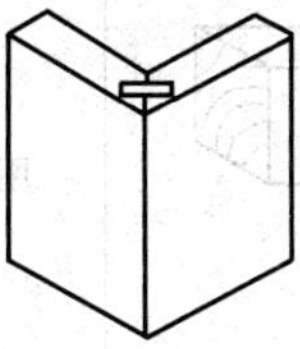	常用于柜框的面板和旁板的结合等
17	斜接	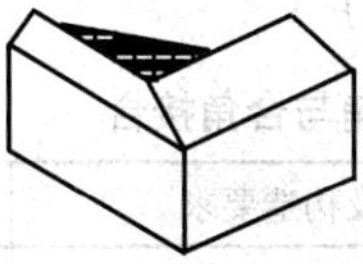	用于两种厚度不同木材的结合，如台面板、木架
18	暗木栓斜接	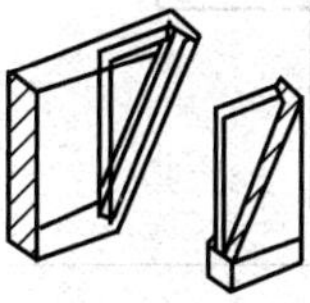	用于柜类、台面板
19	明燕尾楔斜接		用于高级箱类
20	斜肩肿接	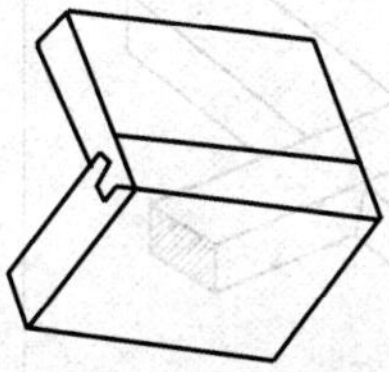	用于高级箱类、柜的旁板

续表

序号	名称	简图及构造要求	用途
21	明薄片楔斜接	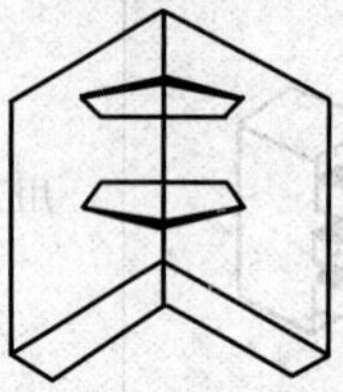	简单的箱类
22	明纳入斜接	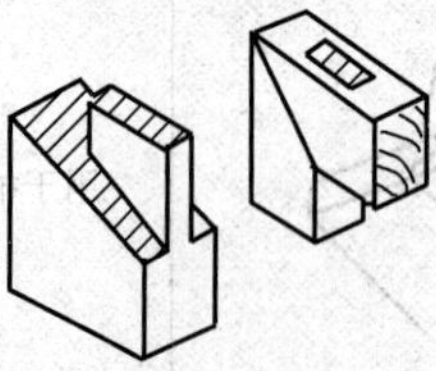	台面板外框
23	木销接	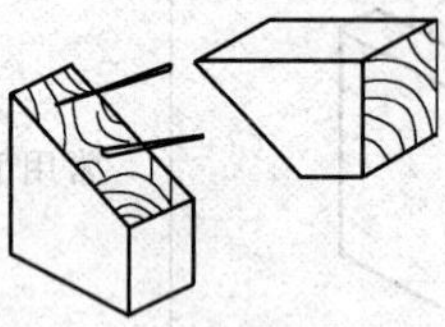	用于包角板等

28.9.2.2　框的直角与合角接合（表 28-81）

框的直角与合角接合　　**表 28-81**

序号	名称	简图及构造要求	用途
1	对开重叠角接	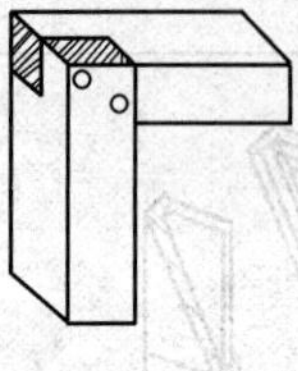	简易的门框
2	对开合角接	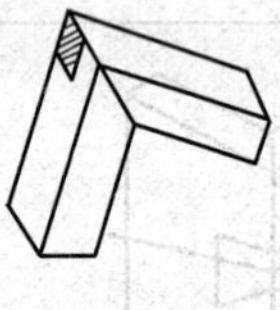	简单的门框
3	对开十字接	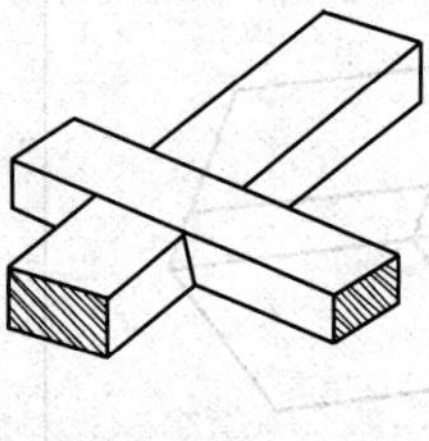	常用于相互交叉的撑子

续表

序号	名称	简图及构造要求	用途
4	对开重叠十字接	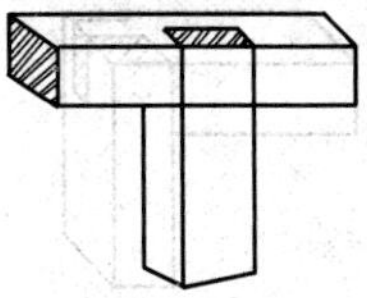	用于框里横竖档的交接
5	明燕尾重叠接	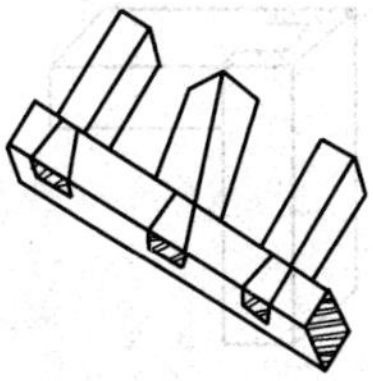	用于框里横、竖、斜档的交接
6	暗燕尾重叠接	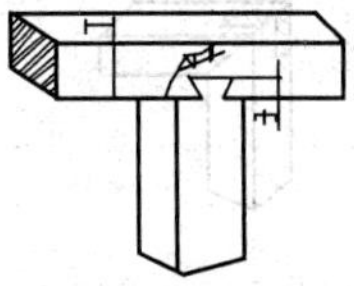	用于不露榫的横竖档的交接
7	矩形三枚纳接	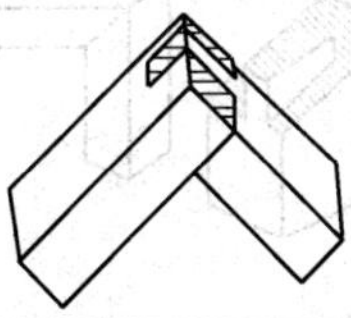	用于中级框的结合
8	明合角三枚纳接	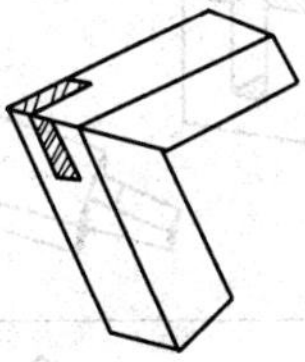	用于中级框角及门
9	暗合角三枚纳接	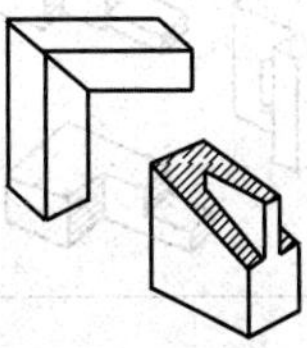	用于高级门
10	T形、<形三枚纳接	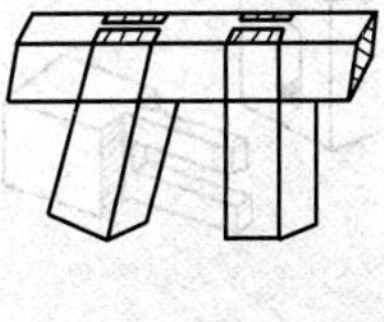	用于架类的中档及斜撑

续表

序号	名称	简图及构造要求	用途
11	明燕尾三枚纳接	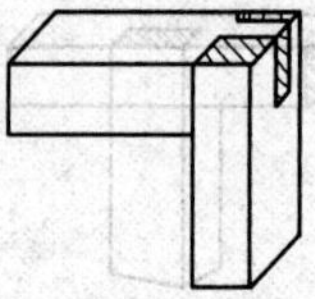	用于坚固架类的结合
12	半盖燕尾三枚纳接	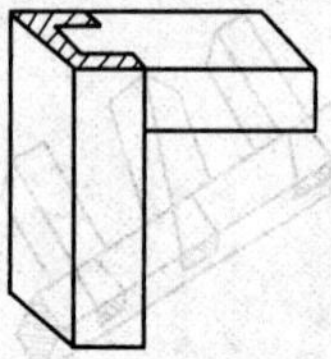	用于坚固美观的壁橱窗门框的结合
13	明燕尾合角三枚纳接	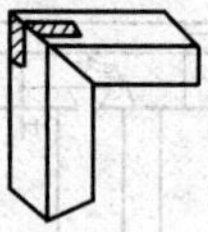	用于更强的结合
14	暗燕尾合角三枚纳接	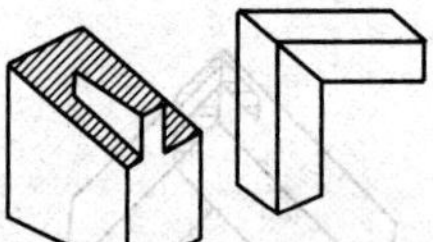	用于高级架类的结合
15	小根接	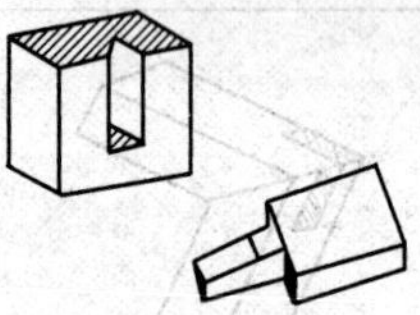	用于框的上下档、架类的脚隅部
16	肩胛纳接	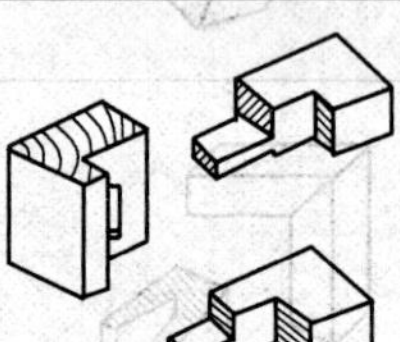	
17	二重纳接	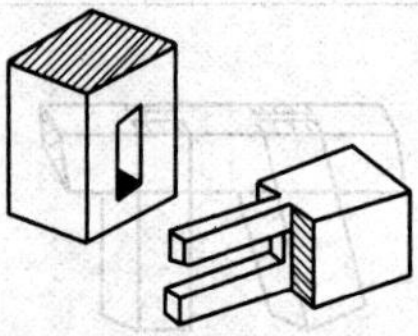	用于门的横档、台的裙板、撑档

续表

序号	名称	简图及构造要求	用途
18	明纳接	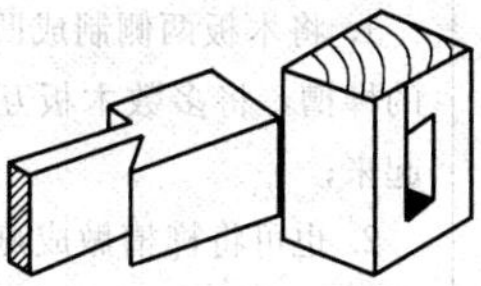	单面线脚，用于普通门窗的结合
19	平纳接	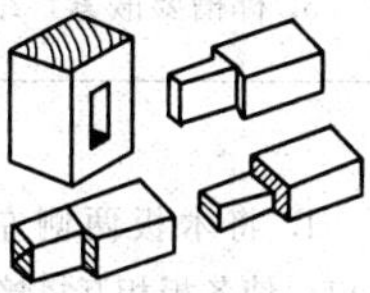	用于普通的架类
20	高低纳接（即大进小出）		用于两个成直角的横档，纳在同一框梃的两面的结合
21	明纳接（双面，上下线脚）	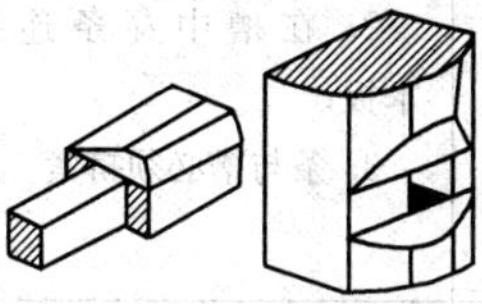	用于高级门和外观要求高的架类
22	上端斜纳接	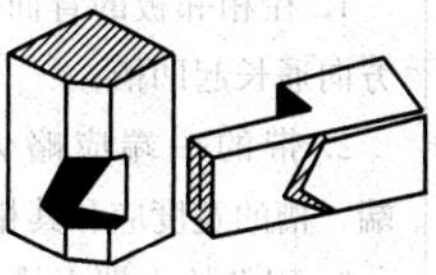	用于高级门及外观要求高的架类

28.9.2.3 板面的加宽（表28-82）

板面的加宽构造和用途 **表28-82**

名称	形式	构造要求和操作方法	用途
胶粘法		1. 用皮胶或白乳胶将木板相邻两侧面粘合； 2. 两侧接触面必须刨平、直，对严，不得露“黑缝”； 3. 各板对缝后必须平整； 4. 材料含水率应在15%以下； 5. 注意年轮方向和木纹，以防变形	粘合门心板、箱、柜面板等，用途非常广泛

续表

名称	形式	构造要求和操作方法	用途
企口接法	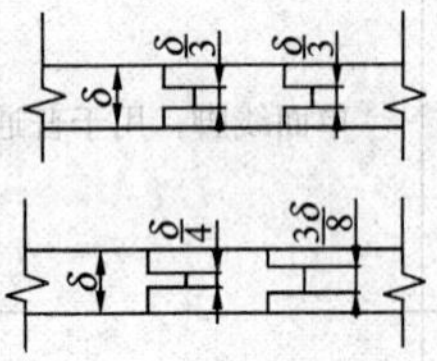	1. 将木板两侧制成凹凸形状的榫槽，将多数木板互相衔接起来； 2. 也可将榫槽做成燕尾形式更为坚固结实； 3. 榫槽要嵌紧，结合要严密	常用于地板、门心板
裁口接法（高低缝接法）	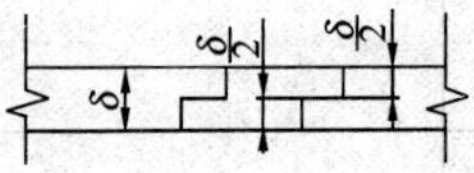	1. 将木板两侧左上右下裁口，使各板相互搭接在一起； 2. 口槽接缝须严密	用于木隔断、顶棚板，有时也用于木大门拼板上
穿条接法	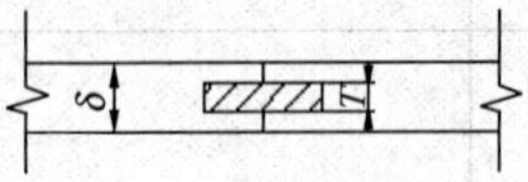	1. 将相邻两板的拼接侧面刨平、对严、起槽； 2. 在槽中穿条连接相邻木板； 3. 条与槽必须挤紧	用于高级台面板、靠背板等薄工件上，有的模板用穿条法防止缝隙跑浆
明穿带接法	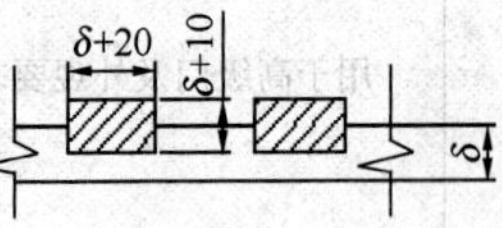	1. 在相邻板的背面垂直木纹方向通长起凹槽； 2. 带的一端应略大于另一端，槽的宽度应和其相应； 3. 用带的小端由槽的大端逐步楔入楔紧	可增加面板韧性，防止弯曲变形，常配合胶粘法用于桌面板下面，也常见于木板背面穿带
平面栓接法	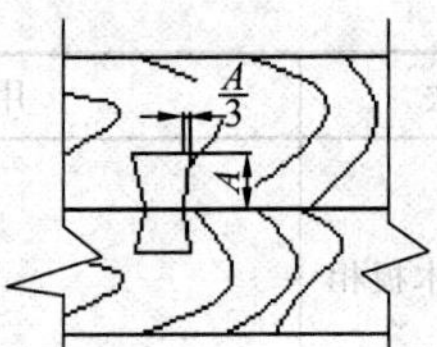	1. 在相邻两块木板的平面上用硬木制成拉销，嵌入木板内，使两板结合起来； 2. 拉销的厚度不超过板厚的1/3； 3. 如两面嵌拉销时，位置必须错开	用于台面板底板及中式木板门等较厚的木板接合中
暗榫接法	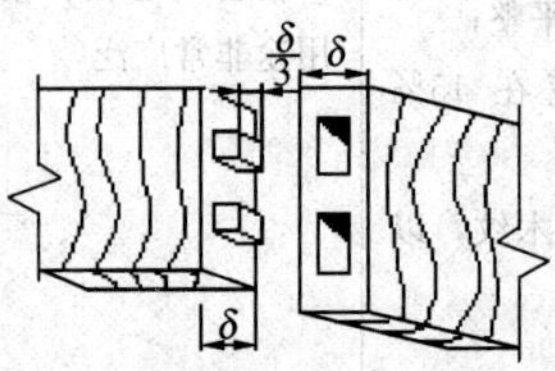	1. 在木板侧面制作木销或圆形木销； 2. 木销长度应比孔深短2mm； 3. 两接触侧面要刨直对严后再开孔	台面板及板面较厚的接合中

续表

名称	形式	构造要求和操作方法	用途
栽钉法	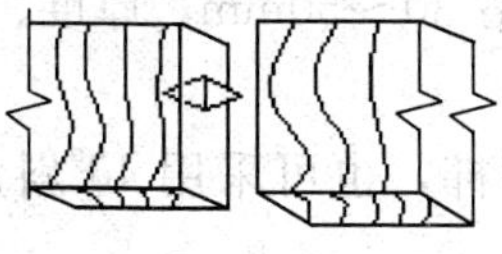	1. 在两相接木板的侧面画出十字线，并钻出细孔； 2. 将两端尖锐的铁钉或竹钉栽在钉位十字线上，对准另一块板的孔轻敲木板侧面至密贴后为止	可用作胶粘的辅助方法，或用于含水量较大的木板
木螺钉接法	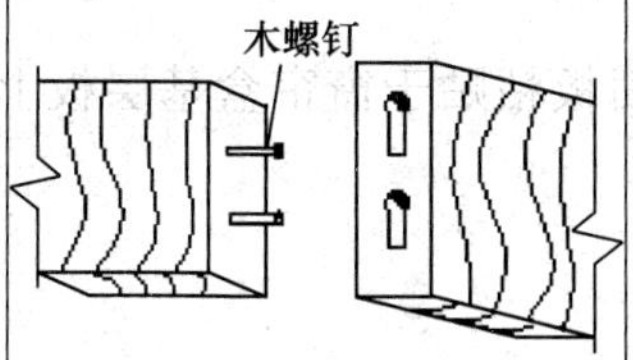	1. 在相接木板的侧面，中央画出十字线； 2. 在板的一侧面按十字线位置用木螺钉拧入 3/5，留 2/5； 3. 相邻板相对位置钻出螺母形孔（可固紧调节），将木螺钉平头对圆孔套入后，慢慢敲打上板端头，使孔之狭长部分移至螺钉平头部分嵌紧为止	是胶粘法的辅助方法，多用于较长的板面拼合上
齿形拼缝	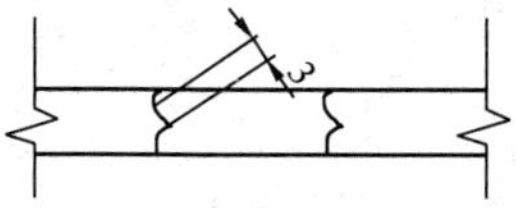	1. 在相接两块木板侧面刨平、刨直； 2. 用机械在结合面上开出齿形缝； 3. 刷胶，按齿拼合，加压拿拢； 4. 齿为 90°	适用于做家具面

28.9.3 细部工程施工

28.9.3.1 细部工程深化设计

根据设计图纸和现场实际情况，进行深化设计，绘制各细部工程的加工大样图，确定各细部工程的饰面、构件的用材、构造做法、与基层的连接方式，以及周边的收口处理。

28.9.3.2 窗帘盒和窗台板施工

1. 窗帘盒施工

窗帘盒分为明窗帘盒和暗窗帘盒。

(1) 工艺流程

1) 明窗帘盒的制作流程

下料 → 制作卯榫 → 装配 → 修正砂光

2) 暗窗帘盒的安装流程

定位 → 固定角铁 → 固定窗帘盒

(2) 施工准备

1) 如果是明窗帘盒，则先将窗帘盒加工成半成品，再在施工现场安装。

2) 如果是暗窗帘盒，则混凝土和墙面的抹灰及找平已经完成。

3）安装窗帘盒前，顶棚、墙面、门窗、地面的装饰做完。

（3）施工工艺

1）明窗帘盒的制作

① 下料：按图纸要求截下的不见料要长于要求规格 30～50mm，厚度、宽度要分别大于 3～5mm。

② 制作卯榫：最佳结构方式是采用 45°全暗燕尾卯榫，也可采用 45°斜角钉胶结合，上盖面可加工后直接涂胶钉入下框体。

③ 装配：用直角尺测准暗转角度后把结构固定牢固，注意格角处不得露缝。

④ 修正砂光：结构固化后可修正砂光。用 0 号砂纸打磨掉毛刺、棱角、立槎，注意不可逆木纹方向砂光，要顺木纹方向砂光。

⑤ 饰面板安装：根据设计要求将裁切好的木饰面板粘贴于窗帘盒基层板上，窗帘盒下部用木线条收口（图 28-190）。

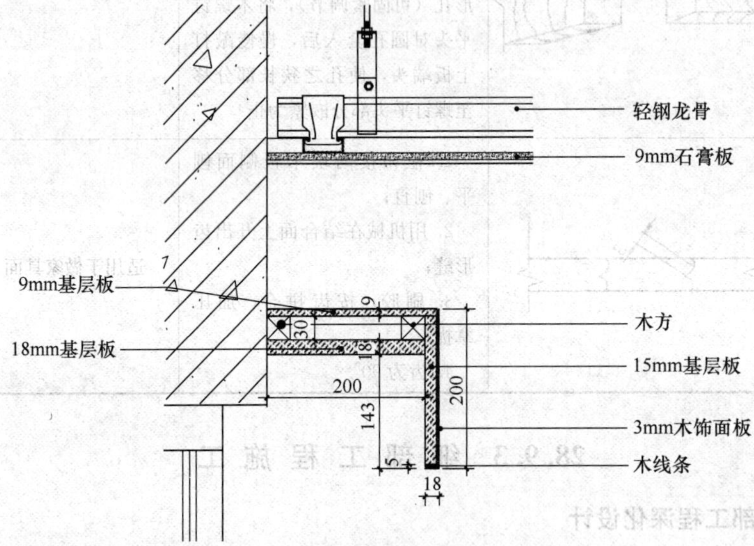

图 28-190　整体式明装窗帘盒安装

2）暗窗帘盒的安装

① 暗装形式的窗帘盒，主要特点是与吊顶部分结合在一起，常见的有内藏式和外接式。

② 内藏式窗帘盒主要形式是在窗顶部位的吊顶处，做出一条凹槽，凹槽一般采用大芯板制作，完成后在槽内装好窗帘轨。作为含在吊顶内的窗帘盒，与吊顶施工一起做好（图 28-191）。

③ 外接式窗帘盒是在吊顶平面上，做出一条贯通墙面长度的遮挡板，在遮挡板内吊顶平面上装好窗帘轨。遮挡板一般采用大芯板制作，也可采用木（钢）构架双包镶，并把底边做封板边处理。遮挡板与顶棚交接线应用角线压住。遮挡板的固定法可采用射钉固定，也可采用预埋木楔、圆钉固定或膨胀螺栓固定（图 28-192）。

④ 窗帘轨安装

a. 窗帘轨道有单、双或三轨道之分。单体窗帘盒一般先安轨道，暗窗帘盒在安轨道

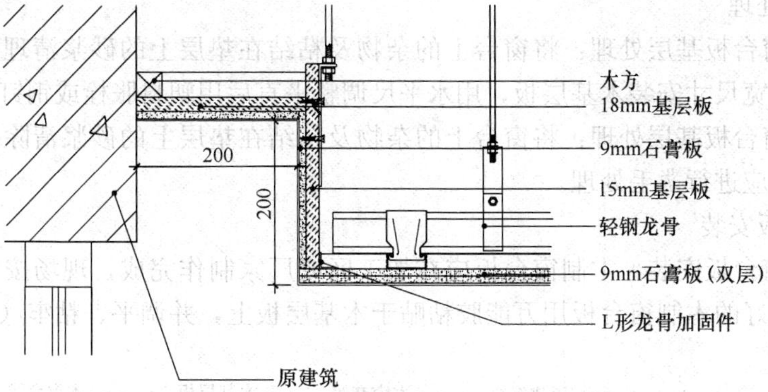

图 28-191 内藏式窗帘盒安装

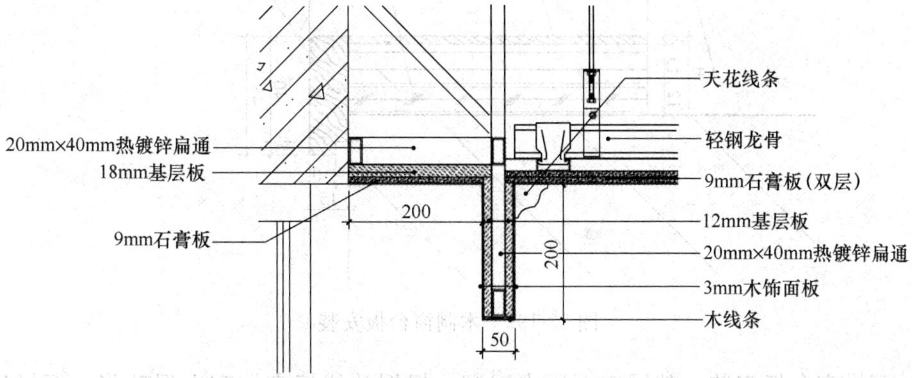

图 28-192 拼装式明装窗帘盒

时，轨道应保持在一条直线上。轨道型式有工字形、槽形和圆杆形等。

b. 窗帘轨道的安装，应根据产品说明书及设计要求固定在墙面上或窗帘盒的木结构上。

(4) 成品保护

1) 安装窗帘盒后，应进行饰面的涂饰施工，应对安装后的窗帘盒进行保护，防止污染和损坏。

2) 安装窗帘及轨道时，应注意对窗帘盒的保护，避免对窗帘盒碰伤、划伤等。

2. 窗台板施工

(1) 工艺流程

测量放线→基层处理→窗台板安装

(2) 施工准备

1) 窗帘盒的安装已经完成。

2) 窗台表面按要求已经清理干净。

(3) 施工工艺

1) 测量放线

根据设计图纸在窗台上放出窗台板的安装位置线及水平标高线。

2）基层处理

① 木制窗台板基层处理：将窗台上的杂物及粘结在垫层上的砂浆清理干净，根据放线标高及长、宽尺寸安装木基层板，用水平尺调整平直后用塑料胀栓或钢钉固定。

② 石材窗台板基层处理：将窗台上的杂物及粘结在垫层上的砂浆清除干净，光滑的窗台基层表面应进行凿毛处理。

3）窗台板安装

① 木制窗台板安装：木制窗台板应在加工区或厂家制作完成，现场按设计图纸及放线要求将加工好的木制窗台板用万能胶粘贴于木基层板上，并调平、粘牢（图 28-193）。

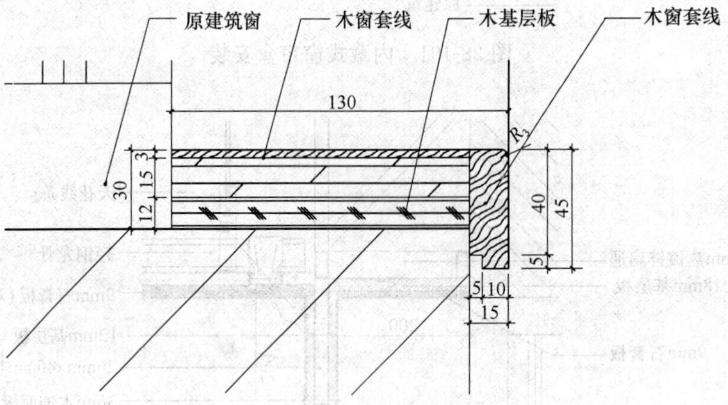

图 28-193　木制窗台板安装

② 石材窗台板安装：基层表面用水湿润，根据放线标高抹刮水泥砂浆。石材板块应先用水浸湿，待擦干或表面晾干后方可铺设，安放时四角同时往下落，用橡皮锤或木锤轻击木垫板铺贴石材板，并根据水平线用水平尺找平，调整石材平整度。前一块窗台板安装完毕后，再用同一方法进行下一块石材窗台板的安装（图 28-194）。

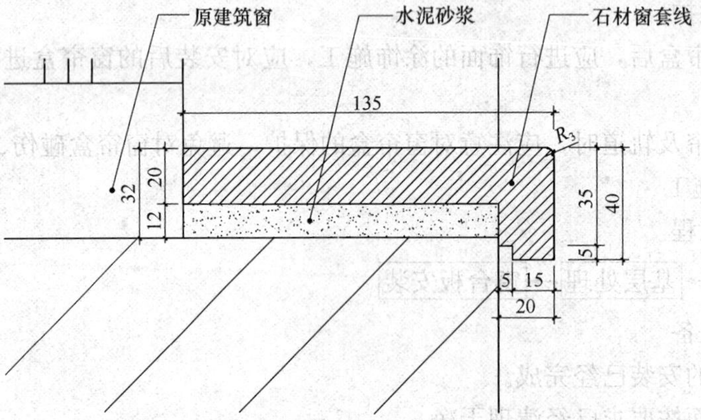

图 28-194　石材窗台板安装

28.9.3.3 门窗套施工

1. 工艺流程

测量放线→绘制加工图及工厂加工→安装预埋件→安装门窗套

2. 施工准备

(1) 作业条件

1) 验收主体结构是否符合设计要求。采用胶合板制作的门、窗洞口应比门窗樘宽40mm，洞口比门窗樘高出25mm。

2) 检查门窗洞口垂直度和水平度是否符合设计要求。

3) 检查预埋木砖或金属连接件是否齐全、位置是否正确，如有问题必须校正。

(2) 测量放线

根据设计图纸与现场实际情况放出门窗套的装饰线。

3. 洞口处理

(1) 将墙面、地面的杂物、灰渣铲干净，然后将基层扫净。

(2) 用水泥砂浆将墙面、地面的坑洼、缝隙等处找平。

4. 施工工艺

(1) 根据测量放线结果绘制门窗套的加工图，门窗套一般有两侧及上部共三片组成，门窗洞内的门窗套线，其宽度及高度（含基层板厚度）尺寸应比门窗洞口小10～20mm，以防止安装时的误差（图28-195）。加工图绘制完成并经审核后，即可交由工厂生产制作。

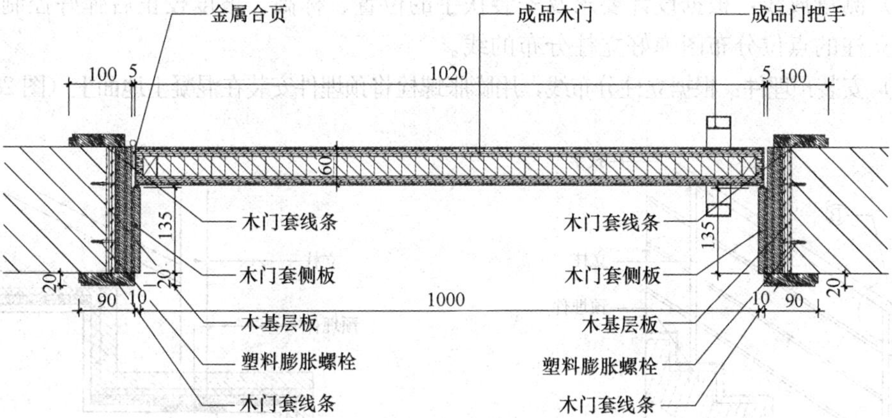

图28-195 门套节点图

(2) 安装预埋件

1) 窗套线安装：根据设计图纸要求埋入木塞或木砖，面封木基层并与木塞固定，板面应平整、垂直，固定应牢固。木基层应做防火及防腐处理。

2) 门套线安装：根据设计图纸要求埋入木塞或金属连接件，面封木基层。大型或较重的门套及门扇安装，应采用金属连接件，金属连接件可用角钢、方通等制作并用膨胀螺栓与墙体固定，金属件应埋入墙体且表面与墙体平齐。然后面封两层木基层，用螺钉将板材固定于金属件上，板面应平整、垂直，固定应牢固（图28-196）。板材与墙体之间的空

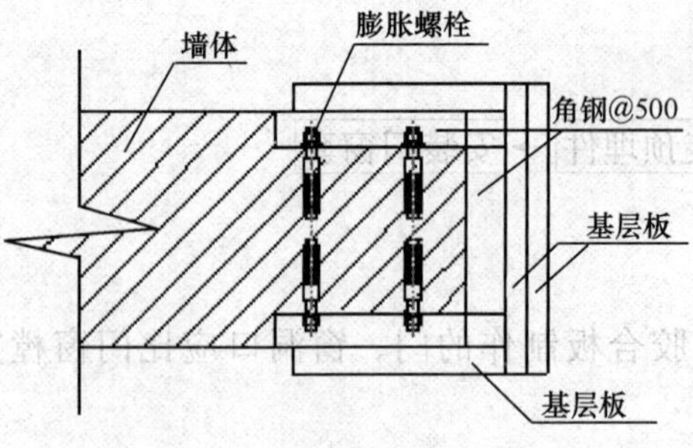

图 28-196　门套基层板安装节点图

隙应用防火及隔音材料封堵，并应满足防火要求。

（3）安装饰面板

将工厂加工好的门窗套及木贴脸按设计要求固定于木基层上，固定应牢固。

5. 成品保护

（1）有其他工种作业时，要适当加以掩盖，防止对饰面板污染或碰撞。

（2）不能将水、油污等溅湿饰面板。

28.9.3.4　楼梯栏杆和扶手施工

1. 工艺流程

测量放线 → 安装预埋件 → 安装立柱 → 安装扶手 → 安装楼梯栏杆

2. 施工准备

1）脚手架按施工要求搭设完成，并满足国家安全规范相关要求。

2）施工的工作面清理干净，按设计图纸弹好控制线，核对现场实际尺寸。

3）做好样板段，并经检查验收合格后，方可组织大面积施工。

3. 基层处理

将基层杂物、灰渣铲干净，然后将基层扫净。

4. 施工工艺（图 28-197）

（1）测量放线：根据设计要求及安装扶手的位置、标高、坡度校正后弹好控制线；然后根据立柱的点位分布图弹好立柱分布的线。

（2）安装预埋件：根据立柱分布线，用膨胀螺栓将预埋件安装在混凝土地面上（图 28-198）。

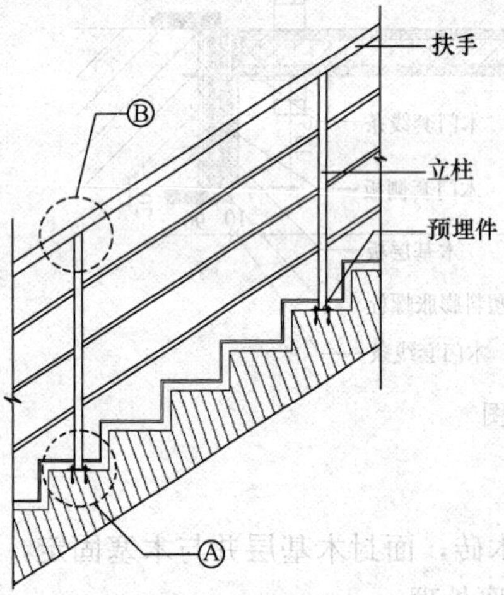

图 28-197　楼梯栏杆扶手

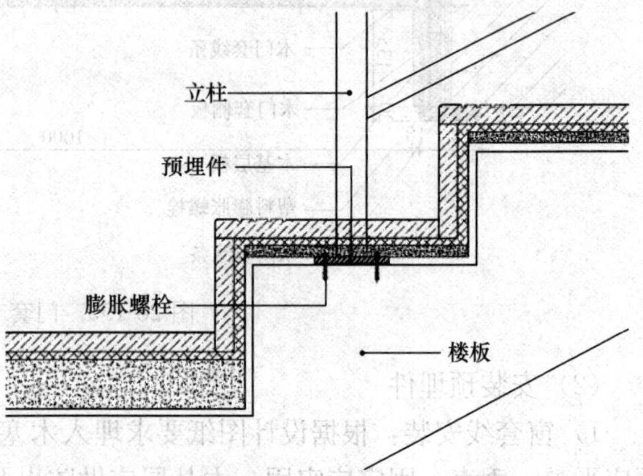

图 28-198　预埋件大样图

（3）安装立柱：立柱可采用螺栓或焊接方法固定于预埋件上，调整好立柱的位置，以及立柱与立柱之间的间距后，即可拧紧螺栓或焊接固定。

（4）安装扶手：立柱按图纸要求固定后，将扶手固定于立柱上。弯头处按栏板或栏杆顶面的斜度，配好起步弯头。

1）木扶手：可用扶手料割配弯头，采用割角对缝粘接，在断块割配区段内最少要考虑用四个螺钉与支撑固定件连接固定（图 28-199）。

2）金属扶手：金属扶手应是通长的，如要接长时，可以拼接，但应不显接槎痕迹（图 28-200）。

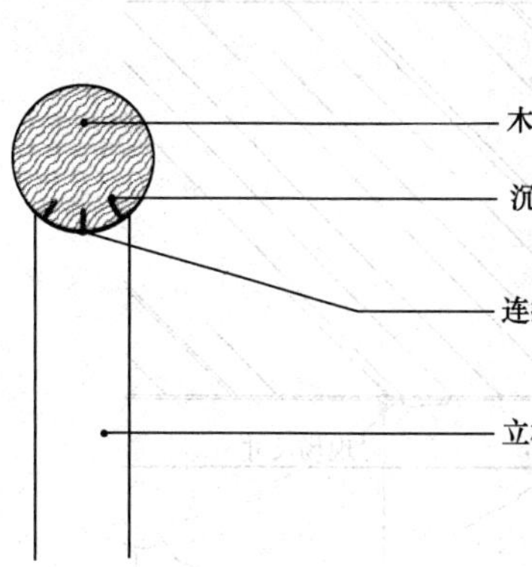

图 28-199 木扶手大样图

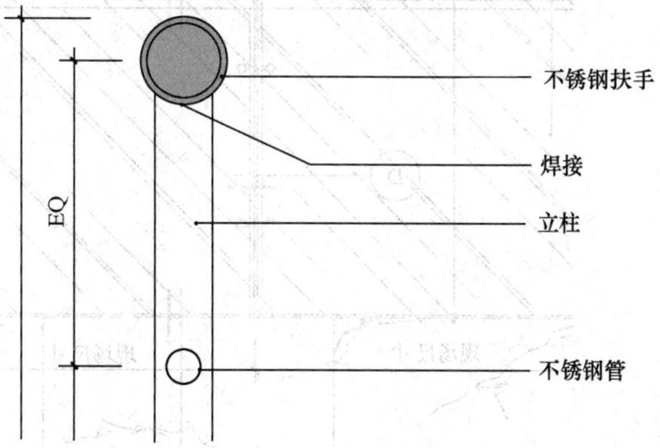

图 28-200 金属扶手大样图

3）石材扶手：石材扶手应是通长的，如要接长时，可以在拼接处采用金属套来连接。

5. 成品保护

（1）安装好的扶手、立柱及踢脚线应用泡沫塑料等柔软物包好、裹严，防止破坏、划伤表面。

（2）禁止以护栏及扶手作为支架，不允许攀登护栏及扶手。

28.9.3.5 玻璃栏杆施工

1. 工艺流程

（1）点式玻璃栏杆

测量放线→预埋件→立柱→爪件→扶手→玻璃→成品保护→清洁

（2）入槽式玻璃栏杆

测量放线→预埋件→U形钢槽→胶垫→玻璃→扶手→成品保护→清洁

2. 施工准备

1）脚手架（或龙门架）按施工要求搭设完成，并满足国家安全规范相关要求。

2）施工的工作面清理干净，按设计图纸弹好控制线，核对现场实际尺寸。

3）预埋件安装完毕。

4）做好样板段，并经检查鉴定合格后，方可组织大面积施工。

3. 基层处理

将基层杂物扫净。

4. 施工工艺

（1）点式玻璃栏杆（图 28-201）

1）测量放线：根据设计要求及安装扶手的位置、标高、坡度校正后弹好控制线；然后根据立柱的点位分布图弹好立柱分布的线。

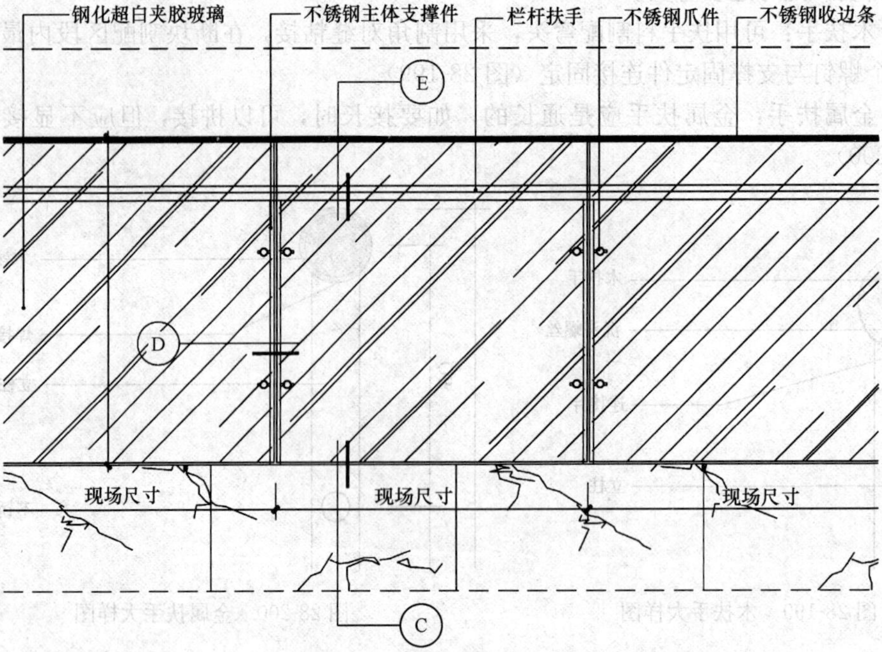

图 28-201　点式玻璃栏杆立面图

2）安装预埋件：根据立柱分布线，用膨胀螺栓将预埋件安装在混凝土结构面上(图 28-202)。

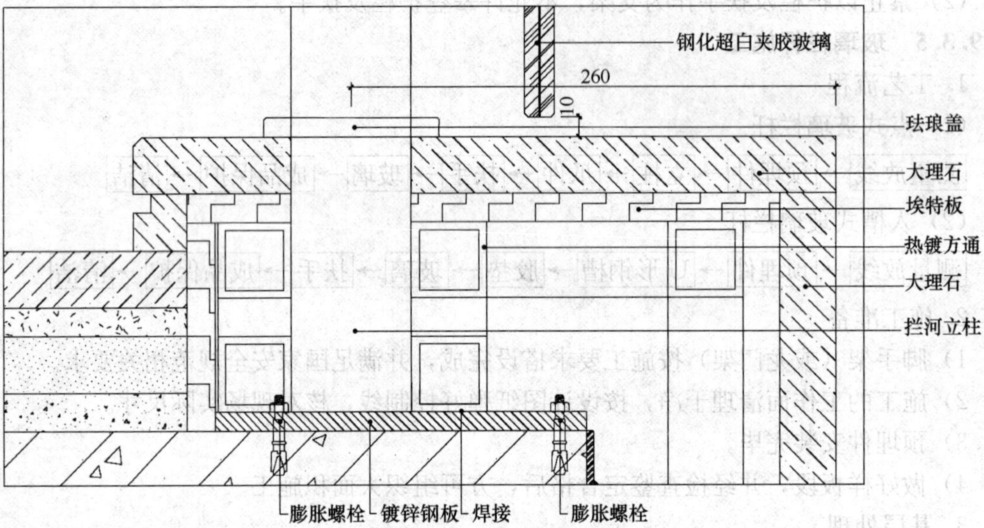

图 28-202　预埋件大样图

3）安装立柱：立柱用螺栓固定在预埋件上，调整好立柱的水平、垂直距离，以及立柱与立柱之间的间距后，拧紧螺栓。

4）安装爪件：爪件用 2 个螺栓固定在立柱上，调整好爪件之间水平、垂直距离，以及爪件之间的间距后（必须保证爪件之间的间距与玻璃上孔距相等），拧紧螺栓（图 28-203）。

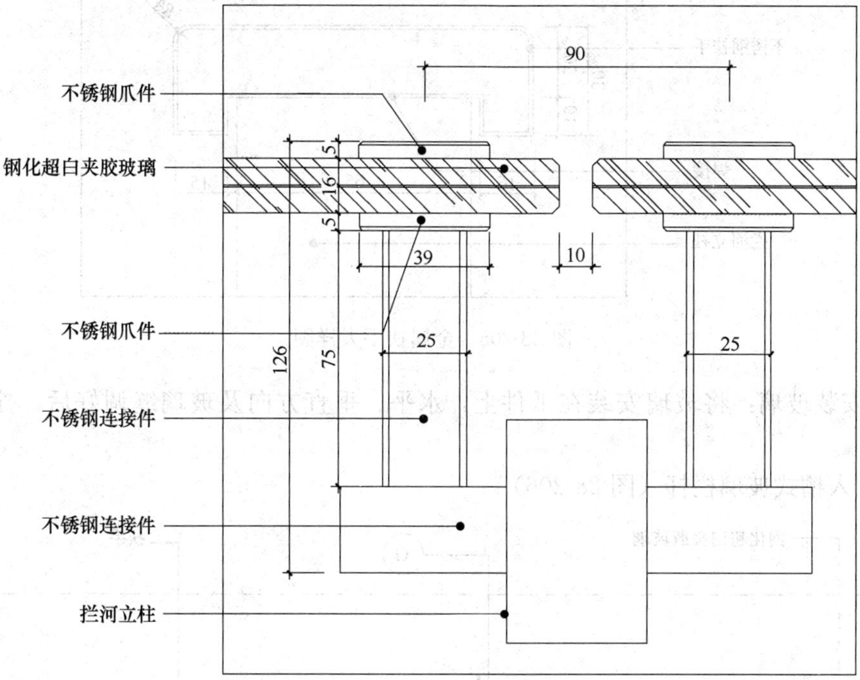

图 28-203 爪件大样图

5）安装扶手：立柱与爪件按图纸要求固定完后，将扶手固定在立柱上。弯头处按栏板或栏杆顶面的斜度，配好起步弯头。

① 木扶手：可用扶手料割配弯头，采用割角对缝粘接，在断块割配区段内最少要考虑用四个螺钉与支撑固定件连接固定（图 28-204）。

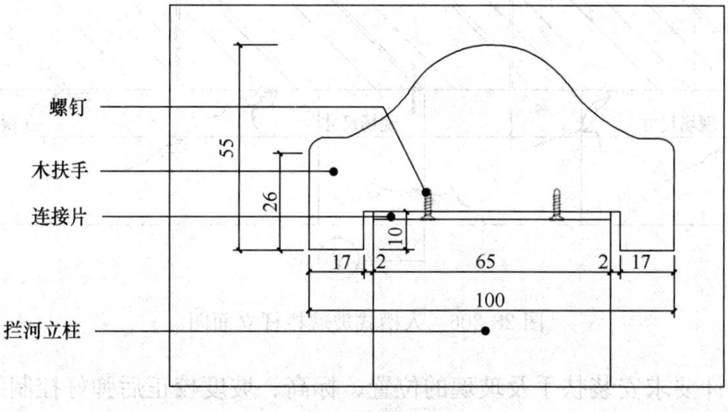

图 28-204 木扶手大样图

② 金属扶手：金属扶手应是通长的，如要接长时，可以拼接，但应不显接缝痕迹（图 28-205）。

③ 石材扶手：石材扶手应是通长的，如要接长时，可以在拼接处采用金属套来连接。

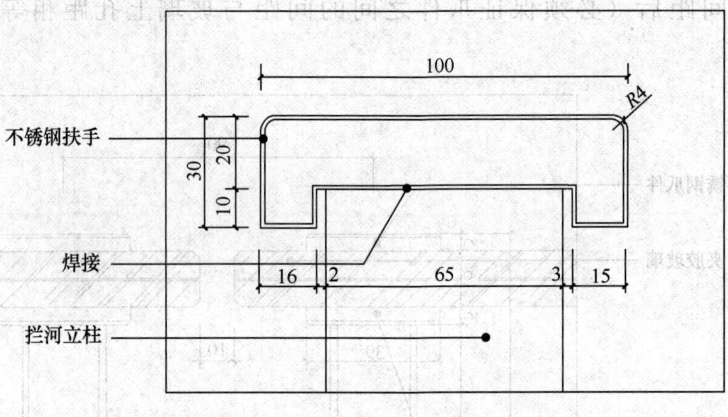

图 28-205　金属扶手大样图

6）安装玻璃：将玻璃安装在爪件上，水平、垂直方向及玻璃缝调好后，拧紧装饰螺钉。

（2）入槽式玻璃栏杆（图 28-206）

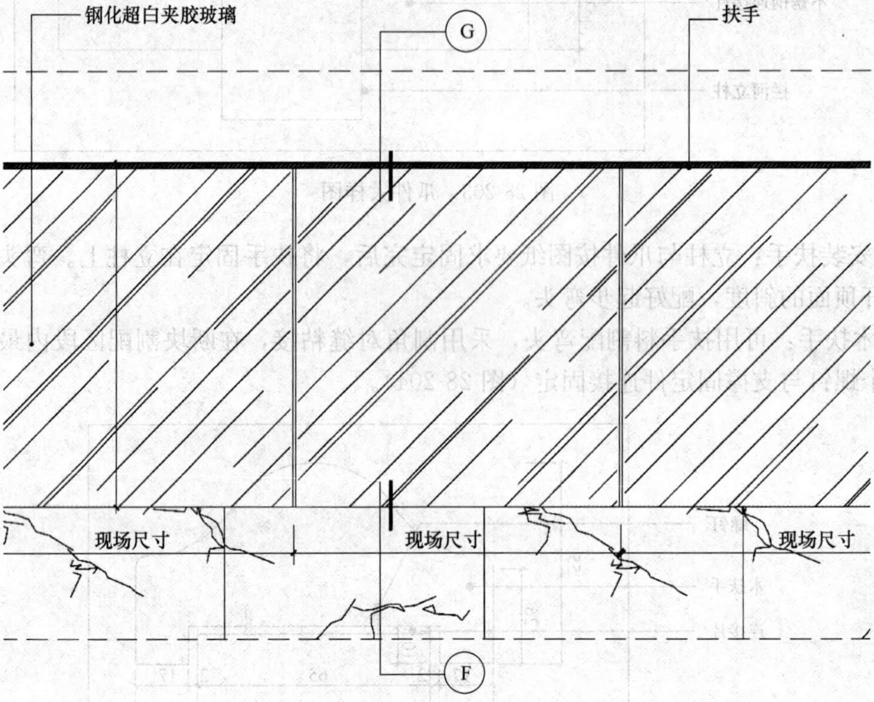

图 28-206　入槽式玻璃栏杆立面图

1）根据设计要求安装扶手及玻璃的位置、标高、坡度校正后弹好控制线。

2）安装预埋件：根据 U 形钢槽的位置，用膨胀螺栓将预埋件安装在混凝土地面上（图 28-207）。

3）安装 U 形钢槽：先将 U 形钢槽点焊在预埋件上，待调整好 U 形钢槽的水平、垂直距离，全焊在预埋件。

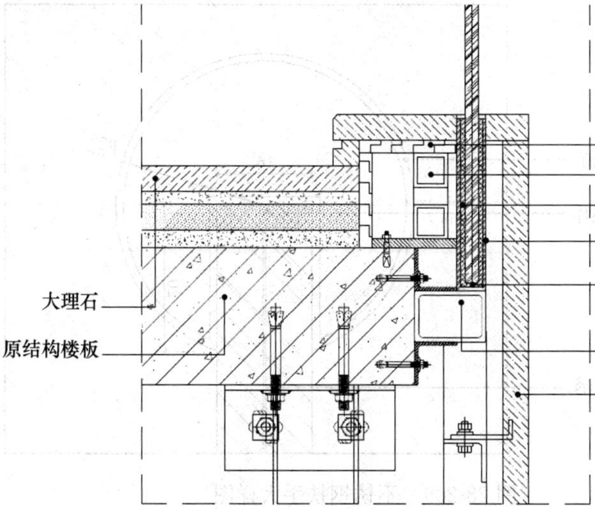

图 28-207 预埋件大样图

4）安装胶垫：根据玻璃分格，在每块玻璃安装处按设计要求将胶垫放入 U 形钢槽内。

5）安装玻璃：将玻璃放入 U 形钢槽内的胶垫上，待玻璃调整好水平、垂直高度以及玻璃与玻璃之间的间隙后，进行加固。

6）安装扶手：玻璃按图纸要求安装完后，将扶手固定在玻璃上。弯头处按栏板或栏杆顶面的斜度，配好起步弯头。

① 木扶手：可用扶手料割配弯头，采用割角对缝粘接，在断块割配区段内最少要考虑用四个螺钉与支撑固定件连接固定（图 28-208）。

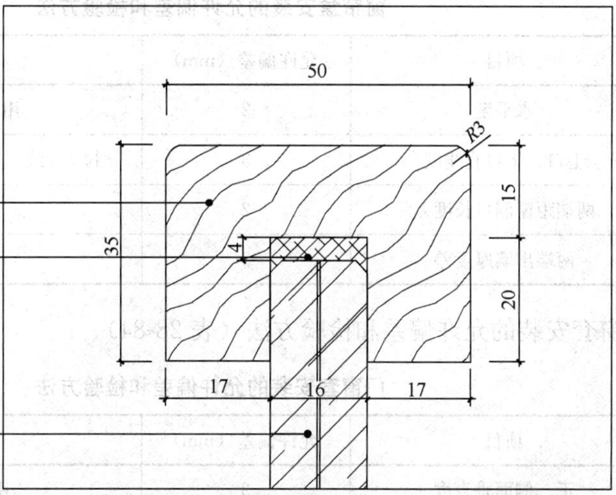

图 28-208 木扶手大样图

② 金属扶手：金属扶手应是通长的，如要接长时，可以拼接，但应不显接槎痕迹（图 28-209）。

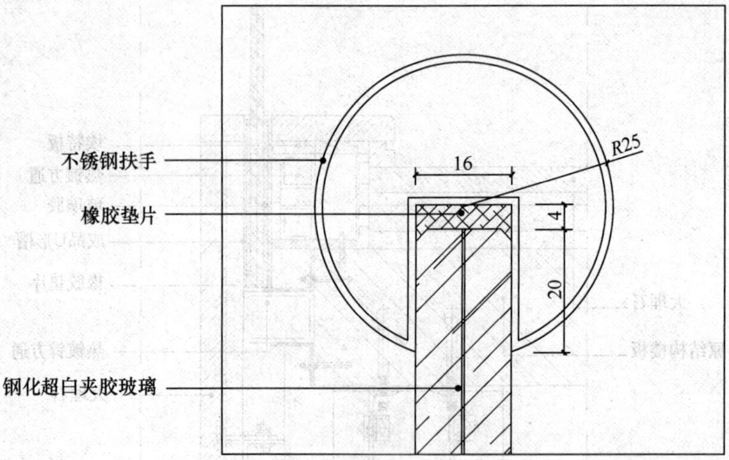

图 28-209 不锈钢扶手大样图

③ 石材扶手：石材扶手应是通长的，如要接长时，可以在拼接处采用金属套来连接。

5. 成品保护

(1) 安装好的玻璃护栏应在玻璃表面涂刷醒目的图案或警示标识，以免因不注意而碰、撞到玻璃护栏。

(2) 安装好的扶手、立柱及踢脚线等应用泡沫塑料等柔软物包好、裹严，防止破坏、划伤表面。

(3) 禁止以玻璃护栏及扶手作为支架，不允许攀登玻璃护栏及扶手。

28.9.3.6 质量要求

1. 窗帘盒安装的允许偏差和检验方法（表 28-83）

窗帘盒安装的允许偏差和检验方法　　表 28-83

项次	项目	允许偏差（mm）	检验方法
1	水平度	2	用 1m 水平尺和塞尺检查
2	上口、下口直线度	3	拉 5m 线，不足 5m 拉通线，用钢直尺检查
3	两端距窗洞口长度差	2	用钢直尺检查
4	两端出墙厚度差	3	用钢直尺检查

2. 门窗套安装的允许偏差和检验方法（表 28-84）

门窗套安装的允许偏差和检验方法　　表 28-84

项次	项目	允许偏差（mm）	检验方法
1	正、侧面垂直度	3	用 1m 垂直检测尺检查
2	门窗套上口水平度	1	用 1m 水平检测尺和塞尺检查
3	门窗套上口直线度	3	拉 5m 线，不足 5m 拉通线，用钢直尺检查

3. 护栏和扶手安装的允许偏差和检验方法（表 28-85）

护栏和扶手安装的允许偏差和检验方法 表 28-85

项次	项目	允许偏差（mm）	检验方法
1	护栏垂直度	3	用 1m 垂直检测尺检查
2	栏杆间距	0，－6	用钢尺检查
3	扶手直线度	4	拉通线，用钢直尺检查
4	扶手高度	＋6，0	用钢尺检查

4. 玻璃栏杆安装的允许偏差和检验方法（表 28-86）

玻璃栏杆安装的允许偏差和检验方法 表 28-86

项次	项　目	允许偏差（mm）	检验方法
1	护栏垂直度	3	用 1m 垂直检测尺检查
2	栏杆间距	0，－6	用钢尺检查
3	扶手直线度	4	拉通线，用钢直尺检查
4	扶手高度	＋6，0	用钢尺检查

28.10 装饰装配化技术与应用

28.10.1 装配式吊顶

28.10.1.1 部品构造

（1）装配式吊顶部品件包括吊杆、临边龙骨、加强龙骨、吊顶板以及其他零部件(图 28-210)。

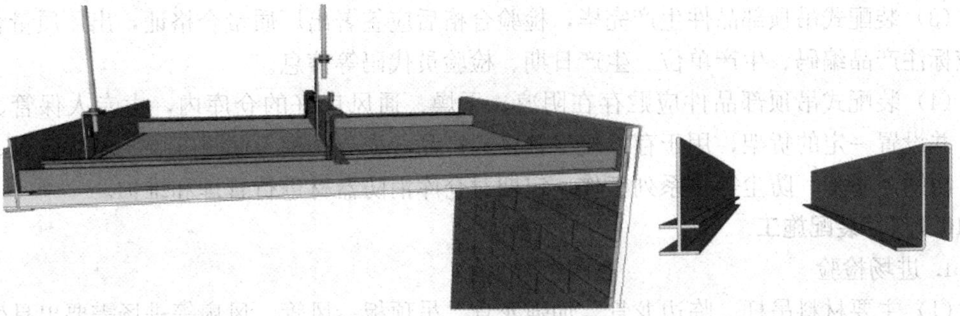

图 28-210 装配式吊顶部品构造

（2）吊顶板宜采用轻质、高强、环保的板材，并应符合消防及防潮的要求。

（3）吊顶板应采用自带饰面的板材，现场不应二次涂饰。

（4）金属及金属复合材料吊顶板的材料性能应符合现行国家标准《金属及金属复合材料吊顶板》GB/T 23444 的有关规定。

（5）镀锌轻钢板应符合现行国家标准《建筑结构用钢板》GB/T 19879 的有关规定。

28.10.1.2　集成设计

1. 设计要求

（1）装配式吊顶面板宜采用聚氯乙烯发泡板（PVC 发泡板）、纤维增强硅酸钙板、纤维增强水泥板等。

（2）宜采用免吊杆的装配式吊顶，包括卡式扣件吊顶。

（3）吊顶饰面板拼接设计不应出现外露断面，宜采用内凹工艺接缝。

（4）窗帘盒设计，除应满足使用功能外，还宜具有收口和调节误差的作用。

（5）当装配式吊顶安装灯具，且单个灯具重量超过 1kg 时，应加强固定结构或进行独立悬吊。

2. 模数设计

（1）房间跨度不大于 2000mm 时，宜采用免吊杆的装配式吊顶。

（2）房间跨度大于 2000mm 时，应采取吊杆或其他加固措施，宜在楼板（梁）内预留预埋所需的孔洞或埋件。

（3）吊顶板标准尺寸模数可选 300/400/600/900/1200mm 等，非标准尺寸不小于标准板宽度的 1/3。

（4）罩面板标准模数设计时需注意尽量在现场少做切割作业，在非标板和包管道、烟道等凹凸处宜单独排布。

（5）吊顶模块设计应能够实现整体吊挂快速安装。

28.10.1.3　部品制造

（1）装配式吊顶部品件生产企业应有保证出厂产品质量的生产工艺和设备，有完善的原材料检验、过程检验和出厂检验的质量检测手段。

（2）应对装配式吊顶部品件每个产品的编码和生产日志存档，可进行质量跟踪和追溯，必要时可对存在严重质量隐患的产品召回。

（3）装配式吊顶部品件生产完毕，检验合格后应签署出厂质量合格证，出厂质量合格证应标注产品编码、生产单位、生产日期、检验员代码等信息。

（4）装配式吊顶部品件应贮存在阴凉、干燥、通风良好的仓库内，由专人保管、发放，并设置一定的货架，用于存放规格繁多的产品，堆放高度不超过 5 层。做好防火、防潮、防锈、防霉、防尘等一系列工作，定期对仓库消防器材进行管理和维护。

28.10.1.4　装配施工

1. 进场检验

（1）主要材料吊杆、临边龙骨、加强龙骨、吊顶板、风管、风扇等进场需要出具生产厂家的检测报告、合格证。

（2）木质饰面板进场需做具有防火要求的复试。

（3）装配式吊顶安装前，应组织完成工序交接、场地交接和外观质量验收，结果应形成交接记录。

（4）物料进场前应确认模块部件的包装完好，模块尺寸、数量、颜色、品质等应正确无误。

（5）应根据现场平面布置图要求，将材料摆放至指定区域，并进行分类。

2. 基层处理

（1）装配式吊顶安装前隔墙及其基层、墙面找平层应安装验收完成。基层应达到施工要求的强度。

（2）清除基层的杂物、尘土，特别要注意清除粘在基层上的砂浆及漏散的混凝土。

3. 现场放线

根据水平标准线，顺墙高测绘出吊顶设计标高线，沿墙四周弹水平标高线，并在四周的标高线上划好龙骨的分档位置线。

4. 免吊杆装配式吊顶龙骨与饰面板安装

（1）临边龙骨与墙面固定牢固，安装平直，阴阳角处应切割45°拼接，接缝应严密、平整。

（2）饰面板与边龙骨搭接处不应小于10mm。

（3）加强龙骨与饰面板连接应稳固，加强龙骨与临边龙骨接缝应整齐。

（4）饰面板上的灯具、风口等部品安装位置应准确，交接处应严密。

（5）调节模块应安装牢固，固定钉的位置应在墙面板的遮盖范围内。

5. 有吊杆装配式吊顶龙骨与饰面板安装

（1）吊杆宜采用直径不小于8mm的全牙镀锌吊杆，采用膨胀螺栓连接到顶部结构受力部位上。

（2）吊杆应与加强龙骨垂直，距加强龙骨端部距离不得超过300mm。当吊杆与设备相遇时，应调整吊点构造或增设吊杆。

（3）吊杆、龙骨、饰面板安装应符合国家现行有关标准的规定。

28.10.1.5 质量验收

1. 一般规定

（1）同一品种的装配式吊顶工程每50间应划分为一个检验批，不足50间也应划分为一个检验批，大面积房间和走廊可按装配式吊顶面积30m^{2}计为1间。

（2）每个检验批应至少抽查20%，并不得少于6间，不足6间时应全数检查。

2. 主控项目

（1）已施工完成的基体、基层和管线敷设的施工质量应符合设计及相关标准的要求。检验方法：观察，检查其隐蔽工程验收记录、施工记录、检验批和分项技术资料。

（2）已施工完成的基体、基层和管线敷设的空间尺寸应符合设计、专项施工方案及内装部品对安装的要求。检验方法：观察，尺量检查，检查施工记录、检验批和分项技术资料。

（3）内装部品的品种、材质、性能、规格、图案和颜色应符合设计、专项施工方案和相关标准的要求。检验方法：观察，尺量检查，检查质量证明文件、复验报告和进场验收记录。

（4）现场安装连接节点构造应符合设计要求及相关标准的规定。检验方法：检查其隐蔽工程验收记录、性能检验报告和施工记录。

（5）内装部品的安装应牢固、严密。检验方法：观察，手扳检查，检查其隐蔽工程验收记录和施工记录。

（6）装配式吊顶的空间尺寸、造型、图案和颜色应符合设计要求。检验方法：观察，尺量检查。

3. 一般项目

（1）内装部品安装的接缝应平顺、美观。检验方法：观察。

（2）灯具、设备口与内装部品的交接应吻合、严密。检验方法：观察。

（3）装配式吊顶安装的允许偏差和检验方法（表 28-87）。

装配式吊顶安装的允许偏差和检验方法　　表 28-87

项次	项目	允许偏差（mm）	检验方法
1	接缝直线度	2	拉 5m 线，不足 5m 拉通线
2	接缝高低差	1	用钢直尺和塞尺检查
3	系统平整度	3	用 2m 靠尺和塞尺检查

28.10.1.6 成品保护

（1）吊顶工程需要在水、电、暖通等安装施工完成验收后，相关单位书面会签封板，避免返工造成成品破坏。

（2）做好邻窗、邻幕墙部位的维护，阻止板材受雨淋、日晒。

（3）吊顶装饰板安装完毕后，不得随意剔凿，如果需要安装设备，应用电钻打眼，严禁开大洞。

（4）吊顶内的给水管道需要试压完成验收，注水后进行下道工序施工，如施工中有对给水管道损坏可及时发现，以免造成更大的损失。

（5）顶部管道阀门部位，应注意预留检查孔，以免拆卸吊顶。

（6）安装灯具和通风罩等需在顶部采用加固措施，避免安装灯具、通风罩时顶部局部受力造成成品破坏。

（7）不得将吊杆吊在吊顶内的通风、水管等管道上。

（8）吊顶安装完后，施工时应注意成品保护防止碰撞损坏。

28.10.2 装配式墙面

28.10.2.1 部品构造

（1）装配式墙面部品是在既有墙面、轻钢龙骨隔墙墙面基层上，采用干式工法，在工厂生产，现场组合安装而成的集成化墙面，由连接构造和面层构成（图 28-211）。

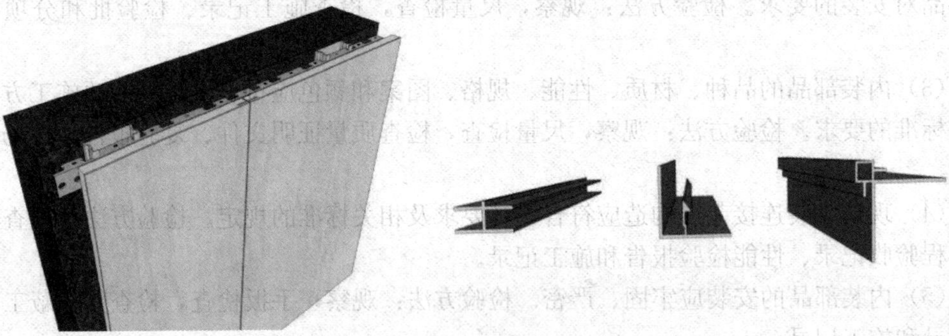

图 28-211 装配式墙面部品构造

（2）装配式墙面面层材料应采用易清洁、抗污染、防紫外线老化的材料。

（3）墙面饰面板采用纤维增强水泥板、玻镁板、木塑板、石塑板、聚氯乙烯发泡板(PVC发泡板)、玻璃等，并应符合国家现行相关标准的规定。

28.10.2.2 集成设计

1. 设计要求

（1）装配式墙体内宜预留预埋管线、连接构造、后置成品安装等所需要的孔洞或埋件，墙面应与基体连接牢固。

（2）装配式墙面的饰面应与墙板集成化设计，在工厂内完成饰面加工。

（3）装配式墙面的标准化设计中，同一墙面饰面板宜在同一完成面上，墙面铺装的部品之间厚度不一致时，应在铺装设计中设置找平层。

（4）装配式墙面及门窗部品等宜一体化设计。

2. 模数设计

（1）为了减少浪费，提高出材率，降低成本，应优先使用模数进行板材排布。参考如下：住宅居室墙板宽度模数600mm，900mm，高度模数2400mm，2700mm。

（2）厨卫墙板宽度模数600mm、900mm，高度模数2400mm。

（3）墙板模数设计应考虑墙板与地板的对缝铺贴原则。

28.10.2.3 部品制造

（1）集成复合墙板，根据其饰面效果不同，可以分为复合木纹板、复合壁纸板、复合石纹板等。

（2）集成复合墙板可以采用包覆或涂装等环保、无污染的技术，生产出稳定的集成化复合壁纸板、瓷砖效果。

（3）整个生产过程应达到环境无污染和对操作工人无危害的生产环境。

（4）复合壁纸板的饰面层宜采用薄片状材质，整体包覆正面和侧面。复合石纹板、木纹板的饰面层应采用环保型涂装技术。

（5）复合板底涂与基层应结合牢固，正常使用环境下不得脱落和变色。饰面涂装的耐水性、耐磨性、耐候性、漆膜硬度、附着力、漆膜厚度、涂布量等要达到国家标准或相关行业标准要求。

（6）按装配式墙面面层、基层材料分类分别包装，并附产品合格证。

28.10.2.4 装配施工

1. 进场检验

（1）装配式墙面工程施工前，应组织完成工序检查验收，合格后进行工序交接、场地交接和质量检测，结果应形成记录。

（2）装配式墙面工程安装前，应核准门、窗洞口位置尺寸，应保证建筑外墙与墙面对位准确，尺寸偏差在允许范围内。

（3）现场检验人员必须严格检验原材料及主辅料，应符合国家相关产品标准的要求，必须查验相关质量合格证、检测报告。

2. 基层找平

（1）找平龙骨与基层墙体的连接应安全可靠，并应便于现场调节平整度。

（2）找平龙骨上预留的孔洞及特殊造型，应在工厂制作。

(3) 所有基层找平模块均应为工厂生产的定型产品，成套供应。

3. 现场放线

墙面安装前应按设计图纸放好定位控制线、标高线、细部节点线等，应放线清晰、位置准确且通过验收。

4. 面层安装

(1) 基层与饰面板的装配应简便、快捷，并应连接安全可靠。饰面板之间的接口宜采用嵌缝条处理。

(2) 尺寸不大于 3000mm 的饰面板均应为工厂生产的定型产品，成套供应，大于 3000mm 宜分解，现场组装。

(3) 安装完成后，用软布擦拭表面，注意有无胶打到外面的情况，并清理干净。

28.10.2.5　质量验收

1. 一般规定

(1) 同一品种的装配式墙面工程每 50 间应划分为一个检验批，不足 50 间也应划分为一个检验批，大面积房间和走廊可按装配式墙面面积 $30m^2$ 计为 1 间。每个检验批应至少抽查 20%，并不得少于 6 间，不足 6 间时应全数检查。

(2) 复合板装配式墙面工程应对装配式内装所涉及的隐蔽工程项目进行验收：预埋件（或后置埋件）；龙骨安装；连接件；防潮、防火处理；龙骨防腐处理。

2. 主控项目

(1) 已施工完成的基体、基层和管线敷设的施工质量应符合设计及相关标准的要求。检验方法：观察，检查其隐蔽工程验收记录、施工记录、检验批和分项技术资料。

(2) 已施工完成的基体、基层和管线敷设的空间尺寸应符合设计、专项施工方案及内装部品对安装的要求。检验方法：观察，尺量检查，检查施工记录、检验批和分项技术资料。

(3) 内装部品的品种、材质、性能、规格、图案和颜色应符合设计、专项施工方案和相关标准的要求。检验方法：观察，尺量检查，检查质量证明文件、复验报告和进场验收记录。

(4) 现场安装连接节点构造应符合设计要求及相关标准的规定。检验方法：检查其隐蔽工程验收记录、性能检验报告和施工记录。

(5) 内装部品的安装应牢固、严密。检验方法：观察，手扳检查，检查其隐蔽工程验收记录和施工记录。

(6) 装配式墙面的空间尺寸、造型、图案和颜色应符合设计要求。检验方法：观察，尺量检查。

3. 一般项目

(1) 安装应平整、洁净、色泽均匀，带纹理饰面板朝向应一致，不应有裂痕、磨痕、翘曲、裂缝和缺损，墙面造型、图案颜色，排布形式和外形尺寸应符合设计要求。检验方法：观察；尺量检查。

(2) 孔洞套割应尺寸准确，边缘整齐、方正，并应与电器口盖交接严密、吻合。检验方法：观察；尺量检查。

(3) 接缝应平直、光滑、宽窄一致，纵横交错处应无明显错位；填嵌应连续、密实；

宽度、深度、颜色应符合设计要求。密缝饰面板应无明显缝隙，线缝平直。检验方法：观察；尺量检查。

（4）钉眼应设于不明显处。检验方法：观察。

（5）安装的允许偏差和检验方法（表 28-88）。

装配式墙面安装的允许偏差和检验方法　　表 28-88

项次	项目	允许偏差/mm				检验方法
		石材	瓷砖	软包	装饰膜复合板	
1	立面垂直度	2	2	3	2	用 2m 垂直检测尺检查
2	表面平整度	2	2	3	1	用 2m 靠尺和塞尺检查
3	阴阳角方正	2	2	3	2	用直角检测尺检查
4	接缝直线度	2	2	2	2	拉 5m 线，不足 5m 拉通线，用钢直尺检查
5	压条直线度	2	2	2	2	拉 5m 线，不足 5m 拉通线，用钢直尺检查
6	接缝高低差	1	1	1	1	用钢直尺和塞尺检查
7	接缝宽度	1	1	1	1	用钢直尺检查

28.10.2.6 成品保护

（1）轻钢龙骨隔墙施工中，工种间应保证已装项目不受损坏，墙内电管及设备不得碰动错位及损伤。

（2）轻钢骨架及复合墙板入场，存放使用过程中应妥善保管，保证不变形，不受潮不污染、无损坏。

（3）施工部位已安装的门窗、地面、墙面、窗台等应注意保护、防止损坏。

（4）已安装完毕的墙体不得碰撞，保持墙面不受损坏和污染。

28.10.3 装配式楼地面

28.10.3.1 部品构造

1. 架空式地面部品构造

（1）可调节螺栓地脚、基层模块（型钢复合板、集成采暖模块）、饰面层以及其他零部件（图 28-212）。

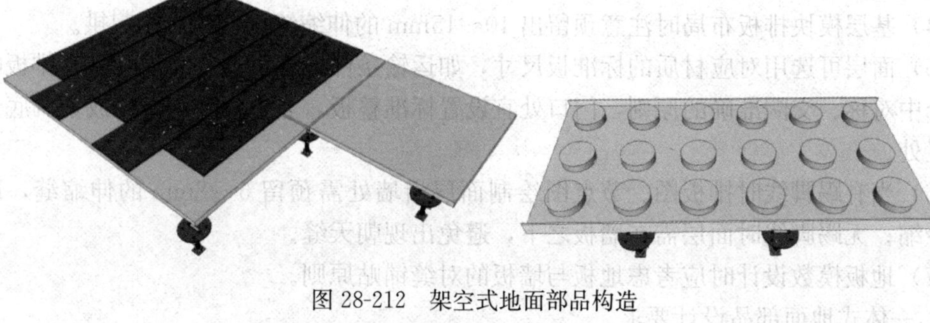

图 28-212 架空式地面部品构造

（2）可调节螺栓地脚，集支撑、调平、衔接功能为一体，可调节高度底部配有减震防滑垫块，不影响管线穿插，具有良好的防腐、防火、防水、承重性能。

（3）型钢复合板要求具有防腐、耐压、防火、防水性能。集成采暖模块需满足现行国家标准《工业建筑供暖通风与空气调节设计规范》GB 50019、《民用建筑供暖通风及空气调节设计规范》GB 50736 和行业标准《辐射供暖供冷技术规程》JGJ 142 的有关规定。

2. 一体式地面部品构造

（1）一体式地面部品包括复合一体式模块、饰面层以及其他零部件（图 28-213）。

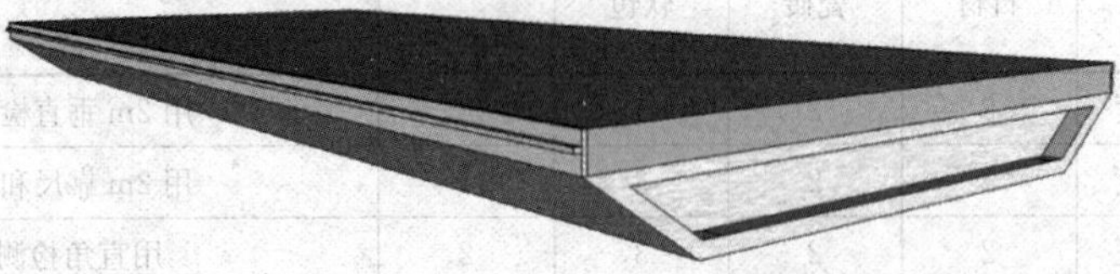

图 28-213　一体式地面部品构造

（2）一体式模块，集支撑、基层为一体，不具备找平功能，因此对地面基层找平要求高。

（3）一体式模块要求具有防腐、耐压、防火、防水性能。

28.10.3.2　集成设计

1. 架空式地面部品设计要求

（1）可调节地脚高度应根据管线交叉情况，并结合管线路由进行集成设计。

（2）当采用辐射供暖时，基层模块需选用集成采暖模块。

（3）地面应按照功能和使用环境的需求进行分区设计，根据空间功能要求选用面层材料。

（4）地面铺装区域（厨卫除外）统一完成面应在同一水平面上。

2. 架空式地面部品模数设计

（1）当地面铺装的面层之间厚度不一时，应根据铺装设计来调节地脚高度。

（2）现场勘测，进行排版布局，选定基层模块大小。模块宽度一般为 300mm、400mm（靠边模块可根据实际尺寸最多加宽 50mm），长度控制在 2400mm 以内。每个地脚的间距也对应模块宽度为 300mm 或 400mm。

（3）空间设计尺寸应与地面板规格尺寸相互匹配，宜采用标准地面板块铺装，减少非标准尺寸板块。

（4）基层模块排板布局时注意预留出 10～15mm 的伸缩缝，避免后期起拱。

（5）面层可选用对应材质的标准板尺寸，如运输条件允许可选用大尺寸的。排板时应遵循分中对称、交圈准确的原则，门口处宜设置标准整板，非标板置于边角或家具底部等不明显处。

（6）当有踢脚线时排板图、节点图绘制面层沿墙处需预留 5～8mm 的伸缩缝，以防热胀冷缩；无踢脚线时面层需在墙板之下，避免出现朝天缝。

（7）地板模数设计时应考虑地板与墙板的对缝铺贴原则。

3. 一体式地面部品设计要求

（1）复合一体式模块厚度应根据管线交叉情况，并结合管线路由选择。

（2）地面应按照功能和使用环境的需求进行分区设计，根据空间功能要求选用面层材料。

（3）地面铺装区域（厨卫除外）统一完成面应在同一水平面上。

4. 一体式地面部品模数设计

同架空式地面部品模数设计，详情可参照架空式地面部品模数设计要求，此处不再细述。

28.10.3.3 部品制造

1. 架空式地面部品

（1）依据现场测量所得尺寸，进行深化设计，并绘制出排板图，定制架空模块的加工数据。

（2）架空式地面部品面层纹理颜色应一致，相同批次应放在同一空间。

（3）架空式地面部品的规格、型号、编号等数据应标注清晰，且位置一致。

2. 一体式地面部品

（1）根据深化设计的排板图纸，批量定制规格一体式模块，并配备对应数量的零部件。

（2）一体式地面板块表面纹理颜色需统一，同批次放同一空间，尺寸精确。

（3）生产的部品应进行标识，标识的信息应包括部品编码、生产规格、材质、使用位置、注意事项等。

（4）部品的堆放场地应平整、坚实，并应按部品的保管技术要求采取相应的防雨、防潮、防暴晒、防污染等措施。

28.10.3.4 装配施工

1. 架空式地面部品施工

（1）进场检验

1）地面主要材料应提供相关的生产厂家资质、检测报告，以及合格证。

2）地面施工前，应对场地进行布置，合理安排现场拆包、部品摆放、可回收废料和垃圾场地等区域的位置，并应符合消防、安全及施工操作的要求。

（2）基层处理

1）部品施工前，地面水电管线铺设完成，移除垃圾杂物，清理工作面，无施工障碍。

2）根据编号对应图纸区域整理好基层模块，按照图纸顺序铺设。依次从边模块开始安装可调节地脚，从边缘向中心铺设。

3）调整地脚螺丝，使模块对齐标注水平线。依次铺设时需注意图纸上预留的检修口及管道的位置。

4）调整完毕后型钢复合板基层模块使用布基胶带封堵孔缝；集成采暖模块使用专用连接件将两块基层连接。

5）集成采暖模块中进行水管布设。两模块连接地方的管道使用波纹管进行保护，最后覆盖保护板基层，进行调平。

6）基层模块与墙面交接处缝隙，使用发泡胶填充。

7）地面基层施工完毕，应按设计要求对平整度、预留孔洞等验收，并应做好记录。使用吸尘器对模块基层进行清理，移除其他材料。

(3) 施工放线

1) 地面装修施工前，应组织完成工序交接、场地交接和外观质量验收，并应完成定位放线工作。

2) 使用红外水平仪根据设计要求标注水平线，并减去面层确认模块安装面高度。

(4) 面层铺装

1) 设置地面完成面标高线，控制面层表面平整度。

2) 地面板铺装前应进行排布预铺，地插接口或地漏位置与预留孔洞应相互对应。

3) 将结构胶均匀点在基层模块上，将面层贴上，从边缘向中心铺贴。有波打线等特殊造型，需先进行弹线分区再铺设。非标板块宜根据现场核实尺寸在工厂进行制作。

4) 地面板铺装完成后应对面层进行清理，面层若是天然石材，宜进行结晶处理，并选用合适的填缝材料进行填缝，板材间的缝隙宽度应按设计规定设置。

5) 安装踢脚线，将踢脚线背面每隔 150mm 设置胶点，粘贴在墙面完成面上，注意阳角及阴角需使用专门部件连接。

2. 一体式地面部品施工

(1) 进场验收

1) 地面主要材料应提供相关的生产厂家资质、检测报告，以及合格证。

2) 地面部品铺装施工前，应对地面的找平情况进行验收，验收合格后可进行部品铺装。

(2) 基层处理

1) 水泥基自流平层地面平整、密实，无明显裂纹、针孔等缺陷。

2) 部品施工前，移除垃圾杂物、清理工作面，无施工障碍。

(3) 施工放线

1) 地面装修施工前，应组织完成工序交接、场地交接和外观质量验收，并应完成定位放线工作。

2) 使用红外水平仪根据设计要求标注水平线，确认一体式模块安装面高度。

(4) 一体式模块铺装

1) 设置地面完成面标高线，控制一体式模块表面平整度。

2) 一体式模块铺装前应进行排布预铺，地插接口或地漏位置与预留孔洞应相互对应。

3) 地面铺装有波打线等特殊造型需求的，需先进行弹线分区再铺设。非标板块宜根据现场核实尺寸在工厂进行制作。

4) 一体式模块铺装完成后应对表面进行清理，表面若是天然石材，宜进行结晶处理，并选用合适的填缝材料进行填缝，板材间的缝隙宽度应按设计规定设置。

5) 安装踢脚线，将踢脚线背面每隔 150mm 设置胶点，粘贴在墙面完成面上，注意阳角及阴角需使用专门部件连接。

28.10.3.5　质量验收

1. 一般规定

(1) 同一品种的装配式楼（地）面工程每 50 间应划分为一个检验批，不足 50 间也应划分为一个检验批，大面积房间和走廊可按装配式楼（地）面面积 $30m^2$ 计为 1 间。每个检验批应至少抽查 20%，并不得少于 6 间，不足 6 间时应全数检查。

（2）装配式楼（地）面工程应对装配式内装所涉及的隐蔽工程项目进行验收：铺设于地面下机电管线、设备的安装与检测；阳台等有防水要求的地面防水。

2. 主控项目

（1）已施工完成的基体、基层和管线敷设的施工质量应符合设计及相关标准的要求。检验方法：观察，检查其隐蔽工程验收记录、施工记录、检验批和分项技术资料。

（2）已施工完成的基体、基层和管线敷设的空间尺寸应符合设计、专项施工方案及内装部品对安装的要求。检验方法：观察，尺量检查，检查施工记录、检验批和分项技术资料。

（3）内装部品的品种、材质、性能、规格、图案和颜色应符合设计、专项施工方案和相关标准的要求。检验方法：观察，尺量检查，检查质量证明文件、复验报告和进场验收记录。

（4）现场安装连接节点构造应符合设计要求及相关标准的规定。检验方法：检查其隐蔽工程验收记录、性能检验报告和施工记录。

（5）内装部品的安装应牢固、严密。检验方法：观察，手扳检查，检查其隐蔽工程验收记录和施工记录。

（6）装配式楼（地）面的空间尺寸、造型、图案和颜色应符合设计要求。检验方法：观察，尺量检查。

3. 一般项目

（1）面层表面应平整、洁净、色泽基本一致，无裂纹、划痕、磨痕、掉角、缺棱等现象。检验方法：观察。

（2）面层边角整齐、接缝平直、光滑、均匀，填缝连续、密实。检验方法：观察。

（3）面层与墙面或地面突出物周围应套割吻合，边缘整齐。检验方法：观察。

（4）踢脚线表面洁净，与墙柱结合牢固。踢脚线高度及出墙柱厚度应符合设计要求，均匀一致。检验方法：观察；尺量检查。

（5）有排水设计要求的地面坡度，排水处或地漏应为地面最低点、排水通畅，不积水。检验方法：观察；泼水或用坡度尺及蓄水检查。

（6）面层填缝应严密，表面平整，洁净，均匀。检验方法：观察。

（7）面层与地漏组装各边部应齐平粘结、压紧、做密封防水处理，面层各缝隙均匀、美观。检验方法：观察；蓄水检查。

（8）装配式地面铺设允许的偏差及检验方法（表 28-89）。

装配式地面铺设允许的偏差及检验方法表 **表 28-89**

项目	允许偏差（mm）	检查方法
表面平整度	2	用 2m 靠尺和楔形塞尺检查
面层拼缝平直度	3	拉 5m 线，不足 5m 拉通线，用钢直尺检查
相邻板材高差	0.5	用钢尺和楔形塞尺检查
踢脚线上口平直	2	拉 5m 线，不足 5m 拉通线，用钢直尺检查
板块间隙宽度	1.5	用钢尺检查

28.10.3.6　成品保护

（1）线管路由等安装施工完成验收后，相关单位书面会签确认，避免返工造成成品破坏。

（2）满铺成品保护垫，注意邻窗、邻幕墙部位的维护，防止部品受雨淋、日晒。地面面层安装完毕后，不得随意剔凿，如果需要安装设备，应用手持电钻打眼，严禁开大洞。

（3）地面部品安装完成后，人字梯等作业机具需做好防止刮伤地面面层的防护措施。

28.10.4　集　成　卫　浴

28.10.4.1　部品构造

（1）集成卫浴部品是由干式工法的防水防潮构造、排风换气构造、地面构造、墙面构造、吊顶构造以及陶瓷洁具、电器、功能五金件构成的，其中最为核心的是防水防潮构造（图 28-214）。

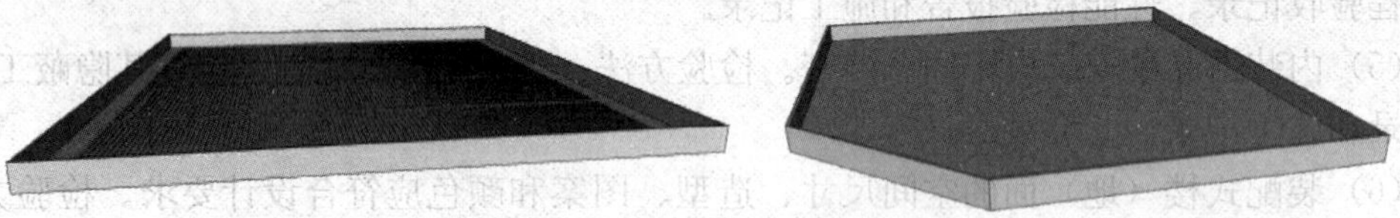

图 28-214　防水底盒部品构造

（2）装配式防水构造由整体防水、防潮和止水三部分组成。集成卫生间墙面四周满铺 PE 防水防潮隔膜，板缝承插工字形铝型材，墙板也具备防水功能，可以三重防水。

（3）地面整体防水采用热塑复合防水底盘，底盘自带 50mm 立体返沿，与防潮层、防水墙板形成搭接，底盘颜色和表面凹凸造型可以进行多种选择与设计。

（4）防潮构造是在墙板内平铺一层 PE 防水防潮隔膜，以阻止卫浴内水蒸气进入墙体，PE 膜表面形成冷凝水导回到热塑复合防水底盘，形成整体防水防潮构造。

（5）止水构造是集成卫浴收边收口位置采用补强防水措施，主要有过门石门槛、止水橡胶垫等。

28.10.4.2　集成设计

1. 设计要求和设计要点

（1）集成卫生间应采用干湿分离式设计。

（2）集成卫生间宜采用同层排水。

（3）集成卫生间做等电位联结。

（4）集成卫生间楼地面宜采用整体防水底盘，门口处有阻止积水外溢的措施。

（5）集成卫生间的各类水、电、暖等设备管线设在架空层内，并设置检修口。

2. 设计要点

（1）集成卫生间墙面应具有防水效果。

（2）卫生间地面防水设施为防水底盘，应按照淋浴区位置，定制整体防水底盘的尺寸。

28.10.4.3　部品制造

（1）整体卫生间防水底盘、壁板、顶板、检修口、连接件和加强件等在工厂加工完成，防水底盘无渗漏。

(2) 整体卫生间内部配件在防水底盘上的安装孔洞在工厂加工完成，在壁板和顶板上的安装孔洞在工厂加工完成。

(3) 整体卫生间生产完毕，检验合格后应签署出厂合格证，出厂合格证应标注产品编码、制造商名称、生产日期和检验员代码等信息。

(4) 防水底盘外应采用纸盒或高强度纸包装，在每个纸盒上的同一位置（纸盒的侧面）粘贴产品标签。标签内容与产品规格型号一致。

28.10.4.4 装配施工

1. 防水底盘施工

(1) 进场检验

1) 检查设计图纸、安装指导书等相关文件以及生产厂家资质、检测报告、合格证等。

2) 物料进场前确认模块部件的包装完好，模块尺寸、数量、颜色、品质等正确无误。

(2) 基层处理

1) 在粘接前清除地板模块上的垃圾、浮灰、附着物，特别是油漆、涂料、油污等有机物必须清除干净。

2) 与整体卫生间连接的管线敷设至安装要求位置，并验收合格。

(3) 现场放线

复核整体卫生间安装位置线，并在现场做好明显标识。

(4) 防水底盘安装

1) 防水底盘预铺，复核尺寸。铺设完成后防水底盘边沿当在墙板完成面内，距墙板完成面不小于15mm。预留孔洞与同层排水专用地漏底座尺寸、位置无偏差。

2) 防水底盘铺设，在基层表面间隔100mm使用结构胶设置胶点，按照预铺结果将防水底盘粘接在基层面上，保证预留孔洞上下吻合。

3) 连接同层排水专用地漏底座与防水底盘。

4) 防水底盘预留孔洞与同层排水专用地漏底座不得有偏移。现场安装时不得在防水底盘随意裁切、开孔。

2. 防水防潮膜施工

(1) 施工条件

1) 必须严格检验材料，应符合国家标准，必须查验相关材质单、质量合格证、厂家资质、材料号牌及检测报告。

2) 隔墙轻钢龙骨施工完毕通过验收；地面架空模块施工完毕。

(2) 基层清理

清理墙面基层，无影响施工的杂物和突出物。

(3) 现场放线

测量墙面高度和房屋周长，根据测量所得尺寸裁切PE膜。

(4) 安装PE膜

1) 在PE膜表面，自上而下使用带有止水胶圈的燕尾螺丝固定38mm横向轻钢龙骨。横向轻钢龙骨要求竖向间距不大于600mm，燕尾螺丝间距不大于400mm。

2) 下端横向龙骨距离完成面不大于100mm，上端横向龙骨距离顶面完成面不大于

100mm。固定时要保证 PE 膜表面平整。

3）固定完毕根据预留门窗洞口、水电点位位置和尺寸在 PE 膜上开孔洞。

28.10.4.5　质量验收

1. 一般规定

（1）集成卫生间每 10 间应划分为一个检验批，不足 10 间也应划分为一个检验批。每个检验批应至少抽查 30%，并不得少于 4 间，不足 4 间时应全数检查。

（2）集成卫生间工程应对装配式内装所涉及的下列隐蔽工程项目进行验收：支撑框架与墙体的连接；机电管线、设备的安装与检测；各类接口孔洞位置；防水底盒安装后的防水性能。

2. 主控项目

（1）已施工完成的基体、基层和管线敷设的施工质量应符合设计及相关标准的要求。检验方法：观察，检查其隐蔽工程验收记录、施工记录、检验批和分项技术资料。

（2）已施工完成的基体、基层和管线敷设的空间尺寸应符合设计、专项施工方案及内装部品对安装的要求。检验方法：观察，尺量检查，检查施工记录、检验批和分项技术资料。

（3）内装部品的品种、材质、性能、规格、图案和颜色应符合设计、专项施工方案和相关标准的要求。检验方法：观察，尺量检查，检查质量证明文件、复验报告和进场验收记录。

（4）现场安装连接节点构造应符合设计要求及相关标准的规定。检验方法：检查其隐蔽工程验收记录、性能检验报告和施工记录。

（5）内装部品的安装应牢固、严密。检验方法：观察，手扳检查，检查其隐蔽工程验收记录和施工记录。

（6）集成卫生间的空间尺寸、造型、图案和颜色应符合设计要求。检验方法：观察，尺量检查。

3. 一般项目

（1）集成卫生间吊顶板、墙板及地面板的排列应合理、平整、美观。检验方法：观察；尺量检查。

（2）集成卫生间吊顶、墙面、地面的表面应平整、洁净、色泽一致，无裂痕和缺损。检验方法：观察；手试检查。

（3）集成卫生间吊顶、墙面、地面的嵌缝应密实、平直，宽度和深度应符合设计要求，嵌填材料色泽应一致。检验方法：观察；尺量检查。

（4）集成卫生间墙面上的孔洞应套割吻合，边缘应整齐。检验方法：观察；手试检查。

（5）地面坡度应符合设计要求，不倒泛水、无积水；与地漏、管道结合处应严密牢固、无渗漏。检验方法：坡度尺检查及蓄水检查，或泼水检查。

（6）集成卫生间门窗及门窗套的造型、尺寸、位置应符合设计要求。检验方法：查阅设计文件；观察；尺量检查。

（7）卫生洁具安装质量验收，应符合现行国家标准《建筑给水排水及采暖工程施工质量验收规范》GB 50242 的规定。

（8）集成卫浴安装的允许偏差和检验方法（表 28-90）。

集成卫浴安装的允许偏差和检验方法 表 28-90

项次	项目	允许偏差（mm）			检验方法
		吊顶	墙面	地面	
1	表面平整度	2	2	2	用 2m 靠尺和塞尺检查
2	接缝直线度	2	2	2	拉 5m 线，不足 5m 拉通线，用钢直尺检查
3	接缝高低差	1	1	0.5	用钢直尺和塞尺检查
4	接缝宽度	—	1	0.5	用直角测尺检查
5	立面垂直度	—	2	—	用 2m 垂直检测尺检查
6	阴阳角方正	—	2	—	用钢直尺、塞尺检查

28.10.4.6 成品保护

（1）整体卫生间安装与其他专业合理安排施工工序，避免造成污染和破坏。

（2）安装施工过程中做好出墙、出地面给排水管道的防撞保护。

（3）整体卫生间安装完毕后，及时办理验收和封闭保护工作，同时应在醒目位置设置保护牌。

28.10.5 集 成 厨 房

28.10.5.1 部品构造

（1）由部品和部件安装组合而成，满足功能要求的独立厨房单元（图 28-215）。

（2）厨房所用材料的力学、安全、防火、防水、环保设计指标以及技术参数应符合现行国家相关标准的规定。

（3）厨卫用部品部件应符合现行国家标准《住宅装饰装修工程施工规范》GB 50327、《住宅厨房及相关设备基本参数》GB/T 11228 的有关规定。

（4）橱柜所用材料的材质和规格、木材的燃烧性能等级和含水率、花岗石的放射性及人造木板的甲醛含量应符合设计要求及现行国家标准相关规定。

（5）橱柜使用的木质材料，应符合现行国家标准《木家具通用技术条件》GB/T 3324 的有关规定。

图 28-215 集成厨房示意图

28.10.5.2 集成设计

1. 设计要求和设计要点

（1）集成厨房设计应符合现行行业标准《住宅厨房家具及厨房设备模数系列》JG/T 219 和《住宅厨房模数协调标准》JGJ/T 262 的规定。

（2）集成厨房室内净高不应小于 2.20m。

（3）集成厨房设计应符合干式工法施工的要求，便于检修更换，且不得影响建筑结构的安全性。

（4）集成厨房的设计宜根据橱柜和厨房设备以及给排水、燃气管道、电气设备管线的布置，设置集中管线区，合理定位，并应设置管道检修口。

（5）厨房吊柜的设置不应影响厨房自然通风和采光，吊柜内的搁物板宜采用可调式设计。

2. 设计要点

（1）集成厨房的性能应符合现行行业标准《住宅整体厨房》JG/T 184 的有关规定。

（2）集成厨房门窗位置、尺寸和开启方式不应妨碍厨房设施、设备和家具的安装与使用。

（3）排油烟机烟道应选用不燃、耐高温、防腐、防潮、不透气、不易霉变的材料。

28.10.5.3　部品制造

（1）整体厨房由若干构件（如框架系统、墙面板、顶面板）和成品橱柜、厨电、配件（如五金件）经工厂标准化生产。

（2）顶板、墙面、地面、门窗表面应光洁平整，无破损、裂纹，同一色号的不同饰面板的颜色应无明显差异。

（3）集成厨房使用的各种覆面材料、五金件、管线、橱柜专用配件等均应符合相关标准或图样及技术文件的要求。

（4）包装必须牢固可靠，在包装的明显位置固定标牌，其内容包括标记、商标、厂名、生产日期。

28.10.5.4　装配施工

1. 进场检验

（1）应检查设计图纸、安装指导书等相关文件，以及材料进场验收报告，材料应合格。

（2）集成厨房安装前，应组织完成工序交接、场地交接和外观质量验收，结果应形成交接记录。

（3）物料进场前应确认模块部件的包装完好，模块尺寸、数量、颜色、品质等应正确无误。

（4）应根据图纸设计要求，将材料摆放至指定区域，并应进行分类。

2. 施工准备

（1）外围护构造应封闭，其门洞尺寸应满足集成厨房部件的进入和安装的需要。

（2）集成厨房给排水管道、电气管线应已敷设至安装要求位置并完成测试，为后续接驳管线留有工作空间。

（3）集成厨房地面找平工程应已按设计要求完成，且应验收合格。

3. 现场放线

复核集成厨房安装位置线，并在现场做好明显标识。

4. 组装集成厨房

（1）按设计要求确定安装位置，搭建墙面板构造层。

（2）安装吊顶（吊顶施工可参考 28.10.1 小节所述），连接吊顶上电气设备。

（3）安装墙板（墙板施工可参考 28.10.2 小节所述），连接给水管、电管、排水管，安装窗套。

（4）安装地面（地面施工可参考 28.10.3 小节所述）。

（5）检查橱柜的实际结构、布局与设计是否一致。应先预装柜体并对台面等进行测量和加工，并解决在预装中出现的问题。

（6）安装橱柜厨电及台盆、龙头等厨用设备，吊柜与墙体应连接牢固。

（7）安装厨房门、窗套。

28.10.5.5 质量验收

1. 一般规定

（1）集成厨房工程每10间应划分为一个检验批，不足10间也应划分为一个检验批。

（2）每个检验批应至少抽查30%，并不得少于3间，不足3间时应全数检查。

（3）集成厨房安装过程应对装配式内装所涉及的隐蔽工程项目进行验收，包括支撑框架与墙体的连接，机电管线、设备的安装与检测，各类接口孔洞位置。

2. 主控项目

（1）已施工完成的基体、基层和管线敷设的施工质量应符合设计及相关标准的要求。检验方法：观察，检查其隐蔽工程验收记录、施工记录、检验批和分项技术资料。

（2）已施工完成的基体、基层和管线敷设的空间尺寸应符合设计、施工方案及内装部品对安装的要求。检验方法：观察，尺量检查，检查施工记录、检验批和分项技术资料。

（3）内装部品的品种、材质、性能、规格、图案和颜色应符合设计、施工方案和相关标准的要求。检验方法：观察，尺量检查，检查质量证明文件、复验报告和进场验收记录。

（4）现场安装连接节点构造应符合设计要求及相关标准的规定。检验方法：检查其隐蔽工程验收记录、性能检验报告和施工记录。

（5）内装部品的安装应牢固、严密。检验方法：观察，手扳检查，检查其隐蔽工程验收记录和施工记录。

（6）集成厨房的空间尺寸、造型、图案和颜色应符合设计要求。检验方法：观察，尺量检查。

3. 一般项目

（1）集成厨房吊顶板、墙板及地面板的排列应合理、平整、美观。检验方法：观察。

（2）集成厨房吊顶、墙面、地面的表面应平整、洁净、色泽一致，无裂痕和缺损。检验方法：观察。

（3）集成厨房吊顶、墙面、地面的嵌缝应密实、平直，宽度和深度应符合设计要求，嵌填材料色泽应一致。检验方法：观察；尺量检查。

（4）集成厨房墙面上的孔洞应套割吻合，边缘应整齐。检验方法：观察。

（5）集成厨房安装工程允许偏差和检验方法（表28-91）。

集成厨房安装工程允许偏差和检验方法 **表28-91**

项次	项目	允许偏差（mm）			检验方法
		吊顶	墙面	地面	
1	表面平整度	2	2	2	用2m靠尺和塞尺检查
2	接缝直线度	2	2	2	拉5m线，不足5m拉通线，用钢直尺进行检查
3	接缝高低差	1	1	0.5	用钢直尺和塞尺检查
4	接缝宽度	—	1	0.5	用直角测尺检查
5	立面垂直度	—	2	—	用2m垂直检测尺检查
6	阴阳角方正	—	2	—	用钢直尺、塞尺检查

28.10.5.6 成品保护

（1）装修单位完成成品保护材料铺设，并负责维护。

（2）橱柜须贴薄膜，橱柜台面须另覆盖木夹板保护。

（3）油烟机、煤气灶、热水器等安装完毕后须用原包装材料包覆，做好成品保护。

（4）施工中所有成品、半成品必须悬挂醒目的保护标识及安全标志。

28.11 装饰BIM技术应用

现阶段BIM技术的应用主要以点式应用为主，根据项目特点，实施的BIM应用点和应用深度各有不同。本章主要介绍装饰工程在方案设计、施工图设计、施工深化设计、施工、竣工过程中的BIM主要应用点。并从每个应用点的目的、工作内容、成果等方面进行BIM应用介绍及案例展示。

28.11.1 装饰BIM技术概述

28.11.1.1 装饰BIM发展历程与现状

在我国信息化蓬勃发展、工业化势在必行的大背景下，BIM技术在建筑全生命期得到推广，对建筑装饰行业的BIM技术发展也提出了新的要求。在国外，专门针对建筑装饰工程BIM应用的研究很少。但在我国，建筑装饰专业发展很快，对于BIM技术的应用有很大的市场空间，需要专门进行研究和实践。

（1）住宅装饰工程BIM应用发展历程与现状

1）由于住宅装饰工程规模小、专业少的特点，其BIM的应用尝试主要集中在精装房领域，BIM应用点主要体现在快速测量、可视化建模、云渲染、设计方案效果比选、经济性比选和性能分析、在线签单、整体定制、工程量统计及材料下单、施工管理等方面。

2）目前，国内部分住宅装饰企业和大型房地产开发企业已逐步建立了依托于BIM的信息化管理平台，实现了住宅装饰及住宅项目开发过程中设计、施工等方面管理水平的显著提升。

（2）公共建筑装饰工程BIM应用发展历程与现状

1）建筑装饰工程是建筑工程的最后一个环节，公共建筑装饰工程分项工程繁多，有其复杂性和特殊性，所以，BIM应用起步相比公共建筑专业的建筑、结构、机电等专业较晚。

2）从2010年开始，国内部分企业开始对建筑装饰BIM技术进行尝试性应用，主要集中在知名企业的重点项目和标志性工程，如上海中心等个别重大项目，2013年到2015年，有上海迪士尼，南京青奥、江苏大剧院等代表性的工程，在装饰行业BIM应用的推广中起到了很好的带动作用。

（3）幕墙BIM应用发展历程与现状

1）在我国，幕墙的BIM应用基本上与装饰专业同时开展。最初的案例是上海中心以及上海世博会的个别展馆的幕墙工程。之后北京银河SOHO、武汉汉街万达广场等项目幕墙BIM的成功应用，带动了幕墙行业应用BIM技术。

2）经过几年的积累，幕墙行业BIM技术应用对不同种类的幕墙总结出了特定的技术路线和相应的实践方法，在幕墙设计尤其是曲面幕墙深化设计和施工中，能够进行参数化精准建模，材料快速下单、加工、运输、安装等方面都取得了良好的效果。

3）2016年12月，中国建筑装饰协会发布了《建筑幕墙工程BIM实施标准》T/CBDA 7—2016，标志着我国幕墙BIM技术应用已经有了规范性的指导文件。

28.11.1.2 装饰各业态的BIM应用内容

装饰行业不同业态的BIM应用具有不同的内容：

（1）住宅装饰BIM应用

1）我国的一些住宅装饰企业开发了基于互联网的家装平台，将设计师、装饰公司、供应商、业主等用平台网站联系起来，可以实现3D户型和套餐选择、效果渲染、虚拟现实，支持施工图、预算、报表的生成，提供协作共享、下单等一站式服务，实现设计、项目管理、供应协同。

2）同时，在施工中通过在线直播管理工程质量，让用户有良好的应用体验。利用BIM技术与信息化网络家装平台，已经能为用户提供快捷便利的设计和施工服务。

（2）公共建筑装饰BIM应用

公共建筑装饰由于其体量大规模大、专业工种多、存在问题多，应用BIM显得尤为迫切。其BIM应用主要体现在装饰设计阶段和施工阶段。

① 在装饰设计阶段，装饰设计BIM的应用点涵盖工程投标、方案设计、初步设计、施工图设计环节，主要包含空间布局设计、方案参数化设计、设计方案比选、方案经济性比选、可视化表达（效果图、模型漫游、视频动画、VR体验、辅助方案出图）；进行声学分析、采光分析、通风分析、疏散分析、绿色分析、结构计算分析、碰撞检查、净空优化、图纸生成、辅助工程量计算等方面。

② 在装饰施工阶段，作为工程项目交付使用前的最后一道环节，装饰专业成为各专业分包协调的中心，装饰专业所用材料种类繁多，表现形式多样，在BIM应用上相对于其他专业具有鲜明的特点。本阶段应用点贯穿工程招标投标、深化设计、施工过程、竣工交付环节，主要涉及现场测量、辅助深化设计、样板应用、施工可行性检测、饰面排板、施工模拟（施工工艺模拟、施工组织模拟）图纸会审、工艺优化、辅助出图、辅助预算、可视化交底、设计变更管理、智能放线、样板管理、预制构件加工、3D打印、材料下单、进度管理、物料管理、质量安全管理、成本管理、资料管理、竣工图出图、竣工资料交付，辅助结算等方面。

（3）幕墙BIM应用

1）在幕墙设计阶段，应用BIM技术可以进行造型设计表达、性能分析、专业协调、设计优化、综合出图、明细表及综合信息统计等工作。可以对建立的幕墙模型进行综合模拟分析及可行性验证、以提高幕墙设计的精确性、合理性与经济性，进而得出最优化的幕墙设计综合成果。

2）在幕墙施工阶段，应用BIM技术可以在施工现场数据采集、深化设计、图纸会审，施工方案模拟、材料下单、构件预制加工、工程量统计、放线定位、物料管理、进度管理、成本管理、质量与安全管理等方面发挥重要作用。

（4）陈设BIM应用

1）在BIM应用中，陈设主要表现为BIM软件的构件元素及其组成的BIM构件库以及与物联网的关联应用。

2）在装饰施工阶段，陈设的BIM应用主要是体现在与物联网的二维码结合对材料下单、部品运输、安装就位等方面。在运维阶段，主要涉及的应用是资产管理等方面。

28.11.1.3 装饰BIM创新工作模式

基于BIM技术的建筑装饰创新工作模式，能很好地解决当前整个行业面临的系列问题，并成为传统作业与管理方式变革的必由之路。

（1）优化的建筑装饰业务流程

1）BIM的工作流程是立体式的，通过BIM建模软件制作的室内设计模型，在制作三维模型形成可视化效果的同时，施工图也随之全部生成，将传统施工图和效果图制作两条工作流程合二为一，省时省力。如果过程中发生设计变更只需要对BIM模型修改，图纸也可以实现即时更新。

2）基于BIM的装饰工程工作流程，模型在不同的阶段流转，贯穿整个项目流程，提高了信息资源的利用率，简化了业务流程，促进各项目主体利益的最大化。

（2）参数化设计提升工作效率

1）参数化设计是BIM建模软件重要的特点之一。参数化建模是通过设定参数（变量），简单地改变模型中的参数值，就能建立和分析新的模型。

2）在参数化设计系统中，设计人员根据工程关系和几何关系来指定设计要求。因此，参数化模型中建立的各种约束关系，正是体现了设计人员的设计意图，参数化建模可以显著提高模型生成和修改的速度。

（3）可视化的设计、施工组织

1）装饰项目可视化设计，改变了设计思维模式，装饰设计师不会像过去一样停留在二维的平面图上去想象三维的立体空间。使用BIM建模软件制作的模型，可以让设计师和业主更直观地看到室内的每个角落，BIM建模软件支持从简单的透视图、轴测图、剖面图到渲染图、360°全景视图以及动画漫游。在立体的空间中，设计师可以有更多时间思考设计的合理性和艺术性。

2）施工组织可视化即利用BIM工具创建装饰深化设计模型、临时设施模型，并用时间等相关的非几何信息赋予基层构件及装饰面层，通过可视化应用软件模拟施工过程，用于优化、确定施工方案。针对建筑装饰造型多样、节点复杂的特点，可充分利用BIM的可视化特点，将相关内容做成传统的CAD无法实现的全方位展示和动态视频等用于施工交底。

（4）设计与施工全面协同管理

BIM技术应用环境下，基于模型的不断更新、信息完整准确，建筑装饰设计与施工阶段均可实现团队内部部门之间，以及与业主、监理等相关单位之间的有效地协同。

1）装饰专业内部设计师的协同设计

① 通常一个项目的制作都需要一个团队来完成，目前常用BIM软件的协同模式提供了多位设计师一起做设计的工作方式。

② 例如，在Revit中建立一个带有模型信息的中心文件然后将不同范围和专业的工作分给每个设计师，设计师根据共同的模型信息，建立本地工作文件，在本地修改制作模型，完成自己的任务，之后设立相应规则同步更新到中心文件，让所有设计工作参与者同

时了解变更情况，提高设计质量和效率。

2）装饰专业与其他专业的协同设计

① 建筑装饰专业与建筑、给水排水、暖通、电气、弱电、消防等专业基于同一个模型开展设计工作，将整个设计整合到一个共享的建筑信息模型中，装饰面层、基层及装饰构造与相关专业的冲突会直观地显现出来，设计师和工程师可在三维模型中随意查看，并能准确地发现存在问题的地方并及时调整，从而避免施工中的浪费，达到真正意义上的三维集成协同设计。

② 在这个协同沟通过程中，通过合理化工作流程，利用协同平台支持和保障了良好的协同效果，保证了相关工作的有序开展。

3）装饰专业施工阶段管理要素协同

① 施工阶段，BIM可以同步提供有关建筑装饰施工质量、进度及成本的信息。利用BIM可以实现整个施工周期的成本、进度、材料、质量等管理要素的协同，进行可视化模拟与可视化管理，调整优化施工部署与计划。

② 装饰工程分部分项工程多，与其他专业在空间和时间上交叉作业的情况非常多，施工阶段及时获取其他专业的进度和质量信息，协同各方有序作业，对保证工期和质量提供了重要条件。

（5）快速精确的成本控制与结算模式

1）由于BIM数据中包含了所代表的建筑工程的详尽信息，可以利用其自动统计工程量。从模型中生成各种门窗表，统计隔墙的面积、体积、吊顶、地面面积，装饰构件的数量、价格、厂家信息以及一些材料表和综合表格也十分方便。

2）设计师和造价师很容易利用它来进行工程概预算，为控制投标报价和工程造价提供了更加精确的数据依据，保证实际成本在可控制的范围内。

3）保持BIM模型与现场实际施工情况一致，利用BIM生成采购清单等能够保证采购数量的准确性，工程结算也更加简单透明，避免了结算争议。

28.11.1.4 装饰BIM应用的优势

1. 装饰设计阶段BIM应用优势

在装饰设计阶段应用BIM技术，可提升设计质量和效果，减少设计师的工作强度，节约人力资源。在设计阶段建筑装饰BIM应用主要包括可视化设计、性能分析、绿色评估、设计概算和设计文件编制等。

（1）可视化建模保证设计效果

1）装饰项目的各种空间设计通过BIM可视化建模能直观反映设计的具体效果，进行可视化审核；装饰与暖通、强弱电、给水排水、消防等相关专业协同建模，能避免或减少错、漏、碰、缺的发生，保证最终建筑构件的使用功能和装饰面的观感效果。

2）参数化建模支持实现装饰设计效果变更、装饰三维模型展示与虚拟现实展示进行方案比对；选用生产厂家提供的具有实际产品的BIM构件和陈设，保证了工程交付时设计模型与实物的一致性和真实性。

（2）性能分析支持绿色建筑评估

利用各种BIM分析和计算软件，对既有建筑改造装饰项目及新建、扩建、改建的二次装饰设计项目室内的不同空间、不同功能区域自然采光、人工照明、自然通风和人工通风情况进行分析，对声环境计算，进行声效模拟、噪声分析、疏散分析等，利用结构计算软件，对既有建筑改造的装饰项目和幕墙工程进行结构分析计算。

(3) 工程量统计辅助经济性比选

基于装饰 BIM 模型，可直接输出装饰工程物料表、装饰工程量统计表与造价专业软件集成计算，精确控制工程造价，辅助生成方案估算、初步概算、施工图预算的不同阶段的造价，可以进行方案的经济性比较分析，及时提供造价信息进行方案的经济性优化。

(4) 提高设计质量和提升设计效率

1) 创建装饰 BIM 模型的过程中，设计师可以充分利用 BIM 的可视化、一体化、协调性的特点进行协同工作，参数化联动修改，快速建模，将时间更多用于设计方案效果、技术、经济的优化。

2) 在三维环境下对节点详图进行建模设计，提高了精确度，减少了出图错误；利用 BIM 出图功能，直接将成果输出，生成效果图、二维图纸、计算书、统计表，提升了设计质量，提高了设计效率。

2. 装饰施工阶段 BIM 应用优势

在装饰施工阶段应用 BIM 技术，可提升精细化管理水平和科技含量，显著提高工作效率和施工质量，主要体现在以下几个方面：

(1) 施工投标展示技术管理优势

在以 BIM 技术应用投标精装的项目投标中，能够利用 BIM 的 4D 虚拟仿真的优势，基于 BIM 装饰模型，将工程重点、深化设计难点、施工工艺细节全过程模拟，将有关施工组织设计中的质量安全、进度、造价、商务等管理的关键流程节点用 BIM 优化解决方案直观展现出来，充分体现装饰企业的技术实力，企业优势得以彰显。

(2) 支撑施工管理和改进施工工艺

1) 利用 BIM 技术可以辅助施工深化设计，生成施工深化图纸，进行 4D 虚拟建造和仿真模拟、进行施工部署、施工方案论证并优化施工方案。

2) 基于施工工艺模拟，可以对施工工序、工艺分析论证，改良工序和工艺；基于进度模拟，可以对施工场地在空间和时间上进行科学布置和管理；基于 BIM 的可视化技术，同参与各方沟通过讨论和内部外部协同，及时消除现场施工过程干扰或施工工艺冲突，优化交圈收口处理。

3) 同时，利用可视化功能进行技术交底，可以及时对工人上岗前进行直观的培训，对复杂工艺操作辅助形成熟练的操作技能。在材料下单方面，BIM 改进了装饰材料用量自动计算和构配件的下单的方式，为实现装饰行业工业化打下良好基础。

(3) 利用 BIM 硬件设备提质增效

1) 将 BIM 技术与三维激光扫描仪、自动全站仪和移动终端等设备集成，可支持实现建筑装饰的装配式施工。

2) 利用三维激光扫描仪在现场扫描采集数据，再以点云数据进行逆向建模，实现现场实际情况与 BIM 模型比对，并对 BIM 模型纠偏。

3) 在此基础上进行材料下单及工厂化加工，在施工中使用自动全站仪进行放线，真正实现高精度过程控制状态下的装配式施工。

(4) 实现装饰施工成本精确控制

1) 利用BIM可进行工程量精确统计，同时将设计变更管理、劳务及材料资源价格与模型关联，资金使用与模型关联，可对项目人工、材料、机械的用量进行精确的统计。

2) 同时，在施工过程中，依据统计结果对施工现场进行统一的精细化管理，使材料出入库用量管理更加精准，人工费用更合理，机械设备花费更经济，以此对施工成本进行精确控制。

(5) 提升进度、质量、安全管理水平

1) 基于BIM的进度、质量、安全管理，为施工企业提供更加详实的数据，便于施工过程中的问题发现和纠偏改进。

2) 在施工过程中，可以使用信息化的BIM协同平台实现计划管理和进度监控，进度、质量、安全相关信息通过移动终端直接反馈到协同平台；利用三维激光扫描仪核查现场施工精度并进行纠偏；辅助与总承包及相关单位的有效协调。

(6) 提高装饰工程档案管理质量

应用BIM技术，可以对施工资料进行数字化管理；实现工程数字化交付、验收和竣工资料数字化归档；支持向业主提交用于运维的全套模型资料，为业主的项目运维服务打下坚实基础。

28.11.2 方案设计BIM应用

方案设计是设计灵感的产物，某种意义上来说它是一种创造性的工作。设计师是在建筑结构的基础上进行一个空间设计的过程。

装饰装修方案设计是基于建筑本体构造的设计，其空间、体块、色彩及材（物）料的规划及设计策划均是建立在建筑本体空间基础之上的，不能隔离开来。因此，装饰BIM设计是建筑BIM设计的延伸，需系统反映装饰设计与建筑本体的构造关系及实施工艺。

方案设计BIM应用包括方案设计、方案分析、方案比选。

28.11.2.1 方案设计

装饰设计的最终目的，是给人们提供一个舒适的工作、学习与生活的环境，满足人们对环境的多种需求。使用者的社会地位、文化程度、个人喜好的不同，会对装饰设计美观性提出不同的要求，装饰设计时，需要综合考虑多种因素，对装饰设计的整体美观性提升进行综合考虑。

装饰设计作为环境设计的一种，除对空间的功能性有一定要求外，还对装饰设计的美观性有较高的要求。装饰设计的整体美观性，是带给使用者的第一印象，会直接影响到使用者的学习、工作、生活环境。

装饰BIM方案设计需考虑室内设计、陈设搭配、幕墙的综合效果，满足装饰功能性、美观性的、经济性的全面要求。

(1) 装饰功能设计

1) 装饰设计发展至今，功能分区一直是设计师研究的重点，它贯穿于整个设计过程，是完成使用功能、丰富视觉功能、满足心理功能的关键之一。各种室内分区方式用以满足人们相同的生活需求，而各种分隔方式用以满足人们日益推崇的个性展现的需求。

2) 装饰功能设计即在一个合理的空间中，充分考虑使用功能和精神功能需求，而进行的装饰功能设计。利用BIM技术仿真模拟装饰功能分区和分割，辅助进行可视化功能设计，有利于设计师对功能设计的合理性推敲和调整、完善。

(2) 装饰美观性设计

1) 装饰设计除对生活空间的功能性有着必要的要求外，还对设计的美观性有着较高要求。

2) 利用BIM技术对空间环境、陈设、质感，材质等进行仿真渲染，真实呈现装饰设计效果，尤其是利用VR技术，可以使人在方案设计过程中，进入虚拟空间，直观感受空间的美观性设计效果。利于将实用和装饰效果互相协调，求得功能和美学的统一（图28-216）。

图28-216　VR体验装饰方案设计效果

28.11.2.2　方案分析

方案分析是在方案设计基础上，为达成探求理想的方案，完善设计构思。进一步运用与设计任务有关的资料与信息，进行方案的分析与比较。装饰方案分析包括功能分析、人流分析、陈设艺术分析等工作。

(1) 功能分析

利用BIM技术更直观地对室内空间、平面功能布置、地面、墙面、顶面等各界面线形和装饰设计进行合理分析及规划，并创造出合理的功能空间。

(2) 环境分析

在室内空间中，可以通过BIM模型对建筑物整体空间的自然环境（采光、通风、照明等）进行分析。结合以上分析对后期室内空间的采光、通风、照明和音质效果等方面进行合理化设计，使装饰方案设计布局更合理。

(3) 陈设艺术分析

主要强调在室内空间中，进行家具、陈设艺术品以及绿化等方面规划和分析。利用BIM技术对家具、陈设艺术品、绿化等物体进行合理化模拟分析，使空间陈设布置更加真实。更能够满足人们心理和生理上的各种需求。

28.11.2.3　方案比选

利用BIM技术进行设计方案比选，通过三维可视化展示不同方案，进行不同方案之间的优劣比选。选择符合要求的设计，达到项目的最终方案优选，为后续工作提供设计方案模型。BIM技术辅助装饰方案比选，主要包括设计概念比选（风格定位比选和档次定位比选）、经济比选、装饰效果比选。

（1）设计概念比选

1）设计概念比选包括两方面：风格定位比选和档次定位比选。通过BIM模型直观展示方案设计效果，辅助进行设计方案风格的准确定位，确保方案设计风格满足对象人群，符合现代潮流的主流方向。

2）利用BIM模型输出项目相关数据，对多个方案进行档次要求和费用综合比选，更好展示设计的优越性、风格效果，以及所需投资的费用，择优选中最佳性价比方案（图28-217）。

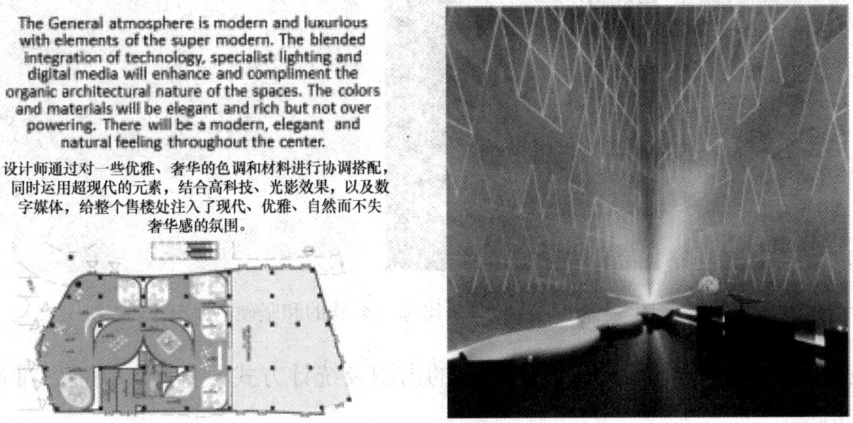

图28-217 整体概念氛围

（2）空间布局比选

1）室内空间布局是项目的整体布局，最初的空间布局只考虑其对空间的分隔，而随着社会的发展，人们对生活质量的要求随之提高，要求室内空间布局具备能够满足人们生活、工作需要的功能分区。

2）利用BIM模型进行直观展示各空间功能，对多个方案进行合理化分析，有助于对空间布局的功能进行合理化分析跟比对，选出最佳方案。

（3）经济比选

1）方案经济比选是寻求合理的经济技术方案的必要手段，也是项目评估的重要环节。

2）方案设计经济合理性，即在满足设计功能和采用合理先进技术的条件下，尽可能降低投入。利用BIM模型对多个方案进行检查，导出相关数据，进行数据参数对比，选出更经济合理的方案。

（4）效果比选

效果比选有色彩的搭配、陈设布置、装饰材料的运用等。利用BIM模型对项目整体或重点区域进行多个方案建模，展示不同方案效果，辅助方案效果比选（图28-218）。

28.11.2.4 方案设计出图与统计分析

BIM模型是包含了设计相关信息的参数化信息模型，是一个整体的数据库，图纸只

图 28-218　装饰效果比选（柔软的和坚硬的）

是一种表现形式。利用 BIM 技术改善传统的出图及统计方式，直观、快捷、准确地输出项目相关信息。

在 BIM 文档中，所有图纸、视图、统计表等都从数据库中提取，并且互相关联，一个构件的改动会实时引发图纸相关信息的调整，可以做到快速、准确地从 BIM 模型导出平面图、立面图、剖面图、透视图及明细表等信息（图 28-219）。

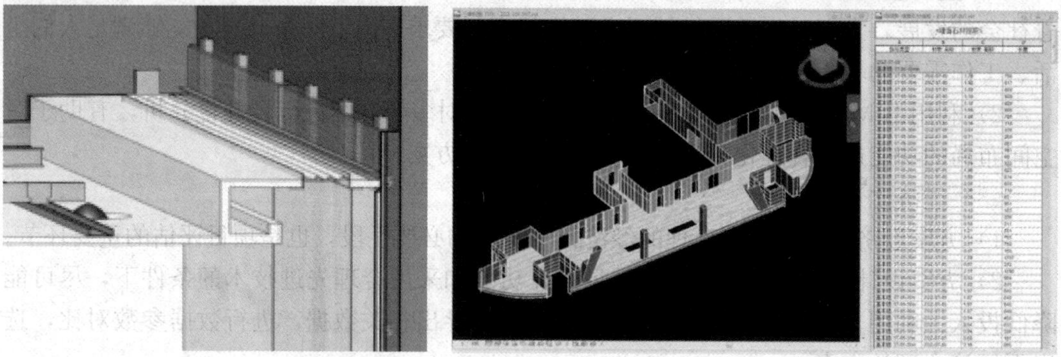

图 28-219　BIM 模型出图与明细表

28.11.2.5　工程造价估算

传统的工程造价估算，需要以人为计算工程量为基础，而人为计算过程繁琐，容易因人为原因造成错算、漏算，影响工程量清单计算的准确性。BIM 技术由于其高效的工程量计算效率和准确的工程量自动计算功能，使工程量计算工作摆脱人为因素的影响，得到更加客观的数据，同时，节约更多的时间和精力投入到风险评估及市场询价过程中，提高造价数据的精确性。

装饰工程造价估算需综合考虑装饰工程的分部分项及不同材料的统计方式不同，进行分类别、分区域有步骤地估算工作。

（1）分区核对

分区核对数据是第一阶段，主要用于总量比对，根据项目特点进行工程量区域划分，方便进行小范围内的数据统计，并将主要工程量分区列出，形成对比分析表。利用BIM技术，快速输出区域工程量，并在相关信息调整时，及时更新并重新输出计算数据，快速、准确进行主要工程量的横向核对分析。

（2）分项核对

分项清单工程量核对是在分区核对完成以后，确保工程量估算数据在总量上差异较小的前提下进行的。可通过BIM建模软件的导入数据，快速形成对比分析表，进行BIM数据和手工数据分项对比。

（3）数据核对

数据核对是在前两个阶段完成后的最后一道核对程序，项目的管理人员依据数据对比分析报告，可对项目估算报告作出分析，得出初步结论后分析方案设计的可实施性（图28-220）。

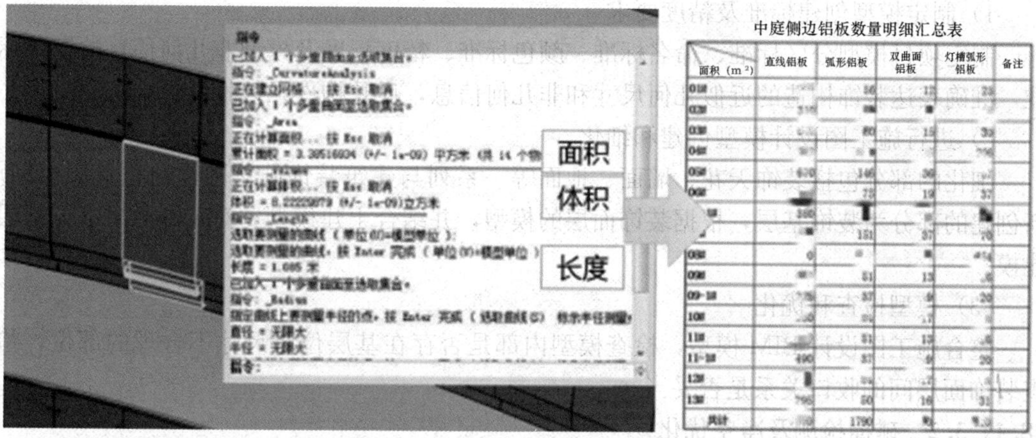

图28-220 数据明细汇总表

28.11.3 施工图设计BIM应用

28.11.3.1 施工图设计

施工图设计过程中，通过模型可以表现设计师设计的可实施性，反映所有设计细节的施工方法，体现平面施工图无法反映的许多问题。全面反映设计对象的形体内容，体现关键节点工艺和构造工法，加载的数据能够反映经济技术指标。

施工图设计阶段设计模型的创建方法、流程与方案设计阶段并无太多的区别，施工图设计BIM模型（图28-221）承接方案设计阶段的BIM模型，以高效保证BIM模型在设计周期内的流转、传递与深化，为BIM模型在全生命周期内流转做好阶段性准备工作。

利用BIM技术进行施工图设计，以达到利用模型指导现场施工的目标。

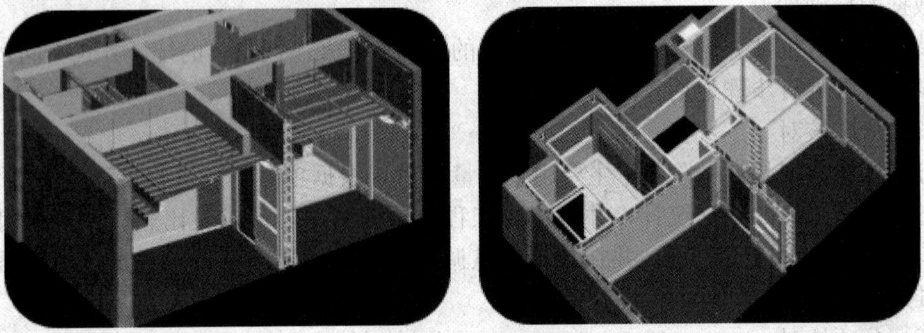

图 28-221　施工图设计 BIM 模型

（1）收集模型

收集方案设计模型和土建模型并整合，对方案设计模型进行分析，深入了解设计师的意图，为施工图设计建模积累素材，但是方案设计的模型一般只有装饰面层的部分，而且方案设计的装饰的模型主要是体现设计意图和效果，对于装饰面层的细节问题的体现不全面，这些都需要进一步建模细化。

（2）模型创建和细化

1）制定模型创建标准及精度要求

制定项目模型分区标准、命名标准、颜色标准、精度标准及模型非几何信息的记录标准，准确表达装饰构造的近似几何尺寸和非几何信息，反映构件几何特性。

2）进行施工图设计模型创建和细化

细化的部分包括装饰天花、墙面、地面等一系列与建筑装饰施工图设计相关的模型，新创建的部分为装饰基层，根据装饰面层的模型，并结合土建模型，对装饰面层进行基层建模。

（3）模型检查和优化

整合施工图设计BIM模型，检查模型内部是否存在基层位置尺寸不合理的部位，检查装饰面层间的收口关系是否妥当。

28.11.3.2　碰撞检测及净空优化

建筑工程项目设计阶段，建筑、结构、装饰、幕墙及机电安装等不同专业的设计工作往往是独立进行的。采用BIM技术，将建设工程项目的建筑、结构、幕墙、机电等多专业物理和功能特性统一在模型里，利用BIM技术碰撞检查软件对机电安装管线进行碰撞检测，净高优化，确保满足建筑物使用要求。而且在整个装饰工程的过程中，一些装饰物件是需要有向外的扩展空间的，这些空间不存在于物体上，容易被忽略，这些外扩空间是必须存在的，传统的设计工具不能够对这些空间进行有效的处理，因此容易造成软冲突。但通过BIM模型，可以对这些空间进行自定义，将这些空间空出来，满足建筑装饰的要求，检测软冲突是否存在，从而减少软冲突对工程的影响。

应用BIM技术进行碰撞检测及净空优化，提高施工图设计效率，有效避免因碰撞而返工的现象。利用BIM技术对各专业模型进行整合检查（图28-222），发现位置冲突点，优化隐蔽工程排布，以及安装设备的末端点位分布，对室内净高进行检查并优化调整。尤其是对于地下室、设备机房、天花、管道井等管线复杂繁多区域采用BIM技术进行管线综合深化设计效果尤为明显，有效避免传统管线综合深化设计错、碰、漏、缺的弊端，减少施工中的返工，节约成本，缩短工期，降低风险，提高工程质量。

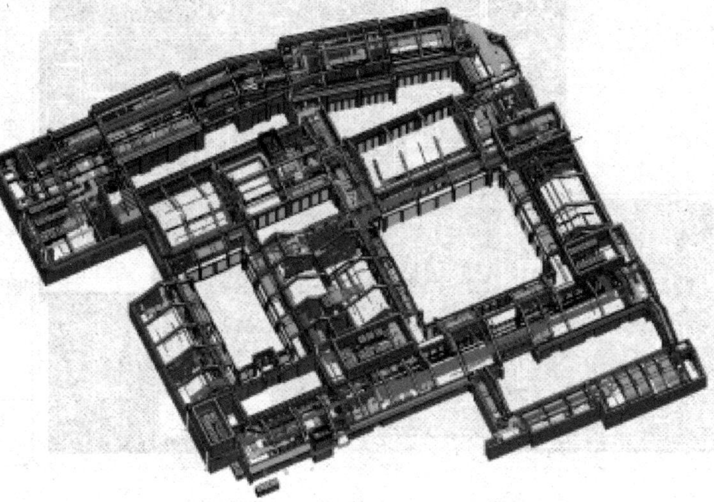

图28-222 模型整合与碰撞检查

利用BIM技术进行碰撞检测及净高优化时，在整个模型进行碰撞检测前，先在单专业内进行碰撞检测，这样可以减少整体分析时的任务量。然后将各个专业修改之后的模型链接在一起，进行一次整体的检查。

28.11.3.3 施工图设计出图与统计分析

随着建筑信息模型的推广和应用，以二维图纸为主要模式的设计出图已经逐步过渡到以BIM模型为主并关联生成二维图纸的出图模式，这是BIM模式下设计出图的大趋势。基于信息模型的数据集成，优化BIM施工图设计变更联动和设计集成。BIM施工图设计与传统二维施工图设计相比较，设计的规范性与图形信息的联动性是关键，每一个数据都可以追踪到与之相关联的各个方面；真实展现立体空间，规避二维设计错误提高设计质量，能够看到竣工之后的工程全貌与内部空间构造布置。

关于施工图的统计分析，快速生成明细表进行统计分析是Revit依靠强大数据库功能的优势所在，通过明细表视图能够统计出项目的各类图元对象，如装饰的物料清单明细表、照明设备明细表、门图表和图纸目录。明细表的字段提取与Excel表格数据相关联，不仅可以统计项目中各类图元对象的量的信息、材质信息及标志信息等，并且其统计分析与模型的数据实时关联，终端共享的信息数据库具有强大的集成管理功能，是建筑信息模型的核心理念所在。

在BIM模型中依据平面、立面、剖面等视图功能，通过软件设置处理生成符合装饰设计规范的二维图纸，在BIM软件中直接生成的二维图纸可关联CAD的制图标准，生成更符合装饰设计规范的二维图纸（图28-223）。现阶段可行的工作方式为将BIM模型到二维环境中进行图纸的版面优化，完成综合协调、错误检查等工作，对BIM模型进行设计错误排查及物料下单指导。通过明细表的设置进行经济指标统计（图28-224）。

装饰施工图设计出图与统计分析涉及前期资料准备、三维模型与二维图纸转换及数据

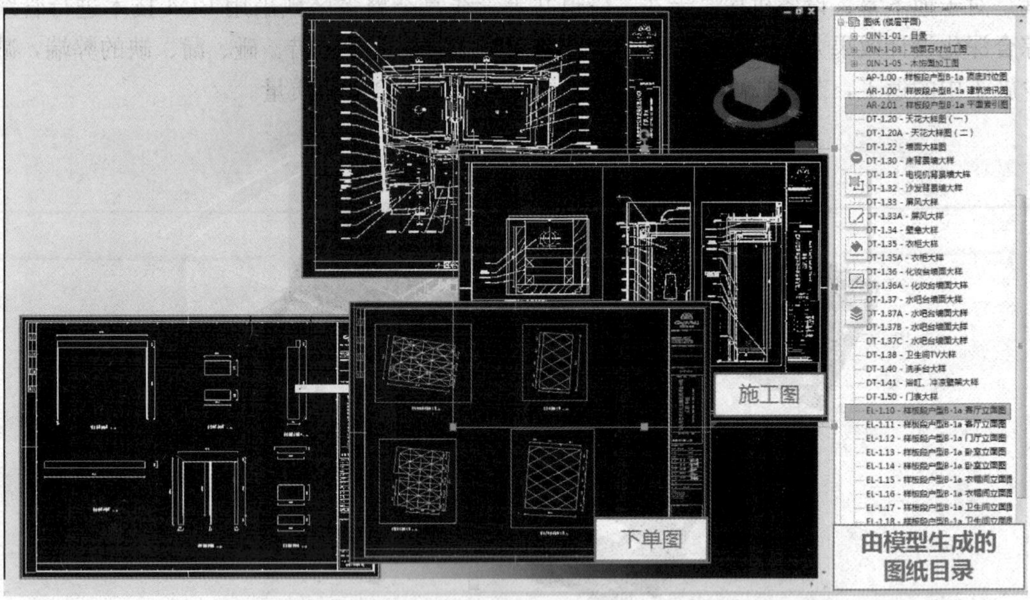

图 28-223　装饰 BIM 出图下单

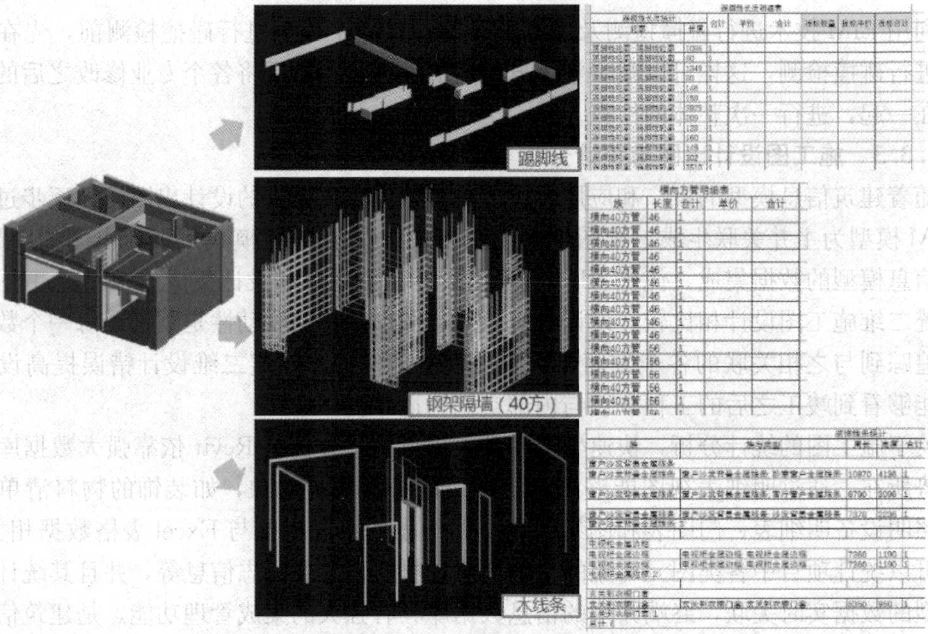

图 28-224　装饰 BIM 明细表分析

输入输出信息交互三个方面，具体流程如下：

（1）装饰施工图设计交底

前期准备阶段整理好装饰施工图设计资料（设计方案、效果图、原始平面图等），了解设计师的设计理念，与设计师沟通好材料要求、工艺要求、消防规范等交底工作。

（2）装饰 BIM 模型建立

1）依据设计交底要求，结合原始建筑图纸建立完善的装饰BIM模型。装饰出图建模的核心在模型信息添加，主要是材质信息与类型信息的录入，并且在视图中载入提取信息的媒介，针对项目制作的各种标记族。

2）将建立完全的装饰模型与建筑、结构、机电等各专业模型综合校核，进行专业协调。

3）校审通过的模型即为装饰施工图设计模型。

（3）装饰施工图生成及调整

1）在视图进行视图组织生成一套完整图纸体系，包括前图系列、平面图系列、立面图系列、剖面图系列及透视图系列。

2）根据图纸体系创建相应的视图，并且设置对应的视图样板，主要体现在视图范围设置、线性设置与图元类别设置。最后利用标记族进行图纸标注，注意尺寸说明、文字说明、图元说明与图纸美学四要素。

（4）图例及明细表生成

新建隔断、天花灯具及强弱电图纸都需设置相关图例到对应图纸上。装饰物料表与照明设备等明细表需要根据项目实际需求，分部分项提取模型字段信息，设置模板表格界面，充分利用装饰BIM模型的信息集成，得到不同需求的明细表格。

（5）装饰专业图纸交付及归档

1）根据工程项目实际要求，进行装饰专业图纸与模型交付。生成的二维图纸应当能够完整、准确、清晰地表达设计意图与具体的设计内容，重点在立面图、剖面图、透视图等原始CAD绘图难度较大而BIM技术可以有效解决问题，体现出其价值。

2）图模交付能够保持图纸与模型良好的关联性，后续更改的图模信息一致性，提高出图效率。

28.11.3.4 工程造价预算辅助

基于BIM的工程造价预算辅助即利用BIM模型提供的信息进行工程量统计和造价分析，由BIM建筑信息模型提供的建筑物实际存在信息数据为支撑，通过模型与造价数据的整合，依托互联网与云端协同管理形成数据对比，对投标、进度审核及结算进行动态管控。BIM模型算量的核心在于创建一个符合算量规则的模型，将造价的各种信息同BIM模型中相应部位进行链接，从而实现建筑信息模型手段下快速出量的要求。

BIM建筑信息模型集数据采集与更改于一身，软件根据设置的清单和定额工程量的计算规则，在重复利用几何数学原理的基础上自动计算工程量。信息模型代替纸质图纸，在生成模型的同时提供细部构件的各种属性参数与参数值，并且能够按设定的计算规则自动计算出构件工程量。集动态的造价数据变化与实体工程进度信息于一体，与图形及清单价表形成联动的整体。

现阶段BIM技术对工程造价预算辅助主要落地在利用三维模型进行工程量清单输出与物料清单的统计。装饰工程量清单输出与物料清单的统计涉及前期工程设置、装饰模型建立与模型映射三个方面。

（1）工程设置

1）工程设置主要指计量模式的设置及算量选项的设置。计量模式包含清单模式与定额模式，清单模式即同时按清单与定额两种计算规则计算工程量；定额模式仅按定额规则计算工程量。

2）在清单模式下可对构件进行清单与定额条目的挂接，而定额模式则只能对构件进行定额条目挂接。输出工程量时也同此规则。

3）算量选项设置涉及五个方面：工程量输出、扣减规则、参数规则、规则条件取值与工程量优先顺序。

（2）装饰模型建立

1）按照清单或者定额计价规则建立装饰模型，建模的关键在模型构件管理上。构件的建立按照面积、长度、个数等计价规则建立的，信息也依照清单或定额计价规则录入。

2）装饰的算量模型也要进行多专业协同与碰撞检查，保证模型质量的准确性。

（3）模型映射

1）装饰模型建好之后要与清单或定额进行挂接，模型映射即将BIM模型中的构件根据族类型名称进行识别，而算量软件系统会根据构件的材料、结构、面积等信息自动匹配算量属性，即将模型构件转化为可识别的构件，这样就能够较为精准的计算工程量。

2）模型的映射规则即按照清单或定额转化为类型，将构件、材质、族参数的类型名称与列表中的关键字进行匹配，然后将过程中的构件匹配成对应的构件分类。

（4）分析统计与报表输出

1）BIM算量模型转化完成并且对构件进行挂接之后，就可进行工程量的分析与统计。

2）在分析统计工程量时可把实物量与做法量同时输出，也可分部分项统计工程量。

3）输出报表则按照工程项目实际需求分析统计相应的参数输出，例如实物量汇总表、做法明细表等（图28-225）。

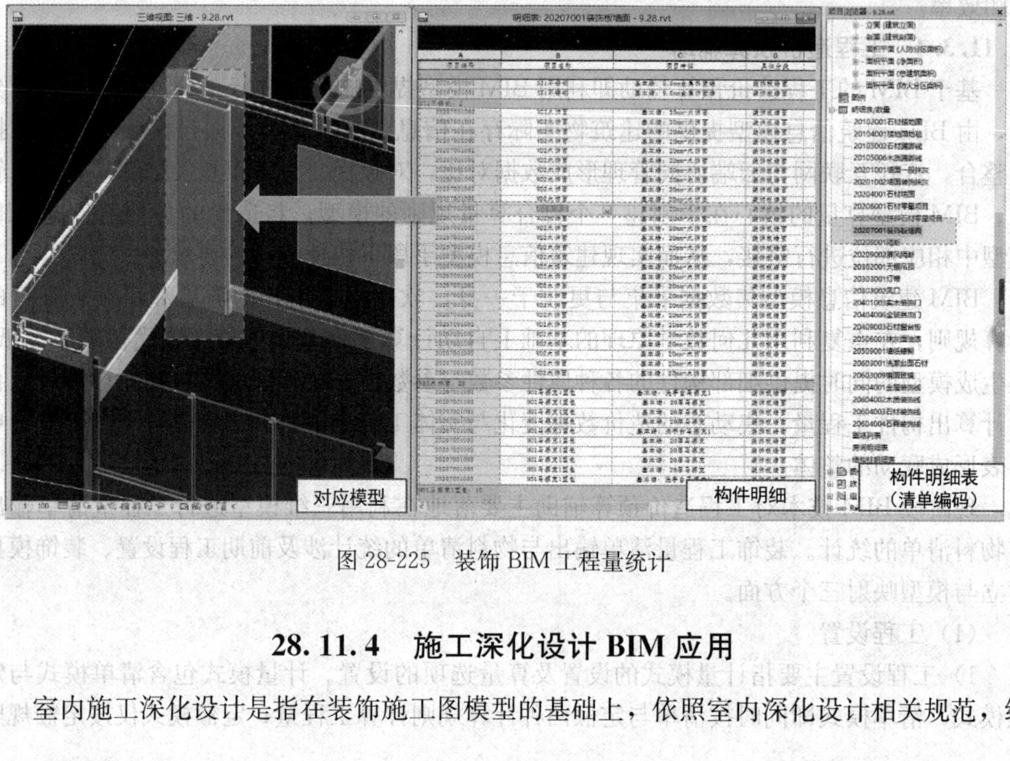

图28-225　装饰BIM工程量统计

28.11.4　施工深化设计BIM应用

室内施工深化设计是指在装饰施工图模型的基础上，依照室内深化设计相关规范，结合建筑、结构、机电等专业设计资料，整合相关专业设计顾问资料所进行的更深层次的模型设计工作。

28.11.4.1 施工数据采集及处理

1. 概述

施工数据采集与处理是在装饰项目实施初期进行的相关数据收集及处理，为后续装饰项目实施做好前期数据收集工作，包括装饰相关设计图纸、设计变更图、已有土建机电模型、已有幕墙模型、已有装饰设计模型、效果图、现场图片、评审意见、现场施工数据等。

2. 施工数据采集的主要内容

（1）装饰相关图纸信息收集及处理

施工前收集设计图纸、设计变更图纸、效果图、现场照片、评审意见、现场施工数据等，并上传至BIM综合管理平台，对施工数据进行分类整理，同时对图纸信息的读取、上传、下载进行规范化的权限设置，以更好地实现图纸等信息的维护与管理。

（2）装饰相关模型数据信息收集及处理

进行深化设计模型建立之前，收集已有原土建、机电、幕墙模型及装饰设计模型，为深化设计提供原始模型数据，同时将模型数据分类整理，上传至BIM综合管理平台，并应情况需要进行相关专业合模，以便各专业数据的规范化管理和使用。图纸、模型文件分类整理（图28-226）。

图28-226 BIM综合管理平台

（3）现场施工数据收集及处理

1）在施工深化设计之前，采集现场实际数据并进行相应处理，为深化设计模型搭建提供原始数据及原始模型数据。

2）与原有数据进行复核比对，以便为深化设计提供真实、精准的现场数据模型，为预制构件的加工生产提供准确的设计依据，优化施工。

3）采集、处理现场施工数据的方法主要有以下几种方式：

① 传统方式数据获取：运用传统测量仪器核对现场尺寸，获取现场施工数据。运用获取的尺寸数据绘制CAD图纸后，利用CAD图纸建立BIM模型。

② 全自动三维建筑测量仪数据获取：全自动三维建筑测量仪是传统直线测量的一种

升级——利用红外技术自动（或手动）获取空间数据。其获得的数据是空间的、三维的点数据，其点密度介于传统测点和三维激光扫描仪的点云数据之间，测量距离可以在30～50m，精度可以达到1mm。仪器支持DXF、CSV等格式导入，DXF、CSV、TXT、JPG等格式导出，利用导出数据制作BIM原始模型数据。但是这种点数据缺少数据处理软件，仍需要人工使用制图软件进行点数据分析及图形绘制，直接导入BIM建模软件中可处理性较低、实用性低，操作流程（图28-227）。

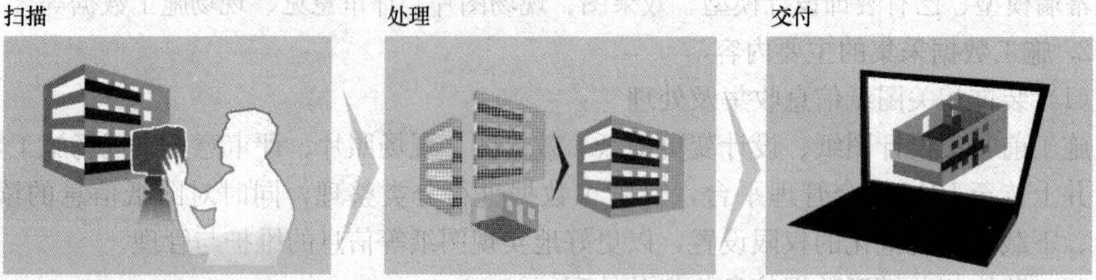

图28-227　三维仪器获取数据流程

③ 三维激光扫描技术获取数据：通过三维扫描仪在短时间内测量原始建筑尺寸，将生成的点云、图纸及模型导入BIM相关软件。利用三维扫描仪获取彩色点云数据，利用点云处理软件进行配准，并利用插件导入BIM建模软件生成模型。然而点云处理软件的数据拟合存在一定的误差，且对后期校准的精度要求较高，同时也对仪器的使用技能要求较高，故现存的点云处理软件依然存在一定的不足，各单位可按照需求的不同进行软件二次开发，来提高点云数据的实用价值（图28-228）。

图28-228　三维点云数据

28.11.4.2　施工深化设计

施工深化设计是在施工初期，为了指导施工、优化施工流程，在现场土建、机电等数据及原设计模型的基础上，不改变完成面等绝对因素的情况下，优化工艺做法、调整细部构造，进行装饰相关墙面、地面、天花、卫生洁具、机电点位等装饰相关模型深化设计工作，准确表达施工工艺要求及施工作业空间，确保深化设计基础上的施工可行性。为服务于BIM后期应用进行施工深化工作。

BIM深化设计的内容包括：

（1）施工平面尺寸定位深化设计、立面装饰定位深化设计等；

（2）施工深化节点设计，按照分部分项工程分类的主要内容深化；

（3）预制构件深化设计，其中包括定制金属构件、预埋件等，例如龙骨、支架预埋金属件、镜子金属边等；

（4）固定家具深化设计，例如整体橱柜、电视柜等；

（5）活动家具深化设计；

（6）其他装饰构件、造型深化设计。

28.11.4.3 施工可行性检测及优化

1. 概述

施工可行性检测及优化是指为使深化设计模型与现场施工对接，在已建立的深化设计模型的基础上，利用BIM碰撞检测、净空分析控制等手段，优化施工工艺、施工顺序，以提高施工的可行性。

2. 碰撞检测

在BIM技术中担任着非常重要的角色。众所周知，一个项目中不同专业、不同系统之间会有各种构件交错穿插，影响施工设计、增加成本。为避免这些不必要的问题，利用BIM技术的可视化功能进行碰撞检测，及时发现设计漏洞并调整、反馈，提早解决施工现场问题，以最迅速的方式解决问题，提高施工效率，减少材料、人工的浪费。

3. 可行性检测及优化内容主要包括：

（1）进行轻质隔墙与原建筑梁、板，机电各专业与综合天花，饰面板与基层构件，专用设备与饰面材料等的装饰相关硬碰撞，协调并优化解决硬碰撞问题，保证机电设备安装空间及房间净空要求，确保装饰面层工作基础上的基层做法的空间位置、尺寸及细部构造的合理等，解决装饰项目的硬性空间问题。

（2）进行天花、墙面等施工空间可行性检测，装饰相关机电设备的安装空间检测及装饰设备的安装路径可行性检测，进行考虑装饰施工工艺、施工可行性的软碰撞检测（图28-229）。

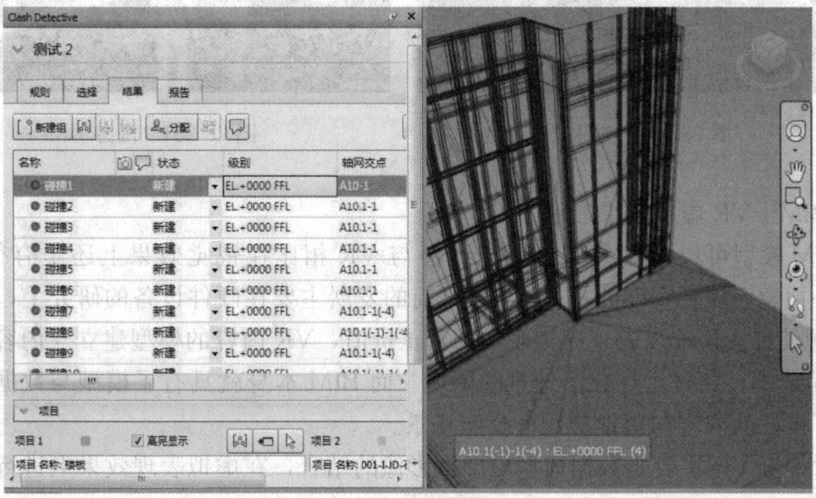

图28-229 碰撞检测

28.11.4.4 虚拟效果展示

虚拟效果展示是在已有深化设计模型的基础上，利用BIM技术制作效果图、虚拟漫游动画，仿真施工现场施工效果。可视化及虚拟基于BIM模型，借助3D动画技术，实时漫游虚拟空间，审视整体和细部。

在深化设计阶段，利用BIM技术进行虚拟效果展示，可以使深化设计师在明确设计师设计意图的基础上进行深化设计，在原设计思路的基础上制定施工工艺做法、明确新工艺、新构造、新材料的应用。然后利用BIM技术进行虚拟效果展示，使现场施工人员了解方案设计与深化设计的设计意图，减少错工、漏工现象，优化施工。

（1）BIM虚拟效果展示

BIM技术领域广泛、功能多样，虚拟效果展示方式多样，而BIM模型可谓“一模多用”，利用BIM模型进行虚拟效果展示，快捷便利且直观真实，其展示方式其中主要包括以下几种：

1）效果图

BIM效果图与过去的效果图的差别在于，BIM信息化模型的材料、数据真实，切实反映装修构件的造型、尺寸，虽是“虚拟展示”，却真实有效。BIM出具的效果图可使用到工程的招标阶段、方案设计阶段、深化设计阶段及竣工、运维阶段。而在深化设计阶段主要可用于新工艺、新材料的展示，展现施工单位的加工生产优势等（图28-230）。

2）漫游

施工深化设计阶段，利用BIM技术进行漫游展示，可使各参建单位了解深化设计构件的外部构造、材料效果，同时可以进行工艺展示，还可以直观地发现一些碰撞问题（图28-231）。

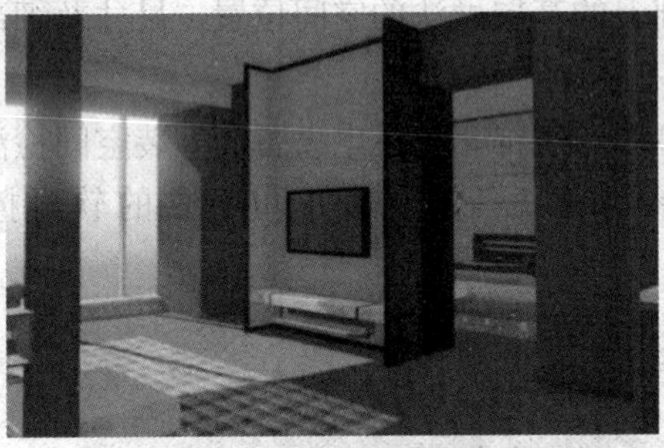

图28-230 效果图

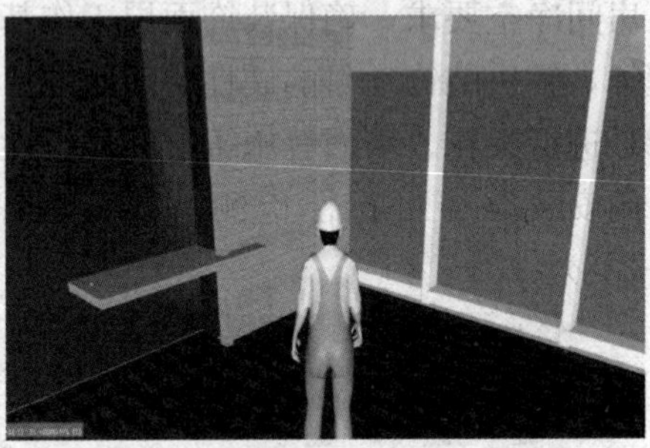

图28-231 漫游

（2）BIM+VR虚拟效果展示

1）BIM模型可以达到模拟的效果，但与VR相比在视觉效果上还是有很大差距，VR能弥补视觉表现真实度的短板。VR目前的发展主要在硬件设备的研究上，缺乏丰富的内容资源使得VR难以表现虚拟现实的真正价值，VR内容的模型建立与内容调整上更需投入大量成本，新技术存在落地难的困境。而BIM本身就具有了模型与数据信息，为VR提供了极好的内容与落地应用的真实场景。

2）BIM与VR主要是数据模型与虚拟影像的结合，在虚拟表现效果上进行更为深度的优化与应用。

① VR样板间看房。通过VR技术，购房者无需前往各售楼处实地看房，只需通过虚拟现实体验设备即可实际感知各地房源，让客户提前感受生活在其中的感觉。

② 施工方案的选择优化。施工前提前模拟体验不同的场景及施工方法，通过讨论选出最完善的方案，此举可最大化地优化施工计划，也可以减少二次返工带来的成本增加及质量下降的问题。

③ 虚拟交底。利用BIM技术建立的工程模型，结合VR体验设备实现动态漫游，实现比BIM模型交底更真实的体验，让施工人员更为直观地感受施工场景，帮助施工人员理解施工方案与工艺，提升最终的施工质量（图28-232）。

图28-232 VR虚拟展示

28.11.4.5 辅助图纸会审

1. 概述

图纸会审是指工程各参建单位（建设单位、监理单位、施工单位、各种设备厂家）在收到设计院施工图设计文件后，对图纸进行全面细致的熟悉，审查出施工图中存在的问题及不合理情况并提交设计院进行处理的一项重要活动。通过图纸会审可以使各参建单位特别是施工单位熟悉设计图纸、领会设计意图、掌握工程特点及难点，找出需要解决的技术难题并拟定解决方案，从而将设计缺陷消灭在施工之前。

2. 通过BIM建模

直观地进行图纸审查，及时发现构件尺寸不清、标高错误、详图与平面图不对应等图纸问题，特别是结构复杂部位；各专业模型整合后进行碰撞检查，可快速发现专业间的碰撞或设计不合理。图纸会审时，以模型作为沟通的平台，直观、快捷地与业主、设计、监理单位进行图纸问题沟通，以确定优化方案。

28.11.4.6 饰面排板与材料下单

1. 饰面排板

利用BIM技术将装饰块料，如石材等装饰面层，按照有利于施工安装、运输和节约材料的方法进行分割的过程（图28-233）。

2. 材料下单

将BIM深化设计模型分解生成的构件，利用BIM技术进行分类汇总，并生成能与工厂直接对接的数据清单、数据模型或能直接传递给商家的产品需求单的过程。

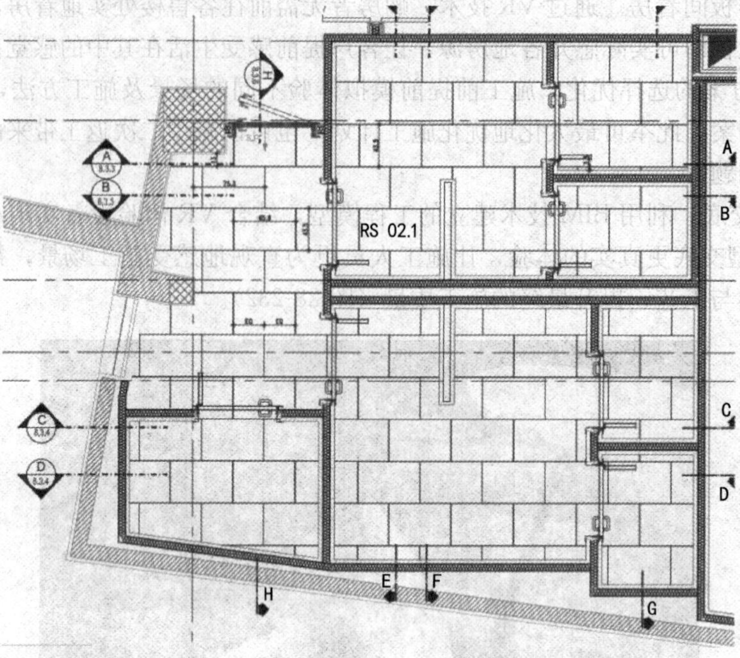

图 28-233　饰面排板图

（1）饰面排板

利用 BIM 技术，将瓷砖、石材、木饰面等排列有规律的饰面进行优化排板，并生成下料单对接工厂 CNC 等设备进行生产作业，既方便快捷地为现场排砖施工提供标准与参考图，又减少了传统下单图与加工工厂对接存在的问题，加快施工速度，减少施工错误。

（2）BIM 材料下单

根据饰面排板出具的材料信息统计数据表，并配合饰面排板图纸，进行材料下料及工厂加工生产。

28.11.4.7　深化设计辅助出图

深化设计辅助出图，是在原设计模型的基础上，沿用原设计模型的规程、子规程、过滤器，结合现场实际对原设计调整、深化后的模型出具图纸，辅助现场后续的生产加工及现场施工。

28.11.4.8　施工模拟

深化设计阶段的施工模拟是利用 BIM 技术，辅助完成项目重难点专项方案或新工艺、新材料模拟方案，在虚拟环境中进行推演，分析不合理安装工艺环节，对预制件、加工件进行合理优化，指导现场工作人员安装施工、工厂加工人员加工及预拼装，在实际施工前对施工方案、施工工艺、施工流程等及时进行调整、完善。

（1）重难点施工工艺模拟

对施工重难点进行单独的施工模拟，主要是针对传统施工工艺的重难点模拟，查出存在的设计缺陷，进行二次深化设计或方案调整，优化施工，例如多层叠级吊顶施工模拟等。

（2）专用设备施工方案模拟

特别针对一些具有项目特色的特殊装饰构件施工方案模拟，用于检验确定专用设备相交构件的连接方式，并确定连接件、开孔位置等，例如特色小吧台安装方案模拟、隐蔽保险柜安装方案等。

（3）装配式预制件预拼装模拟

主要针对项目定制的装配式预制件的安装模拟，通过模拟鉴定预制件尺寸或安装方式的可实施性，并以此为基础进行预制件二次深化设计，优化预制件造型及尺寸，提高定制件实用性。

（4）新工艺、新材料施工模拟

主要针对新工艺、新材料的实施方案模拟，利用这种方式鉴定新工艺的落地性以及新材料的使用效果，并对多个方案进行模拟、比选，从而选择出最优方案，更偏向于技术方案的论证。

（5）产品加工流程模拟

现代装饰工程常常随着各种新材料、新产品的使用而衍生出大量新工艺工法，而BIM作为贯穿建筑全生命周期的技术，装饰施工工艺模拟（图 28-234），不应只考虑施工现场，应同时包含部分装饰材料及构件的产品生产加工流程。这类模拟主要是模拟工厂流水线对装饰构件的加工流程，以指导工厂工人加工生产。

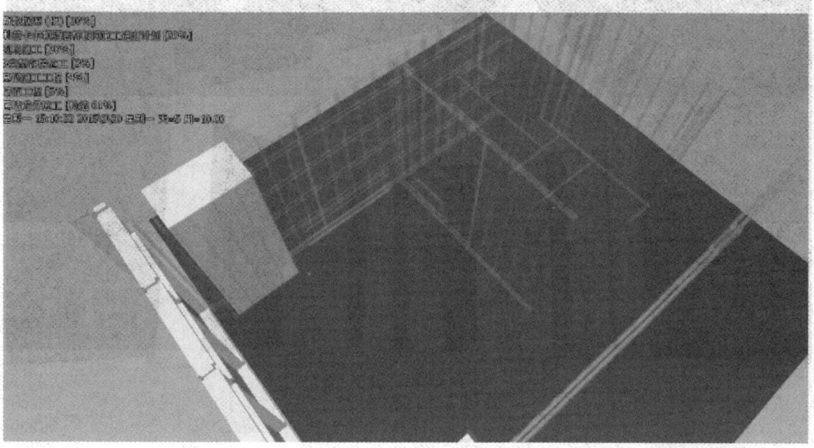

图 28-234 施工模拟

28.11.5 施工阶段的BIM应用

施工阶段装饰BIM应用主要包含可视化施工交底、施工样板BIM应用、施工进度管理、预制构件加工、施工测量放线、物料管理、质量与安全管理这几个方面。

28.11.5.1 可视化施工交底

传统装饰项目项目管理中的技术交底通常以文字描述为主，施工管理人员以口头讲授的方式对工人进行交底。这样的交底方式存在较大弊端，不同的管理人员对同一道工序有着不同的理解，口头传授的方式也五花八门，工人在理解时存在较大困难，尤其对于一些抽象的技术术语，工人更是摸不着头脑，交流过程中容易出现理解错误的情况。工人一旦理解错误，就存在较大的质量风险和安全隐患。

运用 BIM 技术进行可视化施工交底是一种利用 BIM 模型及 CG（即计算机图形图像 Computer Graphics）技术，通过在软件的三维空间中，以坐标、点、线、面等三维空间数据表达三维空间和物体，并能在形成的模型上附加其他信息数据，最终以图像、动画等方式进行三维交底为主的施工交底形式。

相较于传统平面图纸从各个立面、平面、剖面进行正投影，三维模型则可以更直观地表达更复杂建筑结构，进出关系，甚至是空间体量、材质、光照等转换为直观的图像表达方式。本质上来说，这是更深一步地挖掘了人类视觉系统的信息处理能力，弥补了人脑对抽象数据处理能力的不足。

通过这样的方式交底，工人会更容易理解，交底的内容也会进行得更彻底。从现场实际实施情况来看，效果非常好，既保证了工程质量，又避免了施工过程中容易出现的问题而导致的返工和窝工等情况的发生。

装饰专业对于可视化交底的需求更为明显，作为工程的最后一个环节，业主最终看到的建筑的“面层”基本都是装饰专业的施工内容，而这些“面层”及其相关的结构层传统图纸很难表述清楚，即使通过 BIM 模型，也很难直接表达装饰面的材料、材质、光泽、灯光环境等信息，这时实施基于 BIM 的装饰专业可视化交底就显得非常必要了（图 28-235）。

图 28-235　可视化施工交底

28.11.5.2　施工样板 BIM 应用

传统的施工样板是在现场进行样板区域的施工安装，需要提前单独进行材料、人员、设备的规划应用。运用 BIM 技术制作施工样板，进行虚拟施工工艺、施工效果展示，避免了现场施工样板的人员、材料、机械等的调配周期，提高样板制作速度，可以同时进行几种方案的同步制作、推敲，有效避免现场施工样板一次成型后难以更改的问题。在样板制作过程中各相关单位实时讨论、推敲、体验 BIM 虚拟样板效果，及时提出意见、建议，提高虚拟样板制作水平和施工工艺。

BIM 样板模型创建的优势：

（1）利用样板模型可以在通过虚拟状态查看样板模型的外观效果；

（2）通过样板模型建立可以对工程的可实施性提前预估，及时弥补不足之处；

(3) 通过样板模型建立研究相关施工工艺步骤和方法，起到样板先行的作用；

(4) 便于对项目快速地修改。

28.11.5.3 施工进度管理

在传统装饰项目的施工进度管理中，通常是以工程总体进度计划为基础，以甘特图或电子表格的形式将装饰分部分项工程名称及设计、施工起止计划时间反映出来。相比于运用BIM技术的进度管理，传统的进度管理存在几个弊端。

(1) 进度管理过于抽象，只能通过数字或线形图表示进度计划，非计划编制人员理解困难，进度计划协调工作也难免错漏；难以实时更新，将进度计划使用文档进行流转并由总包整合需要较长时间，进度计划更新效率低下；与实际对比困难，在施工过程中，难以将实际施工进度，与计划进度进行对比分析，不利于工程分析。

(2) 运用BIM技术进行装饰施工进度模拟能够通过直观真实、动态可视的施工全程模拟和关键环节的施工模拟，可以展示多种施工计划和工艺方案的实操性，择优选择最合适的方案。利用模型对建筑信息的真实描述特征，进行构件和管件的碰撞检测并优化，对施工机械的布置进行合理规划，在施工前尽早发现设计中存在的矛盾以及施工现场布置得不合理，避免"错、缺、漏、碰"和方案变更，提高施工效率和质量。

BIM技术模拟施工进度有几点需要注意：

(1) 越早进行施工进度模拟，收益越高

BIM施工进度模拟贯穿整个施工过程，尤其是其对资源调配效率提高的帮助，对整个工程影响巨大，对项目资源使用的预估也比传统管理方式效率和精度更高，所以应尽早进行整体及各分部分项工程的施工方案模拟。

(2) 准确的模拟结果需要准确的BIM模型

BIM施工进度模拟的价值取决于它实行的时间和结果的准确性，而结果的准确性则取决于BIM模型及其录入信息的准确性。所以在进行施工进度模拟前，要确保BIM模型的准确完整，每个阶段需要对BIM模型及其附带的信息及时更新调整，否则模拟结果没有实际参考价值。

(3) 施工进度模拟需多方协同

施工进度模拟能够提高施工方及业主对整个项目施工进度的掌控力，所以施工方案模拟的受益方应该是包括业主、代理业主、总包与专业分包，而在实施过程中需要的数据也需要由多方提供，因此施工进度模拟的实施需多方协作，缺少任何专业的进度模拟的实效都会大打折扣。

28.11.5.4 构件预制加工

预制装配式建筑项目传统的建设模式是设计→工厂制造→现场安装，相较于设计→现场施工模式来说，已经节约了时间，但这种模式推广起来仍有困难，从技术和管理层面来看，一方面是因为设计、工厂制造、现场安装三个阶段相分离，设计成果部分存在不合理情况，在安装过程才发现不能用或者不经济，造成变更和浪费，甚至影响质量。

另一方面，工厂统一加工的产品比较死板，缺乏多样性，不能满足不同客户的需求。BIM技术的引入可以有效解决以上问题，它将装饰构件的设计方案、制造需求、安装需求集成在BIM模型中，在实际建造前统筹考虑设计、制造、安装的各种要求，把实际制造、安装过程中可能产生的问题提前消灭。

基于 BIM 技术的装饰构件预制加工工作流程如下：

（1）设计

将传统 2D 图纸转化为 BIM 模型，同时装饰对构件配件进行数据和信息的采集，建立 BIM 模型。在建模过程中，将项目主体结构各个零件、部件、主材等信息输入到模型中，并进行统一分类和编码。制定项目制造、运输、安装计划，输入 BIM 模型，同时规范校核，通过三维可视化对设计图纸进行深化设计，进而指导工厂生产加工，实现了部品件的生产工厂化。

（2）生产

根据设计阶段的成果，分析构件的参数以及模数化程度，并进行相应的调整，形成标准化的零件库，另外通过 BIM 技术对构件进行运输和施工模拟，合理定制装配计划。

（3）运输

在构件加工完毕后，将 BIM 引入建筑产品的物流运输体系中，根据先前的运输装配计划，合理安排构件的运输和进场安装的时间。

（4）装配

通过 BIM 技术对项目装配过程进行施工模拟，对相关构件之间的连接方式模拟，以指导施工安装工作的展开。

28.11.5.5　施工测量放线

1. 装饰测量

（1）装饰测量现场主要工作有长度的测设、角度的测设、建筑物细部点的平面位置的测设，建筑物细部点的高程位置的测设及侧斜线的测设等。测角、测距、测高差是测量的基本工作。

（2）BIM 技术已逐步应用到装饰测量工作中，目前在项目上经常会用到机器人全站仪及三维扫描的方式进行现场测量。

（3）机器人全站仪测量，利用机器人全站仪的现场数据采集功能，能够快速采集现场施工成果的三维信息，通过分析这些数据优化装饰设计图纸，确保施工图纸质量（图 28-236）。

图 28-236　自动全站仪现场测量

（4）该项技术利用测量机器人的坐标采集功能实现了 BIM 平台内的现场施工和设计模型的三维数字信息交互（比对、判断、修正、优化），以此来实现 BIM 在实际施工中综合装饰安装施工工作的指导作用，通过利用测量机器人复核现场结构完成面数据。建立实用的BIM模型，将BIM模型设计的成果以三维坐标数据形式导入测量机器人中。通过测量机器人实现装饰表面及龙骨等结构在施工现场的高效精确定位。

（5）三维激光扫描技术，是一门新兴的测绘技术，能够完整并高精度地重建扫描实物数据。

1）三维激光扫描技术可以真正做到直接从实物中进行快速的逆向三维数据采集及模型重构，无需进行任何实物表面处理，其激光点云中的每个三维数据都是直接采集目标的真实数据，使得后期处理的数据完全真实可靠（图28-237）。由于技术上突破了传统的单点测量方法，其最大特点就是精度高、速度快、逼近原形，是目前国内外测绘领域研究的热点之一。

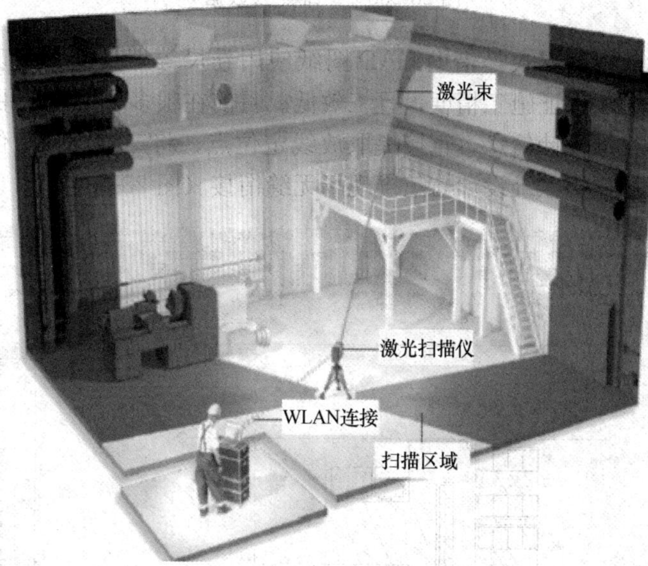

图28-237 室内三维激光扫描原理示意图

2）三维激光扫描技术目前已在众多领域得到了广泛应用，尤其在建筑设计以及恢复重建方面，它可以深入到任何复杂的现场环境及空间中进行扫描操作，并直接将各种大型、复杂、不规则、标准或非标准等实体或实景的三维数据完整地采集到计算机系统中，进而快速重构出目标的三维模型及线、面、体、空间等各种制图数据。

3）三维激光扫描技术采集的三维激光点云数据还可进行各种后处理工作如：测绘、计量、分析、仿真、模拟、展示、监测、虚拟现实等，它是各种正向工程的对称应用即逆向工程的应用工具。然而点云处理软件的数据拟合存在一定的误差，且对后期校准的精度要求较高，对操作仪器的使用技能要求较高，故现存的点云处理软件依然存在一定的不足，具体应用方案可按需求的不同进行软件二次开发，来提高的点云数据的实用价值（图28-238）。

2. 装饰放线

（1）装饰施工放线就是将图纸转移到现实现场中，以便装饰施工开工时装饰面的安装。对施工现场的不同位置、不同材料的测量数据给予标注标记。

图 28-238　三维点云数据

（2）传统测量放线的方式是借助 CAD 图纸使用卷尺等工具纯人工现场放样的方式，存在放样误差大、无法保证施工精度，且工效低。目前在很多项目上采用了数字化的方式进行施工放样。即三维设计信息，直接提取放线定位点，将三维设计定位信息输入仪器，将其准确反映到现场，将三维设计与三维现场无缝衔接（图 28-239）。

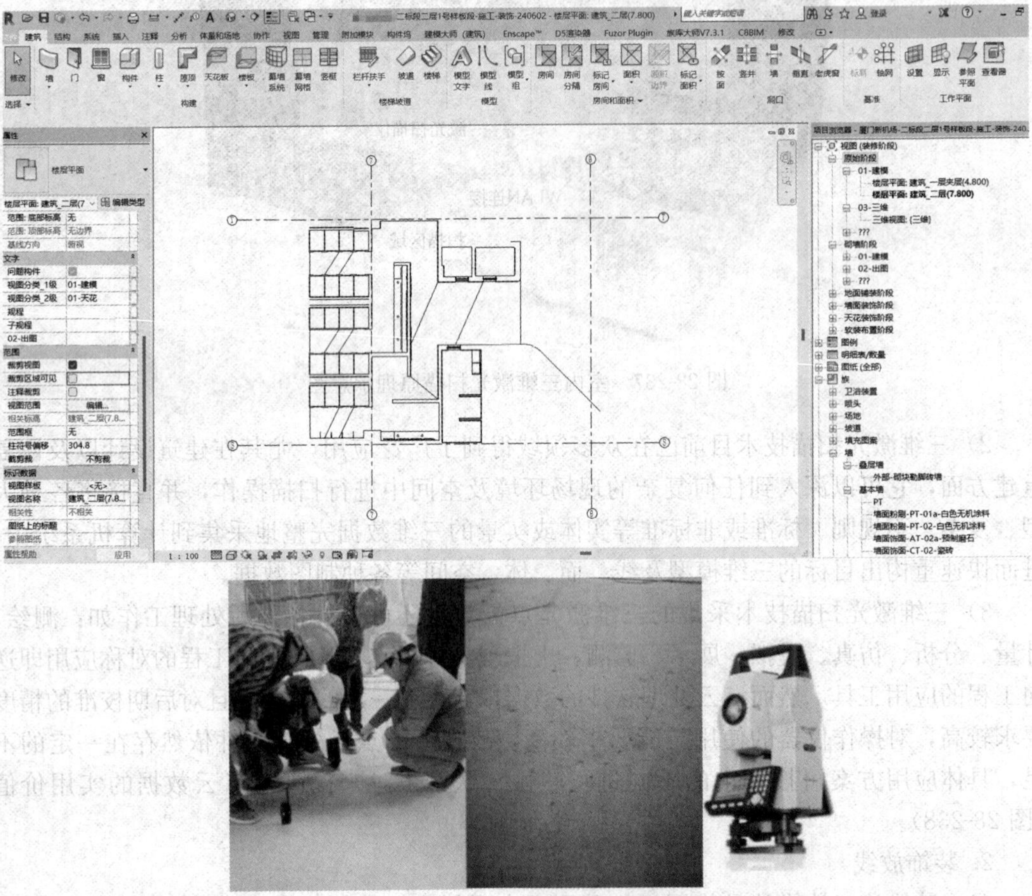

图 28-239　基于 BIM 模型现场放样

28.11.5.6 物料管理

目前，施工行业的成本管控缺乏一定的有效性，尤其对于装饰建筑物料缺乏系统性管理方法。建筑必要的物质基础是由建筑物料提供的，建筑物料是建筑成本中重要的组成部分之一。

从房屋装饰专业建造成本数据来看，装饰物料成本占工程造价的 70%左右，物料库存对流动资金产生很大影响。物料管理是施工项目成本管理的重要组成部分。

BIM 技术可以利用数字建模软件虚拟现实，建立三维模型并录入时间、物料管理，以此为平台提供信息对接与共享，从而对全过程建筑物料进行科学有效的管理。

信息技术的发展为物料管理水平的进一步提高提供了有利条件，而 BIM 技术的推进，为施工企业物料管理进行科学系统管理成为可能。

28.11.6 竣工交付 BIM 应用

通过 BIM 与施工过程记录信息的关联，甚至能够实现包括隐蔽工程资料在内的竣工信息集成，不仅为后续的物业管理带来便利，并且可以在未来进行的翻新、改造、扩建过程中为业主及项目团队提供有效的历史信息。基于 BIM 的工程管理注重工程信息的及时性、准确性、完整性、集成性，将项目参与方在施工过程中的实际情况及时录入到施工过程模型中，以保证模型与工程实体的一致性，进而形成竣工模型，以满足电子化交付及运营基本要求。

竣工 BIM 应用包括竣工信息录入、竣工图纸生成、工程结算与决算。

28.11.6.1 竣工信息录入

进入到竣工阶段时，将竣工验收信息添加到施工过程模型，并根据项目实际情况进行修正，以保证模型与工程实体的一致性，进而形成 BIM 竣工模型。竣工模型信息量大，覆盖专业全，涉及信息面广，形成一个庞大的 BIM 数据库。BIM 竣工模型如何建立，建立了有什么作用，这将成为整个竣工模型的最终形态和整个工作量。BIM 竣工模型，是真实反映建筑专业动态及使用信息，是工程施工阶段的最终反映记录，是运维阶段使用重要的参考和依据。

模型中需完善设备生产厂家、出厂日期、到场日期、验收人、保修期、经销商联系人电话等。在工程项目整合完成、项目竣工验收时，将竣工验收信息添加到施工作业模型，保证模型与工程实体的一致性，进而形成竣工模型，以满足交付及运营要求。

竣工验收备案环节，城建档案部门根据项目情况，可以要求建设单位采用 BIM 模型归档，建设行政管理部门受理窗口应当在竣工验收备案中审核建设单位填报的 BIM 技术应用成果信息；成果信息应当包含应用阶段、应用内容、应用深度、应用成本、成果等信息。

模型应准确表达构件的外表几何信息、材质信息、厂家信息以及施工安装信息等。其中，对于不能指导施工、对运营无指导意义的内容，不宜过度建模。项目可根据施工过程模型创建装饰装修工程竣工交付模型，在竣工交付模型中准确表达装饰构造的几何信息、非几何信息、产品制造信息，保证竣工交付模型与工程实体情况的一致性。

28.11.6.2 竣工图纸生成

项目竣工后，需整合各专业最终模型并审查完成，根据施工图结合整合模型，生成验收竣工图。理论上，基于唯一的BIM模型数据源，任何对工程设计的实质性修改都反映在BIM模型中，软件可以依据3D模型的修改信息，自动更新所有与该修改相关的2D图纸，由3D模型到2D图纸的自动更新将为设计人员节省大量图纸修改的时间。

装饰专业竣工设计是指装饰规程和装饰装修在竣工过程图纸的设计总称。在BIM设计应用的基础上，装饰设计能以三维节点的形式表达装饰施工的意图，更好地体现装饰设计优越性。

生成竣工图纸步骤（图28-240）：

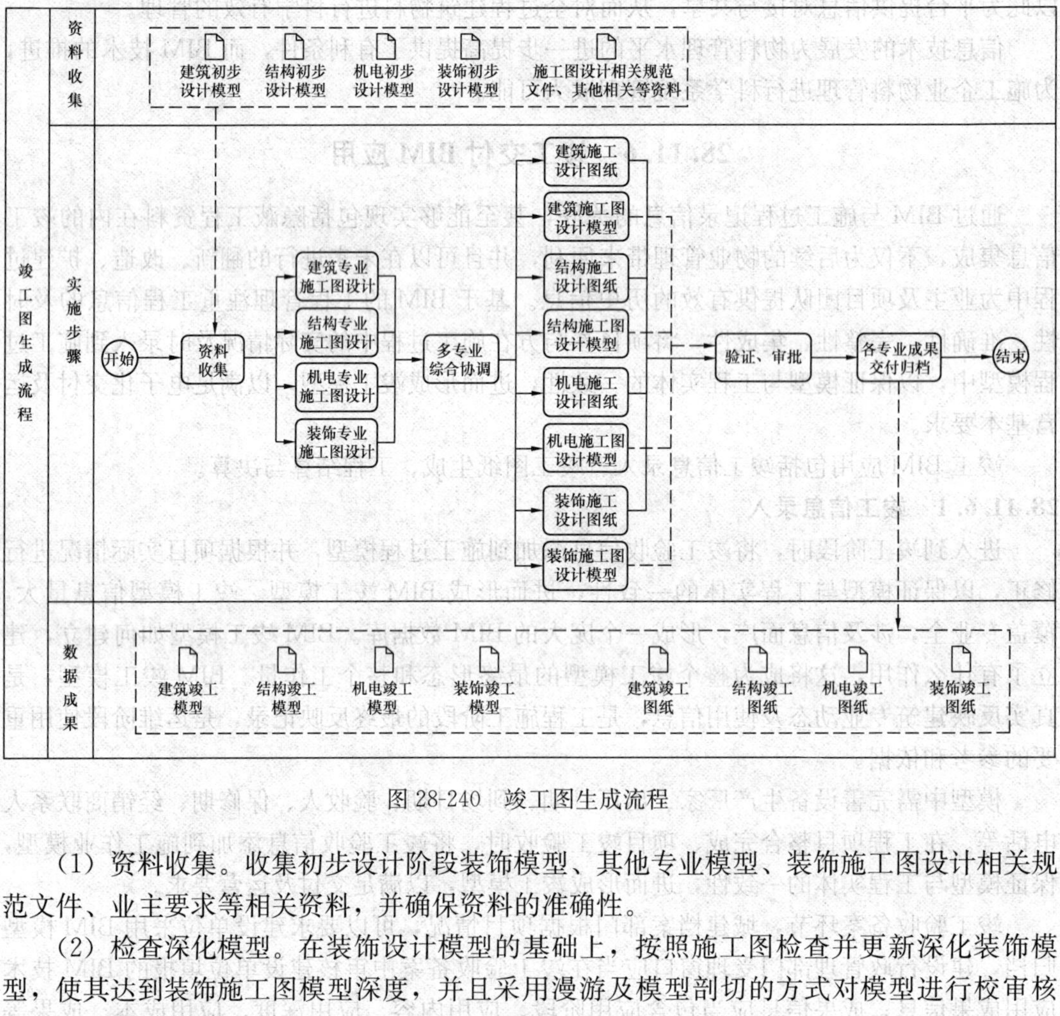

图28-240 竣工图生成流程

(1) 资料收集。收集初步设计阶段装饰模型、其他专业模型、装饰施工图设计相关规范文件、业主要求等相关资料，并确保资料的准确性。

(2) 检查深化模型。在装饰设计模型的基础上，按照施工图检查并更新深化装饰模型，使其达到装饰施工图模型深度，并且采用漫游及模型剖切的方式对模型进行校审核查，保证模型的准确性。

(3) 传递模型信息。把装饰专业模型与建筑、结构、机电专业模型整合，与其他专业进行协调、检查碰撞和净高优化等，并根据其他专业提资条件修改调整模型。

(4) 图纸输出。在调整后的最终装饰模型上创建剖面图、平面图、立面图等，添加二维图纸尺寸标注和标识使其达到施工图设计深度，并导出竣工图。

(5) 核查模型和图纸。再次检查确保模型、图纸的准确性以及图纸的一致性。

(6) 归档移交。将装饰专业模型（阶段成果）、装饰竣工模型、装饰竣工图纸保存归档移交。

28.11.6.3 工程结算与决算

工程竣工结算作为建设项目工程造价的最终体现，是工程造价控制的最后环节，并直接关系到建设单位和施工企业的切身利益。但竣工结算作为一种事后控制，更多是对已有的竣工结算资料、已竣工验收工程实体等事实结果在价格上的客观体现。建立基于BIM技术的竣工结算方式，提高竣工结算审核的准确性与效率。通过完整的、有数据支撑的、可视化竣工BIM模型与现场实际建成的建筑进行对比，可以较好地解决以上问题。在竣工结算中应用BIM技术可以提高造价管理水平，提升造价管理效率。在竣工结算阶段，通过利用BIM技术可以更加快速地进行查漏，核对工程施工数量和施工单价等信息。

（1）竣工结算

结算阶段，核对工程量是最主要、最核心、最敏感的工作，其主要工程数量核对形式依据先后分为四种。

1）分区核对

分区核对处核对数据时第一阶段，主要用于总量比对，一般预算员，BIM工程师按照项目施工段的划分将主要工程量分区列出，形成对比分析表，如预算员采用手工计算，则核对速度较慢，碰到参数的改动，往往需要一小时甚至更长的时间才可以完成，但是对BIM工程师来讲，可能就是几分钟完成重新计算，重新得出相关数据。装饰施工实际用量的数据也是结算工程量的一个重要参考依据，但是对于历史数据来说，往往分区统计存在误差，所以往往只存在核对总量的价值。

2）分部分项清单工程量核对

分部分项清单工程量核对是在分区核对完成以后，确保主要工程量数据在总量上差异较小的前提下进行的。如果BIM数据和手工数据需要对比，可通过BIM建模软件导入外部数据，在BIM建模软件中快速形成对比分析表，通过设置偏差百分率警戒值，可自动根据偏差百分率排序，迅速对数据偏差较大的分部分项工程项目进行锁定，再通过BIM软件的“反查”定位功能，对所对应的区域构件进行综合分析，确定项目最终划分，从而得出较合理的分部分项子目，而且通过对比分析表可以进行漏项对比检查。

3）整合查漏

由于目前项目总承包管理模式（土建与机电、装饰往往不是同一家单位）和在传统手工计量的模式下，缺少对专业与专业之间的相互影响考虑，对实际结算工程量造成的一定偏差，或者由于相关工作人专业知识局限性，从而造成结算数据的偏差。

4）大数据核对

大数据核对是在前三个阶段完成后的最后一道核对程序，对项目的高层管理人员依据一份大数据对比分析报告，可对项目结算报告作出分析，得出初步结论。BIM完成后，可直接在云服务器上自动检索高度相似的工程进行云指标对比，查找漏项和偏差较大的项目。

（2）竣工决算

1）从竣工决算的重点环节来看，对于工程资料的储存、分享方式对竣工决算的质量有着极大影响。传统的工程资料信息交流方式，人为重复工作量大，效率低下，信息流失严重。

2）基于 BIM 三维模型，并将工期、价格、合同、变更签证信息储存于 BIM 数据库中，可供工程参与方在项目生命周期内及时调用共享。从业人员对工程资料的管理工作融合于项目过程管理中，实时更新 BIM 数据库中工程资料，参与各方可准确、可靠地获得相关工程资料信息。而项目实施过程中的大量资料信息存储于 BIM 数据库中，可按工期，或分构件任意调取。

3）在竣工决算中对决算资料的整理环节中，审查人员可直接访问 BIM 数据库，调取全部相关工程资料。基于 BIM 技术的工程决算资料的审查将获益于工程实施过程中的有效数据积累，极大缩短决算审查前期准备工作时间，提高决算工程的效率及质量。

28.11.7　装饰 BIM 应用案例

本项目主要基于 CATIA 建立 BIM 模型，是一个工期极紧、装饰效果要求非常高、设计和施工技术难度非常大的某大型国际峰会会场 BIM 应用案例。项目围绕 BIM 技术在装饰工程的设计、加工、施工各阶段的应用展开，实现了参数化设计直接与加工的对接，解决了该项目的一系列难题，提升了建设质量与效率，节约了建造成本。

28.11.7.1　项目概况

1. 项目简介

峰会主会场位于杭州国际博览中心 4 楼，面积 1866m^2，主会议厅为 45m 边长的正方形空间，整体设计为中式风格，体现“天圆地方”的理念。顶部是三层淡蓝色绢灯，点缀着花朵图案；外环是一圈薄膜灯，选用的是青花瓷图案。该会场使用了大量花窗和木雕，中心圆桌直径约 30m（图 28-241）。由于该项目要向世界各国展现中国的国际形象，所以无论是设计还是施工的要求都非常高。会场的施工在即将召开国际峰会前的短短 8 个月内进行，为国内重要的装饰项目之一。

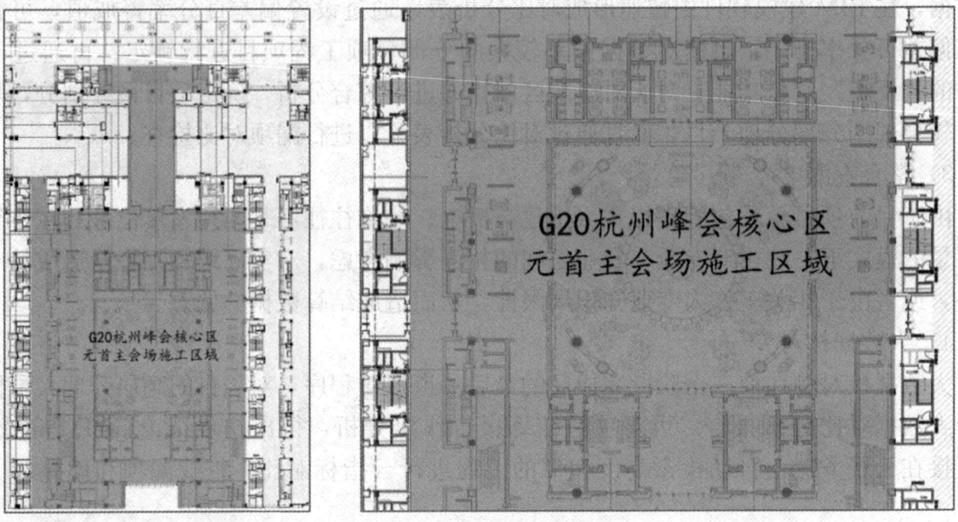

图 28-241　主会场区位示意图

2. 项目重难点

峰会的核心区工期紧、造型多变、工艺复杂、交叉作业突出，总体设计及施工难度非常高。尤其是主会场的现场与设计图纸尺寸出入较大，造型复杂难实现，发光膜吊顶安装困难。

28.11.7.2　项目 BIM 应用策划

1. BIM 应用目标

利用 BIM 技术在该项目的全过程实施，集中精力将 BIM 应用于主会场的设计深化与施工，以提升项目的重点难点区域的设计与施工水平，最终实现高质、高效、可控的整体目标，树立一个非常规项目的 BIM 应用示范样板工程，塑造良好的企业形象。

2. BIM 技术应用方案

根据峰会主会场项目的特点与需求，承接单位 BIM 团队在项目初期制定了 BIM 技术方案，应用三维激光扫描分析现场、参数化建模推敲形体、精细化设计对接加工等一系列的 BIM 技术手段，协助设计师与项目部圆满完成此次任务（表 28-92）。

项目挑战和应对措施表　　表 28-92

项目挑战	应对措施
现场土建、钢结构与设计不一致	利用三维扫描仪采集现场数据并逆向建模，装饰与机电直接在现状模型基层上设计与深化
造型多变，细节复杂	BIM 与设计直接配合，采用参数化设计进行造型推敲，确定方案。精细化与可视化设计辅助，改善细节表达
工期紧，交叉作业突出	多种施工方案模拟，对工序进行优化
大门超大超重，五金构件易变形	针对五金构件进行有限元分析，为采购下单提供依据
加工周期短，精度要求高	BIM 深化模型直接提供加工数据，提交加工厂，提升设计与加工对接的效率与数据精度

3. 项目 BIM 团队架构

为提升项目 BIM 实施与管理的水平，加快 BIM 应用与现场的协调配合速度，针对此项目特点，项目部设定 BIM 负责人，由项目经理直接领导，为方便 BIM 人员与设计人员、现场管理人员沟通配合，BIM 团队设定的人员架构图（图 28-242）。

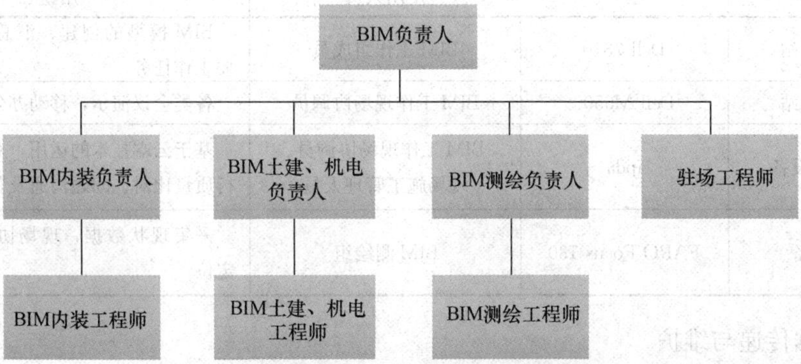

图 28-242　BIM 人员架构图

（1）BIM 负责人。负责对外的沟通、交流、协调以及 BIM 实施的策划、推进与 BIM 团队管理。

(2) 专业负责人（内装、土建、机电）。辅助项目经理进行单专业的管理，完成本专业内的进度、质量、成本的控制。

(3) BIM专业工程师（内装、土建、机电）。负责进行模型的搭接，编写针对项目问题的碰撞报告，辅助现场施工管理。

(4) BIM测绘工程师。负责土建施工数据采集以及点云逆向处理等工作，为深化设计提供精准的现场数据；施工过程中，辅助现场施工定位。

(5) BIM驻场工程师。驻项目现场办公，收集施工现场信息，辅助业主、设计院等单位解决各类设计深化、施工现场应用、模型移交及使用过程中出现的问题，并参加专项项目协调会。

4. 软硬件平台

(1) 软件配置（表28-93）。

软件配置表 **表28-93**

软件名称	应用分类	具体功能
ENOVIA	项目协作与数据管理	协同平台
RealWorks	数据分析	现场点云数据处理
Abaqus	数据分析	大门五金构件数据处理
Catia	建模平台	点云逆向建模、精装参数化建模
Revit	建模平台	土建、机电、装饰精细化建模
Navisworks	模型汇总	多专业、多格式的模型整合
Digital Project	出图	处理Catia成品模型，输出加工相关图纸与数据

(2) 硬件配置表（表28-94）。

硬件设备配置表 **表28-94**

硬件分类	型号	使用人员	用途
固定工作站	Dell 7810	BIM工作组成员	BIM模型的创建、汇总、更新等主要工作任务
移动工作站	Dell M6500	BIM工作现场协调员	各类会议演示，移动办公
移动终端设备	ipda	BIM工作现场协调员、现场施工管理人员	基于云端技术的运用，对施工现场进行质量比对、问题沟通及管理等工作
测绘设备	FARO Focus 130	BIM测绘组	采集现状数据，现场协助精确放线定位

5. 数据传递与维护

项目部制定了详细的BIM实施计划，规范了软件版本、数据格式以及模型切分标准，以保证后期数据积累到一定量后，庞大的数据量仍能高效地整合与传递。BIM团队将根据实施情况，寻求不同软件、平台之间的数据转换，制定了适合装饰专业的数据传递与维护方案（表28-95）。

常用的BIM软件及其专有文件格式 **表28-95**

常用软件	专有格式	常用软件	专有格式
Autodesk Revit	RVT	Navisworks	NWC、NWD、NWF
RealWorks	RWP		
Geomagic	WRP	Catia	CATPart/DWG/IGES/STEP

该项目装饰专业采用达索ENOVIA平台进行项目管理。在项目管理平台中，对文件架构与权限进行合理规划，在施工准备阶段及后续施工过程中，所有产生的模型与文件都定期上传平台，设计调整与现场变更快速反映到BIM模型中，不同部门不同区域的项目成员都能及时使用最新版本的模型与文件，保证了项目协同的及时性与施工辅助的准确性（图28-243）。

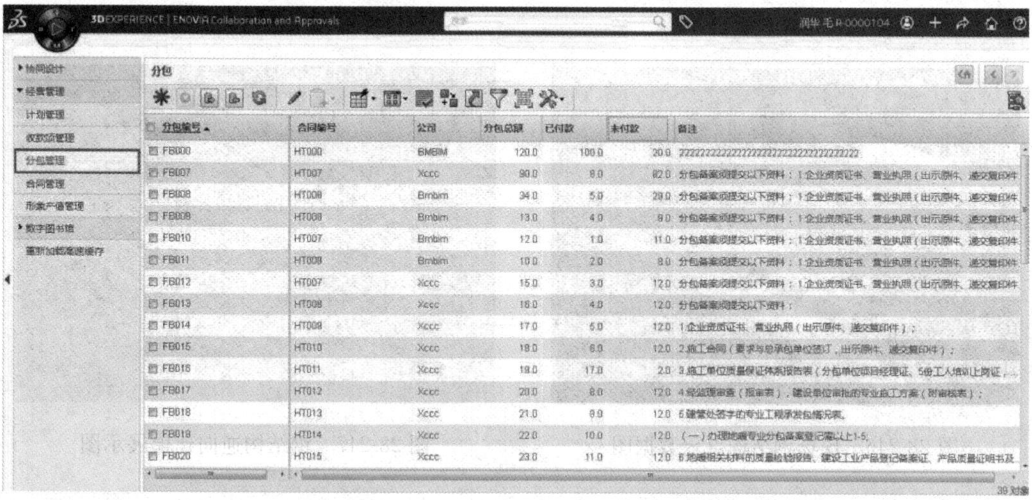

图28-243 ENOVIA协同管理平台

28.11.7.3 项目BIM应用及效果

1. BIM与三维激光扫描技术的配合应用

装饰工程是建设项目的最后一道工序，土建、钢结构、机电等的施工质量与误差会对装饰专业设计与施工造成极大影响。在该项目中为消除这类问题，装饰项目部采用了三维激光扫描技术，使用激光扫描仪，对已竣工的土建、钢结构进行现场扫描采集数据，然后逆向建模还原现场，与BIM设计模型继续比对，快速、直观、准确地发现现场与设计图纸之间的误差。

（1）现场数据采集与逆向建模

项目一进场，建设单位首先对现场已竣工的土建钢结构进行校核。使用三维激光扫描仪进行现场扫描测绘，采集土建钢结构完整的竣工数据，精度控制在±2mm以内，效率比人工测量提升80%。扫描作业完成后开始对采集的点云数据进行拼接、降噪、抽稀等处理，形成一个完整的主会场现状钢结构点云模型。为方便现状数据与设计数据的交互，BIM团队在点云模型的基础上利用Catia逆向建模，完整地在电脑中还原了竣工现场三维数据模型（图28-244～图28-247）。

图 28-244　现场测绘作业照

图 28-245　主会场现场扫描数据成像图

图 28-246　现场钢结构点云数据图

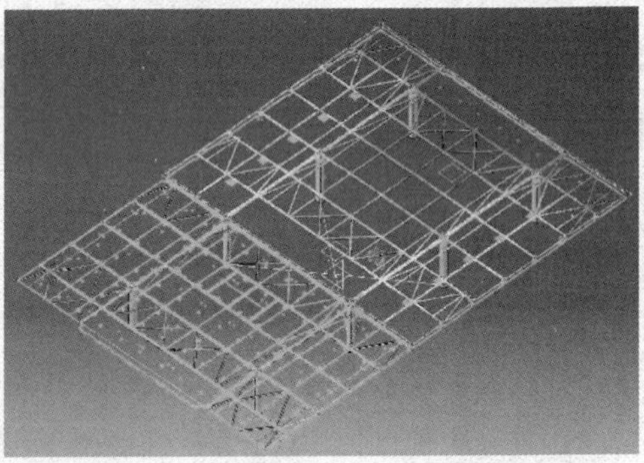

图 28-247　钢结构逆向建模展示图

(2) 基于逆向建模的设计分析

在扫描现场数据和搭接逆向模型的同时，项目部开始建立精装设计模型。有了现场数据后，该项目的装饰深化设计直接在现场一致的逆向模型上展开。精装设计模型被安放到逆向现场模型中，发现了逆向的现场钢结构模型与施工图设计的钢结构不符，导致精装修设计的吊顶与现场钢结构模型冲突严重，整个吊顶几乎都嵌入了钢结构模型中，四个角的挑檐造型超出了钢结构约 1.0m，按照原设计的吊顶，将无法施工安装。项目各方的设计、施工人员经过紧急磋商寻找解决方案，由于项目工期太紧，已经无法再对钢结构进行调整，最终多方协商后确定，依据现场钢结构去修改最新吊顶造型并适当降低高度（图 28-248、图 28-249）。

2. 基于 BIM 的设计优化与深化

有了上述的测量文件和方案设计模型文件作为基础，项目直接进行三维深化设计与出图。项目在原设计方案的基础上，搭建了土建、钢结构、室内装饰等全专业 BIM 模型，以直观的三维场景全方位推敲方案，真正实现可视化设计，如空间关系、透视效果、门窗等复杂造型优化等所见即所得，让设计师做出最优的决策。

(1) 可视化设计

该项目吊顶为中式挑檐造型，由于现场钢结构南高北低，而原吊顶方案为北高南低，项

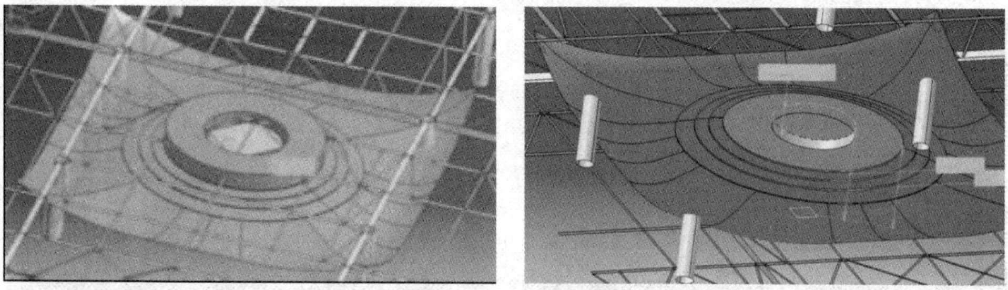

图 28-248 逆向钢结构模型与吊顶冲突展示图

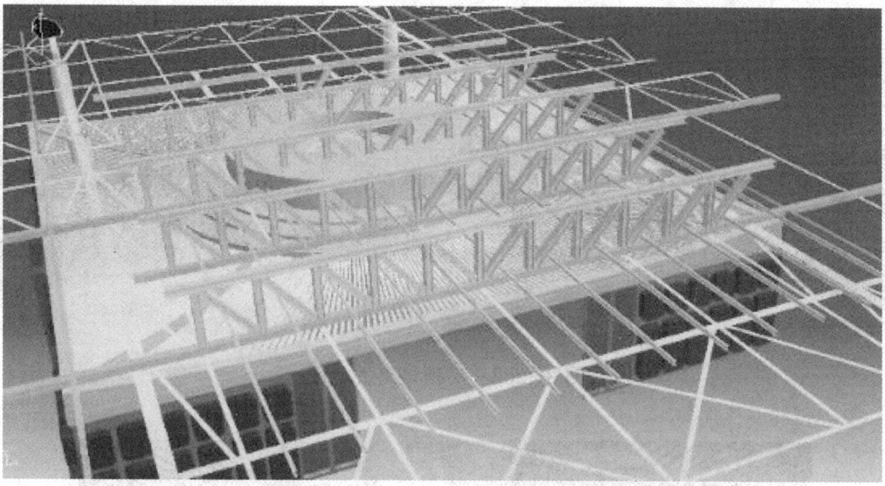

图 28-249 依据现场钢结构调整设计模型示意图

目建筑设计师担心吊顶方案影响整体效果。装饰项目部利用 Catit 参数化建模技术，多次针对吊顶曲面形状进行调整，经过数轮方案视觉效果的对比，最终放弃北高南低的方案，确定四个檐角一起降低，然后通过增加吊顶曲度，在保证净空高度前提下，做到几乎不影响整体视觉效果，此方案得到了项目设计师与业主的一致认可（图 28-250～图 28-253）。

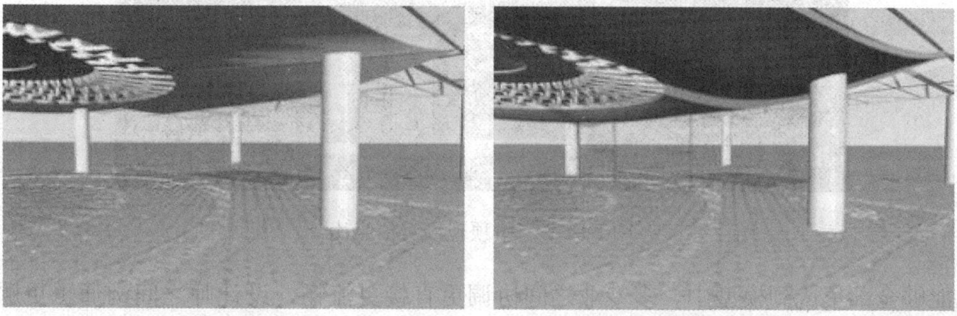

图 28-250 吊顶表皮曲线造型调整过程示意图

(2) 精细化设计

该项目形成的 BIM 设计流程能够让多个设计师在同一个模型中工作，相关专业的信

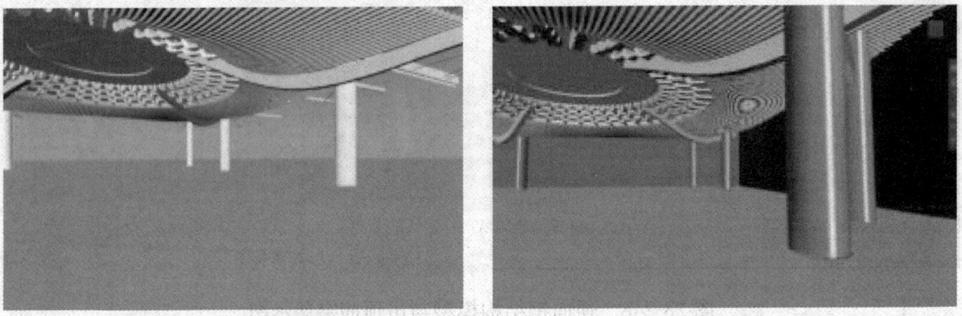

图 28-251　不同弧度的吊顶造型对比选择示意图

图 28-252　吊顶最终方案图

图 28-253　吊顶现场实拍照片

息也能够全部集成到模型中，多专业之间协调更直接更流畅，设计师之间沟通也更顺畅，少走了很多弯路。该项目把工程设计人员从无休止的改图中解放出来，把更多的时间和精力放在方案优化、改进和复核上，如花窗，创建三维模型后发现原造型线条柔和但缺乏立体感，修改了造型使窗户形态与室内空间其他元素形态更加整体协调，实现了项目的精细化设计（图 28-254～图 28-256）。

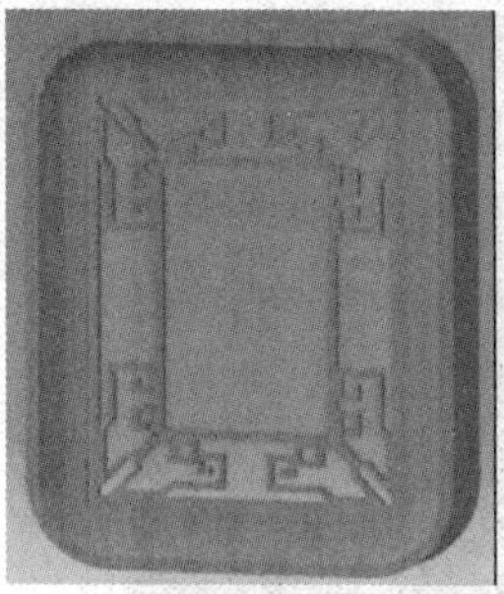

图 28-254 原窗户造型示意图

图 28-255 优化后窗户造型示意图

图 28-256 现场实拍窗户造型图

主会场的中式挑檐设计共有四根大梁，原设计方案为 600mm 宽、900mm 高弧形梁，但项目设计师在浏览 BIM 深化模型时觉得大梁过于凸显，整体效果不太协调。于是 BIM 团队在整体模型中创建不同大小的角梁方案进行效果对比，最后经过几次讨论与调整，最终确定改为 600mm 宽、600mm 高的角梁。另外，对斗拱排列的位置也有针对性地进行了调整，效果更显均匀、美观（图 28-257～图 28-260）。

图 28-257 原方案 600mm×900mm 角梁效果示意图

图 28-258 最终方案 600mm×600mm 角梁效果示意图

图 28-259　原角梁与斗拱方案图

图 28-260　优化后角梁与斗拱方案图

在会场装饰使用紫铜斗拱为国内首创，斗拱每个重 90kg，为异形 5 曲面造型，共 108 个。为优选斗拱造型方案，共经过三轮的 BIM 建模推敲确定形体。方案一，造型未达到斗拱应有的气势和效果，尺寸比例与角梁、椽子显得不协调；方案二，根据模型效果显示，单个效果较佳，但是整体与吊顶效果不协调；最终方案，单体细节完美，整体视觉效果亦佳（图 28-261～图 28-264）。

图 28-261　斗拱方案一示意图

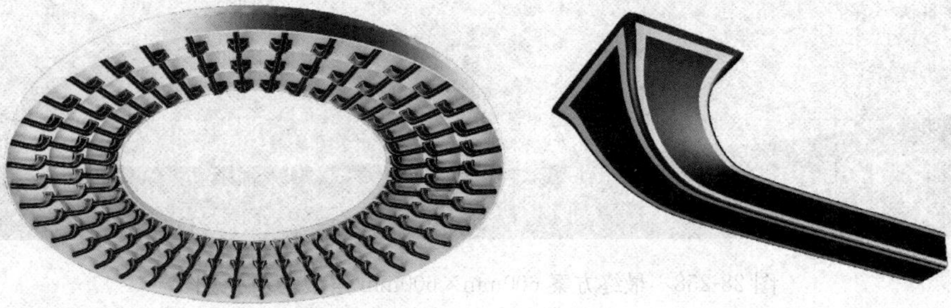

图 28-262　斗拱方案二示意图

图 28-263 斗拱最终方案示意图

图 28-264 角梁与斗拱现场实拍照片

3. 发光膜吊顶施工方案模拟

该项目工期非常紧张，如何合理地安排材料采购与及时供现场用料是一大难点。比如吊顶区域，发光膜定制就需要3个月时间，而且材料珍贵易损、造价高昂，所以在安装时产品保护非常关键（图28-265）。传统方案首先把吊顶发光膜先安装好，然后安装每只重90kg的斗拱，这个过程很容易碰到发光膜，一碰轻则污染，重则破损；其次发光膜先安装好后，在安装吊顶每根约重2t、长21m的角梁时一定会碰到发光膜，破损的可能性极大。

图 28-265 发光膜吊顶与斗拱角梁示意图

BIM团队配合项目管理人员提前预演多种施工方案，结合材料采购进度，最终制定了更为契合该项目特点的方案。合理利用发光膜制作周期，定做发光膜材料时，斗拱、角梁、椽子等先安装，当发光膜安装时其他部分已安装完毕，提升了项目进度。而且，发光膜安装时，由于斗拱、角梁已经安装完成，不用担心其他工序影响成品的保护问题。但发光膜后安装，对施工工艺要求较高，现场管理难度大。BIM团队利用与现状一致的模型进行安装模拟分析，排查发光膜与现有吊顶容易碰撞的地方，在施工时着重避免碰撞发生，顺利完成了这项工作（图28-266～图28-269）。

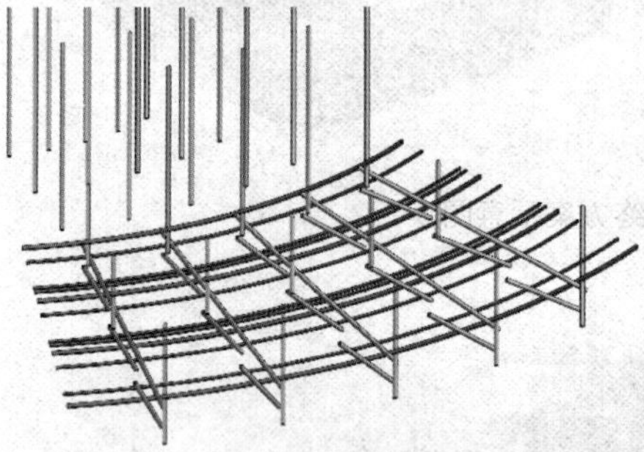

图28-266　安装吊杆与龙骨

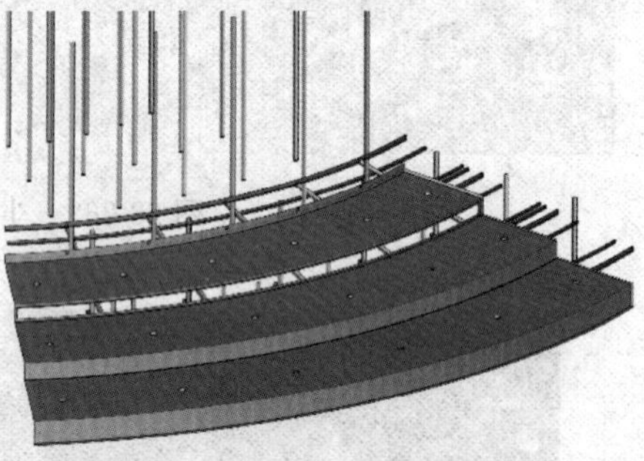

图28-267　安装板材与灯槽

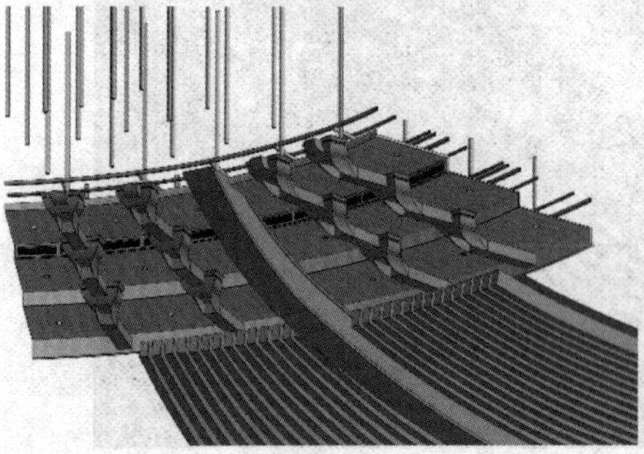

图28-268　安装角梁与椽子

图28-269　安装发光膜

4. 辅助装饰施工放线

该项目大量的构件都是工厂预制，现场安装或吊装，对安装放线的精度有很高的要求，如果装饰放线精度不够，将导致无法安装或者安装效果不佳。为加快施工的效率，提高安装精度，项目BIM测绘团队将复杂部位的定位控制数据从BIM模型中简化处理并提取出来，处理成一个个坐标，输入自动全站仪进行现场打点放样工作，放线的效率是传统方法的3倍以上（图28-270、图28-271）。

图28-270　提取模型数据现场打控制点示意图

图28-271　现场描点放线示意图

5. 参数化设计辅助加工

峰会主会场项目弧形吊顶共有352根大小弧度不一的椽子，一旦吊顶曲面形状有点微调，所有椽子的数据也要跟着调整。由于现场钢结构误差和工期紧迫的双重影响，一旦确定了变更方案，需要立刻提取出加工数据，传统设计方法根本无法满足这种需求。

解决上述问题，应用BIM进行工业化设计加工是捷径。项目BIM团队与设计团队在设计过程中，同时考虑了施工与加工的影响因素，深化设计BIM模型制作达到加工精度，提取加工数据信息，直接与加工厂对接。项目采用了先进的参数化设计软件Catit进行设计，主要步骤依次如下：

（1）确认吊顶上表面曲面方案；

（2）确定椽子与角梁截面；

（3）通过参数约束椽子与角梁的曲面；

（4）利用参数驱动椽子与角梁随形变化自动排布生成吊顶；

（5）从每一根椽子与角梁的三维模型直接剖切出图；

（6）到CAD中标注完毕，提取加工图给加工厂商加工。

在该项目工期紧、方案反复调整的情况下，不用参数化设计完全不可能按期完工。用此参数化设计方法，只要吊顶曲面方案调整确定，椽子的加工数据就可以快速从Catit中输出，大幅提升了设计与加工的衔接效率与准确性（图28-272～图28-275）。

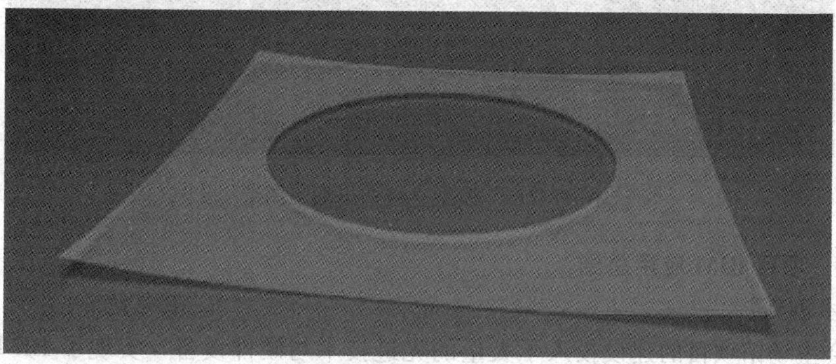

图28-272 确定曲面造型示意图

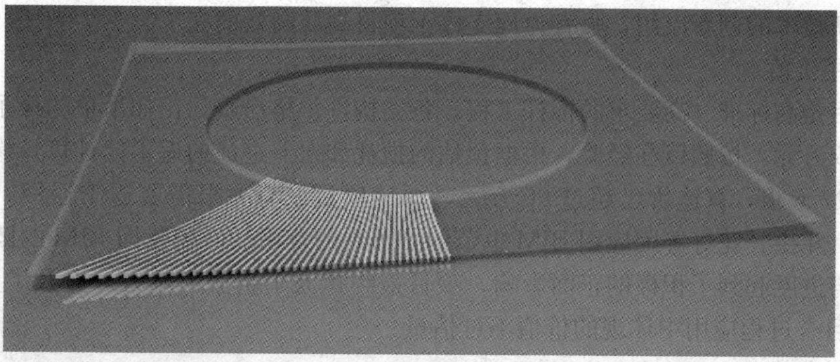

图28-273 椽子根据曲面造型自动生成示意图

图 28-274 加工深度的参数化模型示意图

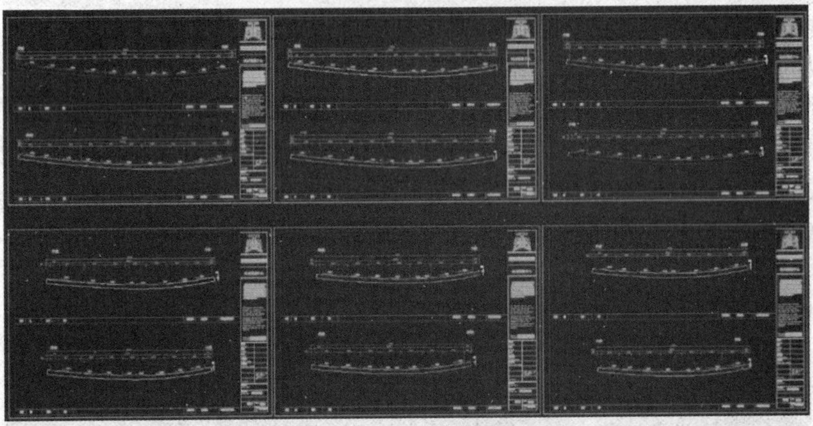

图 28-275 模型直接切出加工图纸

28.11.7.4 项目 BIM 应用总结

1. 技术创新

该峰会主场馆项目的建设投入了大量的先进技术与硬件设备，实现了 BIM 与测绘技术的结合应用，在采集了完整的现场数据的前提下，进行参数化设计、实现了精细化设计；基于 BIM 模型提供建筑形体系数、构件受力数据、概预算数据以及合理可行的加工图，这些新技术的创新应用，强有力地支撑了项目高质高效的完工。

2. 应用价值

该项目是高标准、高要求的标杆工程，各类构件价格昂贵，比如吊顶的椽子，一根造价就超过 5 万元。按照以往经验，根据预估的损耗和误差造成的返工比计算，椽子需要返工数约为 17.6 根，算造价已超过 90 万元，而该项目没有一根需要返工返厂。另外，柱子、角梁、斗拱、花灯等因应用 BIM 也节约了可观的费用，会场装饰 BIM 的圆满应用对项目质量与进度起到了积极的正面影响。项目最终扩大了企业影响力，提升了企业形象。BIM 在项目全过程应用中体现的价值不可估量。

3. 经验教训

前文提到装饰工程是建设项目的最后一道工序，所以往往受上游的工序影响较大。该项目前期其他专业并没有应用 BIM 技术，虽然装饰承建单位创建了土建机电模型，也很好地协调解决了专业之间的问题，但是也增加了额外的工作与成本。BIM 为建筑全生命期服务，其中最关键因素就是 BIM 数据与信息的交换和共享，而现状很多类似工程上游的 BIM 数据信息往往创建不完整或者传递受损，导致后期应用较为困难或者工作量较大，所以 BIM 的发展不是一家企业或者一个专业的事情，而是需要整个建筑行业及建设项目所有参与方共同努力、共同进步。

28.12 装饰工程安全生产

28.12.1 施工防火安全

28.12.1.1 一般规定

贯彻以“以防为主，防消结合”的消防方针，结合施工中的实际情况，加强领导，组织落实，建立防火责任制。成立工地防火领导小组，由项目负责人任组长，由安全员、仓库保管员及有关工长为组员。

施工现场的消防安全由施工单位负责，实行施工总承包的，应由总承包单位负责。分包单位向总承包单位负责，并应服从总承包单位的管理，同时应承担国家法律、法规规定的消防责任和义务。

施工单位应做好并保存施工现场防火安全管理的相关文件和记录，建立现场防火安全管理档案。

对进场的操作人员进行安全防火知识教育，从思想上使每个职工重视安全防火工作，增强防火意识。

28.12.1.2 防火间距

（1）易燃易爆危险品库房与在建工程的防火间距不应小于 15m，可燃材料堆场及其加工场、固定动火作业场与在建工程的防火间距不应小于 10m（图 28-276）。

（2）其他临时用房、临时设施与在建工程的防火间距不应小于 6m（图 28-277）。

图 28-276 库房

图 28-277 临时宿舍

（3）氧气瓶与乙炔瓶的防火间距，空瓶和实瓶同库存放时，应分开放置，空瓶和实瓶的间距不应小于1.5m；氧气瓶与乙炔瓶的工作间距不应小于5m，气瓶与明火作业点的距离不应小于10m（图28-278）。

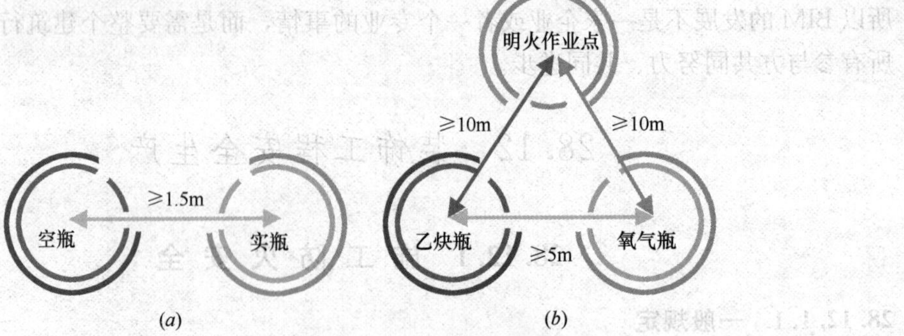

图28-278　氧气瓶与乙炔瓶的防火间距

(*a*) 同库存放时空瓶与实瓶防火间距；(*b*) 氧气瓶与乙炔瓶工作时防火间距

28.12.1.3　临时用房防火

(1) 临时用房和在建工程应采取可靠的防火分隔和安全疏散等防火技术措施。

(2) 各类油漆应有专门存放地点，应有"严禁烟火"明显标志，不得与其他材料混放。

(3) 易燃易爆危险品库房应远离明火作业区、人员密集区和建筑物相对集中区。

(4) 应在易燃易爆危险品存放及使用场所，动火作业场所，可燃材料存放、加工及使用场所，变配电房、设备用房等场所配置灭火器。

(5) 重点防火部位或区域，应设置防火警示标识。

(6) 木工车间内废料（刨花、锯末、木屑）要及时清除，每天下班前必须清扫干净。

28.12.1.4　在建工程防火

(1) 在建工程作业场所的临时疏散通道应采用不燃或难燃材料建造，并应与在建工程结构施工同步设置，也可利用在建工程施工完毕的水平结构、楼梯。

(2) 作业场所应设置明显的疏散指示标志，其指示方向应指向最近的疏散通道入口，作业层的醒目位置应设置安全疏散示意图。

(3) 在室内或容器内喷涂时，室内要保持通风良好，不准住人，设置消防器材和"严禁烟火"明显标记，喷漆作业周围不准有火种。

(4) 施工现场必须有消防平面布置图，应设置灭火器、临时消防给水系统和临时消防应急照明等临时消防设施。

28.12.1.5　临时用电防火

(1) 合理配置、整改、更换各种保护电器，对电路和设备的过载、短路故障进行可靠的保护。

(2) 在电气装置和线路下方不准堆放易燃易爆和强腐蚀物，不准使用火源。

(3) 在用电设备及电气设备较集中的场所配置一定数量干粉式J1211灭火器和用于灭火的绝缘工具，并禁止烟火，挂警示牌。

(4) 加强电气设备、线路、相间、相与地的绝缘，防止闪烁，及因接触电阻过大，而产生的高温、高热现象。

（5）配电室应按照每 $100m^2$ 设置 2 个 10 升灭火器的标准进行配备。

（6）发生电气火灾，首先必须切断电源，防止在灭火过程中发生触电事故，并正确选用灭火器，如二氧化碳、干粉等。对旋转电机的火灾不宜选用干粉灭火器。

28.12.1.6 气焊作业防火

（1）焊割作业点必须配备灭火器，无消防器材不准施工。

（2）在脚手架上进行电、气焊作业时，必须有防火措施和专人看守。

（3）工作完毕，应将氧气瓶气闸关好，拧上安全罩。检查操作场地，确认无着火危险后，方准离开。

（4）点火时，焊枪口不准对人，正在燃烧的焊枪不得放在工件或地面上，带有乙炔和氧气时，不准放在金属容器内，以防气体逸出，发生燃烧事故。

（5）乙炔发生器必须设有防止回火的安全装置、保险链。

28.12.1.7 电焊作业防火

（1）焊接、切割、烘烤或加热等动火作业，应符合以下规定：

1）应在动火作业前办理动火申请手续，经审批后方可作业。

2）动火作业前应对作业现场的可燃物进行清理，或用不燃材料进行覆盖、隔离。

3）在动火作业点周围及下方应采取防火措施，并设专人监护；不得在裸露的可燃材料上直接进行动火作业。

（2）施焊场地周围应清除易燃易爆物品，或进行覆盖、隔离。

（3）工作结束应切断焊机电源，并检查操作地点，确认无起火危险后，方可离开。

（4）焊割作业点必须配备灭火器，无消防器材不准施工。

（5）现场不能有与焊接操作有抵触的油漆、汽油、丙酮、乙醚、香蕉水等；排出大量易燃气体的工作场所，不得进行焊接。

（6）焊割现场及高空焊割作业下方，严禁堆放油类、木材、氧气瓶、乙炔瓶、保温材料等易燃、易爆物品。

28.12.1.8 应急照明

施工现场临时消防车道、临时疏散通道、安全出口应保持畅通，应设置临时应急照明设施，不得遮挡、挪动疏散指示标识，不得挪用消防设施。

照明灯具不准靠近易燃物品，严禁用纸、布等易燃物蒙罩灯泡。

生活区、办公区的通道、楼梯处应设置应急疏散、逃生指示标识和应急照明灯。

28.12.2 安全生产技术措施及操作规程

28.12.2.1 安全生产技术措施

1. 高处作业及临边、洞口作业

（1）高处作业

1）在坠落高度基准面 2m 或 2m 以上有可能坠落的高处进行的作业。

2）在施工组织设计或施工技术方案中应按国家、行业相关规定并结合工程特点编制包括临边与洞口作业、攀登与悬空作业、操作平台、交叉作业及安全网搭设的安全防护技术措施等内容的高处作业安全技术措施。

3）建筑施工高处作业前，应对安全防护设施进行检查、验收，验收合格后方可进行作业；验收可分层或分阶段进行。应对作业人员进行安全技术教育及交底，并应配备相应防护用品。

4）高处作业施工前，应检查高处作业的安全标志、安全设施、工具、仪表、防火设施、电气设施和设备，确认其完好，方可进行施工；高处作业人员应按规定正确佩戴和使用高处作业安全防护用品、用具，并应经专人检查。

5）对施工作业现场所有可能坠落的物料，应及时拆除或采取固定措施；高处作业所用的物料应堆放平稳，不得妨碍通行和装卸；工具应随手放入工具袋，作业中的走道、通道板和登高用具，应随时清理干净；拆卸下的物料及余料和废料应及时清理运走，不得任意放置或向下丢弃，传递物料时不得抛掷。

6）在雨、霜、雾、雪等天气进行高处作业时，应采取防滑、防冻措施，并应及时清除作业面上的水、冰、雪、霜。

7）当遇有6级以上强风、浓雾、沙尘暴等恶劣气候，不得进行露天攀登与悬空高处作业；暴风雪及台风暴雨后，应对高处作业安全设施进行检查，当发现有松动、变形、损坏或脱落等现象时，应立即修理完善，维修合格后再使用。

8）需要临时拆除或变动安全防护设施时，应采取能代替原防护设施的可靠措施，作业后应立即恢复；安全防护设施的验收应按类别逐项检查，验收合格后方可使用，并应做出验收记录。

9）各类安全防护设施，应建立定期不定期的检查和维修保养制度，发现隐患应及时采取整改措施。

（2）临边作业

1）在工作面边沿无围护或围护设施高度低于800mm的高处作业，包括楼板边、楼梯段边、屋面边、阳台边、各类坑、沟、槽等边沿的高处作业。

2）坠落高度基准面2m及以上进行临边作业时，应在临空一侧设置防护栏杆，并应采用密目式安全立网或工具式栏板封闭（图28-279）。

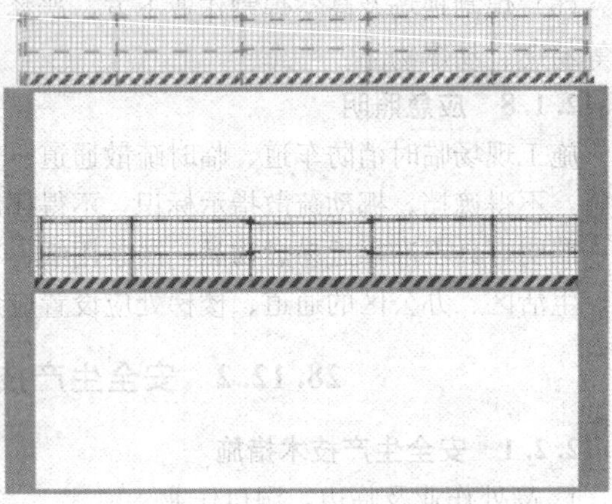

图28-279　临边防护示意图

3）建筑物外围边沿处，应采用密目式安全立网进行全封闭，有外脚手架的工程，密目式安全立网应设置在脚手架外侧立杆上，并与脚手杆紧密连接；没有外脚手架的工程，应采用密目式安全立网将临边全封闭。

4）临边作业的防护栏杆应由横杆、立杆及不低于180mm高的挡脚板组成，并应符合下列规定：防护道横杆，上杆距地面高度应为1.2m，下杆应在上栏杆和挡脚板中间设置；当防护栏杆高度大于1.2m时，应增设横杆，横杆间距不应大于600mm；防护栏杆立杆间距不应大于2m（图28-280）。

5）楼梯临边防护遵从“横杆、立杆和挡脚板”的标准。挡脚板应与楼梯踏面相吻合，

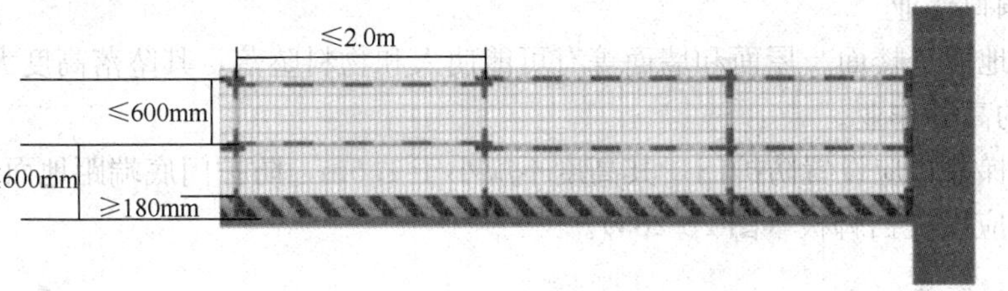

图 28-280 临边防护相关规范示意图

不应留有空隙，以防杂物坠楼（图 28-281）。

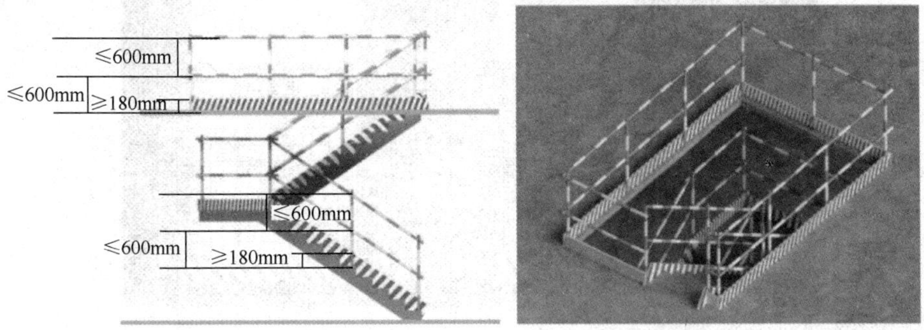

图 28-281 楼梯临边防护示意图

6）分层施工的楼梯口、楼梯平台和梯段边，应安装防护栏杆；外设楼梯口、楼梯平台和梯段边还应采用密目式安全立网封闭。

7）栏杆立杆和横杆的设置、固定及连接，应确保防护栏杆在上下横杆和立杆任何处，均能承受任何方向的最小 1kN 外力作用，当栏杆所处位置有发生人群拥挤、车辆冲击和物件碰撞等可能时，应加大横杆截面或加密立杆间距。防护栏杆应张挂密目式安全立网。

8）施工升降机、龙门架和井架物料提升机等各类垂直运输设备设施与建筑物间设置的通道平台两侧边，应设置防护栏杆、挡脚板，并应采用密目式安全立网或工具式栏板封闭。

9）各类垂直运输接料平台口应设置高度不低于 1.80m 的楼层防护门，并应设置防外开装置；多笼井架物料提升机通道中间，应分别设置隔离设施（图 28-282）。

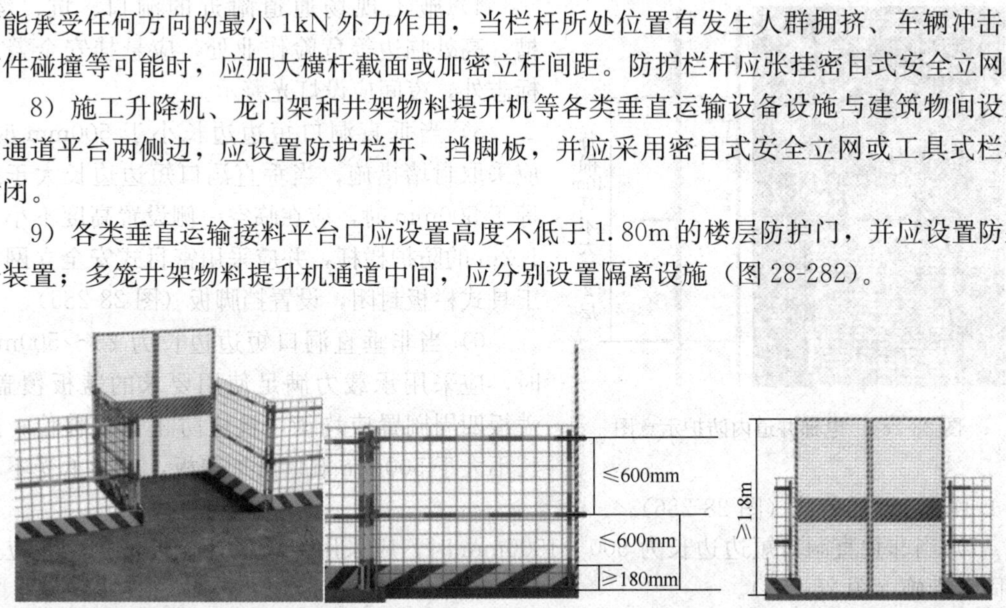

图 28-282 接料平台口临边防护示意图

(3) 洞口作业

1) 在地面、楼面、屋面和墙面等有可能使人和物料坠落，其坠落高度大于或等于 2m 的开口处的高处作业。

2) 电梯井口应设置防护门，其高度不应小于 1.5m，防护门底端距地面高度不应大于 50mm，并应设置挡脚板（图 28-283）。

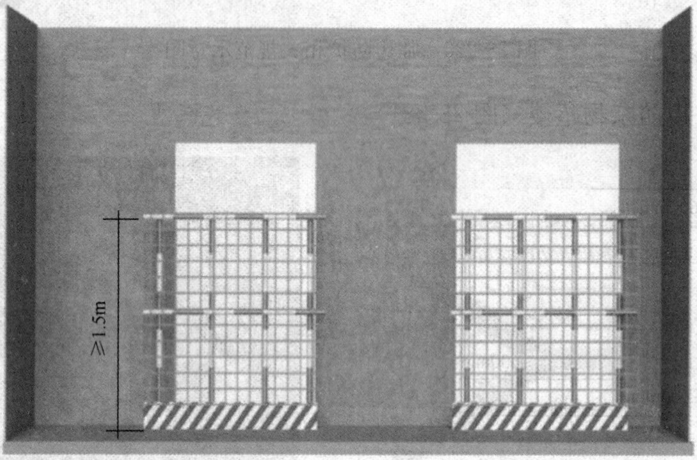

图 28-283　电梯井口防护示意图

3) 在进入电梯安装施工工序之前，电梯井道内应每隔 10m 且不大于 2 层加设一道水平安全网。电梯井内的施工层上部，应设置隔离防护设施，电梯井内平网网体与井壁的空隙不得大于 25mm，安全网拉结应牢固（图 28-284）。

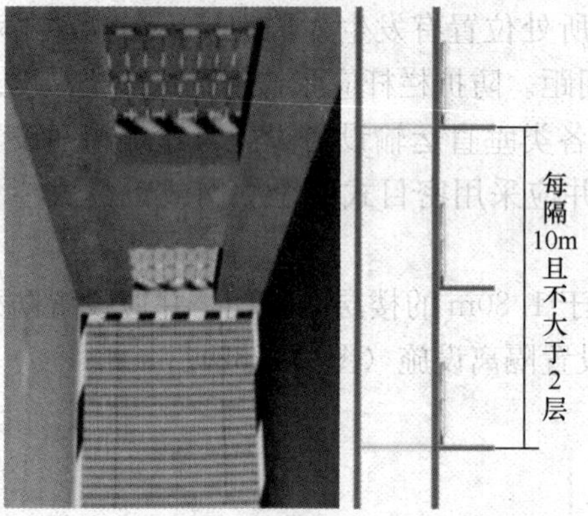

图 28-284　电梯井道内防护示意图

4) 施工现场通道附近的洞口、坑、沟、槽、高处临边等危险作业处，应悬挂安全警示标志外，夜间应设灯光警示。

5) 当垂直洞口短边边长小于 500mm 时，应采取封堵措施；当垂直洞口短边边长大于或等于 500mm 时，应在临空一侧设置高度不小于 1.2m 的防护栏杆，并应采用密目式安全立网或工具式栏板封闭，设置挡脚板（图 28-285）。

6) 当非垂直洞口短边边长为 25～500mm 时，应采用承载力满足使用要求的盖板覆盖，盖板四周搁置应均衡，且应防止盖板移位；边长不大于 500mm 洞口所加盖板，应能承受不小于 1.1kN/m^2 的荷载（图 28-286）。

7) 当非垂直洞口短边边长为 500～1500mm 时，应采用专项设计盖板覆盖，并应采取固定措施（图 28-287）。

8) 当非垂直洞口短边长大于或等于 1500mm 时，应在洞口作业侧设置高度不小于 1.2m 的防护栏杆，并应采用密目式安全立网或工具式栏板封闭；洞口应采用安全平网封闭（图 28-288）。

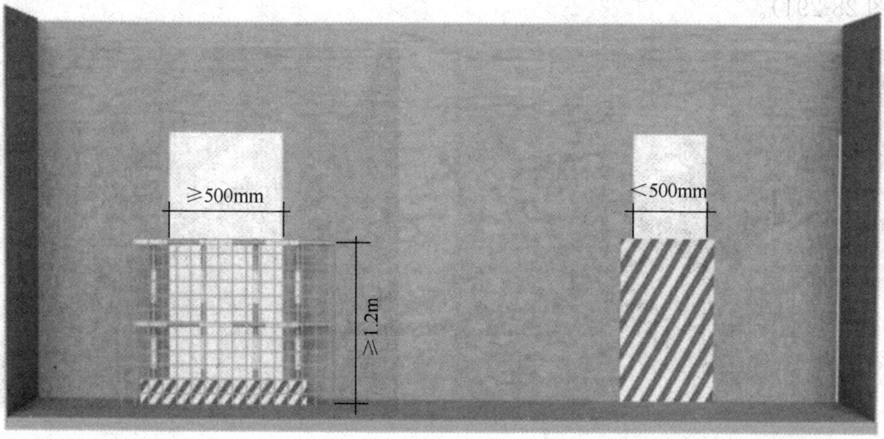

图 28-285 垂直洞口防护示意图

图 28-286 非垂直洞口防护示意图（一）

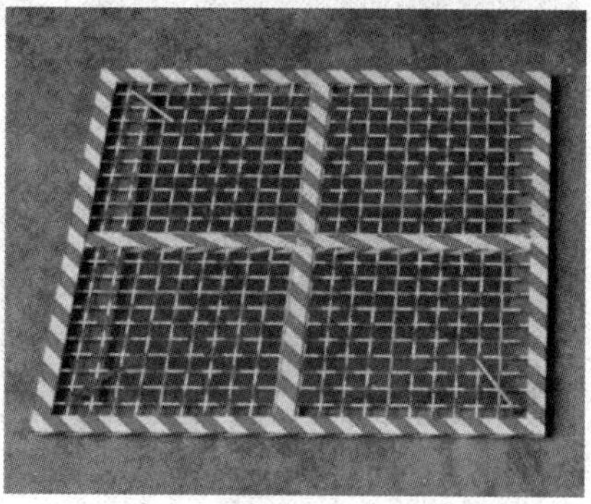

图 28-287 非垂直洞口防护示意图（二）

9）墙面等处落地的竖向洞口、窗台高度低于 800mm 的竖向洞口及框架结构在浇筑完混凝土没有砌筑墙体时的洞口，应按临边防护要求设置防护栏杆。

2. 脚手架、攀登及操作平台作业

（1）脚手架

施工脚手架的材料与构配件选用、设计、搭设、使用、拆除、检查与验收应符合《施工脚手架通用规范》GB 55023、《建筑施工扣件式钢管脚手架安全技术规范》JGJ 130 和《建筑施工承插型盘扣式钢管脚手架安全技术标准》JGJ/T 231 的相关规定。脚手架搭设和拆除作业以前，应根据工程特点编制脚手架专项施工方案，并应经审批后实施，应将脚手架专项施工方案向施工现场管理人员及作业人员进行安全技术交底。

1）双排扣件式钢管脚手架

① 由内外两排立杆和水平杆等构成的脚手架，简称双排架（图 28-289）。

② 脚手架底座、垫板均应准确地放在定位线上；垫板应采用长度不少于 2 跨、厚度不小于 50mm、宽度不小于 200mm 的木垫板（图 28-290）。

③ 脚手架必须设置纵、横向扫地杆。纵向扫地杆应采用直角扣件固定在距钢管底端不大于 200mm 处的立杆上。横向扫地杆应采用直角扣件固定在紧靠纵向扫地杆下方的立

杆上（图 28-291）。

图 28-288　非垂直洞口防护示意图

图 28-289　双排脚手架示意图

(*a*)

(*b*)

图 28-290　底座、垫板示意图
（*a*）底座；（*b*）垫板

④ 双排脚手架横向水平杆的靠墙一端至墙面装饰面的距离不应大于 100mm（图 28-292）。

⑤ 连墙件采用刚性拉结钢管与建筑物可靠连接，刚性拉结可用预埋钢管；连墙件宜靠近主节点设置，偏离主节点的距离不应大于 300mm（图 28-293）。连墙点的水平间距不得超过 3 跨，竖向间距不得超过 3 步，连墙点之上架体的悬臂高度不应超过 2 步。在架体的转角处、开口型作业脚手架端部应增设连墙件，连墙件竖向间距不应大于建筑物层高，且不应大于 4m。

图 28-291　纵、横向扫地杆示意图

⑥ 高度在 24m 及以上的双排脚手架应在外侧全立面连续设置剪刀撑；在 24m 以下的单、双排脚手架，均必须在外侧两端、转角及中间间隔不超过 15m 的立面上，各设置一道剪刀撑，并应由底至顶连续设置（图 28-294）。每道剪刀撑的宽度应为 4～6 跨，且不应

小于 6m，也不应大于 9m；剪刀撑斜杆与水平面的倾角应在 45°～60°之间。

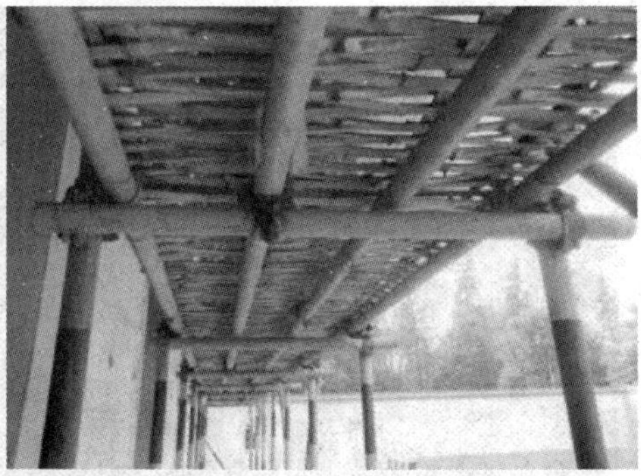

图 28-292 双排脚手架横向水平杆示意图

图 28-293 脚手架连墙件示意图

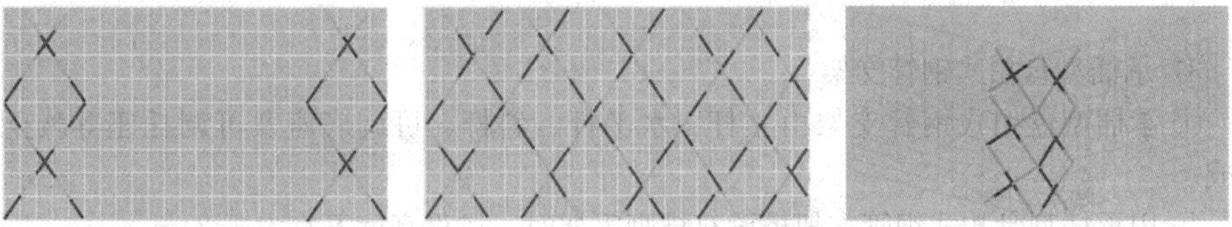

(*a*) (*b*) (*c*)

图 28-294 脚手架立面示意图

(*a*) $h<24$m 脚手架立面图；(*b*) $h\geqslant24$m 脚手架立面图；(*c*) $h<24$m 脚手架转角处立面图

2）满堂扣件式钢管脚手架

① 超过一定规模危险性较大的脚手架专项施工方案须经过专家论证（图 28-295）。

② 脚手架立杆基础应满足荷载要求，必要时立杆底部增设底座或垫板；满堂脚手架必须设置纵、横向扫地杆，并与立杆通过扣件连接，扫地杆距地面为不大于 200mm（图 28-296）。

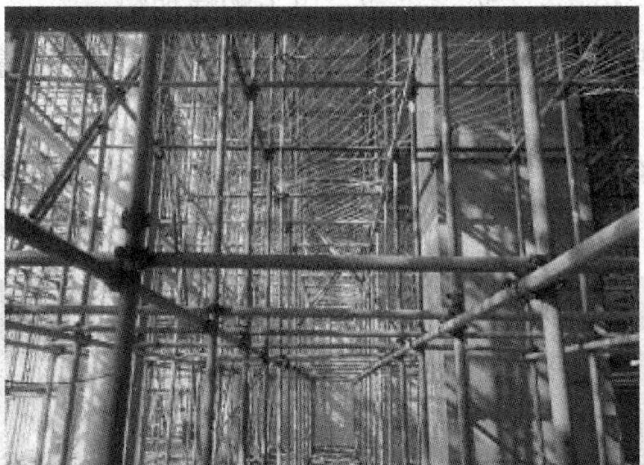

图 28-295 满堂扣件式钢管脚手架

图 28-296 立杆设置垫片

③ 架体搭设高度小于 4m 的，立杆间距不宜大于 1500mm，架体搭设高度大于 4m 的应通过计算确定；架体步距不宜大于 1800mm。

④ 架体搭设高度大于 4m，必须设置竖向及水平剪刀撑（图 28-297）。

⑤ 满堂脚手架操作层支撑脚手板的水平杆间距不应大于 1/2 跨距（图 28-298）。

图 28-297　扫地杆设置水平剪刀撑

图 28-298　操作层铺设

3）承插型盘扣式钢管支架

① 承插型盘扣式钢管支架由立杆、水平杆、斜杆、可调底座及可调托座等构配件构成。

② 用承插型盘扣式钢管支架搭设双排脚手架时，搭设高度不宜大于 24m。

③ 脚手架首层立杆宜采用不同长度的立杆交错布置，错开立杆竖向距离不应小于 500mm。

④ 作业层设置应满铺脚手板，外侧应设挡脚板和防护栏杆，防护栏杆可在每层作业面立杆的 0.5m 和 1.0m 的盘扣节点处布置上、中两道水平杆，并应在外侧满挂密目安全网。

（2）攀登作业

1）木梯现场制作标准

① 人字梯下部应设置可靠链接，例如帆布绷带链接，工具兜不可代替；2m 以下木梯腿不得小于 40mm×40mm，横档不得小于 40mm×30mm，2m 以上酌情加粗。

② 严禁站在人字梯最顶端作业，不得两人同时在梯子上作业。移动人字梯前清理工具兜，防止物体坠落伤人。

③ 木梯高度不得超过 3m，上端采用丝杆连接，内外侧用大垫片加固，减少磨损，延长使用寿命（图 28-299）。

图 28-299　木梯示意图

2）成品金属折梯

① 金属折梯的最大长度不应大于 6m，踏板与梯框用紧固件连接时，应有至少一个紧固件穿透每侧梯框的前部，一个紧固件穿透该梯框后部。底部踏板应有斜撑加强件。

② 梯顶的固定至少应有两个紧固件穿透每侧前梯框，金属折梯应有与梯子为一体的金属撑杆或锁定装置。

（3）操作平台作业

1）操作平台是指由钢管、型钢或脚手架等组装搭设制作的供施工现场高处作业和载物的平台，包括移动式、落地式等平台。

2）操作平台的临边应设置防护栏杆，单独设置的操作平台应设置供人上下、踏步间距不大于 400mm 的扶梯。

3）操作平台投入使用时，应在平台的内侧设置标明允许负载值的限载牌，物料应及时转运，不得超重与超高堆放。

3. 建筑装饰安全用电措施

（1）安全用电组织措施

1）施工现场临时用电设备在 5 台及以上或设备总容量在 50kW 及以上者，应编制用电组织设计。

2）临时用电组织设计及变更时，必须履行“编制、审核、批准”程序，由电气工程技术人员组织编制，经相关部门审核及具有法人资格企业的技术负责人批准后实施。变更用电组织设计时应补充有关图纸资料。

3）建立健全临时用电施工组织设计和安全用电技术措施的技术交底制度。

4）建立安全检测巡视制度，加强职工安全用电教育，建立健全运行记录、维修记录、设计变更记录。

5）临时用电系统必须采用三相五线制 TN-S 系统，临时用电施工系统和设备必须接地和接零，杜绝疏漏；所有接地、接零必须安全可靠，专用 PE 线必须严格与相线、工作零线区分（图 28-300）。

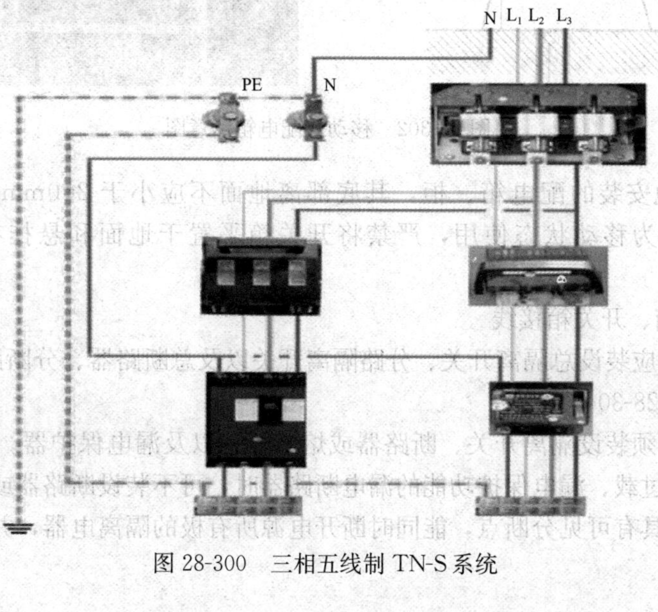

图 28-300 三相五线制 TN-S 系统

（2）安全用电技术措施

1）配电箱、开关箱装设高度

① 配电箱、开关箱应装设端正、牢固，固定式配电箱、开关箱的中心点与地面的垂直距离应为 1.4～1.6m（图 28-301）。

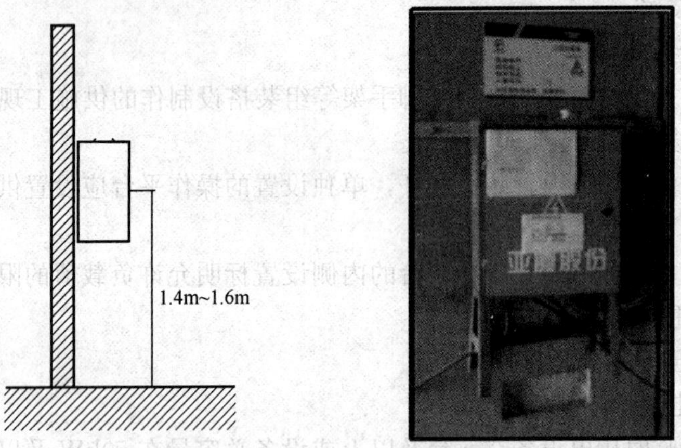

图 28-301　固定式配电箱示意图

② 移动式配电箱、开关箱应装设在坚固、稳定的支架上，其中心点与地面的垂直距离宜为 0.8～1.6m（图 28-302）。

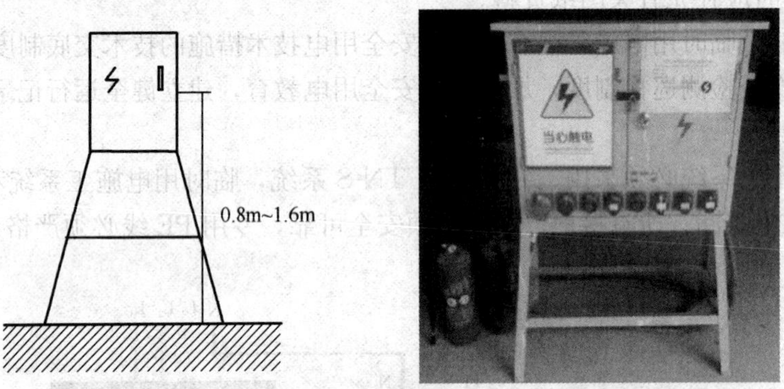

图 28-302　移动式配电箱示意图

③ 户外落地安装的配电箱、柜，其底部离地面不应小于 200mm，开关箱除在加工车间外，基本为移动状态使用，严禁将开关箱平置于地面和悬挂在人字梯上使用（图 28-303）。

2）分配电箱、开关箱接线

① 分配电箱应装设总隔离开关、分路隔离开关以及总断路器、分断路器或总熔断器、分路熔断器（图 28-304）。

② 开关箱必须装设隔离开关、断路器或熔断器，以及漏电保护器。当漏电保护器是同时具有短路、过载、漏电保护功能的漏电断路器时，可不装设断路器或熔断器。隔离开关应采用分断时具有可见分断点，能同时断开电源所有极的隔离电器，并应设置于电源进

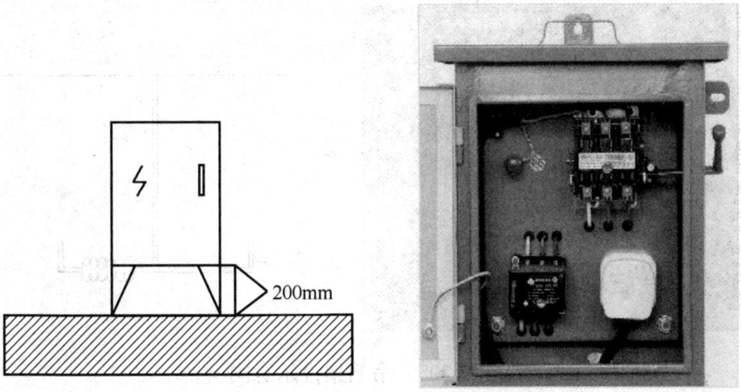

图 28-303 落地式开关箱示意图

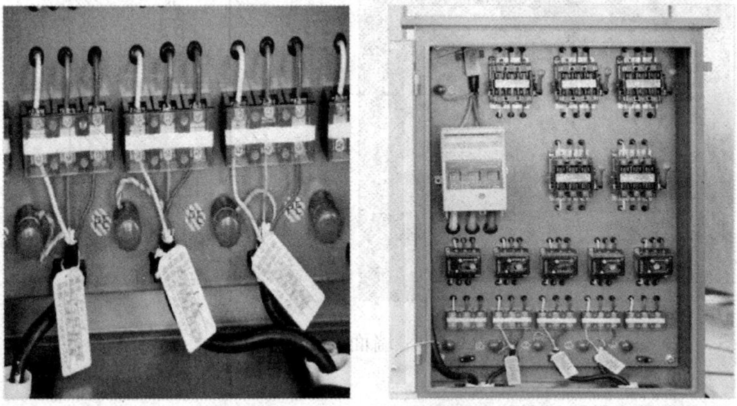

图 28-304 分配电箱示意图

线端；当断路器是具有可见分断点时，可不另设隔离开关。

3）电缆线路敷设

① 电缆线路应采用埋地或架空敷设，严禁沿地面明设。

② 吊筋架设，在顶面上采用吊筋来固定电缆线的敷设方式，当电缆线较粗时吊筋之间宜用钢索连接，钢索配线的吊筋间距不宜大于12m，电缆线通过塑料束缚带绑扎于钢索上。吊筋与电缆线接触处应有绝缘措施，比如采用瓷瓶或绝缘防火棉缠绕，采用瓷瓶固定导线时，导线间距不应小于100mm（图28-305）。

③ 墙面架设，在墙面上采用吊架来固定电缆线的敷设方式，电缆线架设高度及连接接触措施同吊筋架设方式（图28-306）。

④ 立杆架设，当顶面过高和墙面无法架设吊架时，可采用立杆架设方式，电缆线距离地面高度不得小于2.5m，立杆和墙面距离宜控制在400～500mm，留出墙面施工作业空间（图28-307）。

(3) 使用与维护

1）配电箱

① 所有配电箱门应配锁，箱内不得放置任何杂物，保持整洁。

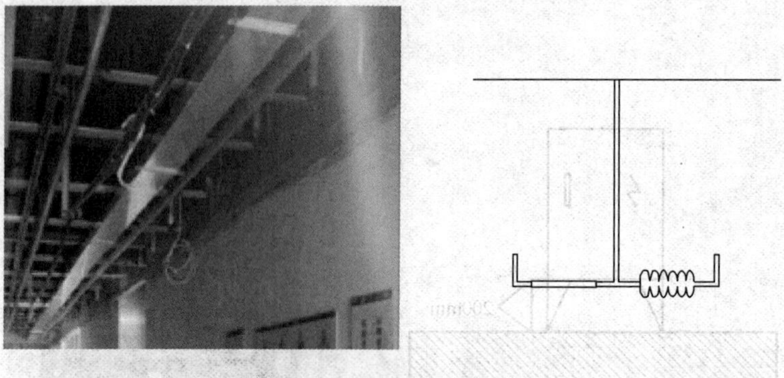

图 28-305　吊筋架设示意图

图 28-306　墙面架设示意图

图 28-307　立杆架设示意图

② 所有配电箱、开关箱在使用过程中必须按送电操作顺序：总配电箱→分配电箱→开关箱→设备；停电操作顺序：设备→开关箱→分配电箱→总配电箱。(出现电气故障的紧急情况除外)。

③ 施工现场停止作业 1h 以上时，应将动力开关箱断电上锁。

④ 所有线路的接线、配电箱、开关箱必须由专业人员负责，严禁任何人以任何方式私自用电；所有配电箱、开关箱每 15 天进行检查和维修一次，并认真做好记录。

⑤ 对配电箱、开关箱进行检查、维护时，必须将其前一级相应的电源开关分闸断电，并悬挂停电标志牌，严禁带电作业。

⑥ 所有配电箱均应标明其名称、用途，并作出分路标记。

2）手持式电动工具

① 手持式电动工具的外壳、手柄、插头、开关、负荷线等必须完好无损，使用前必须做绝缘检查和空载检查，在绝缘合格、空载运转正常后方可使用。绝缘电阻不应小于规定的数值（表 28-96）。

手持式电动工具绝缘电阻限值 **表 28-96**

测量部位	绝缘电阻（MΩ）		
	Ⅰ类	Ⅱ类	Ⅲ类
带电零件与外壳之间	2	7	1

注：绝缘电阻用 500V 兆欧表测量

② 禁止使用已损坏或绝缘性能不良的电线，开关箱与其控制的固定式用电设备的水平距离不宜超过 3 米。

③ 使用手持式电动工具时，必须按规定穿、戴绝缘防护用品，装饰工程推荐使用Ⅱ类手持式电动工具。

3）焊接机具

① 电焊机械应放置在防雨、干燥和通风良好的地方，焊接现场不得有易燃、易爆物品。

② 交流电焊机械应配装二次侧空载降压触电保护器；电焊机上应有防雨盖，下铺防潮垫；一、二次电源接头处应有防护装置，二次线使用接线柱，一次电源线采用橡皮套电缆或穿塑料软管。

③ 电焊机械的二次线应采用防水橡皮护套铜芯软电缆，电缆长度不应大于 30m，不得采用金属构件或结构钢筋代替二次线的地线；交流弧焊机变压器的一次侧电源线长度不应大于 5m，其电源进线处必须设置防护罩；发电机式直流电焊机的换向器应经常检查和维护，应消除可能产生的异常电火花。

4）其他电动机具

① 木工机械、地面抹光机、水磨石机、水泵等设备的漏电保护的额定漏电动作电流不应大于 30mA，额定漏电动作时间不应大于 0.1s。使用于潮湿或有腐蚀介质场所的漏电保护器应采用防溅型产品，其额定漏电动作电流不应大于 15mA，额定漏电动作时间不应大于 0.1s。

② 木工机械、地面抹光机、水磨石机、水泵等设备的负荷线必须采用耐气候型橡皮护套铜芯软电缆，并不得有任何破损和接头。水泵的负荷线必须采用防水橡皮护套铜芯软电缆，严禁有任何破损和接头，并不得承受任何外力。

5）照明用具

① 一般施工场所宜选用额定电压为 220V 的照明灯具，不得使用带开关的灯头。

② 现场照明应采用高光效、长寿命的照明光源，推荐使用 LED 灯带照明（图 28-308）。

③ 装饰施工现场线盘使用情况较为普遍，现场线盘分两种：即带漏电保护装置和不带漏电保护装置（图 28-309）。

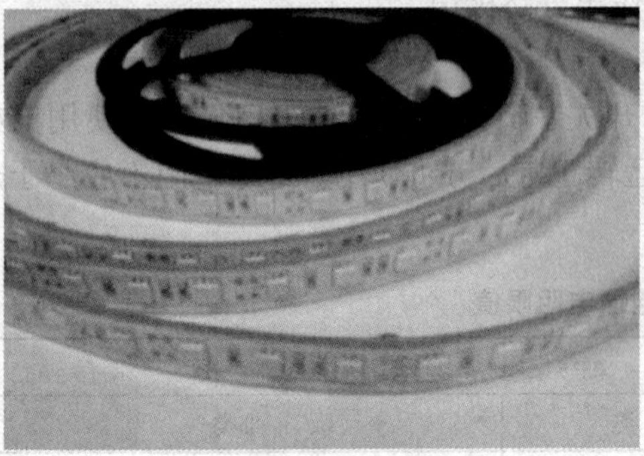

图 28-308　LED灯带

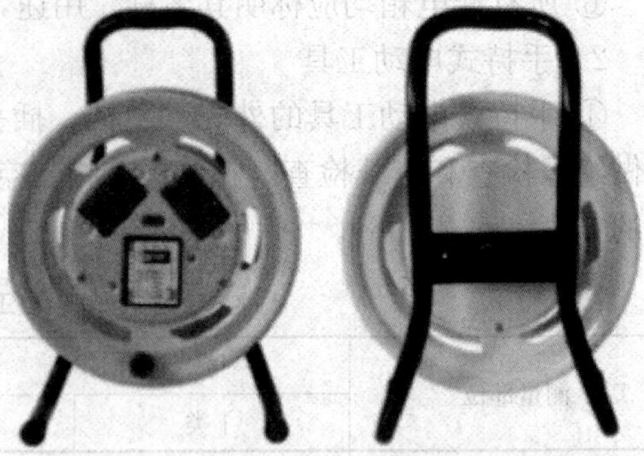

图 28-309　线盘

④ 照明变压器必须使用双绕组型安全隔离变压器，严禁使用自耦变压器。

⑤ 室内照明灯具距地面不得低于 2.5m。每路照明支线上灯具和插座数不宜超过 25 个，额定电流不得大于 15A，并应用熔断器或自动开关保护。

⑥ 室外 220V 灯具距地面不得低于 3m，室内 220V 灯具距地面不得低于 2.5m。普通灯具与易燃物距离不宜小于 300mm；聚光灯、碘钨灯等高热灯具与易燃物距离不宜小于 500mm，且不得直接照射易燃物。达不到规定安全距离时，应采取隔热措施。为防止火灾发生和改善工人施工作业环境，施工现场应逐步淘汰碘钨灯等高热灯具照明。

⑦ 碘钨灯及钠、铊、铟等金属卤化物灯具的安装高度宜在 3m 以上，灯线应固定在接线柱上，不得靠近灯具表面。

⑧ 灯具内的接线必须牢固，灯具外的接线必须做可靠的防水绝缘包扎。

4. 机具安全措施

（1）一般规定

1）各种施工机具运到施工现场，必须经检查验收确认符合要求挂合格证后，方可使用。

2）工作前必须检查机械、仪表、工具等完好后方准使用。

3）施工机械和电气设备不得带病运转和超负荷作业，发现不正常情况应停机检查，不得在运转中检修。

4）各种设备应按规定装设符合要求的安全防护装置。

（2）电焊机

1）多台焊机在一起集中施焊时，焊接平台或焊件必须接地，并应有隔光板。

2）严禁在带压力容器或管道上施焊，焊接带电的设备必须先切断电源；在载荷运行中，焊接人员应经常检查电焊机的升温，若超过 A 级 60℃、B 级 80℃时，必须停止运转并降温。

3）把线、地线禁止与钢丝绳接触，更不得用钢丝绳或机电设备代替零线，所有地线接头，必须连接牢固。

4）电焊钳应有良好的绝缘和隔热能力，电焊钳握柄必须良好（图 28-310）。

(3) 切割机

1) 切割机上的刃具、胎具、模具、成型辊轮等应保证强度和精度，安装紧固可靠。

2) 切割机上外露的转动部位应有防护罩，并不得随意拆卸。

3) 严格禁止在砂轮切割机打磨物件，修磨工件的毛刺，防止砂轮片破裂 (图 28-311)。

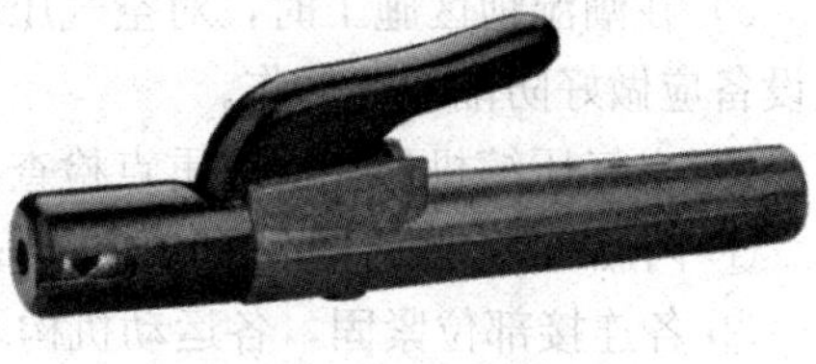

图 28-310 电焊钳

(4) 圆盘锯

1) 锯片上方必须安装保险挡板和滴水装置，在锯片后面，离齿 10～15mm 处，必须安装弧形楔刀，锯片的安装，应保持与轴同心。

2) 锯片的锯齿尖锐，不得连续缺齿两个，裂纹长度不得超过 20mm，裂纹末端应冲止裂孔。

3) 被锯木料厚度，以锯片能露出木料 10～20mm 为限，夹持锯片的法兰盘的直径应为锯片直径的 1/4。

4) 启动后，待转速正常后方可进行锯料。送料时不得将木料左右晃动或高抬，遇木节要缓缓送料。锯料长度应不小于 500mm，接近端头时，应用推棍送料。

5) 如锯线走偏，应逐渐纠正，不得猛扳，以免损坏锯片。

6) 操作人员不得站在与锯片旋转的离心力方向操作，手不得跨越锯片。

7) 锯片温度过高时，应用水冷却，直径 600mm 以上的锯片，在操作中应喷水冷却。

(5) 空气压缩机

1) 空压机使用前要经过专职人员检测，空气压缩机作业区应保持清洁和干燥，并做好防护。

2) 空气压缩机应在无载状态下启动，启动后低速空运转，检视各仪表指示值符合要求，运转正常后，逐步进入载荷运转。

3) 空气压缩机作业区应保持清洁和干燥；贮气罐应放在通风良好处，距贮气罐 15m 以内不得进行焊接或热加工作业。

4) 当电动空气压缩机运转中突然停电时，应立即切断电源，等来电后重新在无荷载状态下启动 (图 28-312)。

图 28-311 切割机

图 28-312 空压机

5）在潮湿地区施工时，对空气压缩机外露摩擦面应定期加注润滑油，对电动机和电气设备应做好防潮保护工作。

6）空气压缩机作业前应重点检查以下项目，并应符合下列要求：

① 内燃机燃、润油料均添加充足；电动机电源正常；

② 各连接部位紧固，各运动机构及各部阀门开闭灵活，管路无漏气现象；

③ 各防护装置齐全良好，贮气罐内无存水；

④ 电动空气压缩机的电动机及启动器外壳接地良好，接触电阻不大于4Ω。

（6）角向磨光机

1）砂轮应选用增强纤维树脂型，其安全线速度不得小于 80m/s（图 28-313）。

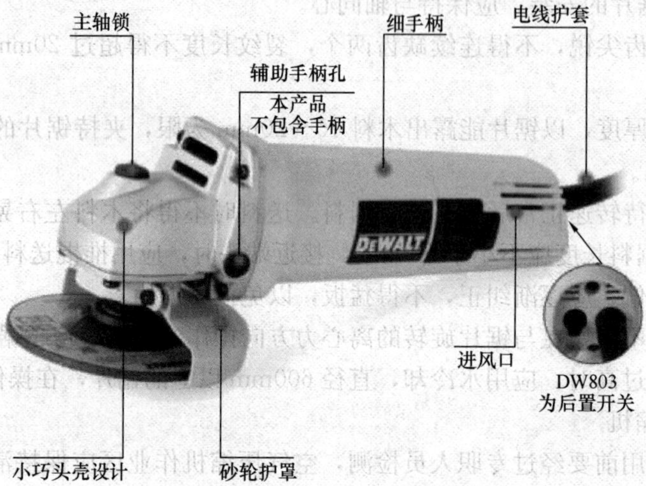

图 28-313　角向磨光机

2）磨削作业时，应使砂轮与工作面保持 15°～30°的倾斜位置。

3）切削作业时，砂轮不得倾斜，并不得横向摆动。

（7）电钻、冲击钻或电锤

1）机具启动后，应空载运转，应检查并确认机具联动灵活无阻。

2）钻孔时，应先将钻头抵在工作表面，然后开动，用力适度，避免晃动；转速若急剧下降，应减少用力，防止电机过载，严禁用木杠加压。

3）电钻和冲击钻或电锤为 40％断续工作制，不得长时间连续使用（图 28-314）。

4）钻凿墙壁、天花板、地板时，应先确认是否有暗敷的水、电、燃气等管线。

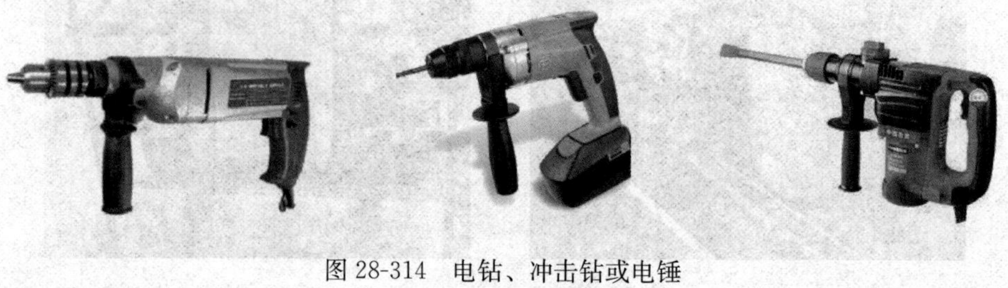

图 28-314　电钻、冲击钻或电锤

5）连续使用或发现机具过热时，应暂停使用，并注以适量润滑油；经检查确认无故障后，方可继续使用。

（8）台钻

1）台钻的行程限位，信号等安全装置完整、灵活、可靠。

2）传动及电气部分的防护装置完好牢固，各操纵手柄的位置正常，动作可靠。

3）工件、夹具、刀具无裂纹、破损、缺边断角，并装夹牢固。

4）手动进钻退钻时，应逐渐增压或减压，不得用管子套在手柄上加压。

5）排屑困难时，进钻、退钻应反复交替进行。

6）钻头上绕有长屑时，应停钻后用铁钩或刷子清除，不得用手拉或嘴吹。

7）台钻运转时，操作人员不得离开工作岗位，确需离开时应停车并切断电源。

8）钻小件时，应先用工具夹持，不得手持工件进行钻孔；薄板钻孔，应用虎钳夹紧并在工件下垫好木板，使用平钻头。

9）应设专人负责更换润滑油，定期检查是否缺油，高温季节应缩短更换润滑油的间隔时间。

28.12.2.2 安全技术操作规程

1. 电工

（1）每个电工必须穿绝缘鞋才能上岗，禁止带电操作，经常检查漏电保护器的有效性。

（2）电工必须熟悉电工安全技术规程，经过按国家现行标准考核合格后，持证上岗工作；其他用电人员必须通过相关教育培训和技术交底，考核合格后方可上岗工作，当班电工责任重大，对自己、对其他用电的操作者，必须保证安全用电。

（3）每根电线的接头要有足够的接触面，并拧紧，按工艺要求的接头方式去接。

（4）对自动空气开关要检查，看三个触点是否接触严实一致，否则应进行调整。

（5）对接好的设备、线路应检查是否正确，不要盲目送电。所有的设备外壳都要接地，接地电阻不大于10Ω。

（6）对现场负荷要做到心中有数，尽量做到三相平衡。

（7）对动力、照明线、电动工具线路及其他线路要经常检查，发现有问题的线路要及时处理，严禁露天冒雨从事电焊作业。

（8）发现有人触电，应立即切断电源，进行急救；在线路上有人操作时，必须挂严禁合闸和有人操作标志。

2. 木工

（1）严格遵守施工现场的安全生产制度。

（2）机械操作人员应穿紧口衣裤，并束紧长发，不得系领带和戴手套。

（3）工作前检查所用的工具是否牢固，作业场所是否符合安全规定，所有工具利器不用时要放回工具箱或工具袋内，不得随意乱放。

（4）使用各种木作机械的人员，必须熟悉本机械的性能，刀具及锯片要适应操作要求，凡是崩口的刀具和有裂痕、钝口的锯片不得使用。

（5）长度小于400mm的短料，不得入电锯操作。

（6）无防护罩和锯尾刀的电圆锯，不得使用。

(7) 用电动圆锯操作，必须集中精神，操作者不能站于刀具旋转切削的直线上，应注意站偏，凡需二人同时操作配合要协调，不得在工作当中谈笑嬉戏，操作中留意机械运转声音是否正常，如发现异常声音必须立即停机检查。

(8) 机械运行中，不得测量工件尺寸和清理木屑、刨花和杂物。

3. 抹灰工

(1) 室内抹灰使用木凳、金属支架搭设平稳牢固，脚手板跨度不得大于 2 米。

(2) 架上堆放材料不得过于集中，在同一跨度内不应超过两人。

(3) 不准在门窗、暖气片、洗脸池等器物处搭设脚手板。

(4) 阳台部位粉刷，外侧必须挂设安全网；严禁踩踏在脚手架的护身栏杆和阳台栏板上进行操作。

(5) 机械喷灰涂料时应戴防护用品，压力表、安全阀应灵敏可靠，输浆管各部位接口应拧紧卡牢，管路摆放顺直，避免折弯。

(6) 顶棚抹灰应戴防护眼镜，防止砂浆掉入眼内。

(7) 高空作业时应戴好安全带施工。

(8) 应避免交叉作业，防止坠物伤人。

4. 油漆工

(1) 涂刷作业时操作工人应佩戴相应的保护设施如：防毒面具、口罩、手套等，以免危害身体健康。

(2) 挥发性油料应装入密闭容器内，妥善保管。

(3) 使用煤油、汽油、松香水、丙酮等调配油料时要带好防护用品。

(4) 油棉纱、油布、油纸等物要集中放在金属桶内。

(5) 采用静电喷漆，为避免静电聚集，喷漆室内应有接地保护装置。

(6) 刷外开窗扇必须将安全带挂在牢固的地方，刷封檐板、水落管等应搭设脚手架或吊架。

(7) 使用喷浆机，手上沾有浆水时不准开关电闸，喷头堵塞疏通时不准对人。

5. 玻璃工

(1) 割玻璃要在指定地点，边角余料要集中堆放，及时处理，搬运玻璃应戴手套。

(2) 在高处安装玻璃应将玻璃放置平稳，垂直下方不准通行，安装屋顶采光玻璃应铺设脚手板或其他安全设施。

(3) 工具要放在工具袋内，不准口含铁钉，装完玻璃挂好风钩。

(4) 玻璃施工完成后应在玻璃表面粘贴安全标语和警示标志。

(5) 施工中破损的玻璃应及时更换，若不能及时更换时应采取相应的防护措施。

(6) 工作前检查所用的工具是否牢固，作业场所是否符合安全规定，所有工具利器不用时要放回工具箱或工具袋内，不得随意乱放。

(7) 高空作业时应戴好安全带施工。

6. 石材工

(1) 搬运石料要拿稳放牢，绳索工具要牢固；两人抬运要相互配合，动作一致；用车子或筐运送，不要装得太满，防止滚落伤人。

(2) 往坑槽运石料，应用溜槽或吊运，下方不准有人。

(3) 在脚手架上砌石，不得使用大锤，修整石块时要戴防护目镜，不准两人对面操作，操作时应戴厚帆布手套。

(4) 工作完毕，应将脚手架上的石渣碎片清扫干净。

(5) 正确使用小型电动工具，严禁乱接乱搭，遵守施工机具操作规程。

(6) 石材施工作业时，对于有水施工的地方，必须要检查电缆表面是否完好，是否有漏电现象。

(7) 工作前检查所用的工具是否牢固，作业场所是否符合安全规定，所有工具利器不用时要放回工具箱或工具袋内，不得随意乱放。

(8) 高空作业时应戴好安全带施工。

7. 给水排水工

(1) 水管吊挂件必须牢固，按照规范要求设置吊挂件位置和数量。

(2) 管道过墙打凿时，首先确定打凿不会击伤其他作业人员，必要时需采取一定的防护措施以免碎片或渣屑打击伤人。

(3) 管道过地面或楼板时，首先确定下一楼层无作业人员施工，必要时需采取一定的防护措施以免碎片或渣屑打击伤人。

(4) 排水口要临时封堵，脸盆需覆盖，防止被砸碰损坏伤人，搬运安装时防止脸盆破损以及破损伤人。

(5) 小便器、洗手台盆固定要牢固，打胶要密实，以防止坠物伤人。

(6) 正确使用小型电动工具，严禁乱接乱搭，遵守施工机具操作规程。

(7) 工作前检查所用的工具是否牢固，作业场所是否符合安全规定，所有工具利器不用时要放回工具箱或工具袋内，不得随意乱放。

(8) 使用各种木作机械的人员，必须熟悉本机械的性能，刀具及锯片要适应操作要求，凡是崩口的刀具和有裂痕、钝口的锯片不得使用。

(9) 长度不到 40cm 的短料，不得入电锯操作。

8. 空调工

(1) 通风和回风管道安装吊挂件要牢固，按照规范要求设置吊挂件位置和数量。

(2) 管道过墙打凿时，首先确定打凿不会击伤其他作业人员，必要时需采取一定的防护措施以免碎片或渣屑打击伤人。

(3) 管道过地面或楼板时，首先确定下一楼层无作业人员施工，必要时需采取一定的防护措施以免碎片或渣屑打击伤人。

(4) 工作前检查所用的工具是否牢固，作业场所是否符合安全规定，所有工具利器不用时要放回工具箱或工具袋内，不得随意乱放。

(5) 无防护罩和锯尾刀的电圆锯，不得使用。

(6) 严格按照电动工具操作规程施工，熟悉掌握折板机、剪板机、套丝机、辘骨机操作要领，防止电动作业伤人。

(7) 高空作业要戴好安全帽，系好安全带，防止安全事故发生。

9. 电焊工

(1) 电焊机外壳，必须接地良好，其电源的装拆应由电工完成。

(2) 电焊机要设单独的配电箱，开关应放在防雨的箱内，拉合时应戴手套侧向操作。

(3) 焊钳与把线必须绝缘良好，连接牢固，更换焊条应戴手套，在潮湿地点工作，应站在绝缘胶板或木板上。

(4) 更换场地移动把线时应切断电源，并不得手持把线爬梯登高。

(5) 电焊时，应戴防护面罩；雷雨时，应停止露天焊接作业。

10. 气焊工

(1) 氧气瓶、氧气表及焊割工具，严禁沾染油脂。

(2) 氧气瓶应有防震胶圈，旋紧安全罩，避免碰撞和剧烈震动，并防止暴晒。

(3) 乙炔气管用后需清除管内积水。

(4) 不得手持连接胶管的焊枪爬梯登高。

(5) 氧气瓶与乙炔瓶的工作间距不应小于 5m，气瓶与明火作业点的距离不应小于 10m。

(6) 气瓶等焊接设备上的安全附件应完整而有效。

(7) 高空焊割作业时，下面必须封闭隔离，避免熔渣飞溅伤人。

11. 脚手架工

(1) 脚手架搭设人员必须是经过按现行国家标准《特种作业人员安全技术考核管理规则》考核合格的专业架子工，上岗人员应定期体检，合格者方可持证上岗。

(2) 搭设脚手架人员必须戴安全帽、系安全带。

(3) 脚手架的构配件质量与搭设质量，应按规范的规定要求进行检查验收，合格后方可使用。

(4) 作业层上的施工荷载应符合设计要求，不得超载，不得将模板支架等固定在脚手架上，严禁悬挂吊挂设备。

(5) 当有六级及六级以上大风和雾、雨、雪天气时应停止脚手架搭设与拆除作业；雨、雪后上架作业应有防滑措施，并应扫除积雪。

(6) 脚手架的安全检查与维护应按规范规定要求进行，安全网应按有关规范规定要求搭设和拆除。

(7) 在使用期间，严禁拆除主节点的纵、横水平杆，纵、横扫地杆及连墙件。

(8) 不得在脚手架基础及其邻近处进行挖掘作业，否则应采取安全措施，并报主管部门批准。

(9) 工地临时用电线路的架设及脚手架接地、避雷措施等，应按现行行业标准《施工现场临时用电安全技术规范》JGJ 46 的有关规定执行。

(10) 搭拆脚手架时，地面应设围栏和警戒标志，并派专人看守，严禁非操作人员入内。

28.13　装饰装修绿色施工

28.13.1　绿　色　设　计

(1) 绿色设计应提高室内空间使用的灵活性，减少因功能变化导致装饰装修材料浪费，设计应尽量采用可再利用材料和可循环材料，采用耐久性好，易维护的室内装饰装修材料。

（2）室内隔墙的热工性能限值应满足国家现行有关节能标准的规定。

（3）室内照明设计时，合理利用自然采光，各房间或场所的照明功率密度值应符合现行国家标准的规定。

（4）室内设计应选用较高用水效率等级的卫生器具，其他用水器具采用节水技术和更高用水效率的节水设备。

（5）室内隔墙、楼地面、门窗等的隔声设计应满足现行国家标准，采取改善室内声环境、降低外界对室内声环境影响的有效措施。

（6）在室内装饰装修设计阶段可采用计算机模拟，对主要功能房间和场所的室内空气污染进行预评估，预测和计算装饰装修项目完工后室内空气污染程度。

（7）设计合理选用污染散发强度小、衰减速率快和影响周期短的室内装饰装修材料。

（8）室内装修设计应尽量选用装配式技术，尽量采用干式工法，减少现场湿作业、焊接作业，装饰用砂浆采用预拌砂浆。

（9）在施工前，应进行合理的深化设计及排板优化，优化线材下料方案，避免材料浪费。

28.13.2 材料性能检测

（1）在装饰装修施工前应将产生放射性污染物氡，化学污染物甲醛、氨、苯、甲苯、二甲苯及总挥发性有机物的材料送有资格的检测机构进行检测，检测合格后方可使用，室内装饰装修材料中有害物质限量应满足现行国家标准的规定。

（2）对于需要进行环保性能检测的材料，质检员应按有关规定取样，必要时，应邀请甲方或监理进行见证，并履行相应手续。材料检测完毕后，应获取并保存材料检测报告作为材料环保性能控制的记录。

（3）室内装饰装修中所使用的木地板及其他木质材料，严禁使用沥青、煤焦油类防腐、防潮处理剂。

（4）需要对材料进行环保性能检测的情况和对应的检测要求如下：

1）室内饰面采用天然花岗岩石材或瓷质砖面积大于 200m^2 时，应对不同产品、不同批次材料分别进行放射性指标检测。

2）室内采用人造木板面积大于 500m^2 时，应对不同产品、不同批次材料分别进行游离甲醛释放量检测。

3）室内装修中采用水性涂料、水性处理剂时，应对同批次产品进行游离甲醛含量检测。采用溶剂型涂料，应对同批次产品进行 VOC、苯、甲苯＋二甲苯、乙苯含量检测。

（5）绿色装饰预评价是建筑装饰领域中，关于改善室内空气质量的研究，其核心是建立环境预评价方法，应用本方法，可以根据材料测试结果，在设计阶段提前预测装修项目施工完成后的室内污染物含量，在设计阶段调整设计方案和材料选用，从根源避免室内环境污染物超标问题，改善室内人居环境，打造绿色家居。

28.13.3 绿色施工措施

施工工序对装饰装修工程有重要的环保作用。以下将装饰装修过程中应注意的环保要点和控制要点罗列出来（表 28-97）。

施工工序环保要点及控制要点　　表 28-97

序号	项目	环保要点	控制要点
1	拆除工程 砌筑工程 基层处理 水电线槽的剔凿	① 拆除时噪声	① 拆除时尽量选择对周围影响较小的时间段
		② 拆除及剔凿时产生的粉尘	② 拆除时工人佩戴口罩，并洒水降尘
		③ 拆除产生的建筑垃圾	③ 选择合格的垃圾处理场地
		④ 各种建筑材料的消耗/水电的消耗	④ 根据预算，对材料进行限额领量
2	防水工程	① 防水材料的有害性 ② 有些防水材料施工时采用烤枪产生的污染	① 选择环保的防水材料，装修尽量采用涂膜防水剂
		③ 防水材料施工中产生的污水	② 将污水进行沉淀后排入市政管网
		④ 施工过程中产生的有害气味的散发	③ 现场保持良好的通风，必要时设置排风装置 ④ 施工工人佩戴口罩
		⑤ 防水材料容器的丢弃	⑤ 对有毒有害的废弃容器集中处理
		⑥ 防水材料及水电的消耗	⑥ 根据预算，对材料进行限额领量
3	吊顶工程： 木夹板吊顶 石膏板吊顶 矿棉板吊顶 铝塑板吊顶	① 各种吊筋钻孔时冲击钻的噪声、各种板材切割时的噪声和粉尘排放	① 打孔和板材切割尽量选择在对周围影响较小的时间段，板材切割应设专门加工区
		② 胶粘剂的选择（主要关注甲醛、苯含量） ③ 吊顶预埋件、吊杆等防锈漆的选择 ④ 木夹板材料的选择（主要关注甲醛含量） ⑤ 防火涂料的选择木夹板吊顶、石膏板吊顶及矿棉板吊顶中乳胶漆选择	② 选择合格的各种材料，包括辅助材料
		⑥ 夹板切割后断面释放有害物质	③ 夹板切割后采用甲醛清除剂的封闭
		⑦ 木夹板吊顶、石膏板吊顶及矿棉板吊顶中腻子的调配	④ 腻子的调配应尽量选择成品腻子，自己配置时重点关注胶水的甲醛含量
		⑧ 腻子施工过程中洒落 ⑨ 腻子打磨过程中的粉尘 ⑩ 各种废弃物的排放、焊渣、焊锡烟的排放	⑤ 在批腻子过程和打磨腻子的过程中，工人都应佩戴口罩并注意通风。对于撒落的腻子及其乳胶漆应及时清理
		⑪ 各种建筑材料及水电的消耗	⑥ 根据预算，对材料进行限额领量
4	墙面铺贴面砖、马赛克、石材	① 关注面砖、石材等的放射性 ② 石材嵌缝胶的有害性	① 各种材料的选择包括辅助材料
		③ 各种粉尘的排放（面砖、石材的切割）	② 施工工人佩戴口罩，面砖、石材采用湿切割并注意保持通风
		④ 切割过程中噪声的排放	③ 切割尽量选择在对周围影响较小的时间段
		⑤ 施工污水的排放	④ 将污水进行沉淀后排入市政管网
		⑥ 各种建筑材料及水电的消耗	⑤ 根据预算，对材料进行限额领量

续表

序号	项目	环保要点	控制要点
5	干挂石材	① 关注石材的放射性 ② 干挂件使用的粘胶有害性 ③ 干挂件的选择 ④ 石材嵌缝胶的有害性	① 各种材料的选择包括辅助材料
		⑤ 主龙骨、干挂件钻孔过程的噪声和粉尘	② 石材的切割时间尽量选在对周围影响小的时间段
		⑥ 石材现场切割过程中的粉尘排放 ⑦ 干挂件与龙骨焊接过程烟尘与光	③ 施工过程中工人都应佩戴口罩并注意通风
		⑧ 施工污水的排放	④ 污水进行沉淀后排入市政管网
		⑨ 各种建筑材料的消耗	⑤ 根据预算，对材料进行限额领量
6	墙纸裱糊与软包	① 墙纸的选择 ② 防潮底漆的选择 ③ 胶水的选择	① 各种材料的选择包括辅助材料
		④ 各种建筑材料的消耗	② 根据预算，对材料进行限额领量
7	墙面涂刷乳胶漆	① 乳胶漆的选择（主要关注 VOC 和甲醛含量） ② 胶粘剂的选择（主要关注 TVOC 和苯含量）	① 各种材料的选择包括辅助材料
		③ 现场腻子的调配	② 应尽量选择成品腻子，现场配置时重点关注稀料的甲醛含量
		④ 施工过程中腻子、涂料的洒落 ⑤ 腻子打磨过程中的粉尘 ⑥ 乳胶漆气味的排放	③ 在批腻子和打磨腻子过程中，工人都应佩戴口罩并注意通风。对于撒落的腻子及其乳胶漆应及时清理
		⑦ 涂料刷、桶的废弃	④ 对有毒有害的废弃容器集中处理
		⑧ 各种建筑材料的消耗	⑤ 根据预算，对材料进行限额领量
8	木门窗、门套、家具、护墙等木作施工	① 木板材及木制品的选择（主要关注甲醛含量） ② 油漆、稀料、胶粘剂的选择（主要关注 TVOC、甲醛和苯含量）	① 各种材料的选择包括辅助材料
		③ 电锯、切割机等施工机具产生的噪声排放 ④ 锯末粉尘的排放 ⑤ 电钻粉尘的排放 ⑥ 油漆、胶粘剂气味的排放	② 钻孔和板材切割尽量选择在对周围影响较小的时段
		⑦ 油漆、稀料、胶粘剂的泄漏和遗撒	③ 施工过程中工人都应佩戴口罩并注意通风，对泄漏、遗撒的漆料和胶料及时清理 ④ 木制品尽量采用工厂加工、现场安装的方式
		⑧ 油漆刷、桶的废弃夹板等施工垃圾的排放	⑤ 对有毒有害的废弃容器集中处理
		⑨ 各种建筑材料的消耗	⑥ 根据预算，对材料进行限额领量

续表

序号	项目	环保要点	控制要点
9	地面石材铺贴	① 石材的选择（主要关注放射性）	① 各种材料的选择包括辅助材料
		② 电锯、切割机等施工机具产生的噪声排放	② 选用低噪声的施工机具，石材切割尽量选择在对周围影响较小的时段
		③ 石材现场切割过程中的粉尘排放	③ 施工过程中工人都应佩戴口罩并注意通风
		④ 施工污水的排放	④ 将污水进行沉淀后排入市政管网
		⑤ 各种建筑材料的消耗	⑤ 根据预算，对材料进行限额领量
10	地面砖铺贴	① 地面砖的选择（主要关注放射性）	① 各种材料的选择包括辅助材料
		② 电锯、切割机等施工机具产生的噪声排放	② 石材切割尽量选择在对周围影响较小的时段
		③ 面砖现场切割中的粉尘排放	③ 施工过程中工人都应佩戴口罩并注意通风
		④ 各种建筑材料的消耗	④ 根据预算，对材料进行限额领量
11	地毯铺设	① 地毯和地毯衬垫的选择（主要关注TVOC和甲醛含量） ② 地毯胶粘剂的选择（主要关注TVOC和甲醛含量）	① 各种材料的选择包括辅助材料
		③ 胶粘剂气味的排放	② 施工过程中工人都应佩戴口罩并注意通风
		④ 胶粘剂等废料和包装物的废弃	③ 对有毒有害的废弃容器集中处理
		⑤ 各种建筑材料的消耗	④ 根据预算，对材料进行限额领量
12	实木地板铺设	① 实木地板的选择（主要关注正规品牌） ② 木格栅的选择 ③ 防火、防腐、涂料的选择	① 各种材料的选择包括辅助材料
		④ 基层大芯板尽量不要切割，切割后涂刷封闭剂 ⑤ 各种建筑材料的消耗	② 根据预算，对材料进行限额领量
13	复合地板铺设	① 复合地板的选择（主要关注甲醛含量） ② 胶粘剂的选择（主要关注甲醛和苯含量）	① 各种材料的选择包括辅助材料
		③ 胶粘剂气味的排放	② 施工过程中工人都应佩戴口罩并注意通风
		④ 胶粘剂等废料和包装物的废弃	③ 对有毒有害的废弃容器集中处理
		⑤ 各种建筑材料的消耗	④ 根据预算，对材料进行限额领量

28.13.4　绿色施工管理

1. 组织管理

（1）建立室内绿色装饰装修施工管理体系和组织机构，制定绿色施工管理目标，落实各级责任人。

（2）制定室内绿色装饰装修施工技术方案和保障绿色施工的技术措施。

2. 环保控制

(1) 在开槽、钻孔、切割和打磨等施工环节时，采取防尘抑尘措施，如采用湿法施工、激光切割、设置隔离、洒水，拆除垃圾采取分类装袋等防扬尘运输措施等。

(2) 对易产生扬尘的室内施工作业区域采取定期洒水、封闭或通风吸尘措施。

(3) 对易飞扬的细颗粒室内装饰装修材料采取遮盖、封存、余料及时回收的抑尘措施。

(4) 对室内装饰装修施工主要施工作业区进行日常扬尘、粉尘检查，实施现场监测，保持目测扬尘高度不超过1.0m。

3. 资源节约

(1) 根据室内装饰装修施工进度、材料使用时点和库存情况，制定和实施材料采购和使用、限额领料、周转材料、保养维护、低耗材料包装和科学运输方法的节材优化管理。

(2) 室内装饰面板、块材、板材和卷材镶贴以及控制面板等饰面材料进行排板优化，优化线材下料方案。

(3) 制定并实施施工节能和用能方案，监测并记录施工能耗。

(4) 制定并实施施工节水和用水方案，监测并记录施工水耗。

4. 过程管理

(1) 对室内装饰装修项目施工过程的各重要施工节点室内空气污染物浓度进行核算，编制和优化绿色装饰装修施工工序、工艺、工法、材料和机具的专项施工组织计划和实施方案。

(2) 对施工人员进行绿色施工教育职业培训，张贴绿色施工、环境保护、安全防毒标牌标识，增强绿色施工意识，将绿色施工目标、任务和奖罚制度落实分配到施工各阶段、各环节和各班组岗位人员。

(3) 严格控制有关绿色装饰内容和要求的设计变更，避免出现和降低绿色环保性能的重大变更，设计变更按照设计变更规范和程序规定完成。

(4) 对施工工程中的半成品、成品，制定和实施成品保护管理办法和措施，避免和防止碰撞、损坏和污染现象发生。

5. 验收

(1) 室内装饰装修工程项目的室内环境质量验收应在工程项目完工至少7d以后，工程交付使用前进行。

(2) 室内装饰装修项目竣工验收时，必须进行室内环境污染物浓度检测，其限量应符合现行国家标准《民用建筑工程室内环境污染控制标准》GB 50325规定（表28-98）。

民用建筑室内环境污染物浓度限量 **表28-98**

污染物	Ⅰ类民用建筑工程	Ⅱ类民用建筑
氡（Bq/m^3）	≤150	≤150
甲醛（mg/m^3）	≤0.07	≤0.08
氨（mg/m^3）	≤0.15	≤0.20
苯（mg/m^3）	≤0.06	≤0.09
甲苯（mg/m^3）	≤0.15	≤0.20
二甲苯（mg/m^3）	≤0.20	≤0.20
TVOC（mg/m^3）	≤0.45	≤0.50

参 考 文 献

1. 中国建筑工程总公司．建筑装饰装修工程施工工艺标准[M]. 北京：中国建筑工业出版社，2003.
2. 中铁建设集团有限公司．装饰装修工程细部做法[M]. 北京：中国建筑工业出版社，2017.
3. 周海涛．装饰工实用便查手册[M]. 北京：中国电力出版社，2010.
4.《建筑施工手册》(第五版)编委会．建筑施工手册[M]. 5 版．北京：中国建筑工业出版社，2012.
5. 罗兰，卢志宏．BIM 装饰专业基础知识[M]. 北京：中国建筑工业出版社，2018.

29 建筑地面工程

29.1 建筑地面的组成和作用

29.1.1 建筑地面组成构造

1. 建筑地面

建筑地面是建筑物底层地面（地面）和楼层地面（楼面）的总称。

2. 建筑地面构成的层次与构造

建筑地面主要由基层和面层构造组成。基层包括结构层和垫层及面层下的其他构造层，直接坐落于基土上的底层地面的结构层是基土，楼层地面的结构层是楼板或结构底板。面层即地面和楼面的表面层，根据生产、工作、生活特点和不同的使用要求做成整体面层、板块面层和木竹面层等。

当基土和楼板与面层之间的构造不能满足使用或构造要求时，必须在基土和楼板与面层间增设相应的结合层、找平层、填充层、隔离层、绝缘层、垫层等构造层。

建筑地面构成的各层次简图见图 29-1。

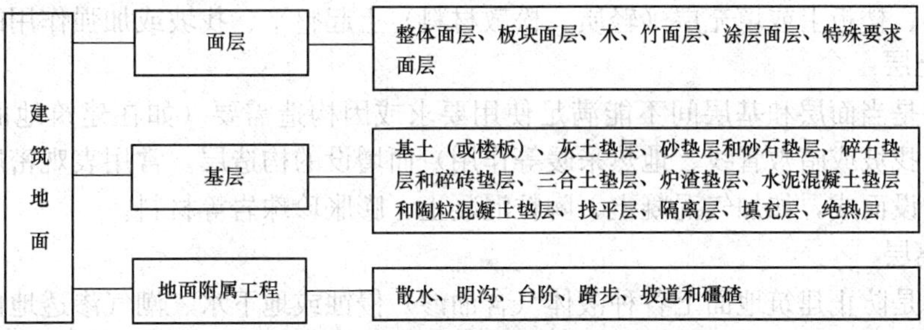

图 29-1 建筑地面构成的各层次简图

建筑地面构成的各层构造示意图见图 29-2。

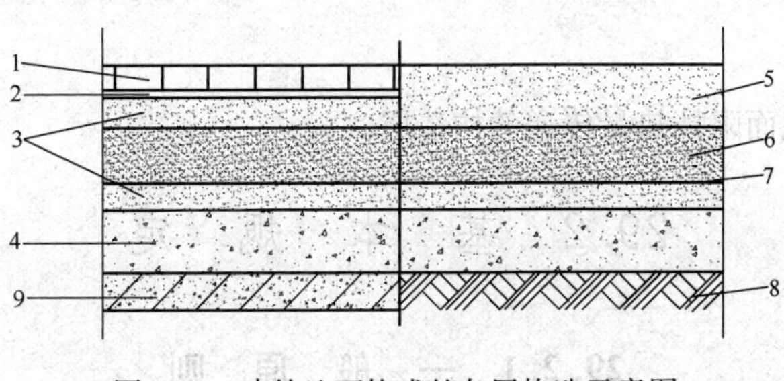

图 29-2 建筑地面构成的各层构造示意图

1—块料面层；2—结合层；3—找平层；4—垫层；5—整体面层；6—填充层；7—隔离层；8—基土；9—楼板

29.1.2　建筑地面层次作用

1. 面层

面层是建筑地面直接承受各种物理和化学作用的表面层。面层品种和类型的选择，由设计单位根据生产特点、功能使用要求，同时结合技术经济条件和就地取材的原则来确定。

2. 基层

面层下的构造层，包括填充层、隔离层、绝热层、找平层、垫层和基土等。

（1）填充层：建筑地面中具有隔声找坡等作用和暗敷管线的构造层。

（2）隔离层：防止建筑地面上各种液体或地下水、潮气渗透地面等作用的构造层；当仅防止地下潮气透过地面时，可称作防潮层。

（3）绝热层：绝热层是用于地面阻挡热量传递的构造层。

（4）找平层：在垫层、楼板上或填充层（轻质、松散材料）上起整平、找坡或加强作用的构造层。

（5）垫层：垫层是底层地面上承受并传递荷载于基土的构造层，垫层分为刚性垫层和柔性垫层，常用的有水泥混凝土垫层、水泥砂浆垫层、碎石垫层、炉渣垫层等。

（6）基土：基土是底层地面的结构层，起着承受和传递来自地面面层荷载的作用。

3. 结合层

结合层是面层与下一构造层相连接的中间层。各种板块面层在铺设（贴）时都要有结合层。不同面层的结合层根据设计及有关规范采用不同的材料，使面层与下一层粘接牢固的相连在一起。

4. 找平层

在垫层、楼板上或填充层（轻质、松散材料）上起整平、找坡或加强作用的构造层。

5. 填充层

填充层是当面层和基层间不能满足使用要求或因构造需要（如在建筑地面上起到隔声、保温、找坡或暗敷管线、地热采暖等作用）而增设的构造层。常用表观密度值较小的轻质材料铺设而成，如加气混凝土、陶粒混凝土、膨胀珍珠岩等材料。

6. 隔离层

隔离层是防止建筑地面上各种液体（含油渗）侵蚀或地下水、潮气渗透地面等作用的构造层，仅防止地下潮气透过地面时可称作防潮层。隔离层应用不透气、无毛细管现象的材料，一般常用防水砂浆、沥青砂浆、聚氨酯涂层和SBS防水等，其位置设于垫层或找平层上。

7. 绝热层

绝热层是用于地面阻挡热量传递的构造层。

29.2　基　本　规　定

29.2.1　一　般　原　则

（1）建筑地面施工在符合设计要求和满足使用功能条件下，应充分采用地方材料和环保材料，合理利用、推广工业废料，尽量节约材料、做到技术先进、经济合理、控制污染、卫生环保，确保工程质量和安全适用。

(2) 根据现行国家标准《建筑工程施工质量验收统一标准》GB 50300 和《建筑地面工程施工质量验收规范》GB 50209，建筑地面子分部工程、分项工程的划分见表 29-1。

(3) 建筑地面施工在执行现行国家标准《建筑地面工程施工质量验收规范》GB 50209和《建筑工程施工质量验收统一标准》GB 50300 的同时，尚应符合相关的现行国家标准的规定，包括《建筑地面设计规范》GB 50037、《建筑地基基础工程施工质量验收标准》GB 50202、《砌体结构工程施工质量验收规范》GB 50203、《混凝土结构工程施工质量验收规范》GB 50204、《木结构工程施工质量验收规范》GB 50206、《屋面工程质量验收规范》GB 50207、《民用建筑工程室内环境污染控制标准》GB 50325、《地下防水工程质量验收规范》GB 50208 以及《建筑防腐蚀工程施工规范》GB 50212 等。

建筑地面子分部工程、分项工程划分表 **表 29-1**

分部工程	子分部工程	分项工程	检验批
建筑装饰装修工程	建筑地面	基层	基土、灰土垫层、砂垫层和砂石垫层、碎石垫层和碎砖垫层、三合土及四合土垫层、炉渣垫层、水泥混凝土垫层和陶粒混凝土垫层、找平层、隔离层、填充层、绝热层
		整体面层	水泥混凝土面层、水泥砂浆面层、水磨石面层、硬化耐磨地面面层、防油渗面层、不发火（防爆的）面层、自流平面层、涂料面层、塑胶面层、辐射供暖地面的整体面层
		板块面层	砖面层（陶瓷锦砖、缸砖、陶瓷地砖和水泥花砖面层）、大理石面层和花岗石面层、预制板块面层（水泥混凝土板块、水磨石板块面层、人造石板块面层）、料石面层（条石、块石面层）、塑料板面层、活动地板面层、金属板面层、地毯面层、辐射供暖地面的块料面层
		木、竹面层	实木地板面层、实木集成地板、竹地板面层（条材、块材面层）、实木复合地板面层（条材、块材面层）、浸渍纸层压木质地板面层（条材、块材面层）、软木类地板面层（条材、块材面层）、辐射供暖地面的木板面层

(4) 建筑地面工程施工前，应做好下列技术准备工作：

1) 进行图纸会审，复核设计做法是否符合现行《建筑地面设计规范》GB 50037、《建筑装饰装修工程质量验收标准》GB 50210、《建筑地面工程施工质量验收规范》GB 50209的要求，并掌握施工图中的细部构造及有关技术要求。

2) 应与机电安装单位联合图审，核对装饰施工图纸与安装施工图纸点位布置及管线线路等是否一致，是否能满足消防、安装现行国家和行业规范要求。

3) 板块面层地面施工前应先进行深化设计，地面排版图（包括块材分格、排水坡向、排水沟位置、地面检修口位置、地漏、地插等末端点位位置、变形缝位置、与饰面板砖缝隙对应关系、过地面管道包封尺寸等）、地面细部节点图（包括不同材料地面交接节点、变形缝节点、栏杆节点、地弹簧安装节点、与幕墙连接部位节点及收口部位节点等）。

4) 地面深化设计宜采用BIM技术，绘制BIM视觉模型，并与各安装专业BIM模型对接，对地面上设备基础位置和高度、设备及管道安装位置等进行碰撞检查，经业主（监理）认可后再正式施工。

5）施工前，应与主体结构施工单位定位点进行交接，复核结构、构件、预留洞口（包括门窗洞口、楼梯洞口、电梯、自动扶梯洞孔等）、基层、标高、尺寸、坡度等是否符合要求。

6）核对各种材料的见证抽样、取样、送试、检测是否符合要求。

7）应与结构、机电、电梯等专业施工单位统一坐标系统。

8）石材、地砖等饰面层材料，需选样经建设单位、设计单位认可。

9）编制楼地面工程施工方案，宜采用BIM模拟建造技术制作工艺样板和技术交底，必要时先做样板间（块）。

29.2.2　材　料　控　制

（1）建筑地面工程采用的材料应按设计要求和现行《建筑地面工程施工质量验收规范》GB 50209的规定选用，并应符合国家标准的规定；进口材料应有中文质量合格证明文件，规格、型号及外观等应进行验收，对重要材料或产品应抽样进行复验。对有防火要求的材料，应有消防检测报告。

（2）建筑地面工程采用的水泥砂浆、水泥混凝土的原材料，如水泥、砂、石子、外加剂等，其质量标准必须符合现行《混凝土结构工程施工质量验收规范》GB 50204的规定。当要求进场复试时，复试取样方法（数量）、复试项目按规定进行；防水卷材、防水涂料等防水材料按现行《屋面工程质量验收标准》GB 50207的规定进行。

（3）建筑地面工程采用的大理石、花岗石、料石等天然石材，聚氯乙烯卷材地板、木塑制品地板、橡塑类铺地材料等人造板材，以及人造木板、砖、预制板块、地毯、胶粘剂、涂料、水泥、砂、石、外加剂、防水涂料、水性处理剂等材料或产品应符合现行国家标准《民用建筑工程室内环境污染控制标准》GB 50325的规定。材料进场应具有检测报告。

（4）建筑地面工程采用的花岗石、瓷砖、人造木板、防水涂料、胶粘剂等材料污染物释放量或含量抽查复验组批要求应符合现行国家标准《民用建筑工程室内环境污染控制标准》GB 50325的规定。

29.2.3　技　术　规　定

（1）建筑地面各构造层采用拌合料的配合比或强度等级，应按施工规范规定和设计要求通过试验确定，填写配合比通知单记录并按规定做好试块的制作、养护和强度检验。

（2）水泥混凝土和水泥砂浆试块的制作、养护和强度检验应按现行国家标准《混凝土结构工程施工质量验收规范》GB 50204和《砌体结构工程施工质量验收规范》GB 50203的有关规定进行。

（3）检验水泥混凝土和水泥砂浆试块的组数，每一层（或每一检验批）不应少于一组；当每一层地面面积大于1000m^2时，每增加1000m^2（小于1000m^2按1000m^2计算）增加一组试块；同一检验批次、同一配合比的散水、明沟、踏步台阶、坡道的水泥混凝土、水泥砂浆强度的试块，应按每150延长米不少于1组。

（4）建筑地面构造层的厚度应按设计要求铺设，并应符合施工规范的规定。

(5) 厕浴间和有防滑要求的建筑地面应选用符合设计要求的具有防滑性能的面层材料。

(6) 建筑地面工程施工时，各层环境温度的控制应符合下列规定：

1) 采用掺有水泥、石灰的拌合料铺设以及用石油沥青胶结料铺贴时，不应低于5℃；

2) 采用有机胶粘剂粘贴时，不宜低于10℃；

3) 采用砂、石材料铺设时，不应低于0℃；

4) 采用自流平、涂料铺设时，不应低于5℃，也不应高于30℃。

(7) 结合层和板块面层的填缝采用的水泥砂浆，应符合下列规定：

1) 配制水泥砂浆应采用硅酸盐水泥、普通硅酸盐水泥；

2) 水泥砂浆采用的砂应符合现行的行业标准《普通混凝土用砂、石质量及检验方法标准》JGJ 52的规定；

3) 配制水泥砂浆的体积比、相应的强度等级和稠度，应符合设计要求。当设计无要求时可按表29-2采用。

水泥砂浆的体积比、相应的强度等级和稠度 **表29-2**

面层种类	构造层	水泥砂浆体积比	相应的强度等级	砂浆稠度（mm）
条石、无釉陶瓷地砖面层	结合层和面层的填缝	1∶2	≥M15	25～35
耐磨地面面层	结合层	1∶2	≥M15	25～35
整体水磨石面层	结合层	1∶3	≥M10	30～35
预制水磨石板、大理石板、花岗石板、陶瓷锦砖、陶瓷地砖面层	结合层	1∶2	≥M15	25～35
水泥花砖、预制混凝土板面层	结合层	1∶3	≥M10	30～35

注：为便于控制水泥砂浆配置质量，施工时宜将体积比换算成质量比。

(8) 铺设有坡度的地面应采用基土高差达到设计要求的坡度；铺设有坡度的楼面（或架空地面），应通过在基层上改变填充层（或找平层）厚度或以结构起坡达到设计要求的坡度。

(9) 散水、脚、踏步、台阶和坡道等附属工程，其面层和基层（各构造层）均应符合设计要求。施工时应按本章基层铺设中基土和相应垫层以及面层的规定执行。

(10) 水泥混凝土散水、明沟，应设置伸缩缝，其延米间距不得大于10m，对日晒强烈且昼夜温差大于15℃的地区，其延长米间距宜为4～6m。房屋转角处应做45°缝。水泥混凝土散水、台阶等与建筑物连接处应设缝处理。上述缝宽度为15～20mm，缝内填嵌柔性密封材料。

(11) 厕浴间、厨房和有排水（或其他液体）要求的建筑地面面层与相连接各类面层的标高差应符合设计要求。当设计无要求时，宜不小于20mm。

29.2.4 施 工 程 序

(1) 建筑地面工程下部遇有沟槽、暗管、保温、隔热、隔声等工程项目时，应待该项工程完成并经检验合格做好隐蔽工程记录（或验收）后，方可进行建筑地面工程施工。

建筑地面工程结构层（各构造层）和面层的铺设，均应待其下一层检验合格后方可施工上一层。建筑地面工程各层铺设前与相关专业的分部（子分部）工程、分项工程以及设备管道安装工程之间，应进行交接检验并做好记录，未经监理单位检查认可，不得进行下道工序施工。

（2）建筑地面各类面层的铺设宜在室内装饰工程基本完工后进行。木、竹面层以及活动地板、塑料板、地毯面层的铺设，应待抹灰工程或管道试压等施工完工后进行，确保建筑地面的施工质量。

（3）建筑地面工程完工后，应对铺设面层采取保护措施，防止面层表面磕碰损坏。

29.2.5　变形缝和镶边设置

1. 变形缝的设置

建筑地面的变形缝包括伸缩缝、沉降缝和防震缝，应按设计要求设置，并应与结构相应的缝位置一致，且应贯通建筑地面的各构造层。设置方法如下：

（1）整体面层的变形缝在施工时，先在变形缝位置安放与缝宽相同的木板条，木板条应刨光后涂隔离剂，待面层施工并达到一定强度后，将木板条取出。

（2）变形缝一般填以麻丝或其他柔性密缝材料，变形缝表面可用柔性密缝材料嵌填，或用钢板、硬聚氯乙烯塑料板、铝合金板等覆盖，并应与面层齐平。大面积和设计有要求时应符合设计要求，当设计无要求时其构造做法见图 29-3。

（3）室外水泥混凝土地面工程，应设置伸缩缝；室内水泥混凝土地面工程应设置纵向和横向缩缝，不宜设置伸缝。

（4）伸缩缝施工

1）缩缝：室内纵向缩缝的间距，宜为 3～6m，施工气温较高时宜采用 3m；室内横向缩缝的间距，宜为 6～12m，施工气温 25～30℃时宜采用 6m。室外地面或高温季节施工时宜为 6m。室内水泥混凝土地面工程分区、段浇筑时，应与设置的纵、横向缩缝的间距相一致，见图 29-4。

① 纵向缩缝应做成平头缝，见图 29-5（*a*）；当垫层厚度大于 150mm 时，亦可采用企口缝，见图 29-5（*b*）；横向缩缝应做成假缝，见图 29-5（*c*）；当垫层板边加肋时，应做成加肋板平头缝，见图 29-5（*d*）。

② 平头缝和企口缝的缝间不应放置任何隔离材料，浇筑时要互相紧贴。企口缝尺寸亦可按设计要求，拆模时的混凝土抗压强度不宜低于 3MPa。

③ 假缝应按规定的间距设置吊模板；或在浇筑混凝土时，将预制的木条埋设在混凝土中，并在混凝土终凝前取出；亦可采用在混凝土强度达到一定要求后用锯割缝。假缝的宽度宜为 5～20mm，缝深度宜为垫层厚度的 1/3，缝内应填水泥砂浆。

2）伸缝：室外伸缝的间距一般为 30m，伸缝的缝宽度一般为 20～30mm，上下贯通。缝内应填嵌沥青类材料，见图 29-6（*a*）。当沿缝两侧垫层板边加肋时，应做成加肋板伸缝，见图 29-6（*b*）。

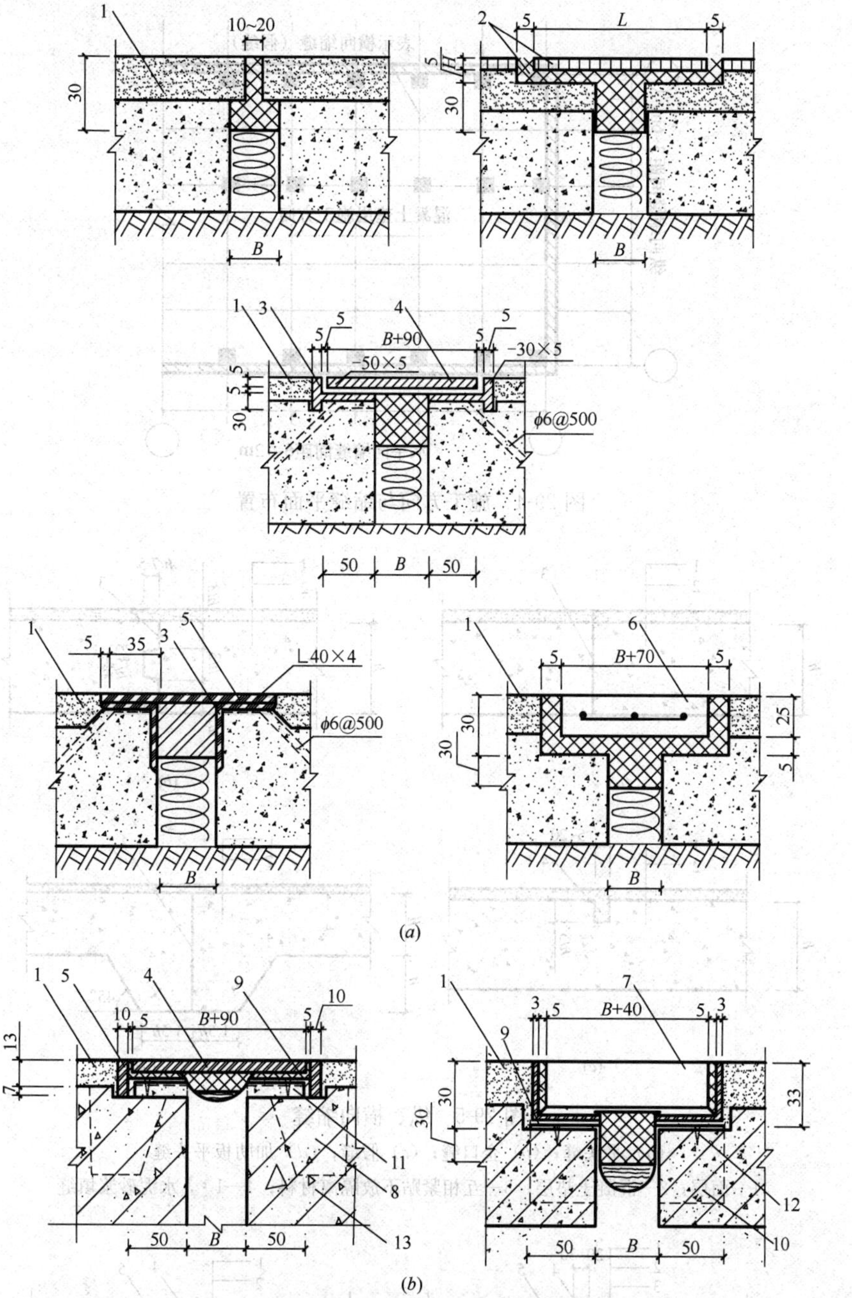

图 29-3 建筑地面变形缝构造

（*a*）地面变形缝各种构造做法；（*b*）楼面变形缝各种构造做法

示嵌柔性密缝材料；示填实沥青麻丝或其他柔性材料

1—整体面层；2—板块面层；3—焊牢；4—5 厚钢板（或铝合金、塑料硬板）；5—5 厚钢板；6—C20 混凝土预制板；7—钢板或块材、铝板；8—40×60×60 木楔 500 中距；9—镀锌薄钢板；10—40×40×60 木楔 500 中距；11—木螺丝固定 500 中距；12—L30×3 木螺栓固定 500 中距；13—楼层结构层；

B—缝宽按设计要求；*L*—尺寸按板块料规格；*H*—板块面层厚度

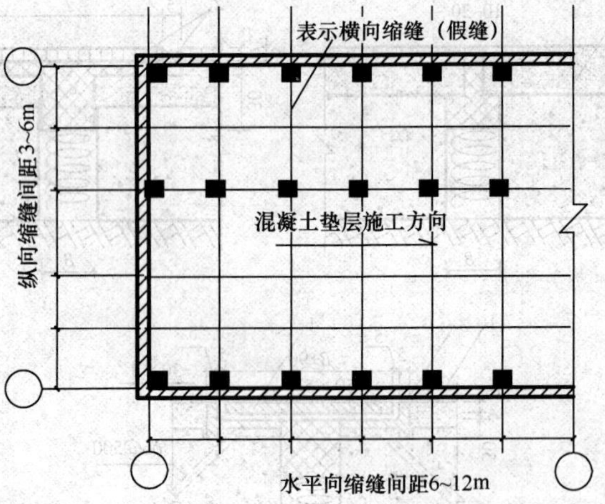

图 29-4　施工方向与缩缝平面布置

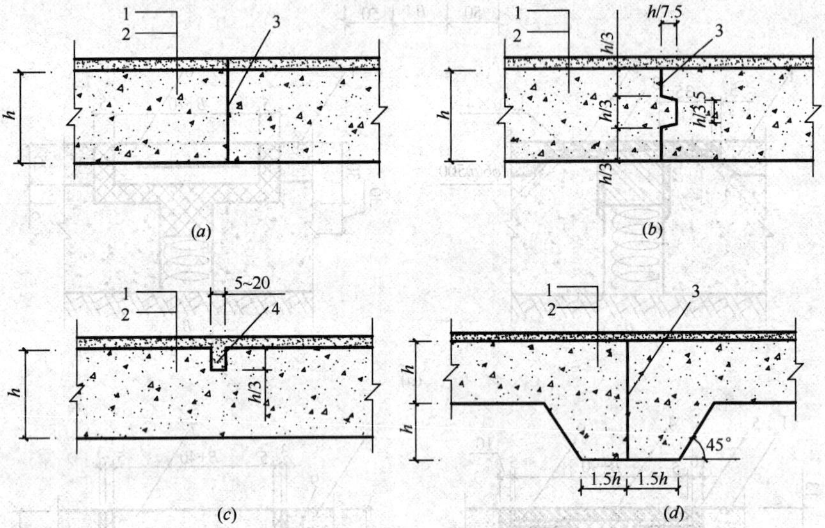

图 29-5　纵、横向缩缝

（*a*）平头缝；（*b*）企口缝；（*c*）假缝；（*d*）加肋板平头缝

1—面层；2—混凝土垫层；3—互相紧贴不放隔离材料；4—1∶3 水泥砂浆填缝

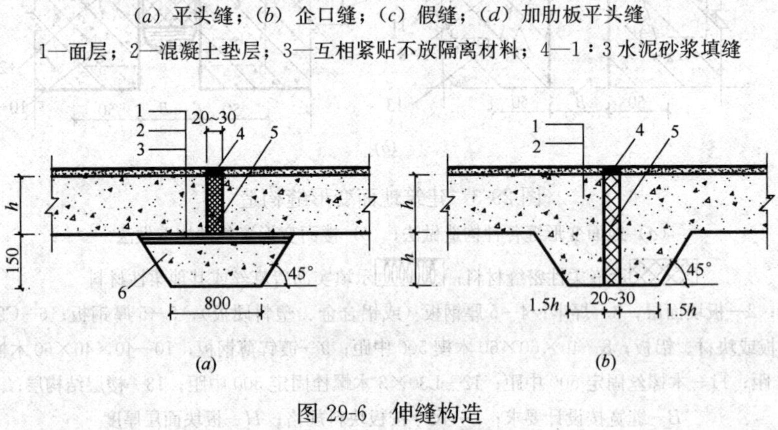

图 29-6　伸缝构造

（*a*）伸缝；（*b*）加肋板伸缝

1—面层；2—混凝土垫层；3—干铺油毡一层；4—沥青胶泥填缝；5—沥青胶泥或沥青木丝板；6—C20 混凝土

2. 镶边设置

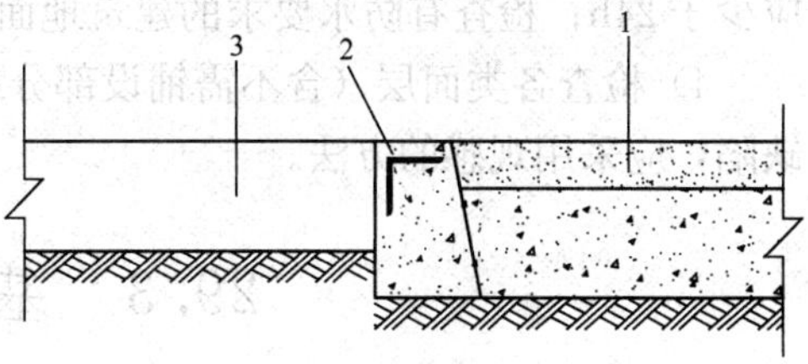

图 29-7 镶边角钢

1—水泥类面层；2—镶边角钢；3—其他面层

建筑地面镶边的设置，应按设计要求，当设计无要求时，须符合下列要求做法。

（1）在有强烈机械作用下的水泥类整体面层，如水泥砂浆、水泥混凝土、水磨石、水泥钢（铁）屑面层等与其他类型的面层邻接处，应设置金属镶边构件，见图 29-7。

（2）采用水磨石整体面层时，应用同类材料以分格缝设置镶边。

（3）条石面层和各种砖面层与其他面层相邻接处，应用丁铺的同类材料镶边。

（4）采用实木地板、竹地板和塑料板面层时，应用同类材料镶边。

（5）在地面面层与管沟、孔洞、检查井等邻接处，均应设置镶边。

（6）管沟、变形缝等处的建筑地面面层的镶边构件，应在铺设面层前装设。

（7）建筑地面的镶边宜与柱、墙面或踢脚线的变化协调一致。

29.2.6 施工质量检验

（1）建筑地面工程施工质量的检验，应符合下列规定：

1）基层（各构造层）和各类面层的分项工程的施工质量验收应按每一层次或每层施工段（或变形缝）划分检验批，高层建筑的标准层可按每三层（不足三层按三层计）划分检验批；

2）每检验批应以各子分部工程的基层（各构造层）和各类面层所划分的分项工程按自然间（或标准间）检验，抽查数量应随机检验不应少于 3 间；不足 3 间，应全数检查；其中走廊（过道）应以 10 延长米为 1 间，工业厂房（按单跨计）、礼堂、门厅应以两个轴线为 1 间计算；

3）有防水要求的建筑地面子分部工程的分项工程施工质量每检验批抽查数量应按其房间总数随机检验不应少于 4 间，不足 4 间，应全数检查。

（2）建筑地面工程完工后，施工质量检验应在施工单位自行检验合格的基础上，由监理单位组织有关单位对分项工程和子分部工程进行抽查检验。

（3）检验批的施工质量，按基层和面层铺设的各分项工程的主控项目和一般项目的质量标准逐项检验。

（4）建筑地面工程的分项工程施工质量检验的主控项目，必须达到地面施工质量验收标准规定的质量标准，方可认定为合格；一般项目 80%（含）以上的检查点（处）符合施工规范规定的质量标准，而其余检查点（处）不得有明显影响使用且最大偏差值不得超过允许偏差值的 50%为合格。

（5）质量标准检验方法应采取下列规定：

1）检查允许偏差应采用钢尺、5m 线、靠尺、楔形塞尺、坡度尺、游标卡尺和水准仪；

2）检查空鼓应采用敲击的方法；

3）检查防水隔离层应采用蓄水方法，蓄水深度最浅处不应小于 10mm，蓄水时间不应少于24h；检查有防水要求的建筑地面的面层应采用泼水方法；

4）检查各类面层（含不需铺设部分或局部面层）表面的裂纹、脱皮、麻面和起砂等缺陷，应采用观感的方法。

29.3 基层铺设

29.3.1 一般要求

（1）基土应均匀密实，对不符合设计要求的基土进行更换或加固处理，并应符合现行国家规范标准的有关规定。

（2）基层铺设的材料质量、密实度和强度等级（或配合比）等应符合设计要求、施工质量验收规范及技术标准的规定。

（3）基层铺设前，其下一层表面应干净、无积水。

（4）垫层分段施工时，接槎处应做成阶梯形，每层接槎处的水平距离应错开0.5～1.0m。接槎不应设在地面荷载较大的部位。

（5）当垫层、找平层、填充层内埋设暗管时，管道应按设计要求予以稳固。

（6）对有防静电要求的整体地面的基层，应清除残留物，将露出基层的金属物涂绝缘漆两遍晾干。

（7）基层的标高、坡度、厚度等应符合设计要求。基层表面应平整、干燥，并不得有空鼓、裂缝和起砂等缺陷，其允许偏差应符合表29-3的规定。

基层表面的允许偏差和检验方法（mm）　表29-3

项次	项目	允许偏差（mm）														检验方法
		基土	垫层					找平层				填充层		隔离层	绝热层	
					垫层地板											
		土	砂、砂石、碎石、碎砖	灰土、三合土、四合土、炉渣、水泥混凝土、陶粒混凝土	木格栅	拼花实木地板、拼花实木复合地板、软木类地板面层	其他种类面层	用胶结料做结合层铺设板块面层	用水泥砂浆做结合层铺设板块面层	用胶粘剂做结合层铺设拼花木板、浸渍纸层压木质地板、实木复合地板、竹地板、软木地板面层	金属板面层	松散材料	板、块材料	防水、防潮、防油渗	板块材料、浇筑材料、喷涂材料	
1	表面平整度	15	15	10	3	3	5	3	5	2	3	7	5	3	4	用2m靠尺和楔形塞尺检查
2	标高	0 −50	±20	±10	±5	±5	±8	±5	±8	±4	±4	±4	±4	±4	±4	用水准仪检查
3	坡度	不大于房间相应尺寸的2/1000，且不大于30														用坡度尺检查
4	厚度	在个别地方不大于设计厚度的1/10，且不大于20														用钢尺检查

29.3.2 基 土

基土系底层地面和室外散水、明沟、踏步、台阶和坡道等附属工程中垫层下的地基土层，是承受由整个地面传来荷载的地基结构层。

1. 基土的构造做法

（1）基土包括开挖后的原状土层、加固处理后土层的及回填土等。

（2）基土标高应符合设计要求，软弱土层的更换或加固以及回填土等的厚度均应按施工规范和设计要求进行分层夯实或碾压密实。基土构造做法见图 29-8。

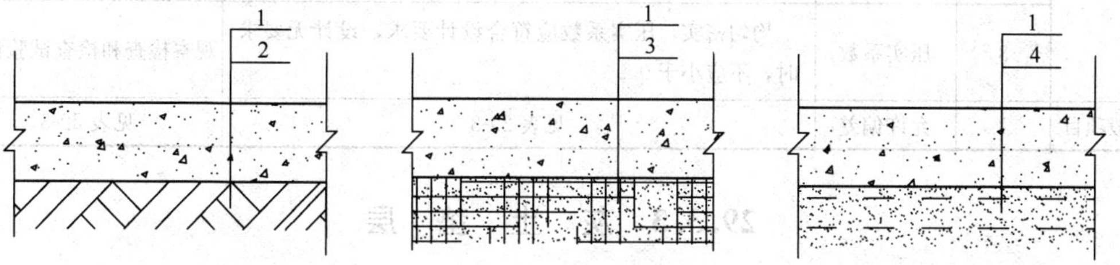

1—垫层；2—原状土层
(*a*)

1—垫层；3—处理的软弱土层
(*b*)

1—垫层；4—回填土层分层夯实
(*c*)

图 29-8 基土构造做法

(*a*) 基土为均匀密实的原状土；(*b*) 基土为已处理的软弱土层；(*c*) 基土为回填土层

2. 材料质量控制

（1）按设计标高开挖后的原状土层，如为碎石类土、砂土或黏性土中的老黏土和一般黏性土等，均可作为基土层。

（2）填土尽量采用原开挖出的土，必须控制土料的含水量，并应过筛。填土时应为最优含水量，如含水量过大，可采用翻松、晾晒、风干、换土回填，或均匀掺入干土等措施；如遇回填土的含水量偏低，可采用预先洒水润湿等措施。地面填土前，应取土样，按击实试验确定最优含水量与相应的最大干密度。最优含水量和最大干密度宜按表 29-4 采用。

土的最优含水量和最大干密度参考表 **表 29-4**

项次	土的种类	变动范围	
		最优含水量（%）重量比	最大干密度（t/m^3）
1	砂土	8～12	1.80～1.88
2	黏土	19～23	1.58～1.70
3	粉质黏土	12～15	1.85～1.95
4	粉土	16～22	1.61～1.80

注：表中土的最大干密度应以现场实际达到的数字为准。

（3）对淤泥、腐殖土、杂填土、冻土、耕植土、膨胀土和有机物大于 5%的土，均不得作为地面下的填土土料；采用砂土、粉土、黏性土及其他有效填料作为填土，土料中的土颗粒粒径不应大于 50mm，并应清除土中的草皮杂物等。

3. 施工要点

基土的施工要点参见本手册地基处理章节的相关内容。

4. 质量标准

基土的质量标准和检验方法见表 29-5。

基土的质量标准和检验方法　　表 29-5

项目	序号	检验项目	质量标准	检验方法
主控项目	1	材料质量	不应用淤泥、腐殖土、冻土、耕植土、膨胀土和建筑杂物作为填土，填土土块粒径不应大于 50mm	观察检查和检查土质记录
	2	氡浓度	Ⅰ类建筑基土的氡浓度应符合现行国家标准《民用建筑工程室内环境污染控制标准》GB 50325 的规定	检查检测报告
	3	压实系数	均匀密实，压实系数应符合设计要求，设计无要求时，不应小于 0.9	观察检查和检查试验记录
一般项目	1	允许偏差	见表 29-3	见表 29-3

29.3.3 灰土垫层

灰土垫层采用熟石灰与黏土（或粉质黏土、粉土）的拌合料铺设而成。用于雨水少、地下水位较低，有利于施工和保证灰土垫层质量的地区，一般在北方使用较多。

1. 灰土垫层的构造做法

(1) 灰土垫层应铺在不受地下水浸泡的基土上，其厚度不低于 100mm，施工后应有防止水浸泡的措施。

(2) 灰土垫层的配合比应按设计要求配制，一般常用体积比如 3∶7 或 2∶8（熟石灰∶黏土）。

(3) 灰土垫层应分层夯实，经湿润养护、晾干后方可进行下一道工序施工。

(4) 灰土分段施工时，上下两层灰土的接槎距离不得小于 500mm。当灰土垫层标高不同时，应做成阶梯形，每阶宽不小于 500mm。接槎处不应设在地面荷载较大的部位。

(5) 灰土垫层的构造做法见图 29-9。

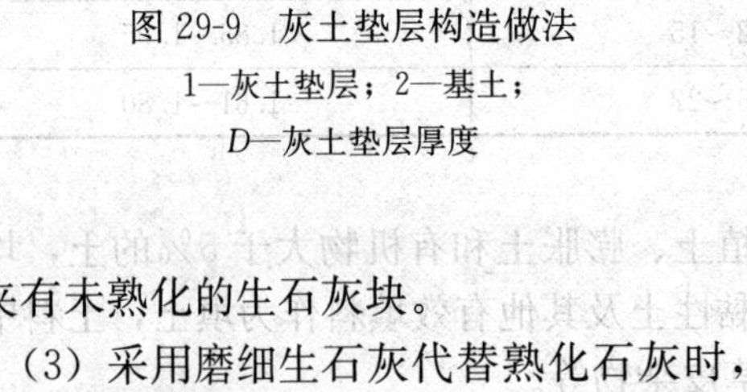

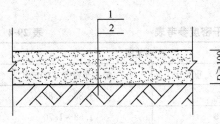

图 29-9　灰土垫层构造做法
1—灰土垫层；2—基土；
D—灰土垫层厚度

2. 材料质量控制

(1) 土料：宜采用就地挖出的黏性土料，且不得含有有机杂物。砂土、地表面耕植土不宜采用。土料使用前应过筛，其粒径不得大于 15mm。冬期施工不得采用冻土或夹有冻土块的土料。

(2) 熟化石灰：熟化石灰应采用生石灰块（块灰的含量不少于 70%）。在使用前 3～4d 用清水予以熟化，充分消解成粉末状，并加以过筛。其最大粒径不得大于 5mm，并不得夹有未熟化的生石灰块。

(3) 采用磨细生石灰代替熟化石灰时，在使用前按体积比预先与黏土拌合洒水堆放 8h 后方可铺设。

(4) 采用粉煤灰或电石渣代替熟石灰时，其粒径不得大于 5mm，其拌合料配合比应经试验确定。

(5) 灰土拌合料的体积比为 3：7 或 2：8（熟化石灰：黏土），灰土体积比与重量比的换算可参照表 29-6 选用。

灰土体积比相当于重量比参考表　　表 29-6

体积比（熟化石灰：黏土）	重量比（熟化石灰：干土）
2：8	12：88
3：7	20：80

3. 施工要点

灰土垫层的施工要点可参见本手册地基处理章节的相关内容。

4. 质量标准

灰土垫层的质量标准和检验方法见表 29-7。

灰土垫层的质量标准和检验方法　　表 29-7

项目	序号	检验项目	质量标准	检验方法
主控项目	1	体积比	试验检验的结果应符合设计要求	观察检查和检查配合比试验报告
一般项目	1	粒径	熟化石灰颗粒粒径不应大于 5mm；黏土（或粉质黏土、粉土）颗粒粒径不应大于 15mm	观察检查和检查质量合格证明文件
	2	允许偏差	见表 29-3	见表 29-3

29.3.4 砂垫层和砂石垫层

砂垫层和砂石垫层适用于处理软土、透水性强的黏性基土层上，不适用于湿陷性黄土和透水性小的黏性基土层上。

1. 砂和砂石垫层的构造做法

(1) 砂垫层的厚度应不小于 60mm；砂石垫层的厚度应不小于 100mm。

(2) 砂石应选用天然级配材料。铺设时不应有粗细颗粒分离现象，压（夯）至不松动为止。

(3) 砂垫层和砂石垫层分段施工时，接槎处应做成斜坡，每层接槎处的水平距离应错开 500～1000mm，并充分压（夯）实。

砂垫层和砂石垫层的构造做法见图 29-10。

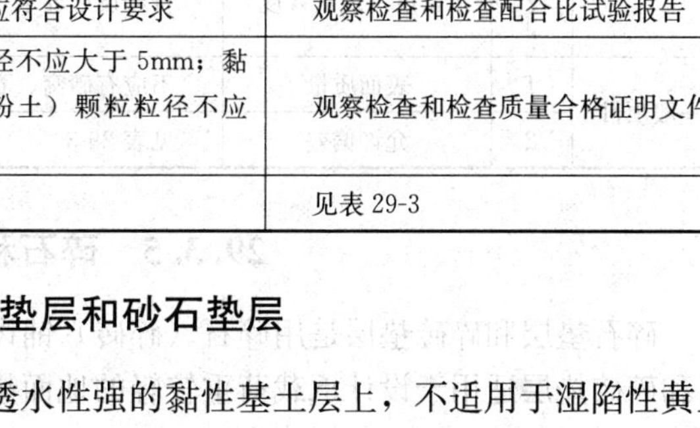

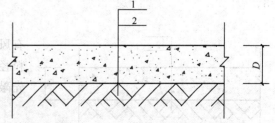

图 29-10　砂垫层和砂石垫层构造做法
1—砂和砂石垫层；2—基土；
D—砂垫层≥60mm，砂石垫层≥100mm

2. 材料质量控制

(1) 人工级配的砂砾石，应先将砂砾石拌合均匀后，再铺夯压实。在摊铺砂或砂石垫层前，根据所采用的材料和施工方法要求，洒水湿润至最佳含水量。

(2) 砂和砂石中不应含有草根等有

机杂质，冬期施工不得含有冻土块。

(3) 砂：砂宜选用质地坚硬的中砂或中粗砂和砾砂。在缺少中砂、粗砂和砾砂的地区，也可采用细砂，但宜同时掺入一定数量的碎石或卵石，其掺量不应大于50%，或按设计要求。颗粒级配应良好。

(4) 石子：石子宜选用级配良好的材料，石子的最大粒径不得大于垫层厚度的2/3。也可采用砂与卵（碎）石、石屑或其他工业废粒料按设计要求的比例拌制。

3. 施工要点

砂垫层和砂石垫层的施工要点参见本手册地基处理章节的相关内容。

4. 质量标准

砂垫层和砂石垫层的质量标准和检验方法见表29-8。

砂垫层和砂石垫层的质量标准和检验方法　　**表29-8**

项目	序号	检验项目	质量标准	检验方法
主控项目	1	垫层材料质量	不应含有草根等有机杂质；砂应采用中砂；石子最大粒径不应大于垫层厚度的2/3	观察检查和检查质量合格证明文件
	2	干密度（或贯入度）	符合设计要求	观察检查和检查试验记录
一般项目	1	表面质量	不应有砂窝、石堆等现象	观察检查
	2	允许偏差	见表29-3	见表29-3

29.3.5　碎石和碎砖垫层

碎石垫层和碎砖垫层是用碎石（碎砖）铺设于基土层上，轻夯（压）实而成，碎石垫层和碎砖垫层适用于设计承载荷重较轻的地面垫层。

1. 碎石和碎砖垫层的构造做法

碎石垫层和碎砖垫层的最小厚度不应小于60mm和100mm。垫层应分层压（夯）实，达到表面坚实、平整。

碎石垫层和碎砖垫层的构造做法见图29-11。

2. 材料质量控制

(1) 碎石应强度均匀、未经风化，碎石粒径宜为5～40mm，且不大于垫层厚度的2/3。

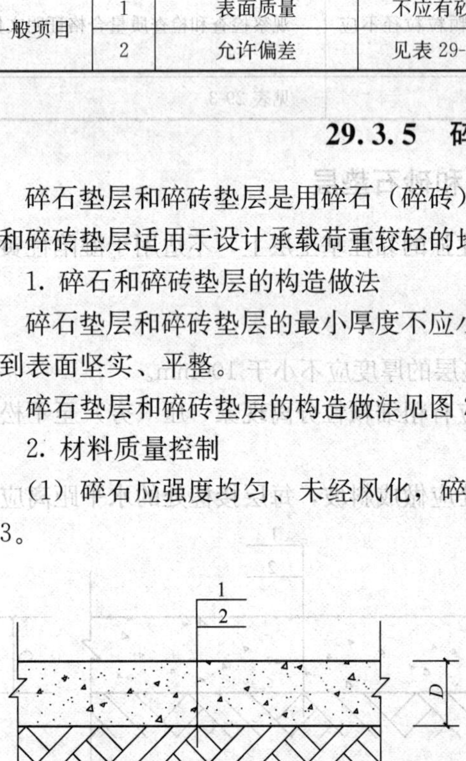

图29-11　碎石垫层和碎砖垫层构造做法

1—碎石或碎砖垫层；2—基土；

D—碎石垫层厚度≥60mm，碎砖垫层厚度≥100mm

(2) 碎砖用废砖断砖加工而成，不得夹有风化、酥松碎块、瓦片和有机杂质，颗粒粒径宜为20～60mm。如利用工地断砖，须事先敲打，过筛备用。

(3) 碎石或碎砖铺设时不应有粗细颗粒分离现象。

3. 施工要点

(1) 清理基土

铺设前先检验基土土质，清除松散土、

积水、杂质，并打底夯两遍，使表土密实。

（2）分层铺设、夯（压）实

1）碎石铺设时应由一端向另一端铺设，摊铺均匀，不应有粗细颗粒分离现象，表面空隙应以粒径为5～25mm的细碎石填补。铺完一段，压实前洒水使表面湿润。小面积房间采用人工或机械夯实，不少于3遍；大面积宜采用小型压路机压实，不少于4遍，均夯（压）至表面平整不松动为止。垫层摊铺厚度必须均匀一致，以防厚薄不均、密实度不一致，而造成不均匀变形破坏。

2）碎砖垫层按碎石的铺设方法铺设，每层虚铺厚度不大于200mm，洒水湿润后，采用人工或机械夯实，大面积宜采用压路机压实，不少于4遍，达到表面平整、无松动为止，高低差不大于20mm，夯实后的厚度不应大于虚铺厚度的3/4。

3）基土表面与碎石、碎砖之间应先铺一层5～25mm的碎石、粗砂层，以防局部土下陷或软弱土层挤入碎石或碎砖空隙中使垫层破坏。

4）碎石、碎砖垫层密实度应符合设计要求。

（3）检验密实度

垫层施工应分层摊铺、分层压（夯），分层检验其密实度，并做好每层取样点位图。每层压（夯）实后的压实系数应符合设计要求。

（4）验收

待夯填至设计标高时，应对垫层进行平整，通过表面拉线找平，凡超过标准高程的地方，及时依线铲平；凡低于标准高程的地方，应用同种材料补料夯（压）实，然后验收。

4. 质量标准

碎石和碎砖垫层的质量标准和检验方法见表29-9。

碎石和碎砖垫层的质量标准和检验方法 **表29-9**

项目	序号	检验项目	质量标准	检验方法
主控项目	1	垫层材料质量	最大粒径不应大于垫层厚度的2/3；碎砖不应采用风化、酥松、夹有有机杂质的砖料，颗粒粒径不应大于60mm	观察检查和检查质量合格证明文件
	2	密实度	符合设计要求	观察检查和检查试验记录
一般项目	1	允许偏差	见表29-3	见表29-3

29.3.6 三合（四合）土垫层

三合土垫层是用石灰、砂（可掺适量黏土）和碎砖（或碎石）按一定体积比加水拌合后铺在经夯实的基土层上而成的地面垫层。四合土垫层多一项水泥。三合土、四合土垫层适用于承载荷重较轻的地面。

1. 三合土和四合土垫层的构造做法

（1）三合土垫层可采用先铺碎砖（石）料，后灌石灰砂浆，再经夯实而成的垫层做法。

（2）三合土在铺设后硬化期间应避免受水浸泡。

（3）三合土垫层的最小厚度不应小于100mm，四合土垫层的最小厚度不应小于80mm。三合土垫层构造做法见图29-12。

2. 材料质量控制

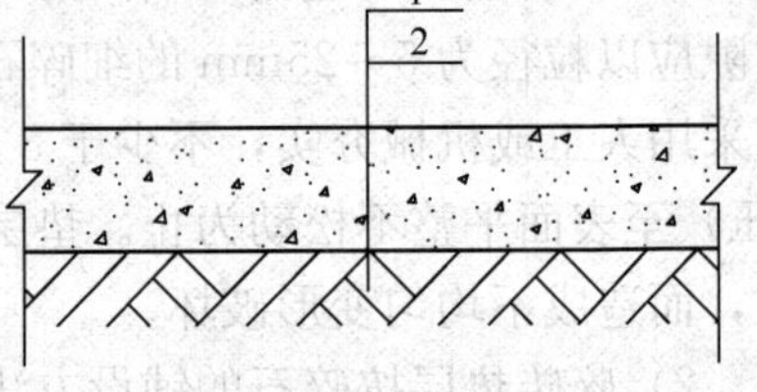

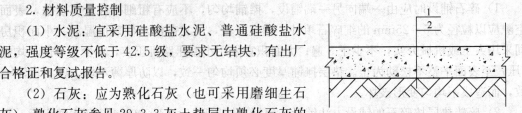

图29-12　三合土垫层构造做法

1—三合土垫层；2—基土；

垫层厚度≥100mm

（1）水泥：宜采用硅酸盐水泥、普通硅酸盐水泥，强度等级不低于42.5级，要求无结块，有出厂合格证和复试报告。

（2）石灰：应为熟化石灰（也可采用磨细生石灰），熟化石灰参见29.3.3灰土垫层中熟化石灰的质量要求。

（3）碎砖：不得夹有风化、酥松碎块、瓦片和有机杂质，颗粒粒径不应大于60mm。

（4）砂：应为中、粗砂，参见29.3.4砂垫层和砂石垫层中砂的质量要求。

（5）黏土：参见29.3.3灰土垫层中黏土的质量要求。

3. 施工要点

（1）清理基土

铺设前先检验基土土质，清除松散土、积水、污泥、杂质，并打底夯2遍，使表土密实。

（2）垫层铺设

1）三合土垫层和四合土垫层拌合时应采用边干拌边加水，拌合均匀后铺设；亦可采用先将石灰和砂调配成石灰砂浆，再加入碎砖充分拌合均匀后铺设，但石灰砂浆的稠度要适当，以防浆水分离。每层虚铺厚度为150mm，铺设时要均匀一致，经铺平、夯实、提浆，其厚度宜为虚铺厚度的3/4，约为120mm。

2）三合土垫层、四合土垫层采取先铺设后灌浆的施工方法时，先将碎砖料分层铺设均匀，每层虚铺厚度不大于120mm，经铺平、洒水、拍实，随即满灌体积比为1：2～1：4的石灰砂浆，灌浆后夯实。

3）夯实方法宜采用人工或机械夯实，均应充分夯实至表面平整及不松动为止。

4）三合土垫层或四合土垫层最后一遍夯打后，宜浇一层浓石灰浆，待表面晾干后再进行下一道工序施工。

5）夯压完的垫层如遇雨水冲刷或因积水过多，应在排除积水和整平后，重新浇浆夯压密实。

（3）检验密实度

垫层施工应分层摊铺、分层压（夯）实，分层检验其密实度，并做好每层取样点位图。每层压（夯）实后土的压实系数应符合设计要求。

（4）验收

待夯填至设计标高时，应对填土进行平整，通过表面拉线找平，凡超过标准高程的地方，及时依线铲平；凡低于标准高程的地方，应补料夯实，然后交接验收。

三合（四合）土垫层的质量标准和检验方法见表29-10。

三合（四合）土垫层的质量标准和检验方法　　表 29-10

项目	序号	检验项目	质量标准	检验方法
主控项目	1	垫层材料质量	水泥宜采用硅酸盐水泥、普通硅酸盐水泥；熟化石灰颗粒粒径不应大于 5mm；砂应用中砂，并不得含有草根等有机物质；碎砖不应采用风化、酥松和有机杂质的砖料，颗粒粒径不应大于 60mm	观察检查和检查质量合格证明文件
	2	体积比	符合设计要求	观察检查和检查配合比试验报告
一般项目	1	允许偏差	见表 29-3	见表 29-3

29.3.7 炉渣垫层

炉渣垫层采用炉渣或水泥与炉渣或水泥、石灰与炉渣的拌合料铺设而成。炉渣垫层适用于设计承载荷重较轻的地面工程中面层下的垫层，或因敷设管道以及有保温隔热要求的地面工程中面层下的垫层。

1. 炉渣垫层的构造做法

（1）炉渣垫层的厚度不应小于 80mm。

（2）炉渣垫层按所配制材料的不同，可分为以下四种做法：

1）炉渣垫层，常用于有保温隔热要求的地面工程垫层；

2）石灰炉渣垫层；

3）水泥炉渣垫层；

4）水泥石灰炉渣垫层。

（3）炉渣垫层的构造做法见图 29-13。

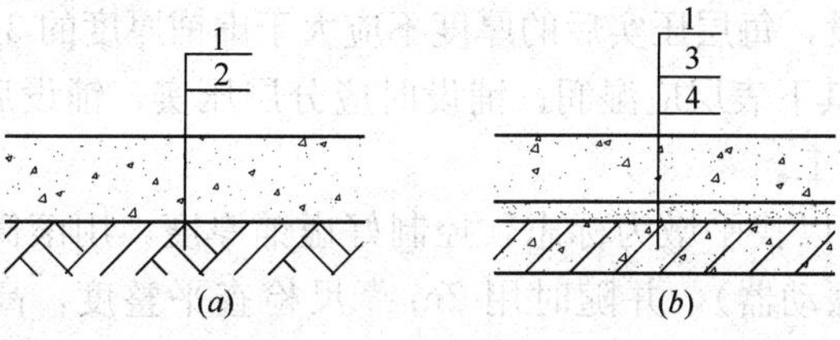

图 29-13　炉渣垫层构造做法

（*a*）地面做法；（*b*）楼面做法

1—炉渣垫层；2—基土；3—水泥类找平层；4—楼板结构层；

垫层厚度≥80mm

2. 材料要求

（1）水泥：水泥宜采用硅酸盐水泥、普通硅酸盐水泥，强度等级不低于 42.5 级，要求无结块，有出厂合格证和复试报告。

（2）炉渣：炉渣内不应含有有机杂质和未燃尽的煤块，颗粒粒径不应大于 40mm，粒径在 5mm 及其以下的颗粒，不得超过总体积的 40%。炉渣使用前应浇水闷透；水泥石灰炉渣垫层的炉渣，使用前应用石灰浆或用熟化石灰浇水拌合闷透；水闷的时间均不得少于

5d。浇水应考虑现场水资源的重复利用，产生的废水应经沉淀后有组织排放。

(3) 熟化石灰：熟化石灰应采用生石灰块（灰块的氧化镁和氧化钙含量不少于75%），在使用前3～4d用清水予以熟化，充分消解后成粉末状，并加以过筛。其最大粒径不得大于5mm，并不得夹有未熟化的生石灰块；采用加工磨细生石灰粉时，加水溶化后方可使用。

3. 施工要点

(1) 基层处理：铺设炉渣垫层前，基层表面应清扫干净，并洒水湿润。

(2) 炉渣（或其拌合料）配制

1) 炉渣在使用前要过两遍筛，第一遍过大孔径筛，筛孔径为40mm，第二遍用小孔径筛，筛孔为5mm，主要筛去细粉末。

2) 炉渣垫层的拌合料体积比应按设计要求配制。如设计无要求，水泥与炉渣拌合料的体积比宜为1∶6（水泥∶炉渣），水泥、石灰与炉渣拌合料的体积比宜为1∶1∶8（水泥∶石灰∶炉渣）。

3) 炉渣垫层的拌合料必须拌合均匀。先将闷透的炉渣按体积比与水泥干拌均匀后，再加水拌合，颜色一致，加水量应严格控制，使铺设时表面不致出现泌水现象。

水泥石灰炉渣的拌合方法同上，先按配合比干拌均匀后，再加水拌合。

(3) 测标高、弹线、做找平墩：根据墙上＋500mm水平标高线及设计规定的垫层厚度（如无设计规定，其厚度不应小于80mm）往下量测出垫层的上平标高，并弹在四周墙上。然后拉水平线抹水平墩（用细石混凝土或水泥砂浆抹成60mm×60mm见方，与垫层同高），其间距2m左右，有泛水要求的房间，按坡度要求拉线找出最高和最低的标高，抹出坡度墩，用来控制垫层的表面标高。

(4) 铺设炉渣拌合料

1) 铺设炉渣前在基层刷一道素水泥浆（水灰比为0.4～0.5），将拌合均匀的拌合料，由里往外退着铺设，虚铺厚度与压实厚度的比例宜控制在1.3∶1；当垫层厚度大于120mm时，应分层铺设，每层压实后的厚度不应大于虚铺厚度的3/4。

2) 垫层铺设前，其下表层应湿润；铺设时应分层压实，铺设后应养护，待其凝结后方可进行下一道工序施工。

(5) 刮平、滚压：以找平墩为标志，控制好虚铺厚度，用滚筒往返滚压（厚度超过120mm时，应用平板振动器），并随时用2m靠尺检查平整度，高处部分铲掉，凹处填平，直到滚压平整出浆且无松散颗粒为止。对于墙根、边角、管根周围不易滚压处，应用铁抹子拍打密实。采用铁抹子压实时，应按拍实、拍实找平、轻拍提浆、抹平等四道工序完成。

(6) 水泥炉渣垫层应随拌随铺随压实，全部操作过程应控制在2h内完成。施工过程中一般不留施工缝，如房间较大而留施工缝时，应用木方或木板挡好留槎处，保证直槎密实，接槎时应刷水泥浆（水灰比为0.4～0.5）后，再继续铺炉渣拌合料。

(7) 养护：垫层施工完毕应防止受水浸泡。做好养护工作（进行洒水养护），常温条件下，水泥炉渣垫层至少养护2d；水泥石灰炉渣垫层至少养护7d；养护期间严禁上人踩踏，待其凝固后方可进行面层施工。

4. 质量标准

炉渣垫层的质量标准和检验方法见表 29-11。

炉渣垫层的质量标准和检验方法 **表 29-11**

项目	序号	检验项目	质量标准	检验方法
主控项目	1	垫层材料质量	炉渣内不应含有有机杂质和未燃尽的煤块，颗粒粒径不应大于 40mm，且颗粒粒径在 5mm 及其以下的颗粒，不得超过总体积的 40%；熟化石灰颗粒粒径不得大于 5mm	观察检查和检查材质合格证明文件及检测报告
	2	拌合料配合比	应符合设计要求	观察检查和检查配合比通知单记录
一般项目	1	表面质量	炉渣垫层与其下一层结合牢固，不得有空鼓和松散炉渣颗粒	观察检查和用小锤轻击检查
	2	允许偏差	见表 29-3	见表 29-3

29.3.8 水泥混凝土及陶粒混凝土垫层

水泥混凝土垫层及陶粒混凝土垫层是建筑地面中一种常见的刚性垫层。一般铺设在地面基土层上或楼面结构层上，适用于室内外各种地面工程和室外散水、明沟、台阶、坡道等附属工程。

1. 水泥混凝土垫层及陶粒混凝土垫层的构造做法

（1）水泥混凝土垫层的厚度不应小于 60mm，强度等级应符合设计要求，水泥混凝土强度等级不小于 C15，坍落度宜为 10～30mm；陶粒混凝土垫层的厚度不应小于 80mm，强度等级不小于 LC7.5。

（2）垫层铺设前，当为水泥类基层时，其下一层表面应湿润。

（3）水泥混凝土垫层铺设在基土上，当气温长期处于 0℃以下，设计无要求时应设置伸缩缝。

（4）室内外地面的水泥混凝土垫层及陶粒混凝土垫层的伸缩缝设置参见 29.2.5 变形缝和镶边设置中相关要求。

（5）水泥混凝土垫层及陶粒混凝土垫层的构造做法见图 29-14。

2. 材料要求

（1）水泥：水泥宜采用硅酸盐水泥、普通硅酸盐水泥，强度等级不低于 42.5 级，要求无结块，有出厂合格证和复试报告。

（2）砂：采用中砂或粗砂，含泥量不应大于 3%。

（3）石子：宜选用粒径 5～32mm 的碎石或卵石，其最大粒径不得大于垫层厚度的 2/3。含泥量不大于 3%。

（4）陶粒：陶粒中粒径小于 5mm 的颗粒含量应小于 10%；粉煤灰陶粒中粒径大于 15mm 的颗粒含量不应大于 5%，并不得混夹杂物或黏土块。陶粒宜选用粉煤灰陶粒、页岩陶粒等。

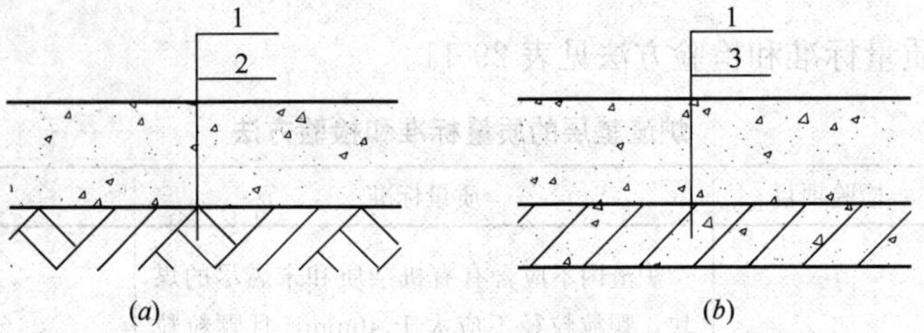

图 29-14　水泥混凝土垫层及陶粒混凝土垫层构造做法简图

(a) 地面做法；(b) 楼面做法

1—水泥混凝土垫层及陶粒混凝土垫层；2—基土；3—混凝土楼板；

垫层厚度≥80mm

(5) 水：宜选用符合饮用标准的水。

3. 施工要点

(1) 基层处理：清除基土或结构层表面的杂物，并洒水湿润，但表面不应留有积水。

(2) 测标高、弹水平控制线

根据墙上+500mm水平标高线及设计规定的垫层厚度（如无设计规定，其厚度不应小于60mm或80mm）往下量测出垫层的上平标高，并弹在四周墙上。然后拉水平线抹水平墩（用细石混凝土或水泥砂浆抹成60mm×60mm见方，与垫层同高），其间距2m左右。有泛水要求的房间，按坡度要求拉线找出最高和最低的标高，抹出坡度墩，用来控制垫层的表面标高。

(3) 混凝土搅拌

1) 根据设计要求或实验确定的配合比进行投料，搅拌要均匀，搅拌时间不少于90s。

2) 检验混凝土强度的试块组数，按29.2.3技术规定中的第（3）条制作试块。当改变配合比时，亦应相应地制作试块。

3) 陶粒进场后要过两遍筛，第一遍用大孔径筛（筛孔为30mm），第二遍过小孔径筛（筛孔为5mm），使5mm粒径含量控制在不大于5%的要求。在浇筑垫层前陶粒应浇水闷透，水闷时间应不少于5d。

4) 陶粒混凝土骨料的计量允许偏差应小于±3%，水泥、水和外加剂计量允许偏差应小于±2%。由于陶粒预先进行过水闷处理，因此搅拌前须抽测陶粒的含水率，以调整配合比的用水量。

(4) 铺设混凝土

1) 为了控制垫层的平整度，首层地面可在填土中打入小木桩（30mm×30mm×200mm），在木桩上拉水平线做垫层上平的标记（间距2m左右）。在楼层混凝土基层上可抹100mm×100mm的找平墩（用细石混凝土做），墩上平为垫层的上标高。

2) 铺设混凝土前其下一层表面应湿润，刷一层素水泥浆（水灰比0.4～0.5），然后从一端开始铺设，由里往外退着操作。

3) 水泥混凝土垫层铺设在基土上，当气温长期处于0℃以下，垫层应设置伸缩缝。伸缩缝的设置应符合设计要求，当设计无要求时，参见29.2.5变形缝和镶边设置中相关要求。

4）陶粒混凝土垫层浇筑尽量不留或少留施工缝，如须留施工缝时，应用木方或木板挡好断槎处，施工缝最好留在门口与走道之间，或留在有实墙的轴线中间，接槎时应在施工缝处涂刷水泥浆（水灰比为0.4～0.5）结合层，再继续浇筑。浇筑后应进行洒水养护。强度达1.2MPa后方可进行下道工序操作。

5）混凝土浇筑

① 当垫层比较厚时应采用泵送混凝土，泵送混凝土应尽量采用较小的坍落度。

② 混凝土铺设应按分区、段顺序进行，边铺边摊平，并用大杠粗略找平，略高于找平墩。

③ 振捣：用平板振捣器振捣时其移动的距离应保证振捣器平板能覆盖已振实部分的边缘。如垫层厚度较厚，超过200mm时，应采用插入式振捣器振捣。振捣器移动间距不应超过其作用半径的1.5倍，做到不漏振，确保混凝土密实。

（5）找平：混凝土振捣密实后，以水平标高线及找平墩为准检查平整度。有坡度要求的地面，应按设计要求找坡。

（6）养护：已浇筑完的混凝土垫层，应在12h左右后覆盖和洒水，养护不宜少于7d。

（7）在0℃以下环境中施工时，所掺防冻剂必须经试验合格后方可使用。垫层混凝土拌合物中的氯化物总含量按设计要求或不得大于水泥重量的2%。混凝土表面应覆盖防冻保温材料，在受冻前混凝土的抗压强度不得低于5.0N/mm^2。

4. 质量标准

水泥混凝土垫层及陶粒混凝土垫层的质量标准和检验方法见表29-12。

水泥混凝土垫层及陶粒混凝土垫层的质量标准和检验方法 表29-12

项目	序号	检验项目	质量标准	检验方法
主控项目	1	垫层材料质量	水泥混凝土垫层采用的粗骨料，其最大粒径不应大于垫层厚度的2/3；含泥量不应大于3%；砂为中粗砂，其含泥量不应大于3%；陶粒中粒径小于5mm的颗粒含量应小于10%；粉煤灰陶粒中大于15mm的颗粒含量不应大于5%；陶粒中不得混夹杂物或黏土块	观察检查和检查材质合格证明文件及复试检测报告
	2	混凝土强度	混凝土的强度等级应符合设计要求，且不应低于C15，当垫层兼面层时，强度等级不应低于C20；陶粒混凝土强度等级不低于LC7.5	观察检查和检查配合比通知单及检测报告
一般项目	1	允许偏差	见表29-3	见表29-3

29.3.9 找平层

找平层是在垫层或楼板面上进行抹平找坡，起整平、找坡或加强作用的构造层。通常采用水泥砂浆找平层、细石混凝土找平层。

1. 找平层的构造做法

（1）找平层厚度应由设计确定，水泥砂浆不小于20mm，不大于30mm；当找平层厚度大于 30mm 时，宜采用细石混凝土做找平层。

（2）找平层采用水泥砂浆时，体积比不宜小于 1：3（水泥：砂）；采用水泥混凝土时，其强度等级不应小于 C15；采用改性沥青砂浆时，其配合比宜为 1：8（沥青：砂和粉料）；采用改性沥青混凝土时，其配合比应由计算经试验确定，或按设计要求配制。

（3）铺设找平层前，当下一层有松散填充料时，应予以铺平振实。

（4）有防水要求的建筑地面工程，铺设前必须对立管、套管或地漏与楼板节点间进行密闭处理；排水坡度应符合设计要求。

（5）找平层构造做法见图 29-15。

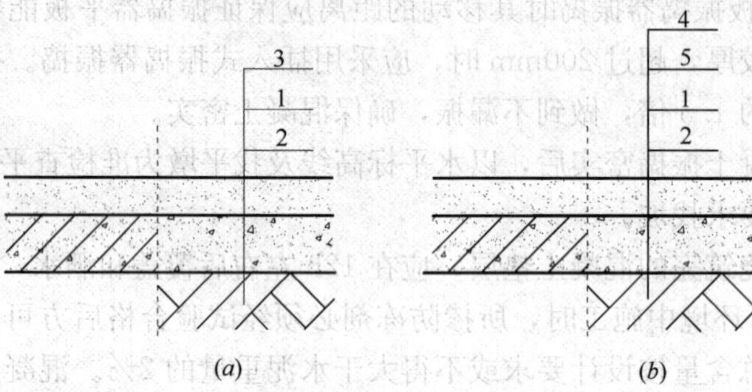

图 29-15　找平层构造做法

（*a*）水泥类找平层；（*b*）改性沥青类找平层

1—混凝土垫层（楼面结构层）；2—基土；3—水泥砂浆找平层；

4—改性沥青砂浆（或混凝土）找平层；5—刷冷底子油二遍

2. 材料质量控制

参见 29.3.8 水泥混凝土垫层及陶粒混凝土垫层中第 2 条中相关的质量要求。

3. 施工要点

（1）基层处理

1）找平层铺设前，当其下一层有松散填充料时，应予铺平振实。

2）把粘结在混凝土基层上的浮浆、松动混凝土、砂浆等剔掉，用钢丝刷刷掉水泥浆皮，然后用扫帚扫净。

3）对有防水要求的楼地面工程，如厕所、厨房、卫生间、盥洗室等，必须对立管、套管和地漏与楼板节点之间进行密封处理。首先应检查地漏的标高是否正确；其次对立管、套管和地漏等管道穿过楼板节点间的周围，采用水泥砂浆或细石混凝土对其管壁四周处稳固堵严并进行密封处理。施工时节点处应清洗干净予以湿润，吊模后振捣密实。沿管的周边尚应划出深 8～10mm 沟槽，采用防水类卷材、涂料或油膏裹住立管、套管和地漏的沟槽内，以防止楼面的水有可能顺管道接缝处出现渗漏现象。

4）对有防水要求的楼地面工程，排水坡度应符合设计要求。

5）对有防静电要求的整体面层的找平层施工前，其下敷设的导电地网系统应与接地引下线接地体有可靠连接，防静电性能检测符合相关要求后进行隐蔽工程验收。

（2）在预制钢筋混凝土板上铺设找平层时，其板端应按设计要求做防裂的构造措施；铺设前，板缝填嵌的施工应符合下列要求：

1）预制钢筋混凝土板缝底宽不应小于 20mm；

2）填嵌时，板缝内应清理干净，保持湿润；

3）填缝采用细石混凝土，其强度等级不得低于 C20。填缝高度应低于板面 10～20mm，且振捣密实，表面不应压光；填缝后应养护，混凝土强度达到 C15 时方可施工找平层；

4）当板缝底宽大于 40mm 时，应按设计要求配置钢筋。

（3）测标高弹水平控制线：根据墙上的＋500mm 水平标高线，往下量测出找平层标高，有条件时可弹在四周墙上。

（4）混凝土或砂浆搅拌：参见 29.3.8 水泥混凝土垫层及陶粒混凝土垫层中第 4 条第（3）款混凝土或砂浆搅拌的相关内容。

（5）铺设混凝土或砂浆

1）找平层厚度应符合设计要求。当找平层厚度不大于 30mm 时，用水泥砂浆做找平层；当找平层厚度大于 30mm 时，宜用细石混凝土做找平层。

2）大面积地面找平层应分区段浇筑。区段划分应结合变形缝、不同面层材料的连接处和设备基础等综合考虑。找平层变形缝设置参见 29.2.5 变形缝和镶边设置中相关要求。

3）铺设混凝土或砂浆前先在基层上洒水湿润，刷一层素水泥浆（水灰比 0.4～0.5），然后从一端开始铺设，由里往外退着操作。

（6）混凝土振捣：用铁锹铺混凝土，厚度略高于找平墩，随即用平板振动器振捣。

（7）找平：混凝土振捣密实后或砂浆铺设完后，以墙上水平标高线及找平墩为准检查平整度，有坡度要求的房间应按设计要求的坡度找坡。

（8）养护：已浇筑完的混凝土或砂浆找平层，应在 12h 左右后覆盖和浇水，一般养护不少于 7d。

（9）冬期施工时，所掺防冻剂必须经试验合格后方可使用，氯化物总含量不得大于水泥重量的 2%。

4. 质量标准

找平层的质量标准和检验方法见表 29-13。

找平层的质量标准和检验方法 **表 29-13**

项目	序号	检验项目	质量标准	检验方法
主控项目	1	找平层材料质量	找平层采用碎石或卵石的粒径不应大于其厚度的 2/3，含泥量不应大于 2%；砂为中粗砂，其含泥量不应大于 3%	观察检查和检查材质合格证明文件及检测报告
	2	水泥砂浆配合比或水泥混凝土强度等级	应符合设计要求，且水泥砂浆体积比不应小于 1∶3（或相应的强度等级）；水泥混凝土强度等级不应低于 C15	观察检查和检查配合比通知单及检测报告
	3	有防水要求的地面质量	有防水要求的地面工程的立管、套管、地漏处严禁渗漏，坡向应正确、无积水	观察检查和蓄水、泼水检验及坡度尺检查
	4	有防静电要求的整体面层施工前要求	其下敷设的导电地网系统应与接地引下线接地体有可靠连接，防静电性能检测符合相关要求后进行隐蔽工程验收	观察检查和检查质量合格证明文件

续表

项目	序号	检验项目	质量标准	检验方法
一般项目	1	与下一层结合情况	与其下一层结合牢固，不得有空鼓	用小锤轻击检查
	2	表面质量	应密实，不得有起砂、蜂窝和裂缝等缺陷	观察检查
	3	允许偏差	见表 29-3	见表 29-3

29.3.10　隔　离　层

隔离层适用于有水、油渗入或非腐蚀性和腐蚀性液体经常浸湿（或作用），为防止楼层地面出现渗漏以及底层地面有潮气渗透而在面层下铺设的构造层。对空气有洁净要求或对湿度有控制要求的建筑地面，底层地面应铺设防潮隔离层。

1. 构造做法

（1）隔离层可采用防水类卷材、防水类涂料或掺防水剂的水泥类材料（砂浆、混凝土）等铺设而成。

（2）在水泥类找平层上铺设防水卷材、防水涂料或以水泥类材料作为防水隔离层时，其表面应坚固、洁净、干燥。对卷材类隔离层，在阴阳角、管根等部位应做成圆弧，便于卷材粘贴密实牢固。铺设前应涂刷基层处理剂，基层处理剂应采用与卷材性能配套的材料或采用同类涂料的底子油。

（3）隔离层所采用的材料及其铺设层数（或厚度）以及当采用掺有防水剂的水泥类找平层作为隔离层时其防水剂掺量和强度等级（或配合比）应符合设计要求。

（4）厕浴间和有防水要求的建筑地面必须设置防水隔离层。楼层结构必须采用现浇混凝土或整块预制混凝土板，混凝土强度等级不应低于 C20；楼板四周除门洞外，应做混凝土翻边，其高度不应小于 200mm，宽度同墙厚。施工时结构层标高和预留孔洞位置应准确，严禁凿洞。

（5）铺设防水隔离层时，在管道穿过楼板面的四周，防水材料应向上铺涂，并超过套管的上口；在墙、柱根部，应高出面层 200～300mm 或按设计要求的高度铺涂。阴阳角和管道穿过楼板面的根部应增加铺涂附加防水隔离层。

（6）防水材料铺设后，必须蓄水检验。蓄水深度最浅处不得小于 10mm，24h 内无渗漏为合格，并做记录。

（7）防水隔离层严禁渗漏，坡向应正确，排水通畅。

（8）隔离层的构造做法见图 29-16。

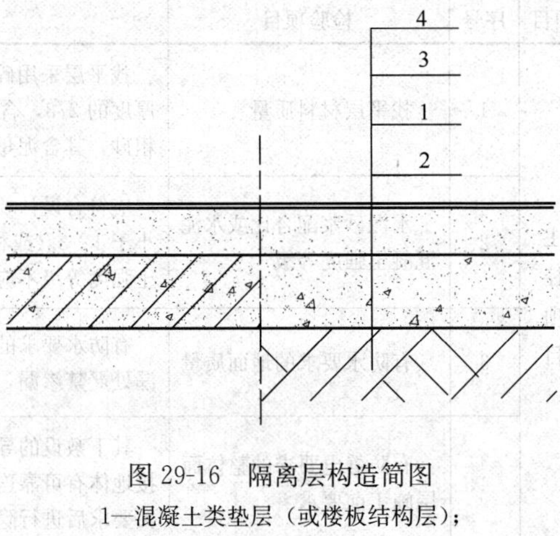

图 29-16　隔离层构造简图
1—混凝土类垫层（或楼板结构层）；
2—基土；3—水泥类找平层；4—隔离层

2. 材料要求

（1）水泥、砂子、石子的质量要求与控制见 29.3.8 水泥混凝土垫层及陶粒混凝土垫层中材料质量控制的相关内容。

（2）防水卷材：有高聚物改性沥青卷材、合成高分子卷材，应根据设计要求选用。卷材胶粘剂的质量应符合下列要求：改性沥青胶粘剂的粘结剥离强度不应小于8N/10mm，合成高分子胶粘剂的粘结剥离强度不应小于15N/10mm，浸水168h后的保持率不应小于70%；双面胶粘带剥离状态下的粘合性不应小于10N/25mm，浸水168h后的保持率不应小于70%。

（3）防水类涂料：防水涂料包括无机防水涂料和有机防水涂料。

1）要求具有良好的耐水性、耐久性、耐腐蚀性及耐菌性；无毒、难燃、低污染。无机防水涂料应具有良好的湿干粘结性、耐磨性和抗刺穿性；有机防水涂料应具有较好的延伸性及较大适应基层变形能力。

2）进场的防水涂料应进行抽样复验，不合格产品不得使用。

3）质量按现行国家标准《屋面工程质量验收规范》GB 50207中材料要求的规定执行。

3. 施工要点

（1）柔性防水施工

参见本手册屋面工程中柔性防水施工要点。

（2）细部构造

参见本手册防水工程中细部构造防水施工要点。

4. 质量标准

隔离层的质量标准和检验方法见表29-14。

隔离层的质量标准和检验方法 **表29-14**

项目	序号	检验项目	质量标准	检验方法
主控项目	1	隔离层材料质量	必须符合设计要求和国家产品标准的规定	观察检查和检查材质合格证明文件、检测报告
	2	厕浴间和有防水要求的建筑地面的结构层	必须设置防水隔离层。楼层结构必须采用现浇混凝土或整块预制混凝土板，混凝土强度等级不应低于C20；楼板四周除门洞外，应做混凝土翻边，其高度不应小于200mm，宽同墙厚，混凝土强度等级不应低于C20。施工时结构层标高和预留孔洞位置应准确，严禁乱凿洞	观察检查和检查配合比通知单及检测报告
	3	水泥类防水隔离层	防水性能和强度等级必须符合设计要求	观察检查和检查检测报告
	4	防水隔离层要求	严禁渗漏，坡向应正确、排水畅通	观察检查和蓄水、泼水检验或坡度尺检查及检查检验记录
一般项目	1	隔离层厚度	应符合设计要求	观察检查和用钢尺检查
	2	表面质量	防水涂层应平整、均匀，无脱皮、起壳、裂缝、鼓泡等缺陷	观察检查
	3	与下一层结合情况	与其下一层结合牢固，不得有空鼓	用小锤轻击检查
	4	允许偏差	见表29-3	见表29-3

29.3.11　填　充　层

填充层是在楼地面上设置起隔声、保温、找坡或暗敷管线等作用的构造层。填充层通常采用轻质的松散材料（炉渣、膨胀蛭石、膨胀珍珠岩等）或块体材料（加气混凝土、泡沫混凝土、泡沫塑料、矿棉、膨胀珍珠岩、膨胀蛭石块和板材等）。

1. 填充层的构造做法

（1）填充层的下一层表面应平整。当为水泥类时，尚应洁净、干燥，并不得有空鼓、裂缝和起砂等缺陷。

（2）采用松散材料铺设填充层，必须分层铺平拍实；采用板、块状材料铺设填充层必须错缝铺贴。

（3）采用发泡水泥铺设填充层，其厚度必须符合设计要求，设计无要求时宜为40～50mm；其配合比、发泡剂种类、抗压强度必须符合设计要求。

（4）低温辐射供暖地面的填充层施工时必须保证加热管内水压不低于0.6MPa，并避免使用机械设备振捣；养护过程中系统管内保持不小于0.4MPa的水压，并控制施工荷载，不得有高温热源接近。低温辐射供暖地面系统加热前，混凝土填充层的强度等级不小于设计值的75%。

（5）低温热水系统的填充层厚度不小于50mm；发热电缆系统的填充层厚度不小于35mm。填充层的材料采用石子粒径不大于12mm的C15细石混凝土。当设计无要求时，填充层内可设置直径为4～8mm、间距为100～200mm的双向钢筋网。

（6）低温辐射供暖地面的填充层按设计要求设置伸缩缝，当设计无要求时，按下列原则设置伸缩缝：

1）在与内外墙、柱等垂直构件交接处留不间断的伸缩缝；

2）当地面面积超过30m^2或边长超过6m时，按不大于6m的间距设置伸缩缝；

3）伸缩缝采用发泡聚乙烯泡沫塑料或弹性膨胀膏嵌填密实；

4）伸缩缝必须贯通填充层，宽度不小于10mm。

（7）隔声楼面的隔声垫应超出楼面装饰完成面20mm，且应收口于踢脚线内。地面上有竖向管道时，隔声垫必须包裹管道四周，高度同卷向墙面的高度。隔声垫保护膜之间错缝搭接，搭接长度大于100mm，并用胶带等封闭。隔声垫上部必须设置保护层，保护层构造做法应符合设计要求。当设计无要求时，保护层内可设置直径为4～8mm、间距为100～200mm的双向钢筋网。

2. 材料质量控制

（1）水泥：强度等级不低于42.5级，应有出厂合格证及试验报告。

（2）松散材料：炉渣，粒径一般为6～10mm，不得含有石块、土块、重矿渣和未燃尽的煤块，堆积密度为500～800kg/m^3，导热系数为0.16～0.25W/(m·K)。膨胀珍珠岩粒径宜大于0.15mm，粒径小于0.15mm的含量不应大于8%，导热系数应小于0.07W/(m·K)。膨胀蛭石导热系数0.14W/(m·K)，粒径宜为3～15mm。

（3）板块状保温材料：产品有出厂合格证，根据设计要求选用，厚度、规格一致，均匀整齐；密度、导热系数、抗压强度符合设计要求。

（4）泡沫混凝土块：表观密度不大于500kg/m^3，抗压强度不低于0.4MPa。

（5）加气混凝土块：表观密度不大于500kg/m³，抗压强度不低于0.2MPa。

（6）聚苯板：表观密度≤45kg/m³，抗压强度不低于0.18MPa，导热系数0.043 W/(m·K)。

3. 施工要点

（1）基层清理：将杂物、灰尘等清理干净并经验收合格。

（2）弹线找坡：按设计要求及流水方向，找出坡度走向，确定填充层的厚度和范围。

（3）松散填充层铺设

1）松散材料应干燥，含水率不得超过设计规定，否则应采取干燥措施。

2）松散材料铺设填充层应分层铺设，并适当拍平拍实，每层虚铺厚度不宜大于150mm。压实的程度应根据试验确定。压实后填充层不得直接推车行走和堆积重物。

3）填充层施工完成后，应及时进行下道工序（抹找平层或做面层）。

4）松散保温隔声材料拌合和铺设时应选在无风天气进行，以防飞扬飘洒污染环境。

（4）板块填充层铺设

1）采用板、块状材料铺设填充层时，应分层错缝铺贴。

2）干铺板块填充层：直接铺设在结构层上，分层铺设时上下两层板块缝错开，表面两块相邻的板边厚度一致。

3）粘结铺设板块填充层：将板块材料用粘结材料粘在基层上，使用的粘结材料根据设计要求确定。

4）用沥青胶结材料粘贴板块材料时，应边刷、边贴、边压实。务必使板状材料相互之间与基层之间满涂沥青胶结材料，以便互相粘牢，防止板块翘曲。

5）用水泥砂浆粘贴板状材料时，板间缝隙应用保温灰浆填实并勾缝。保温材料的配合比一般为1∶1∶10（水泥∶石灰膏∶同类保温材料的碎粒，体积比）。

（5）整体填充层铺设

1）整体填充层铺设应分层铺平拍实。

2）水泥膨胀蛭石、水泥膨胀珍珠岩填充层的拌合宜采用人工拌制，并应拌合均匀，随拌随铺。

3）水泥膨胀蛭石、水泥膨胀珍珠岩填充层的虚铺厚度应根据试验确定，铺后拍实抹平至设计要求的厚度。拍实抹平后宜立即铺设找平层。

4. 质量标准

填充层的质量标准和检验方法见表29-15。

填充层的质量标准和检验方法 表29-15

项目	序号	检验项目	质量标准	检验方法
主控项目	1	填充层材料质量	必须符合设计要求和国家产品标准的规定	观察检查和检查材质合格证明文件
	2	填充层的厚度、配合比	必须符合设计要求	用钢尺检查和检查配合比检测报告
	3	填充材料接缝封闭	应密封良好	观察检查

续表

项目	序号	检验项目	质量标准	检验方法
一般项目	1	松散材料填充层	应密实	观察检查
	2	板块材料填充层	应压实、无翘曲	观察检查
	3	坡度	应符合设计要求，不应有倒泛水和积水现象	观察和采用泼水或用坡度尺检查
	4	允许偏差	见表 29-3	见表 29-3

29.3.12 绝 热 层

绝热层是用以阻挡热量传递，减少无效热耗的构造层。

1. 绝热层的构造做法

(1) 绝热层的厚度、构造做法应符合设计要求，其材质和导热系数应符合国家现行产品标准的规定。

(2) 建筑物室内接触基土的首层地面增设水泥混凝土垫层后方可铺设绝热层，垫层的厚度及强度等级必须符合设计要求。首层地面及楼层楼板铺设绝热层前，其表面平整度宜控制在 3mm 以内。

(3) 绝热层与地面面层之间应设有水泥混凝土结合层，其构造做法及强度等级必须符合设计要求。设计无要求时，水泥混凝土结合层厚度不应小于 30mm，层内应设置直径为 4～8mm、间距为 100～200mm 的双向钢筋网。穿越地面进入非采暖区域的金属管道采取隔断热桥的措施。

(4) 有地下室的建筑，其地上、地下交界部位的楼板的绝热层应采用外墙保温做法，绝热层表面应设有外保护层。外保护层应安全、耐候，表面应平整、无裂纹。

(5) 无地下室的建筑，勒脚处绝热层的铺设应符合设计要求。设计无要求时，应符合下列规定：

1) 当地区冻土深度≤500mm，应采用外保温做法；

2) 当地区冻土深度＞500mm 且≤1000mm，宜采用内保温做法；

3) 当地区冻土深度＞1000mm，应采用内保温做法；

4) 当建筑物的基础有防水要求时，宜采用内保温做法；

5) 采用外保温做法的绝热层，宜在建筑物主体结构完成后再施工。

(6) 绝热层与内外墙、柱及过门等垂直部件交接处应敷设不间断的伸缩缝，伸缩缝宽度不小于 20mm，伸缩缝宜采用聚苯乙烯或高发泡聚乙烯泡沫塑料；当地面面积超过 $30m^2$ 或边长超过 6m 时，设置伸缩缝，伸缩缝宽度不小于 8mm，伸缩缝宜采用高发泡聚乙烯泡沫塑料或内满填弹性膨胀膏。

(7) 绝热层使用的保温材料，其导热系数、密度、抗压强度或压缩强度、燃烧性能等必须符合设计要求，进场应进行复验。

(8) 绝热层的铺设应平整，绝热层相互间接合应严密。

2. 材料质量控制

(1) 发泡水泥绝热层的水泥强度等级不低于 42.5 级，应有出厂合格证及试验报告。

（2）发泡剂不应含有硬化物、腐蚀金属的化合物及挥发性有机化合物等，游离甲醛含量应符合现行国家标准。

（3）聚苯乙烯泡沫塑料板的主要技术指标详见表 29-16。

聚苯乙烯泡沫塑料板的主要技术指标 **表 29-16**

项目	单位	指标
表观密度不小于	kg/m^3	20.0
压缩强度（即在 10%形变下的压缩应力）不小于	kPa	100
导热系数不大于	W/（m·K）	0.041
吸水率（体积分数）不大于	%（v/v）	4
70℃48h 后尺寸变化率不大于	%	3
熔结性（弯曲变形）不大于	km	20
氧指数不小于	%	30
燃烧分级不小于		达到 B2 级

3. 施工要点

（1）发泡水泥绝热层

1）基层处理：把基层表面杂物清理干净后，浇水湿润，并用细砂放置分隔埂，以隔离发泡和不发泡的区域。

2）防潮处理：直接与土壤接触或有潮气侵入的地面，必须先铺设一层防潮层。

3）水平控制线：根据墙上的＋500mm 水平标高线，用水泥砂浆打好 2m×2m 的定点。

4）配料制浆：根据要求严格控制水泥、发泡剂和水的配合比，发泡混凝土的物性表见表 29-17。

发泡混凝土的物性表 **表 29-17**

密度（kg/m^3）	原材料水泥（kg/m^3）	发泡剂	导热系数［W/（m·K）］	抗压强度（MPa）	
				7d 强度	28d 强度
500	500	1.113L	0.145～0.175	≥1.2	≥1.6

5）高压泵送：发泡水泥采用高压泵送方法送至施工面，自流平整后，用刮板根据定点及时、迅速刮平。

6）浇筑成型：将泡沫混凝土浆料浇筑到施工面上。

① 每天搅拌发泡水泥浆料应调试确定料浆密度满足设计要求，发泡剂混合液和压缩空气配合比为 1kg：0.3m^3 的情况下方可满足正常施工要求。

② 施工浇筑中随时观察、检查料浆发泡浇筑情况、流动性大小，并严格控制浇筑厚度、表面平整度。

③ 大面积发泡水泥绝热层应分区段进行浇筑。分区段结合变形缝位置、不同材料的地面面层的连接处和设备基础位置等进行划分。

④ 铺设泡沫水泥时，从一端开始铺设，并且遵循由室内退向室外公用部分的施工顺序。

7）找平：在刮平的发泡水泥表面用铁抹压光，不得少于两遍，确保表面光滑、平整、密实。有坡度要求的地面，应按设计要求的坡度施工。

8）养护：发泡水泥早期净浆干缩过大，养护不到位易产生裂缝，垫层浇筑前，周围门窗洞口应进行封闭，防止因风吹导致面层脱水产生裂缝。浇筑完成终凝后保湿养护不少于3～7d，应根据天气干燥情况，安排洒水次数。

（2）聚苯乙烯泡沫塑料板绝热层

1）基层处理：基层表面的灰尘、污垢必须清除干净，过于凹凸的部位必须做剔平、填实处理。

2）基层弹线：根据平面布置确定保温板材的铺贴方向并在基层上弹出网格线。

3）细部处理：对穿结构层的管洞必须用细石混凝土塞堵密实。

4）聚苯板粘贴

聚苯板粘贴前必须在粘贴面薄薄涂刷一道专用界面剂，界面剂晾干后方可进行粘贴。聚苯板粘贴采用改性沥青胶粘剂或聚合物粘结砂浆铺设。粘贴时板缝应挤紧，相邻板块厚度要一致，板间隙≤2mm，板间高差≤1.5mm。当板间缝隙＞2mm时，必须采用聚苯板条，将缝塞满；板条不得用砂浆或胶粘剂粘结；板间高差＞1.5mm的部位采用木锉粗砂纸或砂轮打磨平整。前后排版必须错缝1/2板长，局部最小错缝≥200mm。

5）抹聚合物水泥砂浆

聚苯板铺贴完成后在表面涂刷一层专用界面剂，晾干后抹一层1～2mm厚聚合物水泥砂浆后方可进行下道工序的施工。

4. 质量标准

绝热层的质量标准和检验方法见表29-18。

绝热层的质量标准和检验方法 **表29-18**

项目	序号	检验项目	质量标准	检验方法
主控项目	1	绝热层材料质量	必须符合设计要求和国家产品标准的规定	观察检查和检查型式检验报告、出厂检验报告、出厂合格证
	2	材料的导热系数、表观密度、抗压强度或压缩强度、阻燃性	必须符合设计要求和国家产品标准的规定	检查现场抽样复验报告
	3	板块材料的拼接、平整度	无缝铺贴、表面平整	观察检查、楔形塞尺检查
一般项目	1	绝热层厚度	符合设计要求，表面平整	直尺或钢尺检查
	2	绝热层表面	无开裂	观察检查
	3	坡度	应符合设计要求，不应有倒泛水和积水现象	观察和采用泼水或用坡度尺检查
	4	允许偏差	见表29-3找平层的要求	见表29-3找平层的方法

29.4 整体面层铺设

29.4.1 一般要求

整体面层包括水泥混凝土（含细石混凝土）面层、水泥砂浆面层、水磨石面层、硬化耐磨面层、防油渗面层、不发火（防爆）面层、自流平面层、涂料面层、塑胶面层、地面辐射供暖的整体面层、洁净室面层、防腐蚀面层、防止射线砂浆面层等。

(1) 铺设整体面层时，水泥类基层的抗压强度不得低于 1.2MPa；表面应粗糙、洁净、湿润并不得有积水。铺设前，宜凿毛或涂刷界面剂。硬化耐磨面层、自流平面层的基层处理必须符合设计及产品的要求。

(2) 铺设整体面层时，面层变形缝应符合下列规定：

1) 建筑地面的沉降缝、伸缩缝和防震缝，应与相应的结构缝的位置一致，且应贯通建筑地面的各构造层；

2) 沉降缝和防震缝的宽度应符合设计要求，缝内须清理干净，以柔性密封材料填嵌后用板封盖，并应与面层齐平；

3) 当设计无规定时，参见 29.2.5 变形缝和镶边设置中变形缝要求。

(3) 整体面层施工后，养护时间不应少于 7d；抗压强度达到 5MPa 后，方准上人行走；抗压强度达到设计要求后，方可正常使用。

(4) 配制面层、结合层用的水泥应采用硅酸盐水泥、普通硅酸盐水泥或矿渣硅酸盐水泥以及白水泥。结合层配制水泥砂浆的体积比、相应强度等级应按下列规定：

1) 配制水泥砂浆应采用硅酸盐水泥、普通硅酸盐水泥或矿渣硅酸盐水泥，其强度等级不低于 42.5 级。

2) 水泥砂浆采用的砂应符合现行的行业标准《普通混凝土用砂、石质量及检验方法标准》JGJ 52 的规定。

3) 配制水泥砂浆的体积比、相应的强度等级和稠度，应符合设计要求。

(5) 当采用掺有水泥的拌合料做踢脚线时，不得用石灰混合砂浆打底。

(6) 厕浴间和有防水要求的建筑地面的结构层标高，应结合房间内外标高差、坡度流向以及隔离层能裹住地漏等进行确定。面层铺设后不得出现倒泛水。

(7) 水泥类面层分格时，分格缝应与水泥混凝土垫层的缩缝相应对齐。

(8) 室内水泥类面层与走道邻接的门口处应设置分格缝；大开间楼层的水泥类面层在结构易变形的位置应设置分格缝。

(9) 整体面层的抹平工作应在水泥初凝前完成，压光施工应在水泥终凝前完成。

(10) 低温辐射供暖地面的整体面层宜采用水泥混凝土、水泥砂浆等，并铺设在填充层上。整体面层铺设时，不得钉、凿、切割填充层，不得扰动、损坏供热管线。

(11) 整体面层的允许偏差应符合表 29-19 的规定。

(12) 面层施工环境温度的控制应符合下列规定：

1) 采用掺有水泥或石灰的拌合料铺设，不应低于 5℃。

2) 采用有机胶粘剂粘结时，不应低于 10℃。

整体面层的允许偏差和检验方法（mm）　　**表 29-19**

项次	项目	允许偏差									检验方法
		水泥混凝土面层	水泥砂浆面层	普通水磨石面层	高级水磨石面层	硬化耐磨面层	防油渗混凝土和不发火（防爆）面层	自流平面层	涂料面层	塑胶面层	
1	表面平整度	5	4	3	2	4	5	2	2	2	用 2m 靠尺和楔形塞尺检查
2	踢脚线上口平直	4	4	3	3	4	4	3	3	3	拉 5m 线和用钢尺检查
3	缝格顺直	3	3	3	2	3	3	2	2	2	

3）采用砂、石材、碎砖料铺设时，不应低于 0℃。

4）采用自流平、涂料铺设时，不应低于 5℃，也不应高于 30℃。

5）当不满足上述温度时，应采取相应的冬期或高温措施，水泥类措施应参照《混凝土结构工程施工规范》GB 50666 中相关规定。

29.4.2　水泥混凝土面层

水泥混凝土面层应用在工业与民用建筑工程中较多，在一些承受较大机械磨损和冲击作用较多的工业厂房以及一般辅助生产车间、仓库等建筑地面中采用的比较普遍。

在一些公共场所，水泥混凝土面层还可以做成各种色彩，或做成透水性混凝土面层。

彩色混凝土面层其色彩鲜艳、丰富，可在普通混凝土表面上涂装出类似天然大理石、花岗石、各类砖、木材等不同格调及色彩的图案，具有古朴、自然的风采，同时克服了天然材料价格昂贵、施工麻烦、拼接缝处容易渗水损坏、不宜重复重压的不足。

透水混凝土是具备一定强度的高孔隙混凝土材料，具有良好的排水、透水性。较多应用于广场、球场、停车场、地下建筑工程等。

1. 构造做法

（1）水泥混凝土面层的厚度不应小于 40mm，底层地面的混凝土垫层兼面层的厚度应按设计要求，但不应低于 80mm。

（2）水泥混凝土面层的强度等级应符合设计要求，且不应小于 C20；水泥混凝土垫层兼面层的强度等级不应小于 C20。

（3）水泥混凝土面层铺设不得留施工缝，当施工间隙超过允许时间规定时，应对接槎处进行处理。

（4）面积较大的水泥混凝土地面应设置伸缩缝。伸缩缝的设置参见 29.2.5 变形缝和镶边设置中变形缝的相关要求。

（5）彩色混凝土其着色方法很多，可以在混凝土中掺入适量的彩色外加剂、化学着色剂或者干撒着色硬化剂等。

（6）水泥混凝土面层常用的构造做法见图 29-17。

2. 材料质量控制

（1）水泥：水泥采用硅酸盐水泥、普通硅酸盐水泥或矿渣硅酸盐水泥等，其强度等级

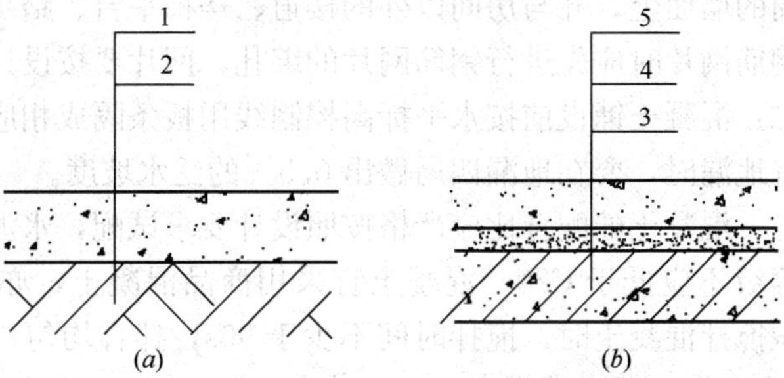

图 29-17 水泥混凝土面层构造做法

(a) 地面工程；(b) 楼面工程

1—混凝土面层兼垫层；2—基土；3—楼面混凝土结构层；

4—水泥砂浆找平层；5—细石混凝土面层

不低于 42.5，有出厂合格证和复试报告。

(2) 砂子：砂应采用粗砂或中粗砂，含泥量不应大于 3%。

(3) 石子：采用碎石或卵石，其最大粒径不应大于面层厚度的 2/3；细石混凝土面层采用的石子的粒径不应大于 15mm。石子含泥量不应大于 2%。

(4) 外加剂：外加剂性能应根据施工条件和要求选用，有出厂合格证，并经复试性能符合产品标准和施工要求。

(5) 水：采用符合饮用标准的水。

(6) 面层混凝土：强度等级按设计要求，并不应低于 C20。

(7) 透水混凝土用的碎石，其物理性能指标应符合表 29-20 的要求。同时，碎石颗粒大小范围分为 1 号、2 号、3 号三种，具体的颗粒范围见表 29-21。

碎石的物理性能指标表 **表 29-20**

序号	指标名称	指标
1	压碎指标（%）	<15
2	针片状颗粒含量（%）	<15
3	含泥量（%）	<1
4	表观密度（kg/m^3）	>2500
5	紧装堆积密度（kg/m^3）	1350
6	空隙率（%）	<47

碎石按颗粒分号（2 级） **表 29-21**

碎石的分号	1 号	2 号	3 号
粒度范围（mm）	2.4～4.75	4.75～9.5	9.5～13.2

3. 施工要点

(1) 基层清理：将基层表面的泥土、浮浆杂物等清理冲洗干净，若楼板表面有油污，可用 5%～10%浓度的火碱溶液清洗干净。铺设面层前 1d 浇水湿润，表面积水应予扫除干净。

(2) 弹标高和面层水平线：根据墙面已有的+500mm 水平标高线，测量出地面面层的水平线，弹在四周的墙面上，并与房间以外的楼道、楼梯平台、踏步的标高相互协调。

(3) 面层内有钢筋网片时应先进行钢筋网片的绑扎，网片要按设计要求制作、绑扎。

(4) 做找平标志：混凝土铺设前按水平标高控制线用板条隔成相应的区段，以控制面层铺设厚度。地面有地漏时，要在地漏四周做出0.5%的泛水坡度。

(5) 配制混凝土：混凝土的配合比应严格按照设计要求试配，水泥混凝土垫层兼做面层时其混凝土强度等级不应低于C20。混凝土宜采用商品混凝土，亦可采用现场机械搅拌。当采用现场机械搅拌混凝土时，搅拌时间不少于90s，拌合均匀，随拌随用。施工试块的留置应符合29.2.3第3条中的规定。

(6) 铺设混凝土

1) 当采用细石混凝土铺设时：铺前预先在湿润的基层表面均匀涂刷一道1∶0.4～1∶0.45（水泥：水）的素水泥浆，随刷随铺。按分段顺序铺混凝土（预先用板条隔成宽度小于3m的条形区段），随铺随用刮杠刮平，然后用平板振动器振动密实；如用滚筒人工滚压时，滚筒要交叉滚压3～5遍，直至表面泛浆为止。

2) 当采用普通混凝土铺设时：混凝土铺筑后，先用平板振动器振捣，再用刮杆刮平、抹子揉搓提浆抹平或用地面抹光机抹平。

3) 当采用泵送混凝土时：在满足泵送要求的前提下尽量采用较小的坍落度，布料口要来回摆动布料，禁止靠混凝土自然流淌布料。随布料随用大杠粗略找平后，用平板振动器振动密实。然后用大杠刮平，多余的浮浆要随即刮除。如因水量过大而出现表面泌水，宜采用表面撒一层拌合均匀的干水泥砂子（一般采用体积比为水泥∶砂=1∶2），待表面水分吸收后即可抹平压光。

4) 大面积水泥混凝土面层应设置伸缩缝，伸缩缝的设置参见29.2.5变形缝和镶边设置中第1条相关要求。

(7) 抹平压光：水泥混凝土振捣密实后必须做好面层的抹平和压光工作。水泥混凝土初凝前，应完成面层抹平、揉搓均匀，待混凝土开始凝结即分遍抹压面层，压光时间应控制在终凝前完成。

(8) 养护：第二遍抹压完24h内加以覆盖并浇水养护（亦可采用分间、分块蓄水养护），在常温条件下连续养护时间不少于7d。养护期间应封闭，严禁上人。

(9) 施工缝处理：混凝土面层应连续浇筑不宜留施工缝。当施工间歇超过规定允许时间时，应对已凝结的混凝土接槎处进行处理，剔除松散的石子、砂浆，润湿并铺设与混凝土配合比相同的水泥砂浆再浇筑混凝土，应重视接缝处的捣实压平，不应显出接槎现象。

(10) 浇筑钢筋混凝土楼板或水泥混凝土垫层兼做面层时，可随打随抹，以节约水泥、加快施工进度、提高施工质量。

(11) 踢脚线施工：水泥混凝土地面面层一般用水泥砂浆做踢脚线，并在地面面层完成后施工。底层和面层砂浆宜分两次抹成。抹底层砂浆前先清理基层，洒水湿润，然后按标高线量出踢脚线标高，拉通线确定底灰厚度，贴灰饼，抹1∶3水泥砂浆，刮板刮平，搓毛，洒水养护。抹面层砂浆须在底层砂浆硬化后，拉线粘贴尺杆，抹1∶2水泥砂浆，用刮板紧贴尺杆垂直地面刮平，用铁抹子压光，阴阳角、踢脚线上口，用角抹子溜直压光。踢脚线的出墙厚度宜为5～8mm。

(12) 彩色混凝土面层是在水泥混凝土面层的基础上做进一步处理而形成的一种地面

面层，其基本施工方法同水泥混凝土面层，但又有自身的具体要求，彩色混凝土面层按下列步骤进行：

1）在混凝土表面初凝前铺 10mm 水泥浆，用抹子将混凝土表面水泥浆抹均匀找平并拉毛表面。

2）混凝土基层处理后，撒料量宜控制在使用总量的 2/3，撒强化料后，待混凝土中的水分将强化料润湿，即可进行第一次收光，待强化料初凝后在混凝土表面再撒总量的 1/3 的彩色强化料，经二次收光。根据混凝土的硬化情况，分 2～3 次进行表面找平、压光，且找平、压光应相互交错进行。

3）硬化材料初凝后，表面干燥无明显水分的情况下，均匀撒布一层与硬化材料配套的脱模粉，以保证混凝土彩色上面层在受压后不被粘起而破损图纹。

4）待面层混凝土与彩色强化料结合在一起，尚未完全凝固时，撒上脱模粉，将定型模具沿着放样图案依照线位铺设后，将其垂直压入混凝土进行花纹图案成型。施压成型的时间与现场气温、日照、风力、施工面积以及混凝土的凝结状况等因素有直接的关系，且定型模具花纹的深浅不同压模时间亦不相同。一般暑热期施工约为混凝土振捣完成后 1～2h；冬期施工约 3～4h。应防止在雨天及大风天气进行，施工环境温度一般应在 5℃以上，35℃以下为宜。

5）养护时间长短取决于气温和湿度的高低。一般暑期 2～3d；冬期 7～10d。养护结束后，应将彩色上面层彻底冲洗干净，待晒干后，即可进行封面作业。

6）彩色混凝土面层冲洗时，应边冲边刷，将脱模粉及污垢冲刷干净，必要时可在水中加入 5%左右的稀盐酸。当彩色面层完全干燥后，应用专用工具将封面保护剂均匀喷洒或涂刷在彩色面层上进行封面保护，封面保护剂的喷涂用量约为 0.2kg/m^2，喷刷后 24h 内禁止踩压混凝土面层。

7）彩色混凝土的缩缝及胀缝的施工及验收应符合标准及设计要求。当水泥混凝土抗压强度达到 8～12MPa 时进行切缝作业，也可在施工现场用试切法来确定合适的切缝时间。切缝宽度宜为 5～8mm，缝深为混凝土面层板厚的 1/3～2/5。如天气炎热或温差较大，可先在中间进行跳切，然后依次补切，以防混凝土板未切先裂。

8）灌填缝料前，缝隙的两侧表面宜先贴宽 10cm 的美工纸或其他材料作为隔离层，每条缝须先清除漏入的水泥砂浆或彩色强化料等杂物。

9）填缝料一般可采用聚氨酯低模量嵌缝油膏或聚硫橡胶类嵌缝膏。填缝料深度宜为 20mm，填缝料下可用泡沫塑料等填塞。填缝完成后用刮刀铲平面层表面多余的填缝料。

（13）透水混凝土的施工可按下列步骤进行：

1）透水混凝土拌合物中水泥浆的稠度较大，宜采用强制式搅拌机，搅拌时间为 5min 以上。

2）透水混凝土浇筑之前，基层应先用水湿润，避免透水地坪快速失水减弱骨料间的粘结强度。由于透水地坪拌合物比较干硬，因此可直接将拌好的透水地坪材料在基层上铺平即可。浇筑过程中要注意对摊铺厚度进行确认，端部用抹子、小型振动机械进行找平，以确保铺平整。

3）在浇筑过程中不宜强烈振捣或夯实。一般用平板振动器轻振铺平后的透水性混凝土混合料，但必须注意不能使用高频振动器，否则它会使混凝土过于密实而减少孔隙率并影响透水效果。同时高频振动器也会使水泥浆体从粗骨料表面离析出来，流入底部形成一个不透水层，使材料失去透水性。

4）振捣以后，使用混凝土专用压实机进行压实，考虑到拌合料的稠度和周围温度等条件，可能需要多次辊压。

5）透水混凝土由于存在大量的孔洞，易失水，干燥很快，所以养护非常重要。尤其是早期养护，要注意避免地坪中水分大量蒸发。通常透水混凝土拆模时间比普通混凝土短，因此其侧面和边缘就会暴露于空气中，可用塑料薄膜或彩条布及时覆盖透水混凝土表面和侧面，以保证湿度和水泥充分水化。透水地坪应在浇筑后 1d 开始洒水养护，淋水时不宜用压力水柱直冲混凝土表面，这样会带走一些水泥浆，造成一些较薄弱的部位，但可在常态的情况下直接从上往下浇水。透水地坪的浇水养护时间应不少于 7d。

6）伸缩缝的处理

① 当混凝土整体浇筑后进行伸缩缝切割处理时，将透水混凝土按伸缩缝留置原则和沿边沟同方向的收缩缝全部切透（图 29-18*a*），垂直于分隔带方向的收缩缝切割深度 5cm 左右（图 29-18*b*），沿边沟同方向的伸缩缝也应全部切透（图 29-18*c*）。

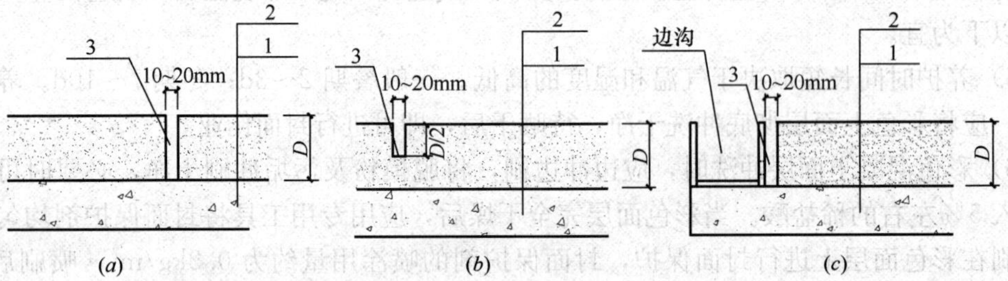

图 29-18　透水混凝土伸缩缝构造做法简图

1—地面垫层；2—透水混凝土；3—伸缩缝；

D—透水混凝土厚度

② 伸缩缝表面处理：按所确定的养护时间养护结束后，在伸缩缝处插入发泡材，注入弹性硅胶进行处理，为使透水混凝土的雨水顺利排出，发泡材料填入缝隙深度为 10～15mm，使伸缩缝下部构造为空腔。伸缩缝接缝处理见图 29-19。

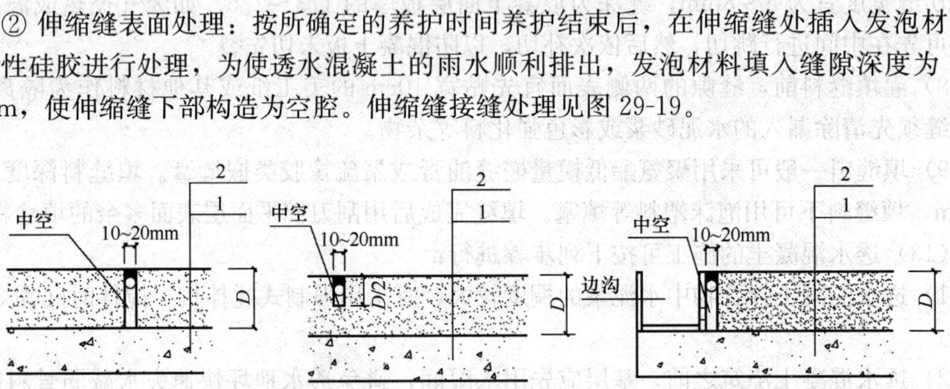

图 29-19　透水混凝土伸缩缝接缝处理构造做法简图

1—地面垫层；2—透水混凝土；

D—透水混凝土厚度

29.4.3 水泥砂浆面层

水泥砂浆面层是使用最广泛的一种地面面层类型，采用水泥砂浆涂抹于混凝土基层（垫层）上而成，具有材料来源广、整体性能好、强度高、造价低、施工操作简便、快速等特点，适用于工业与民用建筑中的地面。

1. 构造做法

（1）水泥砂浆的强度等级不应低于M15，体积配合比宜为1：2（水泥：砂）。缺少砂的地区，可用石屑代替砂使用。水泥石屑的体积比宜为1：2（水泥：石屑）。水泥砂浆面层的厚度不应小于20mm。

（2）当水泥砂浆地面基层为预制板时，宜在面层内设置防裂钢筋网，宜采用直径3～5mm@150～200mm的钢筋网。

（3）水泥砂浆面层下埋设管线等出现局部厚度减薄时，应按设计要求做防止面层开裂处理。当结构层上局部埋设并排管线宽度大于等于400mm时应在管线上方局部位置设置防裂钢筋网片，其宽度距管边不小于150mm；当底层水泥砂浆地面内埋设管线，可采用局部加厚混凝土垫层的做法；当预制板块板缝中埋设管线时，应加大板缝宽度并在其上部设置防裂钢筋网片或做局部现浇板带。

（4）面积较大的水泥砂浆地面应设置伸缩缝，在梁或墙、柱边部位应设置防裂钢筋网。伸缩缝设置参见29.2.5变形缝和镶边设置中变形缝的相关要求。

（5）有排水要求的水泥砂浆面层的坡度应符合设计要求，一般为1%～3%，不得有倒泛水和积水现象。

（6）水泥砂浆面层的构造做法见图29-20。

2. 材料要求

（1）水泥：参见29.4.2水泥混凝土面层材料质量控制中水泥的要求。

（2）砂：参见29.4.2水泥混凝土面层材料质量控制中砂的要求。

（3）石屑：粒径宜为3～5mm，其含粉量（含泥量）不应大于3%。当含粉（泥）量超过要求时，应采取淘洗、过筛等办法处理。防水水泥砂浆采用的石屑含泥量不应大于1%。

（4）水：采用符合饮用标准的水。

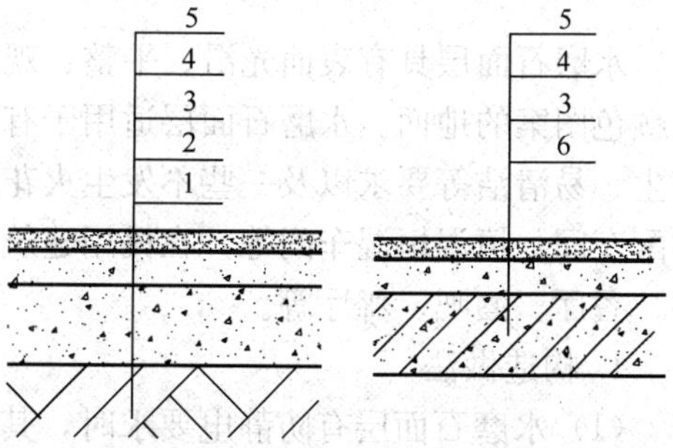

图29-20 水泥砂浆面层构造图

1—基土层；2—混凝土垫层；3—细石混凝土找平层；4—素水泥浆；5—水泥砂浆面层；6—混凝土楼板结构层

3. 施工要点

（1）清理基层：参见29.4.2水泥混凝土面层施工要点中基层清理的要求。

（2）弹标高和面层水平线：参见29.4.2水泥混凝土面层施工要点中弹标高和面层水平线的要求。

（3）贴灰饼：根据墙面弹线标高，用1：2干硬性水泥砂浆在基层上做灰饼，大小约50mm×50mm，纵横间距约1.5m。有坡度的地面，应坡向地漏。如局部厚度小于10mm时，应调整其厚度或将局部高出的部分凿除。对面积较大的地面，应用水准仪测出基层的实际标高并算出面层的平均厚度，确定面层标高，然后做灰饼。

（4）配制砂浆：面层水泥砂浆的配合比宜为 1∶2（水泥∶砂，体积比），稠度不大于 35mm，强度等级不应低于 M15。使用机械搅拌，投料完毕后搅拌时间不应少于 2min，要求拌合均匀。

（5）铺砂浆：铺砂浆前先在基层上均匀扫素水泥浆（水灰比 0.4～0.5）一遍，随扫随铺砂浆。注意水泥砂浆的虚铺厚度宜高于灰饼 3～4mm。

（6）找平、压光：铺砂浆后，随即用刮杠按灰饼高度，将砂浆刮平，同时把灰饼剔掉，并用砂浆填平。然后用抹子搓揉压实，用刮杠检查平整度，在砂浆终凝前进行，即人踩上去稍有脚印，用抹子压光无痕时，用铁抹子把前遍留的抹纹全部压平、压实、压光。当采用地面抹光机压光时，水泥砂浆的干硬度应比手工压光时要稍干一些。

（7）分格缝：水泥砂浆面层需要分格时，应在水泥面层初凝后进行弹线分格。在水泥砂浆面层沿弹线用抹子搓一条同抹子宽的毛面，再用铁抹子压光，然后用分格器压缝。大面积水泥砂浆面层的分格缝位置应与水泥类垫层的缩缝对齐。分格缝要求平直，深浅一致。

（8）养护：水泥砂浆地面的养护应在面层压光 24h 后，一般以手指压砂浆表面无压痕即可进行，视气温高低，在表面洒水或洒水后覆盖薄膜保持湿润，养护时间不少于 7d。

（9）冬期施工水泥砂浆楼地面时，应防止水泥砂浆面层受冻，必要时应采取加温保暖处理，如采用生炉火保温，应注意通风要顺畅，同时还应保持室内的湿度，防止温度过高地面水分蒸发过快而使地面产生塑性收缩裂缝。

（10）踢脚线施工参见 29.4.2 水泥混凝土面层中踢脚线的内容。

29.4.4 水磨石面层

水磨石面层具有表面光滑、平整、观感好等特点，根据设计和使用要求，可以做成各种颜色图案的地面。水磨石面层适用于有一定防潮（防水）要求、有较高清洁要求或不起灰尘、易清洁等要求以及一些不发生火花地面要求的建筑物楼地面。如工业建筑中的一般装配车间、恒温恒湿车间等，在民用建筑和公共建筑中使用也较广泛，如库房、室内旱冰场、餐厅、酒吧、舞厅等。

1. 构造做法

（1）水磨石面层有防静电要求时，其拌合料内应按设计要求掺入导电材料。面层厚度除特殊要求外，一般宜为 12～18mm，按选用的石料粒径确定厚度。

（2）白色或浅色的水磨石面层，采用白水泥；深色的水磨石面层，采用硅酸盐水泥、普通硅酸盐水泥或矿渣硅酸盐水泥；同颜色的面层使用同一批水泥。同一彩色面层使用同厂、同批的颜料；其掺入量宜为水泥重量的 3%～6%或由试验确定。

（3）水磨石面层结合层的水泥砂浆体积比宜为 1∶3，相应的强度等级不应低于 M10，水泥砂浆的稠度宜为 30～35mm。

（4）普通水磨石面层的磨光遍数不应少于 3 遍，高级水磨石面层的厚度和磨光遍数由设计确定。其分格不宜大于 1m。

（5）防静电水磨石面层应在清净、干燥表面后，在其上均匀涂抹一层防静电剂和地板蜡，并做抛光处理。当采用导电金属分格条时，分格条须经绝缘处理，且十字交叉处不得碰接。

(6) 水磨石面层拌合料的体积比应符合设计要求，且为 1∶1.5～1∶2.5（水泥∶石粒）。

(7) 水磨石面层的构造做法见图 29-21。

2. 材料要求

(1) 水泥：水磨石面层宜采用强度等级不低于 42.5 级的硅酸盐水泥、普通硅酸盐水泥或矿渣硅酸盐水泥，不得使用粉煤灰硅酸盐水泥。水泥必须有出厂合格证和复试报告，白色或浅色的水磨石面层应采用白水泥；同一颜色的面层应使用同一批水泥。不同品种、不同强度等级的水泥严禁混用。

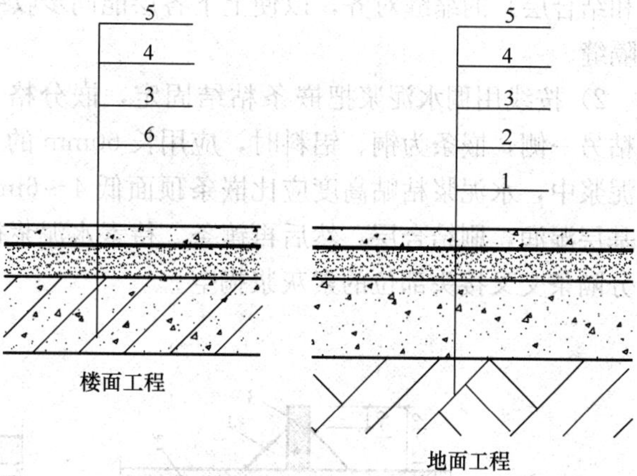

图 29-21 水磨石面层构造做法

1—基土层；2—混凝土垫层；3—水泥砂浆找平层；4—素水泥浆；5—水泥石子浆面层；6—楼板结构层

(2) 石粒

1) 采用白云石、大理石等坚硬可磨的岩石加工而成。

2) 石粒应洁净无杂物，其粒径除特殊要求外宜为 6～15mm。

3) 石子在运输、装卸和堆放过程中，应防止混入杂质，并应按产地、种类和规格分别堆放，使用前应用水冲洗干净、晾干待用。

(3) 颜料：采用耐光、耐碱的矿物颜料，不得使用酸性颜料。同一彩色面层应使用同厂、同批的颜料，以避免造成颜色深浅不一；其掺入量宜为水泥重量的 3%～6%或由试验确定。

(4) 分格条

1) 铜条厚 1～1.2mm，铝合金条厚 1～2mm，玻璃条厚 3mm，彩色塑料条厚 2～3mm。

2) 宽度根据石子粒径确定，当采用小八厘（粒径 10～12mm）时为 8～10mm，中八厘（粒径 12～15mm）、大八厘（粒径 12～18mm）时均为 12mm。

3) 分格条长度以分块尺寸而定，一般 1000～1200mm。铜条、铝条须经调直使用，下部 1/3 处每米钻 4 个 2mm 的孔，穿钢丝备用。

(5) 草酸、白蜡、钢丝：草酸为白色结晶，块状、粉状均可。白蜡宜采用川腊和地板蜡成品。钢丝用 22 号。

3. 施工要点

(1) 水磨石面层的颜色和图案应符合设计要求。

(2) 基层处理：参见 29.3.9 找平层第 3 条施工要点中的操作要求。

(3) 抹水泥砂浆找平层。水泥砂浆找平层的施工要点可按水泥砂浆面层 29.3.9 找平层中的施工要点。但最后一道工序为抹子搓毛面。水磨石面层施工在找平层的抗压强度达到 1.2N/mm²后方可进行。

（4）镶嵌分格条

1）按设计分格和图案要求，用色线包在基层上弹出清晰的线条，弹线时，先根据墙面位置及镶边尺寸弹出镶边线，然后复核内部分格与设计是否相符，如有余量或不足，则按实际进行调整。分格间距以 1m 为宜，面层分格的一部分分格位置必须与基层（包括垫层和结合层）的缩缝对齐，以使上下各层能同步收缩。与基层缩缝对齐的分隔缝宜设置双分隔缝。

2）按线用稠水泥浆把嵌条粘结固定，嵌分格条方法见图 29-22。嵌条应先粘一侧，再粘另一侧，嵌条为铜、铝料时，应用长 60mm 的 22 号钢丝从嵌条孔中穿过，并埋固在水泥浆中，水泥浆粘贴高度应比嵌条顶面低 4～6mm，并做成 45°。镶条时应先把需镶部位基层湿润，刷结合层，然后再镶条。待素水泥浆初凝后，用毛刷沾水将其表面刷毛，并将分隔条交叉接头部位的素灰浆掏空。

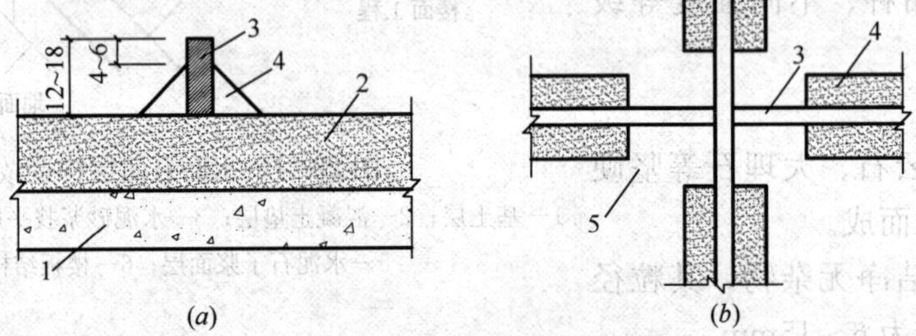

图 29-22　分格条嵌法

（a）嵌分格条；（b）嵌分格条平面图

1—混凝土垫层；2—水泥砂浆底灰；3—分格条；4—素水泥浆；

5—40～50mm 内不抹水泥浆区

3）镶条后 12h 开始洒水养护，不少于 2d。

（5）铺石粒浆

1）水磨石面层应采用水泥与石粒的拌合料铺设。如几种颜色的石粒浆应注意不可同时铺抹，要先抹深色的，后抹浅色的，先做大面，后做镶边，待前一种凝固后，再铺后一种，以免串色，界限不清，影响质量。

2）地面石粒浆配合比为 1∶1.5～1∶2.5（水泥∶石粒，体积比）；要求计量准确，拌合均匀，宜采用机械搅拌，稠度不得大于 60mm。彩色水磨石应加色料，颜料均以水泥重量的百分比计，事先调配好过筛装袋备用。

3）地面铺浆前应先将积水扫净，然后刷水灰比为 0.4～0.5 的水泥浆粘结层，并随刷随铺石子浆。铺浆时，用铁抹子把石粒由中间向四面摊铺，用刮尺刮平，虚铺厚度比分格条顶面高 5mm，再在其上面均匀撒一层石粒，拍平压实、提浆（分格条两边及交角处要特别注意拍平压实）。石粒浆铺抹后高出分格条的高度一致，厚度以拍实压平后高出分格条 1～2mm 为宜。整平后如发现石粒过稀处，可在表面再适当撒一层石粒，过密处可适当剔除一些石粒，使表面石子显露均匀，无缺石子现象，接着用滚子进行滚压。

（6）滚压密实

1）面层滚压应从横竖两个方向轮换进行。磙子两边应大于分格至少 100mm，滚压前应将嵌条顶面的石粒清掉。

2）滚压时用力应均匀，防止压倒或压坏分格条，注意嵌条附近浆多石粒少时，要随手补上。滚压到表面平整、泛浆且石粒均匀排列、磙子表面不沾浆为止。

（7）抹平

1）待石粒浆收水（约 2h）后，用铁抹子将滚压波纹抹平压实。如发现石粒过稀处，仍要补撒石子抹平。

2）石粒面层完成后，于次日进行浇水养护，常温时为 5～7d。

（8）试磨

水磨石面层在开始磨光前必须进行试磨，以不掉粒、不松动为准，检查认可后，才能正式开磨。一般开磨时间参考表 29-22。

水磨石开磨时间参考表　　表 29-22

平均气温（℃）	开磨时间（d）	
	机磨	人工磨
20～30	2～3	1～2
10～20	3～4	1.5～2.5
5～10	5～6	2～3

（9）粗磨

1）粗磨用 60～90 号油石，磨石机在地面上呈横“8”字形移动，边磨边加水，随时清扫磨出的水泥浆，并用靠尺不断检查磨石表面的平整度，至表面磨平，全部显露出嵌条与石粒后，再清理干净。

2）待稍干再满涂同色水泥浆一道，以填补砂眼和细小的凹痕，脱落石粒应补齐。

3）不同磨面不应混色，当面层较硬时，可在磨盘下撒少量过 2mm 筛的细砂，以加快磨光速度。

（10）中磨

1）中磨应在粗磨结束并待第一遍水泥浆养护 2～3d 后进行。

2）使用 90～120 号油石，机磨方法同头遍，磨至表面光滑后，同样清洗干净，再满涂第二遍同色水泥浆一遍，然后养护 2～3d。

（11）细磨（磨第三遍）

1）第三遍磨光应在中磨结束养护后进行。

2）使用 180～240 号油石，机磨方法同头遍，磨至表面平整光滑，石子显露均匀，无细孔磨痕为止。

3）边角等磨石机磨不到之处，用人工手磨。

4）当为高级水磨石时，在第三遍磨光后，经满浆、养护后，用 240～300 号油石继续进行第四、第五遍磨光。

（12）踢脚线施工

1）踢脚线在地面水磨石磨后进行，施工时先做基层清理和抹找平层，其操作要点同本手册 29.6.2 中相关要求。

2）踢脚线抹石粒浆面层，踢脚线配合比为 1∶1～1∶1.5（水泥∶石粒）。出墙厚度宜为8mm，石粒宜为小八厘。铺抹时，先将底子灰用水湿润，在阴阳角及上口，用靠尺按水平线找好规矩，贴好尺杆，刷素水泥浆一遍后，随即抹石粒浆，抹平、压实；待石粒浆初凝时，用毛刷沾水刷去表面灰浆，次日喷水养护。

3）踢脚线面层可采用立面磨石机磨光，亦可采用角向磨光机进行粗磨、手工细磨或全部采用手工磨光。采用手工磨光时开磨时间可适当提前。

4）踢脚线施工的磨光、刮浆、养护、酸洗、打蜡等工序和要求同水磨石面层。但须注意踢脚线上口必须仔细磨光。

（13）草酸清洗

1）在水磨石面层磨光后，涂草酸和上蜡前，其表面不得污染。

2）用热水溶化草酸（1∶0.35，重量比），冷却后在擦净的面层上用布均匀涂抹。每涂一段用240～300号油石磨出水泥及石粒本色，再冲洗干净，用棉纱或软布擦干。

3）亦可采取磨光后，在表面撒草酸粉洒水，进行擦洗，露出面层本色，再用清水洗净，用拖布拖干。

（14）打蜡抛光

1）酸洗后的水磨石面，应擦净晾干。打蜡工作应在不影响水磨石面层质量的其他工序全部完成后进行。

2）地板蜡有成品供应，当采用自制时其方法是将蜡、煤油按1∶4的重量比放入桶内加热、溶化（120～130℃），再掺入适量松香水后调成稀糊状，凉后即可使用。

3）用布或干净麻丝沾蜡薄薄均匀涂在水磨石面上，待蜡干后，用包有麻布或细帆布的木块代替油石，装在磨石机的磨盘上进行磨光，或用打蜡机打磨，直到水磨石表面光滑洁亮为止。高级水磨石应打两遍蜡，抛光两遍。打蜡后铺锯末进行养护。

（15）防静电水磨石面层在施工前及施工完成后2～3个月内应进行接地电阻和表面电阻检测，并做好记录。

（16）高级水磨石研磨和抛光

1）研磨可概括为“五浆五磨”。即在普通水磨石面层“两浆三磨”后增加“三浆两磨”，应分别使用60～300号油石。当第五遍研磨结束，补涂的水泥浆养护2～3d后，方可进行抛光。

2）抛光应分七道工序完成，使用油石规格依次为：400号、600号、800号、1000号、1200号、1600号和2500号。

29.4.5　硬化耐磨面层

水泥基硬化耐磨面层采用金属渣、屑、纤维或石英砂等与水泥类胶凝材料拌合铺设或在水泥类基层上撒布铺设而成。特点是强度高，耐撞击、耐磨损。适用于工业厂房或经常承受坚硬物体的撞击接触、磨损等有较强耐磨损要求的建筑地面。

1. 构造做法

（1）水泥基硬化耐磨面层采用拌合料铺设时，拌合料的配合比应通过试验确定；采用撒布铺设时，耐磨材料的撒布量应符合设计要求，且应在水泥类基层初凝前完成撒布。

（2）水泥基硬化耐磨面层采用拌合料铺设时，宜先铺设一层强度等级不小于M15、厚度不小于20mm的水泥砂浆，或水灰比宜为0.4的素水泥浆结合层。

(3) 水泥基硬化耐磨面层采用撒布铺设时，耐磨材料应撒布均匀，厚度应符合设计要求；混凝土基层或砂浆基层的厚度及强度应符合设计要求。当设计无要求时，混凝土基层的厚度不应小于50mm，强度等级不应小于C25；砂浆基层的厚度不应小于20mm，强度等级不应小于M15。

(4) 水泥基硬化耐磨面层采用拌合料铺设时，其铺设厚度和拌合料强度应符合设计要求。当设计无要求时，水泥钢（铁）屑面层铺设厚度不应小于30mm，抗压强度不应小于40MPa；水泥石英砂浆面层铺设厚度不应小于20mm，抗压强度不应小于30MPa；钢纤维混凝土面层铺设厚度不应小于40mm，面层抗压强度不应小于40MPa。

(5) 水泥基硬化耐磨面层分格缝的间距及缝深、缝宽、填缝材料应符合设计要求。

(6) 硬化耐磨面层铺设后应在湿润条件下静置养护，养护期限应符合材料的技术要求，并应在达到设计强度后方可投入使用。

(7) 水泥基硬化耐磨面层的构造做法如图29-23所示。

2. 材料要求

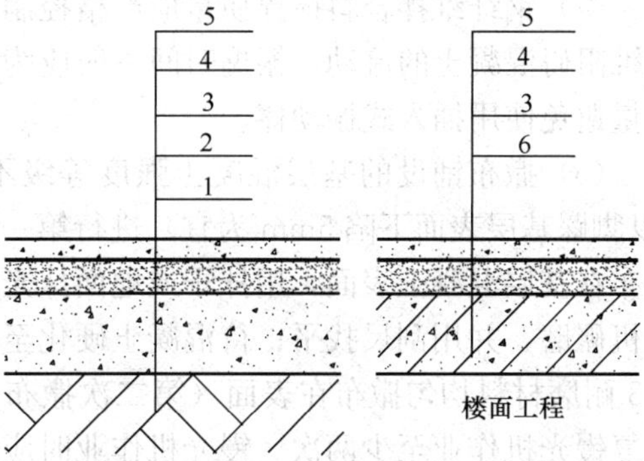

图29-23 水泥基硬化耐磨面层构造做法

1—基土层；2—混凝土垫层；3—水泥砂浆找平层；4—水泥砂浆结合层；5—水泥基硬化耐磨面层；6—楼板

(1) 钢（铁）屑：钢（铁）屑粒径为1～5mm；钢纤维的直径宜为1.0mm以内，长度不大于面层厚度的2/3，且不大于60mm；钢（铁）屑和钢纤维不应含其他杂质，如有油脂，用10%浓度的氢氧化钠溶液煮沸去油，再用热水清洗干净并干燥。如有锈蚀，用稀酸溶液除锈，再以清水冲洗后使用。

(2) 水泥：采用硅酸盐水泥或普通硅酸盐水泥，强度等级不应低于42.5级。

(3) 砂：采用中粗砂或石英砂，含泥量不应大于2%。

(4) 水：采用符合饮用标准的水。

(5) 石子：采用花岗石或石英石碎石，粒径为5～15mm，最大不应大于20mm，含泥量不应大于1%。

(6) 硬化剂：硬化剂、减水剂应有生产厂家产品合格证，并应取样复试，其产品的主要技术性能应符合产品质量标准。

3. 施工要点

(1) 基层清理、弹控制线及做找平层。将基层表面的积灰、浮浆、油污及杂物清除干净，面层铺设前一天浇水湿润；弹控制线、做找平层的具体施工操作要点见29.3.9找平层做法的相关内容。

(2) 拌合料配制

1) 水泥基硬化耐磨面层的配合比应通过试验（或按设计要求）确定，以水泥浆能填满钢（铁）屑的空隙为准。

2) 水泥基硬化耐磨面层的施工参考配合比宜为42.5级水泥∶钢屑∶水＝1∶1.8∶0.31（重量比），密度不应小于2.0t/m³，其稠度不大于10mm。采用机械拌制，投料程序为：钢屑→水泥→水。严格控制用水量，要求搅拌均匀至颜色一致。搅拌时间不少于2min，配制好的拌合物在2h内用完。

(3) 面层铺设

1) 水泥钢屑面层的厚度一般为5mm（或按设计要求），水泥钢（铁）屑面层铺设时应先铺一层厚20mm的水泥砂浆结合层，面层的铺设应在结合层的水泥初凝前完成。水泥砂浆结合层采用体积比宜为1∶2，稠度为25～35mm，且强度等级不应低于M15。

2) 待结合层初步抹平压实后，接着在其上铺抹5mm水泥钢屑拌合物，用刮杠刮平后，及时用平板振动器振实，随铺随振（拍）实，待收水后，随即用铁抹子抹平、压实至泛浆为止。在砂浆初凝前进行第二遍压光，用铁抹子边抹边压，将死坑、孔眼填实压平使表面平整，要求不漏压。在终凝前进行第三遍压光，用铁抹子把前遍留下的抹纹抹痕全部压平、压实，至表面光滑平整。

3) 结合层和水泥钢屑砂浆铺设宜一次连续操作完成，并按要求分次抹压密实。

(4) 钢纤维拌合料搅拌质量应严格控制，确保搅拌质量，浇筑时应加强振捣，由于钢纤维阻碍混凝土的流动，振捣时间一般应为普通混凝土的1.5倍，且宜采用平板振动器，尽量避免使用插入式振动棒。

(5) 撒布铺设的基层混凝土强度等级不低于C25，厚度不小于50mm。基层初凝时（以脚踩基层表面下陷5mm为宜）进行第一次撒布作业；将全部用量的2/3耐磨材料均匀撒布在基层混凝土表面，用抹子或地面抹光机抹平，待耐磨材料吸收一定水分后，采用镘光机碾磨，并用刮尺找平；待混凝土硬化至一定阶段进行第二次撒布作业：将全部用量的1/3耐磨材料均匀撒布在表面（第二次撒布方向应与第一次垂直），立即抹平、镘光，并重复镘光机作业至少两次。镘光机作业时应纵横交错进行，边角处用抹子处理；当面层硬化至指压稍有下陷阶段时，采用镘光机收光，镘光机的转速及镘刀角度视硬化情况调整。镘光机作业时应纵横交错3次以上，局部的凌乱抹纹可采用薄钢抹人工同向、有序压光处理。

(6) 较大楼地面施工，应分仓施工，分仓伸缩缝间距和形式应符合设计要求。

(7) 养护：面层铺好后24h，应洒水进行养护，或覆盖薄膜保持湿润，时间不少于7d。

(8) 表面处理：表面处理是提高面层耐磨性和耐腐蚀性能，防止外露钢（铁）屑遇水生锈。表面处理可用环氧树脂胶泥喷涂或涂刷。

1) 环氧树脂胶泥采用环氧树脂及胺固化剂和稀释剂配制而成。其配方根据产品说明书和施工时的气温情况经试验确定，一般为环氧树脂∶乙二胺∶丙酮＝100∶80∶30。

2) 表面处理时，须待水泥钢（铁）屑面层基本干燥后方可实施。

3) 先用砂纸打磨表面，后清扫干净。在室内温度不低于20℃情况下，涂刷环氧树脂稀胶泥一度。

4) 涂刷应均匀，不得漏涂。

5) 涂刷后可用橡皮刮板或油漆刮刀轻轻将多余的胶泥刮去，在气温不低于20℃的条件下，养护48h后即成。

6) 养护完成后需做切割缝，切割缝间距宜为6～8m，切割深度至少为地面厚度的1/5，切割缝可采用密封胶（或弹性树脂）填缝。

29.4.6 防油渗面层

防油渗面层采用防油渗混凝土铺设或采用防油渗涂料涂刷，防止油类介质浸蚀或渗透的一种地面面层。适用于有阻止油类介质浸蚀和渗透入地面要求的楼房及厂房的楼地面。

1. 构造做法

(1) 防油渗面层及防油渗隔离层与墙、柱连接处的构造做法，应符合设计要求。

(2) 防油渗混凝土面层厚度应符合设计要求，防油渗混凝土的配合比应按设计要求的强度等级和抗渗性能通过试验确定。

(3) 防油渗混凝土面层应按厂房柱网分区段浇筑，区段划分及分区段缝应符合设计要求，缝宽15～20mm，缝深50～60mm。缝隙下部采用耐油胶泥材料，上部采用膨胀水泥封缝。

(4) 防油渗混凝土面层内不得敷设管线。凡露出面层的电线管、接线盒、预埋套管和地脚螺栓等的处理，以及与墙、柱、变形缝、孔洞等连接处泛水均应符合设计要求。

(5) 防油渗面层采用防油渗涂料时，材料应按设计要求选用，防油渗涂料抗拉粘结强度不应小于0.3MPa，涂层厚度宜为5～7mm。

(6) 防油渗面层的构造做法见图29-24。

2. 材料质量控制

(1) 防油渗混凝土

1) 水泥：采用普通硅酸盐水泥，要求有出厂合格证及复试报告。

2) 砂：中砂，应洁净无杂物，含泥量不大于3%。其细度模量应为2.3～2.6。

3) 石子：采用花岗石或石英石碎石，粒径为5～15mm，最大不应大于20mm；含泥量不应大于1%。

4) 水：采用符合饮用标准的水。

5) 外加剂：防油外渗加剂种类很多，常用的有三氯化铁混合剂、氢氧化铁胶凝剂、ST（糖蜜）、木钙及NNO、SNS等。

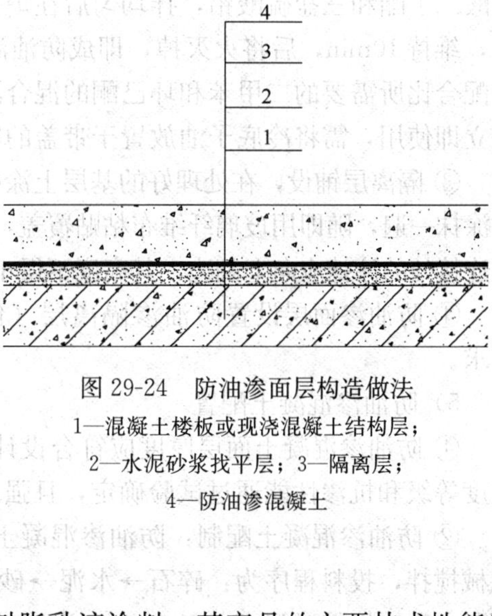

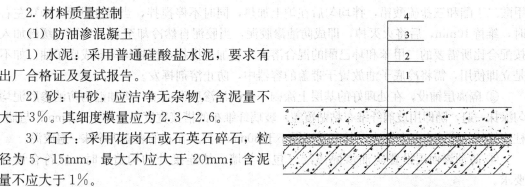

图29-24 防油渗面层构造做法
1—混凝土楼板或现浇混凝土结构层；
2—水泥砂浆找平层；3—隔离层；
4—防油渗混凝土

(2) 防油渗涂料

1) 涂料的品种应按设计要求选用，宜采用树脂乳液涂料，其产品的主要技术性能应符合现行有关产品质量标准。

2) 树脂乳液涂料主要有聚醋酸乙烯乳液涂料、氯偏乳液涂料和苯丙-环氧乳液涂料等。

3) 防油渗涂料应具有耐油、耐磨、耐火和粘结性能，抗拉粘结强度不应低于0.3MPa。

4) 涂料的配合比及施工，应按涂料的产品特点、性能等要求进行。

(3) B型防油渗剂（或密实剂）、减水剂、加气剂或塑化剂应有生产厂家产品合格证，并应取样复试，其产品的主要技术性能应符合产品质量标准。

(4) 防油渗涂料、外加剂、防油渗剂等的保管要求：按一般危险化学品搬运、运输和贮存，防止阳光直射。

（5）玻璃纤维布：用无碱网格布。

（6）防油渗胶泥应符合产品质量标准，并按使用说明书配制。

（7）蜡：可用石油蜡、地板蜡、200 号溶剂油、煤油、颜料、调配剂等调配而成；可选用液体型、糊型和水乳化型等多种地板蜡。

3. 施工要点

（1）防油渗混凝土面层

1）清理基层：将基层表面的泥土、浆皮、灰渣及杂物清理干净，油污清洗掉。铺抹找平层前一天将基层湿润，并无积水。

2）抹找平层：在基层表面刷素水泥浆一道，在其上抹一层厚 15～20mm 的 1∶3 水泥砂浆找平层，表面须平整。

3）在防油渗混凝土面层铺设前，满涂防油渗水泥浆结合层。

4）防油渗隔离层设置（当设计无防油渗隔离层时，无此道工序）

① 防油渗隔离层宜采用一布二胶无碱网格防油渗胶泥玻璃纤维布，其厚度为 4mm。亦可采用的防油渗胶泥（或聚氨酯类涂膜材料），其厚度为 1.5～2.0mm。

② 防油渗胶泥底子油的配制：按比例取脱水煤焦油，再加入聚氯乙烯树脂、邻苯二甲酸二丁酯和三盐硫酸铅，拌均匀后在炉上加热，同时不停搅拌，当温度升至 130℃左右时，维持 10min，后将火灭掉，即成防油渗胶泥，当胶泥自然冷却至 85～90℃，缓慢加入按配合比所需要的二甲苯和环己酮的混合溶液，边加边搅拌，搅拌均匀即成底子油。如不是立即使用，需将冷底子油放置于带盖的容器中，防止溶剂挥发。

③ 隔离层铺设，在处理好的基层上涂刷一遍防油渗胶泥底油，将加温的防油渗胶泥均匀涂抹一遍，随即用玻璃纤维布粘贴覆盖，玻璃纤维布的搭接宽度不得小于 100mm；与墙、柱连接处的涂抹应向上翻边，其高度不得小于 30mm，然后在布的表面再涂抹一遍胶泥。

④ 防油渗面层设置防油渗隔离层（包括与墙、柱连接处的构造）时，应符合设计要求。

5）防油渗混凝土配置

① 防油渗混凝土面层厚度应符合设计要求，防油渗混凝土的配合比应按设计要求的强度等级和抗渗性能通过试验确定，且强度等级不应低于 C30。

② 防油渗混凝土配制：防油渗混凝土的配合比通过试验确定。材料应严格计量，用机械搅拌，投料程序为：碎石→水泥→砂→水和 B 型防油渗剂（稀释溶液），拌合均匀、颜色一致；搅拌时间不少于 2min，浇筑时坍落度不宜大于 10mm。

6）防油渗混凝土面层铺设

① 面层铺设前应按设计尺寸弹线，支设分格缝模板，找好标高。

② 在整浇水泥基层上或作隔离层的表面上铺设防油渗面层时，其表面必须平整、洁净、干燥，不得有起砂现象。铺设前应满涂刷防油渗水泥浆结合层一遍，然后随刷随铺设防油渗混凝土，用刮杆刮平，并用振动器振捣密实，不得漏振，然后再用铁抹子将表面抹平压光，吸水后，终凝前再压光 2～3 遍，至表面压光压实为止。

7）分格缝处理

① 防油渗混凝土面层应按厂房柱网分区段浇筑，区段划分及分区段缝应符合设计要求。

② 当设计无要求时，每区段面积不宜大于 $50m^2$；分格缝应设置纵、横向伸缩缝，纵向分格缝间距为 3～6m，横向为 6～9m，并与建筑轴线对齐。分格缝的深度为面层的总厚度，上下贯通，其宽度为 15～20mm。防油渗面层分格缝构造做法参照图 29-25 所示的方法设置。

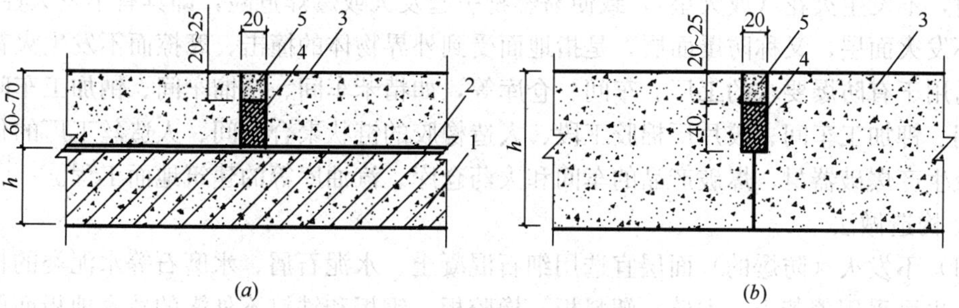

图 29-25 防油渗面层和分格缝的做法

(*a*) 楼层地面；(*b*) 底层地面

1—水泥基层；2—一布二胶隔离层；3—防油渗混凝土面层；4—防油渗胶泥；5—膨胀水泥砂浆

③ 分格条在混凝土终凝后取出，当防油渗混凝土面层的强度达到 5MPa 时，将分格缝内清理干净，并干燥，涂刷一遍防油渗胶泥底子油后，应趁热灌注防油渗胶泥材料，亦可采用弹性多功能聚氨酯类涂膜材料嵌缝，缝的上部留 20～25mm 深度，采用膨胀水泥砂浆封缝。

8）养护

防油渗混凝土浇筑完 12h 后，表面应覆盖毛毡或薄膜，浇水养护不少于 14d。

（2）防油渗涂料面层

1）防油渗面层采用防油渗涂料时，材料应按设计要求选用，涂层厚度宜为 5～7mm。

2）基层处理

① 水泥类面层的强度要在 5.0MPa 以上，表面应平整、坚实、洁净、无酥松、粉化、脱皮现象，并不空鼓、不起砂、不开裂、无油脂。含水率不应大于 9%。用 2m 靠尺检查表面平整度不大于 2mm。表面如有缺陷，应提前 2～3d 用聚合物水泥砂浆修补。

② 地面基层必须充分干燥，施工前 7d 不得溅水。

3）防油渗水泥浆结合层配置、涂刷（打底）

① 按混凝土防油渗面层中的方法配置防油渗水泥浆结合层。

② 或用水泥胶粘剂腻子打底。所使用的腻子应坚实牢固，不粉化、不起皮和无裂纹，并按基层底涂料和面层涂料的性能配套应用。将腻子用刮板均匀涂刷于面层上，满刮 1～3 遍，每遍厚度为 0.5mm。最后一遍干燥后，用 0 号砂纸打磨平整光滑，清除粉尘。

4）涂刷防油渗涂料

涂料宜采用树脂乳液涂料，按所选用的原材料品种和设计要求配色，涂刷 1～3 遍，涂刷方向、距离应一致，勤沾短刷。如所用涂料干燥较快时，应缩短刷距。在前一遍涂料表干后方可刷下一遍。每遍的间隔时间，一般为 2～4h，或通过试验确定。

5）待涂料层干后即可采用树脂乳液涂料涂刷 1～2 遍罩面。

6）待干燥后，在表面上打蜡上光，后养护，时间应不少于 7d。养护应保持清洁，防止污染。夏天一般为4～8h可固化，冬天则需要1～2d。

29.4.7　不发火（防爆）面层

不发火性的定义：当所有材料与金属或石块等坚硬物体发生摩擦、冲击或冲擦等机械作用时，不发生火花（或火星），致使易燃物引起发火或爆炸危险，即具有不发火性。

不发火面层，又称防爆面层，是指地面受到外界物体的撞击、摩擦而不发生火花的面层。适用于有防爆要求的工厂、车间、仓库等，如精苯车间、精馏车间、钠加工车间、氢气车间、钾加工车间、胶片厂棉胶工段、人造橡胶的链状聚合车间、人造丝工厂的化学车间以及生产爆破器材、爆破产品的车间和火药仓库、汽油库等的建筑地面工程。

1. 构造做法

（1）不发火（防爆的）面层宜选用细石混凝土、水泥石屑、水磨石等水泥类的拌合料铺设。也可采用菱苦土、木砖、塑料板、橡胶板、钢板和铁钉不外露的竹木地板面层作为不发火（防爆）建筑地面。施工时应符合下列要求：

1）选用的原材料和其拌合料应为经试验确定的不发火的材料。

2）不发火（防爆）混凝土、水泥石屑、水磨石等水泥类面层的厚度和强度等均应符合设计要求。

（2）不发火（防爆）面层应有一定的弹性，减小冲击荷载作用下产生的振动，避免产生火花，同时应防止有可能因摩擦产生火花的材料粘结在面层上。

（3）不发火（防爆）水泥类面层的构造做法见图29-26。

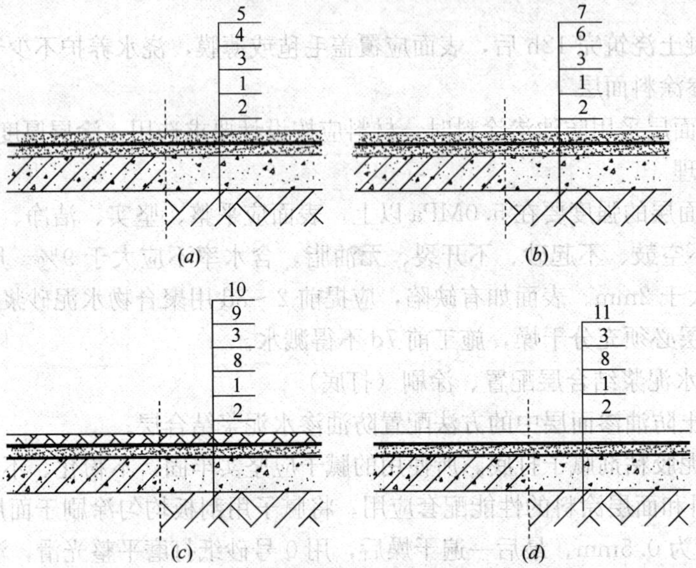

图29-26　不发火（防爆）面层构造做法示意图

（*a*）水泥类不发火面层；（*b*）沥青类不发火面层；（*c*）木地板类不发火面层；（*d*）橡胶类不发火面层

1—混凝土垫层（楼面结构层）；2—基土；3—水泥砂浆找平层；4—素水泥浆结合层；5—水泥类面层；6—冷底子油1—2道；7—沥青砂浆或沥青混凝土面层；8—防潮隔离层；9—粘结剂或沥青粘结层（或为木楞、毛地板）；10—木地板面层；11—橡胶板块面层

2. 材料要求

(1) 水泥：应选用普通硅酸盐水泥，强度等级不应低于42.5级，有出厂检验报告和复试报告。

(2) 砂：选用质地坚硬、表面粗糙并有颗粒级配的砂，其粒径宜为0.15～5mm，含泥量不应大于3%，有机物含量不应大于0.5%。

(3) 石料（水磨石面层时采用石粒）：采用大理石、白云石或其他石料加工而成，并以金属或石料撞击时不发生火花为合格。

(4) 嵌条：采用不发生火花的材料配制，配制时应随时检查，不得混入金属或其他易发生火花的杂质。

(5) 砂、石均应按下列试验方法检验不发火性，合格后方可使用。试验方法如下：

1) 试验前的准备。材料不发火的鉴定，可采用砂轮来进行。试验的房间应完全黑暗，以便在试验时易于看见火花。

试验用的砂轮直径为150mm，试验时其转速应为600～1000r/min，并在暗室内检查其分离火花的能力。检查砂轮是否合格，可在砂轮旋转时用工具钢、石英石或含有石英石的混凝土等能发生火花的试件进行摩擦，摩擦时应加10～20N的压力，如果发生清晰的火花，则该砂轮即认为合格。

2) 粗骨料的试验。从不少于50个试件中选出做不发生火花试验的试件10个。被选出的试件，应是不同表面、不同颜色、不同结晶体、不同硬度的。每个试件重50～250g，准确度应达到1g。

试验时也应在完全黑暗的房间内进行。每个试件在砂轮上摩擦时，应加以10～20N的压力，将试件任意部分接触砂轮后，仔细观察试件与砂轮摩擦的地方，有无火花发生。

必须在每个试件上磨掉不少于20g后，才能结束试验。

在试验中如没有发现任何瞬时的火花，该材料即合格。

3) 粉状骨料的试验。粉状骨料除着重试验其制造的原料外，并应将这些细粒材料用胶结料（水泥或沥青）制成块状材料来进行试验，以便于以后发现制品不符合不发火的要求时，能检查原因，同时，也可以减少制品不符合要求的可能性。

4) 不发火水泥砂浆、水磨石和水泥混凝土的试验。主要试验方法同前。

3. 施工要点

(1) 不发火（防爆）面层应采用水泥类的拌合料铺设，其厚度应符合设计要求。

(2) 施工所用的材料应在试验合格后使用，不得任意更换材料和配合比。

(3) 清理基层：施工前应将基层表面的泥土、灰浆皮、灰渣及杂物清理干净，油渍污迹清洗掉，抹底灰前一天，将基层浇水湿润，且无积水。

(4) 抹找平层：水泥类不发火地面施工时，应按常规方法先做找平层，具体施工方法参见29.3.9水泥砂浆找平层施工要点。如基层表面平整，亦可不抹找平层，直接在基层上铺设面层。

(5) 拌合料配制

1) 不发火混凝土面层强度等级应符合设计要求，当设计无要求时可采用C20。其施工配合比可按水泥：砂：碎石：水＝1：1.74：2.83：0.58（重量比）试配。所用材料应严格计量，用机械搅拌，投料程序为：碎石→水泥→砂→水。要求搅拌均匀，混凝土灰浆颜色一致，搅拌时间不少于 90s，配制好的拌合物在 2h 内用完。

2）采用不发火（防爆）水磨石面层时其拌合料配制见 29.4.4 中的相关内容。

（6）铺设面层

1）不发火（防爆）各类面层的铺设，应符合本节中相应面层的规定。

2）不发火（防爆）混凝土面层铺设时，先在已湿润的基层表面均匀地涂刷一道素水泥浆，随即分仓顺序摊铺，随铺随用刮杠刮平，用铁辊筒纵横交错来回滚压 3～5 遍至表面出浆，用抹子拍实搓平，然后用铁抹子或地面抹光机压光。待收水后再压光 2～3 遍，至抹平压光为止。

3）试块的留置，按每一层（或检验批）建筑地面工程不应小于 1 组。当每一层（或检验批）建筑地面工程面积大于 1000m^2 时，每增加 1000m^2 应增做 1 组试块；小于 1000m^2 按 1000m^2 计算。当改变配合比时，亦应相应地制作试块组数。除满足上述要求外，尚应留置一组用于检验面层不发火性的试件。

（7）养护：最后一遍压光后根据气温（常温情况下 24h），洒水养护，时间不少于 7d，养护期间不得上人和堆放物品。

29.4.8　自流平面层

自流平地面洁净、美观，又耐磨，抗重压，除找平功能之外，水泥自流平还可以起到防潮、抗菌的重要作用。适用于无尘室、无菌室、制药厂（包括实行 GMP 标准的制药工业）、食品厂、化工厂、微电子制造厂、轻工厂房等对地面有特殊要求的精密行业中的地面工程，或作为 PVC 地板、强化地板、实木地板的基层。

1. 构造做法

（1）自流平面层可采用水泥基、石膏基、合成树脂基等拌合物或涂料铺涂。根据材料的不同可分为水泥自流平、环氧树脂自流平、环氧砂浆自流平、ABS 自流平等。

（2）基层混凝土强度等级不应小于 C20；基层表面抗拉强度不小于 1.0MPa。

（3）自流平面层的基层面的含水率应符合下列规定：

1）水泥基自流平面层的基层面的含水率不低于 12%；

2）石膏基自流平面层的基层面的含水率不低于 14%；

3）环氧树脂基自流平面层的基层面的含水率不高于 8%。

（4）水泥自流平地面施工时室内及地面环境温度应控制在 10～28℃，一般以 15℃为宜，相对空气湿度控制在 20%～75%。

（5）自流平面层的结合层、基层、面层的构造做法、厚度、颜色应符合设计要求，设计无要求时，其厚度：结合层宜为 0.5～1.0mm，基层宜为 2.0～6.0mm，面层宜为 0.5～1.0mm。

2. 材料要求

（1）自流平材料：根据设计要求选用适合的自流平材料，材料必须有出厂合格证和复试报告。

（2）环氧树脂自流平涂料的技术指标见表 29-23。

（3）固化剂

固化剂应具有较低的黏度。应该选用两种或多种固化剂进行复配，以达到所需要的镜面效果。同时复配固化剂中应该含有抗水斑与抗白化的成分。

环氧树脂自流平涂料的技术指标　表 29-23

试验项目	技术指标	试验项目	技术指标
涂料状态	均匀无硬块	附着力（级）	≤1
涂膜外观	平整光滑	硬度（摆杆法）	≥0.6
干燥时间	表干（25℃）≤4h	光泽度（%）	≥30
实干（25℃）	≤24h	耐冲击性	40kgcm，无裂纹、皱纹及剥落现象
耐磨性（750g/500r）	g≤0.04	耐水性	96h 无异常

（4）颜料及填料的选择：宜选用耐化学介质性能和耐候性稳定的无机颜料，如钛白、氧化铁红、氧化铬绿等，填料的选用对涂层最终的性能影响极大，适量的加入不仅能提高涂层的机械强度、耐磨性和遮盖力，而且能减少环氧树脂固化时的体积收缩，并赋予涂料良好的贮存稳定性。

（5）助剂的选择

1）分散剂：为防止颜料沉淀、浮色、发花，并降低色浆黏度，提高涂料贮存稳定性，提高流性。

2）消泡剂：因生产和施工中会带入空气，而厚浆型涂料黏度较高，气泡不易逸出。因此，需要在涂料中加入一定量的消泡剂来减少这种气泡，力争使之不影响地坪表面的观感。

3）流平剂：为降低体系的表面张力，避免成膜过程中发生"缩边"现象，提高涂料流平性能，改善涂层外观和质量，需加入一定量流平剂。以上助剂的加入，可大大改善涂料的性能，满足施工要求。

（6）水：采用饮用水。

3. 施工要点

（1）基层检查

基层应平整、粗糙，清除浮尘、旧涂层等，混凝土要达到 C25 以上强度等级，并做断水处理，不得有积水，干净、密实，不能有胶粘剂残余物、油污、石蜡、养护剂及油腻等污染物附着。

1）基层含水率测定

基层含水率的测定有以下几种方法：

① 塑料薄膜法：将 450mm×450mm 塑料薄膜平放在混凝土表面，用胶带纸密封四边 16min 后，薄膜下出现水珠或混凝土表面变黑，说明混凝土过湿，不宜涂装。

② 无线电频率测试法：通过仪器测定传递、接收透过混凝土的无线电波差异来确定含水量。

③ 氯化钙测定法：是一种间接测定混凝土含水率的方法。原理是将密封容器密封固定于基层表面，根据水分从混凝土中逸出的速度，测定密封容器中氯化钙在 72h 后的增重来确定含水率大小，其值应≤46.8g/m^2。

2）基层水分的排除：基层含水率应小于 8%，否则应排除水分后方可进行涂装。排除水分的方法有以下几种：

① 通风：加强空气循环，加速空气流动，带走水分，促进混凝土中水分进一步挥发。

② 加热：提高混凝土及空气的温度，加快混凝土中水分迁移到表层的速率，使其迅速蒸发，宜采用强制空气加热或辐射加热。直接用火源加热时生成的燃烧产物（包括水），会提高空气的雾点温度，导致水在混凝土表面凝结，故不宜采用。

③ 降低空气中的露点温度：用脱水减湿剂、除湿器或引进室外空气（引进室外空气露点低于混凝土表面及上方的温度）等方法除去空气中的水汽。

（2）水泥自流平

1）基层处理

① 基层表面的裂缝要剔凿成“V”形槽，并用自流平砂浆修补平整。对于大的凹坑、孔洞也要用自流平砂浆修补平整。如果原有基层混凝土地面强度太低，混凝土基层表面有水泥浮浆，或是起砂严重，要把表面的一层全部打磨掉。基层混凝土强度低会导致自流平材料和基层混凝土之间粘结程度降低，可能造成自流平地面成品形成裂纹和起壳现象。如果平整度不好，要把高差大的地方尽量打磨平整，否则会影响自流平成品的平整度。

② 新浇混凝土不得小于 4 周，密实基面需用机械方法打磨，并用水洗及吸尘器吸净表面疏松颗粒，待其干燥。有坑洞或凹槽处应于 1d 前以砂浆或腻子先行刮涂整平，超高或凸出点应予铲除或磨平。

2）地面的清理：打磨工作之后应及时清理打磨的水泥浆粉尘和废弃物，首先用笤帚把废弃物清扫一遍，然后用吸尘器把清理过的地面彻底清理干净。

3）施工环境的保护：在水泥自流平施工过程中，很容易污染施工现场周边的墙面，最好粘贴 50～70mm 宽的美纹纸在踢脚板上，在地坪施工完后，将美纹纸去除。

4）界面剂的涂刷：在清理干净的基层上，涂刷界面剂两遍。两次采用不同方向涂刷顺序，避免漏刷，每次涂刷时要采用每滚刷压上滚刷半滚刷的涂刷方法。涂刷第二遍界面剂时，要待第一遍界面剂干透，界面剂已形成透明的膜层，没有白色乳液。等第二遍界面剂完全干燥后，才能进行水泥自流平的施工，否则容易在自流平表面形成气泡。

5）水泥自流平的施工：水泥自流平砂浆施工前，需要根据作业面宽度及现场条件设置施工缝。水泥自流平施工作业面宽度一般不要超过 6～8m。施工段可以采用泡沫橡胶条分隔，粘贴泡沫橡胶条前应放线定位。

把搅拌好的自流平浆料均匀倒入施工区域，要注意每一次浇筑的浆料要有一定的搭接，不得留间隙。用刮板辅助摊平至要求厚度。

6）水泥自流平地坪成品的养护：施工作业前要关闭窗户，施工作业完成后将所有的门关闭。施工完 3～5h 可上人，7d 后可正常使用（取决于现场条件和厚度）。

7）伸缩缝处理

在自流平地面施工结束 24h 后，可以用切割机在基层的伸缩缝处切出 3mm 的伸缩缝，将切割好的伸缩缝清理干净，用弹性密封胶密封填充。

8）施工时应注意：

① 施工进行时不得停水、停电，不得间断性施工；

② 用水量必须使用电子秤控制；

③ 水泥自流平材料必须要搅拌均匀才能铺设。

（3）环氧自流平

1）基层表面处理：对于平整地面，常用下列方法处理：

① 酸洗法（适用于油污较多的地面）：用10%～15%的盐酸清洗混凝土表面，待反应完全后（不再产生气泡），再用清水冲洗，并采用毛刷刷洗，此法可清除泥浆层并提高光滑度。

② 机械方法（适用于大面积场地）：用喷砂或电磨机清除表面突出物、松动颗粒，破坏毛细孔，增加附着面积，采用吸尘器吸除砂粒、杂质、灰尘。对于有较多凹陷、坑洞的地面，应用环氧树脂砂浆或环氧腻子填平修补后再进行下步操作。经处理后的混凝土基层性能指标应符合表 29-24 的要求。

混凝土基层性能指标值 **表 29-24**

测定项目	湿度（%）	强度（MPa）	平整度（mm/m）	表面状况
合格指标	≤9	>21	≤2	无砂无裂无油无坑

2）底涂施工：将底油加水（比例为 1∶4）稀释后，均匀涂刷在基面上。1kg 底油涂布面积为 5m²。用漆刷或滚筒将自流平底涂剂涂于处理过的混凝土基面上，涂刷两层，在旧基层上需再增一道底漆。第一层干燥后方可涂第二层（间隔时间 30min 左右）。底涂应是低黏度无溶剂环氧封闭底漆，滚涂、刮涂或刷涂后，应能充分润湿混凝土，并渗入到混凝土内层。

3）浆料拌合：按材料使用说明，先将按配合比的水量置于拌合机内，边搅拌边加入环氧树脂自流平，直到均匀不见颗粒状，再继续搅拌 3～4min，使浆料均匀，静止 10min 左右方可使用。

4）中涂施工：中涂施工比较关键，将环氧色浆、固化剂与适量混合粒径的石英砂充分混合搅拌均匀（有时需要熟化），用刮刀涂成一定厚度的平整密实层，推荐采用锯齿状镘刀镘涂，然后用带钉子的辊子滚压以释放出膜内空气。

5）腻子修补：中涂层固化后，刮涂填平腻子并打磨平整，为面涂提供良好表面。

6）面涂施工：待底层油半干后即可浇筑浆料，将搅拌均匀的自流平砂浆倒于底涂过的基面上，一次涂抹须达到所需厚度，用镘刀或专用齿针刮刀摊平，再用放气滚筒放气，待其自流。表面凝结后，不用再涂抹。面层涂刷用量标准见表 29-25。

面层涂刷用量表 **表 29-25**

基面平整情况厚度（mm）	用量（kg/m²）
微差表面整平≥2	约 3.2
一般表面整平≥3	约 4.8
标准全空间整平≥6	约 9.6
严重不平整基体整平 ≤10	约 16

注：如局部过高，料浆不能流到的地方，可用抹子轻轻刮平。

7）自流平的施工时间最宜在 30min 内完成。

8）养护：温度低于 5℃，则须 1～2d。固化后，对其表面采用蜡封或刷表面处理剂进行养护，养护期不得小于 7d。

9）注意事项

① 具体施工应参照设计要求及产品的使用说明书。

② 普通自流平材料不能直接用于表面耐磨层。

③ 为避免在低温高湿条件下施工，施工的环境温度在 5～35℃，最佳温度 15～30℃，结硬前应避免风吹日晒。

④ 施工时有凸起或溅落，初凝后可用镘刀撇去。

⑤ 避免浪费，配料多少要与施工用量相匹配，一次配料要一次用完，不可中间加水稀释，以免影响质量。

⑥ 如有楼板加热装置应关闭，待地面冷却后才能进行自流平施工。

⑦ 涂料使用过程中不得交叉污染，材料应密封储存。

⑧ 在保养期内自流平地面禁止行人。

⑨ 根据地面使用功能选用涂料种类及厚度，承载越大，涂层应越厚，如涂层过薄，则在使用过程中易遭损坏。

29.4.9 涂 料 面 层

涂料面层采用丙烯酸、环氧、聚氨酯等树脂型涂料涂刷而成。

1. 构造做法

（1）薄涂型地面涂料面层的基层，其强度等级不低于 C20，表面应平整、洁净。

（2）薄涂型地面涂料面层的基层面的含水率应符合下列规定：

1）面层为丙烯酸、环氧等树脂型涂料时，基层面的含水率不宜高于 8%；

2）面层为聚氨酯树脂涂料时，基层面的含水率不得高于 12%。

（3）环氧树脂型涂料施工的环境和基层温度不低于 10℃，相对空气湿度不大于 80%。

2. 材料质量控制

（1）薄涂型环氧面漆的技术参数见表 29-26。

薄涂型环氧面漆的技术参数　表 29-26

类型项目	薄涂型环氧面漆			备注
	薄涂型环氧亮光面漆	防静电薄涂型环氧面漆	薄涂型环氧平光或哑光面漆	
容器中状态	搅拌后均匀无硬块	搅拌后均匀无硬块	搅拌后均匀无硬块	目视法
适用期	≤1.5h	≤1.5h	≤1.5h	杯中固化时间
耐冲击性	50cm/1kg	50cm/1kg	50cm/1kg	GB/T 1732
邵氏硬度	≥H	≥H	≥H	GB/T 2411
耐水性（30d）	不起泡，不脱落，允许轻微变色	不起泡，不脱落，允许轻微变色	不起泡，不脱落，允许轻微变色	GB/T 1733
耐磨性	≤0.07mg	≤0.05mg	≤0.096mg	

（2）水性环氧地坪涂料为甲、乙两组分组成。

1）甲组分为液态环氧树脂配以适当比例的活性稀释剂，甲组分配方见表 29-27。

水性环氧地坪涂料甲组分配方 表 29-27

组分	质量百分比
低分子量液态环氧树脂	15.0%
活性稀释剂	85.0%

2）乙组分由水性固化剂分散体、水、颜填料以及助剂等组成，其基本配方见表29-28。

水性环氧地坪涂料乙组分配方 表 29-28

组分	质量百分比（%）
水性固化剂	16.0～35.0
水	15.0～30.0
颜填料	32.0～60.0
润湿分散剂	0.1～0.8
消泡剂	0.1～0.7
流平剂	0.1～0.5
增稠剂	0.1～0.8
色浆	0～3.0

3）水性环氧地坪涂料的基本性能指标见表 29-29。

薄涂型水性环氧地坪涂料面漆性能指标 表 29-29

项目		指标
干燥时间（h）	表干	3
	实干	18
铅笔硬度（H）		2
附着力（级）		0
耐磨性（750g/500r，失重）（g）		≤0.02
耐冲击性（cm）		50 通过
耐洗刷性（次）		≥10000
耐 10%NaOH		30d 无变化
耐 10%HCl		10d 无变化
耐润滑油（机油）		30d 无变化

（3）聚氨酯涂料分为单组分聚氨酯涂料和双组分聚氨酯涂料。

双组分聚氨酯涂料一般是由异氰酸酯预聚物（也叫低分子氨基甲酸酯聚合物）和含羟基树脂两部分组成，通常称为固化剂组分和主剂组分。单组分聚氨酯涂料主要有氨酯油涂料、潮气固化聚氨酯涂料、封闭型聚氨酯涂料等品种。

3. 施工要点

（1）薄涂型环氧涂料

1）基层表面必须用溶剂擦拭干净，无松散层和油污层，无积水或无明显渗漏，基面应平整，在任意 $2m^2$ 内的平整度误差不得大于 2mm。水泥类基面要求坚硬、平整、不起砂，如有空鼓、脱皮、起砂、裂痕等，必须按要求处理后方可施工。水磨石、地板砖等光滑地面，须先打磨成粗糙面。

2）底层涂漆施工：双组分料混合时应充分、均匀，固化剂乳化液态环氧树脂使用手持式电动搅拌机在 400～800r/min 速度下搅拌漆。底层涂漆采用辊涂或刷涂法施工。

3）面层涂漆施工：根据环氧树脂涂料的使用说明按比例将主剂及固化剂充分搅拌均匀，用分散机或搅拌机在 200～600r/min 速度下搅拌 5～15min。采用专用铲刀、镘刀等工具将材料均匀涂布，尽量减少施工结合缝。

4）养护措施

① 与地面接触时要注意避免产生划痕，严禁钢轮或过重负载的交通工具通过。

② 表面清洁一般用水擦洗，如遇难清洗的污渍，采用清洗剂或工业去脂剂、除垢剂等擦洗，再用水冲洗干净。

③ 地面被化学品污染后，要立即用清水洗干净。对较难清洗的化学品，采用环氧专用稀释剂及时清洁，并注意通风。

5）薄涂型环氧涂料施工的注意事项

① 施工时要掌握好漆料的使用时间，根据漆料的适用期和现场施工人员数量合理调配漆料，以免漆料一次调配过多而造成浪费，注意前后组材料的衔接。

② 严禁交叉施工，非施工人员严禁进入施工现场。

③ 施工时室内温度控制在 10℃以上，低于 10℃严禁施工；雨天、潮湿天不宜施工。

④ 施工时建筑物的门窗必须安装完毕。

（2）聚氨酯涂料

1）基层清理参见本条“薄涂型环氧涂料”的基层处理方法。基层表面必须干燥干净。橡胶基面必须用溶剂去除表面的蜡质，钢板在喷砂后 4～8h 内涂刷。

2）双组分聚氨酯涂料按规定的配合比充分搅匀，搅匀后静置 20min，待气泡消失后方可施工。涂刷可采用滚涂或刷涂，第一遍涂刷未完全干透即进行第二遍涂刷。两遍涂料间隔太长时，必须用砂纸将第一遍涂膜打毛后才能进行第二遍涂料施工。

3）涂膜可采用高温烘烤固化，提高附着力、机械性能、耐化学药品性能。

4）涂料涂刷后 7d 内严禁上人。

5）聚氨酯涂料施工的注意事项：

① 双组分涂料要按当日需用量调配，固化剂严格按标准要求使用，避免干燥后降低涂料的耐水、耐化学品性能。

② 如果漆膜局部破损需修补时，可将其局部打毛后再补漆。

③ 聚氨酯漆不可用普通硝基稀释剂稀释。

④ 涂料取用后必须密闭保存，防止涂料吸潮变质；施工工具必须及时清洗干净。

29.4.10 塑胶面层

塑胶地面可分为室内塑胶地面和室外塑胶地面。室内塑胶地面又分为运动塑胶地面、商务塑胶地面等。运动塑胶地面适用于羽毛球、乒乓球、排球、网球、篮球等各种比赛和训练场馆、大众健身场所和各类健身房、单位工会活动室、幼儿园、社会福利设施的各类地面。商务塑胶地板使用范围：夜总会、酒吧、展示厅、专卖店、健身房、办公室、美容院等场所的地面。室外塑胶地面适用于运动场所的跑道、幼儿园户外运动场地等。

1. 构造做法

(1) 塑胶地板基层宜采用自流平基层。体育场馆塑胶地板基层宜采用架空木地板基层。

(2) 基层含水率应小于3%。采用架空木地板基层，基层应采取防潮措施。

(3) 塑胶面层铺设时的环境温度宜在15~30℃之间。

(4) 运动场塑胶地面的类型、用途见表29-30。

运动场塑胶地面的类型、用途 **表29-30**

类型	构成	适用范围	地板厚度（mm）
QS型	全塑性，由胶层及防滑面层构成，全部为塑胶弹性体	高能量运动场地	9~25 2~10
HH型	混合型，由胶层及防滑面层构成，胶层含10%~50%橡胶颗粒	高能量运动场地	9~25 4~10
KL型	颗粒型，由塑胶粘合橡胶颗粒构成，表面涂于一层橡胶	一般球场	9~25 8~10
FH型	复合型，由颗粒型的底层胶、全塑型的中层胶及防滑面层构成	田径跑道	9~25 8~10

2. 材料质量控制

(1) 水泥：宜采用硅酸盐水泥、普通硅酸盐水泥或矿渣硅酸盐水泥，其强度等级应在42.5级以上；不同品种、不同强度等级的水泥严禁混用。

(2) 砂：应选用中砂或粗砂，含泥量不大于3%。

(3) 塑胶面层：塑胶面层的品种、规格、颜色及技术指标等应符合设计要求和现行国家标准的规定。

(4) 胶粘剂：塑胶板的生产厂家一般会推荐或配套提供胶粘剂，如没有，可根据基层和塑胶板以及施工条件选用乙烯类、氯丁橡胶类、聚氨酯、环氧树脂、建筑胶等，所选胶粘剂必须通过试验确定其适用性和使用方法。如室内用水性或溶剂型胶粘剂时，必须测定其总挥发性有机化合物（TVOC）和游离甲醛的含量，游离甲醛的含量应符合国家现行标准的规定。

3. 施工要点

(1) 塑胶板块：塑胶板块施工要点参见29.7.7塑料板面层的施工要点做法。

(2) 塑胶跑道施工要点

1) 垫层的施工：参见29.3基层铺设中的相关垫层做法。

2) 改性沥青混凝土层施工

① 改性沥青混凝土铺设前应调整校核摊铺机的熨平板宽度和高度，并调整好自动找平装置，尽量采用全路幅摊铺。如采用分片幅摊铺，接槎应紧密、顺直。

② 改性沥青混凝土拌合料加热温度控制在130~150℃，混合料到达工地控制温度为120~130℃，摊铺温度应不低于110℃，开始碾压温度80~100℃为宜。

③ 改性沥青混凝土摊铺的虚铺系数由摊铺前试铺来确定，一般虚铺系数为1.15～1.35。

④ 碾压：压实作业分初压、复压和终压三遍完成。初压温度一般为110～130℃，碾压后检查平整度，不平整的部位应予以修整；复压时，用10～12t静作用压路机或10～12t振动压路机碾压4～6遍至稳定和无明显轮迹即可，复压温度宜控制在90～110℃；终压采用6～8t振动压路机静压2～4遍，终压温度宜控制在70～90℃。

⑤ 碾压过程中，压路机滚轮要洒水湿润，以免粘附沥青混合料。

3）底层塑胶铺设

① 铺设底层塑胶前基层应清扫干净，去除表面浮尘、污垢，修补基层缺陷，基层完全干燥后（含水率≤8%）方可铺设底层胶。

② 按照现场情况合理划分施工板块，其厚度应符合施工图纸要求，在所有施工板块中调试好厚度，放好施工控制线。

③ 底层胶铺设过程中必须保持机器行走速度均匀，从场地一侧开始，按板块宽度一次性刮胶，同时修边人员要及时对露底、凹陷处进行补胶，对凸起部位刮平。

④ 底层胶完全待胶凝固化后，对全场进行检查，对边缘不整齐或凹凸不平处进行削割、补胶，并用专业塑胶打磨机做修整处理。

⑤ 在底层胶修整处理后进行试水找平，有积水的位置，采用面层材料和方法进行修补。需反复试水、修补，直到无积水现象方可进行面层施工。

4）面层塑胶的摊铺

① 配料：按照材料的配合比要求投料并充分搅拌均匀后待用。

② 将调制好的塑胶混凝料倒在底层塑胶表面上，使用具有定位施工厚度功能的专用刮耙摊铺施工，也可采用专业喷涂机在底层塑胶面上均匀地喷涂，确保喷涂厚度（平均厚度控制为3mm）。

③ 颗粒型塑胶场地必须在面层塑胶开始胶凝反应前，将所用颗粒采用专业播撒工具完全均匀覆盖在面层塑胶上。

④ 每一桶胶液的操作时间尽量缩短，保证面层塑胶成胶凝固速度均匀一致。

29.4.11　地面辐射供暖的整体面层

1. 构造做法

（1）与土壤相邻的地面，必须设绝热层，且绝热层下部必须设置防潮层。直接与室外空气相邻的楼板，必须设绝热层。

（2）地面构造由楼板或基土上的垫层、绝热层、加热管、填充层、找平层和面层组成。当工程允许地面按双向散热进行设计时，各楼层间的楼板上部可不设绝热层。

（3）面层宜采用热阻小于0.05（m^2·K）/W的材料。

（4）地面辐射供暖系统绝热层采用聚苯乙烯泡沫塑料板时，其厚度不应小于表29-31的规定值；绝热层采用低密度发泡水泥制品时，其厚度应符合相关规定值；采用其他绝热材料时，可根据热阻相当的原则确定厚度。

（5）填充层的材料宜采用C15豆石混凝土，豆石粒径宜为5～12mm。加热管的填充层厚度不宜小于50mm。

聚苯乙烯泡沫塑料板绝热层厚度（mm） **表 29-31**

楼层之间楼板上的绝热层	20
与土壤或不采暖房间相邻的楼板上的绝热层	30
与室外空气相邻的楼板上的绝热层	40

2. 材料质量控制

(1) 地面辐射供暖系统中所用材料，应根据工作温度、工作压力、荷载、设计寿命、现场防水、防火等工程环境的要求，以及施工性能，经综合比较后确定。

(2) 采暖地面的供暖系统中选用的材料应符合国家现行标准的要求，产品应有生产合格证明、有效的型式检验合格报告，有关强制性性能要求应由国家认可的检测机构进行检测，并出具有效证明文件或检测报告。

(3) 绝热材料

1) 绝热材料应采用导热系数小、吸湿率低、难燃或不燃，具有足够承载能力的材料且不宜含有殖菌源，不得有散发异味及可能危害健康的挥发物。

2) 地面辐射供暖工程中采用的聚苯乙烯泡沫塑料主要技术指标应符合表 29-32 的规定。

聚苯乙烯泡沫塑料主要技术指标 **表 29-32**

项目	单位	性能指标
表观密度	kg/m³	≥20
压缩强度（10%变形下的压缩应力）	kPa	≥100
导热系数	W/（m·K）	≤0.041
吸水率（体积分数）	%	≤4
尺寸稳定性	%	≤3
水蒸气透过系数	ng/（Pa·m·s）	≤4.5
溶结性（弯曲变形）	mm	≥20
氧化数	%	≥30
燃烧分级	达到 B2 级	

3) 地面辐射供暖工程中采用的低密度发泡水泥绝热层主要技术指标应符合表 29-33 的规定。

发泡水泥绝热层主要技术指标 **表 29-33**

干体积密度（kg/m³）	抗压强度		导热系数 W/（m·K）
	7d（MPa）	28d（MPa）	
350	≥0.4	≥0.5	≤0.07
400	≥0.5	≥0.6	≤0.088
450	≥0.6	≥0.7	≤0.1

注：可采用内插法确定干体积密度在 350～450kg/m³ 之间各部位发泡水泥绝缘层厚度。

(4) 发泡水泥绝热层应采用符合现行国家标准《通用硅酸盐水泥》GB 175 的有关规

定，其抗压强度等级不应低于32.5级。

(5) 发泡水泥表面质量应符合下列要求：

1) 厚度方向不允许有贯通性裂纹；表面不允许有宽度>1.8mm、长度>800mm的裂纹；表面宽度为1～1.8mm、长度为500～800mm的裂纹每平方米不得多于3处。

2) 表面应该平整，不允许有明显的凹坑和凸起。

3) 发泡水泥绝热层表面平整度±5mm。

4) 发泡水泥绝热层的厚度偏差应控制为±5mm。

5) 表面疏松面积应不大于总面积的5%，单块面积不大于0.25m²。

(6) 当采用其他绝热材料时，按表29-33的规定，选用同等效果绝热材料。

3. 施工要点

(1) 绝热层的铺设

1) 绝热层的铺设参见29.3.12绝热层的相关内容。

2) 绝热层施工时还应注意下列方面：

① 绝热层的铺设应平整，绝热层相互间接合应严密。直接与土壤接触或有潮湿气体侵入的地面，在铺放绝热层之前应先铺一层防潮层。

② 发泡水泥绝热层施工浇筑前，室内外的门窗框及抹灰工程宜完工，达到浇筑发泡水泥绝热层的施工条件。

(2) 低温热水系统加热管的安装：低温热水系统加热管的安装由专业安装单位安装并调试验收合格后移交下一道工序施工。

(3) 填充层施工

1) 填充层的施工参见29.3.11填充层的相关内容。

2) 填充层施工应具备以下条件：

① 所有伸缩缝已安装完毕。

② 加热管安装完毕且水压试验合格、加热管处于有压状态下。

③ 低温热水系统通过隐蔽工程验收。

(4) 找平层、面层施工

1) 找平层的施工参见29.3中相关垫层的相关内容。

2) 整体面层的施工参见29.4中相关面层的相关内容。

3) 面层施工尚应符合下列规定：

① 面层施工，应在填充层达到设计要求的强度等级后方可进行。

② 面层的伸缩缝应与填充层的伸缩缝对应。伸缩缝填充材料宜采用高发泡聚乙烯泡沫塑料。

(5) 注意事项

1) 施工过程中，应防止油漆、沥青或其他化学溶剂接触污染加热管的表面。

2) 施工的环境温度不宜低于5℃；在低于0℃的环境下施工时，现场应采取升温措施。

3) 施工时不宜与其他工种交叉施工作业，所有地面留洞应在填充层施工前完成。

4) 填充层施工过程，供暖系统安装单位应密切配合。

5) 填充层施工中，加热管内的水压不应低于0.6MPa；填充层养护过程中，系统水压不应低于 0.4MPa。

6）填充层施工中，严禁使用机械振捣设备；施工人员应穿软底鞋，采用平头铁锹，在浇筑和养护过程中，严禁踩踏。

7）系统初始加热前，混凝土填充层的养护期不应少于 21d。施工中，应对地面采取保护措施，不得在地面上加以重载、高温烘烤、直接放置高温物体和高温加热设备。

8）在填充层养护期满以后，敷设加热管的地面，应设置明显标志，加以妥善保护防止房屋装修或安装其他管道时损伤加热管。

9）地面辐射供暖工程施工过程中，严禁人员踩踏加热管。

29.5 板块面层铺设

29.5.1 一般要求

板块面层包括砖面层、大理石和花岗石面层、预制板块面层、料石面层、玻璃面层、塑料板面层、活动地板面层、金属板面层、地毯面层、地面辐射供暖的板块面层等。

（1）低温辐射供暖地面的板块面层采用具有热稳定性的陶瓷锦砖、陶瓷地砖、水泥花砖等砖面层或大理石、花岗石、水磨石、人造石等板块面层，应在填充层上铺设。

（2）低温辐射供暖地面的板块面层应设置伸缩缝，缝的留置与构造做法应符合设计要求和相关现行国家行业标准的规定。填充层和面层的伸缩缝的位置宜上下对齐。

（3）铺设低温辐射供暖地面的板块面层时，不得钉、凿、切割填充层，不得向填充层内楔入物件，不得扰动、损坏发热管线。

（4）铺设板块面层时，其水泥类基层的抗压强度不得低于 1.2MPa。在铺设时用水泥膏（约 2～3mm 厚）满涂块料背面，对准挂线及缝子，将块料铺贴上，用小木锤或橡皮锤敲压挤实，再用水平尺找平。

（5）铺设板块面层的结合层和板块间的填缝采用水泥砂浆，配制水泥砂浆应采用硅酸盐水泥、普通硅酸盐水泥；配制水泥砂浆的砂应符合国家现行行业标准《普通混凝土用砂、石质量及检验方法标准》JGJ 52 的规定；配制水泥砂浆的体积比（或强度等级）应符合设计要求。

（6）结合层和板块面层填缝的胶结材料，应符合国家现行有关标准的规定和设计要求。

（7）板块的铺砌应符合设计要求。当设计无要求时，宜避免出现板块小于 1/4 边长的非整砖。施工前应根据板块大小，结合房间尺寸进行排砖设计。非整砖宜对称布置，且排在不明显处。

（8）铺设板块面层的结合层和填缝的水泥砂浆，在面层铺设后应覆盖、湿润，其养护时间不应少于 7d。当板块面层水泥砂浆结合层的抗压强度达到设计要求后，方可正常使用。

（9）厕浴间及设有地漏（含清扫口）的板块面层，地漏（清扫口）的位置应符合设计要求，块料铺贴时，地漏处应放样套割铺贴，使铺贴好的块料地面高于地漏约 2mm，与地漏结合处严密牢固，不得有渗漏。

（10）大面积板块面层的伸缩缝及分隔缝应符合设计要求，当设计无要求时，每隔15～20m 宜设置 8～12mm 分隔缝；分隔缝采用成品金属分格条分格。

（11）踢脚板施工时，除执行本章同类面层的规定外，应符合下列规定：

1）板块类踢脚线施工时，不应采用混合砂浆打底。

2）踢脚板宜在地面面层基本完工及墙面最后一遍抹灰（或刷涂料）前完成。

3）板块类踢脚线出墙厚度除设计有要求外，宜为 8～10mm，最大不宜大于 12mm，且粘结层不宜外露；如遇剪力墙且不能抹灰的墙面（清水混凝土墙），宜选厚度较薄的板材做踢脚线，结合层宜用胶粘贴。

（12）板、块面层的允许偏差应符合表 29-34 的规定。

板、块面层的允许偏差和检验方法（mm）　　　　**表 29-34**

项次	项目	允许偏差											检验方法
		陶瓷锦砖面层、高级水磨石板、陶瓷地砖面层	缸砖面层	水泥花砖面层	水磨石板块面层	大理石面层、花岗石面层、人造石面层、金属板面层	塑料板面层	水泥混凝土板块面层	碎拼大理石、碎拼花岗石面层	活动地板面层	条石面层	块石面层	
1	表面平整度	2.0	4.0	3.0	3.0	1.0	2.0	4.0	3.0	2.0	10.0	10.0	用 2m 靠尺和楔形塞尺检查
2	缝格平直	3.0	3.0	3.0	3.0	2.0	3.0	3.0	—	2.5	8.0	8.0	拉 5m 线和用钢尺检查
3	接缝高低差	0.5	1.5	0.5	1.0	0.5	0.5	1.5	—	0.4	2.0	—	用钢尺和楔形塞尺检查
4	踢脚线上口平直	3.0	4.0	—	4.0	1.0	2.0	4.0	1.0	—	—	—	拉 5m 线和用钢尺检查
5	板块间隙宽度	2.0	2.0	2.0	2.0	1.0	—	6.0	—	0.3	5.0	—	用钢尺检查

29.5.2　砖　面　层

砖面层可采用陶瓷锦砖、缸砖、陶瓷地砖和水泥花砖，应在结合层上铺设。

1. 构造做法

（1）在水泥砂浆结合层上铺贴缸砖、陶瓷地砖和水泥花砖面层时应符合下列规定：

1）铺贴前应对砖的规格尺寸、外观质量、色泽等进行预选；浸水湿润晾干待用；

2）勾缝和压缝应采用同品种、同强度等级、同颜色的水泥，并做养护和保护。

（2）在水泥砂浆结合层上铺贴陶瓷锦砖面层时，砖底面应洁净，每列陶瓷锦砖之间、与结合层之间以及在墙角、镶边和靠柱、墙处，应紧密贴合。在靠柱、墙处不得采用砂浆填补。

（3）有防腐蚀要求的砖面层采用耐酸瓷砖、浸渍沥青砖、缸砖等和有防火要求的砖，其材质、铺设及施工质量验收应符合设计要求和现行国家标准《建筑防腐蚀工程施工规范》GB 50212、《建筑设计防火规范》GB 50016 的规定。

（4）大面积铺设陶瓷地砖、缸砖地面时，室内最高温度大于 30℃、最低温度小于 5℃时，应符合下列规定：

1）板块紧贴镶贴的面积宜控制在 1.5m×1.5m；

2）板块留缝镶贴的勾缝材料宜采用弹性勾缝料，勾缝后应压缝，缝隙深应不大于板块厚度的 1/3。

（5）砖面层的基本构造见图 29-27。

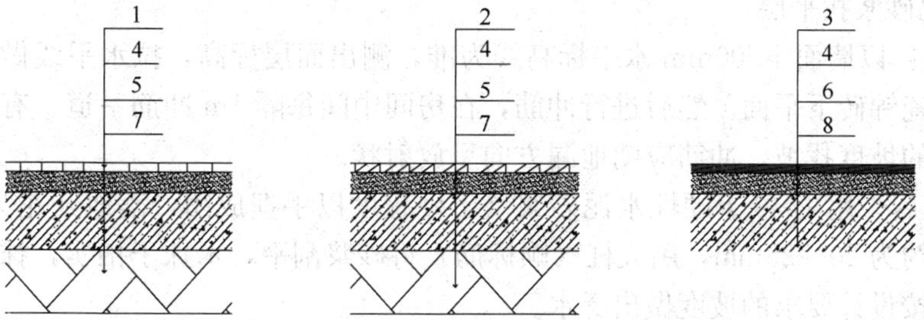

图 29-27 砖面层基本构造
1—普通黏土砖；2—缸砖；3—陶瓷锦砖；4—结合层；5—垫层（或找平层）；6—找平层；7—基土；8—楼层结构层

2. 材料要求

（1）水泥：采用硅酸盐水泥、普通硅酸盐水泥或矿渣硅酸盐水泥，强度等级不应低于 42.5 级。应有出厂合格证及有效的形式检验报告，进场使用前产品验收合格和进行复试合格后使用。

（2）砂：砂采用洁净无有机杂质的中砂或粗砂，使用前应过筛，含泥量不大于 3%。

（3）白水泥及颜料：白水泥及颜料用于擦缝，颜色按照设计要求或视面材色泽定。同一面层应使用同厂、同批的颜料，采用同品种、同强度等级、同颜色的水泥，以避免造成颜色深浅不一；颜料应选用无机矿物颜料，颜料掺入量宜为水泥重量的 3%～6%或由试验确定。

（4）砖材填缝剂：彩色砖材填缝剂突出砖材整体美和线条感。选用时应根据缝宽大小、颜色、耐水要求或特殊砖材的填缝需要选择专业生产厂家的填缝剂，应有产品合格证及有效的形式检验报告。复检检验报告应包括工作性、稠度和收缩性（抗开裂性）等指标。

（5）砖材胶粘剂：应符合《陶瓷砖胶粘剂》JC/T 547 的相关要求，其选用应按基层材料和面层材料使用的相容性要求，通过试验确定，并符合现行国家标准《民用建筑工程室内环境污染控制标准》GB 50325 的规定。产品应有出厂合格证和技术质量指标检验报告。超过生产期三个月的产品，应取样检验，合格后方可使用；超过保质期的产品不得使用。

（6）陶瓷锦砖：进场后应拆箱检查颜色、规格、形状等是否符合设计要求和有关标准的规定。每箱内必须有盖有检验标志的产品合格证和产品使用说明书。

（7）陶瓷地砖、缸砖、水泥花砖：砖花色、品种、规格按图纸设计要求并符合有关标准规定。应有出厂合格证和技术质量性能指标的试验报告。

3. 施工要点

(1) 陶瓷锦砖地面施工要点

1) 清理基层、弹线：将基层面清理干净，不得有明显的灰尘；表面杂物浮浆皮要铲掉、清扫扫净，弹水平标高线在墙上。

2) 刷素水泥浆：在清理好的地面上均匀洒水，然后用笤帚均匀洒刷素水泥浆（水灰比为 0.5），刷的面积不得过大，与下道工序铺砂浆找平层紧密配合，随刷水泥浆随铺水泥砂浆。

3) 水泥砂浆找平层

① 冲筋：以墙面＋500mm 水平标高线为准，测出面层标高，拉水平线做灰饼，灰饼上平面为陶瓷锦砖下平面。然后进行冲筋，在房间中间每隔 1m 冲筋一道。有地漏的房间按设计要求的坡度找坡，冲筋应朝地漏方向呈放射状。

② 冲筋后，用 1∶3 干硬性水泥砂浆（干硬程度以手捏成团，落地开花为准），铺设找平层厚度约为 20～25mm，用大杠（顺标筋）将砂浆刮平，木抹子拍实，抹平整。有地漏的房间要按设计要求的坡度做出泛水。

③ 找方正、弹线：找平层抹好 24h 后或抗压强度达到 1.2MPa 后，在找平层上量测房间内长宽尺寸，在房间中心弹十字控制线，根据设计要求的图案结合陶瓷锦砖每联尺寸，计算出所铺贴的张数，不足整张的应甩到边角处，不能贴到明显部位。

4) 水泥浆结合层：在砂浆找平层上，浇水湿润后，在砖面层背部抹一道 2～2.5mm 厚的水泥浆结合层（宜掺水泥重量 20％的 108 胶），应随抹随贴，面积不要过大。

5) 铺陶瓷锦砖：宜整间一次镶贴连续操作，如果房间大一次不能铺完，须将接槎切齐，余灰清理干净。具体操作时应在水泥浆尚未初凝时开始铺贴（背面应洁净），从里向外沿控制线进行。继续铺贴时不得踩在已铺好的砖上，应熟练地采用随铺随退出的施工工艺。

6) 修整：整间铺好后，在陶瓷锦砖上垫木板，人站在垫板上修理四周的边角，并将陶瓷锦砖地面与其他地面门口接搓处修好，保证接槎平直。

7) 刷水、揭纸：铺完后紧接着在纸面上均匀地刷水，常温下过 15～30min 纸便湿透，此时开始揭纸，并随时将纸毛清理干净。

8) 拨缝：在水泥浆结合层终凝前完成，揭纸后，及时检查缝子是否均匀，缝子不顺不直时，用小靠尺比着开刀轻轻地拨顺、调直，并将其调整后的砖用木拍板拍实，同时粘贴补齐已经脱落、缺少的陶瓷锦砖颗粒。地漏、管口等处周围的陶瓷锦砖，要按坡度预先试铺进行切割，做到陶瓷锦砖与管口镶嵌紧密吻合。在以上拨缝调整过程中，要随时用 2m 靠尺检查平整度，偏差不超过 2mm。

9) 灌缝：拨缝后第二天（或水泥浆结合层终凝后），用白水泥浆或砖材填缝剂擦缝，从里到外顺缝揉擦，擦满、擦实为止，并及时将表面的余灰清理干净，防止对面层产生污染。

使用专用填缝剂施工的要求：

① 表面处理：使用填缝剂前应先将砖缝隙清洁干净，去除所有灰尘、油渍及其他污染物。

② 搅拌：使用带合适搅拌叶的低速电钻进行机械搅拌，搅拌至均匀没有块状为止。待拌合物静置 5min，再略搅拌后即可使用。

③ 施工：用橡胶填缝刀或合适刮刀。将搅拌好的填缝剂填入砖缝隙内，按对角线方向或以环形转动方式将填缝剂填满缝隙。尽可能不在砖面上残留过多的填缝剂，并在物料凝固前用湿海绵或湿布清洁砖表面。发现任何瑕疵，及时修补完好。

填缝剂初干固化后，用干布将表面已经粉化的填缝剂擦掉，或者用水进行最后的清洗。

10）养护：陶瓷锦砖地面擦缝 24h 后，铺上锯末常温养护（或用塑料薄膜覆盖），其养护时间不得少于 7d，且不准上人。

（2）陶瓷地砖、缸砖、水泥花砖地面施工要点

1）处理基层、弹线：混凝土地面应将基层凿毛，凿毛深度 5～10mm，凿毛痕的间距为 30mm 左右。将基层面的灰尘、浮灰、砂浆、油渍等杂物清理干净。根据房间中心线（十字线）并按照排砖方案图，在地面弹出与门道口成直角的纵横定位基准线，弹线应从门口开始，以保证进口处为整砖，非整砖置于阴角或家具下面。

2）地砖浸水湿润：铺贴前对砖的规格尺寸、外观质量、色泽等进行预选，浸水湿润后晾干待用。

3）摊铺水泥砂浆，安装标准块：根据排砖控制线安装标准块，标准块应安放在十字线交点，对角安装，根据标准块先铺贴好左右靠边基准行（封路）的块料。

4）铺贴地面砖：根据基准行由内向外挂线逐行铺贴，并随时做好各道工序的检查和复验工作，以保证铺贴质量。铺贴时宜采用干硬性水泥砂浆，厚度宜为 10～15mm，然后用水泥膏（约 2～3mm 厚）满涂块料背面，对准挂线及缝子，将块料铺贴上，用小木锤敲击至平正。随铺砂浆随铺贴。面砖的缝隙宽度，当紧密铺贴时不宜大于 1mm；当虚缝铺贴时宜为 5～10mm，或按设计要求。

5）勾缝：面层铺贴 24h 内，根据各类砖面层的要求，分别进行擦缝、勾缝或压缝工作。勾缝深度比砖面宜凹深 2～3mm 为宜，擦缝和勾缝应采用同品种、同强度等级、同颜色的水泥。

6）清洁、养护：铺贴完成后，清理面砖表面，2～3h 内不得上人，做好面层的养护和保护工作。

（3）卫生间等有防水要求的房间面层施工要点

1）根据标高控制线，从房间四角向地漏处按设计要求的坡度进行找坡，并确定四角及地漏顶部标高，用 1∶3 水泥砂浆找平，找平打底灰厚度宜为 10～15mm，铺抹时用铁抹子将灰浆摊平拍实，用刮杠刮平，抹子搓平，做成毛面，再用 2m 靠尺检查找平层表面平整度和地漏坡度。找平打底灰抹完后，于次日浇水养护 2d。

2）对铺贴的房间检查净空尺寸，找好方正，定出四角及地漏处标高，根据控制线先铺贴好靠边基准行的块料，由内向外挂线逐行铺贴，并注意房间四边第一行板块铺贴必须平整，找坡应从第二行块料开始依次向地漏处找坡。

3）根据地面板块的规格，排好模数，非整砖块料对称铺贴于靠墙边，且不小于 1/3 整砖，与墙边距离应保持一致，严禁出现“大小头”现象，保证铺贴好的块料地面标高低于走廊和其他房间不少于 20mm，地面坡度符合设计要求，无倒泛水和积水现象。

4）地漏（清扫口）位置在符合设计要求的前提下，宜结合地面面层排板设计进行适当调整。并用整块（块材规格较小时用四块）块材进行套割，地漏（清扫口）双向中心线应与整块块材的双向中心线重合；用四块块材套割时，地漏（清扫口）中心应与四块块材的交点重合。套割尺寸宜比地漏面板外围每侧大 2～3mm，周边均匀一致。镶贴时，套割的块材内侧与地漏面板平，且比外侧低（找坡）5mm（清扫口不找坡）。待镶贴凝固后，清理地漏（清扫口）周围缝隙，用密封胶封闭，防止地漏（清扫口）周围渗漏。

5）铺贴前在找平层上刷素水泥浆一遍，随刷浆随抹粘结层水泥砂浆，配合比为 1∶2～1∶2.5，厚度 10～15mm，铺贴时对准控制线及缝子，将块料铺贴好，用小木锤或橡皮锤敲击至表面平整，缝隙均匀一致。

6）擦缝、勾缝应在 24h 内进行，用 1∶1 水泥砂浆（细砂），要求缝隙密实平整光洁。勾缝的深度宜为 2～3mm。擦缝、勾缝应采用同品种、同一强度等级、同一颜色的水泥。

7）面层铺贴完毕 24h 后，洒水养护 2d，用防水材料临时封闭地漏，放水深 20～30mm 进行 24h 蓄水试验，经监理、施工单位共同检查验收签字确认无渗漏后，地面铺贴工作方可完工。

（4）在胶粘剂结合层上铺贴砖面层

1）采用胶粘剂在结合层上粘贴砖面层时，胶粘剂选用应符合现行国家标准《民用建筑工程室内环境污染控制标准》GB 50325 的规定。

2）水泥基层表面应平整、坚硬、干燥、无油脂及砂粒，含水率不大于 9%。如表面有麻面起砂、裂缝现象时，宜采用乳液腻子等修补平整，每次涂刷的厚度不大于 0.8mm，干燥后用 0 号铁砂布打磨，再涂刷第二次腻子，直至表面平整后，再用水稀释的乳液涂刷一遍，以增加基层的整体性和粘结力。

3）铺贴应先编号，将基层表面清扫洁净，涂刷一层薄而匀的底胶，待其干燥后，再在其面上进行弹线，分格定位。

4）铺贴应由内向外进行。涂刷的胶粘剂必须均匀，并超出分格线 10mm，涂刷厚度控制在 1mm 以内，砖面层背面应均匀涂刮胶粘剂，待胶层干燥不粘手（10～20min）即可铺贴，一次就位准确，粘贴密实。

29.5.3 大理石面层和花岗石面层

大理石面层和花岗石面层指采用各种规格型号的天然石材板材、合成花岗石（又名人造大理石）在水泥砂浆结合层上铺设而成。大理石面层和花岗石面层适用于高等级的公共场所、民用建筑及耐化学反应的工业建筑中的生产车间等建筑地面工程。

1. 构造做法

（1）室内使用的大理石、花岗石等天然石材的放射性指标应符合现行国家标准《建筑材料放射性核素限量》GB 6566 的规定。

（2）大理石、花岗石面层的结合层厚度一般宜为 20～30mm。

（3）大理石板材不适宜用于室外地面工程。

（4）基本构造见图 29-28。

2. 材料要求

（1）大理石、花岗石板块

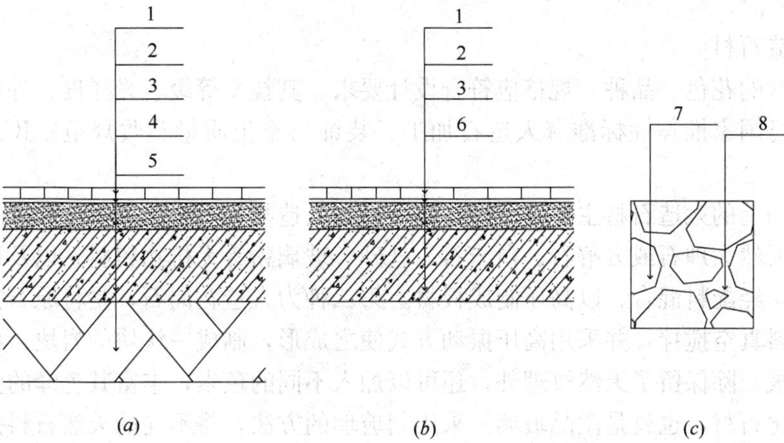

图 29-28 石材面层基本构造图

1—大理石（碎拼大理石）、花岗石面层；2—水泥砂或水泥砂浆结合层；
3—找平层；4—垫层；5—基土；6—结构层（钢筋混凝土楼板）；
7—拼块大理石；8—水泥砂浆或水泥石粒浆填缝

1）天然大理石、花岗石板块的花色、品种、规格应符合设计要求。其技术等级、光泽度、外观等质量要求应符合现行国家推荐标准《天然大理石建筑板材》GB/T 19766、《天然花岗石建筑板材》GB/T 18601 的规定。

2）大理石、花岗石等天然石材特别要注意色差控制、加工偏差控制。石材的加工及选用，必须根据加工图进行排版，为了保证石材花纹及色泽一致性，每一块出厂的石材须有按铺贴区域进行排列的有效编号，对进场材料必须进行对号检查，对出现变形和色差较大板块进行筛选更换。

3）加工好的成品饰面石材，其质量好坏可以通过"一观二量三听四试"来鉴别。

一观，即肉眼观察石材的表面结构。一般说来，均匀的细料结构的石材具有细腻的质感，为石材之佳品；粗粒及不等粒结构的石材其外观效果较差，机械力学性能也不均匀，质量稍差。另外，天然石材由于地质作用的影响常在其中产生一些细脉、微裂隙，石材最易沿这些部位发生破裂，应注意剔除。至于缺棱少角更是影响美观，选择时尤应注意。

二量，即量石材的尺寸规格，以免影响拼接，或造成拼接后的图案、花纹、线条变形，影响装饰效果。

三听，即听石材的敲击声音。一般而言，质量好的，内部致密均匀且无显微裂隙的石材，其敲击声清脆悦耳；相反，若石材内部存在显微裂隙或细脉或因风化导致颗粒间接触变松，则敲击声粗哑。

四试，即用简单的试验方法来检验石材质量好坏。通常在石材的背面滴上一小滴墨水，如墨水很快四处分散浸出，即表示石材内部颗粒较松或存在显微裂隙，石材质量不好；反之，若墨水滴在原处不动，则说明石材致密质地好。

（2）水泥：一般采用硅酸盐水泥，强度等级不低于 42.5 级，应有出厂合格证和检验报告及复检验合格的报告。严禁使用受潮结块水泥。

（3）砂：宜采用中砂或粗砂，粒径不大于 5mm，不得含有杂物，含泥量小于 3%。

（4）胶粘剂：胶粘剂应有出厂合格证和使用说明书，有害物质限量符合国家现行有关标准。

（5）人造石材

人造石材的花色、品种、规格应符合设计要求。其技术等级、光泽度、外观等质量要求应符合现行国家推荐性标准《人造石加工、装饰与施工质量验收规范》JC/T 2300 的规定。

目前市场上的人造石材主要有三种：第一种为人造复合石材。以不饱和聚酯树脂为粘结剂，配以天然大理石或方解石、白云石、硅砂、玻璃粉等无机物粉料，以及适量的阻燃剂、颜料等，经配料混合、以高压制成板材。第二种为人造花岗石，是将原石打碎后，加入胶质与石料真空搅拌，并采用高压振动方式使之成形，制成一块块的岩块，再经过切割成为建材石板。除保留了天然纹理外，还可以加入不同的色素，丰富其色泽的多样性。第三种为微晶化石材，也就是微晶玻璃。采用制玻璃的方法，将不同的天然石料按一定的比例配料，粉碎，高温熔融，冷却结晶而成。特点：具有强度高、厚度薄，耐酸碱、抗污染等优点。

确定拟用于工程的人造石时，要严格执行封样制度，设计封样时除对材料外观、颜色、尺寸、厚度等指标确定外，还要确定拟用于工程的材料技术指标和物化性能指标，该指标的确定依据国标、行标或企业标准。

3. 施工要点

（1）基层处理要干净，高低不平处要先凿平和修补，基层应清洁，不能有砂浆，尤其是白灰砂浆灰、油渍等，并用水湿润地面。

（2）根据水平控制线，用干硬性砂浆贴灰饼，灰饼的标高应按地面标高减板厚再减 2mm，并在铺贴前弹出排板控制线。

（3）大理石和花岗石板材的地面和侧面应做防碱处理，在铺贴前应先对色、拼花并编号。按设计要求的排列顺序，对铺贴板材的部位，以现场实际情况进行试铺，核对楼地面平面尺寸是否符合要求，并对大理石和花岗石的自然花纹和色调进行挑选排列并编号。试拼中将好的色板排放在显眼部位，花色和规格较差的铺贴在较隐蔽处，尽可能使楼地面的整体图面与色调和谐统一。

（4）将板材背面刷干净，铺贴时保持湿润，阴干或擦干后备用。

（5）根据控制线，按预排编号铺好每一开间及走廊左右两侧标准行（封路）后，再进行拉线铺贴，并由里向外铺贴。

（6）铺贴大理石、花岗石、人造大理石

1）铺贴前，先将基层浇水湿润，然后刷素水泥浆一遍，水灰比 0.5 左右，并随刷随铺底灰，底灰采用干硬性水泥砂浆，配合比为 1∶2，以手握成团不出浆为准。然后进行试铺，检查结合层砂浆的饱满度（如不饱满，应用砂浆填补），随即将大理石背面均匀地刮上 2mm 厚的素灰膏。铺贴浅色大理石时，素灰膏应采用 P. W32.5 建筑白水泥，然后用毛刷沾水湿润砂浆表面，再将石板对准铺贴位置，使板块四周同时落下，用小木锤或橡皮锤敲击平实，随即清理板缝内的水泥浆。

2）人造石材在铺装过程中因其材料的不稳定，除应严格执行天然石材地面铺装质量验收规范标准外，特别要注意对石材防护、预留缝隙清理、固化养护工序的质量控制，同时在确定施工工艺时参照人造石企业标准，制定严格的施工流程，并在施工前做好样板再推广。人造石材切割应采用水刀切割，严禁现场切割，应严格按照现场绘制加工图，由专业厂家的技术工人进行切割。

(7) 板材间的缝隙宽度如设计无规定时，对于花岗石、大理石不应大于1mm。相邻两块高低差应在允许偏差范围内，严禁在施工现场进行二次磨光板边。

(8) 铺贴完成24h后，开始洒水养护。3d后用水泥浆（颜色与石板块调和）擦缝饱满，并随即用干布擦净至无残灰、污迹为止。铺好的板块禁止行人和堆放物品。

(9) 大理石和花岗石板材如有破裂时，可采用环氧树脂胶粘剂修补。

1) 环氧树脂胶的配合比宜为：环氧树脂：苯二甲酸二丁酯：乙二胺：同面层颜料＝100（kg）：10～20（L）：10（L）：适量面层颜料。

2) 粘结时，粘结面必须清洁干净。

3) 两个粘结面涂胶厚0.5mm左右，在15℃以上环境温度粘结，胶粘剂在1h内完成。

4) 粘结后应注意养护。养护时间：室温在＋20～30℃应为7d，室温在＋30～35℃应为3d。

(10) 碎拼大理石或碎拼花岗石面层施工应按设计要求，可分区、分段进行铺砌。

1) 碎拼大理石或碎拼花岗石面层施工可分仓或不分仓铺砌，亦可镶嵌分格条。为了边角整齐，应选用有直边的一边板材沿分区、分段的分格线铺砌，并控制面层标高和基准点。用干硬性水泥砂浆铺贴，施工工艺同大理石、花岗石地面。铺贴时，按碎块形状大小相同的自然排列，缝隙应控制在15～25mm，并随铺随清理缝内挤出的砂浆，然后嵌填水泥石粒浆，嵌缝应高出块材面2mm。水泥砂浆达到终凝前，把凸缝砂浆压实抛光。待达到一定强度后，用细磨石将凸缝磨平。如设计要求拼缝采用灌水泥砂浆时，厚度与块材上面齐平，并将表面抹光压实。

2) 碎块板材面层磨光，在常温下一般2～4d即可开磨，第一遍用80～100号金刚石，要求磨匀磨平磨光滑，冲净渣浆，用同色水泥浆填补表面所呈现的细小空隙和凹痕，适当养护后再磨。第二遍用100～160号金刚石磨光，要求磨至石子粒显露，平整光滑，无砂眼细孔，用水冲洗后，涂抹草酸溶液（热水：草酸＝1：0.35，重量比，溶化冷却后用）一遍。如设计有要求，第三遍应用240～280号的金刚石磨光，研磨至表面光滑为止。

(11) 当板材采用胶粘剂做结合层粘结时，尚应满足以下要求：

1) 双组分胶粘剂拌合程序及比例应严格按照产品说明书要求执行。

2) 根据石料、胶粘剂及粘贴基层情况确定胶粘剂厚度，粘结的胶层厚度不宜超过3mm。应注意产品说明书对胶粘剂标明的最大使用厚度，同时应考虑基材种类和操作环境条件对使用厚度的影响。

3) 石料胶粘剂的晾置时间为15～20min，涂胶面积不应超过胶的晾置时间内可以粘贴的面积。

(12) 镶贴踢脚板

1) 踢脚板在地面施工完后进行，施工方法有镶贴法和灌浆法两种，施工前均应进行基层处理，镶贴前先将石板块刷水湿润，晾干。踢脚板的阳角按设计要求，宜做成海棠角或割成45°角。

2) 板材厚度小于12mm时，采用镶贴法施工，施工方法同砖面层。当板材厚度大于

15mm时，宜采用灌浆法施工。

3）采用灌浆法施工时，先在墙两端用石膏（或胶粘剂）各固定一块板材，其上楞（上口）高度应在同一水平线上，突出墙面厚度应控制在8～12mm。然后沿两块踢脚板上楞拉通线，用石膏（或胶粘剂）逐块依顺序固定踢脚板。然后灌1：2水泥砂浆，砂浆稠度视缝隙大小而定，以能灌实为准。

4）镶贴时应随时检查踢脚板的平直度和垂直度。

5）板间接缝应与地面缝贯通（对缝），擦缝做法同地面。

（13）打蜡或晶面处理

踢脚线打蜡同楼地面打蜡一起进行。应在结合层砂浆达到强度要求、各道工序完工、不再上人时，方可打蜡或晶面处理，应达到光滑亮洁。

29.5.4　预制板块面层

预制板块面层指采用各种规格型号的混凝土预制板块、水磨石预制板块在水泥砂浆结合层上铺设而成。

1. 构造做法

（1）现场加工的预制板块执行29.4整体面层中相关规定。

（2）水泥混凝土预制板块面层的缝隙应采用水泥浆（或砂浆）填缝，彩色混凝土板块和水磨石板块应用同色水泥浆（或砂浆）擦缝。

（3）预制板块面层的构造做法见图29-29。

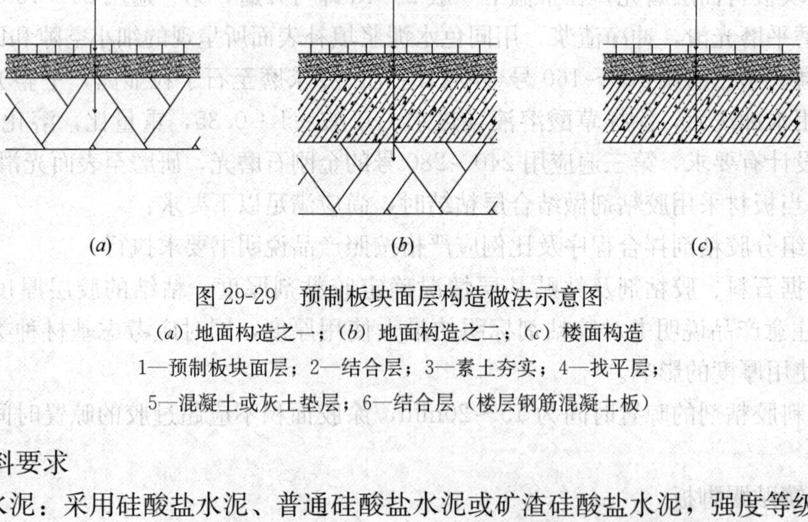

图29-29　预制板块面层构造做法示意图

(*a*) 地面构造之一；(*b*) 地面构造之二；(*c*) 楼面构造

1—预制板块面层；2—结合层；3—素土夯实；4—找平层；

5—混凝土或灰土垫层；6—结合层（楼层钢筋混凝土板）

2. 材料要求

（1）水泥：采用硅酸盐水泥、普通硅酸盐水泥或矿渣硅酸盐水泥，强度等级不应低于32.5级。应有出厂合格证及有效的形式检验报告，进场使用前进行复试合格后使用。

（2）砂：宜采用中砂或粗砂，必须过筛，颗粒要均匀，不得含有杂物，粒径不大于5mm。含泥量不大于3%。

（3）水磨石板块

1）水磨石预制板块规格、颜色、质量等应符合国家现行相关推荐的规定及设计要求，并有出厂合格证；要求色泽鲜明，颜色一致。凡有裂纹、掉角、翘曲和表面上有缺陷的板块应予剔除，强度和品种不同的板块不得混杂使用。其质量应符合现行《建筑装饰用水磨石》JC/T 507 的规定。

2）运输和贮存：运输水磨石板块应直立放置，倾斜度不大于 15°。水磨石包装件与运输工具接触部分必须设置支垫，使之受力均匀；运输时要平稳，严禁冲击。

（4）混凝土板块

1）混凝土板块边长通常为 250～500mm，板厚等于或大于 60mm，混凝土强度等级不低于 C20。其余质量要求同水磨石板块质量控制要求。

2）运输和贮存：装运时应捆扎牢固，卸货时，严禁抛掷。堆放时场地应平整、坚实。堆放时，应正面相向，每垛高度不得超过 1.5m，且每垛的产品规格等级应相同。

3. 施工要点

（1）水泥混凝土板块面层，应采用水泥浆（或水泥砂浆）填缝；彩色混凝土板块和水磨石板块应用同色水泥浆（或砂浆）擦缝。

（2）清理基层、弹控制线、定位、排板

1）将基层表面的浮尘、浆皮、积水等杂物应清扫干净，油污清洗掉。

2）依据室内＋500mm 标高线和房间中心十字线，铺好分块标准块，与走道直接连通的房间应拉通线，分块布置应对称。走道与房间使用不同颜色的水磨石板时，分色线应留在门框裁口处。

3）按房间长宽尺寸和预制板块的规格、缝宽进行排板，确定所需块数。当施工需要时，应在施工前绘制施工大样图，以避免正式铺设时出现错缝、缝隙不匀、四周靠墙不匀称等缺陷。

4）预制水磨石板块面层铺贴前应进行试铺，对好纵横缝，用橡皮锤敲击板块，振实至铺设高度，试铺合适后掀起板块，用砂浆填补空虚处，满浇水泥浆粘结层。再铺板块时要四角同时落下，用橡皮锤轻敲，并随时用水平尺和直线板找平，以达到水磨石板块面层平整、线路顺直、镶边正确。

（3）板块浸水和砂浆拌制

1）在铺砌板块前，背面预先刷水湿润，并晾干码放，使铺时达到面干内潮。

2）结合层用 1∶2 或 1∶3 干硬性水泥砂浆，应用机械搅拌，要求严格控制加水量，并搅拌均匀。拌好的砂浆以手捏成团，落地即散为宜；应随拌随用。

（4）基层湿润和刷粘结层

1）基层表面清理干净后，铺前 1d 洒水湿润，但不得有积水。

2）铺砂浆时随刷一度水灰比为 0.5 左右的素水泥浆粘结层，要求涂刷均匀，随刷随铺砂浆。

（5）铺结合层和预制板

1）根据排板控制线，贴好四角处的标准块，然后由内向外挂线铺贴。

2）铺干硬性水泥砂浆，厚度以 25～30mm 为宜，用铁抹子拍实抹平，然后进行预制板试铺，对好纵横缝，用橡皮锤敲板块，振实至铺设高度后，将板掀起移至一边，检查砂浆上表面，如有空隙应用砂浆填补，满浇一层水灰比为 0.4～0.5 左右的素水泥浆（或稠度60～80mm的1∶1.5水泥砂浆），随刷随铺，铺时要四角同时落下，用橡皮锤轻敲使其平整密实，防止四角出现空鼓并随时用水平尺或直尺找平。

3）板块间的缝隙宽度应符合设计要求。当无设计要求时，应符合下列规定：混凝土板块面层缝宽不宜大于6mm；水磨石板块间的缝宽一般不应大于2mm。铺时要拉通长线对板缝的平直度进行控制，横竖缝对齐通顺。

（6）在砂结合层上铺设预制板块面层时，结合层下的基层应平整，当为基土层时应夯填密实。铺设预制板块面层前，砂结合层应洒水压实，并用刮尺找平，而后拉线逐块铺贴。

（7）镶贴踢脚板

1）安装前先将踢脚板背面预刷水湿润、晾干。踢脚板的阳角处应按设计要求，施工前应做成海棠角或切割成45°角，可对照阳角施工缝的做法。

2）镶贴方法主要有以下两种：

① 灌浆法：将墙面清扫干净浇水湿润，镶贴时在墙两端各镶贴一块踢脚板，其上端高度在同一水平线上，出墙厚度应一致。然后沿两块踢脚板上端拉通线，逐块依顺序安装，随装随检查踢脚板的平直度和垂直度，使表面平整，接缝严密。在相邻两块之间及踢脚板与地面、墙面之间用石膏做临时固定，待石膏凝固后，随即用稠度8～12cm的1∶2稀水泥砂浆灌注，并随时将溢出砂浆擦净，待灌入的水泥砂浆凝固后，把石膏剔去，清理干净后，用与踢脚板颜色一致的水泥砂浆填补擦缝。踢脚板之间缝宜与地面水磨石板对缝镶贴。

② 粘贴法：根据墙面上的灰饼和标准控制线，用1∶2.5或1∶3水泥砂浆打底、找平，表面搓毛，待打底灰干硬后，将已湿润、阴干的踢脚板背面抹上5～8mm厚水泥砂浆（掺加10%的801胶），逐块由一端向另一端往底灰上进行粘贴，并用木锤敲实，按线找平找直，24h后用同色水泥浆擦缝。

（8）嵌缝、养护

预制板块面层铺完24h后，用素水泥浆或水泥砂浆（水泥∶细砂＝1∶1）灌缝2/3高，再用同色水泥浆擦（勾）缝，并用干锯末将板块擦亮，铺上湿锯末覆盖养护，7d内禁止上人。

（9）水磨石板块面层打蜡上光应在结合层达到设计要求的强度等级后，方可操作。

29.5.5　料石面层

料石面层采用天然条石和块石，应在结合层上铺设。采用块石做面层应铺在基土或砂垫层上；采用条石做面层应铺在砂、水泥砂浆或沥青胶结料结合层上。

1. 构造做法

（1）块石面层结合层铺设厚度：砂垫层在夯实后不应小于60mm；基土层应为均匀密实的基土或夯实的基土。

（2）条石面层应组砌合理，无十字缝，铺砌方向和坡度应符合设计要求；块石面层石料缝隙应相互错开，通缝不超过两块石料。

（3）料石面层的基本构造见图29-30。

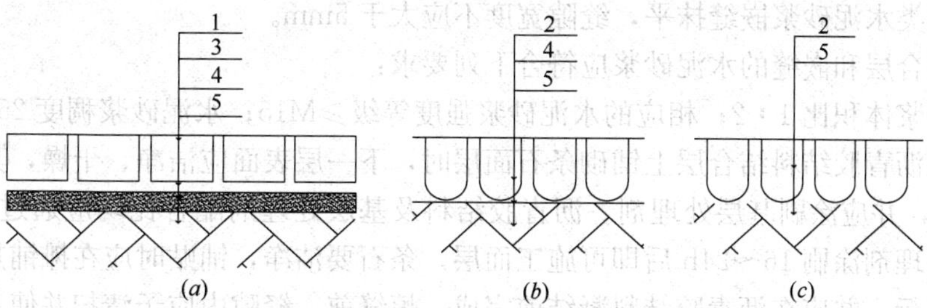

图 29-30 料石面层

(a) 条石面层；(b) 块石面层；(c) 块石面层

1—条石；2—块石；3—结合层；4—垫层；5—基土

2. 材料要求

(1) 料石

1) 条石和块石面层所用的石材的规格、技术等级和厚度应符合设计要求。

2) 条石采用质量均匀，强度等级不应低于 MU60 的岩石加工而成。其形状接近矩形六面体，厚度为 80～120mm。

3) 块石采用强度等级不低于 MU30 的岩石加工而成。其形状接近直棱柱体或有规则的四边形或多边形，其底面截锥体，顶面粗琢平整，底面积不应小于顶面积的 60%，厚度为 100～150mm。

4) 不导电料石应采用辉绿岩石制成。填缝材料亦采用辉绿岩石加工的砂嵌实。耐高温的料石面层的石料，应按设计要求选用。

(2) 水泥：采用硅酸盐水泥、普通硅酸盐水泥或矿渣硅酸盐水泥，强度等级不应低于 42.5 级。应有出厂合格证及有效的形式检验报告。

(3) 砂：砂采用洁净无有机杂质的中砂或粗砂，含泥量不大于 3%。

3. 施工要点

(1) 铺设前，应对基层进行清理和处理，要求基层平整、清洁。

(2) 料石面层采用的石料应洁净。在水泥砂浆结合层上铺设时，石料在铺砌前应洒水湿润，基层应涂刷素水泥浆，铺贴后应养护。

(3) 料石面层铺砌时，应采用错缝铺贴施工工艺，不宜出现十字缝。条石应按规格尺寸及品种进行分类挑选，铺贴时板缝必须拉长线加以控制，垂直于行走方向铺砌成行。铺砌时方向和坡度要正确。相邻两行条石应错缝铺贴，错缝尺寸应为条石长度的 1/3～1/2。

(4) 铺砌在砂垫层上的块石面层，基土应均匀密实。石料的缝隙互相错开，通缝不得超过两块石料。块石嵌入砂垫层的深度不小于石料厚度的 1/3。石料间的缝隙宜为 10～25mm。

(5) 块石面层铺设后，以 10～20mm 粒径的碎石嵌缝，然后进行夯实或用碾压机碾压，再填以 5～15mm 粒径的碎石，达到经碾压至石粒不松动的施工效果。

(6) 在砂结合层上铺砌条石面层时，缝隙宽度不宜大于 5mm。当采用水泥砂浆嵌缝时，应预先用砂填缝至 1/2 高度，然后用水泥砂浆填满缝并抹平。

(7) 在水泥砂浆结合层上铺设条石时，混凝土垫层必须清理干净，然后均匀涂刷素水泥浆，随刷随铺结合层砂浆。结合层砂浆必须用干硬性砂浆，厚 15～20mm。石料间的缝隙应采用同类水泥砂浆嵌缝抹平，缝隙宽度不应大于 5mm。

(8) 结合层和嵌缝的水泥砂浆应符合下列要求：

水泥砂浆体积比 1∶2；相应的水泥砂浆强度等级≥M15；水泥砂浆稠度 25～35mm。

(9) 在沥青胶结料结合层上铺砌条石面层时，下一层表面应洁净、干燥，其含水率不应大于 9%，并应涂刷基层处理剂。沥青胶结料及基层处理剂配合比均应通过试验确定。一般基层处理剂涂刷 16～24h 后即可施工面层。条石要洁净，铺贴时应在摊铺热沥青胶结料后随即进行，并应在沥青胶结料凝结前完成。填缝前，缝隙内应予清扫并使其干燥。

29.5.6 玻璃面层

玻璃面层是指采用 1000mm×1000mm 以上的安全玻璃板材（钢化玻璃、夹层玻璃等）固定于钢骨架或其他系列骨架上的地面面层。玻璃面层地面的施工，必须有施工图纸，并有节点详细大样图指导施工工艺及安装工艺。

1. 构造做法

基本构造见图 29-31～图 29-33。

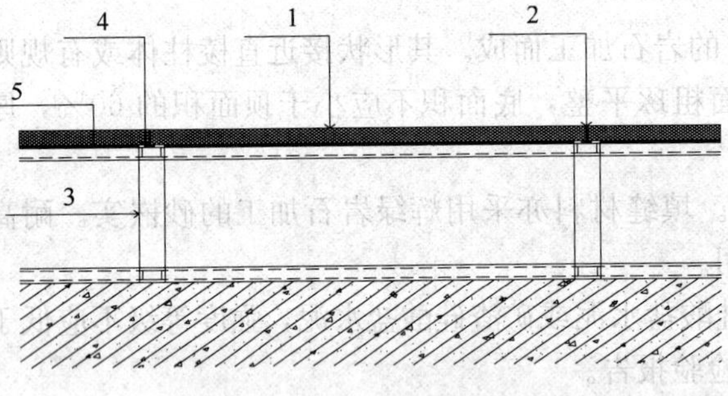

图 29-31　钢架搁置玻璃构造

1—安全玻璃；2—密封胶嵌缝；3—方管基架；4—T 型构件；5—橡胶垫

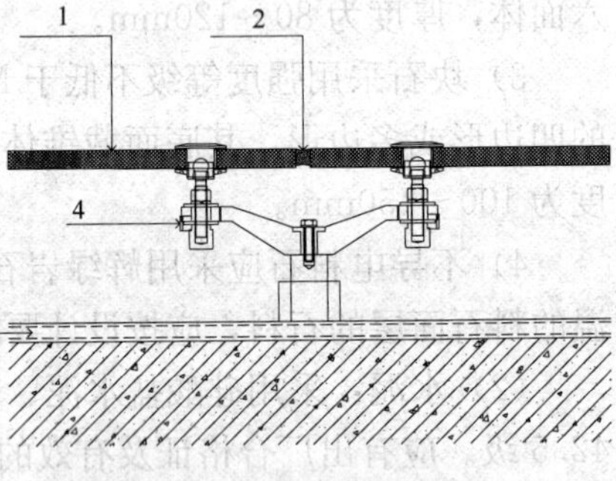

图 29-32　钢架接驳固定构造

1—安全玻璃；2—密封胶嵌缝；3—方管基架；4—驳接爪

2. 材料要求

玻璃面层的安全玻璃、骨架等的配件及基础材料应符合国家现行标准的规定和设计要求，产品应有出厂合格证、有效的形式检验报告，进入施工现场应有检验证明文件和复验合格报告。

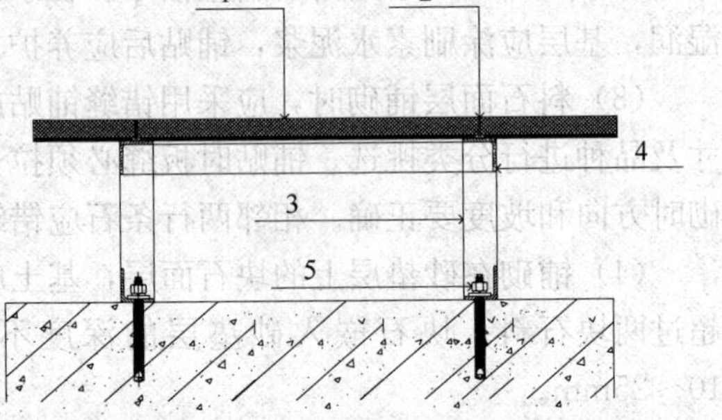

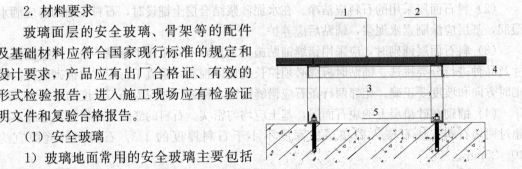

图 29-33　钢架粘贴玻璃构造

1—安全玻璃；2—密封胶嵌缝；3—角钢立撑；4—角钢横撑；5—膨胀螺栓

(1) 安全玻璃

1) 玻璃地面常用的安全玻璃主要包括钢化玻璃和夹层玻璃，直接做钢化玻璃的少，一般都是做夹层玻璃。

2) 钢化玻璃的质量标准应符合现行国家标准《建筑用安全玻璃　第 2 部分：钢化玻璃》GB 15763.2 的有关规定。玻璃外观质量不能有裂纹、缺角。长方形平面钢化玻璃边长允许偏差见表 29-35；长方形平面钢化玻璃对角线差允许值见表 29-36。

长方形平面钢化玻璃边长允许偏差（mm） **表 29-35**

<table>
<tr><td rowspan="2">厚度</td><td colspan="4">边长（L）允许偏差</td></tr>
<tr><td>L≤1000</td><td>1000<L≤2000</td><td>2000<L≤3000</td><td>L>3000</td></tr>
<tr><td>3、4、5、6</td><td>+1
−2</td><td rowspan="2">±3</td><td rowspan="3">±4</td><td rowspan="3">±5</td></tr>
<tr><td>8、10、12</td><td>+2
−3</td></tr>
<tr><td>15</td><td>±4</td><td>±4</td></tr>
<tr><td>19</td><td>±5</td><td>±5</td><td>±6</td><td>±7</td></tr>
<tr><td>>19</td><td colspan="4">供需双方商定</td></tr>
</table>

长方形平面钢化玻璃对角线差允许值（mm） **表 29-36**

玻璃公称厚度	对角线允许差		
	边长≤2000	2000＜边长≤3000	边长＞3000
3、4、5、6	±3.0	±4.0	±5.0
8、10、12	±4	±5	±6
15、19	±5	±6	±7
＞19	供需双方商定		

3）夹层玻璃

夹层玻璃质量标准应符合现行国家标准《建筑用安全玻璃　第 3 部分：夹层玻璃》GB 15763.3 的规定，外观质量不允许存在裂纹。爆边长度或宽度不得超过玻璃的厚度，划伤和磨伤不得影响使用，不允许脱胶，气泡、中间层杂质及其他可观察到的不透明物等缺陷符合标准，夹层玻璃边长的允许偏差见表 29-37。

夹层玻璃边长的允许偏差（mm） **表 29-37**

公称尺寸（边长 L）	公称厚度≤8	公称厚度＞8	
		每块玻璃公称厚度＜10	至少一块玻璃公称厚度≥10
L≤1000	+2.0 −2.0	+2.5 −2.0	+3.5 −2.5
1100＜L≤1500	+3.0 −2.0	+3.5 −2.0	+4.5 −3.0
1500＜L≤2000	+3.0 −2.0	+3.5 −2.0	+5.0 −3.5
2000＜L≤2500	+4.5 −2.5	+5.0 −3.0	+6.0 −4.0
L＞2500	+5.0 −3.0	+5.5 −3.5	+6.5 −4.5

（2）支撑骨架一般有砖墩、混凝土墩、钢支架、不锈钢支架、木支架或铝合金支架等几种，常用的是钢支架和铝合金、不锈钢支架。质量控制按照相关专业工程施工技术标准的要求。

（3）橡胶垫：橡胶垫的厚度应满足设计要求，厚度要均匀。

（4）密封胶：密封胶必须是防霉型的，并且符合环保要求。

3. 施工要点

（1）基层清理：施工前应先检查基层的平整度，清除杂物及水泥砂浆，如支撑骨架为砖墩、混凝土墩，表面应凿毛。

（2）找平：玻璃支撑结构为钢结构、不锈钢或铝合金支架，如基层平整度不能达到施工要求，应采用水泥砂浆找平并养护。

（3）测量放线：根据设计要求，弹出＋500mm 水平基准线，根据基准线弹出玻璃地面标高线，测量长宽尺寸，按照玻璃规格加上缝隙（2～3mm），弹出支撑结构中心线。

（4）支撑骨架施工：按照设计要求的支撑结构形式进行施工，按照要求开设通风孔。结构上表面必须水平，误差控制在 1mm 以内。

（5）支撑骨架表面处理：如支撑骨架表面要求达到一定的装饰设计效果，骨架施工完毕需进行骨架部分的装饰施工。如涂料、油漆等方式。

（6）定位橡胶条安装：橡胶条必须与支撑骨架上表面固定牢，以免地面在使用过程中滑落，可采用双面胶。

（7）玻璃安装：玻璃安装固定方式包括驳接爪固定、格栅固定和胶结固定，玻璃安装前必须清理干净，并佩戴手套以防污染玻璃背面，影响观感，安装时采用玻璃吸盘，避免滑落或碰撞玻璃。

（8）密封胶：清理玻璃缝隙，缝隙两边用纸胶带保护，采用密封胶灌缝，缝隙要求饱满平滑。打胶后应进行保护，待胶固化后方可允许上人。

29.5.7　塑料板面层

塑料板面层指采用塑料板块材、塑料板焊接、塑料卷材以胶粘剂在水泥类基层上采用满粘或点粘法铺设而成。塑料板面层适用于对室内环境具有较高安静要求以及儿童和老人活动的公共活动场所。如宾馆、图书馆、幼儿园、老年活动中心、计算机房等。

1. 构造做法

（1）水泥类基层表面应平整、坚硬、干燥、密实、洁净，无浮尘、灰尘、油脂及其他杂质，不得有麻面、起砂、裂缝等缺陷。基层含水率不大于 8%。

（2）铺贴塑料板面层时，室内相对湿度不宜大于 70%，温度在 10～32℃之间。

（3）塑料板块地面应根据使用场所、使用功能要求，选用合适的厚度、硬度耐光泽度、耐低温性等技术指标的材料。

（4）铺贴塑料板块面层需要焊接时，其焊条成分和性能应与被焊的板材相同。

（5）塑料板面层施工完成后养护时间不少于 7d。

2. 材料要求

（1）塑料板

1）品种、规格、色泽、花纹应符合设计要求，其质量应符合现行国家标准的规定。

2）面层应平整、厚薄一致、边缘平直、色泽均匀、光洁、无裂纹、密实无孔，无皱纹，板内不允许有杂物和气泡，并应符合产品各项技术指标。

3）外观目测600mm距离应看不见有凹凸不平、色泽不匀、纹痕显露等现象。

4）运输、贮存：塑料板材搬运过程中，不得乱扔乱摔、冲击、重压、日晒、雨淋。塑料板应贮存在干燥洁净、通风的仓库内，并防止变形。温度一般不超过32℃，距热源不得小于1m，堆放高度不得超过2m。凡是在低于0℃环境下贮存的塑料地板，施工前必须置于室温24h以上。

（2）塑料焊条

1）选用等边三角形或圆形截面，表面应平整光洁，无孔眼、节瘤、皱纹，颜色均匀一致，质量应符合有关技术标准的规定，并有出厂合格证。

2）防静电塑料地板配套的焊条应具有防静电性能。

（3）乳胶腻子

1）石膏乳液腻子的配合比（体积比）为：石膏∶土粉∶聚醋酸乙烯乳液∶水＝2∶2∶1∶适量。

2）滑石粉乳液腻子的配合比（重量比）为：滑石粉∶聚醋酸乙烯乳液∶水∶羧甲基纤维素溶液＝1∶（0.2～0.25）∶适量∶0.1。

3）前者用于基层表面第一道嵌补找平，后者用于第二道修补打平。

（4）胶粘剂

1）胶粘剂产品应按基层材料和面层材料使用的相容性要求，通过试验确定。一般常与地板配套供应，根据不同的基层，铺贴时应选用与之配套的胶粘剂，并按使用说明选用，在使用前应经充分搅拌。对于双组分胶粘剂要先将各组分分别搅拌均匀，再按规定配合比准确称量，然后混合拌匀后使用。

2）产品应有出厂合格证和使用说明书，并必须标明有害物质名称及其含量。有害物质含量必须符合现行国家标准《民用建筑工程室内环境污染控制标准》GB 50325及现行国家相关标准的规定。超过生产期三个月的产品，应取样检验合格后方可使用；超过保质期的产品，不得使用。

3）胶粘剂、溶剂、稀释剂为易燃品，必须密封盖严，现场应存放在阴凉处，不应受阳光暴晒，并应远离火源。存放地有足够的消防器材。

3. 施工要点

（1）基层处理

1）水泥类基层表面应平整、坚硬、干燥、密实、洁净、无油脂及其他杂质，阴阳角必须方正，含水率不大于9%。不得有麻面、起砂、裂缝等缺陷。应彻底清除基层表面残留的砂浆、尘土、砂粒、油污。

2）水泥类基层表面如有麻面、起砂、裂缝等缺陷时，宜采用乳液腻子等修补平整。修补时每次涂刷的厚度不大于0.8mm，干燥后用0号铁砂布打磨，再涂刷第二遍腻子，直至表面平整后，再用水稀释的乳液涂刷一遍，以增加基层的整体性和粘结力。基层表面的平整度偏差不应大于2mm。

3）在木板基层铺贴塑料板地面时，木板基层的木格栅应安全坚实，凸出的钉帽应打入基层表面，板缝可用胶粘剂配腻子填补修平。

4）基层平整度达不到要求，用普通水泥砂浆又无法保证不空鼓的情况下，宜采用自流平水泥处理。自流平施工配料为每包25kg自流平拌6.25L水，即4∶1。自流平施工前需涂刷专用界面剂，自流平搅拌方法：先把6.25L清水倒入30L以上的空桶内，再倒入1包25kg水泥自流平，用电动搅拌器搅拌约5min，把桶壁上的粉块刮入桶内，继续搅拌约1min，至均匀无结块。浇倒自流平浆料，用自流平刮刀连续批刮，用排气筒滚轧浆面，以避免出现气泡、麻面和接口高差现象，开调后的每桶浆料必须在10min分钟内用完。

(2) 弹线、分格

铺贴塑料板面层前应按设计要求进行弹线、分格和定位，见图29-34，在基层表面上弹出中心十字线或对角线，并弹出板材分块线。如房间长、宽尺寸不符合模数时，或设计有镶边要求时，在距墙面200～300mm处做镶边，可沿地面四周弹出镶边位置线。线迹必须清晰、方正、准确。不同房间的地面标高，不同标高分界线应设在门框裁口线处。塑料板面层铺贴形式与方法见图29-35。

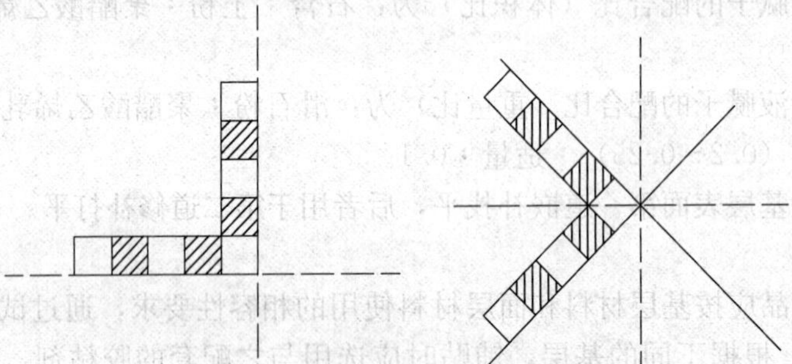

图29-34　定位方法

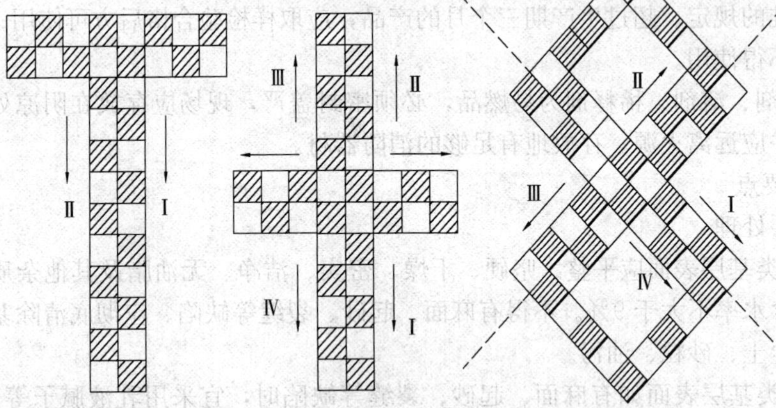

图29-35　塑料板面层铺贴形式与方法

(3) 裁切试铺

1）塑料板面层应采用塑料板块材、塑料板焊接、塑料卷材以胶粘剂在水泥类基层上铺设。

2）半硬质聚氯乙烯板（石棉塑料板）在铺贴前，应用丙酮：汽油＝1：8的混合溶液进行脱脂除蜡。

3）软质聚氯乙烯板（软质塑料板）在试铺前进行预热处理，宜放入75℃左右的热水浸泡10～20min，至板面全部软化伸平后取出晾干待用（严禁用炉火和用电热炉预热）。

4）按设计要求和弹线对塑料板进行裁切试铺，试铺完后按位置对裁切的塑料板块进行编号就位。

（4）涂胶

1）铺贴时应将基层表面清扫洁净后，涂刷一层薄而均匀的底胶，不得有漏涂，待其干燥后，即按弹线位置和板材编号沿轴线由中央向四面铺贴。

2）基层表面涂刷胶粘剂应用锯齿形刮板均匀涂刮，并超出分格线约10mm，涂刮厚度应控制在1mm以内。

同一种塑料板应用同种胶粘剂，不得混用。

使用溶剂型橡胶胶粘剂时，基层表面涂刷胶粘剂，同时塑料板背面用油刷薄而均匀地涂刮胶粘剂，暴露于空气中，至胶层不粘手时即可粘合铺贴，应一次就位准确，粘贴密实（暴露时间宜10～20min）。

使用聚醋酸乙烯溶剂型胶粘剂时，基层表面涂刷胶粘剂，塑料板背面不需涂胶粘剂，涂胶面不能太大，胶层稍加暴露即可粘合。

使用乳液型胶粘剂时，应在塑料板背面、基层上同时均匀涂刷胶粘剂，胶层不需晾置即可粘合。

聚氨酯胶和环氧树脂胶粘剂为双组分固化型胶粘剂，有溶剂但含量不多，胶面稍加暴露即可粘合，施工时基层表面、塑料板背面同时用油漆刷涂刷薄薄一层胶粘剂，但胶粘剂初始粘力较差，在粘合时宜用重物（如砂袋）加压。

（5）铺贴

1）塑料板的铺贴，应先将塑料板一端对准弹线粘贴，轻轻地用橡胶筒将塑料板顺次平服地粘贴在地面上，粘贴应一次就位准确，排除地板与基层间的空气，用压滚压实或用橡胶锤敲打粘合密实。

2）地面塑料卷材铺贴，按卷材铺贴方向的房间尺寸裁料，应注意用力拉直，不得重复切割，以免形成锯齿使接缝不严。使用的割刀必须锋利，以保证接缝质量。涂胶铺贴顺序与塑料板相同，先对缝后大面铺贴。粘贴时先将卷材一边对齐所弹的尺寸线（或已贴好相邻卷材的边缘线）对缝，连接应严密，并用橡胶滚筒压密实后，再顺序粘贴和滚压大面，压平、压实，切忌将大面一下子贴上后滚压，以免残留气泡造成空鼓。

3）低温环境条件铺贴软质塑料板，应注意材料的保暖，应提前一天放在施工地点，使其达到与施工地点相同的温度。铺贴时，切忌用力拉伸或撕扯卷材，以防变形或破裂。

4）铺贴时应及时清理塑料地面表面的余胶。

对溶剂型的胶粘剂可用松节水或200号溶剂油擦去拼缝挤出的余胶。

对水乳型胶粘剂可用湿布擦去拼缝挤出的余胶。

5）塑料板接缝处必须进行坡口处理，粘结坡口做成同向顺坡，搭接宽度不小于30mm。板缝焊接时，将相邻的塑料板边缘切成V形槽，坡口角β：板厚10～20mm时，β为65°～75°；板厚2～8mm时，β为75°～85°。板越厚，坡口角越小。焊缝应高出母材表面1.5～2.0mm，使其呈圆弧形，表面应平整。

6）软质塑料板的铺贴

软质塑料板在基层粘贴后，缝隙如果需要焊接，须经48h后方可施焊。焊接一般采用热空气焊，空气压力控制在0.08～1MPa，温度控制在180～250℃。

7）踢脚板铺贴

① 塑料踢脚板铺贴的要求和板面相同，地面铺贴完成后，按已弹好的踢脚板上口线及两端铺贴好的踢脚板为标准，挂线粘贴，铺贴的顺序是先阴阳角、后大面。踢脚板与地面对缝一致粘合后，应用橡胶滚筒反复滚压密实。

② 施工时，应先将铝合金阴角用钢钉固定在墙内钻孔安装的木楔子上，钉距400～500mm，然后将塑料踢脚板粘结到铝合金阴角条上，全面包覆，见图29-36。

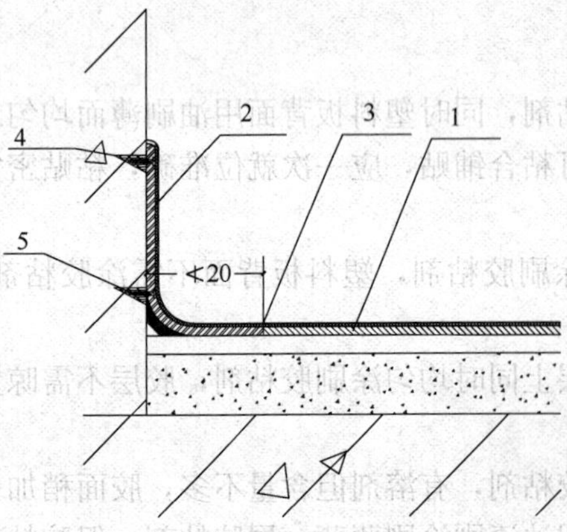

图29-36　塑料地板踢脚线构造做法

1—自流平水泥基层；2—铝合金阴角；3—塑料地板；4—木楔子；5—钢钉

③ 阴角塑料踢脚板铺贴时，先将塑料板用两块对称组成的木模顶压在阴角处，然后取掉一块木模，在塑料板转折重叠处，划出剪裁线，剪裁试装合适后，再把水平面45°相交处的裁口焊好，做成阴角部件，然后进行焊接或粘结。

④ 阳角踢脚板铺贴时，需在水平封角裁口处补焊一块软板，做成阳角部件，再行焊接或粘结。

⑤ 阴阳角塑料踢脚板铺贴时，也可采用专用的塑料阴阳角收口模块将相互转接的塑料踢脚连接。

（6）清理养护及上蜡：全部铺贴完毕，应用大压辊压平，用湿布进行认真的擦拭清理，均匀满涂上蜡，揩擦2～3遍，塑料地板的养护不少于7d。

29.5.8　活动地板面层

活动地板面层指采用特制的活动地板块，配以横梁、橡胶垫条和可供调节高度的金属支架组装成的架空活动地板，在水泥类基层或面层上铺设而成。活动地板适用于管线比较集中以及对防尘、导电要求较高的机房、办公场所、电化教室、会议室等的建筑地面。

1. 构造做法

（1）活动地板面层与基层（面层）间的空间可敷设有关管道和导线，并可结合需要开启检查、清理和迁移。

（2）活动地板面层与基层间的空间可按使用要求进行设计，可容纳需要的电缆、管线等。

（3）活动地板的所有构件均可预制，运输、安装、拆卸十分方便。不符合模数的板块可进行切割，但切割边四周侧边用耐磨硬质板材封闭或用镀锌钢板包裹，胶条封边应符合耐磨要求。

（4）当房间的防静电要求较高，需要接地时，应将活动地板面层的金属支架、金属横梁相互连通，并与接地体相连，接地方法应符合设计要求。

（5）活动地板在门口处或预留洞口处应符合设置构造要求。

（6）活动地板构造见图 29-37。

2. 材料要求

地板所用材料分为三类：纯木质地板、复合地板、金属地板，纯木质地板的优点是造价低、易加工，但强度较差、易受潮变形，且不防火。复合地板的基材是层压刨花板、水泥刨花板或硫酸钙板，上下表面贴有塑料贴面，四周用油漆封住，或用镀锌薄钢板包封的地板。其优点是平整光滑、不起尘、易清洁、有一定弹性、耐腐性、防火、颜色美观，是目前使用较为普遍的一种活动地板。金属地板由铝合金浇铸或压铸而成，其上表面贴有抗静电贴面。金属地板的优点是：强度高，受温度和湿度的影响小，地板的精度高，关键尺寸易于保证，铺设后地面平整，结合处缝隙小，而且能够提高抗静电效果，但是金属地板造价高。选择活动地板时应以房内所有设备中最重设备的重量为基准来确定地板的载荷，这样可以防止有些设备过重而引起地板的永久变形或破损。

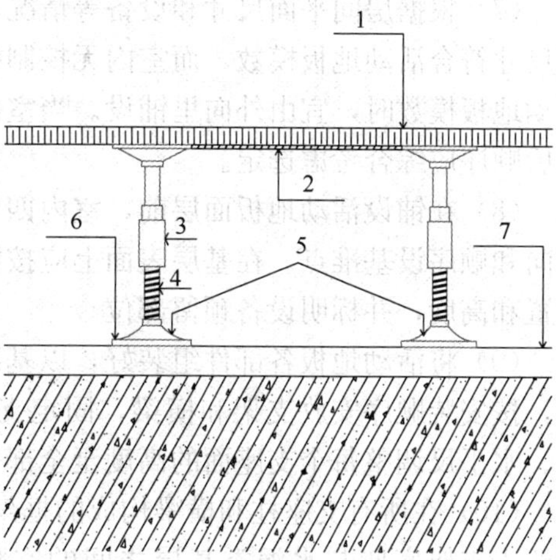

图 29-37 活动地板面层构造

1—活动面板块；2—横梁；3—柱帽；4—螺栓；5—活动支架；6—底座；7—楼地面

活动地板面层包括标准地板、异型地板和地板附件（即支架和横梁组件）。采用的活动地板块面层承载力不得小于 7.5MPa，其系统体积电阻率宜为：A 级板为 1.0×10^5～$1.0\times10^8\Omega$；B 级板为 1.0×10^5～$1.0\times10^{10}\Omega$。

地板附件是承载并传输荷载的构件，包括支架组件和横梁组件。支架组件一般采用钢支柱，钢支柱用管材制作，横梁组件一般采用轻型槽钢制成。支架有高架（1000mm）和低架（200、300、350mm）两种。

各项技术性能与技术指标应符合现行有关产品标准设计要求的规定，应有出厂合格证和性能的检测报告。

3. 施工要点

（1）活动地板面层施工时，室内各项工程必须全部完成、超过地板块承载力的设备进入房间预定位置后，方可进行活动地板的安装。不得进行交叉施工。

（2）为使活动地板面层与通过的走道或房间的建筑地面面层连接好，其面层标高应根据所选用的金属支架型号，相应的要低于该活动地板面层的标高，否则在入门口处应设置踏步或斜坡等形式的构造要求和做法。

（3）活动地板面层的金属支架应支承在水泥类基层上，楼板应采用混凝土现浇板，不应采用预制空心板。混凝土强度等级应符合设计要求。

（4）基层表面应平整、光洁、干燥、不起灰，安装前应清除杂物、灰尘，并根据需要，在其表面涂刷 1～2 遍清漆或防尘剂，涂刷后不允许有脱皮现象。

（5）按设计要求，在基层上弹出支架定位方格十字线，测量底座水平标高，将底座就位。同时，在墙四周测好支架水平线。

(6) 铺设活动地板面层的标高，应按设计要求确定。当房间平面是矩形时，其相邻墙体应相互垂直；与活动地板接触的墙面的缝应顺直，其偏差每米不应大于2mm。

(7) 根据房间平面尺寸和设备等情况，应按活动地板模数选择板块的铺设方向。当平面尺寸符合活动地板模数，而室内无控制柜设备时，宜由里向外铺设；当平面尺寸不符合活动地板模数时，宜由外向里铺设。当室内有控制柜设备且需要预留洞口时，铺设方向和先后顺序应综合考虑选定。

(8) 在铺设活动地板面层前，室内四周的墙面应设置标高控制位置，并按选定的铺设方向和顺序设基准点。在基层表面上应按板块尺寸弹线并形成方格网，标出地板块的安装位置和高度，并标明设备预留部位。

(9) 将活动地板各部件组装好，以基准线为准，将底座摆平在支座点上，核对中心线后，按安装顺序安放支架和横梁，固定支架的底座，连接支架和框架。用水平仪逐点抄平、水平尺调整每个支座面的高度至全部等高。

(10) 在所有支座柱和横梁构成的框架成为一体后，应用水平仪抄平。然后将环氧树脂注入支架底座与水泥类基层之间的空隙内，使之连接牢固，亦可用膨胀螺栓或射钉连接。

(11) 在横梁上按活动地板尺寸弹出分格线，铺放缓冲胶条时，应采用乳胶液与横梁粘合。从一角或相邻的两个边依次向外或另外两个边铺装，并调整好活动地板缝隙使之顺直。四角接触处应平整、严密，不得采用加垫的方法调整。

(12) 当铺设的地板块不合模数时，其不足部分可根据实际尺寸将板面切割后镶补，并配装相应的可调支撑和横梁。支撑可用木带或角钢固定在房间四周墙面上，木带或角钢定位高度与支架标高相同，在木带或角钢上粘贴橡胶垫条。也可采用支架安装，将支架上托的定位销钉去掉三个，保留沿墙面的一个，使靠墙边的地板块越过支架紧贴墙面。

(13) 对活动地板块切割或打孔时，可用无齿锯或钻加工，但加工后的边角应打磨平整，采用清漆或环氧树脂胶加滑石粉按比例调成腻子封边，或用防潮腻子封边，亦可采用铝型材镶嵌封边。以防止板块吸水、吸潮，造成局部膨胀变形。在与墙体的接缝处，应根据接缝宽窄分别采用活动地板或木条镶嵌，窄缝隙宜采用泡沫塑料镶嵌。

(14) 活动地板面层上的机柜安装时，如果是柜架支撑可随意安装；如果是四点支撑，应使支撑点尽量靠近活动地板的框架。当机柜重量超过活动地板块额定承载力时，宜在活动地板下部增设金属支架。

(15) 在与墙边的接缝处，宜采用木条或泡沫塑料镶嵌，地板沿墙面宜做木踢脚线。

(16) 通风口处的活动地板应选用异型板块铺贴。

(17) 活动地板下面的线槽和安装管道，在铺设活动地板前应事先安装并固定在地面上。

(18) 活动地板块的安装或开启，必须使用吸板器，严禁采用铁器硬撬。安装时应做到轻拿轻放。

(19) 在设备全部就位以及所有地下管线、电缆安装完成后，对活动地板再抄平一次并进行调整，直至符合设计及验收规范要求，最后将板面全面进行清理。

(20) 用于电子信息系统机房等数据中心基础设施的活动地板面层，其施工质量检验尚应符合现行国家标准《数据中心基础设施施工及验收规范》GB 50462的有关规定。

29.5.9 地毯面层

地毯面层采用地毯块材或卷材，在水泥类或板块类面层（或基层）上铺设而成。地毯面层适用于室内环境具有较高安静要求以供儿童、老人公共活动的场所，一些较高级环境中有装修要求的空间，如会议场所、高级宾馆、礼堂、娱乐场所等。

1. 构造做法

（1）地毯面层可采用空铺法或实铺法铺设。

（2）铺设地毯的地面面层（或基层）应坚实、平整、洁净、干燥，无凹坑、麻面、起砂、裂缝，并不得有各种钉头及杂物、浮尘、油污。

（3）地毯衬垫应满铺平整，地毯拼缝处不得露底衬。

（4）楼梯地毯面层铺设时，梯段顶级地毯应固定于平台上，其宽度不小于标准楼梯、台阶踏步尺寸；阴阳角处应固定牢固；梯段末级地毯与水平段地毯的连接处应顺畅、牢固。

（5）地毯面层的基本构造见图29-38。

2. 材料要求

（1）地毯

按编织工艺分为手工地毯、机织地毯、簇绒编织地毯、针刺地毯；按地毯规格分为方块地毯、成卷地毯、圆形地毯；按地毯材质分为纯毛地毯、混纺地毯、化纤地毯、塑料地毯。

1）纯毛地毯：重量约为1.6～2.6kg/m²，是高级客房、会堂、舞台等地面的高级装修材料。

2）混纺地毯：以毛纤维与各种合成纤维混纺而成的地面装修材料。混纺地毯中因掺有合成纤维，所以价格较低，使用性能有所提高。如在羊毛纤维中加入20%的尼龙纤维混纺后，可使地毯的耐磨性提高5倍，装饰性能不亚于纯毛地毯，并且价格下降。

3）化纤地毯：也叫合成纤维地毯、如聚丙烯化纤地毯、丙纶化纤地毯、腈纶（聚丙烯腈）化纤地毯、尼龙地毯等。它是用簇绒法或机织法将合成纤维制成面层，再与麻布底层缝合而成。化纤地毯耐磨性好并且富有弹性，价格较低，适用于一般建筑物的地面装修。

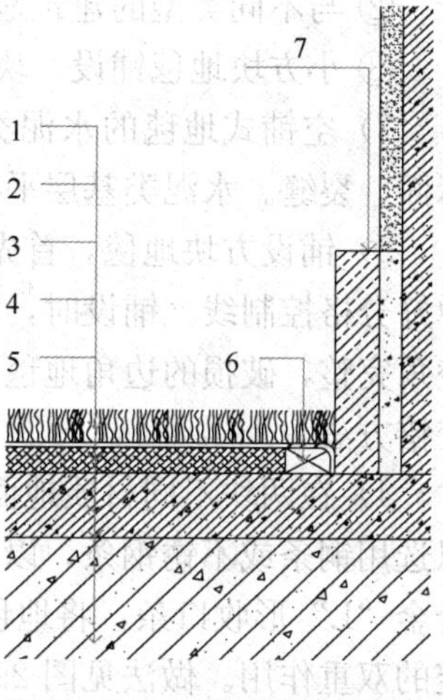

图29-38 地毯面层基本构造
1—地毯；2—地毯专用弹性胶垫；3—水泥砂浆找平层；4—界面剂一道；5—钢筋混凝土楼板；6—倒刺条；7—木踢脚线

4）塑料地毯：塑料地毯是采用聚氯乙烯树脂、增塑剂等多种辅助材料，经均匀混炼、塑制而成，它可以代替纯毛地毯和化纤地毯使用。塑料地毯质地柔软，色彩鲜艳，舒适耐用，不易燃烧且可自熄，不怕湿。塑料地毯适用于宾馆、商场、舞台、住宅等。因塑料地毯耐水，所以也可用于浴室起防滑作用。

地毯的品种、规格、颜色、主要性能和技术指标必须符合设计要求，应有出厂合格证明文件。

（2）衬垫：衬垫的品种、规格、主要性能和技术指标必须符合设计要求。应有有效的出厂检验合格报告。

（3）倒刺钉板条

在1200mm×24mm×6mm的板条上钉有两排斜钉（间距为35～40mm），另有五个高强钢钉均匀分布在全长上（钢钉间距约400mm，距两端各约100mm）。铝合金倒刺条用于地毯端头露明处，起固定和收头作用。用在外门口或与其他材料的地面相接处。倒刺板必须符合设计要求。

（4）金属压条

宜采用厚度为2mm左右的铝合金材料制成，用于门框下的地面处，压住地毯的边缘，使其免于被踢起或损坏。

（5）胶粘剂：参见29.7.7塑料地板面层材料质量控制中胶粘剂的要求。

3. 施工要点

（1）空铺法地毯铺设

1）空铺法地毯铺设应符合下列规定：

① 地毯拼成整块后直接铺在洁净的地面上，地毯周边应塞入踢脚线下；

② 与不同类型的建筑地面连接处，应按设计要求收口；

③ 小方块地毯铺设，块与块之间应挤紧服贴。

2）空铺式地毯的水泥类基层（或面层）表面应坚硬、平整、光洁、干燥，无凹坑、麻面、裂缝。水泥类基层平整度偏差不应大于4mm。

3）铺设方块地毯，首先要将基层清扫干净，并应按所铺房间的使用要求及具体尺寸，弹好分格控制线。铺设时，宜先从中部开始，然后往两侧均铺。要保持地毯块的四周边缘棱角完整，破损的边角地毯不得使用。铺设毯块应紧靠、平整、紧密，宜采用逆光与顺光交错方法。

4）在两块不同材质地面交接处，应选择合适的收口条。如果两种地面标高一致，可以选用铜条或不锈钢条，以起到衔接与收口作用。如果两种地面标高不一致，一般选用铝合金“L”形收口条，将地毯的毛边伸入收口条内，再把收口条端部砸扁，起到收口与固定的双重作用。做法见图29-39。

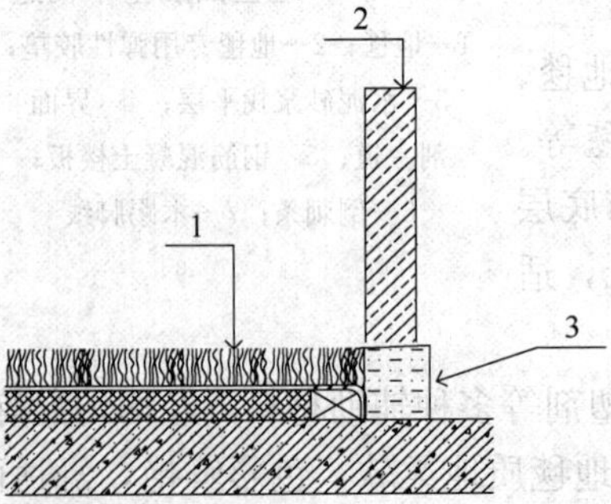

图29-39　地毯门边收口条示意图

1—地毯；2—门；3—地毯收口

5）在行人活动频繁部位地毯容易掀起，在铺设方块地毯时，可在毯底稍刷一点胶粘剂，以增强地毯铺放的耐久性，防止被外力掀起。

（2）实铺法地毯铺设

1）实铺法地毯铺设应符合下列规定：

① 固定地毯用的金属卡条（倒刺板）、金属压条、专用双面胶带等必须符合设计要求；

② 铺设的地毯张拉应适宜，四周卡条固定牢；门口处应用金属压条等固定；

③ 地毯周边应塞入卡条和踢脚线下面的缝中；

④ 地毯应用胶粘剂与基层粘贴牢固。

2）基层处理同空铺法地毯基层处理要求，如有油污，须用丙酮或松节油擦净。水泥类地面应具有一定的强度，含水率不大于 9%。

3）要严格按照设计图纸对各个不同部位和房间的具体要求进行弹线、套方、分格，当设计有规定和要求时，应按设计要求施工。当设计无具体要求时，应对称找中、弹线、定位。

4）地毯裁剪应在比较宽阔的地方集中统一进行。一定要精确测量房间尺寸，并按房间和所用地毯型号逐一登记编号。然后根据房间尺寸、形状用裁边机裁下地毯料，每段地毯的长度要比房间长出 20mm 左右，宽度要以裁去地毯边缘线后的尺寸计算。弹线，以手推裁刀从毯背裁切去边缘部分，裁好后卷成卷编上号，放入对号房间里，大面积房间应在施工地点剪裁拼缝。

5）沿房间或走道四周踢脚板边缘，用高强水泥钉将倒刺板钉在基层上（钉朝向墙的方向），其间距约 400mm。倒刺板应离开踢脚板面 8～10mm，以便于钉牢倒刺板。

6）铺设衬垫：将衬垫采用点粘法用聚醋酸乙烯乳胶粘在地面基层上，要离开倒刺板 10mm 左右。海绵衬垫应满铺平整，地毯拼缝处不露底衬。

7）铺设地毯

① 将裁好的地毯虚铺在垫层上，然后将地毯卷起，在拼接处缝合。缝合完毕，将塑料胶纸贴于缝合处，保护接缝处不被划破或勾起，然后将地毯平铺，用弯针将接缝处绒毛密实缝合，表面不显拼缝。

② 将地毯的一条长边固定在倒刺板上，毛边掩到踢脚板下，用张紧器拉伸地毯。拉伸时，用手压住地毯撑，直至拉平为止。然后将地毯固定在另一条倒刺板上，掩好毛边。长出的地毯，用裁割刀割掉。一个方向拉伸完毕，再进行另一个方向的拉伸，直至四个边都固定在倒刺板上。

③ 采用粘贴固定式铺贴地毯，地毯具有较密实的基底层，一般不放衬垫（多用于化纤地毯），将胶粘剂涂刷在基底层上，静待 5～10mim，待胶液溶剂挥发后，即可铺设地毯。

粘贴法分为满粘和局部粘结两种方法。一般人流多的公共场所地面采用满粘法粘贴地毯；人流少且搁置器物较多的场所的楼地面采用局部刷胶粘贴地毯，如宾馆的客房和住宅的居室可采用局部粘结。

铺粘地毯时，先在房间一边涂刷胶粘剂后，铺放已预先裁割的地毯，然后用地毯撑子向两边撑拉，再沿墙边刷两条胶粘剂，将地毯压平掩边。在走道等处地毯可顺一个方向铺设。

8）细部处理及清理：要注意门口压条的处理和门框、走道与门厅，地面与管根、暖气罩、槽盒，走道与卫生间门槛，楼梯踏步与过道平台，内门与外门，不同颜色地毯交接处和踢脚板等部位地毯的套割、固定和掩边工作，必须粘结牢固，不应有显露、后找补条等。要特别注意上述部位的基层本身接槎是否平整，如严重者应返工处理。地毯铺设完毕，固定收口条后，应用吸尘器清扫干净，并将毯面上脱落的绒毛等彻底清理干净。

（3）楼梯地毯铺设

1）先将倒刺板钉在踏步板和挡脚板的阴角两边，两条倒刺板顶角之间应留出地毯塞入的空隙，一般约 15mm，朝天小钉倾向阴角面。

2）海绵衬垫超出踏步板转角应不小于 50mm，把角包住。

3）地毯下料长度，应按实量出每级踏步的宽度和高度之和。如考虑今后的使用中可挪动常受磨损的位置，可预留 450～600mm 的余量。

4）地毯铺设由上至下，逐级进行。每梯段顶级地毯应用压条固定于平台上，每级阴角处应用卡条固定牢，用扁铲将地毯绷紧后压入两根倒刺板之间的缝隙内。

5）防滑条应铺钉在踏步板阳角边缘。用不锈钢膨胀螺钉固定，钉距150～300mm。

29.5.10 金属板面层

金属板面层地面是指地面采用镀锌板、镀锡板、复合钢板、彩色涂层钢板、铸铁板、不锈钢板、铜板或其他合成金属板铺设。

1. 构造做法

（1）空铺法

1）镀锌板金属板地面，常见做法为网络地板。采用木质或水泥刨花板、矿纤维、硫酸钙等板基，上下粘贴镀锌板，上下镀锌板在四周采用专利锁和技术弯曲叠合，形成六面金属包裹结构的地板。

2）具体做法、要求参见29.7.8活动地板面层施工要点。

3）金属板面层的接地做法应符合设计要求，静电接地网安装示意图见图29-40。

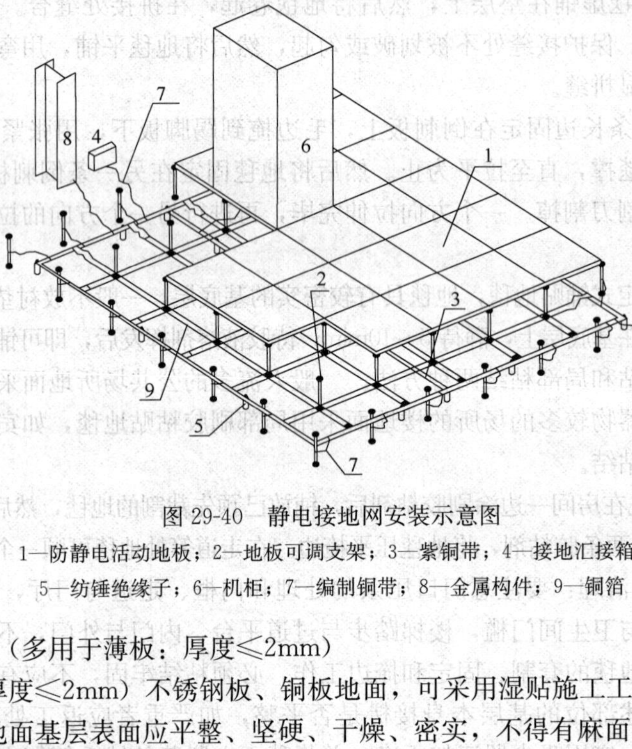

图29-40 静电接地网安装示意图

1—防静电活动地板；2—地板可调支架；3—紫铜带；4—接地汇接箱；5—纺锤绝缘子；6—机柜；7—编制铜带；8—金属构件；9—铜箔

（2）湿贴法（多用于薄板：厚度≤2mm）

1）薄板（厚度≤2mm）不锈钢板、铜板地面，可采用湿贴施工工艺。

2）金属板地面基层表面应平整、坚硬、干燥、密实，不得有麻面、裂缝等缺陷。

3）金属板通过定支腿固定在基层中。

4）金属板面层的接地做法应符合设计要求（节点做法参考防静电地板）。

5）基本构造见图29-41；常见金属板样式见图29-42。

（3）焊接法（多用于厚板：厚度＞3mm）

1）预埋件通过膨胀螺栓或植筋固定在基层中。

2）金属板与预埋件焊接固定，焊接处打磨平整。

3）金属板缝隙进行焊接，打磨平整。

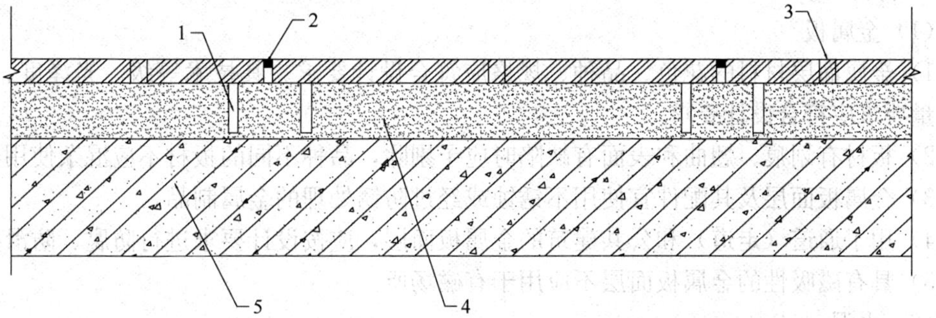

图 29-41　湿贴法基本构造

1—支腿、预埋件；2—金属板面层；3—灌浆孔；4—水泥砂浆；5—结构楼板

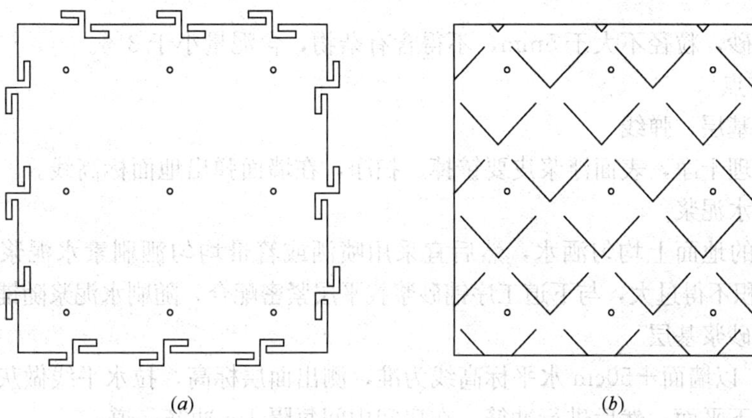

图 29-42　常见金属板形式

(a) 带企口金属板；(b) 不带企口金属板

4）金属板下设置灌浆槽，进行压力灌浆。

5）基本构造见图 29-42 和图 29-43。

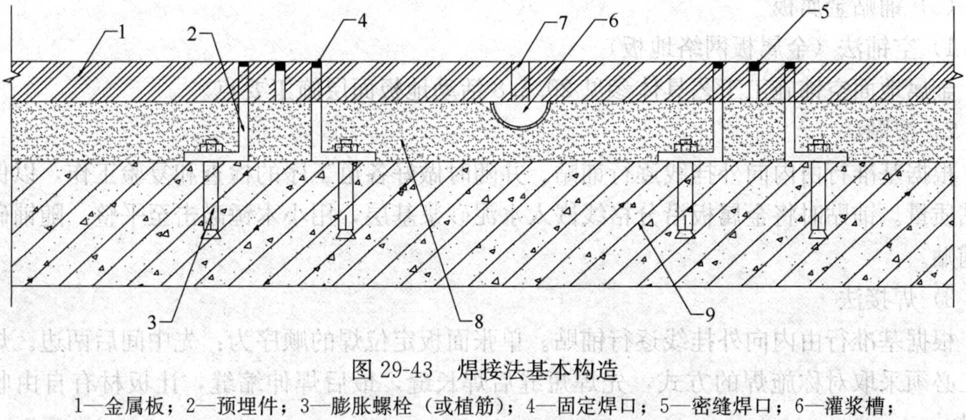

图 29-43　焊接法基本构造

1—金属板；2—预埋件；3—膨胀螺栓（或植筋）；4—固定焊口；5—密缝焊口；6—灌浆槽；7—灌浆孔；8—水泥砂浆基层（或灌浆料）；9—楼板

2. 材料要求

(1) 金属板

1) 金属面层材料的花色、品种、规格应符合设计要求。其技术等级、光泽度、外观等质量要求应符合设计要求。

2) 板材有划痕、翘曲和表面有缺陷时应予剔除，品种不同的板材不应混杂使用。

3) 金属板面层及其配件宜使用不锈蚀或经过防锈处理的金属制品。

4) 用于通道（走道）和公共建筑的金属板面层，应按设计要求进行防腐、防滑处理。

5) 具有磁吸性的金属板面层不应用于有磁场所。

(2) 水泥

一般采用硅酸盐水泥，强度等级不低于 42.5 级，应有出厂合格证和有效的形式检验合格报告。严禁使用受潮结块的水泥，应采用现场验收合格、复验合格的水泥。

(3) 砂

宜采用中砂，粒径不大于 5mm，不得含有杂物，含泥量小于 3%。

3. 施工要点

(1) 清理基层、弹线

将基层清理干净，表面浮浆皮要铲掉、扫净，在墙面弹出地面标高线。

(2) 刷素水泥浆

在清理好的地面上均匀洒水，然后宜采用喷洒或笤帚均匀洒刷素水泥浆（水灰比为 0.5），刷的面积不得过大，与下道工序铺砂浆找平层紧密配合，随刷水泥浆随铺水泥砂浆。

(3) 水泥砂浆基层

1) 冲筋：以墙面＋50cm 水平标高线为准，测出面层标高，拉水平线做灰饼，灰饼上平面为金属板下平面。然后进行冲筋，在房间中间每隔 1m 冲筋一道。

2) 冲筋后，用 1∶3 干硬性水泥砂浆（干硬程度以手捏成团，落地开花为准），铺设厚度宜为 20～25mm，用大杠（顺标筋）将砂浆刮平，铁抹子拍实，抹平整。

(4) 分格、安装标准块

根据现场尺寸进行地面精确分格，并依据分格控制线安装标准块。标准块应安放在十字线交点，对角安装，根据标准块先铺贴好左右靠边基准行（封路）的块料。

(5) 铺贴金属板

1) 空铺法（金属板网络地板）

金属地面空铺施工工艺具体参见 29.5.8 活动地板面层施工要点。

2) 湿贴法

根据基准行由内向外挂线逐行铺贴。并随时做好各道工序的检查和复验工作，以保证铺贴质量。铺贴时将金属板沿分格线嵌入水泥砂浆基层，用小木锤敲击至平整。随铺砂浆随铺贴。

3) 焊接法

根据基准行由内向外挂线逐行铺贴。单张面板定位焊的顺序为：先中间后两边。焊接施工必须采取对称施焊的方式，先焊短缝后焊长缝，最后焊伸缩缝，让板材有自由收缩余量。

每条焊缝焊接方式采用跳焊法和退焊法，即由焊缝中心向两边跳焊，跳焊焊缝的长度控制在400～500mm，跳焊完成之后，待焊缝冷却至常温再将中间未焊完焊缝依次对称补焊完成。每条焊缝焊接时，在其两侧放上重型轨道或工字钢，待整条焊缝焊接完成后且冷却至室温方可拆除。

所有面板固定焊完成后，观察其变形情况，出现变形较大的地方（即凸出较高的地方）立即用重物压在其上，待整个焊接工作完成之后方可拆除。

（6）缝隙处理

1）铺贴法

铺贴养护72h后，用稀水泥浆通过灌浆孔灌缝，直到灌满为止，并及时将表面的水泥浆清理干净，防止对面层的污染。

2）焊接法

① 对检验合格的焊缝，按设计要求进行打磨。

② 为使面板与基层粘结密实、无空隙，采用无收缩灌浆胶泥进行压力灌浆。

③ 分隔条主要以每块金属板整板宽度间距设置，从长跨一端排向另一端，余下部分根据现场尺寸进行分块设置分隔条。为灌浆顺畅，在灌浆孔短跨方向同一直线上设置灌浆槽，灌浆槽用内径50mm的钢管做模板开半圆槽。

④ 为了灌浆均匀和灌浆压力均衡，沿灌浆槽开设直径30mm灌浆孔，灌浆孔在短跨方向边孔距墙为750mm，孔与孔中心间距为1500mm，在分隔条所形成灌浆区内的四角处各开设一个直径10mm的排气孔。排气孔全部采用铜嘴阀门，用丝锥预先在面板上攻出与排气嘴口径一致的孔，将排气嘴固定其上。

⑤ 施工温度应在0～40℃之间，所用水为饮用水，水温5～30℃，加水量为18%～20%（参照灌浆料说明书）。用电钻式搅拌器（功率>1000W），搅拌桶为金属制成，直径为320mm×350mm左右，搅拌时先将水、少许灌浆料倒入桶内，搅拌30s左右，将剩余料倒入桶内一起搅拌，总搅拌时间为3～5min。搅拌时宜上下左右移动搅拌器，使桶底和桶壁粘附的料得到充分搅拌，但叶片不要提出浆液面，尽量避免空气被带入。

⑥ 采用压力灌浆，灌浆压力值根据样板试验与灌浆孔离排气孔距离确定。不锈钢地坪从墙边到收集沟有一定的坡度，收集沟处最低，为了灌浆达到设计和使用要求，根据重力力学原理，采用从最低处反坡向依次灌浆。

（7）封孔

每次灌浆待其初凝后，对孔处所露浆进行收浆压光。如室内温度小于5℃，应在金属板上铺锯木灰进行养护，保证温度不小于5℃。待所灌浆全部终凝后，对所有孔用不锈钢焊条封焊并打磨光滑。

29.5.11 辐射采暖地面的板块面层

辐射采暖地面的板块装饰面层宜采用大于300mm×300mm的缸砖、陶瓷地砖、花岗石、水磨石板块、人造石板块、塑料板等，应在填充层上铺设。采暖地面的填充层的抗压强度等级、绝缘层的压缩强度等级等必须符合设计要求。

1. 构造做法

（1）采暖地面的缸砖、陶瓷地砖构造做法见29.5.2砖面层构造做法，辐射供暖地面的花岗石、人造石板块构造做法见29.5.3大理石面层和花岗石面层构造做法，辐射供暖地面的水磨石板块构造做法见 29.5.4 预制板块面层构造做法，辐射供暖地面的塑料板面层构造做法见 29.5.7 塑料面层构造做法。

(2) 采暖地面的板块面层基本构造见图 29-44。

2. 材料要求

(1) 辐射供暖地面的板块面层采用的材料应具有耐热性、热稳定性、防水、防潮、防霉变等特点。

(2) 辐射供暖地面的板块面层应采用热阻小于 0.05 (m² · K) /W 的材料。

3. 施工要点

采暖地面的填充层、水循环管或辐射热线、保护管及锡纸保护层、绝热层等系统完工后，应经检查验收合格、取得验收手续后，方可实施面层构造的施工。

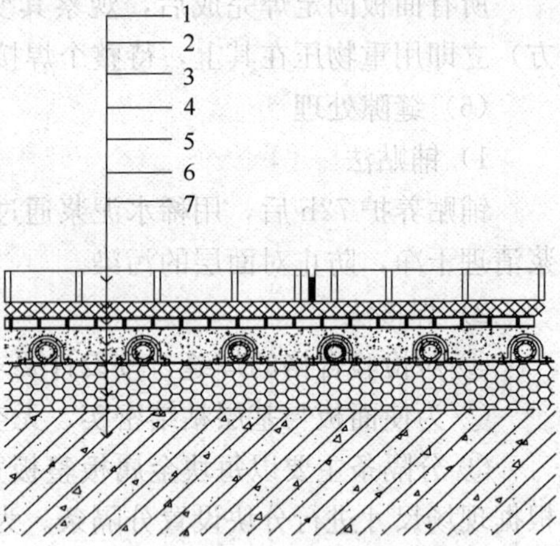

图 29-44　辐射供暖地面的板块面层
1—板块铺贴层；2—水泥砂浆找平层；3—防水、防潮层（若需）；4—填充层；5—锡箔保护层；6—绝热层；7—楼层结构层

(1) 施工要点见 29.5.2 砖面层、29.5.3 大理石面层和花岗石面层、29.5.4 预制板块面层、29.5.5 料石面层施工要点相关内容。

(2) 地面辐射供暖的板块面层采用胶结材料粘贴铺设时，填充层的含水率应符合胶结材料的技术要求。

(3) 板块装饰面层施工时，不得剔、凿、割、钻和钉填充层，不得向填充层内楔入任何物件。

(4) 面层在与内外墙、柱等垂直构件交接处，应留 10mm 宽伸缩缝；伸缩缝应从填充层的上边缘做到高出面层上表面 10～20mm，面层敷设完毕后，应裁去伸缩缝多余部分；伸缩缝填充材料宜采用高发泡聚乙烯泡沫塑料；面积较大的面层应设置必要的面层伸缩缝。

(5) 以瓷砖、大理石、花岗石作为面层时，填充层伸缩缝处宜采用干贴施工。防止地面加热时拉断面层。

(6) 采用预制沟槽保温板或供暖板时，预制沟槽保温板及其加热部件上，应铺设厚度不小于 30mm 的水泥砂浆找平层和粘结层；水泥砂浆找平层应加金属网，网格间距不应大于 100mm，金属直径不应小于 1.0mm。

29.6　木、竹面层铺设

29.6.1　一　般　规　定

木、竹面层包括实木地板面层、实木集成地板面层、竹地板面层、实木复合地板面层、浸渍纸层压木质地板面层、软木类地板面层、地面辐射采暖的木板面层等（包括免刨、免漆类）。

(1) 低温辐射采暖地面的木、竹面层宜采用实木集成地板、实木复合地板、浸渍纸层压木质地板及耐热实木地板等（包括免刨免漆类）铺设。

(2) 铺设低温辐射采暖地面采用木、竹面层时，宜采用粘贴施工工艺，不得钉、凿、切割填充层，不得向填充层内楔入物件，不得扰动、损坏发热管线。

(3) 木、竹地板面层下的木格栅、垫木、垫层地板等采用木材的树种、选材标准和铺设时木材含水率以及防腐、防蛀处理等，均应符合设计要求并符合现行国家标准《木结构工程施工质量验收规范》GB 50206 的有关规定。进场时应对其断面尺寸、含水率等主要技术指标进行抽检，抽检数量应符合国家现行有关标准的规定。

(4) 用于固定和加固用的金属零部件应采用不锈蚀或经过防锈处理的金属件。

(5) 与厕浴间、厨房等潮湿场所相邻的木、竹面层的连接处应做防水（防潮）处理。

(6) 木、竹面层铺设在水泥类基层上，其基层表面应坚硬、平整、洁净、不起砂、无杂物、无浮尘等，表面含水率不应大于 8%。

(7) 建筑地面工程的木、竹面层格栅下架空结构层（或构造层）的质量检验，应符合国家相应现行标准的规定。

(8) 木、竹面层的通风构造层包括室内通风沟、地面通风孔、室外通风窗等，均应符合设计要求。

(9) 木、竹面层周边与墙柱间应留有伸缩缝，宜为 8～12mm。当龙骨间、龙骨与墙体间、毛地板间、毛地板与墙体间亦应留有 8～12mm 的伸缩缝。

(10) Ⅰ类民用建筑室内装饰装修粘贴塑料地板时，不应采用溶剂型胶粘剂；Ⅱ类民用建筑中地下室及不与室外直接自然通风的房间粘贴塑料地板时，不宜采用溶剂型胶粘剂。

(11) 竹、木地板面层的允许偏差检验方法，应符合表 29-38 的规定。

竹、木地板面层的允许偏差和检验方法（mm） **表 29-38**

项次	项目	允许偏差（mm）				检验方法
		实木、实木集成、竹地板面层			浸渍纸层压木质地板、实木复合地板面层、软木类地板面层	
		松木地板	硬木地板、竹地板	拼花地板		
1	板面缝隙宽度	1.0	0.5	0.2	0.5	用钢尺检查
2	表面平整度	3.0	2.0	2.0	2.0	用 2m 靠尺和楔形塞尺检查
3	踢脚线上口平齐	3.0	3.0	3.0	3.0	拉 5m 通线，不足 5m 拉通线和用钢尺检查
4	板面拼缝平直	3.0	3.0	3.0	3.0	
5	相邻板材高差	0.5	0.5	0.5	0.5	用钢尺和楔形塞尺检查
6	踢脚经与面层的接缝	1.0				楔形塞尺检查

29.6.2 实木、实木集成、竹地板面层

实木、实木集成、竹地板采用条材或块材或拼花，以空铺或实铺方式在基层上铺设。可采用双层面层或单层面层铺设，其厚度应符合设计要求；其选材应符合国家现行有关标

准的规定。实木、实木集成地板面层分为“免刨免漆类”和“原木无漆类”两类产品；竹地板均为免刨免漆类成品。

1. 构造做法

实木、实木集成、竹地板铺设主要分条材、拼花两种面层，空铺和实铺两种方法，胶粘和钉接两种结合方式。详见木基层空铺方式（图 29-45）、钢结构基层空铺方式（图 29-46）、底层架空木地板的铺设方式（图 29-47）、实铺方式（图 29-48）。

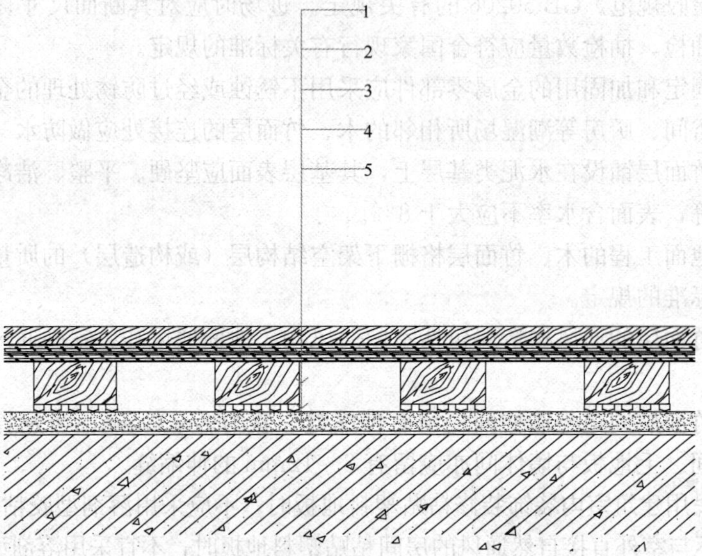

图 29-45　空铺式木地板木基层示意图

1—专用地板；2—双层 9 厚多层板（防火涂料三度）；3—木龙骨（防火、防腐处理）；4—专用减震胶垫；5—水泥砂浆找平层

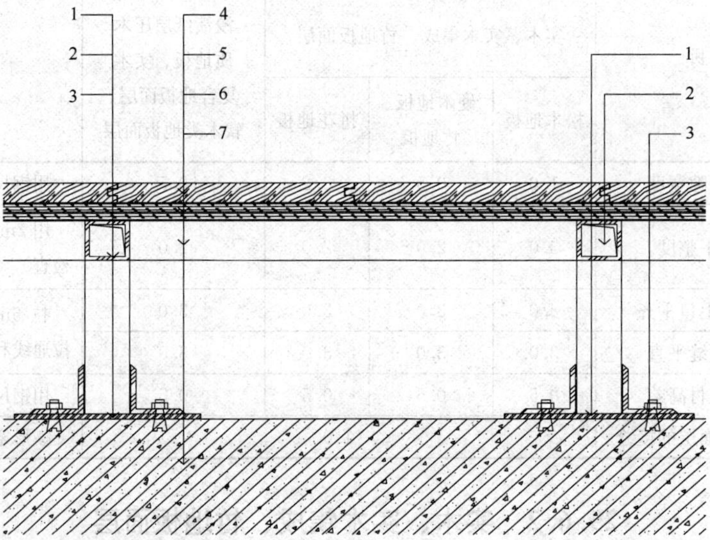

图 29-46　钢结构基层剖面构造示意图

1—镀锌钢板；2—镀锌方管满焊；3—膨胀螺栓；4—地板；5—双层板基层；6—镀锌方管；7—楼板

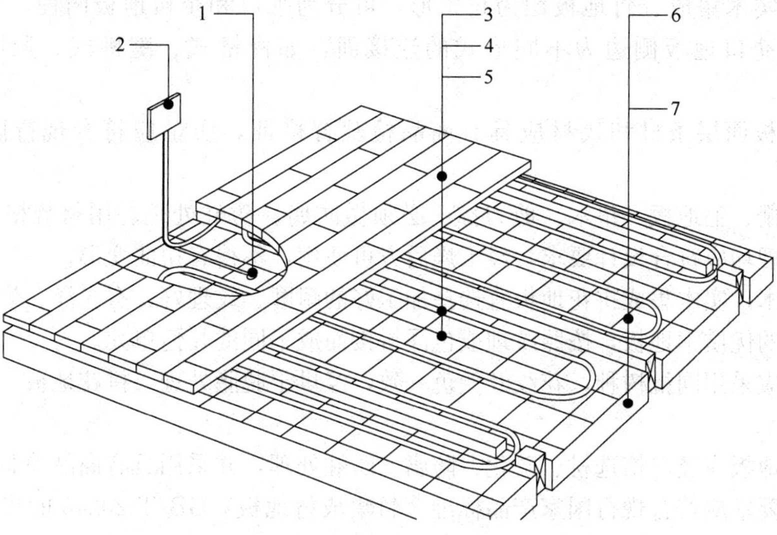

图 29-47 底层架空木地板构造示意图（电暖铺设）

1—温控器探头；2—温控器；3—耐热木地板；4—发热电缆；
5—加固钢丝网；6—反射金属板；7—绝热层

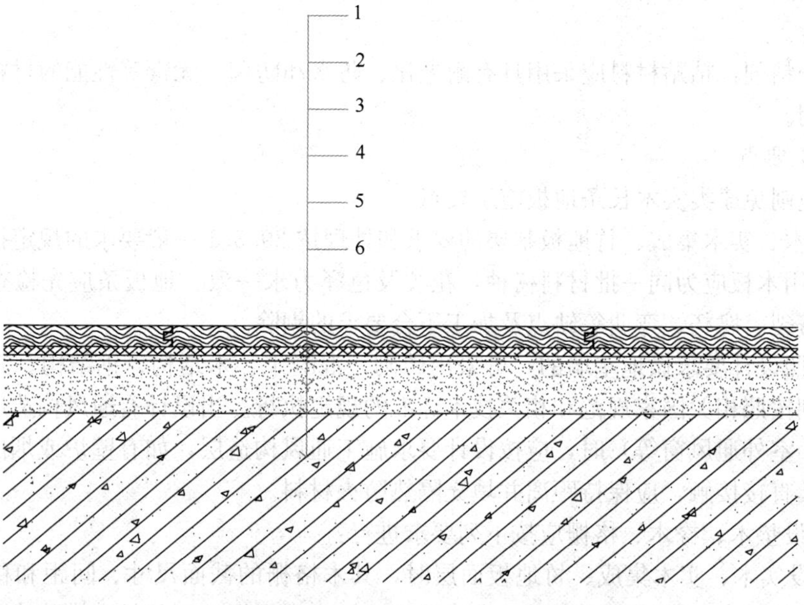

图 29-48 木地板实铺方式示意图

1—地板；2—地板专用消音垫；3—水泥自流平；4—水泥混凝土垫层（找平层）；5—界面剂；6—基层

2. 材料要求

（1）实木、实木集成地板面层的厚度、木格栅的截面尺寸应符合设计要求，且根据地区自然条件，含水率最小为 7%，最大为该地区平衡含水率。地板施工前 10d 地板进场，拆开包装后平铺在房间里，让它和施工现场的空气充分接触，使木地板能与房间干湿度相适应，减少铺贴后的变形。

实木、实木集成、竹地板均为长条形，可分为平口和企口地板两种。平口地板侧边为平面，企口地板侧边为不同形式的连接面，如榫槽式、踺榫式、燕尾榫式、斜口式等。

实木地板面层条材和块材应具有商品检验合格证，质量应符合现行国家标准的规定。

(2) 格栅、毛地板、垫木、剪刀撑：必须做防腐、防蛀处理。用材规格、树种和防腐、防蛀处理均应符合设计要求，经干燥后方可使用，不得有扭曲变形。

(3) 实木、实木集成拼花地板宜选择加工好的耐磨、纹理好、有光泽、耐腐朽、不易变形和开裂的优质木地板，按照纹理或色泽拼接而成不同的几何单元。

原材料应采用同批树种，花纹及颜色一致，经烘干脱脂处理。拼花地板一般为原木无漆类地板。

(4) 竹地板应经严格选材、硫化、防腐、防蛀处理，并采用具有商品检验合格证的产品，其质量要求应符合现行国家产品标准《竹集成材地板》GB/T 20240 的规定。花纹及颜色应一致。

(5) 实木、实木集成、竹地板厚度为 10～15mm 的踢脚板：背面宜开槽并涂防腐剂，花纹和颜色宜和面层地板一致。

(6) 隔热、隔声材料：可采用珍珠岩、矿渣棉、炉渣、挤塑板等，要求轻质、耐腐、无味、无毒。

(7) 胶粘剂：粘贴材料应采用具有耐老化、防水和防菌、无毒等性能的材料，或按设计要求选用。

3. 施工要点

(1) 免刨免漆类实木长条地板施工要点

1) 实木、实木集成、竹地板基层的要求和处理按 29.3.1 一般要求的规定执行。

2) 选用木板应为同一批材料树种，花纹及色泽力求一致。地板条应先检查挑选，将有节疤、劈裂、腐朽、弯曲等缺点及加工不合要求的剔除。

3) 按照设计要求做地垄墙的，可采用砖砌、混凝土、木结构、钢结构。其施工和质量验收分别按照相关国家规范和相关技术标准的规定执行。当设计有通风构造层（包括室内通风沟、室外通风窗等）时，应按设计要求施工通风构造层，如有壁炉或烟囱穿过，格栅不得与其直接接触，应保持距离并填充隔热防火材料。

4) 铺设垫木、椽木、格栅应按下列要求进行：

① 铺设实木、实木集成、竹地板面层时，其木格栅的截面尺寸、间距和稳固方法等均应符合设计要求。设计无要求时，主次格栅的间距应根据地板的长宽模数确定，并注意地板的端头必须搭在格栅上，表面应平整。格栅接口处的夹木长度必须大于 300mm，宽度不小于 1/2 格栅宽。

② 木格栅固定时，不得损坏基层和预埋管线。木格栅应垫实钉牢，与墙之间应留出 20mm 的缝隙，表面应平直。

③ 在地垄墙上用预埋钢丝捆绑沿椽木，并在沿椽木上划出各格栅中线，在格栅两端也划出中线，先对准中线摆两边格栅，然后依次摆正中间格栅。

④ 当顶部不平整时，其两端应用防腐垫木垫实钉牢。为防止格栅移动，应在找正固

定好的木格栅上钉临时木拉条。

⑤ 格栅固定好后，在格栅上按剪刀撑间距弹线，按线将剪刀撑或横撑钉于格栅之间，同一行剪刀撑应对齐，上口应低于格栅上表面 10～20mm。

⑥ 铺钉毛地板、长条硬木板前，应注意先检查格栅是否垫平、垫实、捆绑牢固，人踩格栅时不应有响声，严禁用木楔或用多层薄木片垫平。

⑦ 当面层下铺设垫层地板时，垫层地板的髓心应向上，板间缝隙不应大于 3mm，与柱、墙之间应留 8～12mm 的空隙，表面应刨平。

⑧ 当设计有通风槽设置要求时，按设计设置。当设计无要求时，沿格栅长向不大于 1m 设一通风槽，槽宽 200mm，槽深不大于 10mm，槽位应在同一直线上，并应避免剔槽过深损伤格栅。

⑨ 按设计要求铺防潮隔热隔声材料，隔热隔声材料必须晒干，并加以拍夯实、找平，即可铺设面层。防潮隔热隔声材料应慎用炉渣或石灰炉渣，当使用时应采取熟化措施，注意材料本身活性，吸水后产生气体，当通气不畅时会造成木地板起鼓。

⑩ 如对地板有弹性要求，应在格栅底部垫橡皮垫板，且胶粘牢固，防止振脱。

⑪ 如对地板有防虫要求，应在地板安装前放置专用防虫剂或樟木块、喷洒防白蚁药水。

5）长条地板面层铺设应按下列要求进行：

① 长条地板面层铺设的方向应符合设计要求，设计无要求时宜按"顺光、顺主要行走方向"的原则进行确定。

② 在铺设木板面层时，木板端头接缝应在格栅上，并应间隔错开。板与板之间应紧密，但仅允许个别地方有缝隙，其宽度不应大于 1mm；当采用硬木长条形板时，不应大于 0.5mm。

③ 地板面层铺设时，面板与墙之间应留 8～12mm 缝隙。

6）实木单层板铺设应按下列要求进行：

① 木格栅隐蔽验收后，从墙的一边开始按线逐块铺钉木板，逐块排紧。

② 单层木地板与格栅的固定，应将木地板钉牢在其下的每根格栅上。钉长应为板厚的 2～2.5 倍。并从侧面斜向钉入板中，钉头不应露出。铺钉顺序应从墙的一边开始向另一边铺钉。

7）双层板铺设应按下列进行：

① 双层木板面层下层的毛地板可采用钝棱料，髓心应向上，表面应平整。

② 在铺设毛地板时，应与格栅成 30°或 45°并应斜向钉牢；当采用细木工板、多层胶合板等成品机拼板材时，应采用设计规格铺钉。无设计要求时可锯成 1220mm×610mm、813mm×610mm 等规格。

③ 每块毛地板应在每根格栅上各钉两个钉子固定，钉子的长度应为板厚的 2.5 倍，钉帽应砸扁并冲入板面深不少于 2mm。毛地板接缝应错开不小于一格的格栅间距，板间缝隙不应大于 3mm。毛地板与墙之间应留 8～12mm 缝隙，且表面应平整。

④ 当在毛地板上铺钉长条木板或拼花木板时，宜先铺设一层用以隔声和防潮的隔离层。然后即可铺钉企口实木长条地板，方法与单层板相同。

⑤ 企口木板铺设时，应从靠门较近的一边开始铺钉，每铺设 600～800mm 宽度应弹线，找直修整后，再依次向前铺钉。铺钉时应与格栅成垂直方向钉牢，板端接缝应间隔错

开，其端接缝一般是有规律在一条线上。板与板间拼缝仅允许个别地方有缝隙，但缝隙宽度不应大于1mm，如用硬木企口木板不得大于0.5mm，企口木板与墙间留10～15mm的缝隙，并用木踢脚线封盖。企口木板表面不平处应刨光处理，刨削方向应顺木纹。刨光后方可装钉木踢脚线。

8）打蜡

地板蜡有成品供应，当采用自制时将蜡、煤油按1：4重量比放入桶内加热、溶化（约120～130℃），再掺入适量松香水后调成稀糊状，凉后即可使用。用布或干净丝棉沾蜡薄薄均匀涂在木地板上，待蜡干后，用木块包麻布或细帆布进行磨光，直到表面光滑洁亮为止。

（2）无漆类长条地板施工要点

1）基层处理、材料选择、地垄墙施工、木基层施工参见本节"免刨免漆类实木长条地板"中的要求。

2）面层刨平、磨光

木材面层的表面应刨平磨光，刨平和磨光所刨去的厚度不宜大于1.5mm，并无刨痕。

① 第一遍粗刨，用地板刨光机（机器刨）顺着木纹刨，刨口要细、吃刀要浅，刨刀行速要均匀、不宜太快，多走几遍、分层刨平，刨光机达不到之处则辅以手刨。

② 第二遍净面，刨平以后，用细刨净面。注意消除板面的刨痕、戗槎和毛刺。

③ 净面之后用地板磨光机磨光，所用砂布应先粗后细，砂布应绷紧绷平，磨光方向及角度与刨光相同。个别地方磨光不到可用手工磨。磨削总量应控制在0.3～0.8mm内。

3）油漆和打蜡

地板磨光后应立即上漆。先清除表面的杂物、浮尘、油污，必要时润油粉，满刮腻子两遍，分别用1号砂纸打磨平整、洁净，再涂刷清漆。应按设计要求确定清漆遍数和品牌，厚薄均匀、不漏刷，第一遍干后用1号砂纸打磨，用湿布擦净晾干，对腻子疤、踢脚板和最后一行企口板上的钉眼等处点漆片修色；以后每遍清漆干后用280～320号砂纸打磨。最后打蜡、擦亮。

（3）水泥类基层上粘结单层拼花地板施工要点

1）水泥类基层应表面平整、粗糙、干燥，无裂缝、脱皮、起砂等缺陷。施工前将表面的灰砂、油渍、垃圾、浮尘清除干净，凹陷部位用801胶水泥腻子嵌实刮平，用水洗刷地面、晾干。

2）准备胶结料

促凝剂——用氯化钙复合剂（冬季应严格控制在白胶中掺量）；

缓凝剂——用酒石酸（夏季严格控制在白胶中掺量）；

水泥——强度等级32.5级以上普通硅酸盐水泥或白水泥；

丙酮、汽油等。

胶粘剂配合比（重量比）：

10号白胶：水泥＝7：3。或者用水泥加801胶搅拌成浆糊状。

过氯乙烯胶：过氯乙烯：丙酮：丁酯：白水泥＝1：2.5：7.5：1.5。

聚氨酯胶——根据厂家确定的配合比加白水泥，如：甲液：乙液：白水泥＝7：1：2等。

3）在地面上弹十字中心线及四周圈边线，当设计对周边宽度无规定时，宜为300mm。根据房间尺寸和拼花地板的大小计算出块数。如为单数，则房间十字中心线与中间一块拼花地板的十字中心线一致；如为双数，则房间十字中心线与中间四块拼花地板的拼缝线重合。

4）面层铺设应按下列步骤进行：

① 涂刷底胶：铺前先在基层上用稀白胶或801胶薄薄涂刷一遍，然后将配制好的胶泥倒在地面，用橡皮刮板均匀铺开，厚度宜为5mm。胶泥配制应严格计量，搅拌均匀，随用随配，并在1～2h内用完。

② 按照铺板图案形式有正铺和斜铺。正铺由中心依次向四周铺贴，最后圈边（亦可根据实际情况，先贴圈边，再由中央向四周铺贴）；斜铺先弹地面十字中心线，再在中心弹45°斜线及圈边线，按45°方向斜铺。拼花面层应每粘贴一个方块，用方尺套（或靠）方一次，贴完一行，须在面层上弹细线修正一次。

③ 铺设席纹或人字地板时，更应注意认真弹线、套方和找规矩；铺钉时随时找方，每铺钉一行都应随时找直。板条之间缝隙应严密，不宜大于0.2mm。可用锤子或垫木适当敲打，溢出板面的胶粘剂要及时清理干净。地板与墙之间应有8～12mm的缝隙，并用踢脚板封盖。

④ 胶结拼花木地板面层及铺贴方法见图29-49。

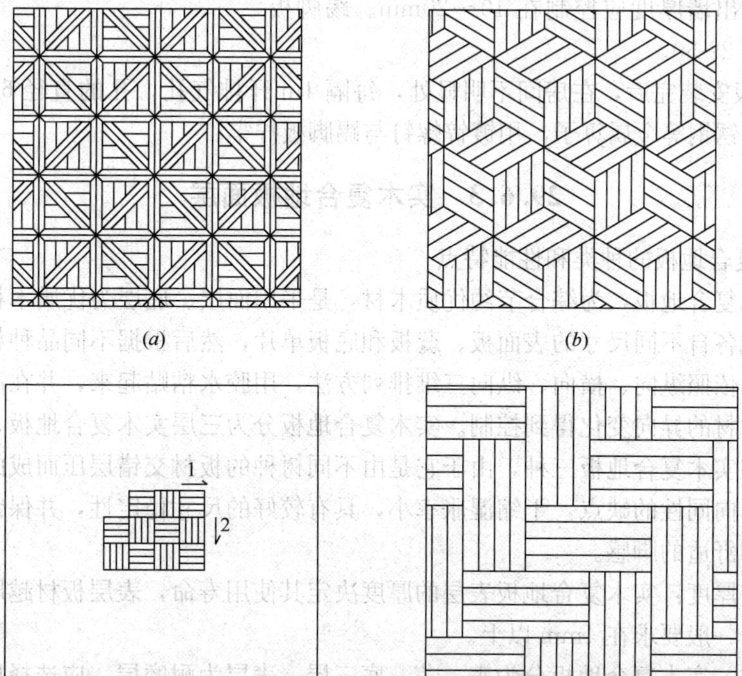

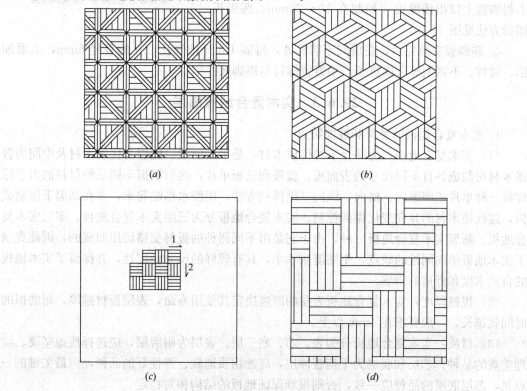

图29-49 胶结拼花木地板面层及铺贴方法

(a) 正方格形；(b) 斜方格形；(c) 中心向外铺贴方法；(d) 人字形

1—弹线；2—铺贴方向

⑤ 拼花地板粘贴完后，应在常温下保养 5～7d，待胶泥凝结后，用电动滚刨机刨削地板，使之平整。滚刨方向与板条方向成 45°角斜刨，刨时不宜走得太快，应多走几遍。第一遍滚刨后，再换滚磨机磨两遍；第一遍用 3 号粗砂纸磨平，第二遍用 1～2 号砂纸磨光，四周和阴角处辅以人工刨削和磨光。

⑥ 油漆、打蜡参见本节"无漆类实木长条地板"施工要点中相关内容。

5）如采用免刨免漆类，则省去"面层刨平磨光、油漆打蜡"工序。

6）踢脚板的安装

① 采用实木制作的踢脚板，背面应留槽并做防腐处理。

② 预先在墙内每隔 300mm 用电锤打眼，在墙面固定防腐木楔。然后再把踢脚线的基层板用明钉钉牢在防腐木块上，钉帽砸扁使冲入板内，随后粘贴面层踢脚板并刷漆。踢脚板板面要竖直，上口呈水平线。木踢脚板上口出墙厚度应控制在 10～20mm。踢脚板铺设方法见图 29-50。

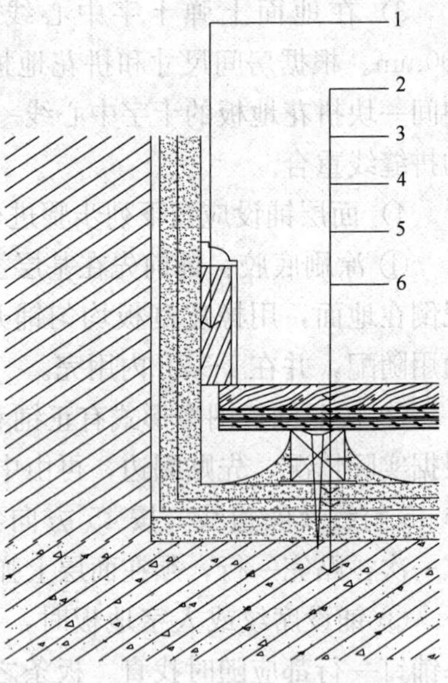

图 29-50　踢脚板铺设方法
1—木质踢脚线（预留伸缩缝）；2—地板；3—双层多层板（防火涂料三遍）；4—自流平；5—水泥砂浆垫层；6—原建筑地面

③ 踢脚板安装完后，在房间不明显处，每隔 1m 开排气孔，孔的直径 6mm，上面加铝、镀锌、不锈钢等金属箅子，用镀锌螺钉与踢脚板拧牢。

29.6.3　实木复合地板面层

1. 实木复合地板的种类和性能特点

（1）实木复合地板，为综合节约优质木材，是采用面层、底层为优质木材及中间为普通木材切割成各自不同尺寸的表面板、蕊板和底板单片，然后根据不同品种材料的力学原理将三种单片依照纵向、横向、纵向三维排列方法，用胶水粘贴起来，并在高温下压制成板，这就使木材的异向变化得到控制。实木复合地板分为三层实木复合地板、多层实木复合地板、新型实木复合地板三种，由于它是由不同树种的板材交错层压而成的，因此克服了实木地板单向同性的缺点，干缩湿胀率小，具有较好的尺寸稳定性，并保留了实木地板的自然木纹和舒适的脚感。

（2）规格厚度：实木复合地板表层的厚度决定其使用寿命，表层板材越厚，耐磨损的时间就越长，一般要求在 4mm 以上。

（3）材质：实木复合地板分为表、芯、底三层。表层为耐磨层，应选择质地坚硬、纹理美观的品种。芯层和底层为平衡缓冲层，应选用质地软、弹性好的品种，但最关键的一点是，芯层底层的品种应一致，否则很难保证地板的结构相对稳定。

（4）加工精度：实木复合地板的最大优点，是机械加工精度高，因此，选择实木复合地板时，一定要仔细观察地板的拼接是否严密，且两相邻板应无明显高低差。

（5）表面漆膜：高档次的实木复合地板，应采用高级 UV 亚光漆，这种漆是经过紫外光固化的，其耐磨性能非常好，使用过程一般不必打蜡维护。另外一个关键指标是亚光度，地板的光亮程度应首先考虑柔和、典雅，对视觉无刺激感。

2. 材料要求

（1）格栅、毛地板、垫木、剪刀撑：必须经过防腐、防蛀处理。用材规格、树种和防腐、防蛀处理均应符合设计要求，经干燥后方可使用，不得有扭曲、变形。

（2）长条、块材、拼花实木复合地板

1）实木长条复合地板各生产厂家的产品规格不尽相同，一般为免刨免漆类成品，采用企口拼缝；实木块材复合地板常用较短实木长条复合地板，长度宜 200～500mm；实木拼花复合地板常用较短实木长条复合地板组合出多种拼板图案。

2）实木复合地板应采用具有商品检验合格证的产品，其质量要求应符合现行国家标准《实木复合地板》GB/T 18103 的要求。

3）一般为免刨免漆类的成品木地板。要求坚硬耐磨，纹理清晰、美观，不易腐朽、变形、开裂等，同批树种不能加工制作，花纹及颜色宜为一致。企口拼缝的企口尺寸应符合设计要求，厚度、长度一致。

4）面层下衬垫的材质和厚度应符合设计要求。隔热、隔声材料、胶粘剂参见 29.8.3 材料质量控制中相关内容。

3. 施工要点

（1）条材实木复合地板施工要点

参见 29.6.2 实木、实木集成、竹地板面层章节第 3 条中“免刨免漆类条材实木地板”的施工要点。

（2）水泥类基层上粘贴单层实木复合地板（点贴法）施工要点

水泥类基层上粘贴实木复合地板可采用局部涂刷胶粘剂粘贴。常用胶粘剂、适用范围、施工要点等与 29.6.2 实木、实木集成、竹地板面层章节第 3 条中“水泥类基层上粘结单层拼花实木地板”的施工要点基本相同。不同之处在“粘贴面层”时：

1）在每条木地板的两端和中间涂刷胶粘剂（每点涂刷面积根据胶粘剂性质和规格而定，宜为 150mm×100mm），按顺序沿水平方向用力推挤压实。每铺贴一行都应及时找直(或校直)。

2）板条之间缝隙应严密，不大于 0.5mm。可用锤子通过垫木适当敲打，溢出板面的胶粘剂要及时清理擦净。实木复合地板相邻板材接头位置应错开不小于 300mm 距离，地板与墙之间应有 10～12mm 缝隙，并用踢脚板封盖。

（3）水泥类基层上粘贴单层拼花实木复合地板（整贴法）施工要点

本工艺是在拼花实木复合地板上满涂胶粘剂并粘贴在水泥砂浆（混凝土）楼地面上拼成多种图案。适用于首层地面和楼层楼面。施工要点参见 29.6.2 实木、实木集成、竹地板面层章节第 3 条中“水泥类基层上粘贴单层拼花实木地板”的施工要点。

（4）铺设双层拼花实木复合地板（钉接式、空铺法）施工要点

参见 29.6.2 实木、实木集成、竹地板面层章节第 3 条中“免刨免漆类条材实木地板”的施工要点。

（5）块材实木复合地板施工要点

块材实木复合地板的铺设参见 29.6.2 实木、实木集成、竹地板面层章节第 3 条中

"拼花实木复合地板"施工。

29.6.4 浸渍纸层压木质地板面层

1. 浸渍纸层压木质地板的种类和性能特点

浸渍纸层压木质地板是强化木地板以一层或多层专用纸浸渍热固性氨基树脂，铺装在刨花板、中密度纤维板、高密度纤维板等人造板基材表层，背面加平衡层，正面加耐磨层，经热压成型的地板。这种地板由表层、基材（芯层）和底层三层构成。其表层由耐磨层和装饰层组成，或由耐磨层、装饰层和底层纸组成。前者厚度一般为0.2mm，后者厚度一般为0.6～0.8mm；基材为中密度纤维板、高密度纤维板或刨花板；底层是由平衡纸或低成本的层压板组成，厚度宜为0.2～0.8mm。

与实木地板相比强化木地板的特点是耐磨性强，表面装饰花纹整齐，色泽均匀，抗压性强，价格便宜，便于清洁护理，但弹性和脚感不如实木地板。此外，从木材资源的综合有效利用的角度看，浸渍纸层压木质地板更有利于木材资源的可持续利用。

浸渍纸层压木质地板面层应采用条材或块材，以空铺或粘贴方式在基层上铺设。

2. 材料要求

浸渍纸层压木质地板面层的材料以及面层下的板或衬垫等材质应符合设计要求，并采用具有商品检验合格证的产品，其技术等级及质量要求均应符合国家现行标准《浸渍纸层压木质地板》GB/T 18102的规定。

地板宜选择加工好的耐磨、纹理好、有光泽、耐腐朽、不易变形和开裂的优质木地板，按照纹理或色泽拼接而成不同的几何单元。

3. 施工要点

（1）施工要点

1）基层处理参见本节29.6.2实木、实木集成、竹地板面层中第3条施工要点"免刨免漆类实木长条地板施工要点"中要求。

2）基层的表面平整度应控制在每平方米为2mm，达不到要求的必须二次找平。当表面平整度超过每平方米2mm且未进行二次找平的，应选用厚度8mm以上的地板，避免地板因基层不平而出现胶水松脱或裂缝。

3）铺设时，房间门套底部应留伸缩缝，门口接合处地下应无水管、电线管以及离地面120mm的墙内无电线管等。如不符合上述要求，应做好相关处理。

4）浸渍纸层压木质地板铺设应按下列步骤进行：

① 浸渍纸层压木质地板一般采用长条铺设，铺设前应在地面四周弹出垂直控制线，作为铺板的基准线。

② 衬垫层一般为卷材，按铺设长度裁切成块，铺设宽度应与面板相配合，距墙（不少于10mm）比地板略短10～20mm，方向应与地板条方向垂直，衬垫拼缝采用对接（不应搭接），留出2mm伸缩缝。加设防潮薄膜时应重叠200mm。

③ 浸渍纸层压木质地板面层铺设时，地板面层与墙之间放入木楔控制离墙距离，距离不应小于10mm。铺装方向按照设计要求，通常与房间长度方向一致或按照"顺光、顺行走方向"原则确定，自左向右逐排铺装，凹槽向墙。

④ 铺装第一排时必须拉线找直，每排最后一块地板可旋转180°后划线切割。相邻条

板端头应错开不宜小于 300mm 距离，上一排最后一块地板的切割余量大于 300mm 时，应用于下一排的起始块。当房间长度等于或略小于 1/2 板块长度的倍数时可采用隔排对中错缝。

⑤ 将胶瓶嘴削成 45°斜口，将胶粘剂均匀地涂在地板榫头上沿，涂胶量以地板拼合后均匀溢出一条白色胶线为宜，立即将溢出胶线用湿布擦掉。地板粘胶榫槽配合后，用橡皮锤轻敲挤紧，然后用紧板器夹紧并检查直线度。最后一排地板要用适当方法测量其宽度并切割、施胶、拼板，用紧板器（拉力带）拉紧使之严密，铺装后继续使紧板器拉紧 2h 以上。

⑥ 铺设浸渍纸层压木质地板面层的面积达 $70m^2$ 或房间长度达到 8m 时，宜在每间隔 8m 宽处放置铝合金分隔条，以防止整体地板受热变形。

⑦ 预先在墙内每隔 300mm 用电锤打眼在墙面固定防腐木楔。然后再把踢脚线的基层板用明钉钉牢在防腐木块上，钉帽砸扁使冲入板内，随后粘贴面层踢脚板并刷漆。踢脚板板面要竖直，上口呈水平线。木踢脚板上口出墙厚度应控制在 10～20mm 范围。

⑧ 对于门口部位地板边缘，采用胶粘剂粘结贴边压条。

⑨ 铺板后 24h 内不准上人，安装踢脚线前将板面清擦干净、取出木楔。

(2) 无胶铺设施工要点

无胶铺设适用于采用具有锁扣式榫槽的浸渍纸层压木质地板。其施工要点与本节（1）基本相同，但不用涂胶粘剂。当用于临时会场展厅和短期居住房屋地板时，应在地板四周用压缩弹簧或聚苯板塞紧定位，保证周边有适当的压紧力。

29.6.5 软木地板面层

1. 软木地板的种类和性能特点

(1) 软木地板适用范围：适用于宾馆、图书馆、医院、托儿所、计算机房、播音室、会议室、练功房及家庭场合等地面，但必须根据房间的性能，选择适合的软木地板品种。

(2) 软木地板的类别：软木类地板面层应采用软木地板或软木复合地板的条材或块材，在水泥类基层或垫层地板上铺设。软木地板面层应采用粘贴方式铺设，软木复合地板面层应采用空铺方式铺设。软木地板共分五类如下：

1) 第一类：软木地板表面无任何覆盖层。

2) 第二类：在软木地板表面做涂装。

3) 第三类：PVC 贴面。

4) 第四类：聚氯乙烯贴面。

5) 第五类：塑料类软木地板、树脂胶结类软木地板、橡胶类软木地板。

(3) 根据使用部位可分别选择类别：

1) 一般家庭使用可选择第一类、第二类。

2) 商店、图书馆等人流量大的场合，可选用第二、三类地板。

3) 练功房、播音室、医院等适宜用橡胶软类木作地板。

(4) 软木地板完全继承了软木原有的优良特性，并产生出许多自身特点，使它成为独立于传统木质地板的新型建材。

(5) 高品质的软木地板各项性能都很优异，它具有防潮防滑、安全静音、舒适美观、安装维护简单、抗压耐磨等特点，再经过科学规范的安装工艺，它不但可以铺在卧室、客厅，甚至可以铺进厨房，所以软木地板是相当耐用的。

2. 材料要求

(1) 格栅、毛地板、垫木、剪刀撑：必须经过防腐、防蛀等的处理。用材规格、树种和防腐、防蛀等的处理均应符合设计要求，经干燥后方可使用，不得有扭曲、变形。

(2) 软木地板

软木地板应采用有商品检验合格证的产品，当无国家标准时，其质量应符合相关产品行业、企业标准的有关规定，颜色、花纹应一致。

1) 软木地板选择时先看地板砂光表面是否光滑，有无鼓凸颗粒，软木颗粒是否纯净。

2) 看软木地板边长是否直，其方法是：取4块相同地板，铺在玻璃上，或较平的地面上，拼装看其是否合缝。

3) 检验板面弯曲强度，其方法是将地板两对角线合拢，看其弯曲表面是否出现裂痕，没有则为优质品。

4) 胶合强度检验。将小块样品放入开水泡，发现其砂光的光滑表面变成癞蛤蟆皮一样，表面凹凸不平，则此产品为不合格品，优质品遇开水表面无明显变化。

5) 胶粘剂：粘贴材料应采用具有耐老化、防水和防菌、无毒等性能的材料，或按设计要求选用。

(3) 地板密度

软木地板密度分为三级：400～450kg/m^3；450～500kg/m^3；大于500kg/m^3。一般家庭选用400～450kg/m^3足够，若室内有重物，可选稍高些，总之应尽量选用密度小的，因其具有良好的弹性、保温、吸声、吸振等性能。

3. 施工要点

(1) 悬铺法基层的处理要点参见29.6.4浸渍纸层压木质地板面层第3条“悬浮铺设法”施工要点中的相关内容。

(2) 软木地板铺设要求地面含水率小于4%，水分过高容易导致地板变形。对于潮湿地面，要等其自然干燥后才可铺装。

(3) 基层处理

一般基层做水泥自流平找平，详参见本章29.4.8.3 (2) 内容要求。

(4) 在地板背面和地面涂胶

用刮板将胶均匀地涂在地板背面和地面上，晾置一段时间，待胶不粘手的时候即可粘贴。

(5) 将地板沿基线进行铺设，铺设时用力要均匀，要保证地板与地板之间没有空隙。粘贴完一块地板后，要用橡皮锤敲打地板，使地板和地面粘贴紧密及地板与地板接缝处平整无高低差。相邻板材接头位置应错开不小于1/3板长且不小于200mm的距离；面层与柱、墙之间应留出8～12mm的空隙；软木复合地板面层铺设时，应在面层与柱、墙之间的空隙内加设金属弹簧卡或木楔子，其间距宜为200～300mm。

(6) 填缝及清洁

用腻子将缝隙填平，并用清洁剂将地板表面擦净，等腻子阴干后，在地板表面涂上一层耐磨漆。

（7）填缝

手工铺设粘贴式地板不可避免地会出现误差，地板之间可能会产生缝隙，用颜色相同的水性腻子将缝隙填平。

（8）施工场地温度低于5℃以下时，胶粘剂的固化时间比标准固化时间延长时，黏着力会降低。所以在施工过程中随时注意板面的施工环境温度的变化，做出合理施工工艺的实施或调整。

（9）软木材料应存放在2～40℃的环境下，严格观摩材料是否有曾经冻结的痕迹，若有严禁使用。

29.6.6 地面辐射供暖的木板面层

1. 地面辐射供暖的木板面层的种类和特点

（1）地面辐射供暖的木板面层宜采用实木集成地板、实木复合地板、浸渍纸层压木质地板及耐热实木地板等（包括免刨免漆类）铺设。

（2）地面辐射供暖的木板面层无龙骨时，采用空铺或胶粘法在填充层上铺设；有龙骨时，龙骨应采用胶粘法铺设。胶粘剂的耐热性能应满足设计和使用要求。带龙骨的架空木板面层下可不设填充层，绝热层与地板间的净空高度不宜小于30mm。

2. 材料要求

（1）基层材料

木地板敷设所需要的木格栅（也称木楞）、垫木、沿缘木（也称压檐木）、剪刀撑及毛地板等应做防腐、防蛀处理。与填充层接触的龙骨、垫层地板、面层地板等应采用胶粘法铺设。铺设时填充层的含水率应符合胶粘剂的技术要求。

（2）面层材料

地面辐射供暖的木板面层采用的材料或产品应符合设计要求和相应规范的规定，还应具有耐热性、热稳定性、防水、防潮、防霉变等特点。

（3）胶粘剂：环氧沥青、聚氨酯、聚醋酸乙烯和酪素胶等。

（4）其他材料：珍珠岩、矿渣棉、炉渣、防潮衬垫、自流平水泥、地板蜡等。

（5）材料质量控制

1）胶粘剂的耐热性能应满足设计和使用要求。

2）地板板块尺寸稳定性高、高温不开裂、不变形，不惧潮湿环境，传热性能好，不惧高温，甲醛释放量不超标。

3. 施工要点

（1）通常情况下地面辐射供暖的通热测试应在木板面层铺设施工前或是施工后的10～14d进行，此外在铺设过程中也不应对房间通热。

（2）软木地板面层的施工要使用专门针对地面辐射供暖地面设计的软木地板；使用粘贴式纯软木地板事先应对地面凹凸处进行修整，保持基层的平整度；铺设时应使用地面辐射供暖地面专用地板胶粘剂，使用量应按使用说明书上的规定。当采用无龙骨的空铺法铺设时，应在空隙内加设金属弹簧卡或木楔子，其间距宜为200～300mm。

（3）面层施工前，填充层、找平层应达到面层需要的干燥度和强度，木材应经过干燥处理。

（4）地面辐射供暖的木板面层铺设时不得扰动填充层，施工面层时，木材应经过干燥处理，且应在填充层和找平层完全干燥后进行木地板施工。不得剔、凿、割、钻和钉填充层，不得向填充层内楔入任何物件，不得扰动、损坏发热线管。

（5）木板面层铺设时，应在与墙、柱交接处留不小于14mm的伸缩缝；伸缩缝应从填充层的上边缘做到高出面层上表面10～20mm，面层敷设完毕后，应裁去伸缩缝多余部分；伸缩缝填充材料宜采用高发泡聚乙烯泡沫塑料；面积较大的面层应设置必要的面层伸缩缝。

（6）采用预制沟槽保温板或供暖板时，面层可按下列要求施工：

1）木板面层可直接铺设在预制沟槽保温板或供暖板上，可发性聚乙烯（EPE）垫层应铺设在保温板或供暖板下，不得铺设在加热部件上；

2）采用带木龙骨的供暖板时，木地板应与木龙骨垂直铺设。

29.7 特殊要求的地面面层铺设

29.7.1 一般要求

（1）特殊要求的建筑地面基层铺设，参见29.3基层铺设章节有关内容的要求。

（2）特殊要求的整体面层、板块面层和木、竹面层，其施工必须分别符合29.4整体面层铺设、29.5板块面层铺设、29.6木、竹面层铺设章节有关内容的要求。

（3）洁净室地面设计与施工应符合下列规定：

1）建筑底层的地面应设置防潮层。

2）当原地面面层为涂料、树脂和PVC板时，应将原地面面层铲除，清理、打磨干净后，再做混凝土找平层，混凝土强度等级不应小于C25。

3）地面必须采用耐腐蚀、耐磨和抗静电材料。

4）地面应平整。

（4）防静电地面材料宜选择防静电现浇水磨石、防静电聚氯乙烯（PVC）、防静电聚氨酯自流平、防静电活动地板、防静电瓷质地板等。

（5）防腐蚀地面面层材料应根据腐蚀性介质的类别和作用情况，防护层使用年限和使用过程中对面层材料耐腐蚀性能和物理力学性能的要求，并结合施工、维修条件合理地进行选择。块材面层一般选用耐酸石材和耐酸砖，整体面层一般选用水玻璃混凝土、树脂细石混凝土、树脂砂浆、沥青砂浆、树脂自流平涂料、防腐蚀耐磨涂料、聚合物水泥砂浆和密实混凝土等。

（6）防辐射砂浆是一种防放射性的防护材料，对X射线有阻隔作用，常用于科研院所、试验室及医院X射线机房等有防辐射要求的建筑地面。做防射线砂浆的重晶石（$BaSO_4$）含量应不低于80%。

（7）电屏蔽室地面材料应选用气密性好、不起尘、易清洁，在温湿度变化的作用下变形小，具有表面静电耗散性能的材料，且具有防火、环保、耐污染耐磨性能。

29.7.2 洁净地面

洁净地面主要用于电子、制药、食品等行业清洁生产车间和医院手术室等，应采用材质坚硬、整体性好、光滑平整、不开裂，耐磨、耐撞击，不易积聚静电，易清洗消毒、耐腐蚀的材料。目前使用较广泛的地面材料主要有现浇水磨石地面、塑料板材或卷材粘贴地面、涂布地面、弹性地面架空地板地面和防静电瓷质地板地面。

1. 构造做法

（1）洁净地面的水磨石地面、塑胶地面、薄型涂料地面、弹性地面架空地板地面和防静电瓷质地板地面应分别满足本书 29.4.4 水磨石面层章节、29.4.10 塑胶面层章节、29.4.8 自流平面层章节和 29.4.9 薄型涂料面层章节、29.5.8 活动地板面层章节的相关构造做法要求。

（2）洁净室的地面应平整光滑，无裂缝、接口严密，无颗粒物脱落并能耐受清洗和消毒。墙壁与地面等交界处宜成弧形，洁净室踢脚线做法见图 29-51；或采取其他措施，以减少积尘和便于清洁。

（3）洁净室地面属于防静电设施，应能抑制或减少静电的产生，或易于泄露已产生的静电。除应符合本章节规定外，还应符合 29.7.3 防静电地面章节有关要求。

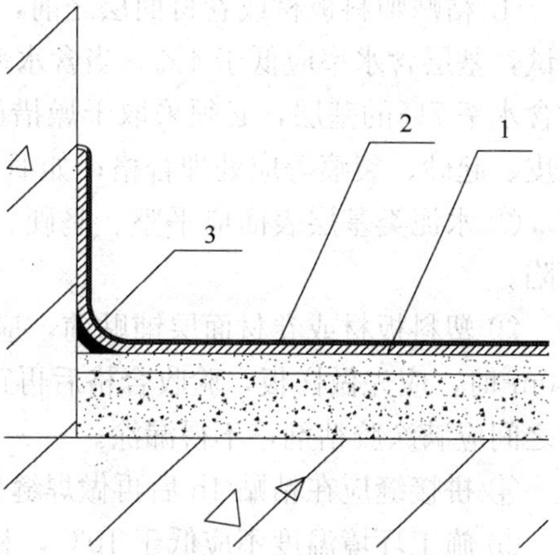

图 29-51　洁净室踢脚线做法示意

1—洁净室地面基层；2—洁净室地面面层；3—墙地交界弧形做法

2. 材料要求

（1）使用的材料除应满足设计要求的隔热、防振、防虫、防腐、防火、防静电等要求外，尚应保证表面不产尘、不吸尘、不积尘，并应易清洗。

（2）使用的木材应经充分干燥并做防潮防腐和防火处理。

（3）材料质量控制的其他要求，还应根据面层设计类型满足 29.5 板块面层铺设、29.6 木、竹面层铺设章节相关材料质量控制要求。

3. 施工要点

（1）现浇水磨石地面

1）施工工艺流程参见 29.4.4 水磨石面层章节的施工工艺流程。

2）施工操作要点除遵守 29.4.4 水磨石面层章节要求外，还应满足以下要求：

① 基层混凝土层应加厚，宜加大分格尺寸，分格嵌缝条应采用不产尘、防静电和对生产工艺无危害的材料。

② 水磨石面层浆料浇筑的环境温度不应低于 10℃。

③ 水泥强度等级不应低于 42.5 级，所用石子直径应为 10～15mm；并应符合《普通混凝土用砂、石质量及检验方法标准》JGJ 52 的规定。

④ 面层与踢脚板应连为一体，踢脚板的基层处理、浇水湿润、冲筋、装档、打磨、清洗等工序与地面同步进行。

⑤ 面层磨光不应少于 5 遍，磨光后应使用草酸清洗干净，晾干后应用不易挥发的防静电护面材料抛光，或用防静电的透明涂料罩光。

⑥ 保证防静电的要求

a. 在导电地网上施工找平层，宜使用1∶3干性水泥砂浆（按水泥重量的配合比）配合比掺入复合导电粉，复合导电粉由1份水泥砂浆与0.2%份导电粉组成，并搅拌均匀，覆盖于导电网上，然后镶嵌分格条。

b. 金属嵌条截面宜为工字形，表面应做绝缘处理，敷设时不得交叉和连接，相邻处有3mm间距，分格条与导电网之间距离不应小于10mm。

c. 水磨石施工前应清理基层地面并涂以绝缘漆，对于露出表面的金属应涂两遍，然后敷设钢筋导电地网，钢筋直径为4～6mm，地网与接地端子应焊接牢固。

d. 地面使用前应在水磨石面层上打防静电地板蜡。

（2）塑胶地面

1）施工工艺流程参见29.4.10章节塑胶面层的施工工艺流程。

2）施工操作要点除遵守29.4.10章节塑胶面层要求外，还应满足以下要求：

① 粘贴塑料板材或卷材面层之前，应采用含水率测试仪（CCM仪）对基层进行现场测试，基层含水率应低于4%。当含水率在4%～7%之间时，应使用双组分胶粘贴；对超过含水率7%的基层，必须采取干燥措施，重测合格方可施工地面。旧有地面如有空鼓、脱皮、起砂、裂痕等应处理合格；如旧有地面为光滑地面，必须打磨成粗糙面。

② 水泥类基层表面应平整、坚硬、干燥、密实，不得有起砂、起皱、麻面、裂缝等缺陷。

③ 塑料板材或卷材面层铺贴前，应预先按规格大小、厚薄分类。铺设地面面积大于140m^2时，应先做样板，验收合格后再正式铺贴。在粘贴板材或卷材时，板材或卷材与基层之间应满涂胶粘剂，不得漏涂。

④ 拼接缝应在粘贴4h后再做焊缝处理。

⑤ 施工环境温度不应低于10℃，相对湿度不得大于85%。

⑥ 保证防静电的要求

a. 防静电PVC地板的施工应采用非水溶性导电胶（炭黑∶胶水＝1∶100）粘贴，胶的电阻值应小于贴面板的电阻值。

b. 铺贴面积在100m^2以上时，接地端子应不少于2个，每增加100m^2，应增设接地端子2个。

c. 应按地网布置图铺设导电铜箔网格，铜箔网的铜箔厚度不应小于0.05mm，宽度宜为20mm。铜箔条应平直，不得卷曲和间断。铜箔条应留有足够长度，与接地端子连接。应采用万用表检测铜网确认全部形成通路，并做好隐蔽工程验收记录。

d. 待涂有导电胶的地面和铜箔晾干至不粘手时，应立即铺贴PVC板，板之间留有1～2mm的间隙。铺贴到端子处时，应先将连接端子的铜箔条引出，和端子牢固连接，再继续贴板。

e. 板间隙应用塑料焊条焊接。

f. 地面贴好并清洁后，应涂防静电蜡保护。

（3）涂料地面

1）施工工艺流程参见29.4.8章节自流平面层和29.4.9章节涂料地面施工工艺流程。

2）施工操作要点除遵守29.4.8章节自流平面层和29.4.9章节涂料地面要求外，仍应满足以下要求：

① 涂布地面的基层表面必须清洗，脱脂干净。施工前应采用含水率测试仪（CCM仪）对基础地面进行现场测试，基层含水率应低于4%。当含水率在4%～7%之间时，应使用双组分胶粘贴；对超过7%含水率的基层，必须采取干燥措施，重测合格方可施工地面。旧有地面如有空鼓、脱皮、起砂、裂痕等应按要求处理，如为光滑地面，必须先打磨成粗糙面。

② 水泥砂浆基层的水泥强度等级不得低于42.5级，基层表面应干燥。

③ 每次配料必须在产品说明书规定时间内用完，并做记录。

④ 每个房间内的涂料面层宜一次完成。

⑤ 施工环境温度不宜低于20℃，相对湿度应低于85%。

(4) 架空地板地面

1）施工工艺流程参见29.5.8章节活动地板面层的施工工艺流程。

2）施工操作除遵守29.5.8章节活动地板面层外，还应满足以下要求：

① 架空地板下的基层表面不应有灰尘或出现开裂，并应符合防潮、防霉的要求。

② 架空地板施工前应设好基准点和基准边，由地面中间向两边延伸，整体误差留在建筑周边调整。

③ 架空地板上不应设置设备基础。

④ 架空地板及其支撑结构，应符合设计要求。安装前应复核荷载检验报告，检查土建装饰面层的质量，复核标高、外形尺寸、开孔率与孔径。

⑤ 架空地板的静压箱，四壁表面不应产尘、开裂，并应符合防潮、防霉的要求。

⑥ 架空地板施工前应设好基准点和基准边，由地面中间向两边延伸，整体误差应留在建筑周边调整。

⑦ 架空地板上不应设置设备基础。

(5) 防静电瓷质地板

1）施工工艺流程参见29.5.2章节砖面层施工工艺流程。

2）施工操作除遵守29.5.2章节砖面层要求外，还应满足以下要求：

① 用于防静电瓷质地板与垫层结合层厚度不宜小于30mm。

② 水泥砂浆中应按重量比加入复合导电粉，复合导电粉由1份水泥砂浆与0.2%份导电粉组成。

③ 在水泥砂浆结合层上铺设导电铜箔网，纵向间距宜为600mm，横向间距在3～5m之间。

④ 导电铜箔网的铜箔厚度不应小于0.05mm，宽度宜为25mm。铜箔条应平直，不得卷曲和间断。铜箔条应留有足够长度，与接地端子连接。应采用万用表检测铜网确认全部形成通路，并做好隐蔽工程验收记录。

⑤ 地板和墙相接处应紧密贴合，不得用砂浆充填。

⑥ 瓷质地板铺贴应平整、密实、无空隙、无裂缝、无缺损，缝线应平直，缝宽度不宜大于3mm。

⑦ 瓷质地板铺贴后应在表面覆盖保湿，盖护应在7d以上，然后使用草酸溶液清洁表面。

⑧ 在瓷砖地板表面完全干燥后进行接地连接，采用螺栓牢固压紧方式连接接地端子。

29.7.3　防 静 电 地 面

防静电地面为能较少产生静电和易于泄漏静电，以防止静电危害的地面；防静电地面广泛应用于用于静电敏感的元器件和电子设备、仪器的研制、生产、检测、维修及使用等场所，如弱电机房、安防监控室、电子元件及设备生产车间等；防静电地面主要包含防静电现浇水磨石地面、防静电聚氯乙烯（PVC）地面、防静电聚氨酯自流平地面以及防静电活动地板地面。

1. 构造做法

（1）地面构造层次应符合下列规定：

1）防静电现浇水磨石地面、防静电聚氯乙烯地面、防静电聚氨酯自流平地面、防静电活动地板应分别满足本书 29.4.4 水磨石面层、29.4.10 塑胶面层、29.4.8 自流平面层、29.5.8 活动地板面层章节的相关构造要求。

2）可根据需要在构造层中增设结合层、粘结层、找平层、隔离层、填充层等其他构造层。

3）除防静电聚氨酯自流平地面外的各类底层防静电地面有下列情况之一时，应加设静电接地网：

① 地面构造中，设有不导电材料的隔离层；

② 易燃易爆特种危险品生产行业的烘干工房。

静电接地网安装示意图见 29.5.10 金属板面层。

（2）各构造层应符合下列规定：

1）面层应根据设计要求的地面使用功能和面层材料的导（防）静电性能选定。

2）静电接地网应紧贴面层材料敷设，现浇水磨石地面静电接地网应敷设在结合层之下。敷设接地网的地面，接地网以下的各构造层均可不要求材料的导电性能。

3）找平层、结合层应符合下列规定：

① 树脂类、橡胶板类、软聚氯乙烯板等面层材料应铺设（或粘贴）在坚实的细石混凝土找平层上；橡胶板类、软聚氯乙烯板应采用导（防）静电胶粘剂粘结。

② 楼层地面中，有坡度要求时，找平层可兼作找坡层。

③ 树脂类底层地面构造中应在找平层下设隔离层；橡胶板和软聚氯乙烯板的底层地面当受地下水的毛细作用，影响铺设质量时，应在找平层下设隔离层；其他各类地面中隔离层的设置，应按防水或防潮的要求确定。

④ 底层地面垫层应采用混凝土，楼层地面下的结构层宜采用现浇钢筋混凝土楼板做垫层。

⑤ 基土及地面各构造层的其他要求，应符合现行国家标准《建筑地面设计规范》GB 50037 的有关规定。

（3）有腐蚀性介质作用的导（防）静电地面，其耐腐蚀材料应根据腐蚀介质的性质、浓度及其对地面材料的腐蚀性等级等条件，按现行国家标准《工业建筑防腐蚀设计标准》GB/T 50046 的有关规定选用。

（4）易燃易爆场所裸露出地面直接接地的预埋金属套管、地脚螺栓等，均应采用防静电材料对金属裸露部分进行缠绕或涂敷。

(5) 有 220V、380V 及以上高电压的场所的防静电地面，宜使用静电耗散型材料，不宜使用导静电型材料。

2. 材料要求

(1) 防静电现浇水磨石地面所用材料除应满足设计要求的隔热、防振、防虫、防腐、防火、防静电等要求外，尚应保证表面不产尘、不吸尘、不积尘，并应易清洗。并应符合以下要求：

1) 水泥：强度等级不小于 42.5 级的硅酸盐水泥或矿渣水泥。同一单项工程地面施工，应使用同一出厂批号的水泥。

2) 砂子：洁净，无杂质，细度模数不小于 0.7，含泥量不大于 3%。

3) 石子：无风化坚硬石子（白云石、大理石等），大小均匀，色泽基本一致，其粒径规格 4～12mm。可将大、中、小粒径的石子按一定比例混合使用。同一单项工程应采用同批次、同产地、同配合比的石子。

4) 分格条：可用玻璃条、铜条或塑料条。分格条的尺寸规格为宽 3～5mm，高 10～15mm（视石子粒径定），长度按分割块尺寸确定。

玻璃条：用普通平板玻璃裁制而成；铜条：采用工字形铜条。使用前必须调直，铜条表面应做绝缘处理，绝缘材料的电阻值应不小于 $1.0\times10^{12}\Omega$；塑料条：用聚氯乙烯板材裁制而成。

5) 颜料：采用耐光、耐碱性好的颜料，其掺入量为水泥量的 3%～6%，最高不得超12%。

6) 导电粉：采用无机材料构成的多组分复合导电粉。

7) 导电地网用钢筋：采用 $\phi4\sim\phi6$mm 钢筋，使用前必须张拉调直。

8) 草酸：浓度为 5%～10%的水溶液，用于面层处理及去污。

9) 防静电地板蜡：体积电阻在 $5.0\times10^{5}\sim1.0\times10^{9}\Omega$ 之间的专用防静电地板蜡。

10) 绝缘漆：B 级，绝缘电阻值不小于 $1.0\times10^{12}\Omega$。

(2) 防静电聚氯乙烯地面材料应符合以下要求：

1) 贴面板：物理性能及外观尺寸应符合现行国家标准《防静电贴面板通用技术规范》SJ/T 11236 的要求，并具有永久防静电性能。其体积及表面电阻：导静电型贴面板的电阻值应低于 $1.0\times10^{6}\Omega$，静电耗散型贴面板的电阻值应为 $1.0\times10^{6}\sim1.0\times10^{9}\Omega$。

2) 导电胶：应是非水溶性胶，电阻值应小于贴面板的电阻值，粘结强度应大于 $3\times10^{6}N/m^{2}$。

3) 塑料焊条：应采用色泽均匀、外径一致、柔性好的材料。

4) 导电地网用铜箔：厚度应不小于 0.05mm，宽宜为 20mm。

5) 贴面板应储存在通风干燥的仓库中，远离酸、碱及其他腐蚀性物质。搬运时应轻装轻卸，严禁猛力撞击。严禁置于室外日晒雨淋。

(3) 防静电聚氨酯自流平地面面层材料应符合以下要求：

1) 防静电聚氨酯自流平地面面层材料的技术性能指标应符合表 29-39 的规定。

2) 防静电聚氨酯自流平地面找平层材料技术性能指标应符合表 29-40 的规定。

3) 防静电聚氨酯自流平地面封底层材料技术性能指标应符合表 29-41 的规定。

防静电聚氨酯自流平地面面层材料的技术性能指标　表 29-39

名称	固体含量（%）	磨耗值（g）	体积电阻（Ω）	表面干燥时间（h）	实体干燥时间（h）
指标	≥48	≤0.005	$1.0\times10^5\sim1.0\times10^9$	≤2	≤24

防静电聚氨酯自流平地面找平层材料技术性能指标　表 29-40

名称	拉伸强度（MPa）		硬度（邵氏 A 度）		伸长率（%）		阻燃性（级）	体积电阻（Ω）
	Ⅰ	Ⅱ	Ⅰ	Ⅱ	Ⅰ	Ⅱ		
指标	≥0.8	≥1.0	50～70	80～95	≥90	≥20	1	$1.0\times10^5\sim1.0\times10^9$

防静电聚氨酯自流平地面封底层材料技术性能指标　表 29-41

名称	固体含量（%）	体积电阻（Ω）	表面干燥时间（h）	实体干燥时间（h）
指标	≥40	$1.0\times10^5\sim1.0\times10^9$	≤2	≤24

4）防静电聚氨酯自流平地面施工用导电胶，可采用固体含量 100%的双组分聚氨酯或环氧树脂导电胶，其体积电阻率应小于 $1\times10^4\Omega/cm^2$。

5）施工材料和溶剂在贮存、使用过程中，不得与酸、碱、水接触；严禁周围有明火或置于室外暴晒。

（4）防静电活动地板施工材料应符合设计要求。在设计无特殊要求时，应符合以下规定：

1）防静电活动地板板面应平整、坚实，板与面的粘结应牢固，应具有耐磨、防潮、阻燃等性能。

2）支架、横梁、斜撑表面应平整、光洁、切口无毛刺，钢质件须经镀锌或其他防锈处理。

3）导电性能：表面电阻 $10^4\sim10^{10}\Omega$；体电阻率 $10^7\sim10^{10}\Omega/cm^3$。耐烟火性能：不小于 1600℃，耐磨性：4 级/6000 转，耐极冷极热性：15～105℃，经 10 次急冷热循环不出现明显裂纹；断裂模数：最小值不小于 27MPa；翘曲度：±0.5%。

4）防静电性能指标和机械性能、外观质量等应符合现行国家标准《防静电活动地板通用规范》GB/T 36340 的要求。

5）材料应储存在通风干燥的仓库中，远离酸、碱及其他腐蚀性物质，严禁置于室外日晒雨淋。

3. 施工要点

（1）防静电现浇水磨石地面施工要点

1）清理基层：必须清除地面残留砂浆、结块，然后将面层打毛；基层地面如有空鼓、凹凸等情况应进行修补处理。

2）涂覆绝缘漆：应将露出基层表面的金属（如钢筋、管道）涂绝缘漆两遍后晾干。

3）敷设导电地网：应先将调直的钢筋除锈，清洁表面，并按图纸尺寸下料。根据地网布置图将钢筋、接地端子（指安装在地面上的）敷设于已清洁干净的基层上。钢筋的交叉连接处应焊接牢固，地网与接地端子用焊接或压接法连结牢固。根据接地系统图，在地网上焊接接地引下线。导电地网施工完成后，应对其进行导电性能检测。自身导电性能应良好，且与建筑物其他导体不得有短路现象。

4）当施工接地引下线、地下接地体时，接地引下线的长度应尽量短，接地体的埋设应符合《电气装置安装工程 接地装置施工及验收规范》GB 50169 规定。接地引下线与导电地网和地下接地体的连接应牢固、可靠。

5）防静电现浇水磨石地面宜单独接地，其系统接地电阻值应小于100Ω。若与其他系统共用接地装置时，必须按有关标准、规范执行，系统接地电阻值应满足其中最小阻值的要求；与防雷接地系统共用时必须加设接地保护装置。

6）施工找平层：应在已敷设好导电地网的基层上刷混凝土界面剂或用水湿润基层表面后铺设 1∶3 干性水泥砂浆（按水泥重量的配合比掺入复合导电粉并搅拌均匀）找平层，覆盖于导电地网上。找平层厚度应在 25～30mm 之间。

7）镶嵌分格条：采用铜分格条时，应首先检查铜条表面的绝缘层是否良好。敷设时不得交叉和连接，相邻处应有 3mm 间距。分格条与导电地网及基层地面中的预埋管线间距不应小于 10mm；特殊情况小于 10mm 时，应进一步做绝缘处理（采用塑料或玻璃分格条不受此限制）。

8）抹石子浆：应将复合导电粉与颜料按水泥重量配合比混合均匀后加入石子浆中，然后再搅拌均匀。石子颜色、品种、粒径及水泥的颜色应符合设计要求。抹浆厚度宜为 15～20mm。抹后应用轧辊压实。

9）磨光地面：应在石子浆凝固、表面干燥后研磨地面。研磨不应少于 3 遍，两次研磨之间应补浆一遍，应使地面光滑、平整，不应有楞坎和孔、洞、缝隙。磨光后应进行地面保护。

10）地面保护：宜在地面表面上加一层覆盖物，并设禁止上人的标志。如有损坏应及时修复。

11）细磨出光作业：应在整体施工基本完成后进行细磨出光作业。应首先将 5%～10%浓度的草酸溶液洒在地面上（或在地面上均匀地撒适量的水及草酸粉），然后用磨石机（金刚砂细度为 280～320 目）研磨地面，直至地面面层光亮、平整。

12）打蜡抛光：细磨出光后的地面，经清洁干净后，应在其表面均匀地涂一层防静电地板蜡，并做抛光处理。

13）检测：施工过程中，每一道工序结束后，应进行质量检测，并应认真填写工序施工记录。未达到质量标准的不得进行下道作业。

14）测试与质量检验

① 常用检测器具

a. 数字兆欧表：测试电压 100V，量程应大于 $1.0\times10^{3}\sim1.0\times10^{11}\Omega$；精度等级不得低于 2.5 级。

b. 电极：两只，铜质，表面应镀铬，圆柱形，63mm，2.5kg，与数字兆欧表配套使用，用于测试防静电地面的表面电阻与系统电阻。

c. 测量电极垫片：采用干燥导电海绵或导电橡胶，其体积电阻应不大于 $1.0\times10^{3}\Omega$。

d. 接地电阻测量仪：用于测量接地极与大地间的接地电阻。其量程和精度等级必须满足测量要求。

e. 直尺：长度应为 2m，用于检查地面平整度。

f. 防静电性能检测所使用的的器具均应在计量鉴定有效期内。

② 防静电性能指标的检验应在地面施工结束2～3月后进行。

③ 表面电阻及系统电阻性能的检测，除本规范规定外，还应符合《电子产品制造与应用系统防静电测试方法》，SJ/T 10694要求；质量评定方法按《计数抽样检验程序》GB/T 2828规定执行。

④ 防静电性能参数应符合以下指标：

a. 系统电阻：$5.0\times10^{4}\sim1.0\times10^{9}\Omega$。

b. 表面电阻：$1.0\times10^{5}\sim1.0\times10^{10}\Omega$；两极间距900mm。

c. 系统接地电阻应满足设计要求。

d. 性能及外观检验应按《建筑地面工程施工质量验收规范》GB 50209要求执行。

（2）塑料板材或卷材粘贴地面

1）划定基准线，应视房间几何形状合理确定。

2）应按地网布置图铺设导电铜箔网格。铜箔的纵横交叉点，应处于贴面板的中心位置。铜箔条的铺设应平直，不得卷曲，也不得间断。与接地端子连接的铜箔条应留有足够长度。

3）配置导电胶：将炭黑和胶水按1∶100重量比配置，并搅拌均匀。

4）刷胶：应分别在地面、已铺贴的导电铜箔上面、贴面板的反面同时涂一层导电胶。涂覆应均匀、全面，涂覆后自然晾干。

5）铺贴贴面板：待涂有导电胶的贴面板晾干至不粘手时，应立即开始铺贴。铺贴时应将贴面板的两直角边对准基准线，铺贴应迅速快捷。板与板之间应留有1～2mm缝隙，缝隙宽度应保持基本一致。用橡胶锤均匀敲打板面，边铺贴边检查，确保粘贴牢固。地面边缘处应用非标准贴面板铺贴补齐。

6）当铺贴到接地端子处时，应先将连接接地端子的铜箔条引出，用锡焊或压接的方法与接地端子牢固连结。再继续铺贴面板。

7）整个房间铺贴完毕后，应沿贴面板接缝处用开槽机开焊接槽。槽线应平直、均匀，槽宽4±0.2mm为宜。

8）应用塑料焊枪在焊接槽处进行热塑焊接，使板与板连成一体。焊接多余物应用利刀割平，但不得划伤贴面板表面。

9）接地系统施工应包括涂导电胶层、导电铜箔地网、接地铜箔、接地端子、接地引下线、接地体等内容，其要求同防静电现浇水磨石地面接地系统要求。

10）铺贴作业完成后，将地面清洁干净，并应涂覆防静电蜡保护。

11）测试与质量检验

① 测试环境：温度应在15～30℃间；相对湿度宜小于70%。

② 表面电阻值和系统电阻值应采用以下测量方法：

a. 表面电阻的测量：应将整个防静电地面分割成2～4m²测量区域，随机抽取30%～50%的测量区域，将两电极分别置于贴面板表面，极间距为900mm，电极与贴面板的接触应良好。在抽取的2～4m²的区域内应测出4～8个数值，并做记录。

b. 系统电阻的测量：应在距各接地端子最近区域，随机抽取若干点，将一电极与贴面板表面良好接触，另一电极应与接地端子相联结，测出系统电阻值，并做记录。

c. 质量评定方法应按现行国家标准《计数抽样检验程序》GB/T 2828规定执行。

d. 电性能指标应符合以下要求：具有导静电型的表面电阻和系统电阻值低于 $1.0\times10^6\Omega$；具有静电耗散型的表面电阻和系统电阻值在 $1.0\times10^6\sim1.0\times10^9\Omega$ 之间。

12）系统接地电阻值应满足设计要求。

13）外观性能应符合以下要求：不得有空鼓、分层、龟裂现象；无明显凹凸不平；无明显划痕；无明显色差。

（3）防静电聚氨酯自流平地面

1）安装接地端子

① 应根据施工图确定场地接地端子位置；

② 应用镀锌膨胀螺栓固定接地端子。

2）敷设导电地网：应使用导电铜箔或导电金属丝制作导电地网。应根据不同场合、不同要求确定不同材质的导电地网。

① 敷设导电铜箔地网应采用的施工操作工艺

a. 用宽 15～20mm、厚 0.05～0.08mm 的导电铜箔，按 6m×6m 网格敷设于基层地面。对小于 6m×6m 开间的地面，将铜箔条铺设成“十”字状，十字交叉点位于房间中心位置。铜箔交叉处用锡焊焊接；铜箔与接地端子联结处用锡焊焊接或用螺栓压接牢固。

b. 用导电胶将铜箔粘贴在基层地面上，铜箔粘贴应平整、牢固。可使用橡胶轧辊从铜箔条中心部位向两端碾展。

c. 用乙酸乙酯溶液将铜箔上的浮胶清洗干净。

② 敷设导电金属丝地网施工操作工艺

a. 在基层地面上，根据地网布置图，用切割机沿 6m×6m 网格线切成深 5mm、宽 3mm 的沟槽。对小于 6m×6m 开间的地面，切成“十”字状沟槽，十字交叉点应位于房间中心位置。

b. 用 $\Phi1.2\sim\Phi2.0$mm 的导电金属丝（钢丝）镶嵌于沟槽内。导电金属丝交叉、搭接处应采用锡焊焊接，与接地端子的连接应采用锡焊焊接或用螺栓压接牢固。

c. 用导电胶填平沟槽。

③ 敷设后的导电地网示意图详见图 29-52。

3）铺设封底层施工工艺

① 按聚氨酯涂料∶固化剂∶导电材料∶稀释剂＝100∶(30～40)∶(20～40)∶(0～30)的重量比例配料，一次配料量不得超过 5kg。将料置入搅拌机搅拌均匀，然后用 60～80 丝网过滤。

② 用毛辊滚涂地面。每公升料液涂覆 5～7m²，涂覆应均匀，不得漏涂。料液应现配现用，一次配料在 20min 内用完。距墙 100mm 处可不涂覆。

③ 待晾干后检测封底层系统电阻，其阻值应在 $1.0\times10^4\sim1.0\times10^6\Omega$ 之间。合格后方可进行下道工

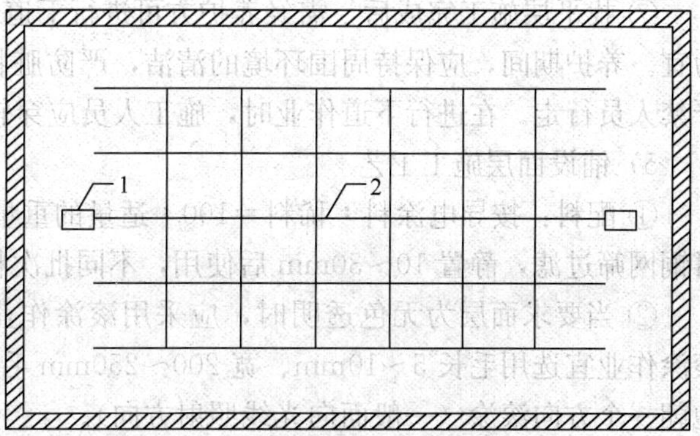

图 29-52 导电地网示意图

1—接地端子；2—导电网

序的施工。

4）铺设找平层应采用的施工操作工艺

① 按表 29-42 的重量比要求配料，一次配料量 20～60kg。投料顺序：B 组→A 组→C 组，依次投入搅拌机内。

找平层配料表　　表 29-42

名称	配合比（重量比）		备注
A 组	Ⅰ型	100	—
	Ⅱ型	100	—
B 组	Ⅰ型	300	—
	Ⅱ型	300	—
C 组	0.5～3.5		
石英砂	适量		500～100 目

注：表中“A 组”指固体含量 100%的聚氨酯树脂；“B 组”指固化剂色浆；“C 组”指复合催化剂。为了提高地面承载能力，可适量填充石英砂，一般情况不宜采用。

② 开动搅拌机将料搅拌均匀。应正向搅拌 1min，反向搅拌 1.5min。

③ 将搅拌好的料迅速运至施工现场。运料时间不得超过 5min。

④ 找平层的厚度应根据设计确定，施工时用调整刮板支点的高度实现所需找平层的厚度。刮涂作业应按先里后外，先复杂区域后开阔区域的顺序进行，逐步到达房间的出口处。刮涂过程中，刮板走向应一致，刮涂速度应均匀，两批料液衔接时间应小于 15min。当施工面积大于 $10m^2$时，可先将配好的料液按刮涂走向分点定量倒在基面上，数人同时刮涂。运料桶内的料液应在 10min 内用完。

⑤ 刮涂完成 5min 后应进行消泡操作。消泡宜用毛长 80～100mm、宽 200～300mm、把长 500～600mm 的聚丙烯（PP）塑料刷或鬃毛刷。操作时，施工人员应站在踏板上，来回地刷扫地面，用力应均匀，走向应有规律，不可漏消。应在 30min 内完成消泡作业 1～2 遍。

⑥ 配料、搅拌、运料、刮涂、消泡等作业应协调一致，配合有序。应在规定的时间间隔内完成各项操作。

⑦ 找平层施工完成后，需经养护方可进行下道作业。养护时间：夏季 48h，冬季 72h 为宜。养护期间，应保持周围环境的清洁，严防脏物污染地面，严禁在地面上放置物品，严禁人员行走。在进行下道作业时，施工人员应穿软底鞋并套干净鞋套。

5）铺设面层施工工艺

① 配料：按导电涂料∶稀料＝100∶适量的重量比配料并搅拌均匀，然后用 100～120 目铜网筛过滤，静置 10～30min 后使用，不同批次料液色泽应一致。

② 当要求面层为无色透明时，应采用滚涂作业。滚涂前应先用毛刷刷涂边缘区域。滚涂作业宜选用毛长 5～10mm、宽 200～250mm 毛辊（毛辊需经防脱毛处理），应有顺序地朝一个方向滚涂（一般面向光线照射方向）。

根据要求可滚涂一遍完成，也可滚涂两遍完成。滚涂第一遍后，应间隔 6～12h 再进行第二遍滚涂。滚涂后经 48h 的固化定型，方可进行下道工序作业。

③ 当要求面层为彩色面层时，应采用刮涂作业。刮涂宜选用橡胶刃口刮板，橡胶刃宽 200～500mm、厚 4～5mm，刃口为圆弧状。应先将料液均匀地铺设在找平层上，根据刮涂走向，按每人 1～1.5m 的宽度刮涂，多人同时操作，交接处不得留有痕迹。刮涂作业完成后应养护 7d。

6）防静电聚氨酯自流平地面的施工，每次配料必须一次用完。

7）面层施工完成后应彻底清理现场

① 清理时工人应穿袜子或软底鞋操作，严禁无关人员践踏地面。

② 将踢脚板等部位的保护胶条、钙基脂黄油和围挡清除干净。必要时可用稀料擦除粘附物。

③ 将混料、搅拌、运料通道等场所清理干净。

8）接地系统施工要求同防静电现浇水磨石地面。

9）测试与质量检验

① 性能测试应在聚氨酯地面完全固化（约 7d）后进行。

② 测试环境温度应在 15～30℃之间，相对湿度应小于 70%。

③ 防静电性能测试应符合现行国家规范《电子产品制造与应用系统防静电测试方法》SJ/T 10694 的要求；质量抽样评定方法应按现行国家规范《计数抽样检验程序》GB/T 2828 的规定执行。

④ 防静电聚氨酯自流平地面电性能指标应符合以下规定：

a. 系统电阻：$5.0\times10^4 \sim 1.0\times10^9\Omega$。

b. 表面电阻：$5.0\times10^5 \sim 1.0\times10^{10}\Omega$（测量电极间距 900～1000mm）。

c. 系统接地电阻应满足设计要求。

d. 防静电聚氨酯自流平地面的机械性能应符合表 29-43 的要求。

防静电聚氨酯自流平地面的机械性能指标 **表 29-43**

项目	指标		检验标准
	Ⅰ型	Ⅱ型	—
硬度（邵 A）（度）	55～75	85～95	GB/T 531
拉伸强度（MPa）	≥0.8	≥1.0	GB 10654
扯断伸长率（%）	≥90	≥20	GB 10654
磨耗值（g）	<0.005	<0.005	GB 1768
阻燃性（级）	1	1	GB/T 14833（附录 E）

⑤ 防静电聚氨酯自流平地面的外观质量要求：表面应无裂纹、分层现象；与基层粘合不得有明显凹凸和鼓包；搭接缝应平直；应无明显色差及气泡（距地面 1.5m 正视）。

⑥ 地面的平整度，用 2m 直尺检查，间隙不得大于 2mm；地面的平均厚度应为 3mm，最薄处不得小于 2mm。

⑦ 经检验不符合要求的部分，必须按施工工艺顺序分层进行修补。修补后的图层与原涂层应附着良好、外观一致、无明显色差。

⑧ 承接防静电聚氨酯自流平地面的检测的单位，应由得到国家授权的具有出具相应测试报告资质的权威机构担任。

(4) 防静电活动地板

1) 应在室内吊顶板铺设完成，顶棚的灯具、通风口也安装完成之后，铺装活动地板(有保温棉和线槽的要先铺好保温棉和线槽)。防静电地板下的空间只作为电缆布线使用时，地板高度不宜小于250mm，既作为电缆布线又有空调静压箱时，地板高度不宜小于400mm，活动地板下的地面和四壁装饰应采用不起尘、不易积灰、易于清洁的材料，楼板或地面应采取保温防潮措施，垫层宜配筋，围护结构宜采取防结露措施。

2) 标设基准线：应根据房间尺寸和设备布置等情况，确定铺设的纵横基准线位置；在内墙四周上按设计划出标高控制线。

3) 安装支架：应从基准线交叉处开始安装支柱，然后用横梁连接各相邻支柱，组成支柱网架。支架应水平。

4) 安装斜撑：应根据实际需要可对部分或全部支柱安装斜撑。

5) 防静电机房活动地板宜铺设在水泥砂浆找平层上，直接铺在结构楼板上时，结构楼板要求表面平整，并喷涂界面剂，固化混凝土表面，使地面不起砂。地板的铺设应按以下顺序进行：

① 铺设基准板：在确定的基准线处用标准板开始铺设基准块。其高度与标高控制线应一致，用水平仪(尺)校平后，紧固支架，锁紧螺母。

② 铺设正规板：应以基准板为中心，向周边扩散铺设。铺设过程中应边铺设边用水平仪(尺)调整支架高度，使相邻板面均保持水平后，逐块紧固支架锁紧螺母。

③ 设异型板：房间边缘尺寸不足一块标准板时，应用异型板铺设。异型板是根据房间边缘的实际尺寸用切割机将标准板裁割而成。应在标准板铺设完成后，再进行异型板的铺设。地板和横梁经切割后，必须去除切割处毛刺，金属裸露面应涂防锈油漆；若采用的是复合板，切割处还应做防潮处理。

6) 活动地板铺设完毕后，应进行检测。板块间的缝隙应平直、整齐，2m范围内缝隙水平错位不得大于2mm；用吸盘器应能自如取放活动地板块；人在地板上行走时不应有声响或滑动现象。如若达不到要求，必须进行调整，可调换板块或调整支架高度。

7) 安装接地系统：室内接地端子、接地体组件、室外接地引下线、接地体等安装，同防静电现浇水磨石地面。

8) 活动地板安装结束后，根据设计要求沿房间四周安装踢脚板(木材、石材均可)。踢脚板安装应牢固、平直，水平误差在5m范围内不得大于3mm。

9) 测试与质量检验

① 测试环境温度应在15～30℃之间，相对湿度应小于70%。

② 系统电阻测试方法见图29-53，将一测试电极置于地板表面，另一测试电极与接地端子连接。

③ 质量评定方法应按现行国家规范《计数抽样检验程序》GB/T 2828规定执行。

④ 防静电活动地板地面电性能指标应符合以下规定：

a. 系统电阻：导静电型低于$1.0\times10^{6}\Omega$；静电耗散型为$1.0\times10^{6}\sim1.0\times10^{10}\Omega$；

b. 表面电阻：$1.0\times10^{4}\sim1.0\times10^{10}\Omega$(测量电极间距900～1000mm)；

c. 系统接地电阻应满足设计要求。

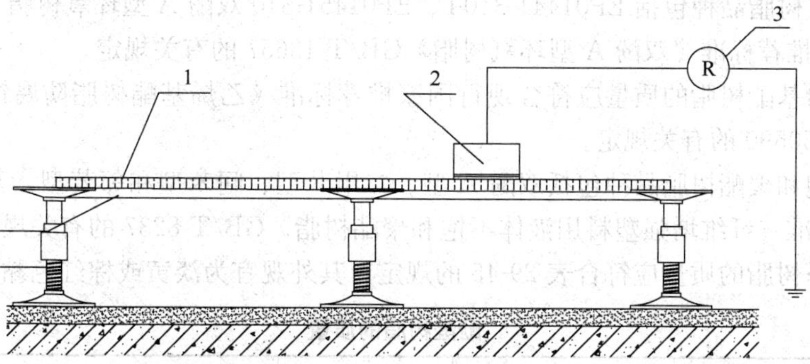

图 29-53　防静电活动地板电性能测试图

1—防静电活动地板；2—测试电极；3—测试电表；4—横梁；5—支柱

⑤ 防静电活动地板板面覆盖层应柔软光滑，色泽均匀，不应起泡，不得有明显疵点；板面粘贴应牢固，应无开胶现象。

29.7.4　耐腐蚀地面

耐腐蚀地面要求整体性好，抗渗性强，基层有足够的强度、干燥度、洁净度和平整度。耐腐蚀地面施工过程须与土建、安装工程相互协调，密切配合，施工后应注意充分养护。

1. 构造做法

板块面层及整体面层耐腐蚀地面根据材质不同，需要分别满足本书 29.5 板块面层铺设、29.4 整体面层铺设章节的相关构造做法要求。

2. 材料要求

（1）块材面层要求

块材的质量指标应符合设计要求，当设计无要求时，应符合下列规定：

① 耐酸砖、耐酸耐温砖质量指标应符合现行国家推荐标准《耐酸砖》GB/T 8488 的规定。

② 天然石材应组织均匀、结构致密，无风化。不得有裂纹或不耐腐蚀的夹层，不得有缺棱掉角等现象，并应符合表 29-44 的规定。

天然石材的质量表　　**表 29-44**

天然石材种类		花岗石	石英石	石灰石
浸酸安定性（%）		72 无明显变化	72 无明显变化	—
抗压强度（MPa）		≥100.0	≥100.0	≥60.0
抗折强度（MPa）		8.0	8.0	—
表面平整度	机械切割	±2.0mm		
	人工加工或机械刨光	±3.0mm		

③ 其他材料参见本节整体面层材料的相关内容。

（2）整体面层材料

1）液体树脂的质量应符合下列规定：

① 环氧树脂品种包括 EP01441-310T、EP01451-310 双酚 A 型环氧树脂，其质量应符合现行国家推荐标准《双酚 A 型环氧树脂》GB/T 13657 的有关规定。

② 乙烯基酯树脂的质量应符合现行国家推荐标准《乙烯基酯树脂防腐蚀工程技术规范》GB/T 50590 的有关规定。

③ 不饱和聚酯树脂品种包括双酚 A 型、二甲苯型、间苯型和邻苯型，其质量应符合现行国家标准《纤维增强塑料用液体不饱和聚酯树脂》GB/T 8237 的有关规定。

④ 酚醛树脂的质量应符合表 29-45 的规定，其外观宜为淡黄或棕红色黏稠液体。

酚醛树脂的质量　　**表 29-45**

项目	指标	项目	指标
游离酚含量（%）	＜10	储存期	常温下不超过 1 个月；当采用冷藏法或加入 10%的苯甲醇时，不宜超过 3 个月
游离醛含量（%）	＜2		
含水率（%）	＜12		
黏度（落球黏度计）（Pa・s）	40～65		

2）树脂常用的固化剂应符合下列规定：

① 环氧树脂的固化剂应优先选用低毒类固化剂，也可采用乙二胺等胺类固化剂。对潮湿基层可采用湿固化型的环氧固化剂。

② 乙类基酯树脂和不饱和聚酯树脂常用的固化剂应包括引发剂和促进剂，并按下列组合配套使用：

a. 过氧化甲乙酮或过氧化环己酮与钴盐的苯乙烯液。

b. 过氧化二苯甲酰与二甲基苯胺的苯乙烯液。

③ 酚醛树脂的固化剂应优先选用低毒的酸性萘磺酸类固化剂，也可选用苯磺酰氯等固化剂。

3）树脂类材料的稀释剂应符合下列规定：

① 环氧树脂的稀释剂宜采用正丁基缩水甘油醚、苯基缩水甘油醚等活性稀释剂，也可采用丙酮、无水乙醇、二甲苯等非活性稀释。

② 乙烯基酯树脂和不饱和聚酯树脂的稀释剂宜采用苯乙烯。

4）选用纤维增强材料应符合下列规定：

① 玻璃纤维增强材料的类型包括无硼无碱玻璃纤维、无碱玻璃纤维和中碱玻璃纤维，不得使用陶土坩埚生产的玻璃纤维织物。

② 当选用玻璃纤维布时，厚度宜为 0.1～0.4mm，其质量应符合现行国家标准《玻璃纤维无捻粗纱布》GB/T 18370 的规定。

③ 当采用玻璃纤维短切毡时，单位质量宜为 300～450g/m²，其质量应符合现行国家推荐标准《玻璃纤维短切原丝毡和连续原丝毡》GB/T 17470 的规定。

④ 富树脂层所采用的玻璃纤维表面毡品种包括耐化学型表面毡和中碱型表面毡，单位质量宜为 30～50g/m²。当用于碱性介质时，宜采用聚苯酰胺等有机合成材料。

⑤ 玻璃纤维表面处理采用的偶联剂应同选用的树脂匹配。

⑥ 当用于含氟类介质的防腐蚀工程时，宜采用涤纶晶格布或涤纶毡。

5）粉料的质量应符合下列规定：

① 粉料应洁净干燥，其耐酸度不应小于95%。

② 当使用酸性固化剂时，耐酸度不应小于98%，体积安定性应合格。

③ 含水率不应大于0.5%。细度要求0.15mm方孔筛余量不应大于5%，0.075mm方孔筛余量为10%～30%。

④ 当用于含氟类介质时，应选用硫酸钡粉或石墨粉；当用于含碱类介质时，不宜选用石英粉。

6）粗细骨料的质量应符合下列规定：

① 耐酸度不应小于95%，含水率不应大于0.5%。

② 当使用酸性固化剂时，耐酸度不应小于98%。

③ 树脂砂浆用的细骨料，粒径不应大于2mm。

④ 树脂细石混凝土的粗骨料，最大粒径不应大于作业面层尺寸的1/4。

⑤ 当用于含氟类介质时，应选用重晶石砂石。

7）钠水玻璃的质量应符合现行国家推荐标准《工业硅酸钠》GB/T 4209及表29-46的规定，其外观应为无色或略带色的透明或半透明黏稠液体。

8）钾水玻璃的质量应符合表29-47的规定，其外观应为白色或灰白色黏稠液体。

钠水玻璃的质量　　表29-46

项目	指标	项目	指标
密度（20℃，g/cm³）	1.38～1.43	二氧化硅（%）	≥29.70
氧化钠（%）	≥10.20	模数	2.60～2.90

钾水玻璃的质量　　表29-47

项目	指标
密度（g/cm³）	1.40～1.46
模数	2.60～2.90
二氧化硅（%）	22.00～29.00
氧化钾（%）	>15%
氧化钠（%）	<1%

9）聚合物水泥砂浆

① 氯丁胶乳液水泥砂浆中的水泥应选用强度等级为42.5级的普通硅酸盐水泥或强度等级为42.5级的硅酸盐水泥。

② 聚丙烯酸乳液水泥砂浆中的水泥应选用强度等级为42.5级的普通硅酸盐水泥或强度等级为42.5级的硅酸盐水泥。

③ 环氧乳液水泥砂浆中的水泥应选用强度等级为42.5级的普通硅酸盐水泥或强度等级为42.5级的硫铝酸盐水泥。

10）乙烯基酯树脂砂浆配合比符合表29-48的规定。

3. 施工要点

（1）块材施工

1）耐酸砖及厚度不大于30mm的块材宜采用揉挤法施工，并应符合下列规定：

① 在块材的贴衬面和在被铺砌基层表面上刮上一层薄胶泥。

② 将块材用力揉贴在基层表面上。胶泥应饱满，并无气泡。

乙烯基酯树脂砂浆施工参考配合比（重量比）表　　表 29-48

材料名称		树脂	引发剂	促进剂	稀释剂	石英粉	石英砂
隔离层	打底料（乙烯基酯树脂）	100	2～4	1～4	0～15	0～15	—
面层	砂浆料（乙烯基酯树脂）				0～10	150～200	300～400
	胶泥料（乙烯基酯树脂）	100	2～4	1～4	0～10	200～300	—
	罩面层（乙烯基酯树脂）				—	0～15	—

注：其他材料参见本书 29.4 章节整体面层、29.7 章节板块面层中相关面层材料中的相关内容。

③ 刮去灰缝挤出的多余胶泥。

2）天然石材宜采用坐浆法施工，并应符合下列规定：

① 先将块材的铺贴面涂上一层薄胶料，在被铺砌基层铺上一层结合砂浆，砂浆厚度略高于规定的结合层厚度。

② 将块材平放到结合砂浆上，采用橡皮锤或木锤均匀敲打块材表面，直到表面平整，并有砂浆液体挤出为止。

3）施工时，块材的结合层厚度和灰缝宽度应符合表 29-49 的规定。

结合层厚度和灰缝宽度　　表 29-49

块材种类		结合层厚度（mm）						灰缝宽度（mm）		灰缝深度（mm）
		树脂		水玻璃		聚合物		挤缝	灌缝或嵌缝	
		胶泥	砂浆	胶泥	砂浆	胶泥	砂浆			
耐酸砖		4～6	—	4～6	—	4～6	—	2～5	—	满缝
天然石材	厚度≤30mm	4～8	—	4～8	—	4～8	—	3～6	8～12	满灌或满嵌
	厚度≥30mm	—	8～15	—	8～15	8～15		—	8～15	满灌或满嵌

4）块材的灌缝应符合下列规定：

① 树脂胶泥铺砌的块材，应在胶泥固化初期和砂浆初凝之后，方可铺砌块材的施工。

② 水玻璃胶泥铺砌的块材，应在结合层胶泥或砂浆完全固化后进行。

③ 灰缝应清洁、干燥。

④ 灌缝时，宜分次进行，灰缝应密实，表面应平整光滑。

5）其他施工要点参见 29.5.2 砖面层、29.5.3 大理石面层和花岗石面层章节中的相关内容。

（2）整体面层

1）树脂细石混凝土面层

① 当基层上无隔离层时，在基层上均匀涂刷封底料，用树脂胶泥修补基层的凹陷不平处。

② 当基层上有隔离层时，在隔离层上应均匀涂刷一遍树脂胶料。

③ 树脂胶泥按设计要求厚度摊铺在基层表面并刮平。

④ 树脂细石混凝土面层施工应采用平板振动器捣实并抹光。

⑤ 采用分格法施工时，在基层上用分隔条分格，在格内分别浇捣树脂细石混凝土，待胶凝后，拆除分格条，再用树脂砂浆或树脂胶泥灌缝。当灌缝厚度超过 15mm 时，宜分次进行。

⑥ 其他施工要点参见 29.4.2 水泥混凝土面层章节的相关内容。

2）水玻璃混凝土面层

① 水玻璃混凝土应在初凝前振捣至泛浆，无气泡排出为止。

② 当采用插入式振动器时，每层浇筑厚度不宜大于 200mm，插点间距不大于作用半径的 1.5 倍，振动器缓慢拔出，不得留有孔洞。当采用平板振动器和人工捣实时，每层浇筑厚度不宜大于 100mm。当浇筑厚度大于上述规定时，应分层连续浇筑。分层浇筑时，上一层应在下一层初凝前完成。

③ 最上层捣实后，表面应在初凝前压实抹平。

④ 地面浇筑时，应随时控制平整度和坡度；平整度采用 2m 直尺检查，其允许偏差不应大于 4mm；坡度应符合设计规定。

⑤ 水玻璃混凝土整体地面应分格施工。分格缝间距不宜大于 3mm，缝宽宜为 15～30mm。待固化后采用同型号砂浆二次浇灌施工缝。

⑥ 当需要留有施工缝时，在继续浇筑前应将该处打毛清理干净，涂一层水玻璃，表干后再继续浇筑。地面施工缝应留成斜槎。

⑦ 其他施工要点参见 29.4.2 水泥混凝土面层章节的相关内容。

3）聚合物水泥砂浆

① 聚合物水泥砂浆的配制

a. 聚合物水泥砂浆的配合比应按设计要求进行或由试验配制。

b. 聚合物水泥砂浆配制时，应先将水泥与骨料拌合均匀，再倒入聚合物搅拌均匀。

c. 拌制好的聚合物砂浆应在初凝前用完，当有凝胶、结块现象时，不得使用。

② 铺抹聚合物水泥砂浆前，应先涂刷聚合物水泥素浆一遍，涂刷均匀，干至不粘手时，再铺抹聚合物水泥砂浆。

③ 聚合物水泥砂浆应分条或分块错开施工，每块面积不宜大于 12m²，条宽不宜大于 1.5m，补缝及分段错开的施工间隔时间不应小于 24h。坡面的接缝木条或聚氯乙烯条应预先固定在基体层上，待砂浆抹面后可抽出留缝条，24h 后在预留缝处涂刷聚合物素浆，再用聚合物水泥砂浆进行补缝。分层施工时，留缝位置应相互错开。

④ 聚合物水泥砂浆边摊铺边压抹，宜一次抹平，不宜反复抹压。当有气泡时应刺破压紧，表面应密实。

⑤ 聚合物水泥砂浆施工 12～24h 后，宜在面层上再涂刷一层聚合物水泥素浆。

⑥ 其他施工要点参见 29.4.2 水泥混凝土面层章节的相关内容。

4）乙烯基树脂砂浆

① 基层处理：施工前用手工或动力工具打磨，表面应无水泥渣及疏松的附着物，施工时，必须用干净的软毛刷、压缩空气或工业吸尘器，将基层表面清理干净。凡穿过防腐蚀层的管道、套管、预留孔、预埋件，均应预先埋置或留孔。整体防腐蚀构造基层表面不宜做找平处理。必须找平时，处理方法应符合下列规定：

a. 当采用细石混凝土找平时，强度等级不应小于 C20，厚度不应小于 30mm；

b. 当基层必须用水泥砂浆找平时，应先涂一层混凝土界面处理剂，再按设计厚度要求进行找平；

c. 当施工过程不宜进行上述操作时，可采用树脂砂浆找平。

② 施工用料配制工艺

a. 树脂胶料的配制：根据施工配合比，称取需要用量的树脂加入容器内，按比例加入引发剂，搅拌均匀后，再加入促进剂继续进行搅拌，搅拌均匀即成树脂胶料。配制打底料时，可先在树脂中加入稀释剂，再按上述步骤操作。

b. 树脂胶泥的配制：称取定量已配好的树脂胶料，按比例加入石英粉，进行搅拌，就配制成胶泥。配制罩面层用料时则应少加或不加粉料。

c. 树脂砂浆的配制：称取定量已配好的树脂胶料，随即倒入已经按比例称量并拌匀的石英砂、石英粉混合料中，充分搅拌均匀，就配制成了砂浆。

d. 注意事项

（a）树脂和引发剂等的反应属化学放热反应，配制量过大则不利于散热，因此树脂胶液不可大量配制，应随用随配，在初凝期（一般为 30～45min）内用完。施工过程发现有凝聚、结块等现象，不得继续使用。

（b）树脂胶泥、树脂砂浆的配制宜机械搅拌，当用量不大时，可用人工拌合，但必须充分拌匀。

（c）配制材料时，严禁将引发剂和促进剂直接混合。加料顺序参见胶料的配制，引发剂和促进剂的用量应视施工环境温度、湿度、工作特点及原材料等进行调整。

（d）施工前，应做现场小试，应留存样块待查。

③ 底涂施工

a. 在基层上先均匀涂刷第一道打底料，要求不得漏涂，使底料渗透于基层中，自然养护时间应大于 24h。表干后，如有凹陷不平处，需用胶泥填补修平。

b. 养护 24h 后，涂刷第二道打底料。试验表明，在水泥砂浆和混凝土基层上进行两次打底处理后，树脂胶液的渗透深度可达 0.1～0.3mm，当胶料固化后，可大大提高基层表面的强度。养护 24h 后方可施工隔离层。

④ 隔离层施工

a. 在已打好底的基层上均匀地涂刷一层衬布胶料，随即衬上一层玻璃纤维布，赶净气泡。

b. 贴实后再涂刷一层衬布胶料，胶料不宜太多，以浸透玻璃纤维布为止。随之贴衬第二层玻璃纤维布。

c. 衬布时，同层衬布搭缝宽度不小于 50mm；上下两层衬布的接缝应错开，错开距离不得小于 50mm，阴阳角处应增加 1～2 层衬布。

d. 铺完最后一层玻璃布时应涂刷一层面层胶料，同时均匀稀撒一层粒径为 0.7～1.2mm 的石英砂，以形成一定程度的粗糙面。

e. 自然养护时间为 24h 以上，方可施工面层砂浆。

⑤ 树脂砂浆层的施工

a. 在隔离层上摊铺树脂砂浆前，应涂刷接浆料（树脂胶料），它是保证树脂砂浆与隔离层粘结良好，防止砂浆与隔离层之间脱壳的主要措施之一。涂刷要薄而均匀。

b. 随即在接浆料上铺树脂砂浆（5mm），摊铺时可用塑料条和钢条控制摊铺的厚度。铺好的树脂砂浆，应随摊随揉压，待表面出浆，随即一次抹平压光。抹压应在砂浆胶终凝前完成，已胶凝的砂浆不得使用。

c. 施工缝应留置整齐的斜槎。继续施工时，应将斜搓清理干净，涂一层接浆料，然后继续摊铺。

⑥ 胶泥封面料的施工

抹压好的砂浆经自然固化后，应先均匀刮涂一层稀胶泥（1mm），待其固化后，再涂一层封面料。

⑦ 养护

a. 施工后的正常养护时间为 7d，在此期间避免人员进入施工现场走动，严禁设备、机械进场。

b. 避免过重的物体从高处落下和对地面敲击。破碎的杂物应及时清除掉。

c. 树脂砂浆整体地面是一种有机高聚物材料，虽然具有良好的耐化学性，但是，某些强有机溶剂和高浓度的氧化性物质仍然会严重损害地坪，化学品溅落后注意及时清洗，以保证地坪的良好使用。

d. 保持良好的卫生状况，经常清洁地面。

⑧ 注意事项

a. 基层必须坚固、密实；强度检测结果应符合设计要求。严禁有地下水渗漏、不均匀沉陷。不得有起砂、起壳、裂缝、蜂窝麻面等现象。

b. 基层表面应平整，其平整度应采用 2m 直尺检查，允许空隙不应大于 4mm。

c. 基层必须干燥，在深度为 20mm 的厚度层内，含水率不大于 6%。

d. 基层坡度检测结果应符合设计要求，其允许偏差应为坡长的±0.2%，最大偏差值不应大于 30mm。

e. 经过养护的基层表面，不得有白色析出物。

5）防腐蚀涂料

① 环氧树脂类的底层涂料，包括有单组分环氧涂料与双组分环氧涂料，其配制方法与施工工艺应符合下列规定：

a. 双组分应按重量比配制，应搅拌均匀。配制好的涂料宜熟化后方可使用。

b. 每层涂料的涂装应在前一层涂膜固化后，方可进行下一层涂装施工。

② 聚氨酯类涂料及改性聚氨酯涂料，其配制方法与施工工艺应符合下列规定：

a. 聚氨酯类涂料分为单组分和双组分，采用双组分时应按重量比配制，并搅拌均匀。

b. 每次涂装应在前一层涂膜固化后进行，施工间隔不宜超过 48h，对于固化已久的涂层应采用砂纸打磨后再涂刷下一层涂料。

c. 涂料的施工环境温度不应低于 5℃。

③ 丙烯酸树脂类涂料的配制方法与施工工艺应符合下列规定：

a. 丙烯酸树脂类涂料包括单组分丙烯酸树脂涂料、丙烯酸树脂改性氯化橡胶涂料和丙烯酸树脂改性聚氨酯双组分涂料。

b. 施工使用丙烯酸树脂类涂料时，宜采用环氧树脂类涂料做底层涂料。

c. 丙烯酸树脂改性聚氨酯双组分涂料应按规定的重量比配制，并应搅拌均匀。

d. 每次涂装应在前一层涂膜固化后进行，施工间隔时间的控制不应小于 3h，且不宜超过 48h。

e. 涂料的施工环境温度不应低于 5℃。

④ 高氯化聚乙烯涂料的配制方法与施工工艺应符合下列规定：

a. 高氯化聚乙烯涂料为单组分。

b. 每次涂装前可在前一层涂膜表干后进行。

c. 施工环境温度应大于 0℃。

⑤ 氯化橡胶涂料的配制与施工应符合下列规定：

a. 氯化橡胶涂料为单组分，分为普通型和厚膜型。厚膜型涂层干膜厚度每层不应小于 70μm。

b. 每次涂装应在前一层涂膜固化后进行，涂覆的间隔时间应符合表 29-50 的规定。

涂覆的间隔时间 **表 29-50**

温度（℃）	−10～0	1～14	15 以上
间隔时间（h）	18	12	8

c. 施工环境温度宜为−10～30℃。

⑥ 氯磺化聚乙烯涂料的配制与施工应符合下列规定：

a. 氯磺化聚乙烯涂料分为单组分和双组分，双组分应按重量比配制，并应搅拌均匀。

b. 每次涂装应在前一层涂膜表干后进行。

⑦ 聚氯乙烯萤丹涂料的配制与施工应符合下列规定：

a. 聚氯乙烯萤丹涂料为双组分，应按重量比配制，并搅拌均匀。

b. 每次涂装应在前一层涂膜表干后进行。

⑧ 醇酸树脂涂料的配制与施工应符合下列规定：

a. 醇酸树脂涂料为单组分。

b. 每次涂装应在前一层涂膜实干后进行，涂覆的间隔时间应符合表 29-51 的规定。

涂覆的间隔时间 **表 29-51**

温度（℃）	0～14	15～30	>30
间隔时间（h）	≥10	≥6	≥4

c. 施工环境温度不应低于 0℃。

⑨ 氟涂料的配制与施工应符合下列规定：

a. 氟涂料为双组分，应按重量比配制，并搅拌均匀。

b. 涂料包括氟树脂涂料和氟橡胶涂料。

c. 涂料应按底层涂料、中层涂料和面层涂料配套使用。

d. 涂料宜采用喷涂法的施工工艺。

e. 施工环境温度宜为 5～30℃。

⑩ 有机硅耐温涂料的配制与施工应符合下列规定：

a. 底层应选用配套底涂料。

b. 有机硅耐温涂料为双组分，按重量比配制，并搅拌均匀。

c. 底层涂料养护 24h 后，表干后进行面层涂料施工。

d. 施工环境温度不宜低于 5℃。

⑪ 乙烯基涂料施工

a. 基层处理：用自吸打磨机打磨平面，清理污垢及杂物，用手持角磨机打磨清理边角处，吸尘器清理污尘等杂物。

b. 底漆施工：将乙烯基树脂底漆材料按配合比充分搅拌，均匀涂在基层表面，干燥 16h 左右。

c. 加玻璃纤维布施工：取适量乙烯基树脂材料，刮涂在底漆表面；取裁剪好的玻纤布，铺在施工面上，并再次刮涂乙烯基树脂材料于玻纤布上，并滚动挤压，排出气泡，玻纤布的搭接宜为 30～50mm；再次取裁剪好的玻纤布，铺置在施工面上，刮涂乙烯基树脂材料于玻纤布上，并滚动挤压，排出气泡，使树脂—玻纤布—树脂积层达到所需要求（二布三涂）。

d. 乙烯基树脂中涂砂浆施工：同底漆施工。

e. 乙烯基中涂腻子施工：用乙烯基重防腐漆和固化剂按一定配合比配成防腐腻子满刮地坪。

f. 面层施工：用乙烯基重防腐漆和固化剂按一定配合比配成防腐面漆满刮地坪。

g. 其他施工要点参见 29.4.8 自流平面层章节中的相关内容。

29.7.5 防辐射砂浆地面

防辐射砂浆利用重晶石具有吸收 X 射线的性能（用重晶石制作钡水泥、重晶石砂浆），常用于科研院所、试验室及医院等建筑物中有防辐射要求的建筑地面。

1. 构造做法

防辐射砂浆地面需满足本书 29.4.3 水泥砂浆面层章节的相关构造做法要求。

2. 材料要求

(1) 水泥强度等级不低于 42.5 级。

(2) 硫酸钡：100 目，不得含有任何杂质。

(3) 砂浆配合比：水泥：硫酸钡（1：3.5）。

(4) 其他参见 29.4.3 水泥砂浆面层章节材料要求中的相关内容。

3. 施工要点

除参照 29.4.3 条施工操作要点外，还应符合以下要求：

(1) 硫酸钡地面应低于其他地面 20mm 以上，具体以设计要求为准。

(2) 硫酸钡砂浆分遍施工，每遍厚度宜为 10～15mm，后一遍应在前一施工层凝固后方可进行。

(3) 流水段施工时，应在接槎处拉毛后方可进行下一道施工。

(4) 前一道工序凝固时出现裂纹时，需用铲刀沿裂纹剔出 10～15mm 的毛沟，直到裂纹接层处，用水泥砂浆补平后方可进行一下道工序。

(5) 防辐射地面凝固后，做一层 20mm 厚 1：2.5 水泥砂浆地面保护层。

29.7.6 电磁屏蔽室地面

电磁屏蔽室是电磁兼容（EMC）领域的重要内容，电磁屏蔽室就是一个钢板房子，要求严密的电磁密封性能，并对所有进出管线均应有屏蔽的处理，进而阻断电磁辐射出入。电磁屏蔽室地面施工重点为屏蔽骨架的施工。

1. 构造做法

（1）活动地板面层、架空塑料板（卷材）面层的电磁屏蔽室地面需分别满足本书29.5.8活动地板面层、29.5.7塑料板面层章节的相关构造做法要求。

（2）屏蔽室地面应有静电泄放措施和接地构造，地面的构造和施工缝隙，均应采取封闭措施。

（3）屏蔽室地面面层属防静电地面，除应符合本章节规定外，还应符合29.7.3防静电地面章节有关要求。

2. 材料要求

（1）屏蔽地面一般采用活动地板面层或架空塑料板（卷材）面层，材料质量控制应符合29.5.7塑料板面层及29.5.8活动地板面层材料章节的相关内容。

（2）全钢抗静电活动地板面层骨架用40mm×40mm×2mm方钢管、15mm厚阻燃板焊成。

3. 施工要点

（1）架空塑料板（卷材）面层地面

1）屏蔽骨架制作与安装

基层清理平整，无浮尘。采用40mm×40mm×2mm方钢管焊接，间距500mm×500mm，高度100mm，焊接牢固，与墙面屏蔽网焊接连接，焊缝打磨光滑，表面喷黑漆，漆干后用燕尾丝固定阻燃板，阻燃板拼缝处要求密拼，减少留缝。阻燃板拼缝处用嵌缝石膏填封，然后清理灰尘，刷PVC专用地胶，待胶静止一段时间，铺设PVC地板。

2）其他参见29.5.7塑料板面层施工要点的相关内容。

（2）活动地板面层地面

1）参见29.5.8活动地板面层施工工艺的相关内容。

2）活动地板支架与墙面屏蔽网软铜编织带连接牢固，形成屏蔽闭合网。

3）活动地板的铺设应在机房内其他施工及设备基座安装完成后进行。

4）铺设前应对基层进行清洁处理，基层应干燥、坚硬、平整、不起尘。活动地板下空间作为送风静压箱时，应对基层进行防尘涂覆，涂覆面不得起皮和龟裂。

5）活动地板铺设前，应按设计标高及地板布置准确放线。沿墙单块地板的最小宽度不宜小于整块地板边长的1/3。

6）活动地板铺设时应随时调整水平；遇到障碍物或不规则墙面、柱面时应按实际尺寸切割，并应相应增加支撑部件。

7）铺设风口地板和开口地板时，需现场切割的地板，切割面应光滑、无毛刺，并应进行防火、防腐处理。

8）在基层铺设的保温材料应严密、平整，接缝处应粘结牢固。

9）在搬运、储藏、安装活动地板过程中，应注意装饰面的保护，并应保持清洁。

10）在活动地板上安装设备时，应对地板面进行防护。

29.8 地面附属工程

29.8.1 散　水

1. 一般规定

散水是与外墙垂直交接、具有设计要求坡度的室外部分地面，起到排除雨水，保护墙基免受雨水侵蚀的作用。

散水多采用密水性、密实性混凝土散水、块料面层散水等。

外门斗、室外台阶和散水坡等部位宜与主体结构断开，散水坡宽度不宜超过1.5m，坡度不宜小于3%，其下宜填入非冻胀性材料。

2. 构造做法

散水的宽度应符合设计文件的要求。如无设计要求，建筑物散水宽度有组织排水时一般为600～1000mm，当采用无组织排水时，散水的宽度可按檐口线放出200～300mm。

当散水不外露须采用隐式散水时，散水上面覆土厚度不应大于300mm，且应对墙身下部做防水处理，其高度不宜小于覆土层以上300mm，并应防止草根对墙体的伤害。

散水的坡度一般控制在3%～5%左右，外缘高出室外地坪30～50mm。

散水与建筑物外墙应分离，顺外墙一周设置20mm宽的分隔缝。纵向设置分隔缝，转角处与墙面成45°角，缝宽20mm，其他部位与外墙垂直，分隔缝间距不宜大于6m并应避开落水口位置。分隔缝采用柔性密封材料（沥青砂浆、油膏、密封胶等）填塞。填塞完工的缝隙应低于散水3～5mm，做到平直、美观。

散水施工时，首先按横向坡度、散水宽度在墙面上弹出标高线，散水的基层按照散水坡度及设计厚度施工，散水厚度均匀一致，各种基层的施工要求参照29.3节中相关内容。散水构造做法见图29-54、图29-55。

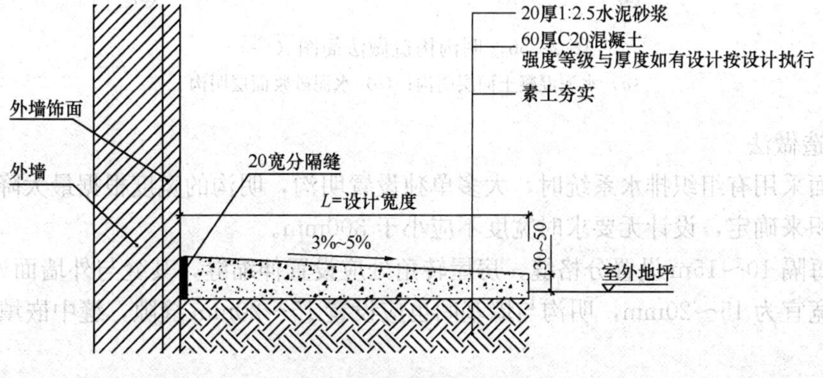

图29-54　混凝土散水构造做法简图

29.8.2 明　沟

1. 一般规定

明沟是指房屋外墙散水坡以外的雨水沟。明沟的作用是有组织地把散水坡边水和屋面

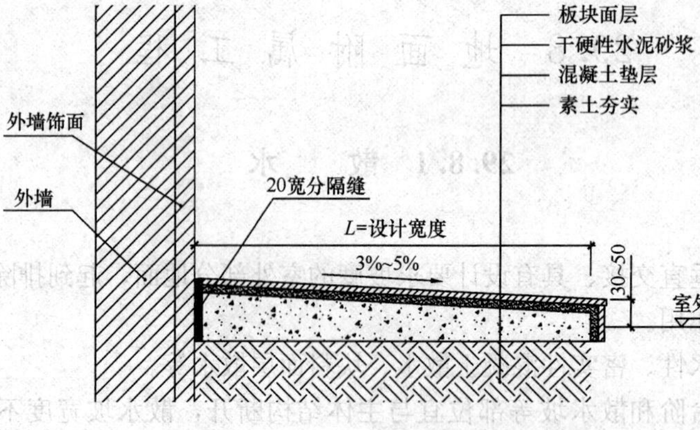

图 29-55 板块面层散水构造做法简图

雨水排入雨水井内，从而防止房屋基础和地基被水浸泡而渗透，常见的明沟有独立明沟做法或散水带明沟做法，具体做法见图 29-56、图 29-57。

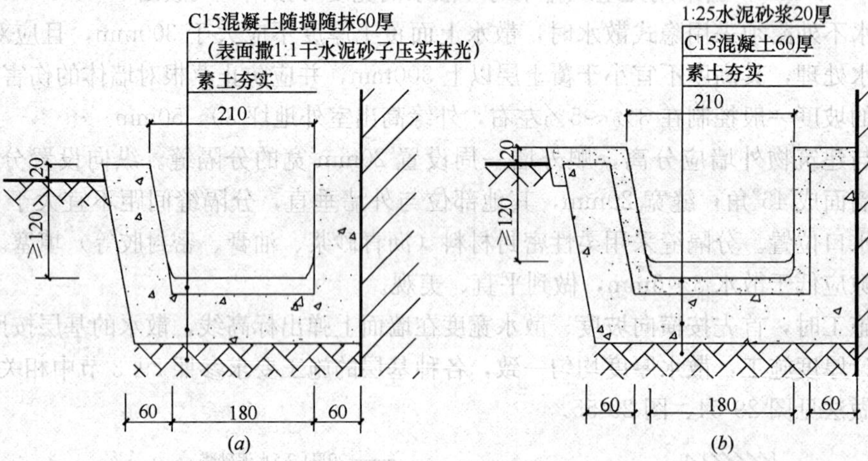

图 29-56 明沟构造做法简图（一）

（a）水泥混凝土面层明沟；（b）水泥砂浆面层明沟

2. 构造做法

当屋面采用有组织排水系统时，大多单独设置明沟，明沟的宽度根据最大降雨量和屋面承水面积来确定，设计无要求时宽度不应小于 300mm。

明沟每隔 10～15m 设置分格缝，房屋转角处应设置伸缩缝，其缝与外墙面 45°角。明沟分格缝宽宜为 15～20mm，明沟与墙基间也应设置 15～20mm 缝隙，缝中嵌填柔性密封材料。

室外明沟和各构造层次应为：素土夯实、垫层和面层。其各层采用的材料、配合比、强度等级以及厚度均应符合设计要求。施工时应按基土、同类垫层、面层有关章节中的施工要点进行施工。严寒地区的明沟下应设置 300mm 厚中砂防冻胀层，防止冬季产生冻胀破坏。

明沟在纵向应有不小于 0.5%的排水坡度，在通向排水管井的下水口应设有带洞的盖板，防止杂物落入排水井。

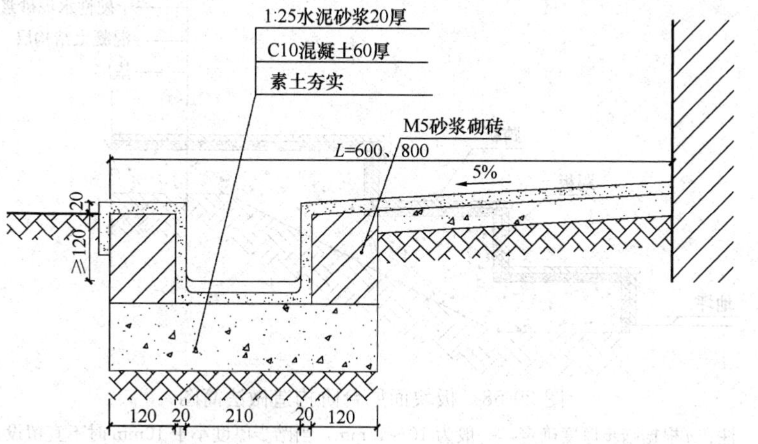

(a)

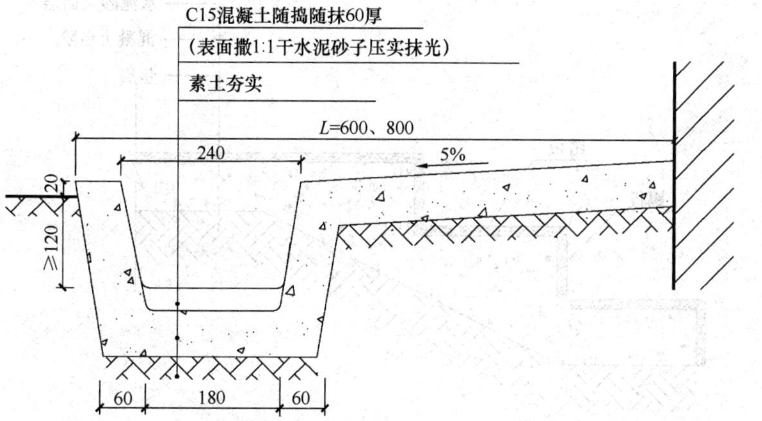

(b)

图 29-57 明沟构造做法简图（二）

(a) 水泥砂浆面层散水带明沟；(b) 水泥混凝土面层散水带明沟

29.8.3 踏步

踏步分为台阶踏步与楼梯踏步。

1. 台阶

连接室外或室内的不同标高的楼面、地面，供人行的阶梯式交通道。

(1) 台阶面层较多采用水泥砂浆、整体混凝土等整体面层，以及花岗石板、大理石板、瓷砖等板块面层，体育场馆台阶多采用塑胶面层。其构造做法见图 29-58～图 29-60。

(2) 台阶踏级的高度和宽度应根据建筑功能的需求及要求而确定。踏级高度宜为 100～150mm，不宜大于 150mm，踏级宽度宜为 300～350mm，不宜小于 300mm。板块面层台阶施工时，应根据设计图纸尺寸，预先提出材料加工计划，台阶踢立板高度及踏步板宽度按下式计算：

踢面板高度＝设计踏步高度－踏面板厚度－面层缝隙×2，

踏面板宽度＝设计踏步宽度＋踢面板厚度＋n（图 29-58），见图 29-61。

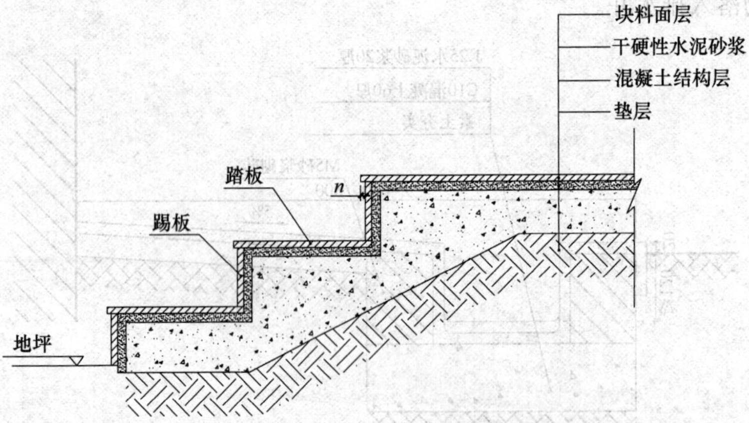

图 29-58　板块面层台阶构造做法简图

注：n 根据踏步厚度确定，一般为 10～15mm，当踏步厚度小于 10mm 时不宜留设

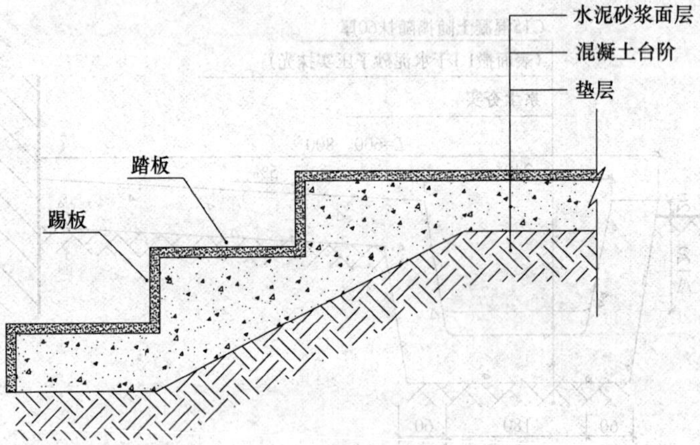

图 29-59　整体面层台阶构造做法简图

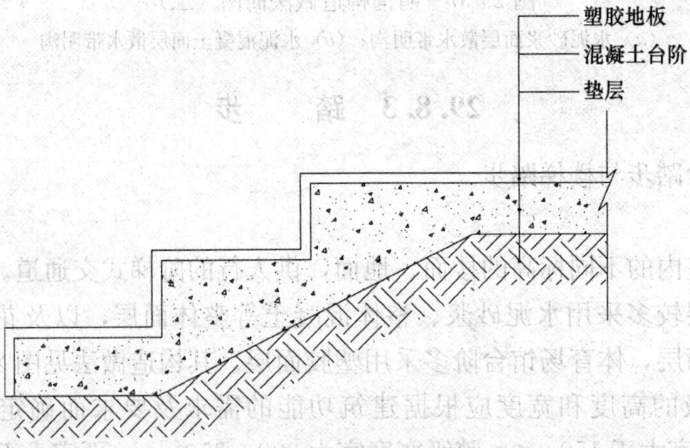

图 29-60　塑胶面层台阶构造做法简图

（3）人流密集的公共场所的台阶或高度大于 700mm 时，台阶应设安全护栏。护栏高度不应低于 1050mm。在台阶与入门口间应设一段过渡平台，作为缓冲，平台的标高应比室内地面低 20mm，防止雨水倒流入室内。

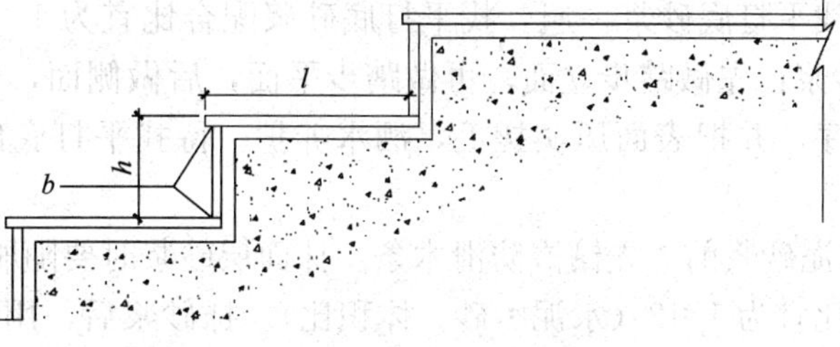

图 29-61 台阶块料面层加工做法简图

h—设计踏步高度；b—面层缝宽；l—设计踏步宽度

（4）台阶面层施工应先踢面（立面）后踏面（平面），整体面层台阶施工应自上而下进行，当踏步面层为木板、预制水磨石板、花岗石板、大理石板、瓷砖等板块面层时，台阶施工应自下而上逐级铺设。

（5）室外台阶一般与结构主体分离砌筑，防止不均匀沉降对台阶造成破坏。

2. 楼梯

常用的楼梯多采用花岗石、大理石、陶瓷地砖、预制水磨石等块料面层铺贴，亦可做成水泥砂浆整体面层楼梯、地毯楼梯等。

（1）组成材料

1）整体面层、板块面层组成材料应符合前边相应章节中对面层材料要求。

2）楼梯踏步的施工与质量要求和相应的地面面层基本相同，楼梯踏步板块面层还应符合表 29-52 要求。

踏步板质量要求 **表 29-52**

种类	允许偏差（mm）			外观要求
	长度	厚度	平整度	
同一级踏步板	+0，−1	+0.5，−0.5	长度≥1000 0.8	表面洁净、平整、色泽一致、无裂纹、无吊角缺楞、边角方正

（2）施工要点

1）楼梯装饰施工时，应确保同平台上行与下行踏步前缘线在一条直线上，梯井宽度一致。

2）楼梯踏步的高度，应按设计要求，相邻踏步的高度差在 10mm 以内。

3）楼梯踏步施工前，应先确定每个梯段内最下一级踏步与最上一级踏步的标高及位置，在侧墙上画出完工后踏步的高宽尺寸及形状，块料面层在两个踏步口拉线施工。

4）踏步面层施工顺序先踢面（立面）后踏面（平面），水泥砂浆等整体面层应自上而下，板块面层应自下而上，踏步完工并具有一定强度后，进行踢脚线施工。

5）水泥砂浆楼梯踏步施工控制要点

① 基层清理参见本章“29.4.3 水泥砂浆面层第 3 条施工要点（1）基层清理”的相关内容。

② 根据控制线，留出面层厚度（6～8mm），抹找平砂浆前，基层要提前湿润，并随刷水泥砂浆随抹找平打底砂浆一遍，找平打底砂浆配合比宜为1：2.5（水泥：砂，体积比），找平打底砂浆：先做踏步立面，再做踏步平面，后做侧面，依次顺序做完整个楼梯段的打底找平工序，并把表面压实搓毛，洒水养护，待找平打底砂浆硬化后，进行面层施工。

③ 抹面层水泥砂浆前，先镶嵌防滑木条。抹面层砂浆时要随刷水泥浆随抹水泥砂浆，水泥砂浆的配合比宜为1：2（水泥：砂，体积比）。抹砂浆后，用刮尺杆将砂浆刮平，用塑料抹子搓揉压实，待砂浆收水后，随即用铁抹子进行第一遍抹平压实至起浆为止，抹压的顺序为：先踏步立面，再踏步平面，后踏步侧面。

④ 楼梯面层抹完后，随即进行梯板下滴水沿抹面，操作要求同上。

⑤ 楼梯面层灰抹完后应封闭，24h后覆盖并浇水养护不少于7d。

⑥ 抹防滑条金刚砂砂浆：待楼梯面层砂浆初凝后即取出防滑木条，养护7d后，清理干净槽内杂物，浇水湿润，在槽内抹1：1.5水泥金刚砂砂浆，高出踏步面4～5mm，用圆阳角抹子捋实捋光。待完活24h后，洒水养护，保持湿润养护不少于7d。

6）水磨石楼梯踏步施工

① 楼梯踏步面层应先做立面，再做平面，后做侧面及滴水线。每一梯段应自上而下施工，踏步施工要有专用模具，楼梯踏步面层模板见示意图29-62，踏步平面应按设计要求留出防滑条的预留槽，应采用红松、白松或成品嵌条制作，嵌条提前2d镶好。

② 楼梯踏步立面、楼梯踢脚线的施工方法同踢脚线，平面施工方法同地面水磨石面层。但大部分需手工操作，每遍必须仔细磨光、磨平、磨出石粒大面，并应特别注意阴阳角部位的顺直、清晰和光洁。

③ 现制水磨石楼梯踏步的防滑条可采用水泥金刚砂防滑条，做法同水泥砂浆楼梯面层；亦可采用镶成品铜条或L形铜防滑护板等做法，应根据成品规格在面层上留槽或固定埋件。

7）大理石或花岗石面层楼梯踏步施工

① 铺贴前，先将基层浇水湿润，然后刷素水泥浆一遍，水灰比0.5左右，并随刷随铺底灰，底灰采用干硬性水泥砂浆，配合比为1：2，以手握成团不出浆为准。然后进行试铺，检查结合层砂浆的饱满度（如不饱满，应用砂浆填补），随即将大理石背面均匀地刮上2mm厚的素灰膏。铺贴浅色大理石时，素灰膏应采用P.W32.5建筑白水泥，然后用毛刷沾水湿润砂浆表面，再将石板对准铺贴位置，使板块四周同时落下，用小木锤或橡皮锤敲击平实，随即清理板缝内的水泥浆。

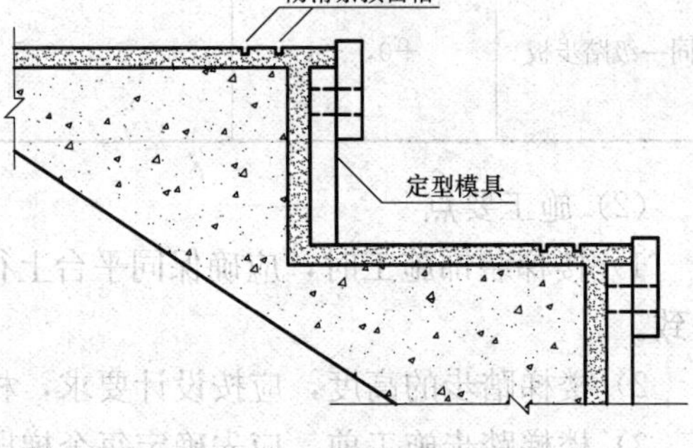

图29-62　楼梯踏步面层模板图

② 人造石材在铺装过程中因其材料的不稳定，除应严格执行天然石材地面铺装质量验收规范标准外，还要特别注意对石材防护、预留缝隙清理、固化养护工序的质量控制，同时在确定施工工艺时参照人造石企业标准，制定严格的施工流程，并在施工前做好样板

再推广。

人造石材切割应采用水刀切割，严禁现场切割，应严格按照现场绘制加工图，专业厂家进行切割（楼梯踏步的大理石或花岗石面层施工参照 29.5.3 章节内容）。

8）塑胶地板踏步根据设计要求，通常采用成品踏步材料铺贴而成。塑胶地板踏步施工时，在做好的水泥砂浆踏步的基础上，采用自流平水泥或专用材料找平，使用专用胶粘剂粘贴，其质量要求同章节 29.5.7 塑料板地面中相应要求。

9）防滑材料做成的踏步面层可不设防滑条（槽），踏步防滑可采用防滑条或防滑槽，防滑条（槽）不应少于 2 道，防滑槽构造做法及防滑条构造做法见图 29-63、图 29-64。

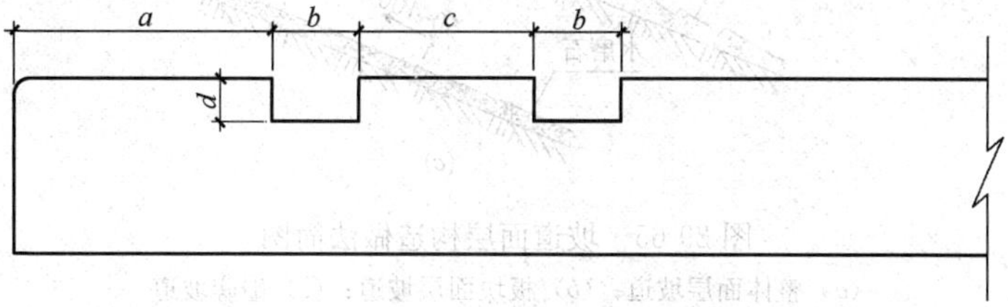

图 29-63 防滑槽构造做法简图

a—40—50mm；*b*—8—10mm；*c*—20—30mm；*d*—1—2mm

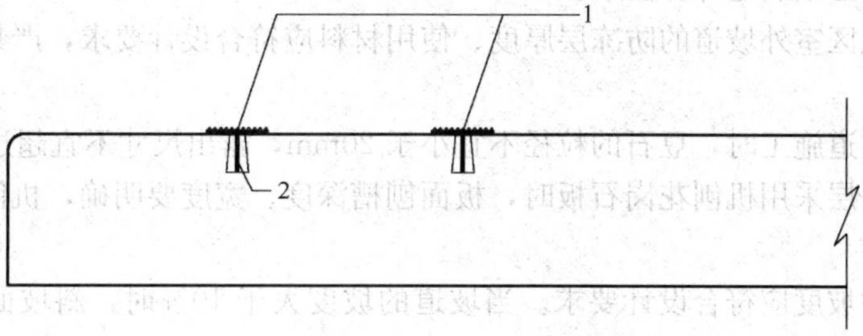

图 29-64 防滑条构造做法简图

1—金属防滑条，以 T 形为主；2—防滑开口槽，槽宽及深度视防滑条确定，防滑条内采用结构胶、玻璃胶或云石胶等材料固定

10）楼梯踏步面层未验收前，应严加保护，以防碰坏、撞掉踏步边角。

29.8.4 坡道与礓礤

1. 一般规定

连接室外或室内的不同标高的楼面、地面，供人行或车行的斜坡式交通道称为坡道，即有一定防滑要求的倾斜形式的地面。

礓礤是将普通坡道抹成若干道一端高 10mm、宽 50～60mm 的锯齿形的坡道。

坡道常采用水泥砂浆面层、混凝土防滑面层、机刨花岗石面层、豆石混凝土面层等，其坡道面层构造做法见图 29-65。

2. 材料质量控制

使用的材料应符合 29.4.2、29.5.2、29.5.3 章节中对地面材料的要求。

3. 施工要点

（1）坡道下土层的夯实质量应符合设计要求，特别有机动车辆行驶的坡道，其土层夯

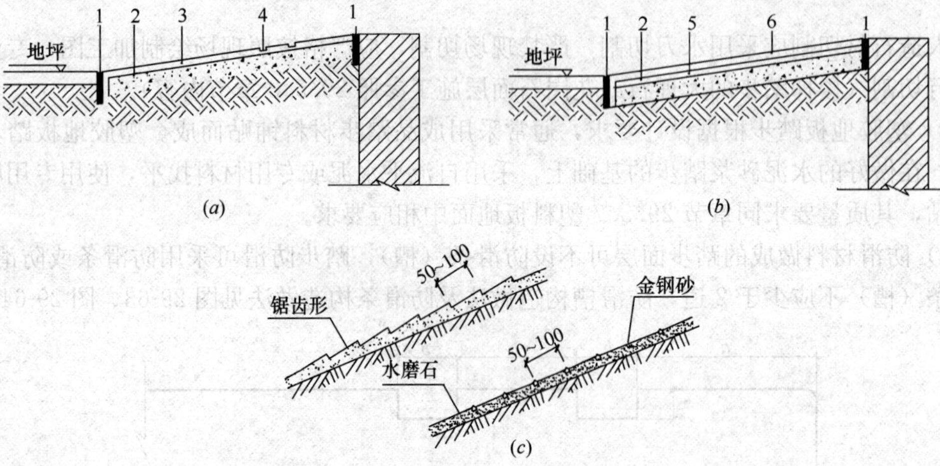

图 29-65　坡道面层构造做法简图

(a) 整体面层坡道；(b) 板块面层坡道；(c) 礓磋坡道

1—沉降缝 15mm—20mm 弹性材料填充；2—混凝土垫层；3—水泥面层或其他防滑面层；4—防护条或槽：间距 50—60mm；5—干性砂浆结合层；6—板块防滑面层

实后的形变模量必须满足计算要求。

(2) 寒冷地区室外坡道的防冻层厚度、使用材料应符合设计要求，严禁在冻土层上直接施工。

(3) 豆石坡道施工时，豆石的粒径不宜小于 20mm，露出尺寸不宜超过粒径的 1/3。

(4) 坡道面层采用机刨花岗石板时，板面刨槽深度、宽度要明确，机刨方向应垂直于车辆行驶方向。

(5) 坡道的坡度应符合设计要求。当坡道的坡度大于 10%时，斜坡面层应做成齿槽形，亦称礓磋。

礓磋表面齿槽做法：当面层砂浆抹平时，用两根靠尺（断面为 50mm×6mm），相距 50～60mm，平行地放在面层上，用水泥砂浆在两靠尺间抹面，上口与上靠尺顶边平齐，下口与下靠尺底边相平。

礓磋也可用砖砌，即在礓磋的上边及下边各砌一行立砖，斜段部分用砖侧砌，用砂作垫层及扫缝。

(6) 坡道与建筑物交接处应设置分隔缝，防止不均匀沉降造成断裂，分隔缝宽度约 15～20mm，采用柔性材料填充。

29.9　绿　色　施　工

1. 节材与材料资源利用技术要点

(1) 节材措施

1) 图纸会审时，应审核节材与材料资源利用的相关内容，达到材料损耗率比定额损耗率降低 30%。

2) 根据施工进度、库存情况等合理安排材料的采购、进场时间和批次，减少库存。

3）现场材料堆放有序。储存环境适宜，措施得当。保管制度健全，责任落实。

4）材料运输方法科学，降低运输损耗率。根据现场平面布置情况就近布置料场，避免和减少二次搬运。

5）优化安装工程的预留、预埋、管线路径等方案。

6）应就地取材，施工现场500km以内生产的建筑材料用量占建筑材料总重量的70%以上。

7）优先采用商品混凝土、预拌砂浆、成品钢筋网片和钢筋集中加工配送、板块定尺加工等工厂化加工措施，降低现场加工材料损耗。

（2）施工控制要点

1）贴面类材料在施工前，应进行总体排版策划，减少非整块材的数量。

2）防水卷材、油漆及各种胶粘剂基层必须符合要求，避免起皮、脱落。

3）建筑余料应合理利用。板材、块材等下脚料和洒落混凝土及砂浆应科学利用。

2. 节水与水资源利用的技术要点

（1）提高用水效率

1）施工中采用先进的节水施工工艺。

2）现场搅拌用水、养护用水应采取有效的节水措施，严禁无措施浇水养护混凝土。

3）施工现场供水管网应根据用水量设计布置，管径合理、管路简捷，采取有效措施减少管网和用水器具的漏损，做到无长流水现象。

4）施工现场建立雨水可再利用水的收集处理利用系统，使水资源得到循环利用。

5）在签订不同标段分包或劳务合同时，将节水定额指标纳入合同条款，进行计量考核。

6）对混凝土搅拌点等用水集中的区域和工艺点进行专项计量考核。

7）力争施工中非传统水源和循环水的再利用量大于30%。

8）地面养护应采用喷洒覆盖方式，保持表面湿润为宜。

9）施工现场办公区、生活区的生活用水采用节水器具，节水器具配置率应达到100%。

（2）用水安全

在非传统水源和现场循环再利用水的使用过程中，应制定有效的水质检测与卫生保障措施，确保避免对人体健康、工程质量以及周围环境产生不良影响。

3. 节能与能源利用的技术要点

（1）节能措施

1）制定合理施工能耗指标，提高施工能源利用率。

2）优先使用国家、行业推荐的节能、高效、环保的施工设备和机具，如选用变频技术的节能施工设备等。

3）施工现场分别设定生产、生活、办公和施工设备的用电控制指标，定期进行计量、核算、对比分析，并有预防与纠正措施。

4）在施工组织设计（施工方案）中，合理安排施工顺序、工作面，以减少作业区域的机具数量，相邻作业区充分利用共有的机具资源。安排施工工艺时，应优先考虑耗用电能或其他能耗较少的施工工艺。避免设备额定功率远大于使用功率或超负荷使用设备的现象。

5）根据当地气候和自然资源条件，充分利用太阳能、地热、风能等可再生能源。

6）合理组织现场施工，施工进度合理，尽量减少夜间作业和冬期施工的时间。

(2) 机械设备与机具

1）建立施工机械设备管理制度，开展用电计量，完善设备档案，及时做好维修保养工作，使机械设备保持低耗、高效的状态。

2）选择功率与负载相匹配的施工机械设备，避免大功率施工机械设备低负载长时间运行。机电安装可采用节电型机械设备，如逆变式电焊机和能耗低、效率高的手持电动工具等，以利节电。机械设备宜使用节能型油料添加剂，在可能的情况下，考虑回收利用，节约油量。

3）合理安排工序，现场切割、搅拌、焊接等作业集中加工，采用装配化工艺，提高各种机械的使用率和满载率，降低各种设备的单位耗能。

(3) 施工用电及照明

1）临时用电优先选用节能电线和节能灯具，临电线路合理设计、布置，临电设备宜采用自动控制装置。采用声控、光控等节能照明灯具，做到人走灯灭。

2）照明设计以满足最低照度为原则。

4. 节地与施工用地保护的技术要点

(1) 施工总平面布置应做到科学、合理，充分利用原有建筑物、构筑物、道路、管线为施工服务。

(2) 施工现场搅拌站点、水泥、石料等仓库、块材加工厂、作业棚、材料堆场等布置应尽量靠近已有交通线路或即将修建的正式或临时交通线路，缩短运输距离。

5. 环境保护技术要点

(1) 扬尘控制

1）运送材料、垃圾等，不得污损场外道路。运输砂、石等容易散落、飞扬、流漏的物料的车辆，必须采取措施封闭严密，保证车辆清洁。施工现场出口应设置洗车槽。

2）对砂、石等易产生扬尘的堆放材料应采取覆盖措施；对水泥等粉末状材料应封闭存放；场区内可能引起扬尘的材料及建筑垃圾搬运应有覆盖、洒水等降尘措施；清理灰尘和垃圾时尽量使用吸尘器，避免使用吹风器等易产生扬尘的设备；机械剔凿作业时可用局部遮挡、掩盖、水淋等防护措施；高层或多层建筑清理垃圾应搭设封闭性临时专用道或采用容器吊运。

① 施工现场水泥应设库封闭保管。

② 石灰现场熟化应做好遮挡和排水工作，防止扬尘和污水漫流。最好采用成品袋装灰或磨细灰。

③ 灰土现场拌合应选在无风天气或采取遮挡，防止扬尘。炉渣拌合料拌制时应采取遮挡和排水措施，防止扬尘和污水漫流。

3）施工现场非作业区达到目测无扬尘的要求。对现场易飞扬物质采取有效措施，如洒水、地面硬化、围挡、密网覆盖、封闭等，防止扬尘产生。

4）地面基层扬尘清理宜采用吸尘器；没有防潮要求的可采用撒水降尘等措施。

5）在现场设置远程水炮喷雾系统和移动式喷雾降尘系统，降低扬尘污染。

（2）噪声与振动控制

1）现场噪声排放不得超过国家标准《建筑施工场界环境噪声排放标准》GB 12523 的规定。白天不应超过 70dB，夜间不应超过 55dB。

2）在施工场界对噪声进行实时监测与控制。监测方法执行国家标准《建筑施工场界环境噪声排放标准》GB 12523。并做好记录，注明测量时间、地点、方法做好噪声测量记录，以验证噪声排放是否符合要求，超标时及时采取措施。

3）使用低噪声、低振动的机具，采取隔声与隔振措施，避免或减少施工噪声和振动。对噪声控制要求较高的区域应采取隔声措施。

4）噪声控制措施

① 施工机械进场必须先试车，确定润滑良好，各紧固件无松动，无不良噪声后方可使用。

② 设备操作人员应熟悉操作规程，了解机械噪声对环境造成的影响。

③ 机械操作人员必须按照要求操作，作业时轻拿轻放。

④ 切割板块时，应设置在室内或室外避风处集中加工并应加快作业进度，以减少噪声及粉尘的排放时间和频次。

⑤ 搅拌司机每天操作前对机械进行例行检查；严禁敲击料斗，防止产生噪声；夜间禁止搅拌作业。

⑥ 现场切割宜在指定固定的场地，且四周围有围挡，切割时宜带水操作，污水必须有固定排放渠道，防止切割噪声大、粉尘多，避免造成扰民和环境污染。

（3）水污染控制

1）施工现场污水排放应达到现行国家标准《污水综合排放标准》GB 8978 的要求。

2）污水排放应委托有资质的单位进行废水水质检测，提供相应的污水检测报告。

3）对于化学品等有毒材料、油料的储存地，应有严格的隔水层设计，做好渗漏液收集和处理。

4）搅拌站点做好排水沟和沉淀池，清洗机械的污水经沉淀后有组织排放。

5）水磨石施工时的废浆不得随便排放，现场应设置沉淀池。

（4）土壤保护

1）保护地表环境，防止土壤侵蚀、流失。因施工造成的裸土，及时覆盖砂石或种植速生草种，以减少土壤侵蚀；因施工造成容易发生地表径流土壤流失的情况，应采取设置地表排水系统、稳定斜坡、植被覆盖等措施，减少土壤流失。

2）沉淀池、隔油池等不发生堵塞、渗漏、溢出等现象。及时清掏各类池内沉淀物，并委托有资质的单位清运。

3）对于有毒有害废弃物如电池、墨盒、油漆、涂料等应回收后交有资质的单位处理，不能作为建筑垃圾外运，避免污染土壤和地下水。

4）防止机械漏油污染土地。

5）施工后应恢复施工活动破坏的植被（一般指临时占地内）。与当地园林、环保部门或当地植物研究机构进行合作，在先前开发地区种植当地或其他合适的植物，以恢复剩余空地地貌或科学绿化，补救施工活动中人为破坏植被和地貌造成的土壤侵蚀。

（5）大气污染的控制措施

1）施工现场垃圾应分拣分放并及时清运，由专人负责用毡布密封，并洒水降尘。

2）应注意对粉状材料的覆盖，防止扬尘和运输过程中的遗洒。

3）沙子使用时，应先用水喷洒，防止粉尘的产生。

4）进出工地使用柴油、汽油的机动机械，必须使用无铅汽油和优质柴油作燃料，以减少对大气的污染。

5）胶粘剂用后应立即盖严，不能随意敞放，如有洒漏，及时清除，所用器具及时清洗，保持清洁。

6）使用热熔或涂膜类材料施工时，注意避免或减少大气污染。

7）各种涂布料、溶剂有毒、有害等产品，使用前、使用后应封闭，以避免和减少挥发至空气中。使用后的废弃料不得随意丢弃，应有专门的存放器具回收废料。

（6）固体废弃物的控制措施

1）各种废料应按"可利用""不可利用""有毒害"等进行标识。可利用的垃圾分类存放，不可利用垃圾存放在垃圾场，及时运走，有毒害的物品，如胶粘剂等应密封存放。

2）各种废料在施工现场装卸运输时，应用水喷洒，卸到堆放地后及时覆盖或用水喷洒。

3）机械保养，应防止机油泄漏，污染地面。如有污染时，应及时清理。

4）加强有毒有害物体的管理，对有毒有害物体要定点排放。

5）水泥袋等包装物，应回收利用并设置专门场地堆放，及时收集处理。

6）调制水磨石的颜料不得随便丢弃，应集中收集和销毁，或送固定的废弃地点。

（7）建筑垃圾控制

1）制定建筑垃圾减量化计划。

2）加强建筑垃圾的回收再利用，力争建筑垃圾的再利用和回收率达到30%，建筑物拆除产生的废弃物的再利用和回收率大于40%。对于碎石类、块料类建筑垃圾，可采用地基填埋、铺路等方式提高再利用率，力争再利用率大于50%。

3）施工现场生活区设置封闭式垃圾容器，施工场地生活垃圾实行袋装化，及时清运。对建筑垃圾进行分类，并收集到现场封闭式垃圾站，集中运出。